AutoCAD 2016 中文版从入门到精通

实战案例版

冯涛　等编著

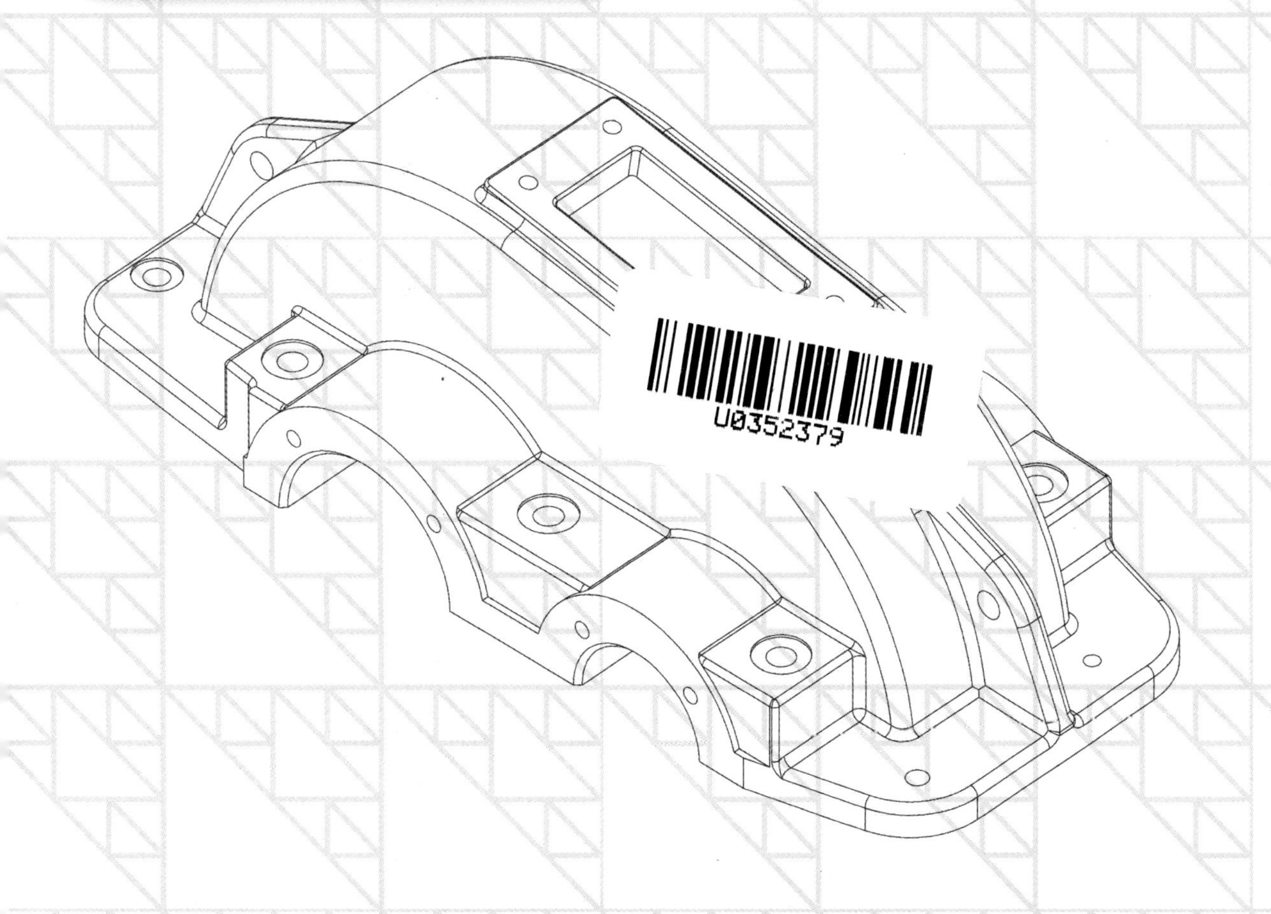

前　　言

■ 软件简介

AutoCAD 是美国 Autodesk 公司开发的一款绘图程序软件，也是目前市场上使用率极高的辅助设计软件，被广泛应用于建筑、机械、电子、服装、化工及室内装潢等工程设计领域。AutoCAD 可以更轻松地帮助用户实现数据设计、图形绘制等多项功能，从而极大地提高了设计人员的工作效率，并成为广大工程技术人员必备的工具。2015 年 5 月，Autodesk 公司发布了 AutoCAD 的最新版本——AutoCAD 2016。

■ 本书内容安排

本书全面地讲解了使用 AutoCAD 进行机械图纸设计的方法和技巧，从简单的绘图命令到机械设计的专业知识，全部收罗其中。

篇　名	内容安排
第 1 篇　基础篇（第 1 章～第 5 章）	包括 AutoCAD 2016 快速入门、AutoCAD 的基本操作、绘制平面图形和编辑平面图形等
第 2 篇　提高篇（第 6 章～第 14 章）	讲解了文字与表格、标注图形尺寸、图层管理、块与设计中心、几何约束与标注约束、绘制轴测图、三维绘图环境、绘制三维图形，以及图形输出与打印等
第 3 篇　行业篇（第 15 章～第 18 章）	分别介绍了建筑设计与 AutoCAD 制图、室内设计与 AutoCAD 制图、园林设计与 AutoCAD 制图，以及机械设计与 AutoCAD 制图等

■ 本书写作特色

总的来说，本书具有以下几个特色。

实例丰富，边学边练	引导读者在实例中掌握 AutoCAD 的常用命令和工具的使用方法与操作技巧
覆盖面广，主流行业	以建筑设计、室内设计、园林设计、机械设计和电气设计这五大应用领域为涵盖点，在前面每个章节中进行穿插讲解，并在后面进行全面实战演练
技术实用，贴近实际	使用国家设计标准制图，将各领域的经验融入其中，分模块讲解设计要点
素材丰富，视频演示	书盘结合，使读者能够快速掌握 AutoCAD，事半功倍

■ 本书创建团队

本书由多位一线从事 CAD 辅助设计的专家、教授和设计师共同策划编写，他们在 CAD、CAE 和 CAM 领域具有相当深厚的技术功底和理论研究。其中第 1 章到第 14 章由河北工程技术高等专科学校的冯涛老师负责主要编写工作，共约 60 万字。其他章节的内容编写和案例测试工作由张小雪、何辉、邹国庆、姚义琴、江涛、李雨旦、邬清华、向慧芳、袁圣超、陈萍、张范、李佳颖、邱凡铭、谢帆、周娟娟、张静玲、王晓飞、王国胜、张智、席海燕、宋丽娟、黄玉香、董栋、董智斌、刘静、王疆、杨枭、李梦瑶、黄聪聪、毕绘婷和李红术等专家共同完成。全书由冯涛老师负责统稿并审读。

由于编者水平有限，书中疏漏与不妥之处在所难免。在感谢读者选择本书的同时，也希望能够把对本书的意见和建议告诉我们（详细联系方式见本书封底）。

目　　录

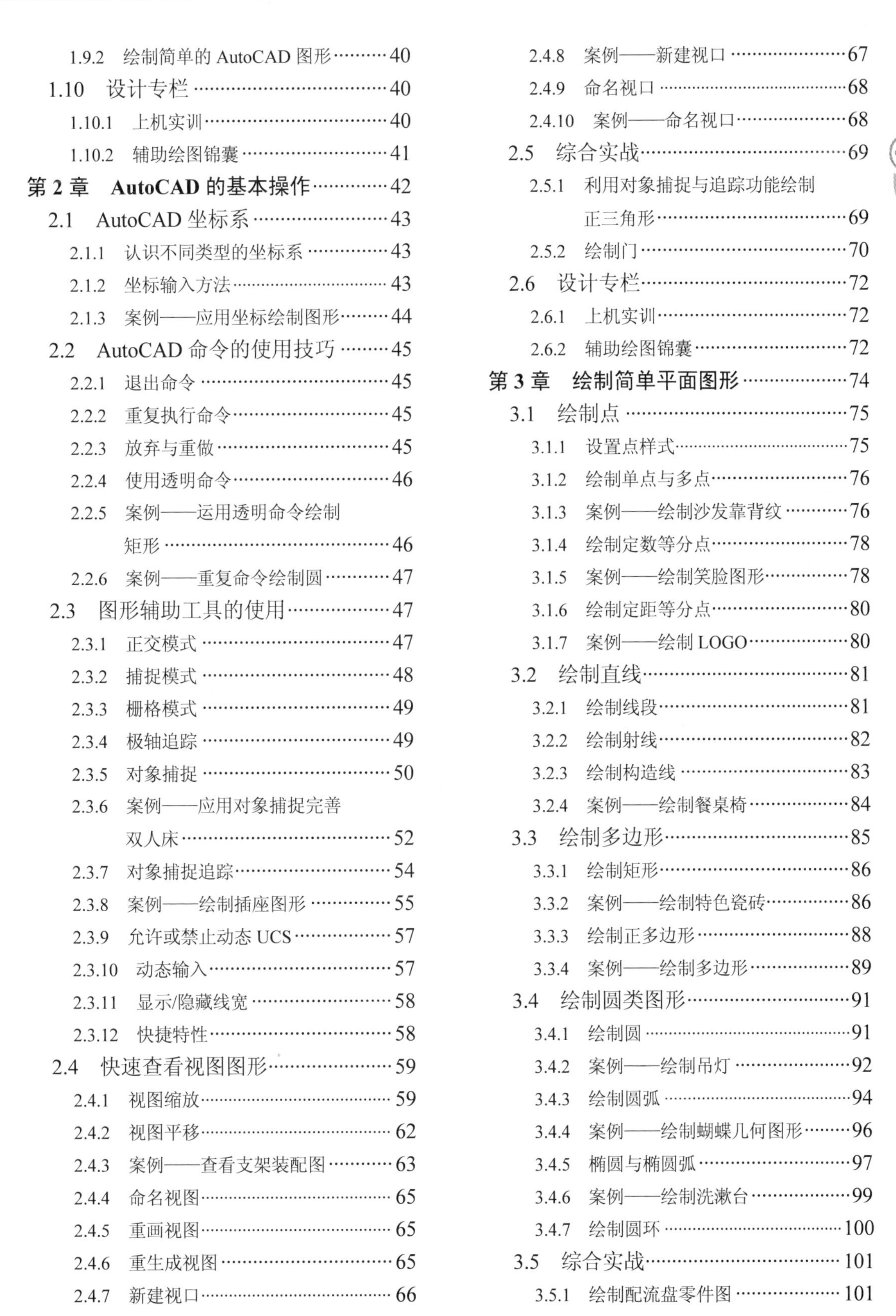

第2篇　提　高　篇

第3篇 行 业 篇

第 1 篇
基 础 篇

第 1 章

AutoCAD 2016 快速入门

本章要点

- 认识 AutoCAD 2016
- 安装、启动与退出 AutoCAD 2016
- AutoCAD 2016 工作空间
- 了解 AutoCAD 2016 的工作界面
- AutoCAD 命令调用的方法
- AutoCAD 文件管理
- 设置 AutoCAD 工作环境
- 设置光标样式
- 综合实战
- 设计专栏

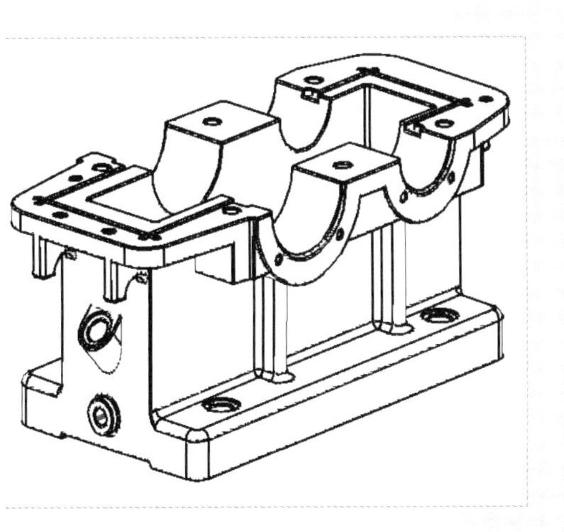

AutoCAD 是美国 Autodesk 公司开发的一款绘图程序软件，也是目前市场上使用率极高的辅助设计软件，被广泛应用于建筑、机械、电子、服装、化工及室内装潢等工程设计领域。

本章将介绍 AutoCAD 2016 的基本功能、安装与启动、工作空间，以及工作界面等基本知识，帮助读者为后面的学习打下良好的基础。

1.1 认识 AutoCAD 2016

AutoCAD 的英文全称是 Auto Computer Aided Design（计算机辅助设计），于 1982 年 11 月首次推出，也是计算辅助设计领域最受欢迎的绘图软件。经过逐步完善和更新，Autodesk 公司推出的 AutoCAD 2016 是目前的最新版本。

1.1.1 AutoCAD 基本功能

AutoCAD 作为一款通用的计算机辅助设计软件，可以帮助用户在统一的环境下灵活地完成概念和细节设计，并创作、管理和分享设计作品，适合于广大普通用户使用。AutoCAD 软件的基本功能有以下 6 点。

1. 图形绘制功能

AutoCAD 的“绘图”菜单、面板和工具栏中包含了丰富的绘图命令，使用这些命令可以绘制直线、圆、椭圆、圆弧、曲线、矩形和正多边形等基本的二维图形，也可以实现拉伸、旋转和放样等操作，使二维图形转换为三维实体，如图 1-1 所示。

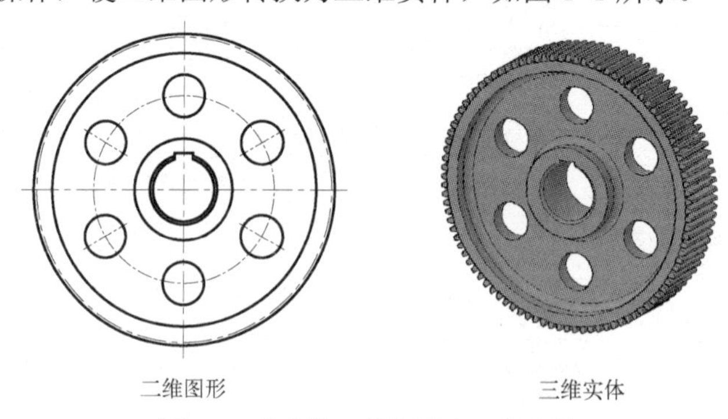

图 1-1 绘制的二维图形和三维实体

2. 图形编辑功能

AutoCAD 的“修改”菜单、面板和工具栏提供了“平移”“复制”“旋转”“阵列”和“修剪”等修改命令，使用这些命令相应地修改和编辑已经存在的基本图形，可以完成更复杂的图形。

3. 尺寸标注功能

AutoCAD 中的“标注”菜单、面板和工具栏中包含了一套完整的尺寸标注和编辑命令，可以完成各种类型的标注，从而为设计制造提供准确的参考，如图 1-2 所示。

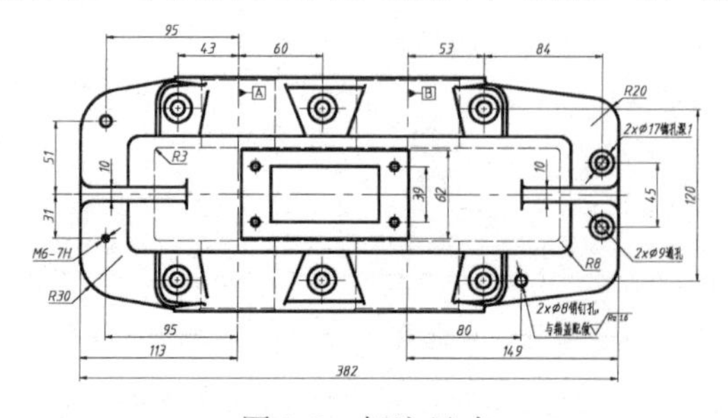

图 1-2 标注尺寸

4．三维渲染功能

AutoCAD 拥有非常强大的三维渲染功能，可以根据不同的需要提供多种显示设置，以及完整的材质贴图和灯光设备，进而渲染出真实的产品效果，如图 1-3 所示。

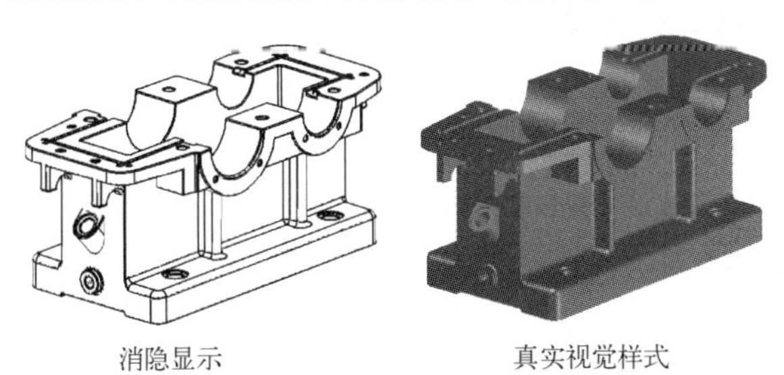

图 1-3 使用 AutoCAD 渲染图形

5．输出与打印功能

AutoCAD 通常能够以多种格式打印出所绘制的图形，也可以把不同格式的图形导入 AutoCAD 中，以及将 CAD 文件转换成其他格式，并提供给其他应用程序使用。

6．二次开发功能

AutoCAD 自带的 AutoLISP 语言，可以让用户自行定义新命令和开发新功能。通过 DXF、IGES 等图形数据接口，可以实现 AutoCAD 和其他系统的集成。此外，AutoCAD 还提供了与其他高级编辑语言的接口，具有很强的开发性。

1.1.2 AutoCAD 行业应用

随着计算机技术的快速发展，CAD 软件在工程领域的应用层次也在不断提高。AutoCAD 是当今最能实现设计意图的设计工具和设计手段之一，同时具有使用方便、易于掌握和体系结构开放等诸多优点，因此被广泛应用于机械、地址、气象、轻工业和石油化工等行业。根据资料统计，目前世界上有 75%的设计部门、数百万的用户在使用此软件。

1．在机械制造行业中的应用

AutoCAD 在机械制造行业中的应用是最早的，也是最为广泛的。采用其进行产品设计，不但可以减轻设计人员繁重的图形绘制工作、创新设计思路、实现设计自动化、降低生产成本、提高企业的市场竞争力，还能使企业转变传统的作业模式，由串行式作业转变为并行作业，以建立一种全新的设计和生产管理体制，提高劳动生产效率。

2．在建筑行业中的应用

AutoCAD 为建筑设计带来了一场真正的革命，随着 AutoCAD 软件从最初的二维绘图软件发展到如今的三维建筑模型软件，AutoCAD 软件不但可以提高设计质量、缩短工程周期，还可以减少工程材料的浪费，并降低建材投资成本。

3．在电气行业中的应用

电气领域主要包括电气原理图的编辑、电路功能的仿真、工作环境模拟，以及印制板设计与检测等。使用电子电气 CAD 软件还能迅速形成各种各样的报表文件（如元件清单报表），为元件的采购及工程预算和决算等提供方便。

4．在轻工纺织行业中的应用

过去纺织品及服装的花样设计、图案协调、色彩变化、图案分色及配色等均由人工完成，速度慢且效率低，而目前市场对纺织品及服装的要求是批量小、花色多、质量高、交货速度快，因此随着 CAD 技术的普遍使用，大大加快了轻工纺织及服装行业的发展。

5．CAD 在娱乐行业中的应用

如今，CAD 技术已经进入到人们的日常生活中，如电影、动画和广告等娱乐行业。例如，广告公司利用 CAD 技术构造布景，以虚拟现实的手法布置出人工难以做到的布景，这不仅节省了大量的人力、物理、降低了成本，而且还得到了不一样的画面效果，给人一种视觉冲击力。

1.1.3 AutoCAD 的学习方法与技巧

随着计算机应用技术的飞速发展，计算机辅助设计已经成为现代工业设计的重要组成部分，AutoCAD 设计具有操作简单、功能强大等特点，那么，怎样才能学好 AutoCAD 绘图软件呢？在此提出以下几点建议。

1．掌握正确学习 AutoCAD 的方法

初学者在学习 AutoCAD 软件时应该保持好奇心，所谓兴趣是最好的老师，要把学习与操作过程当做一种学习兴趣。整个学习过程应采用循序渐进的方式。要学习和掌握好 AutoCAD，首先要知道如何手工绘图，掌握制图过程中所要用到的几何画法知识，这样才能进一步考虑如何使用 AutoCAD 来绘图。实践证明，识图能力和几何制图能力强，AutoCAD 学起来较容易些。然后再了解计算机绘图的基本知识，例如相对直角坐标、相对极坐标等，使自己能够由浅入深、由简到繁地掌握 AutoCAD 的使用技巧。

AutoCAD 绘图的一大优点就是能够精确绘图。精确绘图是指尺寸精准，所画的图符合实际。平行线要保持平行；由两条线构成的角，顶点要重合。当尺寸没有按照标准绘制时，标注尺寸时就需要进行手动修改，不仅会影响到图纸的视觉效果，还直接影响了图纸的真实性，所以在绘图过程中需要有耐心，一步一步慢慢操作，做到精确、无误差。

在使用 AutoCAD 绘图时，使用快捷键将大大提高绘图效率。左右手同时操作，可以提高绘图的速度。常用命令快捷键如：偏移<O>、填充<H>、剪切<TR>、延伸<EX>、写块<W>、多行文本<T>、放弃<U>、实时平移<P>、圆弧<A>、直线<L>、窗口缩放<Z>、分解<X>、圆<C>、创建块<B>、插入块<I>；常用开关键如：捕捉<F3>、正交<F8>、极轴<F10>、对象追踪<F11>。给初学者一个建议，在学习 AutoCAD 的初期就尝试着使用快捷键命令绘制图形。

在学习 AutoCAD 命令时始终要与实际应用相结合，不要把主要精力花费在孤立地学习各个命令上。读者需要在学完基本命令操作后绘制几个综合案例，能够系统地进行图形的绘制，使自己可以从全局角度掌握整个绘图过程。要学以致用，在学完 AutoCAD 课程之后能够运用到实际工作中。

2．使用 AutoCAD 提高绘图效率的技巧

若要提高 AutoCAD 绘图的效率，首先要遵循一定的绘图原则，然后要选择合适的绘图命令。

❑ 遵循一定的绘图原则

➢ 绘图步骤：设置图形界限；设置单位及精度；建立图层；设置标注及文字样式；开始绘图。

➢ 绘图使用的比例是1∶1。要改变图形的大小，可以在打印时设置不同的打印比例。

➢ 为不同的图形设置不同的图层、线型及线宽。

➢ 需要精确绘图时，使用栅格捕捉功能，并将栅格捕捉间距设为适当的数值。

➢ 不要将图框和图形绘制在同一布局内，应在布局中将图框按块插入，然后打印出图。

➢ 设置视图、图层、块、文字样式、标注样式和打印样式等时，命名不仅要简洁明了，还要遵循一定的规律，以方便查找和使用。

➢ 将一些常用的设置，如图层、标注样式、文字样式和捕捉等内容设置在一个图形模板文件中，新建图形文件时，可以直接调用该模板。

❑ 选择合适的命令

在 AutoCAD 的具体操作过程中，可能有多种不同的方法，但如果选择合适的命令则会减少操作步骤，达到事半功倍的效果。例如，要生成直线，在 AutoCAD 中，使用 LINE、XLINE、RAY、PLINE 和 MLINE 命令均能绘制直线，但 LINE 命令使用的频率最高，也最灵活，绘图的效率也很高。

以上两点是对初学者的建议，但 AutoCAD 软件的学习，还是需要自己多上机练习、多总结其中的规律、多查看相关书籍，只有通过不断的练习和探索，才能熟能生巧，提高绘图的质量和效率。

1.2 安装、启动与退出 AutoCAD 2016

要使用 AutoCAD 绘制和编辑图形，首先必须启动 AutoCAD 软件。下面介绍安装、启动与退出 AutoCAD 2016 的方法。

1.2.1 安装 AutoCAD 2016

中文版 AutoCAD 2016 在各种操作系统下的安装过程基本一致，下面以 Windows 7 操作系统为例介绍其安装过程。

1.2.2 案例——安装 AutoCAD 2016

步骤 1 将 AutoCAD 2016 的安装光盘放到光驱内，打开 AutoCAD 2016 的安装文件夹。

步骤 2 双击 Setup 安装文件，运行安装程序。

步骤 3 系统弹出“安装初始化”对话框，检测计算机的配置是否符合要求，如图 1-4 所示。

步骤 4 在系统弹出的 AutoCAD 2016 安装向导对话框中单击“安装”按钮，如图 1-5 所示。

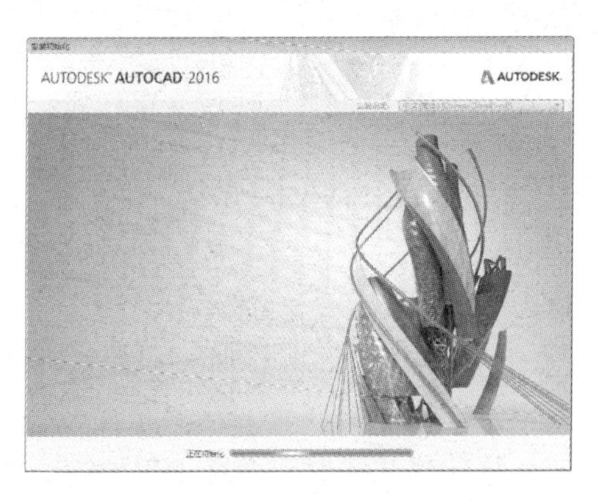

图 1-4　检测配置

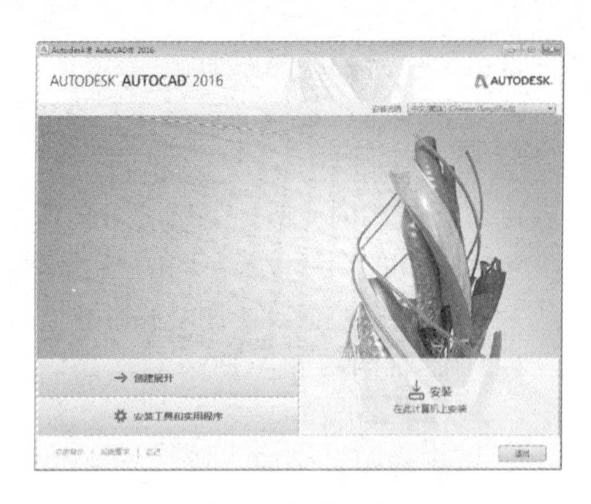

图 1-5　选择安装

步骤 5 单击“安装”按钮后，系统自动弹出“许可及服务协议”对话框，选择“我接受”单选按钮，然后单击“下一步”按钮，如图 1-6 所示。

步骤 6 系统弹出“安装配置”对话框，指定安装路径，单击“安装”按钮，开始安装，如图 1-7 所示。

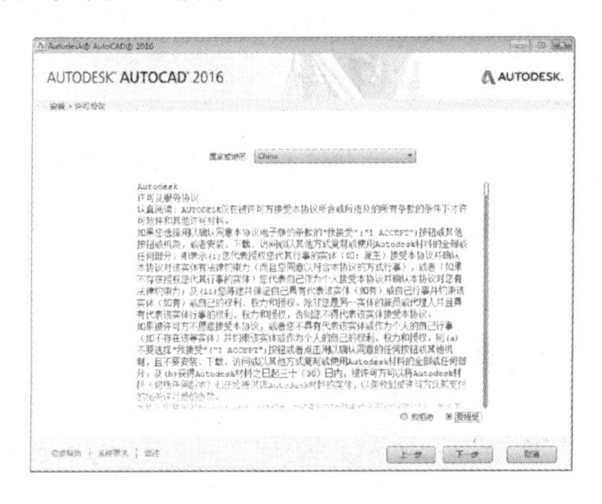

图 1-6　“许可及服务协议”对话框

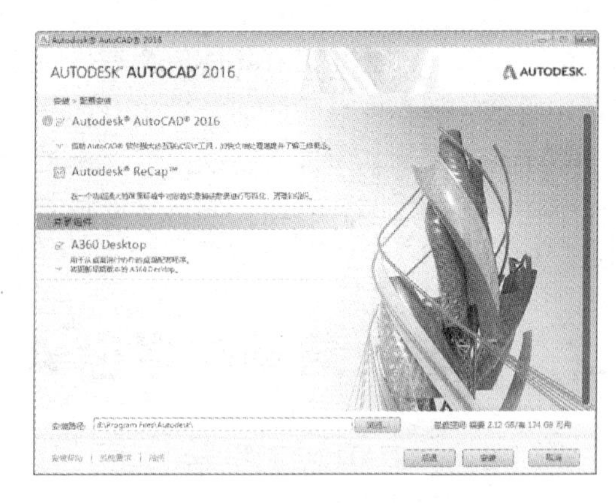

图 1-7　“安装配置”对话框

步骤 7 系统弹出“安装完成”对话框，单击“完成”按钮，完成安装。

1.2.3 启动 AutoCAD 2016

安装好 AutoCAD 后，可以通过以下 3 种常用方法启动 AutoCAD 应用程序。

- 使用“开始”菜单方式启动：在 Windows 7 系统的左下角处单击“开始”按钮，并从打开的“开始”菜单中选择所有程序/Autodesk | AutoCAD 2016-简体中文（Simplified Chinese）| AutoCAD 2016-简体中文（Simplified Chinese）命令，如图 1-8 所示，便可启动 AutoCAD 2016 软件。
- 通过双击桌面快捷方式图标启动：要采用此方法，首先需要设置在 Windows 桌面上显示有 AutoCAD 2016 快捷方式图标，双击该图标即可启动 AutoCAD 2016 软件。
- 通过与启动 AutoCAD 相关联格式的文件启动：双击打开与 AutoCAD 相关格式的文件（*.dwg、*.dwt 等），AutoCAD 会自动启动。

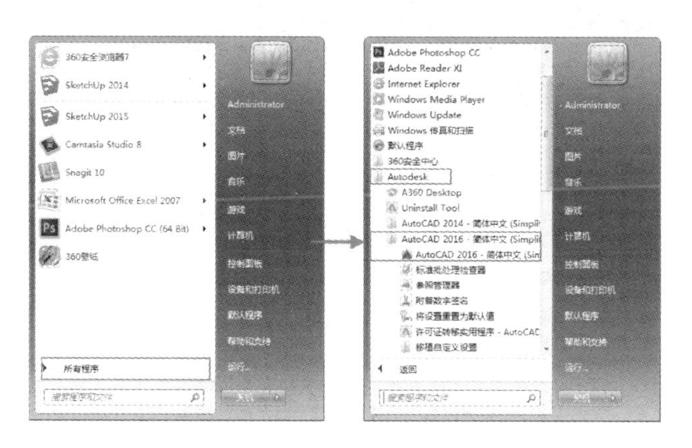

图 1-8 使用“开始”菜单打开 AutoCAD 2016

1.2.4 退出 AutoCAD 2016

用户可以采用以下几种方法退出 AutoCAD 2016。

➢ 应用程序：单击窗口左上角的“应用程序”按钮，在展开菜单中选择“关闭”命令，如图 1-9 所示。
➢ 软件窗口：单击主窗口右上角标题栏中的“关闭”按钮✕。
➢ 菜单栏：选择“文件”｜“退出”命令。
➢ 快捷键：按“Alt+F4”或“Ctrl+Q”组合键。
➢ 命令行：在命令行中输入 QUIT 或 EXIT 命令，并按“Enter”键。

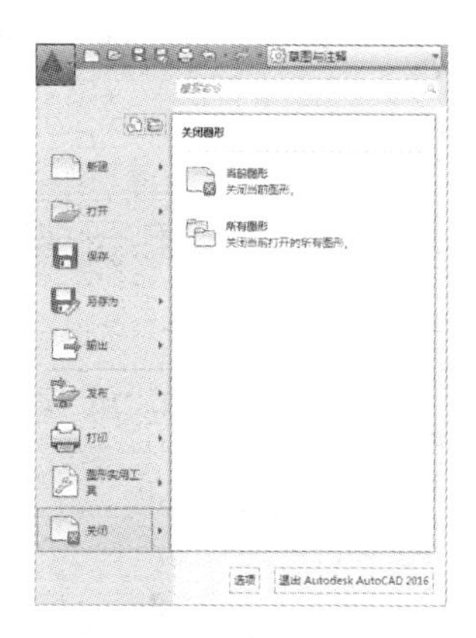

图 1-9 “应用程序”菜单关闭软件

提示：若在退出 AutoCAD 2016 之前未进行文件的保存，系统会弹出如图 1-10 所示的提示对话框，提示使用者在退出软件之前是否保存当前绘图文件。单击“是”按钮，可以进行文件的保存；单击“否”按钮，将不对之前的操作进行保存而退出；单击“取消”按钮，将返回操作界面，不执行退出软件的操作。

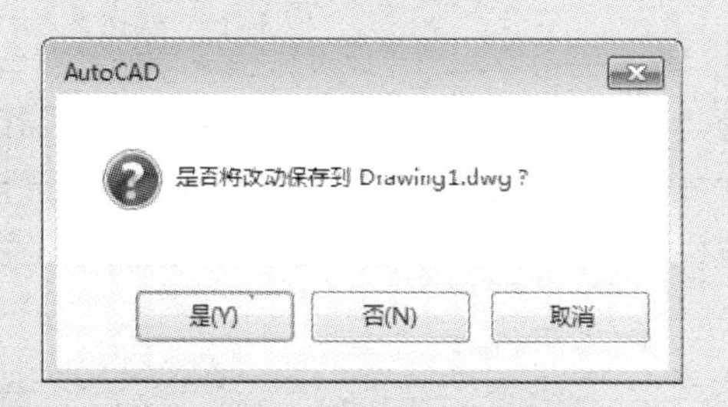

图 1-10 退出提示对话框

如果文件是第一次保存，则在保存时弹出“图形另存为”对话框，如图 1-11 所示，可以在“文件名”文本框中输入新的文件名或保持默认文件名，选择保存路径后单击“保存”按钮即可。

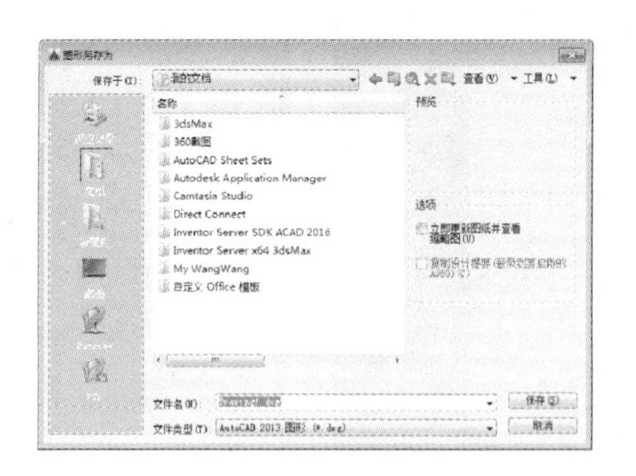

图 1-11 “图形另存为”对话框

1.3 AutoCAD 2016 工作空间

中文版 AutoCAD 2016 为用户提供了“草图与注释”“三维基础”和“三维建模” 3 种工作空间，其中“草图与注释”为系统默认的工作空间，用户可以根据工作需要灵活选择或切换各个空间。

1.3.1 切换工作空间

AutoCAD 2016 切换工作空间的操作方法有以下几种。

- 快速访问工具栏：单击快速访问工具栏中的“切换工作空间”下拉按钮 草图与注释，在打开的下拉列表框中选择工作空间，如图 1-12 所示。
- 菜单栏：选择“工具”|“工作空间”命令，在子菜单中进行选择，如图 1-13 所示。

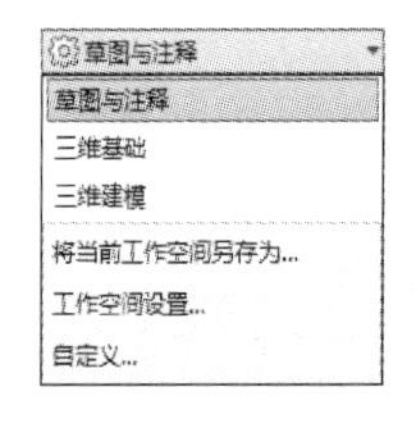

图 1-12 通过下拉列表框切换工作空间

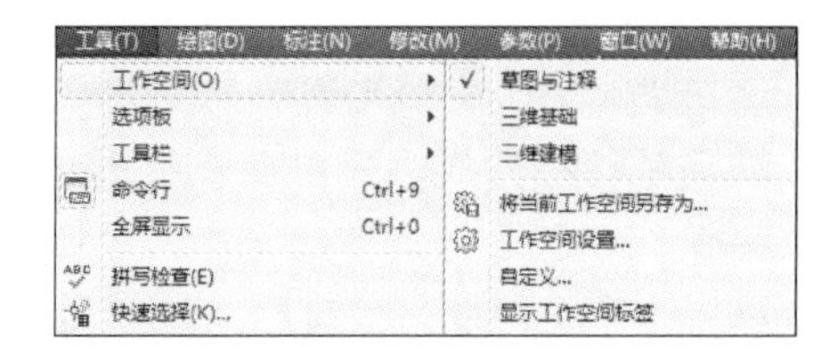

图 1-13 通过菜单栏切换工作空间

- 工具栏：选择“工具”|“工具栏”| AutoCAD |“工作空间”命令，打开“工作空间”工具栏。在“工作空间控制”下拉列表框中进行选择，如图 1-14 所示。
- 状态栏：单击状态栏右侧的“切换工作空间”按钮，在弹出的下拉菜单中进行选择，如图 1-15 所示。

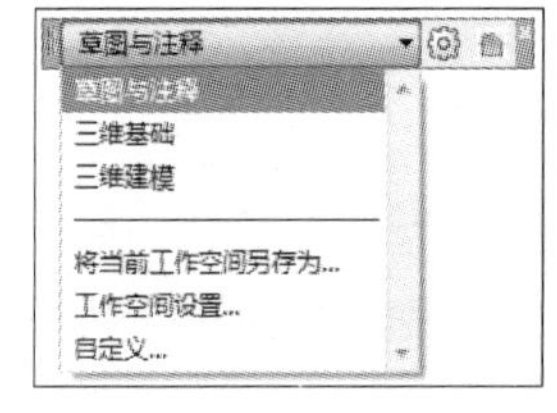

图 1-14 通过工具栏切换工作空间

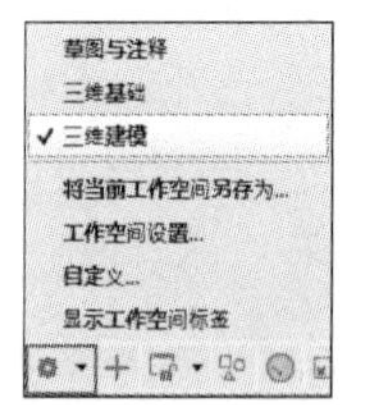

图 1-15 通过状态栏切换工作空间

1.3.2 “草图与注释”工作空间

AutoCAD 2016 默认的工作空间为“草图与注释”工作空间。其界面主要由“应用程序菜单”按钮、快速访问工具栏、功能区选项卡、绘图区、命令行窗口和状态栏等元素组成。“草图与注释”工作空间的功能区包含的是最常用的二维图形绘制、编辑和标注命令，因此非常适合绘制和编辑二维图形时使用，如图 1-16 所示。

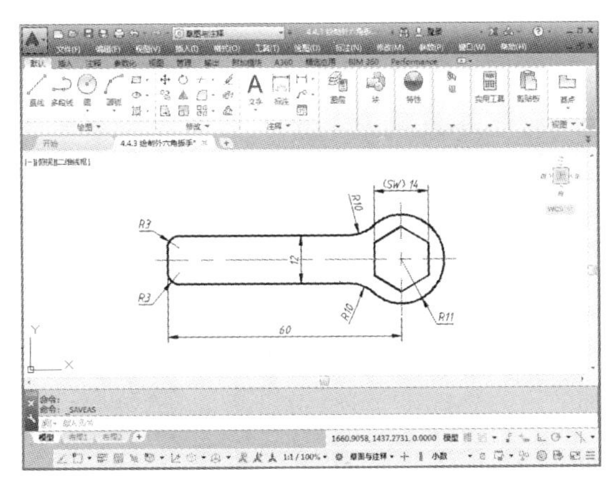

图 1-16 “草图与注释”工作空间

1.3.3 “三维基础”工作空间

“三维基础”工作空间与“草图与注释”工作空间类似，但其功能区包含的是基本的三维建模工具，如各种常用的三维建模、布尔运算及三维编辑工具按钮，能够非常方便地创建简单的三维模型，如图 1-17 所示。

1.3.4 “三维建模”工作空间

“三维建模”工作空间界面与“三维基础”工作空间界面较相似，但功能区包含的工具有较大差异。其功能区选项卡中集中了实体、曲面和网格的多种建模和编辑命令，以及视觉样式、渲染等模型显示工具，为绘制和观察三维图形、附加材质、创建动画及设置光源等操作提供了非常便利的环境，如图 1-18 所示。

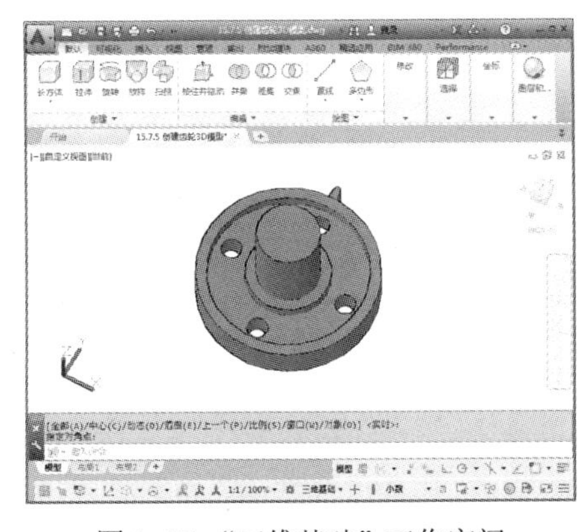

图 1-17 “三维基础”工作空间

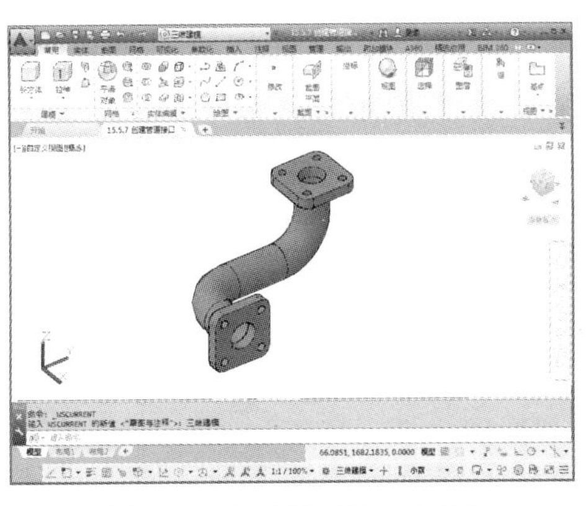

图 1-18 “三维建模”工作空间

1.3.5 案例——自定义工作空间

除了以上提到的 3 个基本工作空间外，根据绘图的需要，用户还可以自定义自己的个性空间，并保存在工作空间下拉列表框中，以备工作时随时调用。

步骤 1 双击桌面上的快捷图标，启动 AutoCAD 2016 软件，如图 1-19 所示。

步骤 2 单击快速访问工具栏中的下拉按钮，在展开的下拉列表框中选择“显示菜单栏”选项，显示菜单栏，选择“工具”|“选项板”|“功能区”命令，如图 1-20 所示。

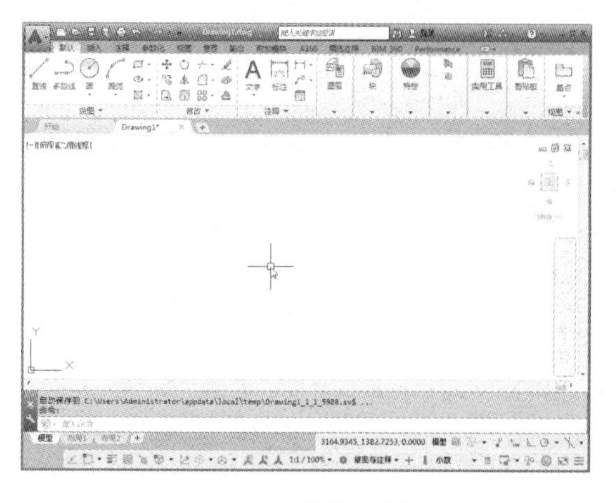

图 1-19　AutoCAD“草图与注释”工作空间

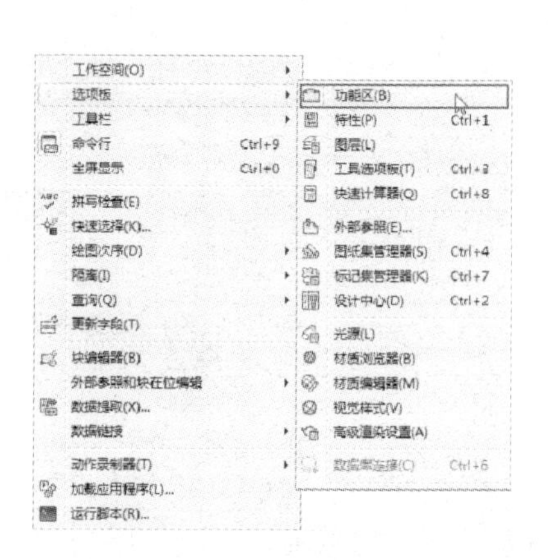

图 1-20　选择菜单命令

步骤 3 在“草图与注释”工作空间中隐藏功能区，如图 1-21 所示。

步骤 4 选择快速访问工具栏工作空间下拉列表框中的“将当前空间另存为”选项，如图 1-22 所示。

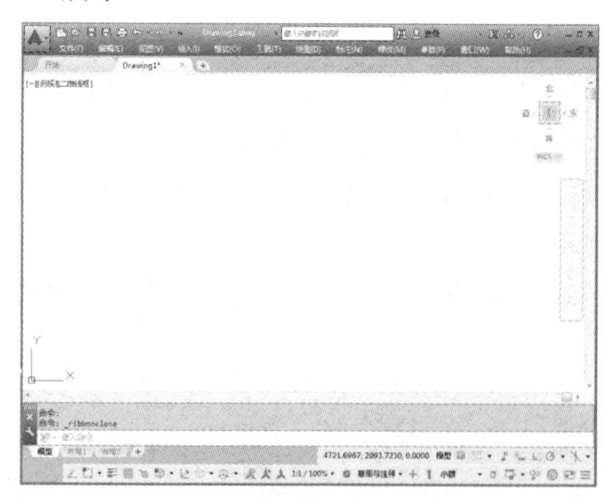

图 1-21　隐藏功能区

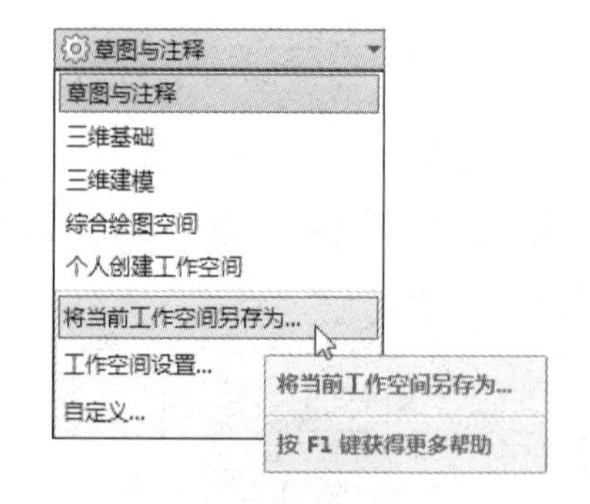

图 1-22　工作空间下拉列表框

步骤 5 系统弹出“保存工作空间”对话框，输入新工作空间的名称，如图 1-23 所示。

步骤 6 单击“保存”按钮，自定义的工作空间即创建完成，如图 1-24 所示。在以后的工作中，可以随时通过选择该工作空间，快速将工作界面切换为相应的状态。

图 1-23 “保存工作空间”对话框

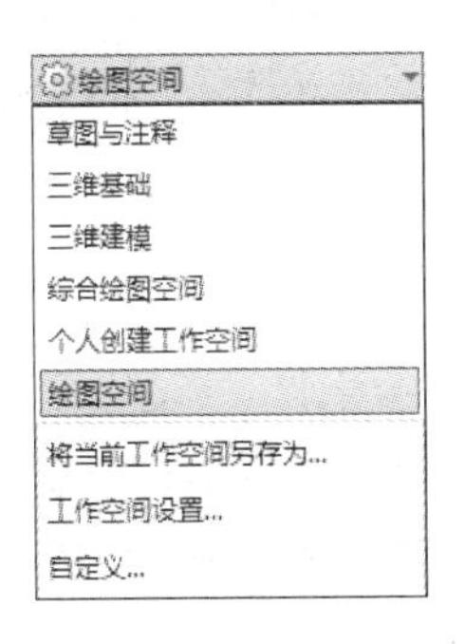

图 1-24 新空间选项

技巧：不需要的工作空间，可以将其删除。选择工作空间下拉列表框中的“自定义”选项，弹出“自定义用户界面”对话框，在需要删除的工作空间名称上右击，在弹出的快捷菜单中选择“删除”命令，即可删除不需要的工作空间，如图 1-25 所示。

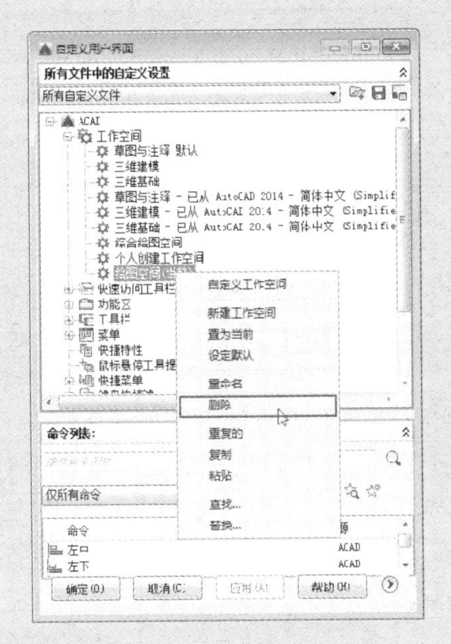

图 1-25 删除自定义空间

1.4 了解 AutoCAD 2016 的工作界面

启动 AutoCAD 2016 后，进入如图 1-26 所示的默认工作空间。“草图与注释”工作空间最为常用，因此本书主要以“草图与注释”工作空间为主讲解 AutoCAD 的所有操作。该工作空间界面包括应用程序按钮、快速访问工具栏、标题栏、菜单栏、工具栏、十字光标、绘图区、坐标系、命令行、标签栏、状态栏及文本窗口等。

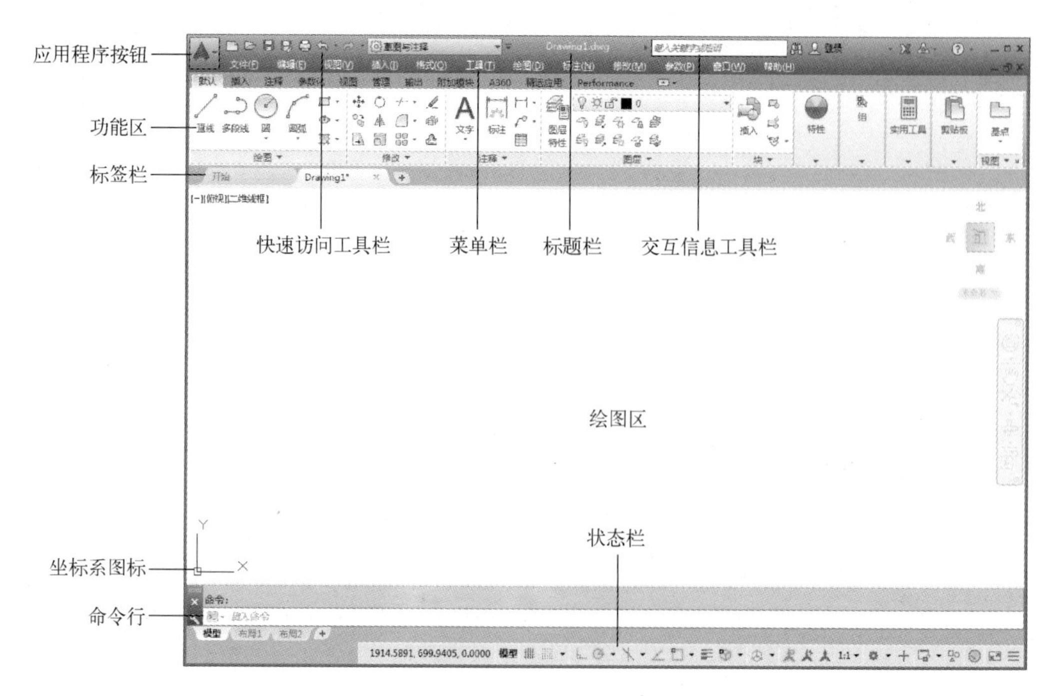

图 1-26 AutoCAD 2016 默认的工作界面

下面将对 AutoCAD 2016 工作界面中的各元素进行详细介绍。

1.4.1 “应用程序”按钮

“应用程序”按钮位于窗口的左上角，单击该按钮，系统将弹出用于管理 AutoCAD 图形文件的菜单，包含“新建”“打开”“保存”“另存为”“输出”及“打印”等命令，如图 1-27 所示。

“应用程序”菜单除了可以调用上述常规命令外，还可以调整其显示为“小图像”或“大图像”。将鼠标置于菜单右侧排列的“最近使用文档”文档名称上，可以快速预览最近打开过的图像文件内容，如图 1-27 所示。

此外，在应用程序“搜索”按钮左侧的空白区域输入命令名称，即会弹出与之相关的各种命令的列表，选择其中对应的命令即可执行，如图 1-28 所示。

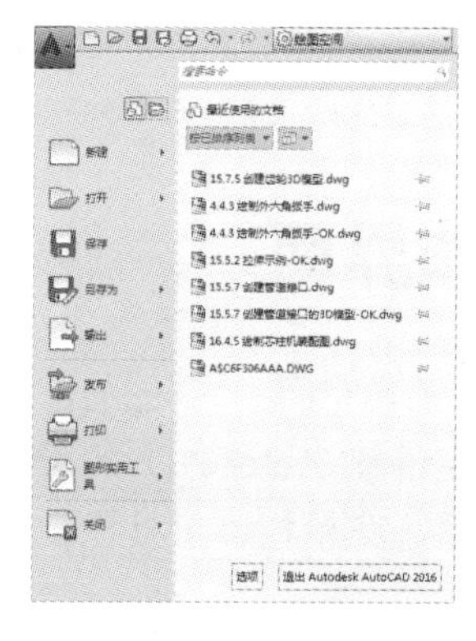

图 1-27 “应用程序”菜单

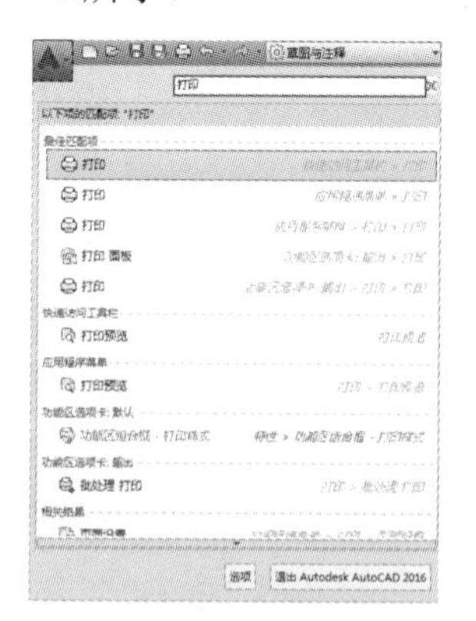

图 1-28 搜索功能

1.4.2 快速访问工具栏

快速访问工具栏位于标题栏的左侧，它包含了文档操作常用的 7 个快捷按钮，依次为“新建”“打开”“保存”“另存为”“打印”“放弃”和“重做”，如图 1-29 所示。

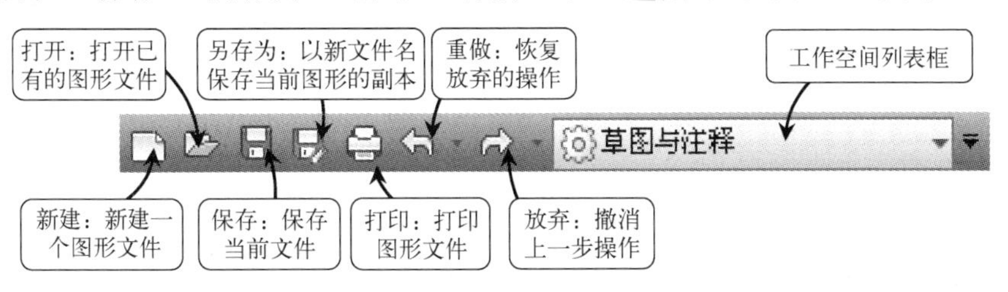

图 1-29　快速访问工具栏

快速访问工具栏右侧为工作空间列表框，如图 1-30 所示，用于切换 AutoCAD 2016 工作空间。用户可以自定义快速访问工具栏，添加或删除所需的工具按钮。单击快速访问工具栏后面的展开箭头，如图 1-31 所示，在展开菜单中选择某一命令，即可将该命令添加至快速访问工具栏中。选择“更多命令”选项，还可以添加其他命令按钮。

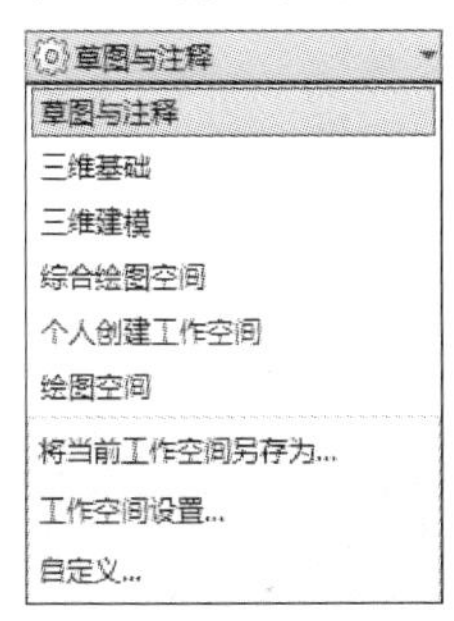

图 1-30　工作空间下拉列表框

图 1-31　自定义快速访问工具栏

1.4.3 标题栏

标题栏位于 AutoCAD 窗口的最上方，如图 1-32 所示，标题栏显示了当前软件名称，以及当前新建或打开的文件的名称等。标题栏最右侧有“最小化”按钮、“最大化”按钮/“恢复窗口大小”按钮和“关闭“按钮。

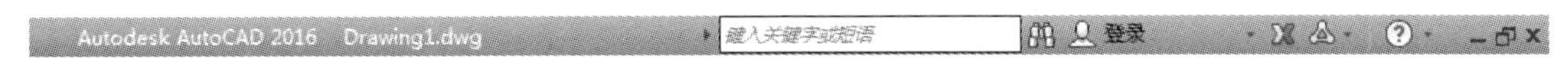

图 1-32　标题栏

1.4.4 菜单栏

在 AutoCAD 2016 中，菜单栏在任何工作空间中都不会默认显示。在快速访问工具栏中单击下拉按钮，并在打开的下拉列表框中选择“显示菜单栏”选项，即可将菜单栏显示出来，如图 1-33 所示。

菜单栏位于标题栏的下方，包括“文件”“编辑”“视图”“插入”“格式”“工具”“绘图”“标注”“修改”“参数”“窗口”和“帮助”共 12 个菜单，几乎包含了所有绘图命令和编辑命令，如图 1-34 所示。

图 1-33 显示菜单栏

图 1-34 菜单栏

技巧： 单击菜单项或按下 Alt + 菜单项中带下画线的字母（例如“格式”菜单为〈Alt+O〉组合键），即可打开对应的下拉菜单。

1.4.5 功能区与工具栏

1. 功能区

功能区位于绘图窗口的上方，显示了基于任务的命令和控件选项板。与当前工作空间相关的操作都置于功能区中，如图 1-35 所示，它由许多面板组成，这些面板被组织到依任务进行标记的选项卡中。功能区面板包含的很多工具和控件与工具栏和对话框中的相同。

用户使用“草图与注释”“三维基础”或“三维建模”工作空间创建或打开图形时，功能区将自动显示。如果没有显示功能区，那么用户可以执行以下操作来手动显示功能区。

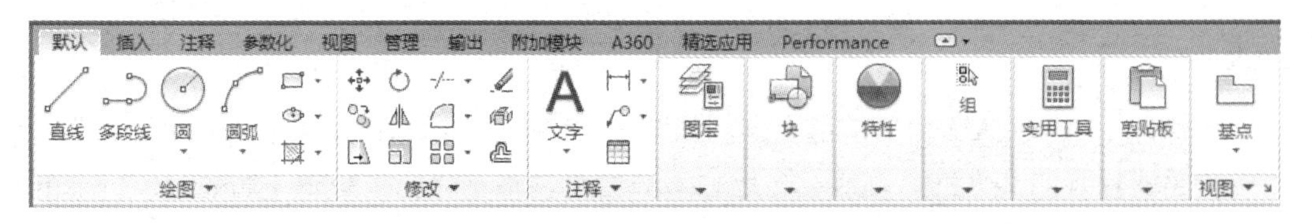

图 1-35 功能区选项卡

- 在菜单栏中选择“工具”|“选项板”|“功能区”命令。
- 在命令行的命令提示下，输入 ribbon 命令。如果要关闭功能区，则在命令行中输入 ribbonclose 命令。

功能区可以以水平或垂直的方式显示，也可以显示为浮动选项板。另外，功能区可以以最小化状态显示，其方法是在功能区选项卡右侧单击切换按钮旁的下拉按钮，在打开的下拉列表框中选择以下 4 种中的一种最小化功能区状态选项。而单击切换按钮，则可以在默认和最小化功能区状态之间切换。

- 最小化为选项卡：最小化功能区以仅便显示选项卡标题。

➢ 最小化为面板标题：最小化功能区以便仅显示选项卡和面板标题。
➢ 最小化为面板按钮：最小化功能区以便仅显示选项卡标题和面板按钮。
➢ 循环浏览所有项：按以下顺序切换所有 4 种功能区状态：完整功能区、最小化为面板按钮、最小化为面板标题、最小化为选项卡。

2．工具栏

工具栏是一组图标型工具集合，工具栏的每个图标都形象地显示出了该工具的作用。AutoCAD 2016 提供了 50 余种已命名的工具。有熟悉使用 AutoCAD 经典界面的用户，可以通过调用所需工具栏来自定义空间，调用工具栏的方法有以下几种。

➢ 菜单栏：选择“工具”｜“工具栏”｜AutoCAD 命令，如图 1-36 所示。
➢ 快捷键：在任意工具栏上右击，在弹出的快捷菜单中进行相应的选择，如图 1-37 所示。

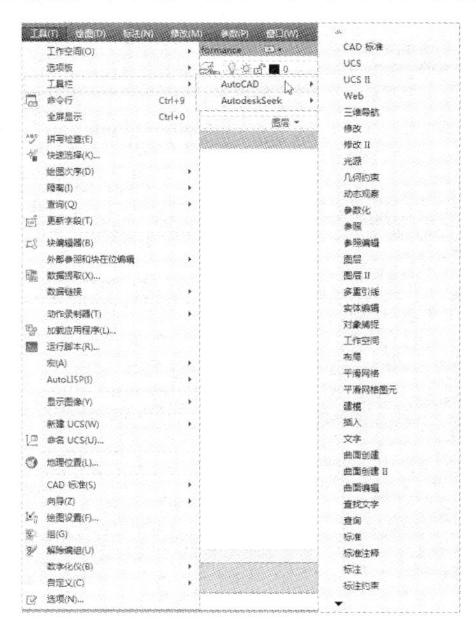

图 1-36 “工具栏”菜单

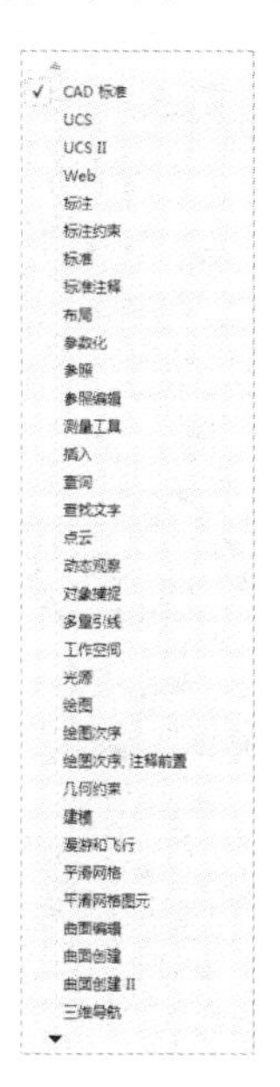

图 1-37 快捷菜单

1.4.6 标签栏

文件标签栏位于绘图窗口上方，每个打开的图形文件都会在标签栏显示一个标签，单击文件标签，即可快速切换至相应的图形文件窗口，如图 1-38 所示。

将 AutoCAD 2016 的标签栏中“新建选项卡”图形文件选项卡重命名为“开始”，并在创建和打开其他图形时保持显示。单击标签上的 × 按钮，可以关闭该文件；单击标签栏右侧的 + 按钮，可以快速新建文件；右击标签栏空白处，会弹出快捷菜单（见图 1-39），可以选择“新建”“打开”“全部保存”和“全部关闭”命令。

图 1-38 标签栏

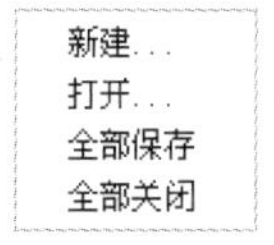

图 1-39 快捷菜单

1.4.7 绘图窗口

“绘图窗口”又常被称为“绘图区域”，是绘图的焦点区域，绘图的核心操作和图形显示都在该区域中。在绘图窗口中有 4 个工具需要注意，分别是光标、坐标系图标、ViewCube 工具和视口控件，如图 1-40 所示。其中视口控件显示在每个视口的左上角，提供更改视图、视觉样式和其他设置的便捷操作方式，视口控件的 3 个标签将显示当前视口的相关设置。注意，当前文件选项卡决定了当前绘图窗口显示的内容。

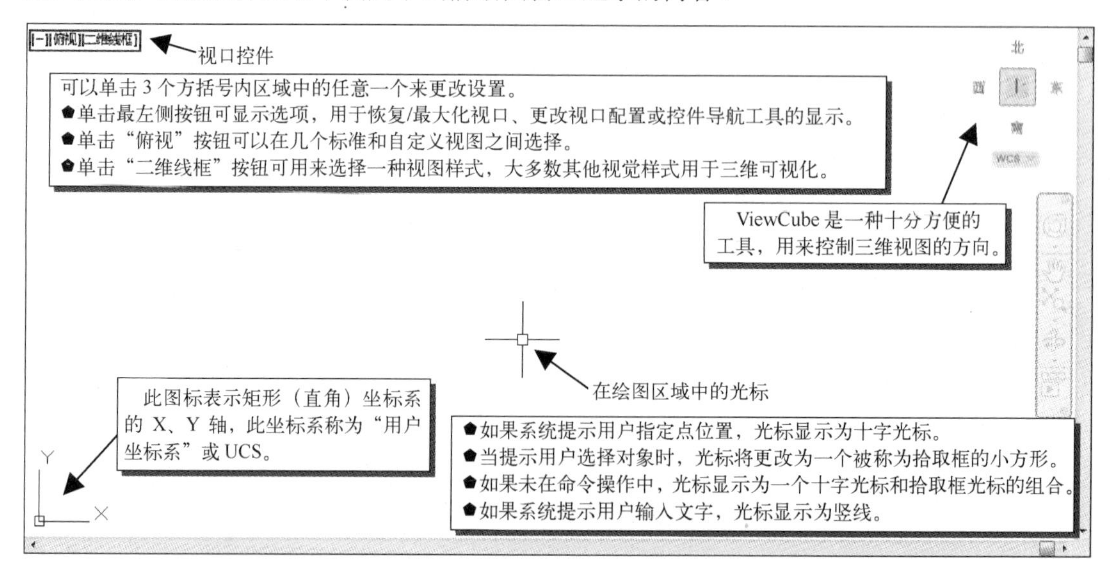

图 1-40　绘图区域中 4 个工具

提示：图形窗口左上角有 3 个快捷功能控件，可以快速修改图形的视图方向和视觉样式，如图 1-41 所示。

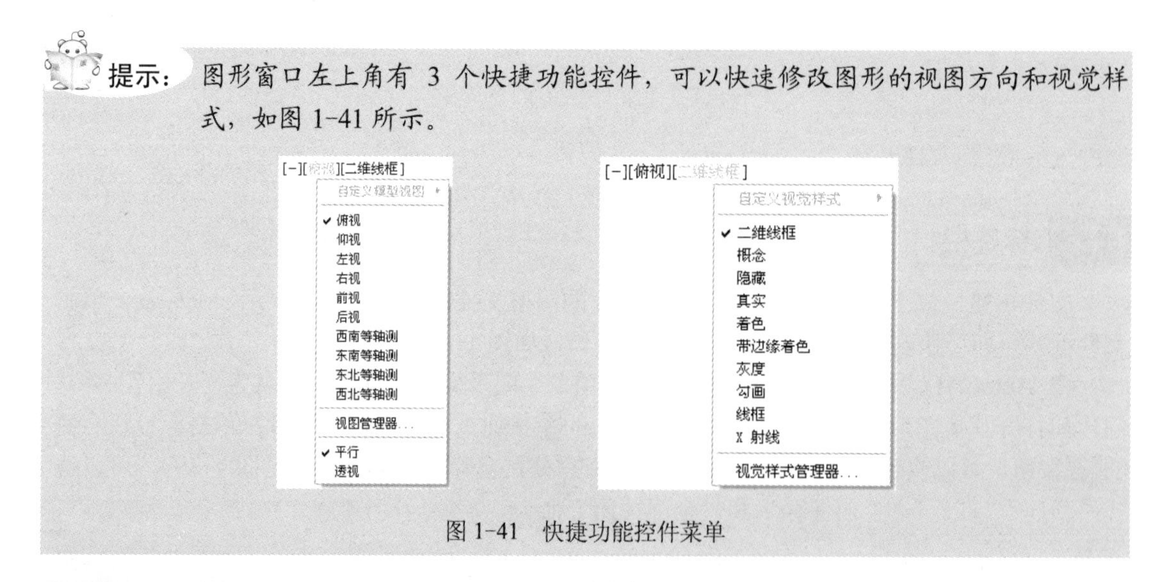

图 1-41　快捷功能控件菜单

1.4.8 命令行与文本窗口

命令行窗口位于绘图窗口的底部，用于接收输入的命令，并显示 AutoCAD 提示信息。

在 AutoCAD 2016 中，命令行可以拖动为浮动窗口，如图 1-42 所示。命令行窗口中间有一条水平分界线，它将命令行窗口分成两个部分——命令行和命令历史窗口。位于水平线下方的为“命令行”，它用于接收用户输入的命令，并显示 AutoCAD 提示信息；位于水平线上方的为“命令历史窗口”，它含有 AutoCAD 启动后所用过的全部命令及提示信息，该窗口有垂直滚动条，可以上下滚动查看以前用过的命令。

指定矩形的标高 <0.0000>:
指定第一个角点或 [倒角(C)/标高(E)/圆角(F)/厚度(T)/宽度(W)]: *取消*
键入命令

图 1-42　命令行浮动窗口

提示：将光标移至命令历史窗口的上边缘，按住鼠标左键向上拖动即可增加命令窗口的高度。在实际工作中通常除了可以调整命令行的大小与位置外，在其窗口内右击，在弹出的快捷菜单中选择“选项”命令，在弹出的“选项”对话框中单击“字体”按钮，还可以调整命令行内文字字体、字形和大小，如图 1-43 所示。

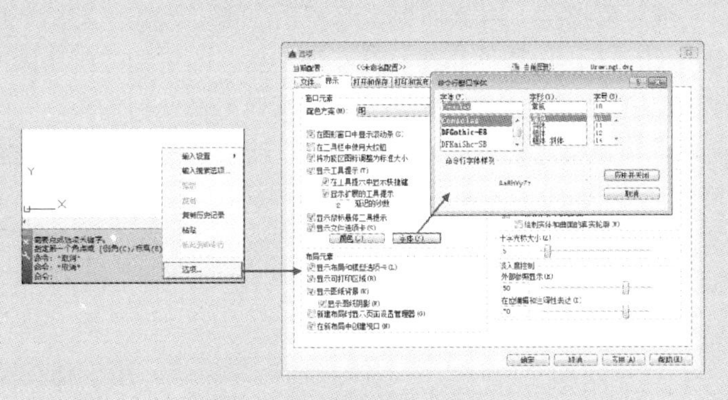

图 1-43　调整命令行字体

AutoCAD 文本窗口是记录 AutoCAD 命令的窗口，是放大的命令行窗口。文本窗口在默认界面中没有直接显示，需通过执行 TEXTSCR 命令或按“F2”键来打开文本窗口，再次按“F2”键即可关闭文本窗口，如图 1-44 所示，记录了文档进行的所有编辑操作。

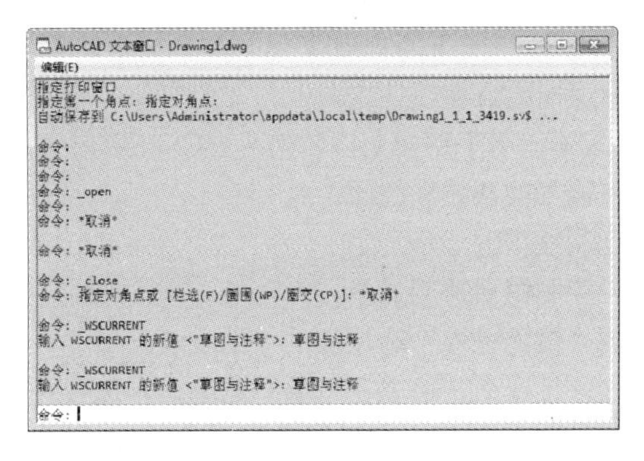

图 1-44　AutoCAD 文本窗口

1.4.9 状态栏

状态栏用来显示 AutoCAD 当前的状态，如对象捕捉、极轴追踪等命令的工作状态。同时，AutoCAD 2016 将之前的模型布局标签栏和状态栏合并在一起，并且取消显示当前光标位置，如图 1-45 所示。

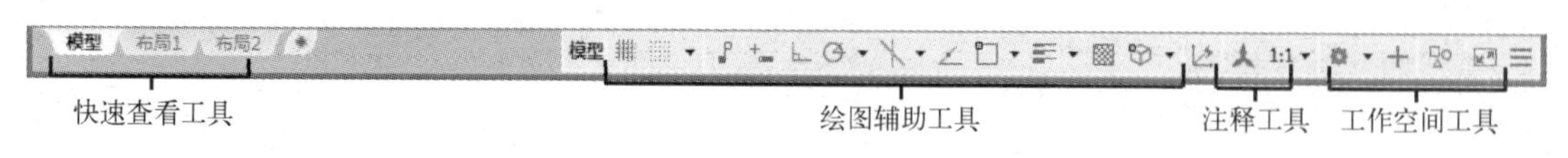

图 1-45 状态栏

1．快速查看工具

使用其中的工具可以快速预览打开的图形，打开图形的模型空间与布局，以及在其中切换图形，使之以缩略图形式显示在应用程序窗口的底部。

2．绘图辅助工具

主要用于控制绘图的性能，其中包括推断约束、捕捉模式、栅格显示、正交模式、极轴追踪、对象捕捉、三维对象捕捉、对象捕捉追踪、允许/禁止动态 UCS、动态输入、显示/隐藏线宽、显示/隐藏透明度、快捷特性和选择循环等工具。各工具按钮具体说明如下。

- 推断约束：该按钮用于创建和编辑几何图形时推断几何约束。
- 捕捉模式：该按钮用于开启或者关闭捕捉。捕捉模式可以使光标能够很容易地抓取到每一个栅格上的点。
- 栅格显示：该按钮用于开启或者关闭栅格的显示。栅格即图幅的显示范围。
- 正交模式：该按钮用于开启或者关闭正交模式。正交即光标只能沿 X 轴或者 Y 轴方向移动，不能画斜线。
- 极轴追踪：该按钮用于开启或者关闭极轴追踪模式。用于捕捉和绘制与起点水平线成一定角度的线段。
- 二维对象捕捉：该按钮用于开启或者关闭对象捕捉。对象捕捉能使光标在接近某些特殊点的时候能够自动指引到那些特殊的点。
- 三维对象捕捉：该按钮用于开启或者关闭三维对象捕捉。对象捕捉能使光标在接近三维对象某些特殊点的时候能够自动指引到那些特殊的点。
- 对象捕捉追踪：该按钮用于开启或者关闭对象捕捉追踪。该功能和对象捕捉功能一起使用，用于追踪捕捉点在线性方向上与其他对象的特殊点的交点。
- 允许/禁止动态 UCS：用于切换允许和禁止 UCS（用户坐标系）。
- 动态输入：动态输入的开始和关闭。
- 线宽：该按钮控制线框的显示。
- 透明度：该按钮控制图形透明显示。
- 快捷特性：控制“快捷特性”选项板的禁用或者开启。
- 选择循环：开启该按钮后，可以在重叠对象上显示选择对象。
- 注释监视器：开启该按钮后，一旦发生模型文档编辑或更新事件，注释监视器会自动显示。
- 模型：用于模型与图纸之间的转换。

3．注释工具

用于显示缩放注释的若干工具。对于不同的模型空间和图纸空间，将显示相应的工具。当图形状态栏打开后，将显示在绘图区域的底部；当图形状态栏关闭时，将移至应用程序状态栏。

- 注释比例 1:1：可通过此按钮调整注释对象的缩放比例。
- 注释可见性：单击该按钮，可选择仅显示当前比例的注释或是显示所有比例的注释。

4．工作空间工具

用于切换 AutoCAD 2016 的工作空间，以及进行自定义工作空间等操作。

- 切换工作空间：切换绘图空间，可通过此按钮切换 AutoCAD 2016 的工作空间。
- 硬件加速：用于在绘制图形时通过硬件的支持提高绘图性能，如刷新频率。
- 隔离对象：当需要对大型图形的个别区域进行重点操作，并需要显示或临时隐藏和显示选定的对象。
- 全屏显示：AutoCAD 2016 的全屏显示或者退出。
- 自定义：单击该按钮，可以对当前状态栏中的按钮进行添加或删除，以方便管理。

1.5 AutoCAD 命令调用的方法

命令是 AutoCAD 用户与软件交换信息的重要方式，在 AutoCAD 2016 中，执行命令的方式比较灵活，有通过键盘输入、功能区、工具栏、下拉菜单栏、快捷菜单等几种调用命令的方法。

1.5.1 使用菜单栏调用的方法

菜单栏调用是 AutoCAD 2016 提供的功能最全、最强大的命令调用方法。AutoCAD 中的绝大多数常用命令都分门别类地放置在菜单栏中。例如，若需要在菜单栏中调用“多边形”命令，选择“绘图”|“多边形”命令即可，如图 1-46 所示。

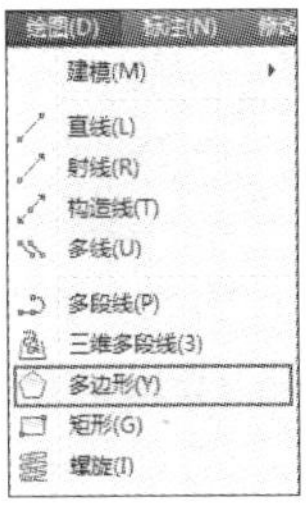

图 1-46　菜单栏调用“多边形”命令

1.5.2 使用功能区调用的方法

3 个工作空间都是以功能区作为调整命令的主要方式。相比其他调用命令的方法，功能区调用命令更为直观，非常适合不能熟记绘图命令的 AutoCAD 初学者。

功能区使绘图界面无须显示多个工具栏，系统会自动显示与当前绘图操作相应的面板，从而使应用程序窗口更加整洁。因此，可以将进行操作的区域最大化，使用单个界面来加快和简化工作，如图 1-47 所示。

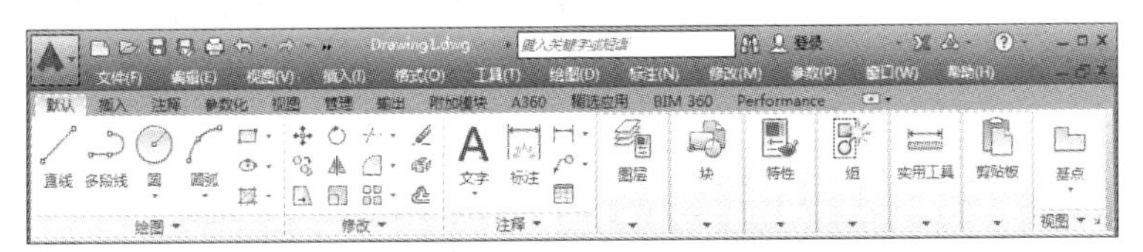

图 1-47　功能区面板

1.5.3 使用工具栏按钮调用的方法

与菜单栏一样，工具栏不显示于 3 个工作空间中，需要通过选择“工具”|“工具栏”|AutoCAD 命令调出。单击工具栏中的按钮，即可执行相应的命令。用户可以在其他工作空间绘图，也可以根据实际需要调出工具栏，如 UCS、“三维导航”“建模”“视图”和“视口”等。

技巧： 为了获取更多的绘图空间，可以按住快捷键〈Ctrl+0〉隐藏工具栏，再按一次即可重新显示。

1.5.4 命令行输入的方法

使用命令行输入命令是 AutoCAD 的一大特色功能，同时也是最快捷的绘图方式。这就要求用户熟记各种绘图命令，一般对 AutoCAD 比较熟悉的用户都用此方式绘制图形，因为这样可以大大提高绘图的速度和效率。

AutoCAD 绝大多数命令都有其相应的简写方式。如“直线”命令 LINE 的简写方式是 L，“矩形”命令 RECTANGLE 的简写方式是 REC，如图 1-48 所示。对于常用的命令，用简写方式输入将大大减少键盘输入的工作量，提高工作效率。另外，AutoCAD 对命令或参数输入不区分大小写，因此操作者不必考虑输入的大小写。

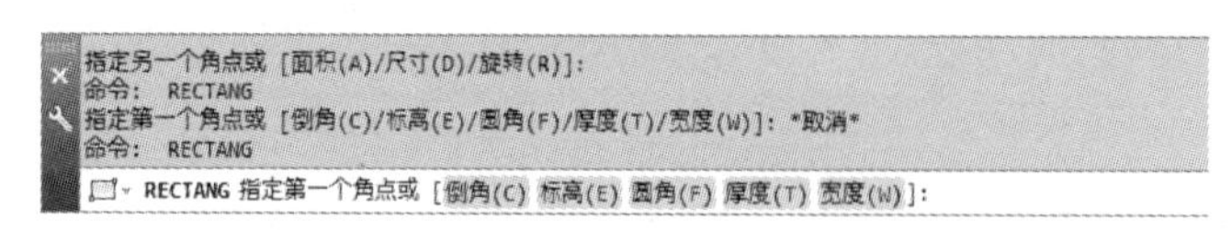

图 1-48 命令行调用“矩形”命令

在命令行输入命令后，可以使用以下方法响应其他任何提示和选项。

- 要接受显示在尖括号“< >”中的默认选项，则按〈Enter〉键。
- 要响应提示，则输入值或单击图形中的某个位置。
- 要指定提示选项，可以在提示列表（命令行）中输入所需提示选项对应的亮显字母，然后按〈Enter〉键。也可以使用鼠标单击选择所需要的选项，如图 1-48 所示，在命令行中单击选择“倒角（C）”选项，等同于在此命令行提示下输入 C 并按〈Enter〉键。

1.5.5 案例——调用命令绘制图形

本案例通过绘制如图 1-53 所示的图形，以练习命令调用的方法。

步骤 1 新建文件。单击快速访问工具栏中的“新建”按钮，新建空白文件。

步骤 2 绘制正三角形。单击“绘图”面板中的“多边形”按钮，在绘图区任意位置绘制一个外接圆半径为 30 的正三角形，如图 1-49 所示，命令行操作如下。

```
命令: _polygon                                    //面板调用“多边形”命令
输入侧面数 <3>: 3                                  //输入正多边形的边数
指定正多边形的中心点或 [边(E)]:                      //在任意制定绘图区内一点为中心点
输入选项 [内接于圆(I)/外切于圆(C)] <C>: C↙            //默认“外接于圆”选项
```

指定圆的半径:30↙ //制定外接半径，按〈Enter〉键完成正三角的绘制

步骤 3 在状态栏中的“对象捕捉”按钮上右击，在弹出的快捷菜单中开启“中点”“端点”“圆心”和“象限点”捕捉模式。

步骤 4 绘制圆。在命令行中输入 C（圆）命令并按〈Enter〉键，以之前绘制的三角形各顶点为圆心，再捕捉三角形各边的中点，绘制 3 个半径相等的圆，如图 1-50 和图 1-51 所示，命令行提示如下。

命令: C↙ circle //命令行调用“圆”命令
指定圆的圆心或 [三点(3P)/两点(2P)/切点、切点、半径(T)]: //指定三角形的顶点为圆心
指定圆的半径或 [直径(D)] <103.9230>: //以正三角形边的中点为半径绘制圆
…… //重复以上步骤绘制圆

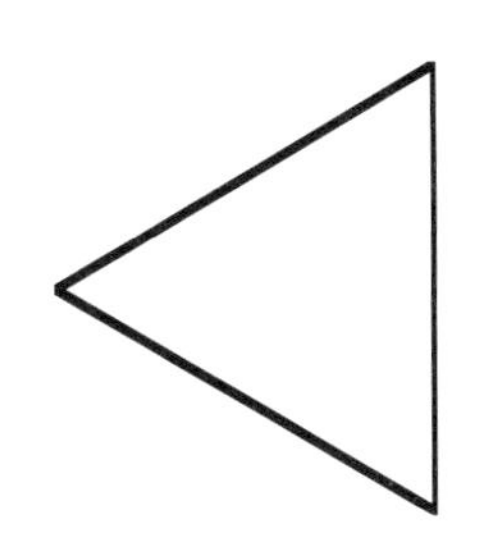

图 1-49 绘制正三角形

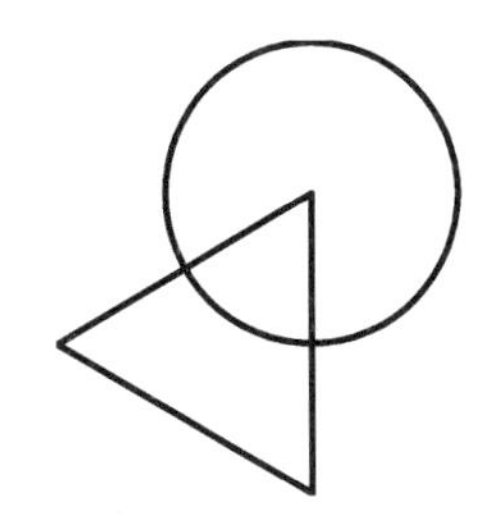

图 1-50 绘制圆

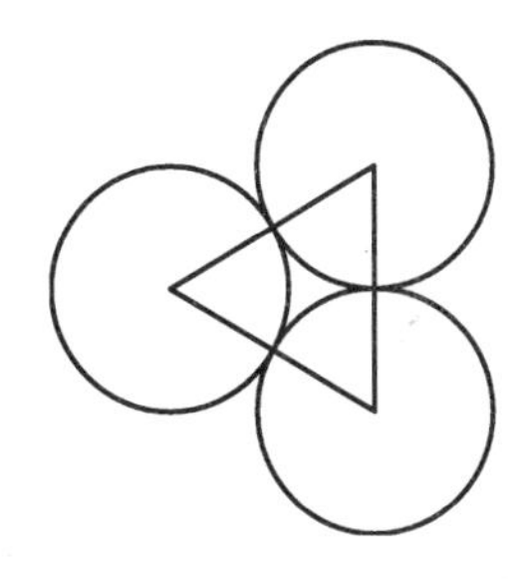

图 1-51 绘制其他顶点圆

步骤 5 镜像复制圆。选择右侧的两个圆，单击“修改”面板中的“镜像”按钮，以过三角形顶点的垂直线为镜像线，镜像复制图形，如图 1-52 所示。

命令: _mirror 找到 2 个 //面板调用“镜像”命令
指定镜像线的第一点: //选择三角形的顶点
指定镜像线的第二点: //选择顶点垂直线上任意一点
要删除源对象吗? [是(Y)/否(N)] <否>: //选择不删除源对象，按〈Enter〉键完成镜像

步骤 6 绘制外轮廓矩形。在命令行中输入 REC（矩形）命令并按〈Enter〉键，捕捉对角的 4 个圆的象限点绘制矩形，并删除多余的三角形，如图 1-53 所示，命令行提示如下。

命令: REC↙ RECTANG //命令行调用“矩形”命令
指定第一个角点或 [倒角(C)/标高(E)/圆角(F)/厚度(T)/宽度(W)]: //捕捉左上角两个圆的象限点的交点并单击确定第一点
指定另一个角点或 [面积(A)/尺寸(D)/旋转(R)]: //捕捉右下角两个圆的象限点的交点并单击确定第二点，完成矩形的绘制

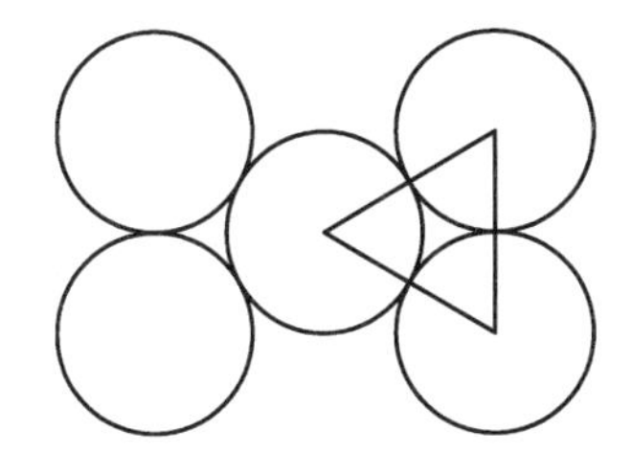

图 1-52 镜像复制圆

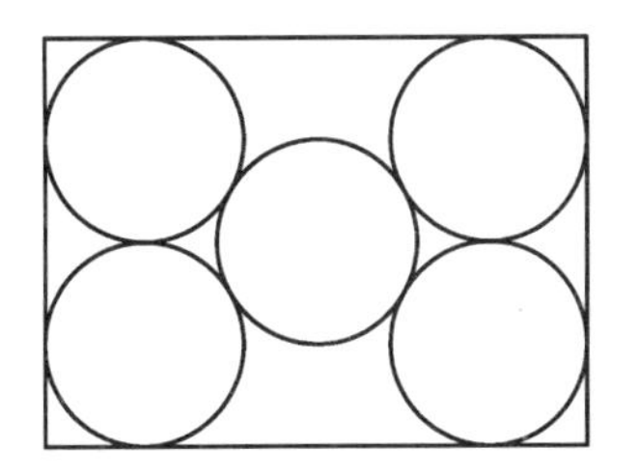

图 1-53 完成效果

1.6 AutoCAD 文件管理

AutoCAD 2016 图形文件的基本操作主要包括新建文件、打开文件、保存文件及输出文件等。

1.6.1 新建文件

当启动 AutoCAD 2016 后，如果用户需要绘制一个新的图形，则需要使用“新建”命令。启动“新建”命令有以下几种方式。

- 应用程序：单击“应用程序”按钮，在展开的菜单中选择“新建”命令。
- 快速访问工具栏：单击快速访问工具栏中的“新建”按钮。
- 菜单栏：选择“文件” | “新建”命令。
- 标签栏：单击标签栏上的按钮。
- 快捷键：按〈Ctrl+N〉组合键。
- 命令行：在命令行中输入 NEW | QNEW 命令。

执行“新建”命令后，系统自动弹出如图 1-54 所示的“选择样板”对话框。用户可以选择所需要的样板文件，单击“打开”按钮，即可创建一个新图形文件。

AutoCAD 为用户提供了以“无样板”方式创建绘图文件的功能。在“选择样板”对话框中单击“打开”按钮右侧的下三角按钮，打开如图 1-55 所示的下拉菜单，在其中选择“无样板打开-公制”命令，即可快速创建一个公制单位的绘图文件。

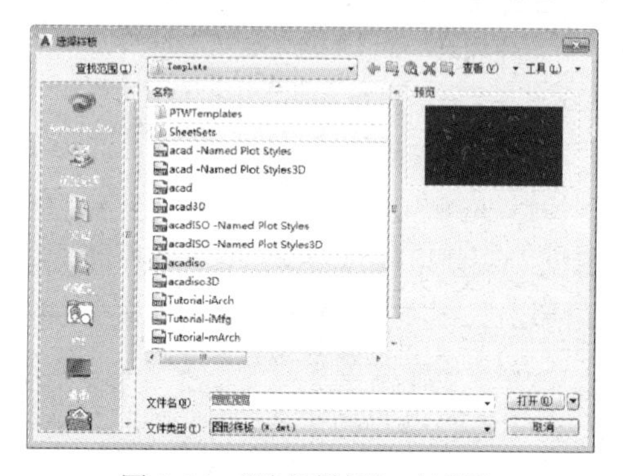

图 1-54 “选择样板”对话框

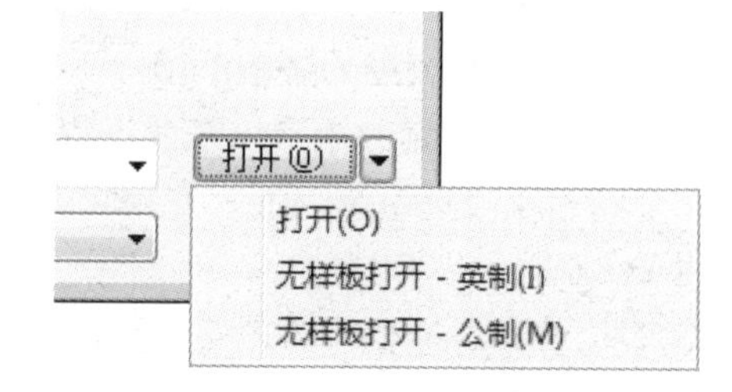

图 1-55 无样板打开设置

1.6.2 打开文件

AutoCAD 文件的打开方式有很多种，下面介绍常见的几种。

- 应用程序：单击“应用程序”按钮，在展开的菜单中选择“打开”命令。
- 快速访问工具栏：单击快速访问工具栏中的“打开”按钮。
- 菜单栏：选择“文件” | “打开”命令。
- 标签栏：在标签栏空白位置右击，在弹出的快捷菜单中选择“打开”命令。
- 快捷键：按〈Ctrl+O〉组合键。
- 命令行：在命令行中输入 OPEN | QOPEN 命令。

执行以上操作都会弹出“选择文件”对话框，该对话框用于选择已有的 AutoCAD 图形，单击“打开”按钮后的三角下拉按钮，在打开的下拉菜单中可以选择不同的打开方式，如图 1-56 所示。

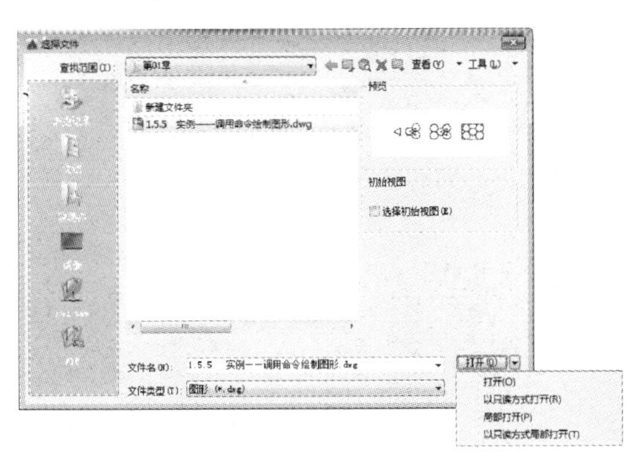

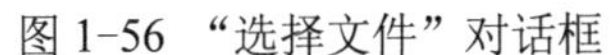

图 1-56 “选择文件”对话框

1.6.3 保存文件

保存文件不仅是将新绘制的或修改好的图形文件进行存盘，以便以后对图形进行查看、使用或修改、编辑等操作，还包括在绘制图形的过程中随时对图形进行保存，以避免意外情况发生而导致文件丢失或不完整。

1. 保存新的图形文件

保存新文件就是对新绘制还没保存过的文件进行保存。常用的保存图形方法有以下几种。

- 应用程序：单击“应用程序”按钮，在展开的菜单中选择“保存”命令。
- 快速访问工具栏：单击快速访问工具栏中的“保存”按钮。
- 菜单栏：选择“文件”|“保存”命令。
- 快捷键：按〈Ctrl+S〉组合键。
- 命令行：在命令行中输入 SAVE | QSAVE。

图 1-57 “图形另存为”对话框

执行“保存”命令后，系统弹出如图 1-57 所示的“图形另存为”对话框。在此对话框中，可以进行如下操作。

- 设置存盘路径。单击上面的“保存于”下拉按钮，在展开的下拉列表框中设置存盘路径。
- 设置文件名。在“文件名”文本框中输入文件名称，如“我的文档”等。
- 设置文件格式。单击对话框底部的“文件类型”下拉按钮，在展开的下拉列表框中设置文件的格式类型。

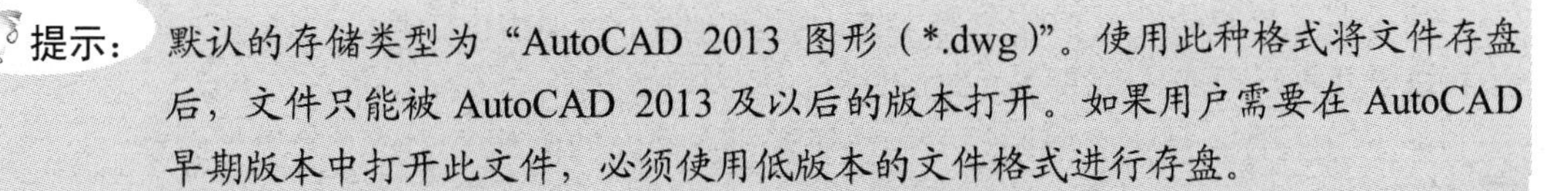

提示：默认的存储类型为“AutoCAD 2013 图形（*.dwg）”。使用此种格式将文件存盘后，文件只能被 AutoCAD 2013 及以后的版本打开。如果用户需要在 AutoCAD 早期版本中打开此文件，必须使用低版本的文件格式进行存盘。

2．另存为其他文件

当用户在已存盘的图形基础上进行了其他修改工作，又不想覆盖原来的图形，可以使用“另存为”命令，将修改后的图形以不同图形文件进行存盘。常用的“另存为”方法有以下几种。

- 应用程序：单击“应用程序”按钮，在展开的菜单中选择“另存为”命令。
- 快速访问工具栏：单击快速访问工具栏“另存为”按钮。
- 菜单栏：选择“文件”|“另存为”命令。
- 快捷键：按〈Ctrl+Shift+S〉组合键。
- 命令行：在命令行中输入 SAVE As。

3．定时保存图形文件

此外，还有一种比较好的保存文件的方法，即定时保存图形文件，可以免去随时手动保存的麻烦。设置定时保存后，系统会在一定的时间间隔内自动保存当前所编辑的文件内容。

1.6.4 案例——定时保存图形文件

步骤 1 在命令行中输入 OP（选项）命令并按〈Enter〉键，系统弹出“选项”对话框，如图 1-58 所示。

步骤 2 选择“打开和保存”选项卡，在“文件安全措施”选项组中选择“自动保存”复选框，根据需要在下面的文本框中输入合适的间隔时间和保存方式，如图 1-59 所示。

步骤 3 单击“确定”按钮，关闭对话框，定时保存设置即可生效。

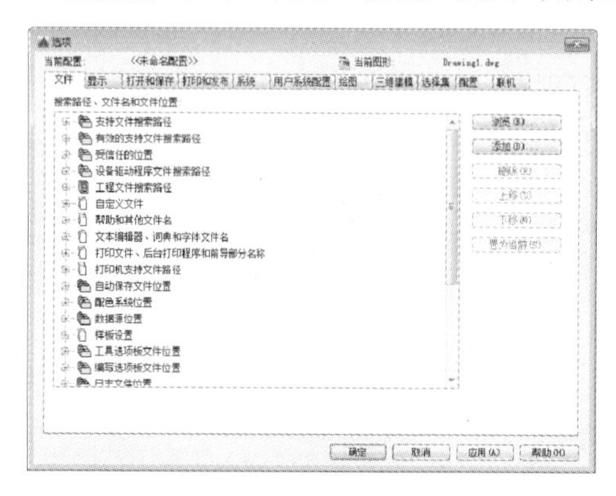

图 1-58 “选项”对话框

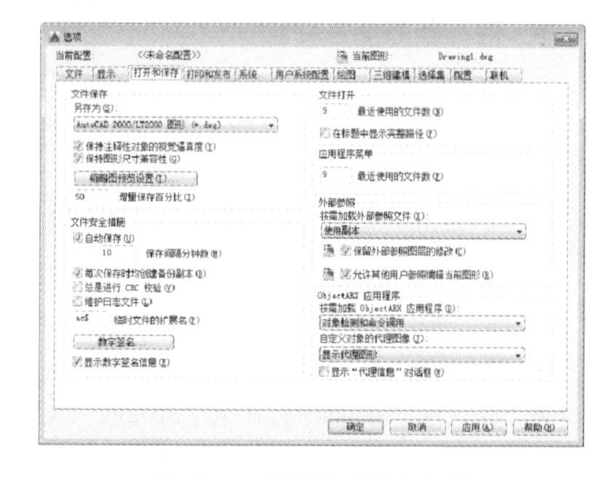

图 1-59 设置定时保存文件

提示：定时保存的时间间隔不宜设置得过短，这样会影响软件正常使用；也不宜设置得过长，这样不利于实时保存，一般设置在 10 分钟左右较为合适。

1.6.5 关闭文件

为了避免同时打开过多的图形文件，需要关闭不再使用的文件，选择“关闭”命令的方法有以下几种。

- 应用程序：单击“应用程序”按钮，在展开的菜单中选择“关闭”命令。

- 菜单栏：选择“文件”|“关闭”命令。
- 文件窗口：单击文件窗口上的“关闭”按钮。注意不是软件窗口的“关闭”按钮，否则会退出软件。
- 标签栏：单击文件标签栏上的“关闭”按钮。
- 快捷键：按〈Ctrl+F4〉组合键。
- 命令行：在命令行中输入 CLOSE 并按〈Enter〉键。

执行该命令后，如果当前图形文件没有保存，那么关闭该图形文件时系统将提示是否需要保存修改。

1.6.6 查找文件

在使用 AutoCAD 的过程中，很多初学者不知道在什么地方找到自动保存的文件。在“选项”对话框中选择“文件”选项卡，在“搜索路径、文件和文件位置”列表框中有“自动保存文件位置”选项，展开此选项，便可以看到文件的默认保存路径（C：\Documents and settings\Administrator\Local Settings\Temp，其中 Administrator 是指系统用户名），如图 1-60 所示。

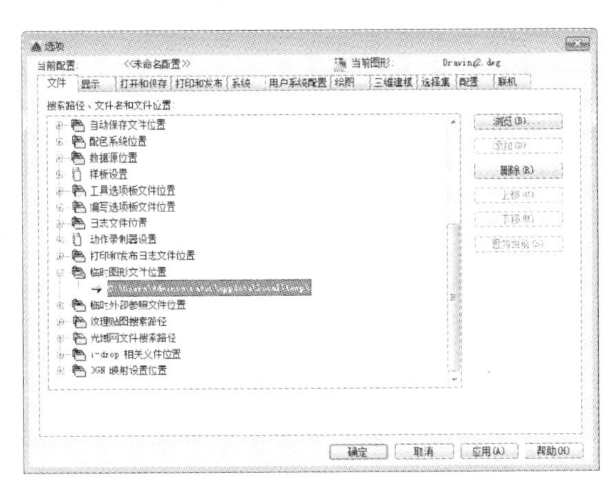

图 1-60　查找文件保存路径

虽然设置了自动保存，但一旦文件出错或丢失，初学者就不知道如何从备份文件中恢复图形。在 AutoCAD 中自动保存的文件是具有隐藏属性的文件，所以需要将隐藏的文件显示出来。

1.6.7 案例——显示隐藏的文件

步骤 1 首先打开“计算机”窗口，选择“工具”|“文件夹选项”命令，如图 1-61 所示。

步骤 2 在弹出的“文件夹选项”对话框中选择“查看”选项卡，在“高级设置”列表框中选择“显示所有文件和文件夹”单选按钮，取消选择“隐藏已知文件类型的扩展名”复选框，然后单击“确定”按钮，如图 1-62 所示，便会将具有隐藏属性的备份文件显示出来，同时显示出文件的扩展名。

图 1-61 找到文件夹选项

图 1-62 显示隐藏项

步骤 3 找到自动保存的文件，此时，AutoCAD 自动保存的临时文件扩展名为“*.sv$”，不能直接用 AutoCAD 将文件打开，需将其扩展名改为“*.dwg”才能打开，如图 1-63 所示。

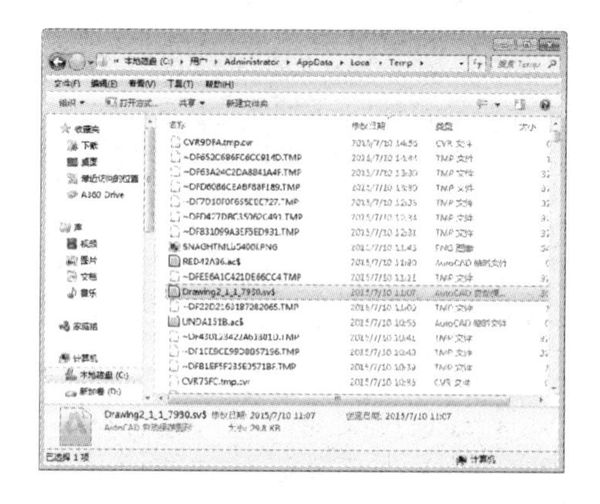

图 1-63 更改扩展名

1.6.8 输出文件

AutoCAD 拥有强大、方便的绘图能力，有时候利用其绘图后，需要将绘图的结果用于其他程序，在这种情况下，需要将 AutoCAD 图形输出为通用格式的图像文件。“输出”文件的方法有以下几种。

- 应用程序：单击“应用程序”按钮，在展开的菜单中选择“输出”命令。
- 菜单栏：选择“文件”|“输出”命令。
- 功能区：在“输出”选项卡中，单击“输出为 DWF/PDF”面板中的“输出”按钮。
- 命令行：在命令行中输入 EXPORT/EXP 命令。

1.6.9 案例——输出文件

通过输出“IGES（*.igs）”格式的案例，读者可以熟练掌握输出文件的方法和过程。IGES 解决了数据在不同的 CAD/CAM 间进行传递的问题，它定义了一套表示 CAD/CAM 系统中常用的几何和非几何数据格式，以及相应的文件结构，用这些格式表示的产品定义数据可以通过多种物理介质进行交换。

步骤 1 单击快速访问工具栏中的“打开”按钮，打开配套光盘中提供的“第 01 章\1.6.9 输出文件.dwg”素材文件，如图 1-64 所示。

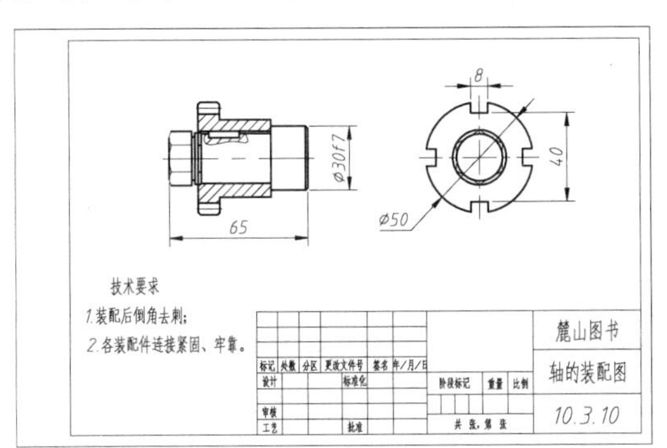

图 1-64 素材文件

步骤 2 单击“应用程序”按钮，在展开的菜单中选择“输出” | “其他格式”命令。系统弹出“输出数据”对话框，在该对话框的“文件类型”下拉列表框中选择“IGES (*.igs)”类型，如图 1-65 与图 1-66 所示。

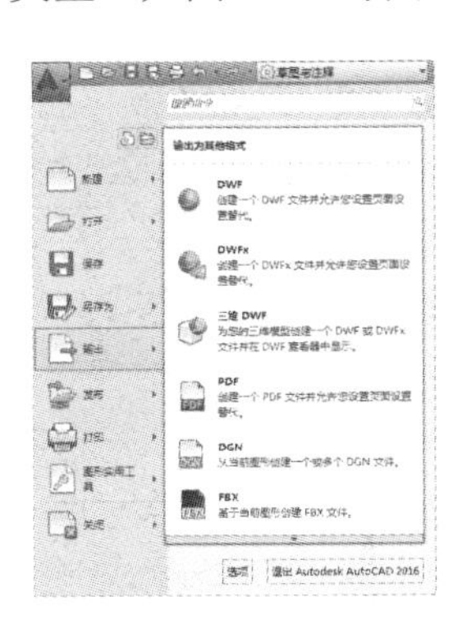

图 1-65 选择“输出” | “其他格式”命令

图 1-66 选择文件类型

步骤 3 单击“保存”按钮，在绘图区选择要输出的图形，按〈Enter〉键，开始文件输出。文件输出完成后，界面右下角会弹出如图 1-67 所示的提示信息，表示完成图形的输出。

图 1-67 文件输出提示

1.6.10 清理文件

有时为了给图形文件“减肥”（减小文件所占的存储空间），需要使用“清理”命令，将文件内部一些无用的垃圾资源（如图层、样式和块等）清理掉。执行“清理”命令主要有以下两种方式。

- 菜单栏：选择“文件”｜“图形实用程序”｜“清理”命令。
- 命令行：在命令行中输入 Purge/PU 命令。

激活“清理”命令后，系统将自动弹出如图 1-68 所示的“清理”对话框。如果用户需要清理文件中所有未使用的垃圾项目，可以单击对话框底部的“全部清理”按钮。

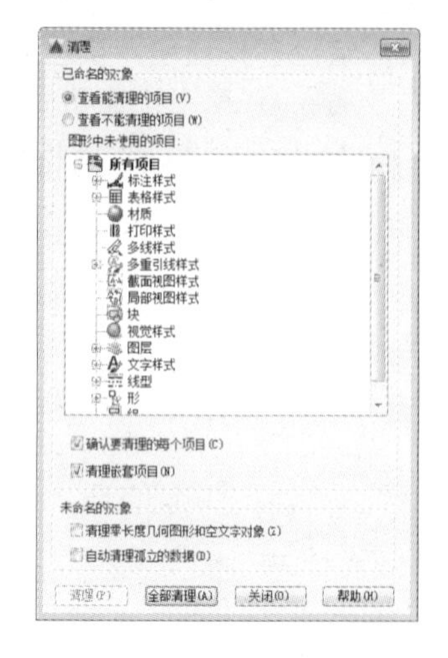

图 1-68 “清理”对话框

1.7 设置 AutoCAD 工作环境

为了提高个人的工作效率，在使用 AutoCAD 进行绘图之前，可以先对 AutoCAD 的绘图环境进行设置，以适合用户自己习惯的操作环境。设置绘图环境包括对图形界限的设置、对图形单位的设置、改变绘图区的颜色、绘图系统的配置和设置图形显示精度等。

1.7.1 设置图形界限

用来绘制工程图的图纸通常有 A0～A5 共 6 种规格，一般称 0～5 号图纸。在 AutoCAD 中与图纸的大小相关的设置就是绘图界限，设置绘图界限的大小应与选定的图纸相等。

调用“图形界限”命令常用以下两种方法。

- 菜单栏：选择“格式”｜“图形界限”命令。
- 命令行：在命令行中输入 LIMITS 命令。

1.7.2 案例——设置 A3 图形界限

下面以设置 A3 大小图形界限为例，介绍绘图界限的设置方法，具体操作步骤如下。

步骤 1 单击快速访问工具栏中的“新建”按钮，新建图形文件。

步骤 2 在命令行中输入 LIMITS（图形界限）命令并按〈Enter〉键，设置图形界限，命令行操作过程如下。

命令：LIMITS↙　　　　//调用“图形界限”命令

重新设置模型空间界限:

指定左下角点或[开(ON)/关(OFF)]<0.000,0.000>:↙//按〈Enter〉键默认坐标原点为图形界限的左下角点。

指定右上角点:420.000，297.000↙　　　　//输入图纸长度和宽度值，按〈Enter〉键确定,再按〈Esc〉键退出，完成图形界限设置

步骤 3 再双击鼠标滚轮，使图形界限最大化显示在绘图区域中，然后单击状态栏中的“栅格显示”按钮，即可直观地观察到图形界限范围。

步骤 4 结束上述操作后，显示超出界限的栅格。此时可在“栅格显示”按钮上右击，在弹出的快捷菜单中选择“设置”命令，弹出如图 1-69 所示的“草图设置”对话框，取消选择“显示超出界限的栅格”复选框。单击“确定”按钮退出，结果如图 1-70 所示。

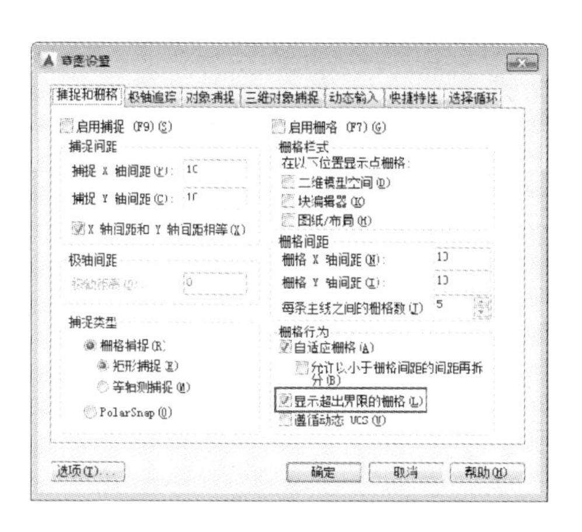

图 1-69 “草图设置”对话框

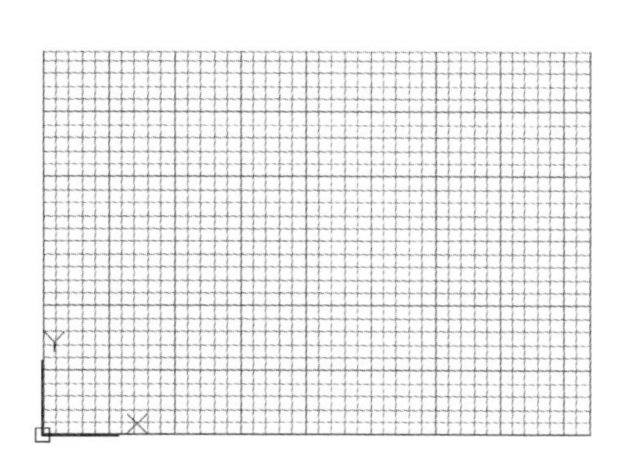

图 1-70 取消超出界限栅格显示

提示：如果将界限检查功能设置为“关闭（OFF）”状态，绘制图形时则不受设置的绘图界限的限制。如果将绘图界限检查功能设置为“开启（ON）”状态，绘制图形时在绘图界限之外将受到限制。

1.7.3 设置图形单位

AutoCAD 使用的图形单位包括毫米、厘米、英尺和英寸等十几种，可供不同行业的绘图需要。在绘制图形前，一般需要先设置绘图单位，比如将绘图比例设置为 1∶1，则所有图形的尺寸都会按照实际绘制尺寸来标出。设置绘图单位，主要包括长度和角度的类型、精度和起始方向等内容。

在 AutoCAD 中，启动设置图形单位的方法有以下两种。

- 菜单栏：选择“格式”|“单位”命令。
- 命令行：在命令行中输入 UNITS/UN 命令。

执行以上任意一种操作后，系统将弹出如图 1-71 所示的“图形单位”对话框。该对话框中各选项的含义如下。

- “长度”选项组：用于设置长度单位的类型和精确度。在“类型”下拉列表框中可以选择当前测量单位的格式；在“精度”下拉列表框中，可以选择当前长度单位的精确度。
- “角度”选项组：用于控制角度单位的类型和精确度。在“类型”下拉列表框中可以选择当前角度单位的格式类型；在“精度”下拉列表框中可以选择当前角度单位的精确度；“顺时针”复选框用于控制角度增度量的正负方向。
- “插入时的缩放单位”选项组：用于选择插入块时的单位，也是当前绘图环境的尺寸单位。
- “方向”按钮：用于设置角度方向。单击该按钮，将弹出如图 1-72 所示的“方向控制”对话框，在其中可以设置基准角度和角度方向，当选择“其他”单选按钮后，下方的“角度”按钮才可用。

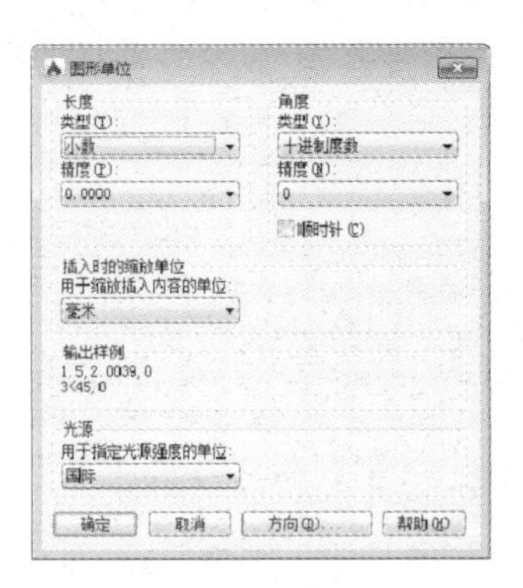

图 1-71 “图形单位”对话框

图 1-72 “方向控制”对话框

提示：毫米（mm）是国内工程绘图领域最常用的绘图单位，AutoCAD 默认的绘图单位也是毫米（mm），所以有时候可以省略图形单位设置这一步骤。

1.7.4 设置绘图区颜色

在 AutoCAD 中，用户可以根据个人的习惯设置环境的颜色，从而使工作环境更舒服。例如，首次启动 AutoCAD 时，绘图区的颜色为深蓝色，用户也可以根据自己的喜好和习惯来设置绘图区的颜色。

1.7.5 案例——设置绘图区颜色

步骤 1 选择“工具”｜“选项”命令，或输入并执行 OP（选项）命令，弹出“选项”对话框，在“显示”选项卡中单击“窗口元素”选项组中的“颜色”按钮，如图 1-73 所示。

步骤 2 在弹出的“图形窗口颜色”对话框中依次选择“二维模型空间”和“统一背景”选项，然后在右上方的“颜色”下拉列表框中选择“白”选项，如图 1-74 所示。

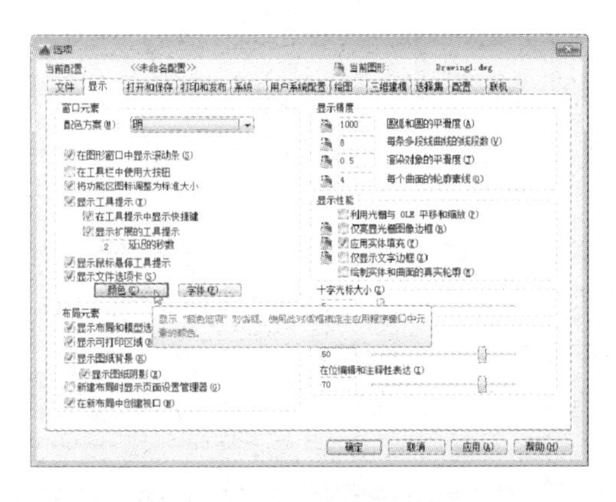

图 1-73 单击“颜色”按钮

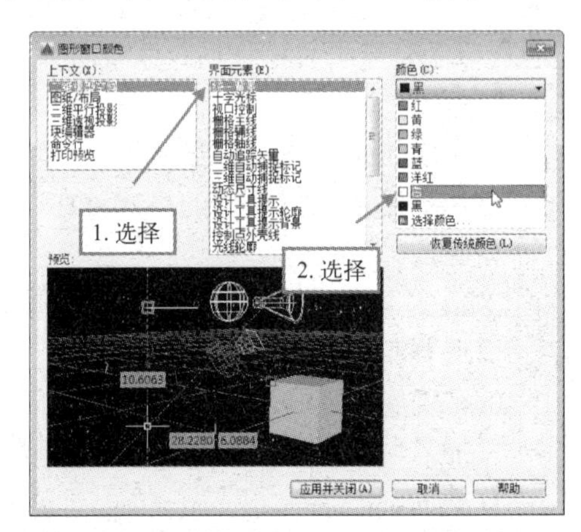

图 1-74 设置背景颜色

步骤 3 单击“应用并关闭”按钮，返回“选项”对话框，单击“确定”按钮，即可将绘图区背景颜色修改为白色。

提示：AutoCAD 默认绘图区颜色为黑色，单击“恢复传统颜色”按钮，系统将自动恢复到默认颜色。在日常工作中，为了保护用户的视力，建议将绘图区的颜色设置为黑色或深蓝色。本书为了更好地显示图形的效果，所以将绘图区的颜色设置为白色。

1.7.6 设置图形的显示精度

系统为了加快图形的显示速度，圆与圆弧都是以多边形来显示。在“选项”对话框的“显示”选项卡中，通过调整“显示精度”选项组中的相应值，可以调整图形的显示精度，如图 1-75 所示。

显示精度
1000 圆弧和圆的平滑度(A)
8 每条多段线曲线的线段数(V)
0.5 渲染对象的平滑度(J)
4 每个曲面的轮廓素线(O)

图 1-75 显示精度

“显示精度”选项组中各选项的含义如下。

- 圆弧和圆的平滑度：用于控制圆、圆弧和椭圆的平滑度。值越高，生成的对象越平滑，重生成、平移和缩放对象所需的时间也就越多。有效取值范围为 1～20000，默认值为 1000。要更改新图形的默认值，请在用于创建新图形的样板文件中指定此设置。
- 每条多段线曲线的线段数：用于设置每条多段线曲线生成的线段数目。数值越高，对性能的影响越大。取值范围为-32767～32767，默认值为 8。该设置保存在图形中。
- 渲染对象的平滑度：用于控制着色和渲染曲面实体的平滑度。将“渲染对象的平滑度”的输入值乘以“圆弧和圆的平滑度”的输入值来确定如何显示实体对象。数目越多，显示性能越差，渲染时间越长。有效值的范围为 0.01～10，默认值为 0.5。该设置保存在图形中。
- 每个曲面的轮廓素线：用于设置对象上每个曲面的轮廓线数目。数目越多，显示性能越差，渲染时间也越长。有效取值范围为 0～2047，默认值为 4。该设置保存在图形中。

例如，将圆弧和圆的平滑度设置为 10 时，图形中的圆呈多边形显示，如图 1-76 所示。将圆弧和圆的平滑度设置为 1000 时，图形中的圆呈平滑的圆形显示，如图 1-77 所示。

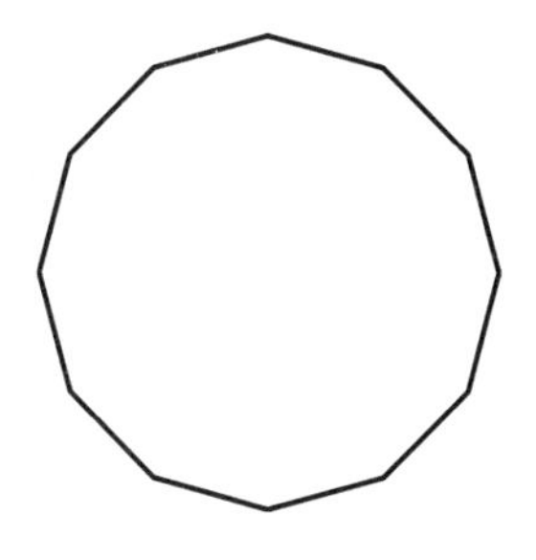

图 1-76 平滑度为 10

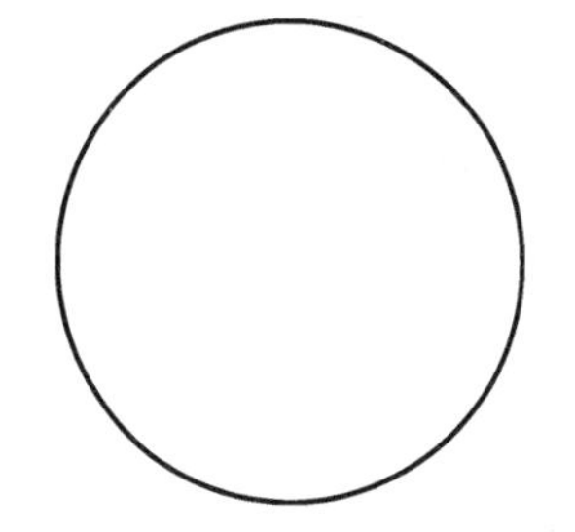

图 1-77 平滑度为 1000

1.7.7 设置鼠标右键功能

AutoCAD 的右键功能中包括默认模式、编辑模式和命令模式 3 种模式，用户可以根据自己的习惯设置右键的功能模式。

1．设置默认功能

执行 OP 命令，在弹出的“选项”对话框中选择“用户系统配置”选项卡，在“Windows 标准操作”选项组中单击“自定义右键单击”按钮，如图 1-78 所示，弹出“自定义右键单击”对话框，在该对话框的“默认模式”选项组中，可以设置默认状态下右击后所表示的功能，如图 1-79 所示。

图 1-78 单击“自定义右键单击”按钮

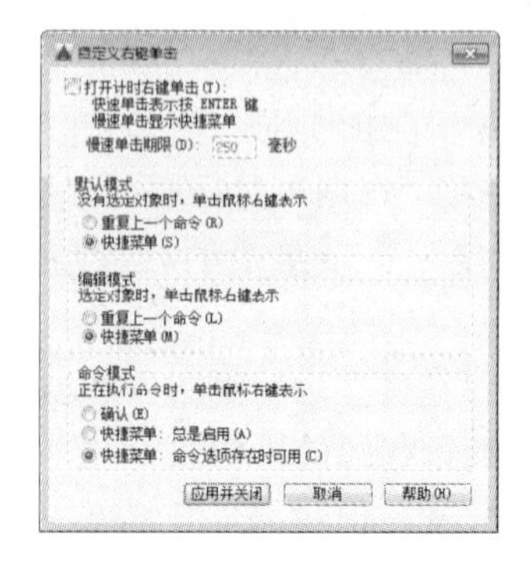

图 1-79 选择功能

在“默认模式”选项组中包括“重复上一个命令”和“快捷菜单”两个单选按钮，其含义如下。

- 重复上一个命令：选择该单选按钮后，右击将重复执行上一个命令。例如，前面刚结束了 REC（矩形）命令的操作，右击将重新执行 REC（矩形）命令。
- 快捷菜单：选择该单选按钮后，右击将弹出一个快捷菜单。

2．设置右键的编辑模式

在“自定义右键单击”对话框中的“编辑模式”选项组中，可以设置在编辑操作的过程中，右击后所表示的功能。

在“编辑模式”选项组中同样包括“重复上一个命令”和“快捷菜单”两个单选按钮，其含义与“默认模式”相同。但是，编辑状态下的快捷菜单所产生的效果与默认状态下的快捷菜单是不同的，如图 1-80 与图 1-81 所示。

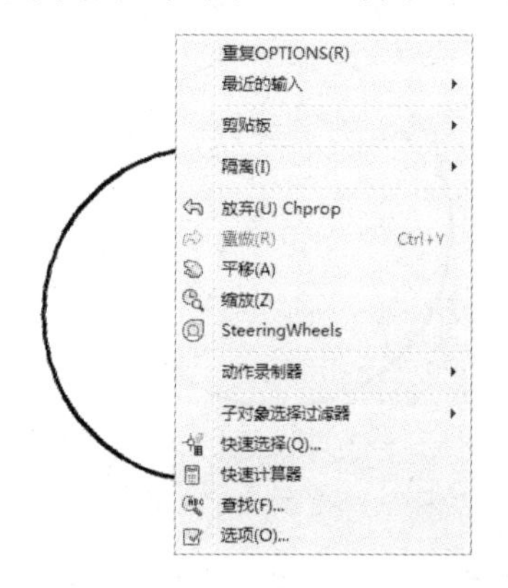

图 1-80 默认状态下的快捷菜单

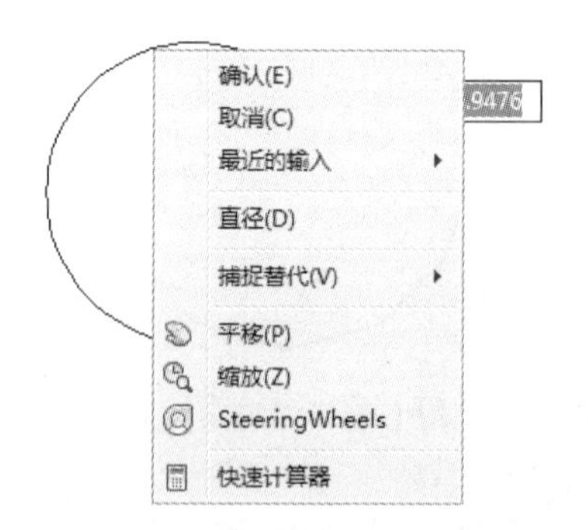

图 1-81 编辑状态下的快捷菜单

3．设置右键的命令模式

在“自定义右键单击”对话框中的“命令模式”选项组中，可以设置在执行命令的过程中，右击后所表示的功能，其中包括“确认”、“快捷菜单：总是启用”和“快捷菜单：命令选项存在时可用”3 个单选按钮，其含义如下。

- 确认：选择该单选按钮后，在输入某个命令时，右击将执行输入的命令。
- “快捷菜单：总是启用”：选择该单选按钮后，在输入某个命令时，不论该命令是否存在命令选项，都将弹出快捷菜单，图 1-82 所示是执行 O（偏移）命令过程中所弹出的快捷菜单。
- “快捷菜单：命令选项存在时可用”：选择该单选按钮后，在输入某个命令时，只有在该命令存在命令选项的情况下，才会弹出快捷菜单，图 1-83 所示是执行 TR（修剪）命令过程中所弹出的快捷菜单。

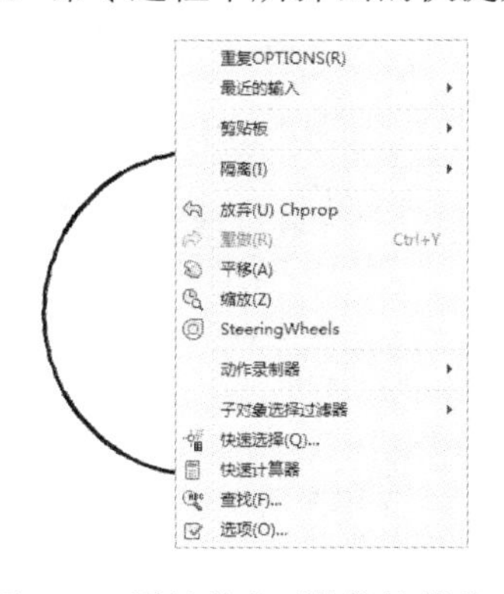

图 1-82　默认状态下的快捷菜单

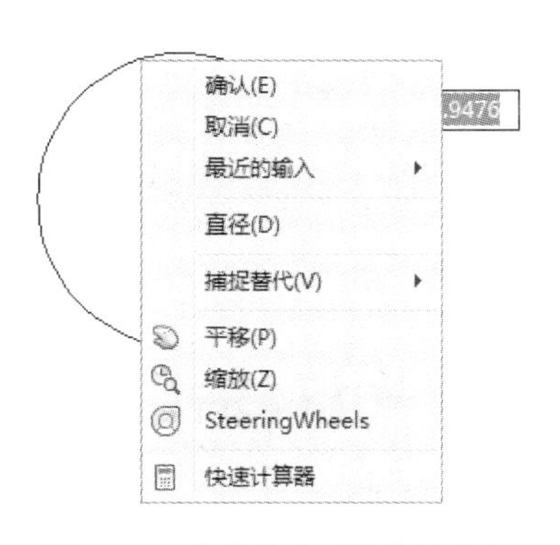

图 1-83　编辑状态下的快捷菜单

1.7.8 案例——自定义绘图环境

良好的绘图环境是工作效率的保证，用户可以根据绘图需要自定义相应的工作环境，并将其保存为 DWT 样板文件，在以后的绘图工作中可以快速调用。

步骤 1 新建 AutoCAD 文件。单击快速访问工具栏中的“新建”按钮，系统弹出“选择样板”对话框，如图 1-84 所示。选择所需的图形样板，单击“打开”按钮，进入绘图界面，如图 1-85 所示。

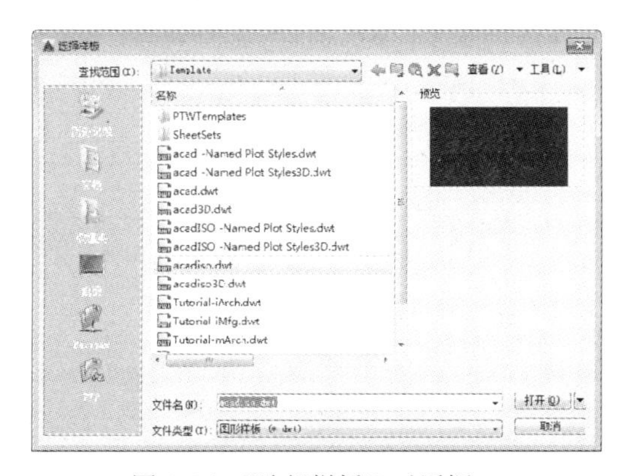

图 1-84　“选择样板”对话框

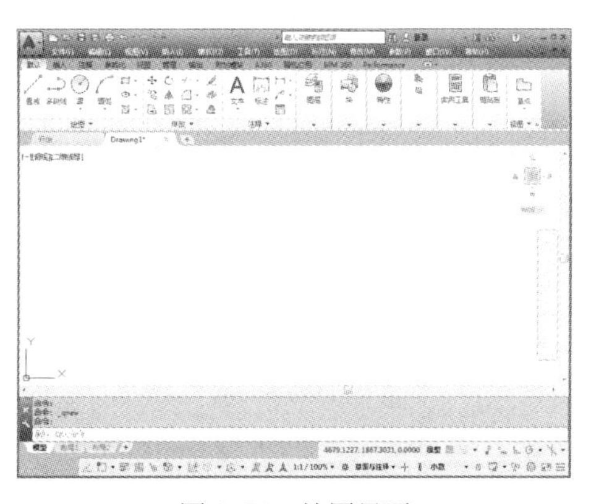

图 1-85　绘图界面

步骤 2 设置图形界限。在命令行中输入 Limits（图形界限）命令并按〈Enter〉键，设置 A4 图纸的图形界限，命令行操作如下。

```
命令：LIMITS↙                                             //调用“图形界限”命令
重新设置模型空间界限：
指定左下角点或[开(ON)/关(OFF)]<0.000,0.000>:↙             //输入左下角点。
指定右上角点<420.0000,297.0000>:210.000，297.000↙ //输入右上角点，按下〈Enter〉键完成图形界限设置
```

步骤 3 在命令行中输入 DS（草图设置）命令并按〈Enter〉键，系统弹出“草图设置”对话框，在“捕捉和栅格”选项卡中，取消选择“显示超出界限的栅格”复选框。

步骤 4 设置图形单位。在命令行中输入 UN（图形单位）命令并按〈Enter〉键，系统弹出“图形单位”对话框，在弹出的对话框中根据需要设置参数，如图 1-86 所示。

步骤 5 完成绘图环境的设置后，单击快速访问工具栏中的“保存”按钮，将文件保存为 DWT 样板文件。

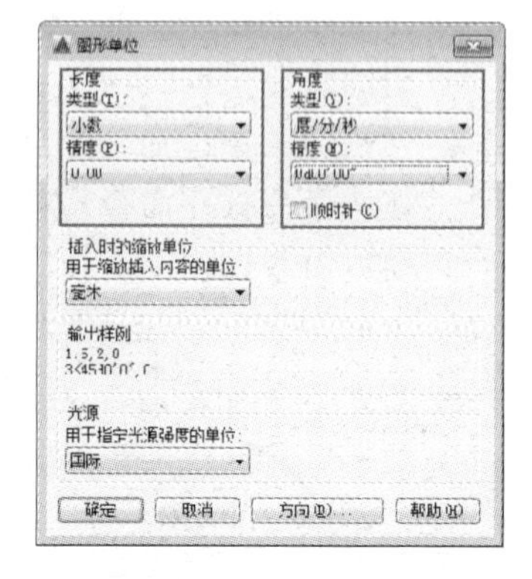

图 1-86 “图形单位”对话框

1.8 设置光标样式

在 AutoCAD 2016 中，用户可以根据自己的习惯设置光标的样式，包括控制十字光标的大小、改变捕捉标记的大小与颜色，以及改变拾取框状态和夹点的大小。

1.8.1 设置十字光标大小

选择“工具”｜“选项”命令，弹出“选项”对话框，然后选择“显示”选项卡，在“十字光标大小”选项组中，用户可以根据自己的操作习惯，调整十字光标的大小，十字光标可以延伸到屏幕边缘。拖动右下方的“十字光标大小”滑块，如图 1-87 所示，即可调整光标长度，如图 1-88 所示。

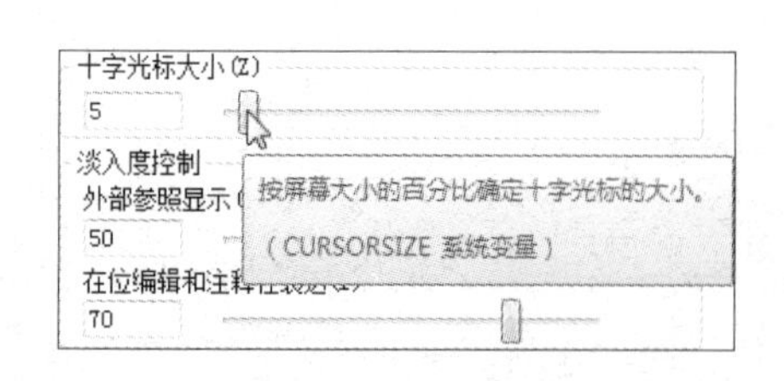

图 1-87 拖动滑块

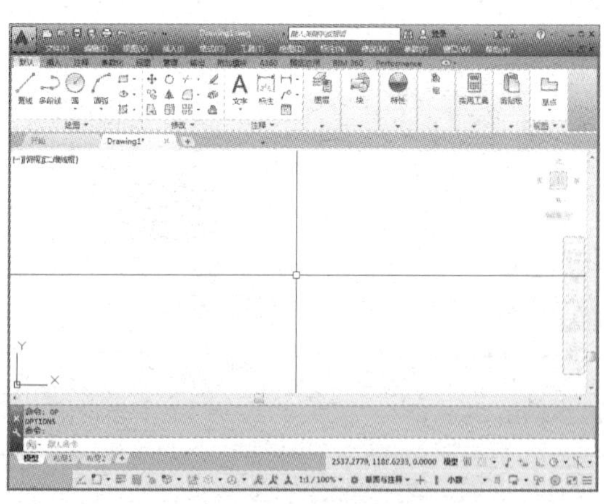

图 1-88 较大的十字光标

提示：十字光标预设尺寸为 5，其大小的取值范围为 1～100，数值越大，十字光标越长，100 表示全屏显示。

1.8.2 改变捕捉标记的颜色

选择“工具”|“选项”命令，弹出“选项”对话框，选择“显示”选项卡，单击“颜色”按钮，如图 1-89 所示。弹出“图形窗口颜色”对话框，在“界面元素”列表框中选择“二维自动捕捉标记”选项，然后单击“颜色”下拉按钮，在打开的颜色下拉列表框中选择作为自动捕捉标记的颜色，然后单击“应用并关闭”按钮进行确定即可，如图 1-90 所示。

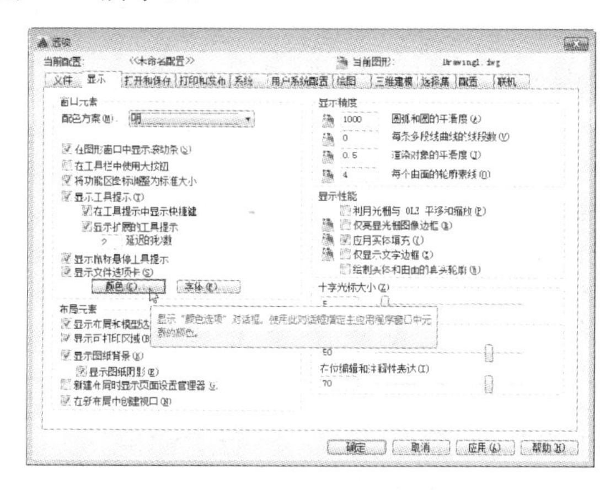

图 1-89 单击“颜色”按钮

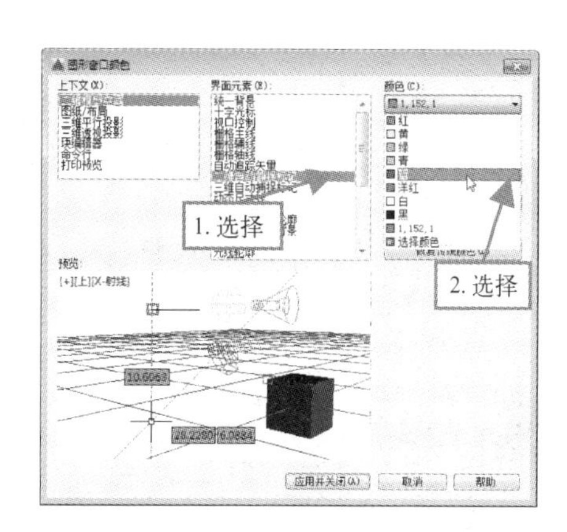

图 1-90 设置捕捉标记颜色

1.8.3 改变捕捉标记的大小

选择“工具”|“选项”命令，弹出“选项”对话框，选择“绘图”选项卡中，拖动“自动捕捉标记大小”选项组中的滑块▯，即可调整捕捉标记大小，如图 1-91 所示。图 1-92 所示为较大的圆心捕捉标记的样式。

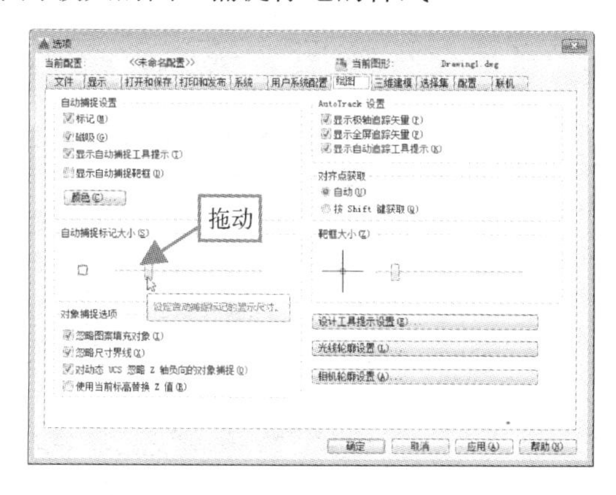

图 1-91 拖动滑块

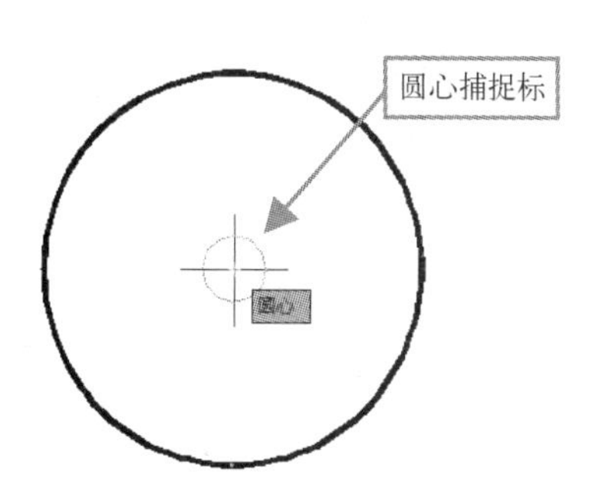

图 1-92 较大的圆心捕捉标记

1.8.4 改变靶框的大小

选择“工具” | “选项”命令，弹出“选项”对话框，选择“绘图”选项卡，在“靶框大小”选项组中，拖动“靶框大小”滑块▯，即可调整靶框的大小，如图 1-93 所示。图 1-94 所示为较大的靶框形状。

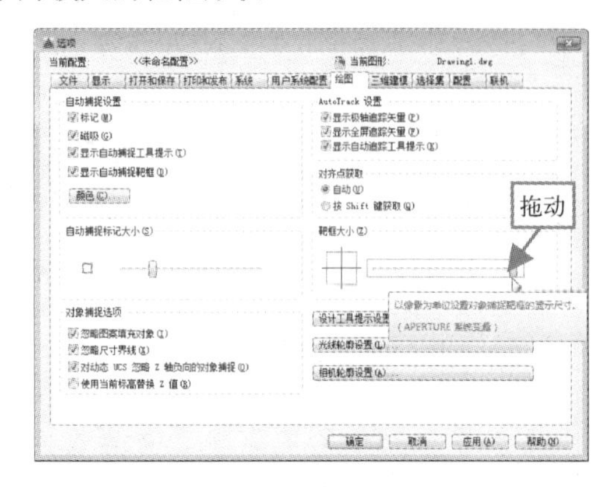

图 1-93　拖动滑块

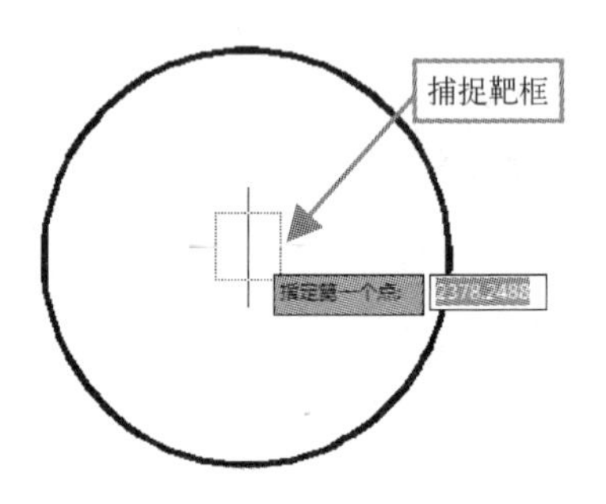

图 1-94　较大的靶框形状

1.8.5 改变拾取框

拾取框是指在执行编辑命令时，光标所变化的一个小正方形框。合理地设置拾取框的大小，对于快速、高效地选取图形是很重要的。若拾取框过大，在选择实体时很容易将与该实体邻近的其他实体选择在内；若拾取框太小，则不容易准确地选取到实体目标。

在“选项”对话框中选择“选择集”选项卡，然后在“拾取框大小”选项组中拖动滑块▯，即可调整拾取框的大小，如图 1-95 所示。图 1-96 所示为拾取图形时较大的拾取框的形状。

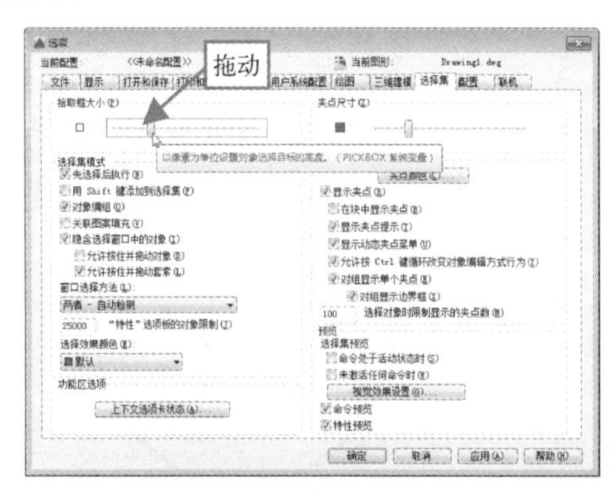

图 1-95　拖动滑块

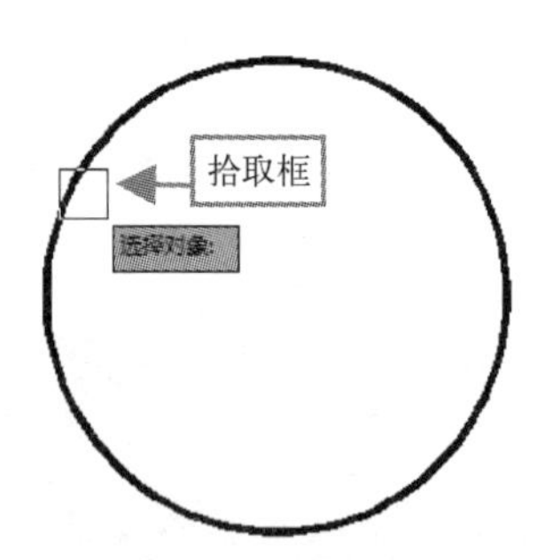

图 1-96　较大拾取框

1.8.6 改变夹点的大小

在 AutoCAD 中，夹点是选择图形后在图形的节点上所显示的图标。用户通过拖动夹点的方式，可以改变图形的形状和大小。为了准确地选择夹点对象，用户可以根据需要设置夹点的大小，其方法如下。

在“选项”对话框中选择“选择集”选项卡，然后在“夹点大小”选项组中拖动滑块▯，即可调整拾取框的大小，如图 1-97 所示。图 1-98 所示为圆的 5 个夹点。

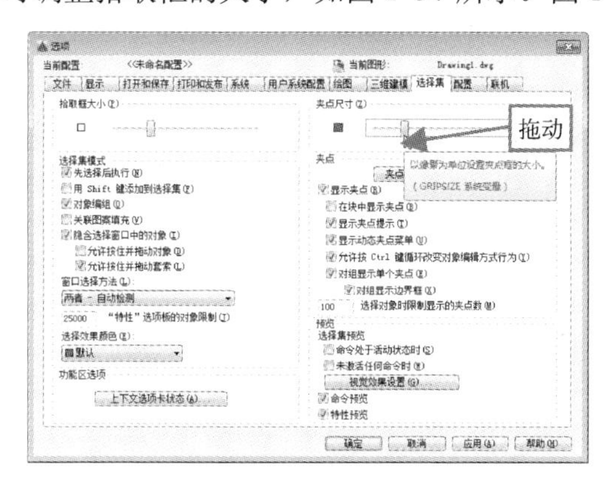

图 1-97　拖动滑块

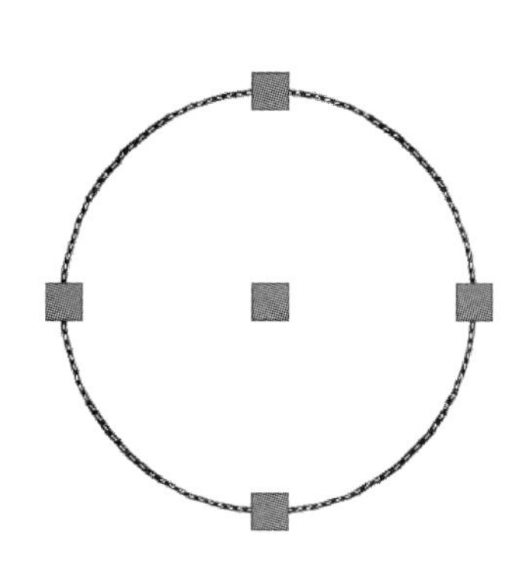

图 1-98　圆的 5 个夹点

1.8.7 案例——自定义光标样式

步骤 1 选择“工具”｜“选项”命令，弹出“选项”对话框，如图 1-99 所示。

步骤 2 选择“显示”选项卡，并在“十字光标大小”选项组中拖动滑块▯，将光标长度调整至最大，以方便绘图，如图 1-100 所示。

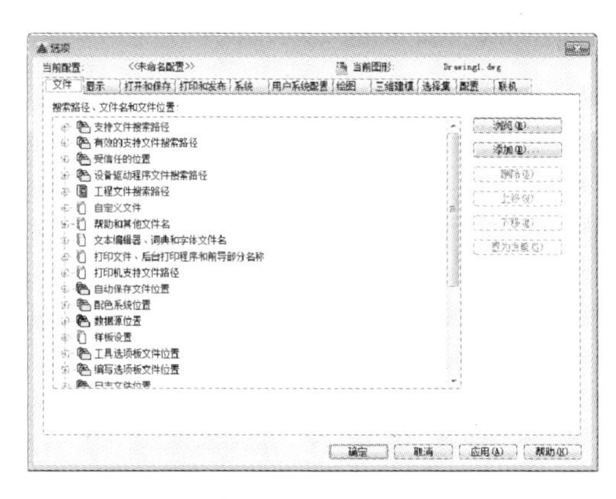

图 1-99　“选项”对话框

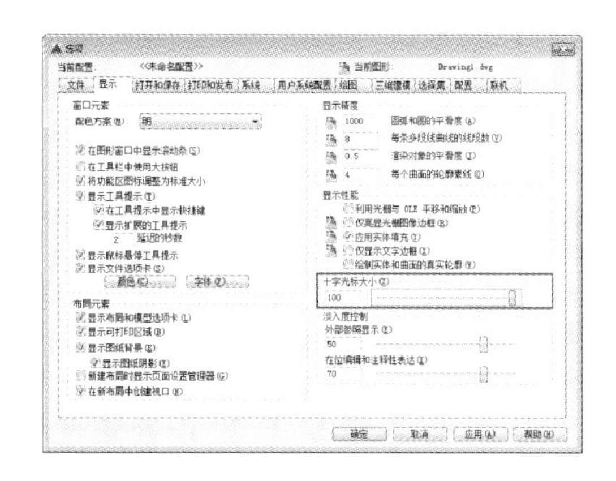

图 1-100　设置十字光标大小

步骤 3 选择“绘图”选项卡，拖动“自动捕捉标记大小”选项组中的滑块▯，调整至合适位置，如图 1-101 所示。

步骤 4 选择“绘图”选项卡，拖动“靶框大小”选项组中的滑块，调整至合适位置，如图 1-102 所示。

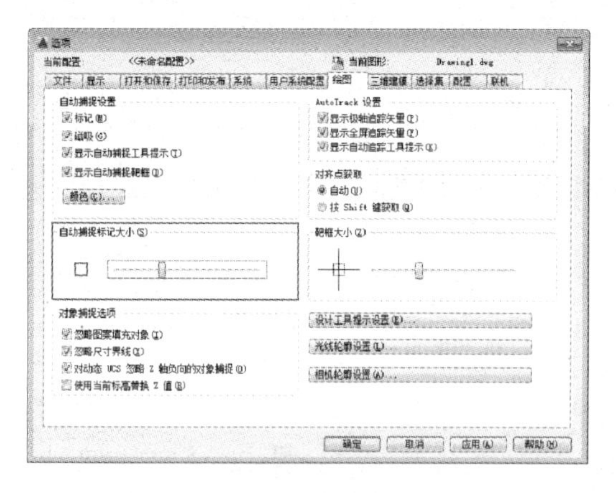

图 1-101 设置自动捕捉标记大小

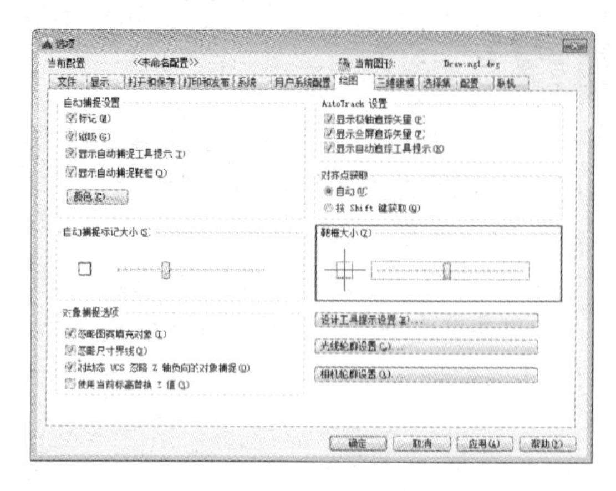

图 1-102 设置靶框大小

步骤 5 选择“选择集”选项卡，拖动“夹点大小”选项组中的滑块▯，调整至合适位置，如图 1-103 所示。

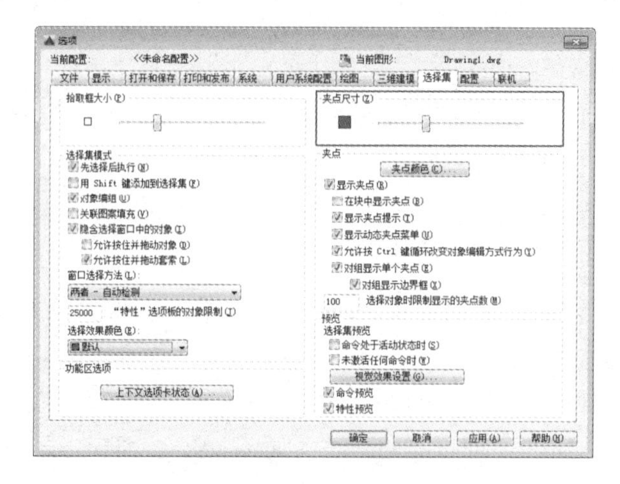

图 1-103 设置夹点尺寸

1.9 综合实战

1.9.1 自定义快速访问工具栏

快速访问工具栏是最常用的工具栏之一，用户可以根据工作需要增加或删除工具栏中的按钮，以提高命令的调用效率。本实例通过将“修剪”工具添加到快速访问工具栏中，来讲解自定义工具栏的具体方法。

步骤 1 在快速访问工具栏上右击，在弹出的快捷菜单中选择“自定义快速访问工具栏”命令，系统弹出“自定义用户界面”对话框，如图 1-104 所示。

步骤 2 单击“所有文件中的自定义设置”按钮，打开所有自定义文件列表，展开其中的快速访问工具栏，如图 1-105 所示，即可看到快速访问工具栏中的所有工具选项。

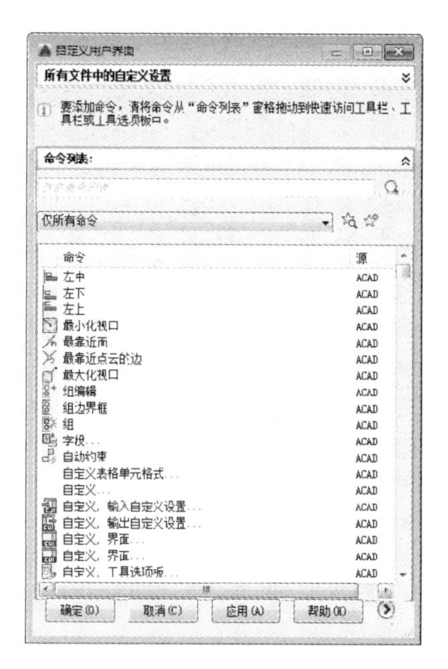

图 1-104 “自定义用户界面”对话框

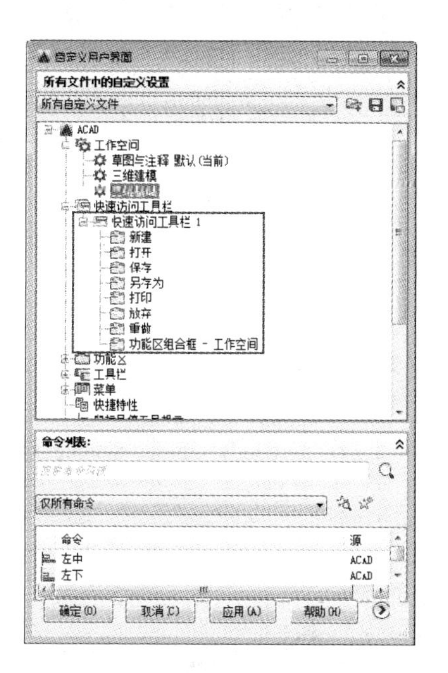

图 1-105 打开自定义设置列表

步骤 3 拖曳对话框右侧的滚动条，选择“工具栏”|“修改”|“旋转”选项，如图 1-106 所示。

步骤 4 在最下面的命令列表中，按住鼠标左键将“旋转”命令拖曳至快速访问工具栏列表中，如图 1-107 所示。

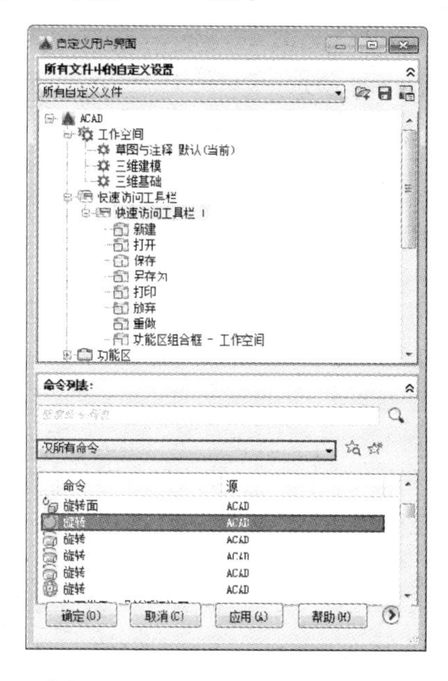

图 1-106 选择添加的命令按钮

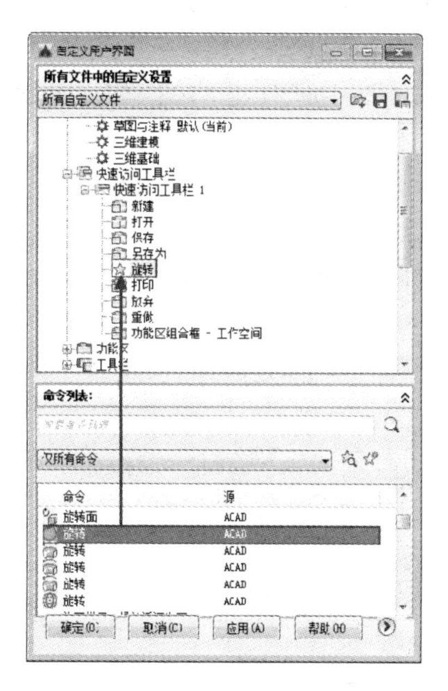

图 1-107 添加命令按钮

步骤 5 在快速访问工具栏中即可看到新添加的“旋转”按钮，如图 1-108 所示。

步骤 6 在“旋转”按钮上右击，在弹出的快捷菜单中选择“删除”命令，即可将该按钮从快速访问工具栏中删除，如图 1-109 所示。

图 1-108 在快速访问工具栏中添加“旋转”按钮

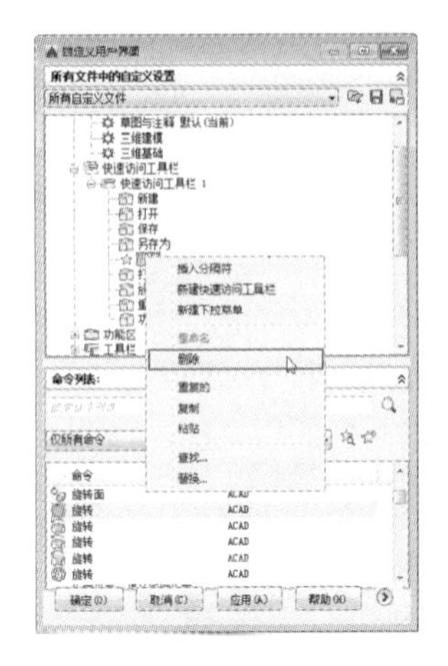

图 1-109 删除快速访问工具栏按钮

1.9.2 绘制简单的 AutoCAD 图形

本实例通过绘制一个简单的梯形，以熟悉 AutoCAD 2016 的操作界面和绘图流程，包括命令行的使用。

步骤 1 在“默认”选项卡中，单击“绘图”面板中的“多段线”按钮，根据命令行的提示，绘制顶宽为 280、底宽为 600 的梯形，命令行操作如下。

```
命令: _pline                                   //调用“多段线”命令
指定第一点:                                     //在绘图区空白处任意单击一点确定多段线的起点
指定下一个点或 [圆弧(A)/半宽(H)/长度(L)/放弃(U)/宽度(W)]: 280↙
                                               //鼠标水平向右移动，输入直线长度为 280
指定下一点或 [圆弧(A)/闭合(C)/半宽(H)/长度(L)/放弃(U)/宽度(W)]: @350<-79↙
                                               //输入下一点的相对坐标
指定下一点或 [圆弧(A)/闭合(C)/半宽(H)/长度(L)/放弃(U)/宽度(W)]: 600
                                               //鼠标水平向左移动，输入直线长度为 600
指定下一点或 [圆弧(A)/闭合(C)/半宽(H)/长度(L)/放弃(U)/宽度(W)]: C
                                               //激活“闭合”选项，闭合图形
```

步骤 2 绘制完成的梯形如图 1-110 所示。

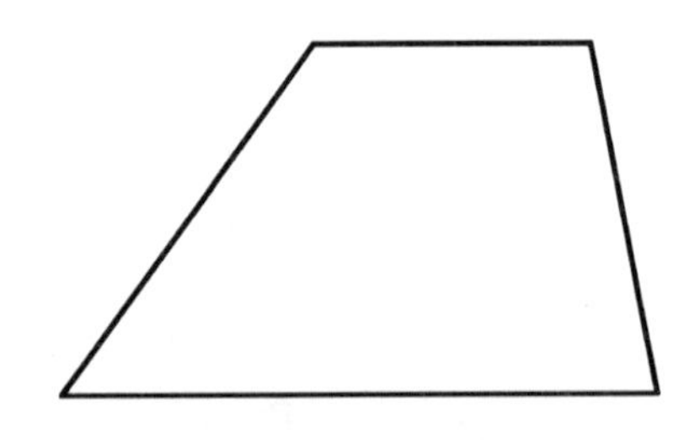

图 1-110 绘制的梯形

1.10 设计专栏

1.10.1 上机实训

步骤 1 选择“布局”选项卡，将模型空间切换到图纸空间，如图 1-111 所示。

步骤 2 通过设置“选项”对话框中的参数，改变绘图区域光标的大小为 20，如图 1-112

所示。

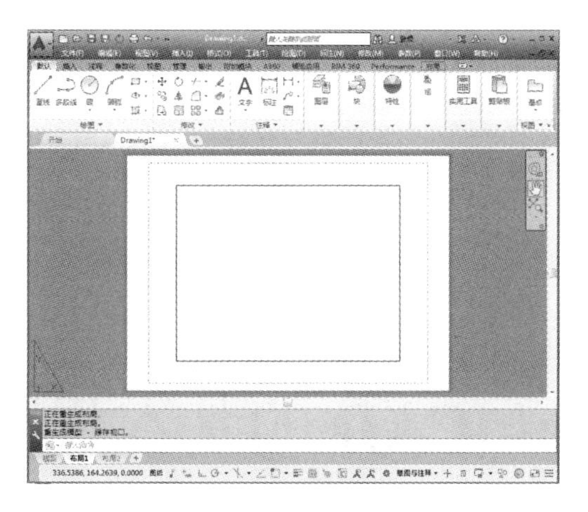

图 1-111 切换布局空间

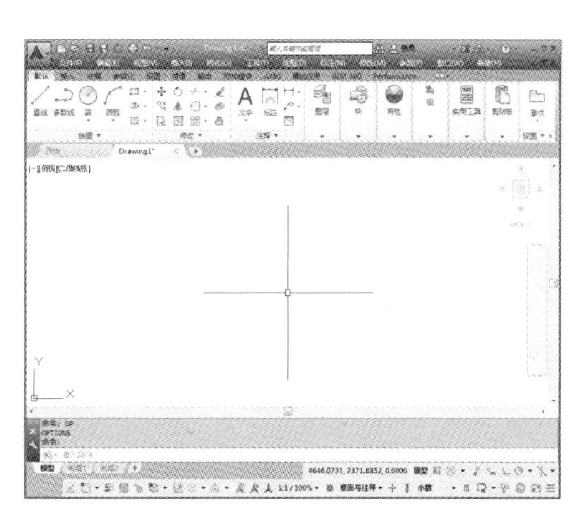

图 1-112 设置光标大小

1.10.2 辅助绘图锦囊

1．样板文件的作用。

样板图形存储图形的所有设置，还可能包含预定义的图层、标注样式和视图。样板图形通过文件扩展名“.Dwt”区别于其他图形文件。它们通常保存在 Template 目录中。如果根据现有的样板文件创建新图形，则新图形中的修改不会影响样板文件。可以使用随程序提供的一个样板文件，也可以创建自定义样板文件。

2．命令行不见了的解决办法。

命令行用于输入命令，显示命令参数，有时命令行被关闭了，给操作会带来很多困扰。重新显示命令行的方法有以下几种。

- 快捷键：按〈Ctrl+9〉组合键。
- 工具栏：选择“工具” | “命令行”命令。
- 功能区：在“视图”选项卡的“选项板”面板中单击“命令行”按钮。

3．关闭 AutoCAD 中的 *Bak 文件。

- 菜单栏：选择“工具” | “选项”命令，在弹出的对话框中选择“打开和保存”选项卡，再在对话框中取消选择“每次保存均创建备份”复选框。
- 命令行：使用命令 Isavebak，将 Isavebak 的系统变量修改为 0，系统变量为 1 时，每次保存都会创建*Bak 备份文件。

4．AutoCAD 中的工具栏不见时的解决办法。

- 工具栏：选择“工具” | “选项” | “配置” | “重置”命令。
- 命令行：输入命令 Menuload，然后单击“浏览”，选择 Acad.MNC 加载即可。

第 2 章

AutoCAD 的基本操作

本章要点

- AutoCAD 坐标系
- AutoCAD 命令的使用技巧
- 图形辅助工具的使用
- 快速查看视图图形
- 综合实战
- 设计专栏

在使用 AutoCAD 2016 软件进行绘图操作之前，首先介绍 AutoCAD 2016 的一些基本操作，包括 AutoCAD 2016 的参数设置、命令使用技巧、对坐标系的认识，以及视图的使用等。

2.1 AutoCAD 坐标系

AutoCAD 的图形定位主要是由坐标系进行确定的。要使用 AutoCAD 的坐标系，首先要了解 AutoCAD 坐标系的概念和坐标输入方法。

2.1.1 认识不同类型的坐标系

直角坐标系由 X 轴、Z 轴和原点构成。AutoCAD 中有两种坐标系，分别是世界坐标系统和用户坐标系统。

1．世界坐标系统

世界坐标系统（Word Coordinate System，WCS）又被称为笛卡儿坐标系统，是 AutoCAD 的基本坐标系统，它由 3 个相互垂直相交的坐标轴 X、Y 和 Z 组成。在绘制和编辑图形的过程中，WCS 是预设的坐标系统，其坐标原点和坐标轴都是不变的。在默认情况下，X 轴正方向水平向右，Y 轴正方向垂直向上，Z 轴正方向垂直屏幕平面方向，指向用户。坐标原点位于绘图区左下角，在其上有一个方框标记，如图 2-1 所示。

2．用户坐标系统

为了方便用户绘制图形，AutoCAD 提供了可变的用户坐标系统（User Coordinate System，UCS）。在默认情况下，用户坐标系统与世界坐标系统重合，如图 2-2 所示，而在进行一些复杂的实体造型时，用户可以根据需要，通过 UCS 命令设置适合当前图形应用的坐标系统。

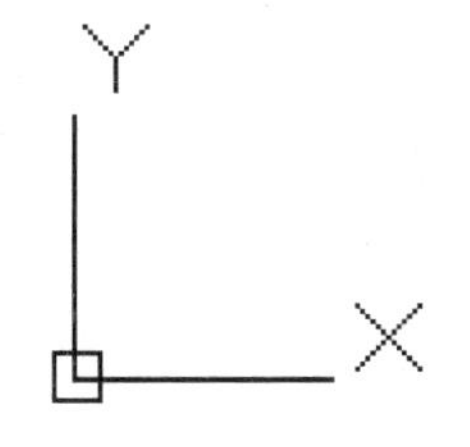

图 2-1　世界坐标系统图标

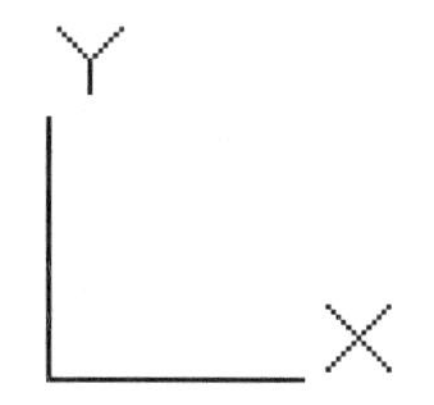

图 2-2　用户坐标系统图标

提示：在二维平面绘图中绘制和编辑工程图形时，只需输入 X 轴和 Y 轴的坐标，而 Z 轴的坐标可以省略，AutoCAD 自动赋值为 0。

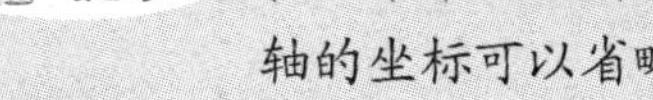

2.1.2 坐标输入方法

在 AutoCAD 中直接使用鼠标虽然会使得制图很方便，但不能进行精确定位，要进行精确定位则需要采用键盘输入坐标值的方式来实现。常用的坐标输入方式包括绝对直角坐标、绝对极坐标、相对直角坐标和相对极坐标。

1．绝对直角坐标

绝对直角坐标以 WCS 坐标系的原点（0，0，0）为基点定位，用户可以通过输入（X，Y，Z）坐标的方式来定义点的位置。

例如，在如图 2-3 所示的图形中，Z 方向坐标为 0，则 O 点绝对坐标为（0，0，0），A 点绝对坐标为（1000，1000，0），B 点绝对坐标为（3000，1000，0），C 点绝对坐标为(3000，3000，0)，D 点绝对坐标为（1000，3000，0）。

2．相对直角坐标

相对直角坐标是以上一点为坐标原点确定下一点的位置。输入相对于上一点坐标（X，Y，Z）增量为（nX，nY，nZ）的坐标点的输入格式为（@nX，nY，nZ）。相对坐标输入格式为（@X，Y），@字符的作用是指定与上一个点的偏移量。

例如，在如图 2-4 所示的图形中，对于 O 点而言，A 点的相对坐标为（@20，20），如果以 A 点为基点，那么 B 点的相对坐标为（@100，0），C 点的相对坐标为（@100，@100），D 点的相对坐标为（@0，100）。

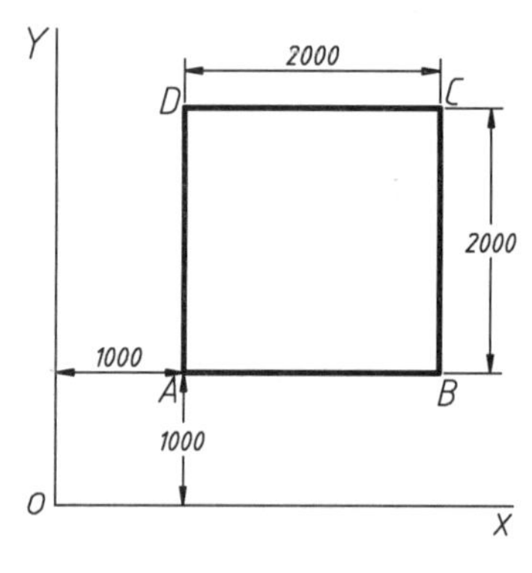

图 2-3 绝对坐标图

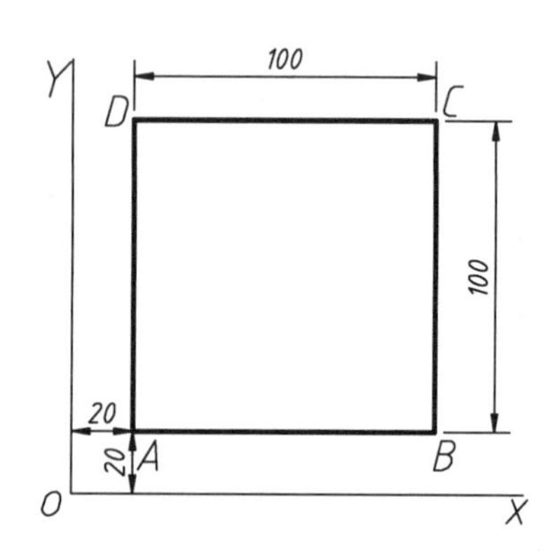

图 2-4 相对坐标图

提示： 在 AutoCAD 2016 中，用户在输入绝对坐标时，系统自动将其转换为相对坐标，因此在输入相对坐标时，可以省略“@”符号的输入，如果要使用绝对坐标，则需要在坐标前添加“#”。

3．绝对极坐标

绝对极坐标方式是指相对于坐标原点的极坐标，例如，坐标（100<30）是指从 X 轴正方向逆时针旋转 30°，距离原点 100 个图形单位的点。

4．相对极坐标

相对极坐标是以上一点为参考极点，通过输入极距增量和角度值来定义下一点的位置，其输入格式为“@距离<角度”。

在运用 AutoCAD 进行绘图的过程中，使用多种坐标输入方式，可以使绘图操作更随意、灵活，再配合目标捕捉、夹点编辑等方式，在很大程度上提高了绘图的效率。

2.1.3 案例——应用坐标绘制图形

步骤 1 在“默认”选项卡中，单击“绘图”面板中的“直线”按钮。

步骤 2 在绘图区中任意指定点（10,10）作为直线第一点，然后在命令行中依次输入坐标（@30,0）、（@30<85）、（@-35,0），再选择“闭合（C）”选项，按下空格键进行确定，即

可绘制指定位置和大小的等腰梯形。

步骤 3 绘制完成的等腰梯形如图 2-5 所示。

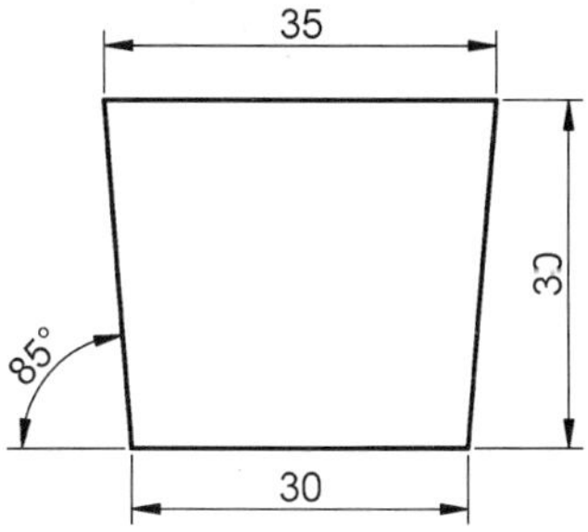

图 2-5 等腰梯形

2.2 AutoCAD 命令的使用技巧

在绘图过程中，灵活运用一些技巧，可以提高工作效率，下面就来介绍一下 AutoCAD 2016 执行命令的一些技巧。

2.2.1 退出命令

在绘图过程中，命令使用完成后需要退出命令，而有的命令则要求退出以后才能执行下一个命令，否则就无法继续操作。

在 AutoCAD 2016 中可以通过以下几种方法退出当前命令。

- 快捷键：按〈Esc〉键。
- 鼠标右键：在绘图区域右击，在系统弹出的快捷菜单中选择“取消”命令。

2.2.2 重复执行命令

在绘图过程中，有时需要重复执行同一个命令，如果每次都重复输入，会使绘图效率大大降低。

使用下列方法，可以快速重复调用命令。

- 命令行：在命令行中输入 MULTIPLE/MUL 命令。
- 快捷键：按〈Enter〉键或按空格键重复使用上一个命令。
- 鼠标右键：在绘图区域右击，在系统弹出的快捷菜单中选择“重复”命令。

2.2.3 放弃与重做

执行完一个操作后，如果发现效果不好，可以放弃前一次或者前几次命令的执行结果，而对于错误的放弃操作，又可以通过重做操作进行还原。

1．放弃操作

AutoCAD 2016 提供了以下几种放弃操作的方法。

- 菜单栏：选择“编辑”｜“放弃”命令，如图 2-6 所示。
- 快速访问工具栏：单击快速访问工具栏中的“放弃”按钮。
- 命令行：在命令行中输入 UNDO/U 命令。
- 快捷键：按〈Ctrl+Z〉组合键。

2．重做操作

AutoCAD 2016 提供了以下几种重做操作的方法。

- 菜单栏：选择“编辑”｜“重做”命令，如图 2-7 所示。
- 快速访问工具栏：单击快速访问工具栏中的“重做”按钮。
- 命令行：在命令行中输入 REDO 命令。
- 快捷键：按〈Ctrl+Y〉组合键。

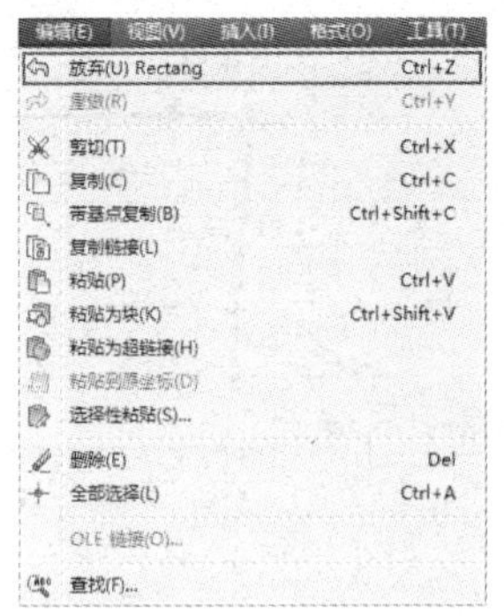

图 2-6 菜单栏执行“放弃”命令

图 2-7 菜单栏执行“重做”命令

2.2.4 使用透明命令

透明命令是指在执行其他命令的过程中可以执行的命令。常用的透明命令多为修饰图形设置的命令和绘图辅助工具命令，如 ZOOM、GRID 和 SNAP 等。

下面通过具体实例讲解透明命令的用法。

2.2.5 案例——运用透明命令绘制矩形

绘制尺寸为 500×400 的矩形，在绘制过程中使用透明命令移动图形。

步骤 1 启动 AutoCAD 2016，切换工作空间至“草图与注释”。

步骤 2 单击“绘图”面板中的“矩形”按钮，在绘图区空白处单击一点，确定矩形的左下角点。命令行的提示如下。

```
命令:  REC↙          RECTANG                          //调用矩形命令
指定第一个角点或 [倒角(C)/标高(E)/圆角(F)/厚度(T)/宽度(W)]:   //指定第一个角点
```

步骤 3 在确定右上角点之前，单击导航栏中的“实时平移”按钮。鼠标指针变成形状，此时按住鼠标左键，可以对视图进行平移操作。命令行的提示如下。

```
指定另一个角点或 [面积(A)/尺寸(D)/旋转(R)]:   _pan          //调用透明命令平移
>>按 Esc 或 Enter 键退出，或单击右键显示快捷菜单              //退出调用透明命令平移
```

步骤 4 按〈Esc〉键终止“实时平移”命令。命令行的提示如下。

```
正在恢复执行 RECTANG 命令。                                  //恢复矩形绘制
```

步骤 5 系统提示用户继续确定矩形的右上角点，将暂时中断的矩形绘图命令恢复。命令行的提示如下。

```
指定另一个角点或 [面积(A)/尺寸(D)/旋转(R)]:   D↙
指定矩形的长度 <10.0000>:  500
指定矩形的宽度 <10.0000>:   400
指定另一个角点或 [面积(A)/尺寸(D)/旋转(R)]:        //指定矩形的另一个角点，完成矩形的绘制
```

注意：要以透明方式使用命令，在输入之前应输入单引号（'）。在命令行中，透明命令的提示前有一个双折号（>>），完成透明命令后继续执行原命令。

2.2.6 案例——重复命令绘制圆

通过重复命令绘制圆，用户可以熟练掌握重复调用命令的方法和过程。

步骤 1 绘制直线。在命令行中输入 L（直线）命令并按〈Enter〉键，在绘图区空白处绘制一条任意长度的直线，如图 2-8 所示。命令行提示如下。

命令: L↙　　LINE　　//调用“直线”命令

指定第一点:　　//在绘图区任意拾取一点

指定下一点或 [放弃(U)]:　　//拾取第二点

指定下一点或 [放弃(U)]:　　//按〈Enter〉键完成直线的绘制

步骤 2 绘制圆。在命令行中输入 C（圆）命令并按〈Enter〉键，根据命令行提示，绘制一个半径为 40 的圆，如图 2-9 所示。命令行提示如下。

命令: C↙　　CIRCLE　　//调用“圆”命令

指定圆的圆心或 [三点(3P)/两点(2P)/切点、切点、半径(T)]:　　//捕捉直线的左端点为圆心

指定圆的半径或 [直径(D)] <20.0000>: 40　　//输入圆的半径值并按〈Enter〉键，完成第一个圆形的绘制

步骤 3 按空格键再次调用 C（圆）命令，以直线的右端点为圆心，绘制一个半径同样为 40 的圆，如图 2-10 所示。命令行提示如下。

命令:　CIRCLE　　//按空格键重复调用“圆”命令

指定圆的圆心或 [三点(3P)/两点(2P)/切点、切点、半径(T)]:　　//捕捉直线的右端点为圆心

指定圆的半径或 [直径(D)] <40.0000>:　　//按〈Enter〉键默认半径值，再按〈Enter〉键完成第二个圆的绘制

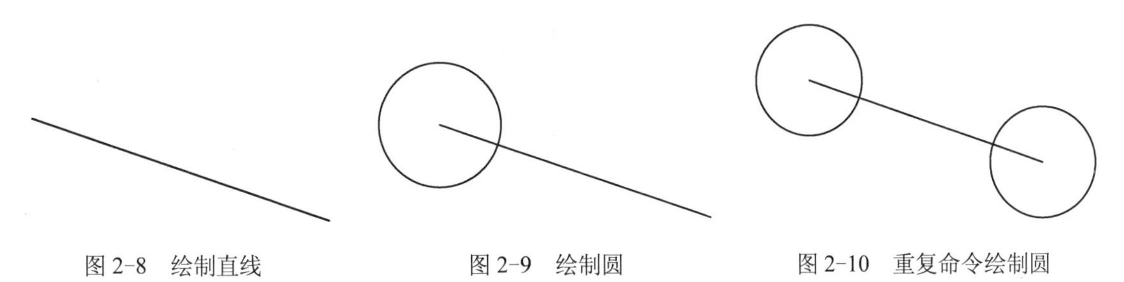

图 2-8　绘制直线　　图 2-9　绘制圆　　图 2-10　重复命令绘制圆

2.3　图形辅助工具的使用

本节将介绍 AutoCAD 2016 辅助工具的设置。通过对辅助功能进行适当的设置，可以提高用户制图的工作效率和绘图的准确性。

2.3.1 正交模式

在绘图过程中，使用“正交”功能可以将鼠标限制在水平或者垂直轴向上，同时也限制在当前的栅格旋转角度内。使用“正交”功能就如同使用了直尺绘图，使绘制的线条自动处于水平和垂直方向，在绘制水平和垂直方向的直线段时十分有用，如图 2-11 所示。

打开或关闭正交开关的方法如下。

- 快捷键：按〈F8〉键可以切换正交开、关模式。
- 状态栏：单击“正交”按钮，若亮显则为开启，如图 2-12 所示。

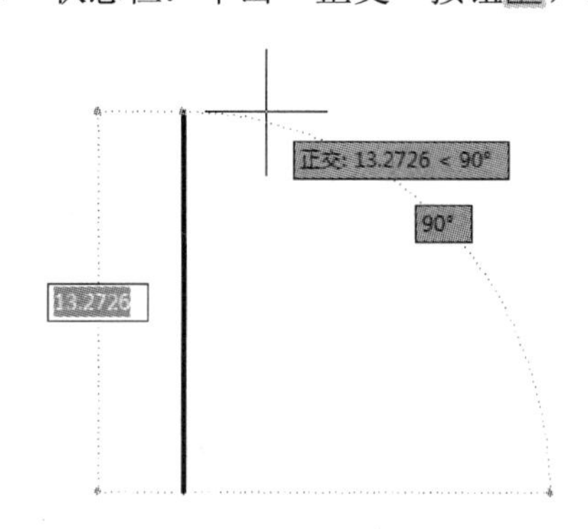

图 2-11 开启“正交”功能

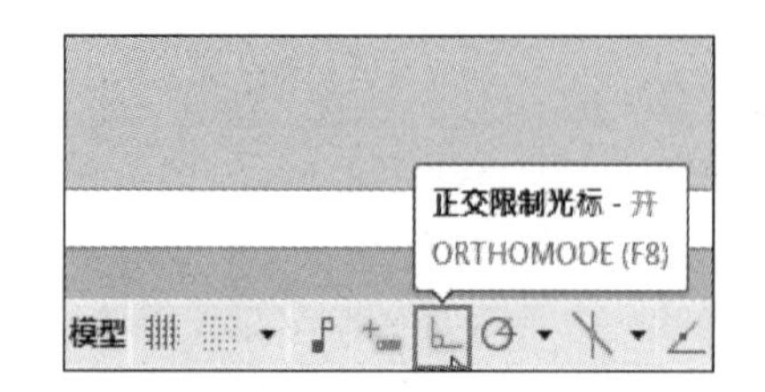

图 2 12 单击“正交”按钮

提示：在 AutoCAD 中绘制水平或垂直线条时，利用正交功能可以有效提高绘图速度。如果要绘制非水平、垂直的直线，可以按〈F8〉键，关闭正交功能。另外，“正交”模式和极轴追踪不能同时打开，打开“正交”模式将关闭极轴追踪功能。

2.3.2 捕捉模式

捕捉模式可以在绘图区生成一个隐含的捕捉栅格，这个栅格能够捕捉光标，约束它只能落在栅格的某一节点上，此时只能绘制与捕捉间距大小成倍数的距离，用于精确绘图。

选择“工具”|“绘图设置”命令，或右击状态栏中的“捕捉模式”按钮，然后在弹出的快捷菜单中选择“捕捉设置”命令，如图 2-13 所示。弹出“草图设置”对话框，在“捕捉和栅格”选项卡中可以进行捕捉设置，选择“启用捕捉”复选框，将启用捕捉功能，如图 2-14 所示。

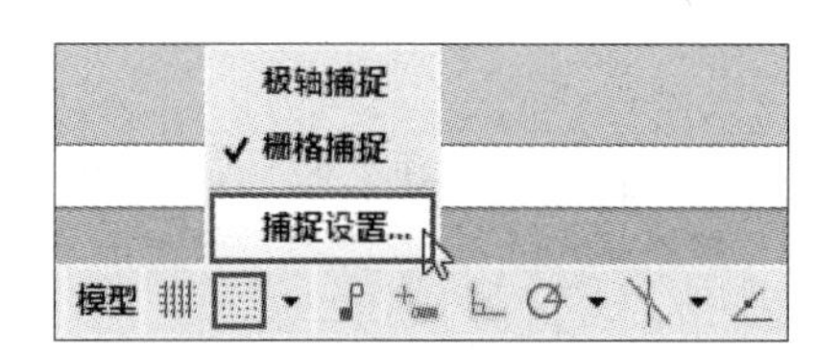

图 2-13 选择“捕捉设置”命令

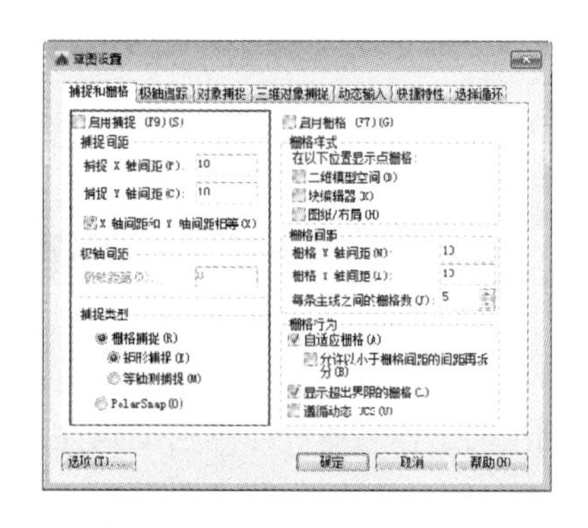

图 2-14 “草图设置”对话框

“捕捉和栅格”选项卡中部分选项的含义如下。

- “捕捉间距”选项组用于控制捕捉位置的不可见矩形栅格，以限制光标仅在指定的 X 和 Y 间隔内移动。
- “极轴间距”选项组用于控制 PolarSnap 的增量距离。

➢ “捕捉类型”选项组用于设置捕捉样式和捕捉类型。

控制捕捉模式是否开启的方法如下。

➢ 快捷键：按〈F9〉键，可以在开、关状态之间切换。

➢ 状态栏：单击状态栏上的“捕捉模式”按钮。

2.3.3 栅格模式

栅格的作用如同传统纸面制图中使用的坐标纸，按照相等的间距在屏幕上设置了栅格点，绘图时可以通过栅格数量来确定距离，从而达到精确绘图的目的。栅格不是图形的一部分，打印时不会被输出。

控制栅格是否显示的方法如下。

➢ 快捷键：按〈F7〉键，可以在开、关状态之间切换。

➢ 状态栏：单击状态栏上的“栅格”按钮。

选择“工具”｜“绘图设置”命令，在弹出的“草图设置”对话框中选择“捕捉和栅格”选项卡，选择“启用栅格”复选框，将启用栅格功能，如图 2-15 所示。

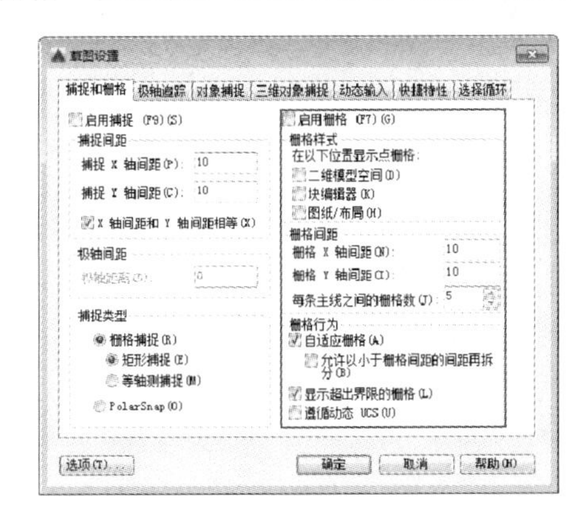

图 2-15 “捕捉和栅格”选项卡

“捕捉和栅格”选项卡中部分选项的含义如下。

➢ “栅格样式”选项组用于设置在哪个位置下显示点栅格，如在“二维模型空间”、“块编辑器”或“图纸/布局”中。

➢ “栅格间距”选项组用于控制栅格的显示，这样有助于形象化显示距离。

➢ “栅格行为”选项组用于控制当使用 VSCURRENT 命令设置为除二维线框之外的任何视觉样式时，所显示栅格线的外观。

2.3.4 极轴追踪

“极轴追踪”功能实际上是极坐标的一个应用。使用极轴追踪绘制直线时，捕捉到一定的极轴方向即确定了极角，然后输入直线的长度即确定了极半径，因此和正交绘制直线一样，极轴追踪绘制直线一般使用长度输入确定直线的第二点，代替坐标输入。“极轴追踪”功能可以用来绘制带角度的直线，如图 2-16 所示。

极轴可以用来绘制带角度的直线，包括水平的 0°、180° 与垂直的 90°、270° 等，因此某些情况下可以代替“正交”功能。使用“极轴追踪”功能绘制的图形如图 2-17 所示。

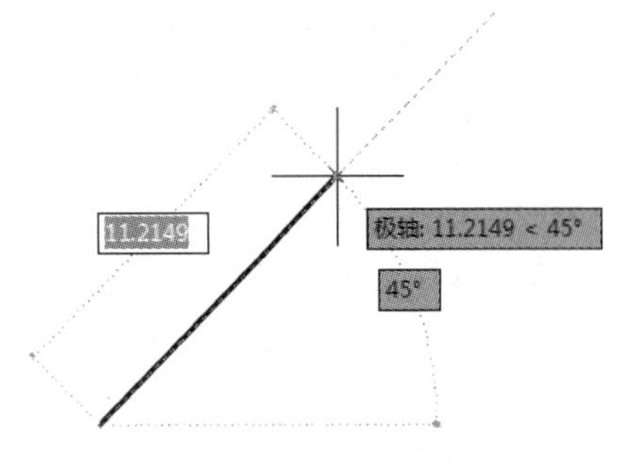

图 2-16　开启“极轴追踪”功能

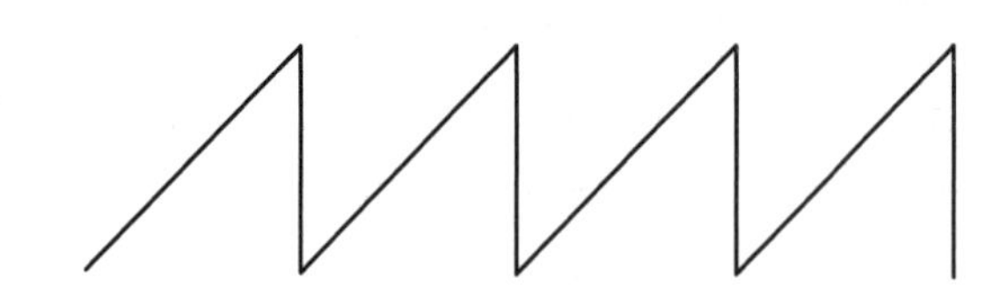

图 2-17　“极轴追踪”模式绘制的直线

“极轴追踪”功能的开、关切换有以下两种方法。

- 快捷键：按〈F10〉键，可以在开、关状态之间切换。
- 状态栏：单击状态栏上的“极轴追踪”按钮，若亮显则为开启。

右击状态栏上的“极轴追踪”按钮，弹出快捷菜单，如图 2-18 所示，其中的数值便为启用“极轴追踪”时的捕捉角度。选择“正在追踪设置”命令，系统弹出“草图设置”对话框，在“极轴追踪”选项卡中可设置极轴追踪的开关和其他角度值的增量角等，如图 2-19 所示。

“极轴追踪”选项卡中各选项的含义如下。

- 启用极轴追踪：用于打开或关闭极轴追踪。
- 极轴角设置：设置极轴追踪的对齐角度。
- 增加量：设置用来显示极轴追踪对齐路径的极轴角增量。
- 附加角：对极轴追踪使用列表中的任何一种附加角度。注意附加角度是绝对的，而非增量的。
- 新建：最多可以添加 10 个附加极轴追踪对齐角度。

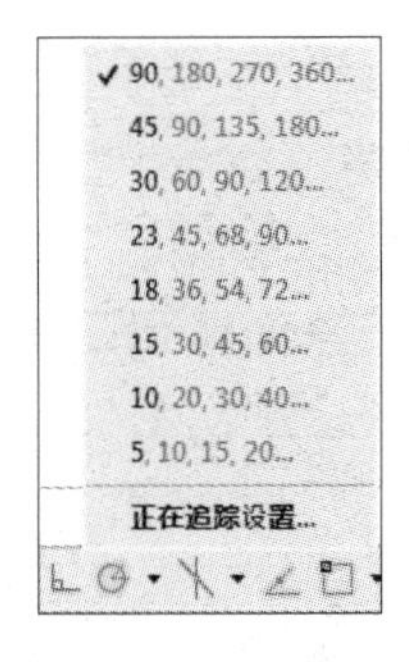

图 2-18　选择“正在追踪设置”命令

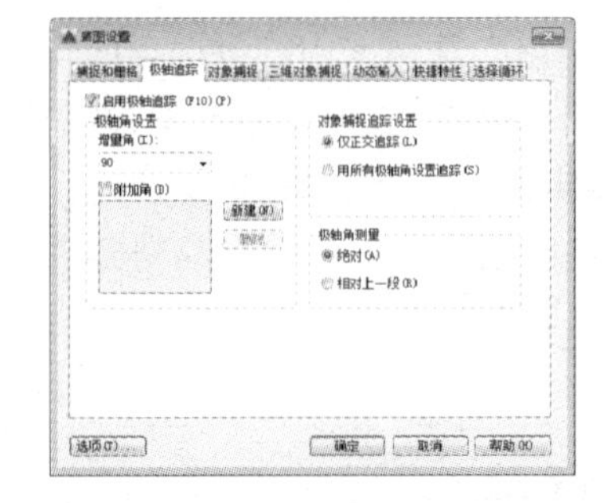

图 2-19　“极轴追踪”选项卡

2.3.5 对象捕捉

AutoCAD 提供了精确的对象捕捉特殊点功能，运用该功能可以精确绘制出所需要的图形。进行精准绘图之前，需要进行正确的对象捕捉设置。

1. 开启对象捕捉

开启和关闭对象捕捉有以下 4 种方法。

➢ 菜单栏：选择“工具” | “草图设置”命令，弹出“草图设置”对话框。选择“对象捕捉”选项卡，选择或取消选择“启用对象捕捉”复选框，也可以打开或关闭对象捕捉，但这种操作太烦琐，实际工作中一般不使用。

➢ 命令行：在命令行输入 OSNAP 命令，弹出“草图设置”对话框。其他操作与在菜单栏中开启的操作相同。

➢ 快捷键：按〈F3〉键，可以在开、关状态之间切换。

➢ 状态栏：单击状态栏中的“对象捕捉”按钮，若亮显则为开启。

2. 对象捕捉设置

在使用对象捕捉之前，需要设置捕捉的特殊点类型，根据绘图的需要设置捕捉对象，这样能够快速准确地定位目标点。右击状态栏上的“对象捕捉”按钮，弹出快捷菜单，如图 2-20 所示，选择“对象捕捉设置”命令，系统弹出“草图设置”对话框，并显示“对象捕捉”选项卡，如图 2-21 所示。

图 2-20 选择“对象捕捉设置”命令

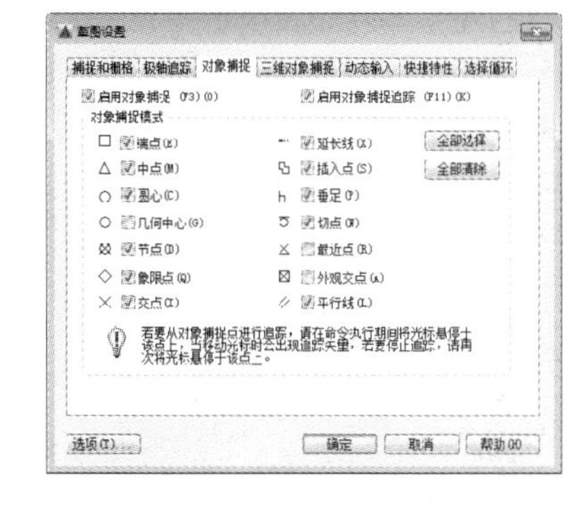

图 2-21 “对象捕捉”选项卡

“对象捕捉”选项卡中各选项的含义如下。

➢ 启用对象捕捉：打开或关闭执行对象捕捉。当对象捕捉打开时，在“对象捕捉模式”下选定的对象捕捉处于活动状态。

➢ 启用对象捕捉追踪：打开或关闭对象捕捉追踪。使用对象捕捉追踪，在命令中指定点时，光标可以沿基于其他对象捕捉点的对齐路径进行追踪。要打开捕捉追踪，必须打开一个或多个对象捕捉。

➢ 对象捕捉模式：列出了可以在执行对象捕捉时打开的对象捕捉。

➢ 全部选择：打开所有对象捕捉模式。

➢ 全部清除：关闭所有对象捕捉模式。

在对象捕捉模式中，各选项的含义如下。

➢ 端点：捕捉直线或是曲线的端点。

➢ 中点：捕捉直线或是弧段的中心点。

➢ 圆心：捕捉圆、椭圆或弧的中心点。

➢ 几何中心：捕捉多段线、二维多段线和二维样条曲线的几何中心点。

- 节点：捕捉用“点”命令绘制的点对象。
- 象限点：捕捉位于圆、椭圆或是弧段上 0°、90°、180° 和 270° 处的点。
- 交点：捕捉两条直线或是弧段的交点。
- 延长线：捕捉直线延长线路径上的点。
- 插入点：捕捉块、标注对象或外部参照的插入点。
- 垂足：捕捉从已知点到已知直线的垂线的垂足。
- 切点：捕捉圆、弧段及其他曲线的切点。
- 最近点：捕捉处在直线、弧段、椭圆或样条曲线上，而且距离鼠标最近的特征点。
- 外观交点：在三维视图中，从某个角度观察两个对象可能相交，但实际并不一定相交，可以使用“外观交点”功能捕捉对象在外观上相交的点。
- 平行线：选定路径上的一点，使通过该点的直线与已知直线平行。

启用“对象捕捉”设置之后，在绘图过程中，当鼠标靠近这些被启用的捕捉特殊点后，将自动对其进行捕捉。图 2-22 所示为启用了端点捕捉功能的效果。

3．临时捕捉

临时捕捉是一种一次性的捕捉模式，这种捕捉模式不是自动的，当用户需要临时捕捉某个特征点时，需要在捕捉之前手动设置需要捕捉的特征点，然后进行对象捕捉。这种捕捉不能反复使用，再次使用捕捉需重新选择捕捉类型。

在命令行提示输入点的坐标时，如果要使用临时捕捉模式，按住〈Shift〉键然后右击，系统弹出捕捉命令，如图 2-23 所示，可以在其中选择需要的捕捉类型。

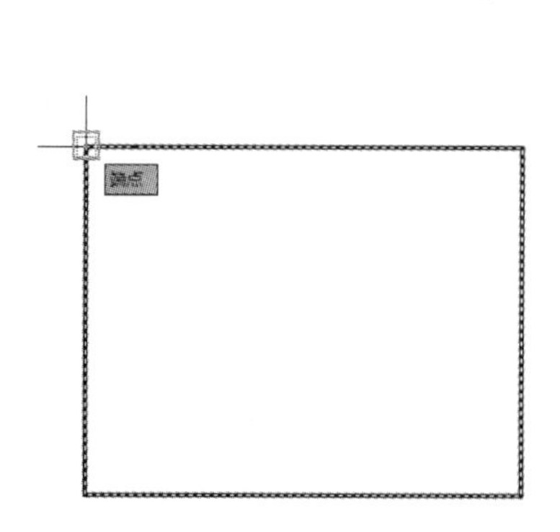

图 2-22 捕捉端点

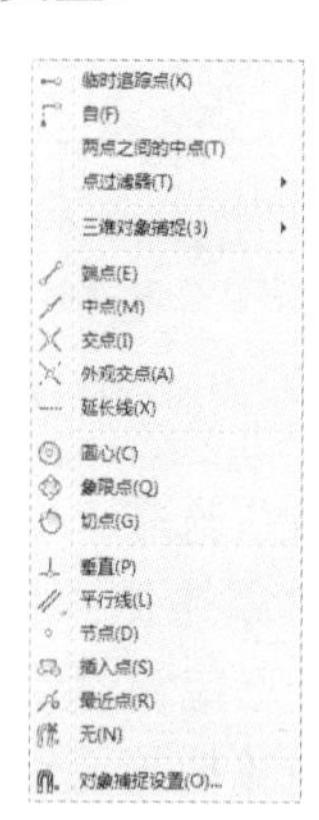

图 2-23 “极轴追踪”选项卡

2.3.6 案例——应用对象捕捉完善双人床

通过绘制完善双人床，加深读者对于 AutoCAD 中对象捕捉的理解。具体绘制步骤如下。

步骤 1 单击快速访问工具栏中的“打开”按钮，打开配套光盘中提供的“第 02 章\2.3.6 完善双人床.dwg”素材文件，图形效果如图 2-24 所示。

步骤 2 选择“工具”|“草图设置”命令，在弹出的“草图设置”对话框中选择“对象捕捉”选项卡，选择“启用对象捕捉”复选框，然后选择“对象捕捉模式”选项组中的“端点”和“中点”复选框，并取消选择其余复选框，然后单击“确定”按钮，如图 2-25 所示。

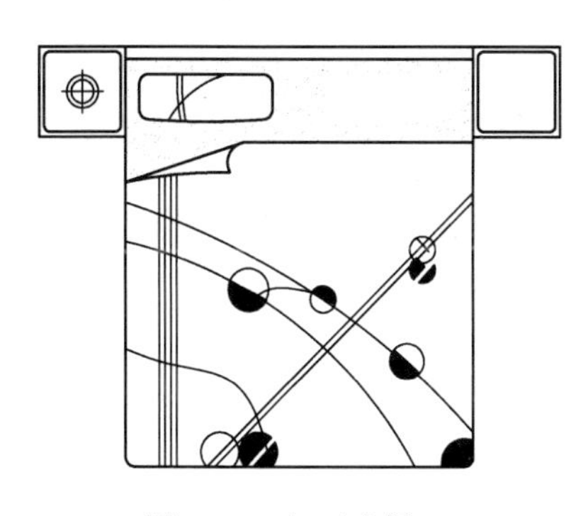

图 2-24　打开素材

图 2-25　设置对象捕捉模式

步骤 3 输入 CO（复制）命令并按空格键，当系统提示“选择对象”时，拖动鼠标框选台灯图形，并按空格键确定，如图 2-26 所示。

步骤 4 当系统提示“指定基点或 [位移(D)/模式(O)] <位移>:”时，捕捉床头柜端点作为复制的基点，如图 2-27 所示。

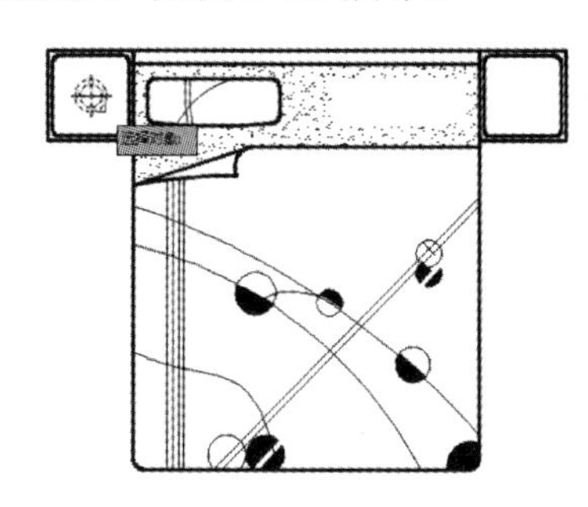

图 2-26　选择图形

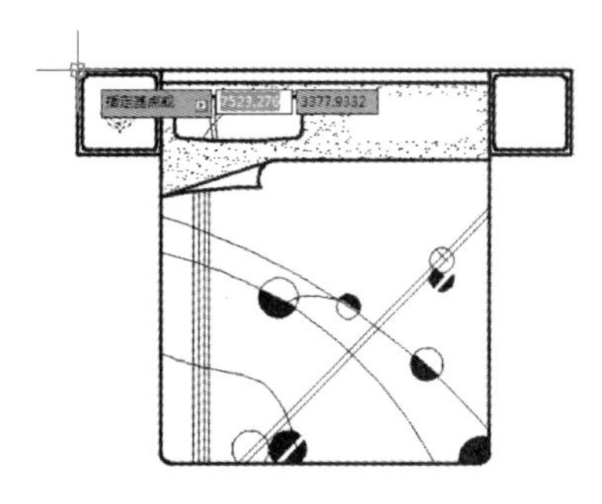

图 2-27　指定基点

步骤 5 当系统提示“指定第二个点或 [阵列(A)] <使用第一个点作为位移>:”时，向右捕捉如图 2-28 所示的端点作为复制的第二点。

步骤 6 当系统提示“指定第二个点或 [阵列(A)/退出(E)/放弃(U)] <退出>:”时，按空格键进行确定，结束复制操作，如图 2-29 所示。

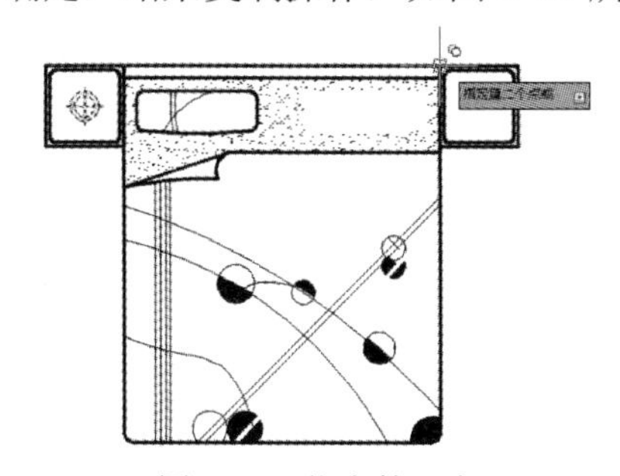

图 2-28　指定第二点

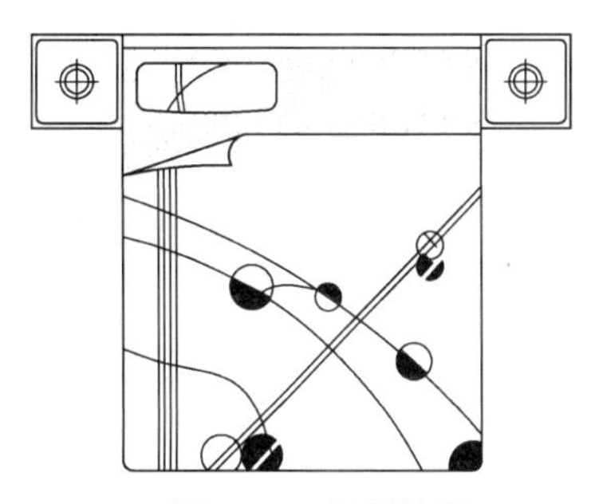

图 2-29　复制效果

步骤 7 输入 MI（镜像）命令，当系统提示“选择对象”时，拖动鼠标框选枕头图形，然后按空格键进行确定，如图 2-30 所示。

步骤 8 当系统提示“指定镜像线的第一点:”时，捕捉如图 2-31 所示的中点作为镜像线的第一点。

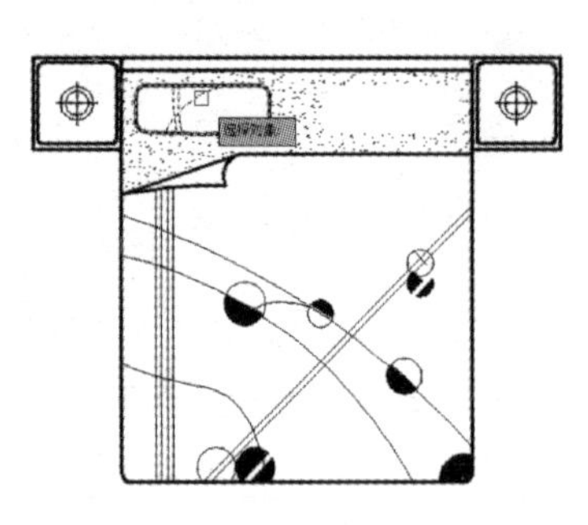

图 2-30　选择图形

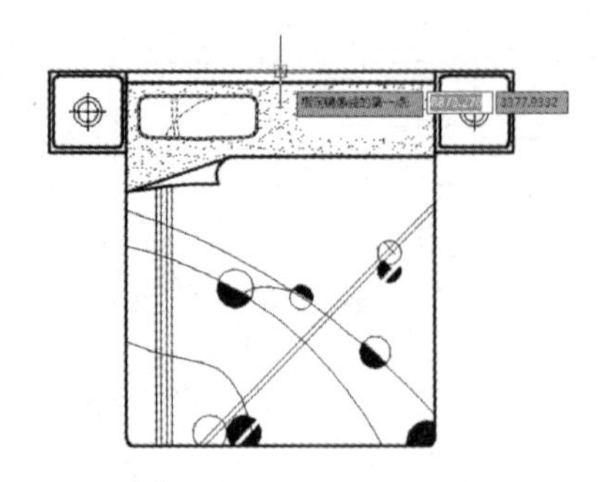

图 2-31　指定第一点

步骤 9 当系统提示“指定镜像线的第二点:”时，向下捕捉如图 2-32 所示的中点作为指定镜像线的第二点。

步骤 10 当系统提示“要删除源对象吗？[是(Y)/否(N)] <否>: N”时，直接按空格键进行确定，结束镜像复制操作，如图 2-33 所示。

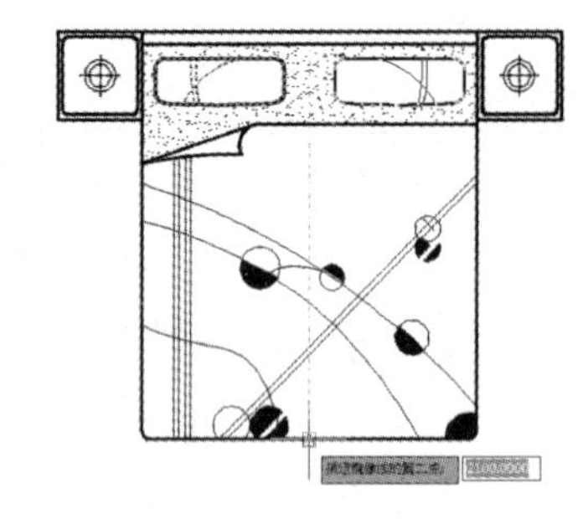

图 2-32　指定第二点

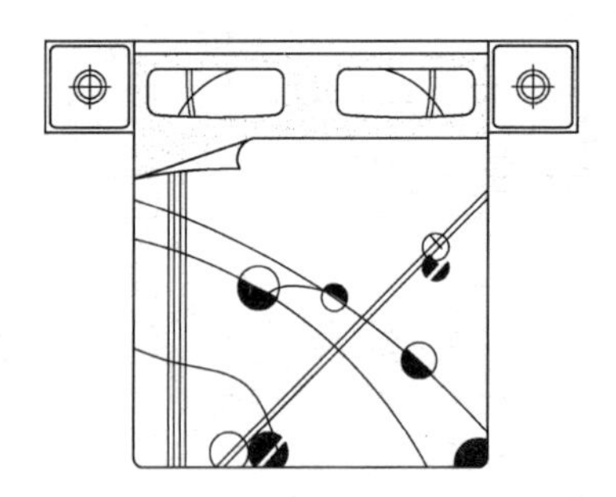

图 2-33　镜像复制效果

2.3.7 对象捕捉追踪

在绘图过程中，除了需要掌握对象捕捉的设置外，也需要掌握对象追踪的相关知识和应用的方法，从而能提高绘图的效率。

“对象捕捉追踪”功能的开、关切换有以下两种方法。

➢ 快捷键：按〈F11〉键，可以切换开、关状态。

➢ 状态栏：单击状态栏上的“对象捕捉追踪”按钮∠。

启用“对象捕捉追踪”后，在命令行中指定点时，光标可以沿基于其他对象捕捉点的对齐路径进行追踪。图 2-34 所示为中点捕捉追踪效果，图 2-35 所示为交点捕捉追踪效果。

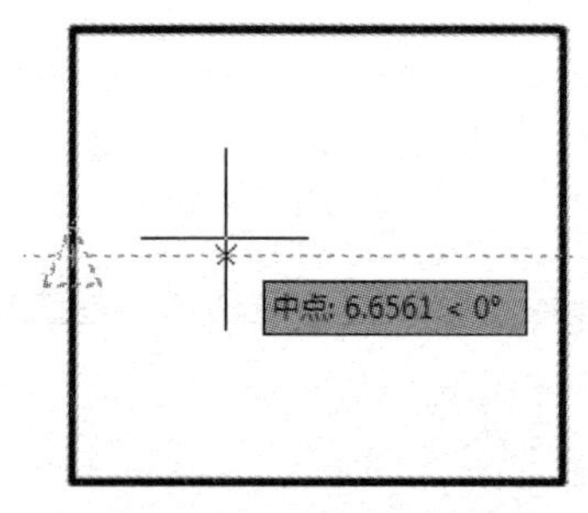

图 2-34　中点捕捉追踪

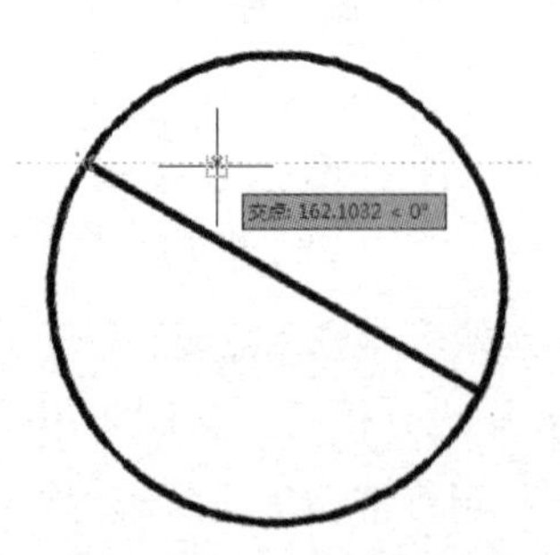

图 2-35　交点捕捉追踪

提示： 由于对象捕捉追踪的使用是基于对象捕捉进行操作的，因此，要使用对象捕捉追踪功能，必须打开一个或多个对象捕捉功能。

使用对象捕捉追踪，可以沿着基于对象捕捉点的对齐路径进行追踪。已获取的点将显示一个小加号（+），一次最多可以获得 7 个追踪点。获取点之后，当在绘图路径上移动光标时，将显示相对于获取点的水平、垂直或极轴对齐路径。

例如，在如图 2-36 所示的示意图中，启用了“端点”对象捕捉，单击直线的起点“1”开始绘制直线，将光标移动到另一条直线的端点“2”处获取该点，然后沿水平对齐路径移动光标，定位要绘制直线的端点“3”。

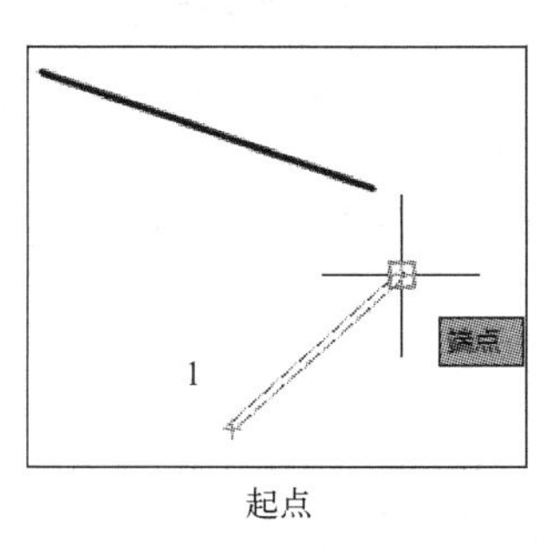

起点

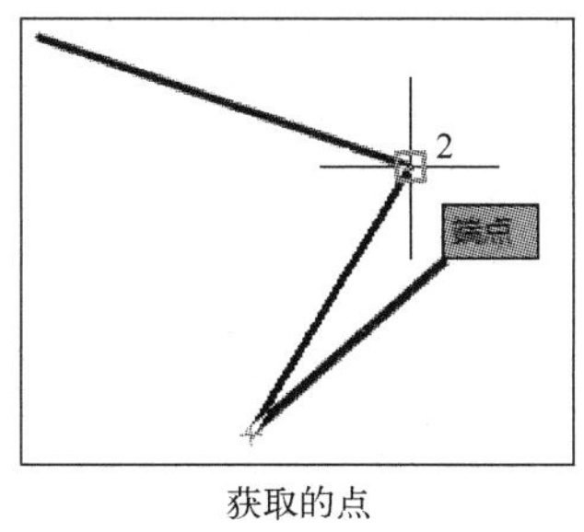

获取的点

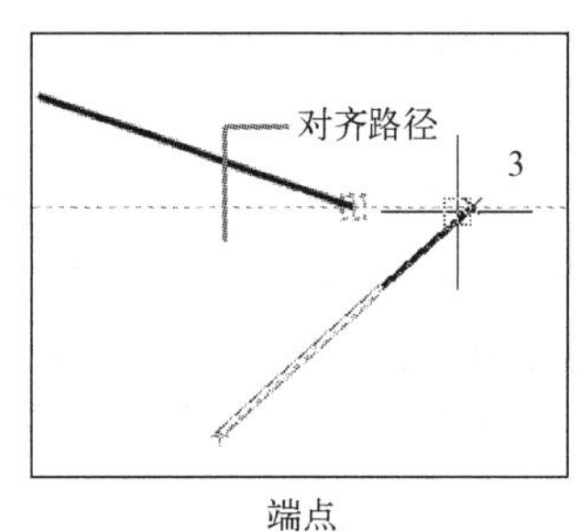

端点

图 2-36　对象捕捉追踪示意图

2.3.8 案例——绘制插座图形

本案例所绘制的图形如图 2-37 所示，通过对插座图形的绘制，可以加深读者对于 AutoCAD 中对象追踪的理解。具体绘制步骤如下。

步骤 1 单击快速访问工具栏中的“打开”按钮，打开配套光盘中提供的“第 2 章\2.38 绘制插座图形.dwg”素材文件，如图 2-38 所示。

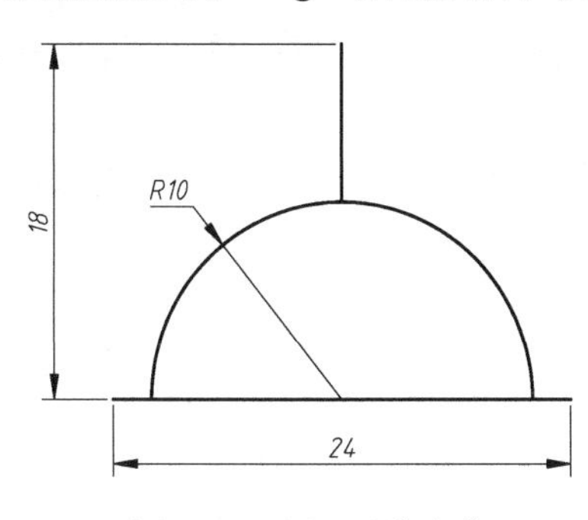

图 2-37　图形最终文件

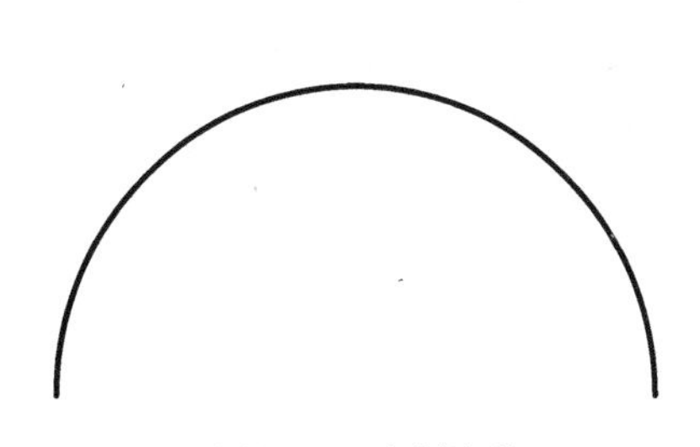

图 2-38　素材文件

步骤 2 选择“工具”｜“绘图设置”命令，在系统弹出的“草图设置”对话框中选择“对象捕捉”选项卡，然后选择其中的“启用对象捕捉”“启用对象捕捉追踪”和“圆心”选项并确定，如图 2-39 所示。

步骤 3 单击“绘图”面板中的“直线”按钮，当命令行中提示“指定第一点”时，移动鼠标捕捉至圆弧的圆心，然后单击将其指定为第一个点，如图 2-40 所示。

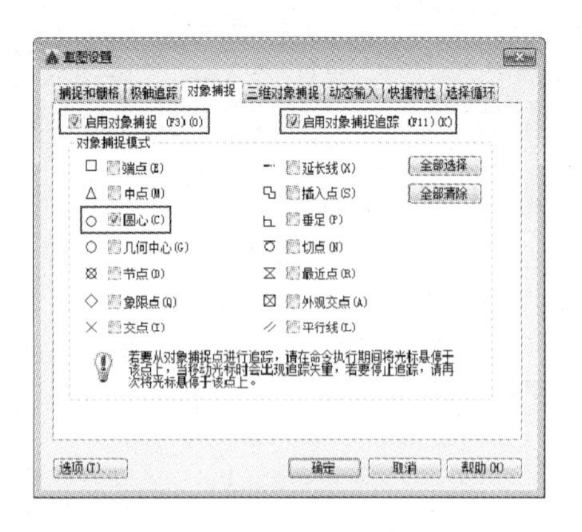

图 2-39　设置捕捉模式

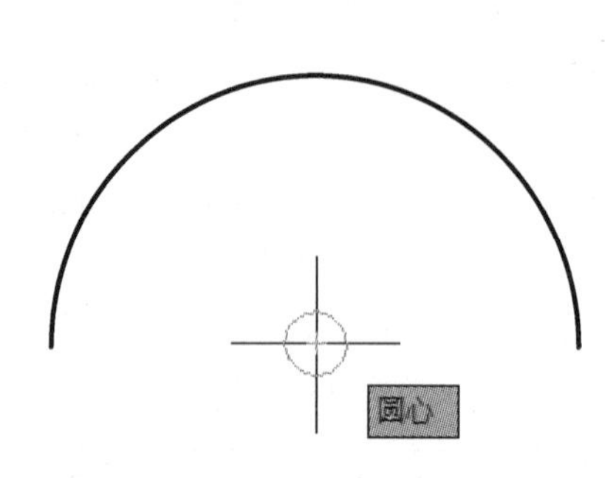

图 2-40　捕捉圆心

步骤 4 将鼠标向左移动，引出水平追踪线，然后在动态输入框中输入 12，再按空格键，即可确定直线的第一个点，如图 2-41 所示。

步骤 5 此时将鼠标向右移动，引出水平追踪线，在动态输入框中输入 24，按空格键，即可绘制出直线，如图 2-42 所示。

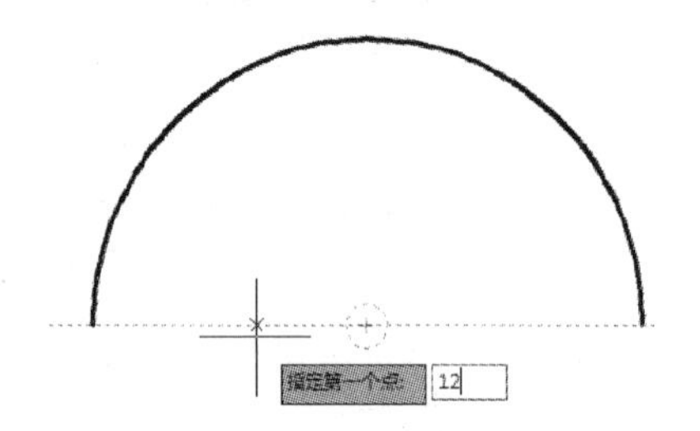

图 2-41　指定直线的起点

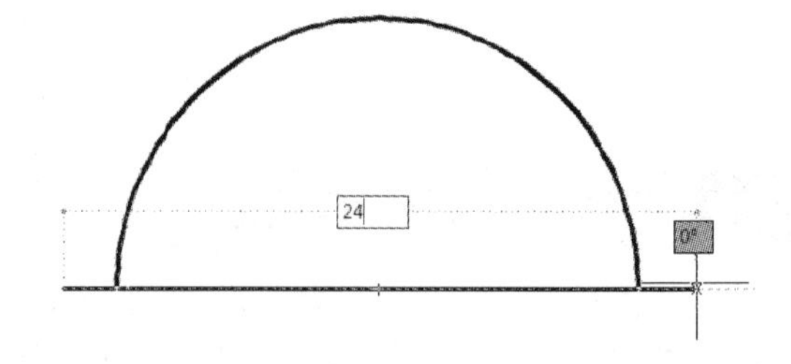

图 2-42　指定直线的终点

步骤 6 单击“绘图”面板中的“直线”按钮，当命令行中提示“指定第一点”时，移动鼠标捕捉至圆弧的圆心，然后向上移动引出垂直追踪线，在动态输入框中输入 10，按空格键，确定直线的起点，如图 2-43 所示。

步骤 7 再将鼠标沿着垂直追踪线向上移动，在动态输入框中输入 8，按空格键，即可绘制出垂直的直线，如图 2-44 所示。

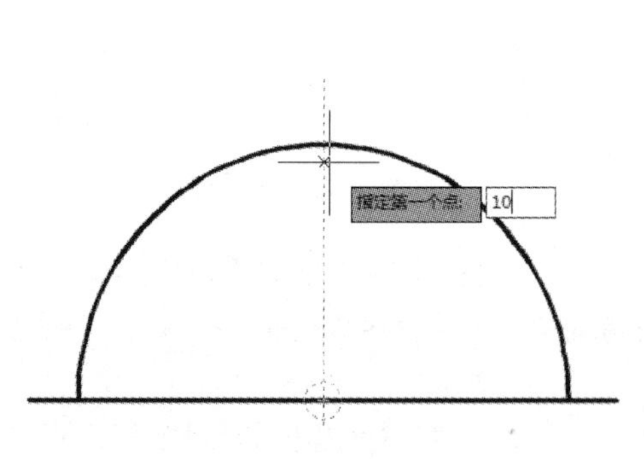

图 2-43　指定直线的起点

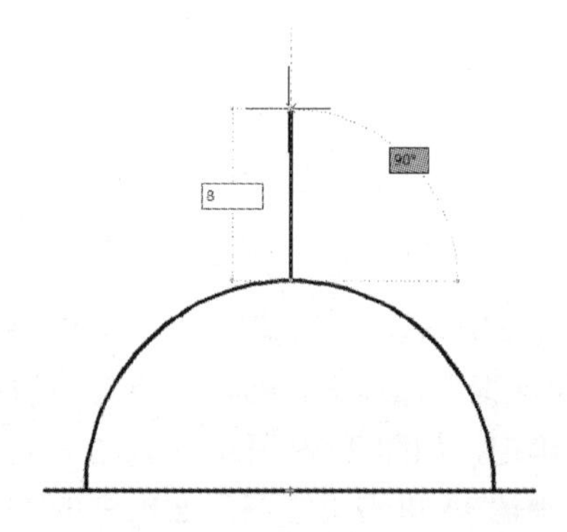

图 2-44　指定直线的终点

2.3.9 允许或禁止动态 UCS

使用动态 UCS 功能，可以在创建对象时使 UCS 的 XY 平面自动与实体模型上的平面临时对齐。执行绘图命令时，可以通过在面的一条边上移动指针对齐 UCS，而无须使用 UCS 命令，结束该命令后，UCS 将恢复到其上一个位置和方向。

动态 UCS 的 X 轴沿面的一条边定位，且 X 轴的正向始终指向屏幕的右半部分。动态 UCS 仅能检测到实体的前向面。如果打开了栅格模式和捕捉模式，它们将与动态 UCS 临时对齐；栅格显示的界限自动设置。

要在光标上显示 XYZ 标签，则在“允许或禁止动态 UCS”按钮上右击，并在弹出的快捷菜单中选择“显示十字光标标签”命令。

“动态 UCS”功能的开、关切换有以下两种方法。

➢ 快捷键：按〈F6〉键可以切换开、关状态。
➢ 状态栏：单击状态栏上的“允许或禁止动态 UCS”按钮。

2.3.10 动态输入

在 AutoCAD 中，单击状态栏中的“动态输入”按钮，可在指针位置处显示指针输入或标注输入命令提示等信息，从而极大地提高了绘图的效率。动态输入模式界面包含 3 个组件，即指针输入、标注输入和动态显示。

“动态输入”功能的开、关切换有以下两种方法。

➢ 快捷键：按〈F12〉键，可以切换开、关状态。
➢ 状态栏：单击状态栏上的“动态输入”按钮。

1．启用指针输入

在“草图设置”对话框的“动态输入”选项卡中，可以控制在启用“动态输入”时每个部件所显示的内容，如图 2-45 所示。单击“指针输入”选项组中的“设置”按钮，弹出“指针输入设置”对话框，如图 2-46 所示。可以在其中设置指针的格式和可见性。在工具提示中，十字光标所在位置的坐标值将显示在光标旁边。命令提示用户输入点时，可以在工具提示（而非命令窗口）中输入坐标值。

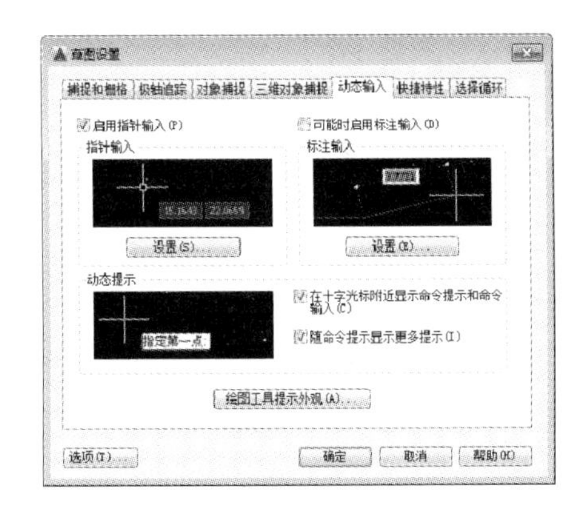

图 2-45 “动态输入”选项卡

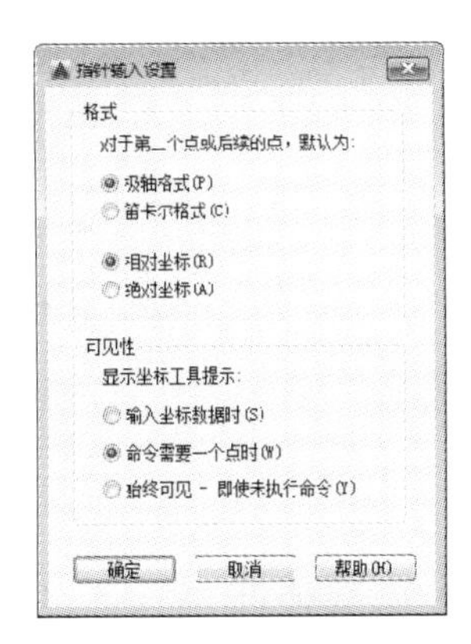

图 2-46 “指针输入设置”对话框

2．启用标注输入

在“草图设置”对话框的“动态输入”选项卡中，选择“可能时启用标注输入”复选框，启用标注输入功能。单击“标注输入”选项组中的“设置”按钮，弹出如图 2-47 所示的“标注输入的设置”对话框。利用该对话框可以设置夹点拉伸时标注输入的可见性等。

3．显示动态提示

在“动态输入”选项卡中，选择“动态显示”选项组中的“在十字光标附近显示命令提示和命令输入”复选框，可在光标附近显示命令显示。单击“绘图工具提示外观”按钮，弹出如图 2-48 所示的“工具提示外观”对话框，在其中可以进行颜色、大小、透明度和应用场合的设置。

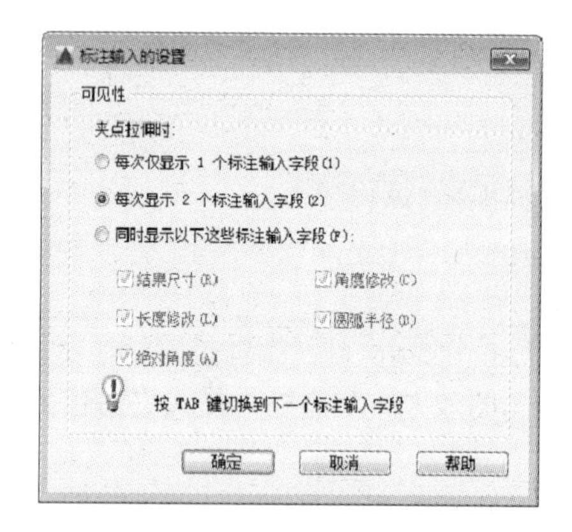

图 2-47 “标注输入的设置”对话框

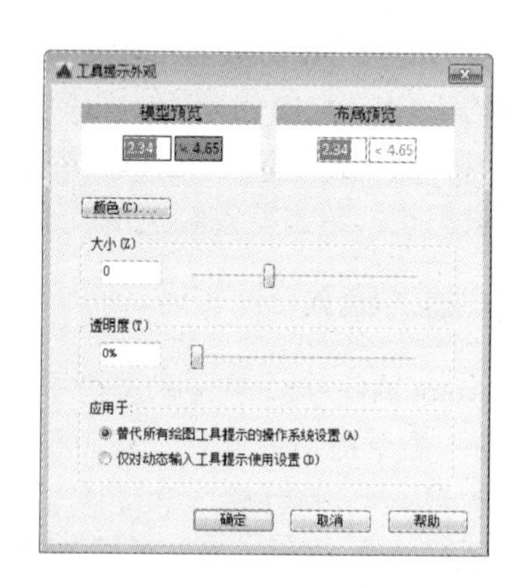

图 2-48 “工具提示外观”对话框

2.3.11 显示/隐藏线宽

在状态栏中单击“线宽”按钮，可以显示或隐藏线宽。要设置线宽的相关参数和选项，则右击“线宽”按钮，在弹出的快捷菜单中选择“线宽设置”命令，弹出如图 2-49 所示的“线宽设置”对话框，然后利用该对话框设置当前线宽和线宽单位，控制线宽的显示和显示比例，以及设置图层的默认线宽值。

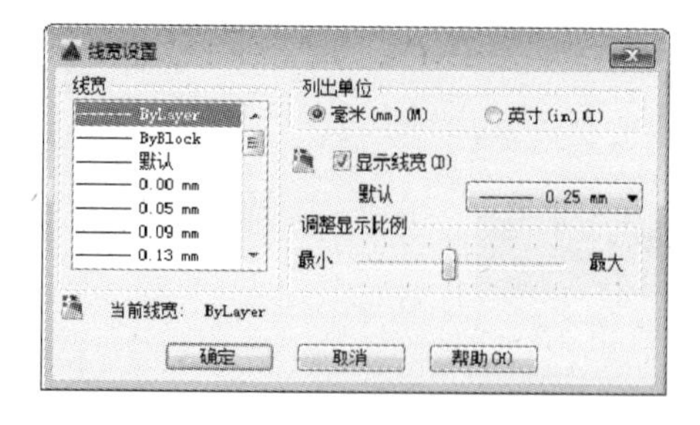

图 2-49 “线宽设置”对话框

2.3.12 快捷特性

在 AutoCAD 2016 中，用户可以使用“快捷特性”面板来访问选定对象的特性等信息。要想启用快捷特性模式，可在状态栏中单击“快捷特性”按钮。

例如，在快捷特性模式下，选中某个圆，则系统出现一个“快捷特性”面板来显示该圆的一些特性，如图 2-50 所示。

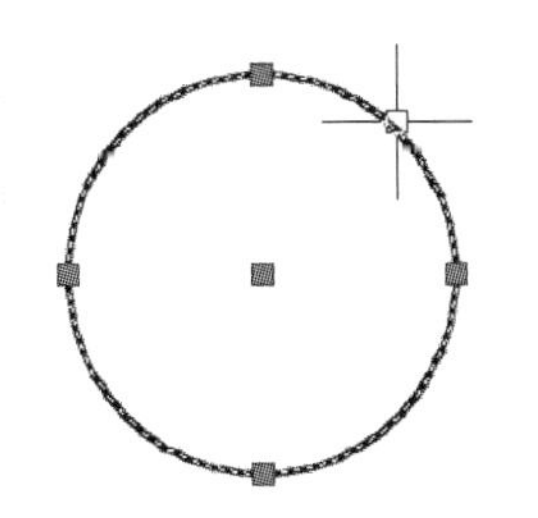

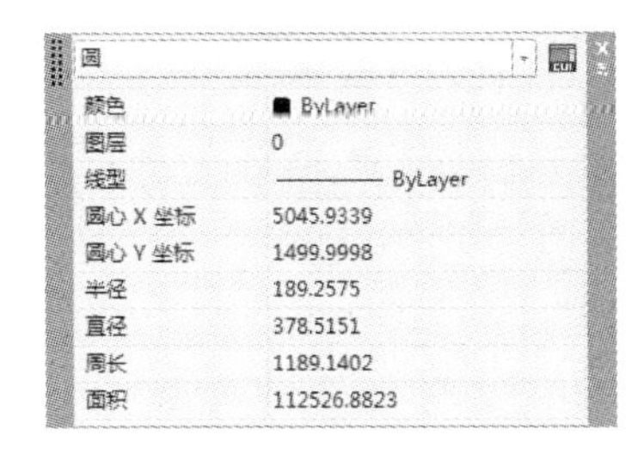

图 2-50 启用“快捷特性”

另外，在状态栏中右击“快捷特性”按钮，在弹出的快捷菜单中选择“快捷特性设置”命令，将弹出“草图设置”对话框，并显示“快捷特性”选项卡，如图 2-51 所示，在其中可以设置按对象类型显示选项、定制位置模式和选项板行为参数。

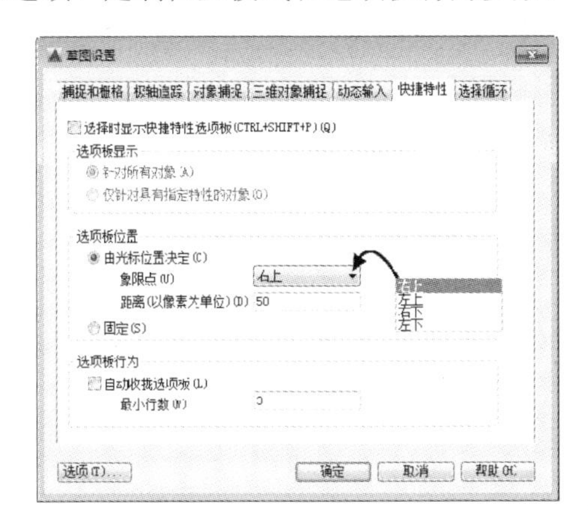

图 2-51 “快捷特性”选项卡

2.4 快速查看视图图形

本节主要介绍如何在 AutoCAD 2016 中控制图形的显示。AutoCAD 2016 的控制图形显示功能非常强大，可以通过改变观察者的位置和角度，使图形以不同的比例显示出来。

另外，还可以放大复杂图形中的某个部分以查看细节，或者同时在一个屏幕上显示多个视口，每个视口显示整个图形中的不同部分等。

2.4.1 视图缩放

视图缩放只是改变视图的比例，并不改变图形中对象的绝对大小，打印出来的图形仍是所设置的大小。

在 AutoCAD 2016 中可以通过以下几种方法执行“视图缩放”命令。

➢ 菜单栏：选择“视图”|“缩放”命令，如图 2-52 所示。

➢ 面板：单击如图 2-53 所示的“视图”选项卡中的“导航”面板和绘图区中的导航栏范围缩放按钮。

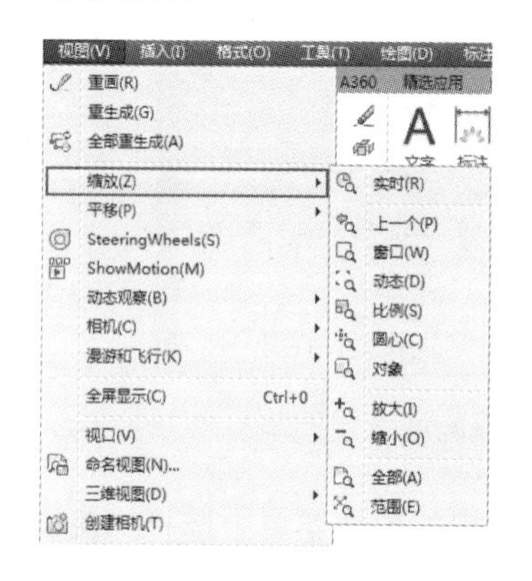

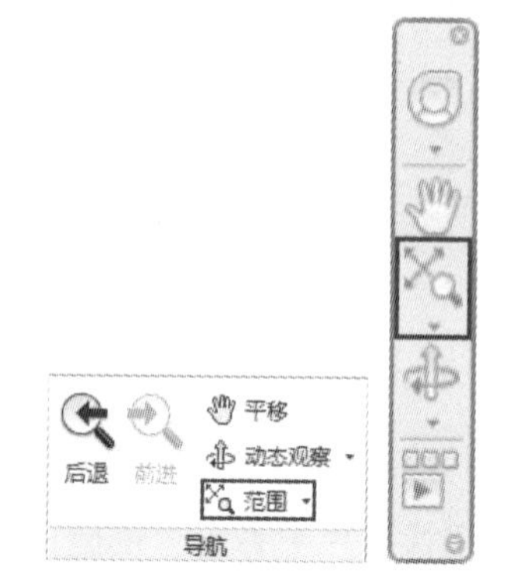

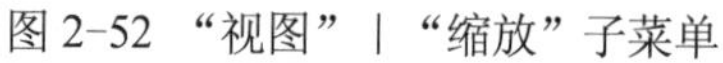

图 2-52 “视图” | “缩放”子菜单

图 2-53 “导航”面板和导航栏

➢ 工具栏：单击如图 2-54 所示的“缩放”工具栏中的按钮。

图 2-54 “缩放”工具栏

➢ 命令行：在命令行中输入 ZOM/Z 命令。

在命令行中输入 Z 缩放命令并按〈Enter〉键，命令行的提示如下。

命令: Z↙ ZOOM //调用“缩放”命令

指定窗口的角点，输入比例因子 (nX 或 nXP)，或者

[全部(A)/中心(C)/动态(D)/范围(E)/上一个(P)/比例(S)/窗口(W)/对象(O)] <实时>:

命令行中各个选项的含义如下。

1．全部缩放

在当前视窗中显示整个模型空间界限范围之内的所有图形对象，包括绘图界限范围内和范围外的所有对象及视图辅助工具（如栅格）。图 2-55 所示为全部缩放前后的对比效果。

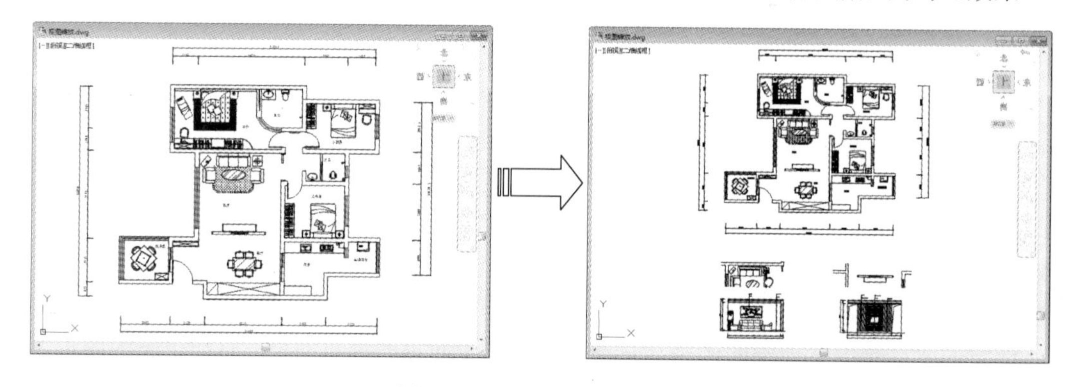

图 2-55 全部缩放前后对比

2．中心缩放

以指定点为中心点，整个图形按照指定的比例缩放，而这个点在缩放操作之后称为“新

视图的中心点”。

3．动态缩放

对图形进行动态缩放。选择该选项后，绘图区将显示几个不同颜色的方框，拖曳鼠标移动当前视区到所需位置，单击调整大小后按〈Enter〉键，即可将当前视区框内的图形最大化显示。图 2-56 所示为动态缩放前后的对比效果。

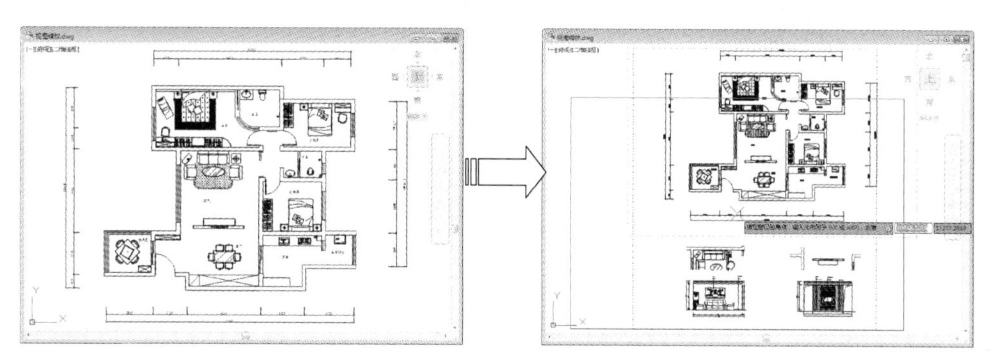

图 2-56 动态缩放前后对比

4．范围缩放

选择该选项，可使所有图形对象最大化显示，充满整个视口。视图包含已关闭图层上的对象，但冻结图层上的除外。

技巧：双击鼠标中键可以快速进行视图范围缩放。

5．缩放上一个

恢复到前一个视图显示的图形状态。

6．缩放比例

根据输入的值进行比例缩放。有 3 种输入方法：直接输入数值，表示相对于图形界限进行缩放；在数值后加 X，表示相对于当前视图进行缩放；在数值后加 XP，表示相对于图纸空间单位进行缩放。图 2-57 所示为相当于当前视图缩放 1 倍后的对比效果。

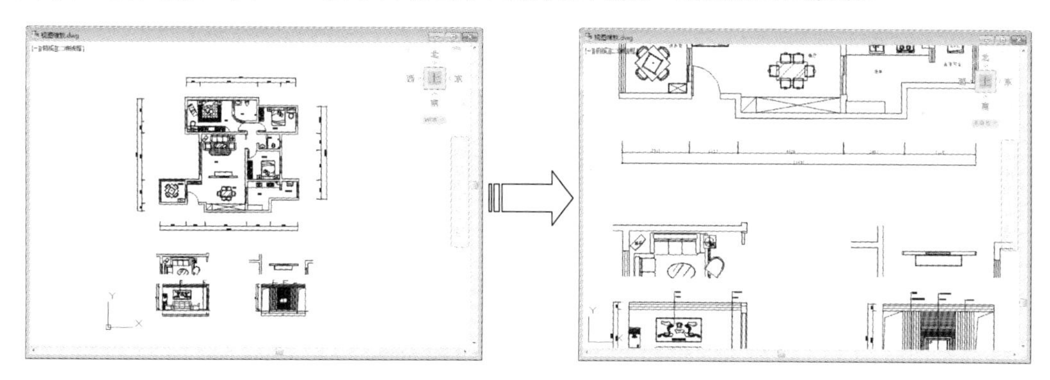

图 2-57 缩放比例前后对比

7．窗口缩放

窗口缩放命令可以将矩形窗口内选中的图形充满当前视窗显示。

执行完该操作后，用光标确定窗口对角点，这两个角点确定了一个矩形框窗口，系统将矩形框窗口内的图形放大至整个屏幕，如图 2-58 所示。

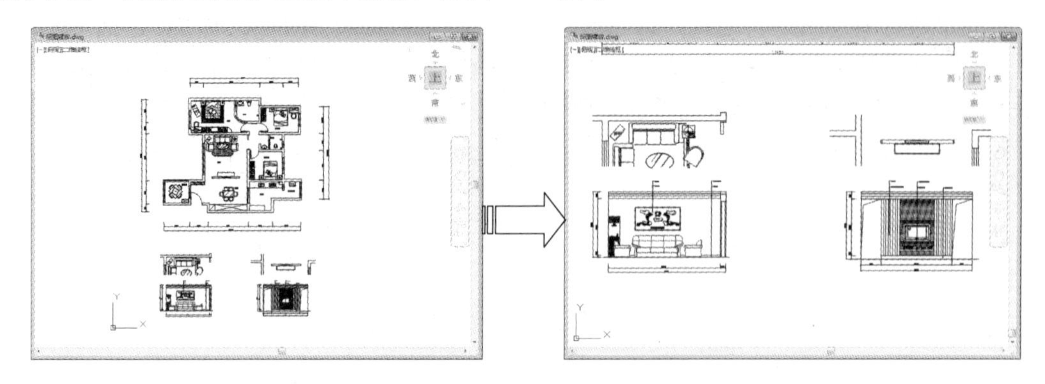

图 2-58 窗口缩放前后对比

8．缩放对象

选择该选项后，选中的图形对象最大限度地显示在屏幕上。图 2-59 所示为将电视背景墙缩放后的前后对比效果。

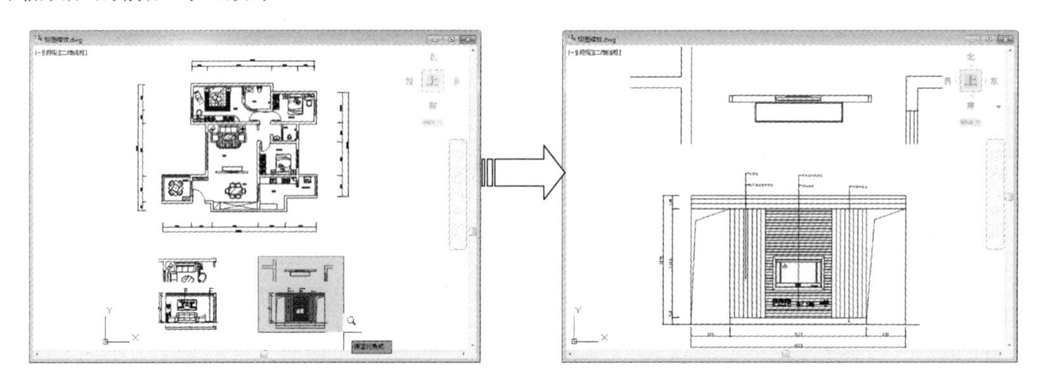

图 2-59 缩放对象前后对比

9．实时缩放

该选项为默认选项。执行缩放命令后直接按〈Enter〉键，即可使用该选项。在屏幕上会出现一个 形状的光标，按住鼠标左键向上或向下拖曳，则可实现图形的放大或缩小。

技巧：滚动鼠标滚轮，可以快速实现缩放视图。

10．放大

单击该按钮一次，视图中的实体显示是当前视图的两倍。

11．缩小

单击该按钮一次，视图中的实体显示是当前视图的 50%。

2.4.2 视图平移

视图的平移是指在当前视口中移动视图。对视图的平移操作不会改变视图的大小，只改

变其位置，以便观察图形的其他部分，如图 2-60 所示。

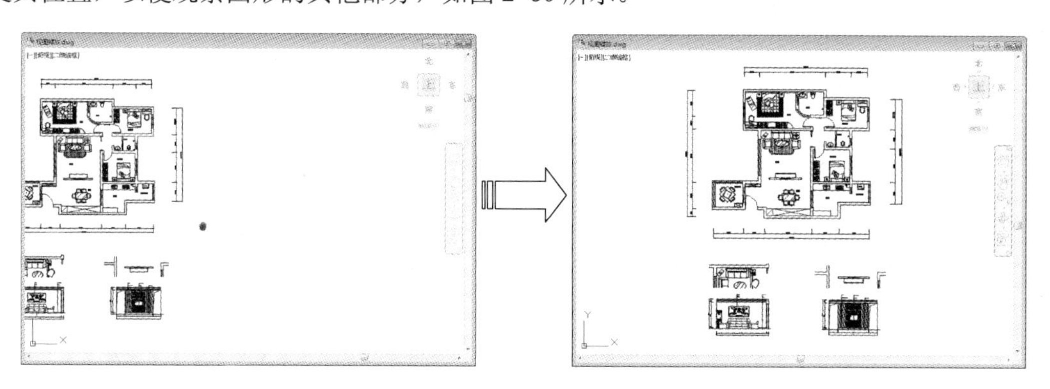

图 2-60 视图平移前后对比

在 AutoCAD 2016 中可以通过以下几种方法执行“平移”命令。

➢ 菜单栏：选择“视图” | “平移”命令，如图 2-61 所示。
➢ 功能区：在“视图”选项卡的“导航”面板中单击“平移”按钮。
➢ 命令行：在命令行中输入 PAN/P 命令。

在“平移”子菜单中，“左”、“右”、“上”、“下”分别表示将视图向左、右、上、下 4 个方向移动。视图平移可以分为“实时平移”和“定点平移”两种，其含义如下。

➢ 实时平移：光标形状变为手形，按住鼠标左键拖曳可以使图形的显示位置随鼠标向同一方向移动。
➢ 定点平移：通过指定平移起始点和目标点的方式进行平移。

提示：按住鼠标滚轮并拖曳，可以快速进行视图平移。

2.4.3 案例——查看支架装配图

通过查看支架装配图，可以熟练掌握视图缩放和视图平移的操作。

步骤 1 打开文件。单击快速访问工具栏中的“打开”按钮，打开本书配套光盘中的“第 02 章\2.4.3 案例——查看支架装配图.dwg”素材文件，如图 2-62 所示。

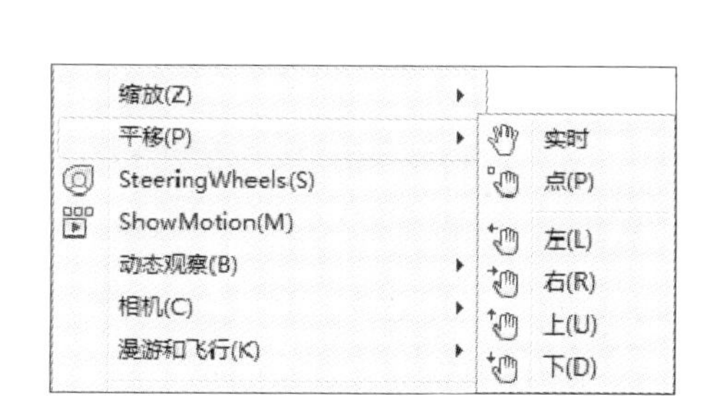

图 2-61 “平移”子菜单

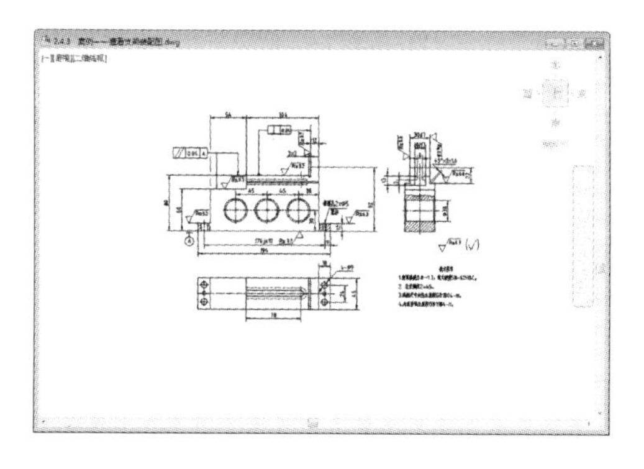

图 2-62 素材文件

步骤 2 对象缩放图形。在命令行中输入 Z（缩放）命令并按〈Enter〉键，再根据命令行的提示输入 O，激活“对象”选项，在绘图区选择需要缩放的对象，如图 2-63 所示。缩放结果如图 2-64 所示。

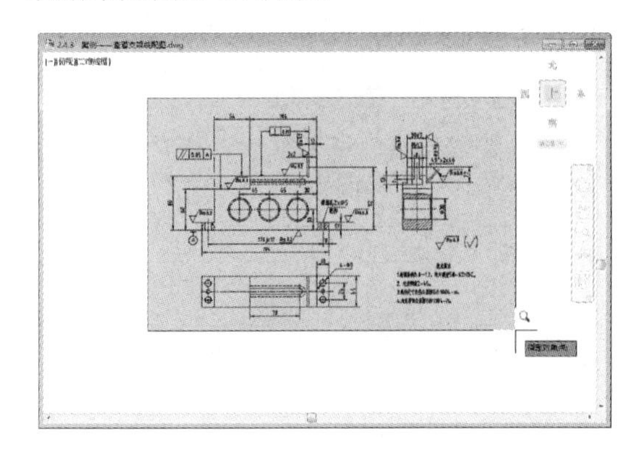

图 2-63 选择缩放对象

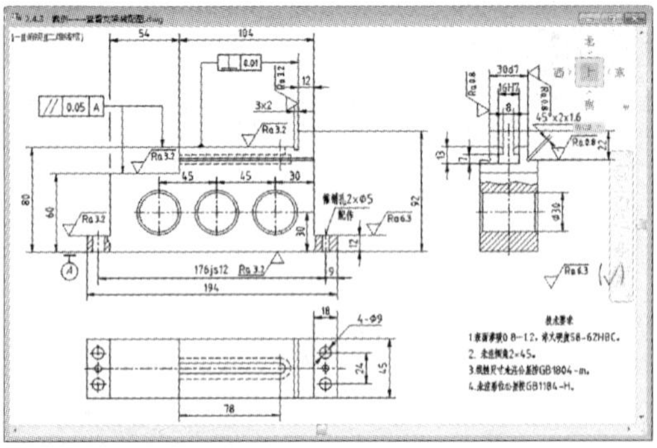

图 2-64 对象缩放结果

步骤 3 窗口缩放图形。单击导航栏上的“窗口缩放”按钮，光标变成十字形，根据命令行提示指定缩放区域，如图 2-65 所示。缩放结果如图 2-66 所示。

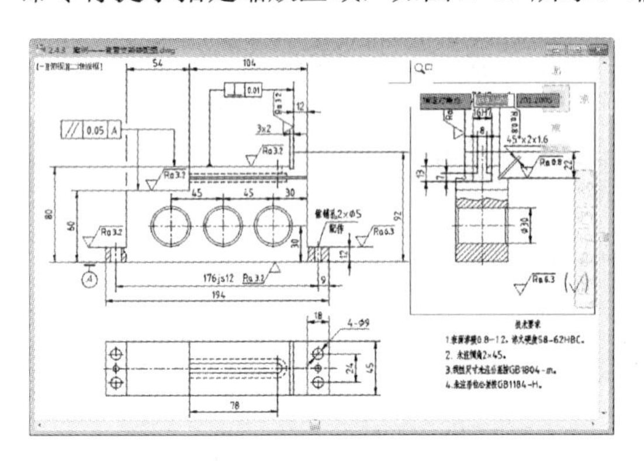

图 2-65 指定缩放区域

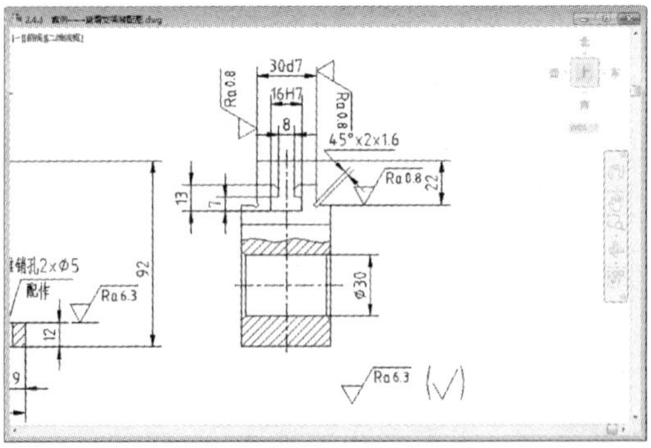

图 2-66 窗口缩放结果

步骤 4 实时平移图形。在“视图”选项卡的“导航”面板中单击“平移”按钮，光标在绘图区变为手形，按住鼠标左键并拖曳即可进行平移，如图 2-67 与图 2-68 所示。

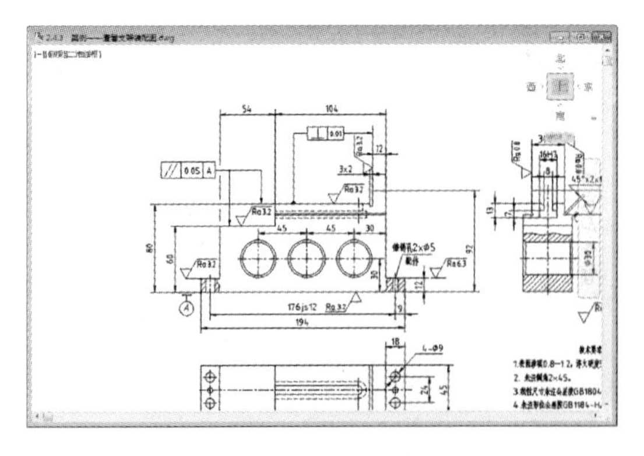

图 2-67 实时平移之前

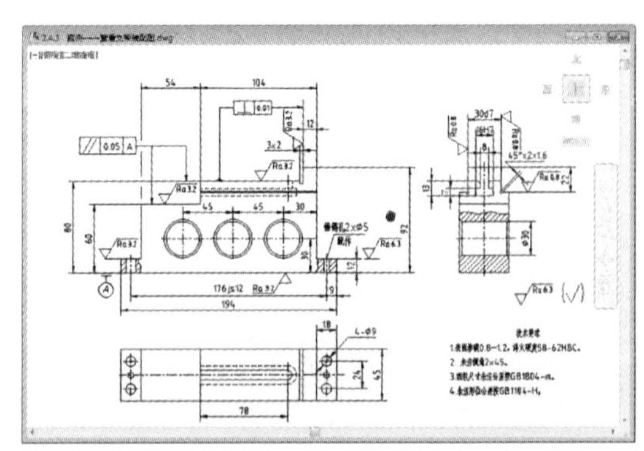

图 2-68 实时平移结果

2.4.4 命名视图

绘图区中显示的内容称为“视图”，命名视图是将某些视图范围命名并保存下来，供以后随时调用。

在 AutoCAD 2016 中可以通过以下几种方法执行“命名视图”命令。

➢ 菜单栏：选择“视图”|“命名视图”命令。

➢ 功能区：在“视图”面板中单击“视图管理器”按钮。

➢ 命令行：在命令行中输入 VIEW/V 命令。

执行上述命令后，弹出如图 2-69 所示的“视图管理器”对话框，可以在其中进行视图的命名和保存。

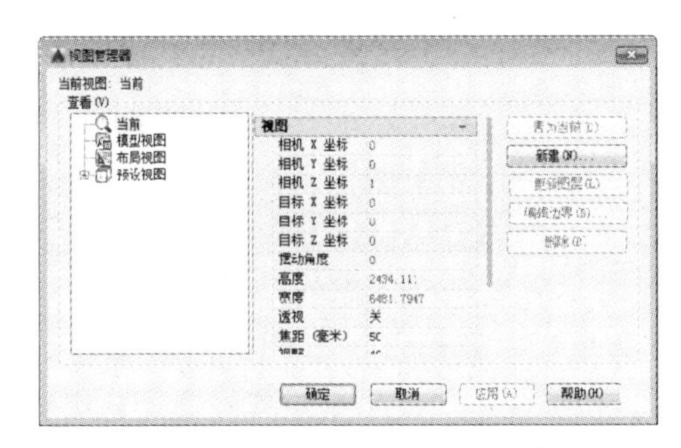

图 2-69 “视图管理器”对话框

2.4.5 重画视图

AutoCAD 的常用数据库以浮点数据的形式储存图形对象的信息，浮点格式精度高，但计算时间长。AutoCAD 重生成对象时，需要把浮点数值转换为适当的屏幕坐标，因此对于复杂图形，重新生成需要花费较长时间。

AutoCAD 提供了另一个速度较快的刷新命令——重画（REDRAWALL）。重画只刷新屏幕显示，而重生成不仅刷新显示，还更新图形数据库中所有图形对象的屏幕坐标。

在 AutoCAD 2016 中可以通过以下两种方法执行“重画”命令。

➢ 菜单栏：选择“视图”|“重画”命令。

➢ 命令行：在命令行中输入 REDRAWALL/REDRAW/RA 命令。

2.4.6 重生成视图

在 AutoCAD 中，某些操作完成后，操作效果往往不会立即显示出来，或在屏幕上留下绘图的痕迹与标记。因此，需要通过视图刷新对当前视图进行重新生成，以观察到最新的编辑效果。

REGEN（重生成）命令不仅重新计算当前视区中所有对象的屏幕坐标，并重新生成整个图形，还重新建立图形数据库索引，从而优化显示和对象选择的性能。

在 AutoCAD 2016 中可以通过以下两种方法执行“重生成”命令。

➢ 菜单栏：选择“视图”|“重生成”命令。

➢ 命令行：在命令行中输入 REGEN/RE 命令。

执行“重生成”命令前后的效果对比如图 2-70 所示。

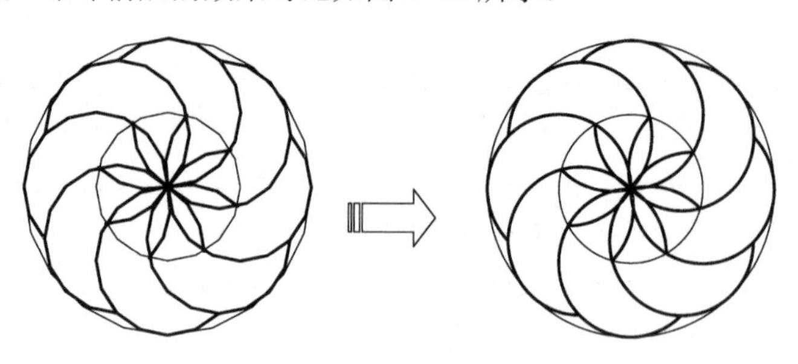

图 2-70 重生成前后对比

另外使用“全部重生成”命令不仅重生为当前视图中的内容，而且重生成所有图形中的内容。

执行“全部重生成”命令的方法如下。

- 菜单栏：选择“视图”|“全部重生成”命令。
- 命令行：在命令行中输入 REGENALL/REA 命令。

在进行复杂的图形处理时，应当充分考虑到“重画”和“重生成”命令的不同工作机制，并合理使用。“重画”命令耗时较短，可以经常使用以刷新屏幕。每隔一段较长的时间，或“重画”命令无效时，可以使用一次“重生成”命令，更新后台数据库。

2.4.7 新建视口

在创建图形时，经常需要将图形局部放大以显示细节，同时又需要观察图形的整体效果，这时仅使用单一的视图已经无法满足用户需求了。在 AutoCAD 中使用“新建视口”命令，便可将绘制窗口划分为若干个视口，以便于查看图形。各个视口可以独立进行编辑，当修改一个视图中的图形时，在其他视图中也能够体现。单击视口区域可以在不同视口间切换。

在 AutoCAD 2016 中可以通过以下几种方式执行“新建视口”命令。

- 菜单栏：选择“视图”|“视口”|“新建视口”命令，如图 2-71 所示。
- 工具栏：单击“视口”工具栏中的“显示‘视口’对话框”按钮，如图 2-72 所示。
- 功能区：在“视图”选项卡中，单击“模型视口”面板中的“命名”按钮，如图 2-73 所示。
- 命令行：在命令行中输入 VPORTS 命令。

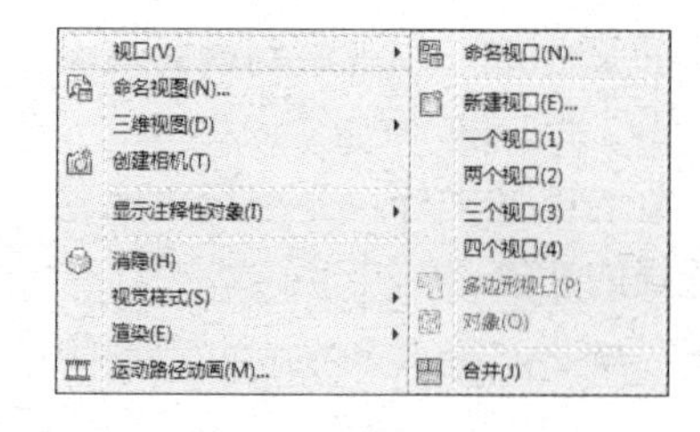

图 2-71 “视口”子菜单

图 2-72 “视口”工具栏

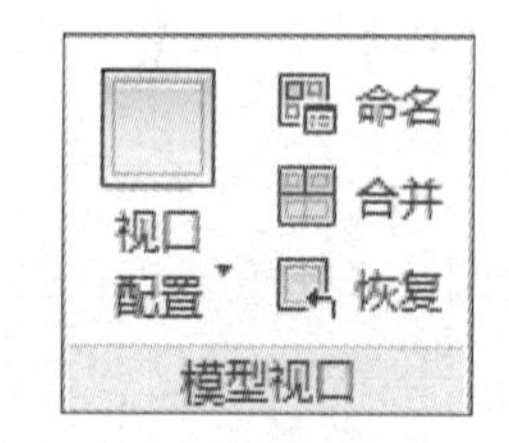

图 2-73 “模型视口”面板

执行上述任意操作后，系统将弹出“视口”对话框，选择“新建视口”选项卡，如图 2-74 所示。该对话框列出了一个标准视口配置列表，可以用来创建层叠视口，还可以对视图的布局、数量和类型进行设置，最后单击“确定”按钮，即可使视口设置生效。

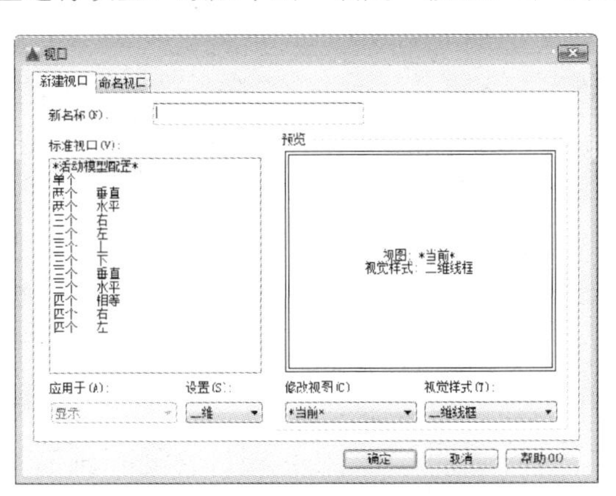

图 2-74 “新建视口”选项卡

2.4.8 案例——新建视口

步骤 1 打开文件。按〈Ctrl+O〉组合键，打开本书配套光盘中的“第 02 章\2.4.8 案例——新建视口.dwg”素材文件，如图 2-75 所示。

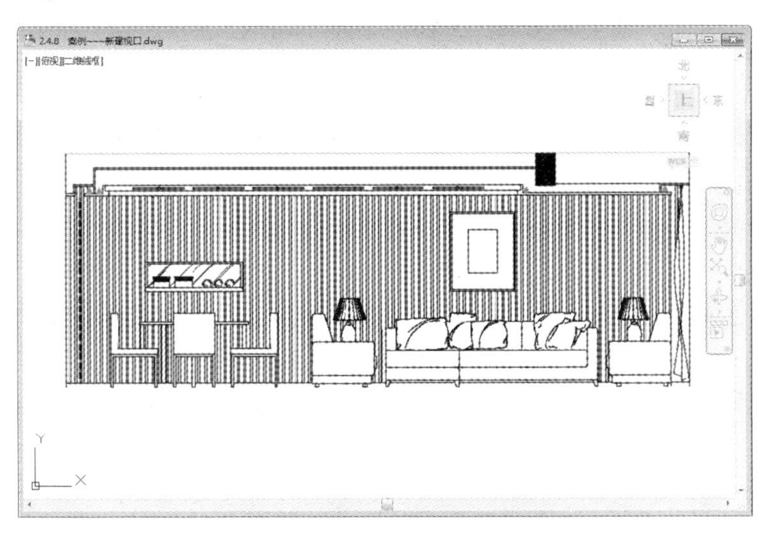

图 2-75 素材图形

步骤 2 调用“新建视口”命令。在“视图”选项卡中，单击“视口模型”面板中的“命名”按钮 命名。

步骤 3 创建视口。在弹出的“视口”对话框的“新名称”文本框中输入“平铺视口”，在“标准视口”列表框中选择“两个：水平”选项，如图 2-76 所示。

步骤 4 单击“确定”按钮，完成新建视口的操作，如图 2-77 所示。

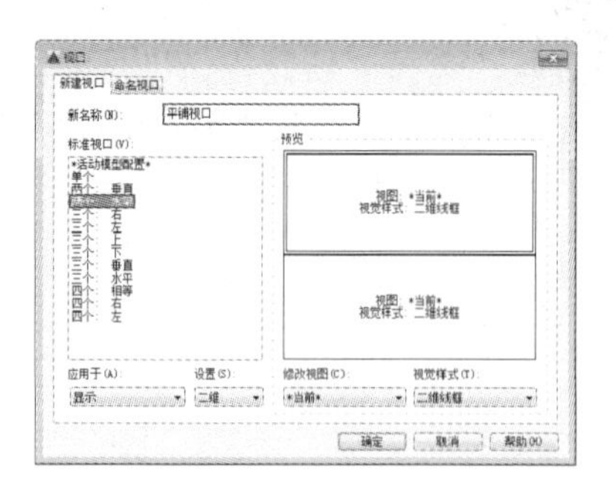

图 2-76 “视口”对话框

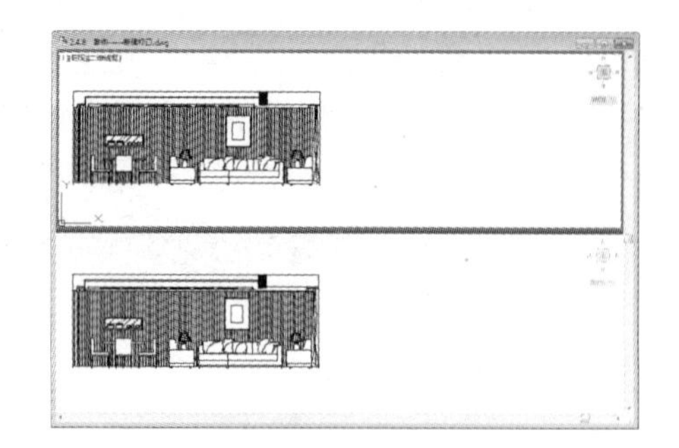

图 2-77 新建视口

2.4.9 命名视口

命名视口用于给新建的视口命名。

在 AutoCAD 2016 中，可以通过以下几种方法执行“命名视口”命令。

- 菜单栏：选择“视图”|“视口”|“命名视口”命令。
- 工具栏：单击“视口”工具栏中的“显示‘视口’对话框”按钮。
- 功能区：在“视图”选项卡中，单击“视口模型”面板中的“命名”按钮。
- 命令行：在命令行中输入 VPORTS 命令。

执行上述操作后，系统将弹出“视口”对话框，选择“命名视口”选项卡，该选项卡用来显示保存在图形文件中的视口配置。其中“当前名称”提示行显示当前视口名：“命名视口”列表框用来显示保存的视口配置；“预览”显示框用来预览选择的视口配置。

2.4.10 案例——命名视口

步骤 1 打开文件。按〈Ctrl+O〉组合键，打开本书配套光盘中的“第 02 章\2.4.10 案例——命名视口.dwg”素材文件，如图 2-78 所示。

步骤 2 调用“新建视口”命令。在“视图”选项卡中，单击“视口模型”面板中的“命名”按钮。

步骤 3 创建视口。在弹出的“视口”对话框的“新名称”文本框中输入“平铺视口”，在“标准视口”列表框中选择“四个：相等”选项，如图 2-79 所示。

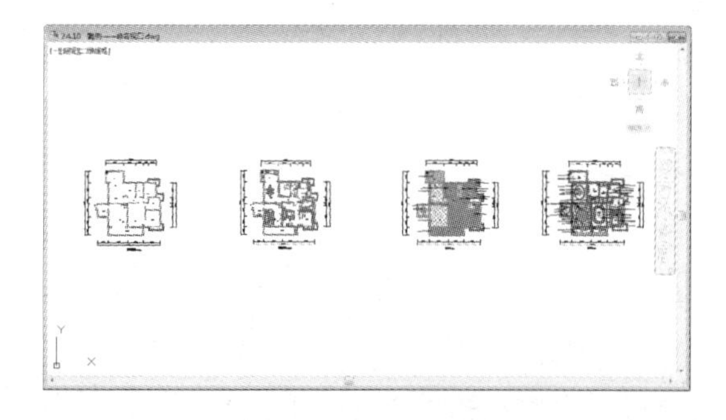

图 2-78 素材图形

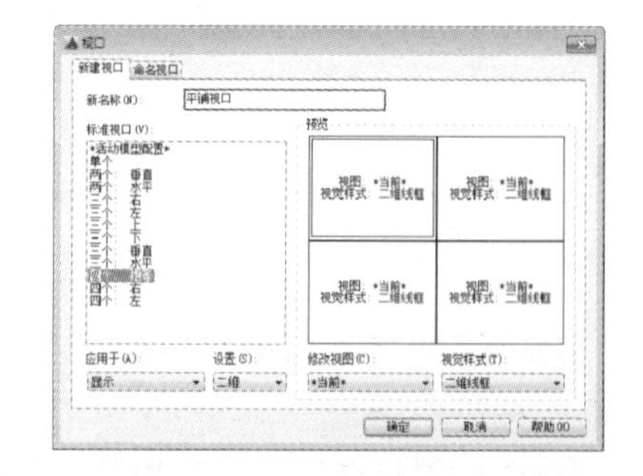

图 2-79 新建视口

步骤 4 单击“确定”按钮，系统在绘图区自动创建 4 个新的视口。

步骤 5 调用“命名视口”命令。在“视图”选项卡中，单击“视口模型”面板中的“命名”按钮，在弹出的“视口”对话框的“命名视口”列表框中选择“平铺视口”选项，然后右击，在弹出的快捷菜单中选择“重命名”命令，如图 2-80 所示，可以对视口进行重命名。

步骤 6 调整视口中的视图，以便观察户型设计的细节，最终效果如图 2-81 所示。

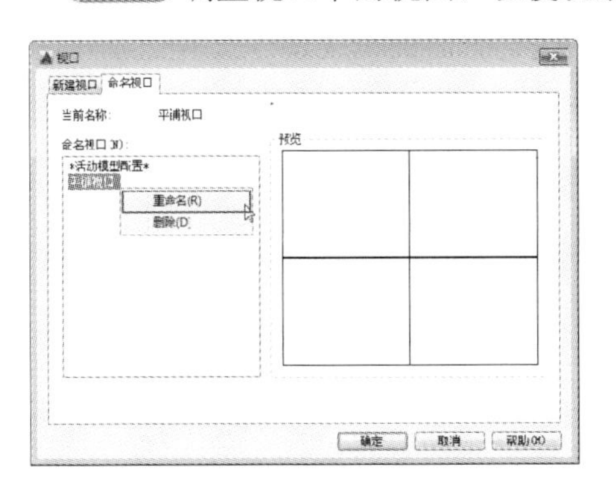

图 2-80 “视口”对话框

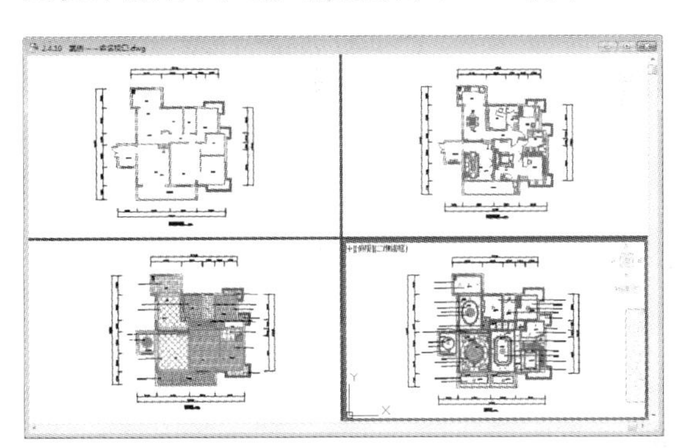

图 2-81 新建视口

2.5 综合实战

本节通过具体实例，简单学习之前学过的捕捉操作命令，以及绘制命令的调用等，为以后图纸的绘制奠定基础。

2.5.1 利用对象捕捉与追踪功能绘制正三角形

步骤 1 打开文件。按〈Ctrl+O〉组合键，打开本书配套光盘中的“第 02 章\2.5.1 绘制正三角形.dwg”素材文件，如图 2-82 所示。

步骤 2 设置对象捕捉。选择“工具”｜“草图设置”命令，在弹出的“草图设置”对话框中选择“对象捕捉”选项卡，选择“启用对象捕捉”复选框，然后选择“对象捕捉模式”选项组中的“交点”和“延长线”复选框，并取消选择其余选项，然后单击“确定”按钮，如图 2-83 所示。

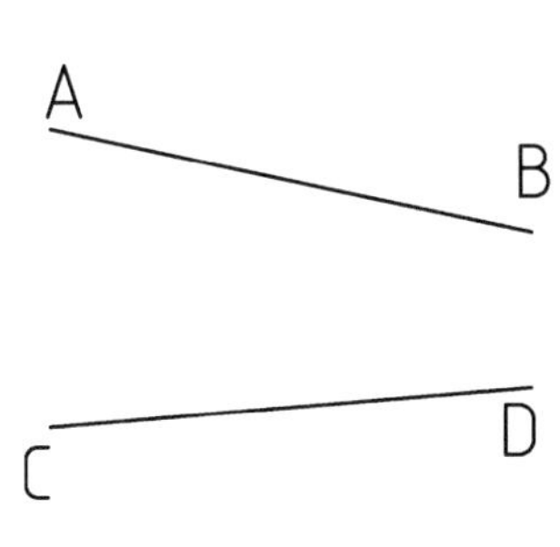

图 2-82 素材文件

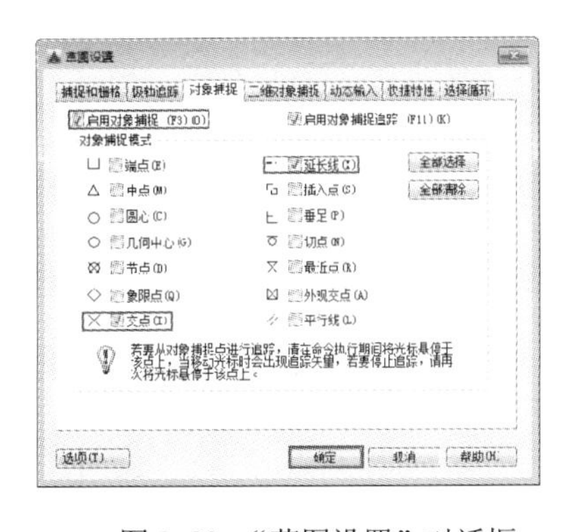

图 2-83 “草图设置”对话框

步骤 3 按〈F11〉键，打开对象捕捉追踪开关。追踪交点 M 点。在“默认”选项卡中，单击“绘图”面板中的“多边形”按钮，输入侧面数 3，当系统提示“指定正多边形的中心点或 [边(E)]:”时，将光标移动至 B 点，停留到出现追踪线。再将光标移动到 D 点，也停留到出现追踪线。最后将光标移动到 AB、CD 延长线交点附近，对象捕捉点追踪轨迹相交于 M 点。

步骤 4 按住〈Shift〉键的同时右击，在弹出的临时捕捉快捷菜单中选择“临时追踪点”命令。单击，此时 M 点出现追踪点“+”标记。

步骤 5 确定中心点。从 M 点水平向右移动，出现水平对齐路径，此时在命令行中输入参数值 250，则中心点 N 确定。

步骤 6 调用 POL（多边形）命令，指定 N 点为正多边形的中心点，指定外切于圆的半径为 180 并按〈Enter〉，完成全部操作。结果如图 2-84 所示。

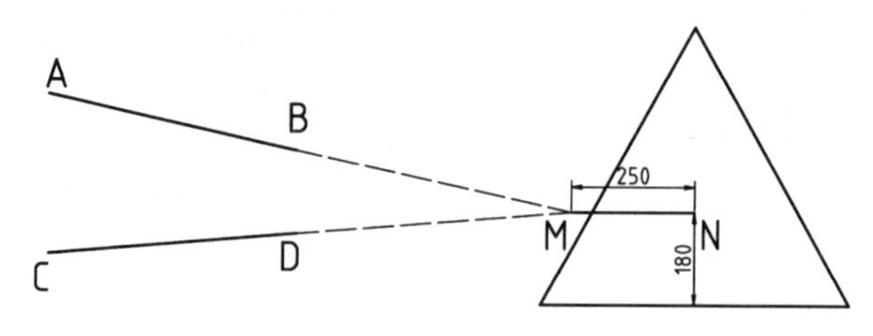

图 2-84　绘制正三角形

2.5.2 绘制门

步骤 1 在命令行中输入 REC（矩形）命令，绘制尺寸为 2000×4200 的矩形，如图 2-85 所示。

步骤 2 在命令行中输入 O（偏移）命令，将矩形向内偏移 15，得到另一个矩形，如图 2-86 所示。

步骤 3 按〈F3〉键，开启对象捕捉功能。在“默认”选项卡中，单击“绘图”面板中的“直线”按钮，在矩形中心绘制出一条竖直方向的线段，如图 2-87 所示。

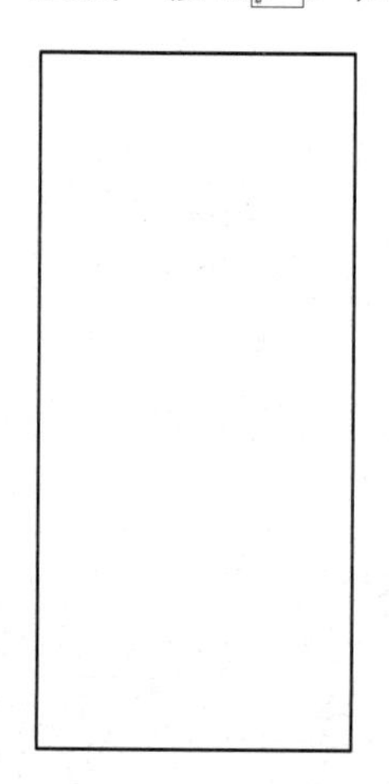

图 2-85　绘制矩形

图 2-86　偏移矩形

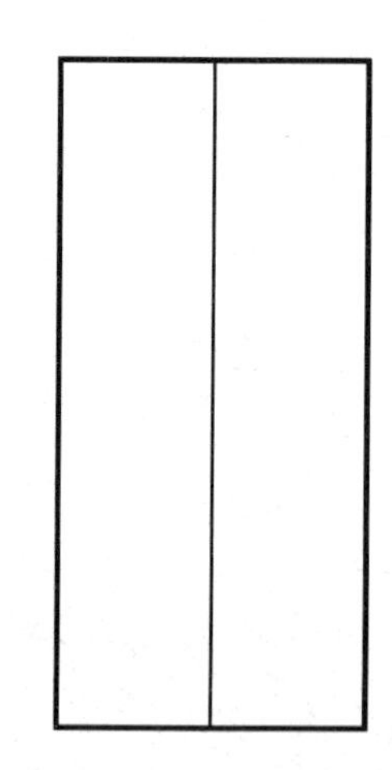

图 2-87　绘制中心线

步骤 4 选择“工具”|“草图设置”命令，在弹出的“草图设置”对话框中选择“极轴追踪”选项卡，将“增量角”设置为30°，如图2-88所示。

步骤 5 重复“偏移”命令，将矩形向内偏移40，得到第3个矩形，门框绘制结果如图2-89所示。

步骤 6 利用“矩形”命令绘制两个矩形，矩形尺寸分别为3300×480（该矩形左上端点与第一个矩形左上端点相对坐标为（200，-480））、3300×100（矩形左上端点与第一个矩形左上端点相对坐标为（900，-480）），如图2-90所示。

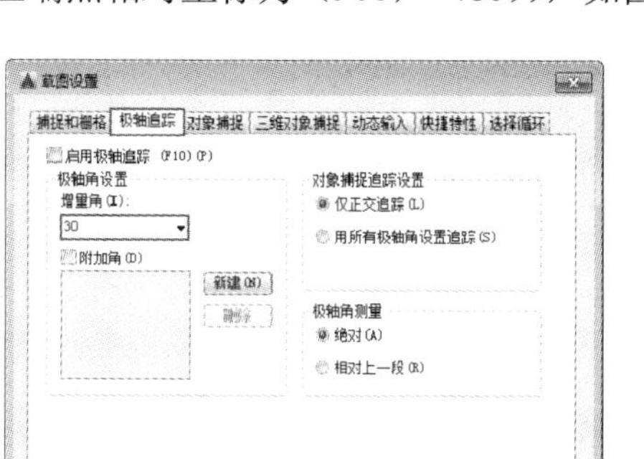

图2-88 设置增量角

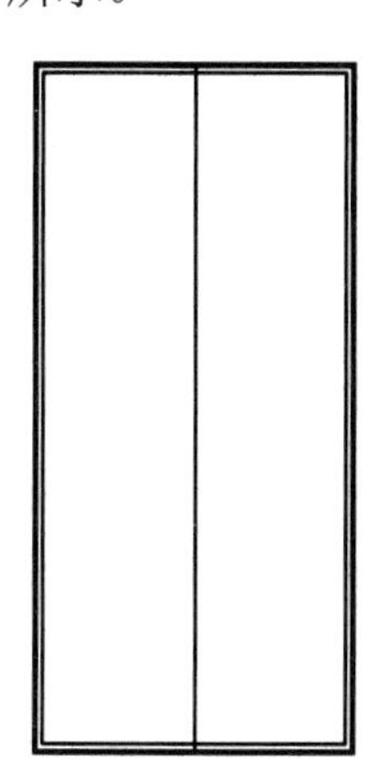

图2-89 绘制出门框

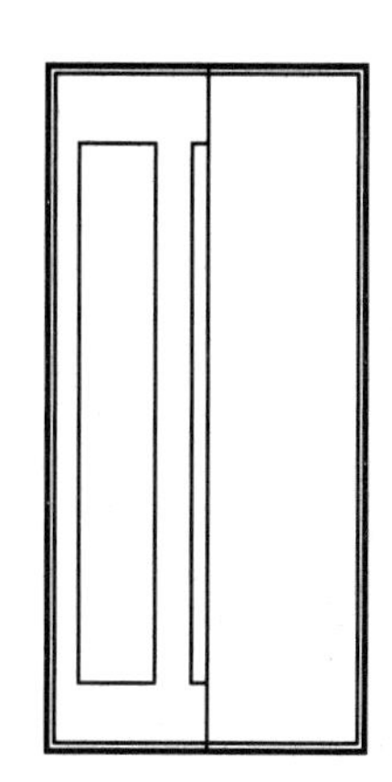

图2-90 绘制矩形

步骤 7 利用L（直线）命令在矩形两条竖直线段的中心绘制出与水平方向为30°的斜线，并与两条竖直边相交，并使用TR（修剪）命令-/--，删除多余的线条，如图2-91所示。

步骤 8 使用上述相同的方法，绘制门右侧细节，并删除辅助线，如图2-92所示。

步骤 9 利用缩放命令将需要绘制门把手的区域在绘图区放大显示，如图2-93所示。

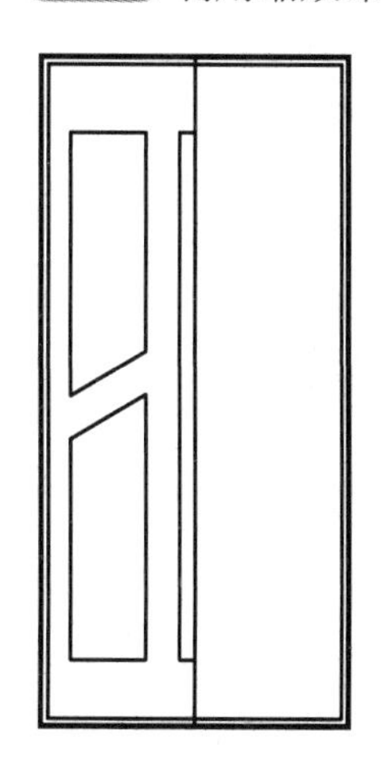

图2-91 绘制斜线

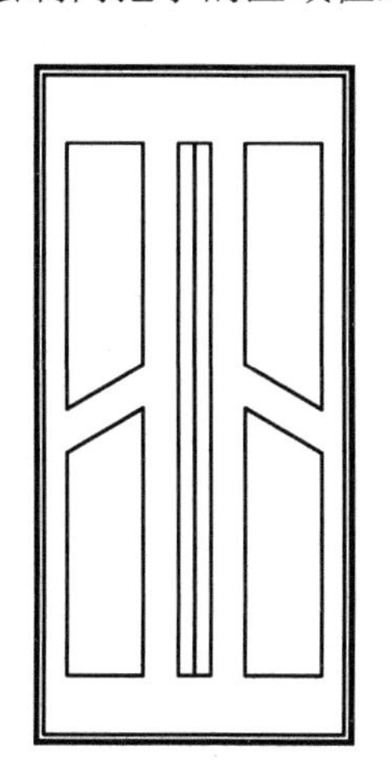

图2-92 绘制门右侧

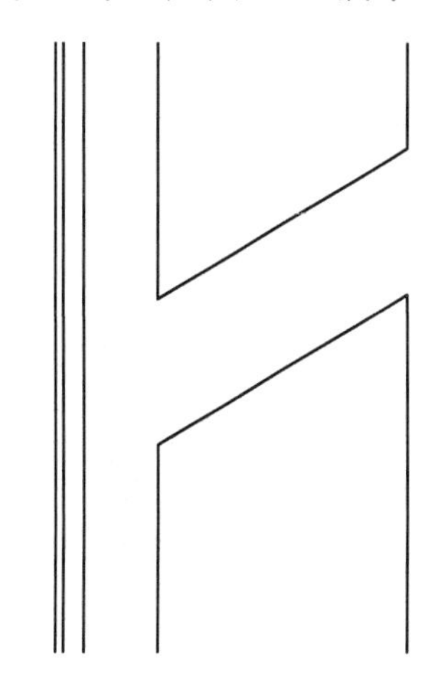

图2-93 放大绘图区域

步骤 10 利用C（圆）、REC（矩形）和TR（剪切）命令绘制出门把手，如图2-94所示。门的绘制结果如图2-95所示。

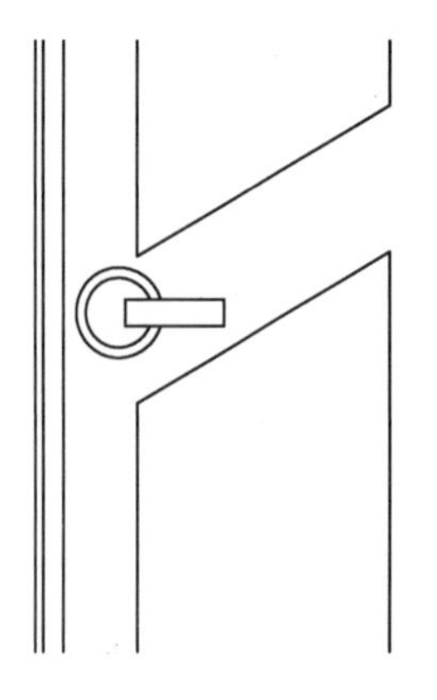

图 2-94 绘制门锁

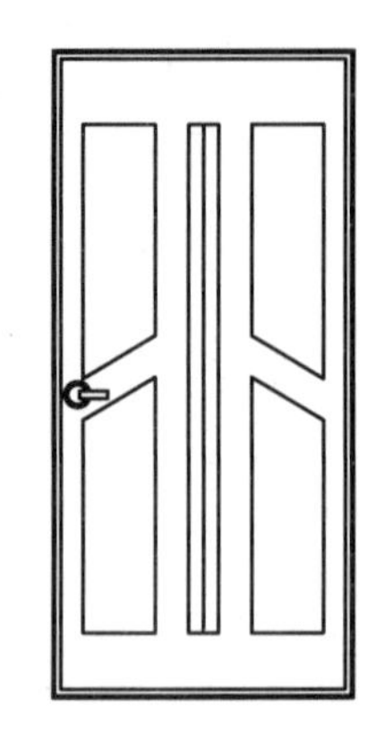

图 2-95 门绘制效果

2.6 设计专栏

2.6.1 上机实训

步骤 1 使用相对直角坐标绘制如图 2-96 所示的轮廓。

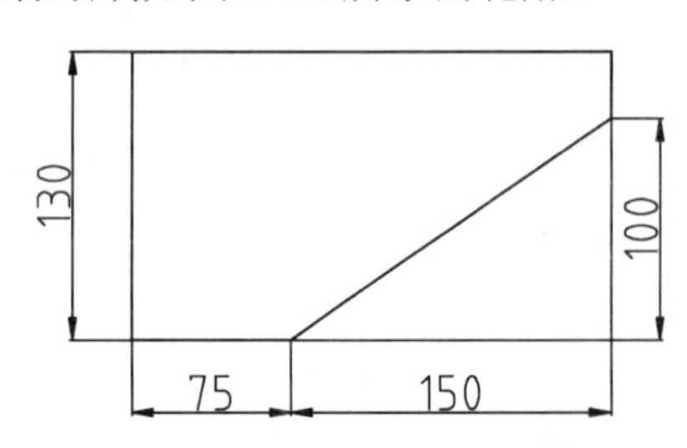

图 2-96 使用相对直角坐标绘制图形

步骤 2 执行“重生成”命令，对如图 2-97 所示的图形执行刷新操作，刷新结果如图 2-98 所示。

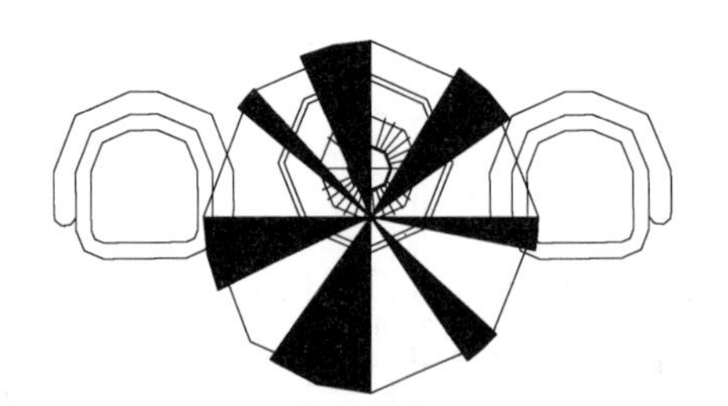

图 2-97 刷新前

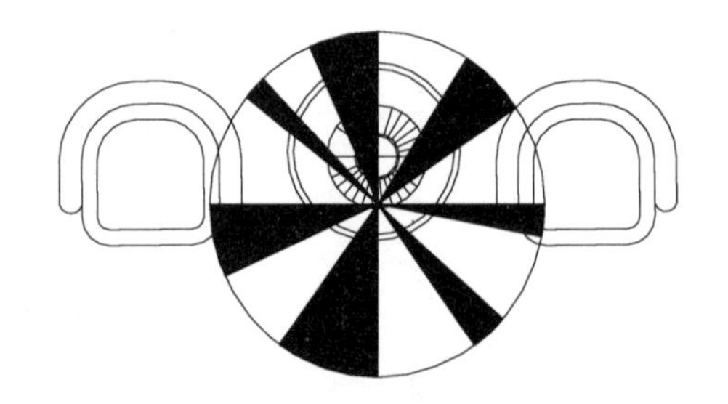

图 2-98 刷新后

2.6.2 辅助绘图锦囊

1. AutoCAD 中的“捕捉”和“对象捕捉”的区别是什么？

答：“捕捉”是对栅格点或栅格线交点的捕捉。栅格线类似于坐标值，可以通过将点定位到栅格点来直接确定图形的尺寸，但是当栅格的格子数量比较多又不太整齐的时候显然不是特别方便，因此现在栅格和栅格捕捉在实际绘图中用得不太多了，大家在绘图时通常直接输入坐标、相对坐标或长度值。

“对象捕捉”就是捕捉视图中的图形对象的特征点，要使用对象捕捉的前提是当前文件中已经有图形，利用这些图形作为参照物来绘制其他的图形。

2．为什么在 AutoCAD 画图时光标不能连续移动？为什么移动光标时出现停顿和跳跃的现象？

答：如果在 AutoCAD 中启用了栅格捕捉，便会出现该情况。这时即使栅格没有显示，栅格的捕捉仍然也起作用，从而导致用户移动鼠标时被自动定位至栅格处。

3．AutoCAD 的动态输入和命令行中的输入坐标有什么不同？在 AutoCAD 中动态输入如何输入绝对坐标？

答：动态输入部分替代了命令行的功能，可以输入命令，显示部分命令参数，并可以输入参数和坐标。动态输入可以让用户将注意力集中到图面上，绘图时不必经常看命令行，可以提高绘图的效率。

此外，在使用动态输入框输入坐标时，如果之前没有定位任何一个点，那此时输入的坐标是绝对坐标；而当在定位下一个点时则输入的为相对坐标，无须在坐标值前加@符号。

如果想在动态输入的输入框中输入绝对坐标，则应先输入一个#号，如输入“#20,30”，就相当于在命令行中直接输入“20,30”，输入“#20<45”就相当于在命令行中输入“20<45”。需要注意的是，由于 AutoCAD 可以通过鼠标指示方向后，再直接输入距离值，按〈Enter〉就可以确定下一点坐标。如指明方向后输入“#20”，则与直接输入“20”没有任何区别，只是将点定位到沿光标方向距离上一点 20 的位置。

4．如何将视口边线隐去？

答：可以用图层来控制。将视口边线建在单独的图层中，再关闭该图层，即可隐去视口边线。

第 3 章

绘制简单平面图形

本章要点

- 绘制点
- 绘制直线
- 绘制多边形
- 绘制圆类图形
- 综合实战
- 设计专栏

任何复杂的二维图形都可以看做是由基本二维图形经过组合和编辑构成的。AutoCAD 2016 提供了一系列绘图命令，利用这些命令可以绘制常见的图形。在本章中将介绍基本图形的绘制方法。

3.1 绘制点

点是图形绘制过程中最基本的图形元素。在 AutoCAD 2016 中，绘制点的命令包括点（POINT）、定数等分（DIVIDE）和定距等分（MEASURE）。在学习绘制点的操作之前，首先需要认识点对象。

3.1.1 设置点样式

AutoCAD 2016 中的点没有大小，这将给图纸绘制过程带来不便，但可以通过设置点的样式来使其以不同的形式显示出来。

通过以下两种方式执行“点样式”命令。

- 菜单栏：选择“格式”|“点样式”命令。
- 功能区：在“默认”选项卡中，单击“实用工具”面板上的“点样式”按钮。
- 命令行：在命令行中输入 DDPTYPE 命令。

执行上述命令后，系统将弹出如图 3-1 所示的“点样式”对话框，默认点样式为第一种，即显示为“.”。在该对话框中可以设置 20 种不同的点样式，包括点的大小和形状，以满足用户绘图时的不同需要，如图 3-2 所示。对点样式进行更改后，在绘图区中的点对象也将发生相应的变化。

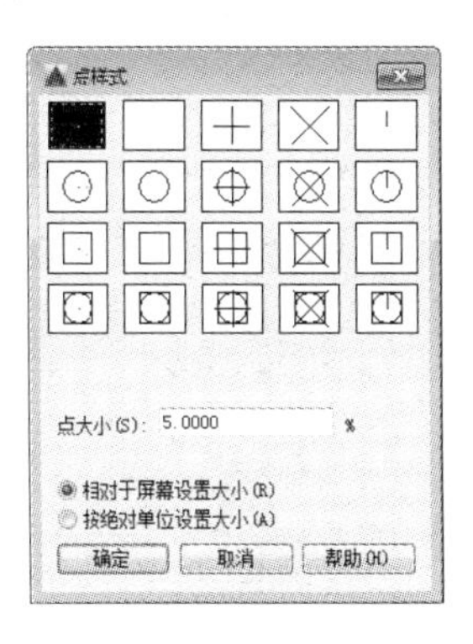

图 3-1 “点样式”对话框

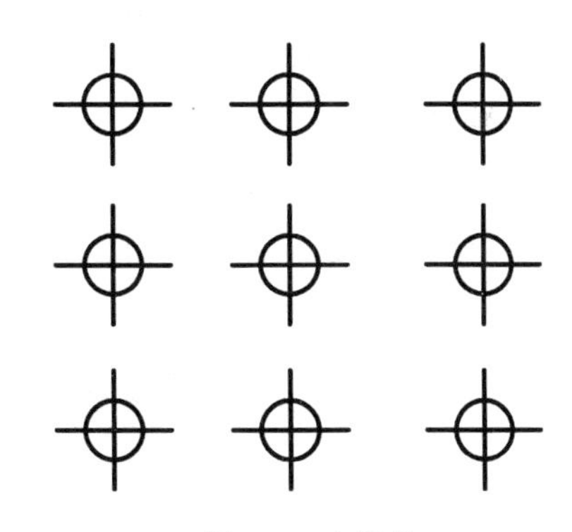

图 3-2 点效果

“点样式”对话框中各选项的含义如下。

- 点大小：用于设置点的显示大小，可以相对于屏幕设置点的大小，也可以设置点的绝对大小。
- 相对于屏幕设置大小：用于按屏幕尺寸的百分比设置点的显示大小。当进行显示比例缩放时，点的显示大小并不改变。
- 按绝对单位设置大小：使用实际单位设置点的大小。当进行显示比例缩放时，AutoCAD 显示点的大小随之改变。

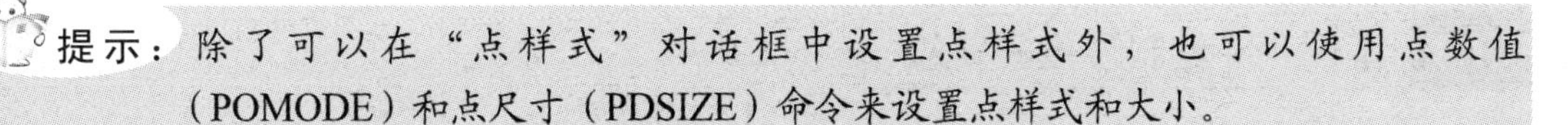

提示：除了可以在“点样式”对话框中设置点样式外，也可以使用点数值（POMODE）和点尺寸（PDSIZE）命令来设置点样式和大小。

3.1.2 绘制单点与多点

AutoCAD 2016 中的“默认”选项卡的“绘图”面板和菜单栏中的“绘图” | “点”子菜单提供了所有绘制点的工具，如图 3-3 所示。在 AutoCAD 中，绘制点对象的操作包括绘制单点和绘制多点，分别介绍如下。

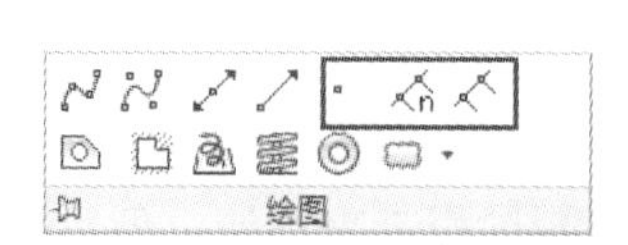

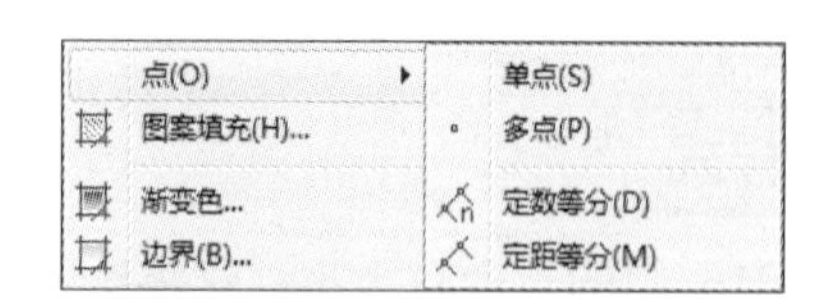

图 3-3 “点”子菜单

1．绘制单点

在 AutoCAD 2016 中，执行“绘制单点”命令通常有以下两种方法。

➢ 菜单栏：选择“绘图” | “点” | “单点”命令。

➢ 命令行：在命令行中输入 POINT/PO 命令。

执行“绘制单点”命令后，系统将出现“指定点：”的提示，如图 3-4 所示，用户在绘图区中单击指定点的位置，或输入点的坐标，即可创建一个点。

2．绘制多点

在 AutoCAD 2016 中，执行“绘制多点”命令通过有以下 3 种方法。

➢ 菜单栏：选择“绘图” | “点” | “多点”命令。

➢ 功能区：在“默认”选项卡中，单击“绘图”面板中的“多点”按钮，如图 3-5 所示。

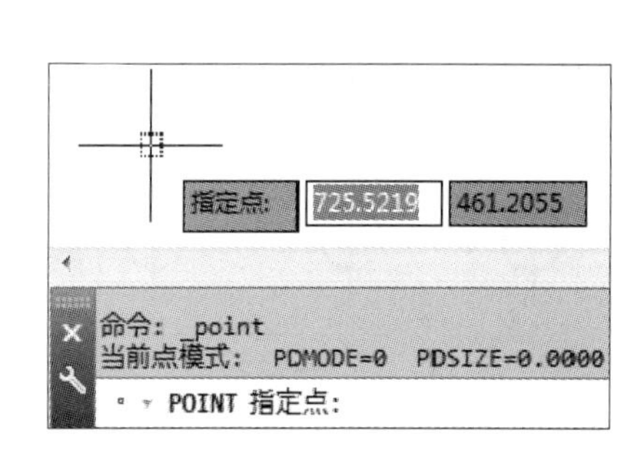

图 3-4 单击鼠标指定点

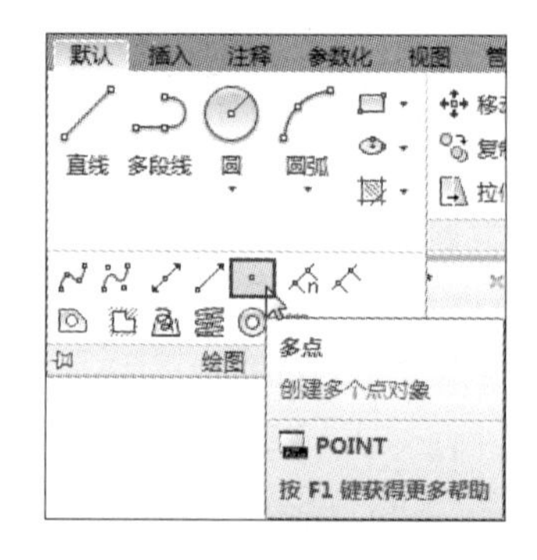

图 3-5 单击“多点”按钮

执行“绘制多点”命令后，系统将出现“指定点：”的提示，用户在绘图区中单击即可创建点对象。

提示：执行“绘制多点”命令后，则可以在绘图区连续绘制多个点，直到按〈Esc〉键才可以终止操作。

3.1.3 案例——绘制沙发靠背纹

下面通过绘制沙发靠背纹，读者可以熟练地掌握绘制点的过程和方法。

步骤 1 打开文件。按〈Ctrl+O〉组合键，打开配套光盘中提供的“第 03 章\3.1.3 案例——绘制沙发靠背纹.dwg”素材文件，如图 3-6 所示。

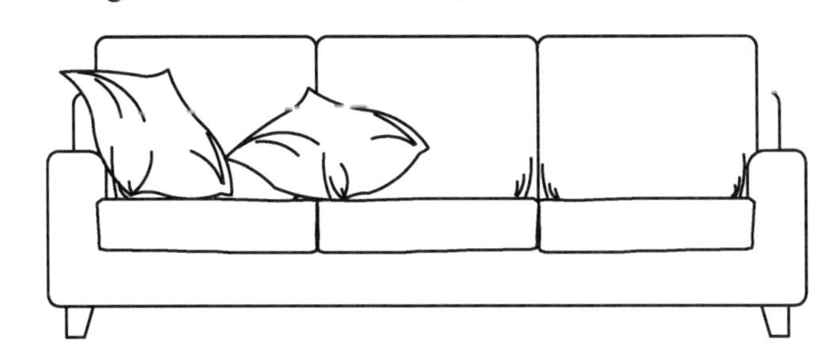

图 3-6　打开素材

步骤 2 在“默认”选项卡中，单击“实用工具”面板上的“点样式”按钮，弹出“点样式”对话框，在对话框中设置点的形状和大小，如图 3-7 所示。

步骤 3 单击“特性”面板中的“颜色”下拉按钮，设置当前绘图的颜色为红色，如图 3-8 所示。

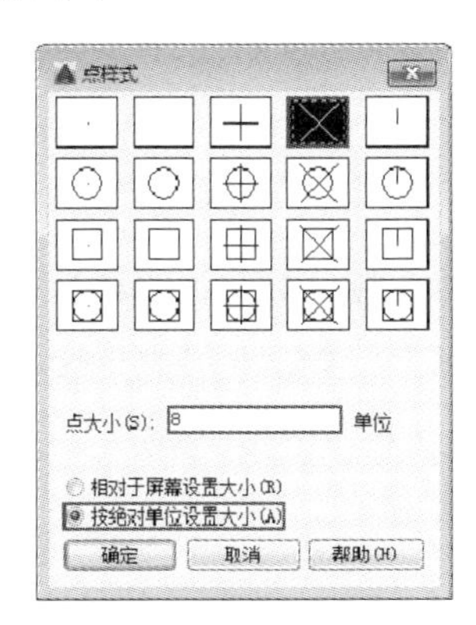

图 3-7　设置点样式

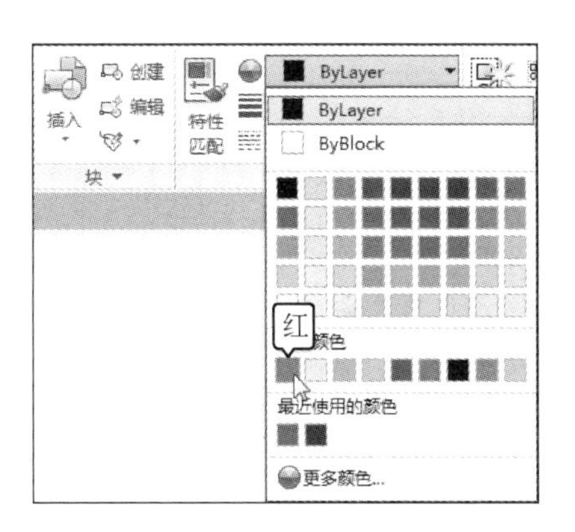

图 3-8　设置绘图颜色

步骤 4 在“默认”选项卡中，单击“绘图”面板中的“多点”按钮，当系统出现“指定点:”的提示时，将光标移动到如图 3-9 所示的位置。

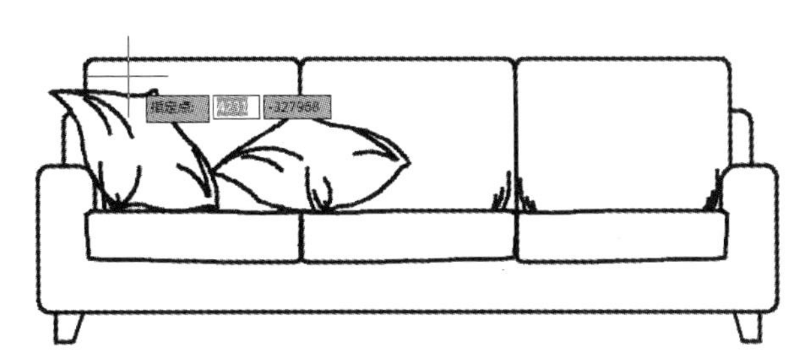

图 3-9　在指定处绘制点

步骤 5 单击绘制一个点图形，如图 3-10 所示。然后参照如图 3-11 所示的效果，继续在其他位置绘制其他点，完成绘制后按〈Esc〉键结束操作。

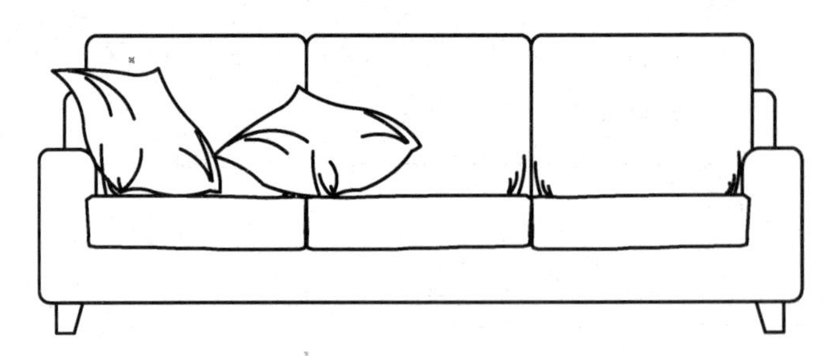

图 3-10 创建点对象

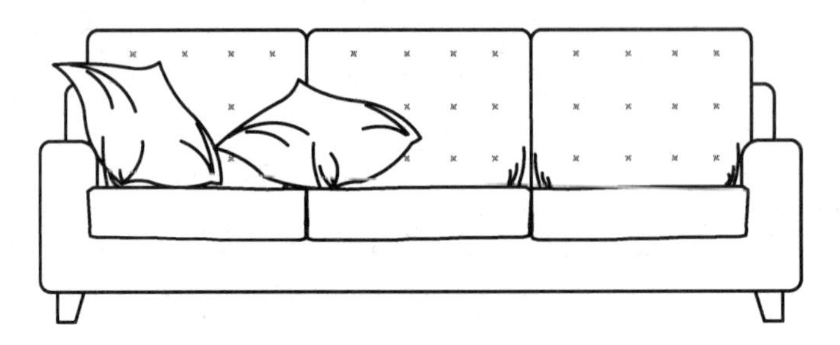

图 3-11 创建其他点

3.1.4 绘制定数等分点

使用定数等分点（DIVIDE）命令能够在某一图形上以等分数目创建点或插入块，被等分的对象可以是直线、圆、圆弧和多段线等。

绘制定数等分点可通过以下 3 种方式。

- 菜单栏：选择“绘图” | “点” | “定数等分”命令。
- 功能区：在“默认”选项卡中，单击“绘图”面板中的“定数等分”按钮。
- 命令行：在命令行中输入 DIVIDE/DIV 命令。

执行“定数等分”命令后，命令行提示如下。

```
命令: DIVIDE↙                          //执行定数等分命令
选择要定数等分的对象:                    //选择要等分的对象
输入线段数目或 [块(B)]:                  //输入要等分的数目
                                        //按〈Esc〉键退出
```

提示：使用 DIVIDE 命令创建的点对象主要用于作为其他图形的捕捉点，生成的点标记只是起到等分测量的作用，而非将图形断开。

3.1.5 案例——绘制笑脸图形

步骤 1 打开文件。按〈Ctrl+O〉组合键，打开配套光盘中提供的“第 03 章\3.1.5 案例——绘制笑脸图形.dwg”素材文件，如图 3-12 所示。

步骤 2 设置点样式。选择“格式” | “点样式”命令，弹出“点样式”对话框，在该对话框中设置点样式，如图 3-13 所示。

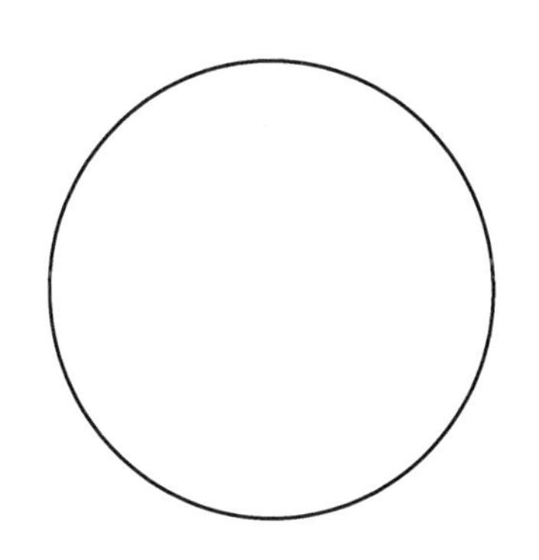

图 3-12 素材文件

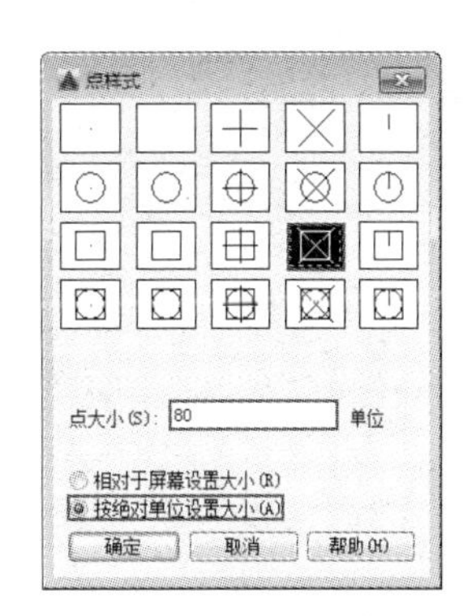

图 3-13 设置点样式

步骤 3 绘制定数等分点。在命令行中输入 DIV（定数等分）命令，并按〈Enter〉键，命令行提示如下。

命令:DIV↙ DIVIDE //执行定数等分命令

选择要定数等分的对象: //选择要等分的圆

输入线段数目或 [块(B)]: 16↙ //输入要等分的数目

步骤 4 按〈Esc〉键退出，完成定数等分点的绘制，如图 3-14 所示。

步骤 5 在“默认”选项卡中，单击“绘图”面板中的“三点圆弧”按钮，捕捉圆上的定数等分点绘制圆弧，如图 3-15 所示。

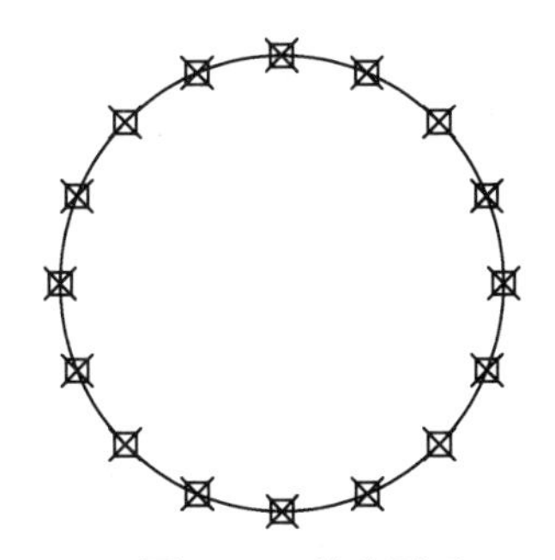

图 3-14 等分圆形

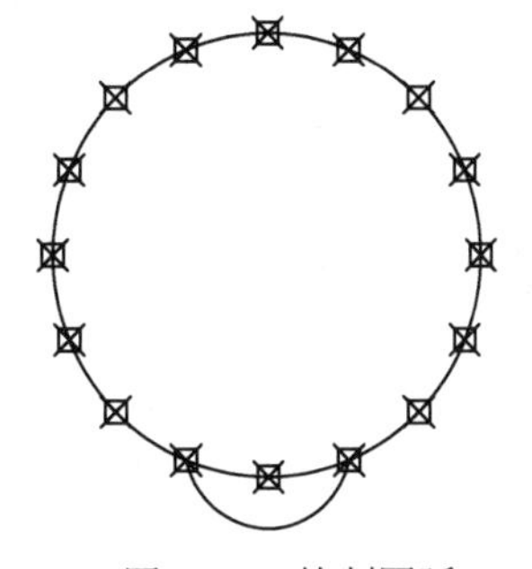

图 3-15 绘制圆弧

步骤 6 选择圆弧，在“默认”选项卡中，单击“修改”面板中的“环形阵列”按钮阵列，调用“阵列”命令，命令行提示如下。

命令: _arraypolar↙找到 1 个 //调用环形阵列命令，选择圆弧对象

类型 = 极轴 关联 = 是

指定阵列的中心点或 [基点(B)/旋转轴(A)] //选择素材文件圆的圆心为中心点

选择夹点以编辑阵列或 [关联(AS)/基点(B)/项目(I)/项目间角度(A)/填充角度(F)/行(ROW)/层(L)/旋转项目(ROT)/退出(X)] <退出>: i↙ //激活“项目”选项

输入阵列中的项目数或 [表达式(E)] <6>: 8↙ //输入阵列的项目数

选择夹点以编辑阵列或 [关联(AS)/基点(B)/项目(I)/项目间角度(A)/填充角度(F)/行(ROW)/层(L)/旋转项目(ROT)/退出(X)] <退出>: //按空格键确定

步骤 7 按空格键退出，完成弧线的环形阵列，如图 3-16 所示。

步骤 8 选择点对象，按〈Detele〉键将其删除，并根据前面绘制的方法在圆形内部绘制

圆弧，完成笑脸图形的绘制，如图 3-17 所示。

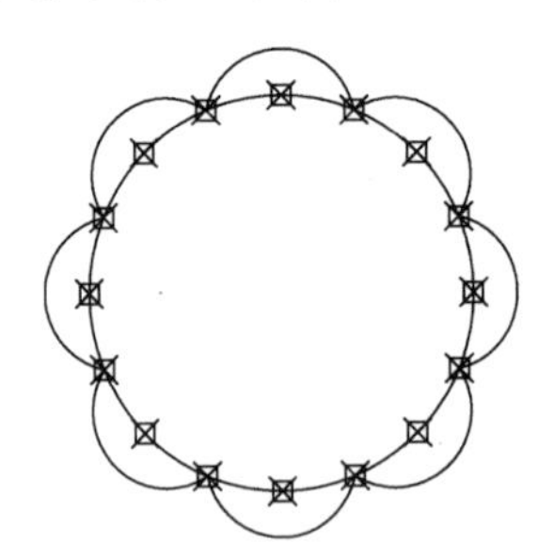
图 3-16 阵列圆弧

图 3-17 绘制的笑脸图形

3.1.6 绘制定距等分点

在 AutoCAD 中，除了可以将图形定数等分外，还可以将图形定距等分，即将一个对象以一定的距离进行划分。使用 MEASURE 命令，便可以在选择对象上创建指定距离的点或块，将图形以指定的长度分段。

绘制定距等分点可通过以下 3 种方式。

➢ 菜单栏：选择“绘图” | “点” | “定距等分”命令。

➢ 功能区：在“默认”选项卡中，单击“绘图”面板中的“定距等分”按钮。

➢ 命令行：在命令行中输入 MEASURE/ME 命令。

执行“定距等分”命令后，命令行提示如下。

```
命令: ME↙                              //执行定距等分命令
选择要定距等分的对象:                   //选择定距等分对象
指定线段长度或 [块(B)]:                 //输入等分的距离
                                        //按〈Esc〉键退出
```

3.1.7 案例——绘制 LOGO

步骤 1 打开文件。按〈Ctrl+O〉组合键，打开配套光盘中提供的“第 03 章\3.1.7 案例——绘制 LOGO.dwg”素材文件，如图 3-18 所示。

步骤 2 设置点样式。选择“格式” | “点样式”命令，弹出“点样式”对话框，在该对话框中设置点样式，如图 3-19 所示。

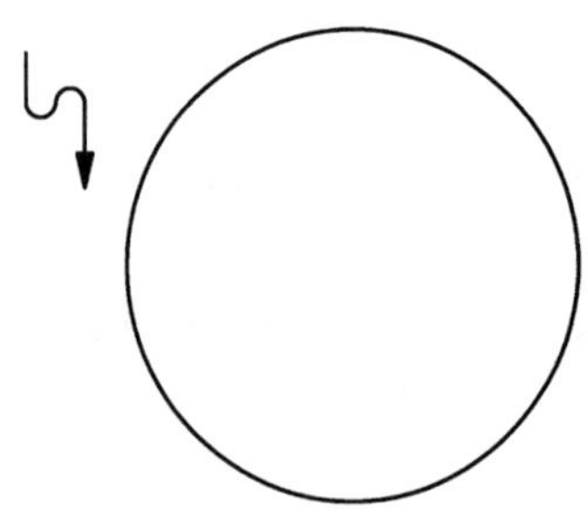
图 3-18 素材文件

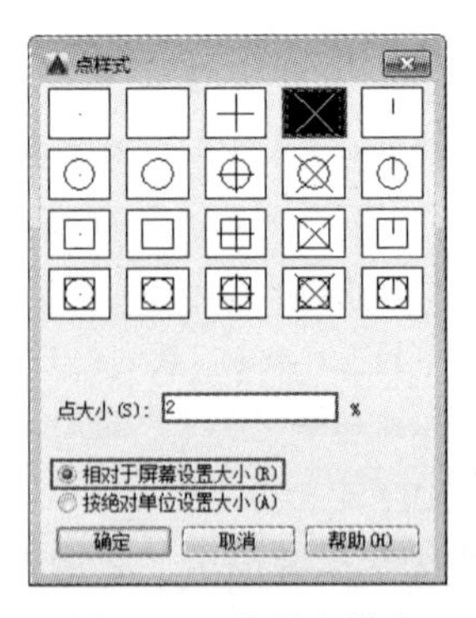

图 3-19 设置点样式

步骤 3 绘制定距等分点。在命令行中输入 ME（定距等分）命令，并按〈Enter〉键，命令行提示如下。

命令:ME↙　　MEASUREE　　//执行定距等分命令
选择要定距等分的对象:　　//选择要定距等分的圆
指定线段长度或 [块(B)]: 20↙　　//输入要等分的长度

步骤 4 按〈Esc〉键退出，完成定距等分点的绘制，如图 3-20 所示。

步骤 5 在“默认”选项卡中，单击“修改”面板中的“移动”按钮，将素材箭头移动至圆上合适位置，如图 3-21 所示。

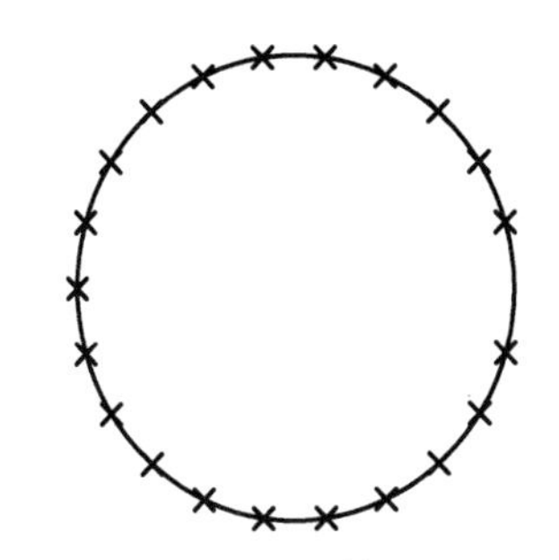

图 3-20　定距等分圆形

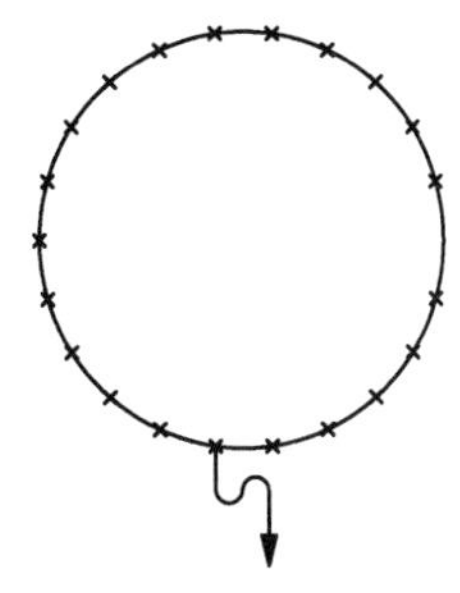

图 3-21　移动箭头

步骤 6 选择箭头，在“默认”选项卡中，单击“修改”面板中的“环形阵列”按钮 阵列，调用“阵列”命令，将箭头环形阵列 23 份，用上述相同方法，在此不再进行详细讲解，结果如图 3-22 所示。

步骤 7 选择点对象，按〈Detele〉键将其删除，完成 LOGO 的绘制，如图 3-23 所示。

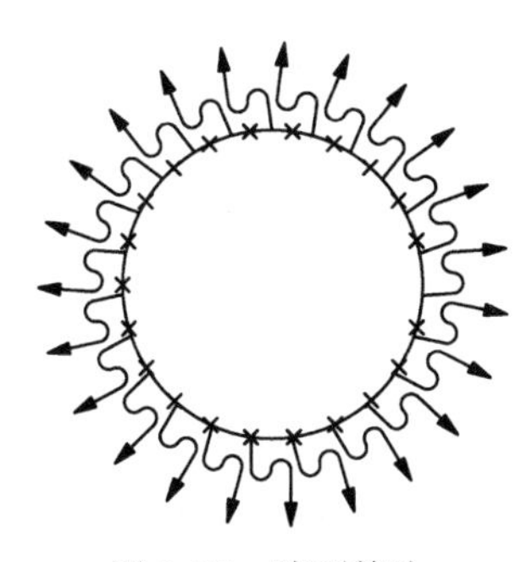

图 3-22　阵列箭头

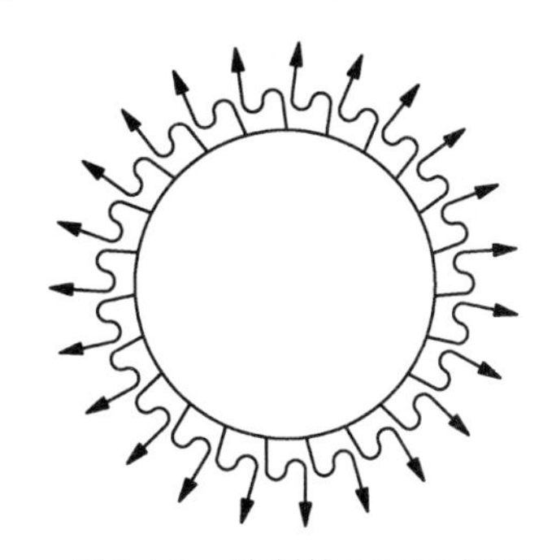

图 3-23　绘制的 LOGO 图形

3.2　绘制直线

图形中最常见的是直线型实体。在 AutoCAD 2016 中，直线型实体包括直线、射线和构造线 3 种。不同的直线对象具有不同的特性，下面进行详细讲解。

3.2.1 绘制线段

AutoCAD 2016 中的直线是有限长的，指有两个端点的线段，这与数学中的直线定义不同。直线一般可用于绘制外轮廓、中心线等。

执行“直线”命令的常用方法有以下 4 种。

- 菜单栏：选择“绘图”|“直线”命令，如图 3-24 所示。
- 功能区：在“默认”选项卡中，单击“绘图”面板中的“直线”按钮，如图 3-25 所示。
- 工具栏：单击“绘图”工具栏中的“直线”按钮。
- 命令行：在命令行中输入 LINE/L 命令。

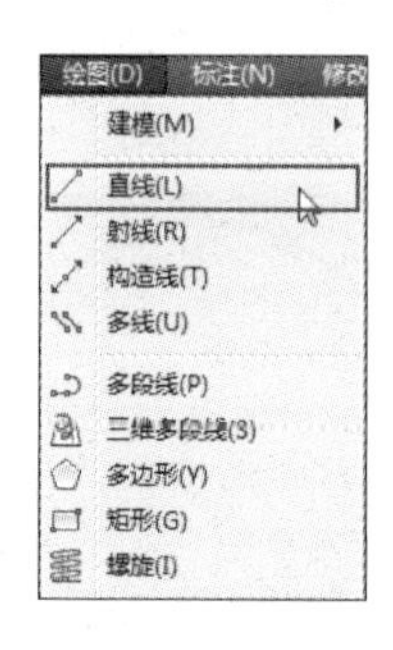

图 3-24 选择命令

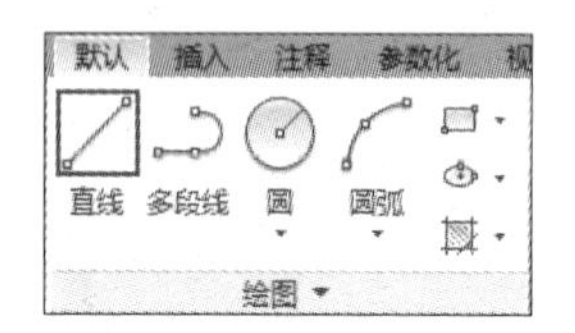

图 3-25 选择工具

在使用 L（直线）命令的绘图过程中，如果绘制了多条线段，系统将提示“指定下一点或[闭合（C）/放弃（U）]:”，如图 3-26 所示。该提示中各选项的含义如下。

- 指定下一点：要求用户指定线段的下一端点。
- 闭合（C）：在绘制多条线段后，如果输入 C 并按下空格键进行确定，则最后一个端点将与第一条线段的起点重合，从而组成一个封闭的图形，如图 3-27 所示。

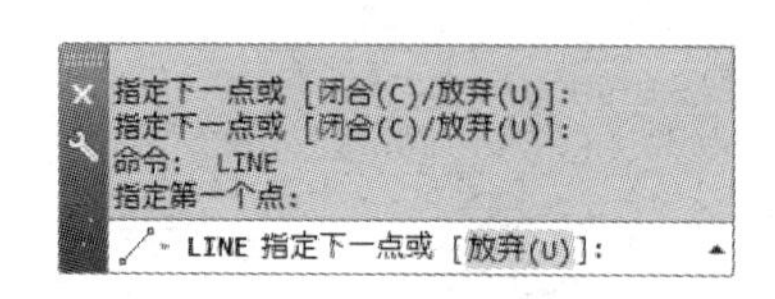

图 3-26 命令提示

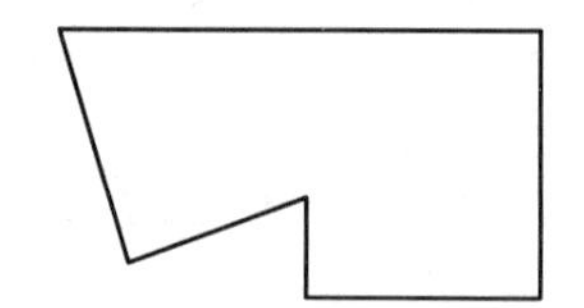

图 3-27 绘制的封闭图形

- 放弃（U）：输入 U 并按下空格键进行确定，则最后绘制的线段将被删除。

提示： 在绘制直线的过程中，当需要准确地绘制水平直线和垂直直线时，可以单击状态栏中的“正交”按钮，以打开正交模式进行绘制。

3.2.2 绘制射线

射线是指在一个方向无限延伸的线，一般作为辅助线。使用射线代替构造线，有助于降低视觉混乱。

AutoCAD 2016 中通过指定射线的起点和通过点来绘制射线。每执行一次射线绘制命令，可绘制一簇射线，这些射线以指定的第一点为共同的起点，如图 3-28 所示。

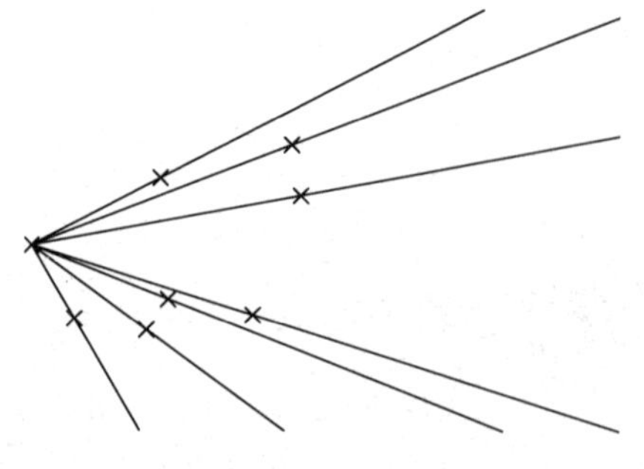

图 3-28 绘制的射线

执行“射线”命令的常用方法有如下 3 种。

➢ 菜单栏：选择“绘图”|“射线”命令。
➢ 功能区：在“默认”选项卡中，单击“绘图”面板中的“射线”按钮。
➢ 命令行：在命令行中的输入 RAY 命令。

3.2.3 绘制构造线

构造线是两端无限延伸的直线，没有起点和终点，一般作为辅助线。AutoCAD 2016 是通过指定构造线的两点实现绘制的：一为中心点，每执行一次绘制构造线操作可绘制一簇构造线；二为构造线的通过点，确定构造线的方向。典型的构造线如图 3-29 所示。

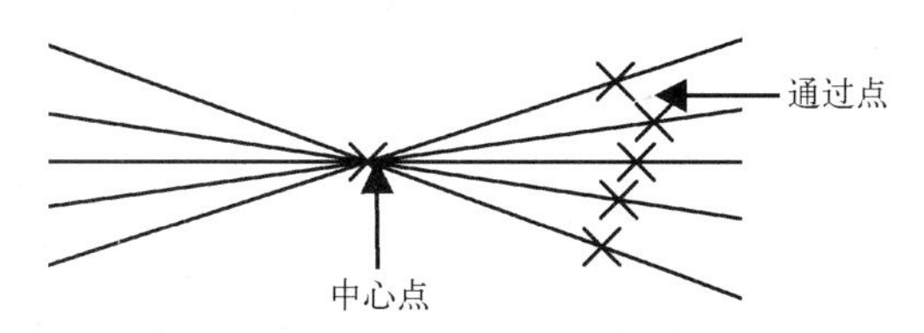

图 3-29 绘制的构造线

执行“构造线”命令的方法有以下 4 种。

➢ 菜单栏：选择“绘图”|“构造线”命令。
➢ 功能区：单击“绘图”面板中的“构造线”按钮。
➢ 工具栏：单击“绘图”工具栏中的“构造线”按钮。
➢ 命令行：在命令行中输入 XLINE/XL 命令。

执行绘制构造线命令后，命令提示如下。

```
命令: _xline 指定点或[水平(H)/垂直(V)/角度(A)/二等分(B)/偏移(O)]:
```

此时用鼠标在绘图区中单击或用键盘输入坐标值指定构造线的中心点。各个选项的含义如下。

➢ 水平（H）：表示绘制通过选定点的水平构造线，即平行于 X 轴。
➢ 垂直（V）：表示绘制通过选定点的垂直构造线，即平行于 Y 轴。
➢ 角度（A）：表示以指定的角度创建一条构造线。选择该选项后，命令行将提示输入所绘制构造线与 X 轴正方向的角度，然后提示指定构造线的通过点，如图 3-30 所示。
➢ 二等分（B）：表示绘制一条将指定角度平分的构造线。选择该选项后，命令行将提示指定要平分的角度，如图 3-31 所示。

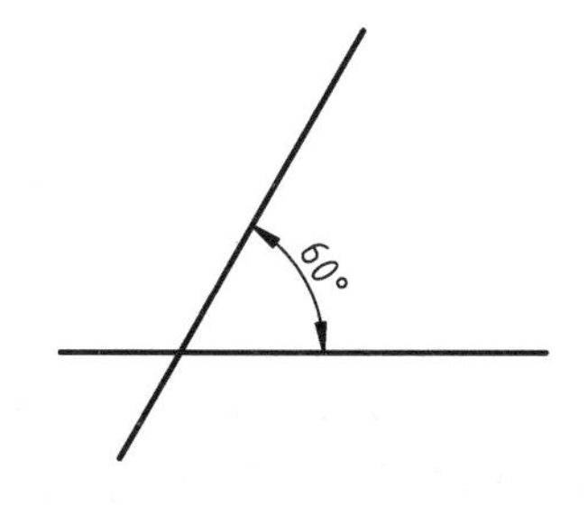

图 3-30 绘制指定角度的构造线

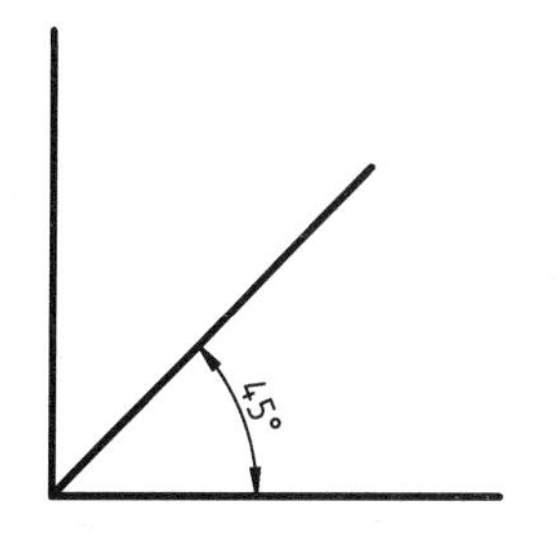

图 3-31 二等分构造线

➢ 偏移（O）：表示绘制一条平行于另一个对象的参照线。选择该选项后，命令行将提示指定要偏移的对象。

提示：在 AutoCAD 2016 中，每执行一次绘制直线、射线和构造线的操作，均能绘制一系列或一簇直线型对象。

3.2.4 案例——绘制餐桌椅

通过对餐桌椅的绘制，用户能够熟练掌握绘制直线的过程和技巧，具体步骤如下。

步骤 1 绘制餐桌。在“默认”选项卡中，单击“绘图”面板中的“直线”按钮，绘制长为 1200mm、宽为 650mm 的矩形作为餐桌平面图，如图 3-32 所示。命令行操作过程如下。

```
命令: _line                                    //执行“直线”命令
指定第一个点:                                  //在绘图区中任意位置单击确定第一点
指定下一点或 [放弃(U)]: 1200↙ //按〈F8〉键打开正交模式，向右移动光标，输入线段的长度为 1200
指定下一点或 [放弃(U)]: 650↙                   //向上移动光标，输入线段的长度为 650
指定下一点或 [闭合(C)/放弃(U)]: 1200↙          //向左移动光标，输入线段的长度为 1200
指定下一点或 [闭合(C)/放弃(U)]: C↙             //激活 C 选项，封闭图形
```

步骤 2 绘制椅子。在命令行中输入 XL（构造线）命令，绘制垂直于餐桌的构造线，如图 3-33 所示。命令行操作过程如下。

```
命令: XL        XLINE↙                                    //执行“构造线”命令
指定点或 [水平(H)/垂直(V)/角度(A)/二等分(B)/偏移(O)]:      //在餐桌面上单击指定起点
指定通过点:          //在垂直方向上任意单击一点确定通过点，并按〈Esc〉键退出命令
```

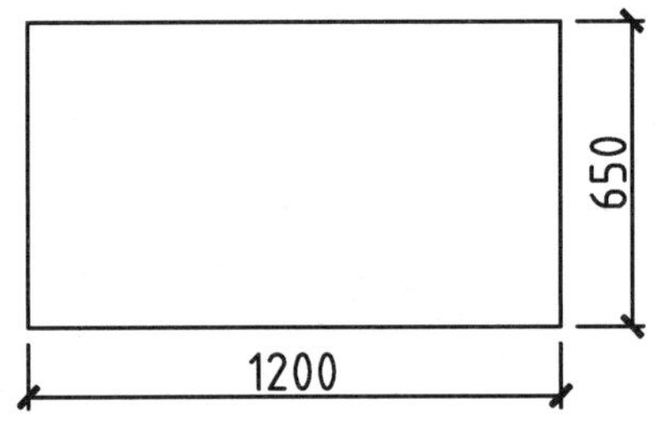

图 3-32 绘制餐桌平面

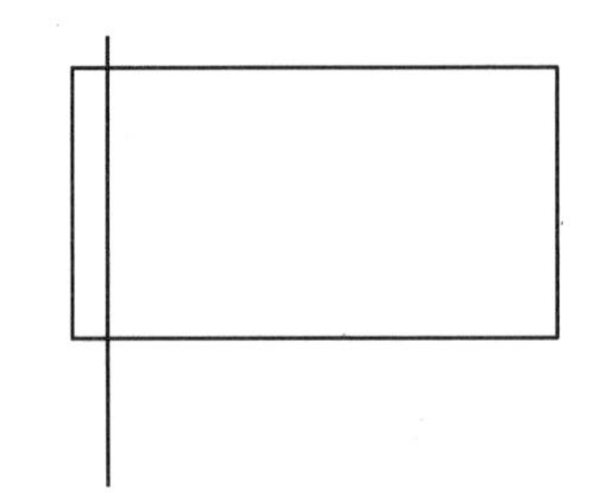

图 3-33 绘制第一条构造线

步骤 3 按空格键重复“构造线”命令，绘制偏移的构造线，如图 3-34 所示。命令行操作过程如下。

```
命令: _xline
指定点或 [水平(H)/垂直(V)/角度(A)/二等分(B)/偏移(O)]: O        //选择“偏移”选项
指定偏移距离或 [通过(T)] <205.0000>: 400                      //输入偏移距离
选择直线对象:                                                 //选择第一条构造线
指定向哪侧偏移:                 //向右拖动鼠标并单击确定，并按〈Esc〉键退出命令
```

步骤 4 重复“构造线”命令，绘制与餐桌水平边线平行的构造线，如图 3-35 所示。命

令行操作过程如下。

命令: _xline
指定点或 [水平(H)/垂直(V)/角度(A)/二等分(B)/偏移(O)]: O ↙ //选择“偏移”选项
指定偏移距离或 [通过(T)] <400.0000>: 205↙ //输入偏移距离
选择直线对象: //选择餐桌下边直线
指定向哪侧偏移: //向下拖动鼠标并单击确定，并按〈Esc〉键退出命令

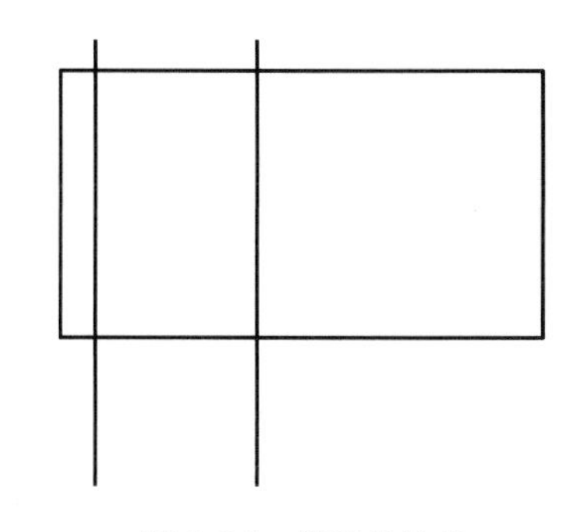
图 3-34 偏移构造线

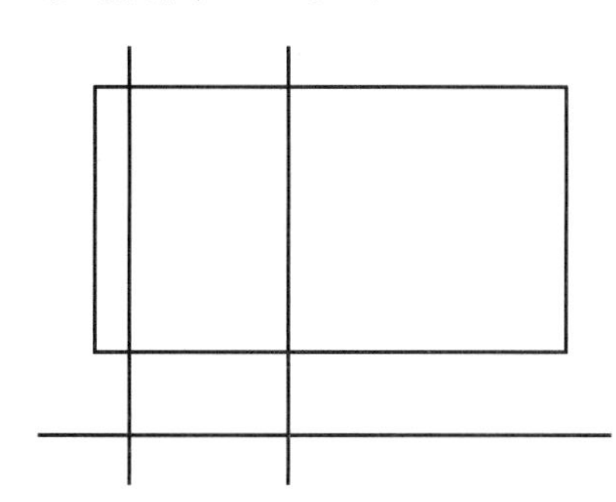
图 3-35 绘制与餐桌水平边线平行的构造线

步骤 5 重复“构造线”命令，绘制与水平构造线平行的第二条构造线，如图 3-36 所示。命令行操作如下。

命令: _xline
指定点或 [水平(H)/垂直(V)/角度(A)/二等分(B)/偏移(O)]: O ↙ //选择“偏移”选项
指定偏移距离或 [通过(T)] <205.0000>: 40↙ //输入偏移距离
选择直线对象: //选择刚绘制的水平构造线
指定向哪侧偏移: //向上拖动鼠标并单击确定，并按〈Esc〉键退出命令

步骤 6 删除多余的构造线，结果如图 3-37 所示。使用相同的方法创建其他椅子的平面图，完成餐桌椅的绘制，然后进行调整，效果如图 3-38 所示。

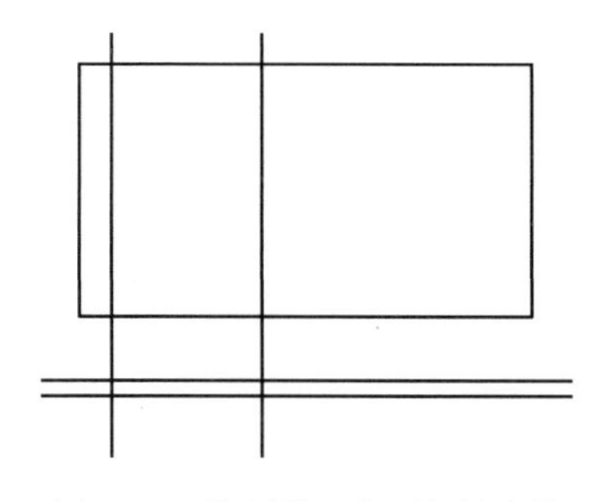
图 3-36 绘制第二条平行构造线

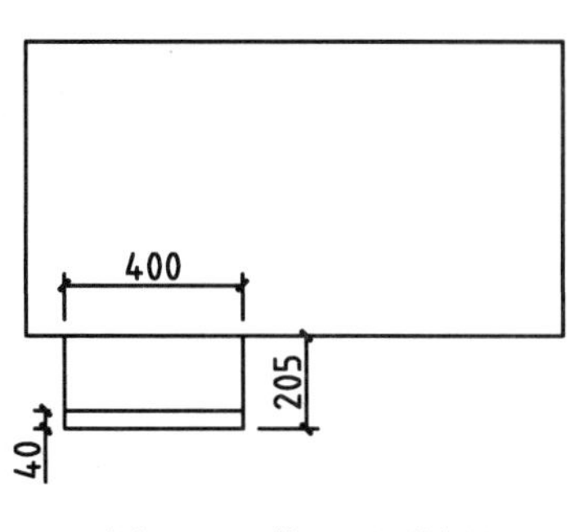

图 3-37 椅子平面效果

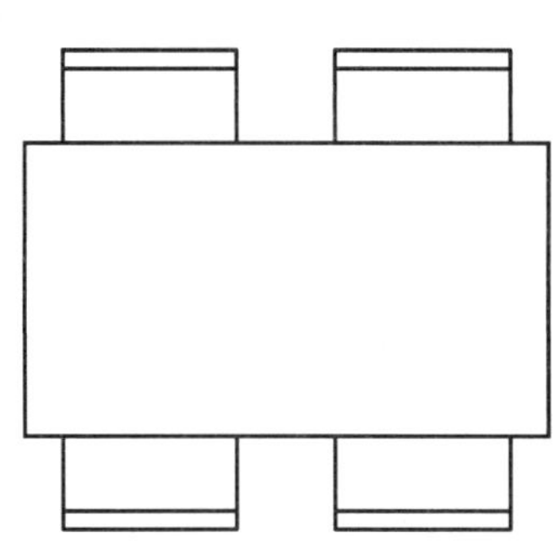
图 3-38 餐桌椅子平面效果

3.3 绘制多边形

在 AutoCAD 中，多边形包括矩形、正多边形等，是绘图过程中使用较多的一类图形。虽然矩形和多边形是由若干条线段构成的，但在 AutoCAD 2016 中，它们是单独的图形对象。

3.3.1 绘制矩形

AutoCAD 2016 的矩形是通过确定矩形的两个对角点而绘制完成的。既可以通过单击指定两个对角点绘制矩形，也可以通过输入坐标指定两个对角点的方式绘制矩形，如图 3-39a 所示。

启动“矩形”命令有以下 4 种方法。

➢ 菜单栏：选择“绘图” | “矩形”命令。
➢ 功能区：在“默认”选项卡中，单击“绘图”面板中的“矩形”按钮。
➢ 工具栏：单击“绘图”工具栏中的“矩形”按钮。
➢ 命令行：在命令行中输入 RECTANG/REC 命令。

执行 REC（矩形）命令后，命令行操作如下。

```
指定第一个角点或 [倒角(C)/标高(E)/圆角(F)/厚度(T)/宽度(W)]:
指定另一个角点或 [面积(A)/尺寸(D)/旋转(R)]:
```

其中各选项的含义如下。

➢ 倒角（C）：用于设置矩形的倒角距离，如图 3-39b 所示。
➢ 标高（E）：用于设置矩形在三维空间中的基面高度，如图 3-39e 所示。
➢ 圆角（F）：用于设置矩形的圆角半径，如图 3-39c 所示。
➢ 厚度（T）：用于设置矩形的厚度，即三维空间 Z 轴方向的高度，如图 3-39f 所示。
➢ 宽度（W）：用于设置矩形的线条粗细，如图 3-39d 所示。
➢ 面积（A）：通过确认矩形面积大小的方式绘制矩形。
➢ 尺寸（D）：通过输入矩形的长、宽确定矩形的大小。
➢ 旋转（R）：通过指定的旋转角度绘制矩形。

提示：在绘制圆角或倒角时，如果矩形的长度和宽度太小，而无法使用当前设置创建矩形时，绘制出来的矩形将不进行圆角或倒角处理。

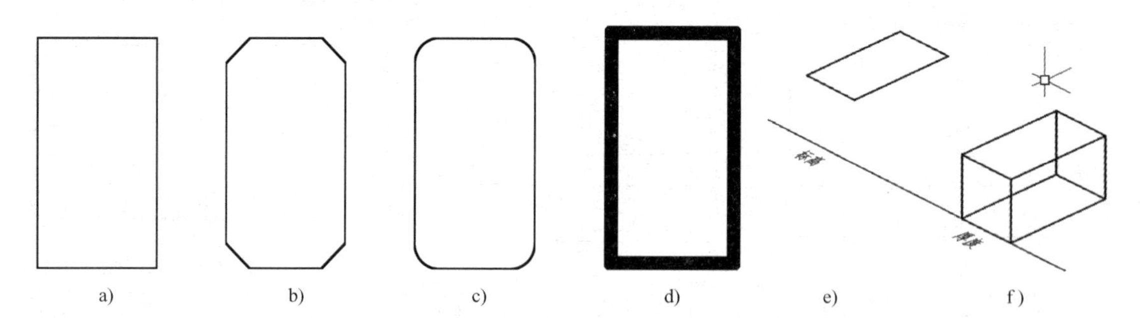

a)　b)　c)　d)　e)　f)

图 3-39　各种样式的矩形

a) 矩形　b) 倒角　c) 圆角　d) 宽度　e) 标高　f) 厚度

3.3.2 案例——绘制特色瓷砖

通过绘制特色瓷砖，读者可以熟练掌握绘制正方形对象的方法和过程。

步骤 1 在命令行中输入 REC（矩形）命令，并按〈Enter〉键，绘制一个 1000×1000 的矩形，如图 3-40 所示，命令行提示如下。

命令: REC↙ rectang //调用“矩形”命令
指定第一个角点或 [倒角(C)/标高(E)/圆角(F)/厚度(T)/宽度(W)]: W↙ //激活“宽度”选项
指定矩形的线宽 <0.0000>: 10 //输入矩形线宽
指定第一个角点或 [倒角(C)/标高(E)/圆角(F)/厚度(T)/宽度(W)]: //指定任意一点为矩形的第一个角点
指定另一个角点或 [面积(A)/尺寸(D)/旋转(R)]: D↙ //激活“尺寸”选项
指定矩形的长度 <800.0000>: 1000↙ //输入矩形的长度
指定矩形的宽度 <800.0000>: 1000↙ //输入矩形的宽度
指定另一个角点或 [面积(A)/尺寸(D)/旋转(R)]: //在任意位置单击确定，完成矩形绘制

步骤 2 按〈F3〉键开启对象捕捉。按空格键或〈Enter〉键重复 REC（矩形）命令，根据命令行的提示，捕捉外矩形的中点绘制旋转 45° 的矩形，如图 3-41 所示，命令行提示如下。

命令: REC↙ rectang //调用“矩形”命令
当前矩形模式: 宽度=10.0000
指定第一个角点或 [倒角(C)/标高(E)/圆角(F)/厚度(T)/宽度(W)]: W↙ //激活“宽度”选项
指定矩形的线宽 <10.0000>: 0↙ //输入矩形线宽
指定第一个角点或 [倒角(C)/标高(E)/圆角(F)/厚度(T)/宽度(W)]: //指定外矩形的中点为第一个角点
指定另一个角点或 [面积(A)/尺寸(D)/旋转(R)]: R↙ //激活“旋转”选项
指定旋转角度或 [拾取点(P)] <0>: 45↙ //输入旋转角度
指定另一个角点或 [面积(A)/尺寸(D)/旋转(R)]: //指定对角点

步骤 3 重复 REC（矩形）命令，捕捉内矩形的中点绘制矩形，如图 3-42 所示，命令行提示如下。

命令: REC↙ rectang //调用“矩形”命令
当前矩形模式: 旋转=45
指定第一个角点或 [倒角(C)/标高(E)/圆角(F)/厚度(T)/宽度(W)]: C↙ //激活“倒角”选项
指定矩形的第一个倒角距离 <0.0000>: 150↙ //输入第一个倒角距离
指定矩形的第二个倒角距离 <150.0000>: 150↙ //输入第二个倒角距离
指定第一个角点或 [倒角(C)/标高(E)/圆角(F)/厚度(T)/宽度(W)]: //指定内矩形的中点为第一个角点
指定另一个角点或 [面积(A)/尺寸(D)/旋转(R)]: <正交 开> <正交 关> R↙ //激活“旋转”选项
指定旋转角度或 [拾取点(P)] <45>: 0↙ //输入旋转角度
指定另一个角点或 [面积(A)/尺寸(D)/旋转(R)]: //指定对角点

图 3-40 绘制外矩形

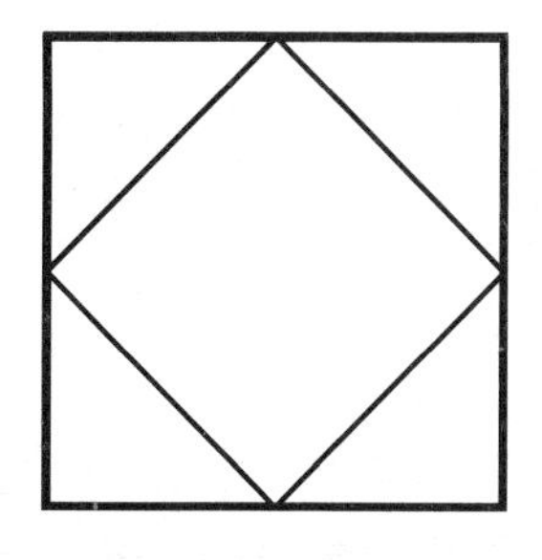

图 3-41 绘制旋转矩形

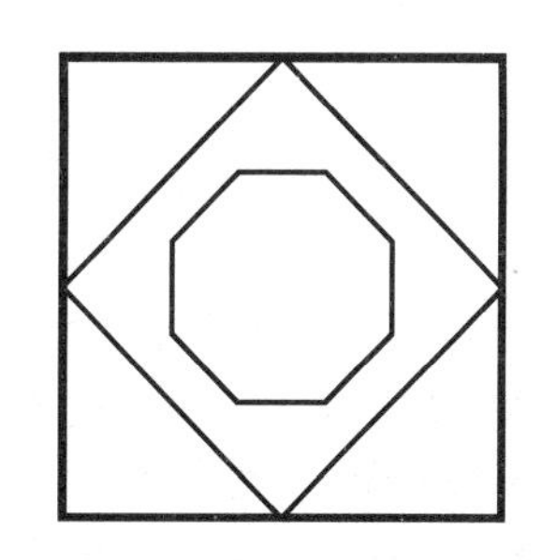

图 3-42 绘制倒角矩形

步骤4 重复“矩形”命令操作，用上述相同的方法继续绘制特色瓷砖，如图 3-43 所示。

步骤5 在命令行中输入 F（圆角）命令，将最里面的矩形进行圆角处理，如图 3-44 所示，命令行提示如下。

命令: F↙　　FILLET	//调用“圆角”命令
选择第一个对象或 [放弃(U)/多段线(P)/半径(R)/修剪(T)/多个(M)]: R↙	//激活“半径”选项
指定圆角半径 <200.0000>: 200↙	//输入圆角半径数值
选择第一个对象或 [放弃(U)/多段线(P)/半径(R)/修剪(T)/多个(M)]:	//选择第一个对象
选择第二个对象，或按住 Shift 键选择对象以应用角点或 [半径(R)]:	//选择第二个对象
	//重复上述操作完善图形

步骤6 在“默认”选项卡中，单击“绘图”面版中的“直线”按钮，完善特色瓷砖图形，效果如图 3-45 所示。

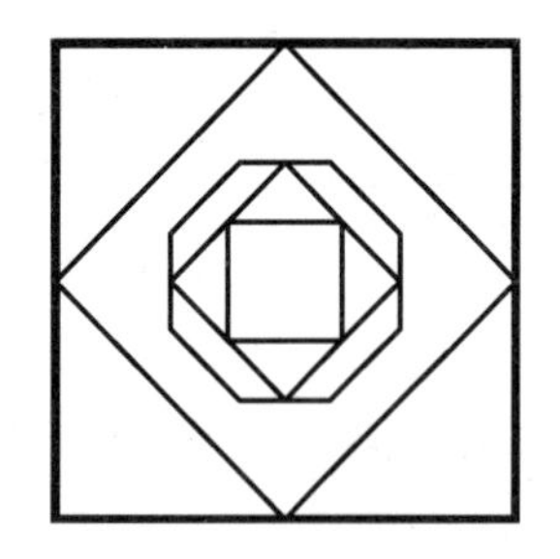

图 3-43 绘制矩形

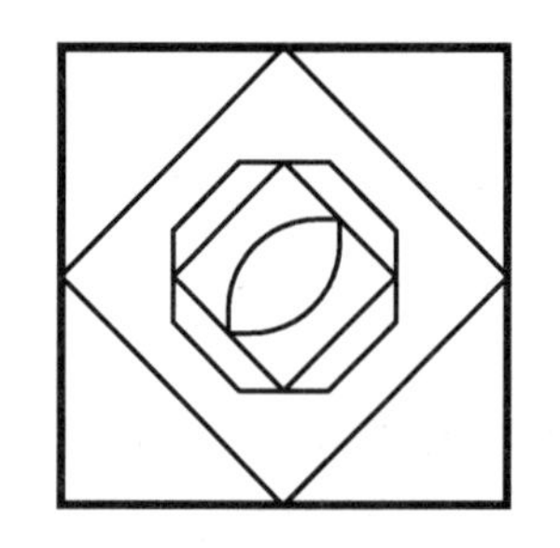

图 3-44 将矩形圆角处理

图 3-45 特色瓷砖效果

3.3.3 绘制正多边形

正多边形是由 3 条或 3 条以上长度相等的线段首尾相接形成的闭合图形，其边数范围值在 3～1024 之间。图 3-46 所示为各种正多边形效果。

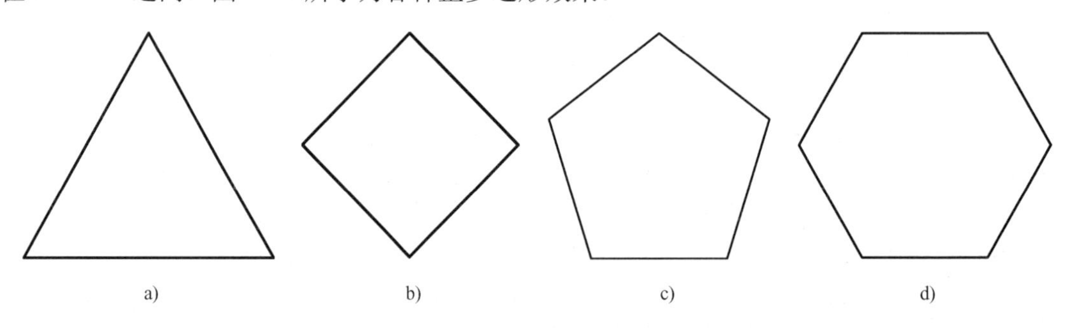

图 3-46 各种正多边形

a) 三角形 b) 四边形 c) 五边形 d) 六边形

启动“多边形”命令有以下 4 种方法。

- 菜单栏：选择“绘图”｜“多边形”命令。
- 功能区：在“默认”选项卡中，单击“绘图”面板中的“多边形”按钮。
- 工具栏：单击“绘图”工具栏中“多边形”按钮。

➢ 命令行：在命令行中输入 POLYGON/POL 命令。

执行“多边形”命令后，命令行将出现如下提示。

```
命令: POLYGON↙                                    //执行“多边形”命令
输入侧面数 <4>:                                    //指定多边形的边数，默认状态为四边形
指定正多边形的中心点或 [边(E)]:      //确定多边形的一条边来绘制正多边形，由边数和边长确定
输入选项 [内接于圆(I)/外切于圆(C)] <I>:              //选择正多边形的创建方式
指定圆的半径:                        //指定创建正多边形时的内接于圆或外切于圆的半径
```

其部分选项的含义如下。

➢ 中心点：通过指定正多边形中心点的方式来绘制正多边形。

➢ 内接于圆（I）/外切于圆（C）：“内接于圆”表示以指定正多边形内接圆半径的方式来绘制正多边形；“外切于圆”表示以指定正多边形外切圆半径的方式来绘制正多边形，如图 3-47 所示。

➢ 边：通过指定多边形边的方式来绘制正多边形。该方式将通过边的数量和长度确定正多边形，如图 3-48 所示。

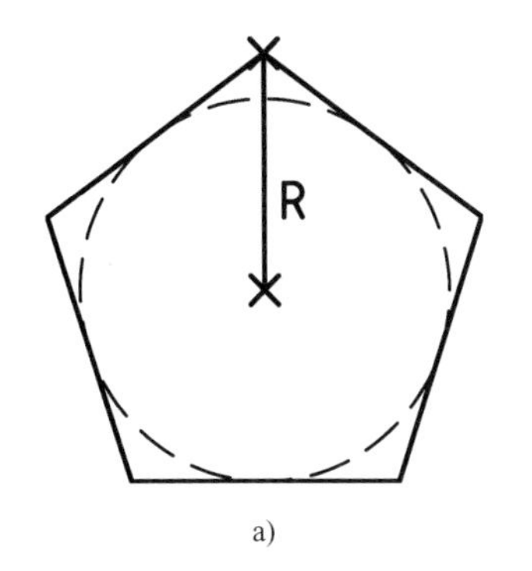

a)

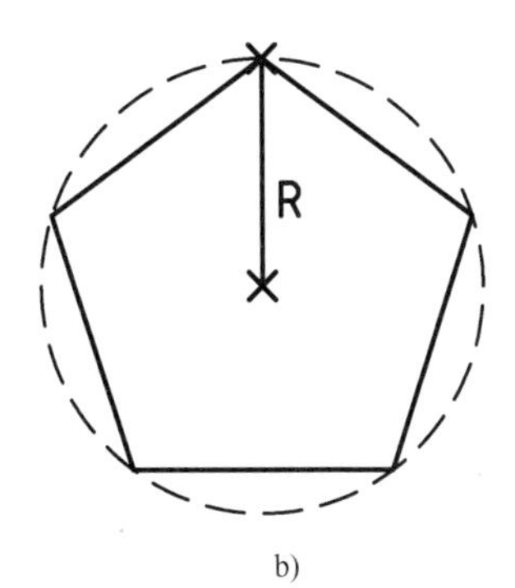

b)

图 3-47 通过“内接于圆(I)/外切于圆(C)”绘制正多边形

a) 内接于圆 b) 外切于圆

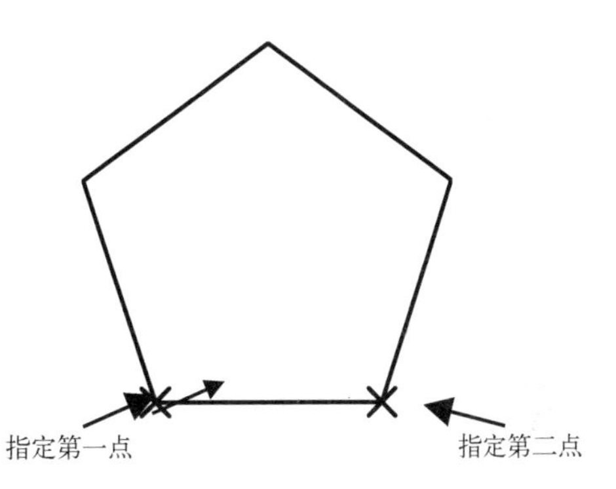

图 3-48 通过指定边长的方式来绘制正多边形

3.3.4 案例——绘制多边形

通过本案例的讲解，读者可以熟练地掌握绘制多边形的方法和过程。

步骤 1 绘制正多边形。在“默认”选项卡中，单击“绘图”面板中的“正多边形”按钮⬠。绘制正六边形，设置内接圆的半径为 11，如图 3-49 所示。命令行操作如下。

```
命令: _polygon                                     //执行“多边形”命令
输入侧面数 <4>: 6↙                                 //指定多边形的边数
指定正多边形的中心点或 [边(E)]:                     //在绘图区中单击指定中心点
输入选项 [内接于圆(I)/外切于圆(C)] <I>: I↙           //选择内接于圆类型
指定圆的半径: 11↙                                  //输入圆的半径值，按〈Enter〉键确定
```

步骤 2 按空格键重复 POL（多边形）命令，指定刚绘制的六边形边的方式来绘制正五边形，如图 3-50 所示。命令行操作如下。

```
命令: _polygon                                     //执行“多边形”命令
```

```
输入侧面数 <6>: 5↙                                //指定多边形的边数
指定正多边形的中心点或 [边(E)]: E↙                 //激活“边”选项
指定边的第一个端点:                               //指定六边形边的端点为第一个端点
指定边的第二个端点:                               //指定六边形边的端点为第二个端点
```

步骤 3 重复“多边形”命令操作，用上述相同的方法继续绘制其他五边形，在此不再进行详细讲解，结果如图 3-51 所示。

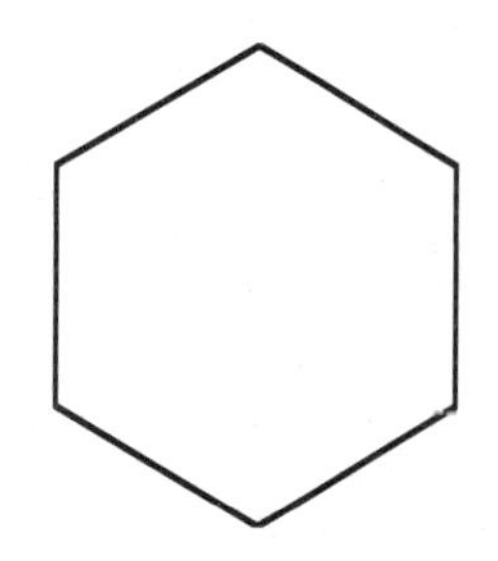

图 3-49　绘制内接于圆的正六边形

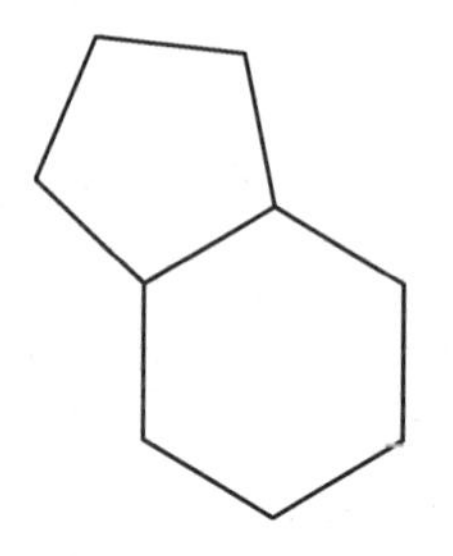

图 3-50　创建正五边形

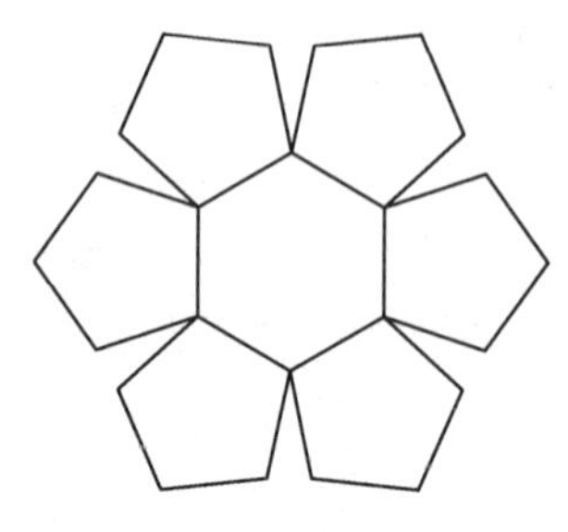

图 3-51　绘制正五边形

步骤 4 在“默认”选项卡中，单击“绘图”面板中的“圆”按钮，以正六边形的中点为圆心，捕捉正五边形的端点确定半径绘制圆，如图 3-52 所示。

步骤 5 重复“圆”命令操作，绘制内接于正六边形的圆，如图 3-53 所示。

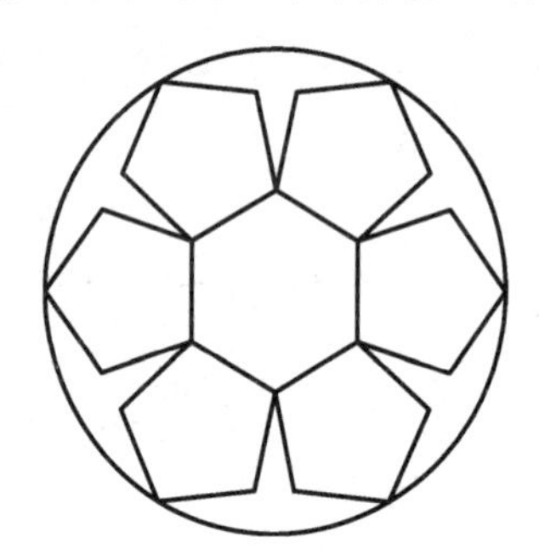

图 3-52　绘制外切圆

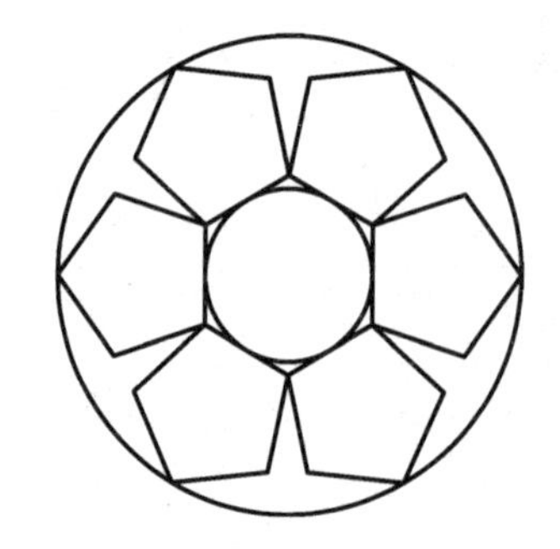

图 3-53　绘制内接圆

步骤 6 在命令行中输入 POL（多边形）命令，绘制外切正四边形、内接正三角形，如图 3-54 与图 3-55 所示。命令行操作如下。

```
命令: POL↙          polygon                         //执行“多边形”命令
POLYGON 输入侧面数 <5>: 4 ↙                          //指定多边形的边数
指定正多边形的中心点或 [边(E)]:                       //指定正六边形中点为中心点
输入选项 [内接于圆(I)/外切于圆(C)] <I>: C↙           //激活“外切于圆”选项
指定圆的半径:                                        //捕捉外切圆的象限点单击确定圆半径
命令: POL↙          polygon                         //执行“多边形”命令
输入侧面数 <4>: 3↙                                   //指定多边形的边数
指定正多边形的中心点或 [边(E)]:                       //指定正六边形中点为中心点
输入选项 [内接于圆(I)/外切于圆(C)] <C>: I↙           //激活“内接于圆”选项
指定圆的半径:                                        //捕捉内接圆的象限点单击确定圆半径
```

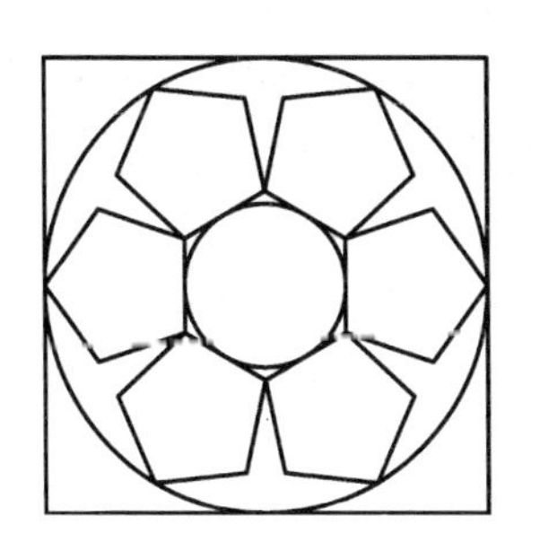

图 3-54 绘制正四边形

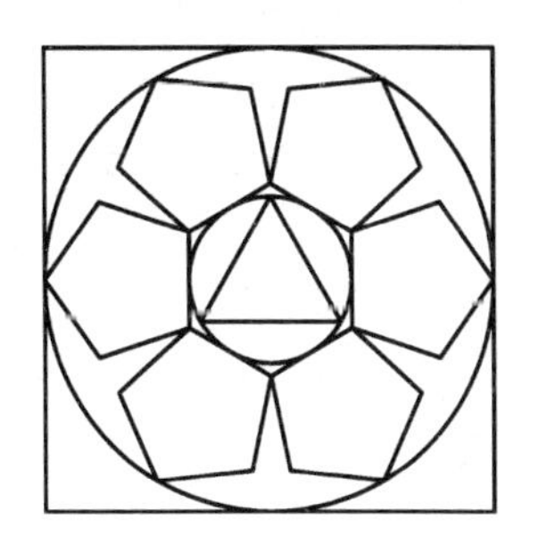

图 3-55 绘制正三角形

3.4 绘制圆类图形

在 AutoCAD 中，圆、圆弧、椭圆、椭圆弧和圆环都属于圆类图形，比上述的直线、射线等对象复杂，因此，AutoCAD 2016 提供了更多的方法来绘制这些对象，下面分别对其进行讲解。

3.4.1 绘制圆

在 AutoCAD 2016 中，可以通过指定圆心、半径、直径、圆周上的点和其他对象上的点的不同组合来绘制圆。

执行“圆”命令的方法有以下 4 种。

- 菜单栏：选择“绘图”|“圆”命令。
- 功能区：在“默认”选项卡中，单击“绘图”面板中的“圆”按钮。
- 工具栏：单击“绘图”工具栏中的“圆”按钮。
- 命令行：在命令行中输入 CIRCLE/C 命令。

图 3-56 所示的子菜单代表绘制圆的不同方法，比如“三点”即表示通过指定圆上的 3 个点来绘制圆。

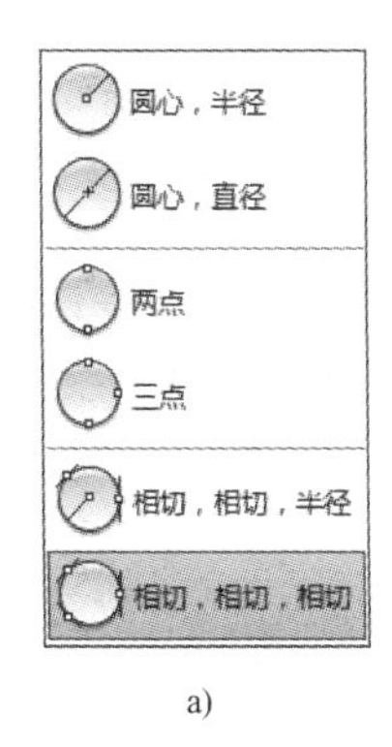

a)

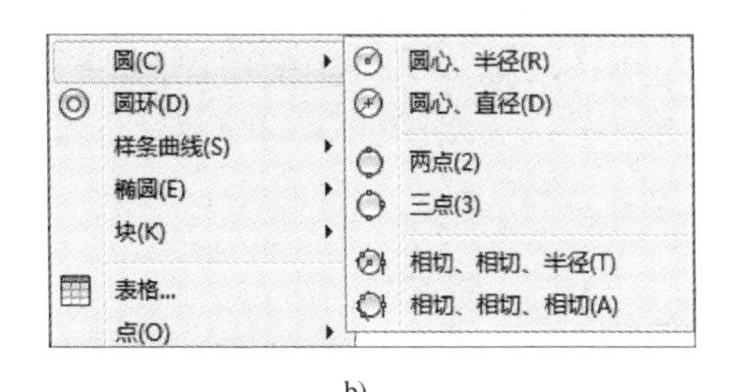

b)

图 3-56 绘制圆的系列按钮和“圆”子菜单

a) 绘制圆的系列按钮 b) “圆”子菜单

在“绘图”|“圆”命令中提供了 6 种绘制圆的命令，各命令的含义如下。

- 圆心、半径（R）：通过指定圆的圆心位置和半径绘制圆，如图 3-57a 所示。

- 圆心、直径（D）：通过指定圆的圆心位置和直径绘制圆，如图 3-57b 所示。
- 两点（2P）：通过指定圆直径的两个端点绘制圆，如图 3-57c 所示。
- 三点（3P）：通过指定圆周上 3 点绘制圆，如图 3-57d 所示。
- 相切、相切、半径（T）：通过指定圆的半径及与圆相切的两个对象绘制圆，如图 3-57e 所示。
- 相切、相切、相切（A）：通过指定与圆相切的 3 个对象绘制圆，如图 3-57f 所示。

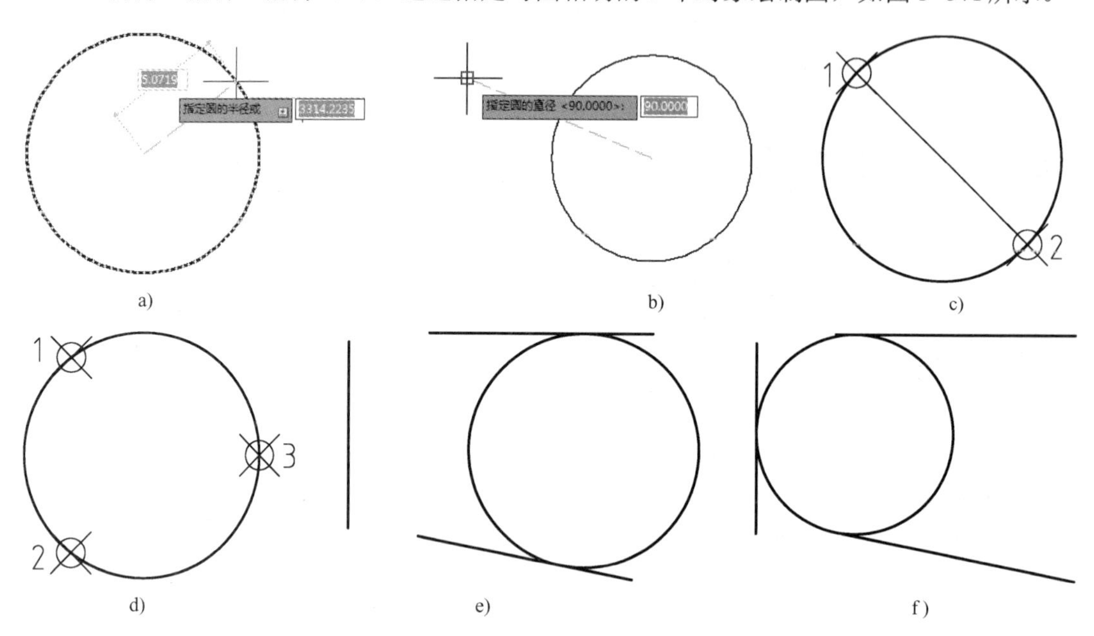

a) b) c) d) e) f)

图 3-57 绘制圆的多种方式

a) 圆心、半径方式画圆 b) 圆心、直径方式画圆 c) 两点画圆 d) 三点画圆
e) 相切、相切、半径画圆 f) 相切、相切、相切画圆

执行上述“圆”命令后，命令行提示如下。

指定圆的圆心或 [三点(3P)/两点(2P)/切点、切点、半径(T)]:

此时可指定圆的圆心，然后命令行将指示指定圆的半径或直径，完成圆的绘制；或选择中括号里的选项，采用其他的方法绘制圆。

提示：命令行中的“三点(3P)/两点(2P)/切点、切点、半径(T)”分别对应于“圆”子菜单里的同名选项。

3.4.2 案例——绘制吊灯

通过绘制吊灯图，读者可以熟练掌握绘制圆对象的方法和过程。

步骤 1 绘制圆。在“默认”选项卡中，单击“绘图”面板中的“圆心、半径”命令，绘制一个半径为 435 的圆，如图 3-58 所示。命令行提示如下。

```
命令: _circle ↙                                        //调用“圆”命令
指定圆的圆心或[三点(3P)/两点(2P)/切点、切点、半径(T)]:      //在绘图区中任意单击确定圆心
```

指定圆的半径或[直径(D)] <180.0000>: 453 ↙ //输入半径值并按〈Enter〉键确定

步骤 2 在命令行中输入 L（直线）命令，以与圆的交点为起点，向下绘制一条长度为1280mm的线段，如图3-59所示。命令行提示如下。

命令: L↙ line //调用“直线”命令

指定第一个点: //指定与圆的交点为起点

指定下一点或 [放弃(U)]: 1280↙ //光标向下移动，引出追踪线确保垂直，输入长度1280

指定下一点或 [闭合(C)/放弃(U)]:*取消* //按〈Esc〉键退出“直线”命令

步骤 3 选择“绘图” | “圆” | “圆心、直径”命令，绘制一个直径为360的圆，如图3-60所示。命令行提示如下。

命令: _circle ↙ //调用“圆”命令

指定圆的圆心或[三点(3P)/两点(2P)/切点、切点、半径(T)]: //在直线上单击确定圆心

指定圆的半径或[直径(D)]<453.0000>: _D 指定圆的直径 <906.0000>: 360↙ //输入直径值并按〈Enter〉键确定

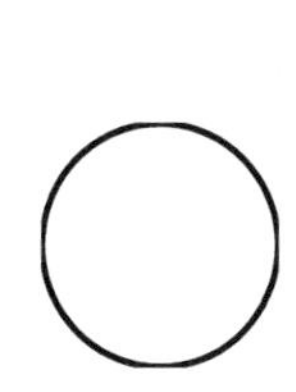

图3-58 绘制圆

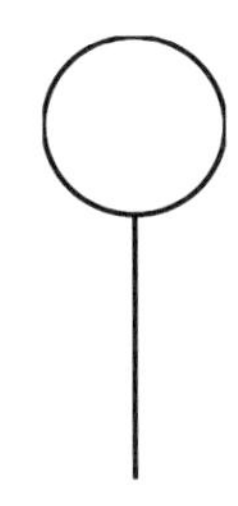

图3-59 绘制线段

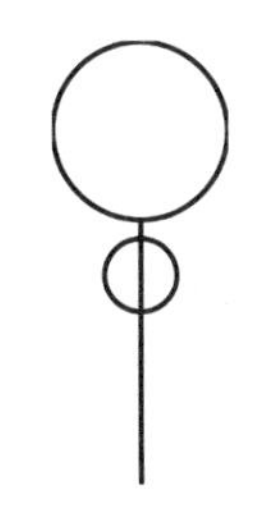

图3-60 绘制小圆

步骤 4 按空格键重复调用C（圆）命令，用上述相同的方法绘制圆，结果如图3-61所示。

步骤 5 在“默认”选项卡中，单击“修改”面板中的“环形阵列”命令，将绘制的线段和圆阵列复制18份，结果如图3-62所示。命令行提示如下。

命令: _arraypolar↙ //调用“环形阵列”命令

选择对象: //选择绘制的线段和圆

类型 = 极轴 关联 = 是

指定阵列的中心点或 [基点(B)/旋转轴(A)]: ↙ //指定绘制的大圆圆心为阵列中心

选择夹点以编辑阵列或 [关联(AS)/基点(B)/项目(I)/项目间角度(A)/填充角度(F)/行(ROW)/层(L)/旋转项目(ROT)/退出(X)] <退出>: I↙ //激活“项目”选项

输入阵列中的项目数或 [表达式(E)] <6>: 18↙ //输入项目数并按〈Enter〉键确定

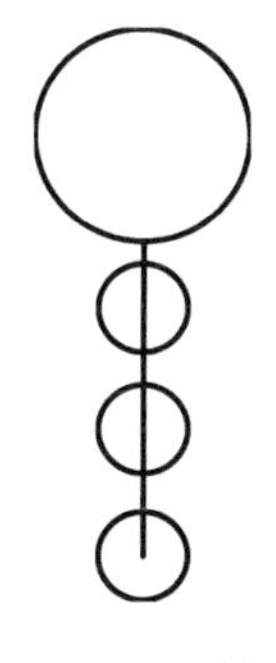

图3-61 绘制圆

图3-62 阵列复制圆和线段

3.4.3 绘制圆弧

AutoCAD 2016 提供了多种方法用于绘制圆弧，如可通过指定圆弧的圆心、端点、起点、半径、角度、弦长和方向值的各种组合形式。

执行“圆弧”命令的方法有以下 4 种。

- 菜单栏：选择“绘图” | “圆弧”命令，如图 3-63 所示。
- 功能区：在“默认”选项卡中，单击“绘图”面板中的“圆弧”按钮，如图 3-64 所示。
- 工具栏：单击“绘图”工具栏中的“圆弧”按钮。
- 命令行：在命令行中输入 ARC/A 命令。

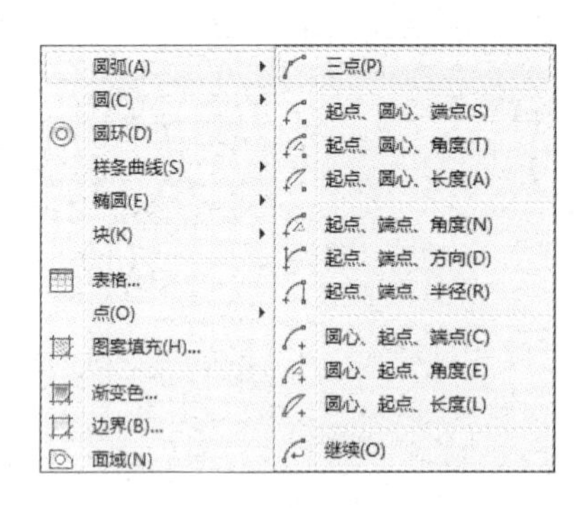

图 3-63 菜单栏选择命令

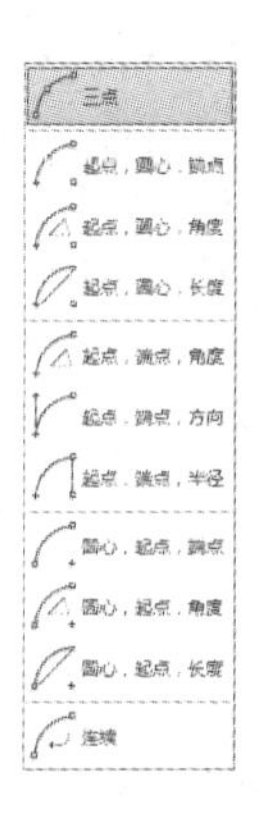

图 3-64 功能区选择工具按钮

“圆弧”命令中提供了 11 种绘制圆弧的命令，各命令的具体含义如下。

- 三点（P）：通过指定圆弧上的 3 个点绘制圆弧，需要指定圆弧的起点、通过点和端点，如图 3-65a 所示。
- 起点、圆心、端点（S）：通过指定圆弧的起点、圆心和端点绘制圆弧，如图 3-65b 所示。
- 起点、圆心、角度（T）：通过指定圆弧的起点、圆心和包含角度绘制圆弧。执行此命令时会出现“指定包含角”的提示，在输入角时，如果当前环境设置逆时针方向为角度正方向，且输入正的角度值，则绘制的圆弧是从起点绕圆心沿逆时针方向绘制，反之则沿顺时针方向绘制，如图 3-65c 所示。
- 起点、圆心、长度（A）：通过指定圆弧的起点、圆心和弧长绘制圆弧，如图 3-65d 所示。另外，在命令行中的“指定弧长”提示信息下，如果所输入的值为负，则该值的绝对值将作为对应整圆的空缺部分的圆弧的弧长。
- 起点、端点、角度（N）：通过指定圆弧的起点、端点和包含角绘制圆弧，如图 3-65e 所示。
- 起点、端点、方向（D）：通过指定圆弧的起点、端点和圆弧的起点切向绘制圆弧，如图 3-65f 所示。命令执行过程中会出现“指定圆弧的起点切向”提示信息，此时拖动鼠标动态地确定圆弧在起始点处的切线方向和水平方向的夹角。拖动鼠标时，AutoCAD 会在当前光标与圆弧起始点之间形成一条线，即为圆弧在起始点处的切线。确定切线方向后，单击拾取键即可得到相应的圆弧。

- 起点、端点、半径（R）：通过指定圆弧的起点、端点和圆弧半径绘制圆弧，如图 3-65g 所示。
- 圆心、起点、端点（C）：通过指定圆弧的圆心、起点和端点方式绘制圆弧，如图 3-65h 所示。
- 圆心、起点、角度（E）：通过指定圆弧的圆心、起点和圆心角方式绘制圆弧，如图 3-65i 所示。
- 圆心、起点、长度（L）：通过指定圆弧的圆心、起点和弧长方式绘制圆弧，如图 3-65j 所示。
- 继续（O）：以上一段圆弧的终点作为起点并绘制圆弧，如图 3-65k 所示。

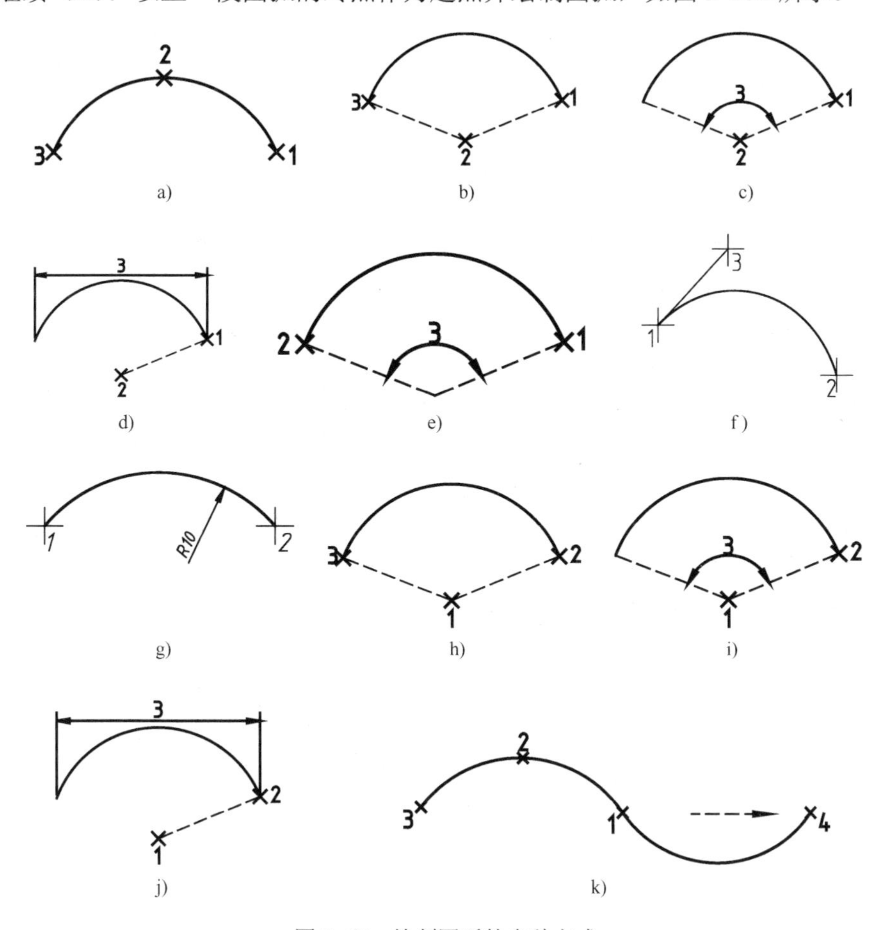

图 3-65 绘制圆弧的多种方式

a) 三点画弧 b) 起点、圆心、端点画弧 c) 起点、圆心、角度画弧 d) 起点、圆心、长度画弧 e) 起点、端点、角度画弧 f) 起点、端点、方向画弧 g) 起点、端点、半径画弧 h) 圆心、起点、端点画弧 i) 圆心、起点、角度画弧 j) 圆心、起点、长度画弧 k) 连续

提示： 上述这些方法，起点到端点的方向均为默认的逆时针方向。

3.4.4 案例——绘制蝴蝶几何图形

通过绘制蝴蝶几何图形，读者可以熟练地掌握绘制圆弧对象的方法和过程。

步骤 1 打开文件。单击快速访问工具栏中的“打开”按钮，打开配套光盘中提供的“第 03 章\3.4.4 案例——绘制蝴蝶几何图形.dwg”素材文件，素材文件内已经绘制好了中心线，如图 3-66 所示。

步骤 2 绘制圆。在“默认”选项卡中，单击“绘图”面板中的“圆”按钮，以中心线的交点为圆心，分别绘制 3 个半径为 3、5、25 的圆，如图 3-67 所示。

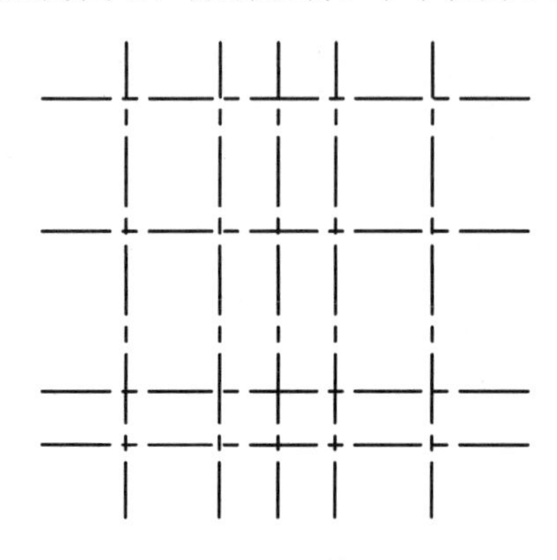

图 3-66 素材图形

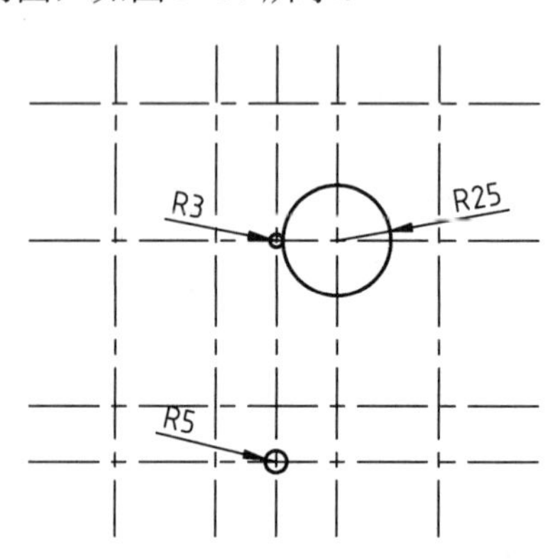

图 3-67 绘制圆

步骤 3 绘制蝴蝶主体右半部分。在“默认”选项卡中，单击“绘图”面板中的“起点、端点、半径”按钮，绘制一个半径为 150 的圆弧，如图 3-68 所示。命令行提示如下。

```
命令: _arc↙                                              //调用“起点、端点、半径”命令
指定圆弧的起点或 [圆心(C)]:                              //指定 R5 的圆与中心线的交点为起点
指定圆弧的第二个点或 [圆心(C)/端点(E)]: _e↙
指定圆弧的端点:                                          //指定 R3 的圆与中心线的交点为端点
指定圆弧的中心点(按住 Ctrl 键以切换方向)或 [角度(A)/方向(D)/半径(R)]: _r↙
指定圆弧的半径(按住 Ctrl 键以切换方向): 150↙       //输入圆弧半径值，并按〈Enter〉键
```

步骤 4 绘制蝴蝶右边的翅膀。按空格键重复“起点、端点、半径”命令，绘制半径分别为 50、40 的圆弧，如图 3-69 所示。命令行提示如下。

```
命令: _arc↙                                              //调用“起点、端点、半径”命令
指定圆弧的起点或 [圆心(C)]:                              //指定中心线的交点为起点
指定圆弧的第二个点或 [圆心(C)/端点(E)]: _e↙
指定圆弧的端点:                                          //指定 R25 的圆与中心线的交点为端点
指定圆弧的中心点(按住 Ctrl 键以切换方向)或 [角度(A)/方向(D)/半径(R)]: _r↙
指定圆弧的半径(按住 Ctrl 键以切换方向): 50↙          //输入圆弧半径值，并按 Enter 键
命令: _arc↙                                              //调用“起点、端点、半径”命令
指定圆弧的起点或 [圆心(C)]:                              //指定 R5 的圆心为起点
指定圆弧的第二个点或 [圆心(C)/端点(E)]: _e↙
```

指定圆弧的端点: //指定中心线的交点为端点

指定圆弧的中心点(按住 Ctrl 键以切换方向)或 [角度(A)/方向(D)/半径(R)]: _r↙

指定圆弧的半径(按住 Ctrl 键以切换方向): 40↙ //输入圆弧半径值，并按〈Enter〉键

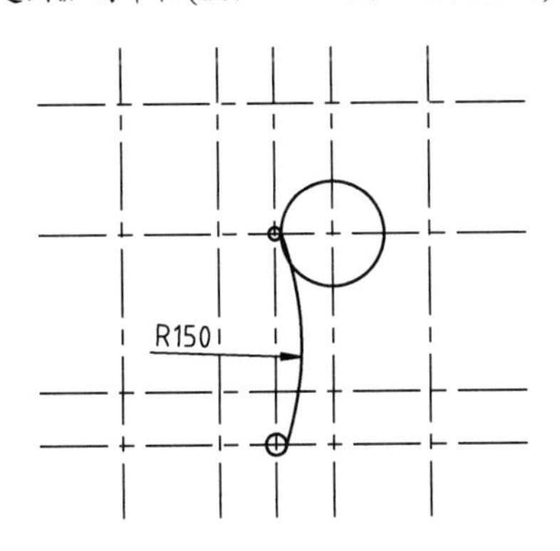

图 3-68 绘制蝴蝶右边主体

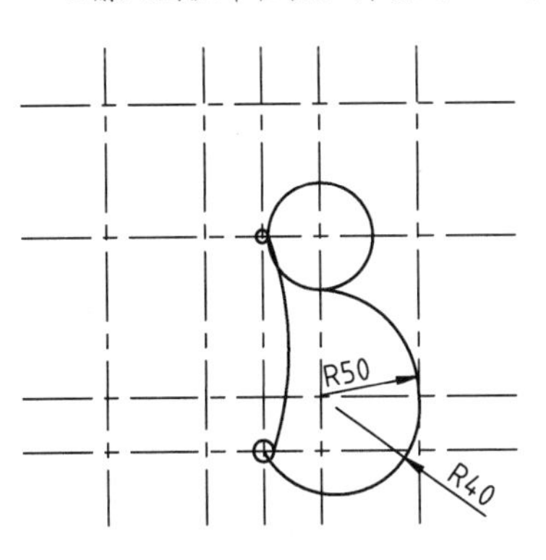

图 3-69 绘制蝴蝶右边翅膀

步骤 5 绘制右边触角。在“默认”选项卡中，单击“绘图”面板中的“三点”按钮，绘制圆弧，如图 3-70 所示。命令行提示如下。

命令: _arc↙ //调用“三点”命令

指定圆弧的起点或 [圆心(C)]: //指定 R3 圆的圆心为起点

指定圆弧的第二个点或 [圆心(C)/端点(E)]: //指定第二点

指定圆弧的端点: //指定中心线的交点为端点单击确定

步骤 6 用上述相同的方法绘制蝴蝶左半部分，在此不再进行详细讲解，并将其辅助线删除，结果如图 3-71 所示。

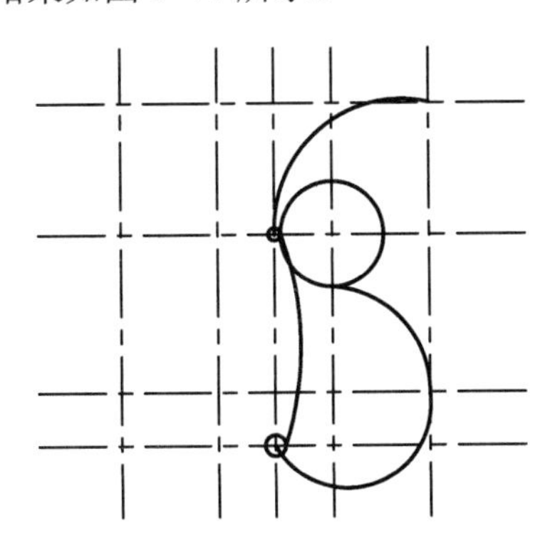

图 3-70 绘制蝴蝶右边触角

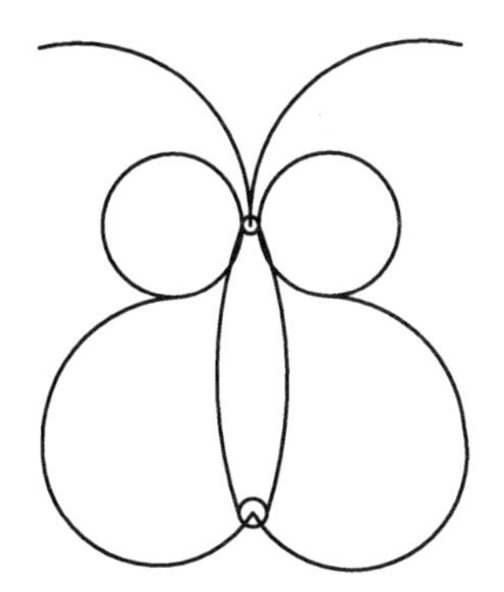

图 3-71 蝴蝶几何图形绘制效果

3.4.5 椭圆与椭圆弧

椭圆是基于中心点、长轴及短轴绘制的，是平面上到定点的距离与到直线间距离之比为常数的所有点的集合。椭圆弧是椭圆的一部分，它的起点和终点没有闭合。由图 3-72 可知，绘制椭圆弧的命令与“椭圆”在同一面板或菜单中。

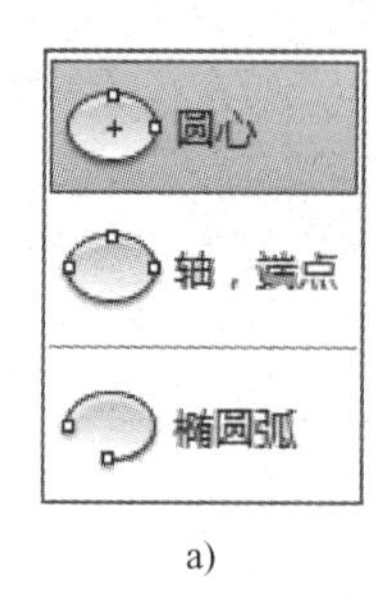

a)

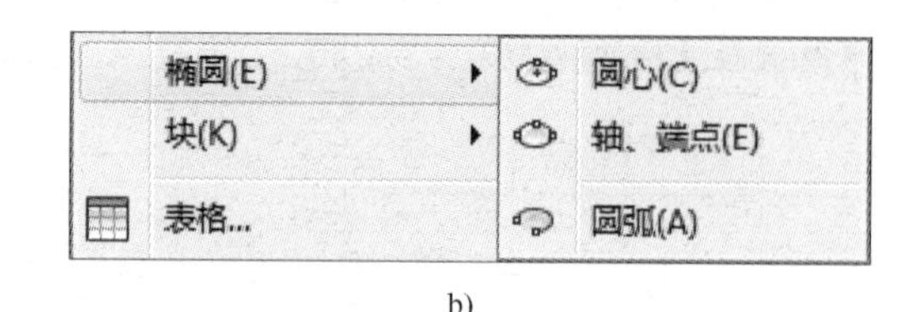

b)

图 3-72 “绘图”面板和“椭圆”子菜单

a)“绘图”面板 b)“椭圆”子菜单

1．椭圆

执行“椭圆”命令的方法有以下 4 种。

- 菜单栏：选择“绘图” | “椭圆”命令。
- 功能区：在“默认”选项卡中，单击“绘图”面板中的“椭圆”按钮。
- 工具栏：单击“绘图”工具栏中的“椭圆”按钮。
- 命令行：在命令行中输入 ELLIPSE/EL 命令。

AutoCAD 2016 菜单栏中的“绘图” | “椭圆”子菜单中提供了两种绘制椭圆的命令，其命令的具体含义如下。

- 圆心（C）：通过指定椭圆的中心点，再指定椭圆两条轴的长度绘制椭圆，如图 3-73a 所示。
- 轴、端点（E）：通过指定椭圆一条轴的两个端点，再指定另一条轴的半轴长度绘制椭圆，如图 3-73b 所示。

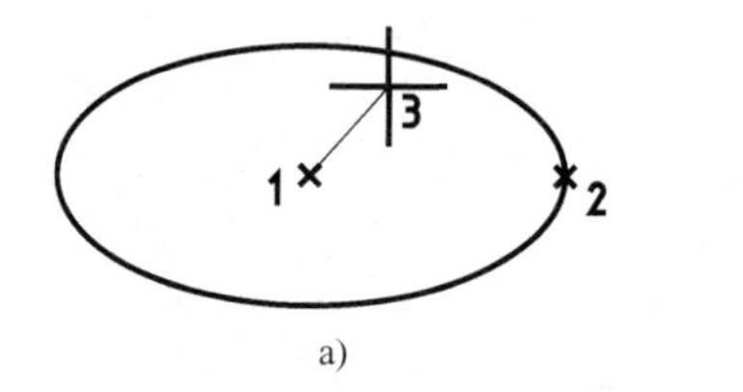

a)

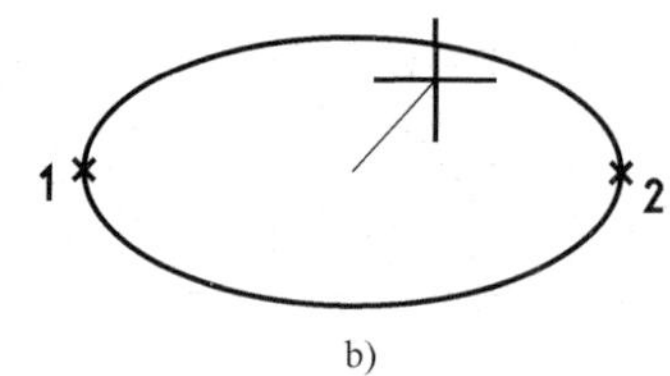

b)

图 3-73 绘制椭圆

a) 通过“圆心”绘制椭圆 b) 通过“轴、端点”绘制椭圆

执行上述“椭圆”命令后，命令行提示如下。

指定椭圆的轴端点或 [圆弧(A)/中心点(C)]:

各选项的含义如下。

- 轴端点：以椭圆轴端点绘制椭圆。
- 圆弧（A）：用于创建椭圆弧。
- 中心点（C）：以椭圆圆心和两轴端点绘制椭圆。

2．椭圆弧

执行“椭圆弧”命令的方法有以下 3 种。

- 菜单栏：选择“绘图” | “椭圆” | “椭圆弧”命令。
- 功能区：在“默认”选项卡中，单击“绘图”面板中的“椭圆弧”按钮。

➢ 工具栏：单击“绘图”工具栏中的“椭圆弧”按钮。

执行上述“椭圆弧”命令后，命令行提示如下。

指定椭圆弧的轴端点或 [中心点(C)]:

3.4.6 案例——绘制洗漱台

通过绘制洗漱台，读者可以熟练掌握绘制椭圆对象的方法和过程。

步骤 1 打开文件。单击快速访问工具栏中的“打开”按钮，打开配套光盘中提供的“第 03 章\3.4.6 案例——绘制洗面盆台.dwg”素材文件，素材文件内已经绘制好了中心线，如图 3-74 所示。

步骤 2 在命令行中输入 EL（椭圆）命令，绘制洗漱台外轮廓，如图 3-75 所示。命令行提示如下。

```
命令: EL↙          ELLIPSE                      //调用“椭圆”命令
指定椭圆的轴端点或 [圆弧(A)/中心点(C)]: C↙      //以中心点的方式绘制椭圆
指定椭圆的中心点:                               //指定中心线交点为椭圆中心点
指定轴的端点:                                   //指定水平中心线端点为轴的端点
指定另一条半轴长度或 [旋转(R)]:                 //指定垂直中心线的端点来定义另一条半轴的长度
```

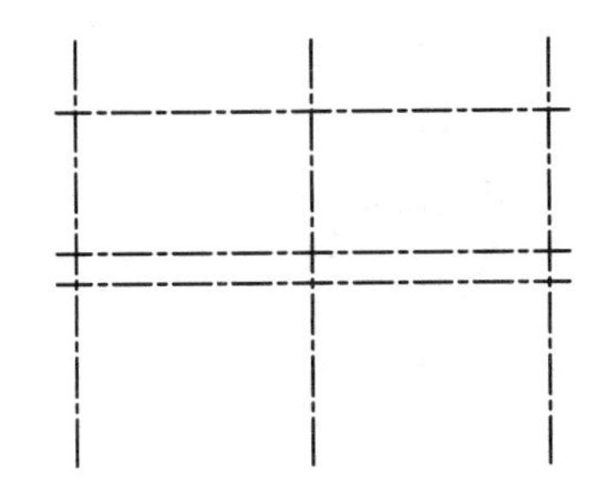

图 3-74 素材文件

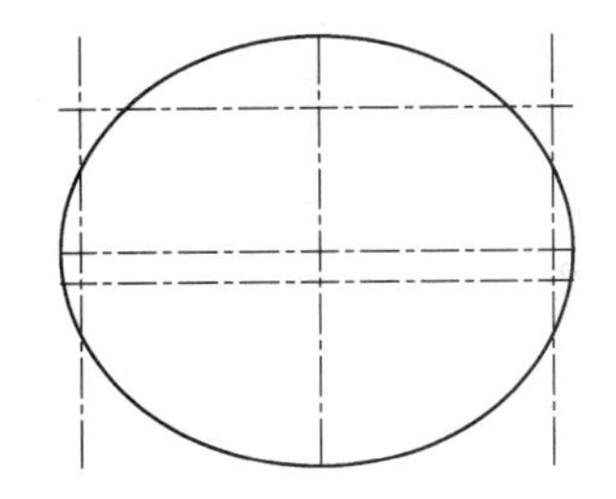

图 3-75 创建洗漱台外轮廓

步骤 3 按空格键重复 EL（椭圆）命令，细化洗漱台，如图 3-76 所示。命令行提示如下。

```
命令: ELLIPSE                                //调用“椭圆”命令
指定椭圆的轴端点或 [圆弧(A)/中心点(C)]:      //指定中心线右侧交点为轴端点
指定轴的另一个端点:                          //指定中心线左侧交点为轴另一个端点
指定另一条半轴长度或 [旋转(R)]:              //指定中心线交点为另一条半轴长度
```

步骤 4 在“默认”选项卡中，单击“绘图”面板中的“圆”按钮，绘制一个半径为 11 的圆，如图 3-77 所示。

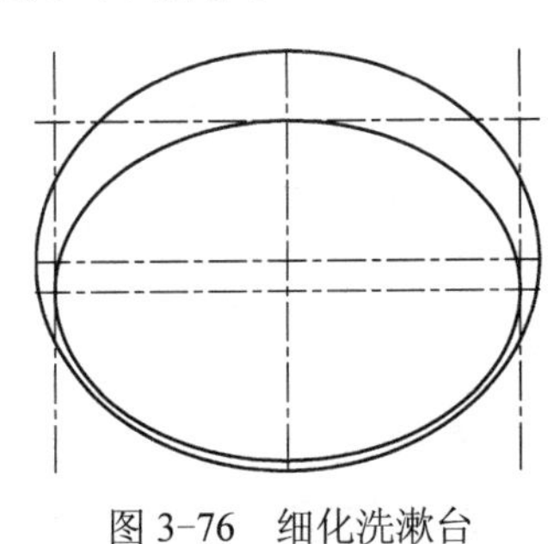

图 3-76 细化洗漱台

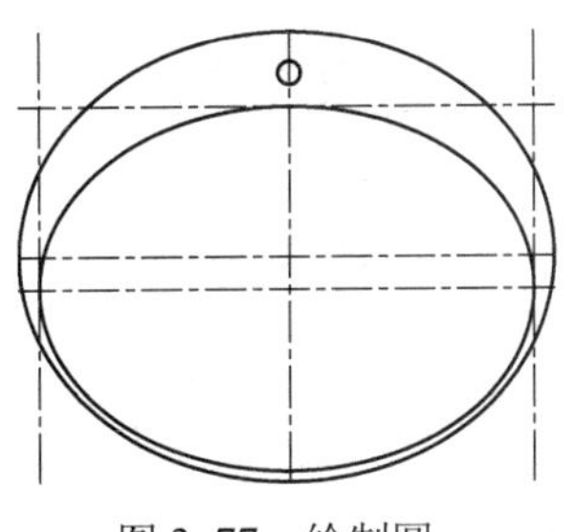

图 3-77 绘制圆

步骤 5 重复命令操作，绘制 3 个半径为 20 的圆，结果如图 3-78 所示。

步骤 6 在命令行中输入 REC（矩形）命令，绘制尺寸为 784×521mm 的矩形，并删除辅助线，结果如图 3-79 所示。

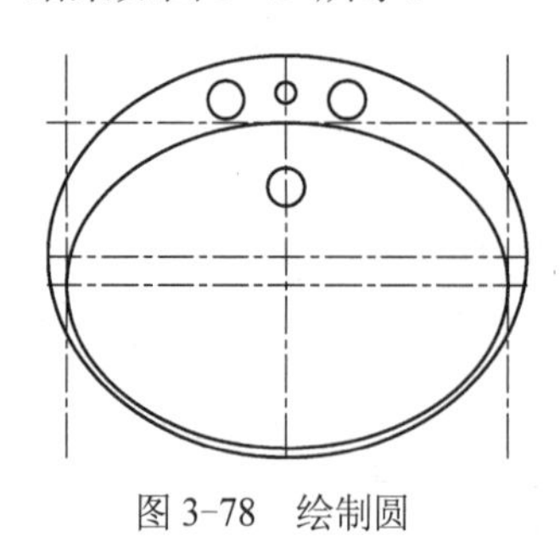

图 3-78 绘制圆

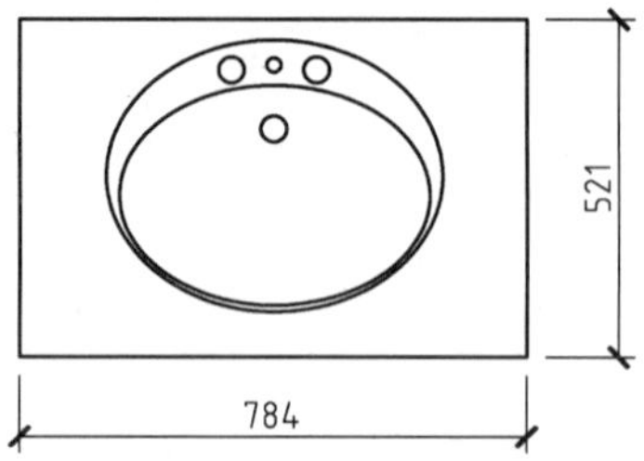

图 3-79 洗漱台绘制效果

3.4.7 绘制圆环

圆环是由同一圆心、不同直径的两个同心圆组成的，控制圆环的参数是圆心、内直径和外直径。圆环可分为“填充环”（两个圆形中间的面积填充）和“实体填充圆”（圆环的内直径为 0）。圆环的典型示例如图 3-80 所示。

填充环 实体填充圆

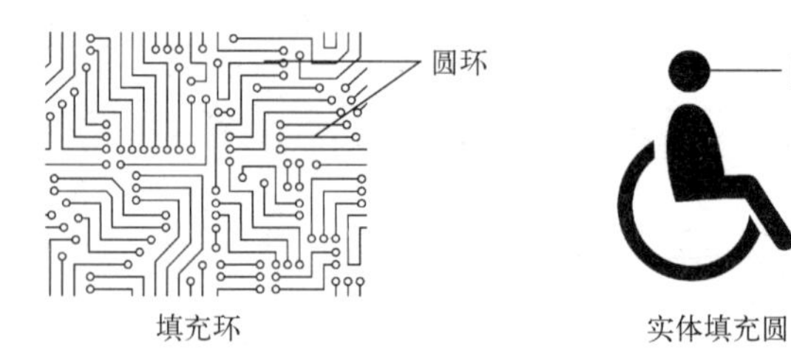

图 3-80 圆环的典型示例

执行“圆环”命令的方法有以下 3 种。

- 菜单栏：选择“绘图” | “圆环”命令。
- 功能区：在“默认”选项卡中，单击“绘图”面板中的“圆环”按钮◎。
- 命令行：在命令行中输入 DONUT/DO 命令。

默认情况下，AutoCAD 所绘制的圆环为填充的实心图形。如果在绘制圆环之前在命令行中输入 FILL，则可以控制圆环和圆的填充可见性。执行 FILL 命令后，命令行提示如下。

```
命令：FILL↙
输入模式[开(ON)] | [关(OFF)]<开>:                    //选择填充开、关
```

选择“开（ON）”模式，表示绘制的圆环和圆都会填充，如图 3-81 所示。

a) b) c)

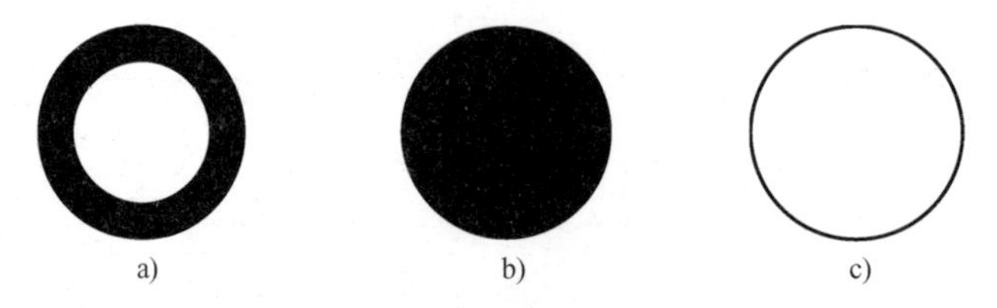

图 3-81 选择“开（ON）”模式

a) 内外直径不相等 b) 内直径为 0 c) 内外直径相等

选择“关（OFF）”模式，表示绘制的圆环和圆不予填充，如图 3-82 所示。

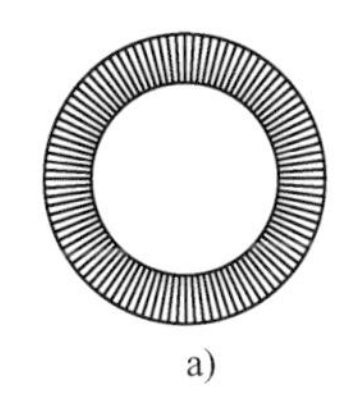
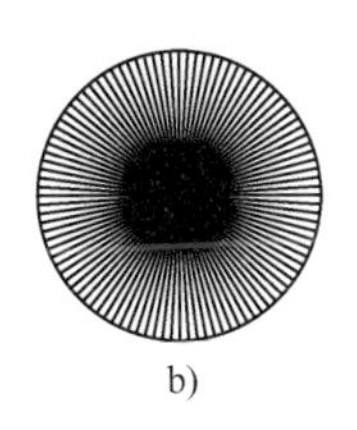

a)　　　　b)

图 3-82　选择“关（OFF）”模式

a) 内外直径不相等　b) 内直径为 0

提示：绘制圆环时，首先要确定两个同心圆的直径，然后再确定圆环的圆心位置。

3.5　综合实战

本节通过具体的实例，练习之前学习的简单图形的绘制方法，方便以后的绘图设计。

3.5.1 绘制配流盘零件图

步骤 1 打开文件。单击快速访问工具栏中的“打开”按钮，打开配套光盘中提供的“第 03 章\3.5.1 绘制配流盘零件图.dwg”素材文件，素材文件内已经绘制好了中心线和图层，如图 3-83 与图 3-84 所示。

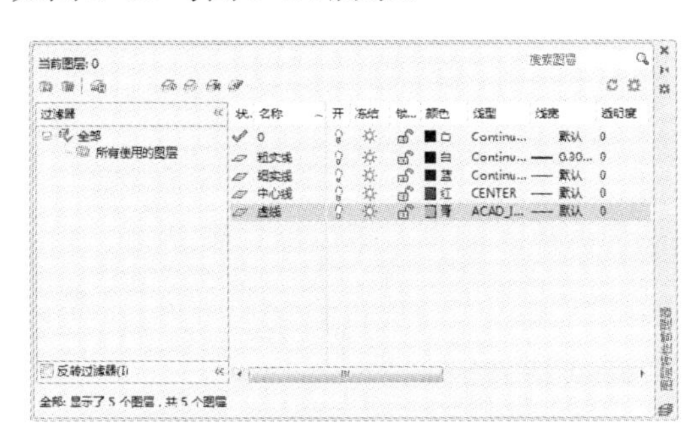

图 3-83 “图层特性管理器”选项板

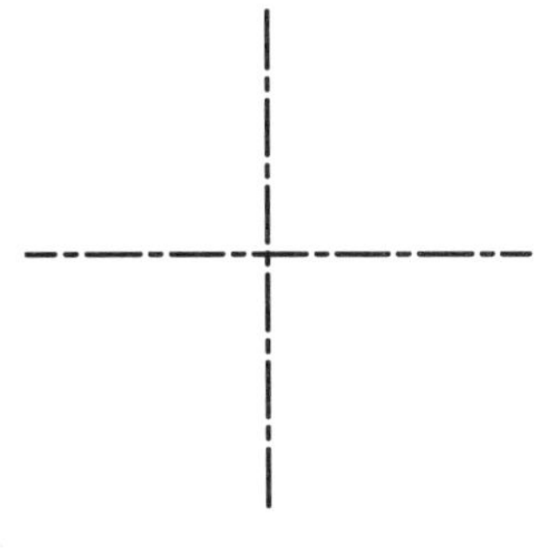

图 3-84　素材文件

步骤 2 在“默认”选项卡中，单击“绘图”面板中的“圆心、半径”按钮，绘制一个直径为 85 辅助圆，如图 3-85 所示。命令行提示如下。

命令: C↙　　　　CIRCLE　　　　//调用“圆心、半径”命令

指定圆的圆心或 [三点(3P)/两点(2P)/切点、切点、半径(T)]:　　　　//指定中心线交点为圆心

指定圆的半径或 [直径(D)] <42.5000>: D↙　　　　//激活“直径”选项

指定圆的直径 <85.0000>: 85↙　　　　//输入直径数值并按〈Enter〉键

步骤 3 将图层切换为“粗实线”图层，继续使用 C（圆）命令按照如图 3-86 所示的尺寸绘制圆。

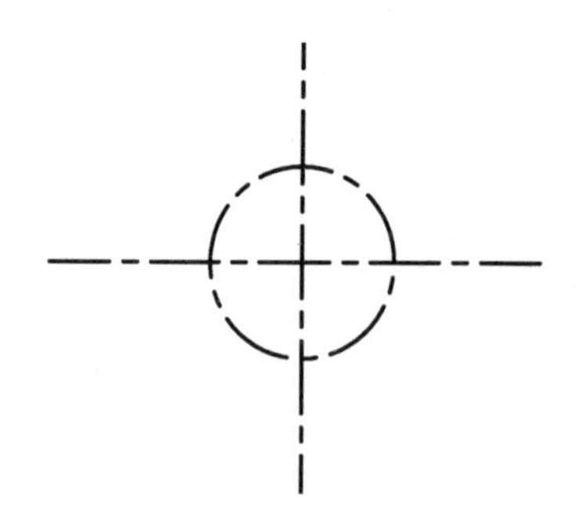

图 3-85 绘制辅助圆

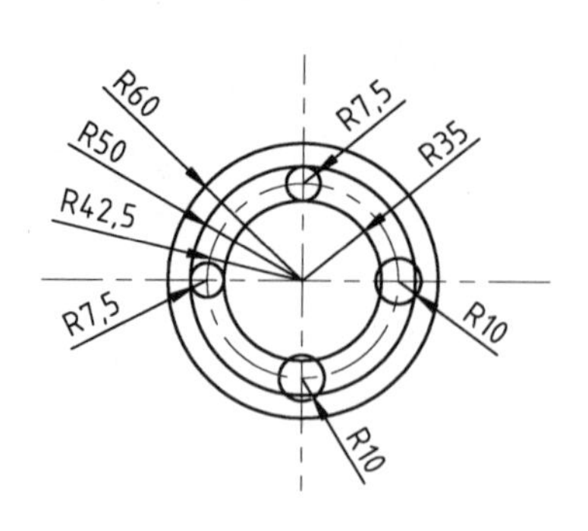

图 3-86 绘制圆

步骤 4 在命令行中输入 TR（修剪）命令，修剪多余的圆弧，结果如图 3-87 所示。至此，配流盘零件图绘制完成。

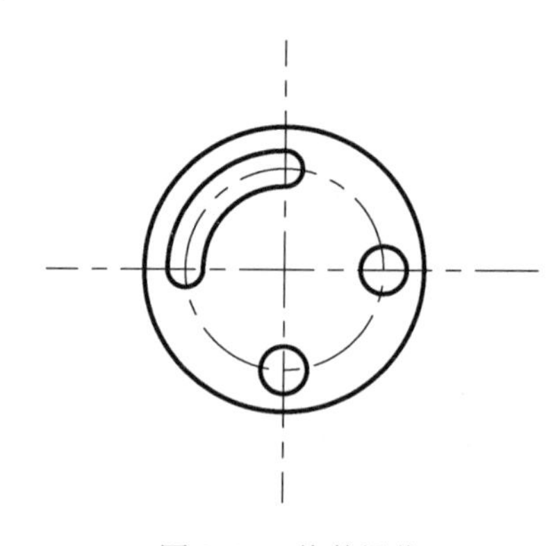

图 3-87 修剪操作

3.5.2 绘制拼花图案

步骤 1 在“默认”选项卡中，单击“绘图”面板上的“正多边形”按钮，绘制一个正七边形，如图 3-88 所示。命令行操作如下。

```
命令: polygon ↙                                      //调用“正多边形”命令
输入侧面数<6>:7↙                                     //输入边数
指定正多边形的中心点或 [边(E)]:                        //在绘图区域单击任意一点
输入选项 [内接于圆(I)/外切于圆(C)] <I>: C↙             //选择“外切于圆”选项
指定圆的半径: 50↙                                     //输入圆心半径值
```

步骤 2 单击“绘图”面板中的“圆”按钮，绘制正七边形的内切圆，如图 3-89 所示。命令行操作如下。

```
命令: CIRCLE↙                                                    //调用“圆”命令
指定圆的圆心或 [三点(3P)/两点(2P)/切点、切点、半径(T)]: 3P↙         //选择“三点”选项
指定圆上的第一个点:                                               //捕捉任意一条边的中点
指定圆上的第二个点:                                               //捕捉另一条边的中点
指定圆上的第三个点:                                               //捕捉第三条边的中点
```

步骤 3 再次单击“正多边形”按钮，以圆心为多边形中心，使用“外接圆”选项，

捕捉到 a 点定义外接圆半径，绘制正四边形，如图 3-90 所示。

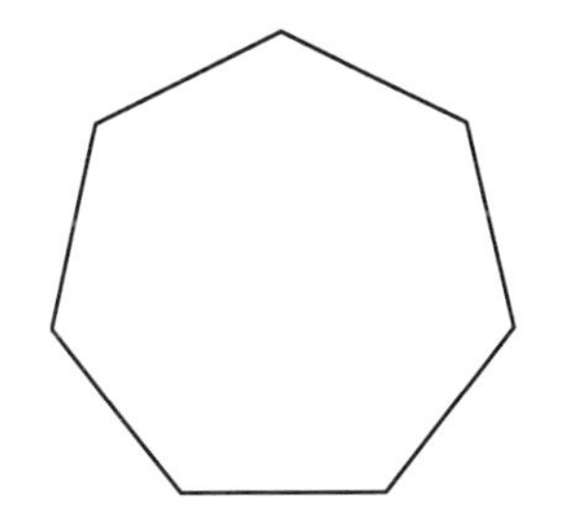

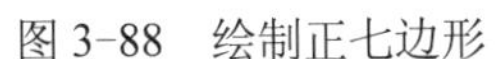

图 3-88 绘制正七边形

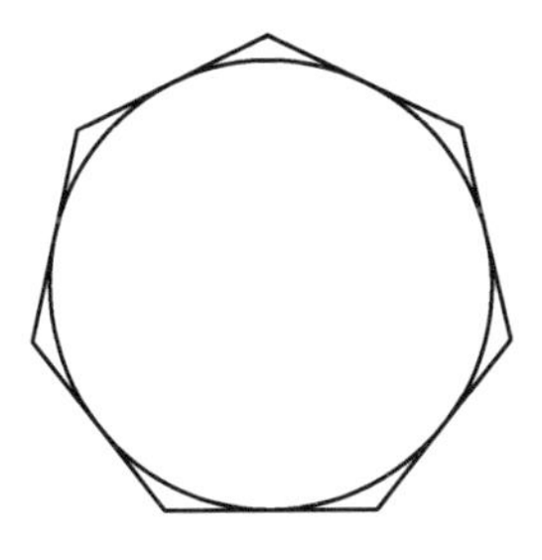

图 3-89 绘制内切圆

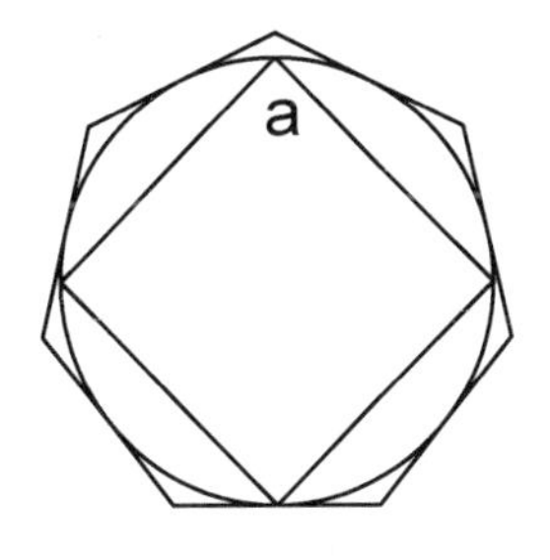

图 3-90 绘制正四边形

步骤 4 重复“正多边形”命令，以圆心为正四边形的中心，使用“外接圆”选项，捕捉到上一个正四边形边线中点定义外接圆半径，绘制正四边形，如图 3-91 所示。

步骤 5 在“绘图”面板上单击“圆”按钮下的展开箭头，选择“相切、相切、相切”命令，绘制内切于正四边形的 4 个圆，如图 3-92 所示。

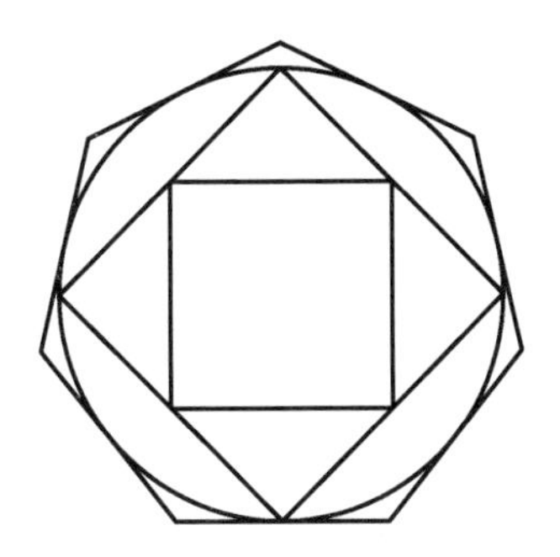

图 3-91 绘制第二个正四边形

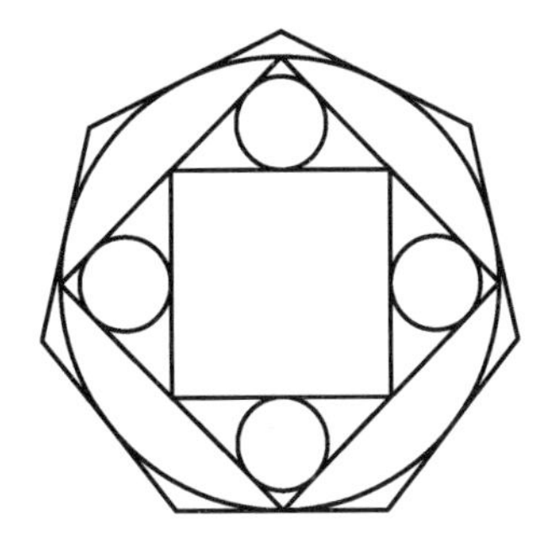

图 3-92 绘制圆

3.6 设计专栏

3.6.1 上机实训

使用前面所学知识绘制如图 3-93 所示的拱门图形。

具体的绘制步骤提示如下。

步骤 1 单击“绘图”面板中的“圆心、起点、角度”命令，绘制一段半径为 200 的半圆弧。

步骤 2 重复命令操作，绘制半径为 170 的半圆弧，其圆心位置与上一步所绘制的半圆弧相同。

步骤 3 过圆弧的 4 个端点分别绘制 4 条垂直直线，并细化图形。

步骤 4 执行 C（圆）命令，在图形合适位置绘制两个半径为 15 的圆，图形即绘制完成。

使用前面所学内容绘制如图 3-94 所示的轴承座主视图形。

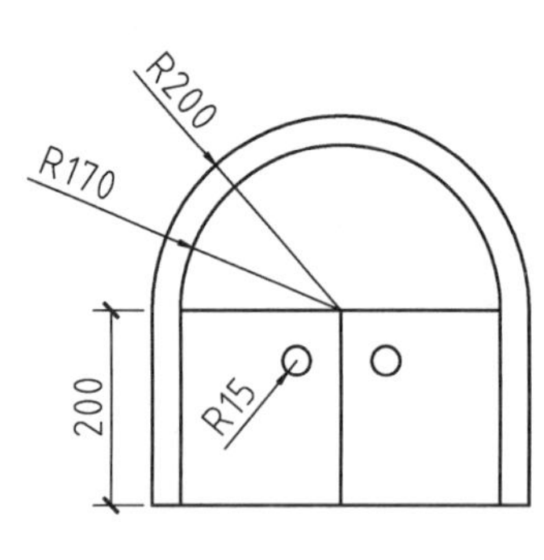

图 3-93 拱门图形

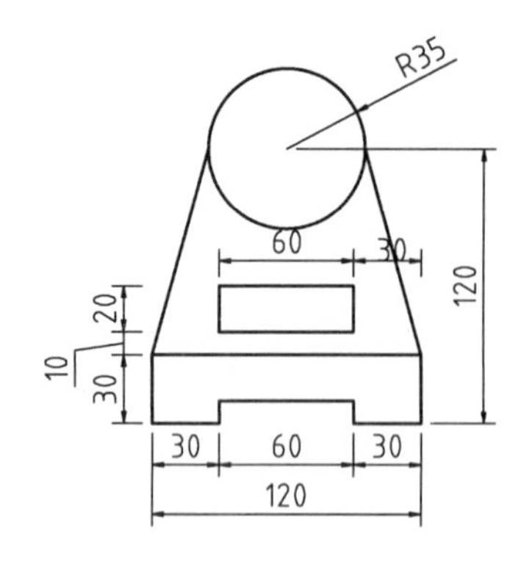

图 3-94 轴承座主视图形

具体的绘制步骤提示如下。

步骤 1 单击“绘图”面板中的“直线”按钮，绘制基座。

步骤 2 重复调用“直线”命令，绘制一个尺寸为 60×30 的矩形。

步骤 3 单击“绘图”面板中的“圆心、半径”按钮，绘制一个半径为 35 的圆。

步骤 4 单击“绘图”面板中的“直线”按钮，绘制切线，即可完成整个图形的绘制。

3.6.2 辅助绘图锦囊

1．在绘制点时，有时为什么不显示？

答：这是由点的格式设置引起的，AutoCAD 默认的点的格式为一个像素点，所以很难在图形中看清。此时需要修改点的样式，例如选中“点”的其中一种样式⊕，在绘制点的时候就会显示“点”⊕。

2．绘制圆和椭圆的差别是什么？

答：圆有 6 种绘制方法，椭圆只有 3 种；用相同方式绘制圆和椭圆时，绘制圆只需要输入直径或半径。而绘制椭圆则需要输入两个半径；利用椭圆命令，按住“Ctrl”键不放，可以绘制出圆，但执行圆命令则无法用该方法绘制椭圆。

3．如何快速输入距离？

答：在定位点的提示下，输入数字值，将下一个点沿光标所指方向定位到指定的距离，此功能通常在“正交”或“捕捉”模式打开的状态下使用。例如，执行命令：Line；指定第一点：指定点；指定下一点：将光标移到需要的方向并输入 5，按〈Enter〉键即可。

4．绘制圆弧时，应注意什么？

答：绘制圆弧时，注意指定合适的端点或圆心，指定端点的时针方向即为绘制圆弧的方向。比如，要绘制下半圆弧，则起始端点应在左侧，终止端点应在右侧，此时端点的时针方向为逆时针，即得到相应的逆时针圆弧。

第 4 章

绘制复杂平面图形

本章要点

- 绘制多段线
- 绘制样条曲线
- 绘制多线
- 图案填充与渐变色填充
- 其他命令
- 综合实例
- 设计专栏

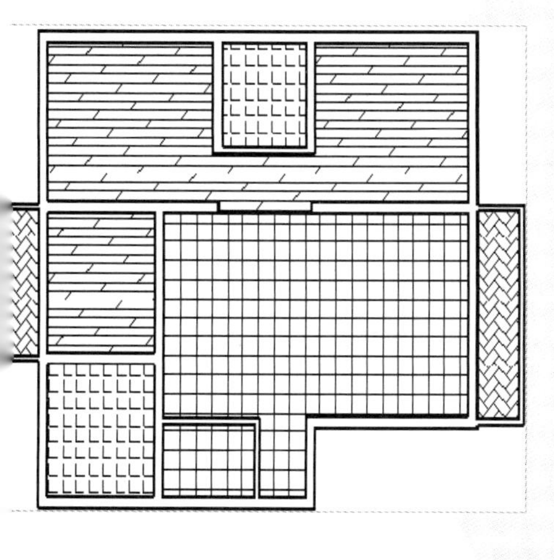

AutoCAD 2016 提供了大量复杂对象的绘制，用来帮助用户绘制专业、精确的图形，如多段线、样条曲线、多线和图案填充等，为以后的制图工作打下坚实的基础。

4.1 绘制多段线

AutoCAD 中的多段线是作为单个对象创建的相互连接的线段序列，这些线段可以是直线、圆弧段或两者的组合线段。通常多段线适用的范围包括：地形、等压和其他科学应用的轮廓素线；布线图和电路印制板布局；流程图和布管图；三维实体建模的拉伸轮廓和拉伸路径。

与单个直线不同，多段线提供了编辑功能，可调整其宽度、曲率等。图 4-1 所示为典型的多段线。

图 4-1 多段线

4.1.1 多段线的绘制

执行“多线段”命令的方法有以下 4 种。

- 菜单栏：选择“格式”|“多段线”命令，如图 4-2 所示。
- 功能区：在“默认”选项卡中，单击“绘图”面板中的“多段线”按钮，如图 4-3 所示。

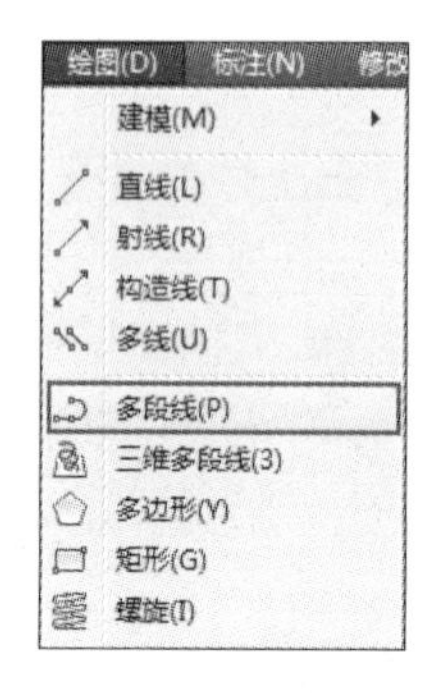

图 4-2 选择“多段线”命令

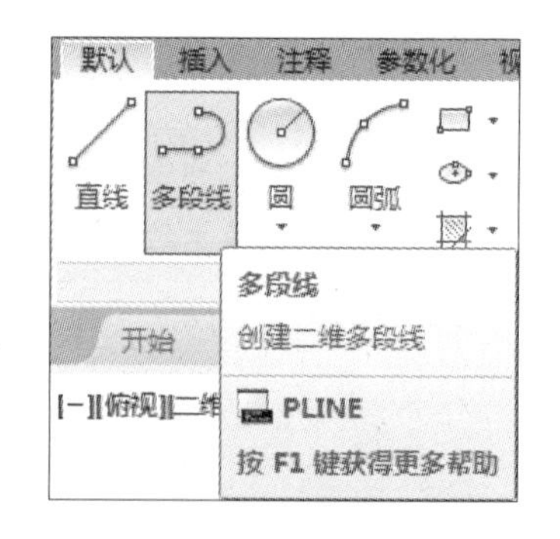

图 4-3 单击“多段线”按钮

- 工具栏：单击“绘图”工具栏中的“多段线”按钮。
- 命令行：在命令行中输入 PLINE/PL 命令。

执行“多段线”命令之后，在指定多段线起点后，命令行提示如下。

指定下一个点或 [圆弧(A)/半宽(H)/长度(L)/放弃(U)/宽度(W)]:

命令行中各选项的含义如下。

- 圆弧（A）：激活该选项，将以绘制圆弧的方式绘制多段线。
- 半宽（H）：激活该选项，将指定多段线的半宽值，AutoCAD 将提示用户输入多段线的起点宽度和终点宽度，常用此选项绘制箭头。
- 长度（L）：激活该选项，将定义下一条多段线的长度。
- 放弃（U）：激活该选项，将取消上一次绘制的一段多段线。
- 宽度（W）：激活该选项，可以设置多段线宽度值。建筑制图中常用此选项来绘制具有一定宽度的地平线等元素。

提示：在绘制多段线时，AutoCAD 将按照上一线段的方向绘制一段新的多段线。若上一段是圆弧，将绘制出与此圆弧相切的线段。

4.1.2 编辑多段线

多段线绘制完成后，如需修改，AutoCAD 2016 提供了专门的多段线编辑工具对其进行编辑。执行编辑多段线命令的方法有以下 4 种。

- 菜单栏：选择“修改”｜“对象”｜“多段线”命令。
- 功能区：在“默认”选项卡中，单击“修改”面板中的“编辑多段线”按钮。
- 工具栏：单击“修改Ⅱ”工具栏中的“编辑多段线”按钮。
- 命令行：在命令行中输入 PEDIT/PE 命令。

执行上述命令后，选择需编辑的多段线，命令行提示如下。

输入选项 [闭合()/合并(J)/宽度(W)/编辑顶点(E)/拟合(F)/样条曲线(S)/非曲线化(D)/线型生成(L)/反转(R)/放弃(U)]:

其中各选项的含义如下。

- 闭合（C）：可以将原多段线通过修改的方式闭合起来。选择此选项后，命令将自动变为“打开（O）”，如果再执行“打开”命令又会切换回来，如图 4-4 所示。
- 合并（J）：可以将多段线与其他线段合并成一个整体。注意，如果合并的对象是直线或圆弧，则必须与多段线首或尾相连接，如图 4-5 所示；如果合并的对象是多个多段线，命令行将提示输入合并多段线的允许距离。此选项在绘图过程中应用相当广泛。

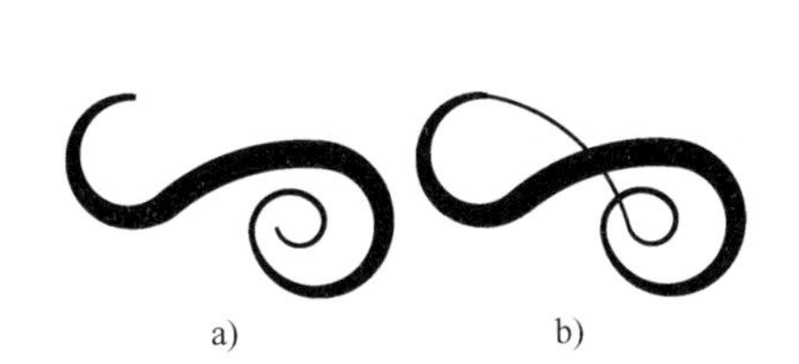

图 4-4　多段线“打开”和“闭合”效果

a) 打开效果　b) 闭合效果

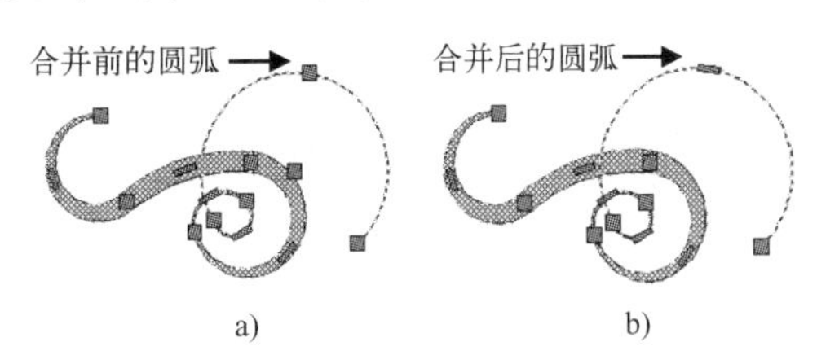

图 4-5　多段线与圆弧的合并效果

a) 合并前　b) 合并后

- 宽度（W）：可以为整个多线段指定统一的宽度，如图 4-6 所示。

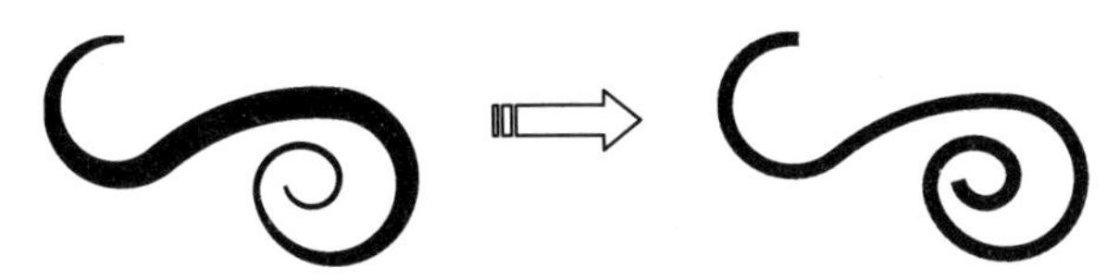

图 4-6　编辑多段线的宽度

- 编辑顶点（E）：用于对多段线的各个顶点逐个进行编辑。
- 拟合（F）：创建用圆弧拟合多段线，即转换为由圆弧连接每个顶点的平滑曲线，如图 4-7 所示。
- 样条曲线（S）：将多段线用做样条曲线拟合，如图 4-7 所示。

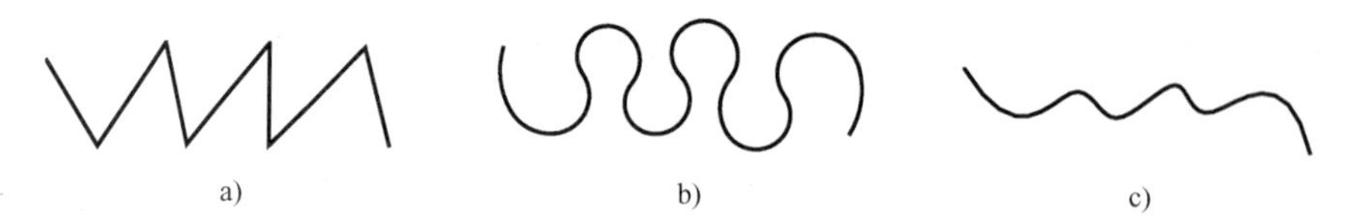

图 4-7 多段线的“拟合”和“样条曲线”

a) 原多段线 b) 拟合后 c) 样条曲线化后

- 非曲线化（D）：删除圆弧拟合或样条曲线拟合的多段线，并拉直多段线的所有线段。
- 线型生成（L）：生成通过多段线顶点的连续图案的线型。此选项关闭时，将生成始末顶点处为虚线的线型。
- 放弃（U）：撤销上一步操作，可一直返回到使用 PEDIT 命令之前的状态。

4.1.3 案例——绘制花朵图形

通过绘制花朵图形，读者可以熟练掌握绘制多段线的方法。

步骤 1 新建空白文档。按〈Ctrl+N〉组合键，弹出如图 4-8 所示的“选择样板”对话框，新建文档。

步骤 2 绘制指引线。在“默认”选项卡中，单击“绘图”面板中的“多段线”按钮 ，在绘图区的任意处单击作为起点，然后绘制宽度不一的弧线，如图 4-9 所示。命令行提示如下。

命令: _pline //调用“多段线”命令

指定起点: //在绘图区单击确定起点

当前线宽为 0.0000

指定下一个点或 [圆弧(A)/半宽(H)/长度(L)/放弃(U)/宽度(W)]: W↙ //激活“宽度”选项

指定起点宽度 <0.0000>: 5↙ //输入起点宽度值

指定端点宽度 <5.0000>: 40↙ //输入端点宽度值

指定下一个点或 [圆弧(A)/半宽(H)/长度(L)/放弃(U)/宽度(W)]: A↙ //激活“圆弧”选项

指定圆弧的端点(按住 Ctrl 键以切换方向)或[角度(A)/圆心(CE)/方向(D)/半宽(H)/直线(L)/半径(R)/第二个点(S)/放弃(U)/宽度(W)]: D↙ //激活“方向”选项

指定圆弧的起点切向: //将光标向左移动并单击

指定圆弧的端点(按住 Ctrl 键以切换方向): //在任意位置单击确定圆弧端点

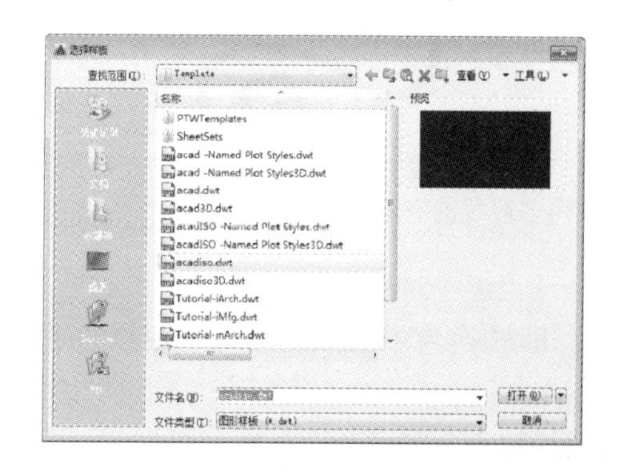

图 4-8 “选择样板”对话框

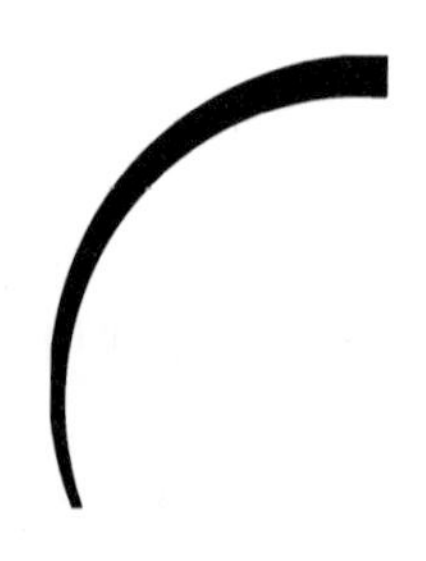

图 4-9 绘制引线

步骤 3 选择“修改” | “对象” | “多段线”命令，选择多段线，对其顶点进行编辑，结果如图 4-10 与图 4-11 所示。命令行提示如下。

命令: _pedit↙ //调用“编辑多段线”命令

选择多段线或 [多条(M)]: //选择对象

输入选项 [闭合(C)/合并(J)/宽度(W)/编辑顶点(E)/拟合(F)/样条曲线(S)/非曲线化(D)/线型生成(L)/反转(R)/放弃(U)]: E↙ //激活“编辑顶点”选项

输入顶点编辑选项[下一个(N)/上一个(P)/打断(B)/插入(I)/移动(M)/重生成(R)/拉直(S)/切向(T)/宽度(W)/退出(X)] <N>: M↙ //激活“移动”选项

为标记顶点指定新位置: //指定点位置并按〈Enter〉键

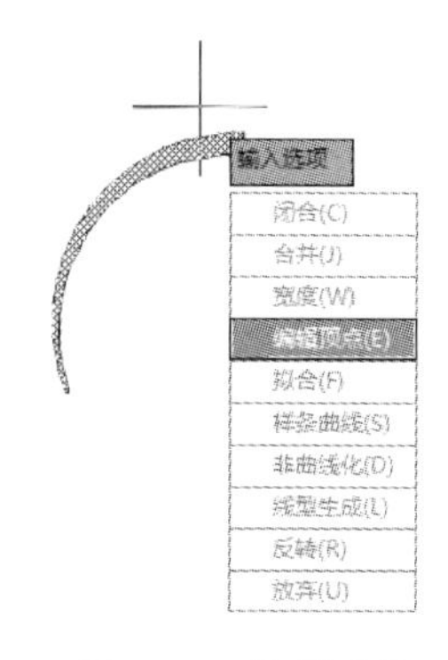

图 4-10 编辑引线

图 4-11 指引线效果

步骤 4 绘制箭头。重复“编辑多段线”命令，绘制方向箭头，如图 4-12 所示。命令行提示如下。

命令: _pline //调用“多段线”命令

指定起点: //指定指引线端点为起点

当前线宽为 0.0000

指定下一点或 [圆弧(A)/闭合(C)/半宽(H)/长度(L)/放弃(U)/宽度(W)]: W↙ //激活“宽度”选项

指定起点宽度 <5.0000>: 100↙ //输入箭头起点宽度

指定端点宽度 <40.0000>: 0↙ //输入箭头端点宽度

步骤 5 选择图形，在“默认”选项卡中，单击“绘图”面板中的“环形阵列”按钮 阵列，复制阵列图形，设置项目数为 6，结果如图 4-13 所示。

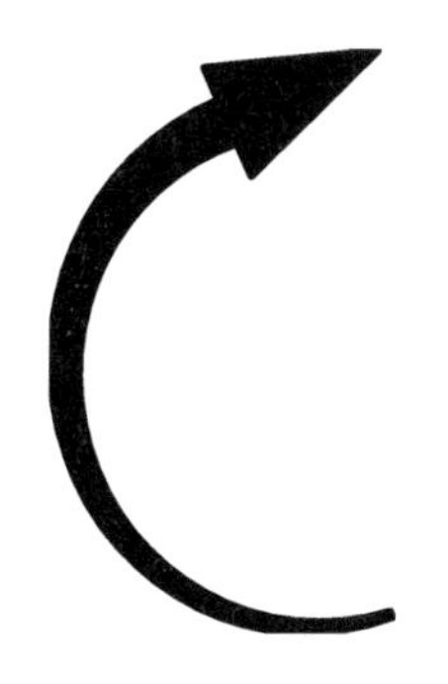

图 4-12 箭头效果

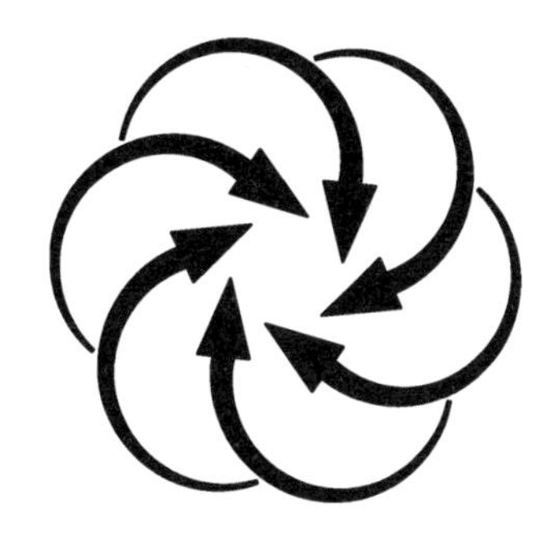

图 4-13 花朵图形效果

4.2 绘制样条曲线

样条曲线是经过或接近一系列给定点的光滑曲线。在 AutoCAD 2016 中，既可以使用拟合点绘制样条曲线，也可以使用控制点绘制样条曲线。与前面介绍过的圆、圆弧之类的标准曲线不同，它可以自由编辑。

4.2.1 样条曲线的绘制

执行“样条曲线”命令的方法有以下 4 种。

- 菜单栏：选择“绘图”|“样条曲线”命令，如图 4-14 所示。
- 功能区：在“默认”选项卡中，单击“绘图”面板中的“样条曲线拟合”按钮或“样条曲线控制点”按钮，如图 4-15 所示。
- 工具栏：单击“绘图”工具栏中的“样条曲线”按钮。
- 命令行：在命令行中输入 SPLINE/SPL 命令。

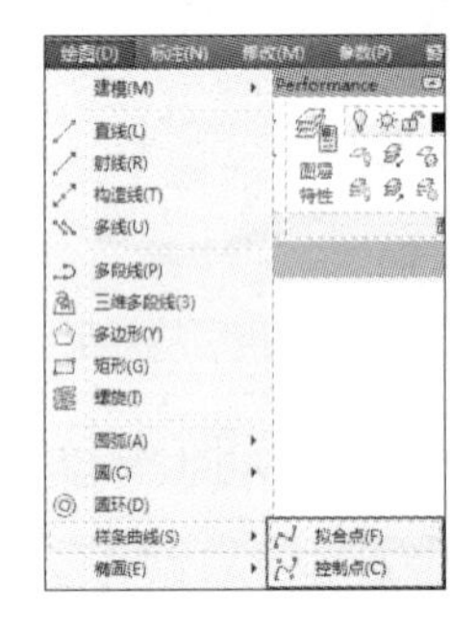

图 4-14 选择命令

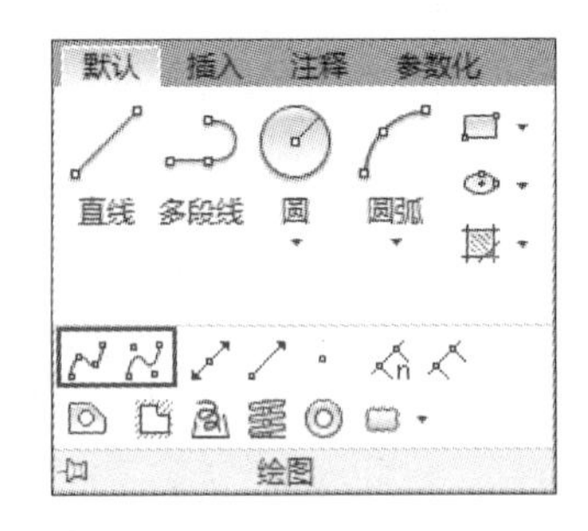

图 4-15 选择工具按钮

执行上述命令后，命令行提示如下。

指定第一个点或 [方式(M)/节点(K)/对象(O)]:

命令行中各选项的含义如下。

- 方式（M）：通过该选项决定样条曲线的创建方式，分为“拟合”与“控制点”两种，如图 4-16 所示。

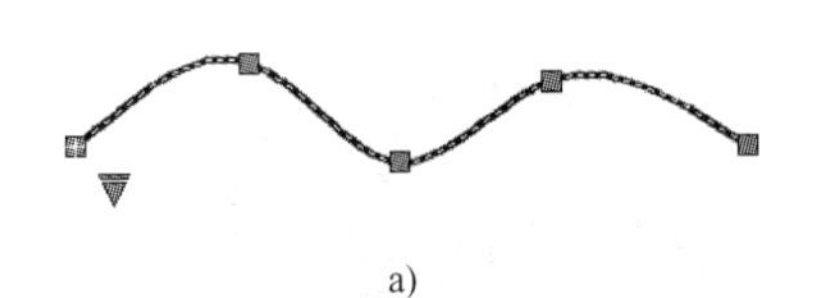

a)

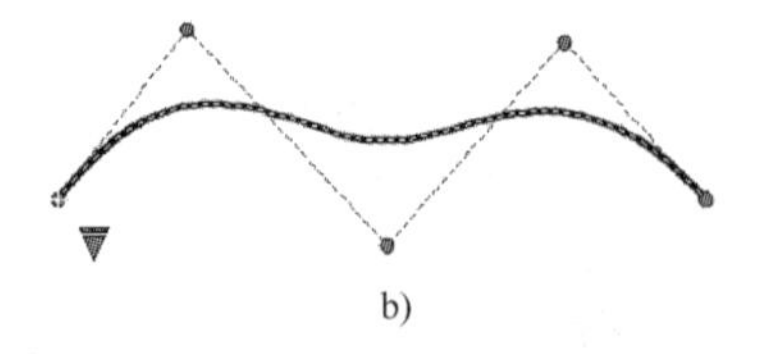

b)

图 4-16 绘制样条曲线两种方式

a) 使用拟合点绘制样条曲线 b) 使用控制点绘制样条曲线

- 节点（K）：控制样条曲线节点参数化的运算方式，分为“弦（C）”“平方根（S）”与“统一（U）”3 种方式，以确定样条曲线中连续拟合点之间的零部件曲线如何过渡。

➢ 对象（O）：用于将多段线转换为等价的样条曲线。

提示：当样条曲线的控制点达到要求之后，按〈Enter〉键即可完成该样条曲线。

4.2.2 编辑样条曲线

与多段线一样，AutoCAD 2016 也提供了专门编辑样条曲线的工具，其执行方式也有4种。

➢ 菜单栏：选择“修改”｜“对象”｜“样条曲线”命令。
➢ 功能区：在“默认”选项卡中，单击“修改”面板中的“编辑样条曲线”按钮。
➢ 工具栏：单击“修改Ⅱ”工具栏中的“编辑样条曲线”按钮。
➢ 命令行：在命令行中输入 SPEDIT 命令。

执行上述命令后，选择要编辑的样条曲线，命令行提示如下。

输入选项[闭合(C)/合并(J)/拟合数据(F)/编辑顶点(E)/转换为多线段(P)/反转(R)/放弃(U)/退出(X)]:<退出>

命令行中各选项的含义如下。

➢ 闭合（C）：用于闭合开放的样条曲线，选择此选项后，命令将自动变为“打开（O）”，如果再执行“打开”命令又会切换回来，如图4-17所示。

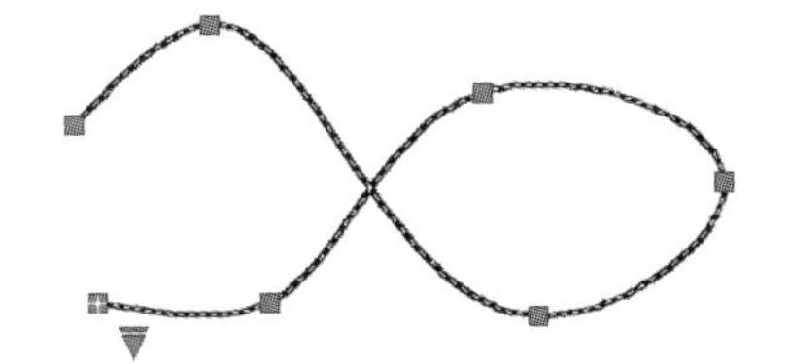
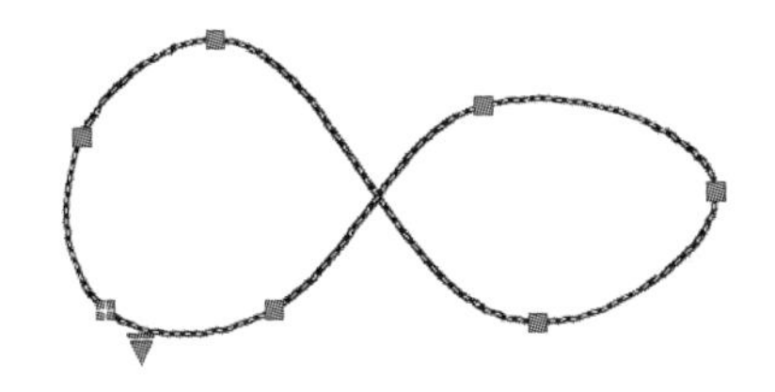

图4-17 闭合的编辑效果

➢ 合并（J）：用于将样条曲线的首尾相连。
➢ 拟合数据（F）：用于编辑样条曲线的拟合数据。拟合数据包括所有的拟合点、拟合公差，以及绘制样条曲线时与之相关联的切线。

选择该选项后，样条曲线上各控制点将会被激活，命令行提示如下。

输入拟合数据选项[添加(A)/闭合(C)/删除(D)/扭折(K)/移动(M)/清理(P)/切线(T)/公差(L)/退出(X)]:<退出>:

对应的选项表示各个拟合数据编辑工具，各选项的含义如下。

❑ 添加（A）：为样条曲线添加新的控制点。
❑ 闭合（J）：用于闭合开放的样条曲线。
❑ 删除（D）：用于删除样条曲线的拟合点并重新用其余点拟合样条曲线。
❑ 移动（M）：用于把拟合点移动到新位置。
❑ 清理（P）：从图形数据库中删除样条曲线的拟合数据。
❑ 切线（T）：编辑样条曲线在起点和端点的切线方向。
❑ 公差（L）：重新设置拟合公差的值。
❑ 退出（X）：退出拟合数据编辑。

➢ 编辑顶点：用于精密调整样条曲线的顶点。

选择该选项后，命令行提示如下。

输入顶点编辑选项 [添加(A)/删除(D)/提高阶数(E)/移动(M)/权值(W)/退出(X)] <退出>:

对应的选项表示编辑顶点的多个工具，各选项的含义如下。

- ❑ 添加（A）：增加样条曲线的控制点。
- ❑ 删除（D）：删除样条曲线的控制点。
- ❑ 提高阶数（E）：增加样条曲线上控制点的数目。
- ❑ 移动（M）：将样条曲线上的顶点移动到合适位置。
- ❑ 权值（W）：修改不同样条曲线控制点的权值。

- ➢ 转换为多段线（P）：用于将样条曲线转换为多段线。
- ➢ 反转（E）：反转样条曲线的方向。
- ➢ 放弃（U）：还原操作，每选择一次将取消上一次的操作，可一直返回到编辑任务开始时的状态。

4.2.3 案例——绘制水杯

通过绘制水杯，读者可以熟练掌握绘制样条曲线的方法，具体的绘制步骤如下。

步骤 1 打开文件。单击快速访问工具栏中的“打开”按钮，打开配套光盘中提供的“第 04 章\4.2.3 绘制水杯.dwg”素材文件，如图 4-18 所示。

步骤 2 绘制手柄。在命令行中输入 SPL（样条曲线）命令并按〈Enter〉键，按〈F3〉键，开启对象捕捉模式，根据所给出的点绘制手柄轮廓，如图 4-19 所示。命令行提示如下。

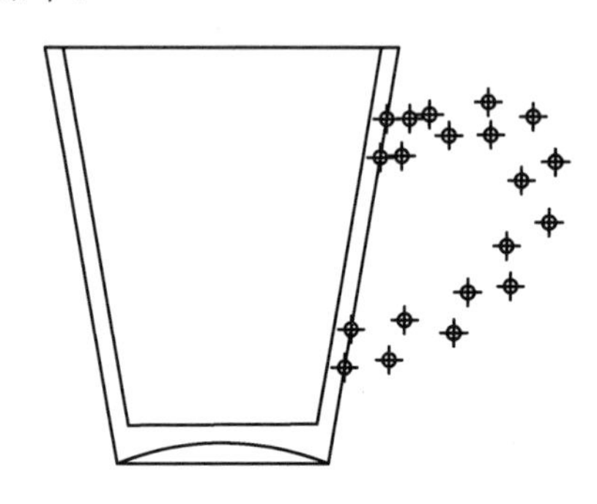

图 4-18 素材图形

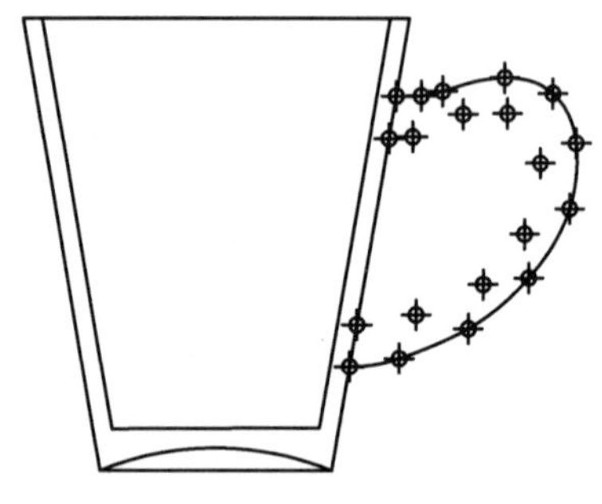

图 4-19 绘制样条曲线

```
命令: SPL　　　　　SPLINE　　　　　　　　　　//调用“样条曲线”命令
当前设置: 方式=拟合　　节点=弦
指定第一个点或 [方式(M)/节点(K)/对象(O)]:　　　　//指定基于杯身的点为起点
输入下一个点或 [起点切向(T)/公差(L)]:
输入下一个点或 [端点相切(T)/公差(L)/放弃(U)]:
输入下一个点或 [端点相切(T)/公差(L)/放弃(U)/闭合(C)]:
输入下一个点或 [端点相切(T)/公差(L)/放弃(U)/闭合(C)]:
输入下一个点或 [端点相切(T)/公差(L)/放弃(U)/闭合(C)]:
......　　　　　　　　//重复指定点位置，按〈Enter〉键完成样条曲线的绘制
```

步骤3 重复调用“样条曲线”命令，绘制另一条样条曲线，如图 4-20 所示。

步骤4 修整图形。在“默认”选项卡中，单击“实体工具”面板中的“点样式”按钮，将点样式设置为系统默认形式，结果如图 4-21 所示。

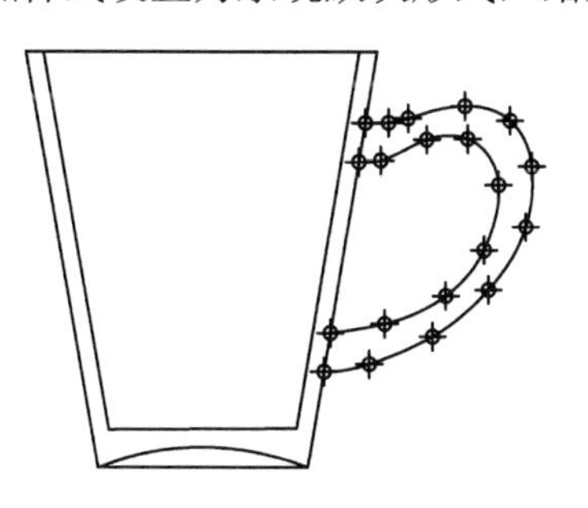

图 4-20 绘制另一条样条曲线

图 4-21 水杯绘制效果

4.3 绘制多线

多线是由一系列相互平行的直线组成的组合图形，其组合范围为 1～16 条平行线，这些平行线称为元素。构成多线的元素既可以是直线，也可以是圆弧。

4.3.1 多线的绘制

通过多线的样式，用户可以自定义元素的类型及元素间的间距。多线一般用于建筑图的墙体、公路和电子线路等平行线对象。

执行“多线”命令的方法有以下两种。

- 菜单栏：选择“绘图”|“多线”命令。
- 命令行：在命令行中输入 MLINE/ML 命令。

执行“多线”命令之后，命令行提示如下。

指定起点或 [对正(J)/比例(S)/样式(ST)]:

各选项的含义介绍如下。

- 对正（J）：设置绘制多线相对于用户输入端点的偏移位置。该选项有“上”“无”和“下”3 个选项，“上”表示多线顶端的线随着光标进行移动；“无”表示多线的中心线随着光标点移动；“下”表示多线底端的线随着光标点移动。3 种对正方式如图 4-22 所示。

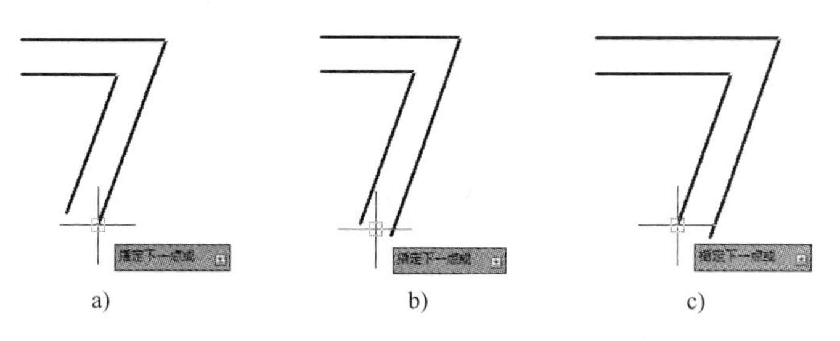

图 4-22 多线的 3 种对正方式

a) 上对齐 b) 无对齐 c) 下对齐

➢ 比例（S）：设置多线的宽度比例。如图 4-23 所示，比例因子为 10 和 100。比例因子为 0 时，将使多线变为单一的直线。

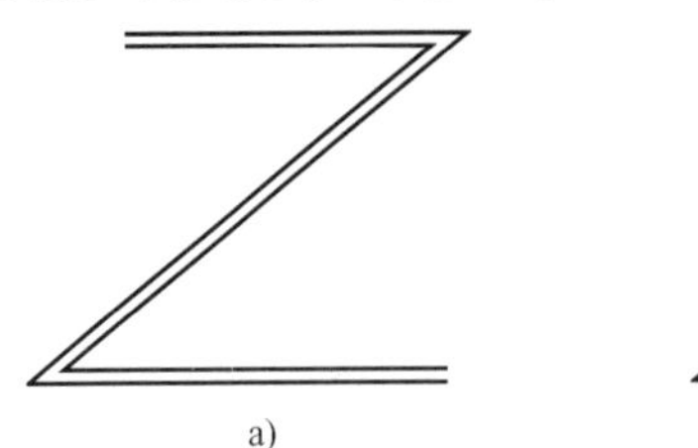

a)

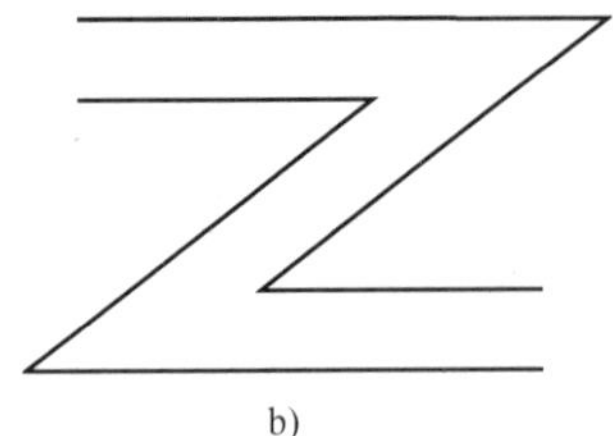

b)

图 4-23 多线的比例

a) 比例为 10 b) 比例为 100

➢ 样式（ST）：用于设置多线的样式。激活“样式”选项后，命令行出现“输入多线样式或[?]”提示信息，此时可直接输入已定义的多线样式名称。输入“？”，则会显示已定义的多线样式。

提示：多线的绘制方法与直线相似，不同的是多线由多条线性相同的平行线组成。绘制的每一条多线都是一个完整的整体，不能对其进行偏移、延伸和修剪等编辑操作，只能将其分解为多条直线后才能编辑。

4.3.2 定义多线样式

系统默认的多线样式称为 STANDARD 样式，它由两条平行线组成，并且平行线的间距是定值。如需绘制不同样式的多线，则可以在打开的“多线样式”对话框中设置多线的线型、颜色、线宽和偏移等特性。

执行“多线样式”命令的方法有以下两种。

➢ 菜单栏：选择“格式”｜“多线样式”命令。

➢ 命令行：在命令行中输入 MLSTYLE 命令。

4.3.3 案例——设置窗型多线样式

通过对多线样式的定义，可以快速绘制出一些常用的标准图形，如机械中的键、建筑中的门窗等，如图 4-24 所示。

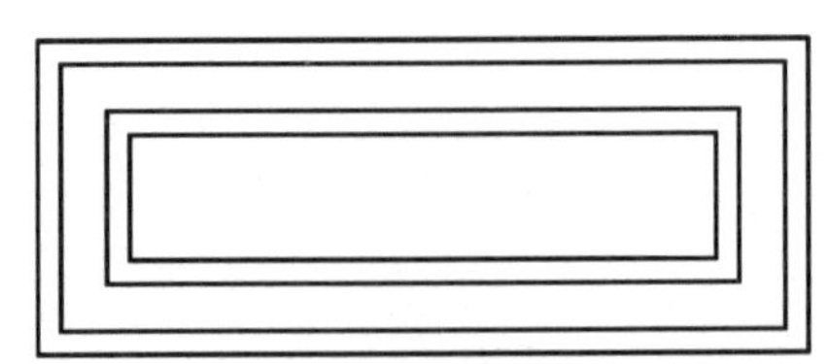

图 4-24 通过定义多线样式而绘制的窗

步骤 1 新建文件。单击快速访问工具栏中的“新建”按钮，新建空白文件。

步骤 2 选择“格式”｜“多线样式”命令，系统弹出“多线样式”对话框，如图 4-25 所示。

步骤 3 单击“新建”按钮，系统弹出“创建新的多线样式”对话框，然后在“新样式名”文本框中输入“窗”，如图 4-26 所示。

图 4-25 “多线样式”对话框

图 4-26 “创建新的多线样式”对话框

步骤 4 单击“继续”按钮，系统弹出“新建多线样式：窗”对话框。在“封口”选项组中选择“直线”的起点和端点复选框来设置多线样式端点封口，如图 4-27 所示。

步骤 5 在“图元”列表框中选择 0.5 的线型样式，在“偏移”文本框中输入 120，单击“添加”按钮，输入偏移值 60，再单击“添加”按钮，输入偏移值-60，再选择-0.5 的线型样式，在“偏移”文本框中输入-120，如图 4-28 所示。

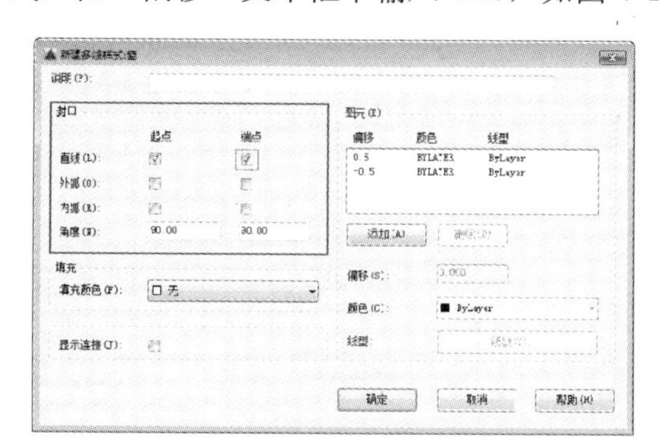

图 4-27 设置多线封口样式

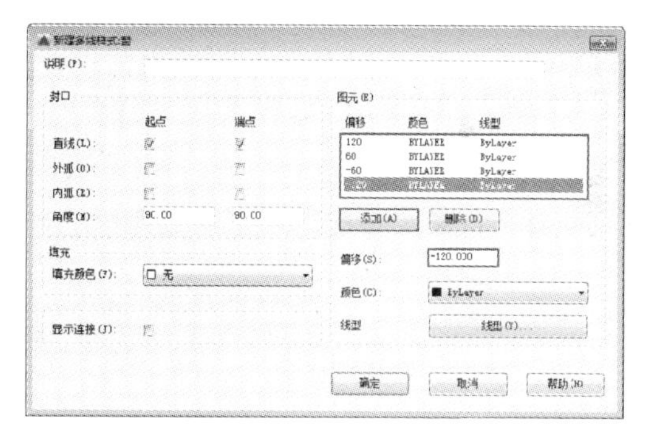

图 4-28 设置偏移值

步骤 6 单击“确定”按钮，返回“多线样式”对话框，选择新建的“窗”样式，并将其置为当前，然后单击“确定”按钮，完成多线样式“窗”的设置。

“新建多线样式”对话框中各选项的含义如下。

- 说明文本框：用来为多线样式添加说明，最多可输入 255 个字符。
- 封口：设置多线的平行线段之间两端封口的样式。当取消选择“封口”选项组中的复选框时，绘制的多段线两端将呈打开状态。图 4-29 所示为多线的各种封口形式。
- 填充：设置封闭的多线内的填充颜色，选择“无”选项，表示使用透明颜色填充。
- 显示连接：显示或隐藏每条多线段顶点处的连接。
- 图元：构成多线的元素，通过单击“添加”按钮可以添加多线的构成元素，也可以通过单击“删除”按钮删除这些元素。

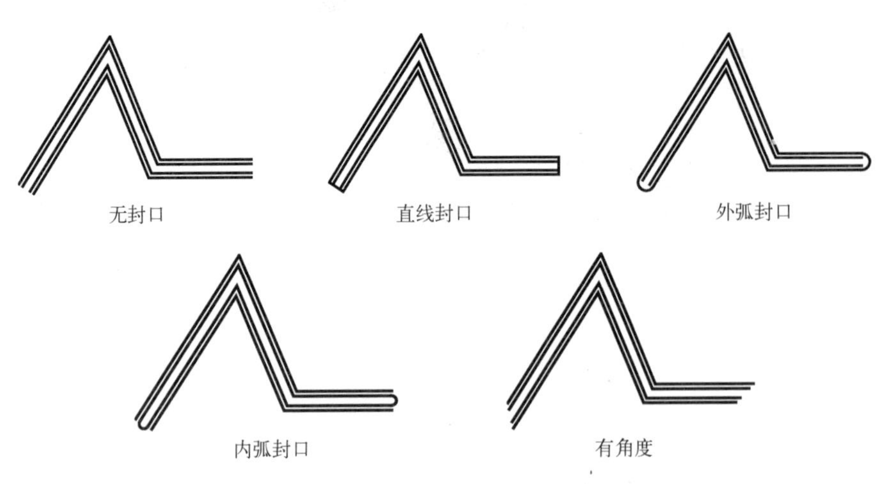

图 4-29　多线的各种封口形式

- 偏移：设置多线元素从中线的偏移值，值为正表示向上偏移，值为负表示向下偏移。
- 颜色：设置组成多线元素的直线线条颜色。
- 线型：设置组成多线元素的直线线条线型。

4.3.4 编辑多线

多线绘制完成以后，可以根据不同的需要进行多线编辑。执行“多线编辑”命令的方法有以下两种。

- 菜单栏：选择“修改”|“对象”|“多线”命令。
- 命令行：在命令行中输入 MLEDIT 命令。

执行多线编辑命令之后，系统弹出“多线编辑工具”对话框，如图 4-30 所示。

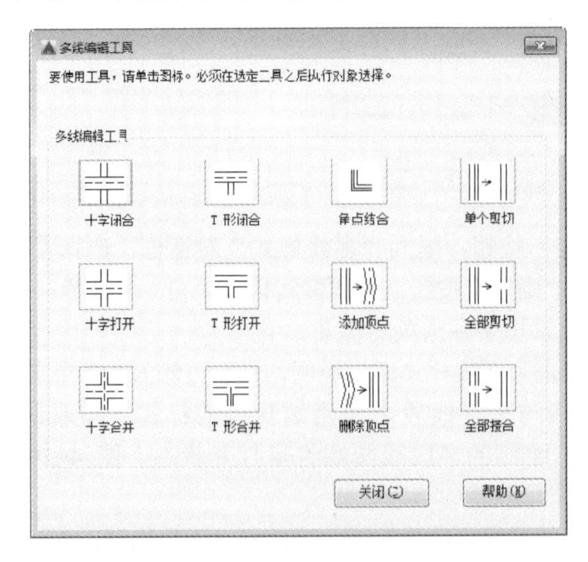

图 4-30　“多线编辑工具”对话框

该对话框中共有 4 列 12 种多线编辑工具：第 1 列为十字交叉编辑工具，第 2 列为 T 字交叉编辑工具，第 3 列为角点结合编辑工具，第 4 列为中断或接合编辑工具。单击选择其中的一种工具图标，即可使用该工具。

4.3.5 案例——绘制窗扇

通过绘制窗扇，读者可以熟练掌握多线的绘制和编辑方法。

绘制窗扇的具体操作步骤如下。

步骤 1 打开文件。单击快速访问工具栏中的“打开”按钮，打开配套光盘中提供的“第 04 章\4.3.5 绘制窗扇.dwg”素材文件，如图 4-31 所示。

步骤 2 绘制外轮廓。在命令行中输入 ML（多线）命令并按〈Enter〉键，按〈F3〉键，开启对象捕捉模式，绘制窗扇的外轮廓，如图 4-32 所示。命令行的提示如下。

```
命令: ML↙　　　　　MLINE　　　　　　　　　　　　//调用“多线”命令
当前设置: 对正 = 上，比例 =20.00，样式 =STANDARD
指定起点或 [对正(J)/比例(S)/样式(ST)]:　　　　　　//默认多线的设置
指定下一点:　　　　　　　　　　　　　　　　　　　//捕捉矩形轮廓任意角点
指定下一点或 [放弃(U)]:　　　　　　　　　　　　　//按上面的方式捕捉第二点
指定下一点或 [闭合(C)/放弃(U)]:　　　　　　　　　//按上面的方式捕捉第三点
指定下一点或 [闭合(C)/放弃(U)]: C↙　　//激活“闭合”选项，按〈Enter〉键完成外轮廓的绘制
```

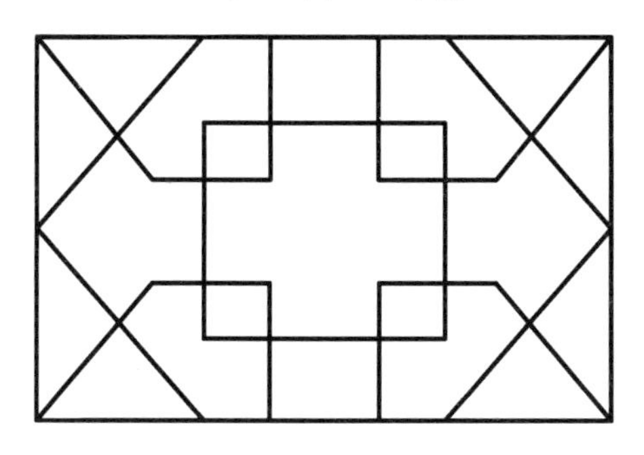

图 4-31　素材图形

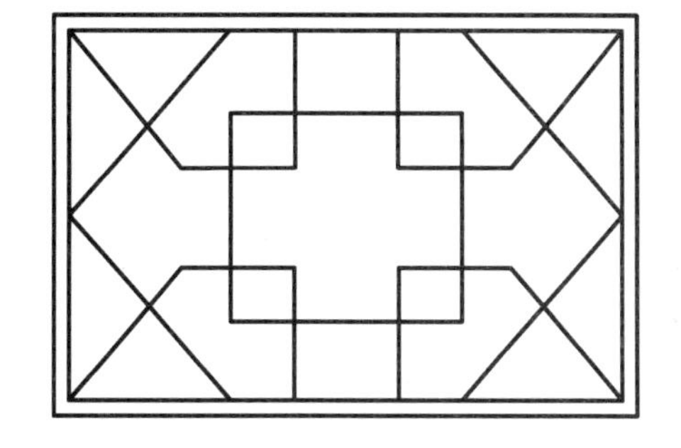

图 4-32　绘制外轮廓

步骤 3 绘制内轮廓。按空格键重复“多线”命令，绘制窗扇的内轮廓，如图 4-33 所示。命令行提示如下。

```
命令: ML↙　　　　　MLINE　　　　　　　　　　　　//调用“多线”命令
当前设置: 对正 = 上，比例 =20.00，样式 =STANDARD
指定起点或 [对正(J)/比例(S)/样式(ST)]: J↙　　　　//激活“对正”选项
输入对正类型 [上(T)/无(Z)/下(B)] <上>: Z↙　　　　//设置对正类型为无
指定起点或 [对正(J)/比例(S)/样式(ST)]:　　　　　　//指定多线绘制的起点
指定下一点:　　　　　　　　　　　　　　　　　　　//按照辅助线，绘制窗扇内轮廓
指定下一点或 [放弃(U)]:
指定下一点或 [闭合(C)/放弃(U)]:
指定下一点或 [闭合(C)/放弃(U)]:
......
```

步骤 4 编辑多线。双击多线，弹出“多线编辑工具”对话框，选择合适的编辑工具对

需要结合的对象进行编辑，结果如图 4-34 所示。

图 4-33 绘制内轮廓

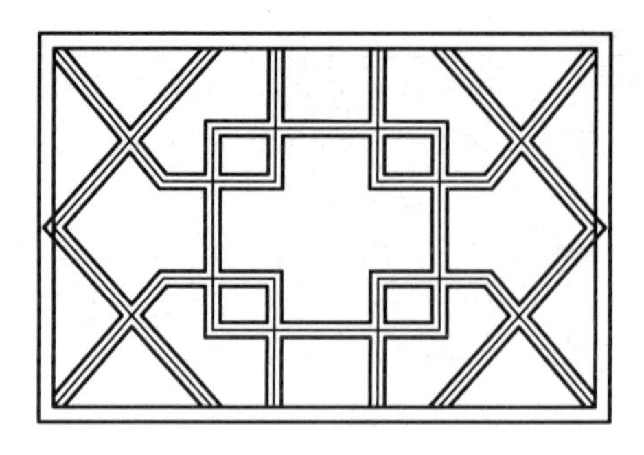

图 4-34 编辑多线

步骤 5 在命令行中输入 X（分解）命令，选择内轮廓多线进行分解操作。

步骤 6 在命令行中输入 TR（修剪）命令，对内轮廓超出外轮廓的地方进行修剪，如图 4-35 所示。

步骤 7 删除多余的辅助线，最终效果如图 4-36 所示。

图 4-35 修剪多线

图 4-36 窗扇绘制效果

4.4 图案填充与渐变色填充

使用 AutoCAD 的图案和渐变色填充功能，可以方便地对图形进行图案和渐变色填充，以区别不同形体的各个组成部分。在图案填充过程中，用户可以根据实际需求选择不同的填充样式，也可以对已填充的图案进行编辑。

4.4.1 图案填充

执行“图案填充”命令的方法有以下常用 4 种。

- 菜单栏：选择“绘图”|“图案填充”命令。
- 功能区：在“默认”选项卡中，单击“绘图”面板中的“图案填充”按钮。
- 工具栏：单击“绘图”工具栏中的“图案填充”按钮。
- 命令行：在命令行中输入 BHATCH/CH/H 命令。

在 AutoCAD 中执行“图案填充”命令后，将显示“图案填充创建”选项卡，如图 4-37 所示。

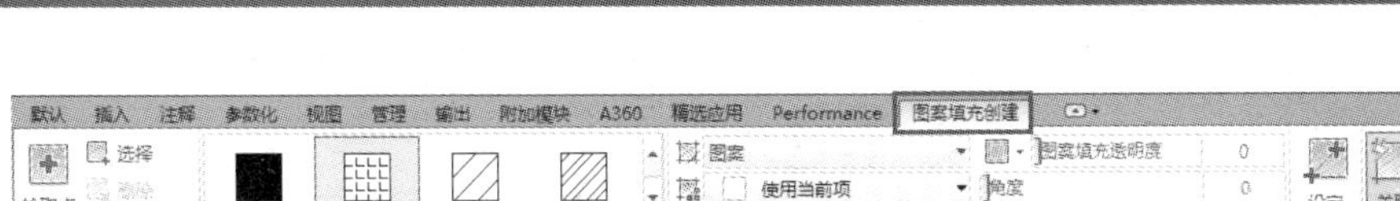

图 4-37 “图案填充创建”选项卡

该选项卡中的常用选项如下。

1．“边界”面板

图 4-38 所示为展开“边界”面板中隐藏的选项，其面板中各选项的含义。

- 拾取点：单击此按钮，然后在填充区域中单击一点，AutoCAD 自动分析边界集，并从中确定包围该点的闭合边界。
- 选择：单击此按钮，然后根据封闭区域选择对象确定边界。可通过选择封闭对象的方法确定填充边界，但并不自动检测内部对象，如图 4-39 所示。

图 4-38 “边界”面板

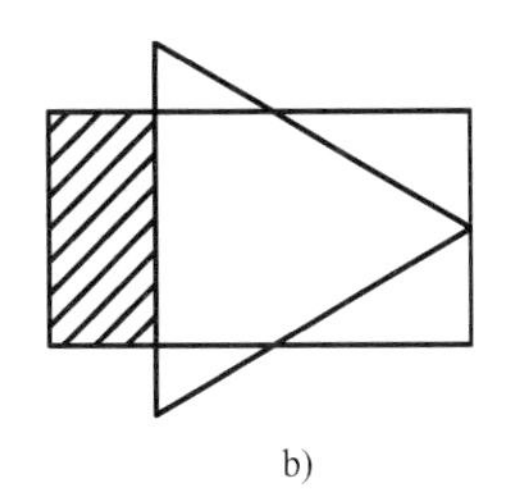
a)

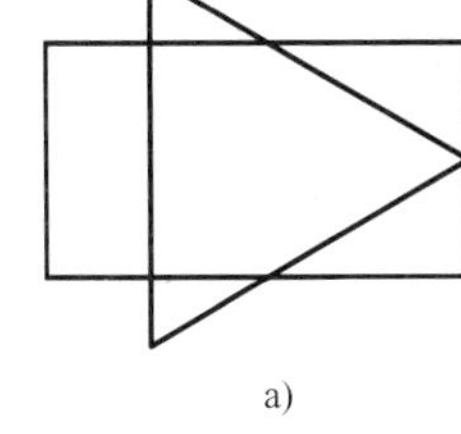
b)

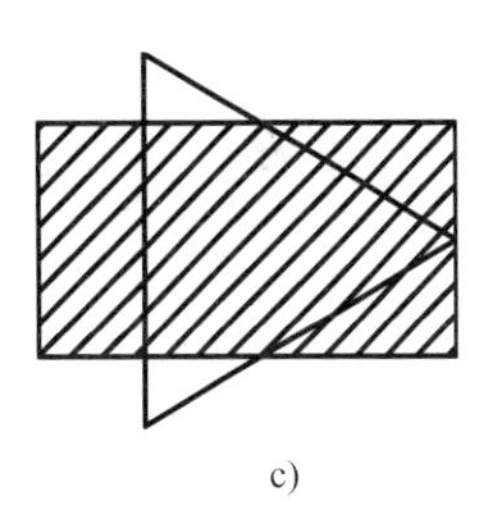
c)

图 4-39 创建图案填充

a) 原图形 b) 拾取内部点 c) 拾取对象

- 删除：用于取消边界，边界即为在一个大的封闭区域内存在的一个独立的小区域。
- 重新创建：编辑填充图案时，可利用此按钮生成与图案边界相同的多段线或面域。
- 显示边界对象：单击该按钮，AutoCAD 将显示当前的填充边界。使用显示的夹点可修改图案填充边界。
- 保留边界对象：创建图案填充时，创建多段线或面域作为图案填充的边缘，并将图案填充对象与其关联。单击下拉按钮，在下拉列表框中包括“不保留边界”“保留边界：多段线”和“保留边界：面域”3 个选项。
- 选择新边界集：指定对象的有限集（称为边界集），以便由图案填充的拾取点进行评估。单击下拉按钮，在下拉列表框中展开“使用当前视口”选项，根据当前视口范围中的所有对象定义边界集，选择此选项将放弃当前的任何边界集。

2．“图案”面板

显示所有预定义和自定义图案的预览图案。单击右侧的按钮可展开“图案”面板，拖动滚动条选择所需的填充图案，如图 4-40 所示。

3．“特性”面板

图 4-41 所示为展开的“特性”面板中的隐藏选项，其各选项含义如下。

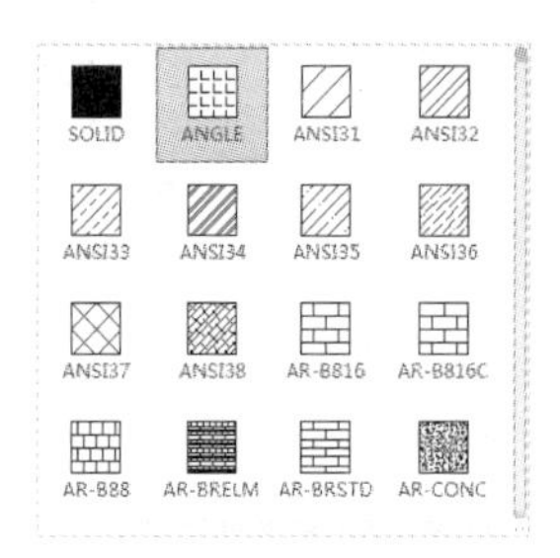

图 4-40 “图案”面板

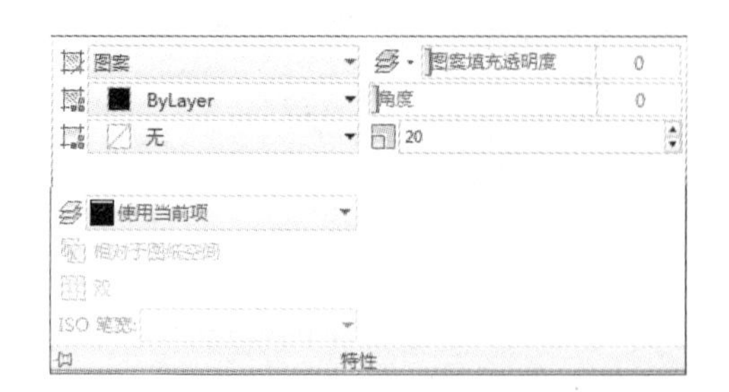

图 4-41 “特性”面板

➢ 图案：单击下拉按钮，在下拉列表框中包括“实体”“图案”“渐变色”和“用户定义”4 个选项。若选择“图案”选项，则使用 AutoCAD 预定义的图案，这些图案保存在 acad.pat 和 acadiso.pat 文件中。若选择“用户定义”选项，则采用用户定制的图案，这些图案保存在“.pat”类型的文件中。

➢ 颜色（图案填充颜色）/（背景色）：单击下拉按钮，在打开的下拉列表框中选择需要的图案颜色和背景颜色，默认状态下为无背景颜色，如图 4-42 与图 4-43 所示。

➢ 图案填充透明度图案填充透明度：通过拖动滑块，可以设置填充图案的透明度，如图 4-44 所示。

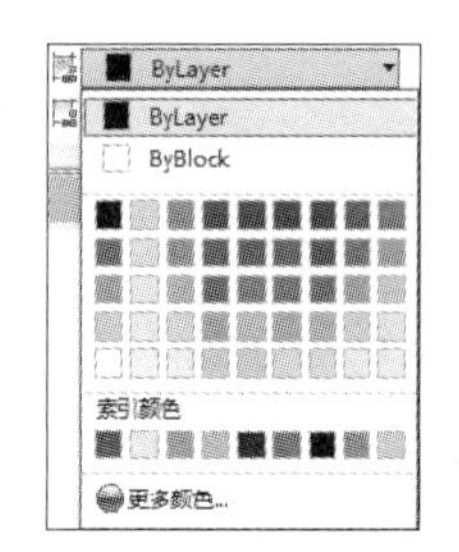

图 4-42 选择图案颜色

图 4-43 选择背景颜色

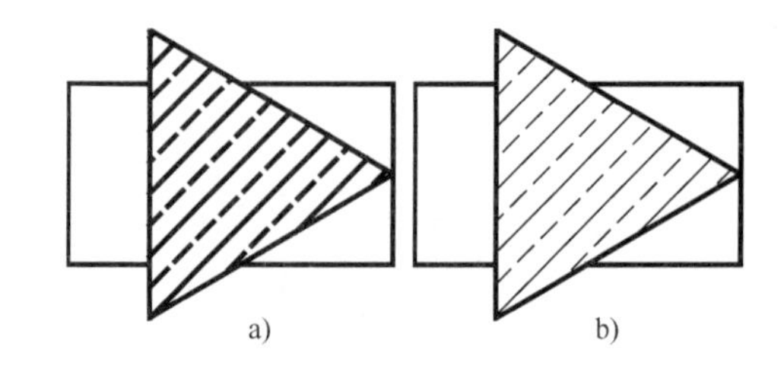

图 4-44 设置图案填充的透明度

a) 透明度为 0 b) 透明度为 50

➢ 角度角度：通过拖动滑块，可以设置图案的填充角度，如图 4-45 所示。

➢ 比例：通过在文本框中输入比例值，可以设置缩放图案的比例，如图 4-46 所示。

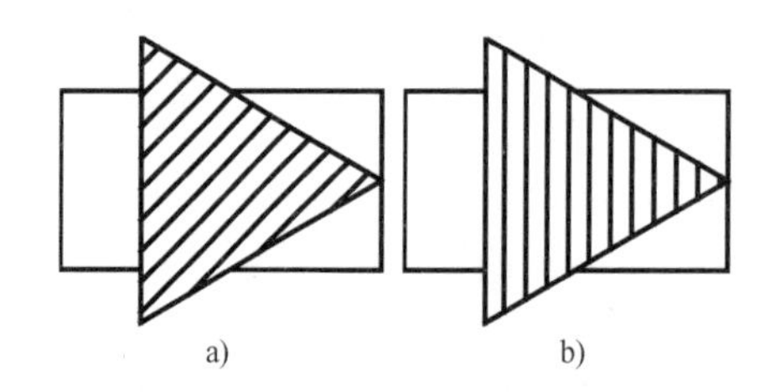

图 4-45 设置图案填充的角度

a) 角度为 0° b) 角度为 45°

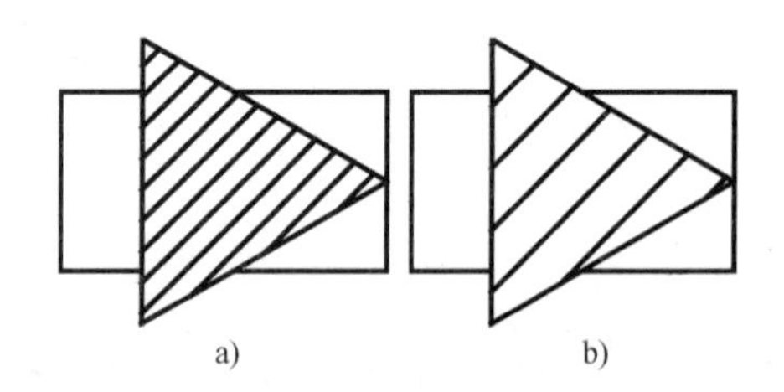

图 4-46 设置图案填充的比例

a) 比例为 25 b) 比例为 50

➢ 图层：在右方的下拉列表框中可以指定图案填充所在的图层。

➢ 相对于图纸空间：适用于布局。用于设置相对于布局空间单位缩放图案。

> 双▦：只有在选择“用户定义”选项时才可用。用于将绘制两组相互呈 90° 的直线填充图案，从而构成交叉线填充图案。

> ISO 笔宽：设置基于选定笔宽缩放 ISO 预定义图案。只有图案设置为 ISO 图案的一种时才可用。

提示： 设置完透明度之后，需要单击状态栏中的“显示/隐藏透明度”按钮▦，透明度才能显示出来。

4.“原点”面板

图 4-47 所示为展开“原点”面板中隐藏的选项，指定原点的位置有“左下”“右下”“左上”“右上”“中心”和“使用当前原点”6 种方式。

> 设定原点▦：指定新的图案填充原点，如图 4-48 所示。

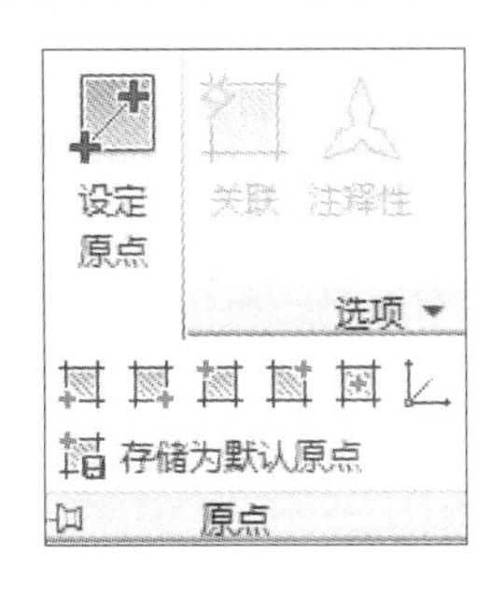

图 4-47 “原点”面板

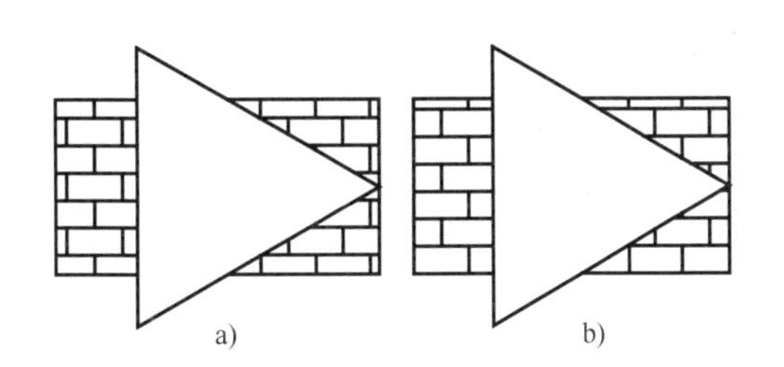

图 4-48 设置图案填充的原点

a) 使用默认原点 b) 指定矩形的左下角点为原点

5.“选项”面板

图 4-49 所示为展开的“选项”面板中的隐藏选项，其各选项含义如下。

> 关联▦：控制当用户修改当前图案时是否自动更新图案填充。

> 注释性▦：指定图案填充为可注释特性。单击信息图标以了解有关注释性对象的更多信息。

> 特性匹配▦：使用选定图案填充对象的特性设置图案填充的特性，图案填充原点除外。单击下拉按钮▾，在下拉列表框中包括“使用当前原点”和“使用原图案原点”两个选项。

图 4-49 “选项”面板

> 允许的间隙：指定要在几何对象之间桥接最大的间隙，这些对象经过延伸后将闭合边界。

> 创建独立的图案填充▦：一次在多个闭合边界创建的填充图案是各自独立的。选择时，这些图案是单一对象。

> 孤岛：在闭合区域内的另一个闭合区域。单击下拉按钮▾，在下拉列表框中包含“无孤岛检测”“普通孤岛检测”“外部孤岛检测”和“忽略孤岛检测”4 个选项，如图 4-50 所示。其中各选项的含义如下。

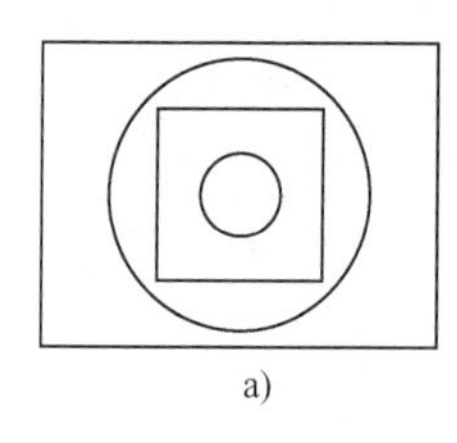
a)

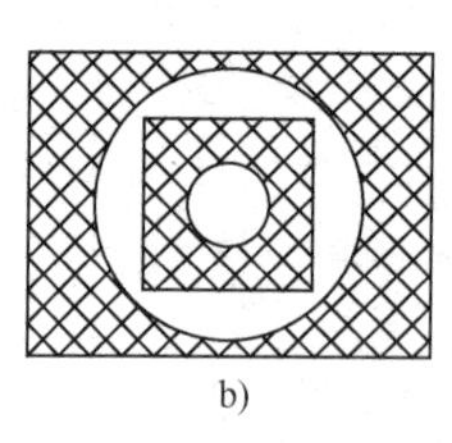
b)

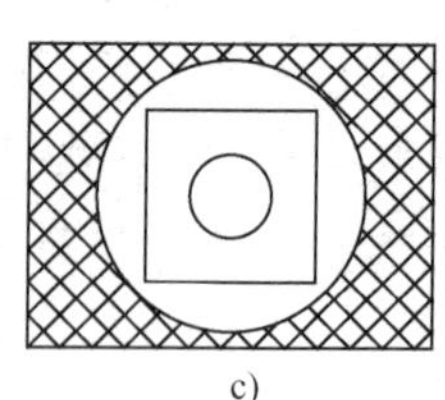
c)

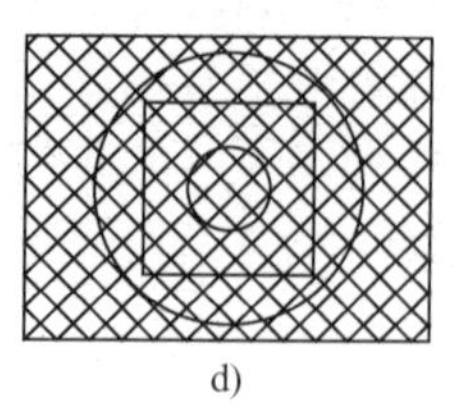
d)

图 4-50　孤岛显示方式

a) 无填充　b) 普通填充方式　c) 外部填充方式　d) 忽略填充方式

a) 无孤岛检测：关闭以使用传统孤岛检测方法。

b) 普通：从外部边界向内填充，即第一层填充，第二层不填充。

c) 外部：从外部边界向内填充，即只填充从最外边界向内第一边界之间的区域。

d) 忽略：忽略最外层边界包含的其他任何边界，从最外层边界向内填充全部图形。

- 绘图次序：指定图案填充的创建顺序。单击下拉按钮▾，在下拉列表框中包括“不指定”“后置”“前置”“置于边界之后”和“置于边界之前”5 个选项。默认情况下，图案填充绘制次序是置于边界之后。
- “图案填充和渐变色”对话框：单击“选项”面板上的按钮↘，弹出“图案填充与渐变色”对话框，如图 4-51 所示。其中的选项与“图案填充创建”选项卡中的选项基本相同。

图 4-51　“图案填充与渐变色”对话框

6.“关闭”面板

关闭图案填充编辑器✕：关闭图案填充编辑器选项卡，退出编辑。

提示：在 AutoCAD 中执行“图案填充”命令后，命令行提示“拾取内部点或 [选择对象(S)/放弃(U)/设置(T)]:”时，激活“设置（T）”选项，将弹出如图 4-51 所示的“图案填充和渐变色”对话框，以方便习惯使用对话框操作的用户。

4.4.2 案例——填充室内鞋柜立面

通过填充室内鞋柜立面，读者可以熟练掌握图案填充的方法。

步骤 1 打开文件。单击快速访问工具栏中的“打开”按钮，打开配套光盘中提供的“第 04 章\4.4.2 填充室内鞋柜立面.dwg”素材文件，如图 4-52 所示。

步骤 2 填充墙体结构图案。在命令行中输入 H（图案填充）命令并按〈Enter〉键，系统在面板上显示“图案填充创建”选项卡，如图 4-53 所示，在“图案”面板中设置 ANSI31，在“特性”面板中设置“填充图案颜色”为 8，“填充图案比例”为 10，设置完成后，拾取墙体为内部拾取点填充，按空格键退出，填充效果如图 4-54 所示。

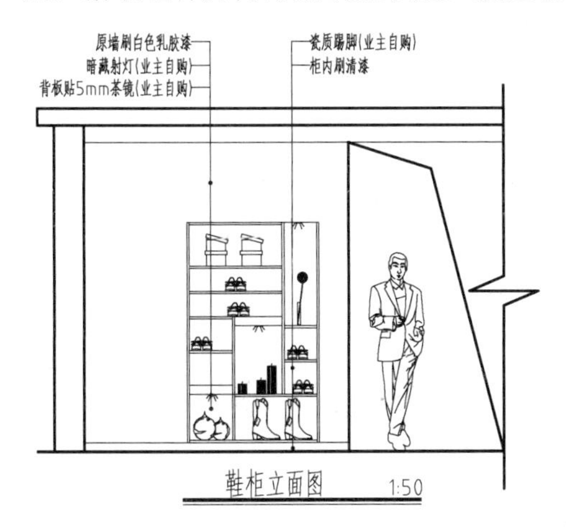

图 4-52 素材图形

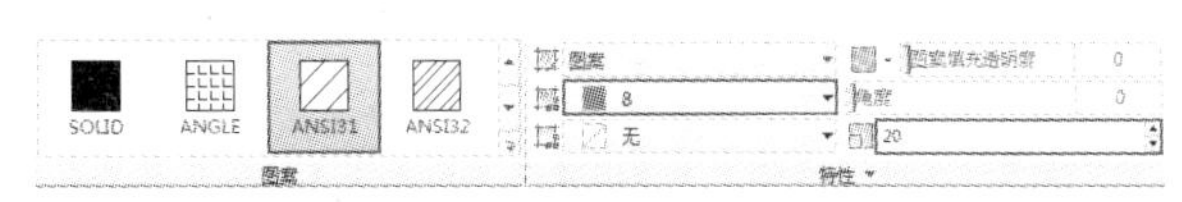

图 4-53 “图案填充创建”选项卡

步骤 3 继续填充墙体结构图案。按空格键再次调用“图案填充”命令，选择“图案”为 AR-CON，设置“填充图案颜色”为 8，“填充图案比例”为 1，填充效果如图 4-55 所示。

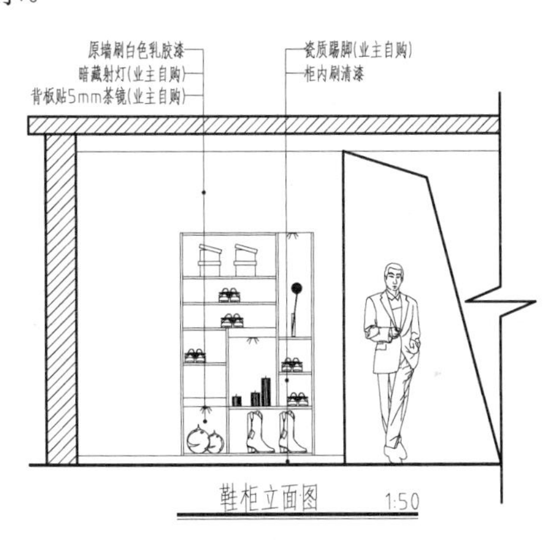

图 4-54 填充墙体钢筋

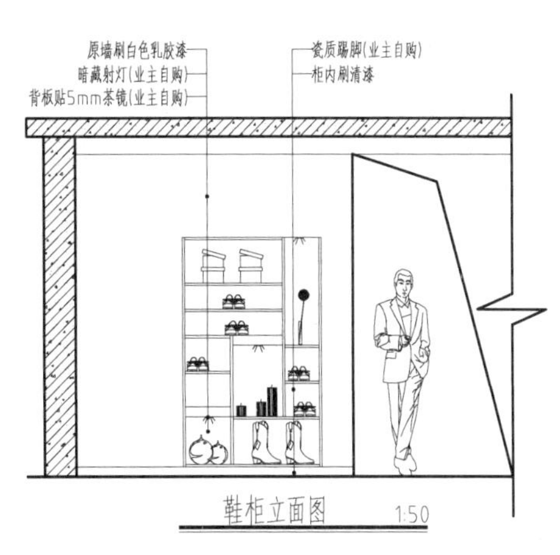

图 4-55 填充墙体混凝土

步骤 4 填充鞋柜背景墙面。按空格键再次调用“图案填充”命令，选择“图案”为 AR-SAND，设置“填充图案颜色”为 8，“填充图案比例”为 3，填充效果如图 4-56 所示。

步骤 5 填充鞋柜。按空格键再次调用“图案填充”命令，选择“图案”为 AR-RROOF，设置“填充图案颜色”为 8，“填充图案比例”为 10，最终填充效果如图 4-57 所示。

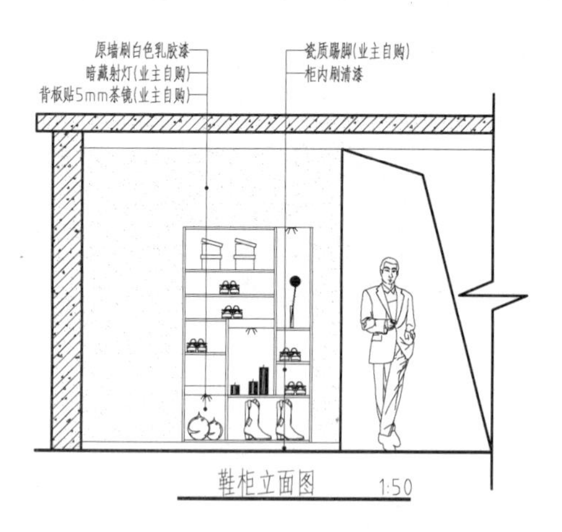

图 4-56 鞋柜背景墙面

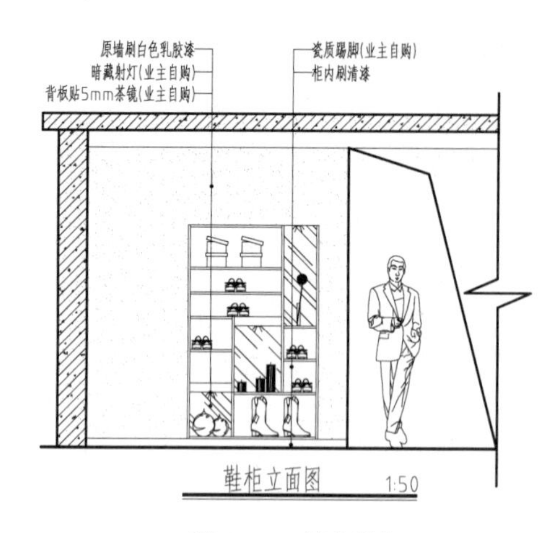

图 4-57 填充鞋柜

4.4.3 渐变色填充

渐变色填充实际上是一种特殊的图案填充，一般用于绘制光源反射到对象上的外观效果，可用于增强演示图形。

执行“渐变色”填充命令的方法有以下常用 4 种。

- 菜单栏：选择“绘图” | “渐变色”命令。
- 功能区：在“默认”选项卡中，单击“绘图”面板中的“渐变色”按钮。
- 工具栏：单击“绘图”工具栏中的“渐变色”按钮。
- 命令行：在命令行中输入 GRADINT 命令。

执行“渐变色”填充操作后，将显示如图 4-58 所示的“图案填充创建”选项卡。如果在命令行提示“拾取内部点或 [选择对象(S)/放弃(U)/设置(T)]:”时，激活“设置（T）”选项，将弹出如图 4-59 所示的“图案填充和渐变色”对话框，并自动切换到“渐变色”选项卡。

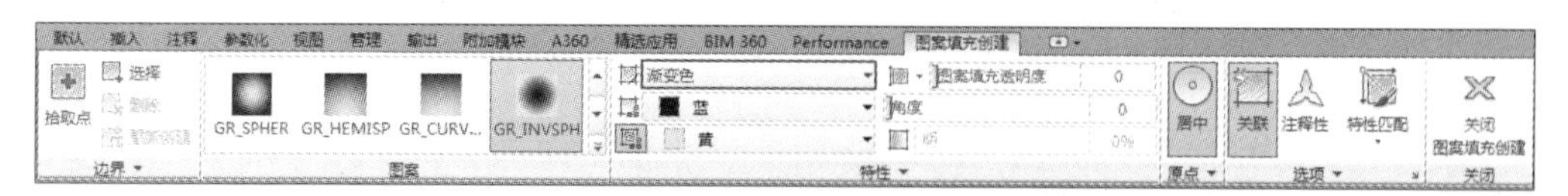

图 4-58 “图案填充创建”选项卡

该对话框中常用选项的含义如下。

- 单色：指定的颜色将从高饱和度的单色平滑过渡到透明的填充方式。
- 双色：指定的两种颜色进行平滑过渡的填充方式，如图 4-60 所示。
- 颜色样本：设定渐变填充的颜色。单击“浏览”按钮，弹出“选择颜色”对话框，从中选择 AutoCAD 索引颜色（AIC)、真彩色或配色系统颜色。显示的默认颜色为图形的当前颜色。
- 渐变样式：在渐变区域有 9 种固定渐变填充的图案，这些图案包括径向渐变、线性渐变等。
- “方向”列表框：在该列表框中，可以设置渐变色的角度及其是否居中。

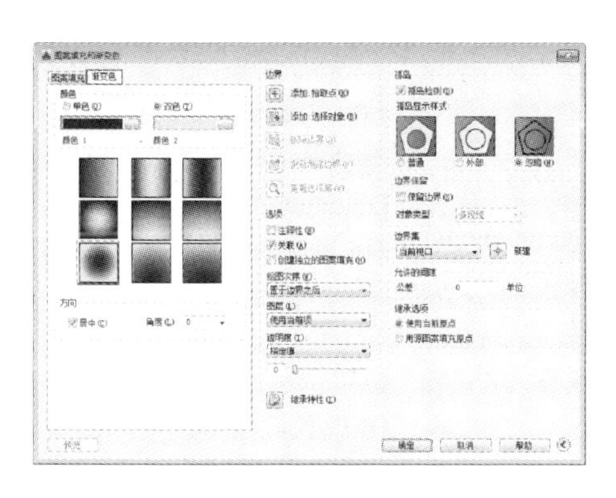

图 4-59 “渐变色”选项卡

图 4-60 渐变色填充效果

4.4.4 案例——绘制池塘水渐变色

步骤 1 打开文件。单击快速访问工具栏中的“打开”按钮，打开配套光盘中提供的“第 04 章\4.4.4 绘制池塘水渐变色.dwg”素材文件，如图 4-61 所示。

步骤 2 在“默认”选项卡中，单击“绘图”面板中的“渐变色”按钮，系统将显示“图案填充创建”选项卡，设置“颜色 1”为“索引颜色：130”，设置“颜色 2”为“索引颜色：160”。

步骤 3 单击“边界”面板中的“添加：拾取点（K）”按钮，在池塘内部单击拾取一点即可，渐变色填充结果如图 4-62 所示。

图 4-61 素材图形

图 4-62 填充渐变色

步骤 4 用上述相同的方法继续填充渐变色，用户可以根据自己喜好填充颜色，填充效果如图 4-63 所示。

图 4-63 最终效果

4.4.5 编辑图案填充

在为图形填充了图案后，如果对填充效果不满意，可以通过“编辑图案填充”命令对其进行编辑。编辑内容包括填充比例、旋转角度和填充图案等。

执行“编辑图案填充”命令的方法有以下 6 种。

- 菜单栏：选择“修改”|“对象”|“图案填充”命令。
- 功能区：在“默认”选项卡中，单击“修改”面板中的“编辑图案填充”按钮。
- 绘图区：在绘图区双击要编辑的图案填充对象。
- 工具栏：单击“修改Ⅱ”工具栏中的“编辑图案填充”按钮。
- 右键快捷方式：在要编辑的对象上右击，在弹出的快捷菜单中选择“图案填充编辑”命令。
- 命令行：在命令行中输入 HATCHEDIT/HE 命令。

执行上述命令后，先选择图案填充对象，系统将弹出“图案填充编辑”对话框，如图 4-64 所示。根据设置要求，用户可以按照创建填充图案的方法重新设置图案填充参数。

图 4-64 “图案填充编辑”对话框

4.5 其他命令

4.5.1 绘制修订云线

修订云线是一类特殊的线条，它的形状类似于云朵，主要用于突出显示图纸中已修改的部分，在园林绘图中常用于绘制灌木，如图 2-35 所示。其组成参数包括多个控制点、最大弧长和最小弧长。

绘制修订云线的方法有以下几种。

- 菜单栏：选择“绘图”|“修订云线”命令。
- 功能区：在“默认”选项卡中，单击“绘图”面板中的“矩形”按钮、“多边形”按钮和“徒手画”按钮。
- 工具栏：单击“绘图”工具栏中的“修订云线”按钮。
- 命令行：在命令行中输入 REVCLOUD 命令。

执行该命令后，命令行提示如下。

指定起点或 [弧长(A)/对象(O)/矩形（R）/多边形（P）/徒手画（F）/样式（S）/修改（M）]<对象>:

其中各选项的含义如下。

- 弧长：指定修订云线的弧长，选择该选项后需要指定最小弧长与最大弧长，其中最大弧长不能超过最小弧长的 3 倍。
- 对象：指定要转换为修订云线的单个闭合对象。
- 矩形：通过绘制矩形创建修订云线。

- 多边形：通过绘制多段线创建修订云线。
- 徒手画：通过绘制自由形状的多段线创建修订云线。
- 样式：用于选择修订云线的样式。选择该选项后，命令行将出现“选择圆弧样式[普通(N)/手绘(C)]：”的提示信息，默认为“普通”选项，两者的对比效果如图 4-65 所示。
- 修改：对绘制的云线进行修改。

图 4-65 两种样式的修订云线

a) 普通样式 b) 手绘样式

提示：在绘制修订云线时，若不希望它自动闭合，可在绘制过程中将鼠标移动到合适的位置后，通过右击来结束修订云线的绘制。

4.5.2 案例——绘制平面树图例

下面通过绘制平面树图例，来讲解修订云线的绘制方法。

步骤 1 绘制圆。在“默认”选项卡中，单击“绘图”面板中的“圆”按钮，绘制一个半径为 500 的圆，结果如图 4-66 所示。

步骤 2 在“默认”选项卡中，单击“绘图”面板中的“徒手画”按钮，将绘制的圆转换成修订云线，如图 4-67 所示。命令行提示如下。

```
命令: _revcloud
最小弧长: 20    最大弧长: 30    样式: 普通
指定起点或 [弧长(A)/对象(O)/矩形(R)/多边形(P)/徒手画(F)/样式(S)/修改(M)]
<对象>: A↙                                          //激活“弧长”选项
指定最小弧长 <20>: 100↙                             //设置最小弧长
指定最大弧长 <100>: 300↙                            //设置最大弧长
指定起点或 [弧长(A)/对象(O)/矩形(R)/多边形(P)/徒手画(F)/样式(S)/修改(M)]
<对象>: O↙                                          //激活“对象”选项
选择对象:                                            //选择绘制的圆
反转方向 [是(Y)/否(N)] <否>:↙         //按〈Enter〉键默认系统操作，修订云线绘制完成
```

步骤 3 使用 L（直线）和 C（圆）命令，完善平面树图例，如图 4-68 所示。

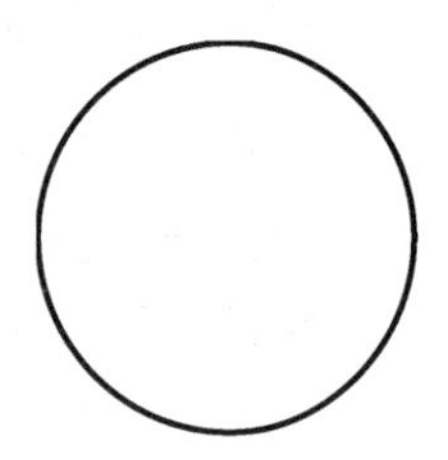

图 4-66 绘制圆

图 4-67 修订云线转换结果

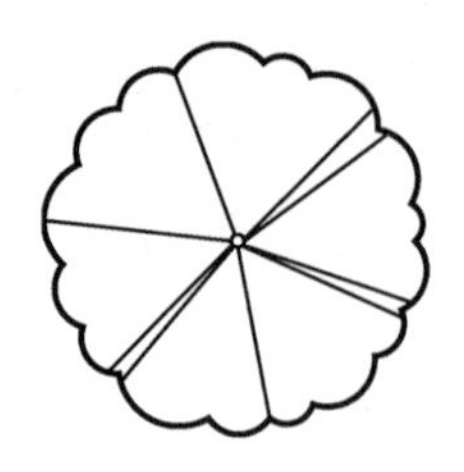

图 4-68 平面树图例绘制效果

4.5.3 应用徒手画

使用“徒手画（sketch）”命令可以通过模仿手绘效果创建一系列独立的线段或多段线。这种绘图方式通常适用于签名、绘制木纹、自由轮廓及植物等不规则图形的绘制，如图 4-69 所示。

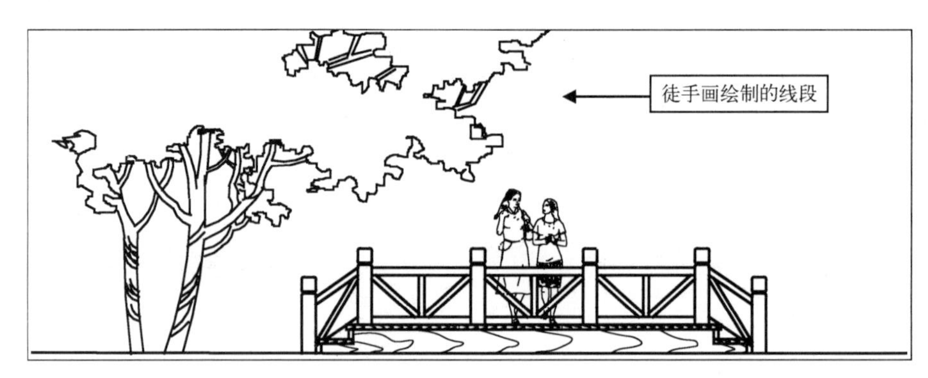

图 4-69 徒手画效果

执行上述命令后，命令行的提示如下。

命令: SKETCH

类型 = 直线 增量 = 1.0000 公差 = 0.5000

指定草图或 [类型(T)/增量(I)/公差(L)]:

其中各选项的含义如下。

- 类型：指定绘制徒手画的方式。其中包括直线（L）、多段线（P）和样条曲线（S）。
- 增量：指定草图增量，确定的线段长度可作为徒手画的增量精度。
- 公差：指定样条曲线拟合公差。

4.6 综合实战

本节通过具体实例，巩固之前介绍的多段线、样条曲线和图案填充等的绘制。

4.6.1 绘制雨伞图形

步骤 1 打开文件。单击快速访问工具栏中的“打开”按钮，打开配套光盘中提供的“第 04 章\4.6.1 绘制雨伞图形.dwg”素材文件，如图 4-70 所示。

步骤 2 绘制伞轮廓。在命令行中输入 C（圆）命令并按〈Enter〉键，以第一条横向辅助线为参考，绘制以辅助线交点为圆心，端点为半径的圆，如图 4-71 所示。

步骤 3 绘制伞柄。在“默认”选项卡中，单击“绘图”面板中的“多段线”按钮，在圆上单击作为起点，然后绘制伞柄，如图 4-72 所示。命令行提示如下。

命令: _pline↙ //调用“多段线”命令

指定起点: //在圆上单击确定起点

当前线宽为 0.0000

指定下一个点或 [圆弧(A)/半宽(H)/长度(L)/放弃(U)/宽度(W)]: //指定下一点

指定下一个点或 [圆弧(A)/半宽(H)/长度(L)/放弃(U)/宽度(W)]: A↙ //激活“圆弧”选项

指定圆弧的端点(按住 Ctrl 键以切换方向)或[角度(A)/圆心(CE)/闭合(CL)/方向(D)/半宽(H)/直线(L)/半径(R)/第二个点(S)/放弃(U)/宽度(W)]: //指定圆弧端点并按〈Enter〉键确定

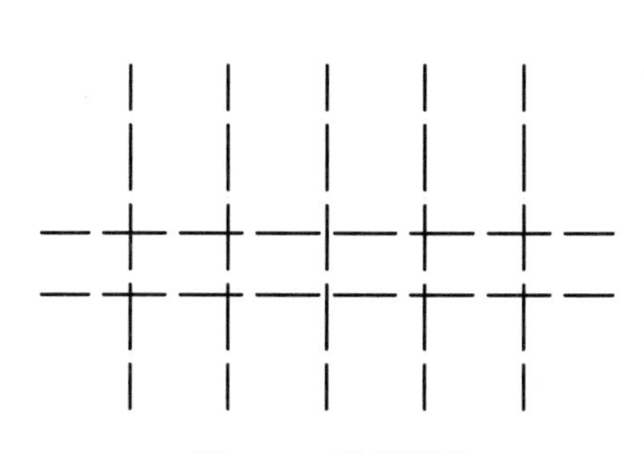

图 4-70 素材图形

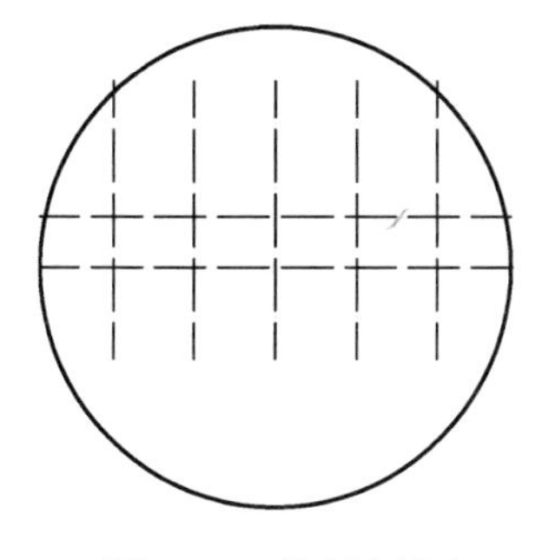

图 4-71 绘制伞轮廓

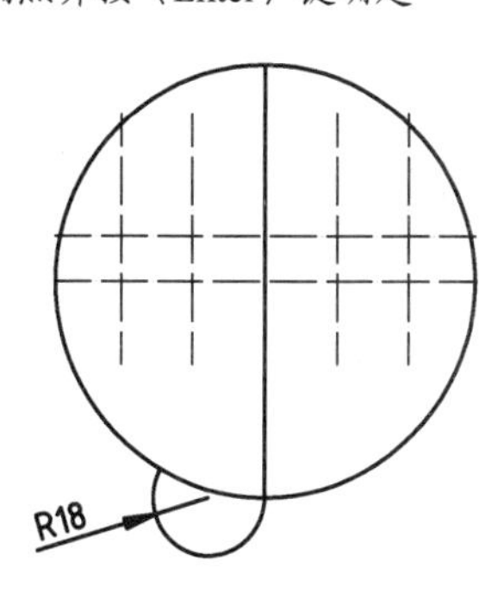

图 4-72 绘制伞柄

步骤 4 细化伞轮廓。在“默认”选项卡中，单击“绘图”面板中的“样条曲线拟合”按钮，参照辅助线细化伞轮廓，如图 4-73 所示。命令行提示如下。

命令: SPLINE↙ //调用“样条曲线”命令

当前设置: 方式=拟合 节点=弦

指定第一个点或 [方式(M)/节点(K)/对象(O)]: //指定辅助线的交点为起点

输入下一个点或 [起点切向(T)/公差(L)]:

输入下一个点或 [端点相切(T)/公差(L)/放弃(U)]:

输入下一个点或 [端点相切(T)/公差(L)/放弃(U)/闭合(C)]:

输入下一个点或 [端点相切(T)/公差(L)/放弃(U)/闭合(C)]:

...... //重复指定点位置，按〈Enter〉键完成样条曲线的绘制

步骤 5 绘制伞支撑架。在“默认”选项卡中，单击“绘图”面板中的“三点”按钮，绘制圆弧，如图 4-74 所示。命令行提示如下。

命令: _arc↙ //调用“三点”命令

指定圆弧的起点或 [圆心(C)]: //指定伞柄与圆的交点为起点

指定圆弧的第二个点或 [圆心(C)/端点(E)]: //指定第二点

指定圆弧的端点: //指定中心线的交点为端点单击确定

...... //重复命令操作，继续绘制伞支撑架

步骤 6 运用 TR（修剪）和 E（删除）命令完善图形，雨伞绘制效果如图 4-75 所示。

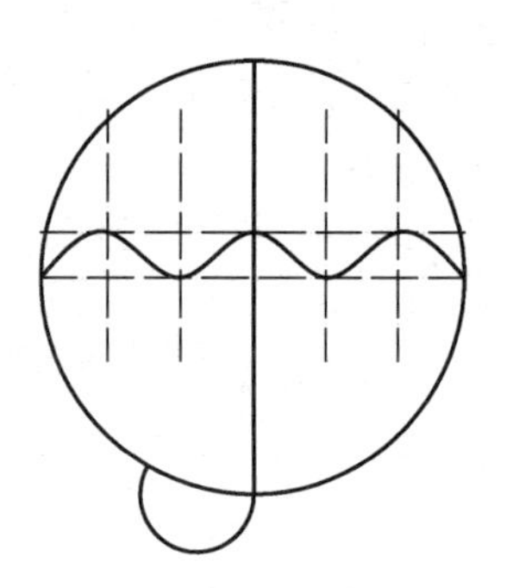
图 4-73 细化伞轮廓

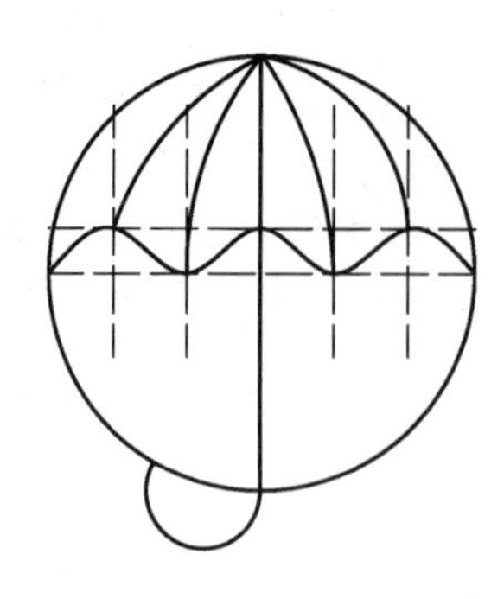
图 4-74 绘制伞支撑架

图 4-75 雨伞绘制效果

4.6.2 绘制室内地材图

步骤 1 打开文件。单击快速访问工具栏中的“打开”按钮，打开配套光盘中提供的“第 04 章\4.6.2 绘制室内地材图.dwg”素材文件，如图 4-76 所示。

步骤 2 绘制外墙。在命令行中输入 ML（多线）命令并按〈Enter〉键，按〈F3〉键，开启对象捕捉模式，绘制外墙，如图 4-77 所示。命令行的提示如下。

```
命令: ML↙                    MLINE                                   //调用“多线”命令
当前设置: 对正 = 上, 比例 = 20.00, 样式 = STANDARD
指定起点或 [对正(J)/比例(S)/样式(ST)]: J↙                             //激活“对正”选项
输入对正类型 [上(T)/无(Z)/下(B)] <无>: Z↙                             //设置对正类型为无
当前设置: 对正 = 无, 比例 = 20.00, 样式 = STANDARD
指定起点或 [对正(J)/比例(S)/样式(ST)]:  S↙                            //激活“比例”选项
输入多线比例 <20.00>: 240                                             //输入多线比例值
当前设置: 对正 = 无, 比例 = 240.00, 样式 = STANDARD
指定起点或 [对正(J)/比例(S)/样式(ST)]:                                 //指定起点
指定下一点:                                                           //捕捉轴线的交点
指定下一点或 [放弃(U)]:                                               //按上面的方式捕捉第二点
……                                                                    //按上面的方式捕捉点
指定下一点或 [闭合(C)/放弃(U)]: C↙        //激活“闭合”选项，按〈Enter〉键完成外墙的绘制
```

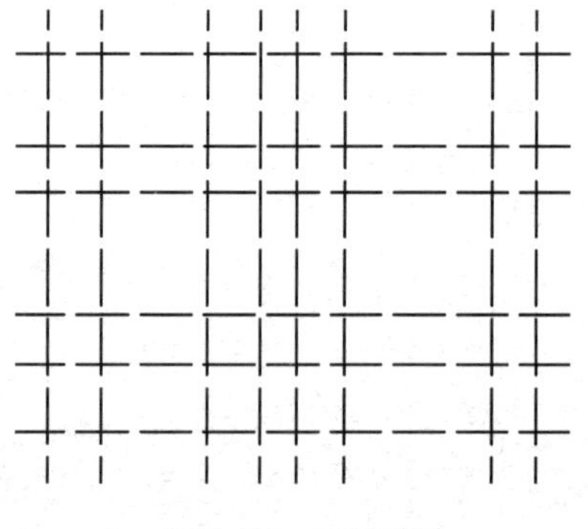
图 4-76 素材图形

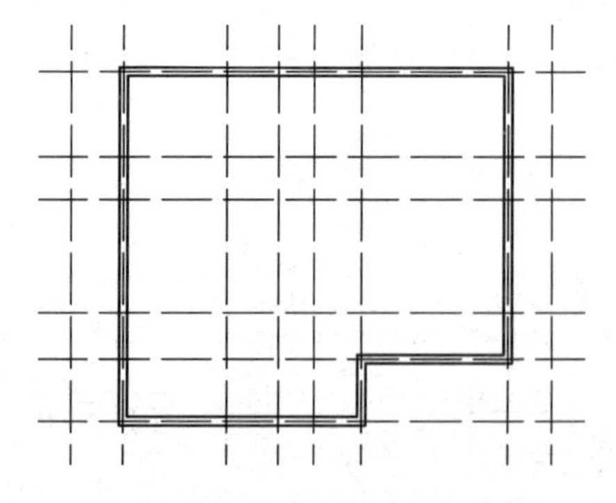
图 4-77 绘制外墙

步骤 3 按空格键重复“多线”命令，参照轴线绘制内墙，结果如图 4-78 所示。

步骤 4 按空格键重复“多线”命令，参照轴线绘制隔断墙和阳台，结果如图 4-79 所示。命令行提示如下。

命令: ML↙　　　　MLINE　　　　//调用“多线”命令
当前设置: 对正 = 无，比例 = 240.00，样式 = STANDARD
指定起点或 [对正(J)/比例(S)/样式(ST)]:　S↙　　　　//激活“比例”选项
输入多线比例 <240.00>: 120　　　　//输入多线比例值
当前设置: 对正 = 无，比例 = 120.00，样式 = STANDARD
指定起点或 [对正(J)/比例(S)/样式(ST)]:　　　　//指定起点
指定下一点:　　　　//捕捉轴线的交点
指定下一点或 [放弃(U)]:　　　　//按上面的方式捕捉第二点
……　　　　//按上面的方式捕捉点绘制隔断墙和阳台

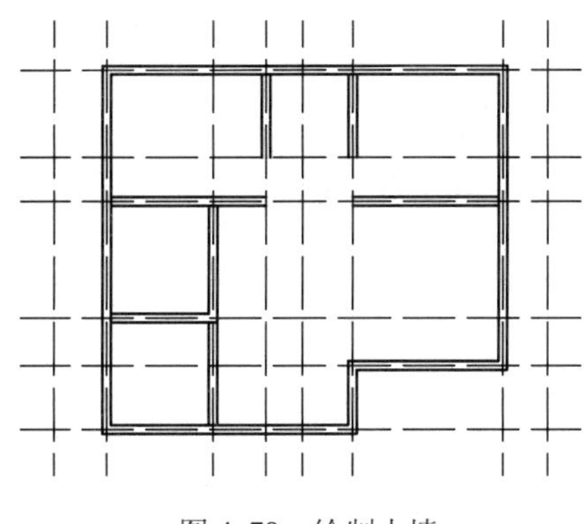
图 4-78　绘制内墙

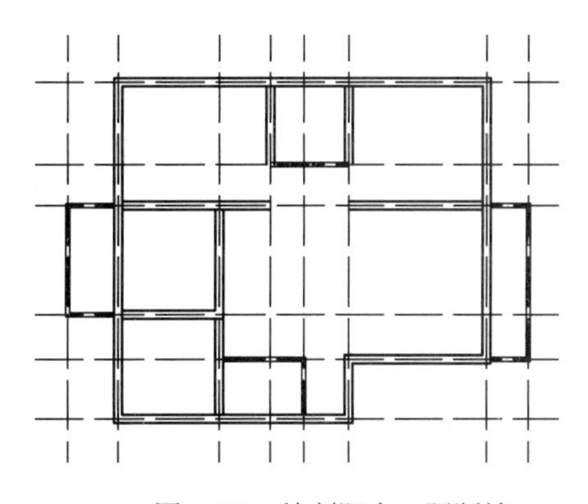
图 4-79　绘制阳台、隔断墙

步骤 5 编辑多线。双击多线，弹出“多线编辑工具”对话框，选择合适的编辑工具对需要结合的对象进行编辑，结果如图 4-80 所示。

步骤 6 新建“填充”图层，并将其置为当前，调用 H（图案填充）命令，参照图 4-81 所示设置相应参数，对室内进行图案填充。

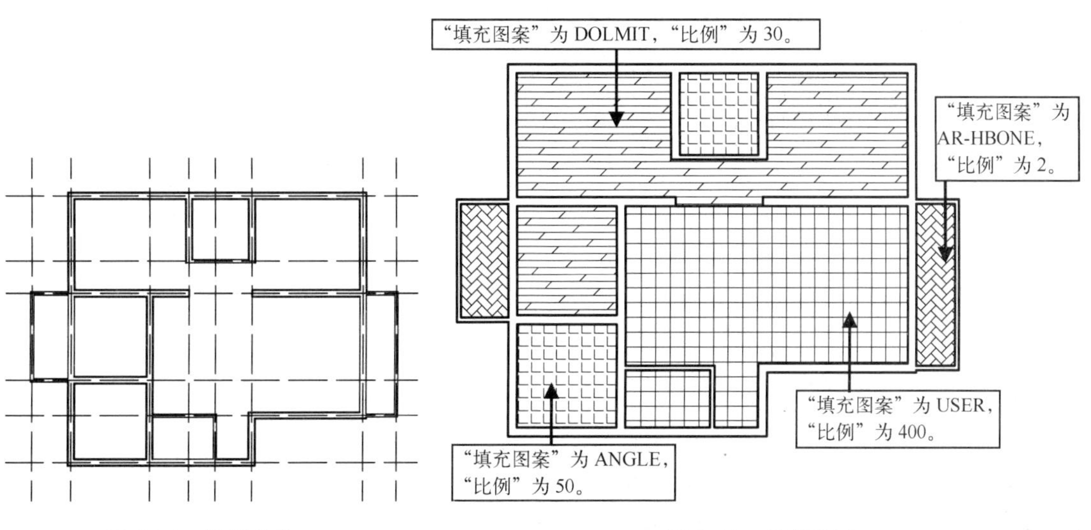

图 4-80　编辑多线　　图 4-81　填充地材

4.7 设计专栏

4.7.1 上机实训

步骤 1 使用本章所学的知识，调用 PL（多段线）命令，绘制盥水池外轮廓，结果如图 4-82 所示。

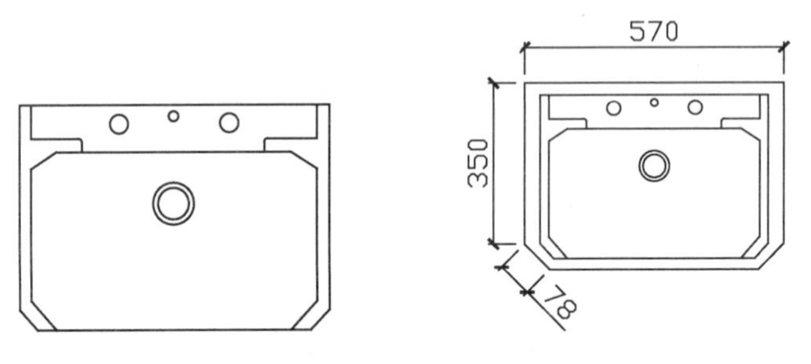

图 4-82 绘制盥水池外轮廓

步骤 2 使用本章所学的知识，调用 H（图案填充）命令，绘制别墅庭院平面图，如图 4-83 所示。

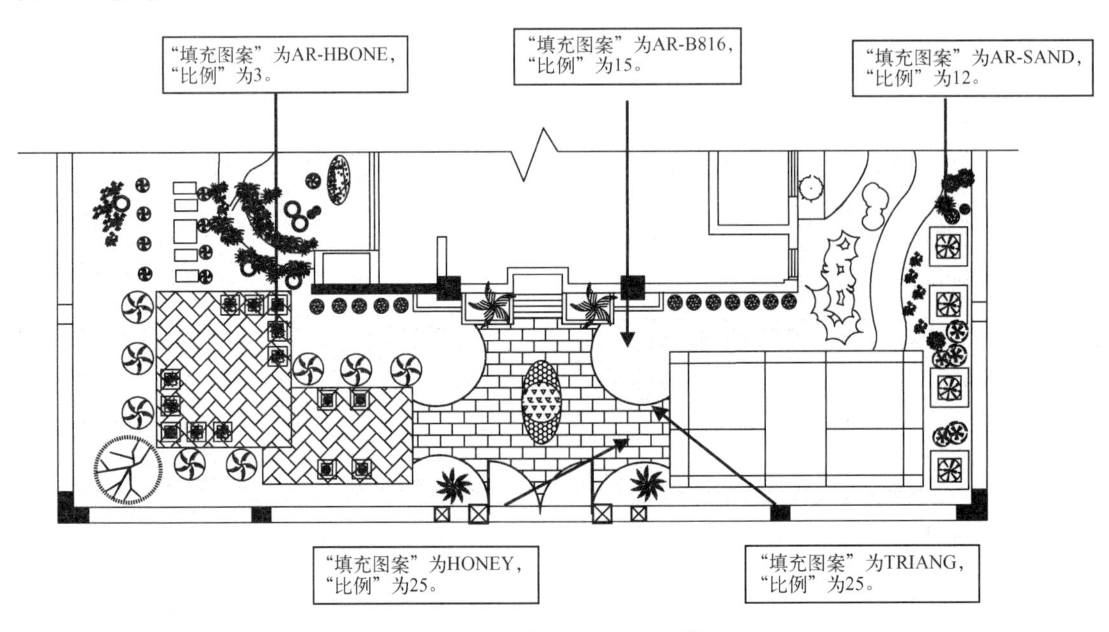

图 4-83 绘制别墅庭院平面图

4.7.2 辅助绘图锦囊

1．为什么 AutoCAD 填充后看不到填充？为什么标注箭头变成了空心？

答：这都是因为将填充显示的变量设置为关闭了。

解决方法 1：OP→显示→应用实体填充（勾选）。

解决方法 2：输入 FILL，输入 1 或 ON 打开此变量即可。

2．使用 Hatch（图案填充）命令时找不到范围怎么解决？

答：在使用 Hatch（图案填充）命令时常常碰到找不到线段封闭范围的情况，尤其是 DWG 文件本身比较大的时候，此时可以采用 Layiso（图层隔离）命令让要填充的范围线所在的图层“孤立”或“冻结”，再使用 Hatch（图案填充）命令就可以快速找到所需填充范围。另外，填充图案的边界确定有一个边界集设置的问题（在高级栏下）。在默认情况下，Hatch 通过分析图形中所有闭合的对象来定义边界。对屏幕中的所有完全可见或局部可见的对象进行分析以定义边界，在复杂的图形中可能耗费大量时间。要填充复杂图形的小区域，可以在图形中定义一个对象集，称为边界集。Hatch 不会分析边界集中未包含的对象。

3．如何在 AutoCAD 中用自定义图案来进行填充？

答：AutoCAD 的填充图案都保存在一个名为 acad.pat 的库文件中，其默认路径为安装目录的 AutoCAD 2016\Support 目录下。可以用文本编辑器对该文件直接进行编辑，添加自定义图案的语句；也可以自己创建一个*.Pat 文件，保存在相同目录下，AutoCAD 均可识别。

4．对圆进行打断操作时的方向是顺时针还是逆时针？

答：AutoCAD 会沿逆时针方向将圆上从第一断点到第二断点之间的那段圆弧删除。

5．如何快速为平行直线做相切半圆？

答：用圆角 Fillet 命令为平行直线做相切半圆，比先画相切圆然后再剪切的做法快 10 倍。

第 5 章

编辑平面图形

本章要点

- 选择图形
- 修改图形的位置
- 复制多个图形
- 修改图形的大小
- 图形修剪与其他编辑
- 夹点编辑图形
- 综合实战
- 设计专栏

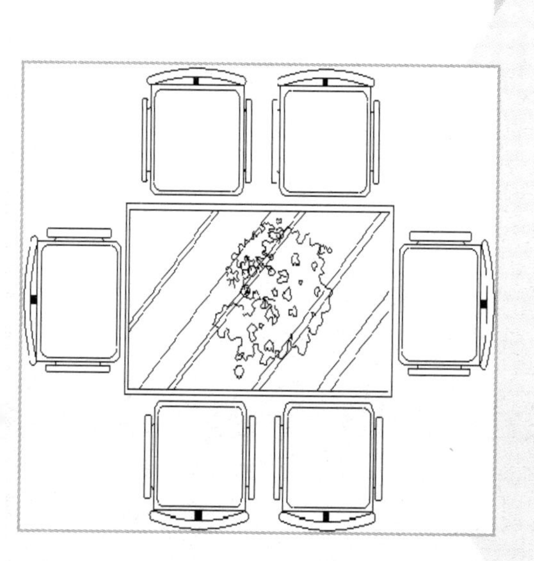

在 AutoCAD 中，使用前面介绍的绘图命令只能绘制一些基本的图形，为了绘制复杂图形，提高绘图的效率，必须借助图形编辑命令。AutoCAD 2016 提供了一系列如删除、复制、镜像和偏移等操作命令，可以方便快捷地修改图形的大小、方向、位置和形状。当然，在调整图形之前，还必须掌握选择对象的常用方法。

5.1 选择图形

在调整图形之前，需要选择所有要调整的对象。AutoCAD 2016 提供了点选、框选、围选和栏选等多种选择方法。在命令行中输入 SELECT 并按〈Enter〉键，然后输入“？”，命令行提示如下。

命令: SELECT↙

选择对象: ?

需要点或 窗口(W)/上一个(L)/窗交(C)/框(BOX)/全部(ALL)/栏选(F)/圈围(WP)/圈交(CP)/编组(G)/添加(A)/删除(R)/多个(M)/前一个(P)/放弃(U)/自动(AU)/单个(SI)/子对象(SU)/对象(O)

命令行中提供了各种选择方式。执行 SELECT 命令之后，在命令行中激活相应的选项并按〈Enter〉键，即可使用该选择方式。其中部分选项讲解如下。

5.1.1 选择单个对象点选

AutoCAD 2016 中最简单、最快捷的选择对象的方法是单击。在未对任何对象进行编辑时，单击对象，如图 5-1 所示，被选中的目标将显示相应的夹点。如果是在编辑过程中选择对象，十字光标显示为方框形状□，被选择的对象则亮显，如图 5-2 所示。

图 5-1 单击对象

图 5-2 高亮显示选中的对象

提示：单击选择对象可以快速完成对象的选择。但是，这种选择方式的缺点是一次只能选择图中的某一实体，如果要选择多个实体，则需依次单击各个对象逐个进行选择。如果要取消选择集中的某些对象，可以在按住〈Shift〉键的同时单击要取消选择的对象。

5.1.2 窗口与窗交选择对象

窗选对象是通过拖动生成一个矩形区域，将被选择的对象全部都框在矩形内。根据拖动方向的不同，窗选又分为窗口选择和窗交选择。

1. 窗口选择对象

窗口选择对象是指按住鼠标左键自左向右拖动，此时绘图区将会出现一个实线的矩形框，如图 5-3 所示。释放鼠标左键后，完全处于矩形范围内的对象将被选中，若只框选对象的一部分，则无法选中，如图 5-4 所示。

图 5-3　窗口选择方式

图 5-4　选中的对象

2．窗交选择对象

窗交选择是指按住鼠标左键自右向左拖动，此时绘图区将出现一个虚线的矩形框，如图 5-5 所示。释放鼠标左键后，部分或完全在矩形内的对象都将被选中，如图 5-6 所示。

图 5-5　窗交选择方式

图 5-6　选中的对象

5.1.3 圈围与圈交对象

围选对象是指当围绕要选择的对象拖动鼠标时，将生成不规则选区。圈选对象又可分为圈围和圈交两种选择方法。

1．圈围对象

圈围对象是一种多边形窗口选择方法，与窗口选择对象的方法类似，不同的是圈围方法可以构造任意形状的多边形，如图 5-7 所示。完全包含在多边形区域内的对象才能被选中，如图 5-8 所示。

图 5-7　圈围选择方式

图 5-8　选中的对象

2．圈交对象

圈交对象是一种多边形窗交选择方法，与窗交选择对象的方法类似，不同的是圈交使用多边形边界框选图形，如图 5-9 所示。部分或全部处于多边形范围内的图形都被选中，如图 5-10 所示。

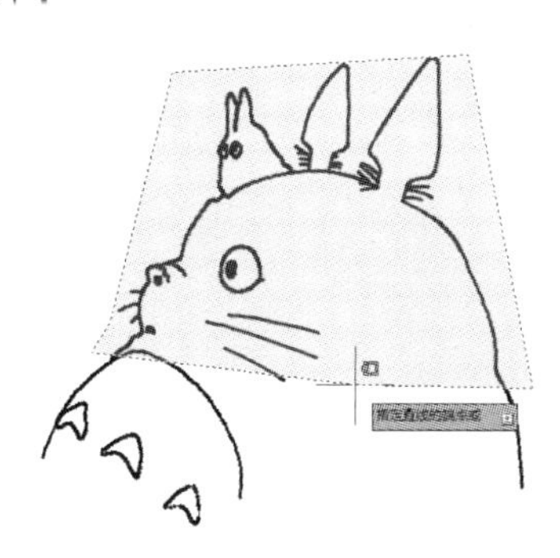

图 5-9 圈交选择方式

图 5-10 选中的对象

5.1.4 栏选图形对象

栏选图形是指在选择图形时拖出任意折线，如图 5-11 所示。凡是与折线相交的图形对象均被选中，如图 5-12 所示。使用该方式选择连续性对象非常方便，但栏选线不能封闭与相交。

图 5-11 栏选选择方式

图 5-12 选中的对象

提示：命令行中的 BOX（框）命令选项是窗口和窗交命令的综合。

5.1.5 快速选择图形对象

快速选择是指可以根据对象的图层、线型、颜色和图案填充等特性选择对象，从而可以准确快速地根据指定的过滤条件快速定义选择集。

AutoCAD 2016 中打开“快速选择”对话框的方法有以下 3 种。

- 菜单栏：选择“工具”|“快速选择”命令。
- 功能区：在“默认”选项卡中，单击“实用工具”面板中的“快速选择”按钮。
- 命令行：在命令行中输入 QSELECT 命令。

执行上述命令后，系统弹出“快速选择”对话框，如图5-13所示。用户可以根据要求设置选择范围，单击“确定”按钮，完成选择操作。对话框中各选项的功能如下。

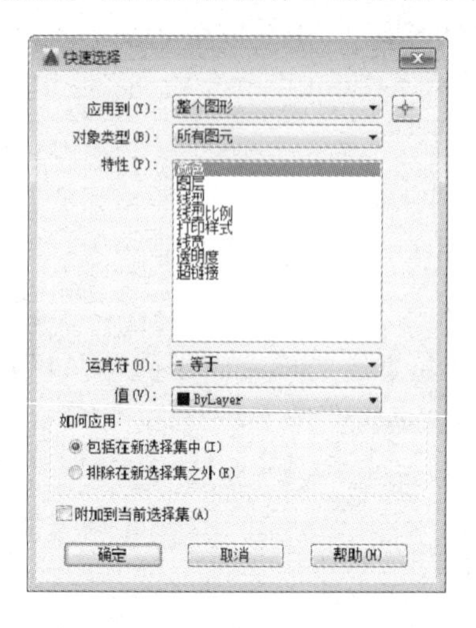

图5-13 “快速选择”对话框

- 应用到：用于选择过滤条件的应用范围。
- 对象类型：用于指定过滤条件中的对象类型（如直线、矩形和多段线等）。
- 特性：用于列出被选中对象类型的特性（如颜色、线型、线宽、图层和打印样式等）。
- 运算符：用于控制过滤器中针对对象特性的运算，选项包括“等于”“不等于”“大于”和“小于”等。
- 值：用于指定过滤的属性值。
- 如何应用：用于指定选择符合过滤条件的实体还是不符合过滤条件的实体。选择“包括在新选择集中”单选按钮，将选择绘图区中（关闭、锁定、冻结层上的实体除外）所有符合过滤条件的实体。选择“排除在新选择集之外”单选按钮，将选择所有不符合过滤条件的实体（关闭、锁定、冻结层上的实体除外）。
- 附加到当前选择集：用于指定是将创建的新选择集替换还是附加到当前选择集。

5.1.6 案例——快速选择对象

步骤1 打开文件。单击快速访问工具栏中的“打开”按钮，打开配套光盘中提供的“第05章\5.1.6 快速选择对象.dwg”素材文件，如图5-14所示。

步骤2 设置快速选择对象。选择“工具”|“快速选择”命令，在弹出的“快速选择”对话框的“特性”列表框中选择“图层”选项，在“值”下拉列表框中选择H-GSZ-1选项，如图5-15所示。

步骤3 快速选择图形。单击“确定”按钮，即可快速选择图形，选择结果如图5-16所示。

步骤4 更换图层。将所选图层更换至“线路”图层，并隐藏其他图层，结果如图5-17所示。

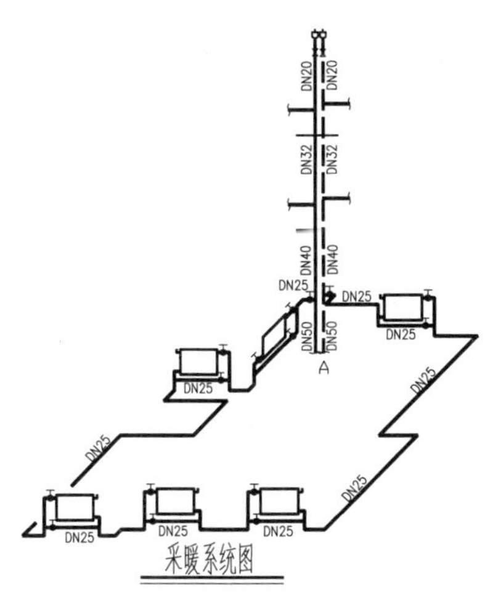

图 5-14 素材图形

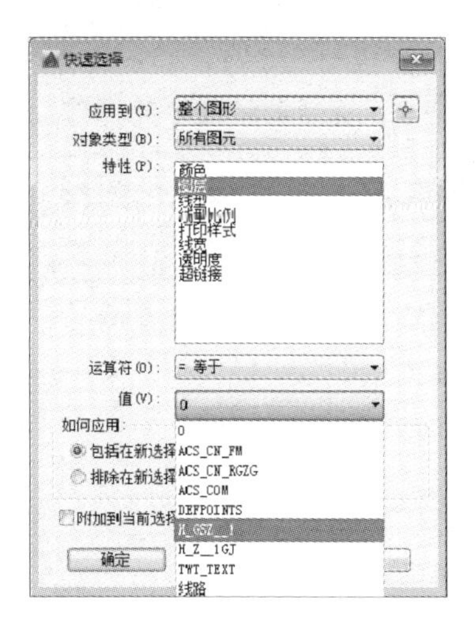

图 5-15 设置选择对象

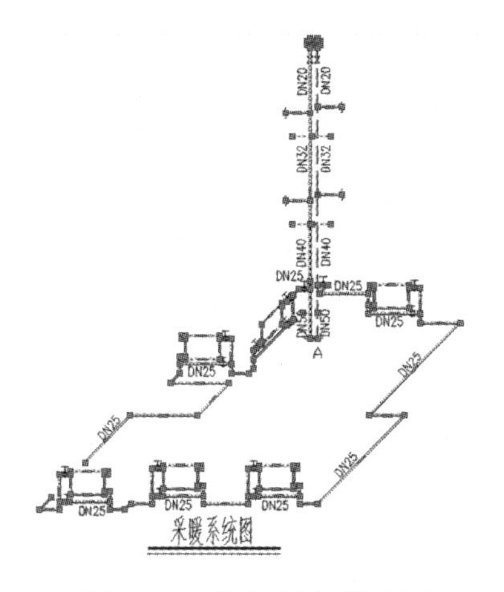

图 5-16 快速选择后的结果

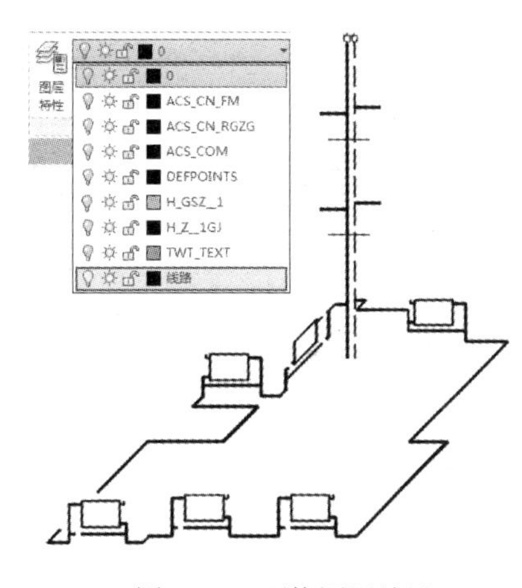

图 5-17 更换图层结果

5.2 修改图形的位置

在使用 AutoCAD 绘制图形的过程中，通常需要调整对象的位置和角度，以便将其放到正确的位置。在 AutoCAD 2016 中，可以通过移动和旋转对象的方法来调整对象的位置。

5.2.1 移动图形

移动图形是指对象位置的移动，其大小、形状和角度都不改变。执行“移动”命令的方法有以下 4 种。

- 菜单栏：选择“修改” | “移动”命令。
- 功能区：在“默认”选项卡中，单击“修改”面板中的“移动”按钮。
- 工具栏：单击“修改”工具栏中“移动”按钮。
- 命令行：在命令行中输入 MOVE/M 命令。

执行“移动”命令后，即可选择需要移动的图形对象，然后分别确定移动的基点（起点）和终点，完成移动命令的操作。

5.2.2 案例——移动拼花图形

步骤 1 打开文件。单击快速访问工具栏中的“打开”按钮，打开配套光盘中提供的“第 05 章\5.2.2 移动拼花图形.dwg”素材文件，如图 5-18 所示。

步骤 2 在“默认”选项卡中，单击“修改”面板中的“平移”按钮，将拼花图形中点移动至与圆的圆心同心，如图 5-19 与图 5-20 所示。命令行操作过程如下。

```
命令: _move↙                                    //执行“移动”命令
选择对象: 找到 1 个                               //选择拼花图形
选择对象:↙                                       //按〈Enter〉键确定
指定基点或 [位移(D)] <位移>:                      //指定拼花中点为基点
指定第二个点或 <使用第一个点作为位移>:              //指定圆的圆心为终点
```

图 5-18 素材文件

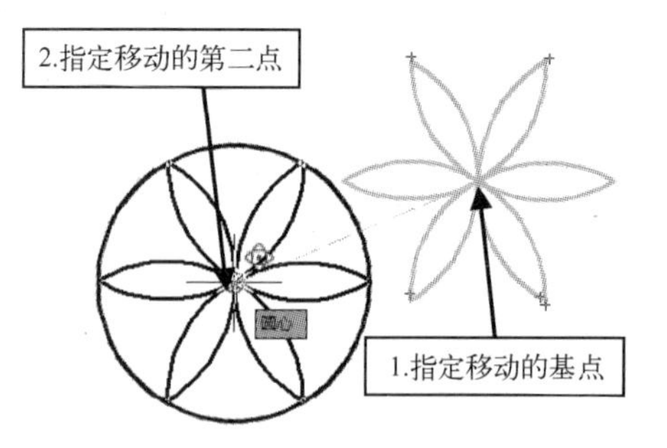

图 5-19 移动拼花

图 5-20 完成效果

5.2.3 旋转图形

旋转图形是指图形绕某个基点旋转指定的角度。执行“旋转”命令的方法有以下 4 种。

- 菜单栏：选择“修改” | “旋转”命令。
- 功能区：在“默认”选项卡中，单击“修改”面板中的“旋转”按钮。
- 工具栏：单击“修改”工具栏中的“旋转”按钮。
- 命令行：在命令行中输入 ROTATE/RO 命令。

执行上述“旋转”命令后，选择要移动的图形，然后指定旋转基点之后，命令行提示如下。

```
指定旋转角度，或 [复制(C)/参照(R)] <0>:
```

其中各选项的含义如下。

- 旋转角度：逆时针旋转的角度为正值，顺时针旋转的角度为负值。
- 复制（C）：用于创建要旋转对象的副本，旋转后原对象不会被删除。
- 参照（R）：用于将对象从指定的角度旋转到新的绝对角度。

5.2.4 案例——旋转图形

步骤 1 打开文件。单击快速访问工具栏中的“打开”按钮，打开配套光盘中提供的

“第 05 章\5.2.4 旋转图形.dwg”素材文件，素材图形如图 5-21 所示。

步骤 2 在“默认”选项卡中，单击“修改”面板中的“旋转”按钮，旋转指针图形，将指针图形旋转-90°，并保留源对象，如图 5-22 与图 5-23 所示。命令行提示如下。

命令: _rotate↙ //执行“旋转”命令

UCS 当前的正角方向: ANGDIR=逆时针 ANGBASE=0

选择对象: 指定对角点: 找到 1 个 //选择指针

选择对象: //按〈Enter〉键确定

指定基点: //指定圆心为旋转中心

指定旋转角度，或 [复制(C)/参照(R)] <0>: C↙ //激活“复制”选项

旋转一组选定对象

指定旋转角度，或 [复制(C)/参照(R)] <0>: -90↙ //输入旋转角度并按〈Enter〉键确定

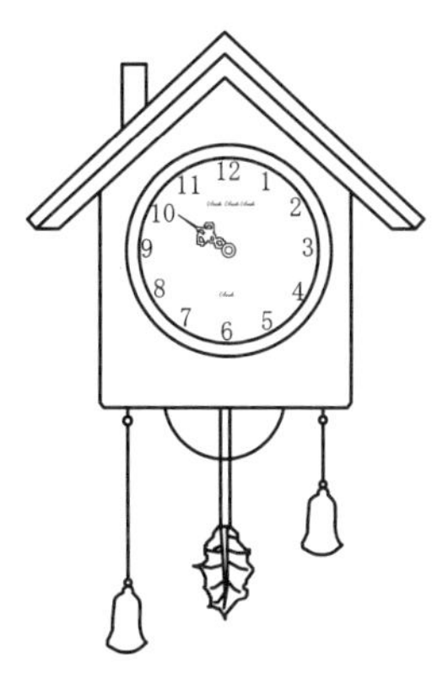

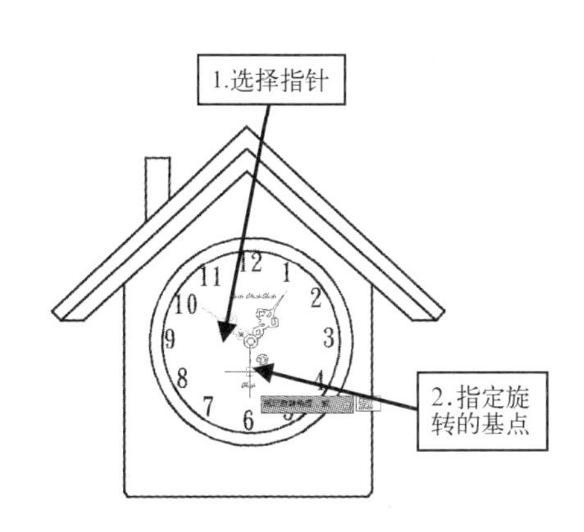

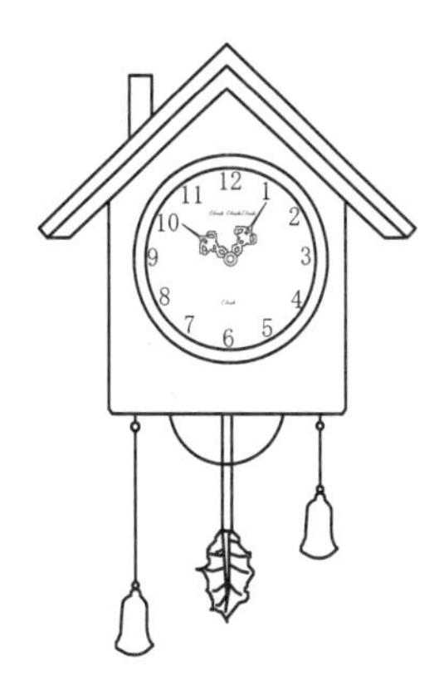

图 5-21 素材文件　　图 5-22 旋转复制指针　　图 5-23 完成效果图

5.3 复制多个图形

在绘图过程中有时一张图纸包含许多相同的图形，AutoCAD 2016 提供了复制、镜像、偏移和阵列绘图工具，可以快速创建相同的图形，以达到提高绘图效率和绘图精度的目的。

5.3.1 复制图形

复制命令是指可以将原对象以指定的角度和方向创建一个或多个对象的副本。在命令执行过程中，配合坐标、对象捕捉和栅格捕捉等其他工具，可以精确复制图形。

执行“复制”命令的方法有以下 4 种。

- 菜单栏：选择“修改”|“复制”命令。
- 功能区：在“默认”选项卡中，单击“修改”面板中的“复制”按钮。
- 工具栏：单击“修改”工具栏中“复制”按钮。
- 命令行：在命令行中输入 COPY/CO/CP 命令。

执行上述命令后，命令行的提示如下。

命令: _copy↙ //执行“复制”命令

选择对象: //选择要复制的对象
指定基点或 [位移(D)/模式(O)] <位移>: //指定复制基点
指定第二个点或 [阵列(A)] <使用第一个点作为位移>: //指定目标点
指定第二个点或 [阵列(A)/退出(E)/放弃(U)] <退出>: //按〈Enter〉键结束操作

其中各选项的含义如下。

- 位移（D）：使用坐标值指定复制的位移矢量。
- 模式（O）：用于控制是否自动重复该命令。激活该选项后，当命令行提示“输入复制模式选项 [单个（S）/多个（M）] <多个>：”时，默认模式为“多个（M）”，即自动重复复制命令，若选择“单个（S）”选项，则执行一次复制操作只创建一个对象副本。
- 阵列（A）：快速复制对象以呈现出指定项目数的效果。

提示： 在复制过程中，首先要确定复制的基点，然后通过指定目标点位置与基点位置的距离来复制图形。使用 copy（复制）命令可以将同一个图形连续复制多份，直到按〈Esc〉键终止复制操作。

5.3.2 案例——完善小轿车

步骤 1 打开文件。单击快速访问工具栏中的“打开”按钮，打开配套光盘中提供的“第 05 章\5.3.2 完善小轿车.dwg”素材文件，如图 5-24 所示。

步骤 2 调用“复制”命令。在命令行中输入 CO（复制）命令并按〈Enter〉键，此时光标变成小方块，以待选择要复制的对象。

步骤 3 复制图形。按〈F3〉键，开启对象捕捉模式，选择要复制的轮胎图形，指定轮胎中点为基点，捕捉右侧辅助点并指定为目标点，如图 5-25 所示。

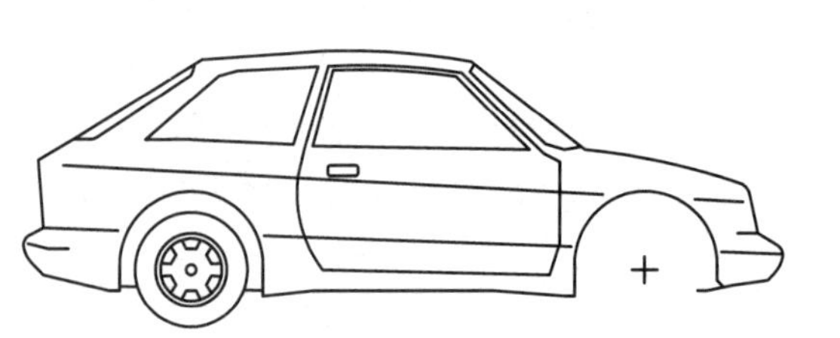

图 5-24 素材图形

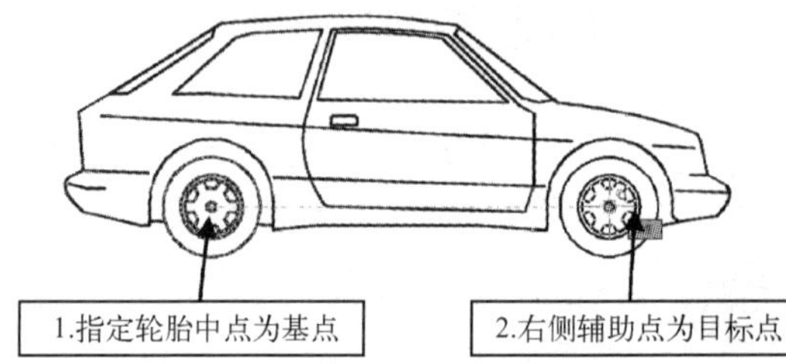

图 5-25 复制图形

步骤 4 按空格键确定，并按〈Esc〉键退出复制操作，完成效果如图 5-26 所示。

图 5-26 完成效果

5.3.3 镜像图形

“镜像”命令是指将图形绕指定轴（镜像线）镜像复制。AutoCAD 2016 通过指定临时镜像线镜像对象，镜像时可选择删除或保留原对象。

执行“镜像”命令的方法有以下 4 种。

- 菜单栏：选择“修改” | “镜像”命令。
- 功能区：在“默认”选项卡中，单击“修改”面板中的“镜像”按钮。
- 工具栏：单击“修改”工具栏中的“镜像”按钮。
- 命令行：在命令行中输入 MIRROR/MI 命令。

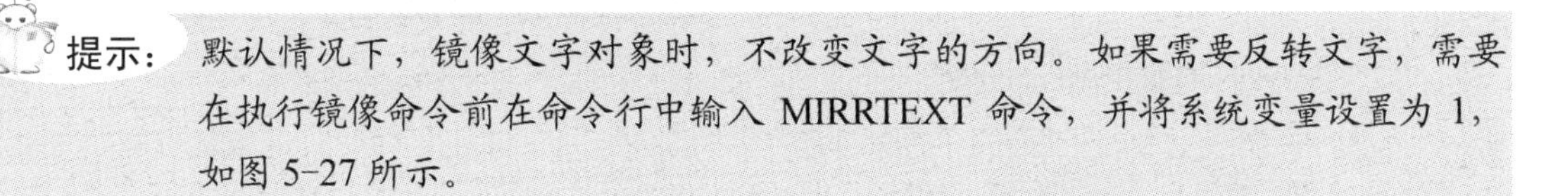

提示：默认情况下，镜像文字对象时，不改变文字的方向。如果需要反转文字，需要在执行镜像命令前在命令行中输入 MIRRTEXT 命令，并将系统变量设置为 1，如图 5-27 所示。

默认镜像文字效果

系统变量为1时镜像文字效果

图 5-27　镜像文字

5.3.4 案例——镜像复制篮球场

步骤 1 打开文件。单击快速访问工具栏中的“打开”按钮，打开配套光盘中提供的“第 05 章\5.3.4 镜像复制篮球场.dwg”素材文件，素材图形如图 5-28 所示。

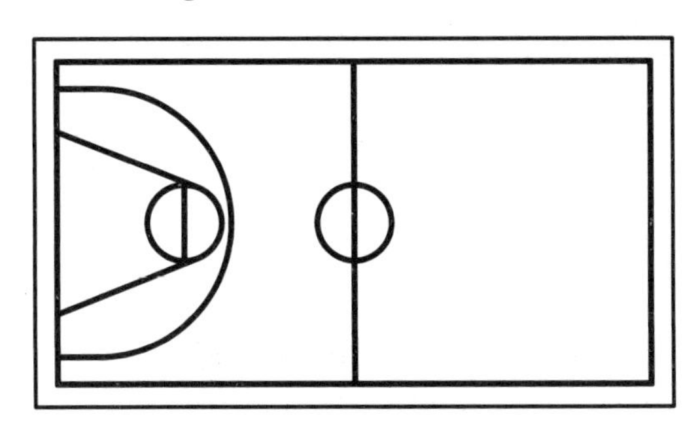

图 5-28　素材图形

步骤 2 镜像复制图形。在“默认”选项卡中，单击“修改”面板中的“镜像”按钮，以 A、B 两个中点为镜像线，镜像复制篮球场，如图 5-29 与图 5-30 所示，命令行提示如下。

```
命令: _mirror↙                              //执行“镜像”命令
选择对象: 指定对角点: 找到 11 个              //框选左侧图形
选择对象:                                    //按 Enter 键确定
```

指定镜像线的第一点： //捕捉确定对称轴第一点 *A*
指定镜像线的第二点： //捕捉确定对称轴第二点 *B*
要删除源对象吗？[是(Y)/否(N)] <N>:N↙ //选择不删除源对象，按 Enter 键确定完成镜像

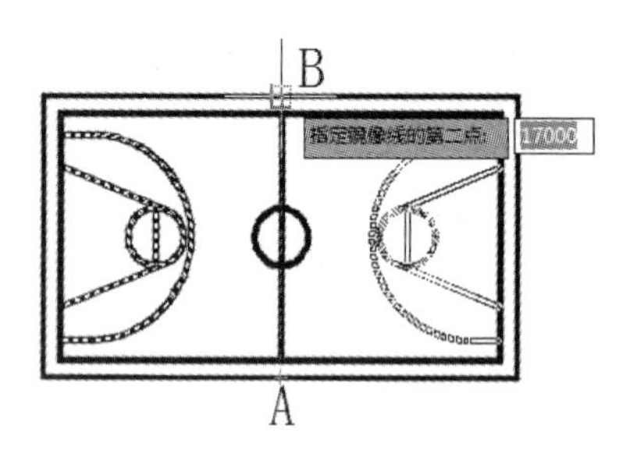

图 5-29　镜像图形后的结果

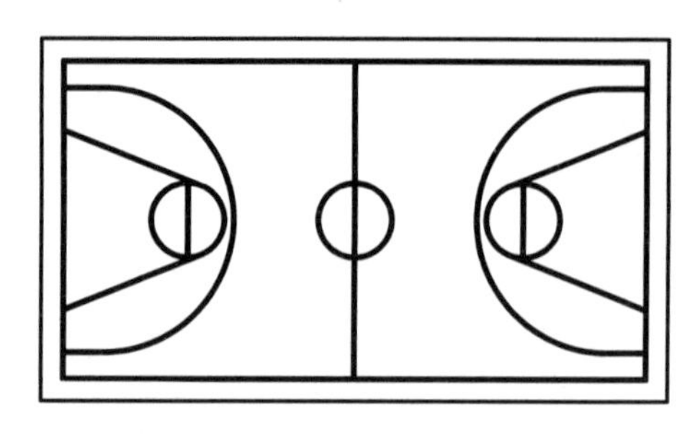

图 5-30　完成效果

提示：对于水平或垂直的对称轴，更简便的方法是使用“正交”功能。确定了对称轴的第一点后，打开正交开关。此时光标只能在经过第一点的水平或垂直路径上移动，此时任取一点作为对称轴上的第二点即可。

5.3.5 偏移图形

“偏移”命令是指将选定的图形对象以一定的距离进行平行复制，可以用偏移命令来创建同心圆、平行线和平行曲线等。

执行“偏移”命令的方法有以下 4 种。

- 菜单栏：选择“修改”|“偏移”命令。
- 功能区：在“默认”选项卡中，单击“修改”面板中的“偏移”按钮。
- 工具栏：单击“修改”工具栏中的“偏移”按钮。
- 命令行：在命令行中输入 OFFSET/O 命令。

在命令执行过程中，需要确定偏移源对象、偏移距离和偏移方向。执行上述命令操作后，命令行提示如下。

指定偏移距离或 [通过(T)/删除(E)/图层(L)] <通过>:

其中各选项的含义如下。

- 通过（T）：通过指定点来偏移对象，如图 5-31 所示。
- 删除（E）：用于设置是否在偏移源对象后将其删除。
- 图层（L）：用于设置将偏移对象创建在当前图层上还是源对象所在的图层上。

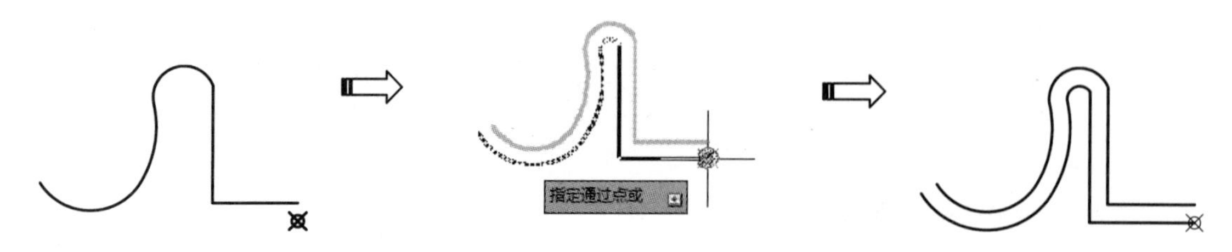

图 5-31　偏移效果

5.3.6 案例——绘制浴缸

步骤 1 打开文件。单击快速访问工具栏中的“打开”按钮，打开配套光盘中提供的“第 05 章\5.3.6 绘制浴缸.dwg”素材文件，如图 5-32 所示。

步骤 2 在“默认”选项卡中，单击“修改”面板中的“偏移”按钮，将矩形向内偏移 27，如图 5-33 所示。命令行提示如下。

命令: _offset↙ //执行“偏移”命令
当前设置: 删除源=否 图层=源 OFFSETGAPTYPE=0
指定偏移距离或 [通过(T)/删除(E)/图层(L)] <104.0000>: 27↙ //输入偏移距离为 27 并按〈Enter〉键确定
选择要偏移的对象，或 [退出(E)/放弃(U)] <退出>: //选择矩形
指定要偏移的那一侧上的点，或 [退出(E)/多个(M)/放弃(U)] <退出>: //将光标向下移动并单击确定

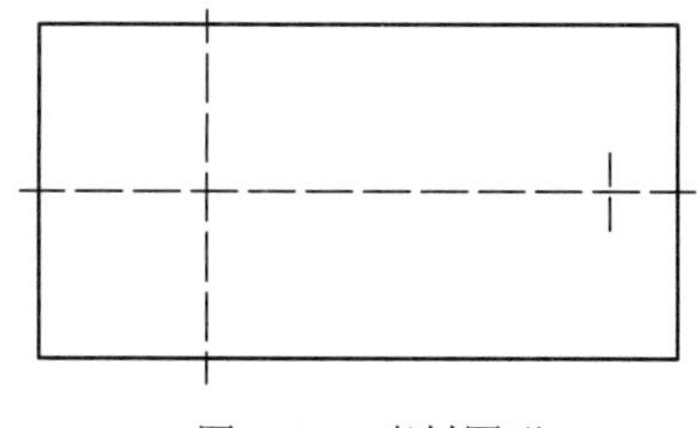

图 5-32 素材图形

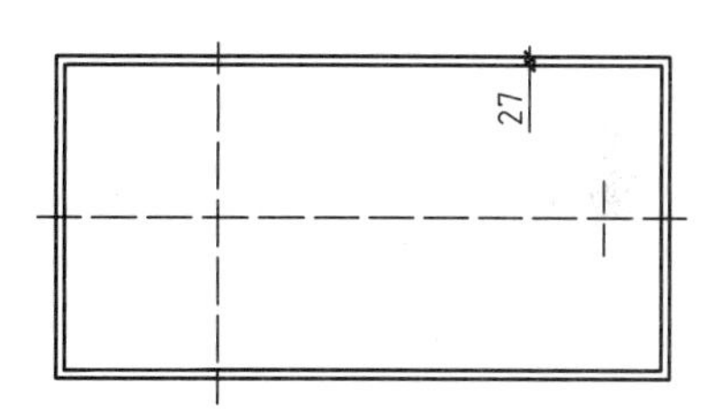

图 5-33 偏移矩形 1

步骤 3 按空格键重复调用“偏移”命令，输入偏移距离为 104，单击选中里面的矩形，将光标向内移动并单击，完成图形的偏移复制，如图 5-34 所示。

步骤 4 单击“绘图”面板中的“圆”按钮，以辅助线的交点为圆心绘制半径分别为 402、56 的圆，如图 5-35 所示。

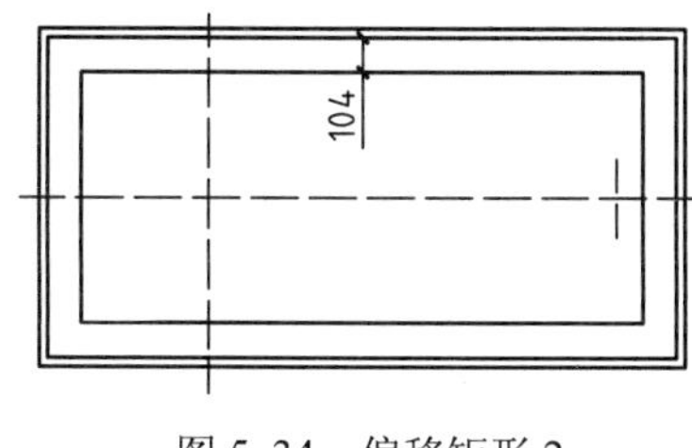

图 5-34 偏移矩形 2

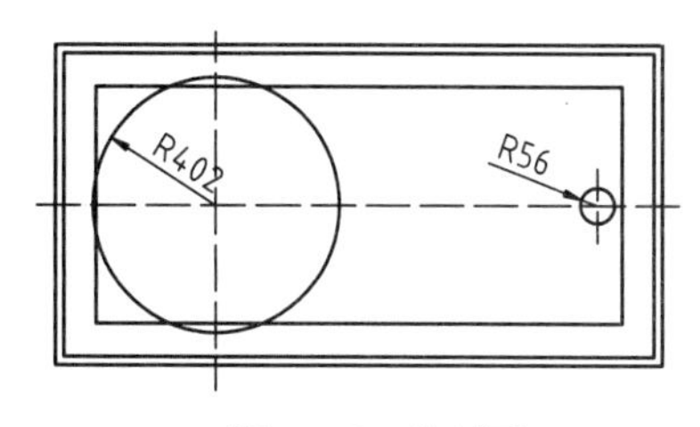

图 5-35 绘制圆

步骤 5 完善图形。单击“修改”面板中的“修剪”按钮，修剪左侧的圆，如图 5-36 所示。

步骤 6 删除辅助线，绘制结果如图 5-37 所示。

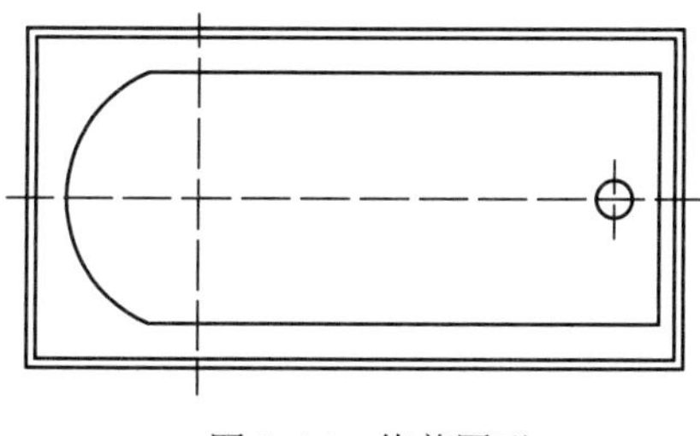

图 5-36 修剪图形

图 5-37 完成效果

5.3.7 阵列

阵列命令可以快速绘制大量有规律的图形，在 AutoCAD 中，有矩形阵列、路径阵列和环形（极轴）阵列 3 种方式，分别介绍如下。

1．矩形阵列

矩形阵列是指按照矩形排列方式创建多个对象的副本。执行“矩形阵列”命令的方法有以下 4 种。

- 菜单栏：选择“修改”｜“阵列”｜“矩形阵列”命令。
- 功能区：在“默认”选项卡中，单击“修改”面板中的“矩形阵列”按钮。
- 工具栏：单击“修改”工具栏中的“矩形阵列”按钮。
- 命令行：在命令行中输入 ARRAYRECT 命令。

矩形阵列可以控制行数、列数，以及行距和列距，或添加倾斜角度。

执行上述命令操作后，系统打开“阵列创建”选项卡，如图 5-38 所示，命令行提示如下。

```
命令: ARRAYRECT↙                                  //调用“矩形阵列”命令
选择对象:                                          //选择阵列对象并按〈Enter〉键
类型 = 矩形  关联 = 是
选择夹点以编辑阵列或 [关联(AS)/基点(B)/计数(COU)/间距(S)/列数(COL)/行数(R)/层数(L)/退出(X)] <
退出>:                                             //设置阵列参数，按〈Enter〉键退出
```

图 5-38 “阵列创建”选项卡

其中各选项的含义如下。

- 关联（AS）：指定阵列中的对象是关联的还是独立的。
- 基点（B）：定义阵列基点和基点夹点的位置。
- 计数（COU）：指定行数和列数，并使用户在移动光标时可以动态观察结果（一种比“行”和“列”选项更快捷的方法）。
- 间距（S）：指定行间距和列间距，并使用户在移动光标时可以动态观察结果。
- 列数（OL）：编辑列数和列间距。
- 行数（R）：指定阵列中的行数、它们之间的距离，以及行之间的增量标高。
- 层数（L）：指定三维阵列的层数和层间距。

提示：矩形阵列的过程中，如果希望阵列的图形往相反的方向复制时，则需要在列间距或行间距前面加“-”符号。

2．路径阵列

路径阵列可沿曲线轨迹复制图形，通过设置不同的基点，能得到不同的阵列结果。执行

“路径阵列”命令的方法有以下 4 种。

- 菜单栏：选择“修改”|“阵列”|“路径阵列”命令。
- 功能区：在“默认”选项卡中，单击“修改”面板中的“路径阵列”按钮。
- 工具栏：单击“修改”工具栏中的“路径阵列”按钮。
- 命令行：在命令行中输入 ARRAYPATH 命令。

路径阵列可以控制阵列路径、阵列对象、阵列数量和方向等。

执行上述命令操作后，系统打开“阵列创建”选项卡，如图 5-39 所示，命令行提示如下。

命令: ARRAYPATH↙ //调用“路径阵列”命令

选择对象: //选择阵列对象并按〈Enter〉

类型 = 路径 关联 = 是

选择路径曲线: //选择路径曲线

选择夹点以编辑阵列或 [关联(AS)/方法(M)/基点(B)/切向(T)/项目(I)/行(R)/层(L)/对齐项目(A)/Z 方向(Z)/退出(X)] <退出>: //设置阵列参数，按〈Enter〉键退出

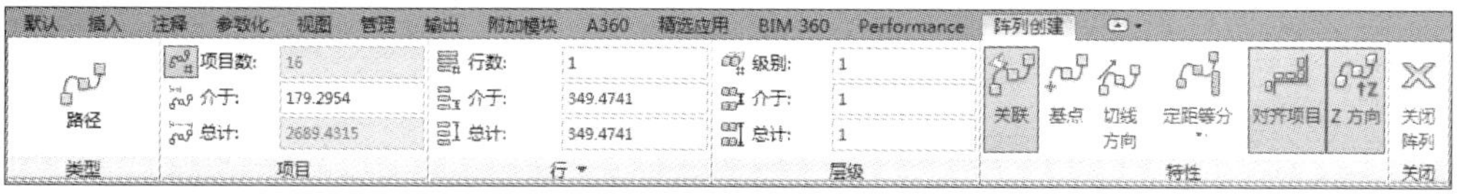

图 5-39 “阵列创建”选项卡

命令行中各选项的含义如下。

- 关联（AS）：指定是否创建阵列对象，或者是否创建选定对象的非关联副本。
- 方法（M）：控制如何沿路径分布项目，包括定数等分（D）和定距等分（M）。
- 基点（B）：定义阵列的基点。路径阵列中的项目相对于基点放置。
- 切向（T）：指定阵列中的项目如何相对于路径的起始方向对齐。
- 项目（I）：根据“方法”设置，指定项目数或项目之间的距离。
- 行（R）：指定阵列中的行数、它们之间的距离，以及行之间的增量标高。
- 层（L）：指定三维阵列的层数和层间距。
- 对齐项目（A）：指定是否对齐每个项目以与路径的方向相切。对齐相对于第一个项目的方向。
- Z 方向（Z）：控制是否保持项目的原始 Z 方向或沿三维路径自然倾斜项目。

提示： 路径阵列过程中，设置不同的切向，阵列对象将按不同的方向沿路径排列。

3．环形阵列

环形阵列又称为极轴阵列，是以某一点为中心点进行环形复制，阵列结果是阵列对象沿圆周均匀分布。执行“环形阵列”命令的方法有以下 4 种。

- 菜单栏：选择“修改”|“阵列”|“环形阵列”命令。
- 功能区：在“默认”选项卡中，单击“修改”面板中的“环形阵列”按钮。
- 工具栏：单击“修改”工具栏中的“环形阵列”按钮。

➢ 命令行：在命令行中输入 ARRAYPOLAR 命令。

路径阵列可以设置的参数有阵列的源对象、项目总数、中心点位置和填充角度。

执行上述命令操作后，系统打开“阵列创建”选项卡，如图 5-40 所示，命令行提示如下。

命令: ARRAYPOLAR↙ //调用“环形阵列”命令

选择对象: //选择阵列对象并按〈Enter〉键

类型 = 极轴 关联 = 是

指定阵列的中心点或 [基点(B)/旋转轴(A)]: //选择阵列中心点

选择夹点以编辑阵列或 [关联(AS)/基点(B)/项目(I)/项目间角度(A)/填充角度(F)/行(ROW)/层(L)/旋转项目(ROT)/退出(X)] <退出>: //设置阵列参数，按〈Enter〉键退出

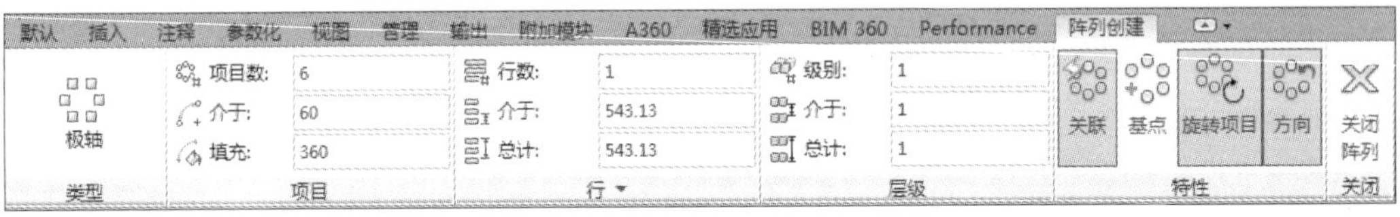

图 5-40 “阵列创建”选项卡

命令行各选项的含义如下。

➢ 基点（B）：指定阵列的基点。

➢ 项目（I）：指定阵列中的项目数。

➢ 项目间角度（A）：设置相邻的项目间的角度。

➢ 填充角度（F）：对象环形阵列的总角度。

➢ 旋转项目（ROT）：控制在阵列项目时是否旋转项目。

5.3.8 案例——矩形阵列绘制垫片

下面通过实例介绍如何绘制垫片，使读者熟练掌握“矩形阵列”命令的使用方法。

步骤 1 打开文件。单击快速访问工具栏中的“打开”按钮，打开配套光盘中提供的“第 05 章\5.3.8 矩形阵列.dwg”素材文件，如图 5-41 所示。

步骤 2 选择小圆，在命令行中输入 ARRAYRECT（矩形阵列）命令，在打开的“阵列创建”选项卡中设置相应的参数，设置完成后按〈Enter〉键确定，完成矩形阵列操作，如图 5-42 与图 5-43 所示。命令行提示如下。

命令: _arrayrect //执行“矩形阵列”命令

选择对象: 找到 1 个 //选择圆孔作为阵列对象

选择对象:

类型 = 矩形 关联 = 是

选择夹点以编辑阵列或 [关联(AS)/基点(B)/计数(COU)/间距(S)/列数(COL)/行数(R)/层数(L)/退出(X)] <退出>: COL↙ //激活“列数”选项

输入列数数或 [表达式(E)] <4>: //按〈Enter〉键，默认系统列数

指定 列数 之间的距离或 [总计(T)/表达式(E)] <15>: 23↙ //输入列间距

选择夹点以编辑阵列或 [关联(AS)/基点(B)/计数(COU)/间距(S)/列数(COL)/行数(R)/层数(L)/退出(X)] <退出>: R↙ //激活“行数”选项

输入行数数或 [表达式(E)] <3>:　　　　//按〈Enter〉键，默认系统行数

指定 行数 之间的距离或 [总计(T)/表达式(E)] <15>: 19↙　　　　//输入行间距

指定 行数 之间的标高增量或 [表达式(E)] <0>:0↙　　　　//使用 0 增量

选择夹点以编辑阵列或 [关联(AS)/基点(B)/计数(COU)/间距(S)/列数(COL)/行数(R)/层数(L)/退出(X)] <退出>:↙　　　　//按〈Enter〉键完成阵列

图 5-41　素材文件

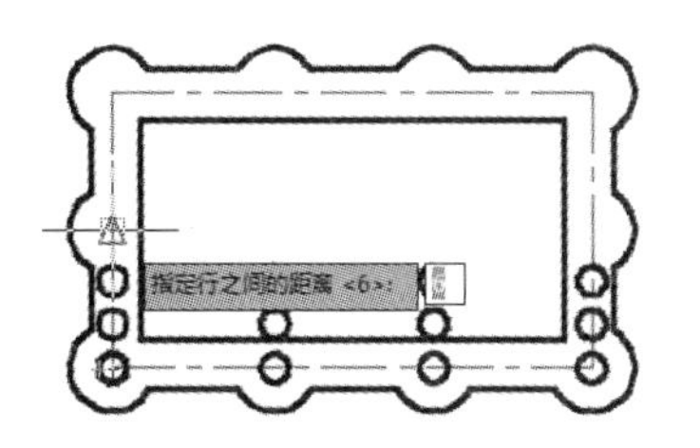

图 5-42　设置参数

步骤 3 在命令行中输入 X（分解）命令，将圆孔炸开，并删除多余的小圆，垫片绘制效果如图 5-44 所示。

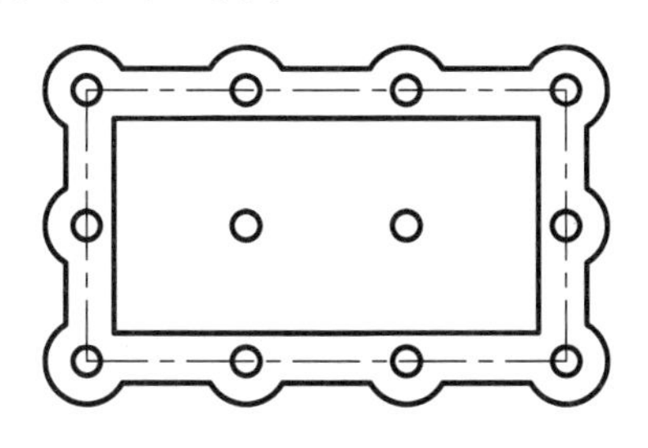

图 5-43　矩形阵列效果

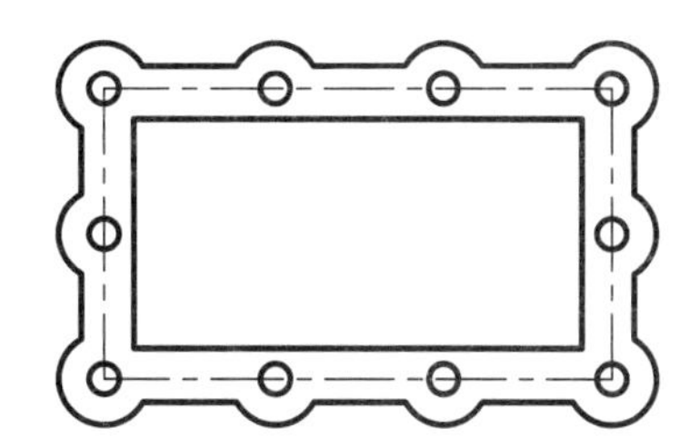

图 5-44　垫片完成效果

5.3.9 案例——路径阵列绘制廊架

下面通过实例介绍如何绘制廊架，使读者熟练掌握“路径阵列”命令的方法。

步骤 1 打开文件。单击快速访问工具栏中的“打开”按钮，打开配套光盘中提供的“第 05 章\5.3.9 路径阵列.dwg”素材文件，如图 5-45 所示。

步骤 2 在命令行中输入 ARRAYPATH（路径阵列）命令，在打开的“阵列创建”选项卡中设置相应的参数，设置完成后按〈Enter〉键确定，完成路径阵列操作，如图 5-46 与图 5-47 所示。命令行提示如下。

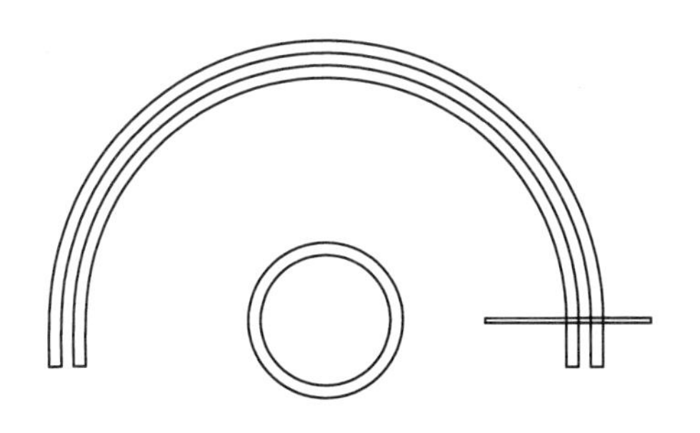

图 5-45　素材文件

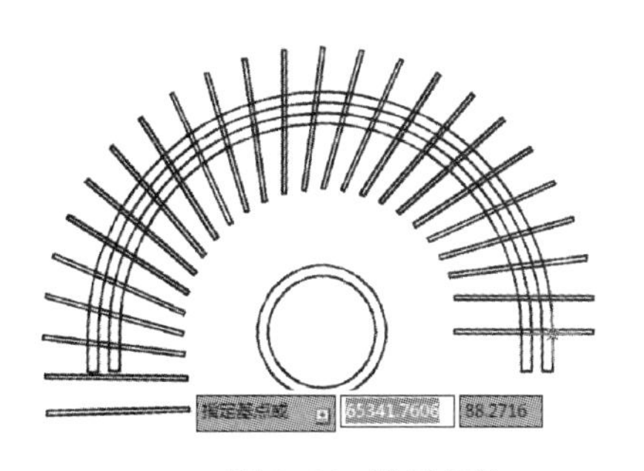

图 5-46　设置参数

命令: _arraypath↙ //执行“路径阵列”命令

选择对象: 找到 1 个 //选择小矩形

选择对象:

类型 = 路径 关联 = 是

选择路径曲线: //选择弧线

选择夹点以编辑阵列或 [关联(AS)/方法(M)/基点(B)/切向(T)/项目(I)/行(R)/层(L)/对齐项目(A)/Z 方向(Z)/退出(X)] <退出>: M↙ //激活“方法”选项

输入路径方法 [定数等分(D)/定距等分(M)] <定距等分>: D↙ //激活“定数等分”选项

选择夹点以编辑阵列或 [关联(AS)/方法(M)/基点(B)/切向(T)/项目(I)/行(R)/层(L)/对齐项目(A)/Z 方向(Z)/退出(X)] <退出>: I↙ //激活“项目”选项

输入沿路径的项目数或 [表达式(E)] <4>: 25↙ //输入项目数量

选择夹点以编辑阵列或 [关联(AS)/方法(M)/基点(B)/切向(T)/项目(I)/行(R)/层(L)/对齐项目(A)/z 方向(Z)/退出(X)] <退出>: B↙ //激活“基点”选项

指定基点或 [关键点(K)] <路径曲线的终点>: //在矩形与弧线的交点上单击确定基点

选择夹点以编辑阵列或 [关联(AS)/方法(M)/基点(B)/切向(T)/项目(I)/行(R)/层(L)/对齐项目(A)/Z 方向(Z)/退出(X)] <退出>:↙ //按〈Enter〉键完成阵列

步骤 3 在命令行中输入 X（分解）命令，将矩形炸开，删除多余的小矩形，并用“徒手画”和“图案填充”命令完善图形，廊架绘制效果如图 5-48 所示。

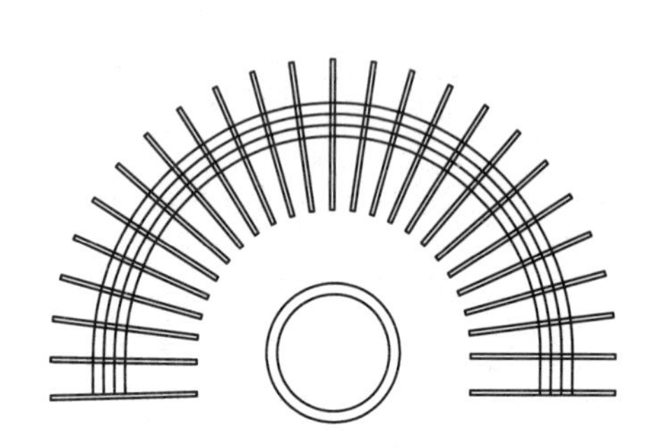

图 5-47 路径阵列效果

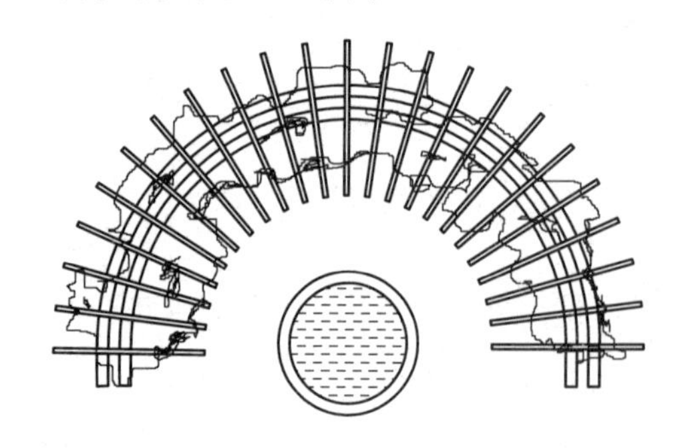

图 5-48 廊架完成效果

5.3.10 案例——环形阵列绘制拼花

下面通过实例介绍如何绘制拼花，使读者熟练掌握“环形阵列”命令的方法。

步骤 1 打开文件。单击快速访问工具栏中的“打开”按钮，打开配套光盘中提供的“第 05 章\5.3.10 环形阵列.dwg”素材文件，如图 5-49 所示。

步骤 2 在命令行中输入 ARRAYPOLAR（环形阵列）命令，在打开的“阵列创建”选项卡中设置相应的参数，设置完成后按〈Enter〉键确定，完成环形阵列操作，如图 5-50 所示。命令行提示如下。

命令: _arraypolar //执行“环形阵列”命令

选择对象: 找到 1 个 //选择阵列对象

选择对象:

类型 = 极轴　关联 = 是

指定阵列的中心点或 [基点(B)/旋转轴(A)]:　　　　//以圆的圆心为中心点

选择夹点以编辑阵列或 [关联(AS)/基点(B)/项目(I)/项目间角度(A)/填充角度(F)/行(ROW)/层(L)/旋转项目(ROT)/退出(X)] <退出>: I↙　　　　//激活“项目”选项

输入阵列中的项目数或 [表达式(E)] <6>: 6↙　　　　//输入项目数

选择夹点以编辑阵列或 [关联(AS)/基点(B)/项目(I)/项目间角度(A)/填充角度(F)/行(ROW)/层(L)/旋转项目(ROT)/退出(X)] <退出>: F↙　　　　//激活“填充角度”选项

指定填充角度(+=逆时针、-=顺时针)或 [表达式(EX)] <360>: 360↙　　　　//输入填充角度

选择夹点以编辑阵列或 [关联(AS)/基点(B)/项目(I)/项目间角度(A)/填充角度(F)/行(ROW)/层(L)/旋转项目(ROT)/退出(X)] <退出>:　　　　//按〈Enter〉键完成环形阵列

步骤 3 使用“直线”工具完善图形，结果如图 5-51 所示。

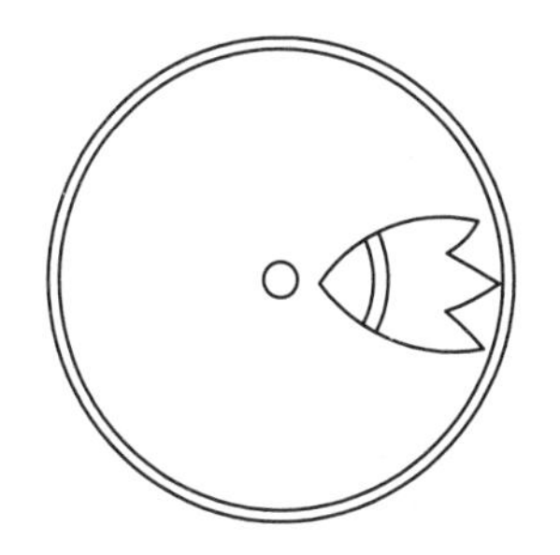

图 5-49　素材文件

图 5-50　环形阵列效果

图 5-51　完成效果

5.4　修改图形的大小

本节主要介绍如何改变图形对象的大小。在 AutoCAD 中，可以通过拉伸和缩放的方式改变图形对象的大小。

5.4.1 拉伸图形

“拉伸”命令是指通过沿拉伸路径平移图形夹点的位置，使图形产生拉伸变形的效果。在调用命令的过程中，需要确定的参数有拉伸对象、拉伸基点的起点和拉伸位移。拉伸位移决定了拉伸的方向和距离。

执行“拉伸”命令的方法有以下 4 种。

- 菜单栏：选择“修改”|“拉伸”命令。
- 功能区：在“默认”选项卡中，单击“修改”面板中的“拉伸”按钮。
- 工具栏：单击“修改”工具栏中的“拉伸”按钮。
- 命令行：在命令行中输入 STRETCH/S 命令。

拉伸图形时需要遵循以下两点原则。

- 通过单击选择和窗口选择获得的拉伸对象将只被平移，不被拉伸。
- 通过交叉选择获得的拉伸对象，如果所有夹点都落入选择框内，图形将发生平移；如果只有部分夹点落入选择框内，图形将沿拉伸位移拉伸；如果没有夹点落入选择

窗口内，图形将保持不变。

5.4.2 案例——拉伸吊灯

步骤 1 打开文件。单击快速访问工具栏中的“打开”按钮，打开配套光盘中提供的“第 05 章\5.4.2 拉伸吊灯.dwg”素材文件，如图 5-52 所示。

步骤 2 在命令行中输入 S（拉伸）命令，将铁支垂吊长度拉伸 230，命令行操作如下。

```
命令: S↙        stretch                              //执行“拉伸”命令
以交叉窗口或交叉多边形选择要拉伸的对象...
选择对象: 指定对角点: 找到 11 个                     //框选铁支垂吊，如图 5-53 所示
选择对象:                                            //按〈Enter〉键确定
指定基点或 [位移(D)] <位移>:
指定第二个点或 <使用第一个点作为位移>: 230↙          //垂直向上移动鼠标，输入拉伸距离并按〈Enter〉键
确定
```

步骤 3 吊灯拉伸结果如图 5-54 所示。

提示： 命令行中的提示“以交叉窗口或交叉多边形选择要拉伸的对象...”，如果以窗口形式选择或直接单击选择，则所选图形全部在选择窗口内，那么拉伸对象只对所选对象进行操作。

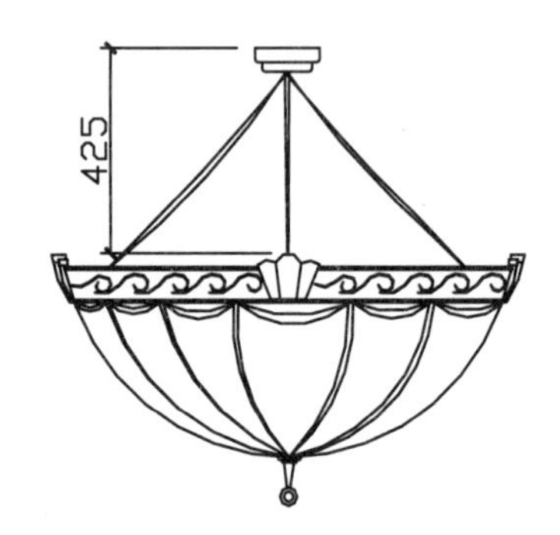

图 5-52 素材图形

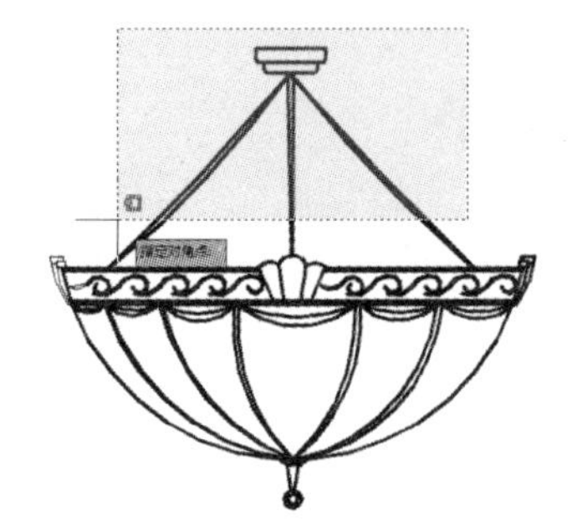

图 5-53 选择拉伸对象

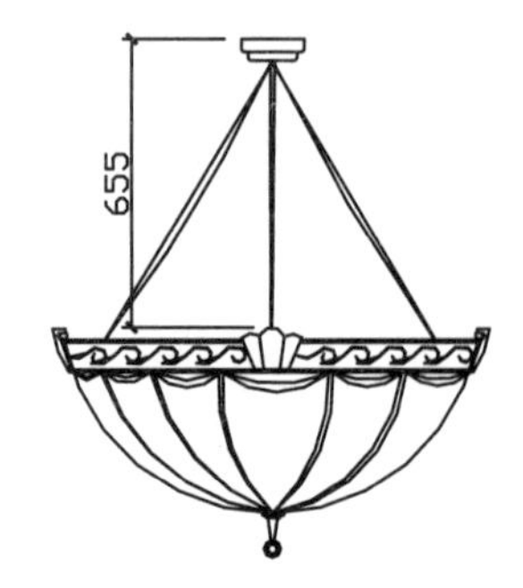

图 5-54 吊灯拉伸效果

5.4.3 缩放图形

缩放图形是指将图形对象以指定的缩放基点进行等比缩放。在调用命令的过程中，需要确定的参数有缩放对象、缩放基点和比例因子。与“旋转”命令类似，可以选择“复制”选项，在生成缩放对象时保留源对象。

执行“缩放”命令的方法有以下 4 种。

- 菜单栏：选择“修改”|“缩放”命令。
- 功能区：在“默认”选项卡中，单击“修改”面板中的“缩放”按钮。
- 工具栏：单击“修改”工具栏中的“缩放”按钮。
- 命令行：在命令行中输入 SCALE/SC 命令。

使用上述命令，指定缩放对象和基点后，命令行提示如下。

指定比例因子或 [复制(C)/参照(R)]:

其中各选项的含义如下。

- 比例因子：缩放或放大的比例值。大于 1 为放大，小于 1 为缩小。
- 复制（C）：表示对象缩放后不删除源对象，创建要缩放对象的副本。
- 参照（R）：表示参照长度和指定新长度缩放所选对象。

5.4.4 案例——缩放图形

步骤 1 打开文件。单击快速访问工具栏中的“打开”按钮，打开配套光盘中提供的“第 05 章\5.4.4 缩放图形.dwg”素材文件，如图 5-55 所示。

步骤 2 在“默认”选项卡中，单击“修改”面板中的“缩放”按钮，将 5 个圆进行等比缩放，将其缩放至矩形内合适位置，如图 5-56 与图 5-57 所示。命令行操作如下。

```
命令: _scale                                    //执行“缩放”命令
SCALE 找到 5 个                                 //选择 5 个圆形
指定基点:                                       //以矩形左下角点 A 为基点
指定比例因子或 [复制(C)/参照(R)]: R↙            //激活“参照”选项
指定参照长度 <136.6025>:  指定第二点:           //以 AB 直线为参照长度
指定新的长度或 [点(P)] <90.0000>:               //在矩形右下角点 D 处单击确定新的长度，完成缩放操作
```

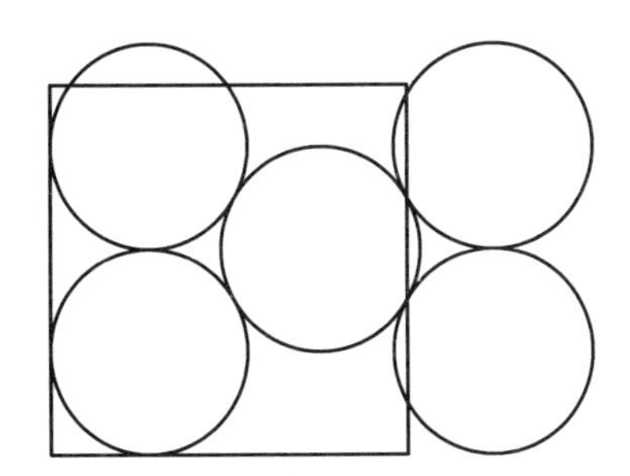

图 5-55 素材文件

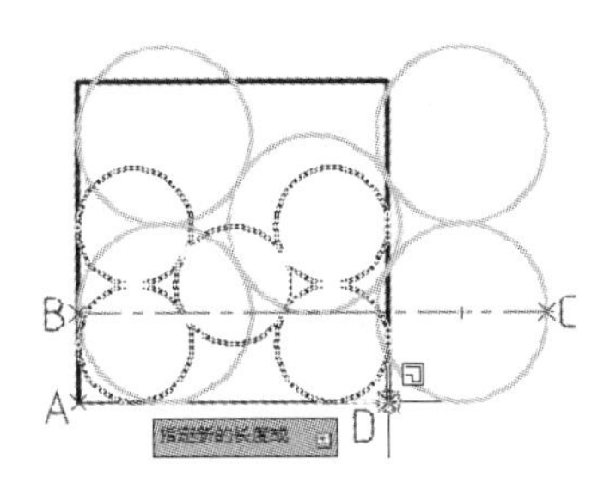

图 5-56 进行“参照”拉伸

步骤 3 对矩形进行调整，结果如图 5-58 所示。

步骤 4 按空格键重复调用“缩放”命令，将 4 个圆向内进行缩放复制，结果如图 5-59 所示。命令行提示如下。

```
命令: _scale                                    //执行“缩放”命令
SCALE 找到 1 个                                 //选择圆形
指定基点:                                       //以圆的圆心为基点
指定比例因子或 [复制(C)/参照(R)]: C↙            //激活“复制”选项
缩放一组选定对象
指定比例因子或 [复制(C)/参照(R)]: 0.5↙          //输入比例因子并按〈Enter〉键确定
……                                              //用上述相同的方法继续细化图形
```

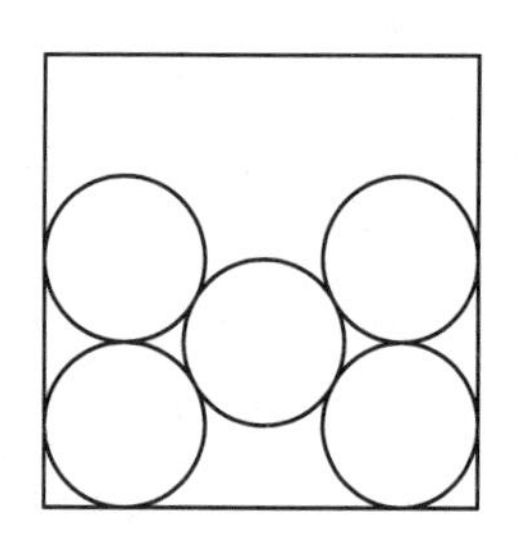
图 5-57 缩放图形效果

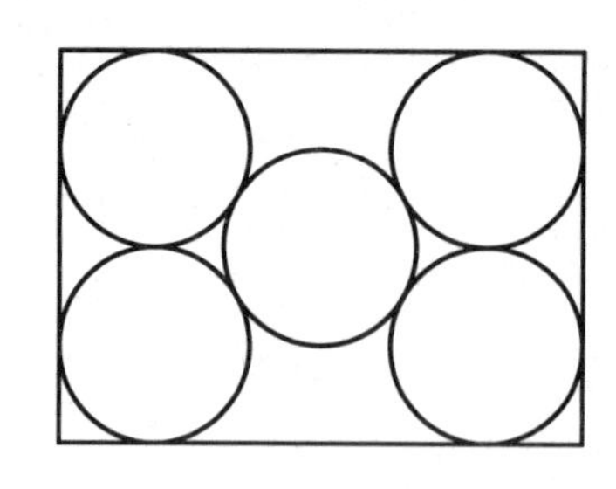
图 5-58 调整矩形

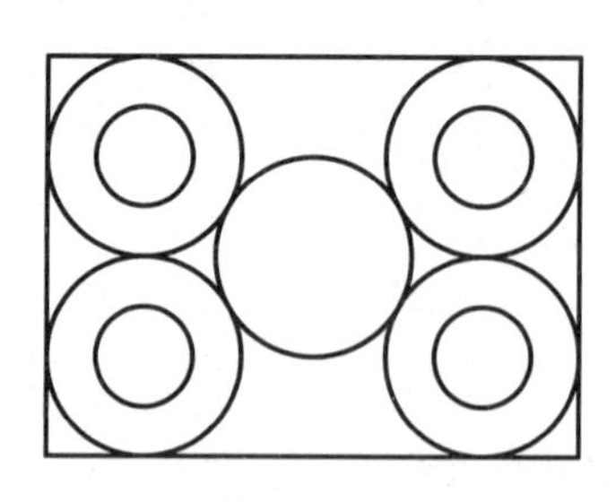
图 5-59 缩放复制圆

5.5 图形修剪与其他编辑

本节主要介绍如何编辑图形对象。在 AutoCAD 中，可以通过修剪、延伸、倒角和圆角等方式来编辑图形对象。

5.5.1 修剪图形

“修剪”命令是指将超出边界的多余部分删除。修剪操作可以修剪直线、圆、弧、多段线、样条曲线和射线等。在调用命令的过程中，需要设置的参数有修剪边界和修剪对象两类。

执行“修剪”命令的方法有以下 4 种。

- 菜单栏：选择“修改”|“修剪”命令。
- 功能区：在“默认”选项卡中，单击“修改”面板中的“修剪”按钮。
- 工具栏：单击“修改”工具栏中的“修剪”按钮。
- 命令行：在命令行中输入 TRIM/TR 命令。

执行上述命令，选择要修剪的对象后，命令行提示如下。

选择要修剪的对象，或按住 Shift 键选择要延伸的对象，或[栏选(F)/窗交(C)/投影(P)/边(E)/删除(R)/放弃(U)]:

其中部分选项的含义如下。

- 投影（P）：可以指定执行修剪的空间，主要应用于三维空间中两个对象的修剪，可将对象投影到某一平面上执行修剪操作。
- 边（E）：选择该选项时，命令行显示“输入隐含边延伸模式[延伸(E)/不延伸(N)]<延伸>:”提示信息。如果选择“延伸”选项，则当剪切边太短而且没有与被修剪对象相交时，可延伸修剪边，然后进行修剪；如果选择“不延伸”选项，只有当剪切边与被修剪对象真正相交时，才能进行修剪。
- 删除（R）：删除选定的对象。
- 放弃（U）：取消上一次操作。

5.5.2 案例——绘制三叶草 LOGO

步骤 1 打开文件。单击快速访问工具栏中的“打开”按钮，打开配套光盘中提供的“第 05 章\5.5.2 绘制三叶草 LOGO.dwg”素材文件，如图 5-60 所示。

步骤 2 在命令行中输入 TR（修剪）命令并按〈Enter〉键，将矩形内所有多余的线段删除，如图 5-61 与图 5-62 所示。命令行提示如下。

```
命令: TR↙                TRIM                         //执行"修剪"命令
当前设置:投影=UCS，边=延伸
选择剪切边...
选择对象或 <全部选择>:  指定对角点: 找到 3 个        //以 3 个矩形为剪切边
选择对象:
选择要修剪的对象，或按住 Shift 键选择要延伸的对象，或
[栏选(F)/窗交(C)/投影(P)/边(E)/删除(R)/放弃(U)]:      //3 个矩形内多余的线段为修剪对象并按〈Enter〉键完成修剪操作
```

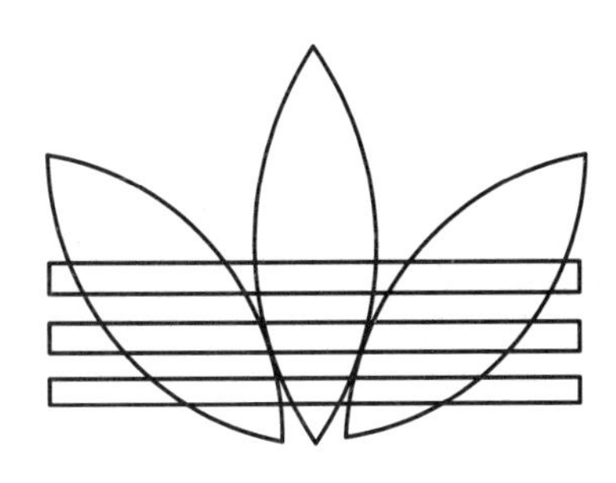

图 5-60　素材文件

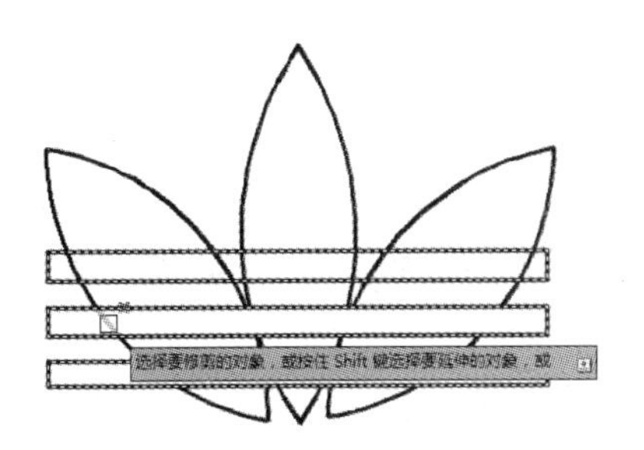

图 5-61　修剪矩形内的线段

步骤 3 重复调用"修剪"命令，用上述相同的方法继续修剪图形，并使用 H（填充图案）命令，填充图形，三叶草 LOGO 绘制效果如图 5-63 与图 5-64 所示。

图 5-62　修剪图形效果

图 5-63　修剪图形最后效果

图 5-64　完成效果

提示： 如果按住〈Shift〉键的同时选择与修剪边不相交的对象，修剪边将变为延伸边界，将选择的对象延伸至与修剪边界相交，与 EXTEND 命令功能相同。

5.5.3 延伸图形

"延伸"命令是将没有和边界相交的部分延伸补齐，它和"修剪"命令是一组相对的命令。在调用命令的过程中，需要设置的参数有延伸边界和延伸对象两类。

执行"延伸"命令的方法有以下 4 种。

➢ 菜单栏：选择"修改" | "延伸"命令。

- 功能区：在“默认”选项卡中，单击“修改”面板中的“延伸”按钮。
- 工具栏：单击“修改”工具栏中的“延伸”按钮。
- 命令行：在命令行中输入 EXTEND/EX 命令。

使用上述命令，并选择延伸到的对象后，命令行提示如下。

选择要延伸的对象，或按住 Shift 键选择要修剪的对象，或[栏选(F)/窗交(C)/投影(P)/边(E)/放弃(U)]:

命令行中各选项的含义如下。

- 栏选（F）：用栏选的方式选择要延伸的对象。
- 窗交（C）：用窗交方式选择要延伸的对象。
- 投影（P）：用以指定延伸对象时使用的投影方式，即选择进行延伸的空间。
- 边（E）：指定是将对象延伸到另一个对象的隐含边或是延伸到三维空间中与其相交的对象。
- 放弃（U）：放弃上一次的延伸操作。

提示： 在“延伸”命令中，选择延伸对象时按住〈Shift〉键，可以将该对象超过边界的部分修剪删除。从而节省更换命令的操作，大大提高绘图效率。

5.5.4 案例——绘制餐桌

步骤 1 打开文件。单击快速访问工具栏中的“打开”按钮，打开配套光盘中提供的“第 05 章\5.5.2 绘制餐桌.dwg”素材文件，如图 5-65 所示。

步骤 2 在命令行中输入 EX（延伸）命令并按〈Enter〉键，将矩形内的斜线进行延伸，如图 5-66 与图 5-67 所示。命令行提示如下。

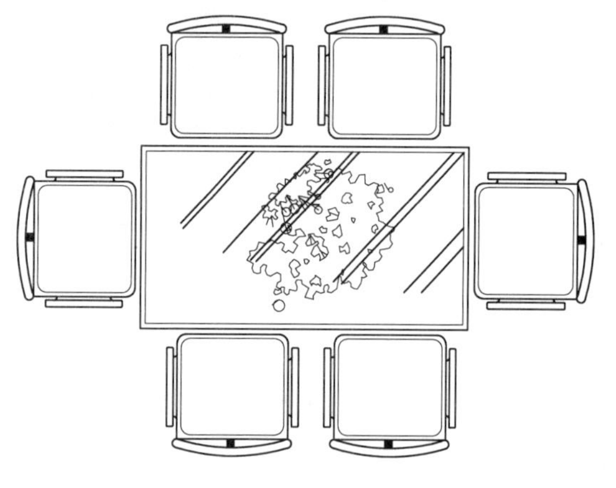

图 5-65 素材文件

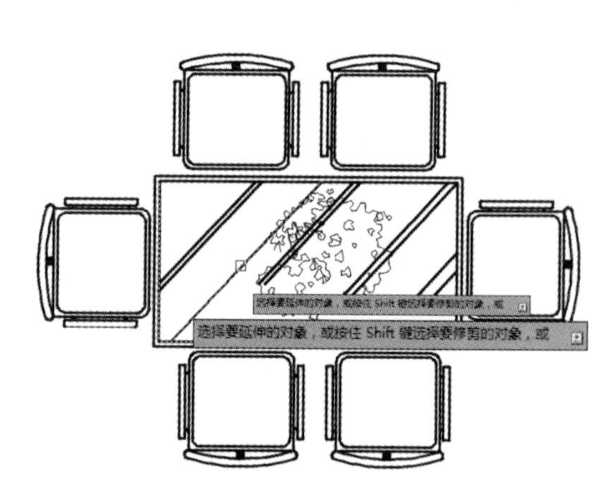

图 5-66 延伸线段

命令: EX↙ EXTEND //执行“延伸”命令
当前设置:投影=UCS，边=延伸
选择边界的边...
选择对象或 <全部选择>: 找到 1 个
选择对象: 找到 1 个，总计 2 个 //选择延伸边界

选择对象: //按空格键确定对象
选择要延伸的对象，或按住 Shift 键选择要修剪的对象，或
[栏选(F)/窗交(C)/投影(P)/边(E)/放弃(U)]: //选择需延伸的对象
选择要延伸的对象，或按住 Shift 键选择要修剪的对象，或
[栏选(F)/窗交(C)/投影(P)/边(E)/放弃(U)]: //按空格键退出“延伸”命令

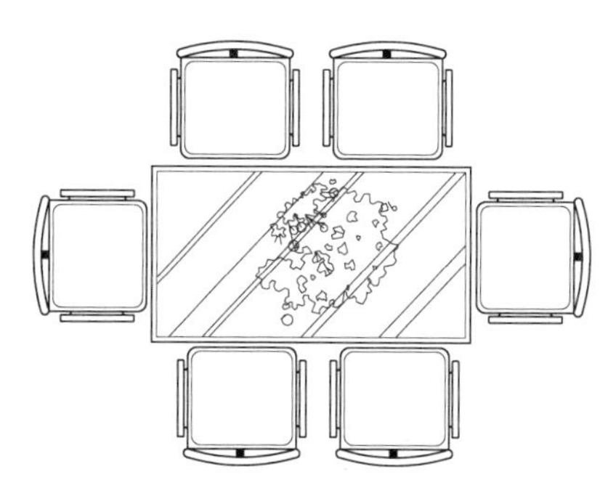

图 5-67 完成效果

5.5.5 倒角图形

“倒角”命令用于在两条非平行直线上生成相连的斜线，连接两个对象，常用于机械制图中。

执行“倒角”命令的方法有以下 4 种。

- 菜单栏：选择“修改”|“倒角”命令。
- 功能区：在“默认”选项卡中，单击“修改”面板中的“倒角”按钮。
- 工具栏：单击“修改”工具栏中的“倒角”按钮。
- 命令行：在命令行中输入 CHAMFER/CHA 命令。

执行上述命令后，命令行提示如下。

选择第一条直线或 [放弃(U)/多段线(P)/距离(D)/角度(A)/修剪(T)/方式(E)/多个(M)]:

命令行中各选项的含义如下。

- 放弃（U）：放弃上一次的倒角操作。
- 多段线（P）：对整个多段线每个顶点处的相交直线进行倒角，并且倒角后的线段将成为多段线的新线段，如图 5-68 所示。
- 距离（D）：通过设置两个倒角边的倒角距离来进行倒角操作，如图 5-69 所示。

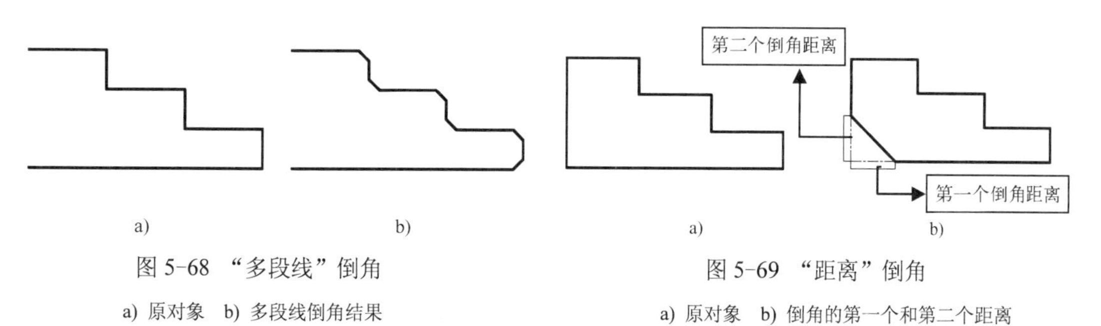

图 5-68 “多段线”倒角

a) 原对象 b) 多段线倒角结果

图 5-69 “距离”倒角

a) 原对象 b) 倒角的第一个和第二个距离

- 角度（A）：通过设置一个角度和一个距离来进行倒角操作，如图 5-70 所示。
- 修剪（T）：设定是否对倒角进行修剪，如图 5-71 所示。
- 方式（E）：用于选择倒角方式，与选择“距离（D）”或“角度（A）”的作用相同。
- 多个（M）：用于对多组对象进行倒角。选择该选项后，倒角命令将重复，直到用户按〈Enter〉键结束。

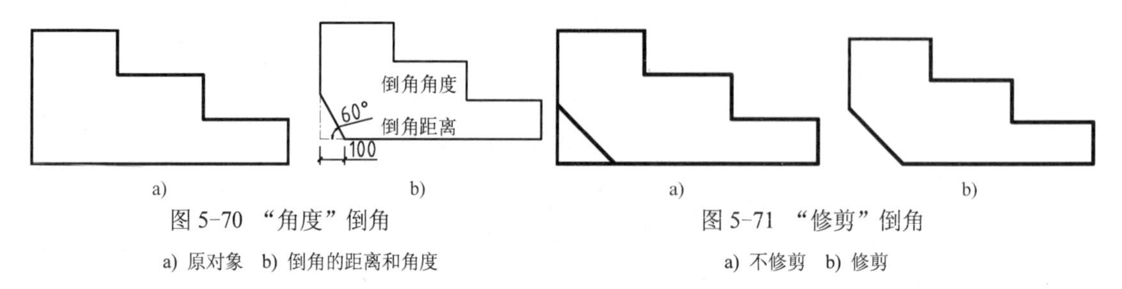

图 5-70 “角度”倒角

a) 原对象 b) 倒角的距离和角度

图 5-71 “修剪”倒角

a) 不修剪 b) 修剪

提示：在进行倒角或圆角操作时，有时会发现操作后对象没有变化，此时应查看是不是倒角距离或圆角半径为 0 或太小、太大。

5.5.6 案例——绘制顶杆零件

步骤 1 打开文件。单击快速访问工具栏中的“打开”按钮，打开配套光盘中提供的“第 05 章\5.5.6 绘制顶杆零件.dwg”素材文件，如图 5-72 所示。

步骤 2 在命令行中输入 CHA（倒角）命令并按〈Enter〉键，设置倒角距离为 1、1.7，分别选定素材右上方、右下方的直角边为倒角边，如图 5-73 所示。命令行提示如下。

```
命令: CHA↙        chamfer                              //调用“倒角”命令
(“修剪”模式) 当前倒角距离 1 = 0.0000，距离 2 = 0.0000
选择第一条直线或 [放弃(U)/多段线(P)/距离(D)/角度(A)/修剪(T)/方式(E)/多个(M)]:D↙
                                                       //激活“距离”选项
指定 第一个 倒角距离 <0.0000>:1↙                      //输入第一个倒角距离
指定 第二个 倒角距离 <30.0000>:1.7↙                   //输入第二个倒角距离
选择第一条直线或 [放弃(U)/多段线(P)/距离(D)/角度(A)/修剪(T)/方式(E)/多个(M)]:
                                                       //单击需要倒角的第一条线段
选择第二条直线，或按住 Shift 键选择直线以应用角点或 [距离(D)/角度(A)/方法(M)]:
                                                       //单击需要倒角的第二条线段
```

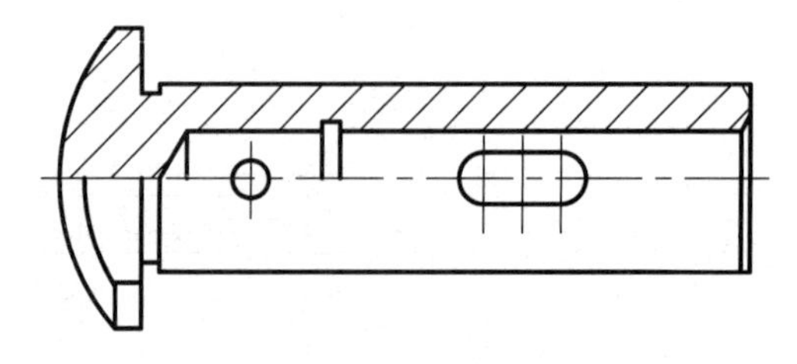

图 5-72 素材文件

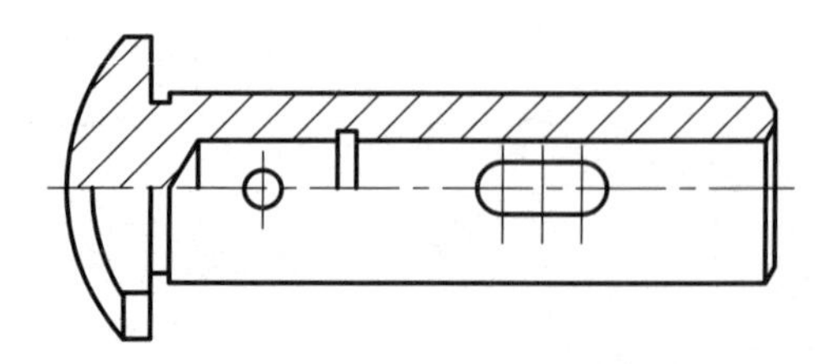

图 5-73 倒角结果

5.5.7 圆角图形

“圆角”命令是将两条相交的直线通过一个圆弧连接起来。“圆角”命令的使用分为两步：第一步确定圆角大小，通过半径选项输入数值；第二步选定两条需要圆角的边。

执行“圆角”命令的方法有以下4种。

- 菜单栏：选择“修改”|“圆角”命令。
- 功能区：在“默认”选项卡中，单击“修改”面板中的“圆角”按钮。
- 工具栏：单击“修改”工具栏中的“圆角”按钮。
- 命令行：在命令行中输入FILLET/F命令。

执行上述命令后，命令行提示如下。

选择第一个对象或 [放弃(U)/多段线(P)/半径(R)/修剪(T)/多个(M)]:

命令行中各选项的含义如下。

- 放弃（U）：放弃上一次的圆角操作。
- 多段线（P）：选择该选项，将对多段线中每个顶点处的相交直线进行圆角，并且圆角后的圆弧线段将成为多段线的新线段。
- 半径（R）：选择该选项，设置圆角的半径。
- 修剪（T）：选择该选项，设置是否修剪对象。
- 多个（M）：选择该选项，可以在依次调用命令的情况下对多个对象进行圆角。

提示：重复“圆角”命令之后，圆角的半径和修剪选项无须重新设置，直接选择圆角对象即可，系统默认以上一次圆角的参数创建之后的圆角。

5.5.8 案例——绘制阀盖零件

步骤1 打开文件。单击快速访问工具栏中的“打开”按钮，打开配套光盘中提供的“第05章\5.5.8 绘制阀盖零件.dwg”素材文件，如图5-74所示。

步骤2 在命令行中输入F（圆角）命令并按〈Enter〉键，设置圆角半径为12.5，分别选定素材正方形的直角边为圆角边，如图5-75所示。命令行提示如下。

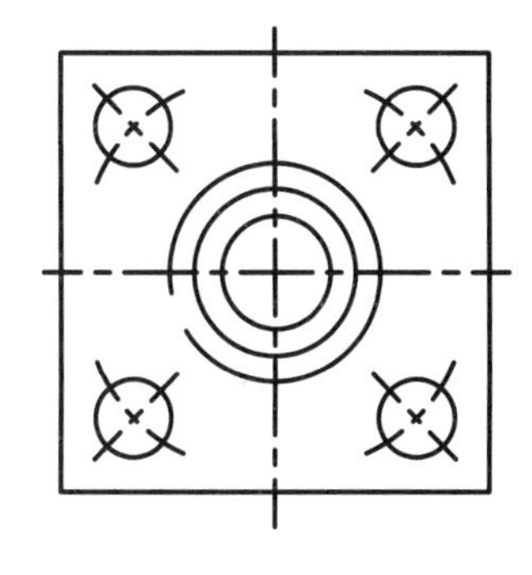

图5-74　素材文件

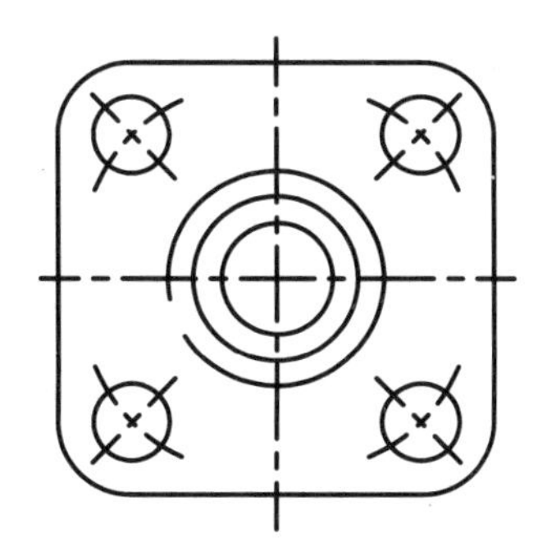

图5-75　圆角结果

命令: F↙　　FILLET　　//调用“倒角”命令

当前设置: 模式 = 修剪，半径 =2.0000

选择第一个对象或 [放弃(U)/多段线(P)/半径(R)/修剪(T)/多个(M)]: R↙ //激活“半径”选项
指定圆角半径 <2.0000>: 12.5↙ //输入半径值
选择第一个对象或 [放弃(U)/多段线(P)/半径(R)/修剪(T)/多个(M)]: //指定圆角第一条边
选择第二个对象，或按住 Shift 键选择对象以应用角点或 [半径(R)]: //指定圆角第二条边
命令: FILLET //按空格键调用“倒角”命令
当前设置: 模式 = 修剪，半径 = 12.5000 //使用系统上次调用“圆角”命令的模式
……

5.5.9 光顺曲线

“光顺曲线”命令是指在两条开放曲线的端点之间创建相切或平滑的样条曲线，有效对象包括直线、圆弧、椭圆弧、螺线、没闭合的多段线和没闭合的样条曲线。

执行“光顺曲线”命令的方法有以下 4 种。

- 菜单栏：选择“修改”|“圆角”命令。
- 功能区：在“默认”选项卡中，单击“修改”面板中的“光顺曲线”按钮。
- 工具栏：单击“修改”工具栏中的“光顺曲线”按钮。
- 命令行：在命令行中输入 BLEND 命令。

执行上述命令后，命令行提示如下。光顺曲线效果如图 5-76 所示。

命令: _BLEND↙ //调用“光顺曲线”命令
连续性 = 相切
选择第一个对象或 [连续性(CON)]: //要光顺的对象
选择第二个点: CON↙ //激活“连续性”选项
输入连续性 [相切(T)/平滑(S)] <相切>: S↙ //激活“平滑”选项
选择第二个点: //单击第二点完成命令操作

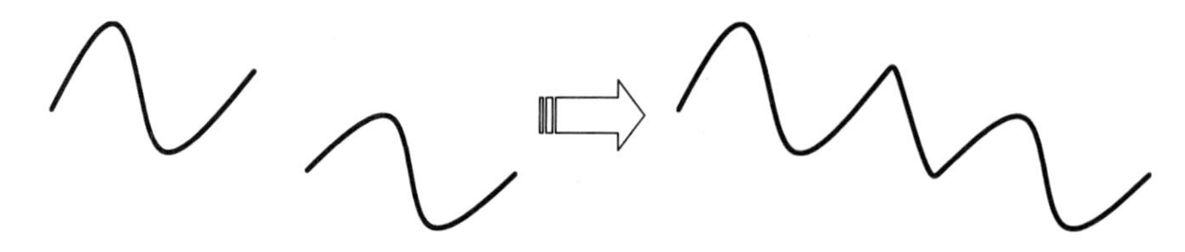

图 5-76 光顺曲线

其中各选项的含义如下。

- 连续性（CON）：设置连接曲线的过渡类型。
- 相切（T）：创建一条 3 阶样条曲线，在选定对象的端点处具有相切连续性。
- 平滑（S）：创建一条 5 阶样条曲线，在选定对象的端点处具有曲率连续性。

5.5.10 删除图形

“删除”命令可将多余的对象从图形中清除。执行“删除”命令的方法有以下 4 种。

- 菜单栏：选择“修改”|“删除”命令。
- 功能区：在“默认”选项卡中，单击“修改”面板中的“删除”按钮。

➢ 工具栏：单击“修改”工具栏中的“删除”按钮。

➢ 命令行：在命令行中输入 ERASE/E 命令。

执行上述命令后，根据命令行的提示选择需要删除的图形对象，按〈Enter〉键即可删除已选择的对象，如图 5-77 所示。

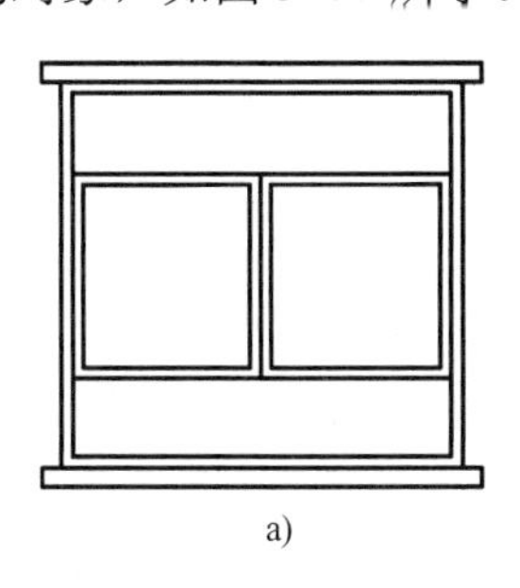
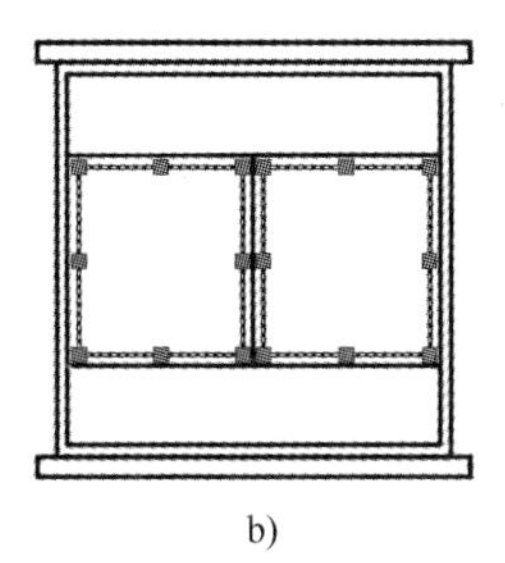
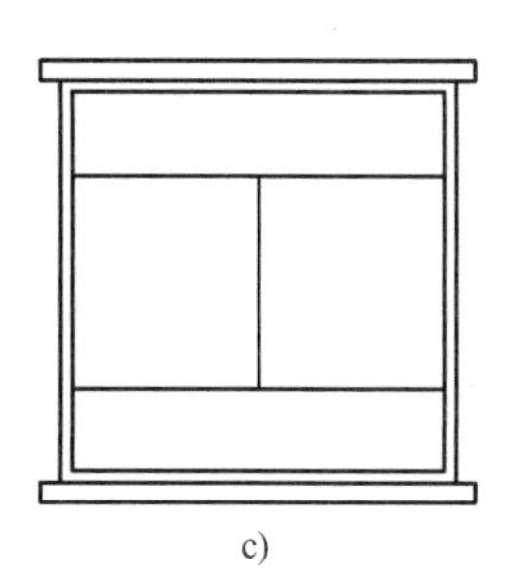

a) b) c)

图 5-77 删除图形

a) 原对象 b) 选择要删除的对象 c) 删除结果

提示：选中要删除的对象后按〈Delete〉键，也可以将对象删除。

5.5.11 分解图形

对于由多个对象组成的组合对象，如矩形、多边形、多段线、块和阵列等，如果需要对其中的单个对象进行编辑操作，就需要先利用“分解”命令将这些对象分解成单个的图形对象。

执行“分解”命令的方法有以下 4 种。

➢ 菜单栏：选择“修改”|“分解”命令。

➢ 功能区：在“默认”选项卡中，单击“修改”面板中的“分解”按钮。

➢ 工具栏：单击“修改”工具栏中的“分解”按钮。

➢ 命令行：在命令行中输入 EXPLODE/X 命令。

执行该命令后，选择要分解的图形对象并按〈Enter〉键，即可完成分解操作，如图 5-78 所示。

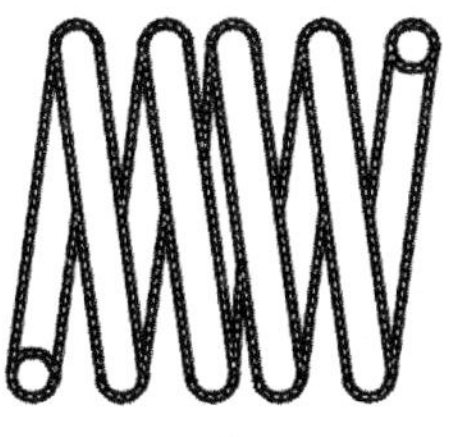
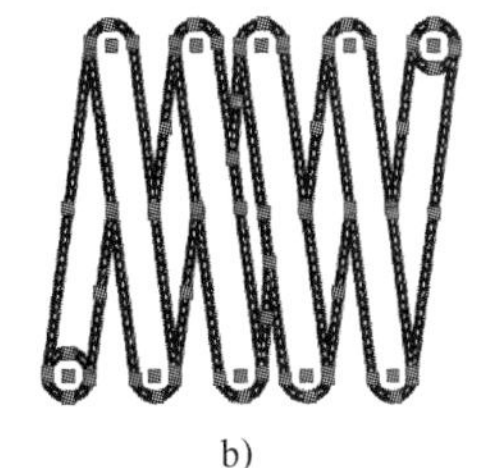

a) b)

图 5-78 分解图形

a) 原对象 b) 分解结果

提示：“分解”命令不能分解用 MINSERT 和外部参照插入的块，以及外部参照依赖的块。分解一个包含属性的块，将删除属性值并重新显示属性定义。

5.5.12 拉长图形

“拉长”命令就是改变原图形的长度，可以把原图形变长，也可以将其缩短。用户可以通过指定一个长度增量、角度增量（对于圆弧）、总长度或者相对于原长的百分比增量来改变原图形的长度，也可以通过动态拖动的方式直接改变原图形的长度，如图 5-79 所示。

执行“拉长”命令的方法有以下 4 种。

- 菜单栏：选择“修改”|“拉长”命令。
- 功能区：在“默认”选项卡中，单击“修改”面板中的“拉长”按钮。
- 工具栏：单击“修改”工具栏中的“拉长”按钮。
- 命令行：在命令行输入 LENGTHEN/LEN 命令。

调用该命令后，命令行提示如下。

选择对象或 [增量(DE)/百分数(P)/全部(T)/动态(DY)]:

其各选项的含义如下。

- 增量：表示以增量方式修改对象的长度。可以直接输入长度增量来拉长直线或者圆弧，长度增量为正时拉长对象，为负时缩短对象。也可以输入 A，通过指定圆弧的长度和角增量来修改圆弧的长度。
- 百分数：通过输入百分比来改变对象的长度或圆心角大小。百分比的数值以原长度为参照。
- 全部：通过输入对象的总长度来改变对象的长度或角度。
- 动态：用动态模式拖动对象的一个端点来改变对象的长度或角度。

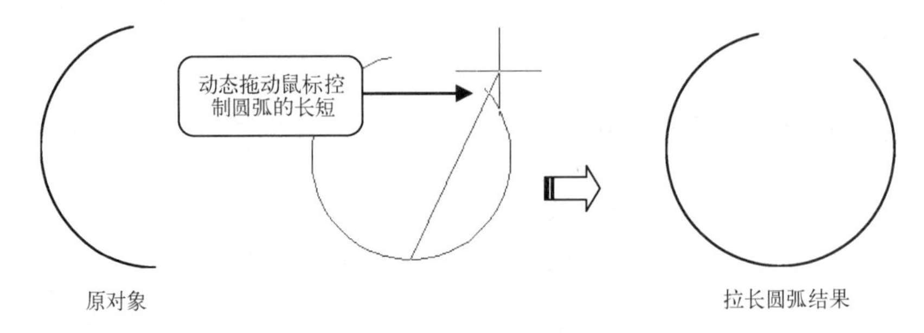

图 5-79 拉长图形

提示：“拉长”命令只能用于改变非封闭图形的长度，包括直线和圆弧，对于封闭图形（如矩形、圆和椭圆）无效。某些拉长结果与延伸和修剪效果相似。

5.5.13 打断图形

“打断”命令是指把原本是一个整体的线条分离成两段。该命令只能打断单独的线条，而不能打断组合形体，如块等。

执行“打断”命令的方法有以下 4 种。

- 菜单栏：选择“修改”|“打断”命令。
- 功能区：在“默认”选项卡中，单击“修改”面板中的“打断”按钮或“打断于点”按钮。

➢ 工具栏：单击“修改”工具栏中的“打断”按钮或“打断于点”按钮。

➢ 命令行：在命令行输入 BREAK/BR 命令。

在 AutoCAD 2016 中，根据打断点数量的不同，“打断”命令可以分为“打断”和“打断于点”两种。

1. 打断

“打断”命令是指在两点之间打断选定的对象。在调用命令的过程中，需要输入的参数有打断对象、打断第一点和第二点。第一点和第二点之间的图形部分则被删除。图 5-80 所示即为将圆打断后的前后效果。

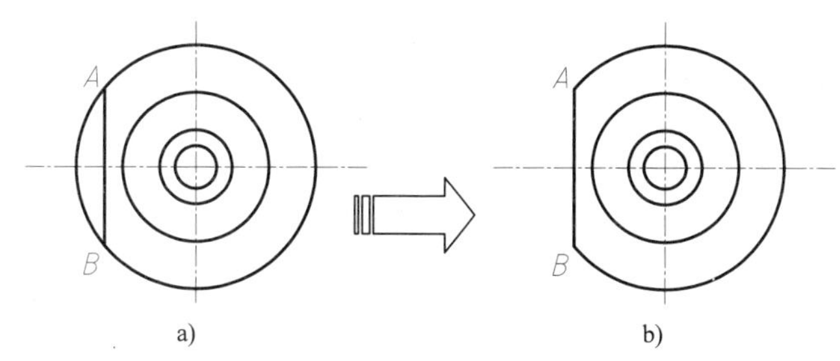

图 5-80 打断

a) 打断前 b) 打断后

2. 打断于点

打断于点是指通过指定一个打断点，将对象断开。在调用命令的过程中，需要输入的参数有打断对象和第一个打断点。打断对象之间没有间隙。图 5-81 所示即为将圆弧在象限点处打断。

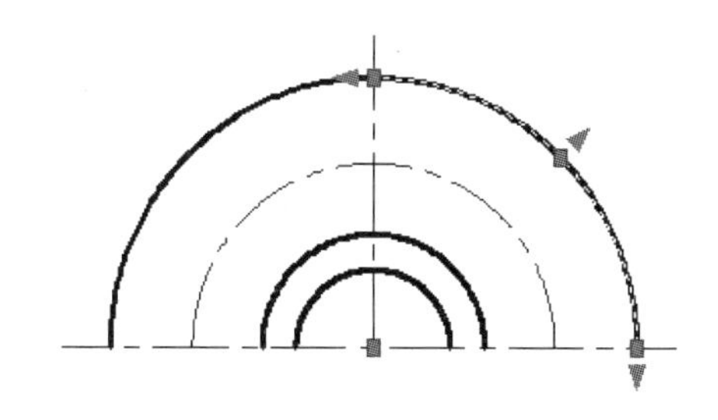

图 5-81 打断于点

5.5.14 案例——绘制支撑座示意图

下面通过绘制如图 5-82 所示的案例，使读者更加熟练地掌握打断图形命令的方法。

步骤 1 单击快速访问工具栏中的“新建”按钮，新建空白文件。

步骤 2 在“默认”选项卡中，单击“绘图”面板中的“矩形”按钮，绘制一个 100×40 的矩形，结果如图 5-83 所示。

步骤 3 在“默认”选项卡中，单击“绘图”面板中的“圆心、半径”按钮，捕捉矩形上边线中点为圆心，绘制一个半径为 25 的圆，结果如图 5-84 所示。

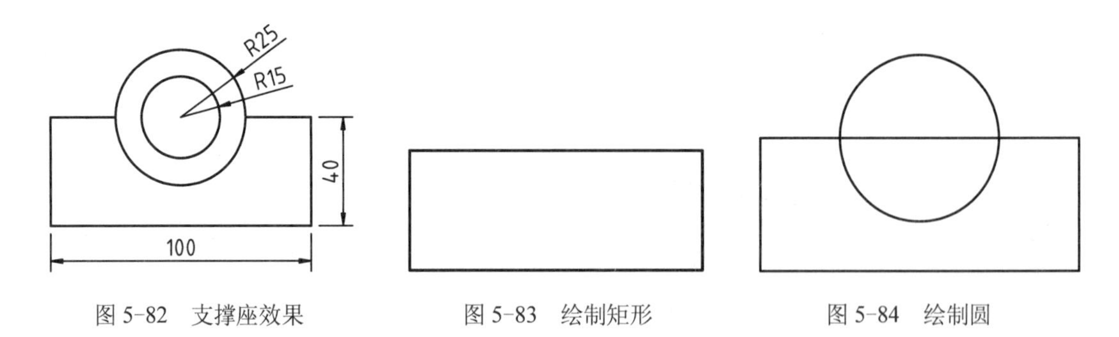

图 5-82 支撑座效果　　图 5-83 绘制矩形　　图 5-84 绘制圆

步骤 4 在“默认”选项卡中，单击“修改”面板中的“打断”按钮，打断矩形的上边线，结果如图 5-85 所示，命令行操作如下。

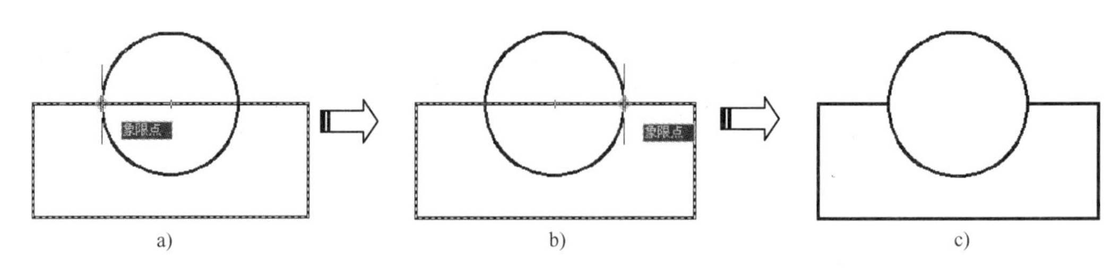

图 5-85 打断操作

a) 捕捉第一点 b) 捕捉第二点 c) 最终结果

```
命令: _break
选择对象:                                  //选择矩形
指定第二个打断点 或 [第一点(F)]:F↙          //激活“第一点”选项
命令:  BREAK 选择对象:                      //捕捉第一个打断点
指定第二个打断点 或 [第一点(F)]:             //捕捉第二个打断点
```

步骤 5 单击“绘图”面板中的“圆心、半径”按钮，绘制一个半径为 15 的圆，结果如图 5-82 所示。至此，整个支承座绘制完成。

5.5.15 合并图形

“合并”命令用于将独立的图形对象合并为一个整体。它可以将多个对象进行合并，包括圆弧、椭圆弧、直线、多线段和样条曲线等。执行“合并”命令的方法有以下 4 种。

- 菜单栏：选择“修改”|“合并”命令。
- 功能区：在“默认”选项卡中，单击“修改”面板中的“合并”按钮。
- 工具栏：单击“修改”工具栏中的“合并”按钮。
- 命令行：在命令行输入 JOIN/J 命令。

执行上述命令后，选择要合并的图形对象并按〈Enter〉键，即可完成合并对象操作，如图 5-86 所示

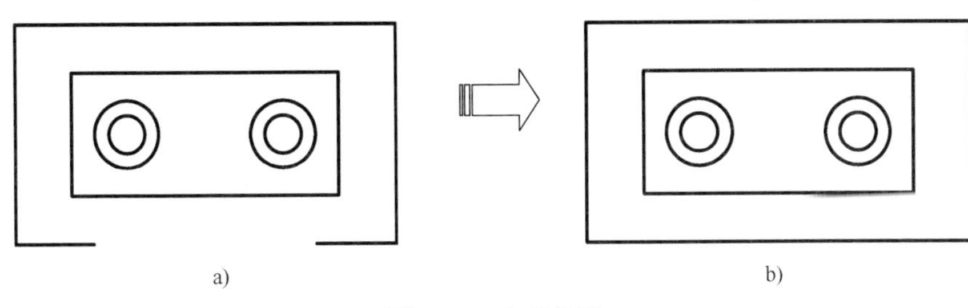

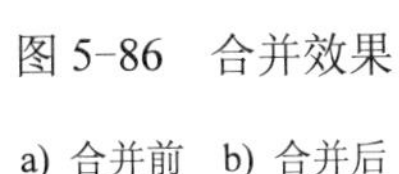

a) b)

图 5-86 合并效果

a) 合并前 b) 合并后

5.5.16 对齐图形

“对齐”命令是指在二维和三维空间中将对象与其他对象对齐。可以指定一对、两对或三对源点和定义点，以移动、旋转或倾斜选定的对象，从而将它们与其他对象上的点对齐。

执行“对齐”命令的方法有以下 4 种。

- 菜单栏：选择“修改” | “三维操作” | “对齐”命令。
- 功能区：在“默认”选项卡中，单击“修改”面板中的“对齐”按钮。
- 命令行：在命令行输入 ALIGN/AL 命令。

执行上述命令后，通过指定源点和目标点，即可完成对齐对象操作，如图 5-87 与图 5-88 所示。

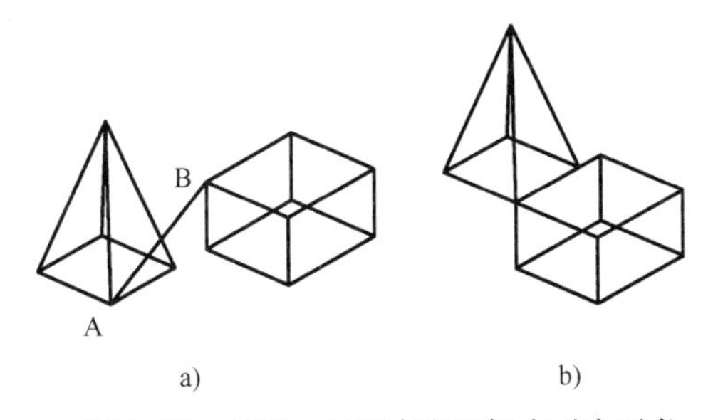

a) b)

图 5-87 使用一对源点和目标点对齐对象

a) 指定一对源点和目标点 b) 对齐效果

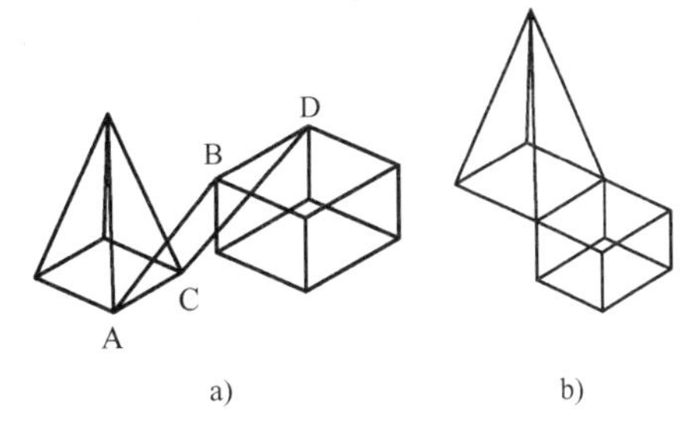

a) b)

图 5-88 使用两对源点和目标点对齐对象

a) 指定两对源点和目标点 b) 对齐效果

5.5.17 案例——对齐花坛座椅

步骤 1 打开文件。单击快速访问工具栏中的“打开”按钮，打开配套光盘中提供的“第 05 章\5.5.16 对齐花坛座椅.dwg”素材文件，如图 5-89 所示。

步骤 2 在命令行中输入 AL（对齐）命令并按〈Enter〉键，如图 5-90 与所示。命令行提示如下。

```
命令: AL↙    ALIGN                //调用“对齐”命令
选择对象: 指定对角点: 找到 1 个
选择对象:                         //选择座椅
指定第一个源点:                   //指定座椅一点
```

```
指定第一个目标点:                                    //指定座椅另一点
指定第二个源点:                                      //指定休息平台边的点
指定第二个目标点:                                    //指定休息平台边的另一点
指定第三个源点或 <继续>:                             //按〈Enter〉键确定
是否基于对齐点缩放对象? [是(Y)/否(N)] <否>: Y↙      //激活"是"选项，按〈Enter〉键确定
```

图 5-89　素材文件

图 5-90　对齐座椅

步骤 3 按空格键重复调用“对齐”命令，用上述相同的方法绘制花坛座椅，结果如图 5-91 所示。

步骤 4 对座椅进行调整，并完善图形，结果如图 5-92 所示。

图 5-91　对齐另一座椅

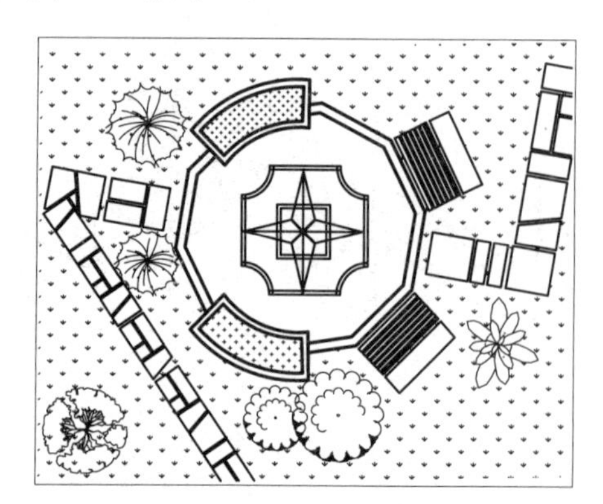

图 5-92　完成效果

5.6 夹点编辑图形

所谓“夹点”，是指图形对象上的一些特征点，如端点、顶点、中点和中心点等，图形的位置和形状通常是由夹点的位置决定的。在 AutoCAD 中，夹点是一种集成的编辑模式，利用夹点可以编辑图形的大小、位置、方向，以及对图形进行镜像复制操作等。

5.6.1 夹点模式概述

在夹点编辑下，图形对象以虚线显示，图形上的特征点（如端点、圆心和象限点等）将

显示为蓝色的小方框，如图 5-93 所示，这样的小方框称为“夹点”。

夹点有未激活和被激活两种状态。蓝色小方框显示的夹点处于未激活状态，单击某个未激活夹点，该夹点以红色小方框显示，处于被激活状态，称为“热夹点”。以热夹点为基点，可以对图形对象进行拉伸、平移、复制、缩放和镜像等操作。

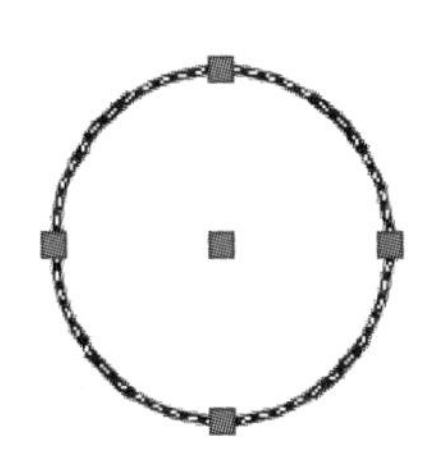
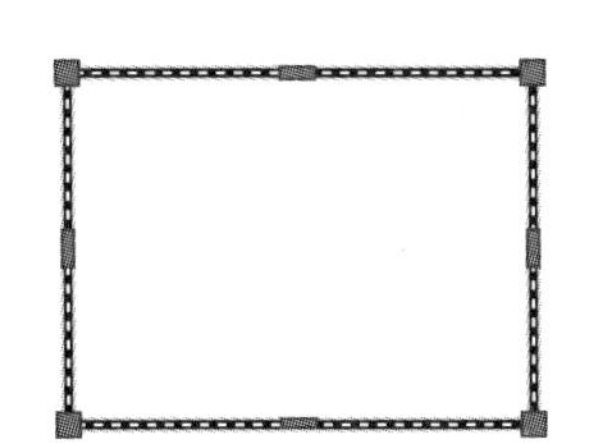

图 5-93 不同对象的夹点

提示：激活热夹点时按住〈Shift〉键，可以选择激活多个热夹点。

5.6.2 通过夹点拉伸对象

在不执行任何命令的情况下选择对象，显示其夹点。然后单击其中一个夹点，进入编辑状态。

系统自动执行默认的“拉伸”编辑模式，将其作为拉伸的基点，命令行将显示如下提示信息。

指定拉伸点或 [基点(B)/复制(C)/放弃(U)/退出(X)]:

命令行中各选项的含义如下。

- 基点（B）：重新确定拉伸基点。
- 复制（C）：允许确定一系列的拉伸点，以实现多次拉伸。
- 放弃（U）：取消上一次操作。
- 退出（X）：退出当前操作。

通过移动夹点，可以将图形对象拉伸至新的位置，如图 5-94 所示。

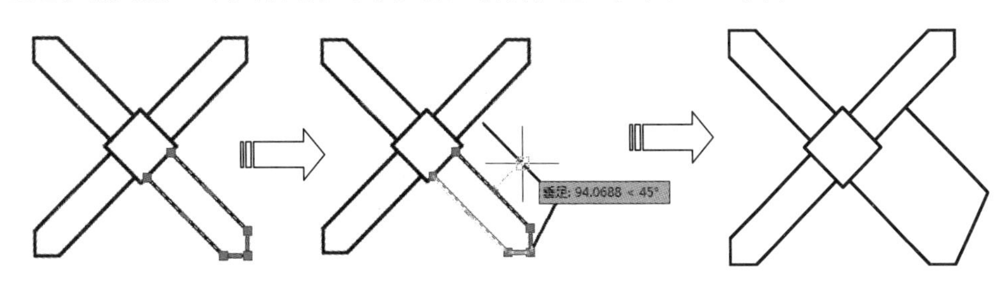

图 5-94 通过夹点拉伸对象

提示：对于某些夹点，移动时只能移动对象而不能拉伸对象，如文字、块、直线中点、圆心、椭圆中心和点对象上的夹点。

5.6.3 通过夹点移动对象

在夹点编辑模式下确定基点后，在命令提示下输入 MO 并按〈Enter〉键，进入移动模式，命令行提示如下。

** MOVE **

指定移动点或 [基点(B)/复制(C)/放弃(U)/退出(X)]:

通过输入点的坐标或拾取点的方式来确定平移对象的目标点后，即可将所选对象平移到新位置，如图 5-95 所示。

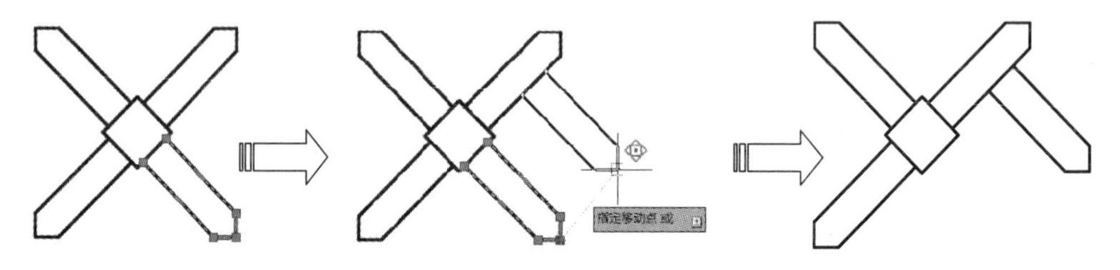

图 5-95　通过夹点移动图形

提示：对热夹点进行编辑操作时，可以在命令行输入 S、M、CO、SC 和 MI 等基本修改命令，也可以按〈Enter〉键或空格键在不同的修改命令间切换。

5.6.4 通过夹点旋转对象

在夹点编辑模式下确定基点后，在命令提示下输入 RO 并按〈Enter〉键，进入旋转模式，命令行提示如下。

** 旋转 **

指定旋转角度或 [基点(B)/复制(C)/放弃(U)/参照(R)/退出(X)]:

默认情况下，输入旋转角度值或通过拖动方式确定旋转角度后，即可将对象绕基点旋转指定的角度。也可以选择“参照”选项，以参照方式旋转对象。

利用夹点旋转对象如图 5-96 所示。

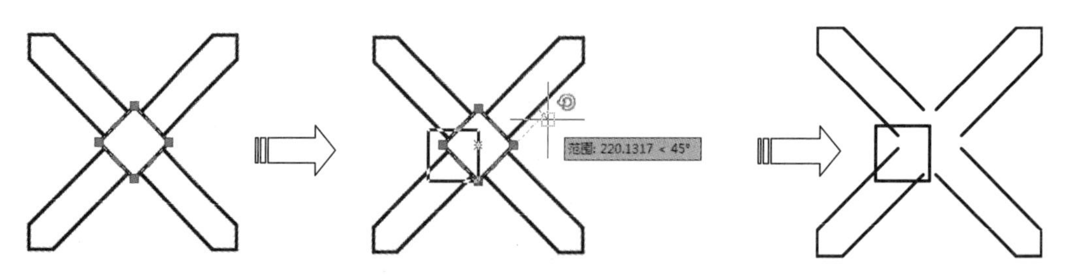

图 5-96　通过夹点旋转对象

5.6.5 通过夹点缩放对象

在夹点编辑模式下确定基点后，在命令提示下输入 SC 并按〈Enter〉键，进入缩放模式，命令行提示如下。

** 比例缩放 **

指定比例因子或 [基点(B)/复制(C)/放弃(U)/参照(R)/退出(X)]:

默认情况下，当确定了缩放的比例因子后，AutoCAD 将相对于基点进行缩放对象操作。当比例因子大于 1 时放大对象；当比例因子大于 0 而小于 1 时缩小对象，如图 5-97 所示。

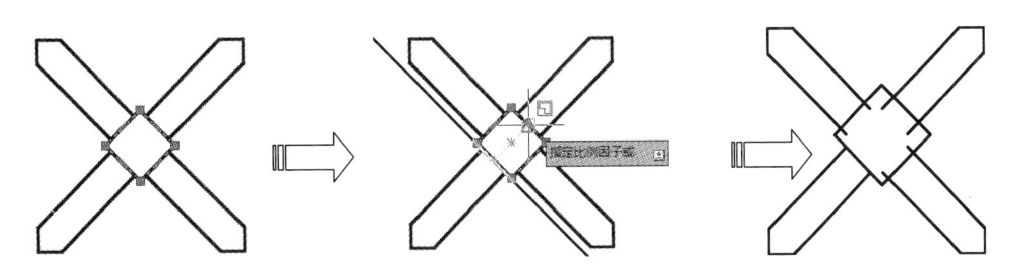

图 5-97 通过夹点缩放对象

5.6.6 通过夹点镜像对象

在夹点编辑模式下确定基点后，在命令提示下输入 MI 并按〈Enter〉键，进入镜像模式，命令行提示如下。

** 镜像 **

指定第二点或 [基点(B)/复制(C)/放弃(U)/退出(X)]:

指定镜像线上的第二点后，系统将以基点作为镜像线上的第一点，将对象进行镜像操作并删除源对象，如图 5-98 所示。

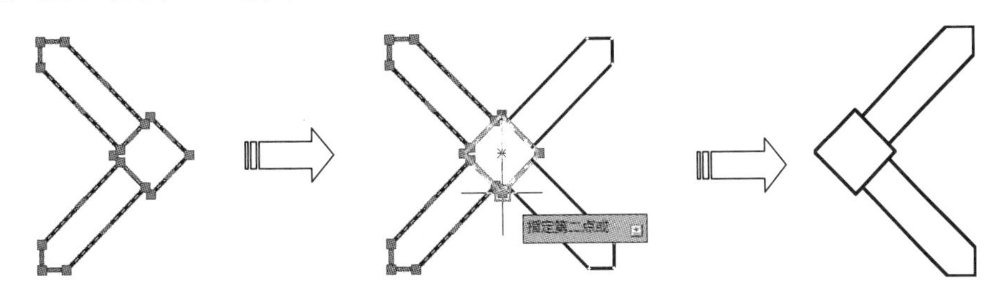

图 5-98 通过夹点镜像对象

5.6.7 通过夹点转换线段类型

当直线类型是多段线的情况下，在夹点编辑模式下确定基点后，鼠标放置不动，系统将弹出快捷菜单，在其中选择“转换为圆弧”命令，进入转换圆弧模式，命令行提示如下。

** 转换为圆弧 **

指定圆弧段中点:

指定圆弧段中点后，将对象转换为圆弧操作，如图 5-99 所示。

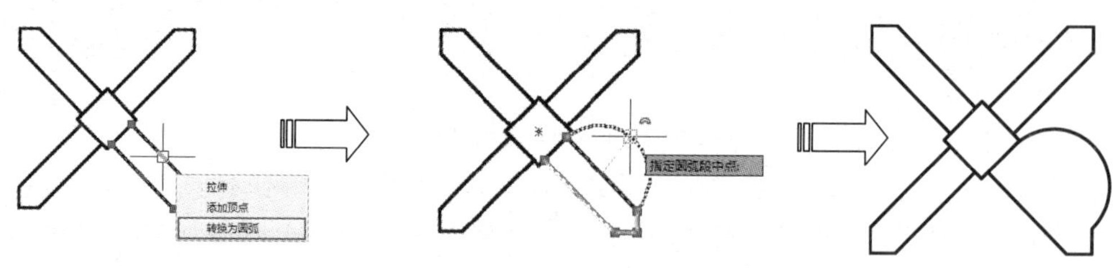

图 5-99 通过夹点将直线变为圆弧

5.7 综合实战

本节通过具体的实例练习各种图形编辑命令的调用，方便以后绘图和设计。

5.7.1 绘制心形图形

步骤 1 单击快速访问工具栏中的“新建”按钮，新建空白文件。

步骤 2 调用 C（圆）和 CO（复制）命令，绘制两个半径为 15 的圆，如图 5-100 所示。

步骤 3 调用 L（直线）命令，以两个圆的交点为起点绘制一条长度为 95 的辅助线，并绘制圆与直线端点的切线，如图 5-101 所示。

步骤 4 调用 TR（修剪）命令，修剪图形，并删除辅助线，结果如图 5-102 所示。

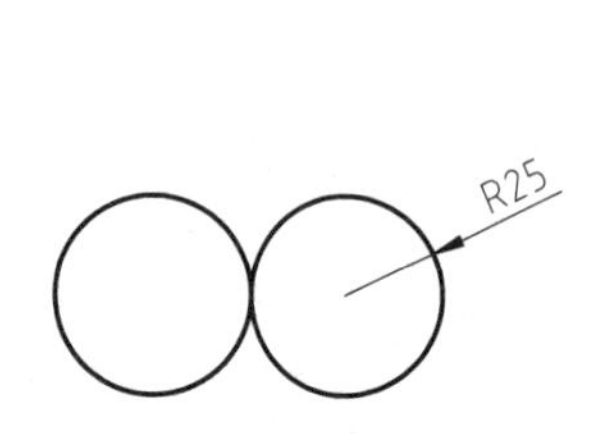

图 5-100 绘制两个圆

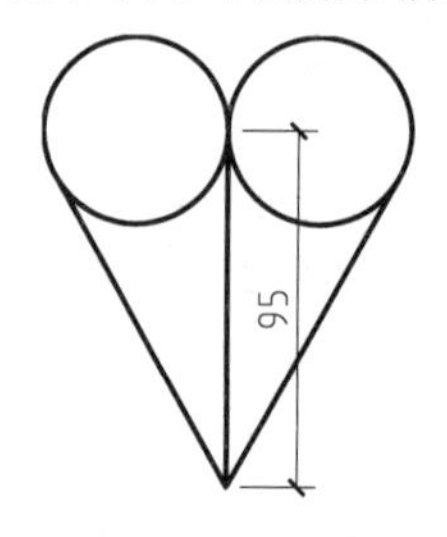

图 5-101 绘制直线

图 5-102 修剪心形

步骤 5 调用 MI（镜像）命令，对心形进行镜像操作，并调用 M（移动）命令将其移动至合适位置，如图 5-103 与图 5-104 所示。

步骤 6 调用 SC（缩放）命令，将镜像的心形进行 0.5 比例因子的缩放，结果如图 5-105 所示。

步骤 7 用上述相同的方法，绘制最里面的心形，绘制结果如图 5-106 所示。至此，心形图形绘制完成。

图 5-103 镜像心形

图 5-104 移动心形

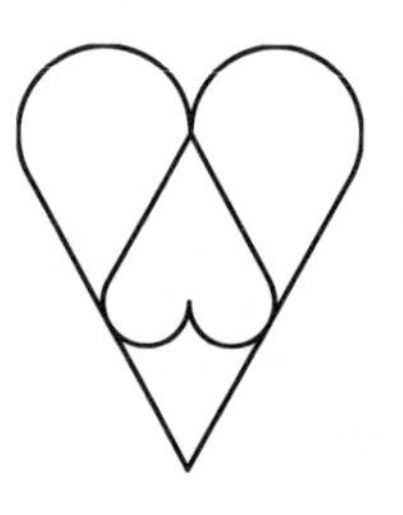

图 5-105 缩放心形

图 5-106 完成效果

5.7.2 绘制风车

步骤 1 打开文件。单击快速访问工具栏中的“打开”按钮，打开配套光盘中提供的“第 05 章\5.7.2 绘制风车.dwg”素材文件，如图 5-107 所示。

步骤 2 调用 MI（镜像）命令，将小圆以 AB 为镜像线进行镜像操作，如图 5-108 所示。

步骤 3 在“默认”选项卡中，单击“绘图”面板中的“三点”按钮，绘制辅助圆，如图 5-109 与图 5-110 所示。

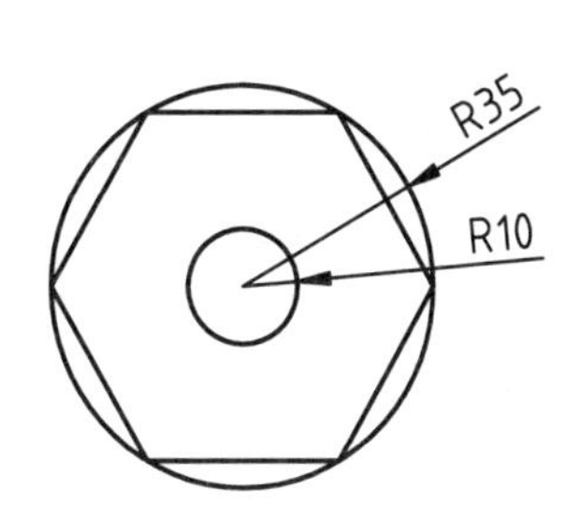

图 5-107　素材文件

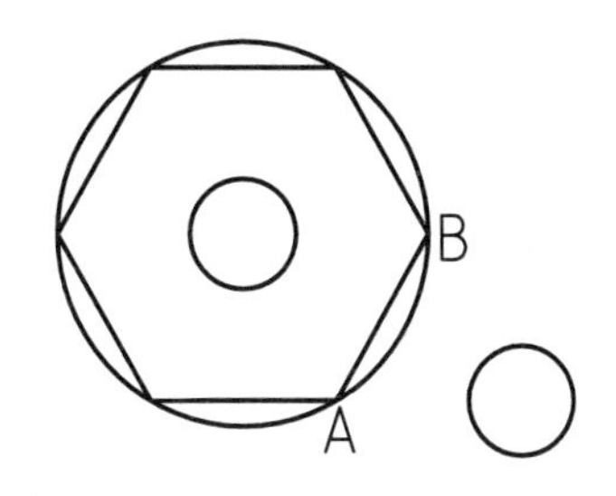

图 5-108　镜像小圆

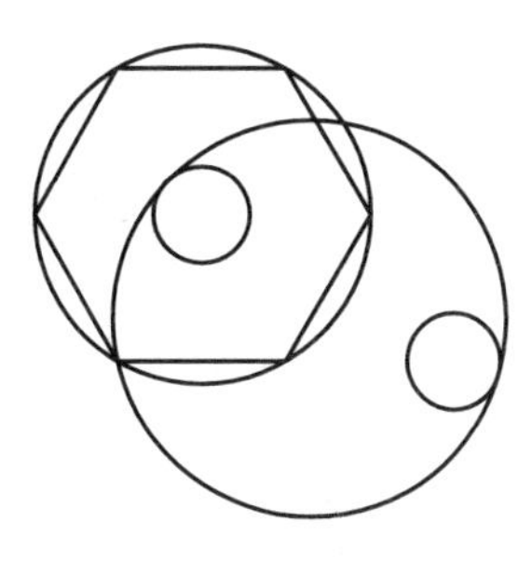

图 5-109　绘制辅助圆

步骤 4 调用 TR（修剪）命令，修剪辅助圆图形，并删除多余的线条，结果如图 5-111 所示。

步骤 5 在（默认）选项卡中，单击“修改”面板中的“环形阵列”按钮，以圆心为阵列中心，将其复制阵列 6 份，风车图形绘制结果如图 5-112 所示。

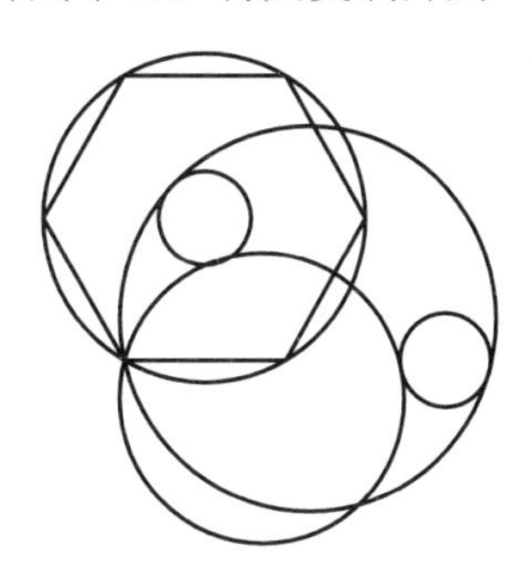

图 5-110　绘制另一个辅助圆

图 5-111　修剪、删除圆

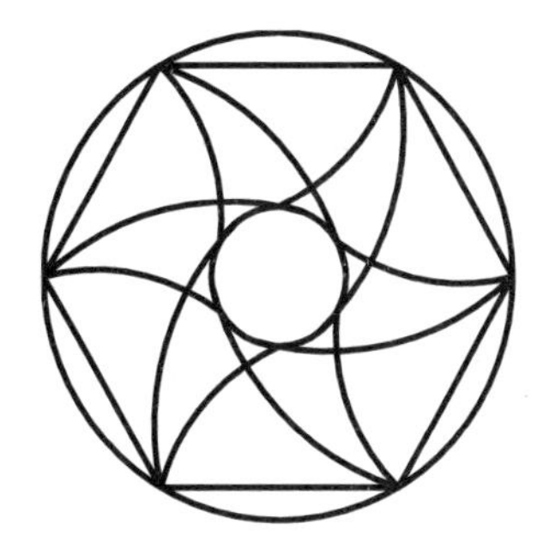

图 5-112　完成效果

5.8 设计专栏

5.8.1 上机实训

使用本章所学的编辑知识，使用矩形阵列、倒角等编辑命令绘制如图 5-113 所示的图形。

具体的绘制步骤提示如下。

步骤 1 绘制一个尺寸为 95×79 的矩形。

步骤 2 绘制一个半径为 5 的小圆，并移动至合适位置。

步骤 3 执行 AR（矩形阵列）命令，4 行 5 列，设置行距为 13，列距为 16，阵列复制小圆。

步骤 4 执行 CHA（倒角）命令，创建距离为 8 的倒角，完成绘制。

使用本章所学的编辑知识，使用复制、剪切和偏移等编辑命令绘制如图 5-114 所示的图形。

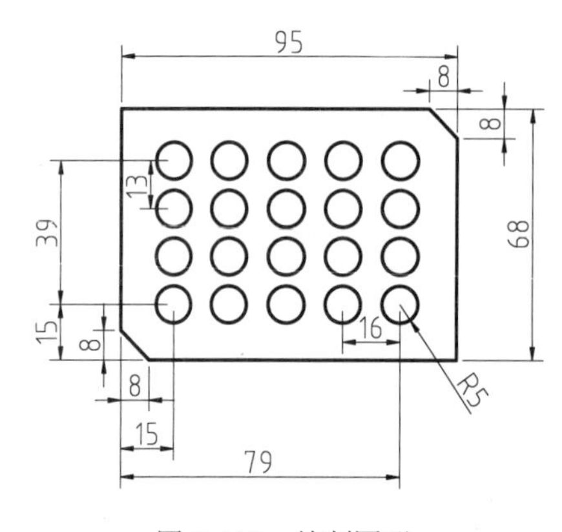

图 5-113 绘制图形

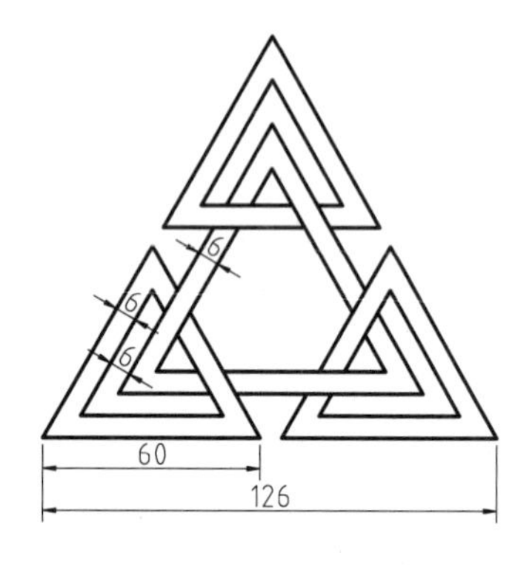

图 5-114 绘制图形

具体的绘制步骤提示如下。

步骤 1 绘制一个边为 126 的最大的正三角形。

步骤 2 重复上述命令操作，以之前绘制的三角形的顶点为起点，绘制一个边为 60 的正三角形。

步骤 3 执行 O（偏移）命令，将大三角形和小三角形向内偏移 6。

步骤 4 执行 CO（复制）命令，选择两个小三角形，以大三角形的顶点为参考点，复制两个小三角形。

步骤 5 执行 TR（修剪）命令，修剪图形，完成绘制。

5.8.2 辅助绘图锦囊

1．怎样把多条直线合并为一条？

答：使用 Group 命令可以完成。

2．怎样把多条线合并为多段线？

答：用 Pedit 命令，再执行此命令中的合并选项。

3．旋转命令的操作技巧有哪些？

答：可以用拖动鼠标的方法旋转对象。选择对象并指定基点后，从基点到当前光标位置会出现一条连线，移动鼠标，选择的对象会动态地随着该连线与水平方向的夹角的变化而旋转，按〈Enter〉键即可完成旋转操作。

4．执行或不执行圆角和倒角命令时为什么没变化？

答：系统默认的圆角半径和斜角距离均为 0，因此如果不事先设定圆角半径或斜角距离，系统就以默认值执行命令，所以从外观上看不出操作效果。

5．缩放命令应注意的地方有哪些？

答：SCALE（缩放）命令可以将所选择对象的真实尺寸按照指定的尺寸比例放大或缩

小，执行后键入“r”参数即可进入参照模式，然后指定参照长度和新长度即可。参照模式适用于不直接输入比例因子或比例因子不明确的情况。

6. 镜像命令的操作技巧有哪些？

答：默认情况下，镜像文字、属性及属性定义时，它们在镜像后所得图像中不会反转或倒置。文字的对齐和对正方式在镜像图样前后保持一致。如果制图确实要反转文字，可将MIRRTEXT 系统变量设置为1，默认值为0。

7. 修剪命令的操作技巧有哪些？

答：在使用修剪命令时，通常在选择修剪对象的时候，是逐个单击选择，有时显得效率不高，要比较快地实现修剪的过程，可以执行修剪命令“Tr”或“Trim”，命令行提示“选择修剪对象”时，不选择对象，继续按〈Enter〉键或按空格键，系统默认选择全部对象，这样可以很快地完成修剪过程。

第2篇
提　高　篇

第 6 章
文字与表格

本章要点

- 创建文字
- 编辑文字
- 创建表格
- 综合实战
- 设计专栏

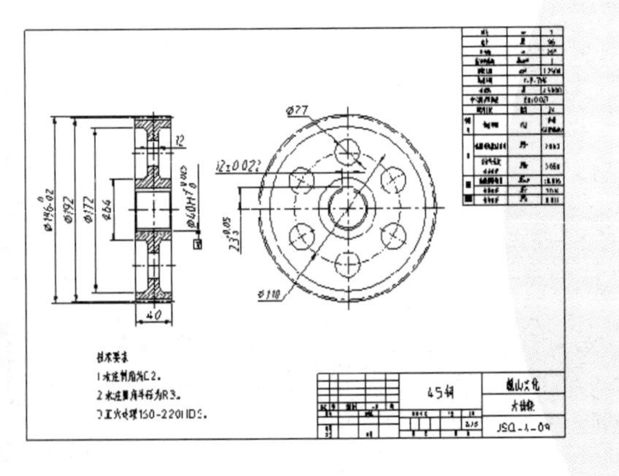

文字和表格是 AutoCAD 中的重要内容之一。在设计中，常常需要对图形进行文字标注说明，包括技术说明、标题栏信息、标签和局部注释等。本章将介绍文字与表格的相关知识，包括设置文字样式、创建单行文字与多行文字、编辑文字，以及创建表格和编辑表格的方法等。

6.1 创建文字

文字注释是绘图过程中很重要的内容，进行各种设计时，不仅要绘制出图形，还需要在图形中标注一些注释性的文字，这样可以对不便于表达的图形设计加以说明，使设计表达更加清晰。

6.1.1 设置文字样式

文字样式是对同一类文字的格式设置的集合，包括字体、字高和显示效果等。在为图形添加文字注释前，应先设置文字样式，然后进行标注。

在 AutoCAD 2016 中打开“文字样式”对话框有以下 4 种常用方法。

- 菜单栏：选择“格式”|“文字样式”命令。
- 功能区：在“注释”选项卡中，单击“文字”面板中右下角的按钮。
- 工具栏：单击“文字”或“样式”工具栏中的“文字样式”按钮。
- 命令行：在命令行中输入 STYLE/ST 命令。

执行上述命令后，系统弹出“文字样式”对话框，如图 6-1 所示，可以在其中新建文字样式或修改已有的文字样式。

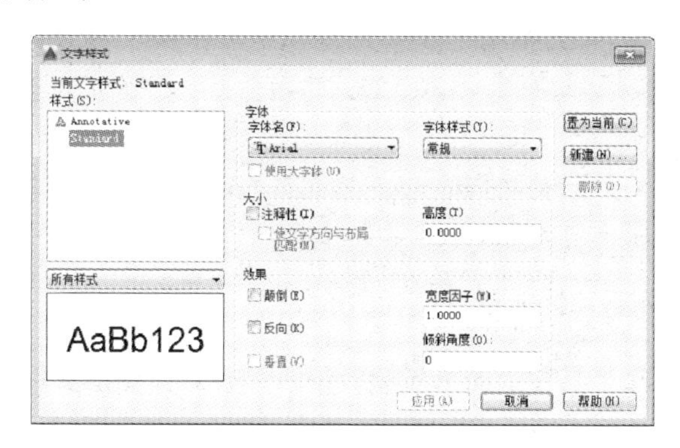

图 6-1 “文字样式”对话框

“文字样式”对话框中各选项的含义如下。

- “样式”列表框：列出了当前可以使用的文字样式，默认文字样式为 Standard（标准）。
- “字体”选项组：用于选择所需的字体类型。
- “大小”选项组：用于设置文字注释性和高度。在“高度”文本框中输入数值可指定文字的高度，如果不进行设置，使用其默认值 0，则可在插入文字时再设置文字高度。
- “效果”选项组：用于设置文字的显示效果。其各选项的含义如下。
    - ❑ 颠倒：选择此复选框，在使用该文字样式标注文字时，文字将被垂直翻转，如图 6-2 所示。该选项只能用于单行文字。
    - ❑ 宽度因子：在文本框中输入作为文字高度与宽度的比例值。当宽度因子大于 1

时，文字将变得细长；当宽度因子小于 1 时，文字将变得短粗。

- ❑ 反转：选择此复选框，可以将文字水平翻转，使其呈镜像显示，如图 6-3 所示。
- ❑ 垂直：选择此复选框，标注的文字将沿竖直方向显示，如图 6-4 所示。“垂直”选项只有当字体支持双重定向时才可使用，并且不能用于 TrueType 类型的字体。
- ❑ 倾斜角度：用于设置文字旋转的角度，如图 6-5 所示。文字的旋转方向为顺时针方向，当输入一个正值时，文字将会向右方倾斜。

图 6-2　颠倒文字

图 6-3　反转显示文字

图 6-4　垂直排列文字

图 6-5　倾斜文字

- ➢ “置为当前”按钮：单击该按钮，可以将选择的文字样式设置成当前的文字样式。
- ➢ “新建”按钮：单击该按钮，弹出“新建文字样式”对话框，在“样式名”文本框中输入新建样式的名称，单击“确定”按钮，新建文字样式将显示在“样式”列表框中。
- ➢ “删除”按钮：单击该按钮，可以删除所选的文字样式，但无法删除已经被使用了的文字样式和默认的 Standard 样式。

提示：如果要重命名文字样式，可在“样式”列表框中右击要重命名的文字样式，在弹出的快捷菜单中选择“重命名”命令即可，但无法重命名默认的 Standard 样式。

在调整文字的倾斜角度时，用户只能输入-85°～85°之间的角度值，超过这个区间的角度值将变为无效。

6.1.2 案例——新建标注文字样式

步骤 1 单击快速访问工具栏中的“新建”按钮，新建图形文件。

步骤 2 选择“格式”|“文字样式”命令，弹出“文字样式”对话框，如图 6-6 所示。

步骤 3 单击“新建”按钮，弹出“新建文字样式”对话框，在“样式名”文本框中输入“标注”，如图 6-7 所示。

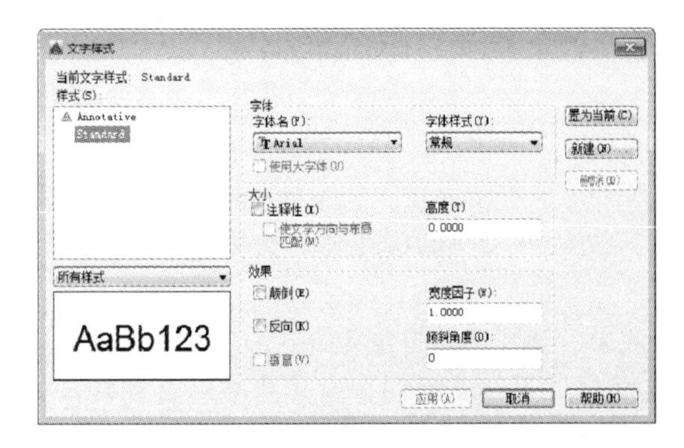

图 6-6 “文字样式”对话框

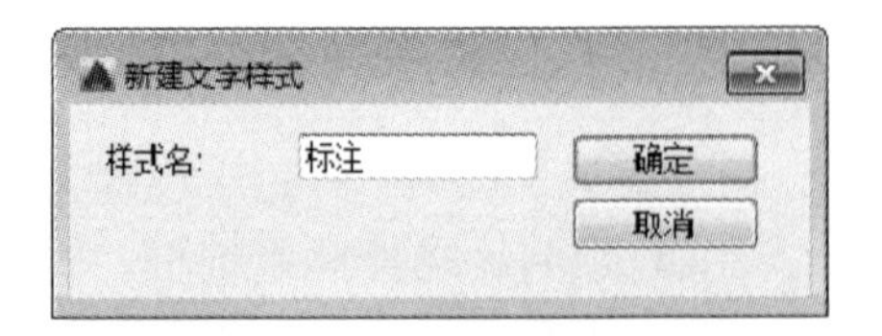

图 6-7 “新建文字样式”对话框

步骤 4 单击“确定”按钮，返回“文字样式”对话框。可以看到在“样式”列表框中新增加了“标注”文字样式，如图 6-8 所示。

步骤 5 在“字体”下拉列表框中选择 gbenor.shx 样式，选择“使用大字体”复选框，在“大字体”下拉列表框中选择 gbcbig.shx 样式。其他选项保持默认，如图 6-9 所示。

步骤 6 单击“应用”按钮，再单击“置为当前”按钮，将“标注”置于当前样式。

步骤 7 单击“关闭”按钮，完成文字样式的创建。

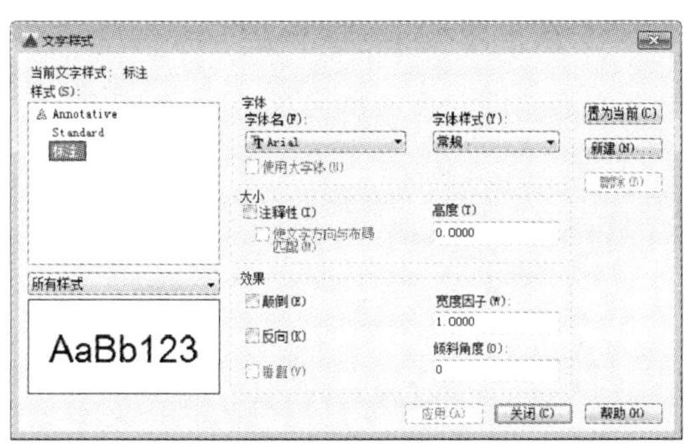
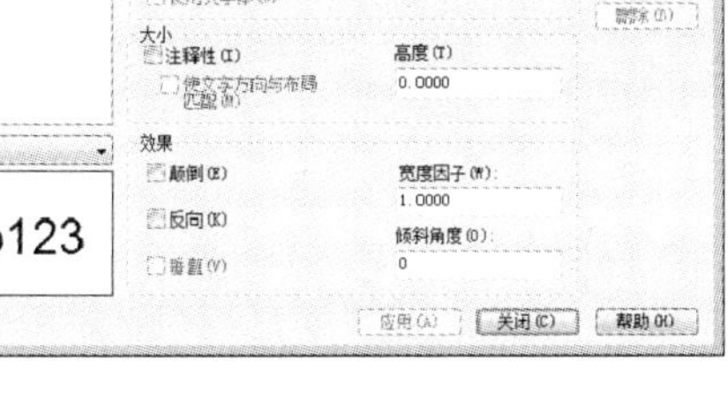

图 6-8 新建的文字样式

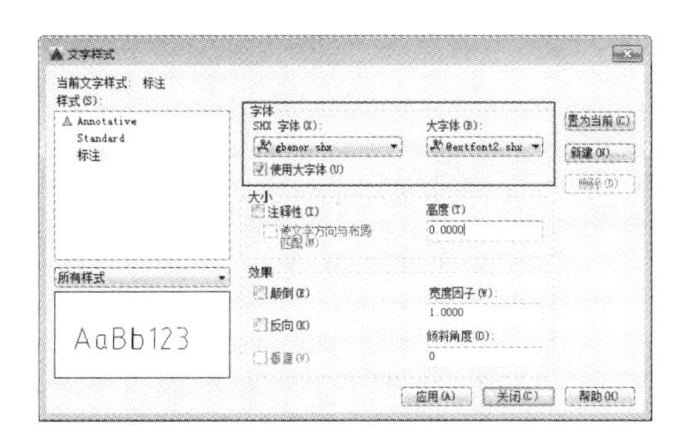

图 6-9 设置参数

6.1.3 应用文字样式

要应用文字样式，首先应将其置为当前文字样式。

设置当前文字样式的方法有以下 3 种。

➢ 在“文字样式”对话框的“样式”列表框中选择需要的文字样式，然后单击“置为当前”按钮，如图 6-10 所示。在弹出的提示对话框中单击“是”按钮，如图 6-11 所示。返回“文字样式”对话框，单击“关闭”按钮即可。

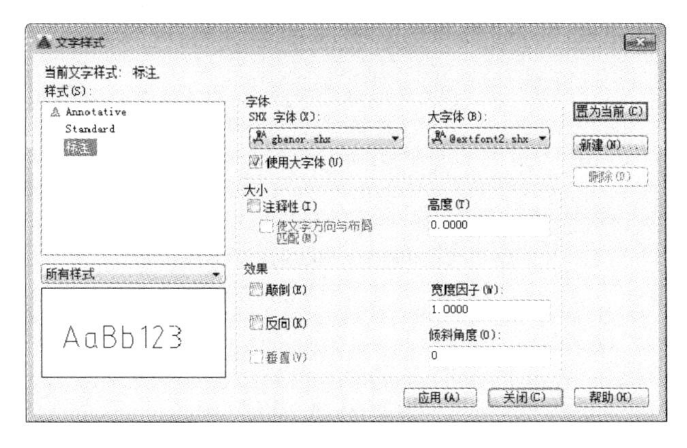

图 6-10 “文字样式”对话框

图 6-11 提示对话框

➢ 在“默认”选项卡中，在“注释”面板的“文字样式”下拉列表框中选择所需的文字样式，即将其置为当前，如图 6-12 所示。

➢ 在“文字样式”对话框的“样式”列表框中选择要置为当前的样式名并右击，在弹出的快捷菜单中选择“置为当前”命令，如图 6-13 所示。

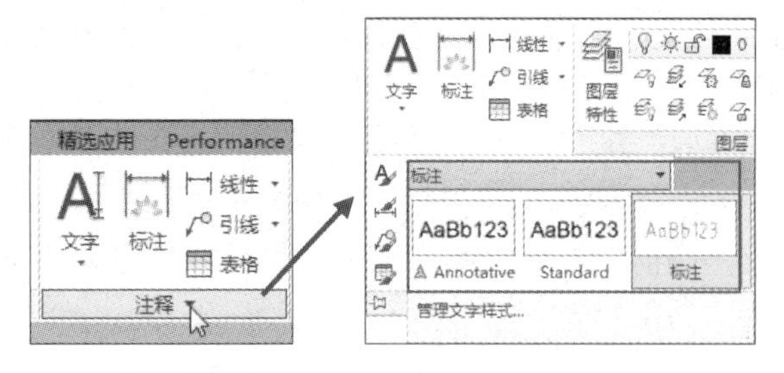

图 6-12 选择文字样式

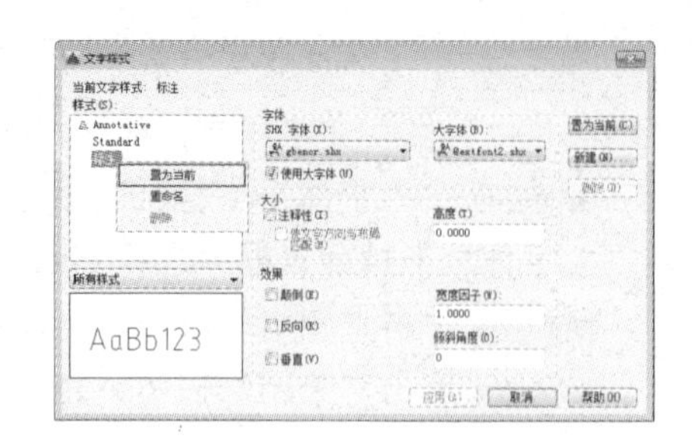

图 6-13 快捷菜单中选择“置为当前”命令

6.1.4 重命名文字样式

有时在命名文字样式时会出现错误，需要对其重新进行修改。

重命名文字样式的方法有以下 2 种。

- 在命令行中输入 RENAME（或 REN）并按〈Enter〉键，打开“重命名”对话框。在“命名对象”列表框中选择“文字样式”选项，然后在“项目”列表框中选择“标注”选项，在“重命名为”文本框中输入新的名称“园林景观标注”，然后单击“重命名为”按钮，最后单击“确定”按钮关闭对话框，如图 6-14 所示。
- 在“文字样式”对话框的“样式”列表框中选择要重命名的样式名并右击，在弹出的快捷菜单中选择“重命名”命令，如图 6-15 所示。但采用这种方式不能重命名 STANDARD 文字样式。

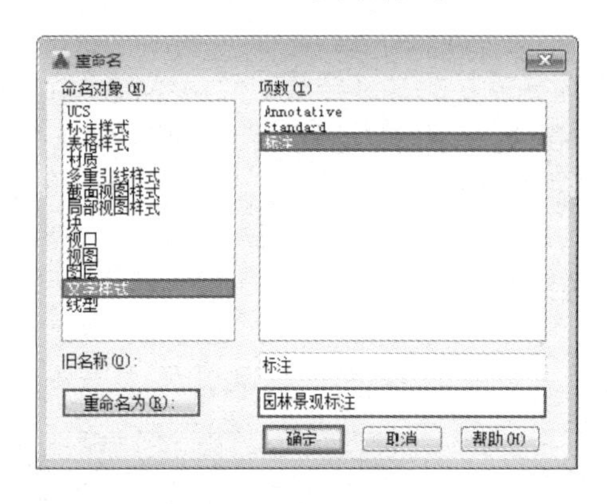

图 6-14 “重命名”对话框

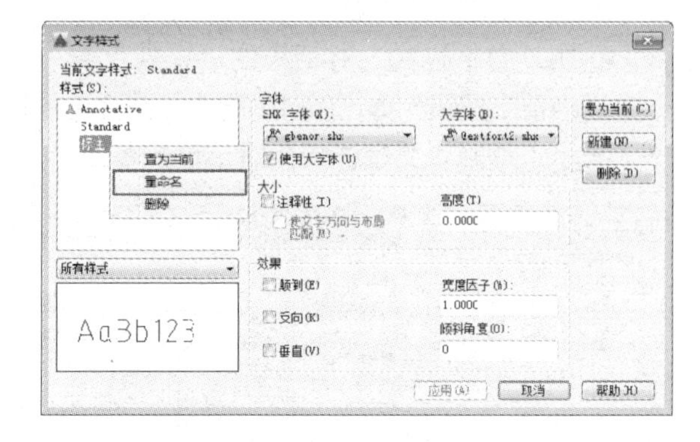

图 6-15 重命名文字样式

6.1.5 删除文字样式

文字样式会占用一定的系统存储空间，可以将一些不需要的文字样式删除，以节约系统资源。

删除文字样式的方法有以下两种。

- 在“文字样式”对话框中，选择要删除的文字样式名，单击“删除”按钮，如图 6-16 所示。
- 在“文字样式”对话框的“样式”列表框中，选择要删除的样式名并右击，在弹出的快捷菜单中选择“删除”命令，如图 6-17 所示。

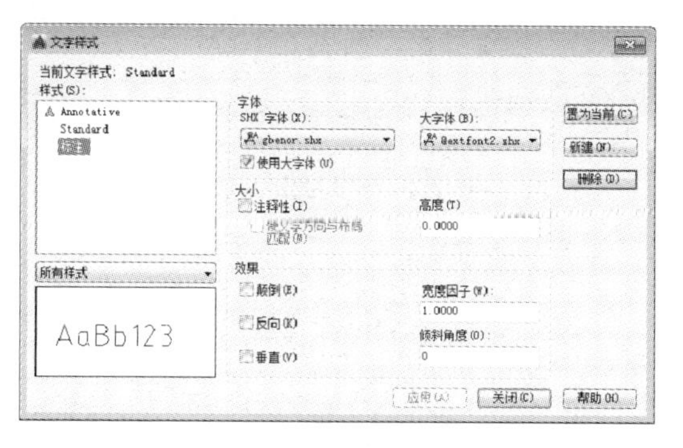

图6-16　删除文字样式

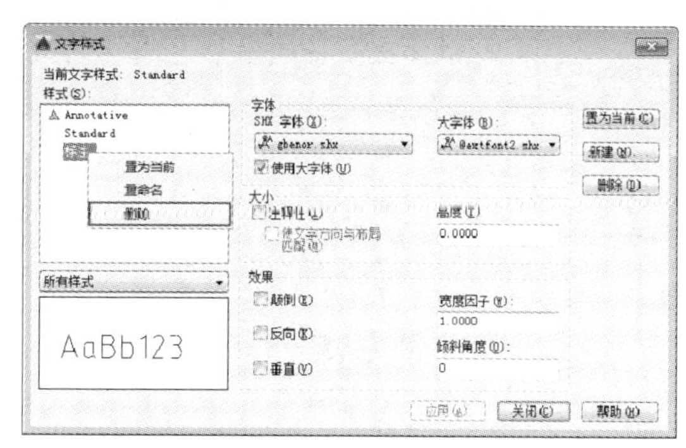

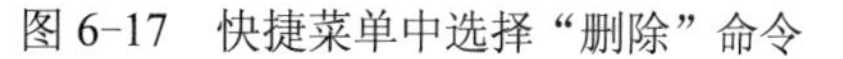

图6-17　快捷菜单中选择“删除”命令

提示：已经包含文字对象的文字样式不能被删除，当前文字样式也不能被删除，如果要删除当前文字样式，可以先将别的文字样式设置为当前，然后再执行“删除”命令。

6.1.6 单行文字

单行文字创建的每一行文字都是独立的对象，可以对其进行移动、格式设置或其他修改。通常，创建的单行文字作为标签文本或其他简短的注释。

执行“单行文字”命令的方法有以下4种。

- 菜单栏：选择“绘图”|“文字”|“单行文字”命令。
- 功能区：在“默认”选项卡中，单击“注释”面板上的“单行文字”按钮A̲I，或在“注释”选项卡中，单击“文字”面板上的“单行文字”按钮AI。
- 工具栏：单击“文字”工具栏中的“单行文字”按钮AI。
- 命令行：在命令行中输入DTEXT/DT命令。

使用上述命令后，命令行的提示如下。

命令: DT↙　　　　　　　　　　　　　//执行“单行文字”命令

当前文字样式：　“Standard”　文字高度：2.5000　注释性：否　对正：左

指定文字的起点 或 [对正(J)/样式(S)]: J↙　　//激活“对正”选项

输入选项 [左(L)/居中(C)/右(R)/对齐(A)/中间(M)/布满(F)/左上(TL)/中上(TC)/右上(TR)/左中(ML)/正中(MC)/右中(MR)/左下(BL)/中下(BC)/右下(BR)]:

命令行中常用选项的含义如下。

- 指定文字的起点：默认情况下，所指定的起点位置即是文字行基线的起点位置。在指定起点位置后，继续输入文字的旋转角度即可进行文字的输入。输入完成后，按两次Enter键或将鼠标移至图纸的其他任意位置并单击，然后按Esc键即可结束单行文字的输入。
- 样式（S）：用于选择文字样式，一般默认为Standard。
- 对正（J）：用于确定文字的对齐方式。
- 对齐（A）：指定文本行基线的两个端点来确定文字的高度和方向。系统将自动调整字符高度使文字在两端点之间均匀分布，而字符的宽高比例不变，如图6-18所示。
- 布满（F）：指定文本行基线的两个端点来确定文字的方向。系统将调整字符的宽高比例，以使文字在两端点之间均匀分布，而文字高度不变，如图 6-19 所示。

➢ 居中（C）：指定生成的文字以插入点为中心向两边排列。

图 6-18　文字对齐

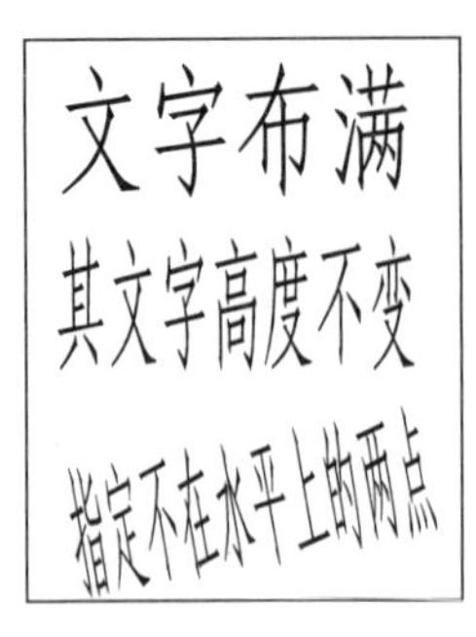

图 6-19　文字布满

提示：AutoCAD 为单行文字的水平文本行规定了 4 条定位线：顶线（Top Line）、中线（Middle Line）、基线（Base Line）和底线（Bottom Line），如图 6-20 所示。顶线为大写字母顶部所对齐的线，基线为大写字母底部所对齐的线，中线处于顶线与基线的正中间，底线为长尾小写字母底部所在的线，汉字在顶线和基线之间。系统提供了 13 个对齐点和 15 种对齐方式。其中，各对齐点即为文本行的插入点。

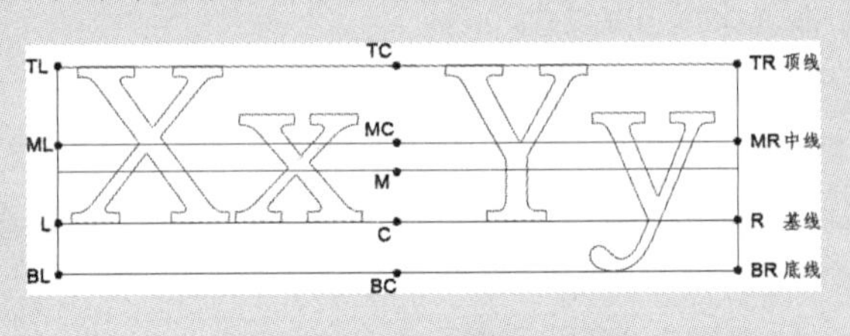

图 6-20　对齐方位示意图

6.1.7 案例——创建单行文字

步骤 1 打开文件。单击快速访问工具栏中的“打开”按钮，打开配套光盘中提供的“第 06 章\6.1.7 创建单行文字.dwg”素材文件，如图 6-21 所示。

步骤 2 在命令行中输入 DT（单行文字）命令并按〈Enter〉键，创建文字“铺地平面图”，命令行提示如下。

```
命令: DT↙                                  //执行“单行文字”命令
当前文字样式: “Standard” 文字高度: 2.5000  注释性: 是否对正: 左
指定文字的起点 或 [对正(J)/样式(S)]: J↙      //激活“对正”选项
输入选项 [左(L)/居中(C)/右(R)/对齐(A)/中间(M)/布满(F)/左上(TL)/中上(TC)/右上(TR)/左中(ML)/正中(MC)/右中(MR)/左下(BL)/中下(BC)/右下(BR)]: L↙  //激活“左”选项
指定文字的起点                              //在绘图区域合适位置拾取一点，放置单行文字
指定高度<2.5000>:150↙                       //输入文字高度
指定文字的旋转角度<0>:                      //按〈Enter〉键默认角度为 0
```

步骤 3 根据命令行提示设置文字样式后，绘图区出现一个带光标的文本框，在其中输

入“铺地平面图”文字即可，按〈Ctrl+Enter〉组合键完成文字输入，结果如图 6-22 所示。

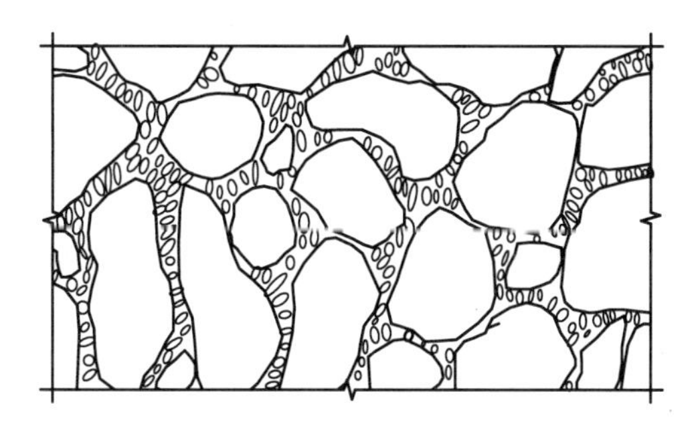

图 6-21　素材文件

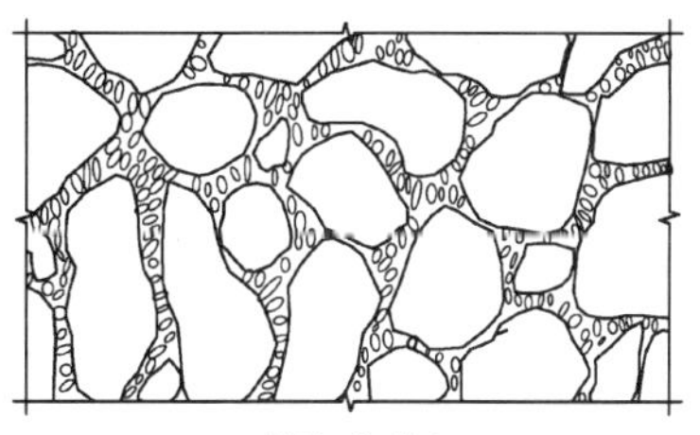

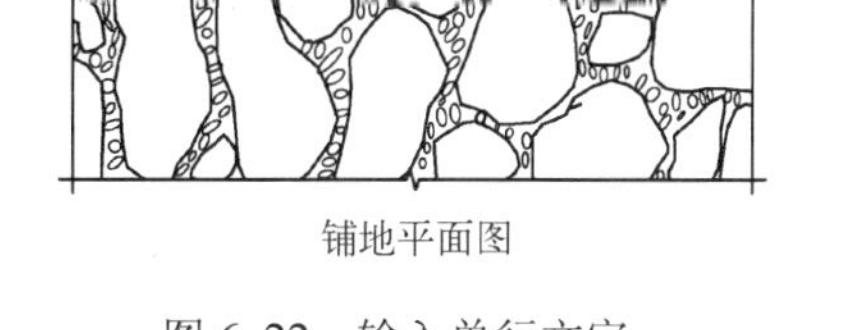

图 6-22　输入单行文字

提示：输入单行文字之后，按〈Ctrl+Enter〉组合键才可结束文字输入。按〈Enter〉键将执行换行，可输入另一行文字，但每一行文字都为独立的对象。输入单行文字之后，不退出的情况下，可在其他位置继续单击，创建其他文字。

6.1.8 多行文字

多行文字是单独的对象，是由任意数目的文字行或段落组成的。用户可以对其进行移动、旋转、删除、复制、镜像或缩放操作。多行文字常用于标注图形的技术要求和说明等。

执行“多行文字”命令的方法有以下 4 种。

- 菜单栏：选择“绘图”|“文字”|“多行文字”命令。
- 功能区：在“默认”选项卡中，单击“注释”面板上的“多行文字”按钮A，或在“注释”选项卡中，单击“文字”面板上的“多行文字”按钮A。
- 工具栏：单击“文字”工具栏中的“多行文字”按钮A。
- 命令行：在命令行中输入 MTEXT/MT 命令。

执行上述命令后，命令行提示如下。

```
命令:_MTEXT↙                                    //执行“多行文字”命令
当前文字样式: "Standard"   文字高度:  2.5   注释性:  否
指定第一角点:                                    //指定文本范围的第一点
指定对角点或 [高度(H)/对正(J)/行距(L)/旋转(R)/样式(S)/宽度(W)/栏(C)]:
                                                //指定文本范围的对角点，即可输入文字
```

执行以上操作后，系统打开“文字编辑器”选项卡和输入框，如图 6-23 所示。

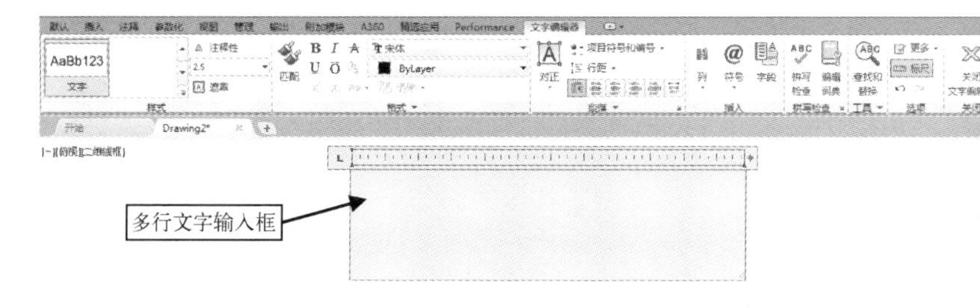

图 6-23 “文字编辑器”选项卡和输入框

多行文字的“文字编辑器”选项卡中主要选项的含义如下。

➢“样式”面板：可以设置多行文字的文字样式和字体的高度。

➢“格式”面板：可以设置多行文字的文字类型及文字效果。

➢“段落”面板：可以设置多行文字的段落属性。

➢“插入”面板：用于插入一些常用或预设的字段与符号。

➢“拼写检查”面板：用于检查输入文字的拼写错误。

➢“关闭”面板：关闭文字编辑器。

在文本框中输入文字内容，然后再在选项卡的各面板中设置字体、颜色、字高和对齐等文字格式，最后单击“文字编辑器”选项卡中的“关闭”按钮，或单击编辑器之外的任何区域，便可以退出编辑器窗口，多行文字即创建完成。

6.1.9 案例——为装配图进行图例说明

步骤 1 打开文件。单击快速访问工具栏中的“打开”按钮，打开配套光盘中提供的“第 06 章\6.1.9 为装配图进行图例说明.dwg”素材文件，如图 6-24 所示。

步骤 2 在命令行中输入 MT（多行文字）命令并按〈Enter〉键，在图形右边的合适位置，根据命令行的提示创建多行文字，如图 6-25 所示。

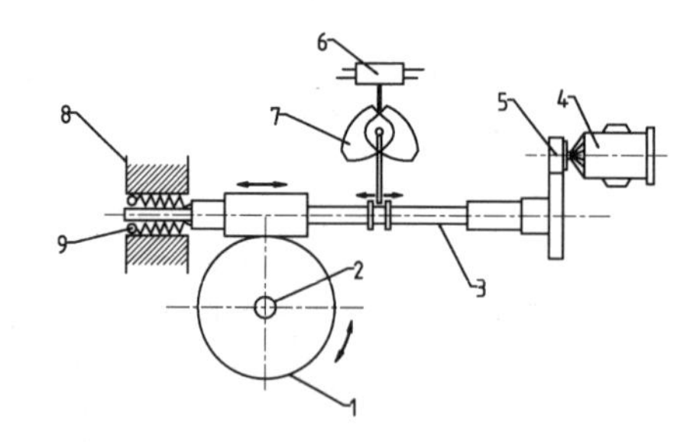

图 6-24 素材文件

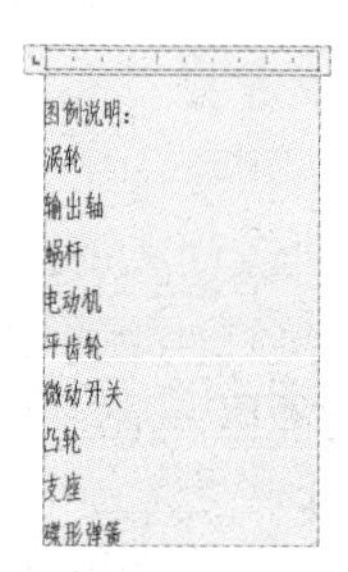

图 6-25 输入多行文字

步骤 3 在“文字编辑器”选项卡中，单击“段落”面板上的“项目符号和编号”按钮右侧的下拉按钮，在打开的下拉列表框中选择“以数字标记”选项，选中需要添加编号的文字即可，如图 6-26 所示。

步骤 4 选中“图例说明”字样，单击“段落”面板中的“居中”按钮，使其居中显示，如图 6-27 所示。

步骤 5 最后，在绘图区空白位置单击，退出编辑，完成图例说明的添加，如图 6-28 所示。

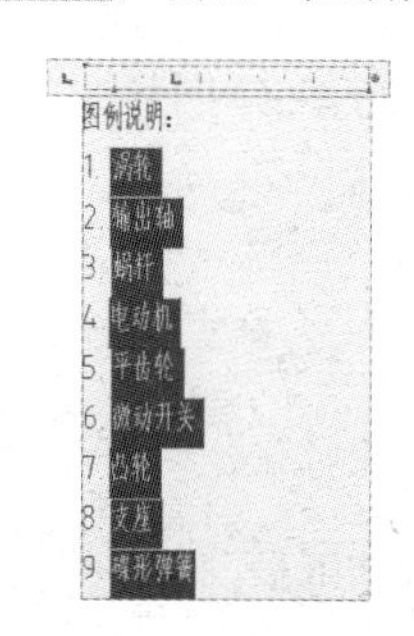

图 6-26 添加序号

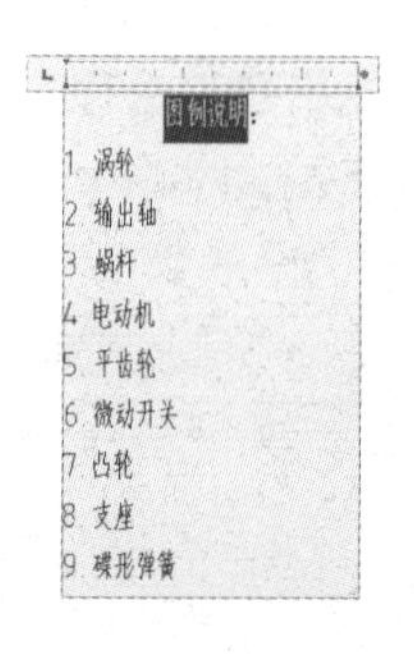

图 6-27 居中显示多行文字

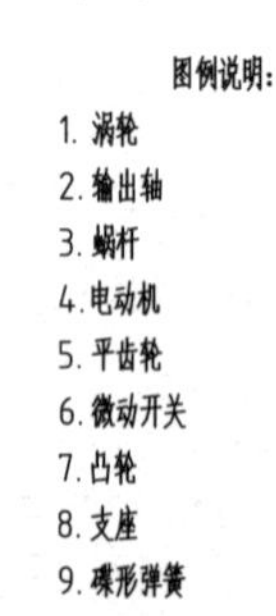

图 6-28 完成图例说明添加

6.1.10 添加不透明背景或进行填充

在绘图过程中，有时为显示其重要性，往往需要添加背景使其凸显，因此 AutoCAD 提供了遮罩的功能，执行遮罩有以下两种方法。

- 快捷菜单：右击，在弹出的快捷菜单中选择“背景遮罩”命令。
- 功能区：在“文字编辑器”选项卡中，单击“样式”面板上的“遮罩”按钮。

执行上述命令后，系统弹出如图 6-29 所示的“背景遮罩”对话框，对话框中各参数的含义如下。

- 使用背景遮罩：用于提供与图形背景色一致的背景。
- 边界偏移因子：用于设置背景扩展出文字高度的倍数。默认值时，则会使背景扩展出文字高度的 0.5 倍。
- “填充颜色”选项组：用于设置填充背景色的颜色。图 6-30 所示是给多行文字对象添加不透明背景色的示例。

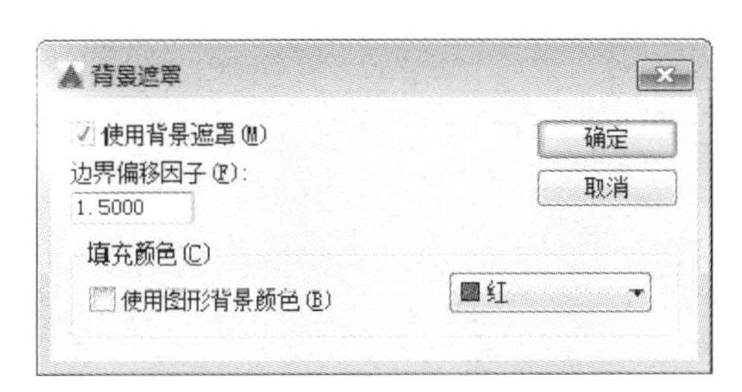

图 6-29 “背景遮罩”对话框

图 6-30 添加背景色

6.1.11 插入特殊符号

在实际绘图过程中，往往需要标注一些特殊的字符，这些特殊字符不能从键盘上直接输入，因此 AutoCAD 提供了插入特殊符号的功能，插入特殊符号有以下两种方法。

1. 使用文字控制符

AutoCAD 的控制符由“两个百分号（%%）+ 一个字符”构成，当输入控制符时，这些控制符会临时显示在屏幕上，当结束文本创建命令时，这些控制符将从屏幕上消失，转换成相应的特殊符号。

表 6-1 所示为常用的控制符及其对应的含义。

表 6-1 AutoCAD 常用控制符

控制符	含义	控制符	含义	控制符	含义
%%C	直径符号（Ø）	\u+2248	约等于（≈）	\u+2260	不相等
%%P	正负符号（±）	\u+2220	角度（∠）	\u+214A	地界线
%%D	“度”符号（°）	\u+E100	边界线	\u+2082	下标 2
%%O	上画线（）	\u+2104	中心线	\u+00B2	上标 2
%%U	下画线（）	\u+0394	差值		

2. 使用快捷键

在 AutoCAD 2016 中，创建多行文字时，可以通过以下两种方法插入特殊符号。

- 快捷菜单：使用鼠标右键快捷菜单，选择“符号”命令。
- 功能区：在“文字编辑器”选项卡中，单击“插入”面板中的“符号”按钮@。

执行上述命令后，系统弹出“符号”子菜单，如图 6-31 所示，选择要插入的符号，完成插入特殊符号的操作。

6.1.12 创建堆叠文字

堆叠文字是指应用于多行文字对象和多重引线中的字符的分数和公差格式。在如图 6-32 所示的几组文字中均具有堆叠文字效果。

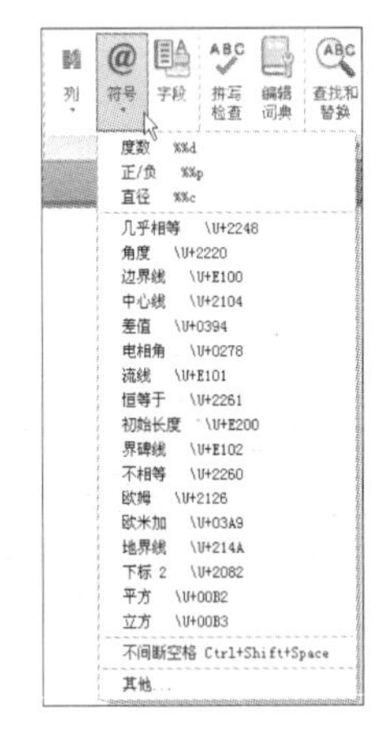

图 6-31 “符号”子菜单

$\phi 50^{+0.30}_{-0.014}$ (a)

$\phi 10\frac{3}{4}$ (b)

$\phi 19\,{}^{1}\!/\!{}_{2}$ (c)

图 6-32 堆叠文字效果

1. 用来定义堆叠的字符

- 插入符（^）：创建公差堆叠（垂直堆叠，且不用直线分隔），如图 6-32a 所示。
- 斜杠（/）：以垂直方式堆叠文字，有水平线分隔，如图 6-32b 所示。
- 井号（#）：以对角形式堆叠文字，由对角线分隔，如图 6-32c 所示。

2. 手动堆叠字符

如果要创建堆叠文字，可先输入要堆叠的文字，然后选中要堆叠的字符，并在“文字编辑器”选项卡中，单击“格式”面板中的“堆叠”按钮，则文字将按照要求自动堆叠。

3. 自动堆叠文字

如果输入由堆叠字符分隔的数字，然后输入非数字字符或按空格键，将自动堆叠文字，结果如图 6-33 所示。对于公差堆叠，“+”“-”和小数点字符也可以自动堆叠。单击按钮，系统弹出如图 6-34 所示的快捷菜单，根据需要选择相应的命令操作。弹出的快捷菜单可以指定用斜杠字符创建分数还是水平分数；如果不想使用“自动堆叠”，则选择“非堆叠”命令。

在弹出的快捷菜单中选择“堆叠特性”命令，系统弹出如图 6-35 所示的“堆叠特性”对话框，在对话框中单击“自动堆叠”按钮，则弹出如图 6-36 所示的“自动堆叠特性”对话框，需要注意“自动堆叠特性”对话框与如图 6-34 所示的快捷菜单命令操作结果一样。

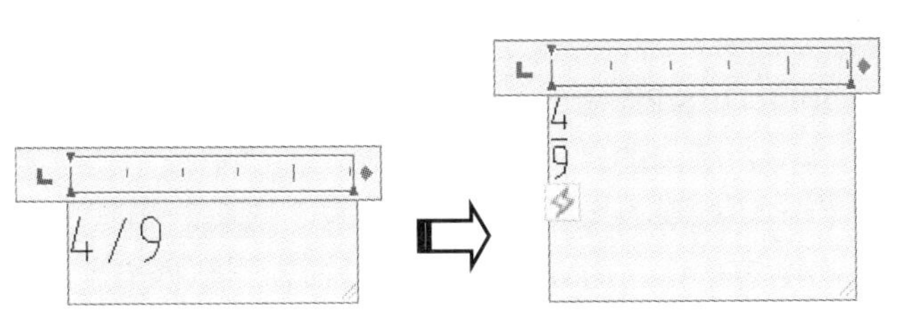

图 6-33 自动堆叠

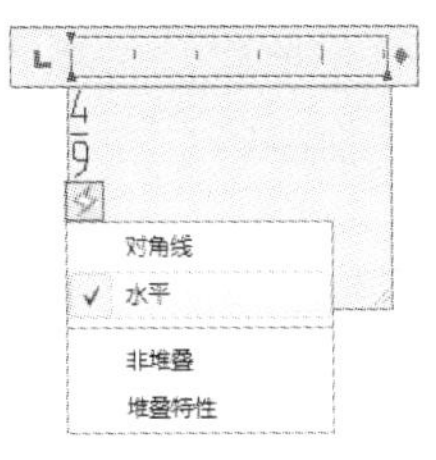
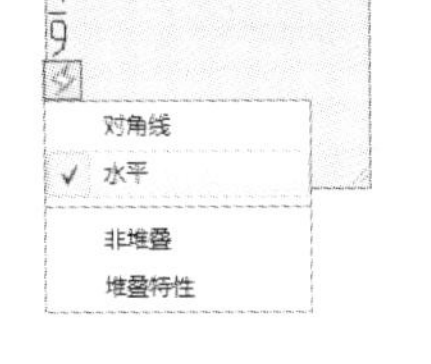

图 6-34 快捷菜单

图 6-35 “堆叠特性”对话框

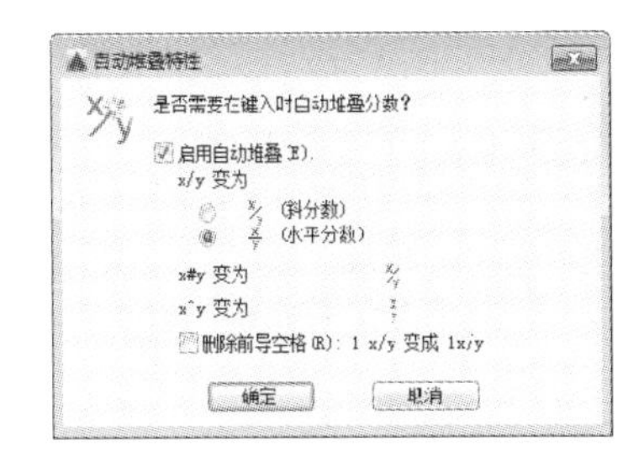

图 6-36 “自动堆叠特性”对话框

提示：堆叠文字可以用来创建尺寸公差、分数等，需要注意的是，这些分割符号必须是英文格式的符号。

6.2 编辑文字

在创建文字内容时，用户难免会出现一些错误，或者后期对于文字的参数需要进行修改，在 AutoCAD 2016 中，提供了对已有的文字特性和内容进行编辑的功能。

6.2.1 修改文字内容

执行“编辑文字”命令的方法有以下 4 种。

- 菜单栏：选择“修改”|“对象”|“文字”|“编辑”命令。
- 快捷键：双击文字对象。
- 工具栏：单击“文字”工具栏中的“编辑文字”按钮。
- 命令行：在命令行中输入 DDEDIT/ED 命令。

执行上述命令后，选择需要编辑的文字进入该文字的编辑模式，在文本框中输入新的文字内容，然后按〈Ctrl+Enter〉组合键，即完成文字编辑。

6.2.2 修改文字特性

对于多行文字内容，可以通过执行 DDEDIT（ED）命令，在打开的“文字编辑器”选项卡中修改文字的特性。如果需要修改单行文字的特性，则需要在“特性”选项板中进行编辑。

打开“特性”选项板有以下两种方法。

➢ 菜单栏：选择“修改”|“特性”命令。

➢ 命令行：在命令行中输入 PROPERTIES/PR 命令。

执行上述命令后，系统打开如图 6-37 所示的“特性”选项板。在“常规”卷展栏中，可以修改文字的图层、颜色、线型比例和线宽等对象特性；在“文字”卷展栏中，可以修改文字的内容、样式、对正方式和文字高度等特性。图 6-38 所示为修改文字特性为旋转 15°的效果。

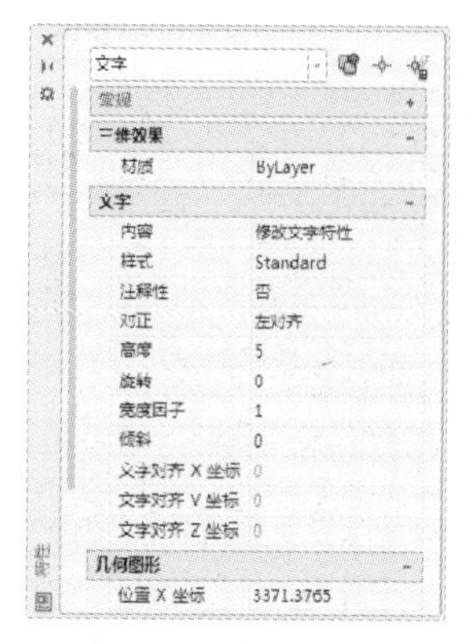

图 6-37 “特性”选项板

图 6-38 旋转 15°的文字效果

a) 修改前 b) 修改后

6.2.3 文字的查找与替换

在一个图形文件中往往有大量的文字注释，有时需要查找某个词语，并将其替换，例如替换某个拼写上的错误，这时就可以使用“查找”命令查找到特定的词语。

执行“查找”命令的方法有以下 4 种。

➢ 菜单栏：选择“编辑”|“查找”命令。

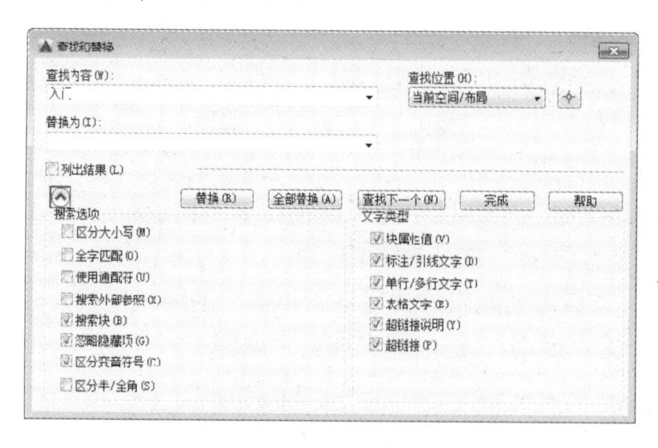

图 6-39 “查找和替换”对话框

➢ 功能区：在“注释”选项卡中，单击“文字”面板中的“查找”按钮。

➢ 工具栏：单击“文字”工具栏中的“多行文字”按钮。

➢ 命令行：在命令行中输入 FIND 命令。

执行上述命令后，弹出“查找和替换”对话框，如图 6-39 所示。该对话框中各选项的含义如下。

- “查找内容”下拉列表框：用于指定要查找的内容。
- “替换为”下拉列表框：指定用于替换查找内容的文字。
- “查找位置”下拉列表框：用于指定查找范围是在整个图形中查找还是仅在当前选择中查找。
- “搜索选项”选项组：用于指定搜索文字的范围和大小写区分等。
- “文字类型”选项组：用于指定查找文字的类型。
- “查找”按钮：输入查找内容之后，此按钮变为可用，单击即可查找指定内容。
- “替换”按钮：用于将当前选中的文字替换为指定文字。
- “全部替换”按钮：将图形中所有的查找结果替换为指定文字。

6.2.4 案例——标注机械零件尺寸公差

在机械制图中，不带公差的尺寸是很少见的，这是因为在实际的生产中，误差是始终存在的。因此制定公差的目的就是为了确定产品的几何参数，使其变动量在一定的范围之内，以便达到互换或配合的要求。

步骤 1 打开文件。单击快速访问工具栏中的“打开”按钮，打开配套光盘中提供的“第 06 章\6.2.4 标注尺寸公差.dwg”素材文件，如图 6-40 所示。

步骤 2 新建文字样式。选择“格式”|“文字样式”命令，在弹出的“文字样式”对话框中单击“新建”按钮，创建说明文字样式，命名为“标注字”，并选择该文字样式的字体，设置字体属性，如图 6-41 所示。单击“应用”按钮，并将其置为当前。

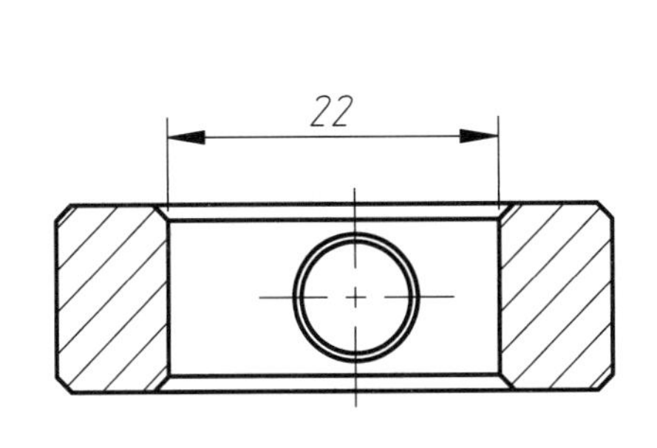

图 6-40 素材文件

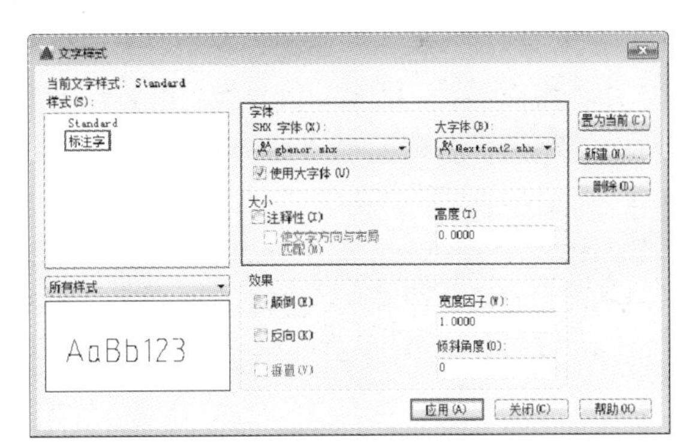

图 6-41 “文字样式”对话框

步骤 3 添加直径符号。双击尺寸 22，打开“文字编辑器”选项卡，然后将鼠标指针移动至 22 之前，输入“%%C”，为其添加直径符号，如图 6-42 所示。

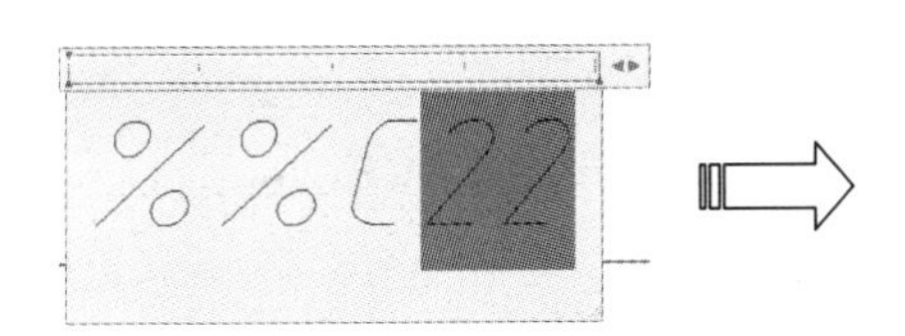

图 6-42 添加直径符号

步骤 4 输入公差文字。再将鼠标指针移动至 22 的后方，依次输入“K8 +0.007^ −0.016”，如图 6-43 所示。

图 6-43 输入公差文字

步骤 5 创建尺寸公差。接着按住鼠标左键并向后拖移，选中“+0.007^−0.016”文字，然后单击“文字编辑器”选项卡的“格式”面板中的“堆叠”按钮，即可创建尺寸公差，如图 6-44 与图 6-45 所示。

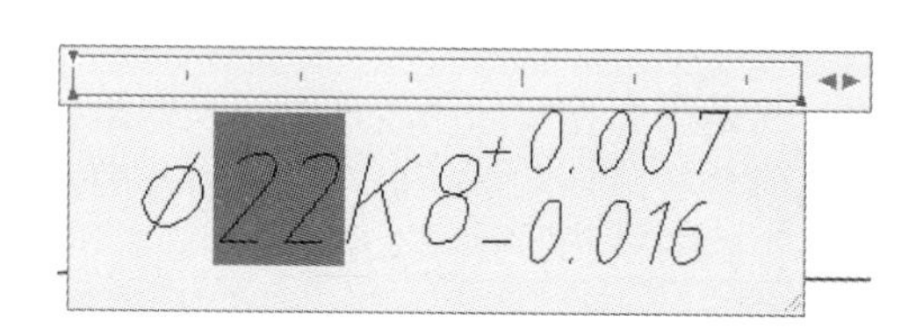

图 6-44 堆叠公差文字

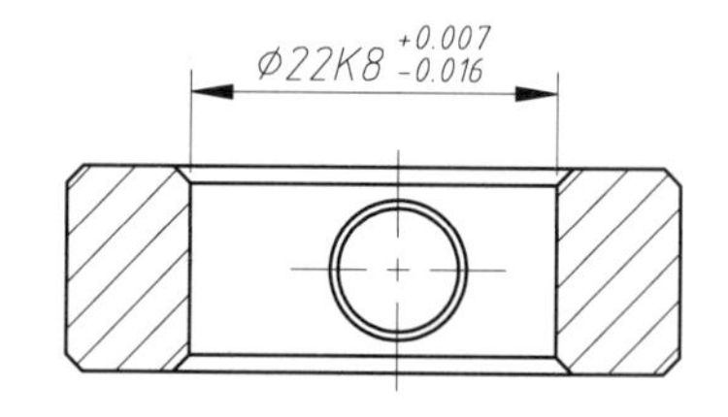

图 6-45 完成效果

6.3 创建表格

在建筑、园林和机械等绘图过程中，表格主要用于标题栏、参数表和明细表等内容的绘制。利用表格能快速、清晰、醒目地反映设计思路及创意。使用 AutoCAD 的表格功能，能够自动创建和编辑表格。

6.3.1 创建表格样式

与文字类似，在创建表格前需要设置表格样式，包括表格内文字的字体、颜色、高度，以及表格的行高、行距等。AutoCAD 默认的表格样式为 Standard，用户可以根据需要修改已有的表格样式或新建需要的表格样式。

创建表格样式的方法有以下 4 种。

- 菜单栏：选择“格式”|“表格样式”命令。
- 功能区：在“默认”选项卡中，单击“注释”面板上的“表格样式”按钮；或在“注释”选项卡中，单击“表格”面板右下角的按钮。
- 工具栏：单击“样式”工具栏中“表格样式”按钮。
- 命令行：在命令行中输入 TABLESTYLE/TS 命令。

执行上述命令后，系统弹出“表格样式”对话框，如图 6-46 所示。

通过该对话框可执行将表格样式置为当前、修改、删除或新建操作。单击“新建”按钮，系统弹出“创建新的表格样式”对话框，如图 6-47 所示。

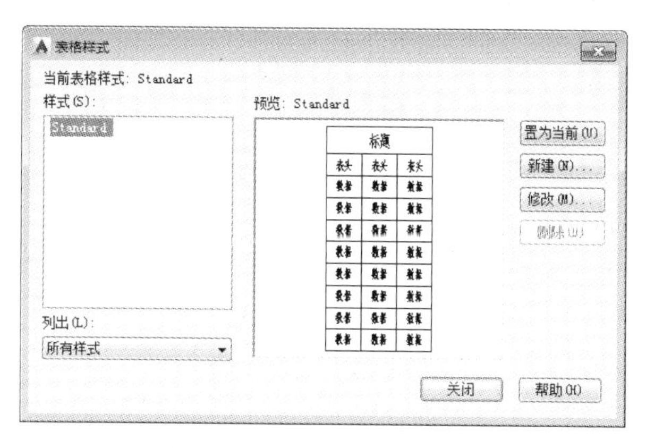

图 6-46 “表格样式”对话框

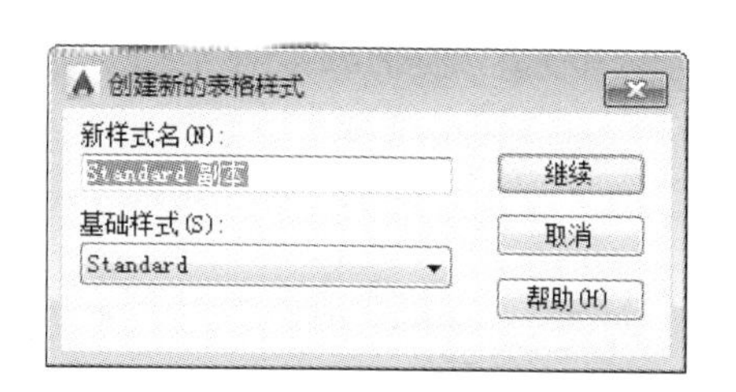

图 6-47 “创建新的表格样式”对话框

在“新样式名”文本框中输入表格样式名称，在“基础样式”下拉列表框中选择一个表格样式为新的表格样式提供默认设置，单击“继续”按钮，系统弹出“新建表格样式”对话框，如图 6-48 所示，可以对样式进行具体设置。

“新建表格样式”对话框中各选项的含义如下。

➢ “起始表格”选项组：该选项组允许用户在图形中制定一个表格用做样例来设置此表格样式的格式。单击“选择表格”按钮，进入绘图区，可以在绘图区选择表格、录入表格。“删除表格”按钮与“选择表格”按钮的作用相反。

➢ “常规”选项组：该选项组用于更改表格方向，通过在“表格方向”下拉列表框中选择“向下”或“向上”选项来设置表格方向，“向上”创建由下而上读取的表格，标题行和列都在表格的底部；“预览框”显示当前表格样式设置效果的样例。

➢ “单元样式”选项组：该选项组用于定义新的单元样式或修改现有单元样式。在“单元样式”下拉列表框数据中显示表格中的单元样式，系统默认提供了数据、标题和表头 3 种单元样式，用户根据需要创建新的、删除和重命名单元样式。

当单击“新建表格样式”对话框中“管理单元样式”按钮，将弹出如图 6-49 所示的“管理单元格式”对话框，在该对话框中可以对单元格式进行添加、删除和重命名等操作。

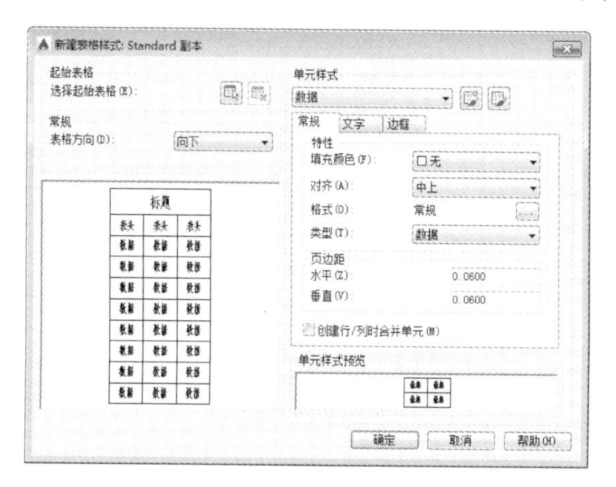

图 6-48 “新建表格样式”对话框

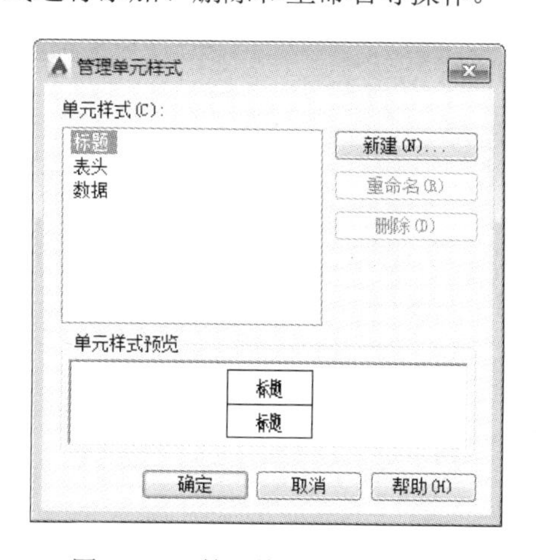

图 6-49 “管理单元样式”对话框

6.3.2 案例——新建统计表格样式

步骤 1 单击快速访问工具栏中的“新建”按钮，新建空白文件。

步骤 2 在“注释”选项卡中，单击“表格”面板右下角的按钮，系统弹出“表格样式”对话框，如图 6-50 所示。

步骤 3 单击该对话框中的“新建”按钮，系统弹出“创建新的表格样式”对话框，在“名称”文本框中输入“园林植物种植设计统计表”，如图 6-51 所示。

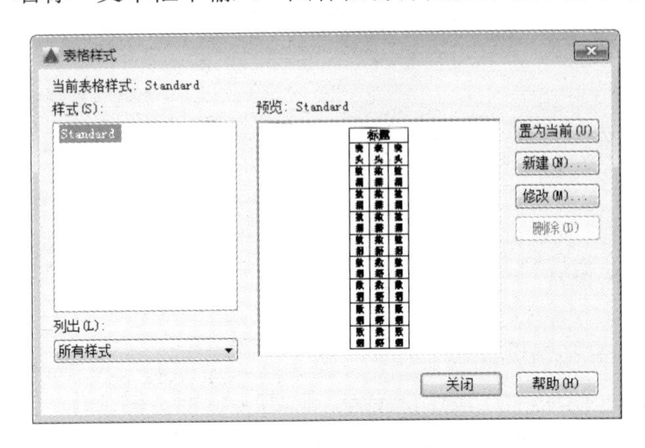

图 6-50 “表格样式”对话框

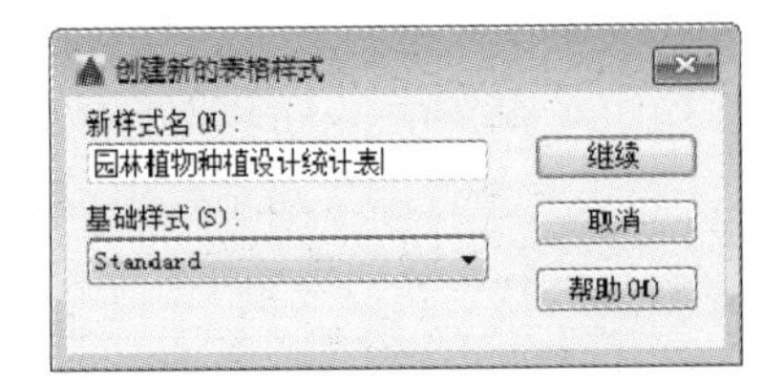

图 6-51 “创建新的表格样式”对话框

步骤 4 单击“继续”按钮，系统弹出“新建标注样式：园林植物种植设计统计表”对话框，如图 6-52 所示。

步骤 5 在“单元样式”选项组中，单击“文字样式”右侧的按钮，系统弹出“文字样式”对话框，新建“汉字”文字样式，并设置参数，再将新建的文字样式置为当前，如图 6-53 所示。

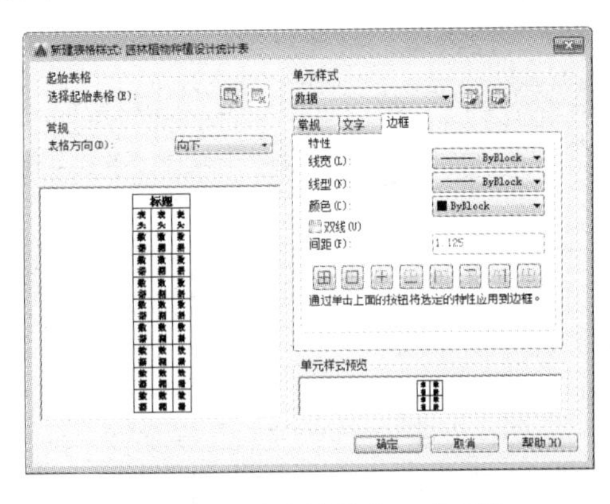

图 6-52 “新建表格样式”对话框

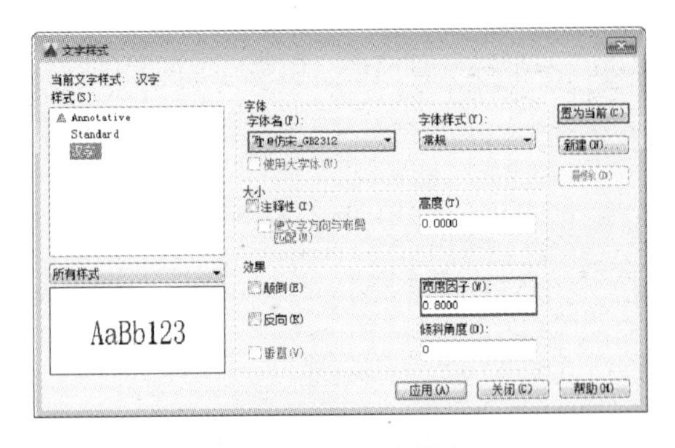

图 6-53 新建文字样式

步骤 6 单击“关闭”按钮，返回“新建标注样式：园林植物种植设计统计表”对话框，设置文字高度为 3.5，如图 6-54 所示。

步骤 7 选择“常规”选项卡，设置对齐方式为“正中”，如图 6-55 所示。

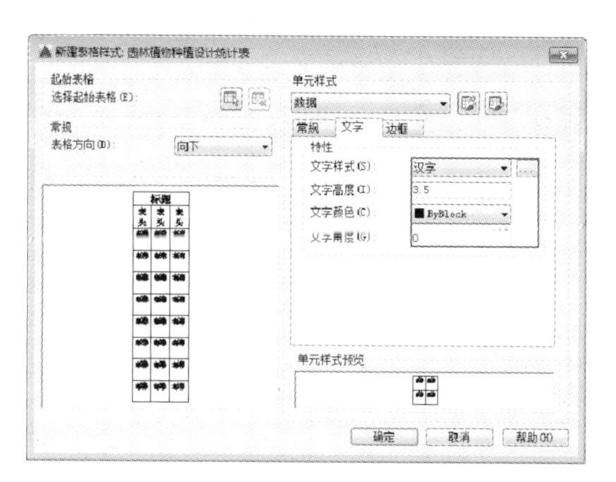

图 6-54　设置文字高度

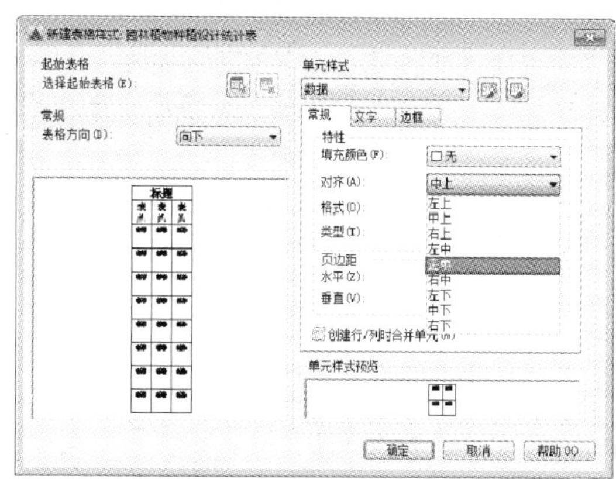

图 6-55　设置对齐方式

步骤 8 单击“确定”按钮，系统返回“表格样式”对话框，选中新建的“园林植物种植设计统计表”样式，单击对话框中的“置为当前”按钮，将该表格样式置为当前，如图 6-56 所示。

步骤 9 单击“关闭”按钮，关闭“表格样式”对话框。至此，完成“园林植物种植设计统计表”表格样式的设置。

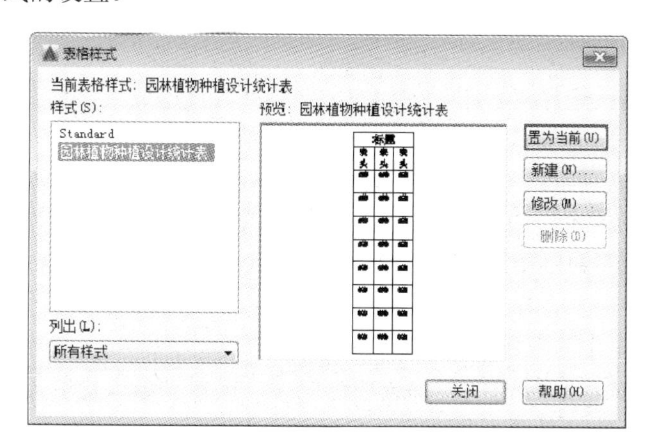

图 6-56　将新建的表格样式置为当前

6.3.3 绘制表格

表格是在行和列中包含数据的对象，AutoCAD 2016 可以通过空格或表格样式创建表格对象，同时也支持将表格链接至 Microsoft Excel 电子表格中的数据。

在 AutoCAD 2016 中插入表格的常用方法有以下 4 种。

- 菜单栏：选择“格式”|“表格”命令。
- 功能区：在“默认”选项卡中，单击“注释”面板上的“表格”按钮▦；或在“注释”选项卡中，单击“表格”面板上的“表格”按钮▦。
- 工具栏：单击“修改”工具栏中的“表格”按钮▦。
- 命令行：在命令行中输入 TABLE/TB 命令。

执行上述命令后，系统弹出“插入表格”对话框，如图 6-57 所示。

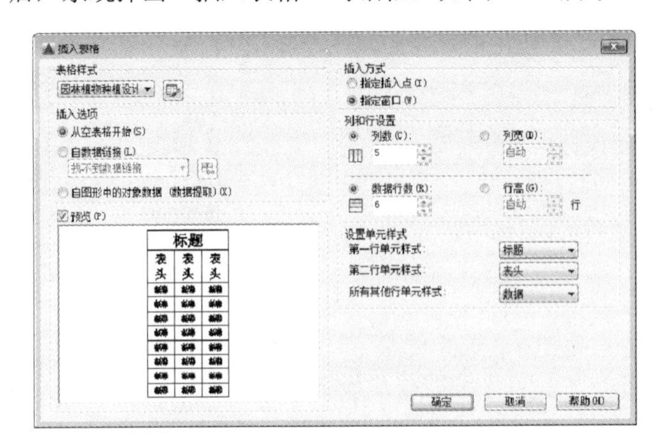

图 6-57 “插入表格”对话框

“插入表格”对话框中各选项的含义如下。

- “表格样式”下拉列表框：在该选项组中不仅可以从“表格样式”下拉列表框中选择表格样式，也可以单击按钮后创建新表格样式。
- “插入选项”选项组：在该选项组中包含 3 个单选按钮，其中选择“从空表格开始”单选按钮可以创建一个空的表格；选择“自数据连接”单选按钮可以从外部导入数据来创建表格；选择“自图形中的对象数据（数据提取）”单选按钮可以用于从可输出列表格或外部的图形中提取数据来创建表格。
- “插入方式”选项组：该选项组中包含两个单选按钮，其中选择“指定插入点”单选按钮可以在绘图窗口中的某点插入固定大小的表格；选择“指定窗口”单选按钮可以在绘图窗口中通过指定表格两对角点的方式来创建任意大小的表格。
- “列和行设置”选项组：在此选项组中，可以通过改变“列”“列宽”“数据行”和“行高”文本框中的数值来调整表格外观大小。
- “设置单元样式”选项组：在此选项组中可以设置“第一行单元样式”“第二行单元样式”和“所有其他单元样式”选项。默认情况下，系统均以“从空表格开始”方式插入表格。

设置好表格样式、列数和列宽、行数和行宽后，单击“确定”按钮，并在绘图区指定插入点，将会在当前位置按照表格设置插入一个表格，然后在此表格中添加上相应的文本信息，即可完成表格的创建。

提示：AutoCAD 还可以从 Microsoft 的 Excel 中直接复制表格，并将其作为 AutoCAD 表格对象粘贴到图形中，也可以从外部直接导入表格对象。此外，还可以输出来自 AutoCAD 的表格数据，在 Word 和 Excel 或其他应用程序中使用。

6.3.4 编辑表格

在添加完成表格后，不仅可根据需要对表格整体或表格单元执行拉伸、合并或添加等编辑操作，而且可以对表格的表指示器进行所需的编辑，其中包括编辑表格形状和添加表格颜色等设置。

1. 修改表格特性

双击表格上的任意一条表格线，即可打开“特性”选项板，如图 6-58 所示。在“特性”选项板上可以修改表格的任何特性，包括图层、颜色、行数或列数，以及样式特性等。

当选中表格后，也可以通过拖动夹点来编辑表格，可以对表格进行移动、水平拉伸和垂直拉伸等编辑。其各夹点的含义如图 6-59 所示。

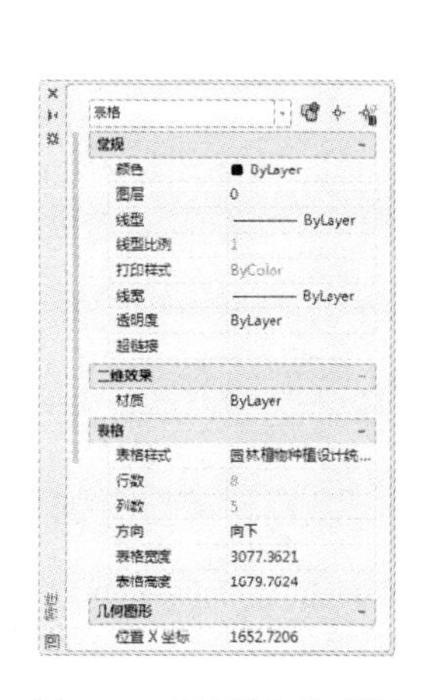

图 6-58 “特性”选项板

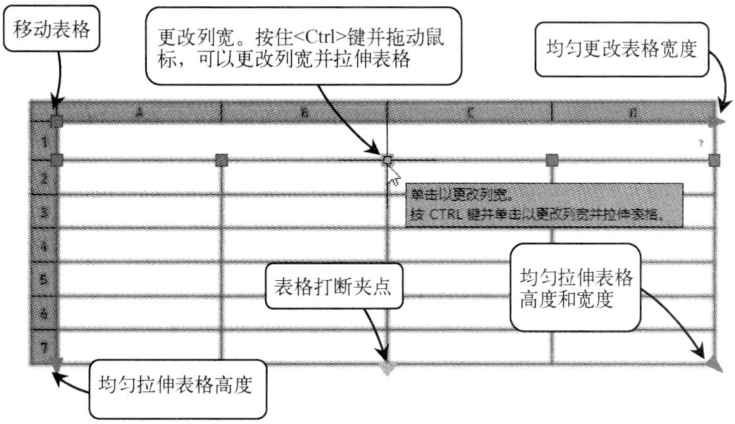

移动表格

更改列宽。按住<Ctrl>键并拖动鼠标，可以更改列宽并拉伸表格

均匀更改表格宽度

单击以更改列宽。

按 CTRL 键并单击以更改列宽并拉伸表格。

表格打断夹点

均匀拉伸表格高度和宽度

均匀拉伸表格高度

图 6-59 选中表格时各夹点的含义

2. 修改表格单元特性

单击表格中的某个单元格后，系统打开“表格单元”选项卡，如图 6-60 所示，可以在其中编辑单元格。

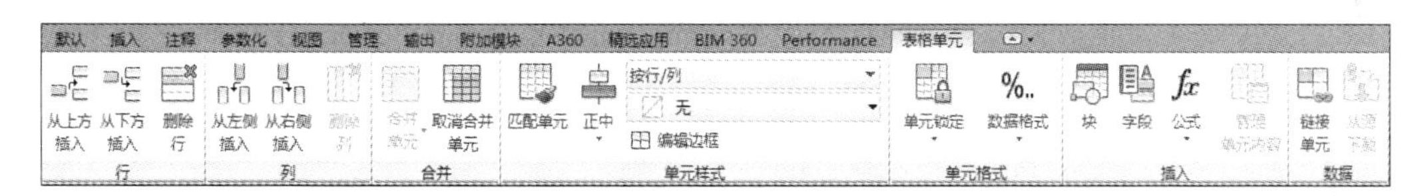

图 6-60 “表格单元”选项卡

“表格单元”选项卡中常用的选项含义如下。

- “匹配单元”按钮：指定当前选中的表格单元格式匹配其他表格单元。单击该按钮，鼠标指针将变为刷子形状，单击目标对象即可进行匹配。
- “对齐”下拉列表框：用于设置单元格中内容的对齐方式。其下拉列表框中包含左上、左中和中上等各种对齐命令。
- “编辑边框”按钮：用于设置单元格边框的线宽、线型等特性。单击该按钮，将弹出如图 6-61 所示的“单元边框特性”对话框。
- “插入”面板：用于插入块、字段或公式等。如选择“块”命令，将弹出如图 6-62 所示的“在表格单元中插入块”对话框，在其中可以选择要插入的块，同时还可以对插入块在表格单元中的对齐方式、比例和旋转角度等特性进行调整。

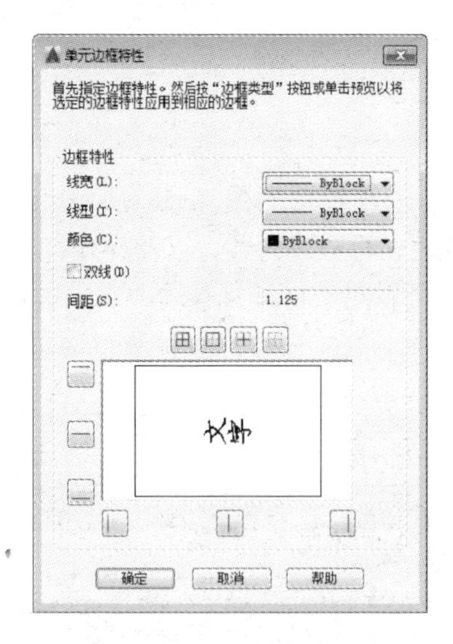

图 6-61 “单元边框特性”对话框

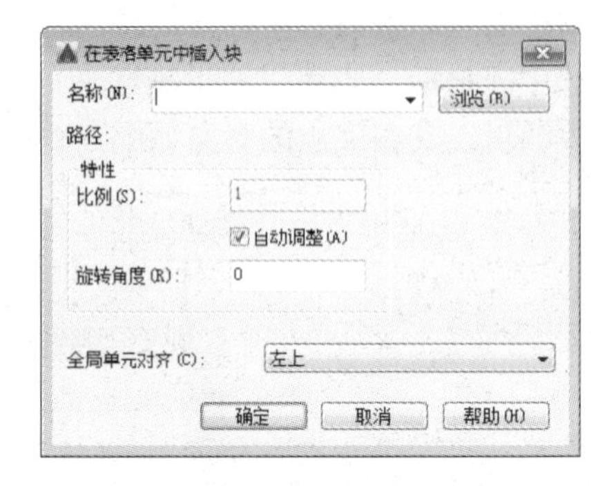

图 6-62 “在表格单元中插入块”对话框

提示：要选择多个单元，可以按住鼠标左键并在要选择的单元上拖动；也可以按住〈shift〉键并在要选择的单元内按住鼠标左键，可以同时选中这两个单元及它们之间的所有单元。

6.3.5 案例——完成装配图中的零件明细表

步骤 1 打开文件。单击快速访问工具栏中的“打开”按钮，打开配套光盘中提供的“第 06 章\6.3.5 完成装配图中的零件明细表.dwg”素材文件，如图 6-63 所示。

步骤 2 输入表格中的文本。双击激活单元格，输入相关文字，按〈Ctrl+Enter〉组合键完成文字输入，如图 6-64 所示。

	A	B	C	D	E
1	明细表				
2	序号	名称	数量	材料	附注
3					
4					
5					
6					
7					

图 6-63 素材文件

	A	B	C	D	E
1	明细表				
2	序号	名称	数量	材料	附注
3	1	螺钉	1	Q235-A	GB68-85
4	2	螺母	1	HT-150	
5	3	垫圈	1	Q235-A	
6	4	工件1	1	HT-150	
7	5	工件2	1	HT-150	

图 6-64 输入表格文本

步骤 3 选中“序号”单元格，按住〈Shift〉键单击序号为 5 的单元格，选中该列，如图 6-65 所示。

步骤 4 右击，在弹出的快捷菜单中选择“特性”命令，系统打开如图 6-66 所示的“特性”选项。在“单元宽度”文本框中输入 15，单击 ✖（关闭）按钮，完成列宽的设置，效果如图 6-67 所示。

	A	B	C	D	E
1	明细表				
2	序号	名称	数量	材料	附注
3	1	螺钉	1	Q235-A	GB68-85
4	2	螺母	1	HT-150	
5	3	垫圈	1	Q235-A	
6	4	工件1	1	HT-150	
7	5	工件2	1	HT-150	

图 6-65 选择“列”

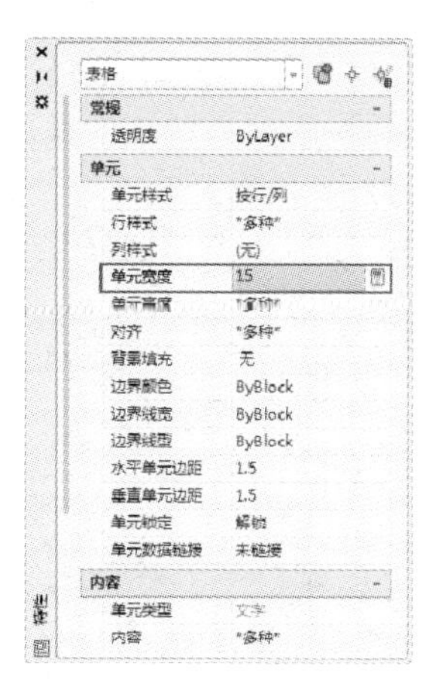

图 6-66 设置列宽

步骤 5 右击，在弹出的快捷菜单中选择“对齐”|“正中”命令，如图 6-68 所示，效果如图 6-69 所示。

	A	B	C	D	E
1	明细表				
2	序号	名称	数量	材料	附注
3	1	螺钉	1	Q235-A	GB68-85
4	2	螺母	1	HT-150	
5	3	垫圈	1	Q235-A	
6	4	工件1	1	HT-150	
7	5	工件2	1	HT-150	

图 6-67 列宽效果

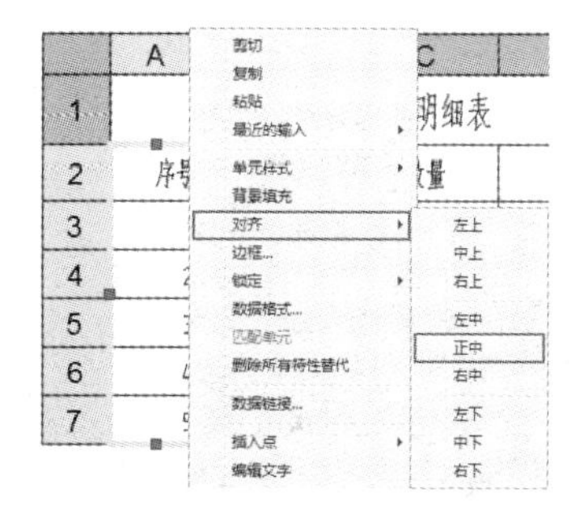

图 6-68 快捷菜单

步骤 6 重复命令操作，完成“数量”列的列宽设置，最终效果如图 6-70 所示。

	A	B	C	D	E
1	明细表				
2	序号	名称	数量	材料	附注
3	1	螺钉	1	Q235-A	GB68-85
4	2	螺母	1	HT-150	
5	3	垫圈	1	Q235-A	
6	4	工件1	1	HT-150	
7	5	工件2	1	HT-150	

图 6-69 文字居中

明细表				
序号	名称	数量	材料	附注
1	螺钉	1	Q235-A	GB68-85
2	螺母	1	HT-150	
3	垫圈	1	Q235-A	
4	工件1	1	HT-150	
5	工件2	1	HT-150	

图 6-70 最终效果

6.4 综合实战——完善大齿轮零件图纸

本节通过具体的实例，对之前介绍的文字和表格的参数设置及创建进行具体操作，使读者熟练掌握文字和表格的创建方法。

步骤 1 打开文件。单击快速访问工具栏中的“打开”按钮，打开配套光盘中提供的

“第 06 章\6.4 完善大齿轮零件图纸.dwg”素材文件，如图 6-71 所示。

步骤 2 在“默认”选项卡中，单击“注释”面板上的“表格”按钮，系统弹出“插入表格”对话框，如图 6-72 所示。

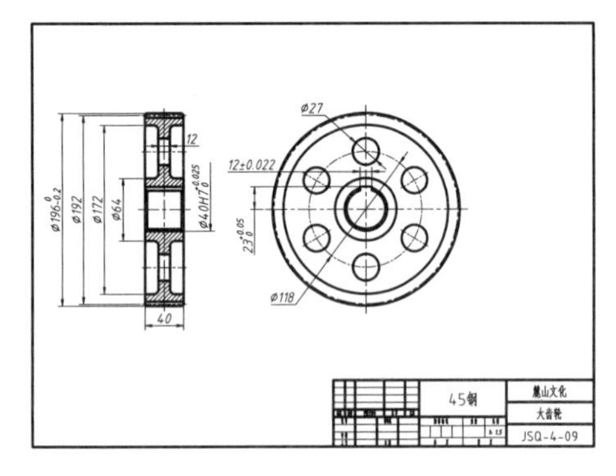

图 6-71 素材文件

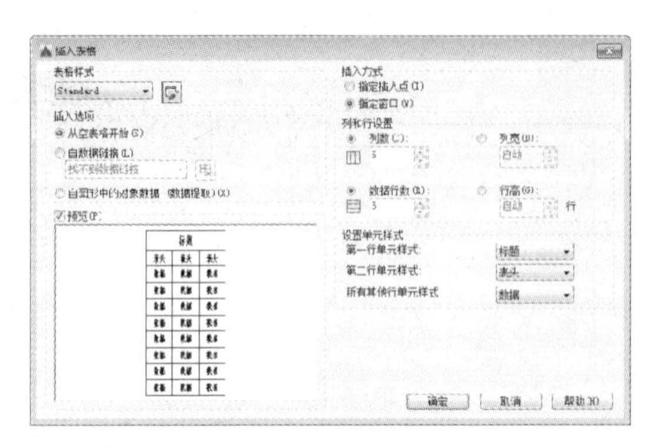

图 6-72 “插入表格”对话框

步骤 3 单击“表格样式”名称框后面的“表格样式”按钮，系统弹出“表格样式”对话框，单击“修改”按钮，设置参数，如图 6-73 所示。

步骤 4 单击“确定”按钮，返回“表格样式”对话框，再单击“关闭”按钮，返回“插入表格”对话框，设置列数为 4，列宽为 35，行数为 13，行高为 1，设置单元样式为“数据”，如图 6-74 所示。

图 6-73 修改表格样式

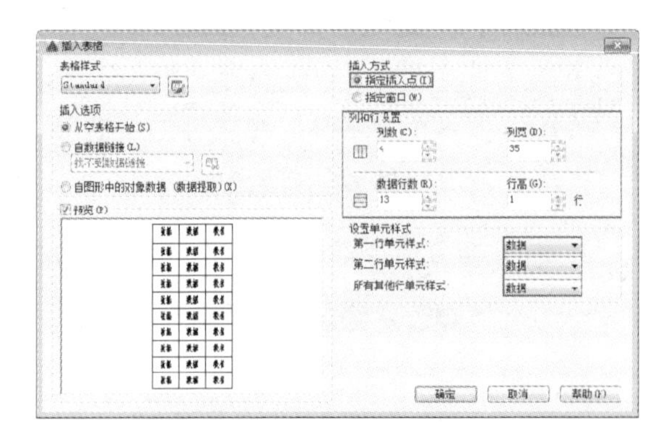

图 6-74 设置参数

步骤 5 单击“确定”按钮，系统返回绘图区域，在绘图区合适位置插入表格，如图 6-75 所示。

步骤 6 合并单元格和调整列宽、行宽。首先选中需要合并的单元格并右击，在弹出的快捷菜单中选择“合并”|“全部”或“按列”命令，合并单元格。然后选择需要调整的行宽和列宽，按〈Ctrl+1〉组合键，在打开的“特性”选项板的“单元宽度”文本框中输入相应的行宽、列宽参数，单击（关闭）按钮，完成行宽和列宽的设置，如图 6-76 所示。

步骤 7 双击进入要输入文字的单元格，系统打开“文字编辑器”选项卡，设置文字样式为“宋 GB-2312”，字高为 6，输入文字，结果如图 6-77 所示。

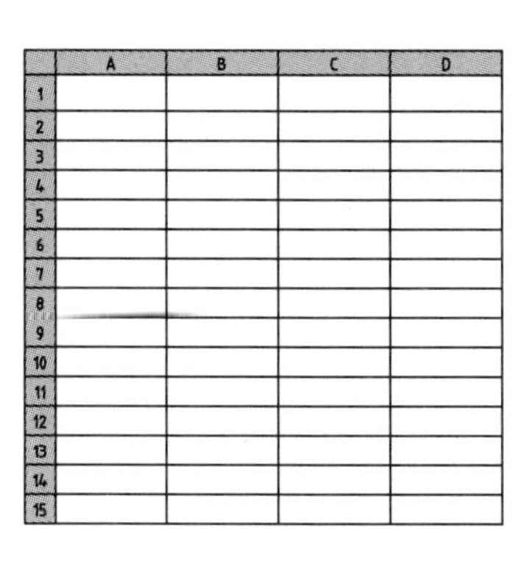
图 6-75 插入表格

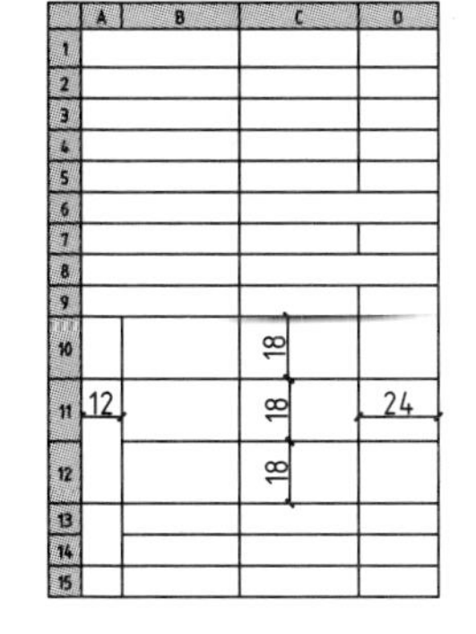
图 6-76 调整表格

图 6-77 输入文字

步骤 8 按住鼠标左键并在要选择的单元上拖动，选择所有单元格，右击，在弹出的快捷菜单中选择“对齐”|“正中”命令，效果如图 6-78 所示。

步骤 9 创建说明文字样式。在“注释”选项卡中，单击“文字”面板中右下角的按钮 ↘，在弹出的“文字样式”对话框中单击“新建”按钮，创建说明文字样式，命名为“说明文字”，选择该文字样式的字体并设置宽度因子、高度属性，如图 6-79 所示，然后单击“应用”按钮，并将此文字样式置为当前。

图 6-78 大齿轮零件明细表

图 6-79 “文字样式”对话框

步骤 10 调用“多行文字”命令。在命令行中输入 MT（多行文字）命令并按〈Enter〉键，在图形右边合适位置，根据命令行的提示创建多行文字，如图 6-80 所示。

步骤 11 选择输入的文字，在“文字编辑器”选项卡的“段落”组的“项目符号和编号”下拉列表框中选择“以数字标记”选项，如图 6-81 所示，此时在多行文字框换行的地方将自动编号，如图 6-82 所示。

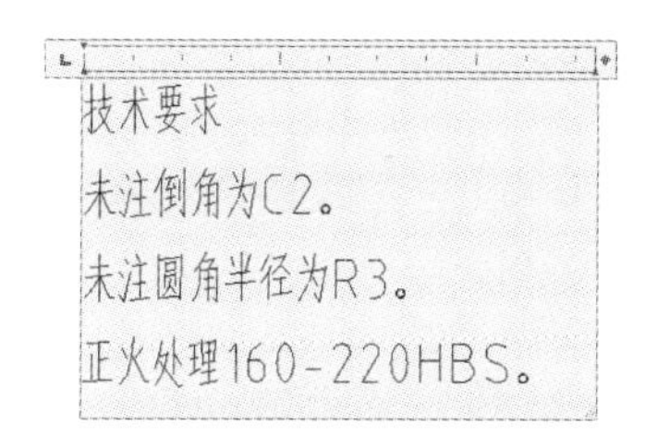

图 6-80 输入文字

图 6-81 “项目符号和编号”下拉列表框

技术要求
1. 未注倒角为C2。
2. 未注圆角半径为R3。
3. 正火处理160-220HBS。

图 6-82 多行文字编号效果

步骤 12 完成添加文字说明。完成文字编辑后在多行文字外框任意一处单击，即可完成多行文字的添加，最终效果如图 6-83 所示。

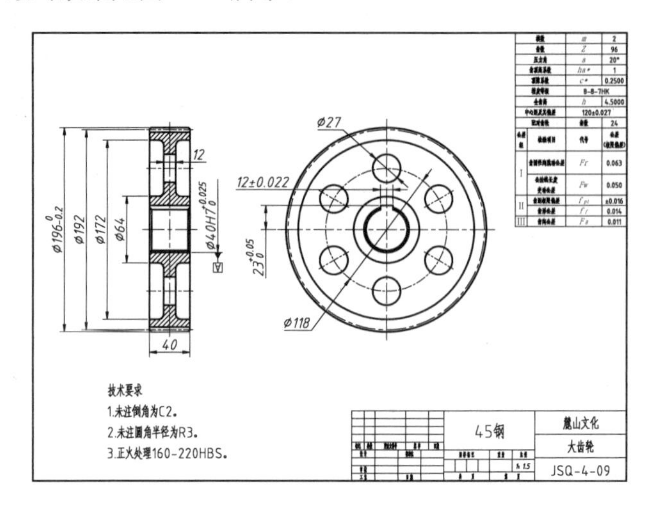

图 6-83 完成效果

6.5 设计专栏

6.5.1 上机实训

步骤 1 使用本章所学的知识，绘制电动机图例，如图 6-84 所示。

步骤 2 使用本章所学的知识，绘制建筑图纸标题栏（设置字体为宋体，字高为 15，列宽为 100，行宽为 51、39），如图 6-85 所示。

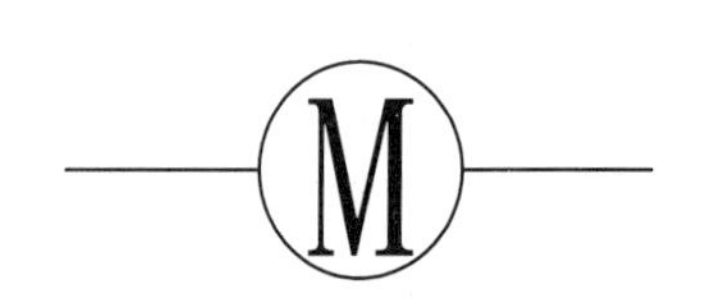

图 6-84 绘制电动机图例

	A	B	C	D	E	F
1	工程名称				图号	
2	子项名称				比例	
3	设计单位		监理单位		设计	
4	建设单位		制图		负责人	
5	施工单位		审核		日期	

图 6-85 建筑图纸标题栏

6.5.2 辅助绘图锦囊

1. 在 AutoCAD 中插入 Excel 表格的方法。

答：复制 Excel 中的内容，然后在 AutoCAD 中选择“编辑”|“选择性粘贴”|“AutoCAD 图元”命令，然后单击确定，选择插入点，插入后炸开即可。

2. 在 Word 文档中插入 AutoCAD 图形的方法。

答：先将 AutoCAD 图形复制到剪贴板中，再在 Word 文档中粘贴。需要注意的是，由于 AutoCAD 默认背景颜色为黑色，而 Word 背景颜色为白色，首先应将 AutoCAD 图形背景颜色改成白色。另外，AutoCAD 图形插入 Word 文档后，往往空边过大，效果不理想，可以利用 Word 图片工具栏上的裁剪功能进行修整。

3. 如何快速调出特殊符号？

答：标高的±号，在 AutoCAD 的文本编辑器中，输入%%p 就可以完成。其他很多特殊符号的输入，也可以通过这种方式实现。具体操作方法是：单击文本编辑器右上角的“选项”按钮，在打开的下拉菜单中选择“符号”子菜单中的相应命令。对于其他更复杂的符号，还可以选择其中的“其他”命令打开“字符映射表”对话框，选择需要的字符，然后单击“复制”按钮，回到 AutoCAD 的文本编辑器，按〈Ctrl+V〉组合键粘贴进 AutoCAD 的文本编辑器即可。

4. 为什么堆叠按钮不可用？

答：堆叠的使用一是要有英文输入法下的堆叠符号（#、^、/），二是要把堆叠的内容选中后才可以操作。

5. 怎么将 AutoCAD 表格转换成 Excel？

答：选择 AutoCAD 扩展工具菜单栏中的“AutoCAD 表格转换 EXCEL”命令，软件会弹出一个转换尺寸比例对话框，然后在对话框中选择转换表格之间的尺寸比例。接着，框选 AutoCAD 中的“建筑明面积细表”并确定，系统会自动启动 Excel，并在 Excel 中将转换好的表格打开。

第 7 章

标注图形尺寸

本章要点

- 尺寸标注的规则与组成
- 创建与设置标注样式
- 标注基本尺寸
- 其他综合性标注
- 编辑与更新尺寸
- 综合实战
- 设计专栏

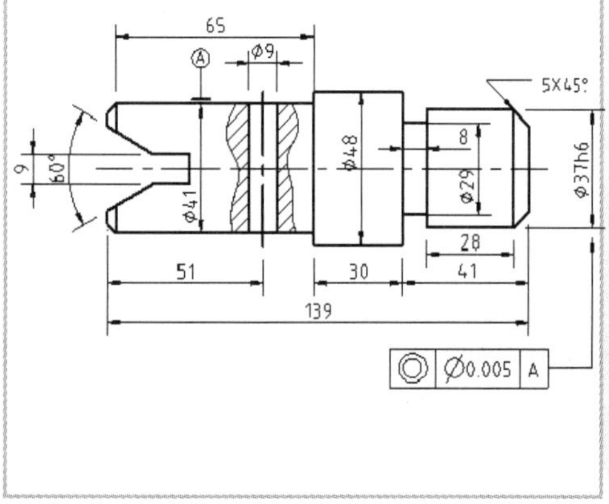

尺寸标注是对图形形状和位置的定量化说明，也是加工工件和工程施工的重要依据，因此标注尺寸是图纸中不可缺少的一部分。

AutoCAD 提供了一套完整、灵活、方便的尺寸标注系统，在进行标注的过程中要保持图纸的工整、清晰，不仅要掌握标注尺寸的基本方法，还要掌握如何控制尺寸标注的外观。熟练地掌握尺寸标注命令，可以有效地提高绘图质量和绘图效率。

7.1 尺寸标注的规则与组成

在工程制图中，尺寸标注是非常重要的一个环节。通过尺寸标注，能够准确地反映物体的大小及对象间的关系，它是识别图形和现场施工的主要依据。本节主要介绍图形尺寸标注的基本规则及尺寸标注的组成。

7.1.1 尺寸标注的基本原则

尺寸标注是对图形对象形状和位置的定量化说明，AutoCAD 2016 包含了一套完整的尺寸标注命令和实用程序，如图 7-1 所示，可以对直径、半径、角度、坐标、弧长及圆心位置等进行标注，轻松完成各类设计图纸的尺寸标注要求。

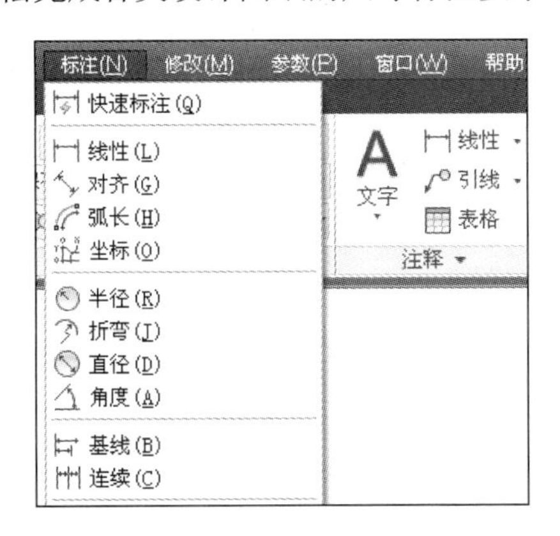

图 7-1 “标注”菜单

在对建筑、机械和电气等制图进行尺寸标注时，应遵守以下规定。

- 当图形中的尺寸以毫米为单位时，不需要标注计量单位。否则必须注明所采用的单位代号或名称，如 cm（厘米）和 m（米）等。
- 图形的真实大小应以图样上标注的尺寸数值为依据，与所绘制图形的大小比例及准确性无关。
- 尺寸数字一般写在尺寸线上方，也可以写在尺寸线中断处。尺寸数字的字高必须相同。
- 标注文字中的字体必须按照国家标准规定进行书写，即汉字必须使用仿宋体，数字使用阿拉伯数字或罗马数字，字母使用希腊字母或拉丁字母。各种字体的具体大小可以从 2.5、3.5、5、7、10、14 及 20 等 7 种规格中选取。
- 图形中每一部分的尺寸应只标注一次并且标注在最能反映其形体特征的视图上。
- 图形中所标注的尺寸应为该构件在完工后的标准尺寸，否则必须另加说明。

7.1.2 尺寸标注的组成

在机械、建筑制图或其他工程制图中，尺寸标注必须采用细实线绘制。一个完整的尺寸标注应包括以下几部分，如图 7-2 所示。

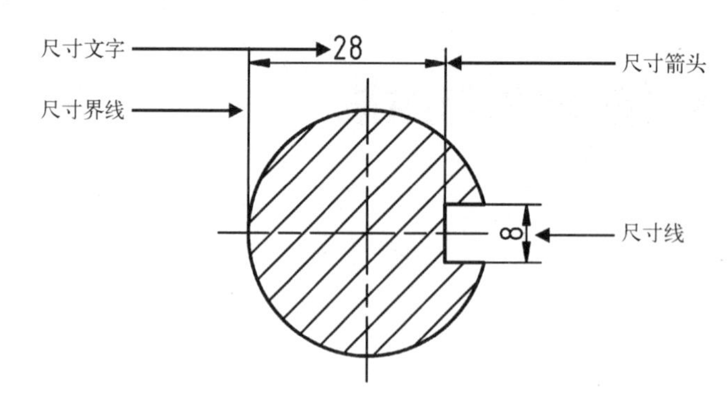

图 7-2 尺寸标注的组成要素

- 尺寸界线：用于标注尺寸的起止范围。由图样中的轮廓线、轴线或对称中心线引出。
- 尺寸线：用于表明标注的方向和范围。通常与所标注对象平行，放在尺寸界线之间，一般情况下为直线，但在角度标注时，尺寸线呈圆弧形。
- 尺寸文字：表明标注图形的实际尺寸大小，通常位于尺寸线上方或中断处。在进行尺寸标注时，AutoCAD 会自动生成所标注对象的尺寸数值，也可以对标注的文字进行修改、添加等编辑操作。
- 尺寸箭头：用于指定标注的起始位置，显示在尺寸线的两端。AutoCAD 默认使用闭合的填充箭头作为标注符号。此外，AutoCAD 还提供了多种箭头符号，以满足不同行业的需要，如建筑标记、小斜线箭头、点和斜杠等。

提示：尺寸文字包括数字形式的尺寸文字（尺寸数字）和非数字形式的尺寸文字（如注释，需手动输入）两种。

7.2 创建与设置标注样式

在 AutoCAD 2016 中，使用标注样式可以控制标注的格式和外观，包括尺寸线线型、尺寸线箭头长度、标注文字的高度，以及排列方式等，使整体图形更容易识别和理解。

7.2.1 新建标注样式

在 AutoCAD 2016 中，通过“标注样式管理器”对话框，可以进行新建和修改标注样式等操作。

打开“标注样式管理器”对话框的方法有以下 4 种。

- 菜单栏：选择“格式”|“标注样式”命令。
- 功能区：在“默认”选项卡中，单击“标注”面板下的“标注样式”按钮；或在“注释”选项卡中，单击“标注”面板右下角的按钮。
- 工具栏：单击“样式”工具栏中的“标注样式”按钮。
- 命令行：在命令行中输入 DIMSTYLE/D 命令。

执行上述命令后，系统弹出“标注样式管理器”对话框，如图 7-3 所示，在该对话框中可以创建新的尺寸标注样式。

对话框内各选项的含义如下。

- 当前标注样式：用来显示当前的标注样式名称。
- 样式：用来显示已创建的尺寸样式列表。
- 列出：用来控制“样式”列表框显示的是“所用样式”还是“正在使用的样式”。
- 预览：用来显示当前样式的预览效果。
- 置为当前：单击该按钮，可以选择显示哪种标注样式。
- 新建：单击该按钮，将弹出“创建新标注样式”对话框，在该对话框中可以创建新的标注样式。
- 修改：单击该按钮，将弹出“修改当前样式”对话框，在该对话框中可以修改标注样式。
- 替代：单击该按钮，将弹出“替代当前样式”对话框，在该对话框中可以设置标注样式的临时替代。
- 比较：单击该按钮，将弹出“比较标注样式”对话框，在该对话框中可以比较两种标注样式的特性，也可以列出一种样式的所有特性。

7.2.2 案例——创建“建筑标注”样式

新建建筑标注样式的步骤简单介绍如下。

步骤 1 在“默认”选项卡中，单击“标注”面板中的“标注样式”按钮，系统弹出“标注样式管理器”对话框，如图 7-3 所示。

步骤 2 单击“新建”按钮，系统弹出“创建新标注样式”对话框，在“新样式名”文本框中输入“建筑标注”，如图 7-4 所示。

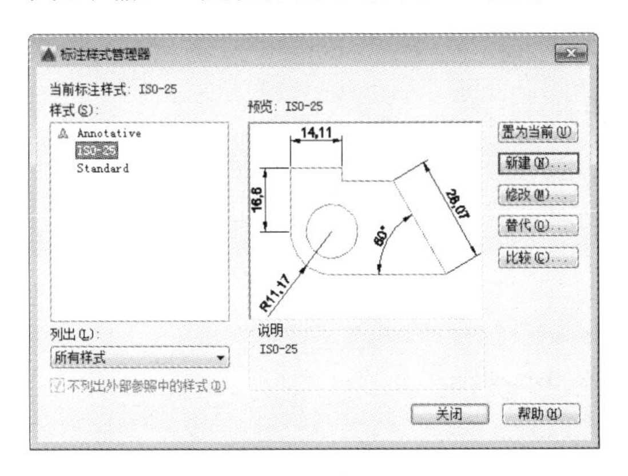

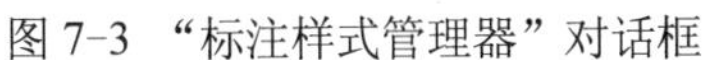

图 7-3 “标注样式管理器”对话框

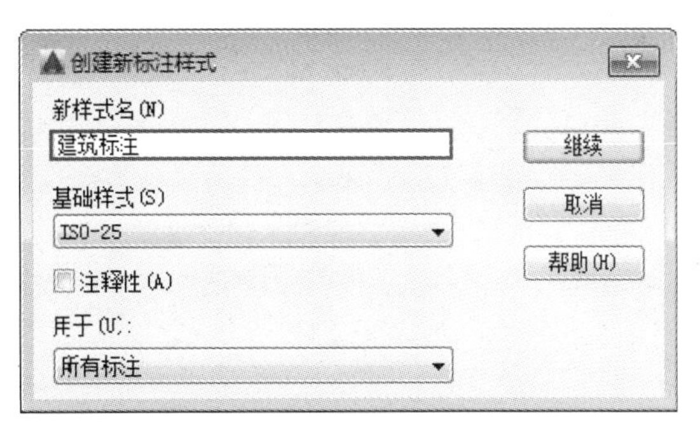

图 7-4 “创建新标注样式”对话框

步骤 3 单击“继续”按钮，弹出“新建标注样式：建筑标注”对话框，如图 7-5 所示。在该对话框中可以设置标注样式的各种参数。

步骤 4 选择“符号和箭头”选项卡，在“箭头”选项组的“第一个”和“第二个”下拉列表框中均选择“建筑标记”选项，如图 7-5 所示。

步骤 5 选择“线”选项卡，如图 7-6 所示，设置尺寸线和尺寸界线的相关参数。

步骤 6 单击“确定”按钮，关闭对话框，返回“标注样式管理器”对话框，单击“置为当前”按钮，即可选择为当前的标注样式，单击“关闭”按钮，完成“新建标注样式”的建立。

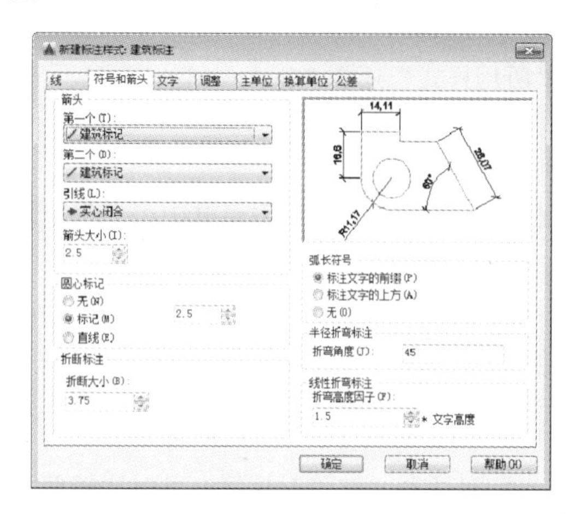

图 7-5 “新建标注样式：建筑标注”对话框

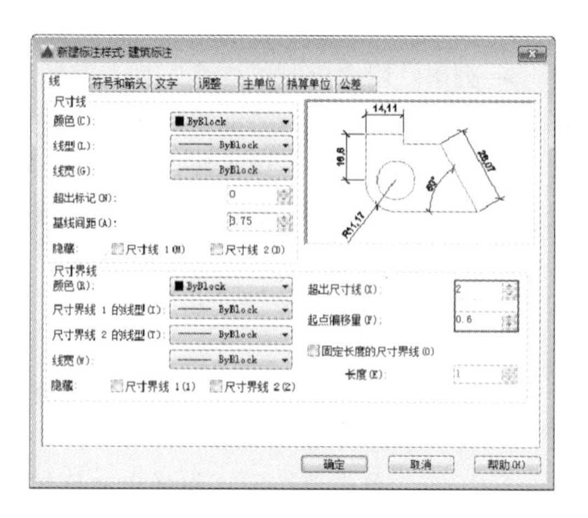

图 7-6 “线”选项卡

7.2.3 设置标注样式

创建新的标注样式时，在“新建标注样式”对话框中可以设置尺寸标注的各种特性，对话框中有“线”“符号和箭头”“文字”“调整”“主单位”“换算单位”和“公差”共 7 个选项卡，如图 7-7 所示，每一个选项卡对应一种特性的设置，下面将对其进行具体介绍。

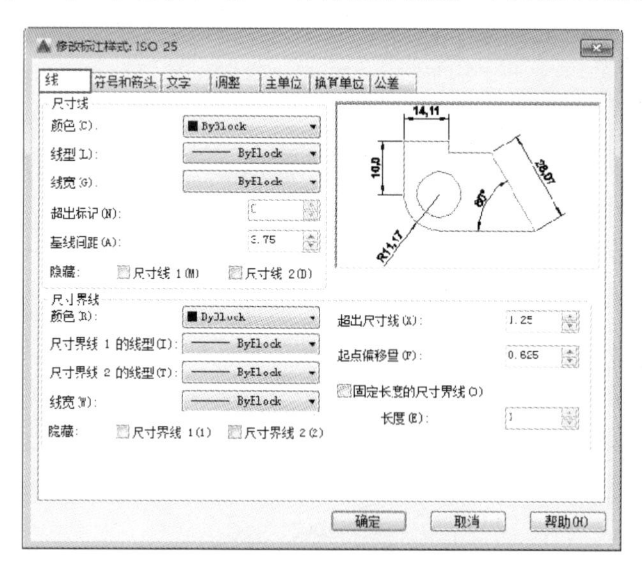

图 7-7 “线”选项卡

1. “线”选项卡

在“新建标注样式”对话框中选择“线”选项卡，如图 7-7 所示。在其中可以设置“尺寸线”和“尺寸界线”的颜色、线型、线宽，以及超出尺寸线的距离、起点偏移量的距离等内容，其中各选项的含义如下。

❑ “尺寸线”选项组

➢ 颜色：用于设置尺寸线的颜色，一般保持默认值 Byblock（随块）即可。也可以使用变量 DIMCLRD 设置。

➢ 线型：用于设置尺寸线的线型，一般保持默认值 Byblock（随块）即可。

➢ 线宽：用于设置尺寸线的线宽，一般保持默认值 Byblock（随块）即可。也可以使用变量 DIMLWD 设置。

➢ 超出标记：用于设置尺寸线超出量。若尺寸线两端是箭头，则此框无效；若在对话框的“符号和箭头”选项卡中设置了箭头的形式是“倾斜”和“建筑标记”时，可以设置尺寸线超过尺寸界线外的距离，如图 7-8 所示。

➢ 基线间距：用于设置基线标注中尺寸线之间的间距。

➢ 隐藏：“尺寸线 1”和“尺寸线 2”分别控制了第一条和第二条尺寸线的可见性，当选择“尺寸线 2”复选框时，即可隐藏尺寸线 2，如图 7-9 所示。

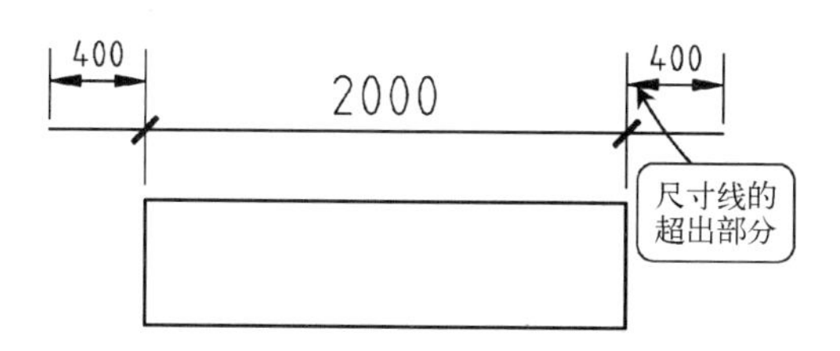

图 7-8 “超出标记”效果

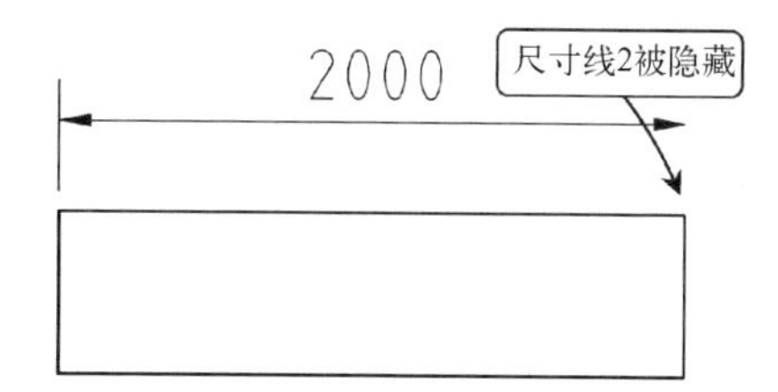

图 7-9 “隐藏尺寸线 2”效果

❑ “尺寸界线”选项组

➢ 颜色：用于设置延伸线的颜色，一般保持默认值 Byblock（随块）即可。也可以使用变量 DIMCLRD 设置。

➢ 线型：分别用于设置“尺寸界线 1”和“尺寸界线 2”的线型，一般保持默认值 Byblock（随块）即可。

➢ 线宽：用于设置延伸线的宽度，一般保持默认值 Byblock（随块）即可。也可以使用变量 DIMLWD 设置。

➢ 隐藏：“尺寸界线 1”和“尺寸界线 2”分别控制了第一条和第二条尺寸界线的可见性。

➢ 超出尺寸线：控制尺寸界线超出尺寸线的距离，如图 7-10 所示。

➢ 起点偏移量：控制尺寸界线起点与标注对象端点的距离，如图 7-11 所示。

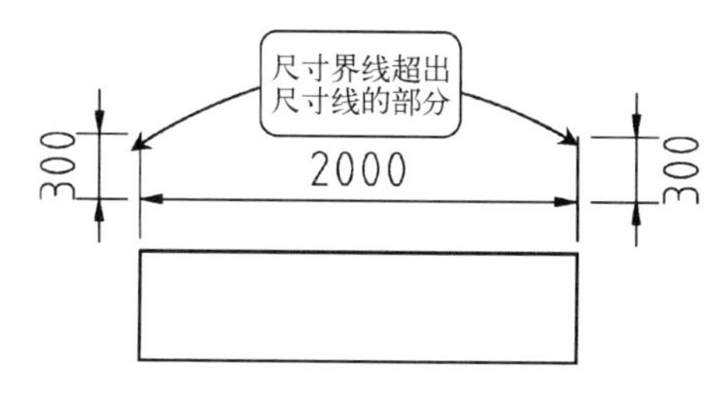

图 7-10 “超出尺寸线”效果

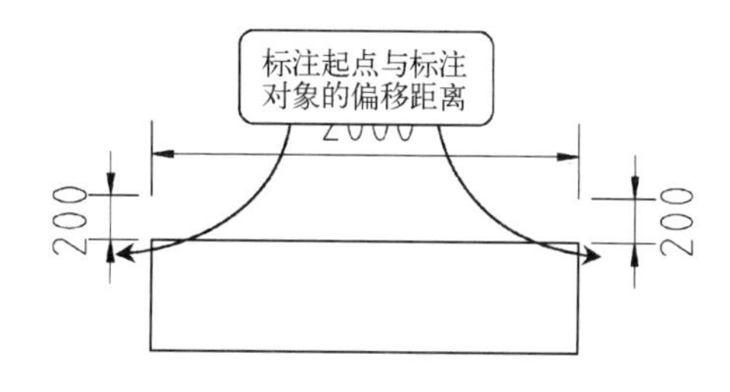

图 7-11 “起点偏移量”效果

提示：国标标准中规定，尺寸界线一般超出尺寸线 2～3mm。为了区分尺寸标注和被标注对象，用户应使尺寸界线与标注对象不接触。

2. “符号和箭头”选项卡

“符号和箭头”选项卡中包括“箭头”“圆心标记”“折断标注”“弧长符号”“半径折弯标注”和“线性折弯标注”共 6 个选项组，如图 7-12 所示。

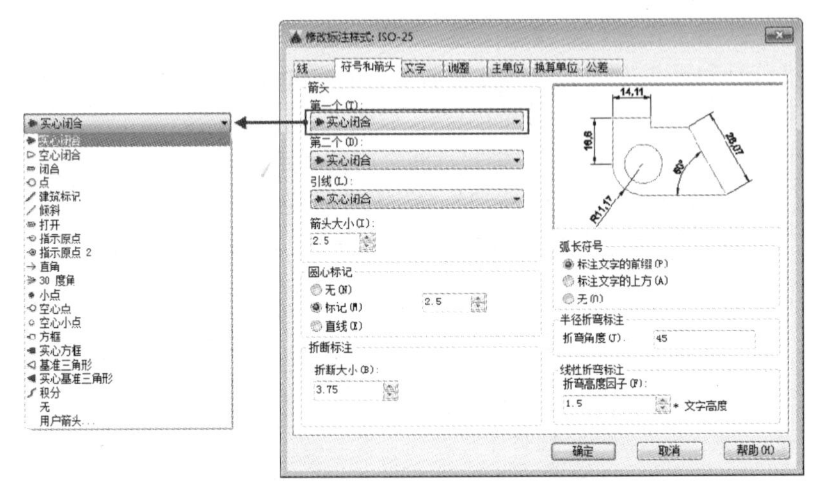

图 7-12 “符号和箭头”选项卡

❑“箭头”选项组

➢“第一个”及“第二个”：用于选择尺寸线两端的箭头样式。在建筑绘图中通常设为“建筑标注”或“倾斜”样式，如图 7-13 所示；在机械制图中通常设为“箭头”样式，如图 7-14 所示。

➢ 引线：用于设置引线的箭头样式，如图 7-15 所示。

➢ 箭头大小：用于设置箭头的大小。

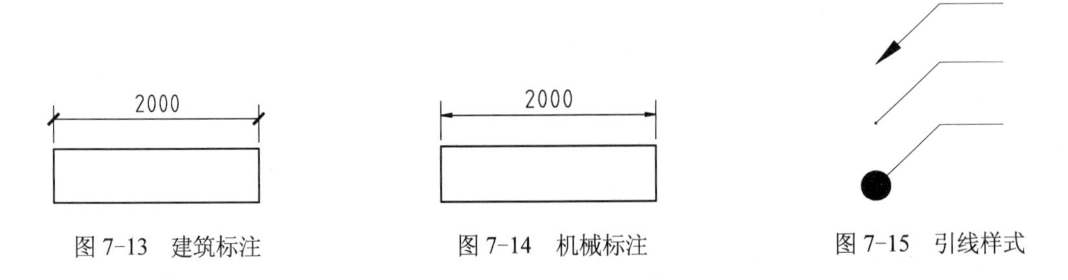

图 7-13 建筑标注　　图 7-14 机械标注　　图 7-15 引线样式

提示：AutoCAD 中提供了 19 种箭头，如果选择了第一个箭头的样式，第二个箭头会自动选择和第一个箭头一样的样式。也可以在第二个箭头下拉列表框中选择不同的样式。

❑“圆心标记”选项组

圆心标记是一种特殊的标注类型，在使用“圆心标记”（命令：DIMCENTER）时，可以在圆弧中心生成一个标注符号。“圆心标记”选项组用于设置圆心标记的样式，其各选项的含义如下。

- 无：标注半径或直径时，无圆心标记，如图 7-16 所示。
- 标记：创建圆心标记。在圆心位置将会出现小十字架，如图 7-17 所示。
- 直线：创建中心线。在使用“圆心标记”命令时，十字架线将会延伸到圆或圆弧外边，如图 7-18 所示。

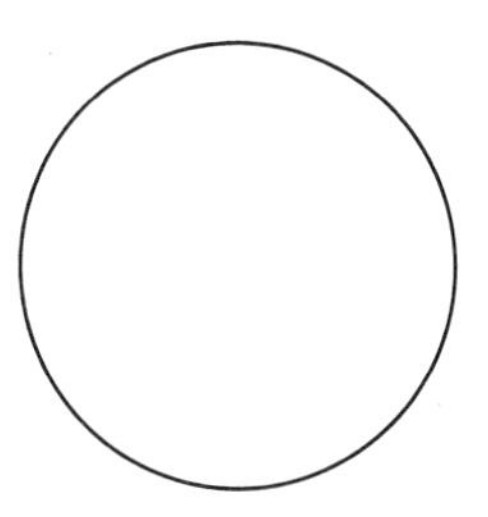

图 7-16　圆心标记为“无”

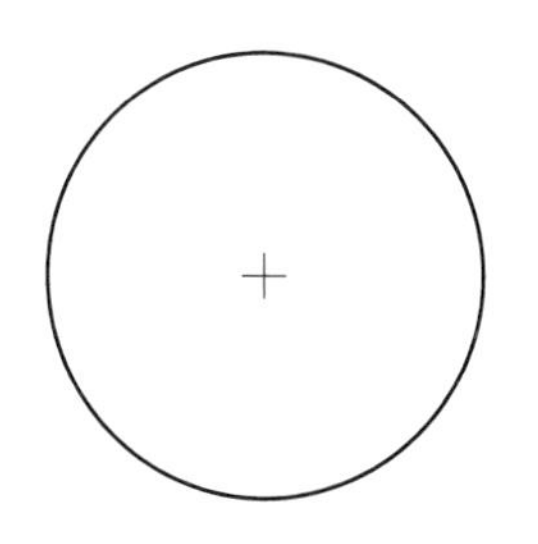

图 7-17　圆心标记为“标记”

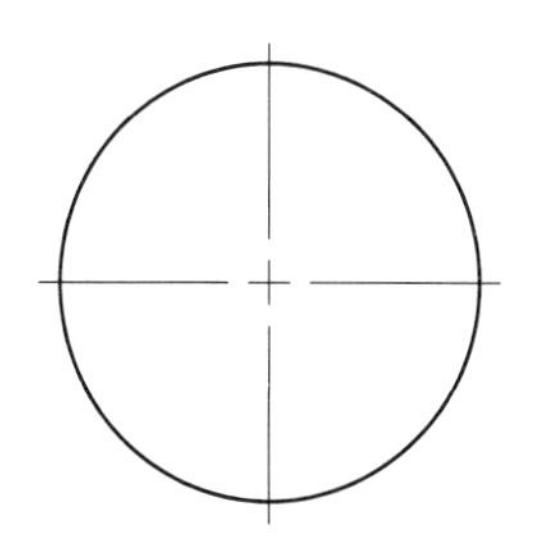

图 7-18　圆心标记为“直线”

提示： 如果在标注时，“圆心标记”需要显示在图上，则需要取消选择“调整”选项卡的“优化”选项组中的“在尺寸界线之间绘制尺寸线”复选框。

❑“折断标注”选项组

折断大小：可以设置标注折断时标注线的长度。

❑“弧长符号”选项组

- 标注文字的前缀：弧长符号设置在标注文字的前方，如图 7-19a 所示。
- 标注文字的上方：弧长符号设置在标注文字的上方，如图 7-19b 所示。
- 无：不显示弧长符号，如图 7-19c 所示。

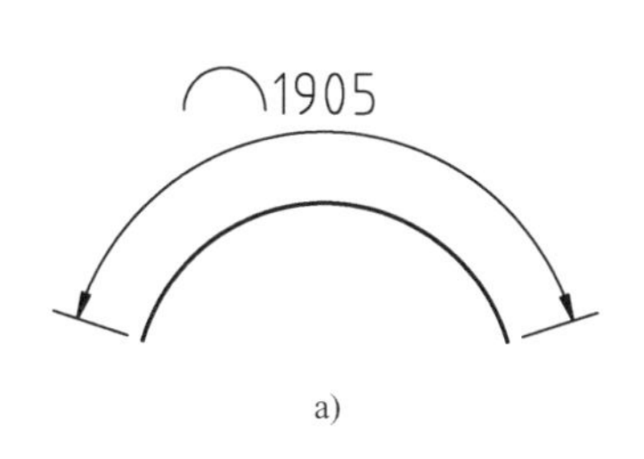

a)

b)

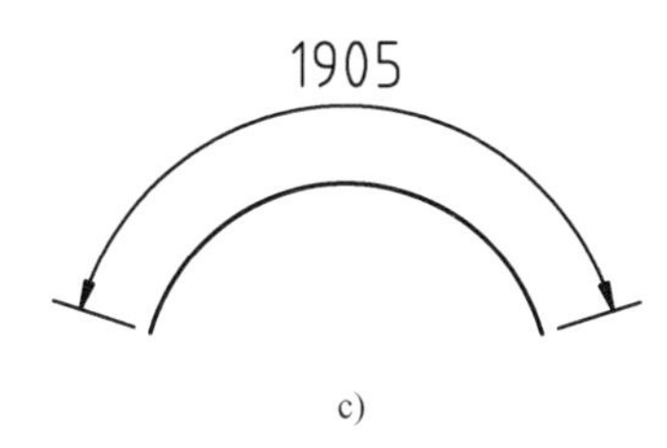

c)

图 7-19　弧长标注的类型

a) 标注文字的前缀　b) 标注文字的上方　c) 无

❑“半径折弯标注”选项组

折弯角度：确定折弯半径标注中尺寸线的横向角度，其值不能大于 90°。

❑“线性折弯标注”选项组

折弯高度因子：可以设置折弯标注打断时折弯线的高度。

3. “文字”选项卡

“文字”选项卡包括“文字外观”“文字位置”和“文字对齐”3 个选项组，如图 7-20 所示。

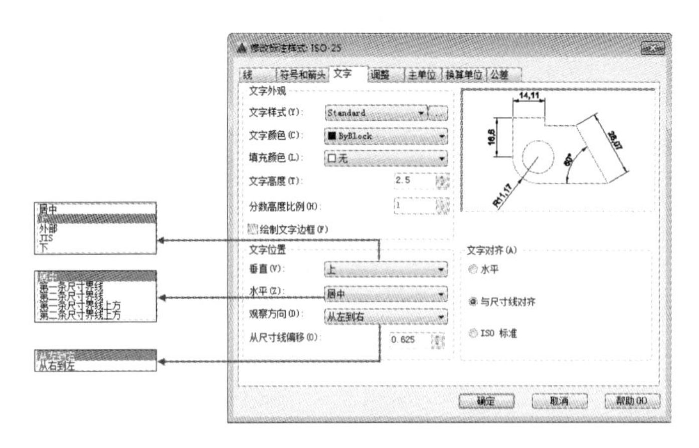

图 7-20 “文字”选项卡

❑ “文字外观”选项组

➢ 文字样式：用于选择标注的文字样式。也可以单击其后的□按钮，系统弹出“文字样式”对话框，选择文字样式或新建文字样式。

➢ 文字颜色：用于设置文字的颜色，一般保持默认值 Byblock（随块）即可。也可以使用变量 DIMCLRT 设置。

➢ 填充颜色：用于设置标注文字的背景色。默认为“无”，如果图纸中尺寸标注很多，就会出现图形轮廓线、中心线、尺寸线与标注文字相重叠的情况，这时若将“填充颜色”设置为“背景”，即可快速修改图形颜色。

➢ 文字高度：设置文字的高度，也可以使用变量 DIMCTXT 设置。

➢ 分数高度比例：设置标注文字的分数相对于其他标注文字的比例，AutoCAD 将该比例值与标注文字高度的乘积作为分数的高度。

➢ 绘制文字边框：设置是否给标注文字加边框。

❑ “文字位置”选项组

➢ 垂直：用于设置标注文字相对于尺寸线在垂直方向的位置。“垂直”下拉列表框中有“置中”“上方”“外部”和 JIS 等选项。选择“置中”选项可以把标注文字放在尺寸线中间；选择“上”选项将把标注文字放在尺寸线的上方；选择“外部”选项可以把标注文字放在远离第一定义点的尺寸线一侧；选择 JIS 选项则按 JIS 规则（日本工业标准）放置标注文字。各种效果如图 7-21 所示。

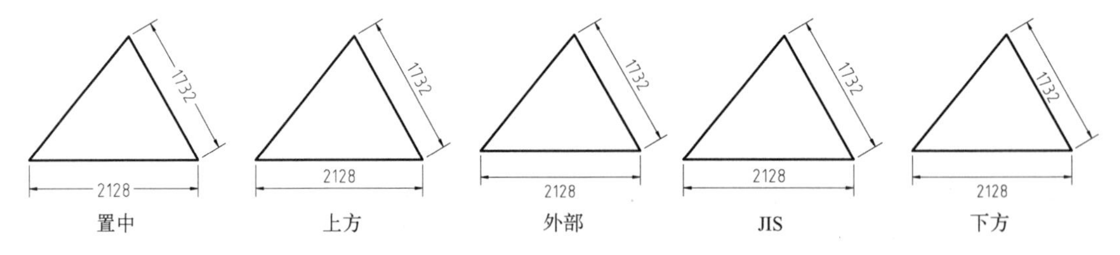

图 7-21 文字设置垂直方向的位置效果图

➢ 水平：用于设置标注文字相对于尺寸线和延伸线在水平方向的位置。其中水平放置位置有“居中”“第一条尺寸界限”“第二条尺寸界线”“第一条尺寸界线上方”和

“第二条尺寸界线上方”等选项，各种效果如图 7-22 所示。

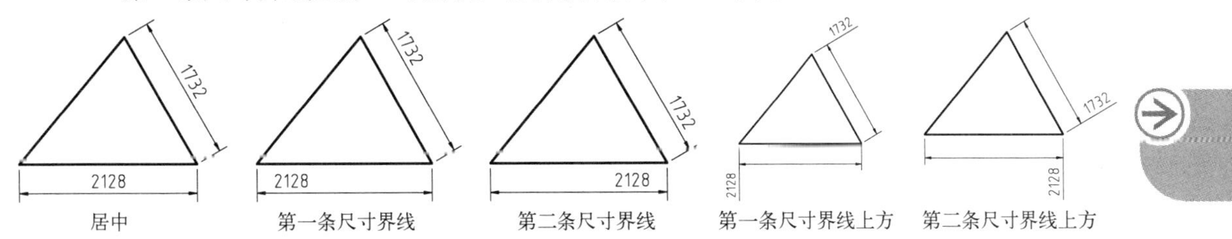

图 7-22 尺寸文字在水平方向上的相对位置

➢ 从尺寸线偏移：设置标注文字与尺寸线之间的距离。

❑“文字对齐”选项组

在“文字对齐”选项组中，可以设置标注文字的对齐方式，如图 7-23 所示。各选项的含义如下。

➢“水平”单选按钮：无论尺寸线的方向如何，文字始终水平放置。

➢“与尺寸线对齐”单选按钮：文字的方向与尺寸线平行。

➢“ISO 标准”单选按钮：按照 ISO 标准对齐文字。当文字在尺寸界线内时，文字与尺寸线对齐；当文字在尺寸界线外时，文字水平排列。

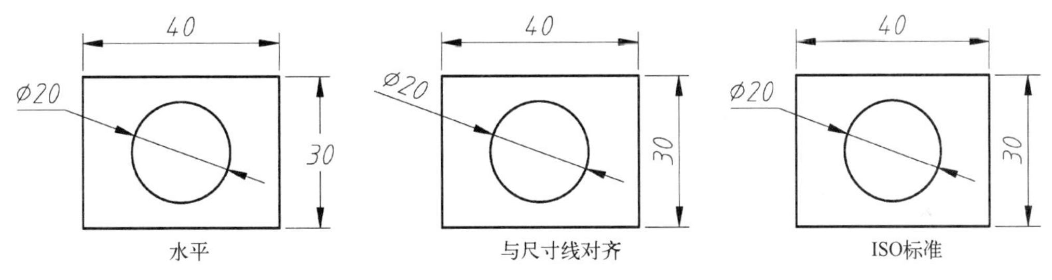

图 7-23 尺寸文字对齐方式

4. “调整”选项卡

“调整”选项卡包括“调整选项”“文字位置”“标注特征比例”和“优化”4 个选项组，可以设置标注文字、尺寸线和尺寸箭头的位置，如图 7-24 所示。

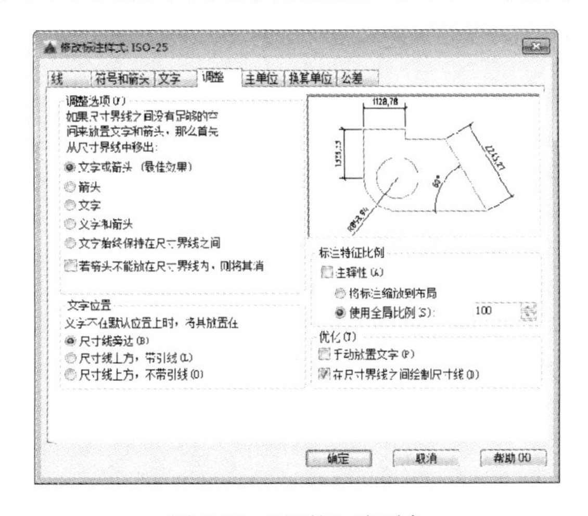

图 7-24 “调整”选项卡

❑ “调整选项”选项组

在“调整选项”选项组中，可以设置当尺寸界线之间没有足够的空间同时放置标注文字和箭头时，应从尺寸界线之间移出的对象，如图 7-25 所示。各选项的含义如下。

- 文字或箭头（最佳效果）按最佳效果自动设置尺寸文字和尺寸箭头的位置。
- 箭头：表示将尺寸箭头放在尺寸界线外侧。
- 文字：表示将标注文字放在尺寸界线外侧。
- 文字和箭头：表示将标注文字和尺寸线都放在尺寸界线外侧。
- 文字始终保持在尺寸界线之间：表示标注文字始终放在尺寸界线之间。
- 若箭头不能放在尺寸界线内，则将其消除：表示当尺寸界线之间不能放置箭头时，不显示标注箭头。

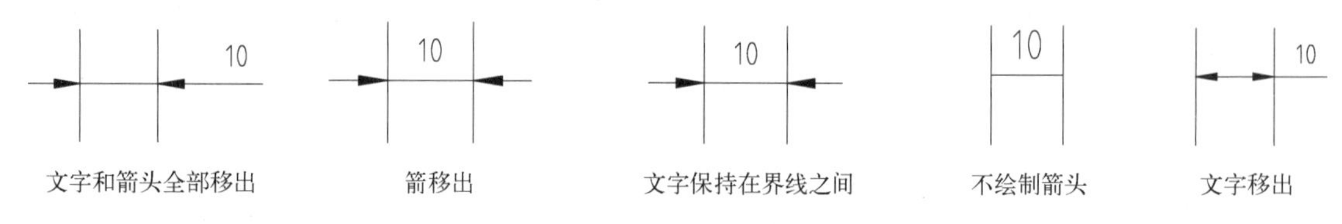

图 7-25 “调整选项”选项组

❑ “文字位置”选项组

在“文字位置”选项组中，可以设置当标注文字不在默认位置时应放置的位置，如图 7-26 所示。各选项的含义如下。

- 尺寸线旁边：表示当标注文字在尺寸界线外部时，将文字放置在尺寸线旁边。
- 尺寸线上方，带引线：表示当标注文字在尺寸界线外部时，将文字放置在尺寸线上方并加一条引线相连。
- 尺寸线上方，不带引线：表示当标注文字在尺寸界线外部时，将文字放置在尺寸线上方，不加引线。

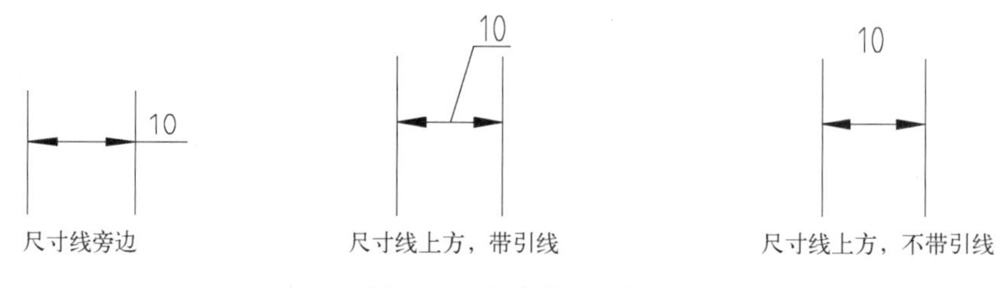

图 7-26 文字位置调整

❑ “标注特征比例”选项组

“标注特征比例”选项组用于控制标注尺寸的全局比例，如图 7-27 所示。各选项的含义如下。

- 注释性：选择该复选框，可以将标注定义成可注释性对象。
- 将标注缩放到布局：选择该单选按钮，可以根据当前模型空间视口与图纸之间的缩放关系设置比例。
- 使用全局比例：选择该单选按钮，可以对全部尺寸标注设置缩放比例，该比例不改变尺寸的测量值。

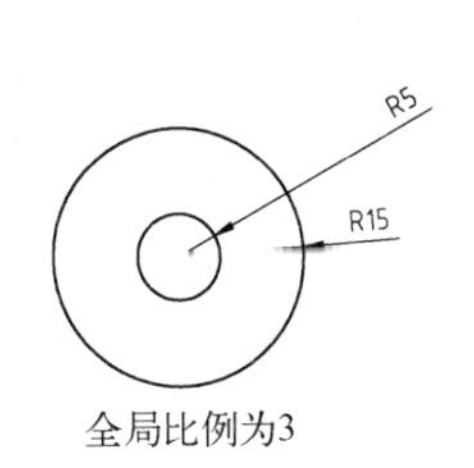

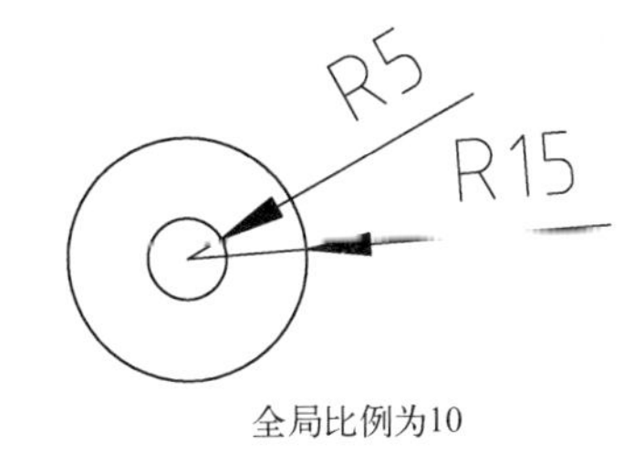

图 7-27　设置全局比例效果

❑“优化”选项组

在“优化”选项组中，可以对标注文字和尺寸线进行细微调整。该选项组包括以下两个复选框。

- ➢ 手动放置文字：表示忽略所有水平对正设置，并将文字手动放置在“尺寸线位置”的相应位置。
- ➢ 在尺寸界线之间绘制尺寸线：表示在标注对象时，始终在尺寸界线间绘制尺寸线。

5. “主单位”选项卡

“主单位”选项卡包括“线性标注”“测量单位比例”“消零”“角度标注”和“消零”5个选项组，如图 7-28 所示。

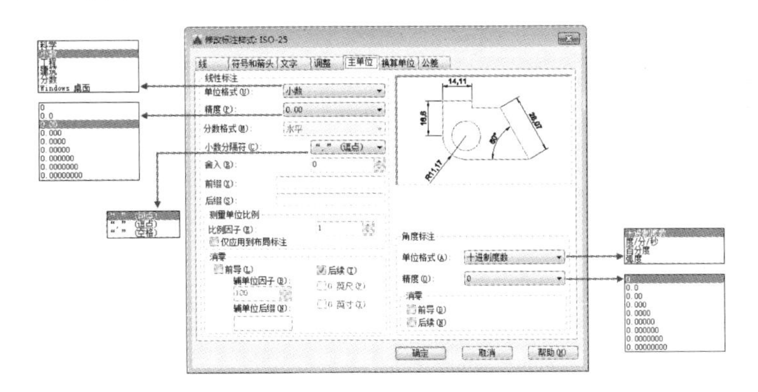

图 7-28　“主单位”选项卡

“主单位”选项卡可以对标注尺寸的精度进行设置，并给标注文本加入前缀或者后缀等。

❑“线性标注”选项组

- ➢ 单位格式：设置除角度标注之外的其余各标注类型的尺寸单位，包括“科学”“小数”“工程”“建筑”“分数”等选项。
- ➢ 精度：设置除角度标注之外的其他标注的尺寸精度。
- ➢ 分数格式：当单位格式是分数时，可以设置分数的格式，包括“水平”“对角”和“非堆叠”3 种方式。
- ➢ 小数分隔符：设置小数的分隔符，包括“逗点”“句点”和“空格”3 种方式。
- ➢ 舍入：用于设置除角度标注外的尺寸测量值的舍入值。
- ➢ “前缀”和“后缀”：设置标注文字的前缀和后缀，在相应的文本框中输入字符即可。

❑ “测量单位比例”选项组

在“测量单位比例”选项组中，修改“比例因子”文本框可以设置测量尺寸的缩放比例，AutoCAD 的实际标注值为测量值与该比例的积。选择“仅应用到布局标注”复选框，可以设置该比例关系仅适用于布局。

❑ “消零”选项组

“消零”选项组可以设置是否显示尺寸标注中的“前导”和“后续”零。

❑ “角度标注”选项组

➢ 单位格式：在此下拉列表框中设置标注角度时的单位。

➢ 精度：在此下拉列表框中设置标注角度的尺寸精度。

❑ “消零”选项组

该选项组中包括“前导”和“后续”两个复选框，用于设置是否消除角度尺寸的前导和后续零。

6. “换算单位”选项卡

“换算单位”可以方便地改变标注的单位，通常用到的就是公制单位与英制单位的互换。其中包括“换算单位”“消零”和“位置”3 个选项组，如图 7-29 所示。

选择“显示换算单位”复选框后，对话框的其他选项才可用，可以在“换算单位”选项组中设置换算单位的“单位格式”“精度”“换算单位倍数”“舍入精度”“前缀”及“后缀”等，方法与设置主单位的方法相同，在此不再一一讲解。

7. “公差”选项卡

“公差”选项卡可以设置公差的标注格式，包括“公差格式”“公差对齐”“消零”“换算单位公差”和“消零”5 个选项组，如图 7-30 所示。

图 7-29 “换算单位”选项卡

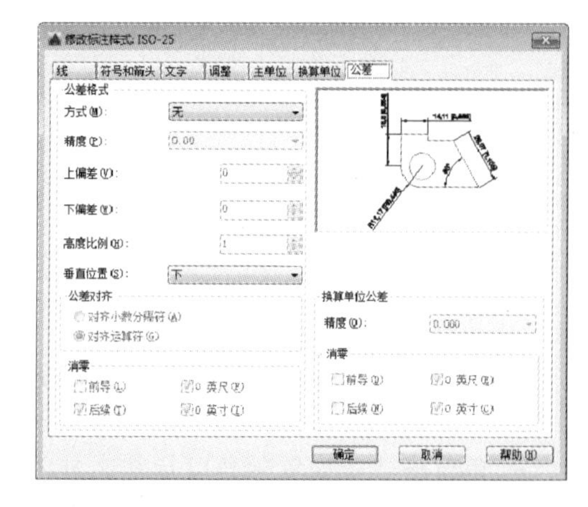

图 7-30 “公差”选项卡

“公差”选项卡常用功能的含义如下。

➢ 方式：在此下拉列表框中有表示标注公差的几种方式，如图 7-31 所示。

➢ “上偏差”和“下偏差”：设置尺寸上偏差和下偏差值。

➢ 高度比例：确定公差文字的高度比例因子。确定后，AutoCAD 将该比例因子与尺寸文字高度之积作为公差文字的高度。

➢ 垂直位置：控制公差文字相对于尺寸文字的位置，包括“上”“中”和“下”3 种方式。

➢ 换算单位公差：当标注换算单位时，可以设置换算单位精度和是否消零。

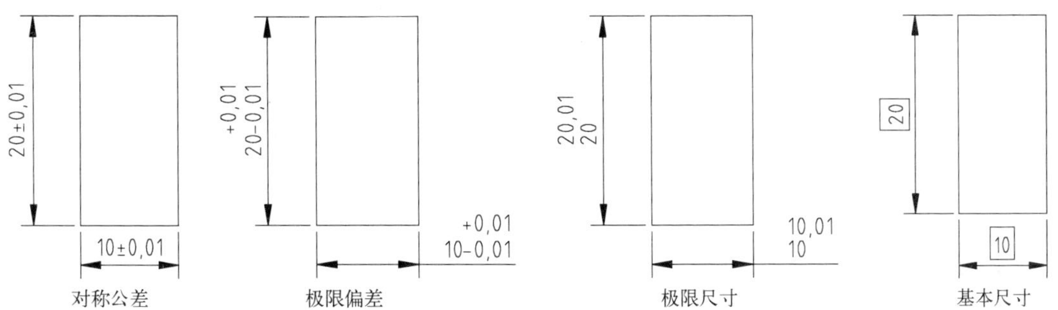

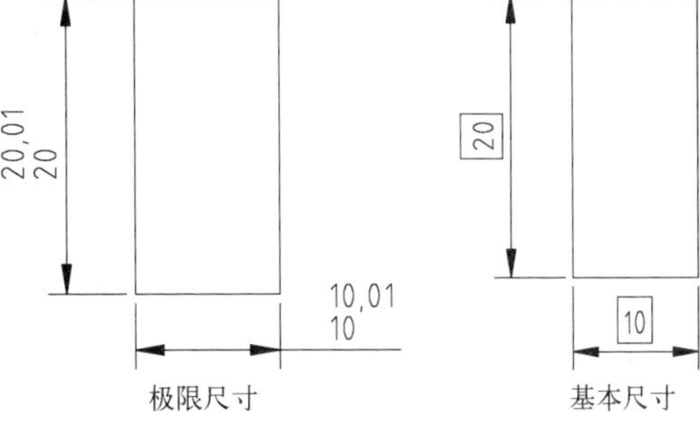

图 7-31　公差的各种表示方式效果

7.2.4 修改标注样式

用户在标注时，若觉得此标注样式不符合外观或者精度等要求，那么可以通过修改标注样式进行修改，修改完成后，图样中所有使用标注样式的标注都将更改为修改后的标注样式。

修改标注样式的各选项的设置方法与新建标注样式相同，这里不再介绍。

7.2.5 案例——修改为机械标注样式

本节通过具体的实例，介绍修改标注样式的具体操作步骤。

步骤 1 单击快速访问工具栏中的“打开”按钮，打开配套光盘中提供的“第 07 章\7.2.5 修改为机械标注样式.dwg”素材文件，如图 7-32 所示。

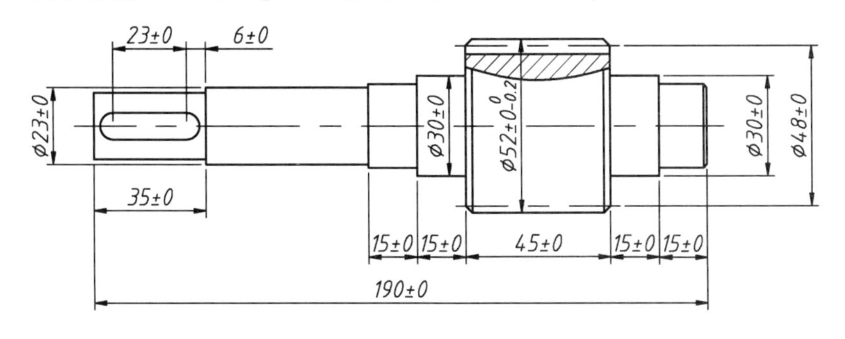

图 7-32　素材文件

步骤 2 在“默认”选项板中，单击“标注”面板下的“标注样式”按钮，系统自动弹出“标注样式管理器”对话框，选择要修改的尺寸样式名“机械标注”，如图 7-33 所示。

步骤 3 单击“修改”按钮，系统弹出“修改标注样式：机械标注”对话框，如图 7-34 所示。

步骤 4 选择“公差”选项卡，在“公差格式”选项组中设置“方式”为“无”，如图 7-35 所示。

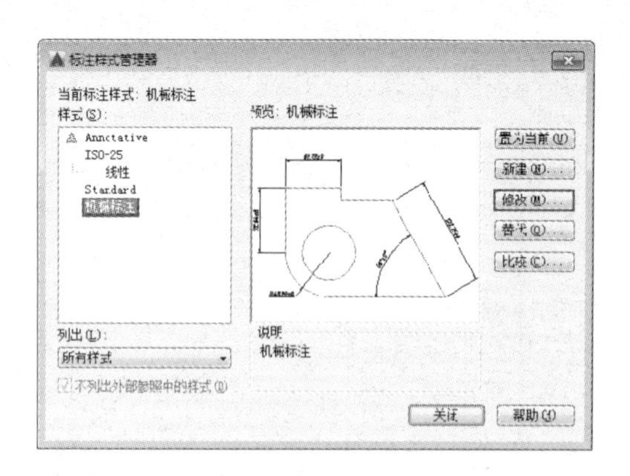

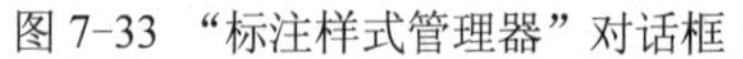
图 7-33 “标注样式管理器”对话框

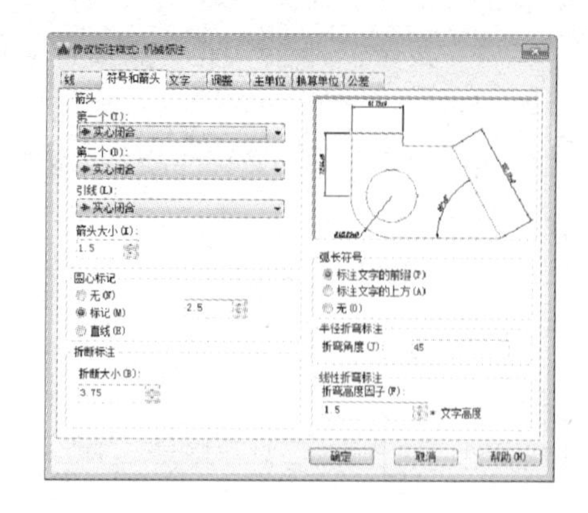

图 7-34 “修改标注样式：机械标注”对话框

步骤 5 单击“确定”按钮，关闭“修改标注样式：机械标注”对话框，然后单击“置为当前”按钮，再关闭“标注样式管理器”对话框。AutoCAD 将更新所有与此标注样式关联的尺寸标注，如图 7-36 所示。用前面所学的知识自行设置尺寸标注，在此不再进行详细讲解。

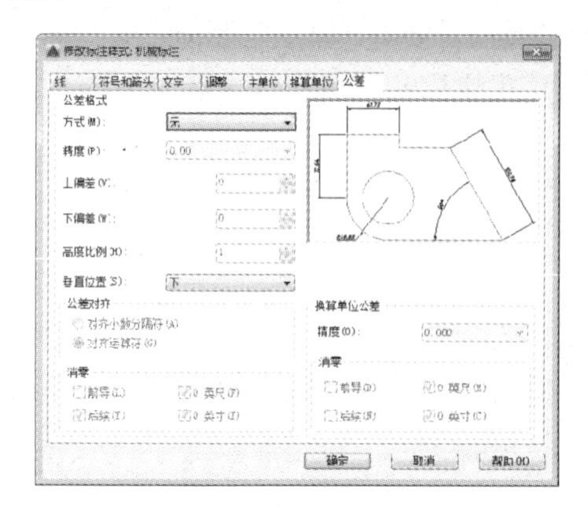

图 7-35 “公差”选项卡

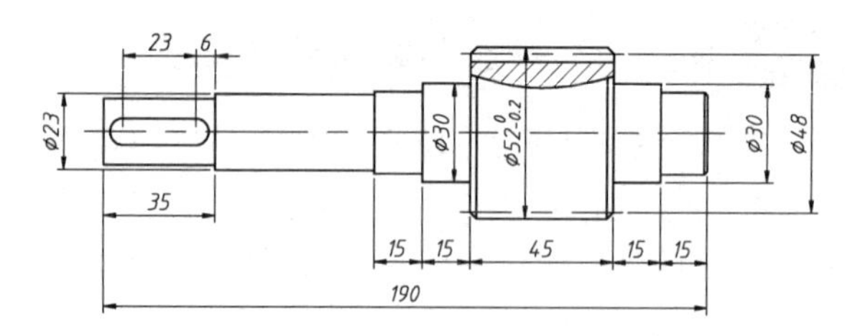

图 7-36 修改后的效果

7.3 标注基本尺寸

AutoCAD 2016 的基本标注包含的内容丰富，基本尺寸标注包括线性标注、对齐标注、角度标注、半径标注和直径标注等。

7.3.1 线性标注

线性标注用于标注任意两点之间的水平或竖直方向的距离。执行“线性标注”命令的方法有以下 4 种。

- 菜单栏：选择“标注”|“线性”命令。
- 功能区：在“默认”选项卡中，单击“注释”面板中的“线性”按钮；或在“注释”选项卡中，单击“标注”面板中的“线性”按钮。
- 工具栏：单击“标注”工具栏中的“线性标注”按钮。

➢ 命令行：在命令行中输入 DIMLINEAR/DLI 命令。

执行上述命令后，命令行提示如下。

指定第一个尺寸界线原点或 <选择对象>:

此时可以选择通过“指定第一个尺寸界线原点”或是“选择对象”进行标注，两者的区别如下。

❑ 指定原点

默认情况下，在命令行提示下指定第一条尺寸界线的原点，并在“指定第二条尺寸界线原点”提示下指定第二条尺寸界线原点后，命令提示行如下。

指定尺寸线位置或[多行文字(M)/文字(T)/角度(A)/水平(H)/垂直(V)/旋转(R)]:

因为线性标注有水平和竖直方向两种可能，因此指定尺寸线的位置后，尺寸值才能够完全确定。命令行选项介绍如下。

➢ 多行文字（M）：选择该选项，将进入多行文字编辑模式，可以使用“多行文字编辑器”对话框输入并设置标注文字。其中，文字输入窗口中的尖括号（<>）表示系统测量值。
➢ 文字（T）：以单行文字形式输入尺寸文字。
➢ 角度（A）：设置标注文字的旋转角度。
➢ 水平（H）和垂直（V）：标注水平尺寸和垂直尺寸。可以直接确定尺寸线的位置，也可以选择其他选项来指定标注的标注文字内容或标注文字的旋转角度。
➢ 旋转（R）：旋转标注对象的尺寸线。

❑ 选择对象

执行“线性”命令后，按〈Enter〉键，根据命令行的提示选择对象，系统以对象的两个端点作为两条尺寸界线的起点，进行水平或垂直标注。

7.3.2 案例——标注家装弹簧

线性标注的具体操作步骤如下。

步骤 1 单击快速访问工具栏中的“打开”按钮，打开配套光盘中提供的“第 07 章\7.3.2 线性标注.dwg”素材文件，如图 7-37 所示。

步骤 2 首先用前面介绍的方法设置标注样式，在此不再详细介绍。在命令行中输入 DLI（线性）命令，如图 7-38 所示。命令行提示如下。

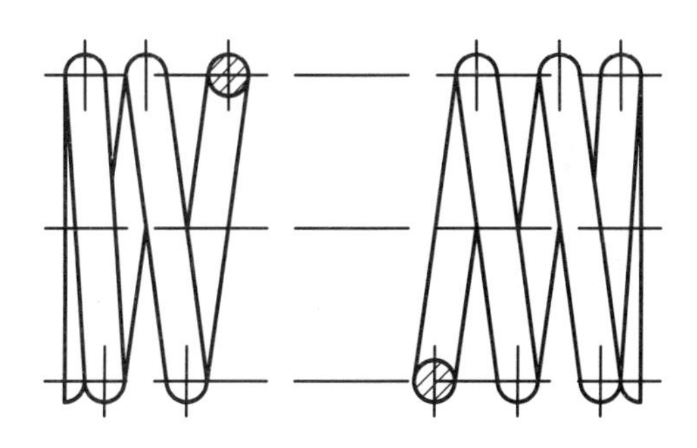

图 7-37 素材文件

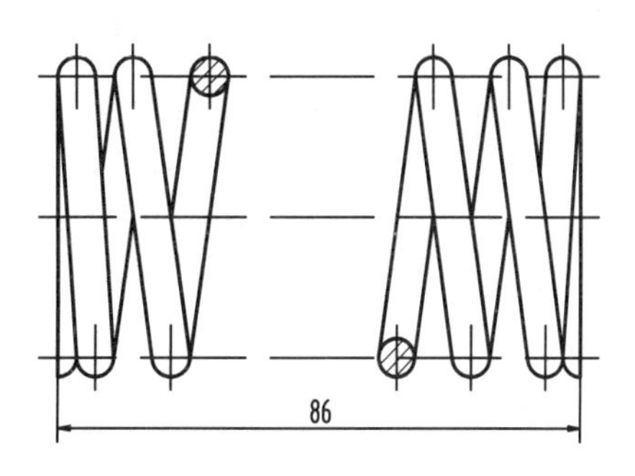

图 7-38 水平标注

```
命令: DLI↙          dimlinear                        //执行“线性标注”命令
指定第一个尺寸界线原点或 <选择对象>:                    //选择辅助线交点
指定第二条尺寸界线原点:                                //选择另一侧辅助线交点
指定尺寸线位置或[多行文字(M)/文字(T)/角度(A)/水平(H)/垂直(V)/旋转(R)]:
                                                     //向下拖动指针，在合适位置单击放置尺寸线
标注文字 =86                                          //生成尺寸标注
```

步骤 3 采用同样的方法标注其他水平或垂直方向的尺寸，标注完成后并双击垂直标注修改参数，如图 7-39 所示。

步骤 4 在文本框中输入ϕ50，修改完成后按〈Enter〉键，如图 7-40 所示。

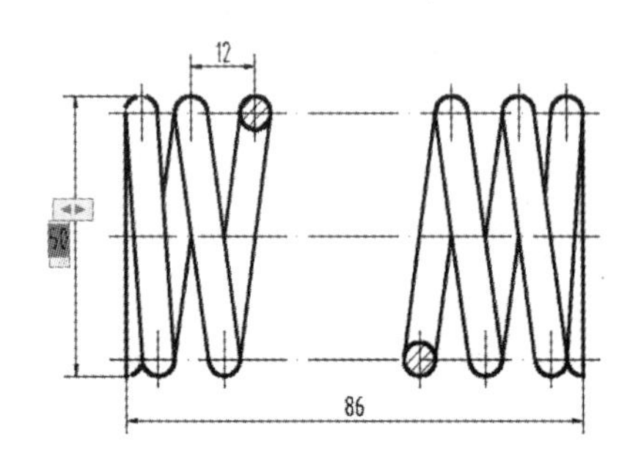

图 7-39 修改垂直标注

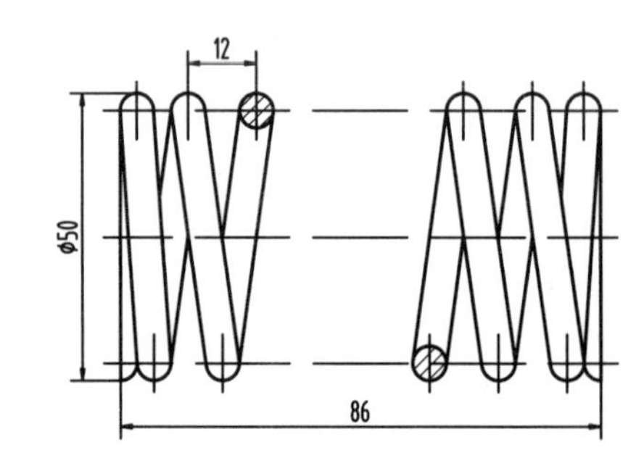

图 7-40 修改后效果

7.3.3 对齐标注

“对齐标注”是与指定位置或对象平行的标注，其尺寸线平行于尺寸界线原点连成的直线。使用“线性标注”无法创建对象在倾斜方向上的尺寸，这时可以使用“对齐标注”。

执行“对齐标注”命令的方法有以下 4 种。

- 菜单栏：选择“标注”|“对齐”命令。
- 功能区：在“默认”选项卡中，单击“注释”面板中的“对齐”按钮；或在“注释”选项卡中，单击“标注”面板中的“对齐”按钮。
- 工具栏：单击“标注”工具栏中的“对齐标注”按钮。
- 命令行：在命令行中输入 DIMALIGNED/DAL 命令。

7.3.4 案例——标注螺母边长

对齐标注的具体操作过程如下。

步骤 1 单击快速访问工具栏中的“打开”按钮，打开配套光盘中提供的“第 07 章\7.3.4 对齐标注.dwg”素材文件，如图 7-41 所示。

步骤 2 在命令行中输入 DAL（对齐标注）命令，对图形进行对齐标注，命令行提示如下。

```
命令: DAI↙          DIMALIGNED                       //执行“对齐标注”命令
指定第一个尺寸界线原点或 <选择对象>:                    //指定标注对象的起点
指定第二条尺寸界线原点:                                //指定标注对象的终点
```

指定尺寸线位置或[多行文字(M)/文字(T)/角度(A)]: //单击，确定尺寸线放置位置，完成操作
标注文字 =27 //生成尺寸标注

步骤 3 采用同样的方法，标注其他需要标注的对齐尺寸，如图 7-42 所示。

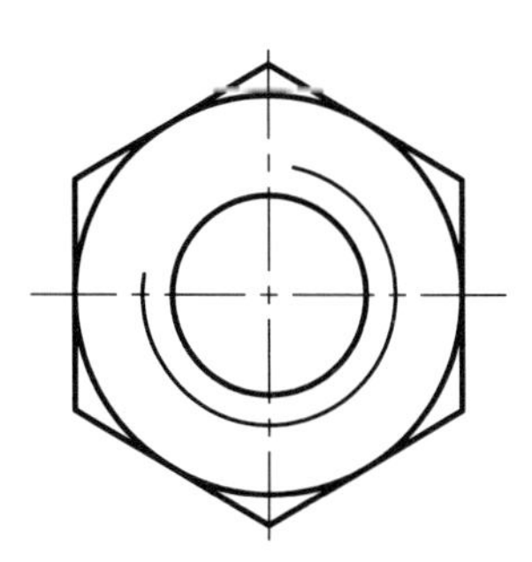

图 7-41 素材文件

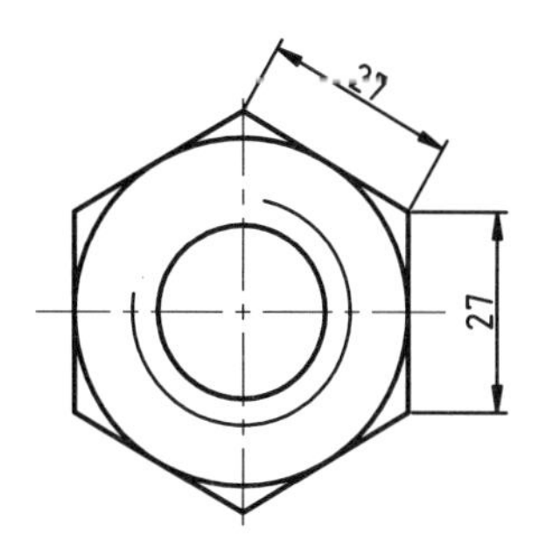

图 7-42 对齐标注

7.3.5 角度标注

利用“角度标注”命令不仅可以标注两条相交直线间的角度，还可以标注 3 个点之间的夹角和圆弧的圆心角。

执行“角度标注”命令的方法有以下 4 种。

- 菜单栏：选择“标注”|“角度”命令。
- 功能区：在“默认”选项卡中，单击“注释”面板中的“角度”按钮；或在“注释”选项卡中，单击“标注”面板中的“角度”按钮。
- 工具栏：单击“标注”工具栏中的“角度标注”按钮。
- 命令行：在命令行中输入 DIMANGULAR/DAN 命令。

7.3.6 案例——标注图形角度

角度标注的具体操作过程如下。

步骤 1 单击快速访问工具栏中的“打开”按钮，打开配套光盘中提供的“第 07 章\7.3.6 角度标注.dwg”素材文件，如图 7-43 所示。

步骤 2 在命令行中输入 DAN（角度标注）命令，对图形进行角度标注，如图 7-44 所示。命令行提示如下。

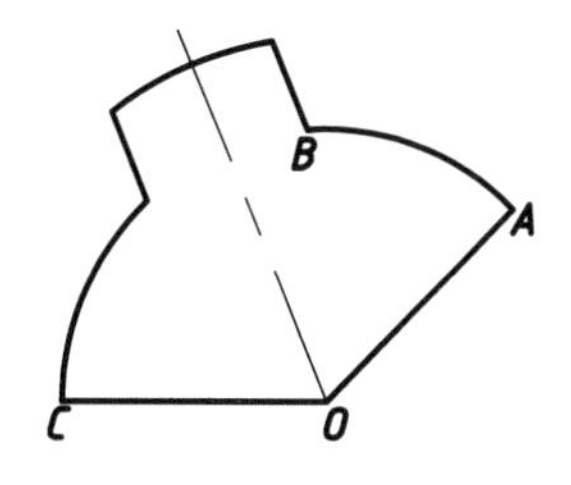

图 7-43 素材文件

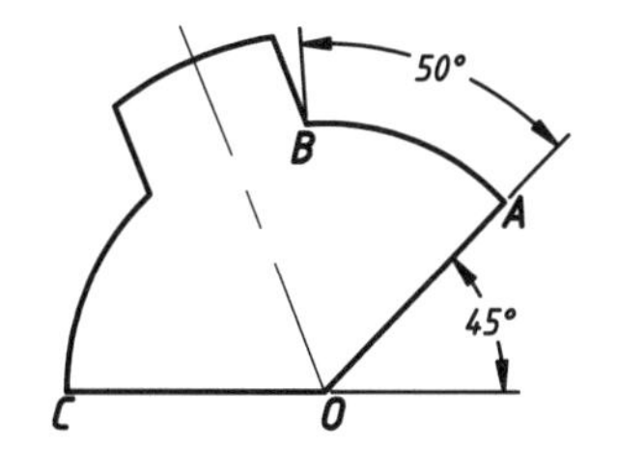

图 7-44 角度标注

命令: DAN↙ dimangular //执行“角度标注”命令
选择圆弧、圆、直线或 <指定顶点>: //选择第一条直线

选择第二条直线: //选择第二条直线
指定标注弧线位置或 [多行文字(M)/文字(T)/角度(A)/象限点(Q)]: //指定尺寸线位置
标注文字 =
…… //重复上述操作继续标注，完成后按〈Enter〉键结束

7.3.7 弧长标注

弧长标注用于标注圆弧、椭圆弧或者其他弧线的长度。

执行“弧长标注”命令的方法有以下 4 种。

- 菜单栏：选择“标注”|“弧长”命令。
- 功能区：在“默认”选项卡中，单击“注释”面板中的“弧长”按钮；或在“注释”选项卡中，单击“标注”面板中的“弧长”按钮。
- 工具栏：单击“标注”工具栏中的“弧长标注”按钮。
- 命令行：在命令行中输入 DIMARC 命令。

7.3.8 案例——标注街道拐角尺寸

弧长标注的具体操作过程如下。

步骤 1 单击快速访问工具栏中的“打开”按钮，打开配套光盘中提供的“第 07 章\7.3.8 弧长标注.dwg”素材文件，如图 7-45 所示。

步骤 2 在命令行中输入 DIMARC（弧长标注）命令，标注弧长，如图 7-46 所示。命令行提示如下。

命令: DIMARC↙ //执行“弧长标注”命令
选择弧线段或多段线圆弧段: //选择要标注的圆弧
指定弧长标注位置或 [多行文字(M)/文字(T)/角度(A)/部分(P)/引线(L)]: //指定尺寸线的位置
标注文字 =27

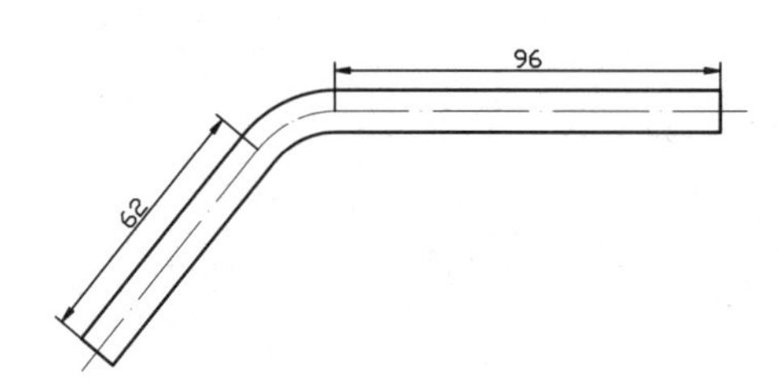

图 7-45 素材文件

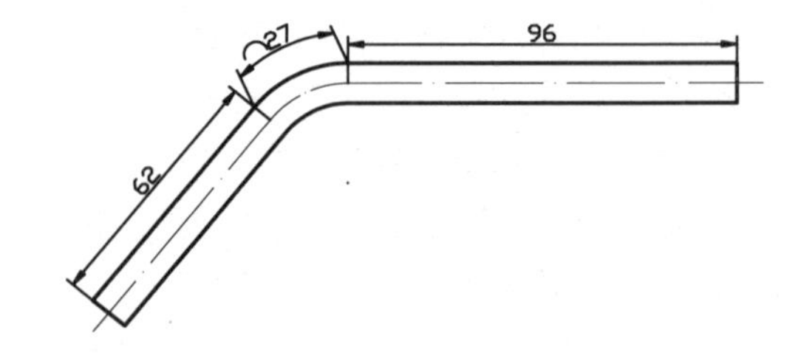

图 7-46 弧长标注

7.3.9 半径标注与直径标注

径向标注一般用于标注圆或圆弧的直径或半径。标注径向尺寸需要选择圆或圆弧，然后确定尺寸线的位置。默认情况下，系统自动在标注值前添加尺寸符号，包括半径“R”或直径“Ø”。

1. 半径标注

利用“半径标注”命令可以快速标注圆或圆弧的半径大小。

执行“半径标注”命令的方法有以下 4 种。

- 菜单栏：选择“标注”|“半径”命令。
- 功能区：在“默认”选项卡中，单击“注释”面板中的“半径”按钮；或在“注释”选项卡中，单击“标注”面板中的“半径”按钮。
- 工具栏：单击“标注”工具栏中的“半径标注”按钮。
- 命令行：在命令行中输入 DIMRADIUS/DRA 命令。

2. 直径标注

利用“直径标注”命令可以标注圆或圆弧的直径大小。

执行“直径标注”命令的方法有以下 4 种。

- 菜单栏：选择“标注”|“直径”命令。
- 功能区：在“默认”选项卡中，单击“注释”面板中的“直径”按钮；或在“注释”选项卡中，单击“标注”面板中的“直径”按钮。
- 工具栏：单击“标注”工具栏中的“直径标注”按钮。
- 命令行：在命令行中输入 DIMDIAMETER/DDI 按钮。

7.3.10 案例——标注餐盘半径

标注半径尺寸的具体操作过程如下。

步骤 1 单击快速访问工具栏中的“打开”按钮，打开配套光盘中提供的“第 07 章\7.3.10 半径标注.dwg”素材文件，如图 7-47 所示。

步骤 2 在命令行中输入 DRA（半径标注）命令，标注圆弧半径，如图 7-48 所示。命令行提示如下。

图 7-47 素材文件

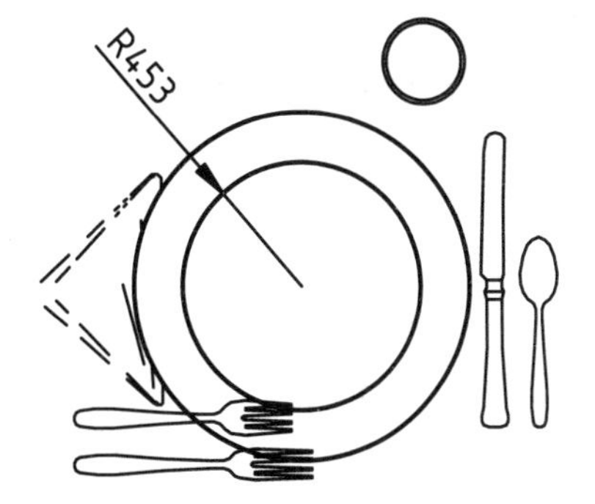

图 7-48 半径标注

```
命令: DRA↙        dimradius                         //执行“半径标注”命令
选择圆弧或圆:                                        //选择标注对象
标注文字 =453
指定尺寸线位置或 [多行文字(M)/文字(T)/角度(A)]:       //指定标注放置的位置
```

提示：在系统默认情况下，系统自动加注半径符号 R。但如果在命令行中选择“多行文字”和“文字”选项，重新确定尺寸文字时，只有为输入的尺寸文字加前缀，才能使标注出的半径尺寸有半径符号 R，否则没有该符号。

7.3.11 案例——标注飞轮直径

标注直径尺寸的具体操作过程如下。

步骤 1 单击快速访问工具栏中的“打开”按钮，打开配套光盘中提供的“第 07 章\7.3.11 直径标注.dwg”素材文件，如图 7-49 所示。

步骤 2 在命令行中输入 DDI（直径标注）命令，标注圆或圆弧直径，如图 7-50 所示。命令行提示如下。

```
命令: DDI↙        DIMDIAMETER                          //执行“直径标注”命令
选择圆弧或圆:                                           //选择标注对象
标注文字 = 80
指定尺寸线位置或 [多行文字(M)/文字(T)/角度(A)]:          //指定标注放置的位置
```

图 7-49　素材文件

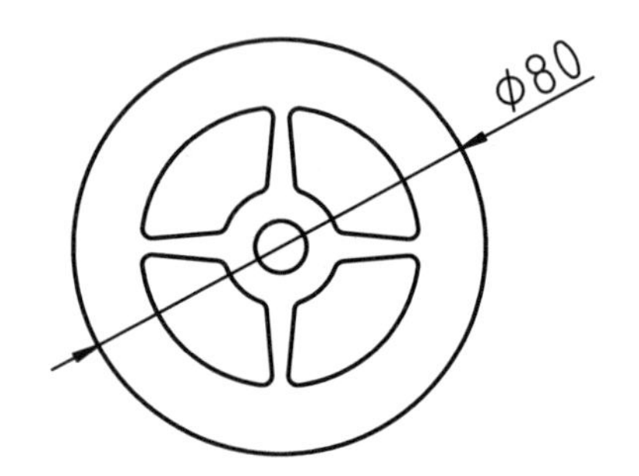

图 7-50　直径标注

7.3.12 折弯标注

当圆弧半径相对于图形尺寸较大时，半径标注的尺寸线相对于图形显得过长，这时可以使用折弯标注，该标注方式与半径标注方式基本相同，但需要指定一个位置代替圆或圆弧的圆心。

执行“折弯标注”命令的方法有以下 4 种。

- 菜单栏：选择“标注”|“折弯”命令。
- 功能区：在“默认”选项卡中，单击“注释”面板中的“折弯”按钮；或在“注释”选项卡中，单击“标注”面板中的“已折弯”按钮。
- 工具栏：单击“标注”工具栏中的“折弯标注”按钮。
- 命令行：在命令行中输入 DIMJOGGED 命令。

7.3.13 案例——折弯标注大半径尺寸

标注折弯尺寸的具体操作过程如下。

步骤 1 单击快速访问工具栏中的“打开”按钮，打开配套光盘中提供的“第 07 章\7.3.13 折弯标注.dwg”素材文件，如图 7-51 所示。

步骤 2 在“默认”选项卡中，单击“注释”面板中的“折弯”按钮，如图 7-52 所示。命令行提示如下。

```
命令: DIMJOGGED↙                                        //执行“折弯标注”命令
```

选择圆弧或圆: //选择需标注的对象
指定图示中心位置: //指定“折弯标注”圆心位置
标注文字 =250
指定尺寸线位置或 [多行文字(M)/文字(T)/角度(A)]: //指定尺寸线位置
指定折弯的位置. //指定折弯位置，完成标注

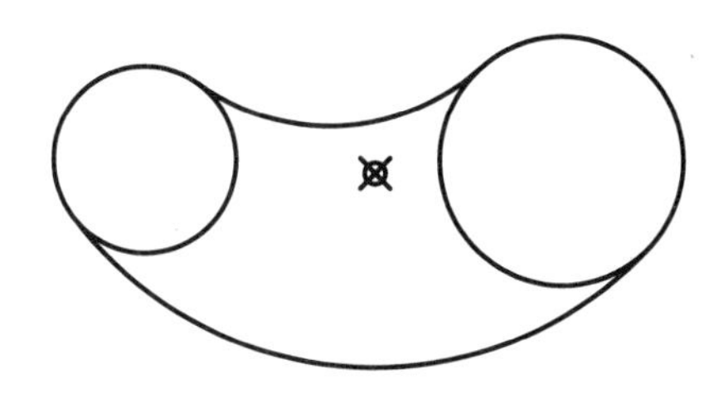
图 7-51 素材文件

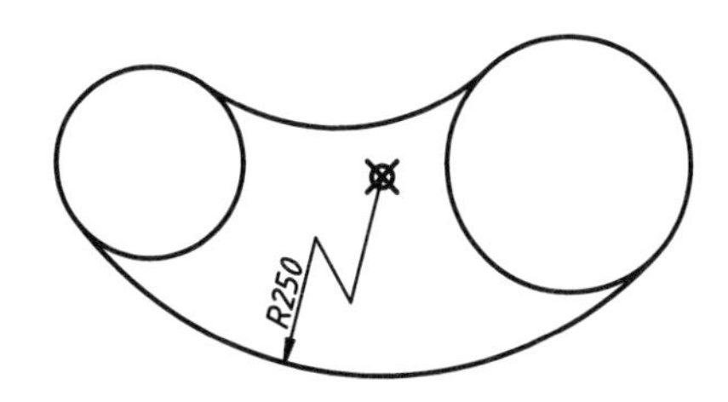

图 7-52 折弯标注

7.3.14 坐标标注

“坐标标注”用于标注某些点相对于UCS坐标原点的X和Y坐标。

执行“坐标标注”命令的方法有以下4种。

- 菜单栏：选择“标注”|“坐标”命令。
- 功能区：在“默认”选项卡中，单击“注释”面板中的“坐标”按钮；或在“注释”选项卡中，单击“标注”面板中的“坐标”按钮。
- 工具栏：单击“标注”工具栏中的“坐标标注”按钮。
- 命令行：在命令行中输入DIMORDINATE/DOR命令。

7.3.15 案例——坐标标注室内布置图

标注坐标尺寸的具体操作过程如下。

步骤 1 按〈Ctrl+O〉组合键，打开配套光盘中提供的“第07章\7.3.15 创建坐标标注.dwg”素材文件，如图7-53所示。

步骤 2 在命令行中输入DOR（坐标标注）命令，并按〈Enter〉键，命令行提示如下。

命令: DOR↙ DIMORDINATE //调用“坐标标注”命令
指定点坐标: //指定需要进行坐标标注的点
指定引线端点或 [X 基准(X)/Y 基准(Y)/多行文字(M)/文字(T)/角度(A)]:
//指定引线端点，创建坐标标注的结果如图7-54所示

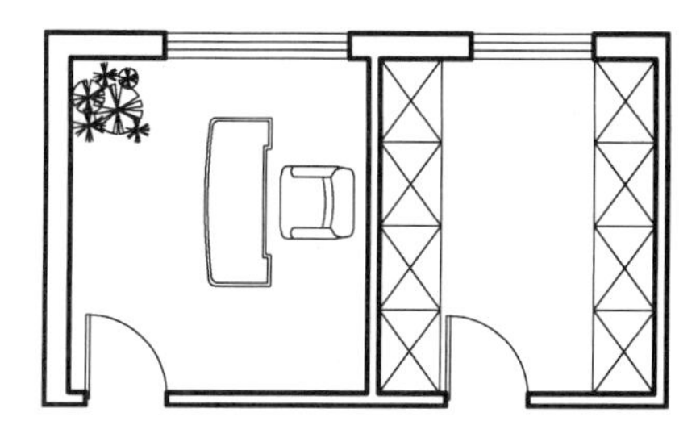
图 7-53 素材文件

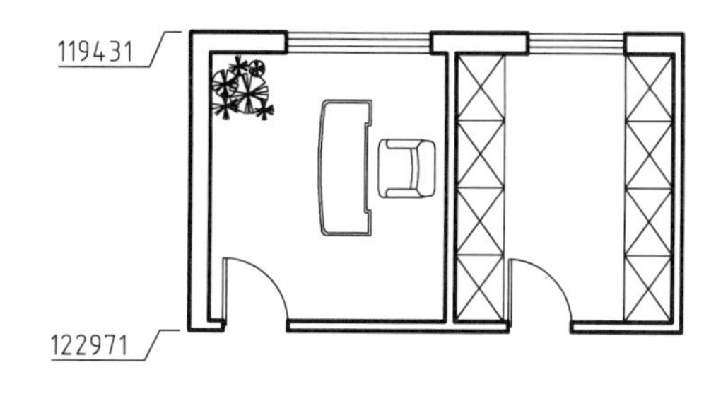

图 7-54 坐标标注

7.3.16 多重引线标注

在制图过程中，通常需要借助引线来实现一些注释性文字或序号的标注。使用“多重引线”命令可以引出文字注释、倒角标注、标注零件号和引出公差等。引线的标注样式由多重引线样式控制。

1. 创建多重引线样式

用户可以通过“多重引线样式管理器”对话框来设置多重引线的箭头、引线外观和文字属性等。

打开“多重引线样式管理器”对话框有以下 4 种常用方法。

- 菜单栏：选择“格式”|“多重引线样式”命令。
- 功能区：在“默认”选项卡中，单击“注释”面板中的“坐标”按钮；或在“注释”选项卡中，单击“引线”面板右下角的按钮。
- 工具栏：单击“样式”工具栏中的“多重引线样式”按钮。
- 命令行：在命令行中输入 MLEADERSTYLE/MLS 命令。

创建多重引线样式的具体操作过程如下。

步骤 1 选择“格式”|“多重引线样式”命令，弹出“多重引线样式管理器”对话框，如图 7-55 所示。

步骤 2 单击“新建”按钮，弹出“创建新多重引线样式”对话框，设置新样式名为“室内标注样式”，如图 7-56 所示。

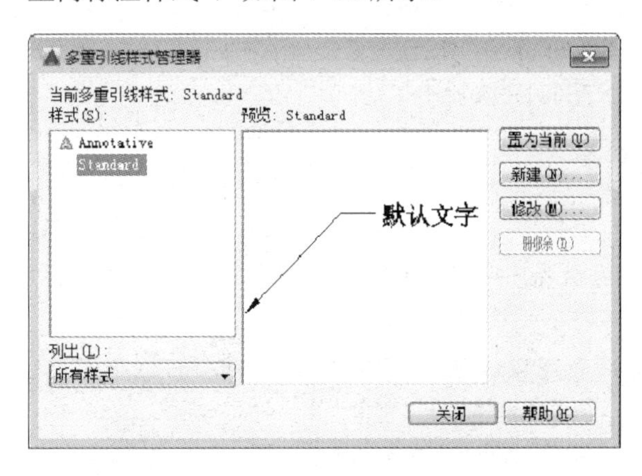

图 7-55 “多重引线样式管理器”对话框

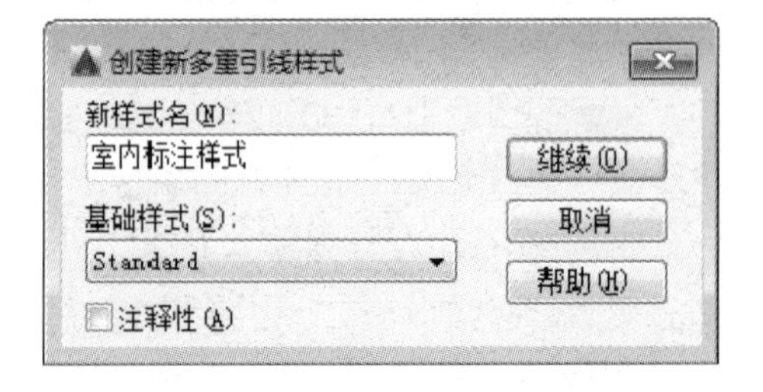

图 7-56 “创建新多重引线样式”对话框

步骤 3 单击“继续”按钮，弹出“修改多重引线样式：室内标注样式”对话框；选择“引线格式”选项卡，设置参数如图 7-57 所示。

步骤 4 选择“引线结构”选项卡，设置参数如图 7-58 所示。

步骤 5 选择“内容”选项卡，设置参数如图 7-59 所示。

步骤 6 单击“确定”按钮，关闭“修改多重引线样式：室内标注样式”对话框；返回“多重引线样式管理器”对话框，将“室内标注样式”置为当前，单击“关闭”按钮，关闭“多重引线样式管理器”对话框。

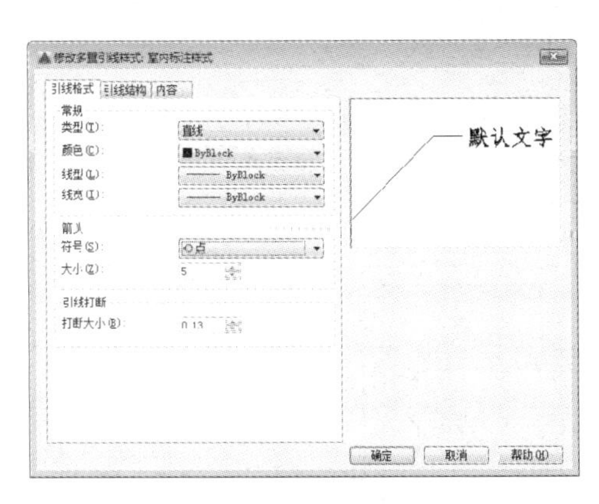

图 7-57 “修改多重引线样式：室内标注样式”对话框

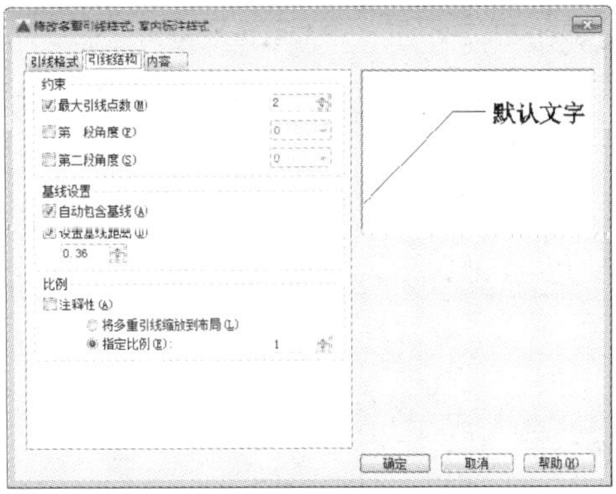

图 7-58 “引线结构”选项卡

步骤 7 多重引线的创建结果如图 7-60 所示。

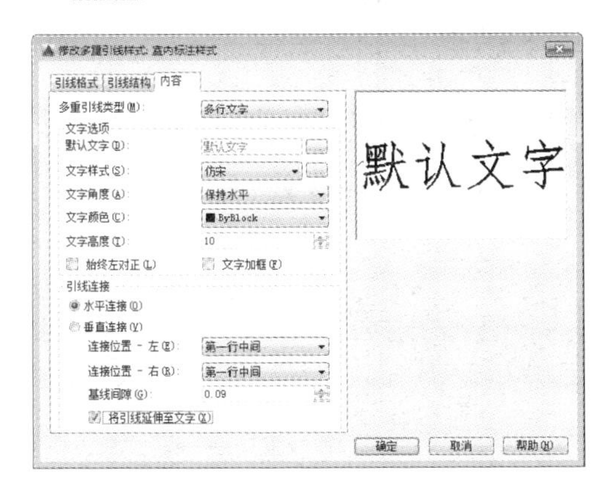

图 7-59 “内容”选项卡

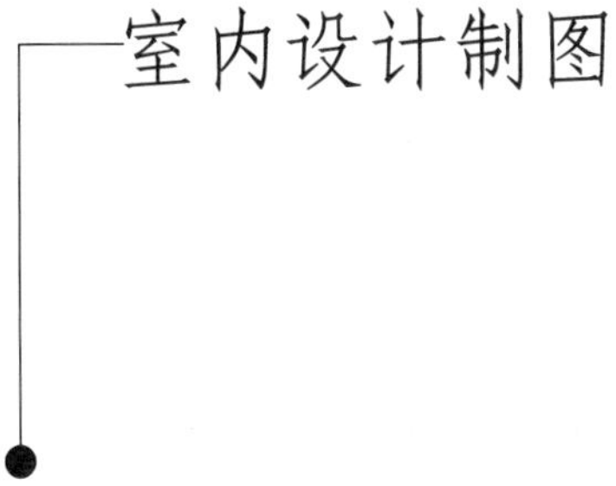

室内设计制图

图 7-60 创建结果

2. 创建多重引线标注

执行“多重引线”命令的方法有以下 4 种。

- 菜单栏：选择“标注”|“多重引线标注”命令。
- 功能区：在“默认”选项卡中，单击“注释”面板中的“引线”按钮；或在“注释”选项卡中，单击“引线”面板中的“多重引线”按钮。
- 工具栏：单击“多重引线”工具栏中的“多重引线标注”按钮。。
- 命令行：在命令行中输入 MLEADER/MLD 命令。

执行“多重引线”命令之后，依次指定引线箭头和基线的位置，然后在打开的文本窗口中输入注释内容即可。

7.3.17 案例——多重引线标注窗体

创建多重引线标注的具体操作过程如下。

步骤 1 按〈Ctrl+O〉组合键，打开配套光盘中提供的“第 07 章\7.3.17 创建多重引线标注.dwg”素材文件，如图 7-61 所示。

步骤 2 在命令行中输入 MLD（多重引线标注）命令并按〈Enter〉键，命令行提示如下。

命令: MLD↙　　MLEADER　　　　　　//调用“多重引线标注”命令

指定引线箭头的位置或 [引线基线优先(L)/内容优先(C)/选项(O)] <选项>:　　//指定引线箭头的位置

指定引线基线的位置:　　　　　　//指定引线基线的位置，弹出“文字格式编辑器”对话框，输入文字，单击“确定”按钮；创建多重引线标注的结果如图 7-62 所示

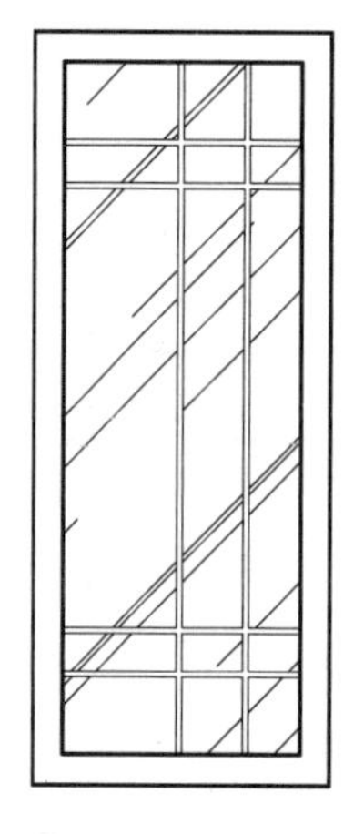

图 7-61　素材文件

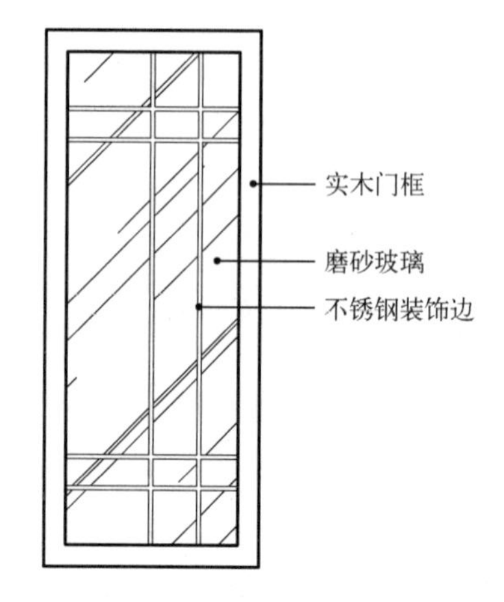

图 7-62　创建结果

提示：单击“注释”面板中的“添加引线”按钮或“删除引线”按钮，可以为图形继续添加或删除多个引线和注释。

7.3.18 形位公差的标注

形位公差实际上就是允许加工出的零件产生尺寸、形状和位置上的误差范围，而在这公差范围内，不会影响其他产品的功能。

1. 形位公差的组成与类型

AutoCAD 2016 通过特征控制框来添加形位公差，这些框中包含单个标注的所有公差信息。

特征控制框至少由两个组件组成，其中，第一个特征控制框为一个几何特征符号，表示应用公差的几何特征，例如位置、轮廓、形状、方向、同轴或跳动，形状公差可以控制直线度、平行度、圆度和圆柱度，在如图 7-63 所示中特征符号表示位置；第二个特征控制框为公差值及相关符号。

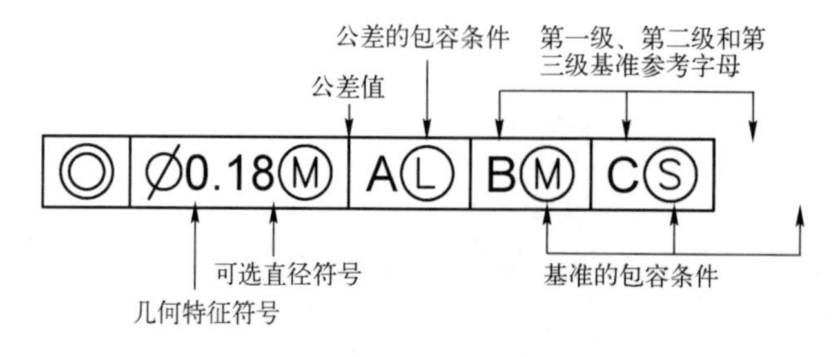

图 7 63　形位公差的组成

2. 标注形位公差

创建公差指引后，插入形位公差并放置到指引位置即可。执行“形位公差”命令有以下3种常用方法。

- 菜单栏：选择“标注”|“公差”命令。
- 功能区：在“注释”选项卡中，单击“标注”面板中的“公差”按钮。
- 命令行：在命令行中输入 TOLERANCE/TOL 命令。

执行上述命令后，系统弹出“形位公差”对话框，如图 7-64 所示。

通过“形位公差”对话框，可添加特征控制框里的各个符号及公差值等。各个区域的含义如下。

- “符号”选项组：单击“■”框，系统弹出“特征符号”对话框，如图 7-65 所示，在该对话框中选择公差符号。各个符号的含义和类型如表 7-1 所示。再次单击“■”框，表示清空已填入的符号。

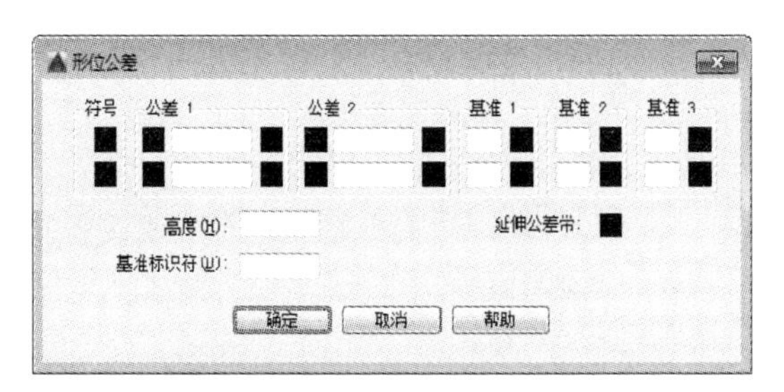

图 7-64 “形位公差”对话框

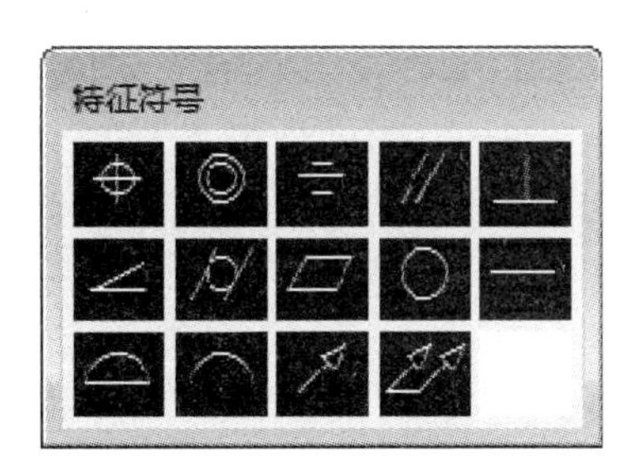

图 7-65 “特征符号”对话框

表 7-1 特征符号的含义和类型

符号	特征	类型	符号	特征	类型
⌖	位置	位置	▱	平面度	形状
◎	同轴（同心）度	位置	○	圆度	形状
⌯	对称度	位置	—	直线度	形状
//	平行度	方向	⌓	面轮廓度	轮廓
⊥	垂直度	方向	⌒	线轮廓度	轮廓
∠	倾斜度	方向	↗	圆跳动	跳动
⌭	圆柱度	形状	⌰	全跳动	跳动

- “公差 1”和“公差 2”选项组：每个“公差”选项组包含 3 个框。第一个为“■”框，单击插入直径符号；第二个为文本框，可输入公差值；第三个为“■”框，单击后弹出“附加符号”对话框（见图 7-66），用来插入公差的包容条件。
- “基准 1”“基准 2”和“基准 3”选项组：这 3 个选项组用来添加基准参照，分别对应第一级、第二级和第三级基准参照。

图 7-66 “附加符号”对话框

- “高度”文本框：输入特征控制框中的投影公差零值。

➢“基准标识符”文本框：输入参照字母组成的基准标识符。

➢“延伸公差带”选项：在延伸公差带值的后面插入延伸公差带符号。

提示：如需标注带引线的形位公差，可通过两种方法实现，先执行 LEARDER 命令，然后选择其中的“公差（T）”选项，实现带引线的形位公差并标注；执行多重引线标注命令，不输入任何文字，然后运行形位公差并标注于引线末端。

7.3.19 案例——标注形位公差

步骤 1 单击快速访问工具栏中的“打开”按钮，打开配套光盘中提供的“第 07 章\7.3.19 标注轴的形位公差.dwg”素材文件，如图 7-67 所示。

步骤 2 在命令行中输入 LE（快速引线）命令并按〈Enter〉键，利用快速引线标注形位公差，命令行操作如下。

命令: LE↙ QLEADER //调用“快速引线”命令

指定第一个引线点或 [设置(S)] <设置>: //选择“设置”选项，弹出“引线设置”对话框，设置类型为“公差”，如图 7-68 所示，单击“确定”按钮，继续执行以下命令行操作

指定第一个引线点或 [设置(S)] <设置>: //在要标注公差的位置单击，指定引线箭头位置

指定下一点: //指定引线转折点

指定下一点: //指定引线端点

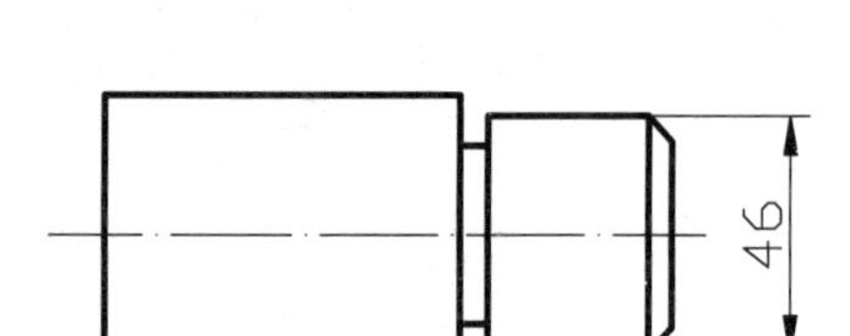

图 7-67 素材图形

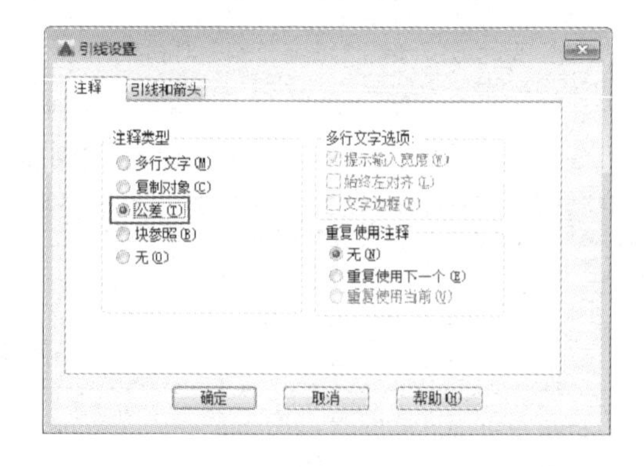

图 7-68 “引线设置”对话框

步骤 3 系统弹出“形位公差”对话框，在该对话框中输入公差值，如图 7-69 所示。

步骤 4 单击“确定”按钮，完成标注，如图 7-70 所示。

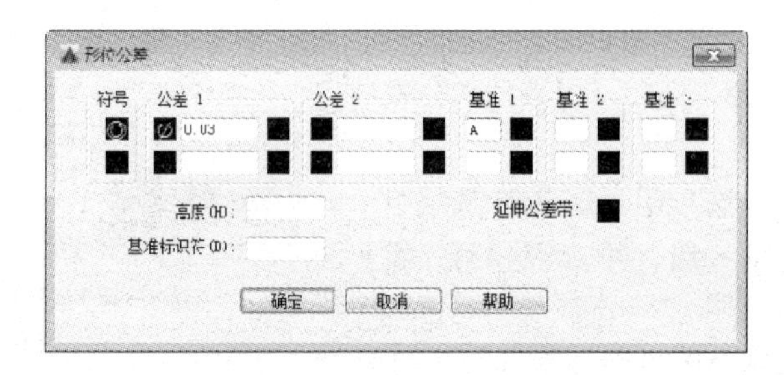

图 7-69 “公差参数”对话框

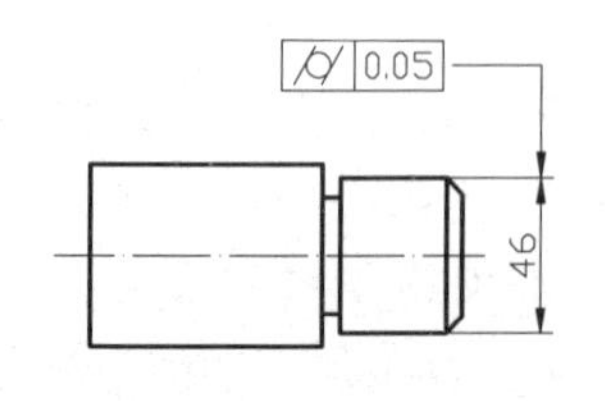

图 7-70 标注形位公差

7.4 其他综合性标注

除了 7.3 节讲述的基本尺寸以外，AutoCAD 2016 还提供了一些较为复杂的尺寸。

7.4.1 智能标注

“智能标注”命令为 AutoCAD 2016 的新增功能，可以根据选定的对象类型自动创建相应的标注。根据需要，可以使用命令行选项更改标注类型。

执行“智能标注”命令有以下两种方法。

- 功能区：在“默认”选项卡中，单击“注释”面板中的“标注”按钮；或在“注释”选项卡中，单击“标注”面板中的“标注”按钮。
- 命令行：在命令行中输入 DIM 命令。

执行上述命令后，命令行提示如下。

选择对象或指定第一个尺寸界线原点或 [角度(A)/基线(B)/连续(C)/坐标(O)/对齐(G)/分发(D)/图层(L)/放弃(U)]:　　//选择图形或标注对象

命令行中各选项的含义如下。

- 角度（A）：创建一个角度标注来显示 3 个点或两条直线之间的角度，操作方法基本同“角度标注”。
- 基线（B）：从上一个或选定标准的第一条界线创建线性、角度或坐标标注，操作方法基本同“基线标注”。
- 连续（C）：从选定标注的第二条尺寸界线创建线性、角度或坐标标注，操作方法基本同“连续标注”。
- 坐标（O）：创建坐标标注，提示选取部件上的点，如端点、交点或对象中心点。
- 对齐（G）：将多个平行、同心或同基准的标注对齐到选定的基准标注。
- 分发（D）：指定可用于分发一组选定的孤立线性标注或坐标标注的方法。
- 图层（L）：为指定的图层指定新标注，以替代当前图层。输入 Use Current 或“.”以使用当前图层。

7.4.2 案例——使用智能标注标注台灯

智能标注的具体操作过程如下。

步骤 1 按〈Ctrl+O〉组合键，打开配套光盘中提供的“第 07 章\7.4.2 创建智能标注.dwg”素材文件，如图 7-71 所示。

步骤 2 在“默认”选项卡的“注释”面板中单击“标注”按钮，对图形进行智能标注，命令行提示如下。

命令: dim↙　　//调用“智能标注”命令

选择对象或指定第一个尺寸界线原点或 [角度(A)/基线(B)/连续(C)/坐标(O)/对齐(G)/分发(D)/图层(L)/放弃(U)]:　　//捕捉 A 点为第一角点

指定第一个尺寸界线原点或 [角度(A)/基线(B)/继续(C)/坐标(O)/对齐(G)/分发(D)/图层(L)/放弃(U)]:

指定第二个尺寸界线原点或 [放弃(U)]:　　//捕捉 B 点为第一角点

指定尺寸界线位置或第二条线的角度 [多行文字(M)/文字(T)/文字角度(N)/放弃(U)]: //任意指定位置放置尺寸

选择对象或指定第一个尺寸界线原点或 [角度(A)/基线(B)/连续(C)/坐标(O)/对齐(G)/分发(D)/图层(L)/放弃(U)]: //捕捉 A 点为第一角点

指定第一个尺寸界线原点或 [角度(A)/基线(B)/继续(C)/坐标(O)/对齐(G)/分发(D)/图层(L)/放弃(U)]:

指定第二个尺寸界线原点或 [放弃(U)]: //捕捉 C 点为第一角点

指定尺寸界线位置或第二条线的角度 [多行文字(M)/文字(T)/文字角度(N)/放弃(U)]: //任意指定位置放置尺寸

选择对象或指定第一个尺寸界线原点或 [角度(A)/基线(B)/连续(C)/坐标(O)/对齐(G)/分发(D)/图层(L)/放弃(U)]: A↙ //激活“角度”选项

选择圆弧、圆、直线或 [顶点(V)]: //捕捉 AC 直线为第一条直线

选择直线以指定角度的第二条边: //捕捉 CD 直线为第二条直线

指定角度标注位置或 [多行文字(M)/文字(T)/文字角度(N)/放弃(U)]: //任意指定位置放置尺寸

选择对象或指定第一个尺寸界线原点或 [角度(A)/基线(B)/连续(C)/坐标(O)/对齐(G)/分发(D)/图层(L)/放弃(U)]:

选择圆弧以指定半径或 [直径(D)/折弯(J)/圆弧长度(L)/中心标记(C)/角度(A)]: //捕捉圆弧 E

指定半径标注位置或 [直径(D)/角度(A)/多行文字(M)/文字(T)/文字角度(N)/放弃(U)]: //任意指定位置放置尺寸，如图 7-72 所示

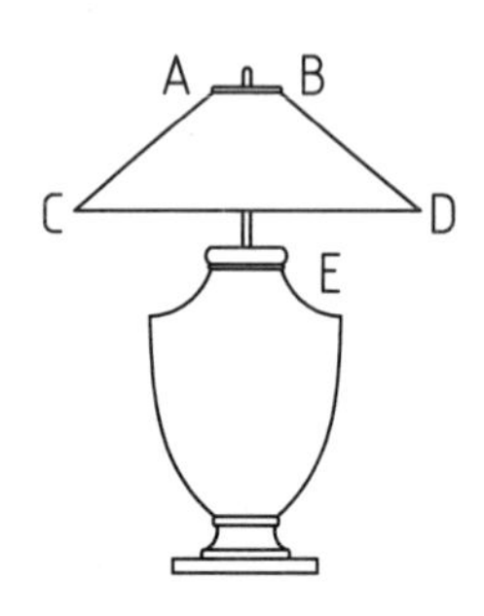

图 7-71 素材文件

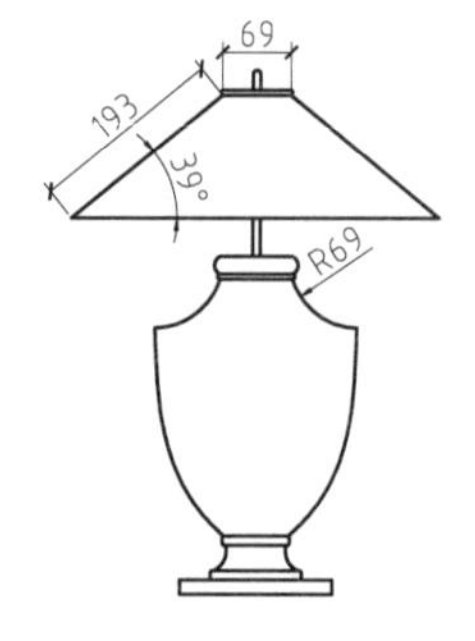

图 7-72 智能标注结果

7.4.3 快速标注

“快速标注”命令用于一次标注多个对象间的尺寸，是一种比较常用的复合标注工具。执行“快速标注”命令的方法有以下 4 种。

- 菜单栏：选择“标注”|“快速”命令。
- 功能区：在“注释”选项卡中，单击“标注”面板中的“快速”按钮。
- 工具栏：单击“标注”工具栏中的“快速标注”按钮。
- 命令行：在命令行中输入 QDIM 命令。

7.4.4 连续标注

“连续标注”是指以线性标注、坐标标注或角度标注的尺寸界线为基线进行的标注。“连

续标注”所指定的基线仅作为与该尺寸标注相邻的连续标注尺寸的基线，以此类推，下一个尺寸标注都以前一个标注与其相邻的尺寸界线为基线进行标注。

执行“连续标注”命令的方法有以下 4 种。

- 菜单栏：选择“标注”|“连续”命令。
- 功能区：在“注释”选项卡中，单击“标注”面板中的“连续”按钮。
- 工具栏：单击“标注”工具栏中的“连续标注”按钮。
- 命令行：在命令行中输入 DIMCONTINUE/DCO 命令。

7.4.5 案例——连续标注墙体中心线

连续标注的具体操作过程如下。

步骤 1 按〈Ctrl+O〉组合键，打开配套光盘中提供的“第 07 章\7.4.5 创建连续标注.dwg”素材文件，如图 7-73 所示。

步骤 2 在命令行中输入 DCO（连续标注）命令并按〈Enter〉键，命令行提示如下。

```
命令: DCO↙        DIMCONTINUE                          //调用“连续标注”命令
选择连续标注:                                          //选择标注
指定第二条尺寸界线原点或 [放弃(U)/选择(S)] <选择>:      //指定第二条尺寸界线原点
标注文字 =2000
指定第二条尺寸界线原点或 [放弃(U)/选择(S)] <选择>:
标注文字 =4000
……                        //按〈Esc〉键退出绘制，完成连续标注，结果如图 7-74 所示
```

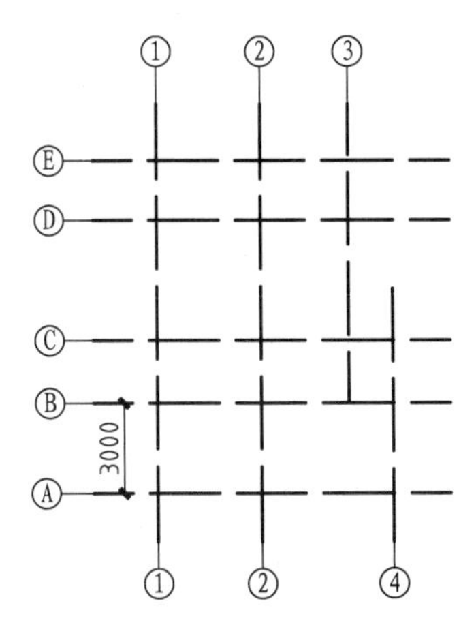

图 7-73　素材文件

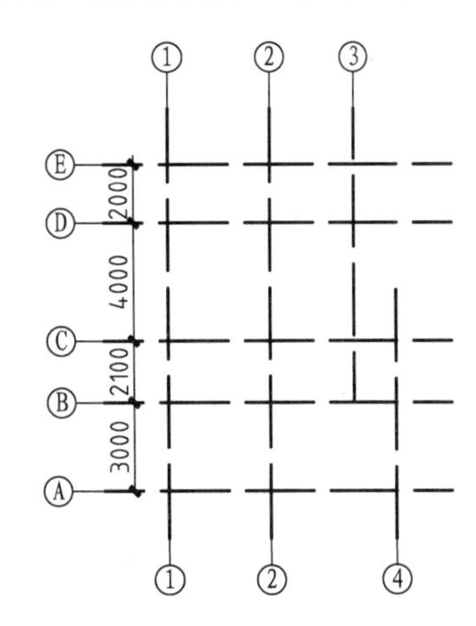

图 7-74　连续标注结果

7.4.6 基线标注

“基线标注”命令可以创建以同一尺寸界线为基准的一系列尺寸标注，即从某一点引出的尺寸界线作为第一条尺寸界线，依次进行多个对象的尺寸标注。

执行“基线标注”命令的方法有以下 4 种。

- 菜单栏：选择“标注”|“基线”命令。

➢ 功能区：在“注释”选项卡中，单击“标注”面板中的“基线”按钮。
➢ 工具栏：单击“标注”工具栏中的“基线标注”按钮。
➢ 命令行：在命令行中输入 DIMBASELINE/DBA 命令。

7.4.7 案例——基线标注连续角度

基线标注的具体操作过程如下。

步骤 1 按〈Ctrl+O〉组合键，打开配套光盘中提供的“第 07 章\7.4.7 创建基线标注.dwg”素材文件，如图 7-75 所示。

步骤 2 在命令行中输入 DBA（基线标注）命令并按〈Enter〉键，命令行提示如下。

```
命令: DBA↙        DIMBASELINE                              //调用“基线标注”命令
选择基准标注:                                              //选择标注
指定第二条尺寸界线原点或 [放弃(U)/选择(S)] <选择>:         //指定第二条尺寸界线原点
标注文字 =45
指定第二条尺寸界线原点或 [放弃(U)/选择(S)] <选择>:
标注文字 =68
……                    //重复上述操作，按〈Esc〉键退出标注，创建基线标注的结果如图 7-76 所示
```

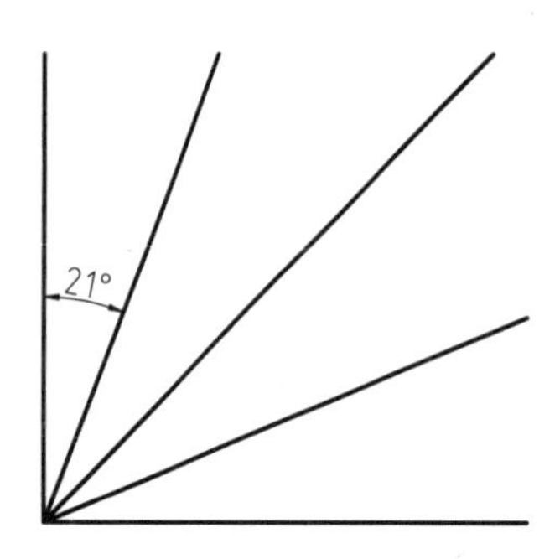

图 7-75 素材文件

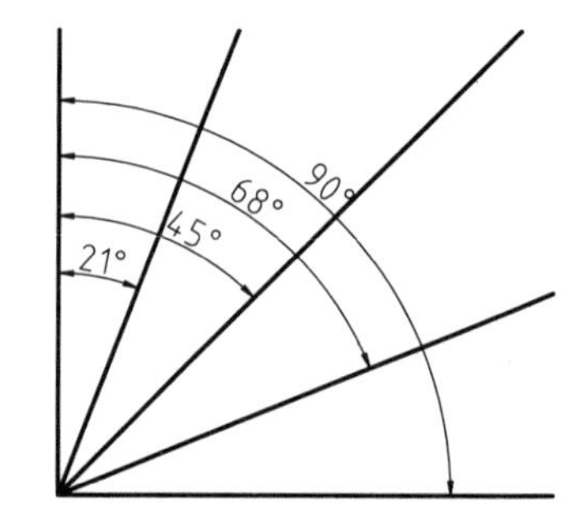

图 7-76 基线标注结果

7.5 编辑与更新尺寸

创建尺寸标注后如需修改，可以通过编辑尺寸标注来调整。编辑尺寸标注包括文字的内容、文字的位置、更新标注和关联标注等内容。下面将详细介绍常用的一些编辑尺寸标注的方法。

7.5.1 标注打断

执行“标注打断”命令的方法有以下 4 种。
➢ 菜单栏：选择“标注”|“标注打断”命令。
➢ 功能区：在“注释”选项卡中，单击“标注”面板中的“打断”按钮。
➢ 工具栏：单击“标注”工具栏中的“标注打断”按钮。
➢ 命令行：在命令行中输入 DIMBREAK 命令。

执行“标注打断”命令后选择标注对象，命令行提示如下。

选择要折断标注的对象或 [自动(A)/手动(M)/删除(R)] <自动>:

各选项的含义如下。

- 自动（A）：此选项是默认选项，用于在标注相交位置自动生成打断，打断的距离不可控制。
- 手动（M）：选择此选项，需要用户指定两个打断点，将两点之间的标注线打断。
- 删除（R）：选择此选项，可以删除已创建的打断。

7.5.2 案例——打断标注修缮图形

标注打断的具体操作过程如下。

步骤 1 按〈Ctrl+O〉组合键，打开配套光盘中提供的“第 07 章\7.5.2 标注打断.dwg”素材文件，如图 7-77 所示。

步骤 2 在“注释”选项卡中，单击“标注”面板中的“打断”按钮，命令行提示如下。打断效果如图 7-78 所示

```
命令: _DIMBREAK↙                                          //执行“标注打断”命令
选择要添加/删除折断的标注或 [多个(M)]:                     //选择标注对象
选择要折断标注的对象或 [自动(A)/手动(M)/删除(R)] <自动>: M   //选择折断标注的方式
指定第一个打断点:                                         //指定第一个打断点
指定第二个打断点:                                         //指定第二个打断点
1 个对象已修改
```

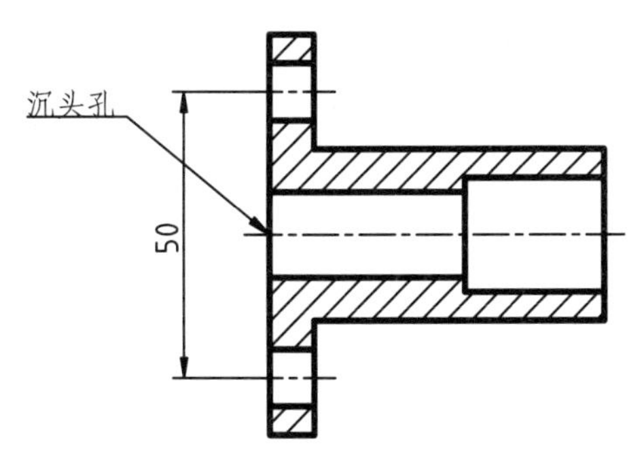

图 7-77 素材文件

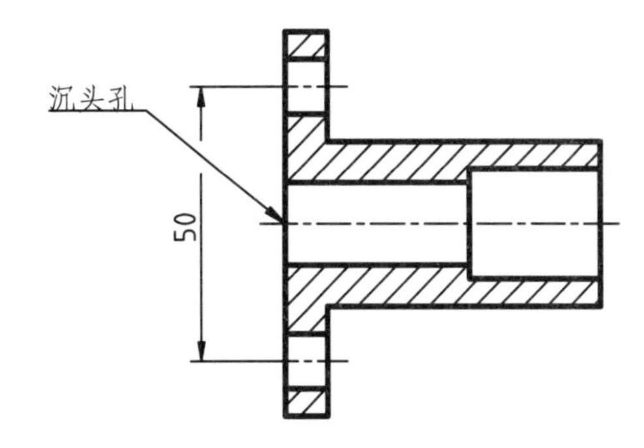

图 7-78 标注打断效果

7.5.3 调整标注间距

“调整间距”命令可以自动调整互相平行的线性尺寸或角度尺寸之间的距离，使其间距相等或相互对齐。

执行“标注间距”命令的方法有以下 4 种。

- 菜单栏：选择“标注”|“调整间距”命令。
- 功能区：在“注释”选项卡中，单击“标注”面板中的“调整间距”按钮。
- 工具栏：单击“标注”工具栏中的“等距标注”按钮。
- 命令行：在命令行中输入 DIMSPACE 命令。

7.5.4 案例——调整标注间距修缮图形

调整标注间距的具体操作过程如下。

步骤 1 按〈Ctrl+O〉组合键，打开配套光盘中提供的“第 07 章\7.5.4 调整标注间距.dwg”素材文件，如图 7-79 所示。

步骤 2 在“注释”选项卡中，单击“标注”面板中的“调整间距”按钮，命令行提示如下。调整标注间距如图 7-80 所示。

```
命令: _DIMSPACE↙                              //执行“标注间距”命令
选择基准标注:                                  //选择值为 11 的尺寸
选择要产生间距的标注:找到 1 个，总计 4 个      //选择值为 27、37、47、57 的尺寸
选择要产生间距的标注:                          //结束选择
输入值或 [自动(A)] <自动>:                     //按〈Enter〉键自动调整
```

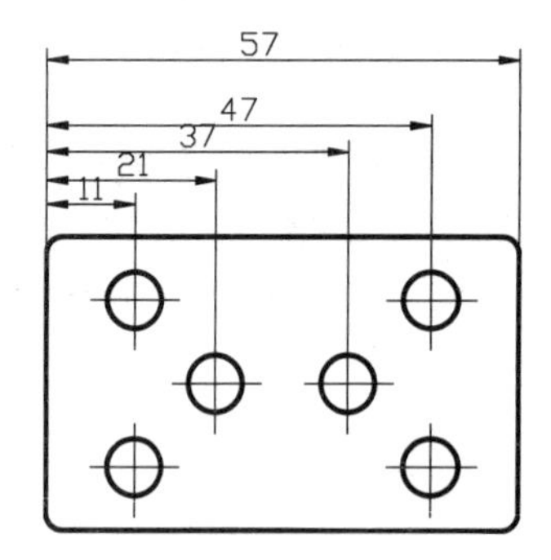

图 7-79 素材文件

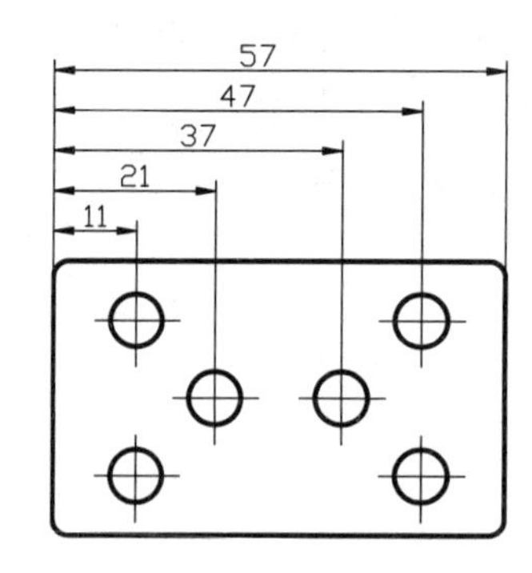

图 7-80 调整标注间距的效果

7.5.5 折弯线性标注

“折弯线性”命令用于在线型标注或对齐标注上添加或删除折弯线。折弯线指的是所标注对象中的折断；标注值代表实际距离，而不是图形中测量的距离。

执行“折弯线性”命令有以下 4 种常用方法。

- 菜单栏：选择“标注”|“折弯线性”命令。
- 功能区：在“注释”选项卡中，单击“标注”面板中的“折弯线性标注”按钮。
- 工具栏：单击“标注”工具栏中的“折弯标注”按钮。
- 命令行：在命令行中输入 DIMJOGLINE 命令。

执行上述命令后，选择需要添加折弯的线性标注或对齐标注，然后指定折弯位置即可，完成效果如图 7-81 所示。

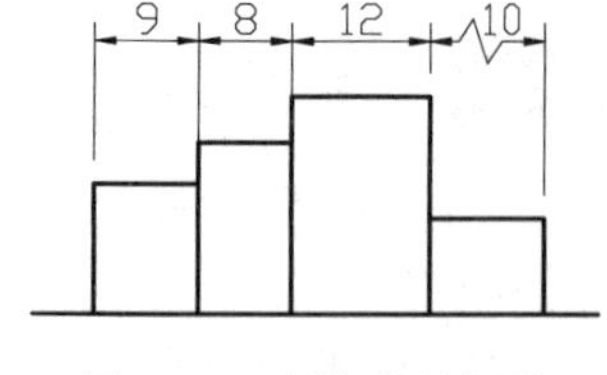

图 7-81 折弯线性标注

7.5.6 标注更新

“更新标注”命令用于更改尺寸样式，利用此命令，可以实现两个尺寸样式之间的互换。

执行“更新标注”命令有以下4种常用方法。

- 菜单栏：选择“标注”|“更新”命令。
- 功能区：在“注释”选项卡中，单击“标注”面板中的“更新”按钮。
- 工具栏：单击“标注”工具栏中的“更新标注”按钮。
- 命令行：在命令行中输入 DIMSTYLE 命令。

7.5.7 案例——标注更新修缮图形

标注更新的具体操作过程如下。

步骤 1 按〈Ctrl+O〉组合键，打开配套光盘中提供的“第 07 章\7.5.7 标注更新.dwg”素材文件，如图 7-82 所示。

步骤 2 在命令行中输入 D 命令，系统弹出“标注样式管理器”对话框，选择“副本 ISO-25”样式，单击“置为当前”按钮，然后关闭该对话框。

步骤 3 标注更新，如图 7-83 所示。在“注释”选项卡中，单击“标注”面板中的“更新”按钮，命令行提示如下。

```
命令: _DIMSTYLE↙                                   //执行“更新”命令
当前标注样式: ISO-25    注释性: 否
输入标注样式选项
[注释性(AN)/保存(S)/恢复(R)/状态(ST)/变量(V)/应用(A)/?] <恢复>: _apply
选择对象: 找到 7 个                                 //选择更新对象
选择对象:                                           //按空格键确定更新对象
```

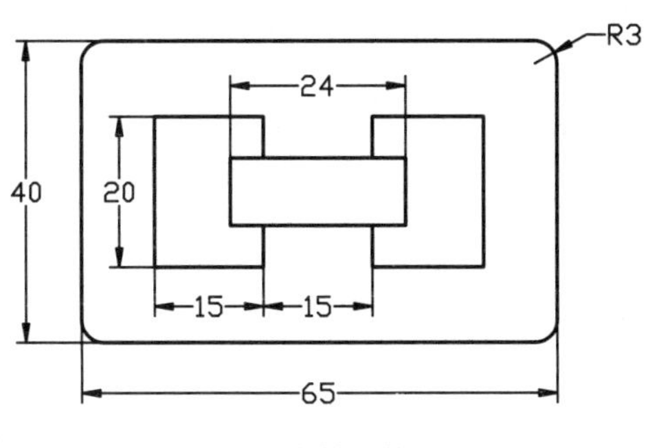

图 7-82 素材文件

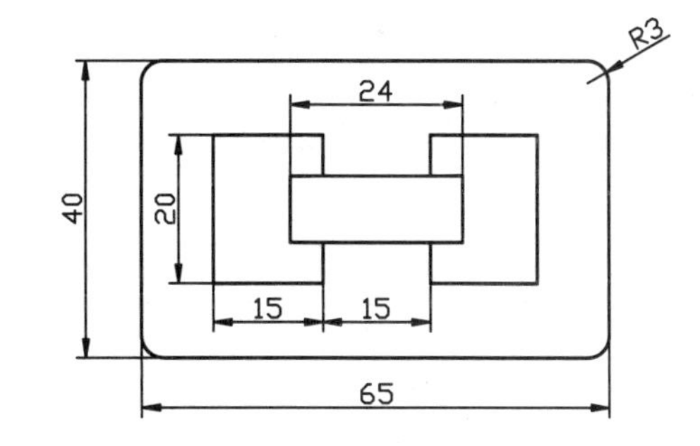

图 7-83 标注更新

7.5.8 尺寸关联性

尺寸关联是指尺寸对象及其标注的对象之间建立了联系，当图形对象的位置、形状和大小等发生改变时，其尺寸对象也会随之动态更新。

1. 尺寸关联

在模型窗口中标注尺寸时，尺寸是自动关联的，无须用户进行关联设置。但是，如果在输入尺寸文字时不使用系统的测量值，而是由用户手动输入尺寸值，那么尺寸文字将不会与图形对象关联。

如一个半径为 50 的圆，使用 SC（缩放）命令将圆放大 2 倍，不仅图形对象放大了两倍，而且尺寸标注也同时放大了两倍，尺寸值变为缩放前的两倍，如图 7-84 所示。

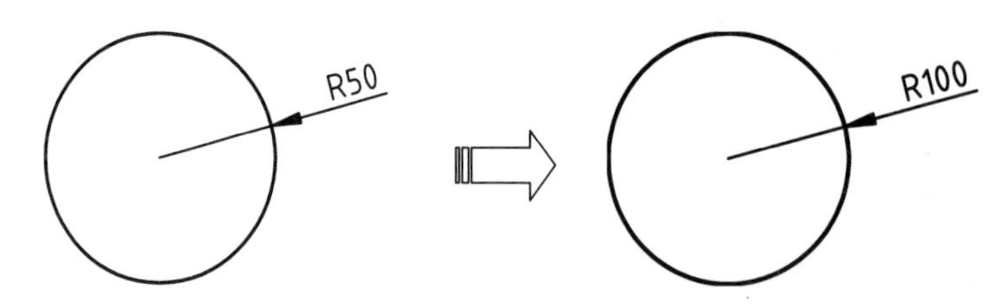

图 7-84 尺寸关联示例

2. 解除与重建关联

❑ 解除标注关联

对于已经建立了关联的尺寸对象及其图形对象，可以使用“解除关联”命令解除尺寸与图形的关联性。解除标注关联后，对图形对象进行修改，尺寸对象不会发生任何变化。因为尺寸对象已经和图形对象彼此独立，没有任何关联关系了。

在命令行中输入 DDA 命令并按〈Enter〉键，命令行提示如下。

```
命令: DDA↙
DIMDISASSOCIATE
选择要解除关联的标注 ...
选择对象:
```

选择要解除关联的尺寸对象，按〈Enter〉键即可解除关联。

❑ 重建标注关联

对于没有关联，或已经解除了关联的尺寸对象和图形对象，可以通过“重新关联”命令，重建关联。

执行“重新关联”命令有以下 3 种常用方法。

- ➢ 菜单栏：选择“标注”|“重新关联标注”命令。
- ➢ 功能区：在“注释”选项卡中，单击“标注”面板中的“重新关联”按钮。
- ➢ 命令行：在命令行中输入 DRE 命令。

执行上述命令之后，命令行提示如下。

```
命令: _dimreassociate↙                              //执行“重新关联标注”命令
选择要重新关联的标注 ...
选择对象或 [解除关联(D)]: 找到 1 个                  //选择要建立关联的尺寸
选择对象或 [解除关联(D)]:
指定第一个尺寸界线原点或 [选择对象(S)] <下一个>:     //选择要关联的第一点
指定第二个尺寸界线原点 <下一个>:                     //选择要关联的第二点
```

7.5.9 编辑标注

利用“编辑标注”命令可以一次修改一个或多个尺寸标注对象上的文字内容、方向、放置位置，以及倾斜尺寸界限。

执行“编辑标注”命令的方法有以下两种。

- 功能区：在“注释”选项卡中，单击“标注”面板中的相应按钮：“倾斜”按钮、“文字角度”按钮、“左对正”按钮、“居中对正”按钮和“右对正”按钮。
- 命令行：在命令行中输入 DIMEDIT/DED 命令。

执行上述命令后，命令行提示如下。

输入标注编辑类型[默认(H)/新建(N)/旋转(R)/倾斜(O)]〈默认〉：

命令行中各选项的含义如下。

- 默认（H）：选择该选项并选择尺寸对象，可以按默认位置和方向放置尺寸文字。
- 新建（N）：选择该选项后，打开“文字编辑器”选项卡，选中输入框中的所有内容，然后重新输入需要的内容。单击“确定”按钮，返回绘图区，单击要修改的标注，按〈Enter〉键即可完成标注文字的修改。
- 旋转（R）：选择该选项后，命令行提示“输入文字旋转角度”，此时，输入文字旋转角度后，单击要修改的文字对象，即可完成文字的旋转，如图 7-85 所示。

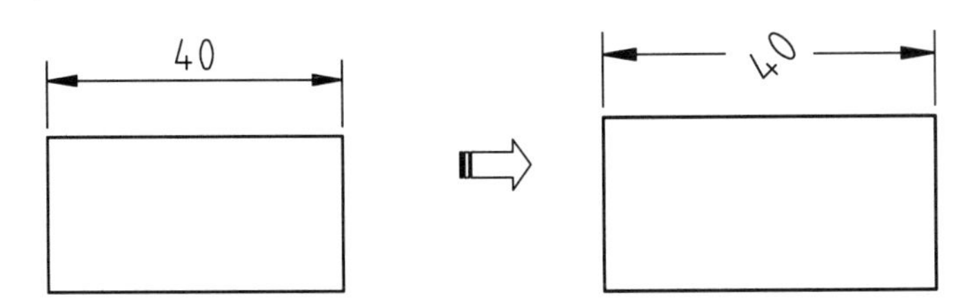

图 7-85　旋转标注文字

- 倾斜（O）：用于修改尺寸界线的倾斜度。选择该选项后，命令行会提示选择修改对象，并要求输入倾斜角度。

7.5.10 编辑多重引线

使用“多重引线”命令注释对象后，可以对引线的位置和注释内容进行编辑。下面将介绍几种常用的编辑多重引线的方法。

1. 添加引线

“添加引线”命令是指将引线添加至现有的多重引线对象。在“注释”选项卡中，单击“引线”面板中的“添加引线”按钮，在绘图区中选择多重引线，指定引线箭头位置，添加引线的结果如图 7-86 所示。

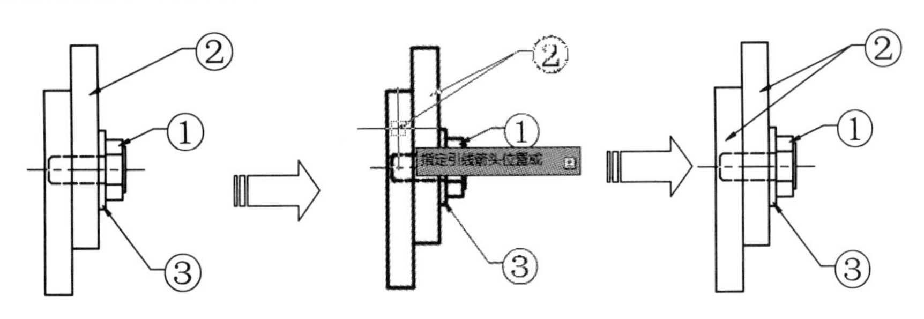

图 7-86　添加引线

2. 删除引线

“删除引线”是指将引线从现有的多重引线对象中删除。在“注释”选项卡中，单击“引线”面板中的“删除引线”按钮，指定要删除的引线，可以将引线从现有的多重引线标注中删除，即恢复素材初始打开的样子，如图 7-87 所示。

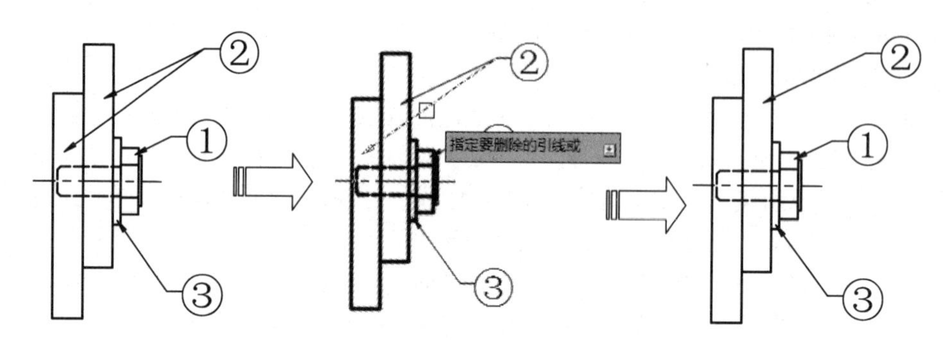

图 7-87　删除引线

3. 对齐引线

“对齐”命令是指将选定的多重引线对象对齐并按一定的间距排列。在“注释”选项卡中，单击“引线”面板中的“对齐”按钮，选择多重引线后，指定所有其他多重引线要与之对齐的多重引线，按〈Enter〉键，即可完成操作，如图 7-88 所示。

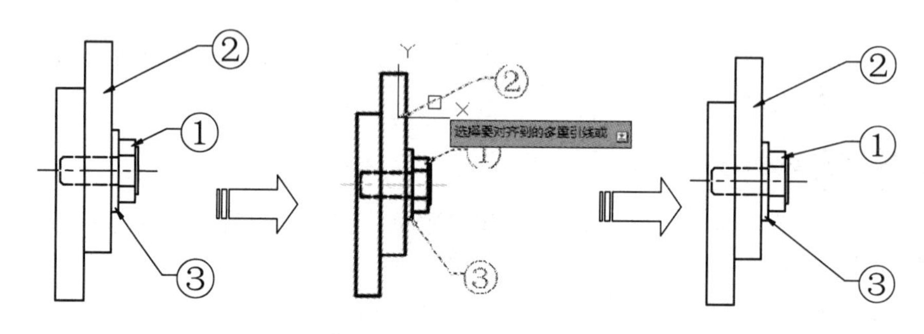

图 7-88　对齐多重引线对象

4. 合并引线

“合并”命令是指将包含块的选定多重引线组织到行或列中，并使用单引线显示结果，如图 7-89 所示。

提示：在合并多重引线时，需要修改多重引线样式，将多重引线的类型改为块。

5. 通过夹点修改引线

选中创建的多重引线，引线对象以夹点模式显示，将光标移至夹点，系统弹出快捷菜单，如图 7-90 所示，可以执行拉伸、拉长基线操作，还可以添加引线。也可以单击夹点之后，拖动夹点调整转折的位置。

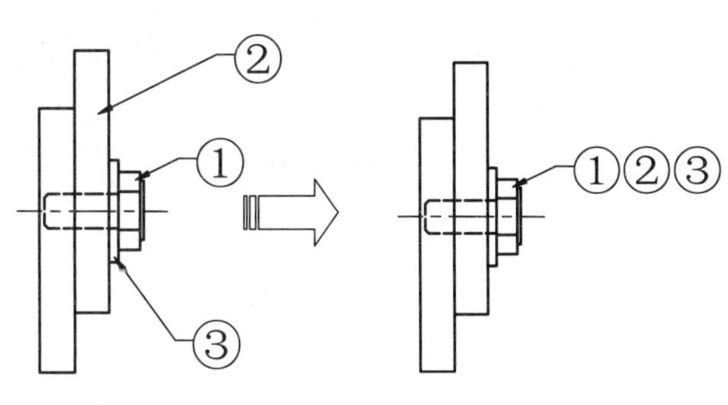

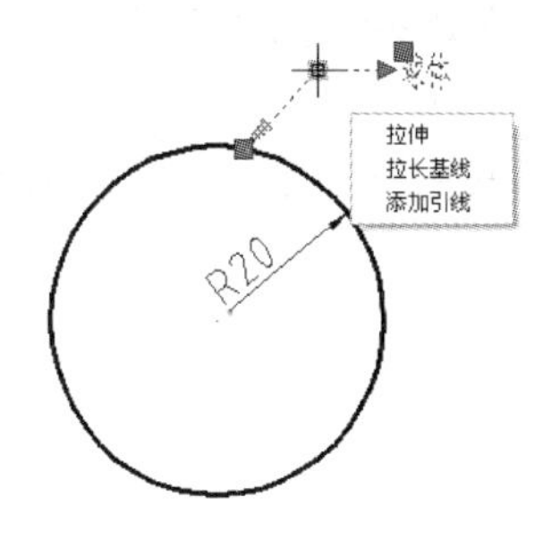

图 7-89 合并多重引线对象 图 7-90 快捷菜单

6. 修改多重引线文字

如果要编辑多重引线上的文字注释，则双击该文字，打开“文字编辑器”选项卡，如图 7-91 所示，在其中可对注释文字进行修改和编辑。

图 7-91 “文字编辑器”选项卡

7.6 综合实战

本节内容通过具体的实例，巩固之前所学的各类尺寸标注的操作和编辑方法，为读者提高绘图技巧提供很大的帮助。

7.6.1 标注庭院一角立面图

步骤 1 单击快速访问工具栏中的“打开”按钮，打开配套光盘中提供的“第 07 章/7.6.1 标注庭院一角立面图.dwg”素材文件，如图 7-92 所示。

图 7-92 素材文件

步骤 2 在命令行中输入 D 命令，按空格键，系统弹出“标注样式管理器”对话框，如图 7-93 所示。

步骤 3 单击“新建”按钮，系统弹出“新建标注样式”对话框，修改“新建样式名”为“园林标注”，如图 7-94 所示。

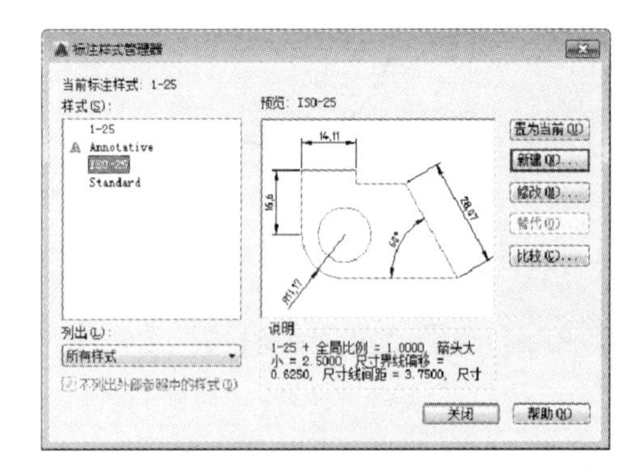

图 7-93 “标注样式管理器”对话框

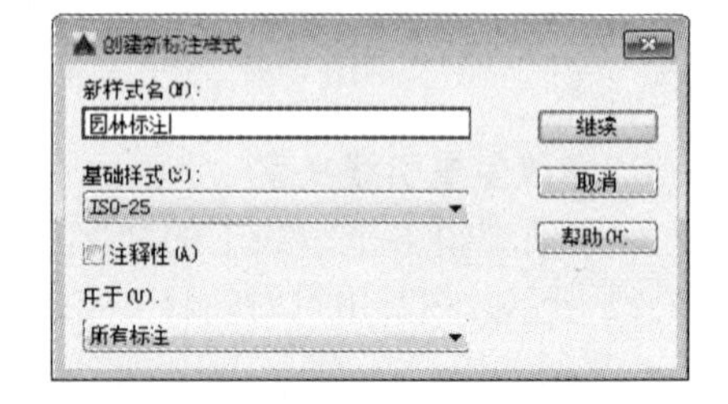

图 7-94 “创建标注样式”对话框

步骤 4 单击“继续”按钮，弹出“新建标注样式：园林标注”对话框，在如下几个选项卡中设置标注特性。

- “文字”选项卡：单击“文字样式”按钮，弹出“文字样式”对话框，选择文字样式为“gbenor.shx，gbcbig.shx”。在“文字高度”文本框中输入 4。
- “符号和箭头”选项卡：在“箭头大小”文本框中输入 1。
- “主单位”选项卡：单击“精度”下拉按钮，设置精度为 0.00。
- “调整”选项卡：在“使用全局比例”文本框中输入 30。

步骤 5 单击“确定”按钮，返回“标注样式管理器”对话框，再次单击“新建”按钮，弹出“新建标注样式”对话框，在“用于”下拉列表框中选择“角度标注”选项，如图 7-95 所示。

步骤 6 单击“继续”按钮，修改“文字对齐”方式为“水平”。单击“确定”按钮，再次返回“标注样式管理器”对话框。采用同样的方法设置子标注为“半径标注”和“直径标注”。

步骤 7 标准样式创建完成，如图 7-96 所示。

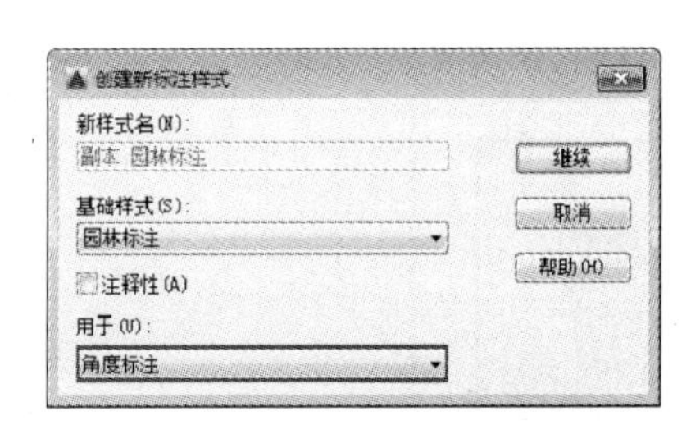

图 7-95 设置子标注

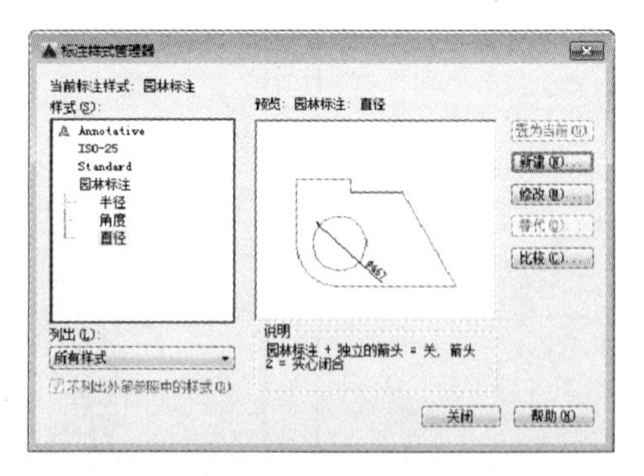

图 7-96 设置标注样式

步骤 8 调用 DLI（线性标注）和 DCO（连续标注）命令，标注以下尺寸，然后修改标注间距，如图 7-97 与图 7-98 所示。

图 7-97 线性标注

图 7-98 连续标注

步骤 9 调用 DLI（线性标注）命令，标注以下尺寸，如图 7-99 所示。

步骤 10 选择“格式”|“多重引线样式”命令，弹出“多重引线样式管理器”对话框，如图 7-100 所示。

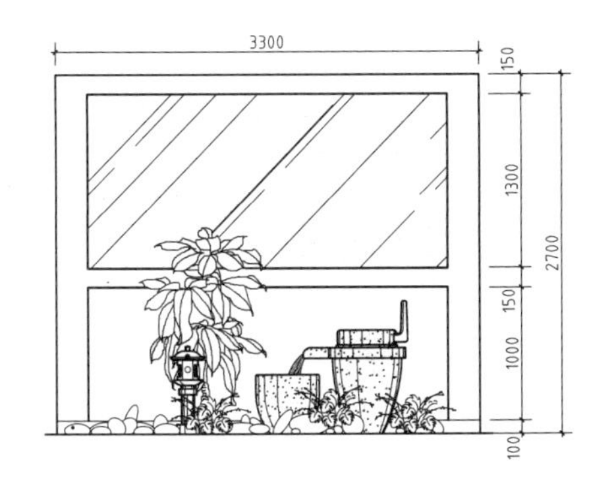

图 7-99 线性标注

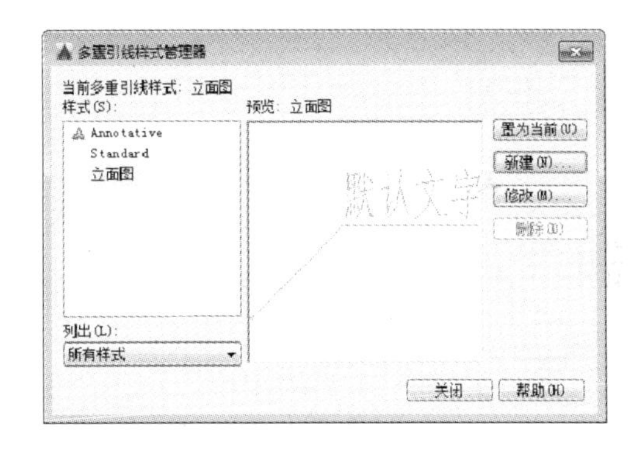

图 7-100 “多重引线样式管理器”对话框

步骤 11 单击“新建”按钮，弹出“创建新多重引线样式”对话框，设置新样式名为“园林标注样式”，如图 7-101 所示。

步骤 12 单击“继续”按钮，弹出“修改多重引线样式：园林标注样式”对话框，在如下几个选项卡中设置标注特性。

- “引线格式”选项卡：在“箭头大小”文本框中输入 40。
- “内容”选项卡：单击“文字样式”按钮…，弹出“文字样式”对话框，选择文字样式为“gbenor.shx，gbcbig.shx”。在“文字高度”文本框中输入 120。在“连接位置-左/右”下拉列表框中选择“第一行加下划线”选项。

步骤 13 在命令行中输入 MLD（多重引线标注）命令并按〈Enter〉键，对下面的图形进行说明，标注庭院一角效果如图 7-102 所示。

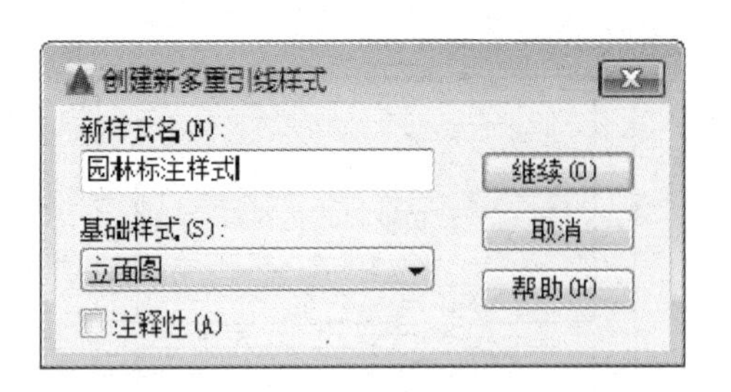

图 7-101 “创建新多重引线”对话框

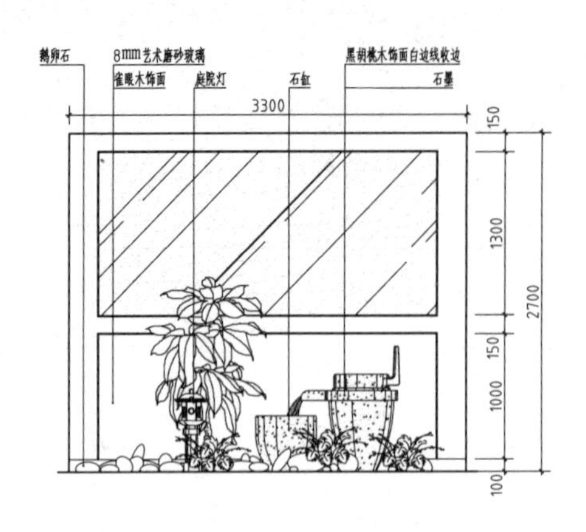

图 7-102 完成效果

7.6.2 标注定位销零件图

步骤 1 单击快速访问工具栏中的“打开”按钮，打开配套光盘中提供的“第 07 章\7.6.2 标注定位销零件图.dwg”素材文件，如图 7-103 所示。

步骤 2 在命令行中输入 D 命令，按空格键，系统弹出“标注样式管理器”对话框，选择“园林标注”样式，单击“置为当前”按钮。

步骤 3 单击“标注”面板中的“线性标注”按钮，根据命令行提示标注以下尺寸并进行调整，如图 7-104 所示。

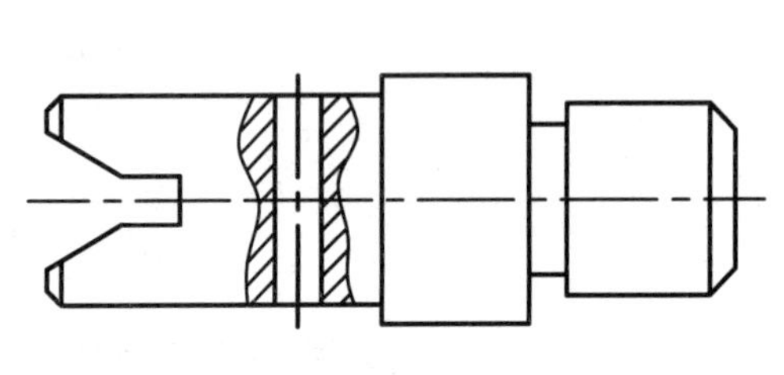

图 7-103 素材文件

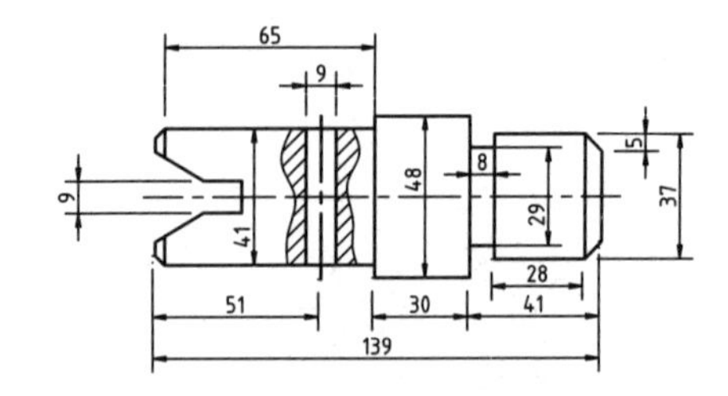

图 7-104 线性标注

步骤 4 选择“修改尺寸标注文字”的标注，按〈Ctrl+1〉组合键，系统打开“特性”选项板，在“标注前缀”文本框中输入%%C，如图 7-105 所示。

步骤 5 关闭对话框，继续选择要“修改尺寸标注文字”的标注，在“标注前缀”文本框中输入 5×45°、37h6，如图 7-106 所示。

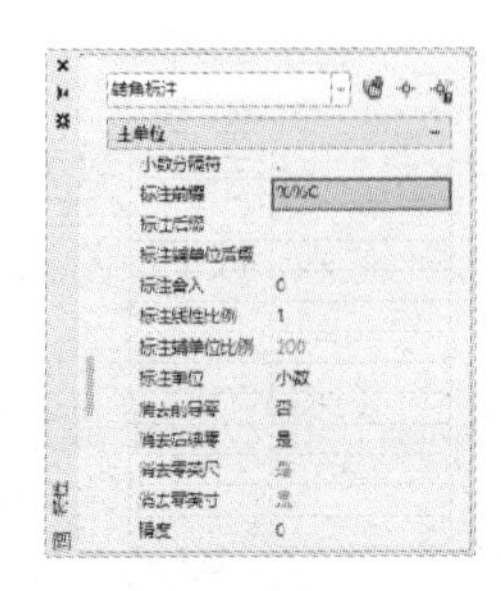

图 7-105 “特性”选项板

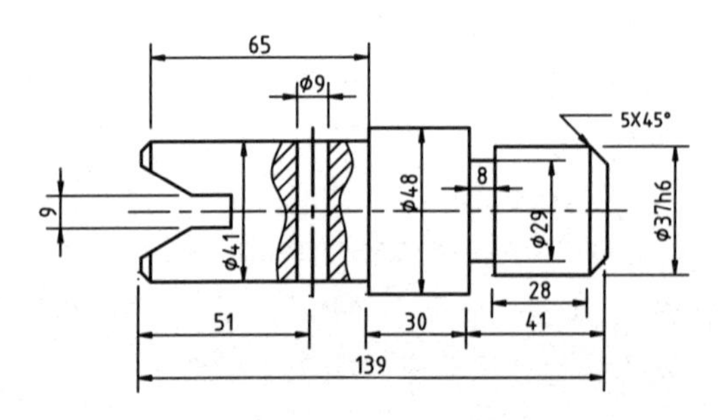

图 7-106 修改标注文字

步骤 6 在命令行中输入 DAN（角度标注）命令，对图形进行角度标注，如图 7-107 所示。

步骤 7 在命令行中输入 QLEADER 命令，按两次〈Enter〉键，系统弹出“引线设置”对话框，选择“公差”单选按钮，如图 7-108 所示。

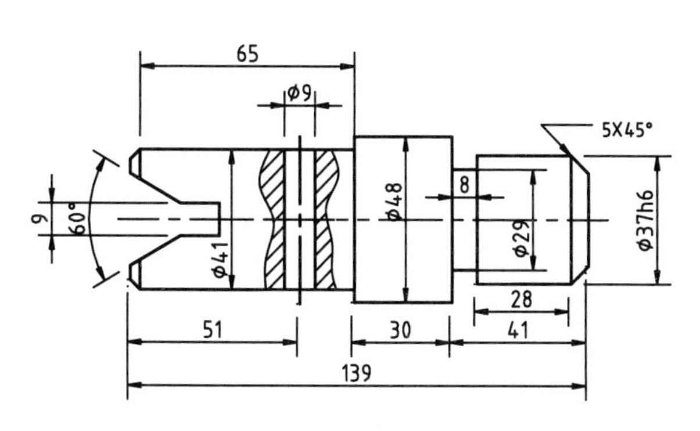

图 7-107 角度标注

图 7-108 “引线设置”对话框

步骤 8 单击“确定”按钮，命令行提示捕捉引线的 3 个点，然后系统弹出“形位公差”对话框，选择“符号”为◎，输入“公差 1”值为 0.005，“基准 1”为 A，如图 7-109 所示。

步骤 9 单击“确定”按钮，标注完成，效果如图 7-110 所示。

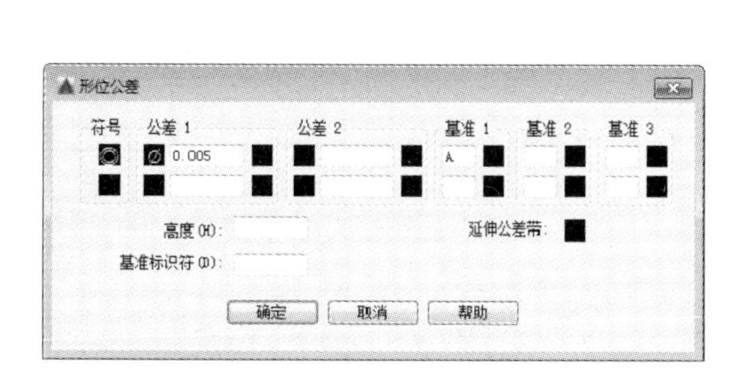

图 7-109 “形位公差”对话框

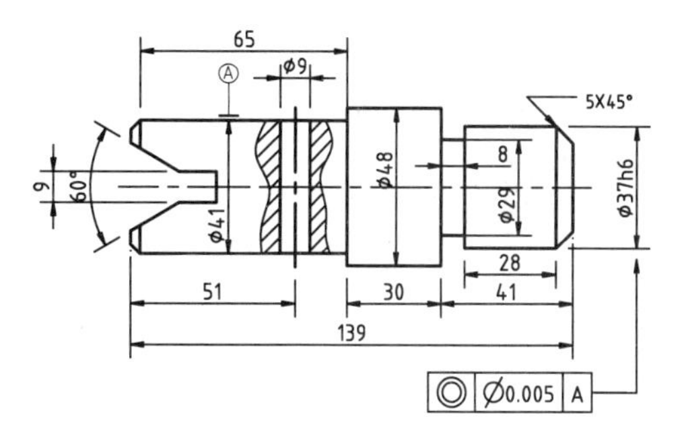

图 7-110 标注效果

7.7 设计专栏

7.7.1 上机实训

使用本章所学的标注知识，绘制并标注如图 7-111 所示的轴零件图。

具体的绘制步骤提示如下。

步骤 1 创建并设置好各个图层。

步骤 2 绘制中心线。

步骤 3 执行 L（直线）、REC（矩形）和 CHA（倒角）命令，绘制零件的外形轮廓。

步骤 4 绘制中间通孔。

步骤 5 执行 DLI（线性）、DBA（基线）等标注命令，标注零件图上的尺寸。

步骤 6 执行 L（直线）、C（圆）及 DT（多行文字）命令，创建基准符号。

步骤 7 单击“注释”选项卡的“标注”面板中的“公差”按钮，创建零件上的公差。

步骤 8 完成绘制。

使用本章所学的标注知识，标注主卧室门立面图的尺寸，效果如图 7-112 所示。具体的绘制步骤提示如下。

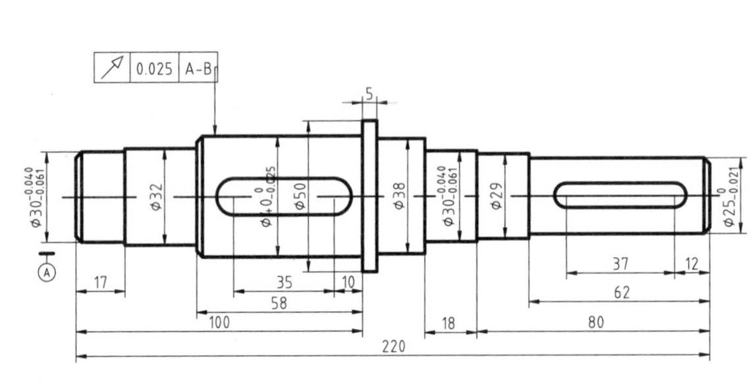

图 7-111 轴效果

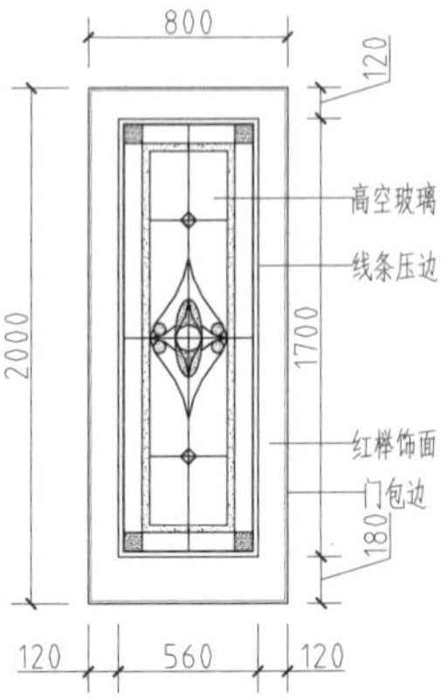

图 7-112 卧室门标注效果

步骤 1 执行 DLI（线性）、DCO（连续）等标注命令，标注卧室门的尺寸。

步骤 2 执行 MLS（多重引线）命令，对门材料进行说明标注。

步骤 3 完成绘制。

7.7.2 辅助绘图锦囊

1. 在 AutoCAD 中怎么对文字进行特殊处理，如输入圆弧对齐文字，即所输入的文字沿指定的圆弧均匀分布。

答：在图纸中绘制任意圆弧图形；在命令行中输入命令 Arctext 并按空格键或〈Enter〉键；单击圆弧，弹出“ArcAlignedText Workshop-Create”对话框；在对话框中设置字体样式，输入文字内容，即可在圆弧上创建弧形文字。

2. 在标注文字时，标注上下标的方法是什么？

答：使用多行文字编辑命令：上标：输入 2^，然后选中 2^，按 A/B 键即可。下标：输入^2，然后选中^2，按 A/B 键即可。上下标：输入 2^2，然后选中 2^2，按 A/B 键即可。

3. 为什么不能显示汉字？或输入的汉字变成了问号？

答：（1）对应的字形没有使用汉字字体，如 HZTXT、SHX 等。

（2）当前系统中没有汉字字体形文件；应将所用到的图形文件复制到 AutoCAD 的字体目录中（一般为...\FONTS\）。

（3）对于某些符号，如希腊字母等，同样必须使用对应的字体形，否则会显示成问号。

4. 为什么输入的文字高度无法改变？

答：文字样式的高度值不为零时，用 DT 或者是 T 命令书写文本时都不提示输入高度，这样写出来的文本高度是不变的。使用文字样式的尺寸标注也是如此。输入命令 style，弹出对话框，可以修改文字高度。

5. 为何所输入的文字都是“躺下”的，该如何调整？

答：因为所选的字体是前面加@的字体（如@宋体），这种字体都旋转了 90 度，可以在“字体”下拉列表框中选择不带@的字体就可以了。

6. 如何将图中所有的 Standadn 样式的标注文字改为 Simplex 样式？

答：可在 Acad.LSP 中加一句：(vl-cmdf ".style" "standadn" "simplex.shx")。

7. 为什么绘制的剖面线或尺寸标注线不是连续线型？

答：AutoCAD 绘制的剖面线或尺寸标注都可以具有线型属性，如果当前的线型不是连续线型，那么绘制的剖面线和尺寸标注就不会是连续线。

8. 为什么堆叠按钮不可用？

答：堆叠的使用：一是要有堆叠符号（#、^、/）；二是要把堆叠的内容选中后才可以操作。

第 8 章

图层管理

本章要点

- 创建与设置图层
- 管理图层
- 设置对象特性
- 综合实战
- 设计专栏
- 辅助绘图锦囊

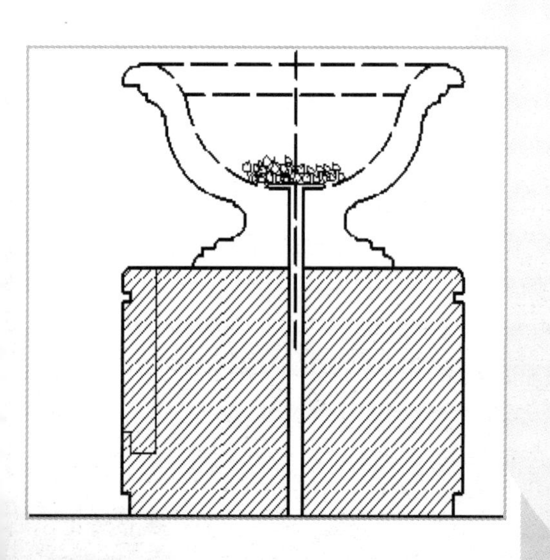

图层是查看和管理图形的强有力工具。用户可以根据需要在不同的图层中定义不同的颜色、线型和线宽等，以更好地实现绘图标准化，使图形信息更加清晰、有序。以后对图形进行修改、观察和打印也更加方便、快捷。

8.1 创建与设置图层

AutoCAD 中的每一个图层就好比一张透明的图纸，由用户在该“图纸”上绘制图形对象；若干个图层重叠在一起就好比是若干张图纸叠放在一起，从而构成所需要的图形效果。一般情况下，一张相对复杂的工程图纸有中心线层、轮廓线层、虚线层、剖面线层、尺寸标注层和文字说明层等。

8.1.1 图层的分类原则

在绘制图形之前应该明确哪些图形对应哪些图层的概念。合理分配图层是 AutoCAD 设计人员的一个良好习惯。多人协同设计时，更应该设计好一个统一规范的图层结构，以便数据交换和共享。切忌将所有的图形对象全部放在同一个图层中。图层可以按照以下原则进行组织。

- 按照图形对象的使用性质分层。例如，在建筑设计中，可以将墙体、门窗、家具和绿化分属于不同的层。
- 按照外观属性分层。具有不同线型或线宽的实体应当分属于不同的图层，这是一个很重要的原则。例如：在机械设计中，粗实线（外轮廓线）、虚线（隐藏线）和点划线（中心线）就应该分属于 3 个不同的层，方便打印控制。
- 按照模型和非模型分层。AutoCAD 制图的过程实际上是建模的过程。图形对象是模型的一部分；文字标注、尺寸标注、图框和图例符号等并不属于模型本身，是设计人员为了便于设计文件的阅读而人为添加的说明性内容。所以模型和非模型应当分属于不同的层。

8.1.2 新建图层

图层的新建和设置均在“图层特性管理器”选项板中进行，包括组织图层结构，以及设置图层属性和状态。

打开“图层特性管理器”选项板有以下 4 种方法。

- 菜单栏：选择“格式”|“图层”命令。
- 功能区：在“默认”选项卡中，单击“图层”面板中的“图层特性”按钮。
- 工具栏：单击“图层”工具栏中的“图层特性”按钮。
- 命令行：在命令行中输入 LAYER/LA 命令。

执行上述命令后，系统打开“图层特性管理器”选项板，如图 8-1 所示。

“图层特性管理器”选项板中相关选项的含义如下。

- 状态：用于指示项目的类型，如图层过滤器、正在使用的图层、空图层或当前图层。
- 名称：用于显示图层或过滤器的名称。按〈F2〉键输入新名称。
- 开：用于控制选定图层的开关。
- 冻结：用于冻结所有视口中选定的图层，包括“模型”选项卡。值得注意的是，冻结的图层将不显示、打印、消隐、渲染或重生成。

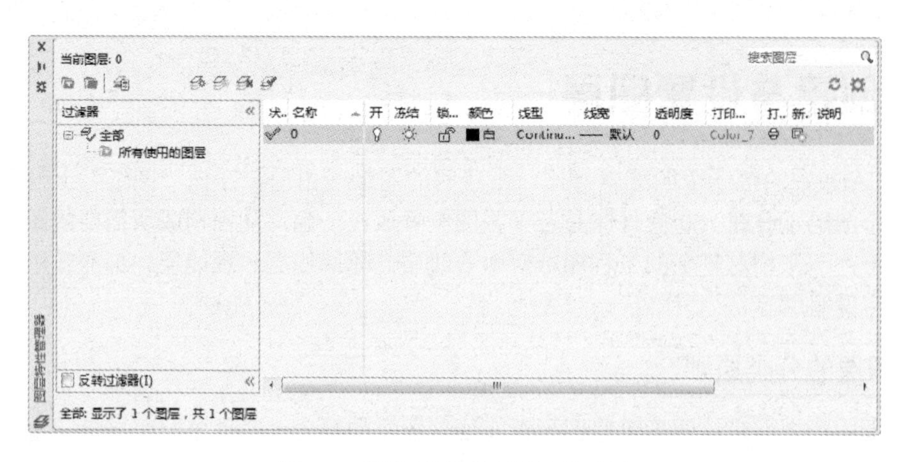

图 8-1 “图层特性管理器”选项板

- 锁定：用于锁定和解锁选定图层。注意无法修改锁定图层上的对象。
- 颜色：用于更改与选定图层关联的颜色。单击相应的颜色可打开“选择颜色”对话框。
- 线型：用于更改与选定图层关联的线型。单击相应的线型可打开“选择线型”对话框。
- 线宽：用于更改与选定图层关联的线宽。单击相应的线宽可打开“选择线宽”对话框。
- 打印样式：用于更改与选定图层关联的打印样式。
- 打印：用于控制是否打印选定图层。
- 新视口冻结：仅在“布局”选项卡中可用。在新布局视口中冻结选定的图层。
- 说明：属于可选项，用于描述图层或图层过滤器。

8.1.3 案例——创建绘图基本图层

本案例将介绍绘图基本图层的创建，在该实例中要求分别建立“粗实线”层、“中心线”层、“细实线”层、“标注与注释”层和“细虚线”层，这些图层的主要特性如表 8-1 所示。

表 8-1 图层列表

序号	图层名	线宽/mm	线 型	颜色	打印属性
1	粗实线	0.3	CONTINUOUS	黑	打印
2	细实线	0.15	CONTINUOUS	红	打印
3	中心线	0.15	CENTER	红	打印
4	标注与注释	0.15	CONTINUOUS	绿	打印
5	细虚线	0.15	ACAD-ISO 02W100	5	打印

步骤 1 在“默认”选项卡中，单击“图层”面板中的“图层特性”按钮。系统打开“图层特性管理器”选项板，单击“新建”按钮，新建图层。系统默认名称为“图层 1”，如图 8-2 所示。

步骤 2 此时文本框呈可编辑状态，在其中输入文字“中心线”并按〈Enter〉键，完成中心线图层的创建，如图 8-3 所示。

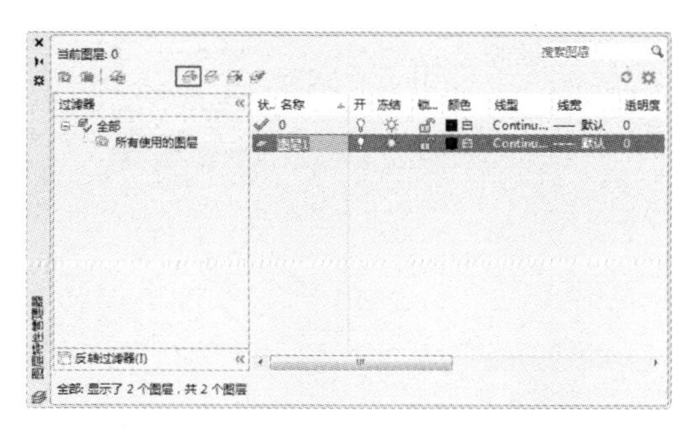

图 8-2 “图层特性管理器”选项板

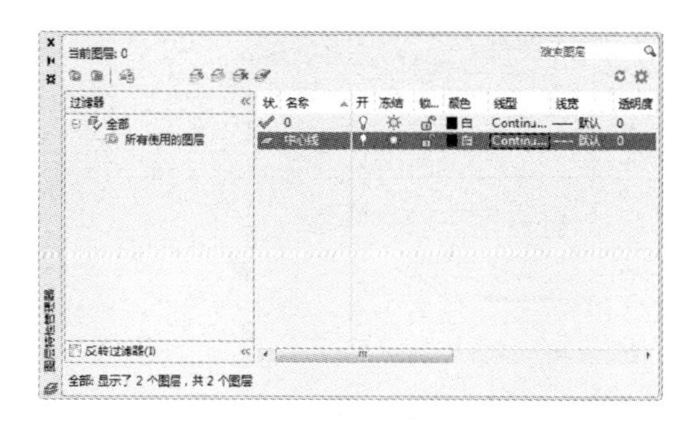

图 8-3 重命名图层

步骤 3 单击“颜色”属性项，弹出“选择颜色”对话框，选择“红色”，如图 8-4 所示。单击“确定”按钮，返回“图层特性管理器”选项板。

步骤 4 单击“线型”属性项，弹出“选择线型”对话框，如图 8-5 所示。

图 8-4 设置图层颜色

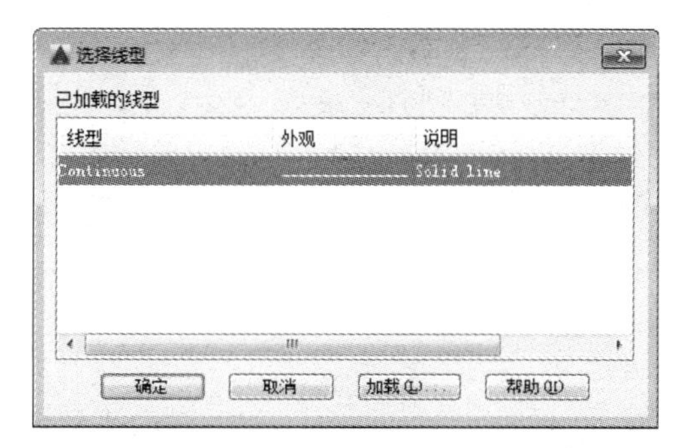

图 8-5 “选择线型”对话框

步骤 5 单击“加载”按钮，在弹出的“加载或重载线型”对话框中选择 CENTER 线型，如图 8-6 所示。单击“确定”按钮，返回“选择线型”对话框。再次选择 CENTER 线型，如图 8-7 所示。

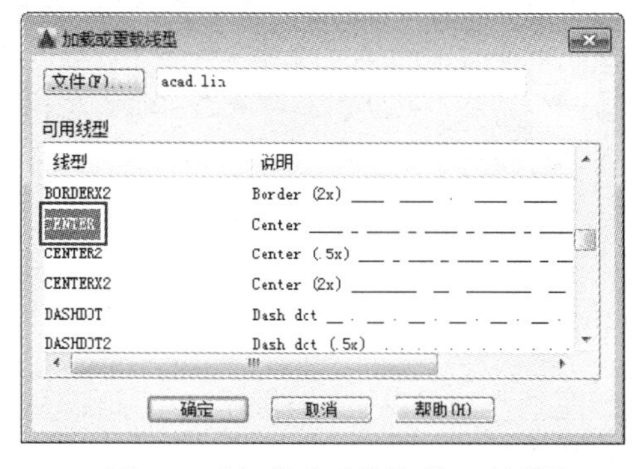

图 8-6 “加载或重载线型”对话框

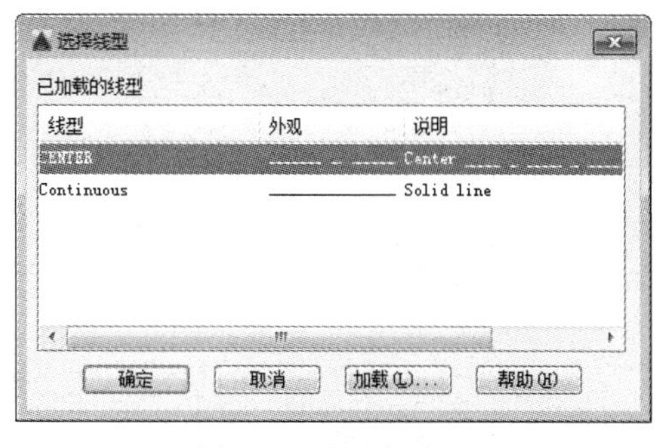

图 8-7 设置线型

步骤 6 单击“确定”按钮，返回“图层特性管理器”选项板。单击“线宽”属性项，弹出“线宽”对话框，选择线宽为 0.15mm，如图 8-8 所示。

步骤 7 单击“确定”按钮，返回“图层特性管理器”选项板。设置的中心线图层如图 8-9 所示。

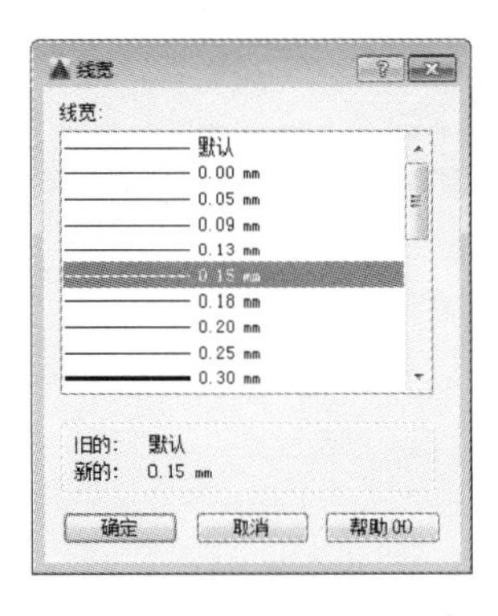

图 8-8　选择线宽

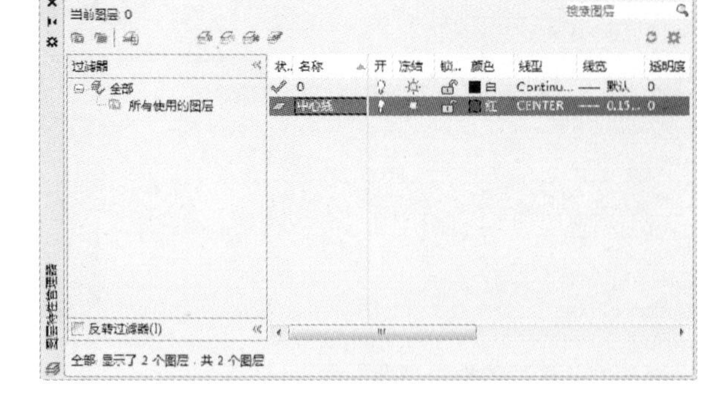

图 8-9　设置的中心线图层

步骤 8 重复上述步骤，分别创建“粗实线”层、“细实线”层、“标注与注释”层和“细虚线”层，为各图层选择合适的颜色、线型和线宽特性，结果如图 8-10 所示。

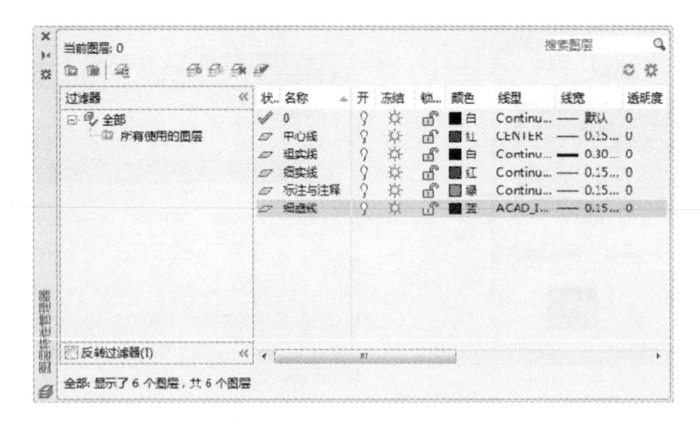

图 8-10　图层设置结果

提示：有时绘制的非连续线（如虚线、中心线）会显示出实线的效果，这通常是由于线型的“线型比例”过大，修改数值即可显示出正确的线型效果。选中要修改的对象并右击，在弹出的快捷菜单中选择“特性”命令，最后在“特性”选项板中减小“线型比例”数值即可。若先选择一个图层再新建另一个图层，则新图层与被选中的图层具有相同的颜色、线型和线宽等设置。如果图层名称前有✔，则该图层为当前图层。

8.2　管理图层

一张较为复杂的图纸一般包括十几个图层，大型图纸甚至包括上百个图层。因此掌握并管理好图层是十分重要的，利用图层可以使工作效率得到很大的提高。

8.2.1　将图层置为当前

当前图层是指当前工作状态下所处的图层。将某一图层置为当前图层后，即所绘制的对象均位于该图层中，所绘制对象的特性与图层设置的特性一致。

在 AutoCAD 中将图层置为当前层有以下几种常用的方法。

➤ 在“图层特性管理器”选项板中选择目标图层，单击“置为当前”按钮，如图 8-11 所示。

➤ 功能区（1）：在“默认”选项卡中，单击“图层”面板中的“图层控制”按钮，并在下拉列表框中选择需要的图层，即可将其设置为当前图层，如图 8-12 所示。

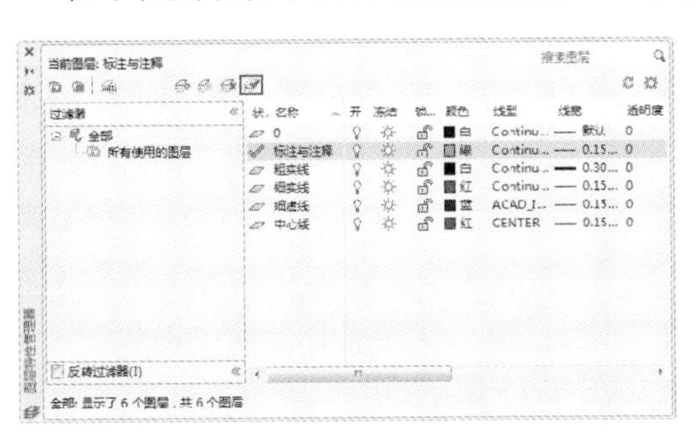

图 8-11 单击“置为当前”按钮

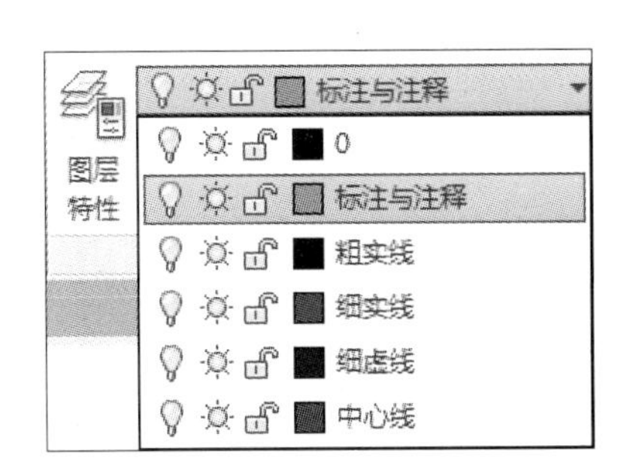

图 8-12 “图层控制”下拉列表框

➤ 功能区（2）：在“默认”选项卡中，单击“图层”面板中的“置为当前”按钮 置为当前，即可将所选图形对象的图层置为当前。

➤ 命令行：在命令行中输入 CLAYER 命令，然后输入图层名称，即可将该图层置为当前。

8.2.2 转换图层

绘制复杂的图形时，由于图形元素的性质不同，用户经常需要将某个图层上的对象转换到其他图层上，同时使其颜色、线型和线宽等特性发生改变。在 AutoCAD 中转换图层的方法如下。

1. 通过“图层控制”下拉列表框转换图层

选择图形对象后，在“图层控制”下拉列表框中选择所需图层。操作结束后，列表框自动关闭，被选中的图形对象转移至刚选择的图层上。

2. 通过“图层”面板中的命令转换图层

在“图层”面板中，有如下命令可以帮助转换图层。

➤“匹配图层”按钮 匹配图层：先选择要转换图层的对象，然后按〈Enter〉键确认，再选择目标图层对象，即可将原对象匹配至目标图层。

➤“更改为当前图层”按钮：选择图形对象后单击该按钮，即可将对象图层转换为当前图层；

3. 通过“快捷特性”选项板转换图层

选择需要转换图层的图形并右击，在弹出的快捷菜单中选择“快捷特性”命令，选择“图层”下拉列表框中所需的图层，即可切换图形所在的图层，如图 8-13 所示。

4. 通过“特性”选项板切换图层

选择图形后，按〈Ctrl+1〉组合键，系统打开“特性”选项板。在“图层”下拉列表框中选择所需的图层，如图 8-14 所示，即可切换图层。

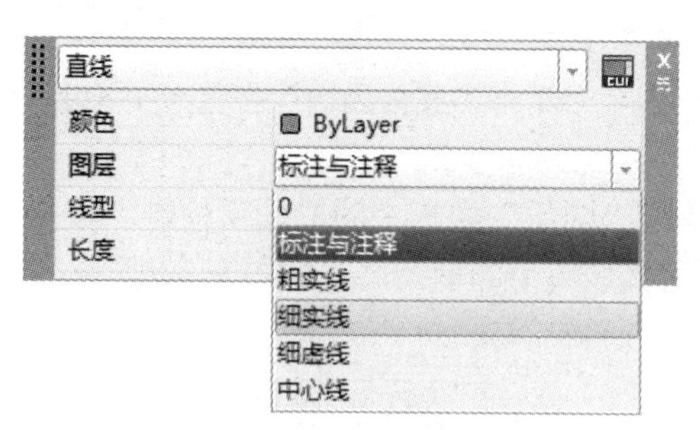

图 8-13 切换为“细实线”图层

图 8-14 “特性”选项板

8.2.3 案例——切换图形至虚线图层

步骤 1 单击快速访问工具栏中的“打开”按钮，打开配套光盘中提供的“第 08 章\8.2.3 切换图形至虚线图层.dwg”素材文件，如图 8-15 所示。

步骤 2 选择需要切换图层的图形，如图 8-16 所示。

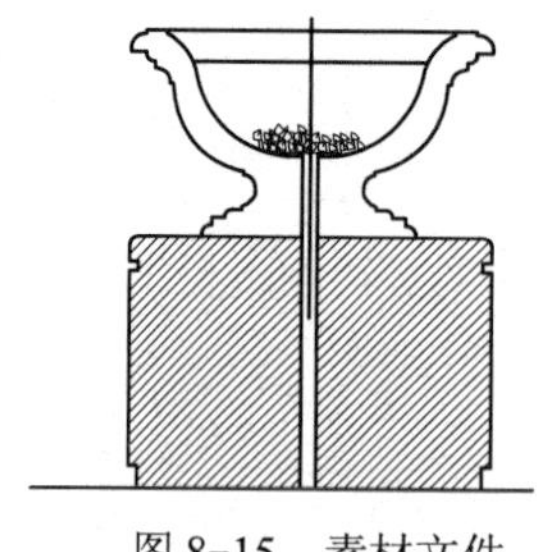

图 8-15 素材文件

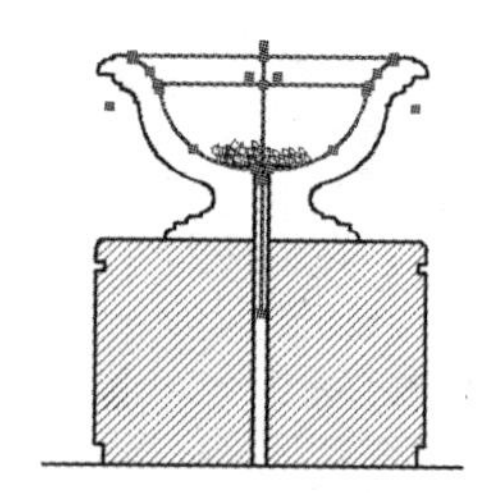

图 8-16 选择对象

步骤 3 在“默认”选项卡中，单击“图层”面板中的“图层控制”按钮，并在下拉列表框中选择“虚线”图层，如图 8-17 所示。

步骤 4 此时图形对象由实线转换为虚线，如图 8-18 所示。

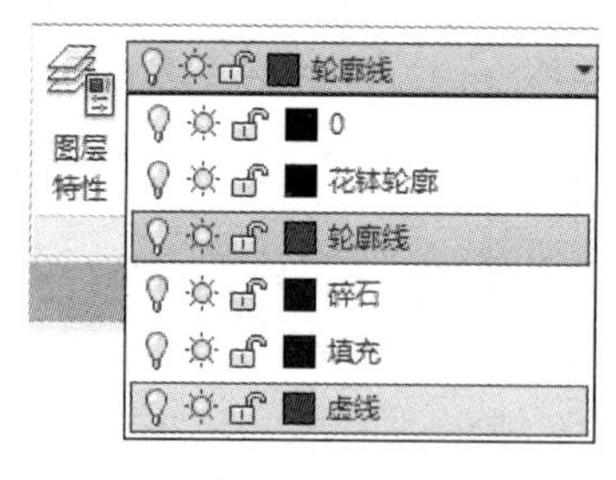

图 8-17 选择“虚线”图层

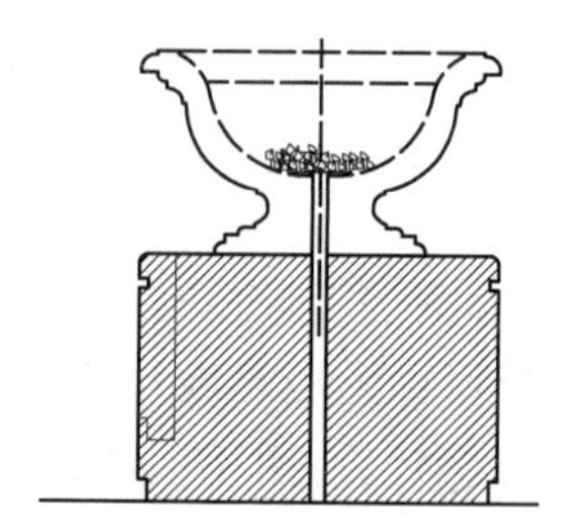

图 8-18 最终效果

8.2.4 控制图层状态

图层状态是用户对图层整体特性的开/关设置，包括隐藏或显示、冻结或解冻、锁定或解锁、打印或不打印等，对图层的状态进行控制，可以更方便地管理特定图层上的图形对象。控制图层状态可以通过“图层特性管理器”选项板、“图层控制”下拉列表框，以及“图层”面板上的各功能按钮来完成。

图层状态主要包括以下几点。

- 打开与关闭：单击“开/关图层”按钮，打开或关闭图层。打开的图层可见、可打印，关闭的图层则相反。
- 冻结与解冻：单击“冻结/解冻”按钮/，可以冻结或解冻图层。将长期不需要显示的图层冻结，可以提高系统运行速度，减少图形刷新的时间。AutoCAD 中被冻结图层上的对象不会显示、打印或重生成。
- 锁定与解锁：单击“锁定/解锁”按钮/，可以锁定或解锁图层。被锁定图层上的对象不能被编辑、选择和删除，但该图层的对象仍然可见，而且可以在该图层上添加新的图形对象。
- 打印与不打印：单击打印按钮，可以设置图层是否被打印。指定图层不被打印，该图层上的图形对象仍然可见。

8.2.5 案例——修改图层状态

步骤 1 单击快速访问工具栏中的“打开”按钮，打开配套光盘中提供的“第 08 章\8.2.5 修改图层状态.dwg”素材文件，如图 8-19 所示。

步骤 2 选择素材图形中的填充图案，在“默认”选项卡中，单击“图层”面板中的“置为当前”按钮置为当前，将填充图案的“铺装”图层置为当前，如图 8-20 所示。

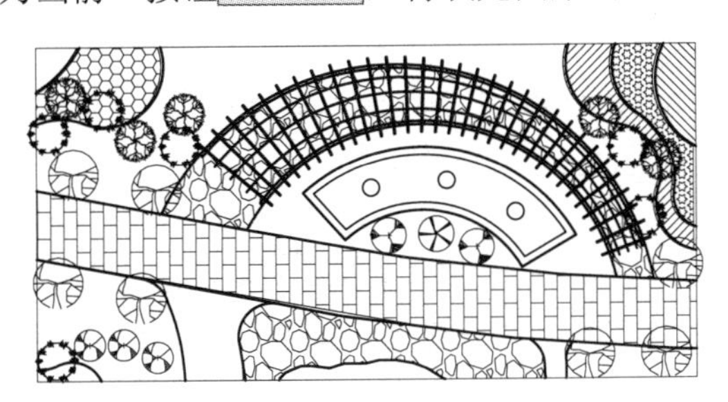

图 8-19 素材文件

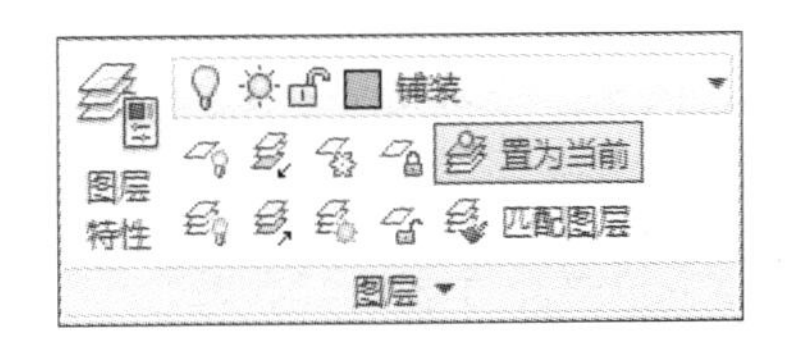

图 8-20 将“铺装”图层置为当前

步骤 3 选择素材图形中左右两侧的地被填充图案，然后单击“默认”选项卡的“图层”面板中的“更改为当前图层”按钮，将地被填充转换为当前的“铺装”图层，如图 8-21 所示。

步骤 4 选择素材图形中的填充图案，在“默认”选项卡中，单击“图层”面板中的“图层控制”按钮，并在下拉列表框中单击“铺装”图层上的“开/关图层”按钮，关闭图层，结果如图 8-22 所示。

图 8-21 将地被填充图案改为“铺装”图层

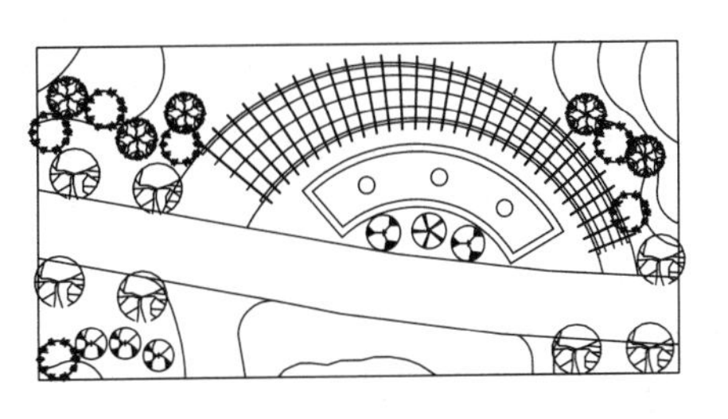

图 8-22 关闭图层

8.2.6 排序图层及按名称搜索图层

1. 排序图层

在“图层特性管理器”选项板中可以对图层进行排序，以便图层的寻找。在“图形特性管理器”选项板中，单击列表框顶部的“名称”标题，图层将以字母的顺序排列出来，如果再次单击，排列的顺序将倒过来，如图 8-23 所示。

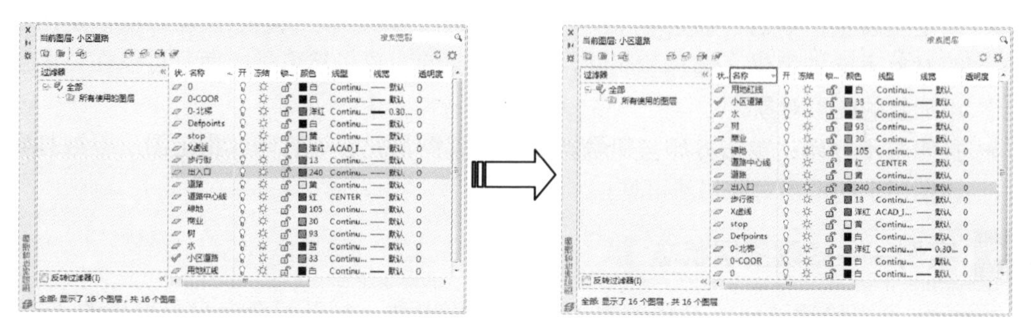

图 8-23 排序图层效果

2. 按名称搜索图层

对于复杂且图层多的设计图纸而言，逐一查找某一图层很浪费时间，因此可以通过输入图层名称来快速搜索图层，大大提高了工作效率。

打开“图层特性管理器”选项板，在右上角搜索图层中输入图层名称，系统则自动搜索到该图层，如图 8-24 所示。

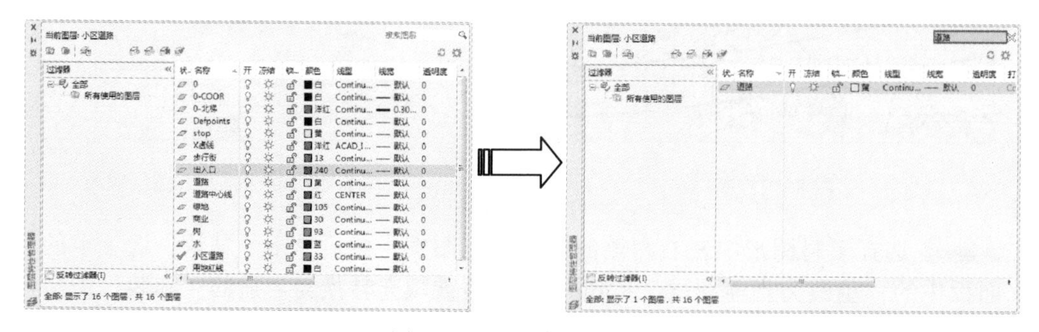

图 8-24 按名称搜索图层

8.2.7 重命名图层

重命名图层有助于用户对图层的管理，使用户操作更加方便。重命名图层的方法如下。

- 打开“图层特性管理器”选项板，选中要修改的图层名称并右击，在弹出的快捷菜单中选择“重命名图层”命令或按〈F2〉键，然后输入新的图层名称即可。
- 打开“图层特性管理器”选项板，选中要修改的图层名称，双击其名称，然后输入新名称即可。

8.2.8 删除图层

在图层创建过程中，如果新建了多余的图层，此时可以单击“删除”按钮或在“图层特性管理器”选项板中选择要删除的图层并右击，在弹出的快捷菜单中选择“删除图层”命令，即可将其删除。但 AutoCAD 规定以下 4 类图层不能被删除，如下所述。

- 图层 0 层 Defpoints。
- 当前图层。要删除当前图层，可以改变当前图层到其他图层。
- 包含对象的图层。要删除该图层，必须先删除该图层中所有的图形对象。
- 依赖外部参照的图层。要删除该图层，必须先删除外部参照。

8.2.9 案例——保存图层

AutoCAD 的正规制图方法是：先创建图层，再选择相应的图层制图。但是如果每次制图之前，都需要重新设置图层的话，会影响工作效率。因此，可以创建一个包含常用图层的文件，然后将其保存为样板文件，这样在新建图形时只需调用该样板文件，即可快速获得所需的图层设置。

具体操作步骤如下。

步骤 1 新建空白文档，在其中设置好所需的图层。

步骤 2 单击快速访问工具栏中的“另存为”按钮，系统弹出“图形另存为”对话框，如图 8-25 所示。

步骤 3 在“文件类型”下拉列表框中选择“AutoCAD 图形样板（*.dwt）”选项，如图 8-26 所示。

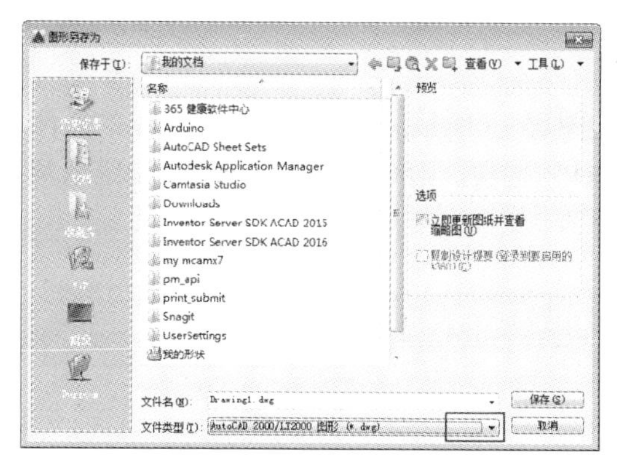

图 8-25 “图形另存为”对话框

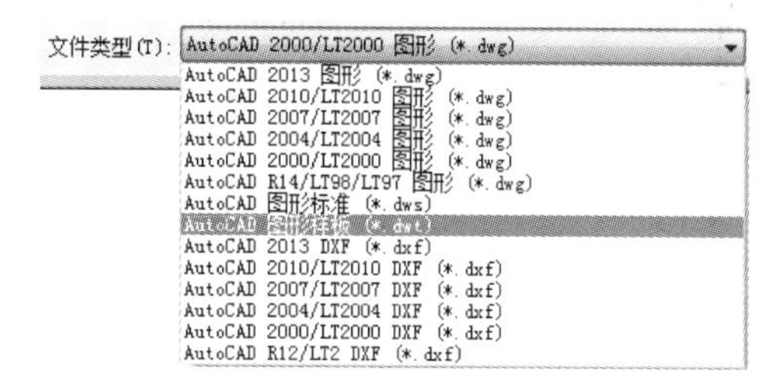

图 8-26 选择文件类型

步骤 4 选择完毕后，系统自动将对话框中的文件路径跳转为图形样板文件所在的文件夹，然后输入要保存的文件名，如“XX 专用”，如图 8-27 所示。

步骤 5 设置完成后，系统弹出“样板选项”对话框，在其中设置好说明和图形单位，再单击“确定”按钮即可保存，如图 8-28 所示。

AutoCAD 在新建文件时，都会提示选择样板。样板中可以含有大量的默认信息，如图层、块、标准件和图框等，因此在新建文件时，调用合适的样板就可以大大减少工作量。AutoCAD 中自带有许多模型样板（扩展名为.dwt 的文件），其中默认的是“acad.dwt”和“acadiso.dwt”这两个空白样板。用户也可以使用本小节的方法，创建适合自己制图风格的样板，然后在新建文件时调用即可。

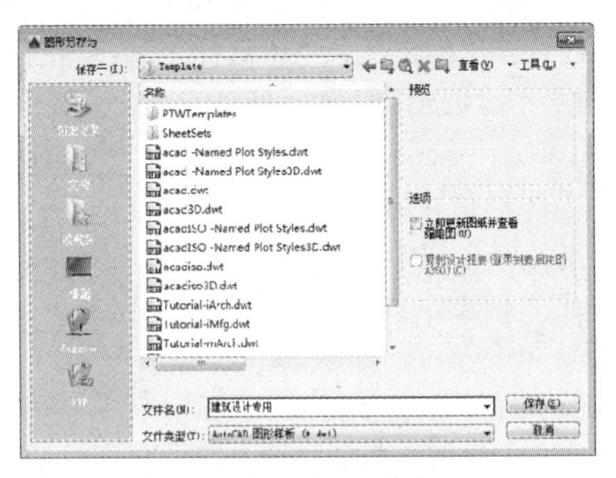

图 8-27　输入文件名

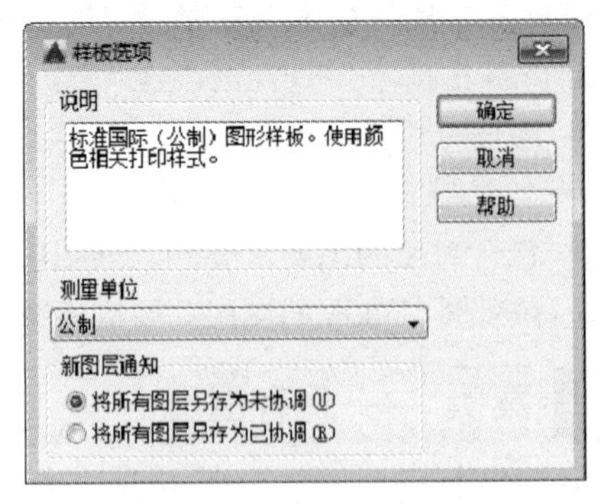

图 8-28　设置样板文件单位

提示：单击标签栏上的按钮可以自动创建新文件，无须制定样板。这种方法创建的新文件，其样板与上一次新建文件时所调用的样板相同。

8.3　设置对象特性

在 AutoCAD 中，不仅可以为各图层设置不同的颜色、线型和线宽等特性，还可以通过“特性”面板为某个图形对象单独设置显示特性，本节将介绍如何修改已有对象的特性。

8.3.1　编辑对象特性

一般情况下，图形对象的显示特性都是“随图层”（ByLayer），表示图形对象的属性与其所在的图层特性相同；若选择“随块”（ByBlock）选项，则对象从它所在的块中继承颜色和线型。

1. 通过“特性”面板编辑对象属性

“特性”面板如图 8-29 所示。该面板分为多个选项列表框，分别控制对象的不同特性。选择一个对象，然后在对应选项列表框中选择要修改为的特性，即可修改对象的特性。

图 8-29　“特性”面板

默认设置下，对象颜色、线宽和线型 3 个特性为 ByLayer（随图层），即与所在图层一致，这种情况下绘制的对象将使用当前图层的特性，通过 3 种特性的下拉列表框（见图 8-30），可以修改当前绘图特性。

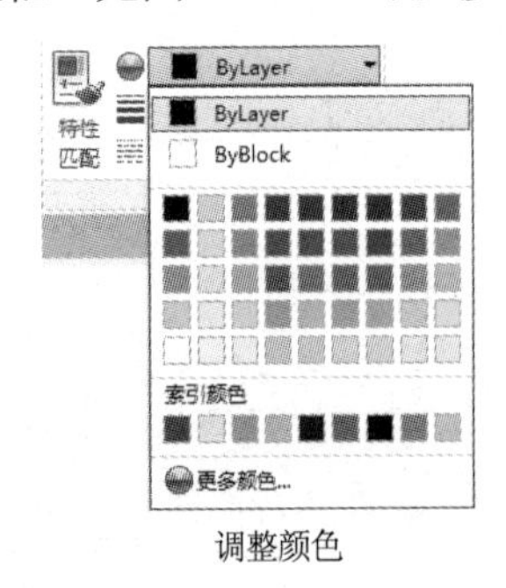

调整颜色

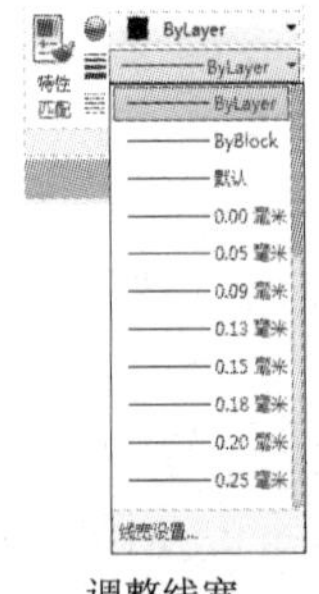

调整线宽

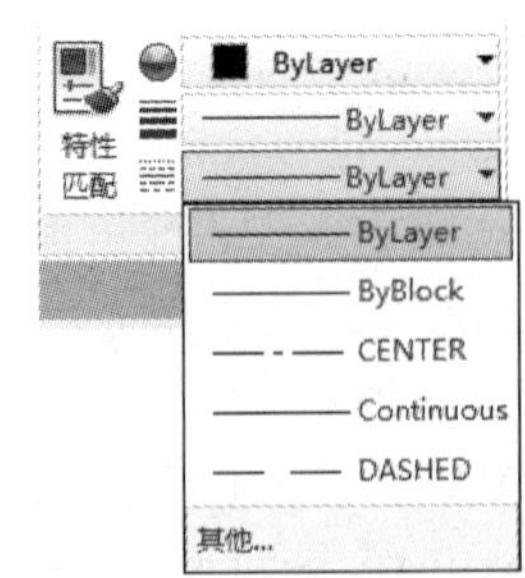

调整线型

图 8-30　“特性”面板下拉列表框

2. 通过“特性”选项板编辑对象属性

“特性”选项板能查看和修改的图形特性只有颜色、线型和线宽，“特性”选项板则能查看并修改更多的对象特性。

选择要查看特性的对象后，在 AutoCAD 中打开对象的“特性”选项板有以下 4 种常用方法。

- 菜单栏：选择“修改”|“特性””命令。
- 功能区：在“默认”选项卡中，单击“特性”面板右下角的箭头按钮。
- 命令行：在命令行中输入 PROPERTIES/PR/CH 命令。
- 快捷键：按〈Ctrl+1〉组合键。

如果只选择了单个图形，执行上述命令后将打开该对象的“特性”选项板，如图 8-31 所示。从中可以看到，该选项板不但列出了颜色、线宽、线型、打印样式和透明度等图形常规属性，还增添了“三维效果”和“几何图形”两大属性列表框，可以查看和修改其材质效果及几何属性。

如果同时选择了多个对象，打开的选项板则显示了这些对象的共同属性，在不同特性的项目上显示“*多种*”，如图 8-32 所示。在“特性”选项板中包括选项列表框和文本框等项目，选择相应的选项或输入参数，即可修改对象的特性。

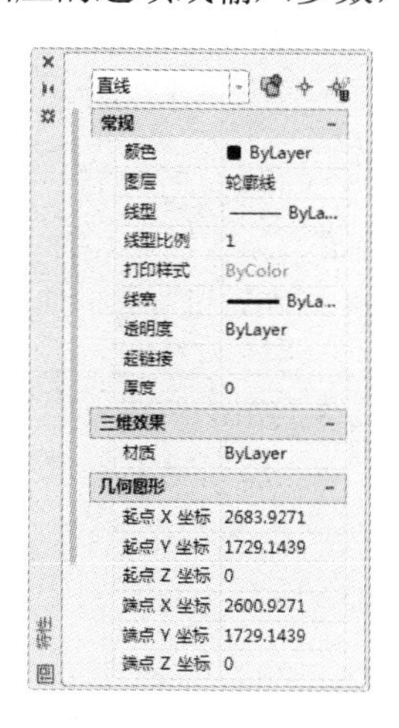

图 8-31　单个图形的“特性”选项板

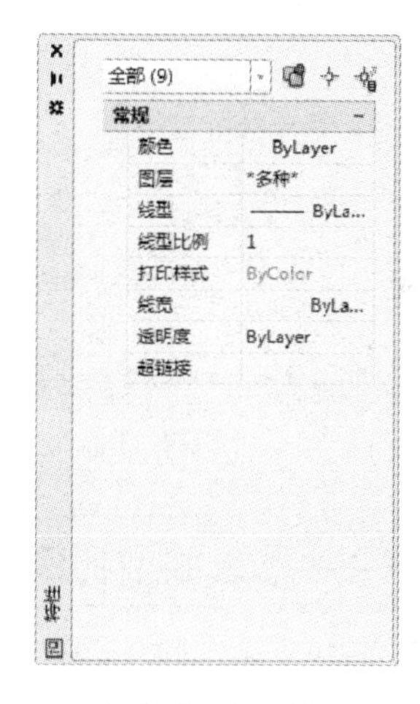

图 8-32　多个图形的“特性”选项板

8.3.2 特性匹配

特性匹配功能就是把一个图形对象（源对象）的特性复制到另外一个（或一组）图形对象（目标对象），使这些图形对象的部分或全部特性和源对象相同。

执行“特性匹配”命令有以下 3 种常用方法。

- 菜单栏：选择“修改”|“特性匹配”命令。
- 功能区：在“默认”选项卡中，单击“特性”面板中的“特性匹配”按钮。
- 命令行：在命令行中输入 MATCHPROP/MA 命令。

执行上述命令后，依次选择源对象和目标对象。选择目标对象之后，目标对象的部分或全部特性与源对象相同，无须重复执行命令，可继续选择更多目标对象。

8.3.3 线型比例

对于非连续性线而言，线型比例过大或过小都会使图纸看上去不美观，而且容易误认为是连续性线。适当修改线型比例是十分必要的。

1. 修改全局线型比例

控制全局线型比例的是 LTSCALE 全局比例因子，因此可以通过改变全局比例因子来改变全局线型比例。

2. 改变当前对象线型比例

设置当前线型比例因子的方法与设置全局比例因子类似，不同的是改变当前对象线型比例是对当前对象进行缩放比例修改，如图 8-33 所示。

除上述方法外，还可以选择需修改线型比例的对象，按〈Ctrl+1〉组合键打开“特性”选项板，如图 8-34 所示。在“常规”选项组中对线型比例进行修改，然后关闭“特性”选项板，即可修改线型比例。

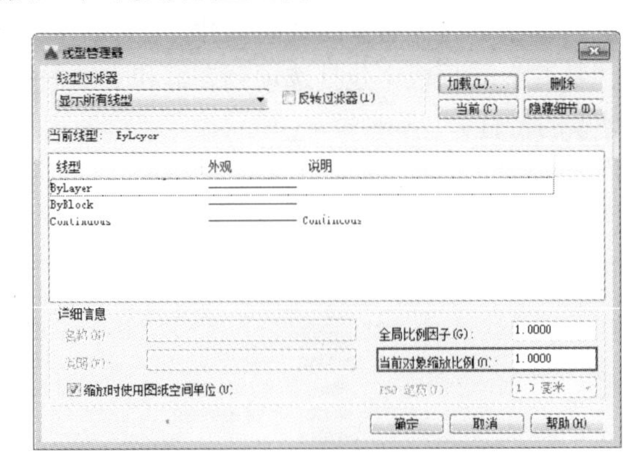

图 8-33 “线型管理器”对话框

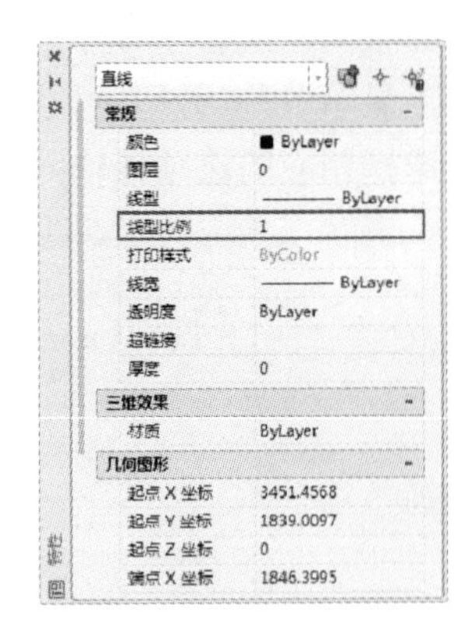

图 8-34 “特性”选项板

8.3.4 案例——修改线型比例

步骤 1 单击快速访问工具栏中的“打开”按钮，打开配套光盘中提供的“第 08 章\8.3.4 修改线型比例.dwg”素材文件，如图 8-35 所示。

步骤 2 在默认选项卡中，单击“特性”面板中的“线型”下拉列表中的“其他”选项，如图 8-36 所示。

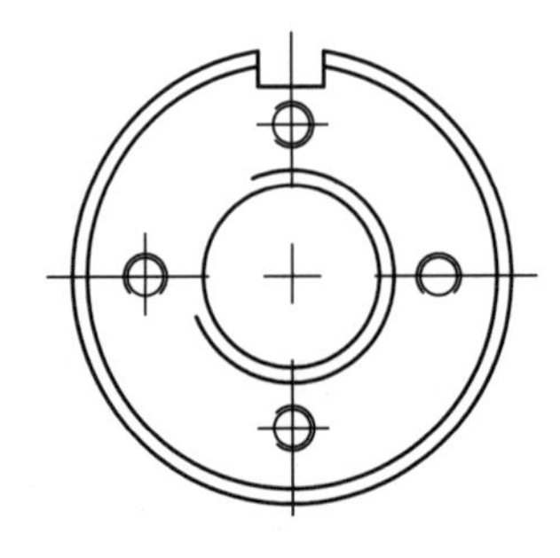

图 8-35 素材图形

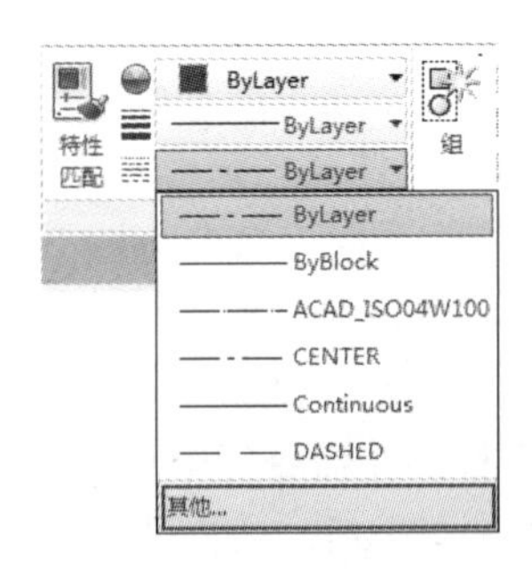

图 8-36 “线型控制”下拉列表框

步骤 3 系统弹出“线型管理器”对话框，单击“显示细节”按钮，设置“全局比例因子”为 0.1，如图 8-37 所示。

步骤 4 单击“确定”按钮，图形中所有非连续线型被修改，如图 8-38 所示。

图 8-37 “线型管理器”对话框

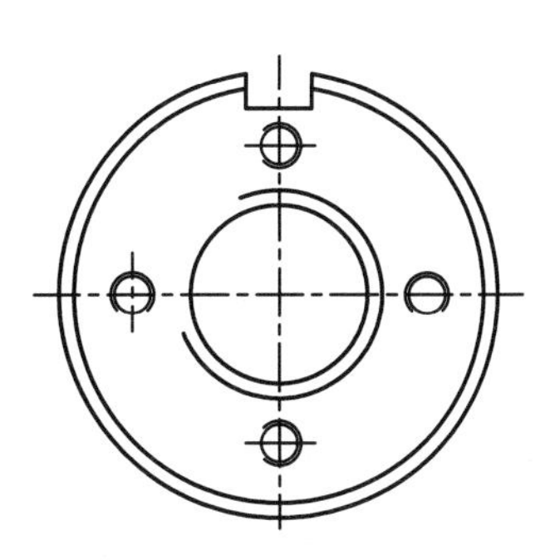

图 8-38 线型比例修改结果

8.4 综合实战

本节通过以下两个具体实例，对之前介绍的图层的新建、设置和管理等内容进行具体操作，使读者能够熟练掌握。

8.4.1 在指定图层绘制零件图

本案例以“先设置好图层，再选用合适的图层去制图”的方式绘制如图 8-39 所示的零件图。这种绘图方法是使用 AutoCAD 绘图的正规方法。

步骤 1 单击快速访问工具栏中的“新建”按钮，新建空白文档。

步骤 2 创建图层。创建如图 8-40 所示的图层。

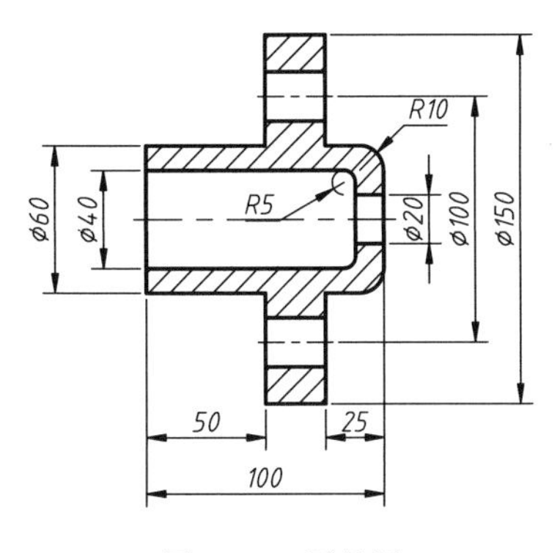

图 8-39 零件图

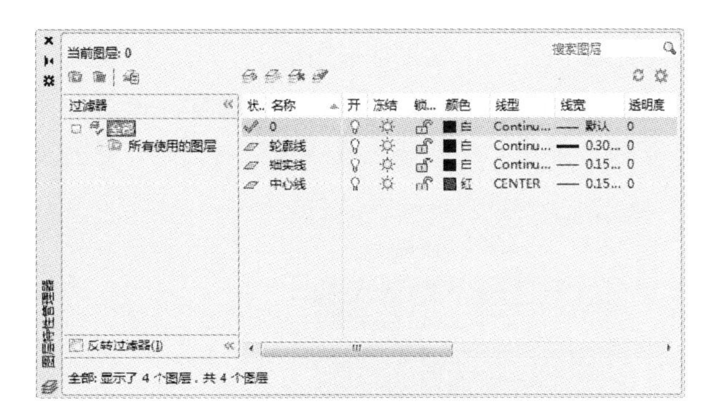

图 8-40 创建图层

步骤 3 绘制中心线。将“中心线”图层设置为当前图层，绘制中心线，如图 8-41 所示。

步骤 4 绘制轮廓线。将“粗实线”图层设置为当前图层，绘制轮廓线，如图 8-42 所示。

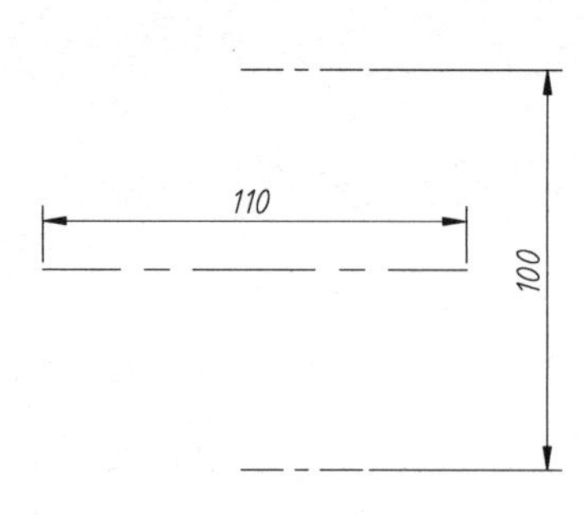

图 8-41 绘制中心线

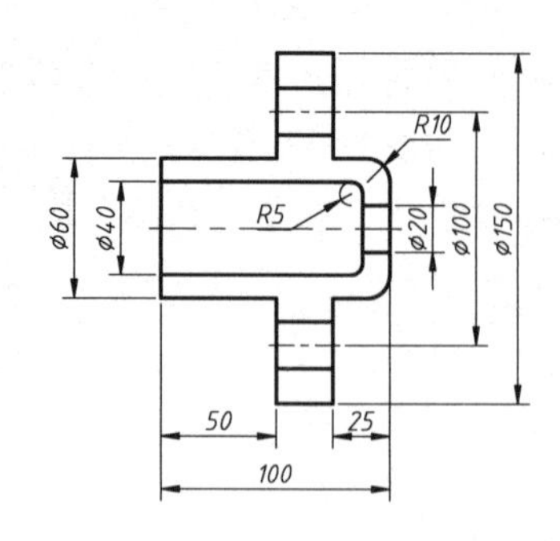

图 8-42 绘制轮廓线

步骤 5 填充图案。将“细实线”图层设置为当前图层，填充图案，结果如图 8-43 所示。

步骤 6 管理零件图。在“图层”下拉列表框中选择中心线关闭按钮，关闭“中心线”图层。结果如图 8-44 所示。

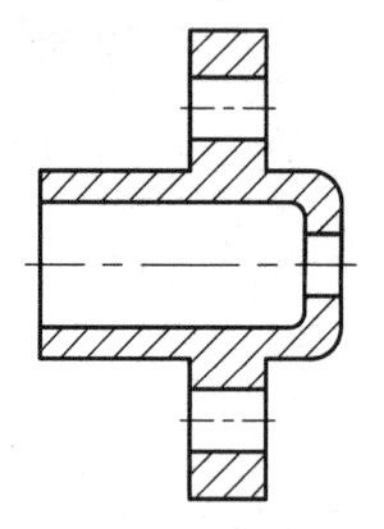

图 8-43 填充图案

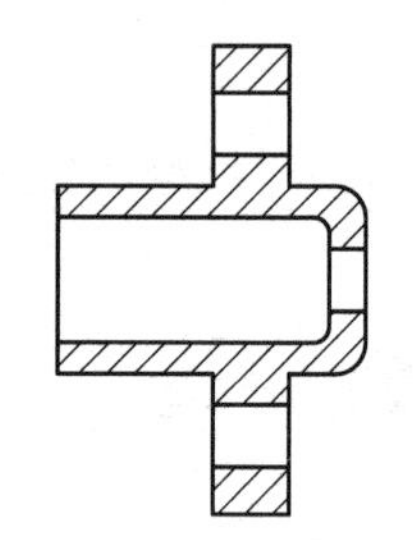

图 8-44 关闭“中心线”图层

8.4.2 设置室内平面图图层模板

步骤 1 单击快速访问工具栏中的“新建”按钮，新建空白文档。

步骤 2 在“默认”选项卡中，单击“图层”面板中的“图层特性”按钮，系统打开“图层特性管理器”选项板。

步骤 3 单击“新建”按钮，新建图层，并命名为“轴线”。

步骤 4 单击“轴线”图层的“颜色”按钮，系统弹出“选择颜色”对话框，设置颜色为“索引颜色：1”，如图 8-45 所示。

步骤 5 单击“轴线”图层的“线型”按钮，系统弹出“选择线型”对话框。单击“加载”按钮，弹出“加载或重载线型”对话框，选择 CENTER 线型，如图 8-46 所示。

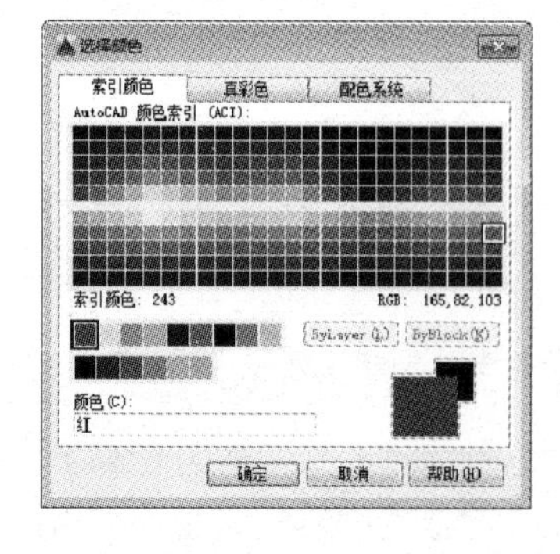

图 8-45 “选择颜色”对话框

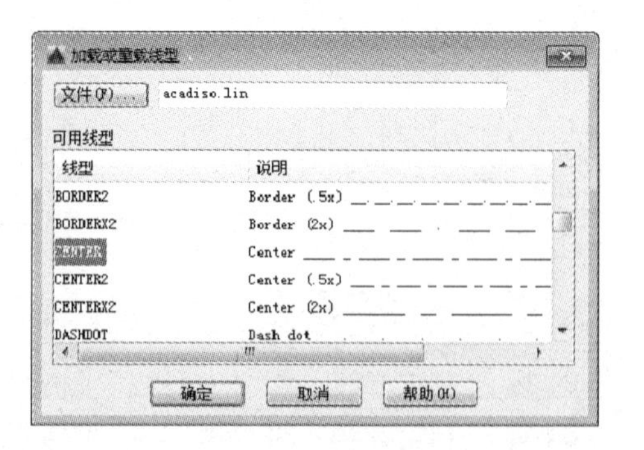

图 8-46 “加载或重载线型”对话框

步骤 6 单击“确定”按钮，返回“选择线型”对话框。再次选择 CENTER 线型，如图 8-47 所示。

步骤 7 单击“确定”按钮，返回“图层特性管理器”选项板，“轴线”图层设置完成，如图 8-48 所示。

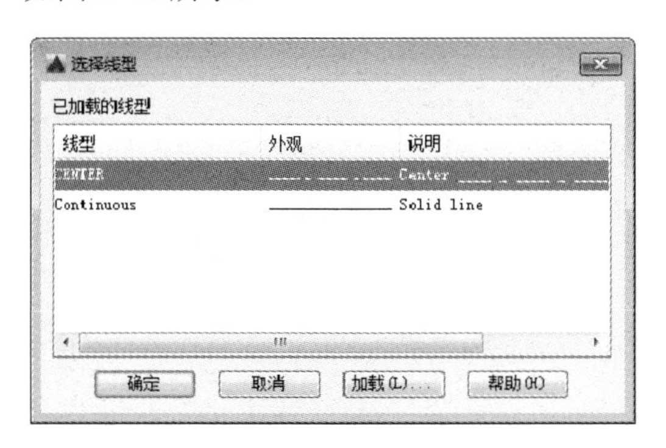

图 8-47 “选择线型”对话框

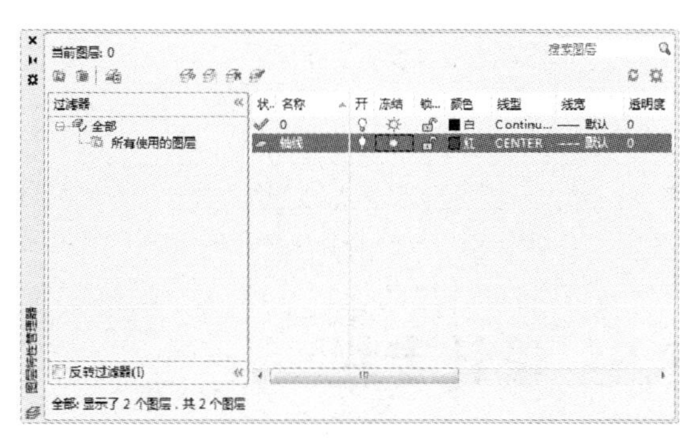

图 8-48 “图层特性管理器”选项板

步骤 8 按照相同的方法，创建“窗户”图层，设置颜色为“索引颜色：5”；创建“墙体”图层，设置颜色为“索引颜色：7”；创建“文字”图层，设置颜色为“索引颜色：3”，如图 8-49 所示。

步骤 9 双击“轴线”图层的“状态”属性项，切换“轴线”图层为当前图层，如图 8-50 所示。

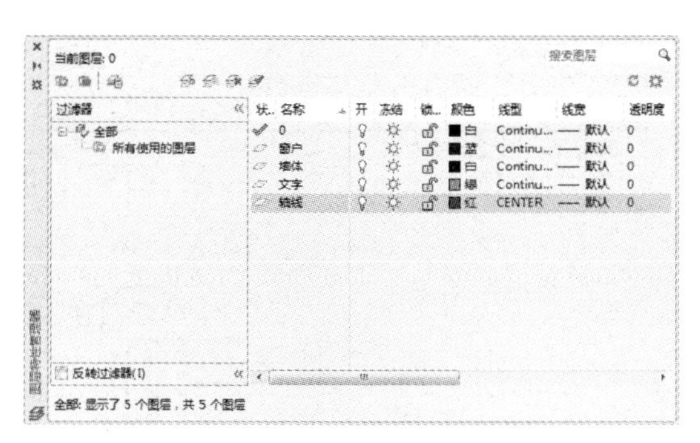

图 8-49 设置新图层

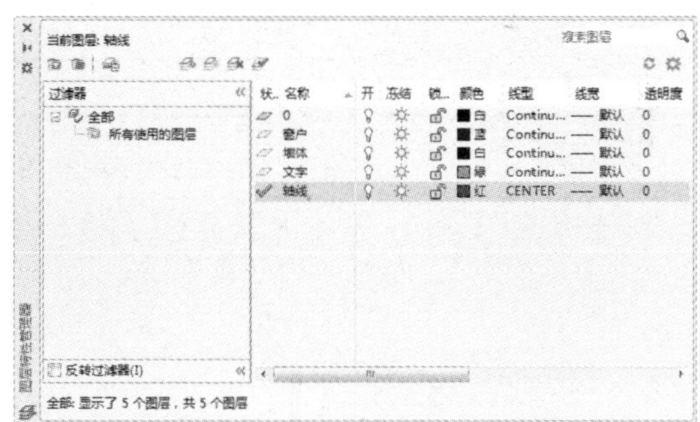

图 8-50 切换当前图层

步骤 10 在“默认”选项卡中，在“特性”面板中的“线型”下拉列表框中选择“其他”选项，系统弹出“线型管理器”对话框。

步骤 11 单击“显示细节”按钮，设置“全局比例因子”为 15，如图 8-51 所示。

步骤 12 单击“确定”按钮，系统返回“图层特性管理器”选项板，单击“关闭”按钮，完成图层模板的设置。

步骤 13 单击快速访问工具栏中的“另存为”按钮，系统弹出“图形另存为”对话框，保存室内平面图图层模板，下次新建文件时可以直接选择该模板并打开，如图 8-52 所示。

图 8-51 “线型管理器”对话框

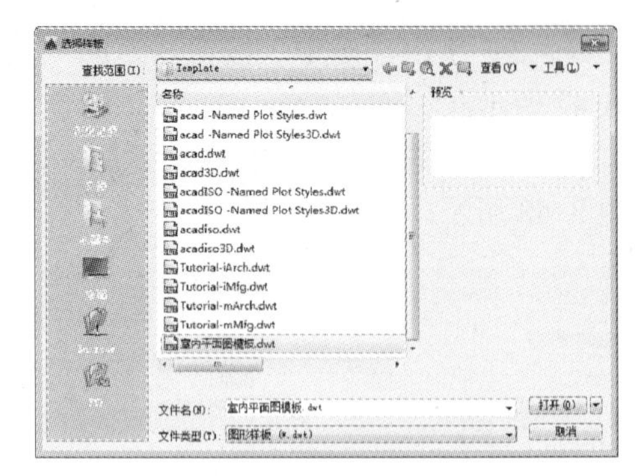

图 8-52 “选择样板”对话框

8.5 设计专栏

8.5.1 上机实训

使用本章所学的标注知识，参照表 8-2 所示创建机械图图层。

表 8-2 图层表

图 层 名	颜 色	线 型	线 宽
轮廓线	黑色	Continuous	0.5
中心线	红色	Center2	0.25
标注线	绿色	Continuous	0.25
剖面线	蓝色	Continuous	0.25

使用本章所学的标注知识，打开如图 8-53 所示的素材文件，关闭“标注”图层，如图 8-54 所示。

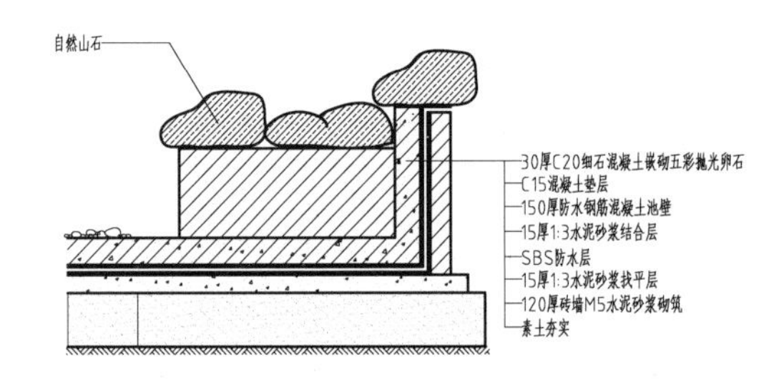

图 8-53 素材文件

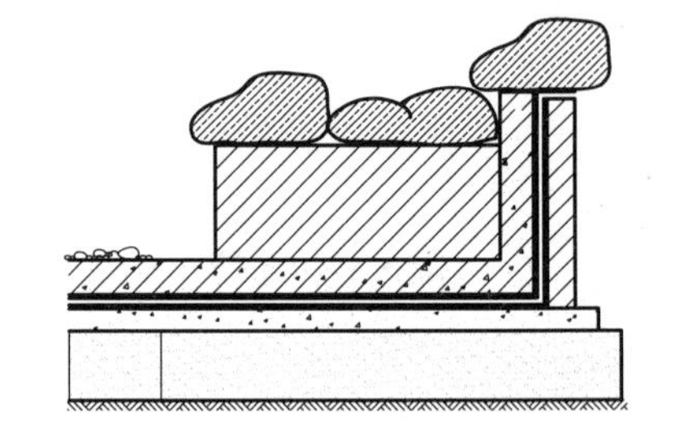

图 8-54 关闭“标注”图层

8.5.2 辅助绘图锦囊

1. “关闭” 和“冻结” 两个命令的区别。

答：从表象上看，两者的功能类似，关闭图层和冻结图层后都是图层上的对象不显示，但 CAD 内部处理不一样，两者在实际工作中的用途也不一样。

当图层关闭时，图层上的对象不显示而且不打印，但图形的显示数据是有的。因此当全选（Ctrl+A）图形时，关闭图层上的对象也会被选中；如果是三维图形，在消隐时，关闭图层上的图形会遮挡其他图形。由于关闭图层上的显示数据已经生成，在打开图层时无须重生成图形。当图层冻结时，图层上的对象不仅不显示、不打印，而且也不会被选中，消隐也不会遮挡其他图形。当解冻的时候，这些图形的显示数据要重新生成。

关闭和冻结还有一个最重要的区别，而且这一点直接决定了两者的用途的不同。图层被关闭后，所有视口内都同时关闭，而与开关不同的是，冻结是与视口关联的，因此图层管理器中有“冻结”、“新视口冻结”和“视口冻结”几种设置。“视口冻结”只有进入布局空间的视口才会被激活，也就是说这个功能只应用于布局空间的视口。通过在不同视口中冻结不同的图层，可以在不同布局或不同视口内显示不同的图形，这是图层开关无法实现的。

2．如何删除顽固图层？

答：共有如下 4 种方法。

方法 1：将无用的图层关闭，然后全选，复制粘贴至一个新文件中，那些无用的图层就不会贴过来。如果在这个不要的图层中定义过块，又在另一图层中插入了这个块，那么这个不要的图层是不能用这种方法删除的。

方法 2：选择需要留下的图形，然后选择“文件”|“输出”|“块”命令，这样块文件就是选中的图形，如果这些图形中没有指定的图层，这些图层也不会被保存在新的图块图形中。

方法 3：打开一个 CAD 文件，把要删的图层先关闭，只留下需要的可见图形，选择“文件”| “另存为”命令，输入文件名，在“文件类型”下拉列表框中选择*.dxf 格式，在弹出的对话框中选择“工具”|“选项”|“dxf 选项”命令，再选择“选择对象”复选框，单击“确定”按钮，接着单击“保存”按钮，把可见或要用的图形选上就可以保存了，完成后退出这个刚保存的文件，再打开来看看，会发现不想要的图层不见了。

方法 4：用命令 Laytrans 将需删除的图层影射为 0 层即可，这个方法可以删除具有实体对象或被其他块嵌套定义的图层。

3．图层设置的几个原则是什么？

答：（1）图层设置的第一原则是在够用的基础上越少越好。图层太多的话，会给绘制过程造成不便。

（2）一般不在 0 层上绘制图线。

（3）不同的图层一般采用不同的颜色，这样可利用颜色对图层进行区分。

4．设置图层时应注意什么？

在绘图时，所有图元的各种属性都尽量和图层保持一致，也就是说尽可能设置图元属性都是 Bylayer。这样，有助于图面的清晰、准确和效率的提高。

第 9 章

块与设计中心的应用

本章要点

- 块
- 块属性定义与编辑
- 外部参照
- AutoCAD 设计中心
- 综合实战
- 设计专栏

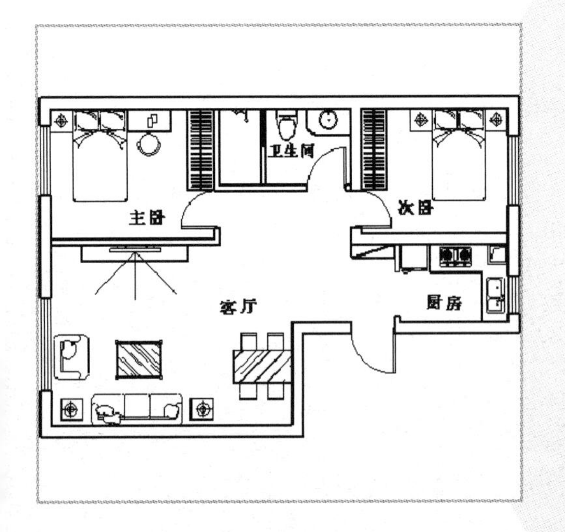

在 AutoCAD 的制图过程中，常常需要用到同样的图形，如果每次都进行重新绘制，则将花费大量的时间和精力。为了解决这个问题，可以使用定义块和插入块的方法提高绘图效率。本章将介绍块对象的创建和插入的方法，以及属性定义、动态块、外部参照及设计中心的相关知识和操作。

9.1 块

在 AutoCAD 中，块是由多个对象组成的集合，并具有块名。块参照保存了包含在该块中对象的有关原图层、颜色和线型特性的信息，用户也可以根据需要，控制块中的对象是保留其源特性还是继承当前的图层、颜色或线宽设置。

块是系统提供给用户的重要绘图工具之一，具有提高绘图速度、节省储存空间、便于修改图形和便于数据管理等特点。

9.1.1 创建块

将一个或多个对象定义为新的单个对象，定义的新单个对象即为块，保存在图形文件中的块又称内部块。可以对其进行移动、复制、缩放或旋转等操作。

在 AutoCAD 中，调用“创建块”命令的方法如下。

- 菜单栏：选择“绘图” | “块” | “创建”命令。
- 功能区：在“默认”选项卡中，单击“块”面板中的“创建”按钮；或在“插入”选项卡中，单击“块定义”面板中的“创建块”按钮。
- 工具栏：单击“绘图”工具栏中的“创建”按钮。
- 命令行：在命令行中输入 BLOCK / B 命令。

执行上述命令后，系统弹出“块定义”对话框，如图 9-1 所示。

图 9-1 “块定义”对话框

“块定义”对话框中主要选项的含义如下。

- “名称”文本框：用于输入块名称，还可以在下拉列表框中选择已有的块。
- “基点”选项组：设置块的插入基点位置。用户可以直接在 X、Y、Z 文本框中输入，也可以单击“拾取点”按钮，切换到绘图窗口并选择基点。一般基点选在块的对称中心、左下角或其他有特征的位置。
- “对象”选项组：选择组成块的对象。其中，单击“选择对象”按钮，可切换到绘图窗口选择组成块的各对象；单击“快速选择”按钮，可以使用弹出的“快速选择”对话框设置所选择对象的过滤条件；选择“保留”单选按钮，创建块后仍在绘图窗口中保留组成块的各对象；选择“转换为块”单选按钮，创建块后将组成块的各对象保留并把它们转换成块；选择“删除”单选按钮，创建块后删除绘图窗口上组成块的原对象。

- “方式”选项组：设置组成块的对象显示方式。选择“注释性”复选框，可以将对象设置成注释性对象；选择“按同一比例缩放”复选框，设置对象是否按统一的比例进行缩放；选择“允许分解”复选框，设置对象是否允许被分解。
- “设置”选项组：设置块的基本属性。单击“超链接”按钮，将弹出“插入超链接”对话框，在该对话框中可以插入超链接文档。
- “说明”文本框：用来输入当前块的说明部分。

9.1.2 案例——创建画框块

下面以创建如图 9-2 所示的画框为例，具体讲解如何创建块。

步骤 1 单击快速访问工具栏中的“打开”按钮，打开配套光盘中提供的“第 09 章\9.1.2 创建画框块.dwg”素材文件，如图 9-2 所示。

步骤 2 在命令行中输入 B（创建块）命令，并按〈Enter〉键，系统弹出“块定义”对话框。

步骤 3 在“名称”文本框中输入块的名称“画框”。

步骤 4 在“基点”选项组中单击“拾取点”按钮，配合“对象捕捉”功能拾取图形中的下方端点，确定基点位置。

步骤 5 单击“选择对象”按钮，选择整个图形，然后按〈Enter〉键返回“块定义”对话框。

步骤 6 在“块单位”下拉列表框中选择“毫米”选项，设置单位为毫米。

步骤 7 单击“确定”按钮保存设置，完成块的定义，如图 9-3 所示。

图 9-2 素材图形

图 9-3 “块定义”对话框

提示：“创建块”命令所创建的块保存在当前图形文件中，可以随时调用并插入到当前图形文件中。其他图形文件如果要调用该块，则可以通过设计中心或剪贴板。

9.1.3 写块

调用“创建块”命令所创建的块只能在定义该块的文件内部使用，而“写块”命令则可以将块让所有的 AutoCAD 文档共享。

写块的过程，实质上就是将块保存为一个单独的 DWG 图形文件，因为 DWG 文件可以被其他 AutoCAD 文件使用。

在 AutoCAD 中，调用“写块”命令的方法如下。

➢ 功能区：在“插入”选项卡中，单击“块定义”面板中的“写块”按钮。

➢ 命令行：在命令行中输入 WBLOCK / W 命令。

执行上述命令后，系统弹出“写块”对话框，如图 9-4 所示。

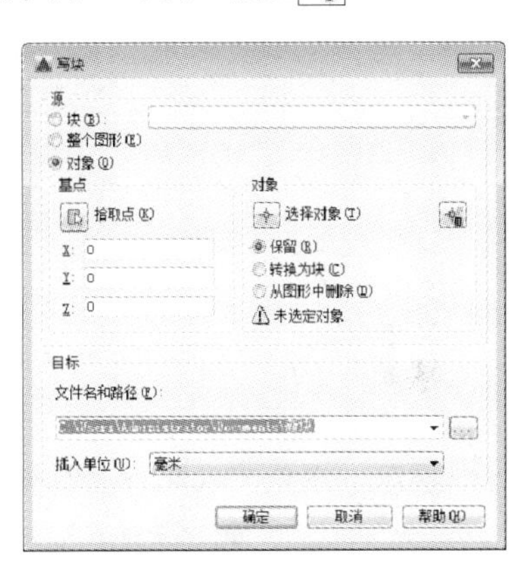

图 9-4 “写块”对话框

“写块”对话框中各选项的含义如下。

➢ “源”选项组：“块”将已经定义好的块保存，可以在下拉列表框中选择已有的内部块。如果当前文件中没有定义的块，该单选按钮不可用。“整个图形”表示将当前工作区中的全部图形保存为外部块。“对象”表示选择图形对象定义外部块。该选项是默认选项，一般情况下选择此选项即可。

“基点”选项组：用于确定插入基点。方法同块定义。

“对象”选项组：用于选择保存为块的图形对象，操作方法与定义块时相同。

“目标”选项组：设置写块文件的保存路径和文件名。单击该选项组中的“文件名和路径”文本框右边的按钮，可以在弹出的对话框中选择保存路径。

9.1.4 案例——创建台灯外部块

步骤 1 按〈Ctrl+O〉组合键，打开配套光盘中提供的“第 09 章\9.1.4 创建台灯外部块.dwg”素材文件，如图 9-5 所示。

步骤 2 在命令行中输入 W（写块）命令并按〈Enter〉键，系统弹出“写块”对话框，如图 9-6 所示。

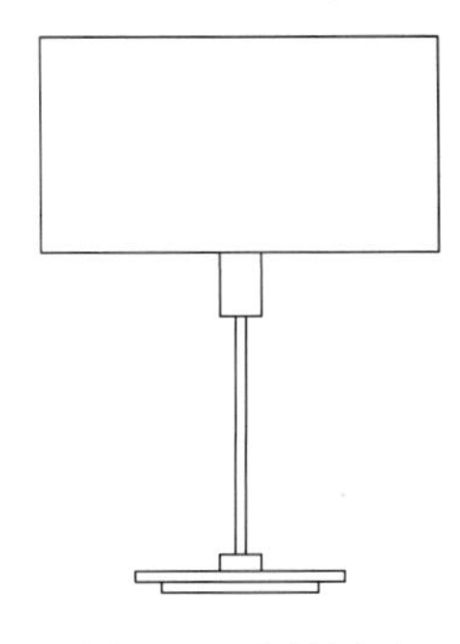

图 9-5 素材图形

图 9-6 “写块”对话框

步骤 3 在“对象”选项组中单击“选择对象”按钮，在绘图区中选择素材对象。在“基点”选项组中单击“拾取点”按钮，单击素材对象的下方中点为拾取点。

步骤 4 在“写块”对话框中单击按钮，弹出“浏览图形文件”对话框，如图 9-7 所示；设置文件名称及保存路径，单击“保存”按钮，即可完成写块的操作。

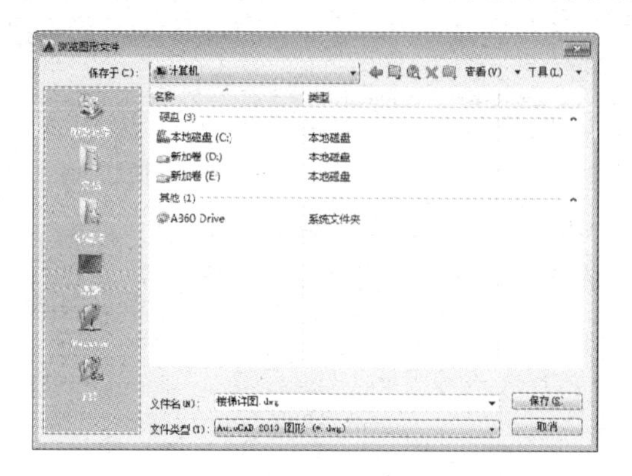

图 9-7 “浏览图形文件”对话框

提示：图块可以嵌套，即在一个块定义的内部还可以包含其他块定义，但不允许“循环嵌套”，也就是说在图块嵌套过程中不能包含图块自身，而只能嵌套其他图块。

9.1.5 插入块

创建完块后，即可以通过“插入”命令按一定比例和角度将块插入到任一个指定位置。插入块的命令包括插入单个块、阵列插入块、等分插入块和等距插入块。

在 AutoCAD 中，调用“插入”命令的方法有以下几种。

- 菜单栏：选择“插入”|“块”命令。
- 功能区：在“默认”选项卡中，单击“块”面板中的“插入”按钮；或在“插入”选项卡中，单击“块定义”面板中的“插入”按钮。
- 工具栏：单击“绘图”工具栏中的“插入块”按钮。
- 命令行：在命令行中输入 INSERT/I 命令。

执行上述命令后，系统弹出“插入”对话框，如图 9-8 所示。

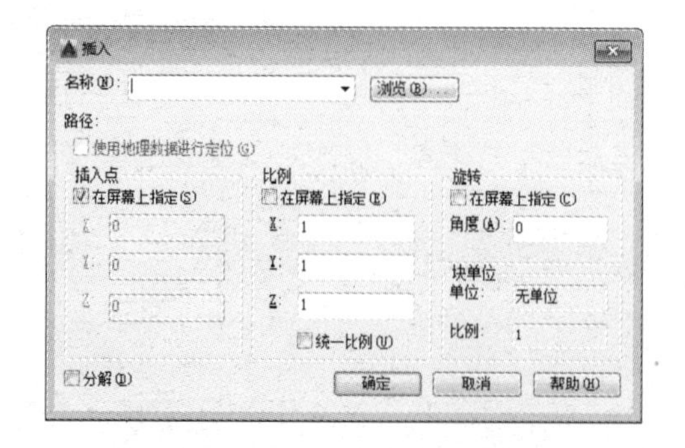

图 9-8 “插入”对话框

该对话框中各选项的含义如下。

- “名称”下拉列表框：用于选择块或图形名称。也可以单击其后的“浏览”按钮，系统弹出“打开图形文件”对话框，选择保存的块和外部图形。
- “插入点”选项组：设置块的插入点位置。用户可以直接在 X、Y、Z 文本框中输入，也可以通过选择“在屏幕上指定”复选框，在屏幕上选择插入点。
- “比例”选项组：用于设置块的插入比例。可直接在 X、Y、Z 文本框中输入块在三个方向的比例；也可以通过选择“在屏幕上指定”复选框，在屏幕上指定。此外，该选项组中的“统一比例”复选框用于确定所插入块在 X、Y、Z 这 3 个方向的插入比例是否相同，选中时表示相同，用户只需在 X 文本框中输入比例值即可。
- “旋转”选项组：用于设置块的旋转角度。可直接在“角度”文本框中输入角度值，也可以通过选择“在屏幕上指定”复选框，在屏幕上指定旋转角度。
- “块单位”选项组：用于设置块的单位及比例。
- “分解”复选框：可以将插入的块分解成块的各个基本对象。

9.1.6 案例——插入台灯块

步骤 1 单击快速访问工具栏中的“打开”按钮，打开配套光盘中提供的“第 09 章\9.1.6 插入台灯图块.dwg”素材文件，如图 9-9 所示。

步骤 2 在命令行中输入 I（插入）命令并按〈Enter〉键，弹出“插入”对话框，单击“浏览”按钮，如图 9-10 所示。

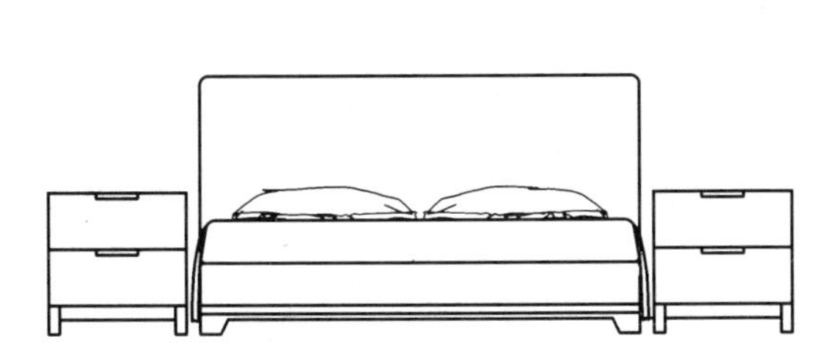

图 9-9 素材文件

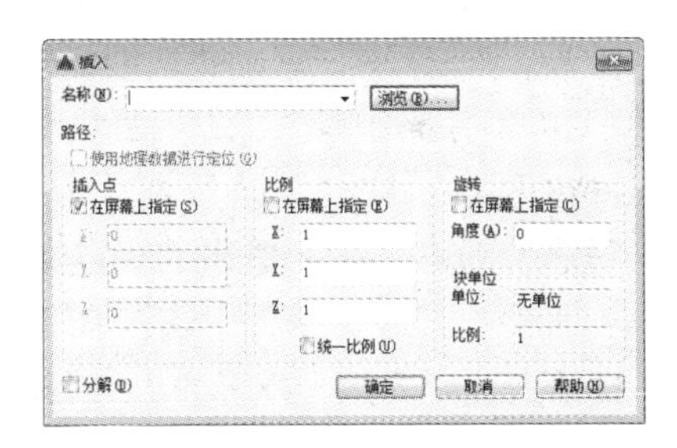

图 9-10 “插入”对话框

步骤 3 在弹出的“选择图形文件”对话框中选择并打开“台灯.dwg”块，如图 9-11 所示。单击“打开”按钮，返回“插入”对话框，单击“确定”按钮，如图 9-12 所示。

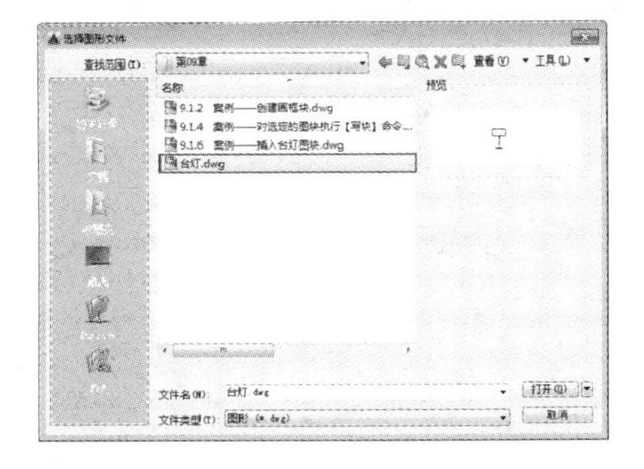

图 9-11 “选择图形文件”对话框

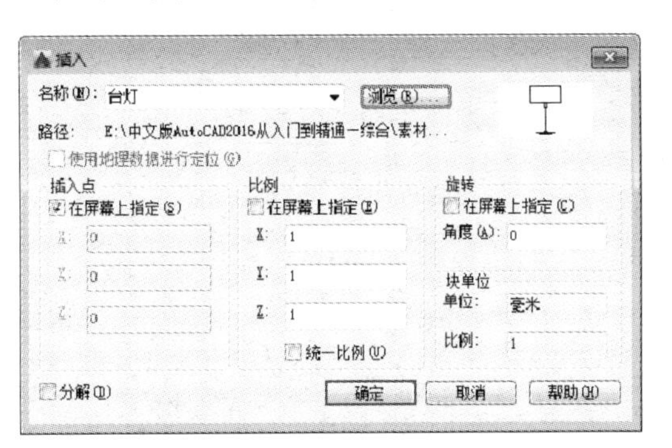

图 9-12 单击“确定”按钮

步骤 4 在绘图区中指定插入块的插入点位置，如图 9-13 所示。

步骤 5 用上述相同的方法创建右边床头柜上方的台灯块，结果如图 9-14 所示。

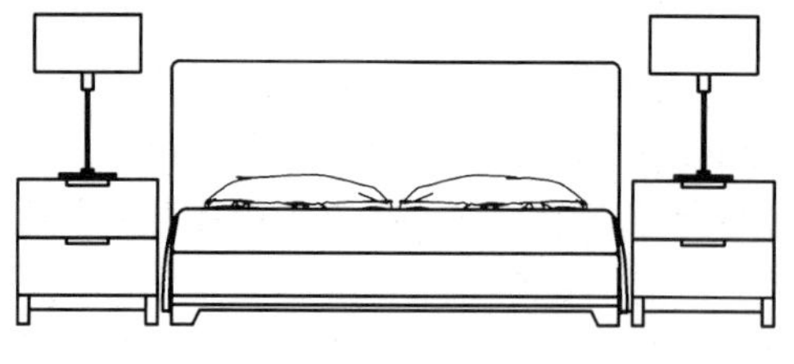

图 9-13 插入台灯

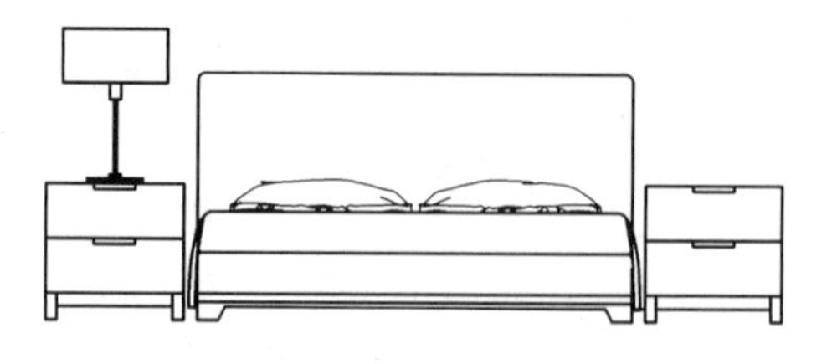

图 9-14 插入右边的台灯

提示：在命令行中输入 MIN 命令，根据提示进行操作，可以插入多个块。

9.1.7 创建动态块

在 AutoCAD 中，可以为普通块添加动作，将其转换为动态块。动态块可以直接通过移动动态夹点来调整块的大小和角度，避免频繁调用命令（如缩放、旋转和镜像命令等），使块的操作变得更加轻松。

创建动态块的步骤有两步：一是往块中添加参数，二是为添加的参数添加动作。

1. 块编辑器

“块编辑器”是专门用于创建块定义并添加动态行为的编写区域。

在 AutoCAD 中，调用“块编辑器”的方法有以下几种。

- 菜单栏：选择“工具”|“块编辑器”命令。
- 功能区：在“默认”选项卡中，单击“块”面板上的“编辑”按钮；或在“插入”选项卡中，单击“块定义”面板中的“块编辑器”按钮。
- 命令行：在命令行中输入 BEDIT/BE 命令。

执行上述命令后，系统弹出“编辑块定义”对话框，如图 9-15 所示。

在该对话框中提供了多种编辑和创建动态块的块定义，选择一个块名称，则可在右侧预览块效果。单击“确定”按钮，系统进入默认为灰色背景的绘图区域，一般称该区域为块编辑窗口，并打开“块编辑器”选项卡和“块编写选项板”，如图 9-16 所示。

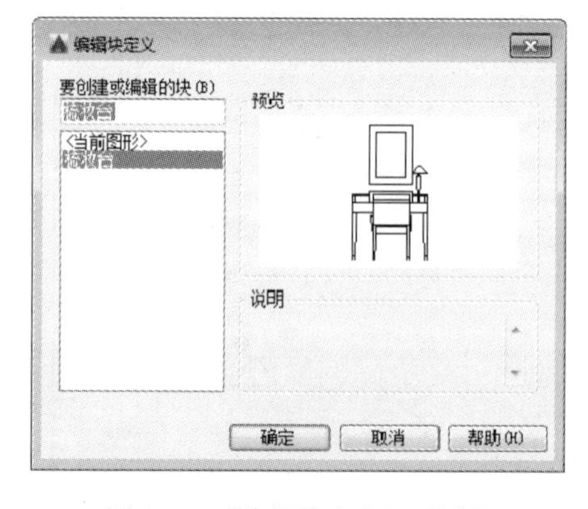

图 9-15 “编辑块定义”对话框

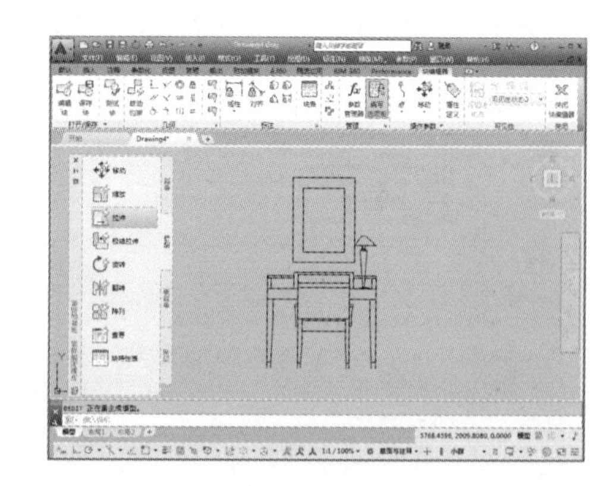

图 9-16 块编辑窗口

在左侧的“块编写选项板”中，包含“参数”“动作”“参数集”和“约束”4 个选项卡，可创建动态块的所有特征。

“块编辑器”选项卡位于标签栏的上方，如图 9-17 所示。其各选项的功能如表 9-1 所示。

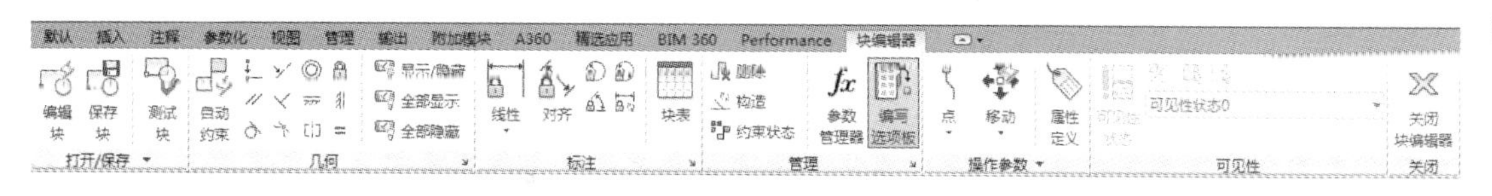

图 9-17 “块编辑器”选项卡

表 9-1 各选项的功能

图 标	名 称	功 能
	编辑块	单击该按钮，系统弹出“编辑块定义”对话框，用户可重新选择需要创建的动态块
	保存块	单击该按钮，保存当前块定义
	将块另存为	单击此按钮，系统弹出“将块另存为”对话框，用户可以重新输入块名称后保存此块
	测试块	测试此块能否被加载到图形中
	自动约束对象	对选择的块对象进行自动约束
	显示/隐藏约束栏	显示或者隐藏约束符号
	参数约束	对块对象进行参数约束
	块表	单击“块表”按钮，系统弹出“块特性表”对话框，通过此对话框可对参数约束进行函数设置
	属性定义	单击此按钮系统，弹出“属性定义”对话框，从中可定义模式属性标记、提示和值等的文字选项
	编写选项板	显示或隐藏编写选项板
	参数管理器	打开或者关闭参数管理器

在该绘图区域中 UCS 命令是被禁用的，绘图区域显示一个 UCS 图标，该图标的原点定义了块的基点。用户可以通过相对 UCS 图标原点移动几何体图形或者添加基点参数来更改块的基点。这样在完成参数的基础上添加相关动作，然后通过“保存块”按钮保存块定义，此时可以立即关闭编辑器并在图形中测试块。

如果在块编辑窗口中选择“文件”|“保存”命令，则保存的是图形而不是块定义。因此处于块编辑窗口时，必须专门对块定义进行保存。

2. 块编写选项板

该选项板中共有 4 个选项卡，即“参数”“动作”“参数集”和“约束”选项卡。

- “参数”选项卡：如图 9-18 所示，用于向块编辑器中的动态块添加参数，动态块的参数包括点参数、线型参数和极轴参数等。
- “动作”选项卡：如图 9-19 所示，用于向块编辑器中的动态块添加动作，包括移动动作、缩放动作、拉伸动作和极轴拉伸动作等。

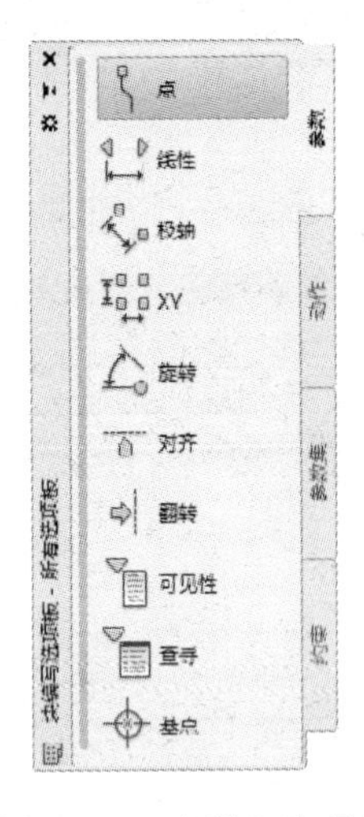

图 9-18 “参数”选项卡

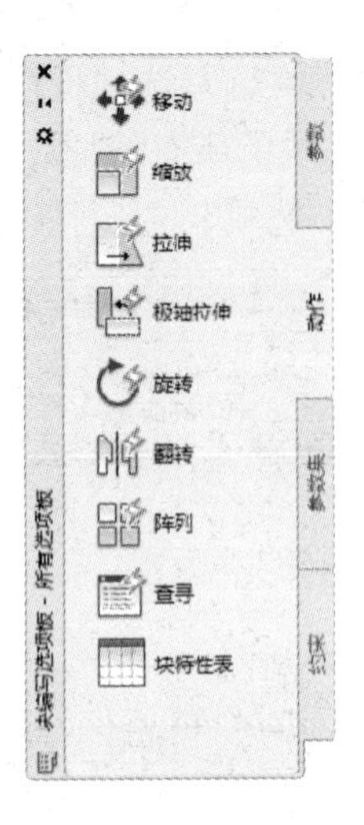

图 9-19 “动作”选项卡

➢“参数集”选项卡：如图 9-20 所示，用于在块编辑器中向动态块定义中添加一个参数和至少一个动作的工具时，创建动态块的一种快捷方式。

➢“约束”选项卡：如图 9-21 所示，用于在块编辑器中对动态块进行几何或参数约束。

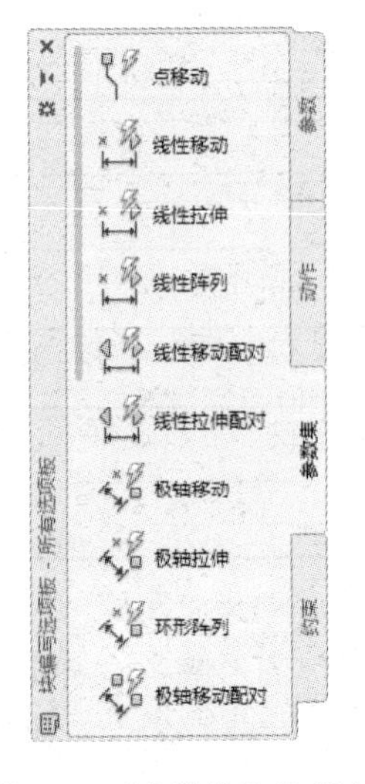

图 9-20 “参数集”选项卡

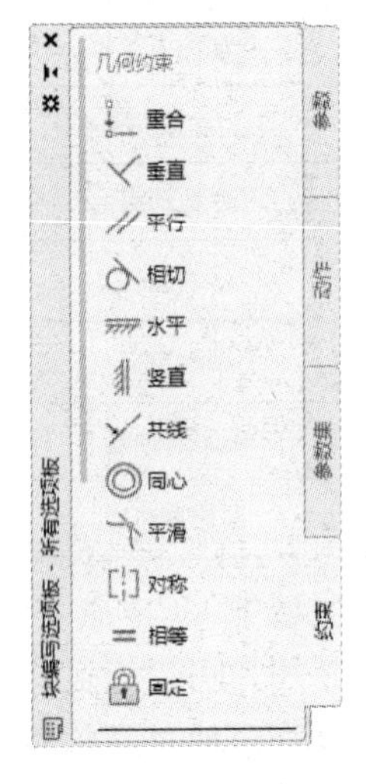

图 9-21 “约束”选项卡

9.1.8 案例——创建“围树椅”动态块

步骤 1 单击快速访问工具栏中的“打开”按钮，打开配套光盘中提供的“第 09 章\9.1.8 围树椅图块.dwg”素材文件。

步骤 2 在命令行中输入 BE（块编辑器）命令并按〈Enter〉键，系统弹出“编辑块定义”对话框，选择“围树椅”块，如图 9-22 所示。

步骤 3 单击“确定”按钮，系统打开“块编辑器”选项卡，绘图窗口变为浅灰色，如图 9-23 所示。

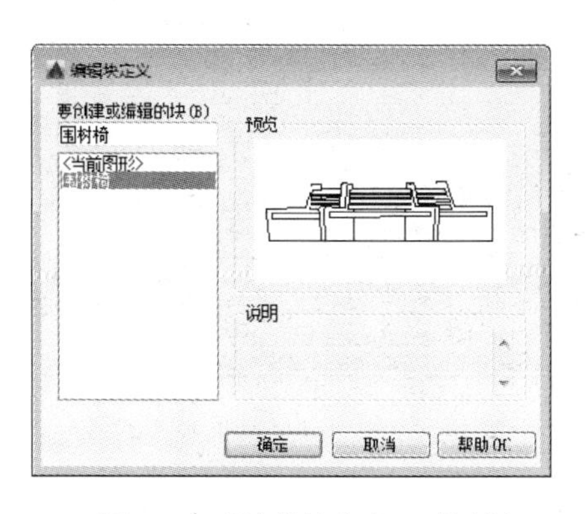

图 9-22 “编辑块定义”对话框

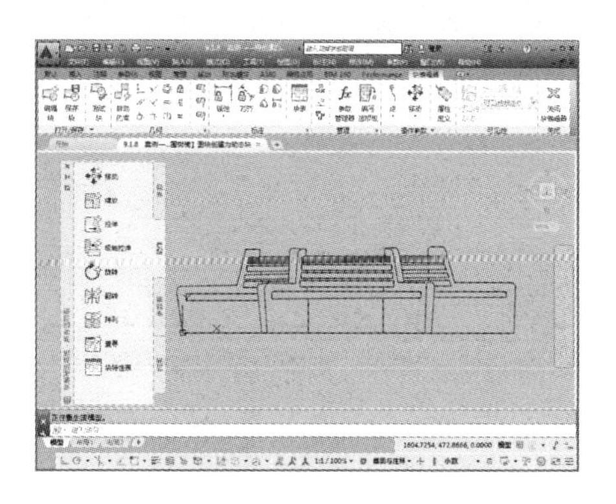

图 9-23 “块编辑器”选项卡

步骤 4 为块添加线性参数。在“块编写选项板”右侧选择“参数”选项卡，在单击“线性参数”按钮，根据提示完成线性参数的添加，如图 9-24 与图 9-25 所示。

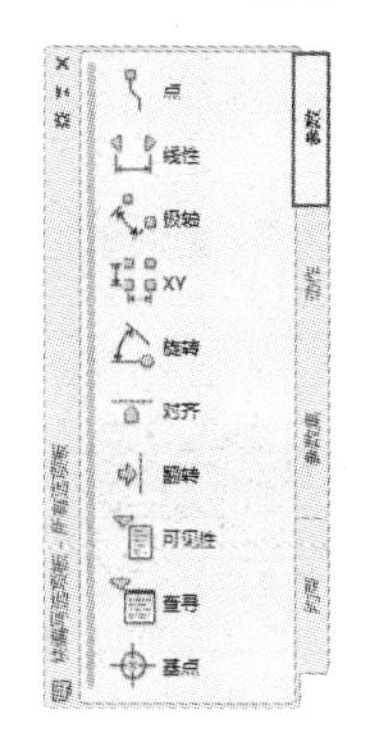

图 9-24 单击“线性参数”按钮

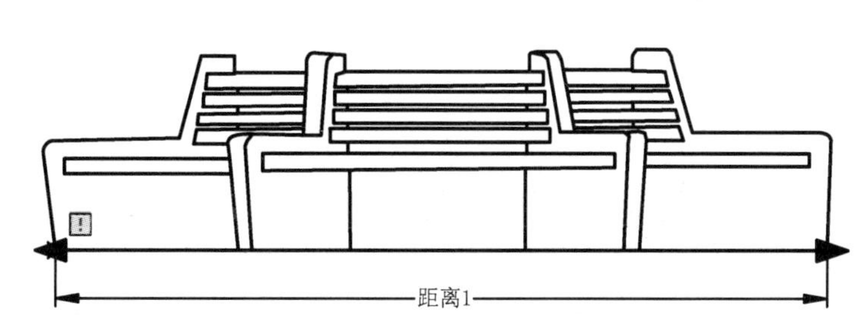

图 9-25 添加线性参数

步骤 5 为线性参数添加动作。在“块编写选项板”右侧选择“动作”选项卡，在单击“缩放”按钮，根据提示为线性参数添加缩放动作，如图 9-26 与图 9-27 所示。

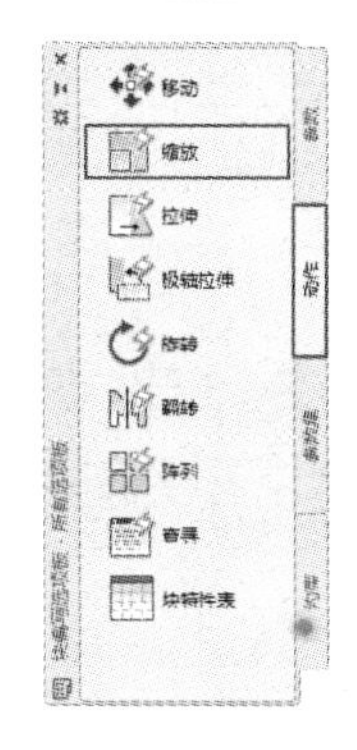

图 9-26 添加“缩放”参数

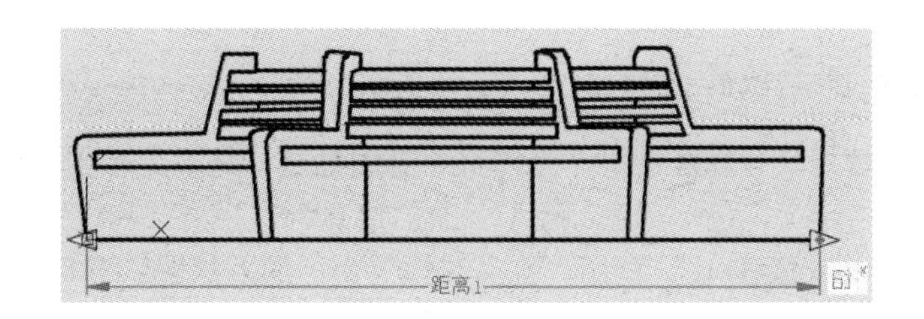

图 9-27 添加“缩放”动作

步骤 6 为块添加旋转参数。在“块编写选项板”右侧选择“参数”选项卡，在单击“旋转”按钮，根据提示完成旋转参数添加，如图 9-28 所示。

步骤 7 为旋转参数添加动作。在“块编写选项板”右侧选择“动作”选项卡，在单击“旋转”按钮，根据提示为旋转参数添加旋转动作，如图 9-29 所示。

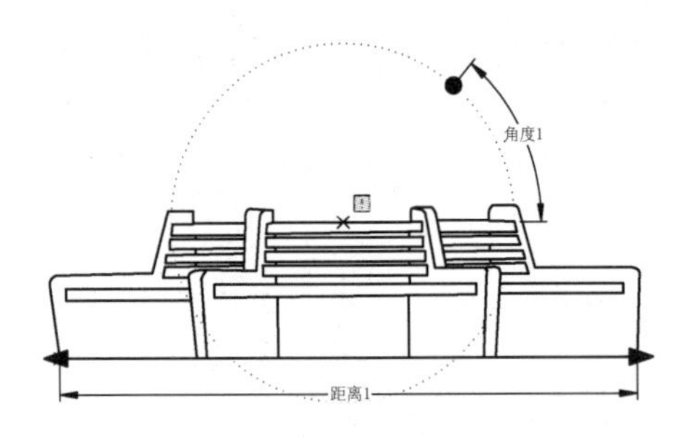

图 9-28 添加“旋转”参数

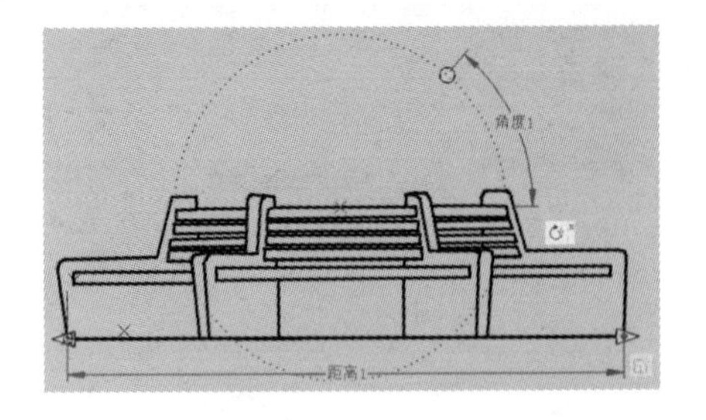

图 9-29 添加“旋转”动作

步骤 8 在“块编辑器”选项卡中，单击“保存块”按钮，保存创建动作块，单击“关闭块编辑器”按钮，关闭块编辑器，完成动态块的创建，并返回到绘图窗口。

步骤 9 这时在绘图窗口选择“围树椅”块时，便会出现 3 个操作按钮（2 个拉伸按钮，1 个旋转按钮），如图 9-30 所示。

步骤 10 单击相应的操作按钮进行拖动，即可对“围树椅”块进行缩放或旋转操作，如图 9-31 所示。

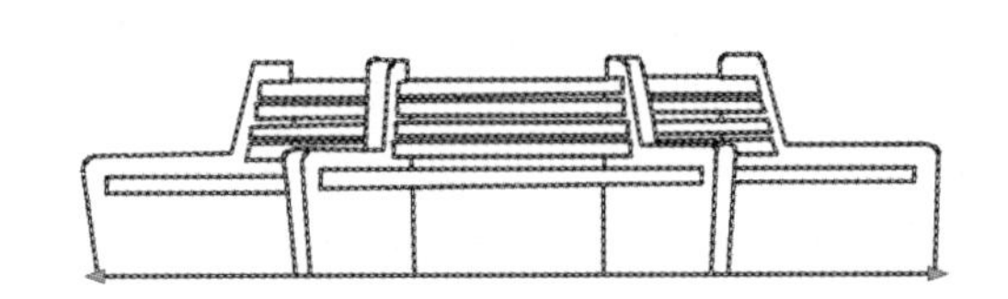

图 9-30 “围树椅”动态块中的操作按钮

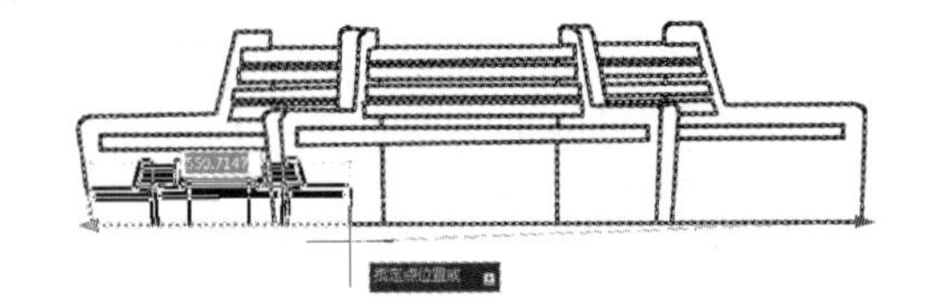

图 9-31 操作“围树椅”动态块

9.2 块属性定义与编辑

块包含两类信息：图形信息和非图形信息。块属性是属于块的非图形信息，比如块上的编号、文字信息等，是块的组成部分。

9.2.1 创建块属性

要使用具有属性的块，必须首先对属性进行定义。在创建块属性之前，需要创建描述属性特征的定义，包括标记、提示、值的信息、文字格式和位置等。

在 AutoCAD 中，调用“定义属性”命令的方法有以下几种。

- 菜单栏：选择“绘图”|“块”|“定义属性”命令。
- 功能区：在“默认”选项卡中，单击“块”面板中的“定义属性”按钮；或在“插入”选项卡中，单击“块定义”面板中的“定义属性”按钮。
- 命令行：在命令行中输入 ATTDEF/ATT 命令。

执行上述命令后，系统弹出“属性定义”对话框，如图 9-32 所示。

该对话框中各选项的含义如下。

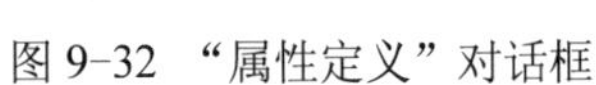

图 9-32 “属性定义”对话框

- “模式”选项组：用于设置属性模式，其包括“不可见”“固定”“验证”“预设”“锁定位置”和“多行”6个复选框，选择相应的复选框可设置相应的属性值。
- “属性”选项组：用于设置属性数据，包括“标记”“提示”“默认”3个文本框。
- “插入点”选项组：该选项组用于指定块属性的位置，若选择“在屏幕上指定”复选框，则可以在绘图区中指定插入点，用户可以直接在 X、Y、Z 文本框中输入坐标值确定插入点。
- “文字设置”选项组：该选项组用于设置属性文字的对正、样式、高度和旋转角度。包括对正、文字样式、文字高度、旋转和边界宽度5个选项。
- “在上一个属性定义对齐”复选框：选择该复选框，将属性标记直接置于定义的上一个属性的下面。若之前没有创建属性定义，则此选项不可用。

9.2.2 案例——创建“图名标注”块属性

步骤 1 单击快速访问工具栏中的“打开”按钮，打开配套光盘中提供的“第 09 章\9.2.2 创建“图名标注”图块属性.dwg”素材文件，如图 9-33 所示。

图 9-33 素材文件

步骤 2 在命令行中输入 ATT（定义属性）命令并按〈Enter〉键，系统弹出“属性定义”对话框，设置参数如图 9-34 所示。

步骤 3 单击“确定”按钮，将属性参数置于合适区域，即可完成属性定义操作，结果如图 9-35 所示。

步骤 4 在“属性定义”对话框中修改参数如图 9-36 所示。

步骤 5 单击“确定”按钮，将属性参数置于合适区域，即可完成属性定义操作，结果如图 9-37 所示。

图 9-34 “属性定义”对话框

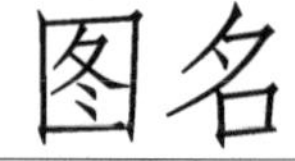

图 9-35 属性定义

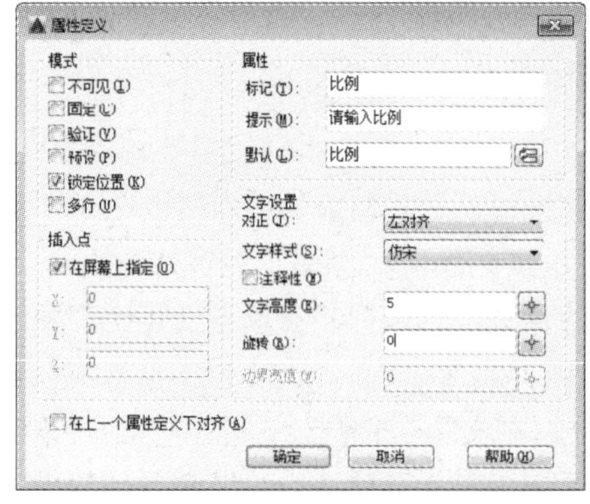

图 9-36 修改参数

图 9-37 定义结果

步骤 6 在命令行中输入 B（创建块）命令并按〈Enter〉键，选择对象，将图名标注创建为块。

9.2.3 编辑块属性

使用块属性的编辑功能，可以对块进行再定义。在 AutoCAD 中，每个块都有自己的属性，如颜色、线型、线宽和图层特性。使用“增强属性编辑器”对话框可以对块属性进行修改。

在 AutoCAD 中，修改属性的方法有以下几种。

- 菜单栏：选择“修改”|“对象|“属性”|“单个”命令。
- 功能区：在“默认”选项卡中，单击“块”面板中的“单个”按钮；或在“插入”选项卡中，单击“块”面板中的“编辑属性”按钮。
- 绘图区：直接双击插入的块。
- 命令行：在命令行中输入 EATTEDIT 命令。

执行上述命令后，系统弹出“增强属性编辑器”对话框，如图 9-38 所示。

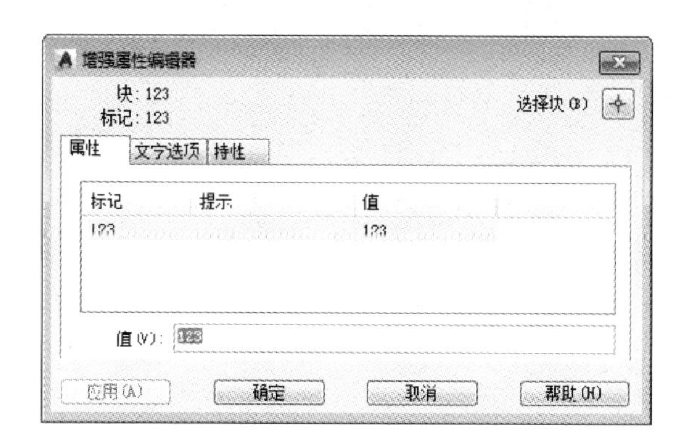

图 9-38 “增强属性编辑器”对话框

该对话框中各选项的含义如下。

- “属性”选项卡：用于显示块中每个属性的标识、提示和值。在列表框中选择某一属性后，在“值”文本框中将显示出该属性对应的属性值，并可以通过它来修改属性值。
- “文字选项”选项卡：用于修改属性文字的格式。在该选项卡中可以设置文字样式、对齐方式、高度、旋转角度、宽度比例和倾斜角度等参数。
- “特性”选项卡：用于修改属性文字的图层，以及其线宽、线型、颜色和打印样式等。

9.2.4 案例——编辑“图名标注”块属性

步骤 1 单击快速访问工具栏中的“打开”按钮，打开配套光盘中提供的“第 09 章\9.2.4 编辑“图名标注”图块属性.dwg”素材文件，如图 9-39 所示。

步骤 2 在“默认”选项卡，单击“块”面板中的“单个”按钮，选择对象，系统弹出“增强属性编辑器”对话框，更改“图名”为“一层平面图”，“比例”为“1:100”，如图 9-40 所示。

图名 比例

图 9-39 素材文件

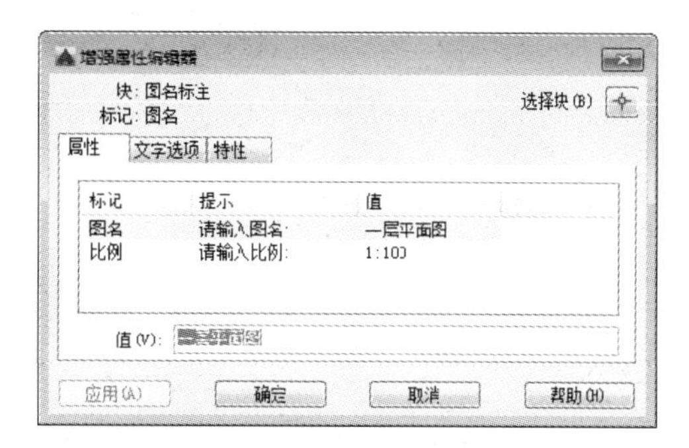

图 9-40 “增强属性编辑器”对话框

步骤 3 单击“确定”按钮，修改块属性的结果如图 9-41 所示。

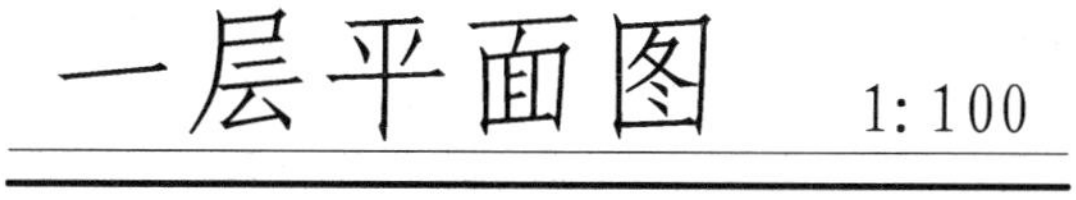

一层平面图 1:100

图 9-41 修改结果

9.3 外部参照

AutoCAD 将外部参照作为一种块类型定义，它也可以提高绘图效率。但外部参照与块有一些重要的区别，将图形作为块插入时，它存储在图形中，不随原始图形的改变而更新；将图形作为外部参照时，会将该参照图形链接到当前图形，对参照图形所做的任何修改都会显示在当前图形中。一个图形可以作为外部参照同时附着插入到多个图形中，同样也可以将多个图形作为外部参照附着到单个图形中。

9.3.1 附着外部参照

用户可以将其他文件的图形作为参照图形附着到当前图形中，这样可以通过在图形中参照其他用户的图形来协调各用户之间的工作，查看当前图形是否与其他图形相匹配。

在 AutoCAD 中，“附着”外部参照的方法有以下几种。

- 菜单栏：选择“插入”|“DWG 参照”命令。
- 功能区：在“插入”选项卡中，单击“参照”面板中的“附着”按钮。
- 工具栏：单击“插入”工具栏中的“附着”按钮。
- 命令行：在命令行中输入 XATTACH/XA 命令。

执行上述命令，选择一个 DWG 文件打开后，弹出“附着外部参照”对话框，如图 9-42 所示。

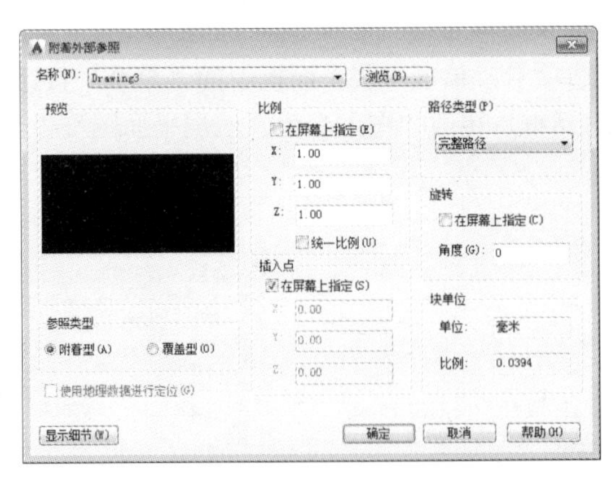

图 9-42 “附着外部参照”对话框

“附着外部参照”对话框中各选项的含义如下。

- “参照类型”选项组：选择“附着型”单选按钮，表示显示出嵌套参照中的嵌套内容；选择“覆盖型”单选按钮，表示不显示嵌套参照中的嵌套内容。
- “路径类型”选项组：“完整路径”，使用此选项附着外部参照时，外部参照的精确位置将保存到主图形中，此选项的精确度最高，但灵活性最小，如果移动工程文件，AutoCAD 将无法融入任何使用完整路径附着的外部参照；“相对路径”，使用此选项附着外部参照时，将保存外部参照相对于主图形的位置，此选项的灵活性最大，如果移动工程文件夹，AutoCAD 仍可以融入使用相对路径附着的外部参照，只要此外部参照相对主图形的位置未发生变化；“无路径”，在不使用路径附着外部参照时，AutoCAD 首先在主图形的文件夹中查找外部参照，当外部参照文件与主图形位于同一个文件夹中时，此选项非常有用。

9.3.2 案例——附着外部参照

步骤 1 单击快速访问工具栏中的“打开”按钮，打开配套光盘中提供的“第 09 章\9.3.2 附着外部参照.dwg”文件，如图 9-43 所示。

步骤 2 在“插入”选项卡中，单击“参照”面板中的“附着”按钮，系统弹出“选择参照文件”对话框。在“文件类型”下拉列表框中选择“图形（*.dwg）”选项，并找到“9.3.2 外部参照素材.dwg”文件，如图 9-44 所示。

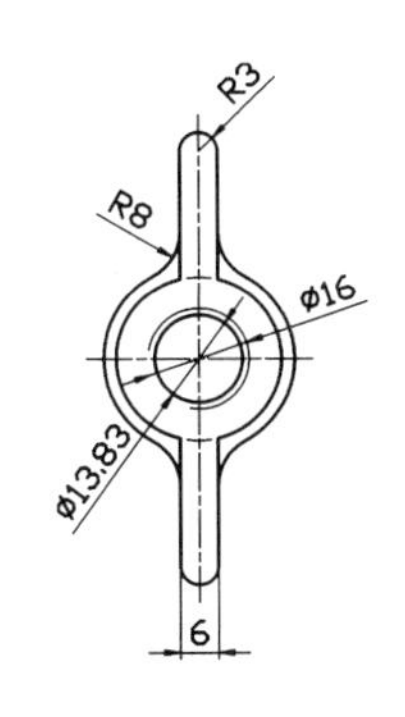

图 9-43 素材文件

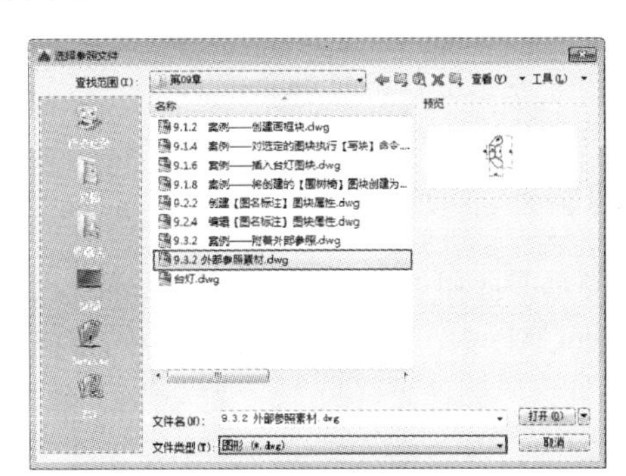

图 9-44 选择参照文件

步骤 3 单击“打开”按钮，系统弹出“附着外部参照”对话框，如图 9-45 所示。

步骤 4 单击“确定”按钮，在绘图区域指定端点，并调整其位置，即可附着外部参照，如图 9-46 所示。

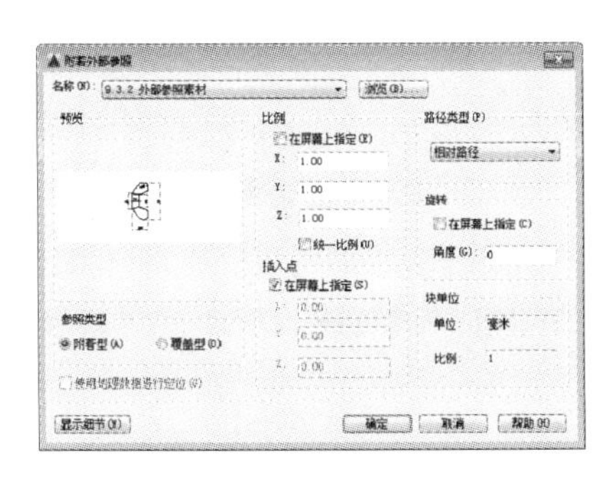

图 9-45 “附着外部参照”对话框

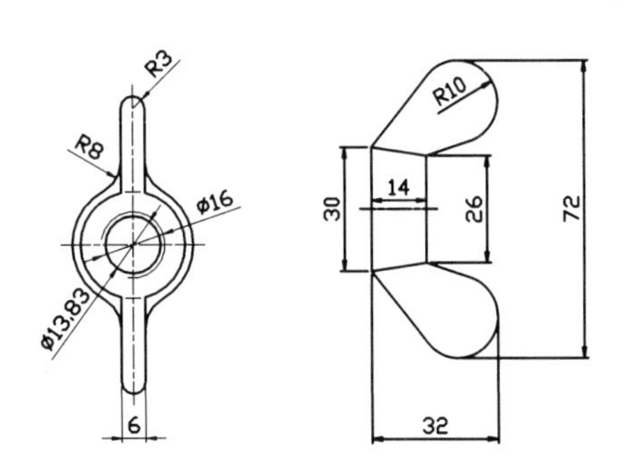

图 9-46 插入外部参照

9.3.3 拆离外部参照

作为参照插入的外部图形，主图形只是记录参照的位置和名称，图形文件信息并不直接加入。使用“拆离”命令，才能删除外部参照和所有关联信息。

在 AutoCAD 中，可以在“外部参照”选项板中对外部参照进行拆离。调用“外部参照”选项板的方法如下。

- 菜单栏：选择“插入”|“外部参照”命令。
- 功能区：在“插入”选项卡中，单击“注释”面板右下角的箭头按钮。
- 命令行：在命令行中输入 XREF/XR 命令。

执行上述命令后，系统打开“外部参照”选项板，在选项板中选择需要删除的外部参照，并在参照上右击，在弹出的快捷菜单中选择“拆离”命令，即可拆离选定的外部参考，如图 9-47 所示。

图 9-47 “外部参照”选项板

提示：“外部参照”选项板中除了可以对外部参照进行拆离外，还可以对外部参照的名称、加载状态、文件大小、参照类型、参照日期，以及参照文件的存储路径等内容进行编辑和管理。

9.3.4 剪裁外部参照

剪裁外部参照可以去除多余的参照部分，而无须更改原参照图形。

在 AutoCAD 中，“剪裁”外部参照的方法有以下几种。

- 菜单栏：选择“修改”|“剪裁”|“外部参照”命令。
- 功能区：在“插入”选项卡中，单击“参照”面板中的“剪裁”按钮。
- 命令行：在命令行中输入 CLIP 命令。

9.3.5 案例——剪裁外部参照

步骤 1 单击快速访问工具栏中的“打开”按钮，打开配套光盘中提供的“第 09 章\9.3.5 剪裁外部参照.dwg”文件，如图 9-48 所示。

步骤 2 在“插入”选项板中，单击“参照”面板中的“剪裁”按钮，根据命令行的提示修剪参照，如图 9-49 所示，命令行操作如下。

命令: _xclip↙ //调用“剪裁”命令

选择对象: 找到 1 个 //选择外部参照

输入剪裁选项

[开(ON)/关(OFF)/剪裁深度(C)/删除(D)/生成多段线(P)/新建边界(N)] <新建边界>: ON↙ //激活“开(ON)”选项

输入剪裁选项

[开(ON)/关(OFF)/剪裁深度(C)/删除(D)/生成多段线(P)/新建边界(N)] <新建边界>: N↙ //激活“新建边界（N）”选项

外部模式 - 边界外的对象将被隐藏。

指定剪裁边界或选择反向选项:

[选择多段线(S)/多边形(P)/矩形(R)/反向剪裁(I)] <矩形>: P↙ //激活“多边形（P）”选项

指定第一点: //拾取 A、B、C、D 点指定剪裁边界，如图 9-48 所示

指定下一点或 [放弃(U)]:

指定下一点或 [放弃(U)]:

指定下一点或 [放弃(U)]: ↙ //按〈Enter〉完成修剪

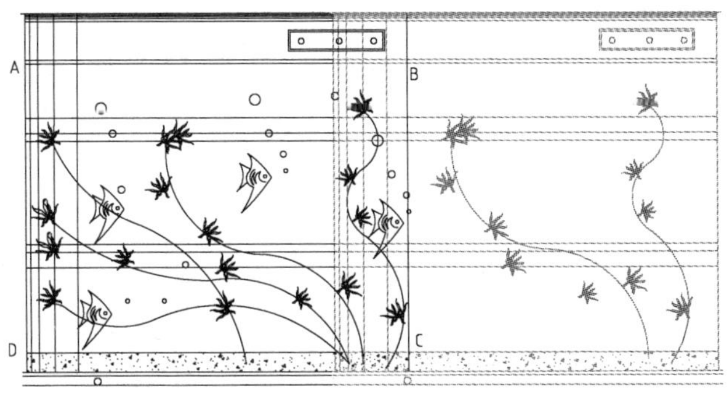

图 9-48 素材文件

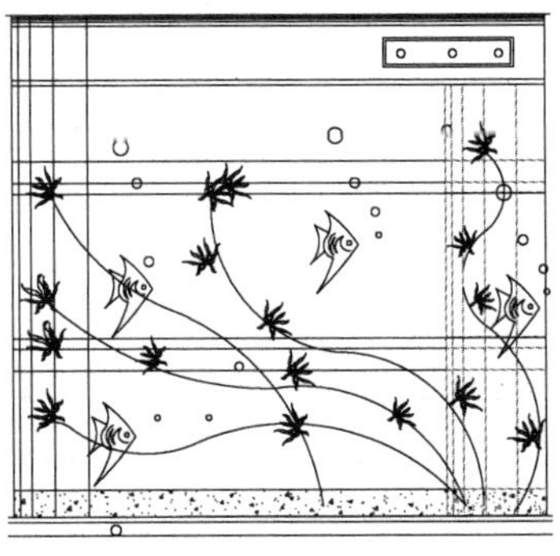

图 9-49 剪裁后效果

9.4 AutoCAD 设计中心

本节介绍开启和使用 AutoCAD 设计中心的方法，在设计中心中可以便捷地管理图形文件，如更改图形文件信息、调用并共享图形文件等。

AutoCAD 设计中心的主要作用概括为以下几点。

- 浏览图形内容，包括从经常使用的文件图形到网络上的符号等。
- 在本地硬盘和网络驱动器上搜索和加载图形文件，可将图形从设计中心拖到绘图区域并打开图形。
- 查看文件中的图形和块定义，并可将其直接插入或复制粘贴到目前的操作文件中。

9.4.1 打开 AutoCAD 设计中心

设计中心窗口分为两部分：左边树状图和右边内容区。用户可以选择树状图中的项目，此项目内容就会在内容区中显示。

在 AutoCAD 中，打开“设计中心”的方法有以下几种。

- 菜单栏：选择“工具”|“选项板”|“设计中心”命令。
- 功能区：在“视图”选项卡中，单击“选项板”面板中的“设计中心”按钮。
- 工具栏：单击“标准”工具栏上的“设计中心”按钮。
- 命令行：在命令行中输入 ADCENTER/ADC 命令。
- 快捷键：按〈Ctrl+2〉组合键

执行上述命令后，系统打开“设计中心”选项板，如图 9-50 所示。

此外，AutoCAD 设计中心不仅可以查找需要的文件，还可以向图形中添加内容。

使用设计中心的搜索功能，可快速查找图形、块特征、图层特征和尺寸样式等内容，将这些资源插入当前图形，可辅助当前设计。单击“设计中心”选项板中的“搜索”按钮，系统弹出“搜索”对话框，在该对话框的“查找”下拉列表框中选择要查找的内容类型，包括标注样式、布局、块、填充图案、图层和图形等类型，如图 9-51 所示。

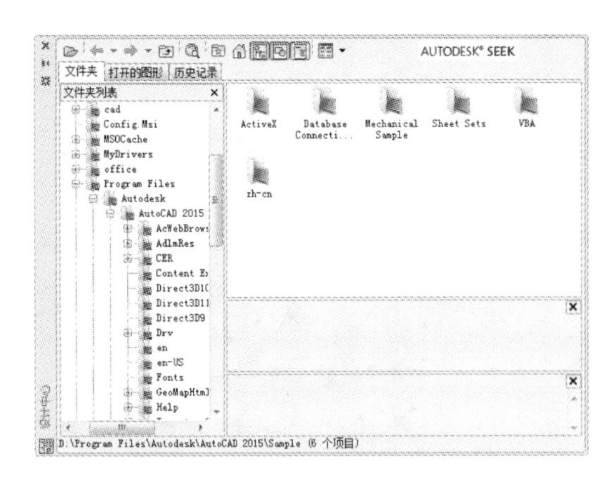

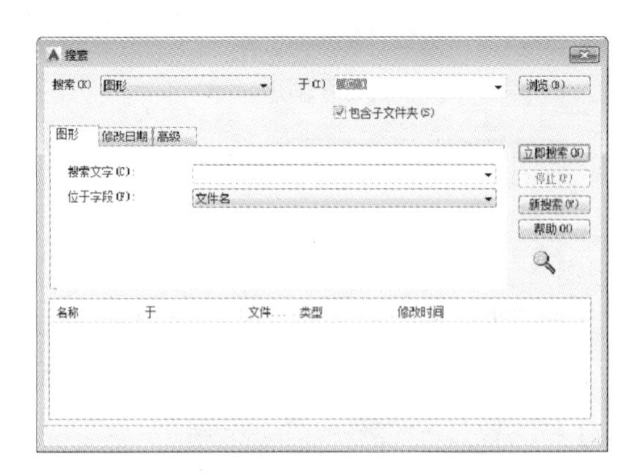

图 9-50 “设计中心”选项板

图 9-51 “搜索”对话框

9.4.2 案例——使用 AutoCAD 设计中心搜索文件

搜索文件的具体操作步骤如下。

步骤 1 在命令行中输入 ADC（设计中心）命令，打开“设计中心”选项板。

步骤 2 单击工具栏中的“搜索”按钮，弹出“搜索”对话框，然后单击“浏览”按钮，如图 9-51 所示。

步骤 3 在弹出的“浏览文件”对话框中选择搜索位置，然后单击“确定”按钮，如图 9-52 所示。

步骤 4 返回“搜索”对话框，输入搜索文字，然后单击“立即搜索”按钮，即可开始搜索指定的文件，其结果显示在对话框的下方列表框中，如图 9-53 所示。

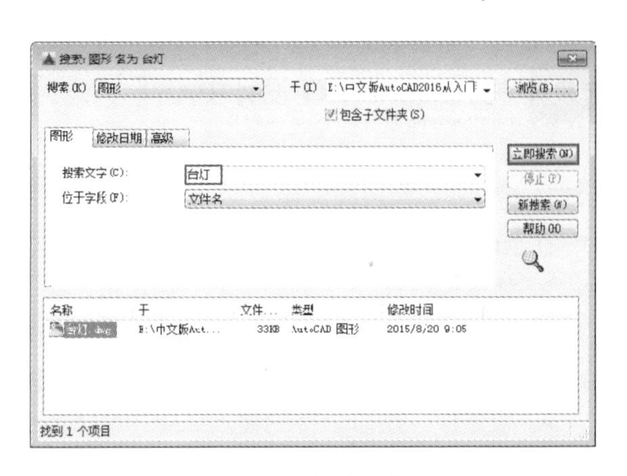

图 9-52 选择搜索位置

图 9-53 搜索文件

步骤 5 双击搜索到的文件，可以直接将其加载到“设计中心”选项板，如图 9-54 所示。

提示： 单击“立即搜索”按钮可开始进行搜索，如果在完成全部搜索前就已经找到所需的内容，可单击“停止”按钮停止搜索。

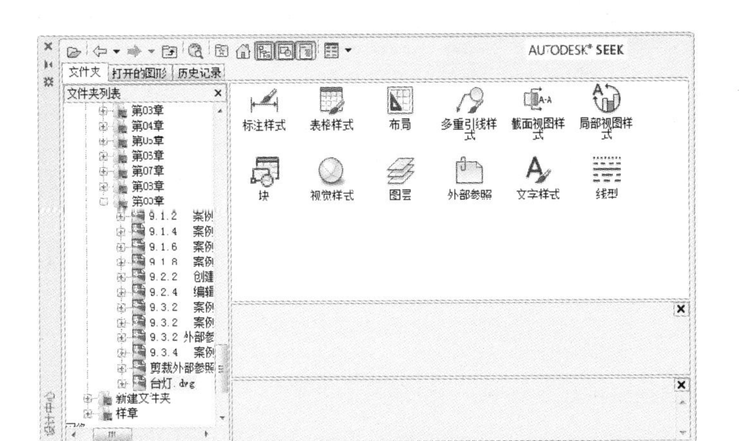

图 9-54　加载文件

9.4.3 案例——使用 AutoCAD 设计中心添加对象

在打开的设计中心内容区有图形、块或文字样式等图形资源，用户可以将这些图形资源插入到当前图形中去。

下面将在餐厅立面图中添加素材图形，具体操作步骤如下。

步骤 1 单击快速访问工具栏中的“打开”按钮，打开配套光盘中提供的“第 09 章\9.4.3 在餐厅立面图中添加素材图形.dwg”素材文件，如图 9-55 所示。

步骤 2 在命令行中输入 ADC（设计中心）命令，打开“设计中心”选项板。在左侧的资源管理器中，选择本书配套光盘中提供的“下载资源”中的“餐椅.dwg”文件，然后单击“餐椅.dwg”文件左侧的“+”号，展开该文件属性，如图 9-56 所示。

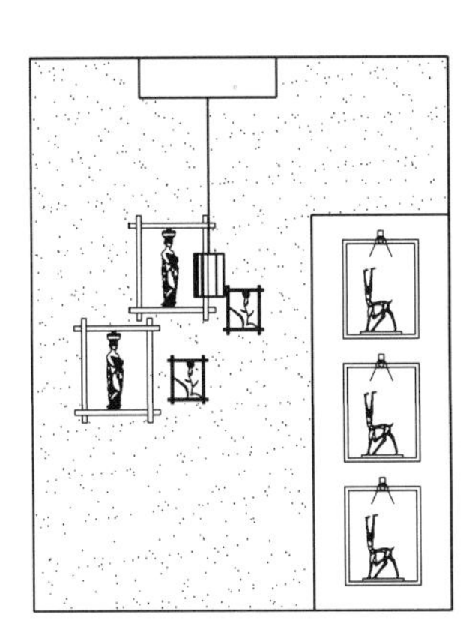

图 9-55　素材文件

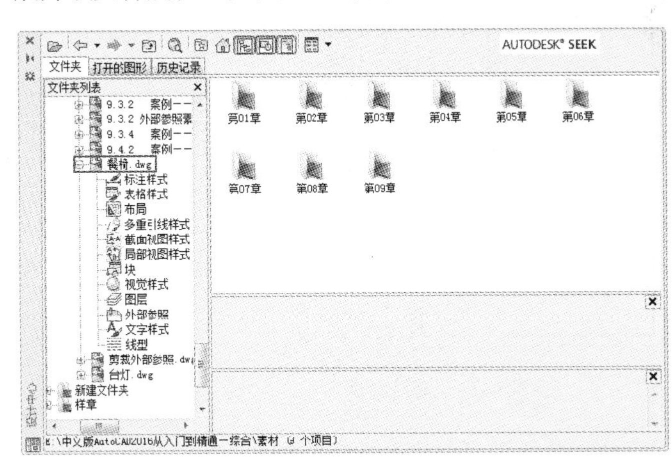

图 9-56　展开文件

步骤 3 单击“设计中心”选项板中的“块”按钮，打开文件中的块，如图 9-57 所示。

步骤 4 从图库列表中选择要插入的餐椅块，然后将餐椅块拖动到绘图区域，松开鼠标结束操作并移动至合适位置，效果如图 9-58 所示。

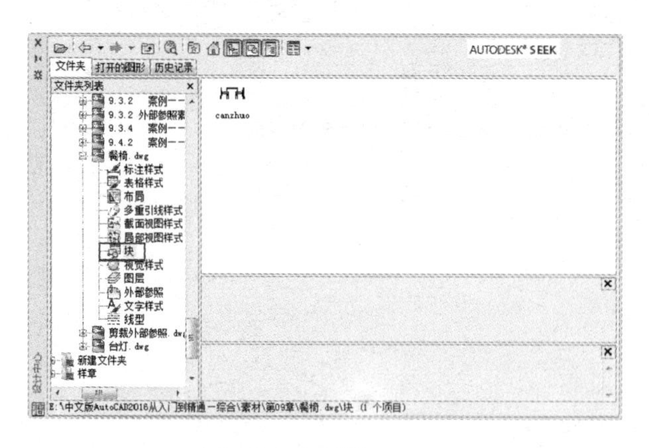

图 9-57　展开块

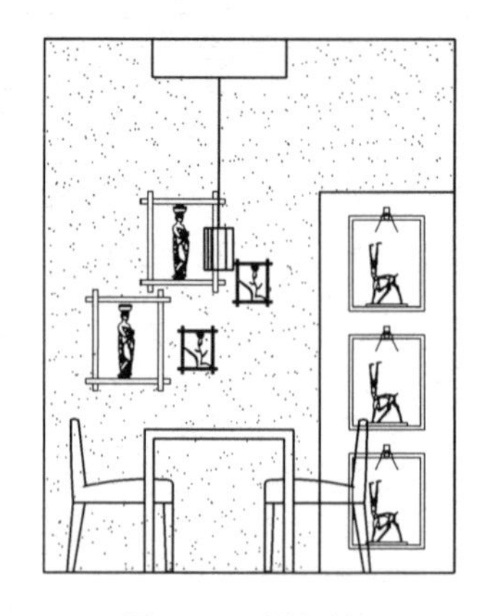

图 9-58　添加块

9.5　综合实战

本节通过以下两个具体实例，对本章介绍的知识点进行整合，使读者能够熟练掌握块的创建和插入，以提高绘图效率。

9.5.1 完善室内平面布置图

步骤 1 单击快速访问工具栏中的“打开”按钮，打开配套光盘中提供的“第 09 章\9.5.1 完善室内平面布置图.dwg”素材文件，如图 9-59 所示。

步骤 2 在“插入”选项卡中，单击“块”面板中的“插入”按钮，系统弹出“插入”对话框，单击“名称”下拉按钮，找到“门”块，如图 9-60 所示。

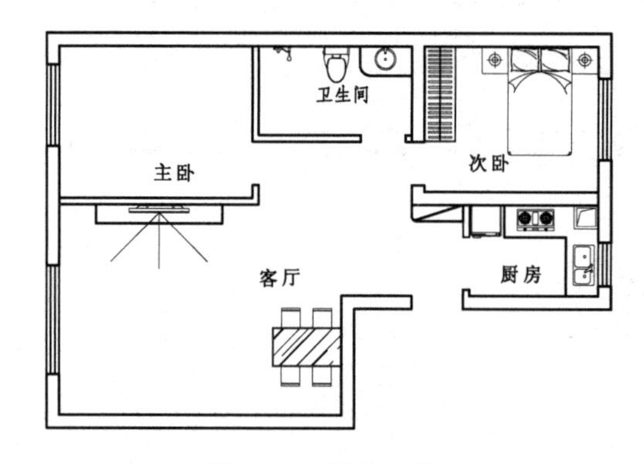

图 9-59　素材文件

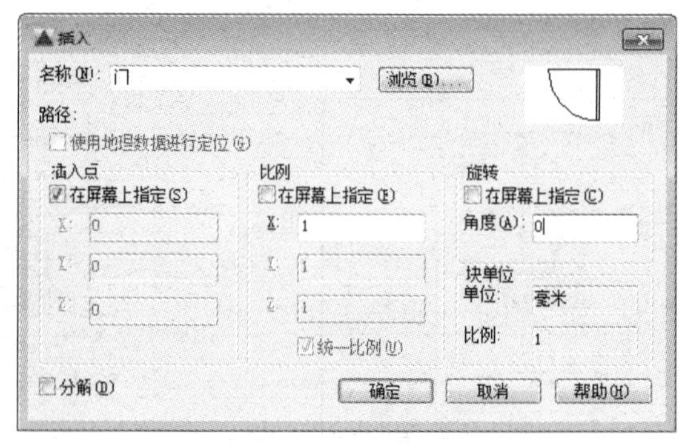

图 9-60　“插入”对话框

步骤 3 单击“确定”按钮，因为“门”块已被定义为动态块，所以可以直接在绘图区中通过移动动态夹点来调整块的大小和角度，重复此项操作，完成所有门的插入，如图 9-61 所示。

步骤 4 单击“块”面板中的“插入”按钮，系统弹出“插入”对话框，单击“浏览”按钮，找到“第 09 章\家具图例\沙发”文件，如图 9-62 所示。

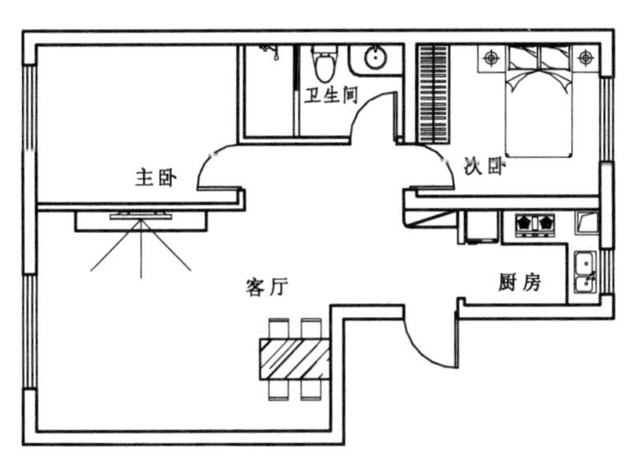

图 9-61 插入门

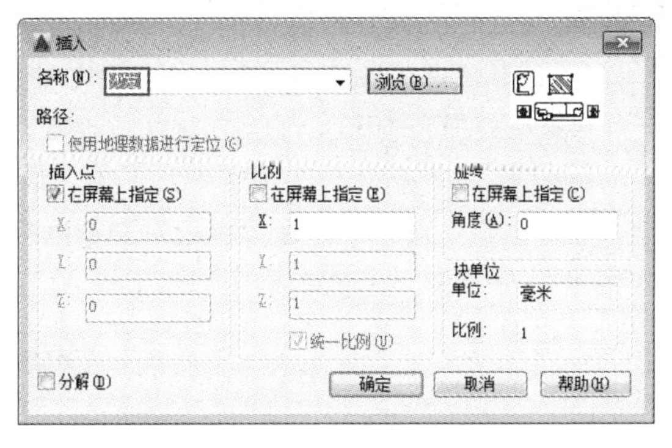

图 9-62 “插入”对话框

步骤 5 单击“确定”按钮，在合适位置插入块，如图 9-63 所示。

步骤 6 单击“块”面板中的“插入”按钮，系统弹出“插入”对话框，单击“浏览”按钮，找到“第 09 章\家具图例\衣柜”文件，取消选择“统一比列”复选框，在 X 文本框中输入 0.5，其他选项采用默认值，如图 9-64 所示。

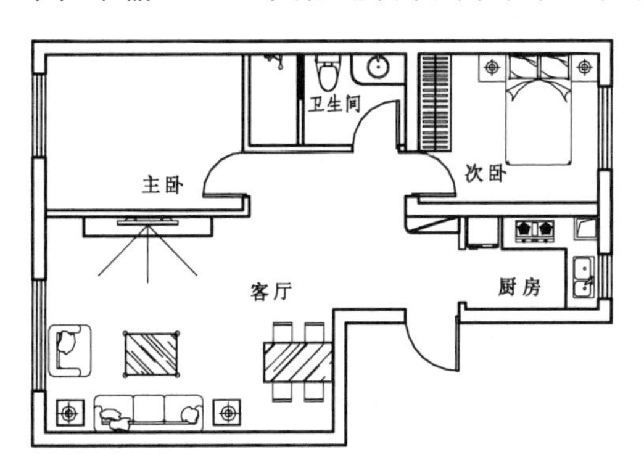

图 9-63 插入沙发

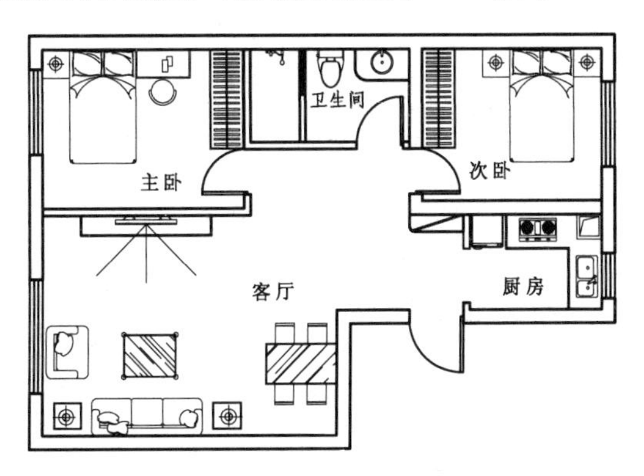

图 9-64 “插入”对话框

步骤 7 在合适位置插入块，如图 9-65 所示。

步骤 8 重复命令，插入其他块，必要时调整比列和角度，最终效果如图 9-66 所示。

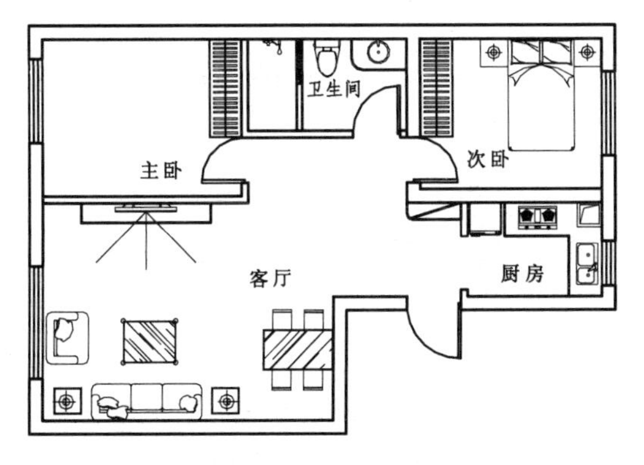

图 9-65 插入衣柜

图 9-66 最终效果

9.5.2 创建基准属性块

步骤 1 单击快速访问工具栏中的“新建”按钮，新建一个空白文件。

步骤 2 通过调用 L（直线）和 C（圆）命令，绘制基准符号，如图 9-67 所示。

步骤 3 在“插入”选项卡中，单击“块定义”面板中的“定义属性”按钮，系统弹出“属性定义”对话框。在“标记”文本框中输入字母 A；在“提示”文本框中输入“请输入字母”；在“默认”文本框中输入字母 A，并设置“字高”为 3，如图 9-68 所示。

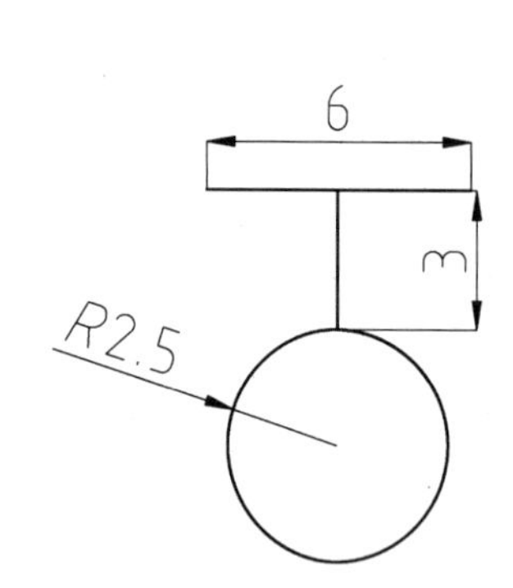

图 9-67 绘制基准符号

图 9-68 “块定义”对话框

步骤 4 单击“确定”按钮，在合适的位置插入字母，如图 9-69 所示。

步骤 5 在命令行中输入 B（创建块）命令，系统弹出“块定义”对话框。在“名称”文本框中输入“基准”；单击“拾取点”按钮，捕捉水平直线的中点；单击“选择对象”按钮，拾取整个图形对象，如图 9-70 所示，设置完成后单击“确定”按钮，关闭对话框。

图 9-69 插入字母

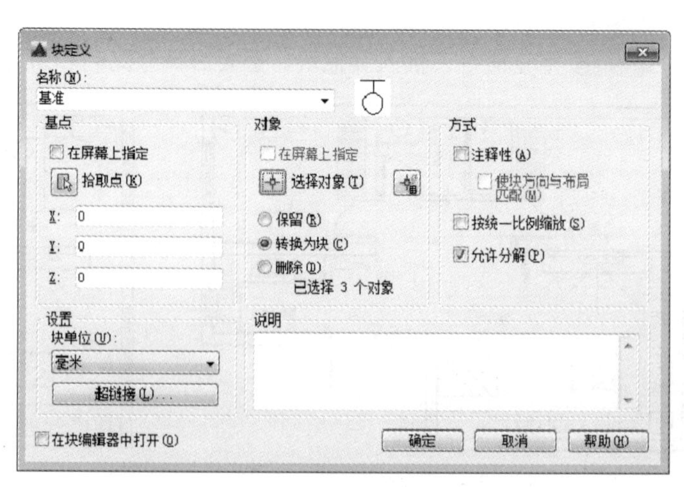

图 9-70 “块定义”对话框

步骤 6 系统弹出“编辑属性”对话框，再次单击“确定”按钮关闭对话框，完成创建块的操作，如图 9-71 所示。

步骤 7 单击快速访问工具栏中的“打开”按钮，打开配套光盘中提供的“第 09 章\9.5.2 创建基准属性块.dwg”素材文件，如图 9-72 所示。

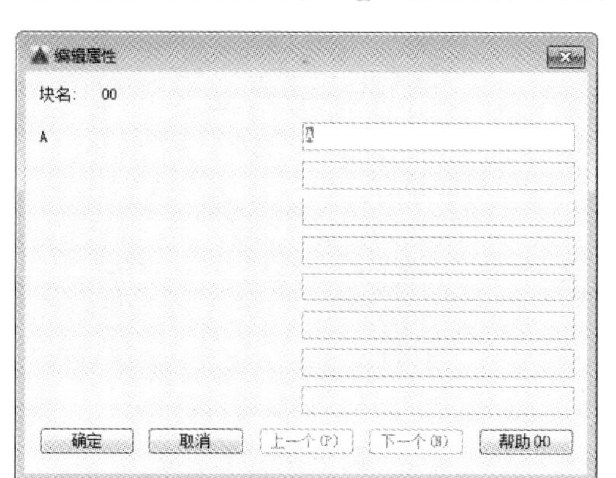

图 9-71 “编辑属性”对话框

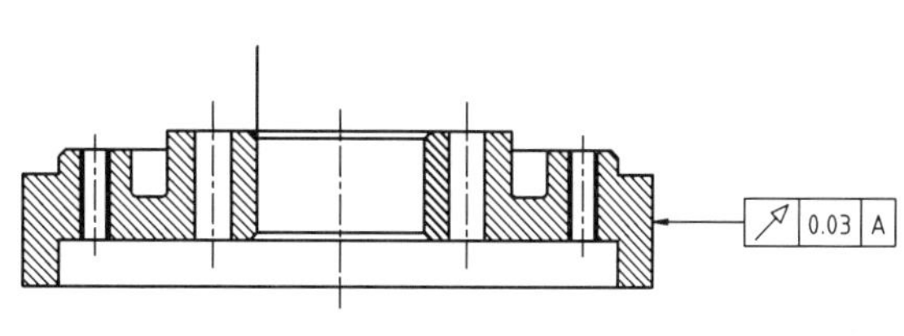

图 9-72 素材文件

步骤 8 在“插入”选项卡中，单击“块定义”面板中的“插入”按钮，系统弹出“插入”对话框。单击“浏览”按钮，找到基准符号，更改“比例”为 2.5，更改“角度”为 -90，如图 9-73 所示。

步骤 9 单击“确定”按钮，根据命令行的提示插入基准符号位置，效果如图 9-74 所示。

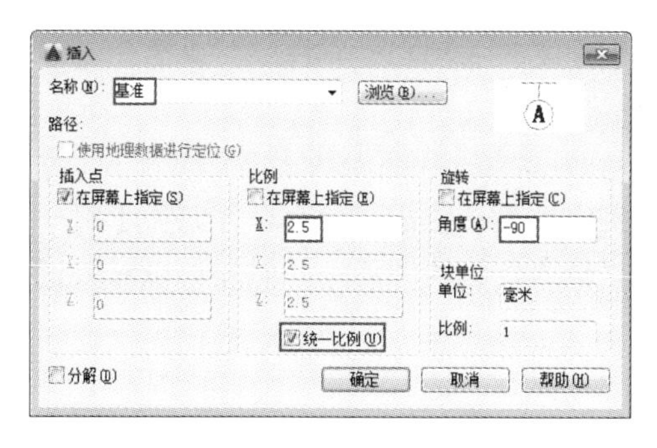

图 9-73 “插入”对话框

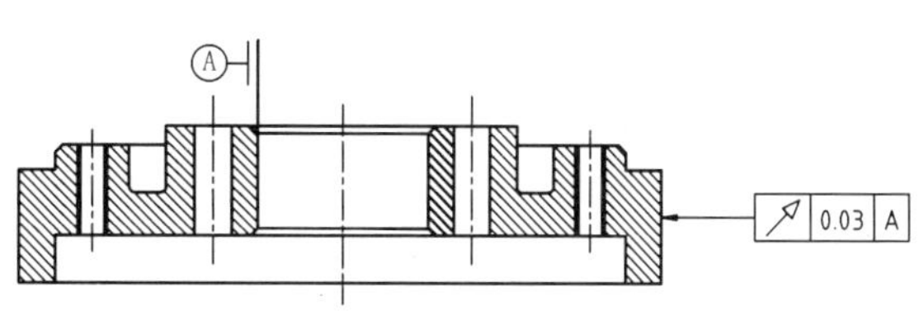

图 9-74 插入基准符号

9.6 设计专栏

9.6.1 上机实训

步骤 1 使用本章所学的块知识，将床、衣柜、门、床头灯、电视机、书桌和窗帘等块移动至合适位置，完善卧室平面图，如图 9-75 所示。

步骤 2 打开随书光盘中提供的“第 09 章\9.6.1 上机实训 02.dwg”文件，如图 9-76 所示，将其定义为“窗”块。

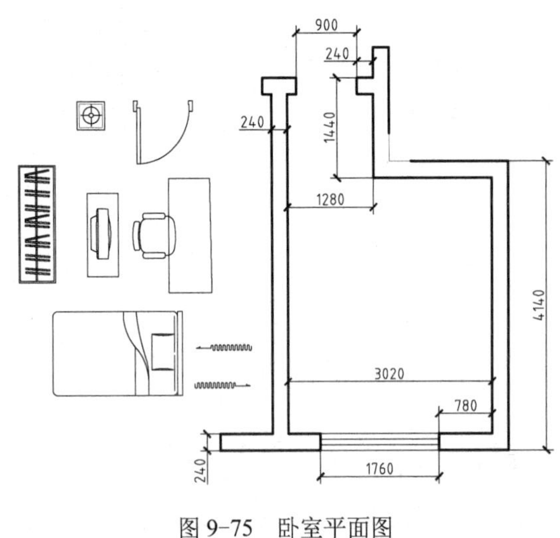

图 9-75 卧室平面图

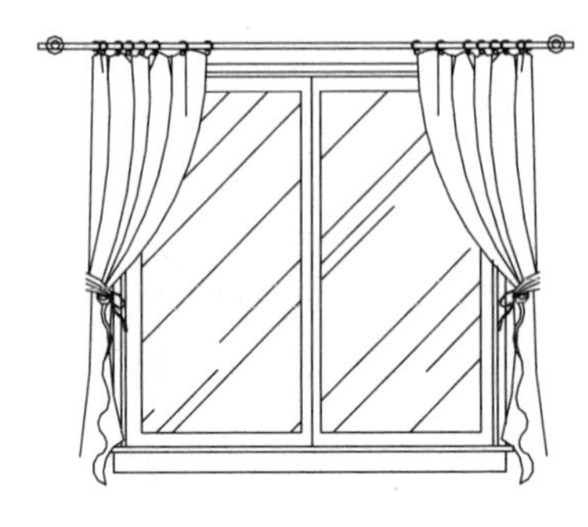

图 9-76 “窗”块

9.6.2 辅助绘图锦囊

1. 设计中心的操作技巧是什么？

答：通过设计中心，用户可以组织对图形、块、图案填充和其他图形内容的访问，可以将源图形中的任何内容拖动到当前图形中，也可以将图形、块和填充拖动到工具选项板上。源图形可以位于用户的计算机、网络位置或网站上。另外，如果打开了多个图形，则可以通过设计中心在图形之间复制和粘贴其他内容（如图层定义、布局和文字样式）来简化绘图过程。AutoCAD 制图人员一定要利用好设计中心的优势。

2. 块的作用是什么？

答：用户可以将绘制的图例创建为块，即将图例以块为单位进行保存，并归类于每一个文件夹内，以后再次需要利用此图例制图时，只需“插入”该块即可，同时还可以对块进行属性赋值。块的使用可以大大提高制图效率。

3. 块应用时应注意什么？

答：块组成对象图层的继承性；块组成对象颜色、线型和线宽的继承性；Bylayer、Byblock 的意义，即随层与随块的意义；0 层的使用。

请读者自行练习体会。AutoCAD 提供了“动态图块编辑器”。块编辑器是专门用于创建块定义并添加动态行为的编写区域。块编辑器提供了专门的块编写选项板。通过这些选项板可以快速访问块编写工具。除了块编写选项板之外，块编辑器还提供了绘图区域，用户可以根据需要在程序的主绘图区域中绘制和编辑几何图形。用户还可以指定块编辑器绘图区域的背景色。

4. Bylayer（随层）与 Byblock（随块）的作用是什么？

答：Bylayer 设置就是在绘图时把当前颜色、当前线型或当前线宽设置为 Bylayer。如果当前颜色（当前线型或当前线宽）使用 Bylayer 设置，则所绘对象的颜色（线型或线宽）与所在图层的图层颜色（图层线型或图层线宽）一致，所以 Bylayer 设置也称为随层设置。

Byblock 设置就是在绘图时把当前颜色、当前线型或当前线宽设置为 Byblock。如果当前颜色使用 Byblock 设置，则所绘对象的颜色为白色（White）；如果当前线型使用 Byblock 设置，则所绘对象的线型为实线（Continuous）；如果当前线宽使用 Byblock 设置，则所绘对象的线宽为默认线宽（Default），一般默认线宽为 0.25mm，默认线宽也可以进行重新设置，Byblock 设置也称为随块设置。

5. 内部块与外部块的区别是什么？

答：内部块是在一个文件内定义的块，可以在该文件内部自由作用，内部块一旦被定义，它就和文件同时被存储和打开。外部块将“块”以主文件的形式写入磁盘，其他图形文件也可以使用它，要注意这是外部块和内部块的一个重要区别。

第 10 章

面域与测量

本章要点

- 面域
- 测量
- 综合实战
- 设计专栏

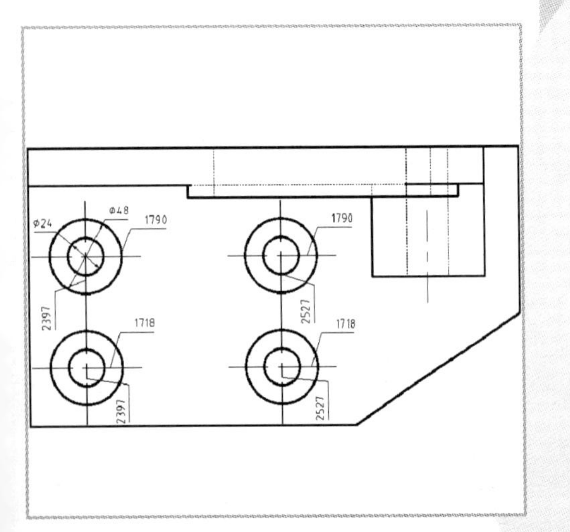

面域是 AutoCAD 中一类特殊的图形对象，除了可以用于填充图案和着色外，还可以分析其几何属性和物理属性，在模型分析中具有十分重要的意义。本章将学习面域的创建与编辑方法，以及图形的周长、面积等信息的测量方法。

10.1 面域

“面域”是由封闭区域所形成的二维实体对象，其边界可以由直线、多段线、圆、圆弧或椭圆等对象形成。可以为面域填充图案和着色，分析面域的几何特征和物理特征，用户还可以对面域进行布尔运算，创建出不同图形的形状。在三维建模状态下，面域也可以用做构建实体模型的特征界面。

10.1.1 创建面域

通过选择自封闭的对象或者端点相连构成封闭的对象，可以快速创建面域。如果对象自身内部相交（如相交的圆弧或自相交的曲线），就不能生成面域。创建“面域”的方法有多种，其中最常用的命令有“面域”命令和“边界”两种。

1. 使用“面域”命令创建面域

在 AutoCAD 2016 中，启用“面域”命令的方法有以下几种。

- 菜单栏：选择“绘图”|“面域”命令。
- 功能区：在“默认”选项卡中，单击“绘图”面板中的“面域”按钮。
- 工具栏：单击“绘图”工具栏中的“面域”按钮。
- 命令行：在命令行中输入 REGION/REG 命令。

执行上述命令后，选择一个或多个用于转换为面域的封闭图形，AutoCAD 将根据选择的边界自动创建面域，并报告已经创建的面域数目。

2. 使用“边界”命令创建面域

创建面域的另一种方法是使用“边界”命令。在 AutoCAD 2016 中，启用“边界”命令的方法有以下几种。

- 菜单栏：选择“绘图”|“边界”命令。
- 功能区：在“默认”选项卡中，单击“绘图”面板中的“边界”按钮。
- 命令行：在命令行中输入 BOUNDARY/BO 命令。

10.1.2 案例——创建机械零件面域

下面通过创建机械零件面域实例，来讲解使用“面域”命令创建面域的方法，具体操作过程如下。

步骤 1 单击快速访问工具栏中的“打开”按钮，打开配套光盘中提供的“第 10 章\10.1.2 创建机械零件面域.dwg”素材文件，如图 10-1 所示。

步骤 2 在“默认”选项卡中，单击“绘图”面板中的“面域”按钮，选择机械零件轮廓图为面域，命令行提示如下。

```
命令: _region↙                              //调用“面域”命令
选择对象: 指定对角点: 找到 1 个，总计 10 个    //选择所有图形
选择对象:                                    //按〈Enter〉键创建面域
已提取 1 个环。
已创建 1 个面域。
```

步骤 3 在“视图”选项卡中，单击“视觉样式”面板中的“概念”视觉样式按钮，修改视觉样式，此时的面域显示如图 10-2 所示。

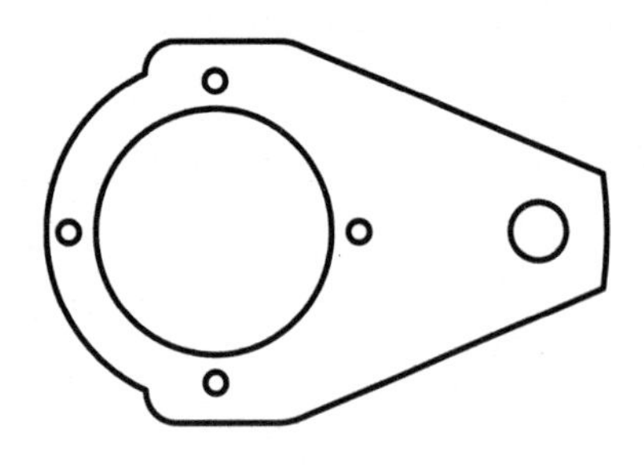

图 10-1 素材文件

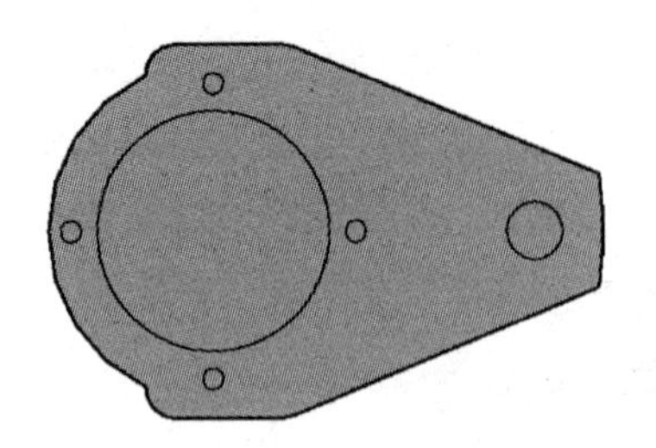

图 10-2 已创建面域图形

10.1.3 案例——创建花圃面域

下面通过绘制花圃实例，来讲解利用“边界”命令创建面域的方法，具体操作过程如下。

步骤 1 单击快速访问工具栏中的“打开”按钮，打开配套光盘中提供的“第 10 章\10.1.3 创制花圃面域.dwg”素材文件，如图 10-3 所示。

步骤 2 在“默认”选项卡中，单击“绘图”面板中的“边界”按钮，系统弹出“边界创建”对话框，设置“对象类型”为“面域”，单击“拾取点”按钮，如图 10-4 所示。

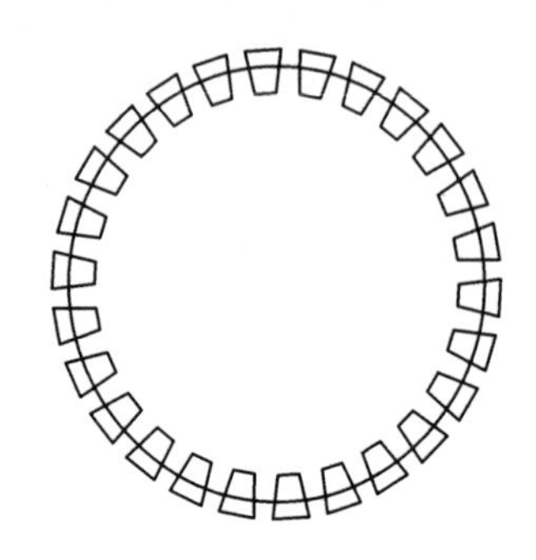

图 10-3 素材文件

图 10-4 “边界创建”对话框

步骤 3 单击大圆内部，然后按〈Enter〉键确定，此时 AutoCAD 自动创建要求的面域对象，并显示创建信息。

命令: _boundary↙ //调用“边界”命令

拾取内部点： 正在选择所有对象... //单击圆内部点，如图 10-5 所示

正在选择所有可见对象...

正在分析所选数据...

正在分析内部孤岛...

拾取内部点:

已提取 1 个环。

已创建 1 个面域。

BOUNDARY 已创建 1 个面域 //已创建一个面域

步骤 4 调用“移动”命令，移动所创建的面域，效果如图 10-6 所示。

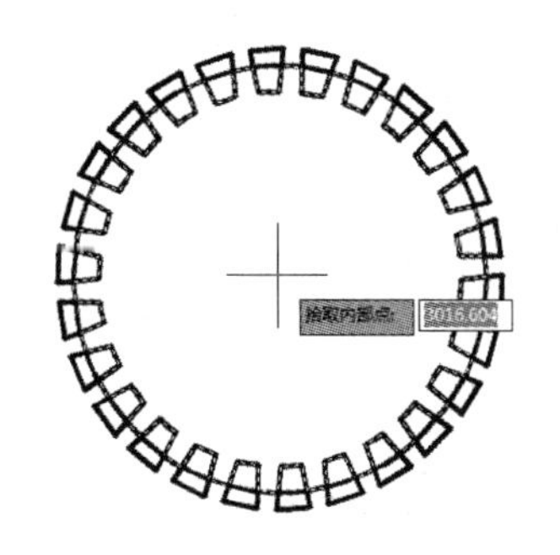

图 10-5 拾取内部点

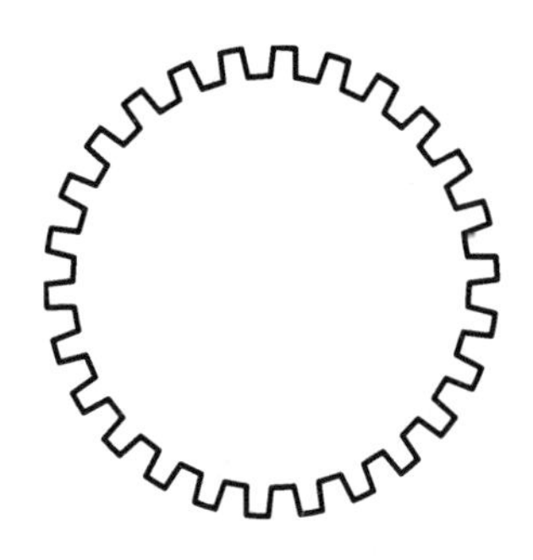

图 10-6 完成效果

提示：“面域”图形是一个平面整体，只能整体进行复制、旋转、移动和阵列等操作。如果要将其转换成线框图，可以通过“分解”工具将其分解。

10.1.4 运算面域

在 AutoCAD 中，可以对面域进行并集、差集和交集 3 种布尔运算，通过不同的组合来创建复杂的新面域。此命令的操作需切换空间至“三维基础”工作空间。

1. 并集运算

并集运算是将多个面域对象相加合并成一个对象。在 AutoCAD 2016 中，启用“并集”运算命令有以下几种方法。

- 菜单栏：选择“修改”|“实体编辑”|“并集”命令。
- 功能区：在“默认”选项卡中，单击“编辑”面板中的“并集”按钮。
- 工具栏：单击“实体编辑”工具栏中的“并集”按钮。
- 命令行：在命令行中输入 UNION/UNI 命令。

执行上述命令后，依次选取要进行合并的面域对象并右击，或按〈Enter〉键即可将多个面域对象合并成为一个面域。

2. 差集运算

差集运算是指在一个面域中减去其他与之相交面域的部分，即是将一个面域从另一个面域中除去。在 AutoCAD 2016 中，启动面域的差集运算命令有以下几种方法。

- 菜单栏：选择“修改”|“实体编辑”|“差集”命令。
- 功能区：在“常用”选项卡中，单击“实体编辑”面板中的“差集”按钮。
- 工具栏：单击“实体编辑”工具栏中的“差集”按钮。
- 命令行：在命令行中输入 SUBTRACT/SU 命令。

执行以上任意一种操作后，首先选取被去除的面域，然后按空格键并选取要去除的面域，最后按〈Enter〉键，即可执行面域的差集运算。

3. 交集运算

交集运算是指保留多个面域相交的公共部分，而除去其他部分的运算方式。在 AutoCAD 2016 中，启用“交集”命令有以下几种方法。

- 菜单栏：选择“修改”|“实体编辑”|“交集”菜单命令。
- 功能区：在“常用”选项卡中，单击“实体编辑”面板中的“交集”按钮。
- 工具栏：单击“实体编辑”工具栏“交集”按钮。
- 命令行：在命令行中输入 INTERSECT/IN 命令。

执行上述命令后，依次选取两个相交面域并右击鼠标即可完成命令操作。

10.1.5 案例——并集运算创建观景座面域

下面通过实例来讲解并集运算命令的使用方法，具体操作过程如下。

步骤 1 单击快速访问工具栏中的“打开”按钮，打开配套光盘中提供的“第 10 章\10.1.5 并集运算.dwg”素材文件，如图 10-7 所示。

步骤 2 在命令行中输入 UNI（并集）命令，对两个面域进行并集运算，命令行提示如下。

```
命令: _union↙                           //调用“并集”命令
选择对象: 找到 1 个
选择对象: 找到 1 个，总计 12 个           //选择全部面域
选择对象: ↙                             //按〈Enter〉键，完成合并
```

步骤 3 面域并集运算效果如图 10-8 所示。

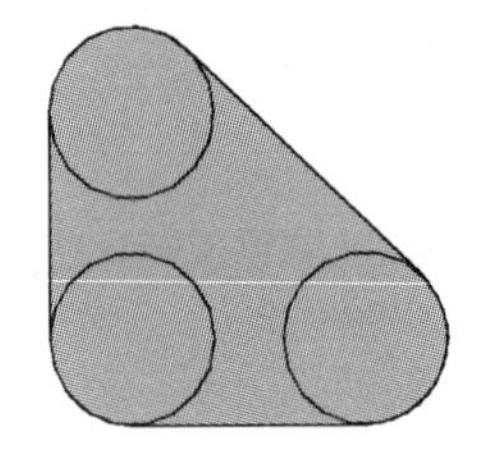

图 10-7 素材文件

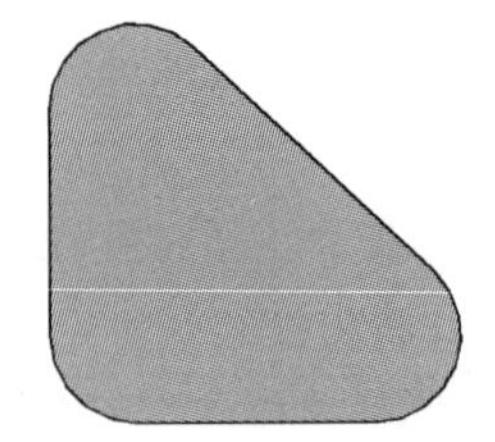

图 10-8 面域并集运算结果

提示：使用 C（圆）命令绘制的圆是不能进行布尔运算的，因为它们还不是面域对象。在进行布尔运算前，必须先使用 REG（面域）命令转化为面域对象。

10.1.6 案例——差集运算创建扳手面域

下面通过实例来讲解差集运算命令的使用方法，具体操作过程如下。

步骤 1 单击快速访问工具栏中的“打开”按钮，打开配套光盘中提供的“第 10 章\10.1.6 差集运算.dwg”素材文件，如图 10-9 所示。

步骤 2 在命令行中输入 SU（差集）命令，对两个面域进行并集运算，其命令行提示如下。

```
命令: Subtract↙                         //调用“差集”命令
SUBTRACT 选择要从中减去的实体、曲面和面域...
选择对象: 找到 1 个↙                     //选取需要被去除的面域
选择对象:
选择要减去的实体、曲面和面域...
```

选择对象: 找到 1 个　　　　　　　　　　　//选择去除面域
选择对象: ↙　　　　　　　　　　　　　　//按〈Enter〉键，完成差集运算

步骤 3 面域差集运算效果如图 10-10 所示。

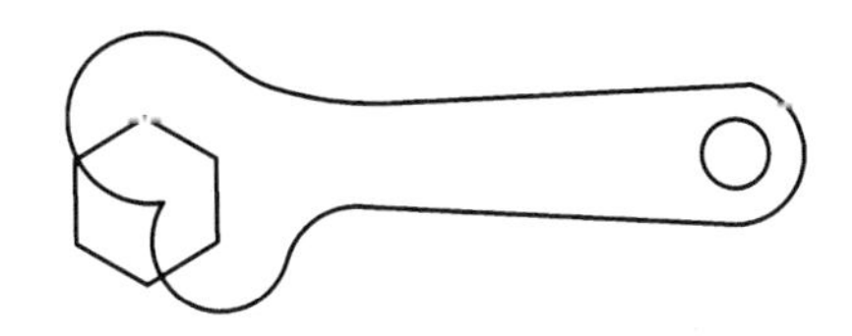

图 10-9　素材文件

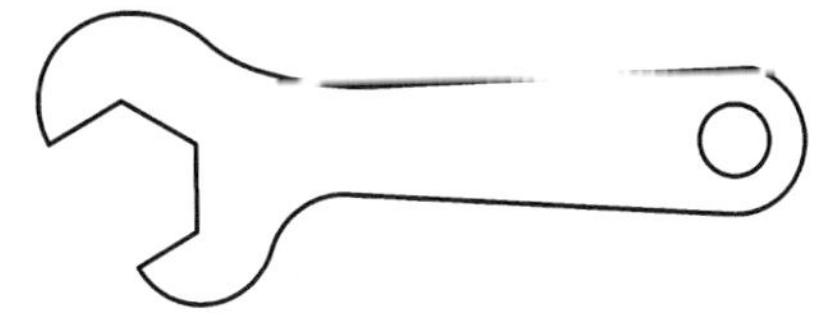

图 10-10　面域差集运算结果

10.1.7 案例——交集运算创建叶子面域

下面通过绘制叶子实例来讲解交集运算命令的使用方法，具体操作过程如下。

步骤 1 单击快速访问工具栏中的“打开”按钮，打开配套光盘中提供的“第 10 章\10.1.7 交集运算.dwg”素材文件，如图 10-11 所示。

步骤 2 在命令行中输入 IN（交集）命令，对两个面域进行交集运算，如图 10-12 所示。命令行提示如下。

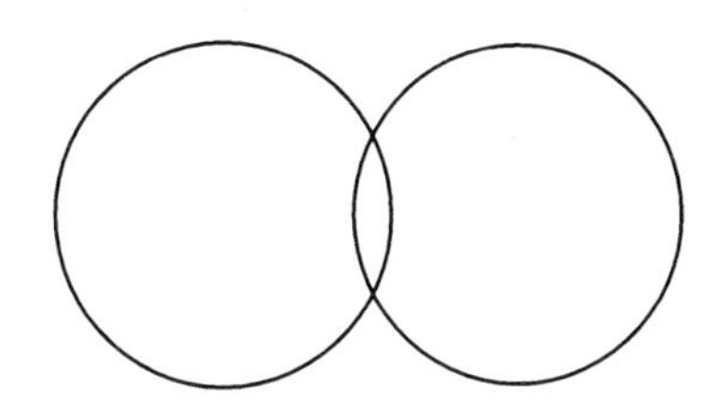

图 10-11　素材文件

图 10-12　面域交集运算结果

命令: INTERSECT↙　　　　　　　　　　　//调用“交集”命令
选择对象: 找到 1 个　　　　　　　　　　　//先选择圆
选择对象: 找到 1 个，总计 2 个　　　　　　//再拾取圆
选择对象:　　　　　　　　　　　　　　　//按〈Enter〉键，完成交集运算

步骤 3 继续调用 SPL（样条曲线）命令，绘制叶脉，如图 10-13 所示。

步骤 4 执行相同的命令，绘制其他叶片，并移动至相应的位置，叶子完成效果如图 10-14 所示。

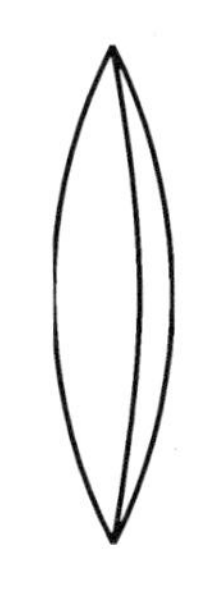

图 10-13　绘制叶脉

图 10-14　完成效果

10.2 测量

计算机辅助设计不可缺少的一个功能是提供对图形对象的点坐标、距离、周长和面积等属性的几何测量。AutoCAD 2016 提供了测量图形对象的面积、距离、坐标、周长、体积、列表和时间等工具。

10.2.1 测量坐标

使用“点坐标”命令可以测量点的坐标。测量点的坐标后，将列出指定点的 X、Y、Z 值，并将指定点的坐标储存为上一点的坐标。可以通过输入点的下一步提示中输入“@”符号来引用上一点。

在 AutoCAD 2016 中，启用“点坐标”命令常用的几种方法如下。

- 菜单栏：选择“工具”|“查询”|“点坐标”命令。
- 功能区：在“默认”选项卡中，单击“实用工具”面板中的“点坐标”按钮 点坐标。
- 工具栏：单击“查询”工具栏中的“点坐标”按钮。
- 命令行：在命令行中输入 ID 命令。

执行上述命令后，只需启用对象捕捉，单击确定某个点的位置，即可自动计算该点的 X、Y 和 Z 坐标，如图 10-15 与图 10-16 所示。在二维绘图中，Z 坐标一般为 0。

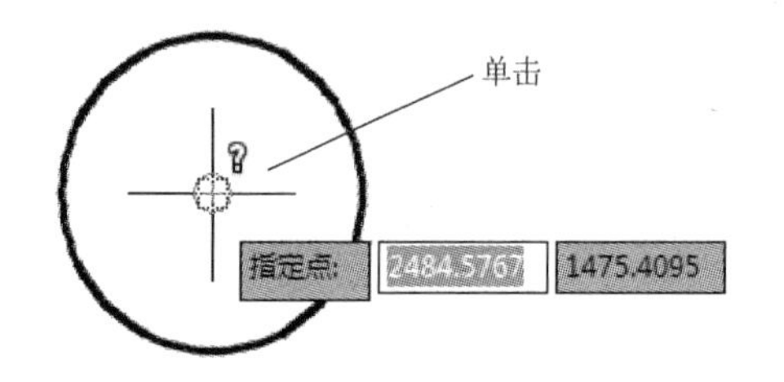

图 10-15 指定测量点

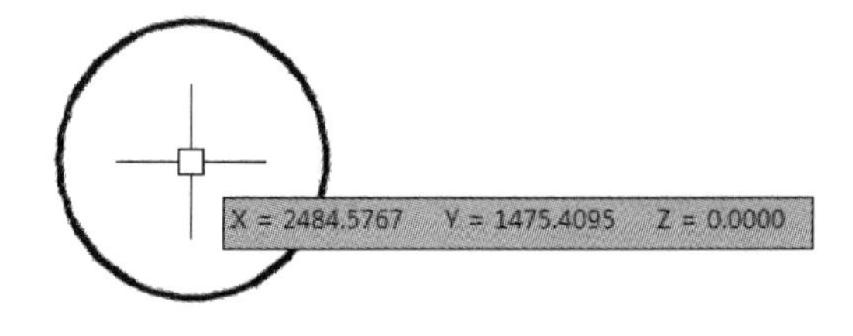

图 10-16 显示坐标值

10.2.2 测量距离

测量“距离”命令主要是用来测量指定两点间的长度值与角度值。在 AutoCAD 2016 中，启用“距离”命令常用的几种方法如下。

- 菜单栏：选择“工具”|“查询”|“距离”命令。
- 功能区：单击“实用工具”面板中的“距离”按钮。
- 工具栏：单击“查询”工具栏中的“距离”按钮。
- 命令行：在命令行中输入 DIST/DI 命令。

执行上述命令后，单击逐步指定测量的两点，即可在命令行中显示当前测量距离、倾斜角度等信息。

10.2.3 案例——测量零件孔心距

下面通过实例来讲解测量“距离”命令的使用方法，具体操作过程如下。

步骤 1 单击快速访问工具栏中的“打开”按钮，打开配套光盘中提供的“第 10 章\10.2.3 测量距离.dwg”素材文件，如图 10-17 所示。

步骤 2 在命令行输入 DI（距离）命令，在测量对象的起点处单击，然后在测量对象的终点处单击，如图 10-18 与图 10-19 所示。

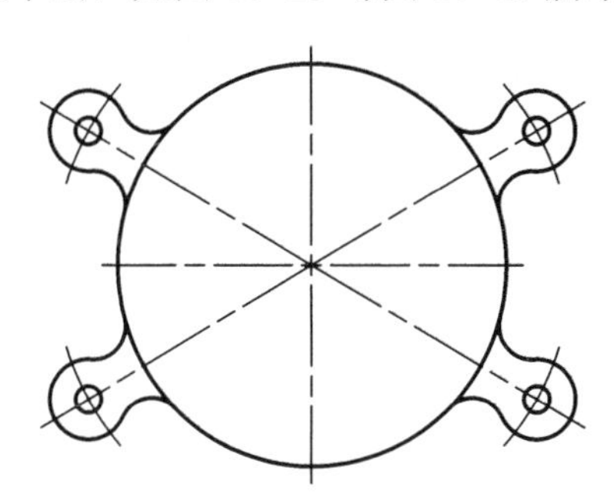

图 10-17 素材文件

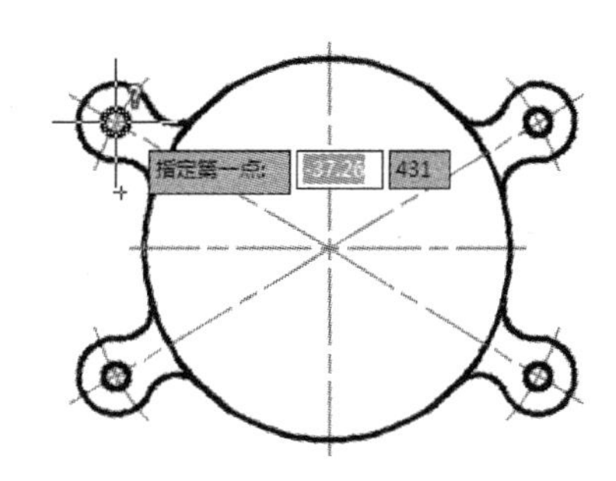

图 10-18 指定起点

步骤 3 测量完成后系统将显示测量的结果，如图 10-20 所示。其命令行提示如下。

```
命令: DIST ↙                                          //调用“距离”命令
指定第一点:                                            //拾取第一点
指定第二个点或 [多个点(M)]:                            //拾取终点
距离 =160，XY 平面中的倾角 =0，  与 XY 平面的夹角 =0    //显示指定两点间的距离
X 增量 =21.3122，   Y 增量 =0.0000，    Z 增量 =0.0000
```

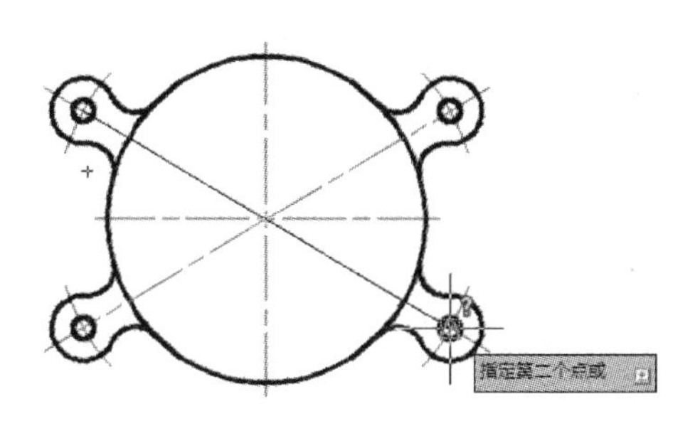

图 10-19 指定终点

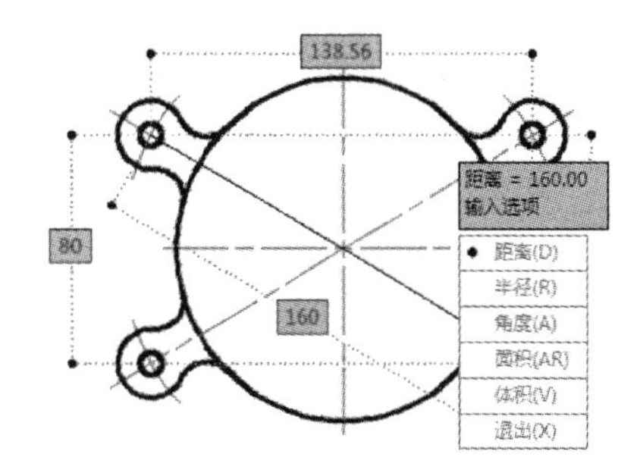

图 10-20 测量结果

10.2.4 测量半径

测量“半径”命令主要用来测量指定圆及圆弧的半径值。在 AutoCAD 2016 中，启用“半径”命令常用的几种方法如下。

- 菜单栏：选择“工具”|“查询”|“半径”命令。
- 功能区：单击“实用工具”面板中的“半径”按钮。
- 工具栏：单击“查询”工具栏中的“半径”按钮。

➢ 命令行：在命令行中输入 MEASUREGEOM 命令。

执行上述命令后，选择图形中的圆或圆弧，即可在命令行中显示其半径数值。

10.2.5 案例——测量零件半径

下面通过实例来讲解测量“半径”命令的使用方法，具体操作过程如下。

步骤 1 单击快速访问工具栏中的“打开”按钮，打开配套光盘中提供的“第 10 章\10.2.5 测量半径.dwg”素材文件，如图 10-21 所示。

步骤 2 在“默认”选项卡中，单击“实用工具”面板中的“半径”按钮，选择如图 10-21 所示的圆弧，单击确定后，系统将显示所查询圆弧的半径，然后在弹出的菜单中选择“退出”命令，结束操作，如图 10-22 所示。其命令行操作如下。

```
命令: _MEASUREGEOM↙                                    //调用“半径”命令
输入选项 [距离(D)/半径(R)/角度(A)/面积(AR)/体积(V)] <距离>: _radius
选择圆弧或圆:                                          //选择要查询的圆
半径 = 60.00                                           //显示圆的半径和直径
直径 = 120.00
```

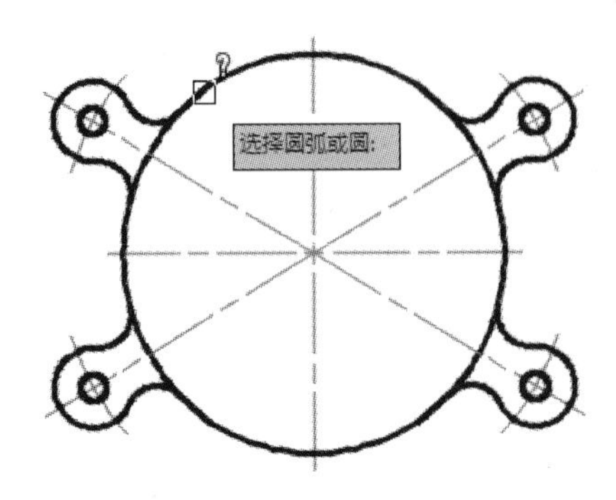

图 10-21 指定圆或圆弧

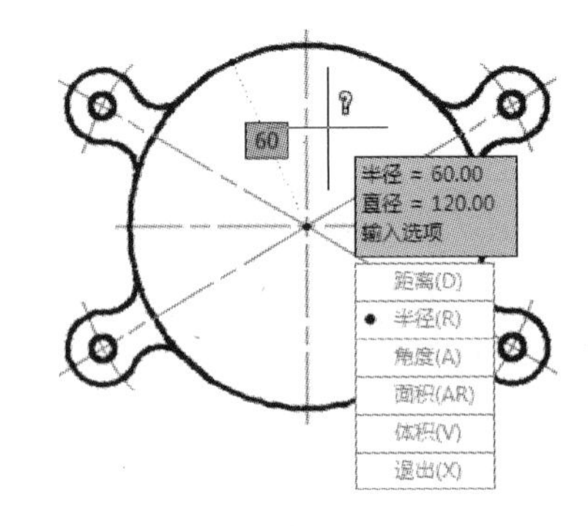

图 10-22 半径测量结果

10.2.6 测量角度

测量“角度”命令用于测量指定线段之间的角度大小。在 AutoCAD 2016 中，启用“角度”命令常用的几种方法如下。

➢ 菜单栏：选择“工具”|“查询”|“角度”命令。
➢ 功能区：在“默认”选项卡中，单击“实用工具”面板中的“角度”按钮。
➢ 工具栏：单击“查询”工具栏中的“角度”按钮。
➢ 命令行：在命令行中输入 MEASUREGEOM 命令。

执行上述命令后，单击逐步选择构成角度的两条线段或角度顶点，即可在命令行中显示其角度数值。

10.2.7 案例——测量倾角

下面通过实例来讲解测量“角度”命令的使用方法，具体操作过程如下。

步骤 1 单击快速访问工具栏中的“打开”按钮，打开配套光盘中提供的“第 10 章\10.2.7 测量角度.dwg”素材文件，如图 10-23 所示。

步骤 2 在“默认”选项卡中，单击“实用工具”面板中的“角度”按钮，选择要测量角的两条边，如图 10-24 所示。

步骤 3 选择完成后，系统将会显示出要测量角的角度大小，如图 10-25 所示。然后在弹出的菜单中选择“退出”命令，结束操作。其命令行提示如下。

```
命令: _MEASUREGEOM ↙                                        //调用“角度”命令
输入选项 [距离(D)/半径(R)/角度(A)/面积(AR)/体积(V)] <距离>: _angle
选择圆弧、圆、直线或 <指定顶点>:                              //选择测量角的第一条边
选择第二条直线:                                              //选择测量角的另一条边
角度 =97°                                                    //查询结果
```

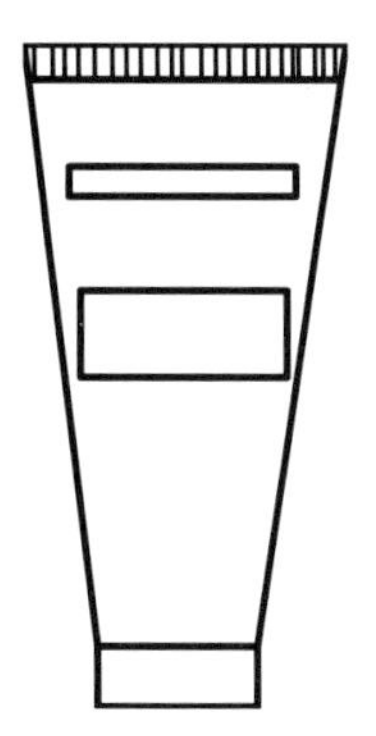

图 10-23　素材文件

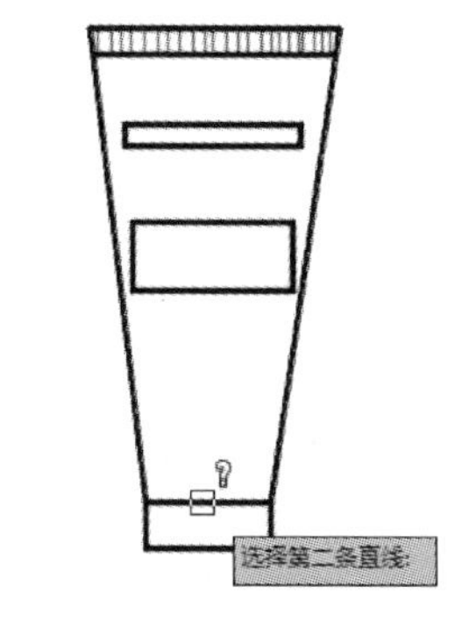

图 10-24　指定测量角的两条边

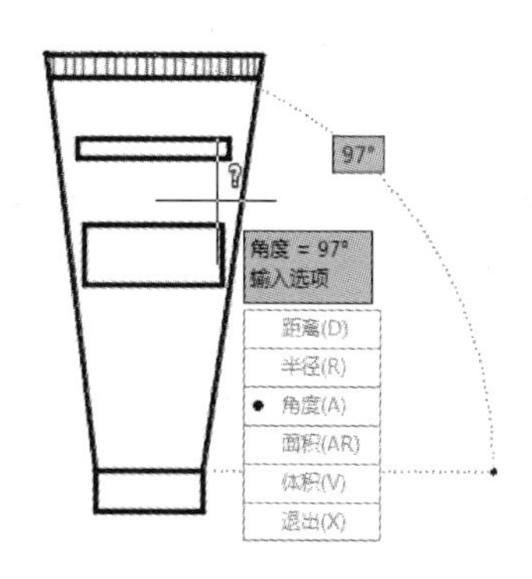

图 10-25　测量角度结果

10.2.8 测量面积及周长

测量“面积”命令用于测量对象面积和周长值，同时还可以对面积及周长进行加减运算。在 AutoCAD 2016 中，启用“面积”命令常用的几种方法如下。

- 菜单栏：选择“工具”|“查询”|“面积”命令。
- 功能区：在“默认”选项卡中，单击“实用工具”面板中的“面积”按钮。
- 工具栏：单击“查询”工具栏中的“面积”按钮。
- 命令行：在命令行中输入 AREA/AA 命令。

执行上述命令后，在绘图区中选择测量的图形对象，或划定需要测量的区域后并按〈Enter〉键，绘图区将显示快捷菜单和查询结果。

10.2.9 案例——测量景观面积

下面通过实例来讲解测量“面积”命令的使用方法，具体操作过程如下。

步骤 1 单击快速访问工具栏中的“打开”按钮，打开配套光盘中提供的“第 10 章\10.2.9 测量面积及周长.dwg”素材文件，如图 10-26 所示。

步骤 2 在“默认”选项卡中，单击“实用工具”面板中的“面积”按钮，选择所要查询面积的图形，右击选择确定，系统将自动显示出所选图形的面积，如图 10-27 与图 10-28

所示。其命令行操作如下。

```
命令: _MEASUREGEOM ↙                                                  //调用“面积”命令
输入选项 [距离(D)/半径(R)/角度(A)/面积(AR)/体积(V)] <距离>:AR↙          //激活“面积”选项
指定第一个角点或 [对象(O)/增加面积(A)/减少面积(S)/退出(X)] <对象(O)>: O↙   //激活“对象”选项
选择对象:                                                             //选择要测量的对象
区域 =14767.8718，长度 =446.0506                                      //测量面积及周长的结果
```

图 10-26　素材文件

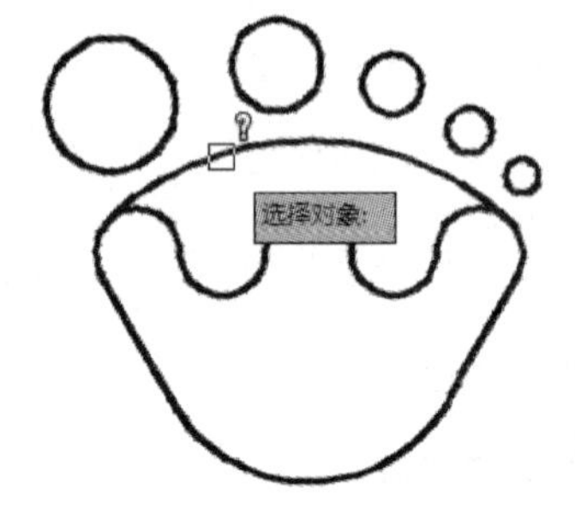

图 10-27　选择对象

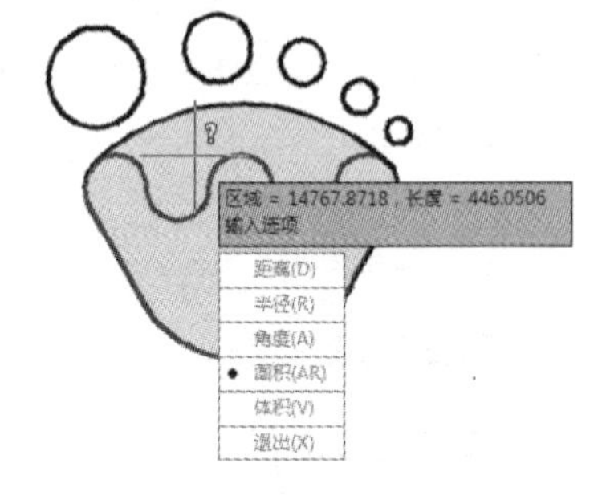

图 10-28　测量面积及周长的结果

提示： 如果要进行面积的“求和”或“求差”，只需要输入对应的命令行选项字母，然后按〈Enter〉键确认即可。

10.2.10 测量体积

测量“体积”命令用于测量对象体积数值，同时还可以对体积进行加减运算。在 AutoCAD 2016 中，启用“体积”命令常用的几种方法如下。

- 菜单栏：选择“工具”|“查询”|“体积”命令。
- 功能区：在“默认”选项卡中，单击“实用工具”面板中的“体积”按钮。
- 工具栏：单击“查询”工具栏中的“体积”按钮。
- 命令行：在命令行中输入 MEASUREGEOM 命令。

执行上述命令后，在绘图区中选择测量的三维的对象并按〈Enter〉键，绘图区将显示快捷菜单及查询结果。

10.2.11 案例——测量零件体积

下面通过实例来讲解测量“面积”命令的使用方法，具体操作过程如下。

步骤 1 单击快速访问工具栏中的“打开”按钮，打开配套光盘中提供的“第 10 章\10.2.11 测量体积.dwg”素材文件，如图 10-29 所示。

步骤 2 在“默认”选项卡中，单击“实用工具”面板中的“体积”按钮。其命令行提示如下。

```
命令: _MEASUREGEOM ↙                                                  //调用“体积”命令
输入选项 [距离(D)/半径(R)/角度(A)/面积(AR)/体积(V)] <距离>: V↙         //激活“体积”选项
指定第一个角点或 [对象(O)/增加体积(A)/减去体积(S)/退出(X)] <对象(O)>: O↙   //激活“对象”选项
```

选择对象: //选择要查询的对象

体积 = 5527.0797 //查询结果

步骤 3 操作完毕，系统将显示体积的测量结果，然后在弹出的菜单中选择“退出”命令，结束操作，如图 10-30 所示。

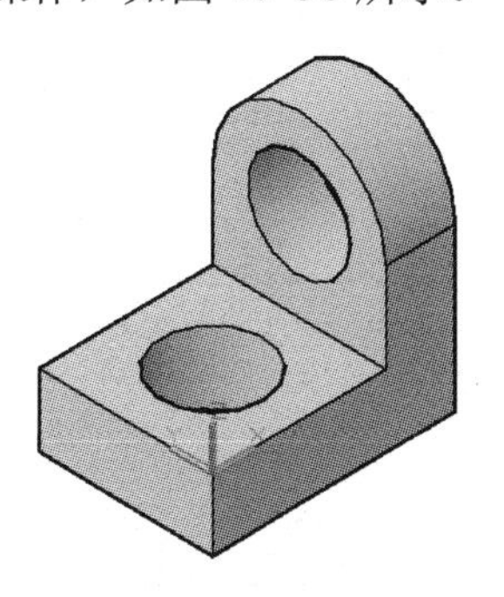

图 10-29 素材文件

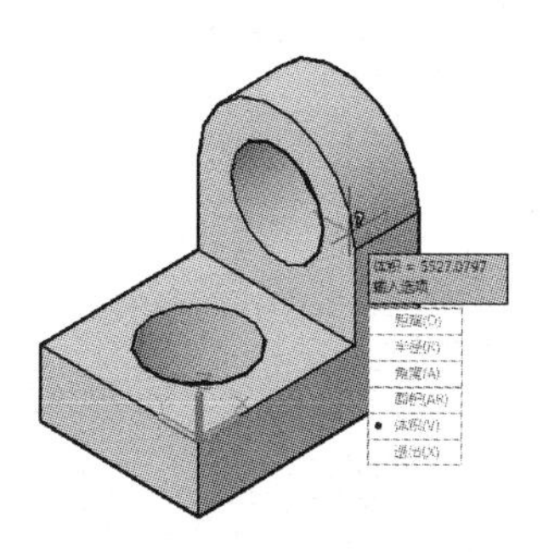

图 10-30 测量体积结果

10.2.12 查询质量特性

在 AutoCAD 2016 中，通过“质量特性”命令，可以快速查询面域模型的质量信息，其中包括面域的周长、面积、边界框、质心、惯性矩、惯性积和旋转半径等。

在 AutoCAD 中，启用“质量特性”命令常用的几种方法如下。

- 菜单栏：选择“工具”|“查询”|“面域/质量特性”命令。
- 工具栏：单击“查询”工具栏中的“面域/质量特性”按钮。
- 命令行：在命令行中输入 MASSPROP 命令。

10.2.13 案例——查询面域特性

下面通过实例来讲解查询“质量特性”命令的使用方法，具体操作过程如下。

步骤 1 单击快速访问工具栏中的“打开”按钮，打开配套光盘中提供的“第 10 章\10.2.13 查询面域特性.dwg”素材文件，如图 10-31 所示。

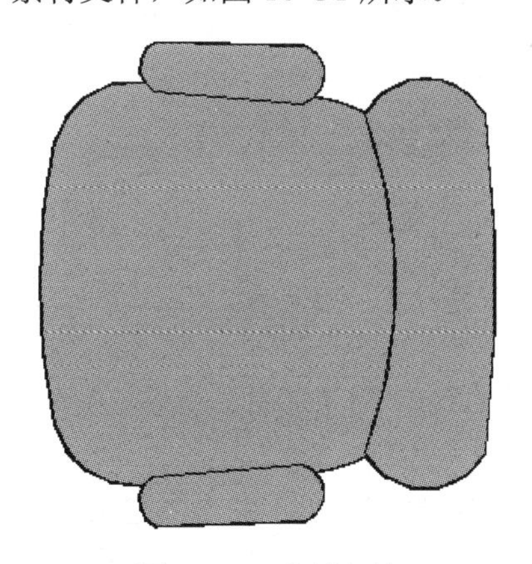

图 10-31 素材文件

步骤 2 选择“工具”|“查询”|“面域/质量特性”命令，选择面域对象，按空格键，系

统将自动弹出面域的相关信息，如图 10-32 所示。

步骤 3 输入“Y”并确定，弹出“创建质量与面积特性文件”对话框，对当前信息进行保存，如图 10-33 所示。

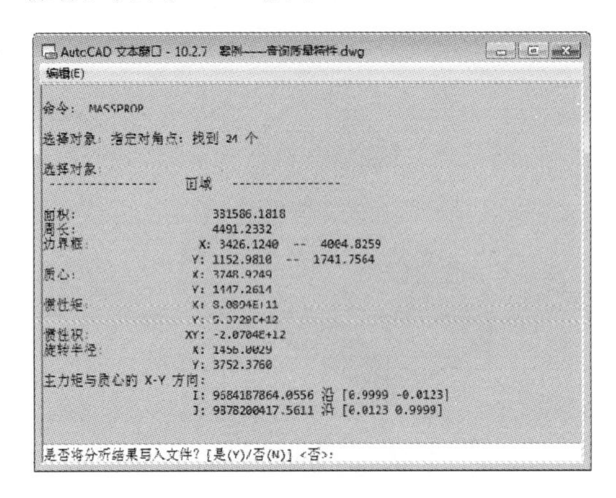

图 10-32 面域的相关信息

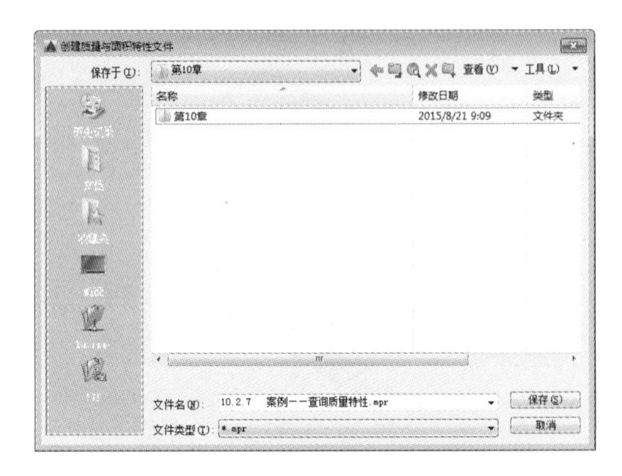

图 10-33 保存信息内容

10.2.14 列表显示

查询“列表”命令可查询到 AutoCAD 图形对象各个点的坐标值、长度、宽度、高度、旋转、面积、周长，以及所在图层信息。在 AutoCAD 2016 中，启用“列表”命令常用的几种方法如下。

- 菜单栏：选择“工具”|“查询”|“列表”命令。
- 工具栏：单击“查询”工具栏中的“列表”按钮。
- 命令行：在命令行中 LIST/LI 命令。

执行上述命令后，命令行出现“选择对象”提示信息，此时只需要在绘图区中选择需要查询的对象并确认，即可在命令行显示所查询的内容。

技巧： 要查看图形中对象的某些特征，也可以在选择需要查看的对象后，在打开的“特征”选项板中进行查看。

10.2.15 查询时间

查询“时间”命令用来显示图形的日期和时间统计信息、图形的编辑时间、最后一次修改时间，以及系统当前时间等信息。在 AutoCAD 2016 中，启用“时间”命令常用的几种方法如下。

- 菜单栏：选择“工具”|“查询”|“时间”命令。
- 命令行：在命令行中输入 TIME 命令。

执行上述命令后，将显示如图 10-34 所示的命令行信息，该窗口中显示了当前时间、创建时间、上次更新时间、累计编辑时间、消耗时间计时器、各参数的更新年、月、日，以及下次自动保存时间等信息。

```
命令: TIME
当前时间:                    2014年7月19日 星期六   上午 10:12:34:921
此图形的各项时间统计:
  创建时间:                  2003年5月11日 星期日   下午 15:39:01:993
  上次更新时间:                2014年7月19日 星期六   上午 10:08:53:539
  累计编辑时间:                0 天 00:15:05:388
  消耗时间计时器 (开):            0 天 00:15:05:244
  下次自动保存时间:              0 天 00:06:35:982
```

图 10-34　查询时间

10.2.16 状态显示

查询“状态”命令可查询到当前图形中对象的数目和当前空间中各种对象的类型等信息。启用“状态”命令常用的几种方法如下。

➢ 菜单栏：选择“工具”|“查询”|“状态”命令。

➢ 命令行：在命令行中输入 STATUS 命令。

执行上述命令后，系统将打开如图 10-35 所示的命令行窗口，该窗口中显示了捕捉分辨率、当前空间类型、布局、图层、颜色、线型、材质、图形界限、图形中对象的个数，以及对象捕捉模式等信息。

```
命令:
命令: *取消*
命令: *取消*
命令: *取消*
命令: STATUS
195 个对象在C:\Documents and Settings\Administrator\桌面\第7章 素材\面域求差结果图.dwg中
放弃文件大小:          15170 个字节
模型空间图形界限        X:     0.0000   Y:     0.0000  (关)
                       X:   420.0000   Y:   297.0000
模型空间使用           X: 1880.0619   Y: 2165.5333
                       X: 2039.0619   Y: 2224.5141 **超过
显示范围               X: 1819.7689   Y: 2110.1371
                       X: 2104.2603   Y: 2241.9501
插入基点               X:     0.0000   Y:     0.0000   Z:     0.0000
捕捉分辨率             X:    10.0000   Y:    10.0000
栅格间距               X:    10.0000   Y:    10.0000
当前空间:              模型空间
当前布局:              Model
```

图 10-35　查询状态

10.3 综合实战

本节通过具体的实例，使读者能更加熟练地掌握“查询”工具及“布尔运算”命令，从而更好地将其运用到实际操作当中。

10.3.1 查询室内建筑的面积

步骤 1 单击快速访问工具栏中的“打开”按钮，打开配套光盘中提供的“第 10 章\10.3.1 查询室内建筑的面积.dwg”素材文件，如图 10-36 所示。

步骤 2 在“默认”选项卡中，单击“实用工具”面板中的“面积”按钮，当系统提示“指定第一个角点或 [对象(O)/增加面积(A)/减少面积(S)/退出(X)] <对象(O)>：”时，指定建筑区域的第一个角点，如图 10-37 所示。

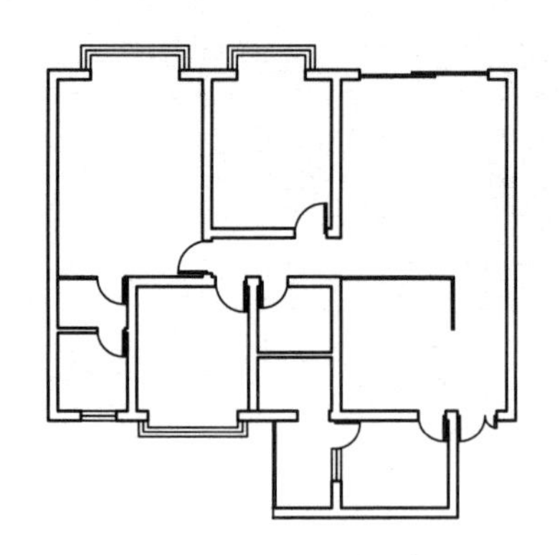
图 10-36 素材文件

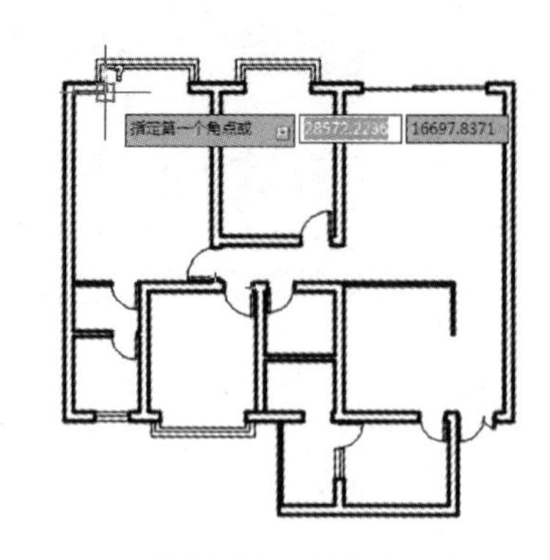

图 10-37 指定第一点

步骤 3 当系统提示“指定下一个点或 [圆弧(A)/长度(L)/放弃(U)] ：”时，指定建筑区域的下一个角点，如图 10-38 所示。其命令行提示如下。

命令: _MEASUREGEOM↙ //调用“面积”命令

输入选项 [距离(D)/半径(R)/角度(A)/面积(AR)/体积(V)] <距离>: _area

指定第一个角点或 [对象(O)/增加面积(A)/减少面积(S)/退出(X)] <对象(O)>: //指定第一个角点

指定下一个点或 [圆弧(A)/长度(L)/放弃(U)]: //指定另一个角点

……

指定下一个点或 [圆弧(A)/长度(L)/放弃(U)/总计(T)] <总计>:

区域 =107624600.0000，周长 =48780.8332 //查询结果

步骤 4 根据系统的提示，继续指定建筑区域的其他角点，然后按空格键进行确认，系统将显示测量出的结果，在弹出的菜单中选择“退出”命令，退出操作，如图 10-39 所示。

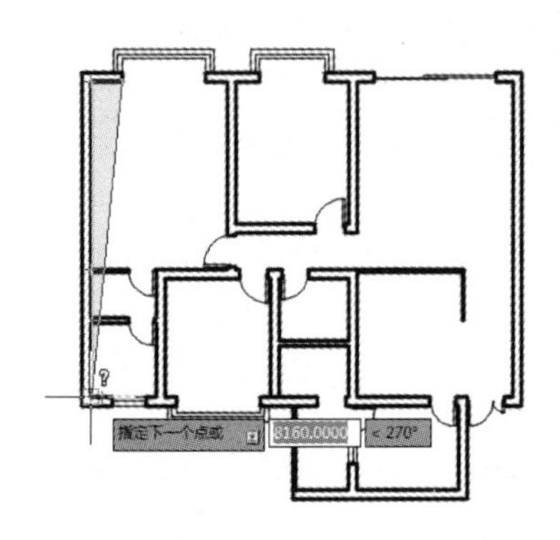

图 10-38 指定下一点

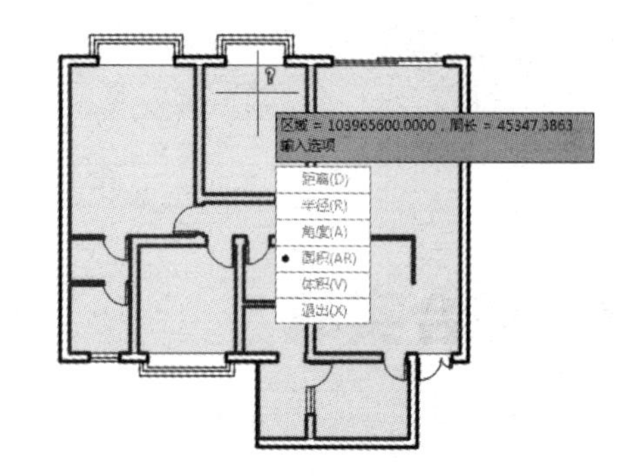

图 10-39 查询结果

提示：在建筑实例中，平面图的单位为毫米。因此，这里查询得到的结果，周长的单位为毫米，面积的单位为平方毫米。

10.3.2 绘制地毯

步骤 1 调用 C（圆）和 EL（椭圆）命令，绘制如图 10-40 所示的图形，并在“默认”选项卡中，单击“绘图”面板中的“面域”按钮，将其创建为面域。

步骤 2 在命令行中输入 UNI（并集）命令并按〈Enter〉键，对图形求并集，面域并集结果如图 10-41 所示。命令行提示如下。

```
命令: _union↙                          //调用“并集”命令
选择对象: 找到 1 个
选择对象: 找到 1 个，总计 2 个          //选择全部面域
选择对象:                              //按〈Enter〉键，完成合并
```

步骤 3 分解并集图形并调整。在命令行中的输入 AR（环形阵列）命令，设置阵列数为 7，如图 10-42 所示。

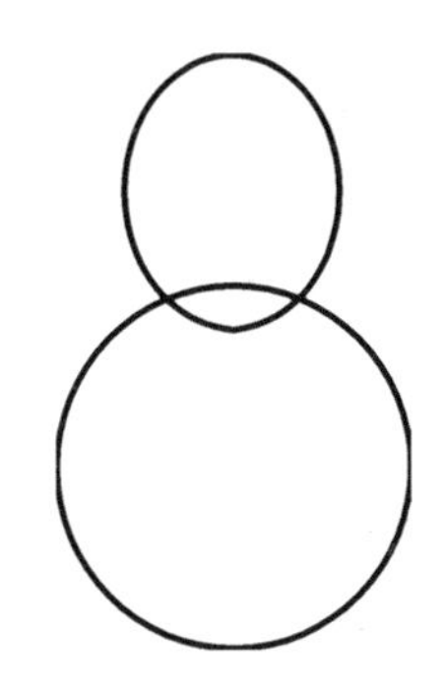

图 10-40 绘制圆和椭圆

图 10-41 求并集

图 10-42 阵列椭圆

步骤 4 调用 REC（矩形）命令，绘制矩形，并调用“面域”命令将其创建为面域，如图 10-43 所示。

步骤 5 调用 EL（椭圆）命令，绘制椭圆，创建面域后求并集，如图 10-44 所示。

步骤 6 调用 TR（修剪）命令，修剪多余的线条，并依照相同的方法完成地毯的绘制，如图 10-45 所示。

图 10-43 绘制矩形

图 10-44 绘制椭圆

图 10-45 完成效果

10.4 设计专栏

10.4.1 上机实训

利用布尔运算绘制圆角螺母，如图 10-46 所示。

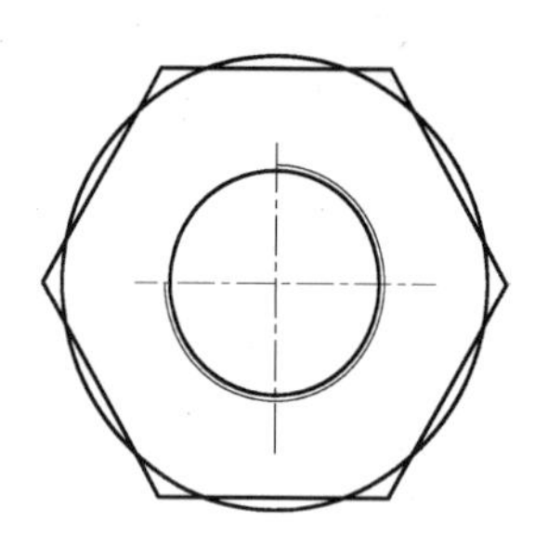
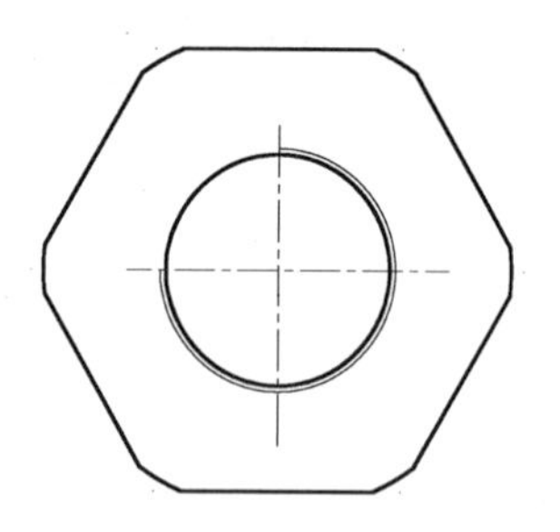

图 10-46　绘制圆角螺母

具体绘制步骤如下。

步骤 1 单击“绘图”面板中的“面域”按钮，选择外圆和六边形分别创建两个面域。

步骤 2 在命令行中输入 IN（交集）命令，对两个面域进行交集运算。

步骤 3 选择对象完成后，按空格键即可完成螺母的绘制。

利用测量工具测量如图 10-47 所示的机械零件图形中 4 个沉孔的相对位置及大小。

具体绘制步骤如下。

步骤 1 在“默认”选项卡中，单击“实用工具”面板中的“点坐标”按钮 点坐标，拾取圆心，命令行即可显示圆心坐标。

步骤 2 使用相同方法查询其他圆形及沉孔大小，测量结果如图 10-48 所示。

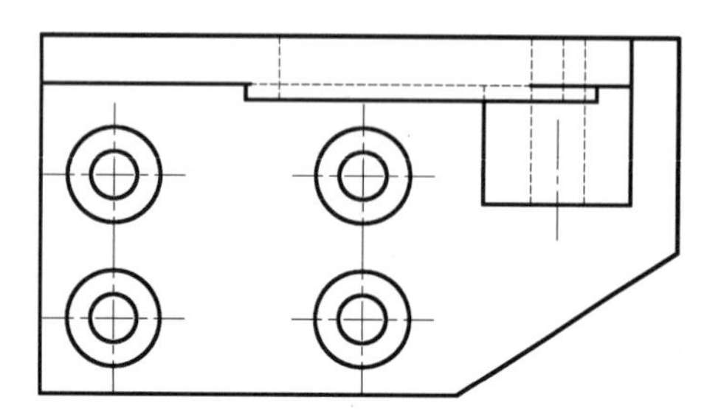

图 10-47　素材文件

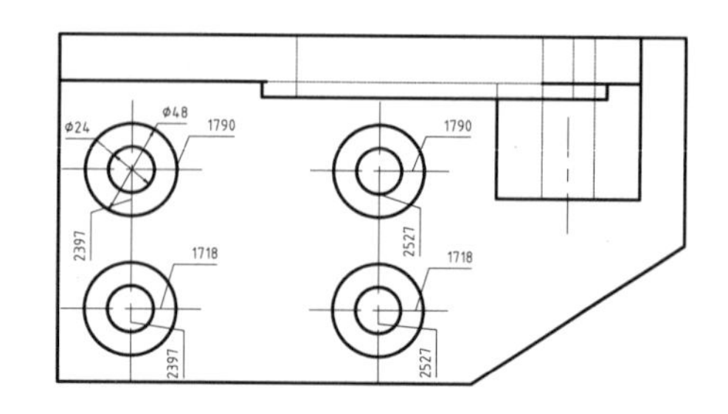

图 10-48　测量结果

10.4.2 辅助绘图锦囊

1. 质量属性查询的方法。

答：AutoCAD 提供了点坐标（Id）、距离（Distance）和面积（Area）的查询，给图形的分析带来了很大的方便，但是在实际工作中，有时还需要查询实体质量属性特性，AutoCAD 提供了实体质量属性查询（Mass Properties），可以方便查询实体的惯性矩、面积矩和实体的质心等。需要注意的是，对于曲线或多段线构造的闭合区域，应先用 Region 命令将闭合区域面域化，再执行质量属性查询，才可查询实体的惯性矩、面积矩和实体的质心等属性。

2. 如何计算二维图形的面积？

答：（1）对于简单图形，如矩形、三角形等，只需执行 Area 命令，在命令行出现提示“Specify firstcorner point or [Object/Add/Subtract]:”后，打开捕捉依次选取矩形或三角形各交点后按〈Enter〉，AutoCAD 将自动计算面积（Area）和周长（Perimeter），并将结果列于命令行。

（2）对于简单图形，如圆或其他多段线（Polyline）、样条线（Spline）组成的二维封闭图形，执行 Area 命令，在命令行出现提示“Specify first corner point or [Object/Add/Subtract]:”后，选择 Object 选项，根据提示选择要计算的图形，AutoCAD 将自动计算面积和周长。

（3）对于由简单直线或圆弧组成的复杂封闭图形，不能直接执行 Area 命令计算图形面积。必须先使用 Region 命令把要计算面积的图形创建为面域，然后再执行 Area 命令，在命令行出现提示“Specify first corner point or [Object/Add/Subtract]:”后，选择 Object 选项，根据提示选择刚刚建立的面域图形，AutoCAD 将自动计算面积和周长。

3. 面域、块和实体是什么概念？

答：面域是用闭合的外形或环创建的二维区域；块是可组合起来形成单个对象（或称为块定义）的对象集合（一张图在另一张图中一般可作为块）；实体有两个概念，其一是构成图形的有形的基本元素，其二是指三维物体，对于三维实体，可以使用“布尔运算”使之联合，对于广义的实体，可以使用“块”或“组（Group）”进行“联合”。

第 11 章

参数化图形

本章要点

- 参数化图形简介
- 几何约束
- 标注约束
- 综合实战
- 设计专栏

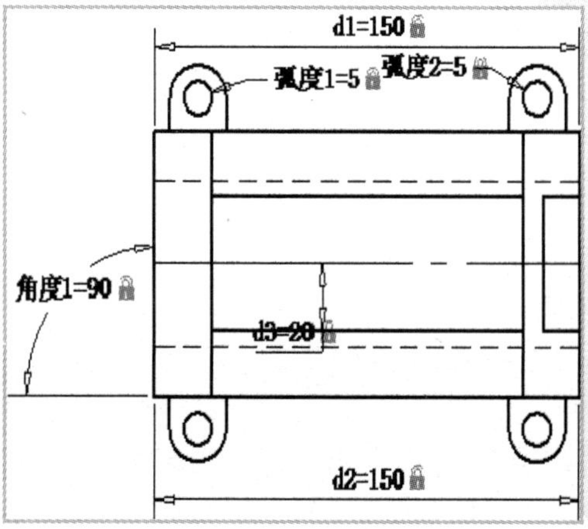

AutoCAD 2016 提供了增强的参数化图形设计功能。通过参数化图形功能，用户可以为二维几何图形添加约束。所谓约束，是一种可决定对象彼此间的放置位置及其标注的规则。对图形使用约束后，如果对一个对象进行更改，那么与其相关联的对象也会发生相应的变化。

下面将介绍参数化图形，创建几何约束关系、标注约束、编辑受约束的几何图形，以及约束设置与参数管理器等内容。

11.1 参数化图形简介

在 AutoCAD 2016 中，可以进行参数化图形设计，参数化图形是一项具有约束设计的技术，而约束是应用至二维几何图形的关联和限制。参数化图形中的两种常用的约束是几何约束和标注约束，其中，几何约束用于控制对象相对于彼此的关系，标注约束则用于控制对象的距离、长度、角度和半径值等。

使用约束，用户可以通过约束图形中的几何图形来保持图形的设计规范和要求，可以将多个几何约束应用于指定对象，可在标注约束中包括公式和方程式，也可通过修改变量来快速进行设计修改。在参数化图形的实际设计中，通常先在设计中应用几何约束来确定设计的形状，然后再应用标注约束来确定对象的具体大小。

通过约束设计的典型方法有以下两种，注意在实际设计中，所选的方法取决于设计实践及主题的要求。

- 创建一个新图形，对新图形进行完全约束，然后以独占方式对设计进行控制，如释放并替换几何约束，更改标注约束中的参数值等。
- 建立约束图形之后可以对其进行更改，如使用编辑命令和夹点的组合，添加或更改约束等。

可应用约束的对象有：图形中的对象与块参照中的对象（而非同一个块参照中的对象）；某个块参照中的对象与其他块参照中的对象；外部参照的插入点与对象或块，而非外部参照中的所有对象。

在功能区选择“参数化”选项卡，在其中找到参数化图形的相关命令，如图 11-1 所示。“参数化”选项卡提供了“几何”面板、“标注”面板和“管理”面板。

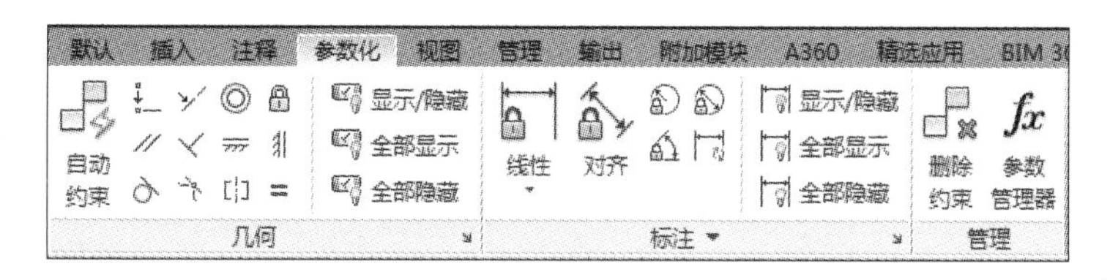

图 11-1 “参数化”选项卡

11.2 几何约束

几何约束控制对象相对于彼此的关系，即几何约束可以确定对象之间或对象上的点之间的关系。对图形使用约束后，对一个对象所做的更改可能会影响其他对象。

11.2.1 不同几何约束的建立

在图形中可以创建的几何约束类型包括水平、竖直、垂直、平行、相切、相等、平滑、重合、同心、共线、对称和固定。选择所需的约束命令或单击结束按钮后，选择相应的有效对象或参照即可创建几何约束关系。

下面讲解常用的几何约束命令的相关内容，如表 11-1 所示。

表 11-1 几何约束命令的相关内容

约束类型	约束图标	菜单命令	约束功能及应用特点
水平		“参数”|“几何约束”|“水平”	约束一条直线或一对点，使其与当前 USC 的 X 轴平行；对象上的第 2 个选定点将设定为与第 1 个选定点平行
竖直		“参数”|“几何约束”|“竖直”	约束一条直线或一对点，使其与当前 USC 的 Y 轴平行；对象上的第 2 个选定点将设定为与第 1 个选定点垂直
垂直		“参数”|“几何约束”|“垂直”	约束两条直线或多段线线段，使其夹角始终保持为 90°，第 2 个选定对象将设定为与第 1 个对象垂直
平行		“参数”|“几何约束”|“平行”	选择要置为平行的两个对象，第 2 个选定对象将设定为与第 1 个对象平行
相切		“参数”|“几何约束”|“相切”	约束两条曲线，使其彼此相切或其延长线彼此相切
相等		“参数”|“几何约束”|“相等”	约束两条直线或多段线线段，使其具有相同的长度，或约束圆弧和圆使其具有相同的半径值；使用“多个”选项可以将两个或多个对象设为相等
平滑		“参数”|“几何约束”|“平滑”	约束一条样条曲线，使其与其他样条曲线/直线/圆滑或多段线彼此相连并保持 G2 连续性；注意选定的第 1 个对象必须为样条曲线，第 2 个选定对象将设为与第 1 条样条曲线 G2 连续
重合		“参数”|“几何约束”|“重合”	约束两个点使其重合，或者约束一个点使其位于对象或对象延长部分的任意位置，注意第 2 个选定点或对象将设为与第 1 个点或对象重合
同心		“参数”|“几何约束”|“同心”	约束选定的圆/圆弧或椭圆，使其具有相同的圆心点，注意第 2 个选定对象将设为与第 1 个对象同心
共线		“参数”|“几何约束”|“共线”	约束两条直线，使其位于同一无限长的线上；注意应将第 2 条选定的直线将设为与第 1 条共线
对称		“参数”|“几何约束”|“对称”	约束对象上的两条曲线或两个点，使其以选定直线为对称轴彼此对称
固定		“参数”|“几何约束”|“固定”	约束一个或一条曲线，使其固定在相对于世界坐标系的特定位置和方向上。例如，使用固定约束，可以锁定圆心

创建所需的约束后，可以限制可能违反约束的所有更改。在实际操作过程中，这对于图形设计是很有帮助的。

11.2.2 案例——添加几何约束

步骤 1 单击快速访问工具栏中的“打开”按钮，打开配套光盘中提供的“第 11 章\11.2.2 添加几何约束.dwg”素材文件，如图 11-2 所示。

步骤 2 为圆创建固定约束。在“参数化”选项卡中，单击“几何”面板中的“固定”按钮，根据命令行的提示选择圆，即为圆建立一两个固定约束来锁定位置，如图 11-3 所示。

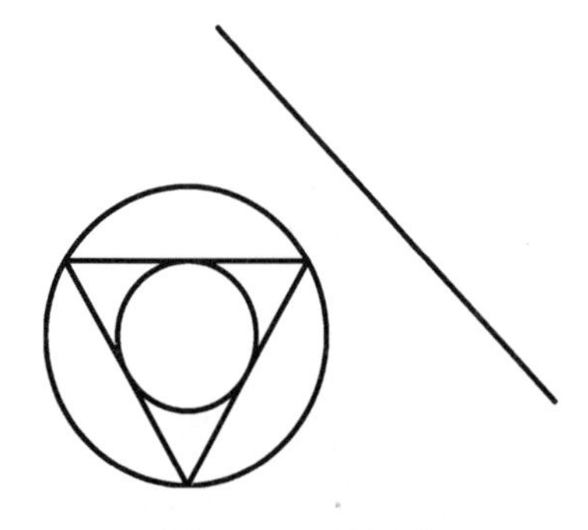

图 11-2 素材文件

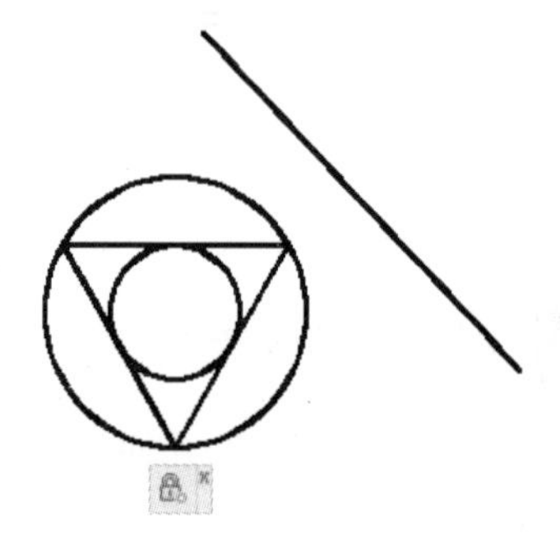

图 11-3 为圆创建固定约束

步骤 3 创建相切约束。选择“参数”|“几何约束”|“相切”命令，在绘图区中依次选择圆和直线，即为圆和直线这两个对象建立一个相切的约束关系，结果如图 11-4 所示。

步骤 4 选择直线，使其显示夹点，使用指定夹点来编辑直线，将鼠标放置在夹点处不动，在弹出的快捷菜单中选择“拉伸”命令，如图 11-5 所示。命令行提示如下。

```
** 拉伸 **
指定拉伸点或 [基点(B)/复制(C)/放弃(U)/退出(X)]:                //按空格键默认系统操作
** MOVE **
指定移动点 或 [基点(B)/复制(C)/放弃(U)/退出(X)]:                //按空格键默认系统操作
** 旋转 **
指定旋转角度或 [基点(B)/复制(C)/放弃(U)/参照(R)/退出(X)]: 45↙   //输入旋转角度为 45°
```

步骤 5 编辑结果如图 11-6 所示，从图中可以看出，对图形使用约束后，对直线对象所做的更改同时也影响圆对象，但直线仍然与圆保持相切关系。

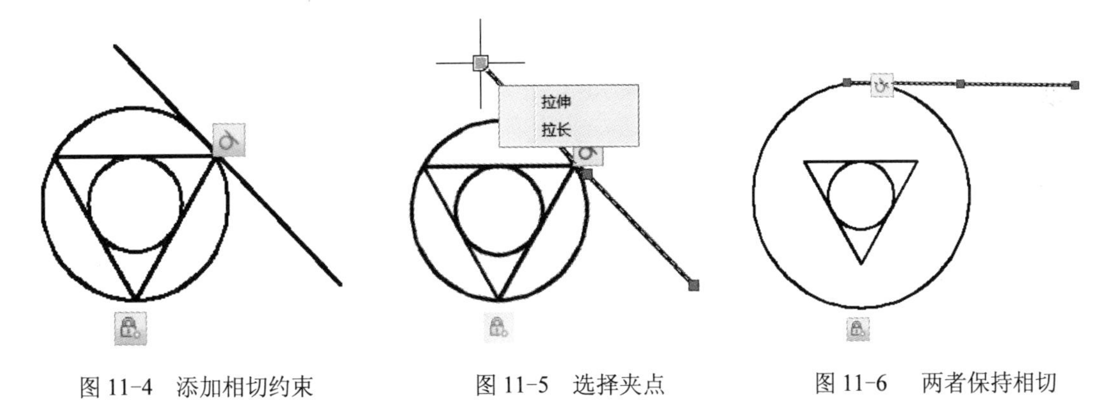

图 11-4　添加相切约束　　图 11-5　选择夹点　　图 11-6　两者保持相切

11.2.3 自动约束

“自动约束”命令可以快速自动应用于选定对象或图形中的所有对象。在 AutoCAD 中，启用“自动约束”命令的方法有以下几种。

- 菜单栏：选择“参数”|“自动约束”命令。
- 功能区：在“参数化”选项卡中，单击“几何”面板中的“自动约束”按钮。

执行上述命令后，选择要约束的对象并按〈Enter〉键，这时命令行提示将显示该命令应用的约束数量。

在执行“自动约束”命令的过程中，可以设置多个几何约束应用于对象的顺序。当命令行提示“选择对象或[设置（S）]”时，输入 S 并按〈Enter〉键，系统弹出“约束设置”对话框，如图 11-7 所示。在“自动约束”选项卡中，从约束列表框中选择一种约束类型，再单击“上移”或“下移”按钮，即可更改

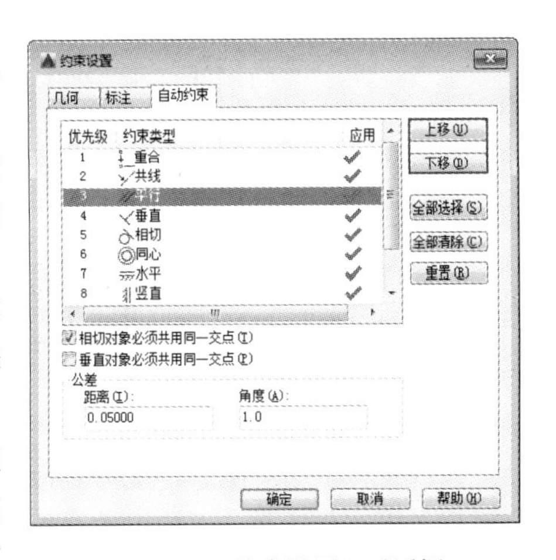

图 11-7 “约束设置”对话框

在对象上使用自动约束命令时约束的优先级。

11.2.4 案例——添加自动约束

步骤 1 单击快速访问工具栏中的“打开”按钮，打开配套光盘中提供的“第 11 章\11.2.4 添加自动约束.dwg”素材文件，如图 11-8 所示。

步骤 2 在“参数化”选项卡中，单击“几何”面板中的“自动约束”按钮，对图形添加自动约束，如图 11-9 所示。命令行提示如下。

```
命令: _AutaConstrain↙                          //执行“自动约束”命令
选择对象或 [设置(S)]:指定对角点: 找到 9 个      //选择除中心线所有图形
选择对象或 [设置(S)]: ↙                        //按〈Enter〉键，结束操作
已将 12 个约束应用于 9 个对象                   //结果如图 11-9 所示
```

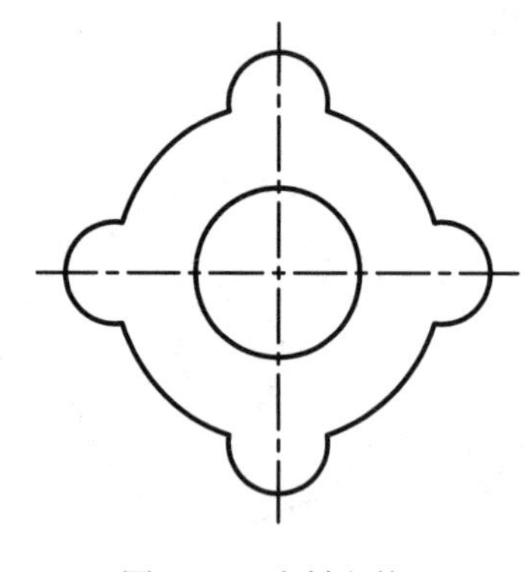

图 11-8　素材文件

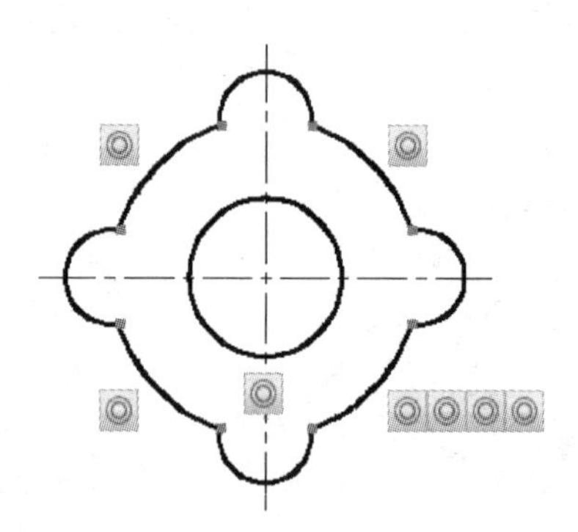

图 11-9　自动约束的结果

11.2.5 约束栏

约束栏提供了有关如何约束对象的信息，如图 11-10 所示。约束栏显示一个或多个图标，这些图标表示对象应用的几何约束。有时为了图形画面效果的好看，可以将图形中的约束栏拖放至合适位置，此外还可以控制约束栏处于显示状态还是隐藏状态。

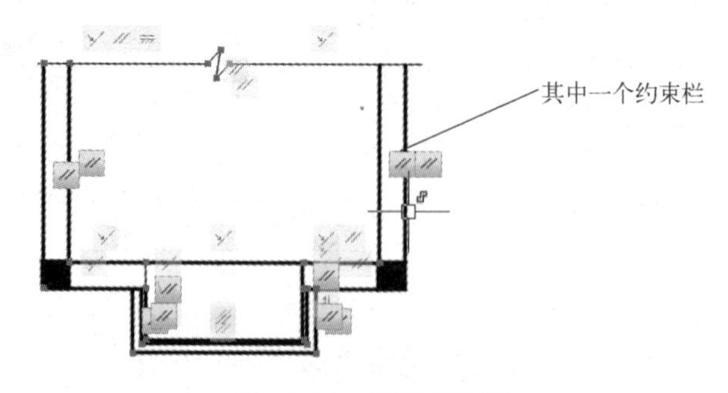

图 11-10　使用约束栏

在约束栏上滚动浏览约束图标时，将亮显与该几何约束关联的对象，如图 11-11 所示。将鼠标悬停在已应用几何约束的对象上时，会亮显与该对象关联的所有约束栏，如图 11-12 所示。

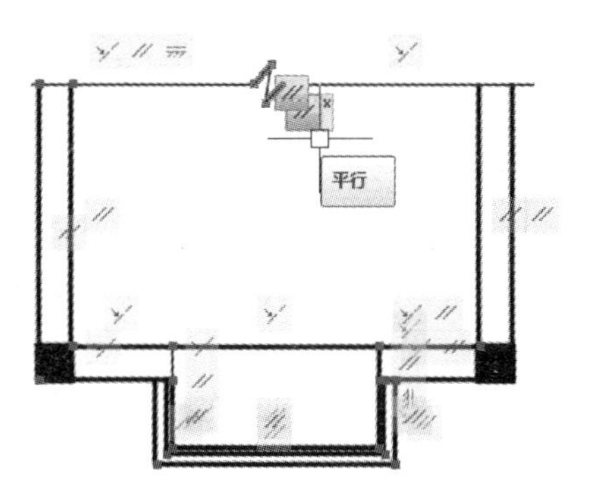

图 11-11　在约束栏上浏览约束图标时

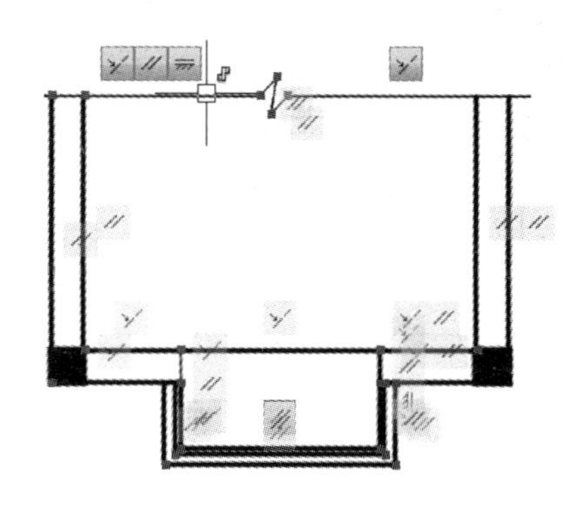

图 11-12　将鼠标置于对象上时

用户可以单独或全部显示/隐藏约束栏。通过选择“参数”|“约束栏”级联菜单中的命令或在“参数化”选项卡中，单击“几何”面板中相应的约束栏操作命令，如图 11-13 与图 11-14 所示。

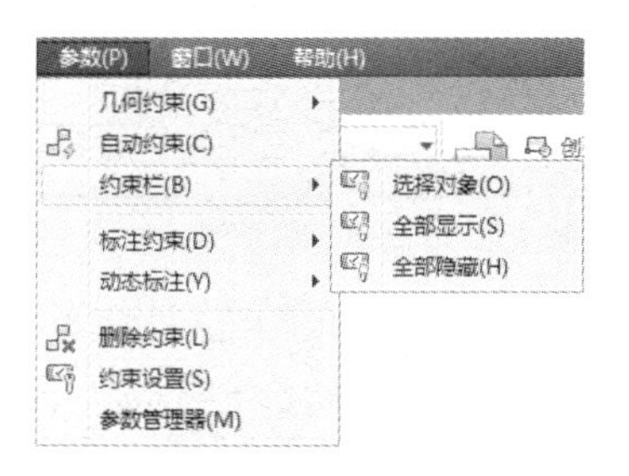

图 11-13　“约束栏”子菜单

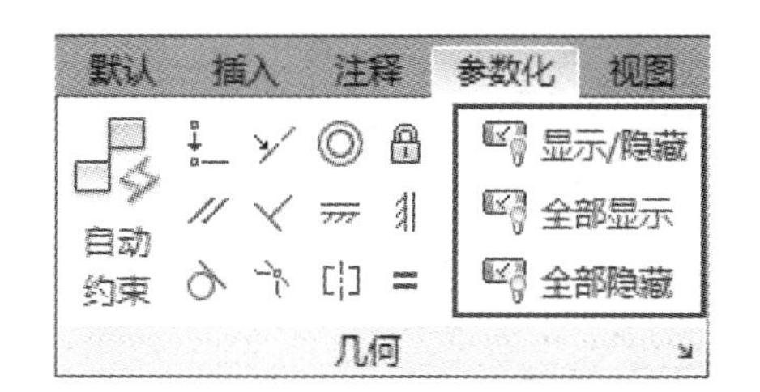

图 11-14　“几何”面板

其中各选项的具体含义如下。

➢ “显示/隐藏”按钮：用于显示或隐藏选定对象的几何约束。选择某个对象以亮显相关几何约束。
➢ “全部显示”按钮：用于显示图形中的所有几何约束。可以针对受约束几何图形的所有或任意集显示或隐藏约束栏。
➢ “全部隐藏”按钮：用于隐藏图形中的所有几何约束。可以针对受约束几何图形的所有或任意选择集隐藏约束栏。

11.3　标注约束

在 AutoCAD 绘图时，通过对标注约束的设置，可控制几何对象之间或对象上的点之间保持指定的距离和角度，还可以确定某对象的大小（如圆弧和圆的大小）。将标注约束应用于对象时，系统会自动创建一个约束变量以保留约束值，在默认情况下，名称为 dl 或 dial 等，也可在参数管理器中对其进行重命名。

11.3.1　标注约束的模式

标注约束可以创建为动态约束和注释性约束两种。在“参数化”选项卡中，单击“标注”面板溢出按钮，从中单击“动态约束模式”按钮或“注释性约束模式”按钮，可启用相应的标注约束模式，如图 11-15 所示。

1. 动态约束模式

默认状态下创建的标注约束为动态约束，对于常规参数化图形和设计任务来说比较理想。动态约束具有这些特征：缩小或放大时保持大小相同；可以在图形中全局打开或关闭；使用固定预定义标注样式显示；自动放置文字，并提供三角形夹点，可以使用这些夹点更改标注约束的值；打印图形时不显示。

当需要控制动态约束的标注样式时，或需要打印标注约束时，可以使用“特性”选项板将动态约束更改为注释性约束，如图 11-16 所示。

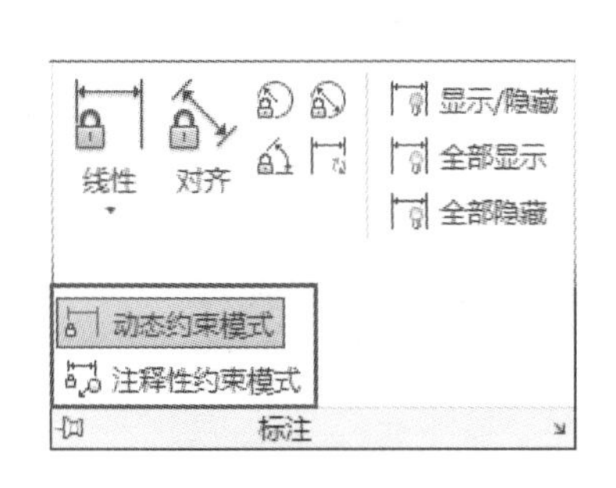

图 11-15 启用标注约束模式

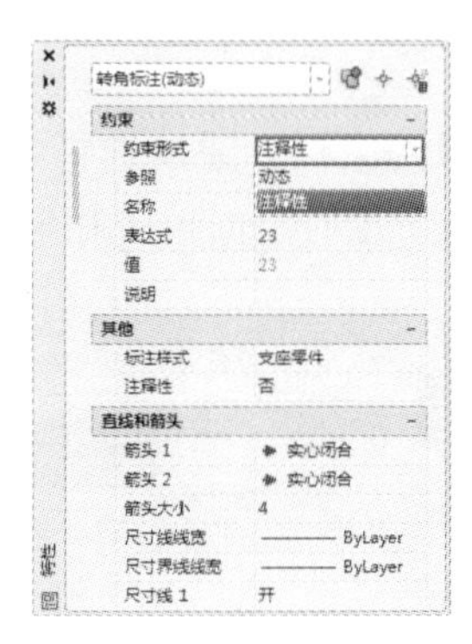

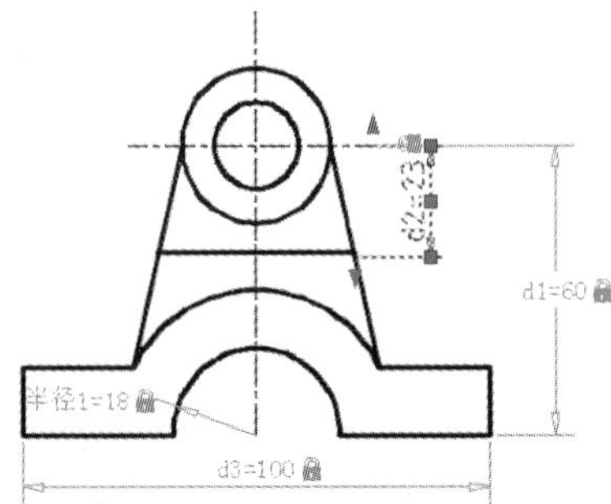

图 11-16 将动态约束改为注释性约束

2. 注释性约束模式

注释性约束具有这些特征：缩小或放大时大小发生变化；随图层单独显示；使用当前标注样式显示；提供与标注上的夹点具有类似功能的夹点功能；打印图形时显示。

此外，可以将所有动态约束或注释性约束转换为参照参数。参照参数是一种从动标注约束（动态或注释性），它并不控制关联的几何图形，但是会将类似的测量报告给标注对象。可以将参照参数用做显示可能必须要计算结果的简便方式。参照参数中的文字信息始终显示在括号内，如图 11-17 所示，参照参数需要通过“特性”选项板来设置。

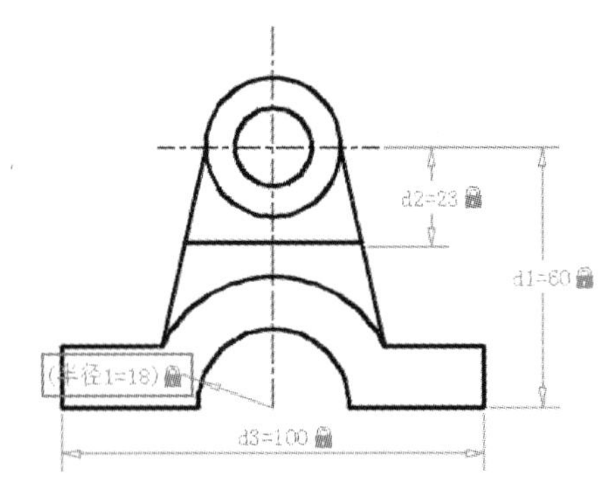

图 11-17 为动态约束设置参照参数

11.3.2 创建标注约束

创建标注约束的步骤和创建标注尺寸的步骤相似，但前者在指定尺寸新位置后，可输入

值或指定表达式。

下面列举用于创建标注约束的常用命令，如表 11-2 所示。

表 11-2 创建标注约束的常用命令

标注约束	命令按钮	菜单命令	功能用途
对齐		“参数”|“标注约束”|“对齐”	约束对象上两个点之间的距离，或者约束不同对象上两个点之间的距离
水平		“参数”|“标注约束”|“水平”	约束对象上两个点之间或不同对象上两个点之间 X 方向的距离
竖直		“参数”|“标注约束”|“竖直”	约束对象上两个点之间或不同对象上两个点之间 Y 方向的距离
线性		“参数”|“标注约束”|“线性”	约束两点之间的水平或竖直距离
角度		“参数”|“标注约束”|“角度”	约束直线或多段线之间的角度、由圆弧或多段线圆弧扫掠得到的角度。或对象上 3 个点之间的角度
半径		“参数”|“标注约束”|“半径”	约束圆或圆弧的半径
直径		“参数”|“标注约束”|“直径”	约束圆或圆弧的直径

11.3.3 案例——添加标注约束

步骤 1 单击快速访问工具栏中的“打开”按钮，打开配套光盘中提供的“第 11 章\11.3.3 添加标注约束.dwg”素材文件，如图 11-18 所示。

步骤 2 创建竖直标注约束。在“参数化”选项卡中，单击“标注”面板中的“竖直”按钮，如图 11-19 所示。命令行提示如下。

```
命令: _DcVertical↙                              //调用“竖直”约束命令
指定第一个约束点或 [对象(O)] <对象>:            //拾取线段下侧的端点
指定第二个约束点:                               //拾取线段上侧的端点
指定尺寸线位置:                                 //指定尺寸线位置
标注文字 =150                                   //在文本框中输入 100
```

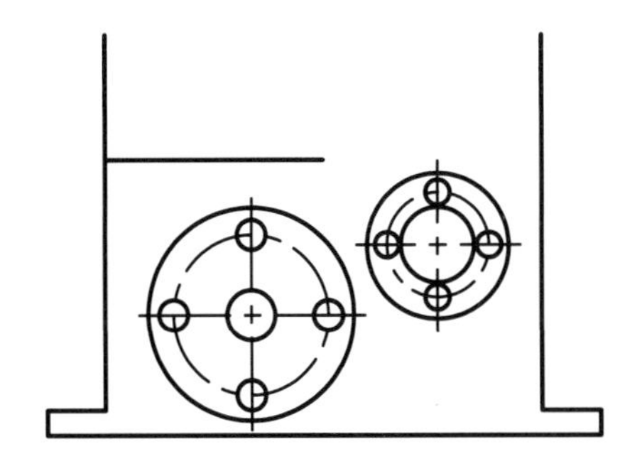

图 11-18 素材文件

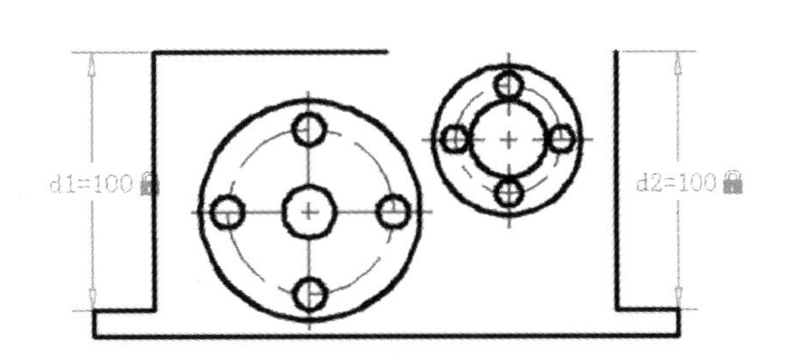

图 11-19 创建“竖直”约束

步骤 3 创建水平约束。在“参数化”选项卡中，单击“标注”面板中的“水平”按钮，分别指定两个约束点，然后指定尺寸线位置，输入值为 180，按〈Enter〉键确定，结果如图 11-20 所示。

```
命令: _DcLinear↙                                //调用“水平”约束命令
指定第一个约束点或 [对象(O)] <对象>:            //拾取线段左侧的端点
```

指定第二个约束点:　　　　　　　　　　　　　　　//拾取线段右侧的端点

指定尺寸线位置:　　　　　　　　　　　　　　　　//指定尺寸线位置

标注文字 =90　　　　　　　　　　　　　　　　　//在文本框中输入 180

步骤 4 创建直径约束。在“参数化”选项卡中，单击“标注”面板中的“直径”按钮，直径约束圆，如图 11-21 所示。

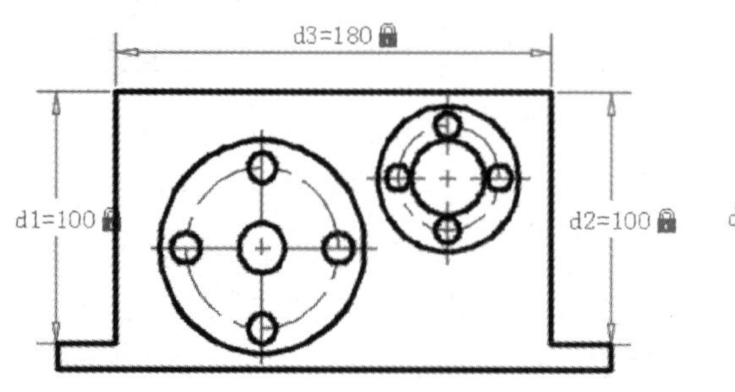

图 11-20　创建“水平”约束

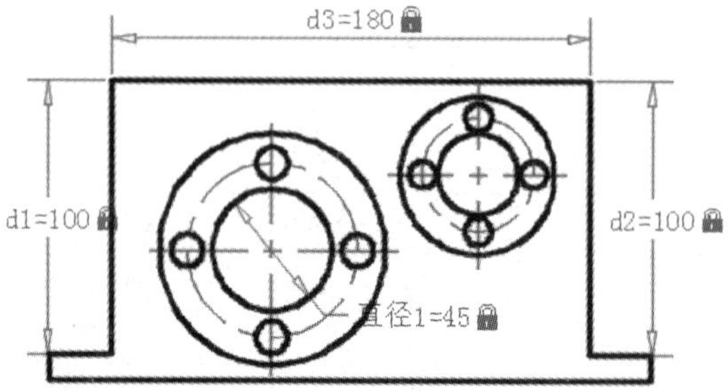

图 11-21　创建“直径”约束

步骤 5 创建半径约束。在“参数化”选项卡中，单击“标注”面板中的“半径”按钮，半径约束圆，如图 11-22 所示。

步骤 6 将选定的两个动态标注约束更改为参照参数。选择水平标注约束和半径标注约束，如图 11-23 所示。按〈Ctrl+1〉组合键，系统打开“特性”选项板，从“参照”下拉列表框中选择“是”选项，如图 11-24 所示。

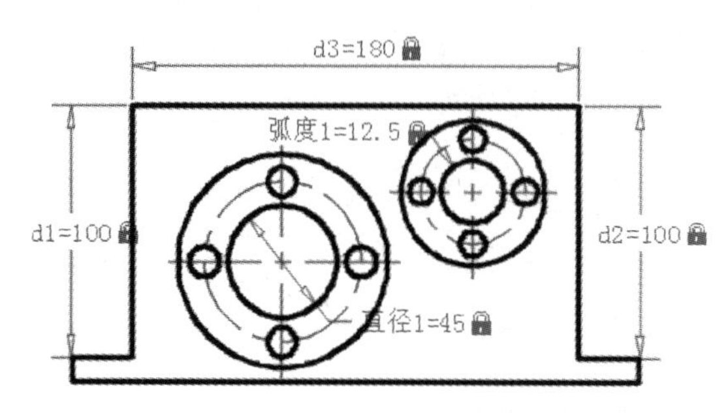

图 11-22　创建“半径”约束

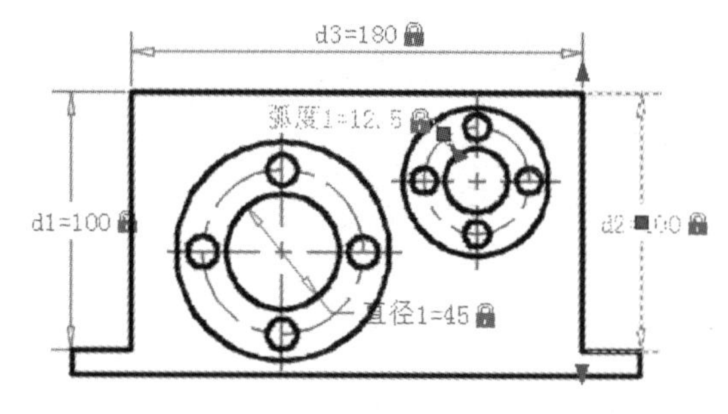

图 11-23　选择要更改的对象

步骤 7 关闭“特性”选项板，最后完成的标注约束效果如图 11-25 所示。

图 11-24　“特性”选项板

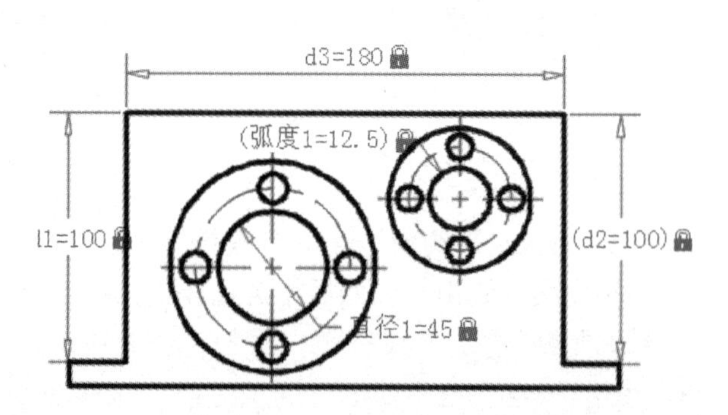

图 11-25　最后完成效果

11.3.4 编辑受约束的几何图形

对于未完成约束的几何图形，编辑它们时约束会精确发挥作用，但是要注意可能会出现意外结果。而更改完全约束的图形时，要注意几何约束和标注约束对控制结果的影响。

对受约束的几何图形进行更改，通常可以使用标准编辑命令、“特性”选项板、参数管理器和夹点模式。

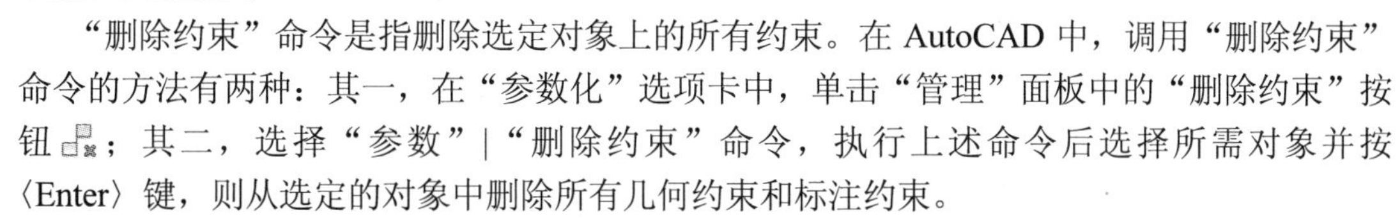

“删除约束”命令是指删除选定对象上的所有约束。在 AutoCAD 中，调用“删除约束”命令的方法有两种：其一，在“参数化”选项卡中，单击“管理”面板中的“删除约束”按钮 ；其二，选择“参数”|“删除约束”命令，执行上述命令后选择所需对象并按〈Enter〉键，则从选定的对象中删除所有几何约束和标注约束。

11.3.5 约束设置与参数化管理

本节介绍约束设置与参数化管理器的相关知识。

1. 约束设置

在 AutoCAD 2016 绘图时，可以控制约束栏的显示，利用“约束设置”对话框可以控制约束栏上显示和隐藏的几何约束类型。同时也可以通过对标注约束进行设置，控制显示标注约束时的系统配置，控制对象之间或对象上的点之间的距离和角度，以确保设计符合特定要求。

在 AutoCAD 2016 中可以通过以下几种方法启动约束设置。

- 菜单栏：选择“参数”|“约束设置”命令。
- 功能区：在“参数化”选项卡中，单击“几何”或“标注”面板右下角的按钮 。
- 工具栏：单击“参数化”工具栏中的“约束设置”按钮。
- 命令行：在命令行中输入 GSETTINGS 命令。

执行上述命令后，系统弹出“约束设置”对话框。该对话框中包含 3 个选项卡，即“几何”选项卡、“标注”选项卡和“自动约束”选项卡。具体含义如下。

- “几何”选项卡：主要用于控制约束栏上约束类型的显示，定制内容包括约束栏显示设置、约束栏透明度等，如图 11-26 所示。
- “标注”选项卡：主要用于控制约束栏上的标注约束设置，包括显示标注约束时设定形位中的系统配置，如图 11-27 所示。其中“标注名称格式”的可选选项有“名称和表达式”“名称”和“值”。

图 11-26 “几何”选项卡

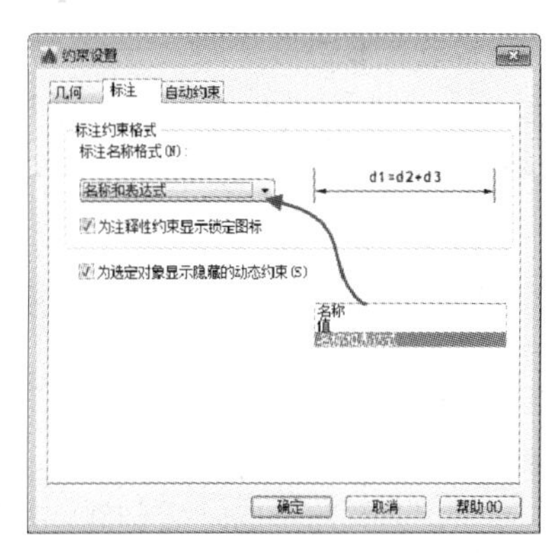

图 11-27 “标注”选项卡

➢ “自动约束”选项卡：主要用于控制约束栏上的自动约束设置，例如控制应用于选择集的约束，以及使用 AUTOCONSTRAIN 命令时约束的应用顺序。

2. 参数管理器

在 AutoCAD 中，打开“参数管理器”选项板的方法有两种：其一，在“参数化”选项卡中，单击“管理”面板中的“参数管理器”按钮 f_x；其二，选择“参数”|“删除约束”命令，打开如图 11-28 所示的“参数管理器”选项板。在该参数管理器列表中可以像常规表格一样进行修改，如更改指定约束的名称、表达式和值。

“参数管理器”选项板中部分选项的具体含义如下。

➢ 按钮用于创建新参数组。

➢ 按钮用于创建新的用户参数。

➢ 按钮用于删除选定参数。

如果在“参数管理器”选项板中单击“展开参数过滤器树”按钮，则“参数管理器”选项板将展开参数过滤器树，如图 11-29 所示。

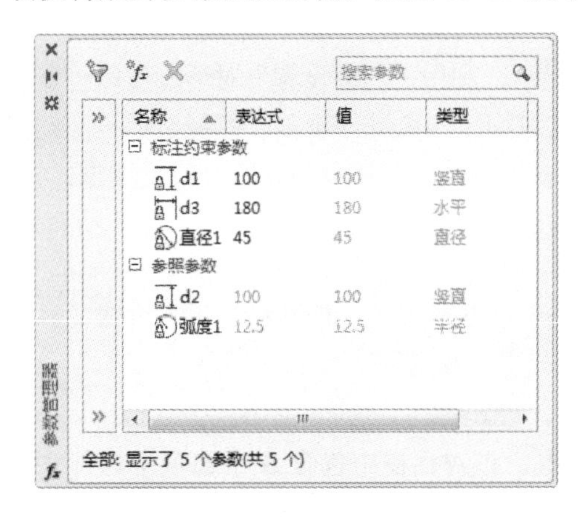

图 11-28 “参数管理器”选项板

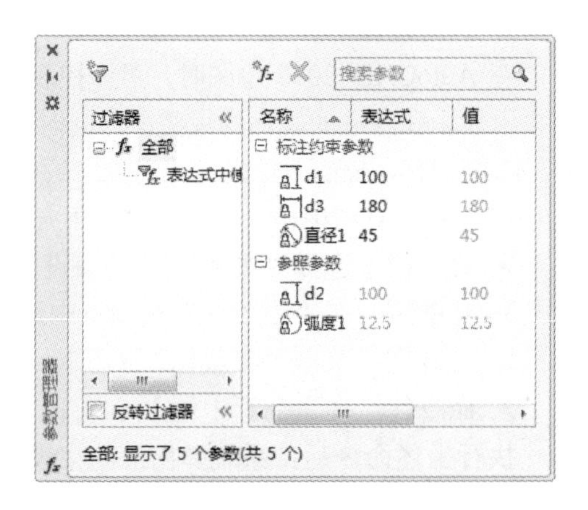

图 11-29 展开参数过滤器树

11.4 综合实战

本节通过以下两个具体实例，对之前介绍的图层的几何约束、标注约束等内容进行具体操作，使读者能够熟练掌握。

11.4.1 通过约束修改几何图形

步骤 1 单击快速访问工具栏中的“打开”按钮，打开配套光盘中提供的“第 11 章\11.4.1 通过约束修改几何图形.dwg”素材文件，如图 11-30 所示。

步骤 2 在“参数化”选项卡中，单击“几何”面板中的“自动约束”按钮，对图形添加重合约束，如图 11-31 所示。

步骤 3 在“参数化”选项卡中，单击“几何”面板中的“固定”按钮，选择直线上的任意一点，为三角形的一边创建固定约束，如图 11-32 所示。

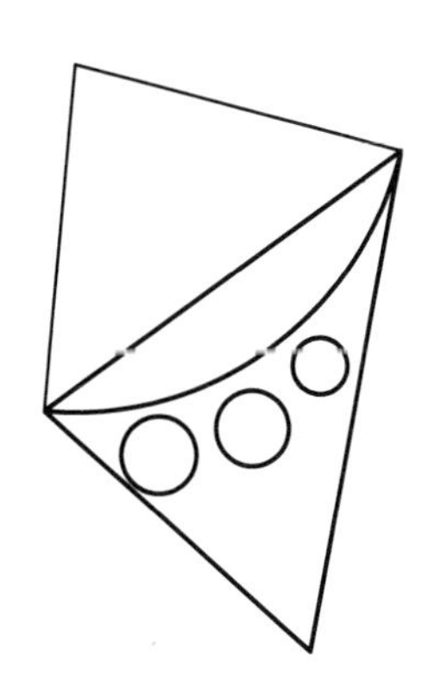

图 11-30 素材文件

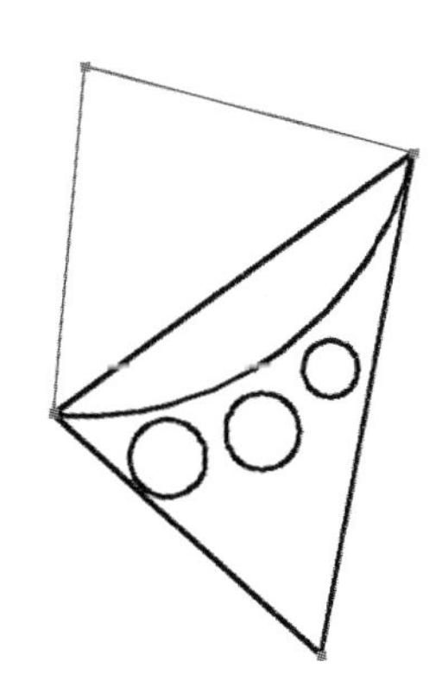

图 11-31 创建自动约束

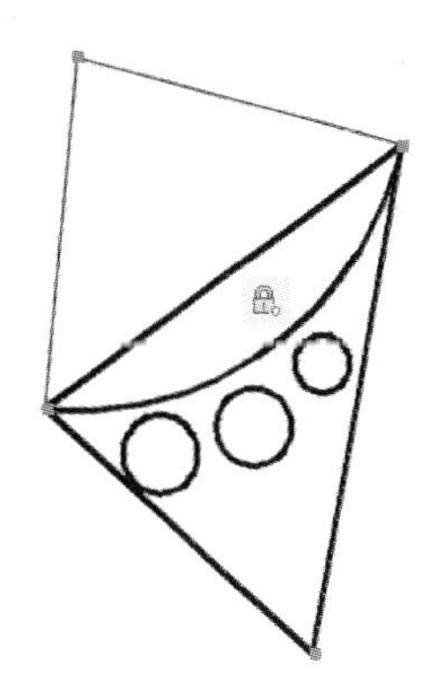

图 11-32 创建固定约束

步骤 4 在“参数化”选项卡中，单击“几何”面板中的“相等”按钮=，为 3 个圆创建相等约束，如图 11-33 所示。

```
命令: _GcEqual↙                              //调用“相等”约束命令
选择第一个对象或 [多个(M)]: M                 //激活“多个”选项
选择第一个对象:                               //选择左侧圆为第一个对象
选择对象以使其与第一个对象相等:               //选择第二个圆
选择对象以使其与第一个对象相等:               //选择第三个圆，并按〈Enter〉键结束操作
```

步骤 5 按空格键重复命令操作，为三角形的边创建相等约束，如图 11-34 所示。

步骤 6 在“参数化”选项卡中，单击“几何”面板中的“相切”按钮，选择相切关系的圆、直线边和圆弧，将其创建相切约束，如图 11-35 所示。

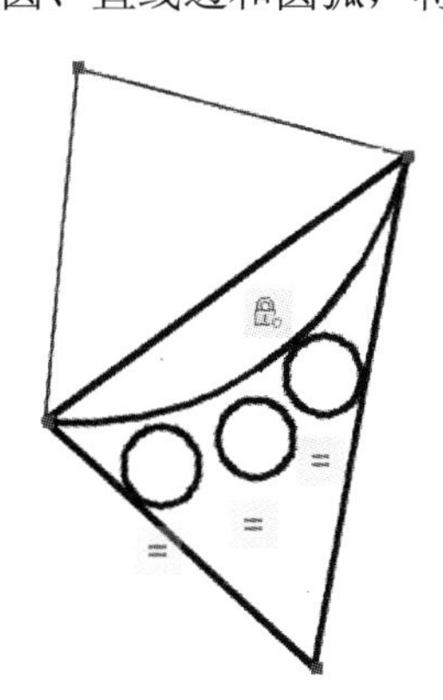

图 11-33 为圆创建“相等”约束

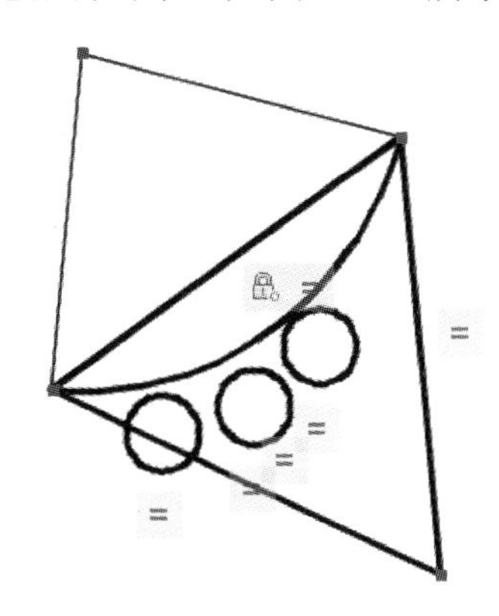

图 11-34 为边创建“相等”约束

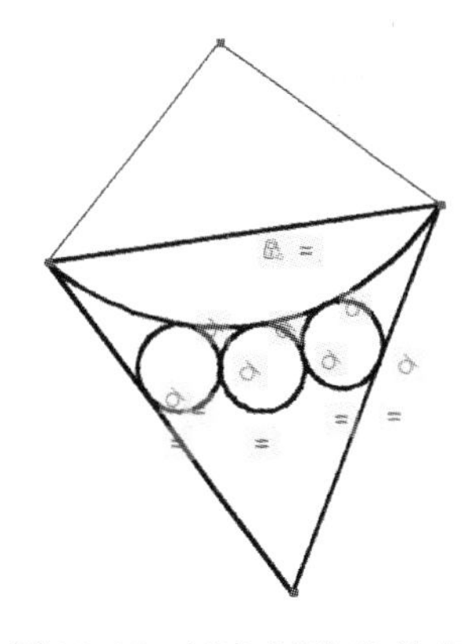

图 11-35 创建“相切”约束

步骤 7 在“参数化”选项卡中，单击“标注”面板中的“对齐”按钮和“角度”按钮，对三角形边创建对齐约束和圆弧圆心辅助线的角度约束，结果如图 11-36 所示。

步骤 8 在“参数化”选项卡中，单击“管理”面板中的“参数管理器”按钮 *fx*，在打开的“参数管理器”选项板中修改标注约束参数，结果如图 11-37 所示。

步骤 9 关闭“参数管理器”选项板，此时可以看到绘图区中的图形也发生了相应的变化，完善几何图形结果如图 11-38 所示。

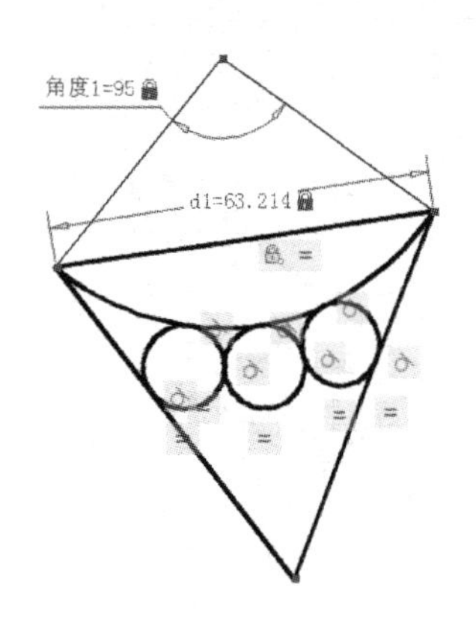

图 11-36 创建标注约束

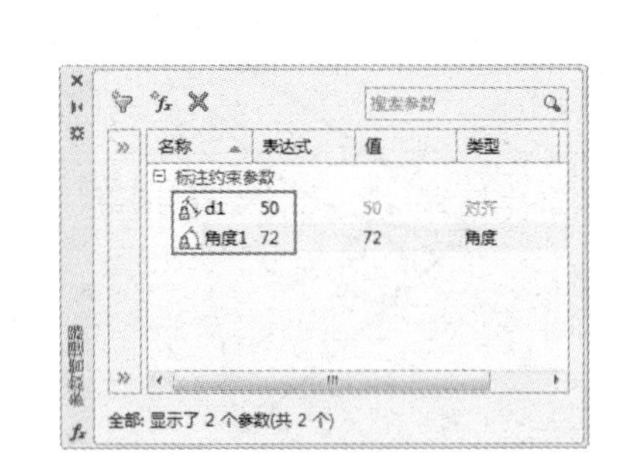

图 11-37 “参数管理器”选项板

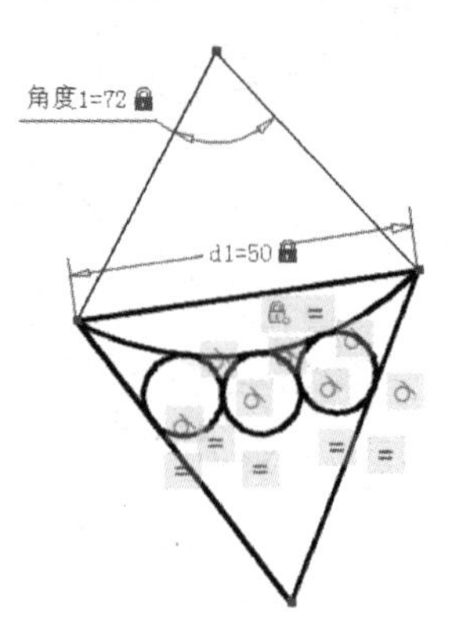

图 11-38 完成效果

11.4.2 尺寸约束机械图形

步骤 1 单击快速访问工具栏中的“打开”按钮，打开配套光盘中提供的“第 11 章\11.4.2 尺寸约束机械图形.dwg”素材文件，如图 11-39 所示。

步骤 2 在“参数化”选项卡中，单击“标注”面板中的“水平”按钮，水平约束图形，结果如图 11-40 所示。

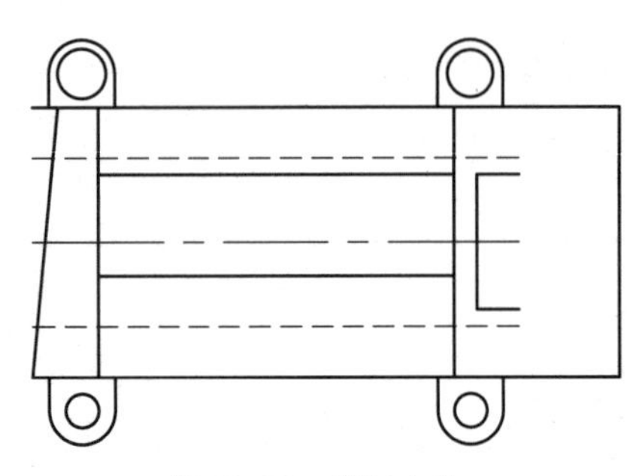

图 11-39 素材文件

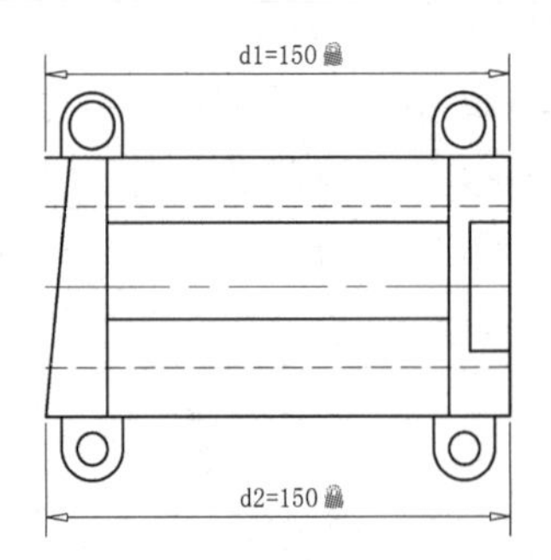

图 11-40 水平约束

步骤 3 在“参数化”选项卡中，单击“标注”面板中的“竖直”按钮，竖直约束图形，结果如图 11-41 所示。

步骤 4 在“参数化”选项卡中，单击“标注”面板中的“半径”按钮，半径约束圆孔并修改相应的参数，如图 11-42 所示。

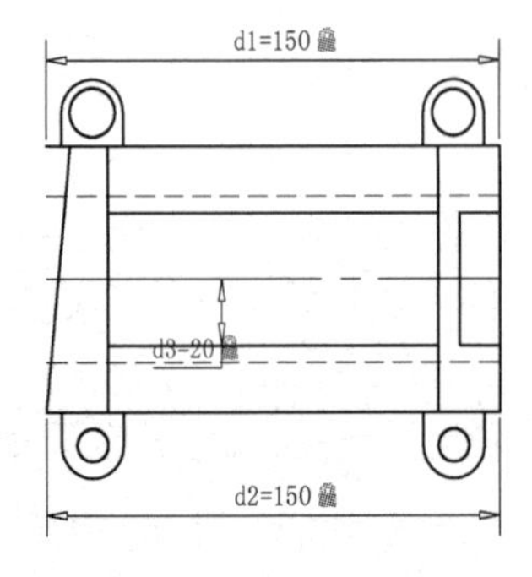

图 11-41 竖直约束

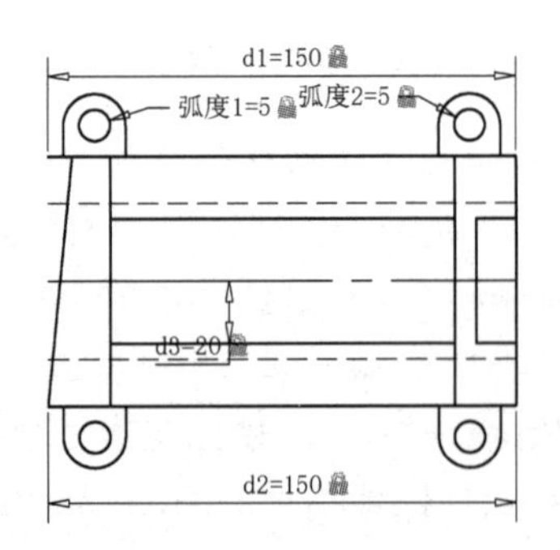

图 11-42 半径约束

步骤 5 在“参数化”选项卡中，单击“标注”面板中的“角度”按钮，为图形添加角度约束，结果如图 11-43 所示。

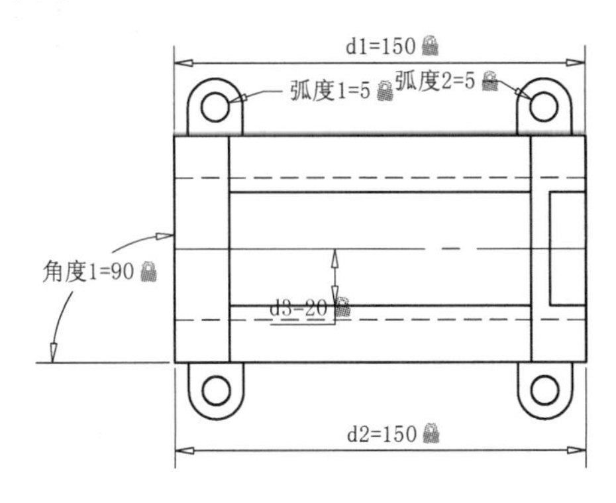

图 11-43 角度约束

11.5 设计专栏

11.5.1 上机实训

使用本章所学的标注知识，利用竖直约束、水平约束等命令将沙发套组进行约束，如图 11-44 与图 11-45 所示。

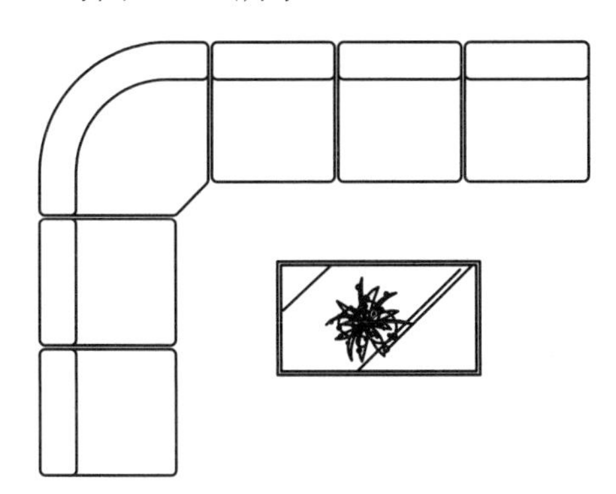

图 11-44 素材文件

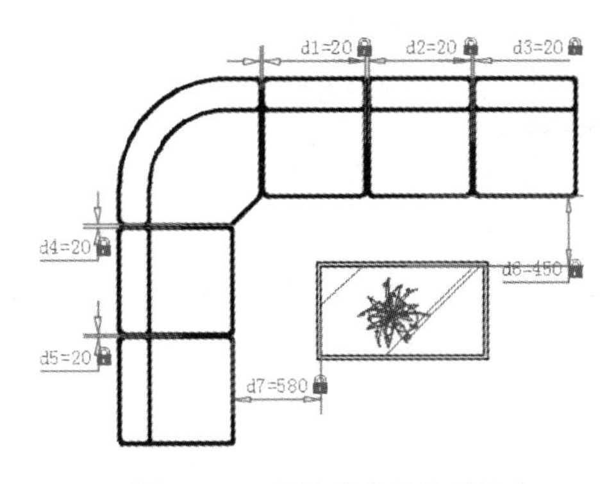

图 11-45 将沙发套组进行约束

使用本章所学的标注知识，对如图 11-46 所示的图形进行几何约束，完善足球场图形，如图 11-47 所示。

完善足球场图形的具体操作步骤如下。

步骤 1 在“参数化”选项卡中，单击“几何”面板中的“同心”按钮，约束跑道半圆为同心圆。

步骤 2 在“参数化”选项卡中，单击“几何”面板中的“平行”按钮，约束线段 A 与线段 B 平行。

步骤 3 在“参数化”选项卡中，单击“几何”面板中的“重合”按钮，重合 B、C、D 线段的点。

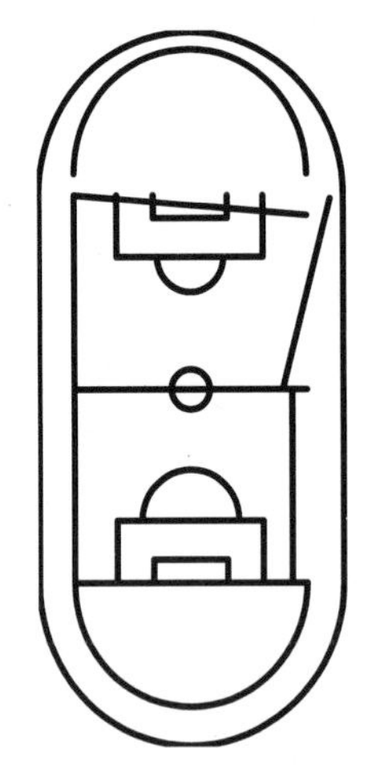

图 11-46 素材文件

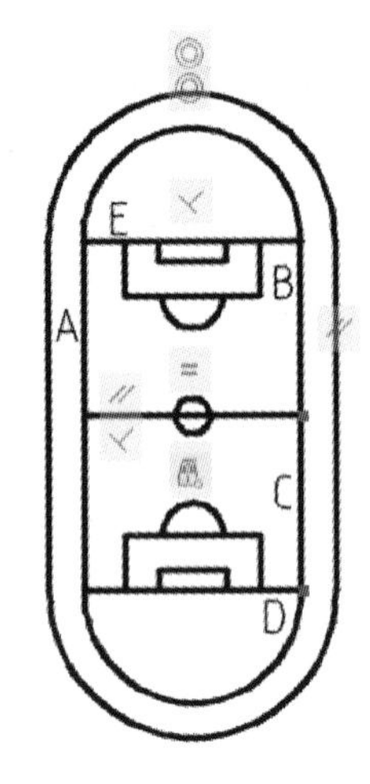

图 11-47 完善足球场图形

步骤 4 在“参数化”选项卡中，单击“几何”面板中的“垂直”按钮，约束 D、C 两条直线垂直。

步骤 5 在“参数化”选项卡中，单击“几何”面板中的“相等”按钮，约束两个圆弧半径相等。

步骤 6 在“参数化”选项卡中，单击“几何”面板中的“固定”按钮，固定中心圆的位置。

步骤 7 完成绘制。

11.5.2 辅助绘图锦囊

1．AutoCAD 中有时出现的 0 和 1 是什么意思？

答：系统命令 Mirrtext 控制 Mirror 命令反映文字的方式。初始值为 0，其中：0 表示保持文字方向；1 表示镜像显示文字。

系统命令 Textfill 控制打印和渲染时 TrueType 字体的填充方式。初始值为 0，其中：0 表示以轮廓线形式显示文字；1 表示以填充图像形式显示文字。

2．AutoCAD 中标准的制图要求是什么？

答：读者可以根据《暖通空调制图标准》（GB/T 50114-2010）及《房屋建筑制图统一标准》（GB/T 50001-2010）中的制图要求，建立标准的标注样式，特别是对于尺寸线及文字的要求，注意一些细节所在，如尺寸线之间的间距值，其短画线的长度、字号的设置等，以及这些设置在 AutoCAD 中的体现。

3．空格键应如何灵活运用？

答：默认情况下，按空格键表示重复 AutoCAD 的上一个命令，因此用户在连续采用同一个命令操作时，只需连续按空格键即可，而无须费时费力地连续单击同一个命令。

4．为什么不能显示汉字？或输入的汉字变成了问号？

答：（1）对应的字型没有使用汉字字体，如 Hztxt.Shx 等。

（2）当前系统中没有汉字字体型文件，应将所用到的形文件复制到 AutoCAD 的字体目录中（一般为...\Fonts\）。

（3）对于某些符号，如希腊字母等，同样必须使用对应的字体型文件，否则会显示成问号。

5.〈Ctrl〉键无效怎么办？

答：有时会碰到这样的问题：比如〈Ctrl+C〉（复制）、〈Ctrl+V〉（粘贴）及〈Ctrl+A〉（全选）等一系列和〈Ctrl〉键有关的命令都会失效。解决办法如下。

Op（选项）—用户系统配置—Windows 标准加速键（选中）。

选中 Windows 标准加速键后，和〈Ctrl〉键有关的命令则有效，反之失灵。

6. AutoCAD 中鼠标各键的功能是什么？

答：左键：选择功能键（选像素、选点、选功能）。

右键：快捷菜单或 Enter 功能。

（1）变量 Shoptcutmenu 等于 0——Enter。

（2）变量 Shoptcutmenu 大于 0——快捷菜单。

（3）环境选项——快捷菜单开关设定。

中间滚轮：移动或缩放功能。

（1）旋转滚轮向前或向后，实时缩放、拉近或拉远。

（2）按住滚轮不放并拖曳实时平移。

（3）双击 Zoom 缩放。

第 12 章

三维绘图基础

本章要点

- AutoCAD 2016 三维建模空间
- 三维坐标系
- 视点
- 三维实体视觉样式
- 创建基本实体
- 由二维对象生成三维实体
- 创建三维曲面

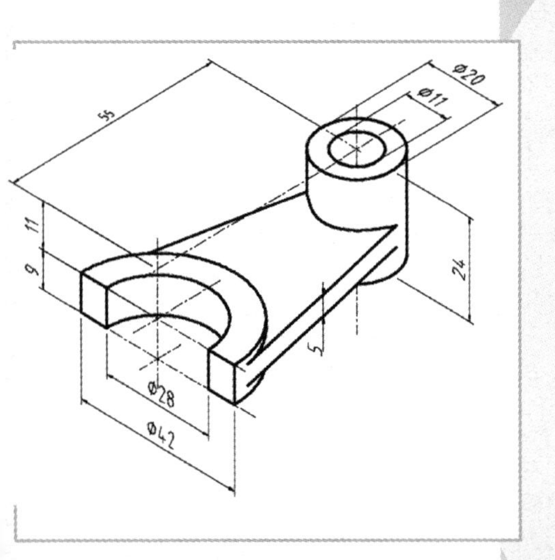

AutoCAD 不仅具有强大的二维绘图功能，而且还具备较强的三维绘图功能。AutoCAD 2016 提供了绘制多段体、长方体、球体、圆柱体、圆锥体和圆环体等基本几何实体的命令，可通过对二维轮廓进行拉伸、旋转和扫掠来创建三维实体。对创建的三维实体可以进行实体编辑、布尔运算，以及体、面、边的编辑，从而创建出更复杂的模型。

12.1 AutoCAD 2016 三维建模空间

由于三维建模增加了 Z 方向的维度，因此工作界面不再是“草图与注释”，需切换到“三维建模”空间。启动 AutoCAD 2016 之后，在快速访问工具栏中的“工作空间”下拉列表框中选择“三维基础”或“三维建模”工作空间，即可切换到三维建模的工作界面，如图 12-1 所示。与“草图与注释”工作一样，“三维建模”工作空间的命令以工具按钮的形式集中在各选项卡上，每个选项卡又分为多个面板。

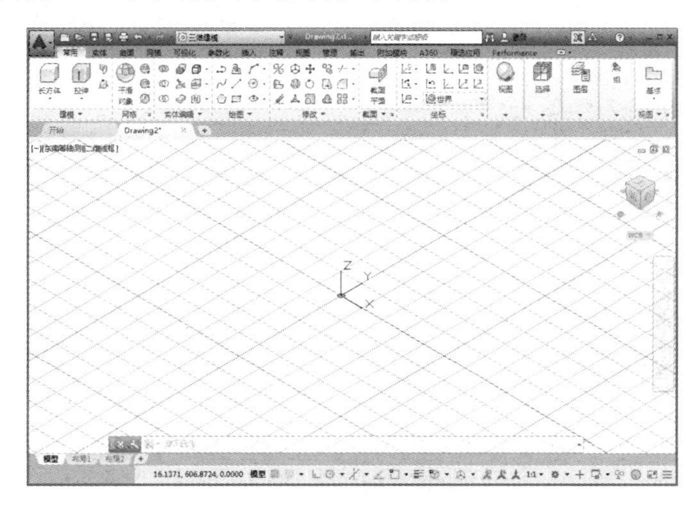

图 12-1 “三维建模”工作空间

在新建文件时，如果选择三维样板文件（软件提供的 acad3D.dwt 样板和 acadiso3D.dwt 样板），则初始工作空间会直接切换到“三维建模”工作空间。

12.2 三维坐标系

AutoCAD 的三维坐标系由原点引出的相互垂直的 3 个坐标轴构成，这 3 个坐标轴分别称为 X 轴、Y 轴和 Z 轴，交点为坐标系的原点，即各个坐标轴的坐标零点。从原点出发，沿坐标轴正方向上的点用正坐标值度量，沿坐标轴负方向上的点用负坐标值度量。在三维空间中，任意一点的位置由它的三维坐标（x，y，z）唯一确定。

12.2.1 UCS 的概念及特点

在 AutoCAD 中，坐标系包括世界坐标系（WCS）和用户坐标系（UCS）两种类型。世界坐标系是系统默认的二维图形坐标系，它的原点及各坐标轴的方向固定不变，因而不能满足三维建模的需要。

用户坐标系是通过变换坐标系原点及方向形成的，用户可根据需要随意更改坐标系原点及方向。其主要应用于三维模型的创建。

12.2.2 UCS 的建立

UCS 坐标系表示了当前坐标系的坐标轴方向和坐标原点的位置，也表示了相对于当前 UCS 的 XY 平面的视图方向。在三维建模环境中，它可以根据用户指定的不同方位来创建模型特征。

调用建立 UCS 命令的方法如下。

- 菜单栏：选择“工具”|“新建 UCS”命令，然后在子菜单中选择定义方式。
- 功能区：在“常用”选项卡中，单击“坐标”面板上的“管理用户坐标系”按钮。
- 夹点方式：选中 UCS 坐标并拾取其夹点对其进行移动或旋转操作。
- 命令行：在命令行中输入 UCS 命令。

在功能区中，与 UCS 有关的功能按钮均集中在“坐标”面板中，如图 12-2 所示。

图 12-2 “坐标”面板

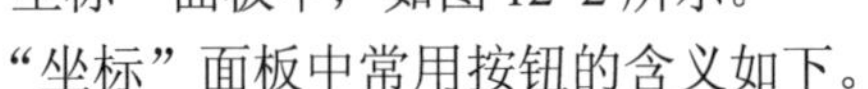
“坐标”面板中常用按钮的含义如下。

1. UCS

单击该按钮，命令行操作如下。

```
指定 UCS 的原点或 [面(F)/命名(NA)/对象(OB)/上一个(P)/视图(V)/世界(W)/X/Y/Z/Z 轴(ZA)] <世界>:
```

2. 世界

该按钮用来切换回模型或视图的世界坐标系，即 WCS 坐标系。世界坐标系也称为通用或绝对坐标系，它的原点位置和方向始终是保持不变的。

3. 上一个 UCS

单击“上一个 UCS”按钮，可通过使用上一个 UCS 确定坐标系，它相当于绘图中的撤销操作，可返回上一个绘图状态。但区别在于，该操作仅返回上一个 UCS 状态，其他图形保持更改后的效果。

4. 面 UCS

该按钮主要用于重合新用户坐标系的 XY 平面与所选实体的一个面。在模型中选取实体面或选取面的一个边界，此面被加亮显示，按〈Enter〉键即可重合该面与新建 UCS 的 XY 平面，效果如图 12-3 所示。

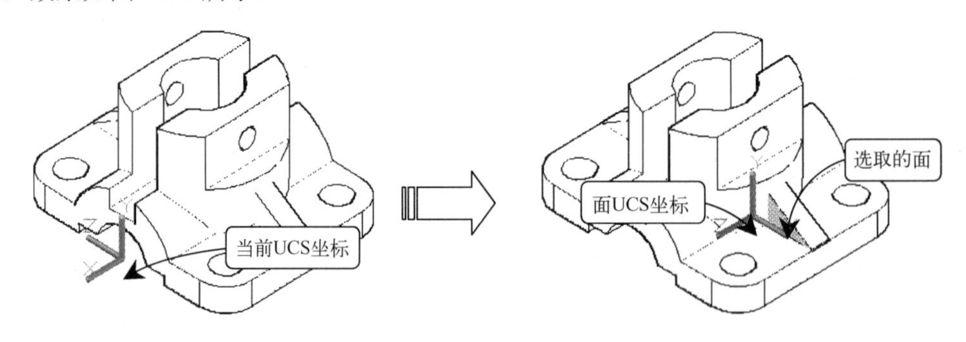

图 12-3 创建面 UCS 坐标

5. 对象

该按钮通过选择一个对象定义一个新的坐标系，坐标轴的方向取决于所选对象的类型。当选择一个对象时，新坐标系的原点将放置在创建该对象时定义的第一点上，X 轴的方向为从原点指向创建该对象时定义的第二点，Z 轴方向自动保持与 XY 平面垂直，如图 12-4 所示。

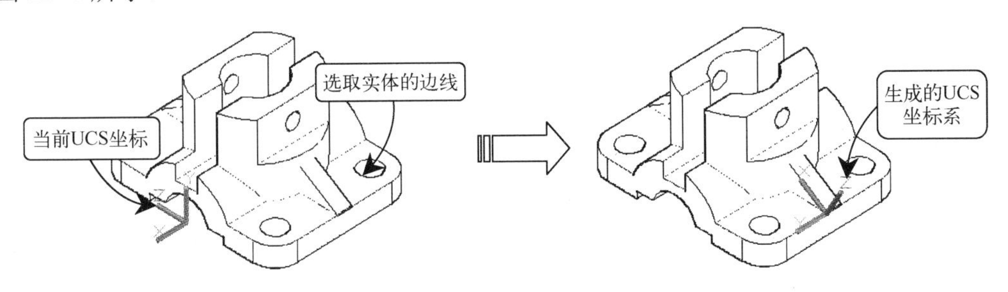

图 12-4 由选取对象生成 UCS 坐标

6. 视图

该按钮可使新坐标系的 XY 平面与当前视图方向垂直，Z 轴与 XY 面垂直，而原点保持不变。通常情况下，该工具主要用于标注文字，当文字需要与当前屏幕而非与对象平行时用此方式比较简单。

7. 原点

该按钮是系统默认的 UCS 坐标的创建方法，主要用于修改当前用户坐标系的原点位置。其坐标轴方向与上一个坐标相同，而由它定义的坐标系将以新坐标存在。

在“坐标”面板中单击 UCS 按钮，然后利用状态栏中的“对象捕捉”功能，捕捉模型上的一点，按〈Enter〉键结束操作。

8. Z 轴矢量

该工具通过指定一点作为坐标原点，指定一个方向作为 Z 轴的正方向，从而定义新的用户坐标系。此时，系统将根据 Z 轴方向自动设置 X 轴、Y 轴的方向。

9. 三点

该方式是创建 UCS 坐标系的最简单、最常用的一种方法，只需选取 3 个点就可确定新坐标系的原点、X 轴与 Y 轴的正向。指定的原点是坐标旋转时的基准点，再选取一点作为 X 轴的正方向即可，而 Y 轴的正方向实际上已经确定。当确定 X 轴与 Y 轴的方向后，Z 轴的方向将自动设置为与 XY 平面垂直。

10. X、Y、Z 轴

该方式是通过将当前 UCS 坐标绕 X 轴、Y 轴或 Z 轴旋转一定的角度，从而生成新的用户坐标系。它可以通过指定两个点或输入一个角度值来确定所需要的角度。

12.2.3 UCS 的管理和控制

在三维造型过程中，有时仅仅使用 UCS 命令并不能满足坐标系操作要求，因此需要有效地管理和控制坐标系。

1. UCS 管理 UCSMAN

调用 UCS 管理命令的方法如下。

- 菜单栏：选择“工具”|“命名 UCS”命令。
- 功能区：在“常用”选项卡中，单击“坐标”面板中的“命名 UCS”按钮。
- 命令行：在命令行输入 UCSMAN 命令。

调用该命令后，系统将弹出 UCS 对话框，如图 12-5 所示。

❑ “命令 UCS”选项卡

该选项卡用于显示世界坐标系和已有的 UCS 的信息。选择 UCS 列表框中的某一个坐标系，单击“置为当前”按钮，就可以将该坐标系设置为当前工作的 UCS。单击“详细信息”按钮，系统将弹出“UCS 详细信息”对话框，在“相对于”下拉列表框中选择一个坐标系作为参考后，系统就显示出与之相对应的 X、Y、Z 轴和坐标原点的详细信息，如图 12-6 所示。

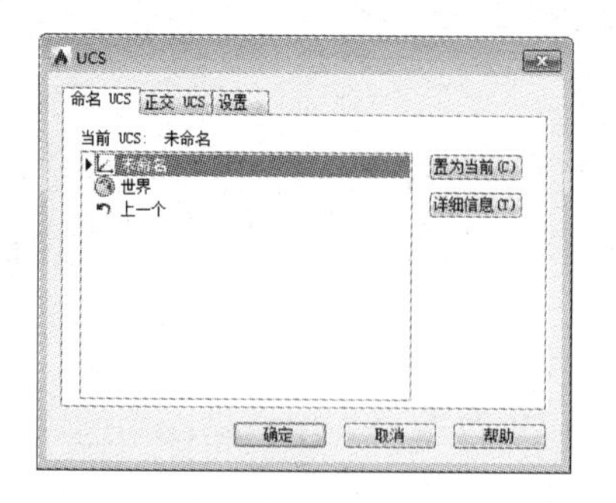

图 12-5 UCS 对话框

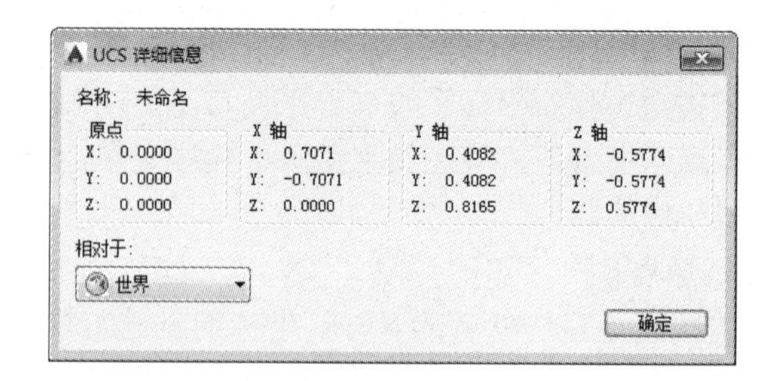

图 12-6 “UCS 详细信息”对话框

❑ “正交 UCS”选项卡

该选项卡用于将 UCS 设置成某一“正交”模式。用户可以在“相对于”下拉列表框中选择用于定义正交模式 UCS 的参考坐标系，以及选择“底端深度”下拉列表框中的数值并将其修改为定义 UCS 所投影平面到参考坐标系的平行平面之间的距离，如图 12-7 所示。

❑ “设置”选项卡

该选项卡主要用于设置 UCS 图标的显示方式和应用范围等，如图 12-8 所示。

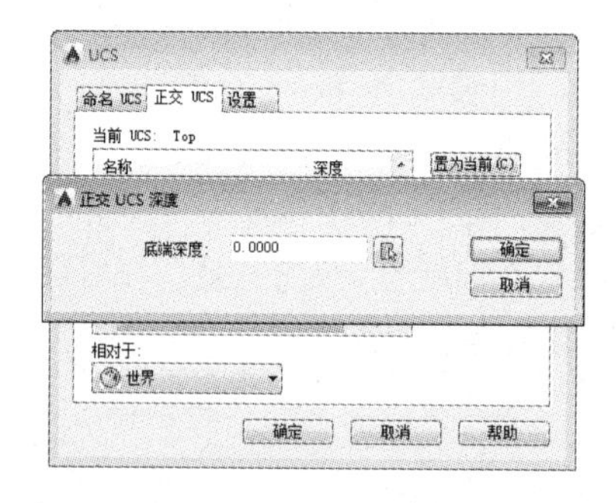

图 12-7 “正交 UCS”选项卡

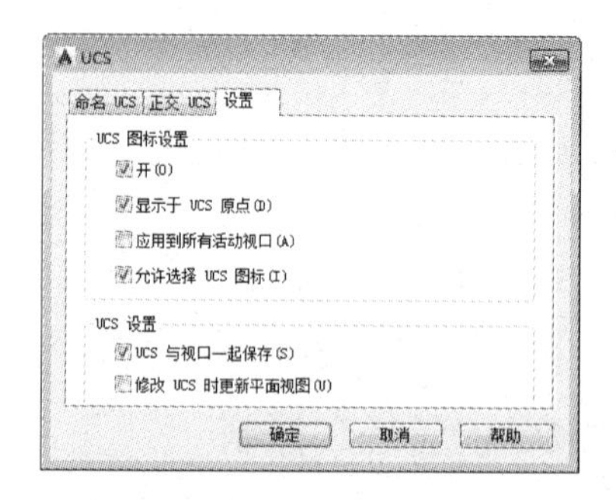

图 12-8 “设置”选项卡

“UCS 图标设置”选项组用于设置 UCS 图标的显示方式；“开”复选框用于设置 UCS 图标是否在绘图区域内显示；“显示于 UCS 原点”复选框用于确定设置的 UCS 图标是否在

UCS 原点显示，如果不是，UCS 图标只显示在当前视图的左下角；“应用到所有活动窗口”复选框用于确定是否将 UCS 图标的设置应用到当前图形中的所有活动视口。

“UCS 设置”选项组用于在当前视口中设置 UCS；“UCS 与视口一起保存”复选框用于确定 UCS 设置是否与当前视口一起保存；“修改 UCS 时更新平面视图”复选框用于确定当前 UCS 改变时，是否将图形和坐标系转换到 XOY 平面视图。

2. UCS 图标控制 UCSICON

在命令行中输入 UCSICON 并按〈Enter〉，命令行提示如下。

命令: UCSICON

输入选项 [开(ON)/关(OFF)/全部(A)/非原点(N)/原点(OR)/可选(S)/特性(P)] <开>:

- 开（ON）/关（OFF）：确定 UCS 图标是否在绘图区域内显示。
- 全部（A）：如果当前绘图屏幕上有多个视口，通过该选项可确定是否将 UCS 图标的设置应用到当前图形中的所有活动视口。
- 非原点（N）/原点（OR）：确定设置的 UCS 图标是否在 UCS 原点显示。
- 可选（S）：用于选中是否允许选择 UCS 图标。
- 特性（P）：调用该命令后，系统将弹出“UCS 图标”对话框，如图 12-9 所示。通过该对话框，用户可以设置 UCS 的图标样式、大小和颜色等特性。

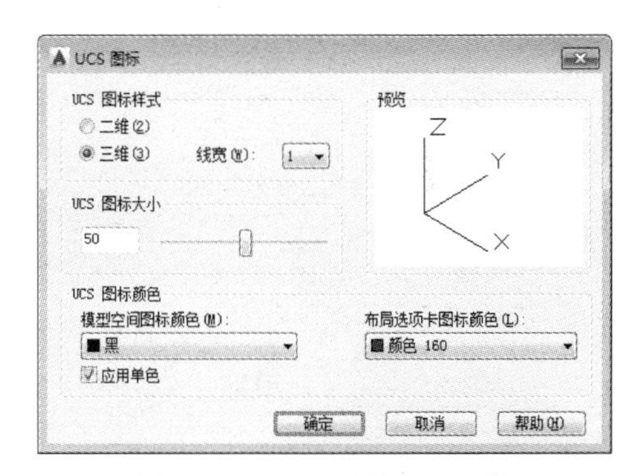

图 12-9 “UCS 图标”对话框

12.3 视点

视点是指观察图形的方向。例如，绘制三维球体时，如果使用平面坐标系即 Z 轴垂直于屏幕，此时仅能看到该球体在 XY 平面上的投影，如果调整视点至东南轴测视图，将看到的是三维球体，如图 12-10 所示。

在三维建模环境中，为了创建和编辑三维图形各部分的结构特征，需要不断地调整显示方式和视图位置，以更好地观察三维模型。本节主要介绍控制三维视图的显示方式，以及从不同方位观察三维视图的方法和技巧。

12.3.1 设置视点

选择“视图”|“三维视图”|“视点预设”命令，或在命令行中输入 VPOINT，系统都会弹出“视点预设”对话框，如图 12-11 所示。

默认情况下，观察角度是相对于 WCS 坐标系的。选择“相对于 UCS”单选按钮，则可设置相对于 UCS 坐标系的观察角度。

无论是相对于哪种坐标系，用户都可以直接单击对话框中的坐标图来获取观察角度，或是在“X 轴”和“XY 平面”文本框中输入角度值。其中，对话框中的左图用于设置原点和视点之间的连线在 XY 平面的投影与 X 轴正向的夹角；右面的半圆形图用于设置该连线与投影线之间的夹角。

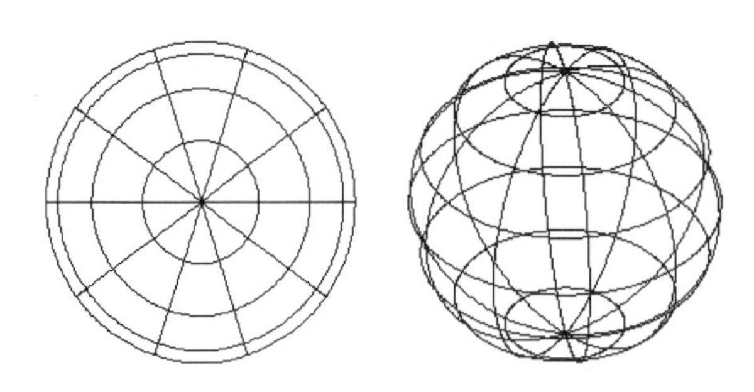

图 12-10 在平面坐标系和三维视图中的球体

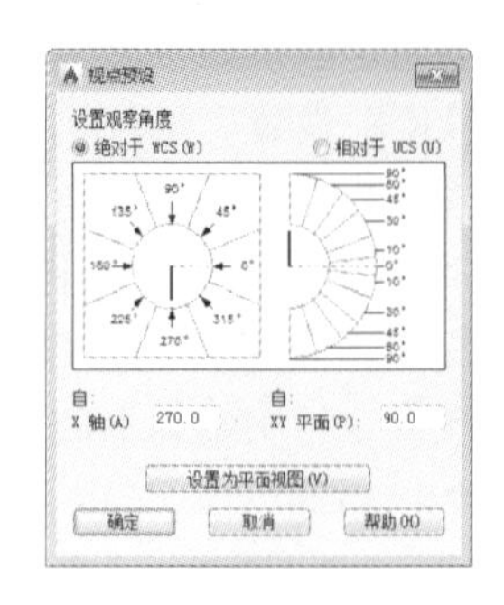

图 12-11 “视点预设”对话框

12.3.2 设置 UCS 平面视图

此外，若在“视点预设”对话框中单击“设置为平面视图（V）”按钮，则可以将坐标系设置为平面视图（XY 平面）。具体操作如图 12-12 所示。

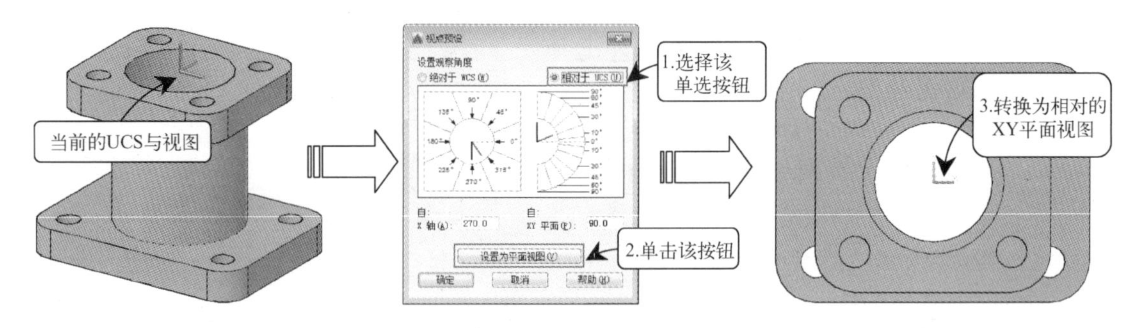

图 12-12 设置相对于 UCS 的平面视图

而如果选择的是“绝对于 WCS”单选按钮，则会将视图调整至世界坐标系中的 XY 平面，与用户指定的 UCS 无关，如图 12-13 所示。

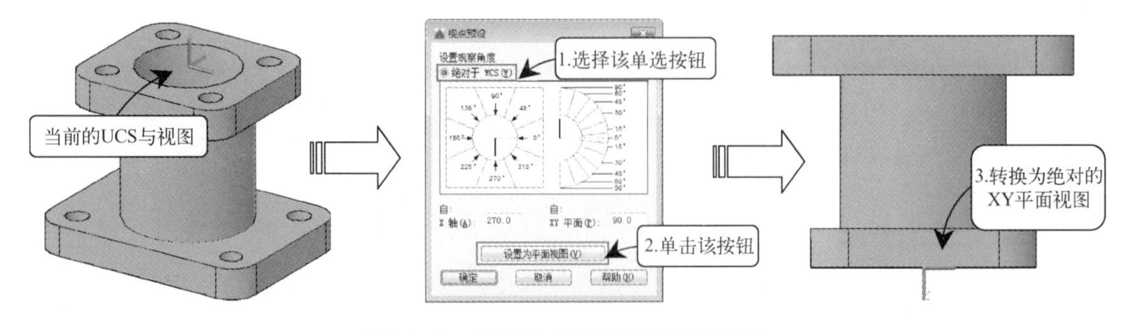

图 12-13 设置绝对于 WCS 的平面视图

12.3.3 ViewCube（视角立方）

在“三维建模”工作空间中，使用 ViewCube 工具可切换各种正交或轴测视图模式，即可切换 6 种正交视图、8 种正等轴测视图和 8 种斜等轴测视图，以及其他视图方向，可以根据需要快速调整模型的视点。

ViewCube 工具中显示了非常直观的 3D 导航立方体，单击该工具图标的各个位置将显示不同的视图效果，如图 12-14 所示。

该工具图标的显示方式可根据设计进行必要的修改，右击立方体，在弹出的快捷菜单中选择“ViewCube 设置”命令，系统弹出“ViewCube 设置”对话框，如图 12-15 所示。

在该对话框中设置参数值，可控制立方体的显示和行为，并且可在对话框中设置默认的位置、尺寸和立方体的透明度。

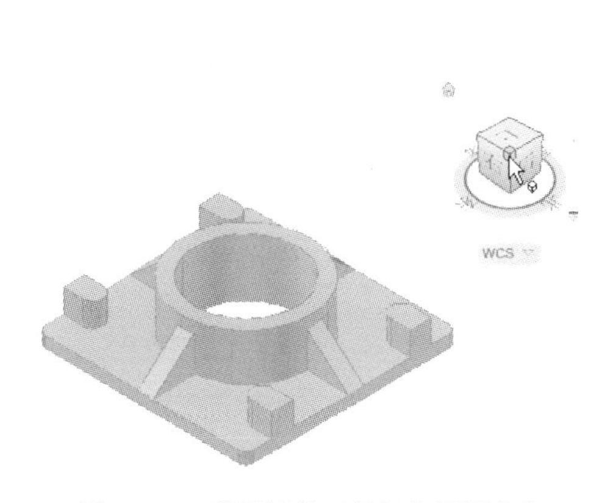

图 12-14　利用导航工具切换视图方向

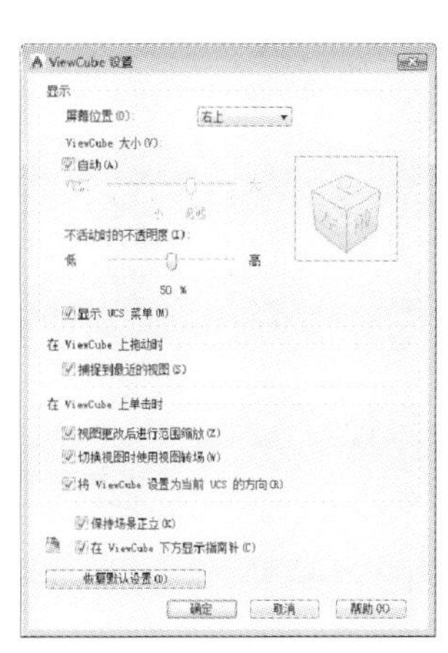

图 12-15　“View Cube 设置”对话框

此外，右击 ViewCube 工具，可以通过弹出的快捷菜单定义三维图形的投影样式，模型的投影样式可分为“平行”投影和“透视”投影两种。

➢ “平行”投影模式：是平行的光源照射到物体上所得到的投影，可以准确地反映模型的实际形状和结构，效果如图 12-16 所示。

➢ “透视”投影模式：可以直观地表达模型的真实投影状况，具有较强的立体感。透视投影视图取决于理论相机和目标点之间的距离。当距离较小时产生的投影效果较为明显；反之，当距离较大时产生的投影效果较为轻微，效果如图 12-17 所示。

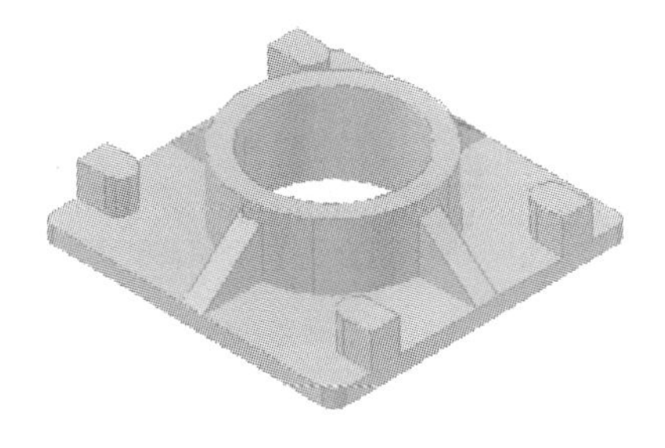

图 12-16　“平行”投影模式

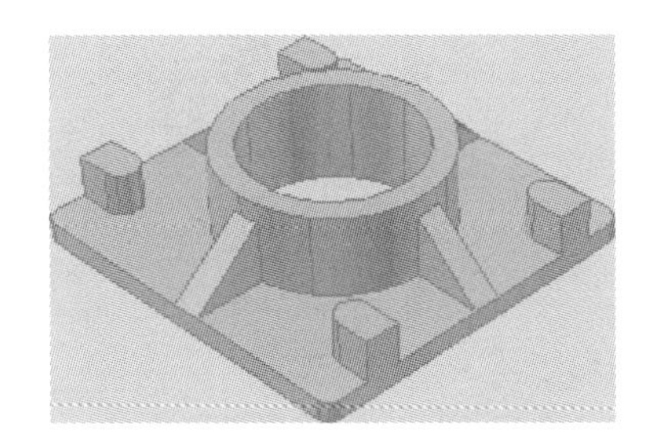

图 12-17　“透视”投影模式

12.4　三维实体视觉样式

在 AutoCAD 中，为了观察三维模型的最佳效果，往往需要通过“视觉样式”功能来切换视觉样式。

12.4.1 应用视觉样式

视觉样式是一组设置，用来控制视口中边和着色的显示。一旦应用了视觉样式或更改了其设置，就可以在视口中查看效果。切换视觉样式，可以通过视口标签和菜单命令进行，如图 12-18 和图 12-19 所示。

图 12-18 视觉样式视口标签

图 12-19 “视觉样式”子菜单

各种视觉样式的含义如下。

- 二维线框：显示用直线和曲线表示边界的对象。光栅图形和 OLE 对象、线型和线宽均可见，如图 12-20 所示。
- 概念：着色多边形平面间的对象，并使对象的边平滑化。着色使用古氏面样式，是一种在冷色和暖色之间的过渡，而不是从深色到浅色的过渡。效果缺乏真实感，但是可以更方便地查看模型的细节，如图 12-21 所示。

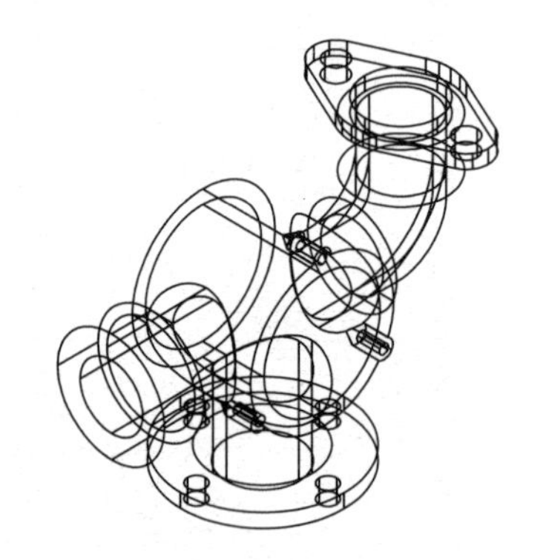
图 12-20 二维线框视觉样式

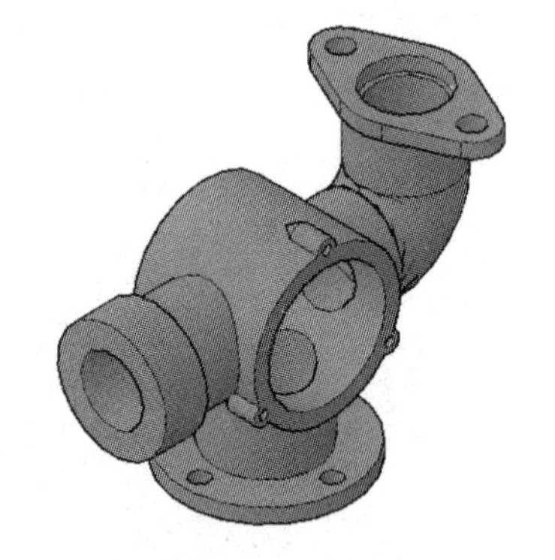
图 12-21 概念视觉样式

- 隐藏：显示用三维线框表示的对象并隐藏表示后向面的直线，效果如图 12-22 所示。
- 真实：对模型表面进行着色，并使对象边平滑化。将显示已附着到对象的材质，效果如图 12-23 所示。

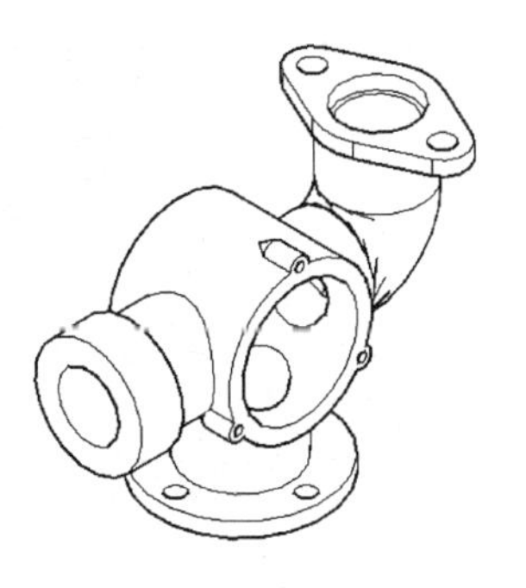

图 12-22　隐藏视觉样式

图 12-23　真实视觉样式

- 着色：该样式与真实样式类似，但不显示对象轮廓线，效果如图 12-24 所示。
- 带边框着色：该样式与着色样式类似，对其表面轮廓线以暗色线条显示，效果如图 12-25 所示。

图 12-24　着色视觉样式

图 12-25　带边框着色视觉样式

- 灰度：以灰色着色多边形平面间的对象，并使对象的边平滑化。着色表面不存在明显的过渡，同样可以方便地查看模型的细节，效果如图 12-26 所示。
- 勾画：利用手工勾画的笔触效果显示用三维线框表示的对象，并隐藏表示后向面的直线，效果如图 12-27 所示。

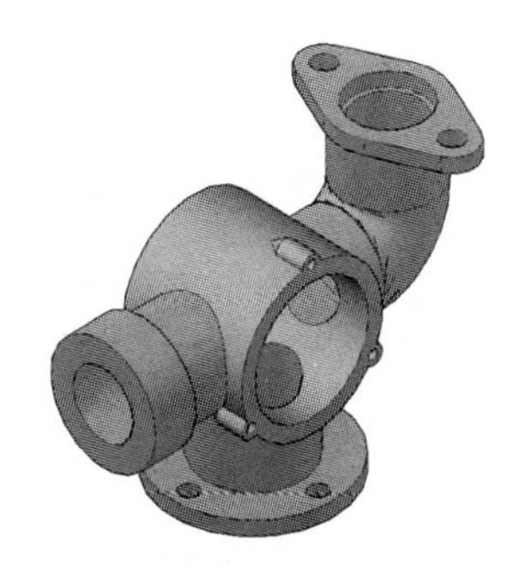

图 12-26　灰度视觉样式

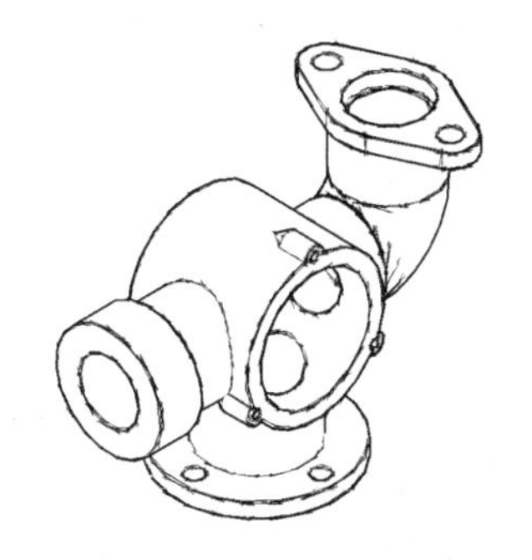

图 12-27　勾画视觉样式

- 线框：显示用直线和曲线表示边界的对象，效果与三维线框类似，如图 12-28 所示。
- X 射线：以 X 光的形式显示对象效果，可以清楚地观察到对象背面的特征，效果如图 12-29 所示。

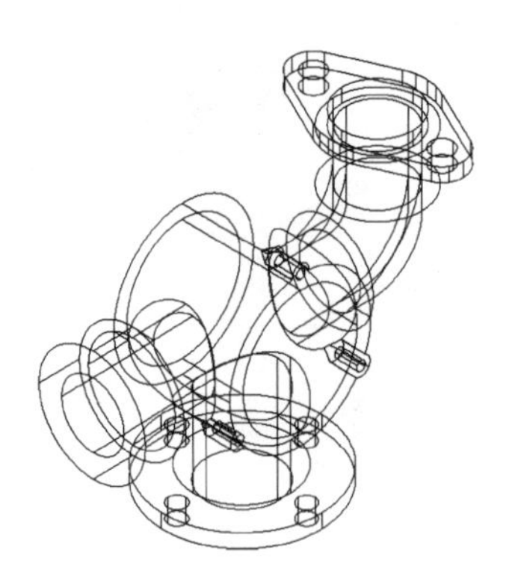

图 12-28 线框视觉样式

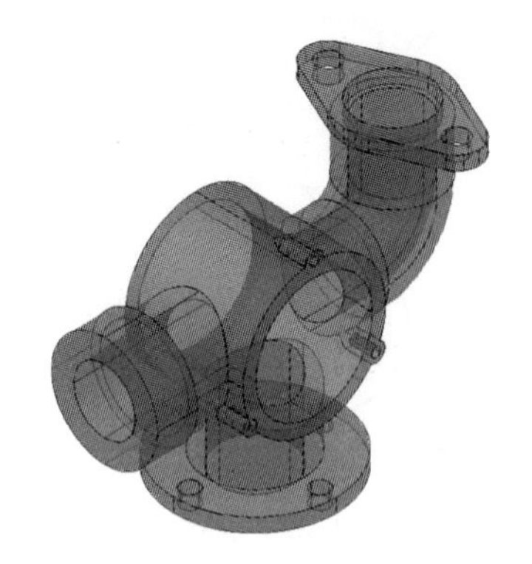

图 12-29 X 射线视觉样式

12.4.2 管理视觉样式

选择“视图”|“视觉样式”|“视觉样式管理器”命令，系统打开“视觉样式管理器”选项板，如图 12-30 所示。

在功能区中单击“常用”选项卡的“视图”面板上的“二维线宽”下拉按钮，在打开的下拉列表框中也可以选择相应的视觉样式，如图 12-31 所示。

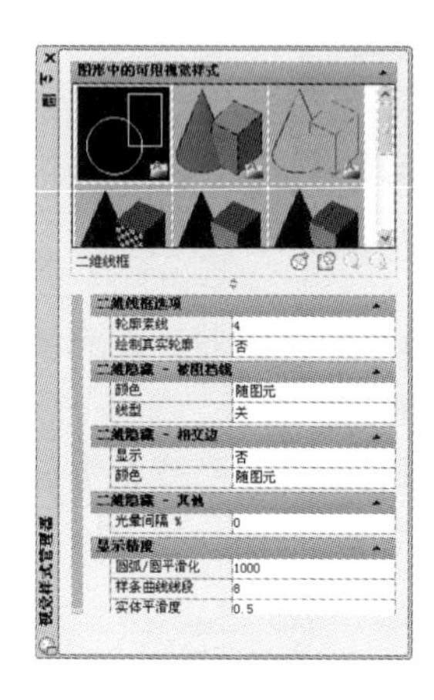

图 12-30 “视觉样式管理器”选项板

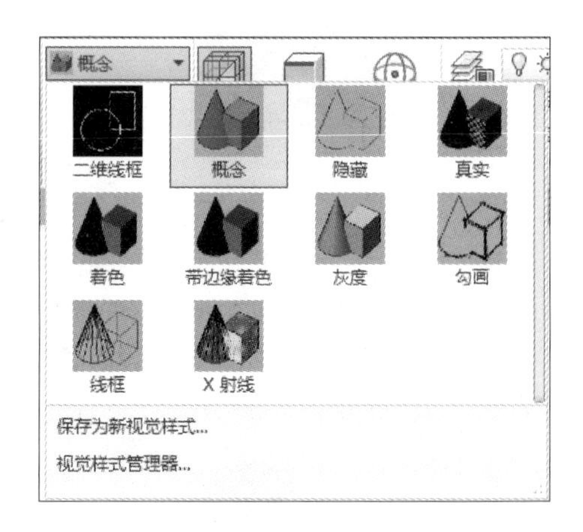

图 12-31 “视觉样式”下拉列表框

在“视觉样式管理器”选项板的“图形中的可用视觉样式”列表框中显示了图形中的可用视觉样式的样例图像。当选定某一视觉样式，该视觉样式显示黄色边框，选定的视觉样式的名称显示在选项板的底部。在“视觉样式管理器”选项板的下部，将显示该视觉样式的面设置、环境设置和边设置。

在“视觉样式管理器”选项板中，使用工具条中的工具按钮，可以创建新的视觉样式、将选定的视觉样式应用于当前视口、将选定的视觉样式输出到工具选项板，以及删除选定的视觉样式。

在“图形中的可用视觉样式”列表框中选择的视觉样式不同，设置区中的参数选项也不同，用户可以根据需要在其中进行相关设置。

12.5 创建基本实体

基本实体是构成三维实体模型的最基本的元素，如长方体、楔体和球体等，在AutoCAD 中，可以通过多种方法来创建基本实体。

12.5.1 创建长方体

使用“长方体”命令可创建具有规则实体模型形状的长方体或正方体等实体，如创建零件的底座、支撑板、建筑墙体及家具等。在 AutoCAD 2016 中，调用“长方体”命令有以下几种常用方法。

- 菜单栏：选择“绘图”|“建模”|“长方体”命令，如图 12-32 所示。
- 功能区：在“常用”选项卡中，单击“建模”面板中的“长方体”按钮，如图 12-33 所示。
- 工具栏：单击“建模”工具栏中的“长方体”按钮。
- 命令行：在命令行中输入 BOX 命令。

执行上述任一命令后，命令行出现如下提示。

指定第一个角点或 [中心(C)]:

此时可以根据提示利用两种方法进行“长方体”的绘制。

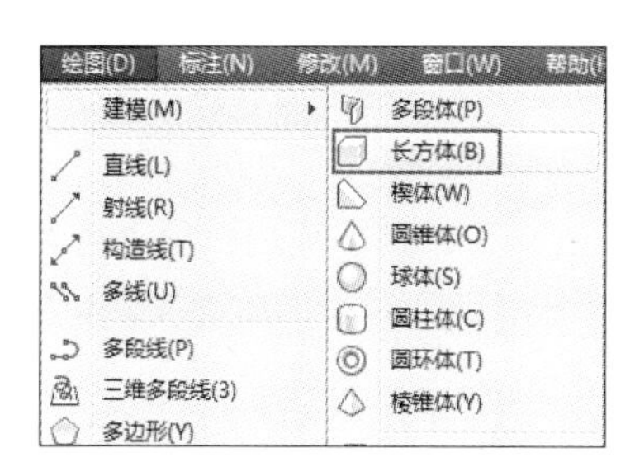

图 12-32 使用菜单命令创建长方体

图 12-33 使用“建模”面板创建长方体

12.5.2 案例——指定角点创建长方体

指定角点是创建长方体时的默认方法，即通过依次指定长方体底面的两对角点或指定一个角点和长、宽、高的方式进行长方体的创建，操作步骤如下。

步骤 1 新建空白文档，单击绘图区左上角的“视图控件”，在弹出的快捷功能控件菜单中选择“西南等轴测”命令，将视图切换为“西南等轴测”模式。

步骤 2 在“常用”选项卡中，单击“建模”面板中的“长方体”按钮，绘制长方体，结果如图 12-34 所示，命令行操作如下。

```
命令: _box↙                                  //调用“长方体”命令
指定第一个角点或 [中心(C)]:                  //指定第一个角点
指定其他角点或 [立方体(C)/长度(L)]: l↙       //选择“长度”选项
指定长度: 20↙                                //指定第二个角点
```

指定宽度: 15↙ //指定第三个角点

指定高度或 [两点(2P)] <15.0000>: 10↙ //指定长方体高度

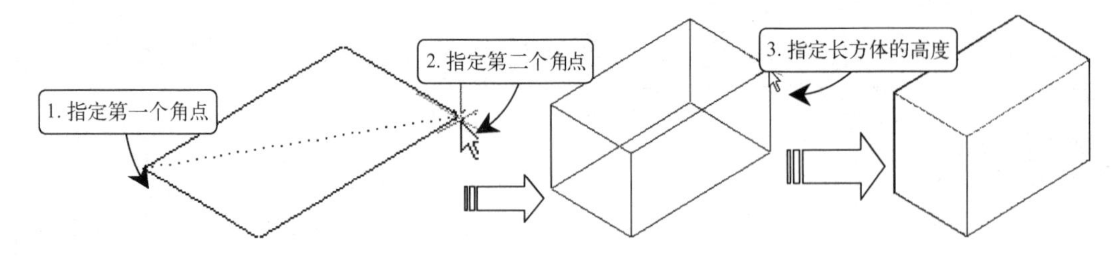

图 12-34 利用指定角点的方法绘制长方体

12.5.3 案例——指定中心创建长方体

指定中心可以先指定长方体中心，再指定底面的一个角点或长度等参数，最后指定高度来创建长方体。

步骤 1 新建空白文档，单击绘图区左上角的“视图控件”，在弹出的快捷功能控件菜单中选择“西南等轴测”命令，将视图切换为“西南等轴测”模式。

步骤 2 单击“建模”面板中的“长方体”按钮，绘制长方体，结果如图 12-35 所示，命令行操作如下。

命令: _box↙ //调用“长方体”命令

指定第一个角点或 [中心(C)]:C↙ //选择“中心”选项

指定中心: //指定中心点

指定其他角点或 [立方体(C)/长度(L)]: ↙ //指定底面的角点

指定高度或 [两点(2P)] <15.0000>: 10↙ //指定长方体高度

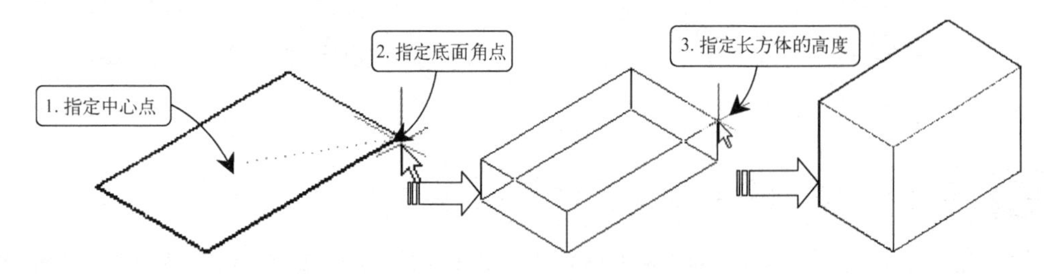

图 12-35 利用指定中心的方法绘制长方体

12.5.4 创建圆柱体

在 AutoCAD 中创建的“圆柱体”是以面或圆为截面形状，沿该截面法线方向拉伸所形成的实体，常用于绘制各类轴类零件、建筑图形中的各类立柱等特征。

在 AutoCAD 2016 中调用“圆柱体”命令有以下几种常用方法。

- 菜单栏：选择“绘图”|“建模”|“圆柱体”命令，如图 12-36 所示。
- 功能区：在“常用”选项卡中，单击“建模”面板中的“圆柱体”按钮，如图 12-37 所示。

➢ 工具栏：单击“建模”工具栏中的“圆柱体”按钮。
➢ 命令行：在命令行中输入 CYLINDER 命令。

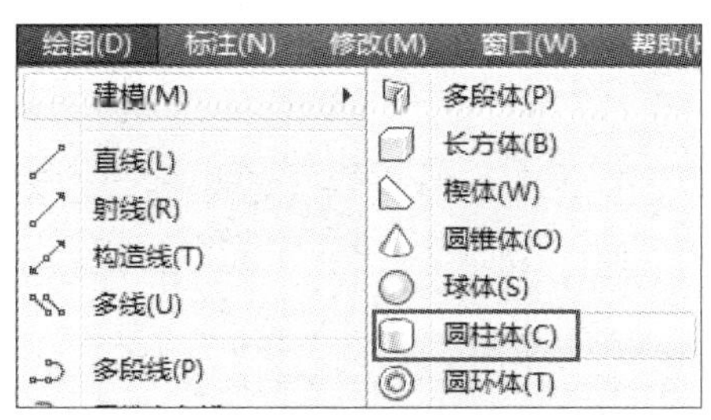
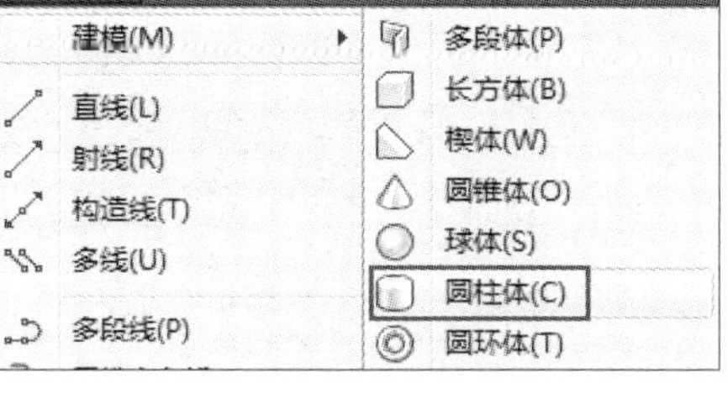

图 12-36 使用菜单命令创建圆柱体

图 12-37 使用“建模”面板创建圆柱体

执行上述任一命令后，命令行提示如下。

指定底面的中心点或 [三点(3P)/两点(2P)/切点、切点、半径(T)/椭圆(E)]:

根据命令行提示选择一种创建方法，即可绘制圆柱体图形。

12.5.5 案例——指定底面圆心创建圆柱体

步骤 1 新建空白文档，单击绘图区左上角的“视图控件”，在弹出的快捷功能控件菜单中选择“西南等轴测”命令，将视图切换为“西南等轴测”模式。

步骤 2 单击“建模”面板中的“圆柱体”按钮，绘制一个半径为 50、高度为 200 的圆柱体，如图 12-38 所示。命令行操作如下。

```
命令: _cylinder↙                                                    //调用“圆柱体”命令
指定底面的中心点或 [三点(3P)/两点(2P)/切点、切点、半径(T)/椭圆(E)]:   //指定圆心点
指定底面半径或 [直径(D)]: 50↙                                        //输入半径
指定高度或 [两点(2P)/轴端点(A)] <1033.8210>: @0，200↙                //输入高度值
```

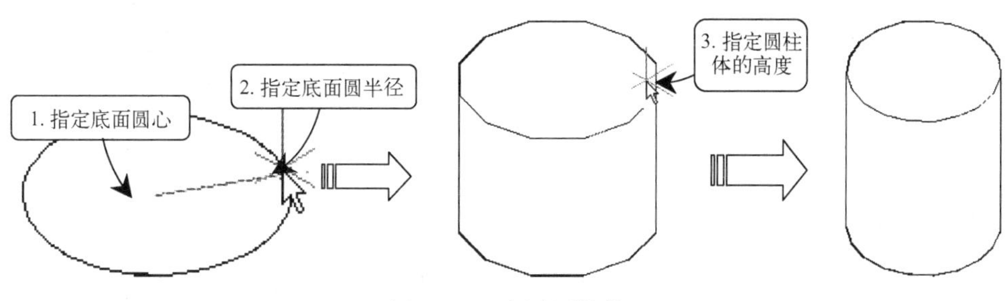

图 12-38 创建圆柱体

12.5.6 创建圆锥体

“圆锥体”是指以圆或椭圆为底面形状、沿其法线方向并按照一定锥度向上或向下拉伸而形成的实体。使用“圆锥体”命令可以创建“圆锥”和“平截面圆锥”两种类型的实体。

1. 创建常规圆锥体

在 AutoCAD 2016 中调用“圆锥体”命令有以下几种常用方法：

➢ 菜单栏：选择“绘图”|“建模”|“圆锥体”命令，如图 12-39 所示。

➢ 功能区：在“常用”选项卡中，单击“建模”面板中的“圆锥体”按钮，如图 12-40 所示。
➢ 工具栏：单击“建模“工具栏中的“圆锥体”按钮。
➢ 命令行：在命令行中输入 CONE 命令。

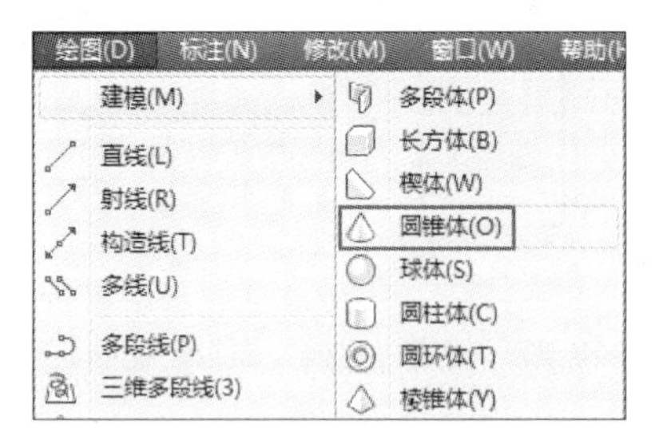

图 12-39 使用菜单命令创建圆锥体

图 12-40 使用“建模”面板创建圆锥体

执行上述任一命令后，在绘图区指定一点为底面圆心，并分别指定底面半径值或直径值，最后指定圆锥高度值，即可获得圆锥体效果，如图 12-41 所示。

2. 创建平截面圆锥体

平截面圆锥体即圆台体，可以看做是由平行于圆锥底面，且与底面的距离小于锥体高度的平面为截面，截取该圆锥而得到的实体。

当启用“圆锥体”命令后，指定底面圆心及半径，命令提示行信息为“指定高度或[两点(2P)/轴端点(A)/顶面半径(T)] <9.1340>:”，选择“顶面半径”选项，输入顶面半径值，最后指定平截面圆锥体的高度，即可获得“平截面圆锥”效果，如图 12-42 所示。

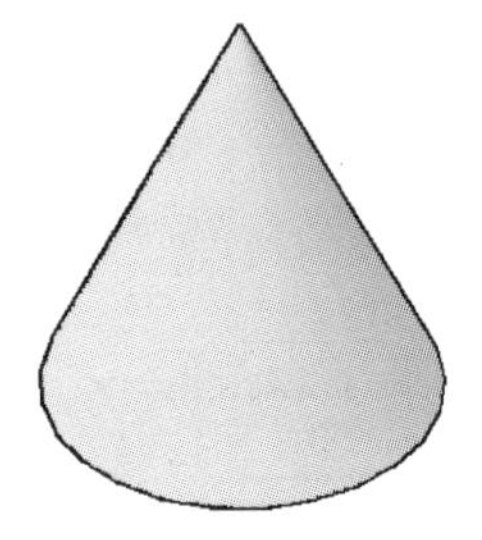

图 12-41 圆锥体

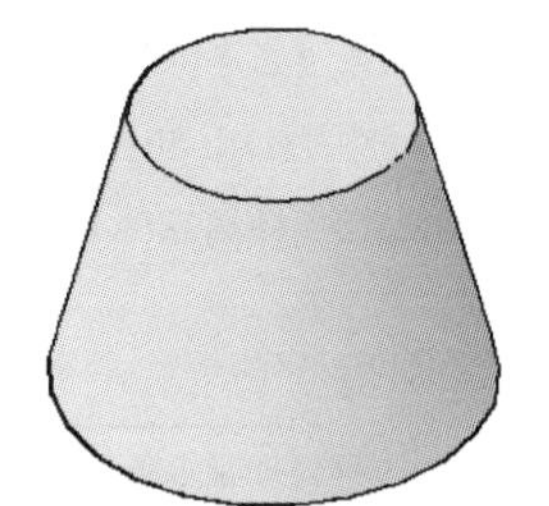

图 12-42 平截面圆锥体

12.5.7 创建球体

“球体”是在三维空间中到一个点（即球心）距离相等的所有点的集合形成的实体，它广泛应用于机械、建筑等制图中，如创建档位控制杆、建筑物的球形屋顶等。

在 AutoCAD 2016 中调用“球体”命令有以下几种常用方法。

➢ 菜单栏：选择“绘图”|“建模”|“球体”命令，如图 12-43 所示。
➢ 功能区：在“常用”选项卡中，单击“建模”面板中的“球体”按钮，如图 12-44 所示。
➢ 工具栏：单击“建模”工具栏中的“球体”按钮。
➢ 命令行：在命令行中输入 SPHERE 命令。

执行上述任一命令后，命令行提示如下。

```
指定中心点或 [三点(3P)/两点(2P)/切点、切点、半径(T)]:
```

此时直接捕捉一点为球心，然后指定球体的半径值或直径值，即可获得球体效果。另外，可以按照命令行提示使用以下 3 种方法创建球体：“三点”“两点”和“相切、相切、半径”，其具体的创建方法与二维图形中“圆”的相关创建方法类似。

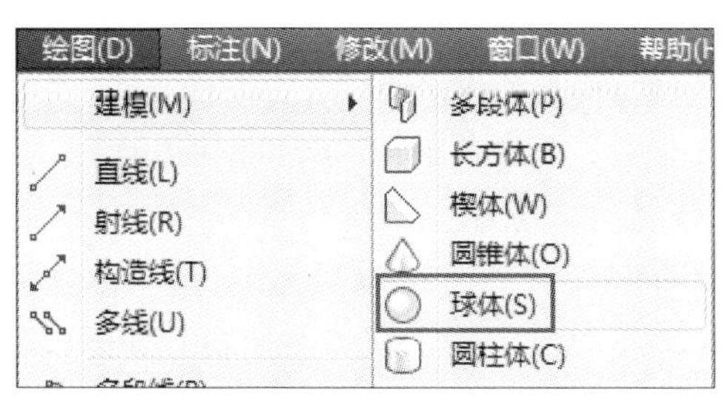

图 12-43　使用菜单命令创建球体

图 12-44　使用“建模”面板创建球体

12.5.8 创建棱锥体

“棱锥体”可以看做是以一个多边形面为底面，其余各面是由有一个公共顶点的具有三角形特征的面所构成的实体。

在 AutoCAD 2016 中调用“棱锥体”命令有以下几种常用方法。

- 菜单栏：选择“绘图”|“建模”|“棱锥体”命令，如图 12-45 所示。
- 功能区：在“常用”选项卡中，单击“建模”面板中的“棱锥体”按钮，如图 12-46 所示。
- 工具栏：单击“建模”工具栏中的“棱锥体”按钮。
- 命令行：在命令行中输入 PYRAMID 命令。

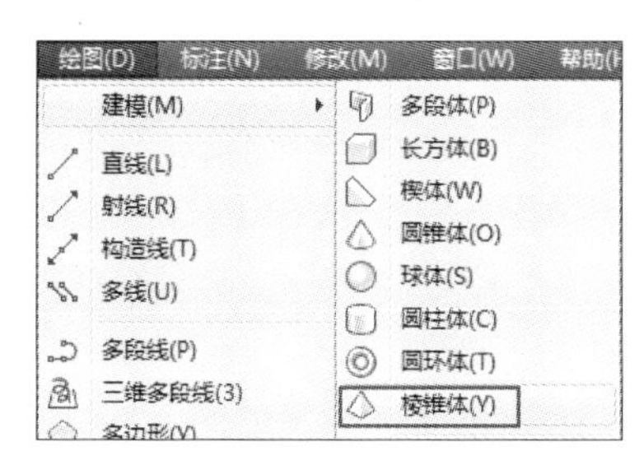

图 12-45　使用菜单命令创建棱锥体

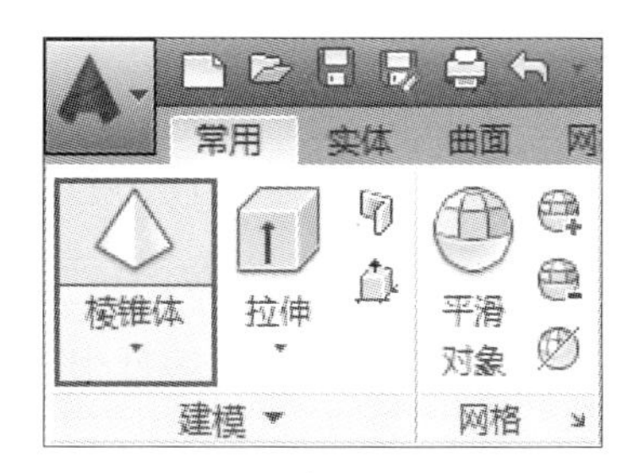

图 12-46　使用“建模”面板创建棱锥体

在 AutoCAD 中，使用以上任意一种方法可以通过参数的调整创建多种类型的“棱锥体”和“平截面棱锥体”。其绘制方法与绘制“圆锥体”的方法类似，绘制完成的结果如图 12-47 和图 12-48 所示。

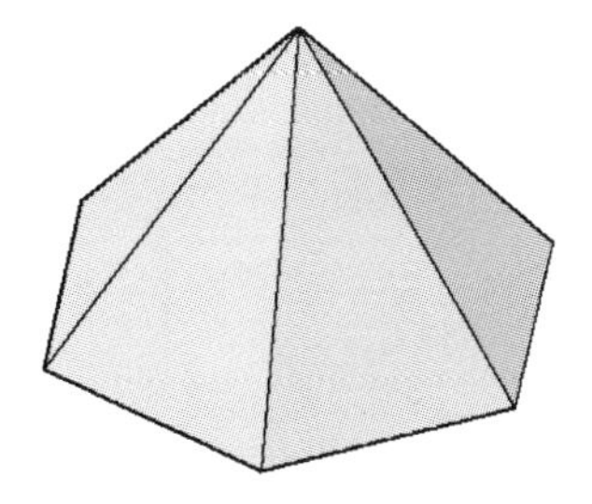

图 12-47　棱锥体

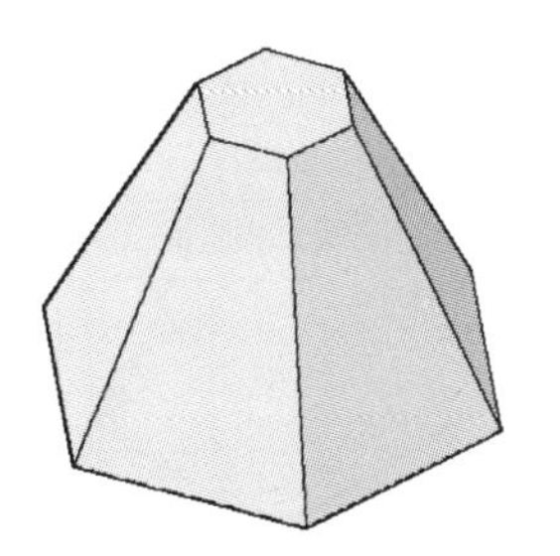

图 12-48　平截面棱锥体

提示：在利用“棱锥体”工具进行棱锥体创建时，所指定的边数必须是 3～32 之间的整数。

12.5.9 创建楔体

“楔体”可以看做是以矩形为底面，其一边沿法线方向拉伸所形成的具有楔状特征的实体。该实体通常用于填充物体的间隙，如安装设备时用于调整设备高度及水平度的楔体和楔木。

在 AutoCAD 2016 中调用“楔体”命令有如下几种常用方法：

- 菜单栏：选择“绘图”|“建模”|“楔体”命令，如图 12-49 所示。
- 功能区：在“常用”选项卡中，单击“建模”面板中的“楔体”按钮，如图 12-50 所示。
- 工具栏：单击“建模”工具栏中的“楔体”按钮。
- 命令行：在命令行中输入 WEDGE/WE 命令。

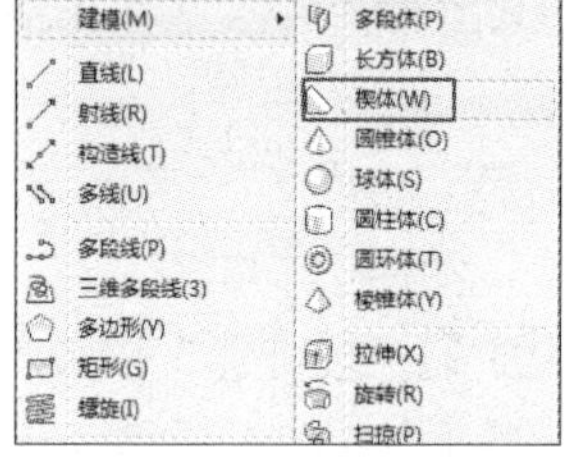

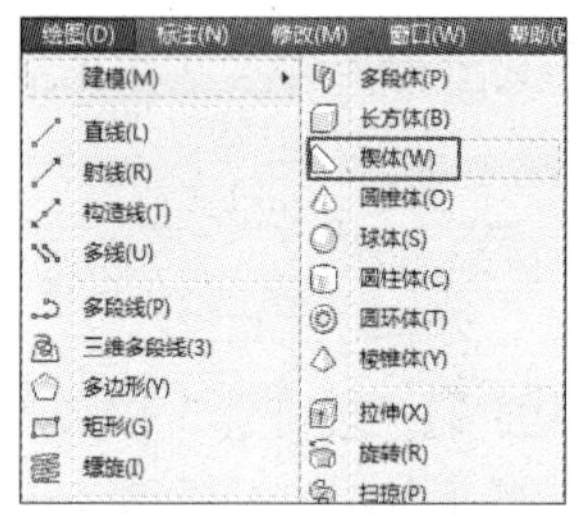

图 12-49 使用菜单命令创建楔体

图 12-50 使用“建模”面板创建楔体

执行以上任意一种方法均可创建“楔体”，创建“楔体”的方法与创建长方体的方法类似。

12.5.10 案例——创建三角形楔体

步骤 1 新建空白文档，单击绘图区左上角的“视图控件”，在弹出的快捷功能控件菜单中选择“西南等轴测”命令，将视图切换为“西南等轴测”模式。

步骤 2 单击“建模”面板中的“楔体”按钮，创建楔体，结果如图 12-51 所示，命令行操作如下。

```
命令: _wedge↙                                  //调用“楔体”命令
指定第一个角点或 [中心(C)]:                     //指定楔体底面第一个角点
指定其他角点或 [立方体(C)/长度(L)]:             //指定楔体底面另一个角点
指定高度或 [两点(2P)]:                          //指定楔体高度并完成绘制
```

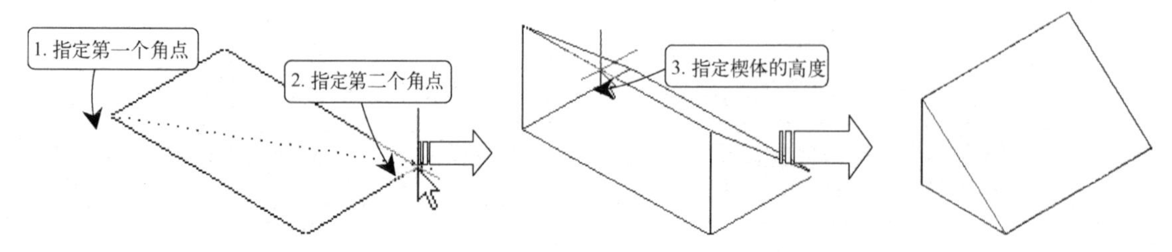

图 12-51 绘制楔体

12.5.11 创建圆环体

“圆环体”可以看做是在三维空间内，圆轮廓线绕与其共面直线旋转所形成的实体特征，该直线即是圆环的中心线；直线和圆心的距离即是圆环的半径；圆轮廓线的直径即是圆环的直径。

在 AutoCAD 2016 中调用“圆环体”命令有以下几种常用方法。

➢ 菜单栏：选择“绘图”|“建模”|“圆环体”命令，如图 12-52 所示。
➢ 功能区：在“常用”选项卡中，单击“建模”面板中的“圆环体”按钮，如图 12-53 所示。
➢ 工具栏：单击“建模”工具栏中的“圆环体”按钮。
➢ 命令行：在命令行中输入 TORUS 命令。

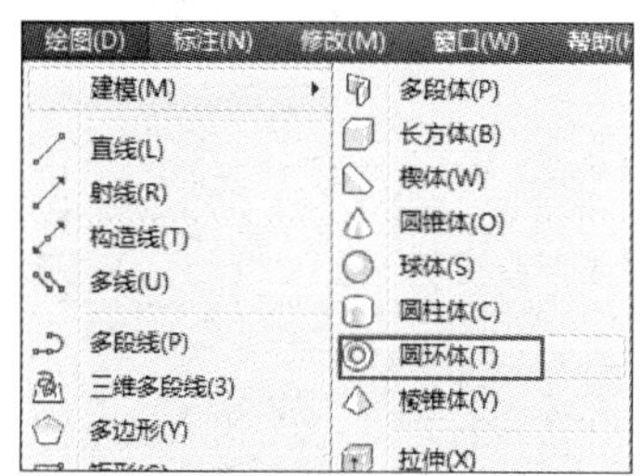
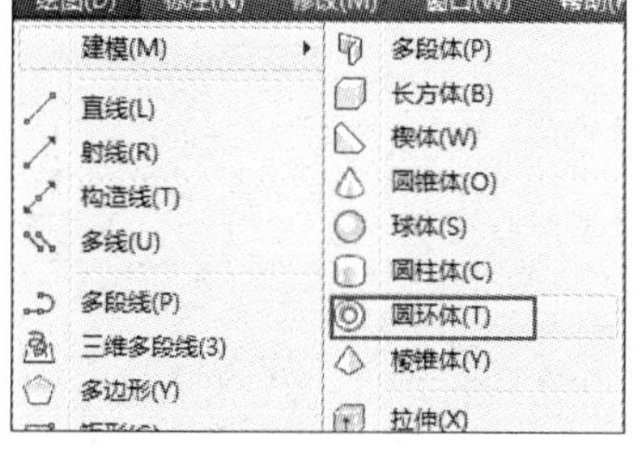

图 12-52 使用菜单命令创建圆环体

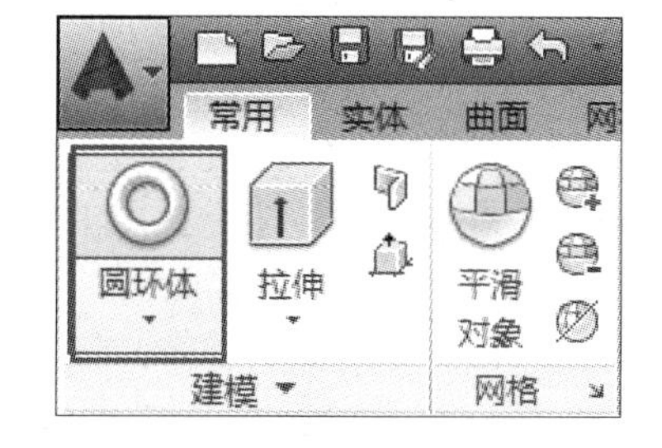

图 12-53 使用“建模”面板创建圆环体

通过以上任意一种方法执行该命令后，首先确定圆环的位置和半径，然后确定圆环圆管的半径，即可完成创建。

12.5.12 案例 ——创建半径为 15、横截面半径为 3 的圆环

步骤 1 新建空白文档，单击绘图区左上角的“视图控件”，在弹出的快捷功能控件菜单中选择“西南等轴测”命令，将视图切换为“西南等轴测”模式。

步骤 2 单击“建模”面板中的“圆环体”按钮，创建圆环体，命令行提示如下。

```
命令: _torus↙                                        //调用“圆环体”命令
指定中心点或 [三点(3P)/两点(2P)/切点、切点、半径(T)]:   //在绘图区域合适位置拾取一点
指定半径或 [直径(D)] <50.0000>: 15↙                   //输入圆环半径
指定圆管半径或 [两点(2P)/直径(D)]: 3↙                  //输入圆环截面半径
```

步骤 3 操作结果如图 12-54 所示。

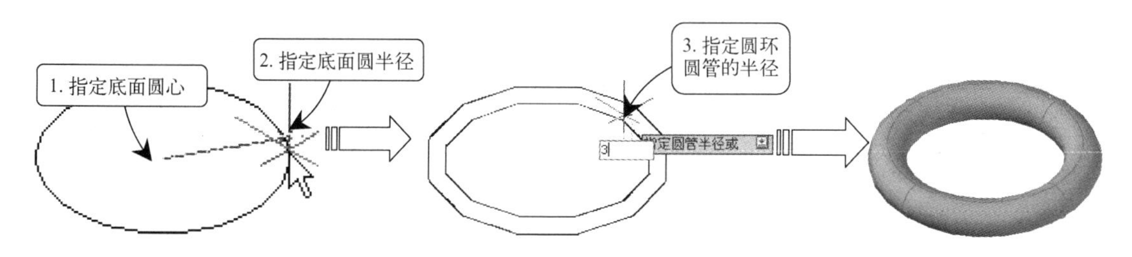

图 12-54 创建圆环体

12.6 由二维对象生成三维实体

在 AutoCAD 中，不仅可以利用上面介绍的各类基本实体工具直接创建简单实体模型，同时还可以利用二维图形生成三维实体。

12.6.1 拉伸

“拉伸”工具可以将二维图形沿指定的高度和路径，将其拉伸为三维实体。“拉伸”命令常用于创建楼梯栏杆、管道及异形装饰等物体，是实际工程中创建复杂三维面最常用的一种方法。

在 AutoCAD 2016 中调用“拉伸”命令有以下几种常用方法。

- 菜单栏：选择“绘图”|“建模”|“拉伸”命令，如图 12-55 所示。
- 功能区：在“常用”选项卡中，单击“建模”面板中的“拉伸”按钮，如图 12-56 所示。
- 工具栏：单击“建模”工具栏中的“拉伸”按钮。
- 命令行：在命令行中输入 EXTRUDE/EXT 命令。

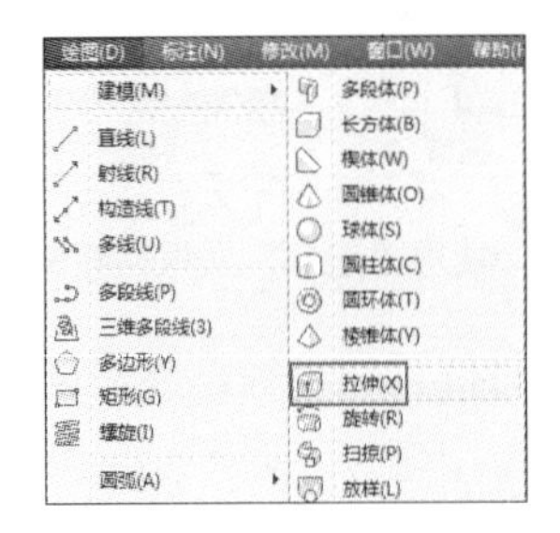

图 12-55 “拉伸”菜单命令

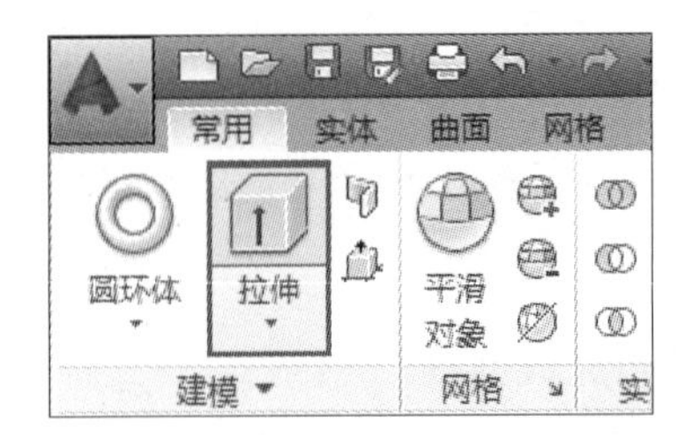

图 12-56 “拉伸”面板按钮

执行上述任一命令后，可以使用两种方法将二维对象拉伸成实体：一种是指定生成实体的倾斜角度和高度；另一种是指定拉伸路径，路径可以闭合，也可以不闭合。

12.6.2 案例——对现有面域进行拉伸

步骤 1 单击快速访问工具栏中的“打开”按钮，打开配套光盘中提供的“第 12 章\12.6.2 对面域进行拉伸.dwg”素材文件。

步骤 2 单击“建模”面板中的“拉伸”按钮，选择素材面域后指定拉伸高度 120，操作如图 12-57 所示。

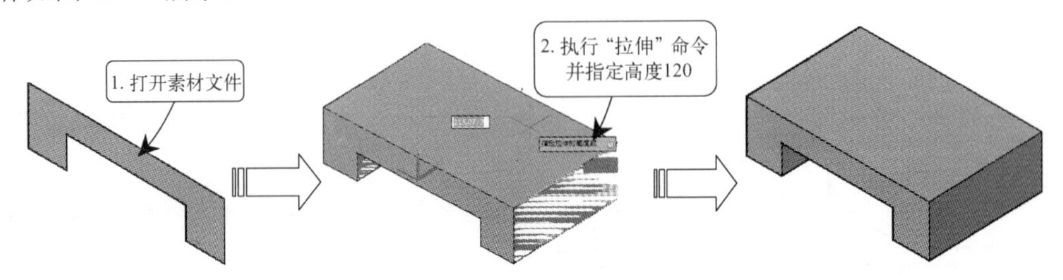

图 12-57 创建拉伸体

12.6.3 旋转

在创建实体时，用于旋转的二维对象可以是封闭多段线、多边形、圆、椭圆、封闭样条曲线、圆环及封闭区域。三维对象、包含在块中的对象、有交叉或自干涉的多段线不能被旋转，而且每次只能旋转一个对象。

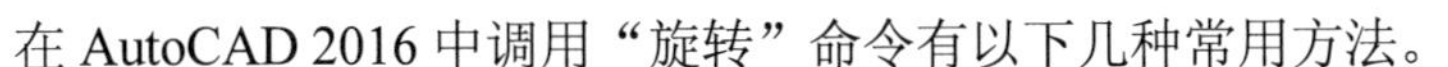

在 AutoCAD 2016 中调用“旋转”命令有以下几种常用方法。

- 菜单栏：选择“绘图”|“建模”|“旋转”命令，如图 12-58 所示。
- 功能区：在“常用”选项卡中，单击“建模”面板中的“旋转”按钮，如图 12-59 所示。
- 工具栏：单击“建模”工具栏中的“旋转”按钮。
- 命令行：在命令行中输入 REVOLVE/REV 命令。

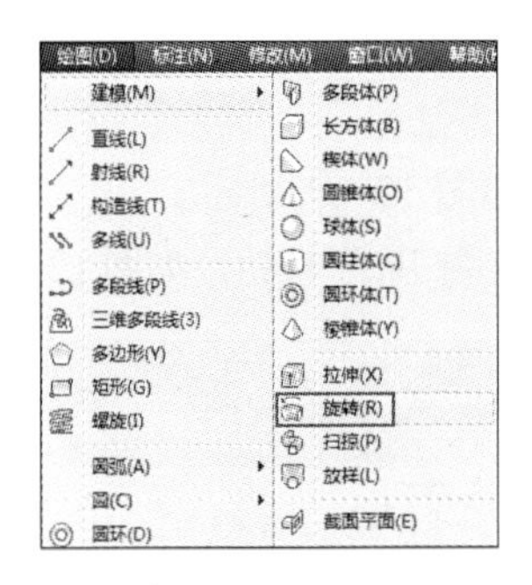

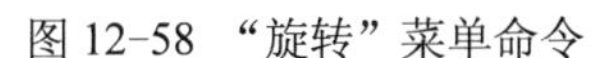

图 12-58 “旋转”菜单命令

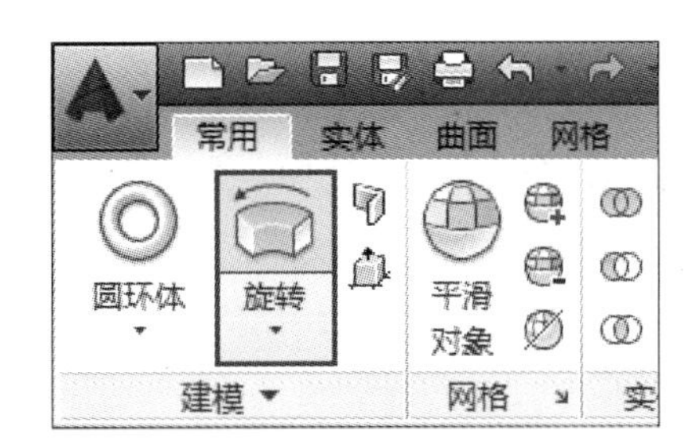

图 12-59 “旋转”面板按钮

执行“旋转”命令后，根据操作提示依次选择旋转面域、旋转轴，指定旋转角度，即可创建旋转特征。

12.6.4 案例——旋转面域创建轴盖模型

步骤 1 单击快速访问工具栏中的“打开”按钮，打开配套光盘中提供的“第 12 章\12.6.4 旋转面域创建轴盖模型.dwg”素材文件。

步骤 2 单击“建模”工具栏中的“旋转”按钮，选取素材面域为旋转对象，将其旋转 360°，结果如图 12-60 所示，命令行提示如下：

```
命令: REVOLVE↙                                         //调用“旋转”命令
选择要旋转的对象: 找到 1 个                              //选取素材面域为旋转对象
选择要旋转的对象:↙                                      //按〈Enter〉键
指定轴起点或根据以下选项之一定义轴 [对象(O)/X/Y/Z] <对象>:  //选择直线上端点为轴起点
指定轴端点:                                             //选择直线下端点为轴端点
指定旋转角度或 [起点角度(ST)] <360>:↙                    //按〈Enter〉键
```

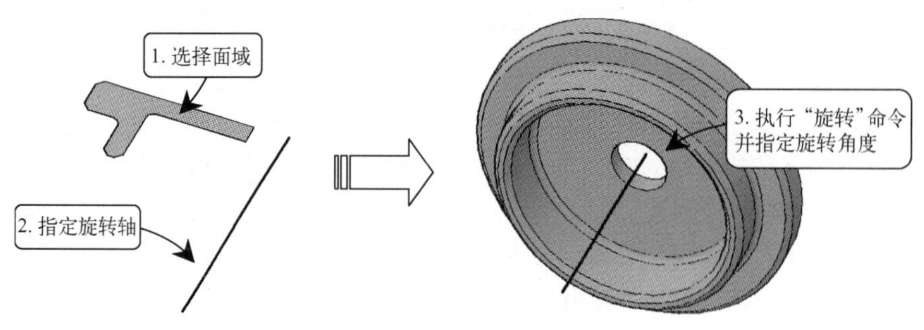

图 12-60 创建旋转体

12.6.5 扫掠

使用“扫掠”工具可以将扫掠对象沿着开放或闭合的二维或三维路径运动扫描，来创建实体或曲面。

在 AutoCAD 2016 中调用“扫掠”命令有以下几种常用方法。

➢ 菜单栏：选择“绘图”|“建模”|“扫掠”命令，如图 12-61 所示。

➢ 功能区：在“常用”选项卡中，单击“建模”面板中的“扫掠”按钮，如图 12-62 所示。

图 12-61 “扫掠”菜单命令

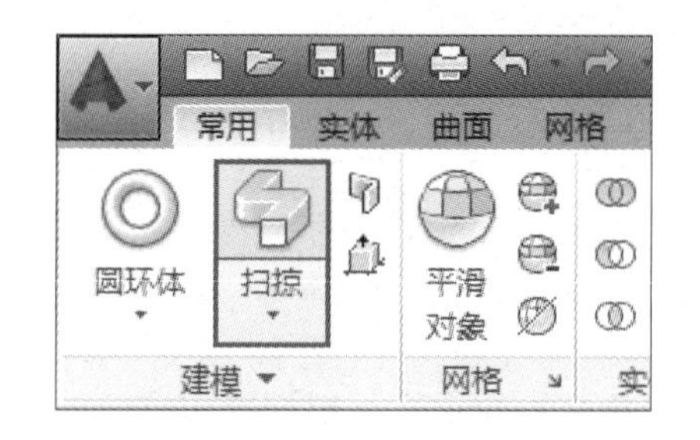

图 12-62 “扫掠”面板按钮

➢ 工具栏：在“建模”工具栏中单击“扫掠”按钮。

➢ 命令行：在命令行中输入 SWEEP 命令。

执行“扫掠”命令后，按命令行提示选择扫掠截面与扫掠路径即可，如图 12-63 所示。

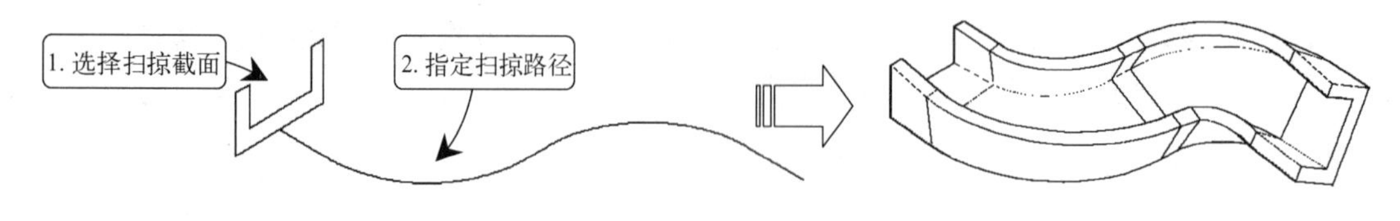

图 12-63 扫掠

12.6.6 放样

“放样”实体即将横截面沿指定的路径或导向运动扫描所得到的三维实体。横截面指的是具有放样实体截面特征的二维对象，并且使用该命令时必须指定两个或两个以上的横截面来创建放样实体。

在 AutoCAD 2016 中调用“放样”命令有以下几种常用方法。

- 菜单栏：选择“绘图”｜“建模”｜“放样”命令，如图 12-64 所示。
- 功能区：在“常用”选项卡中，单击“建模”面板中的“放样”按钮，如图 12-65 所示。
- 工具栏：单击“建模”工具栏中的“放样”按钮。
- 命令行：在命令行中输入 LOFT 命令。

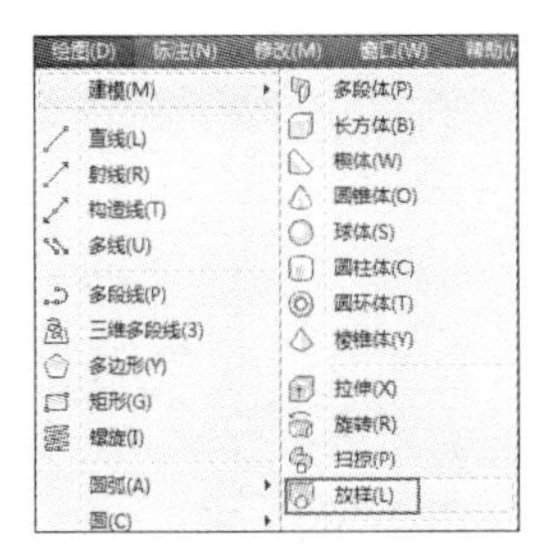

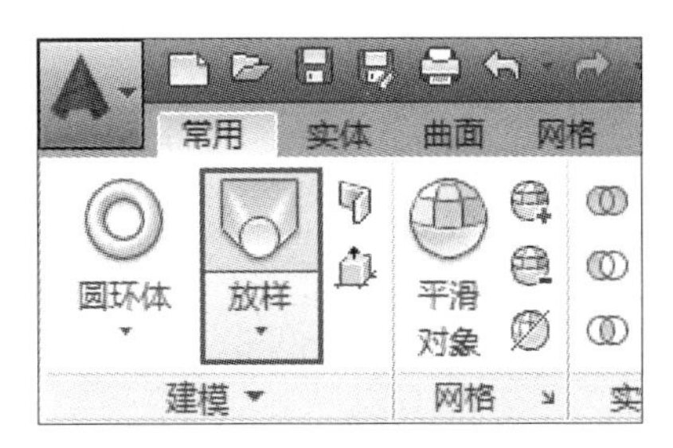

图 12-64 “放样”菜单命令

图 12-65 “放样”面板按钮

执行“放样”命令后，根据命令行的提示，依次选择截面图形，然后定义放样选项，即可创建放样图形。

12.6.7 案例——放样创建异型柱模型

步骤 1 单击快速访问工具栏中的“打开”按钮，打开配套光盘中提供的“第 12 章\12.6.7 放样创建异型柱模型.dwg”素材文件。

步骤 2 在“常用”选项卡的“建模”面板中单击“放样”按钮，然后依次选择素材中的 3 个截面，操作如图 12-66 所示，命令行操作如下。

命令: _loft //调用“放样”命令

当前线框密度: ISOLINES=4，闭合轮廓创建模式 = 实体

按放样次序选择横截面或 [点(PO)/合并多条边(J)/模式(MO)]: _mo 闭合轮廓创建模式 [实体(SO)/曲面(SU)] <实体>: _su

按放样次序选择横截面或 [点(PO)/合并多条边(J)/模式(MO)]: 找到 1 个

按放样次序选择横截面或 [点(PO)/合并多条边(J)/模式(MO)]: 找到 1 个，总计 2 个

按放样次序选择横截面或 [点(PO)/合并多条边(J)/模式(MO)]: 找到 1 个，总计 3 个

按放样次序选择横截面或 [点(PO)/合并多条边(J)/模式(MO)]:

选中了 3 个横截面

输入选项 [导向(G)/路径(P)/仅横截面(C)/设置(S)] <仅横截面>: C //按〈Enter〉键

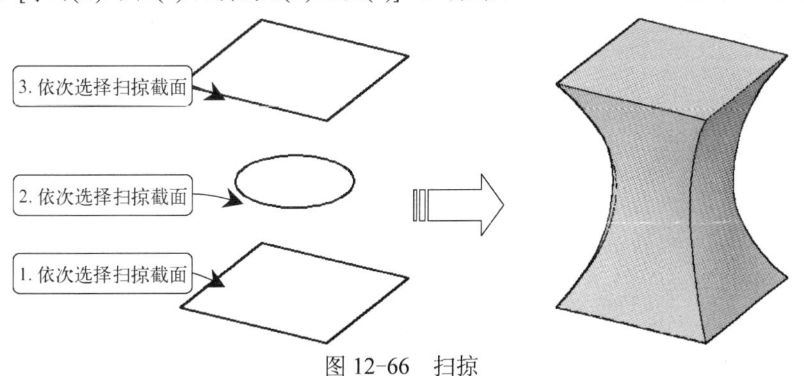

图 12-66 扫掠

12.7 创建三维曲面

在实际过程中，一些工程和工艺造型用曲面建模会更加适合与便捷。除了用曲面建模以外，用户也可以使用网格对象进行三维建模。

12.7.1 创建三维面

三维空间的表面称为“三维面”，它没有厚度，也没有质量属性。由“三维面”命令创建的面的各个顶点可以有不同的 Z 坐标，构成各个面的顶点最多不能超过 4 个。如果构成面的 4 个顶点共面，则消隐命令认为该面不是透明的，可以将其消隐，反之，消隐命令对其无效。在 AutoCAD 2016 中调用“三维面”命令有以下几种常用方法。

- 菜单栏：选择“绘图”|“建模”|“网格”|“三维面”命令。
- 命令行：在命令行中输入 3DFACE 命令。

启用“三维面”命令后，直接在绘图区中任意指定 4 个点，即可创建曲面，操作如图 12-67 所示。

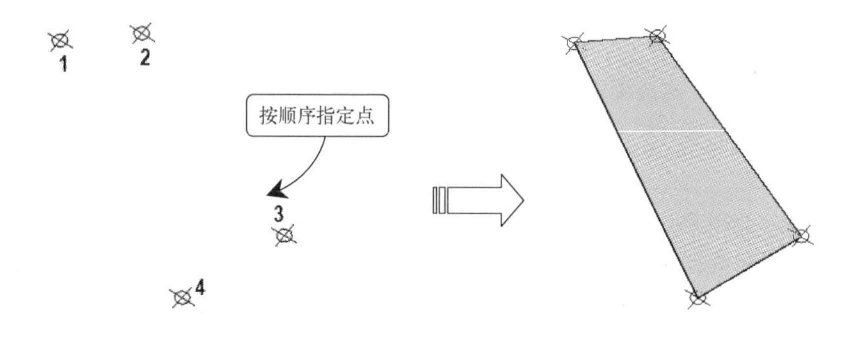

图 12-67 创建三维面

提示： 使用“三维面”命令只能生成 3 条或 4 条边的三维面，若要生成多边曲面，则可以使用 PFACE 命令，在该命令提示下可以输入多个点。

12.7.2 创建过渡曲面

在两个现有曲面之间创建连续的曲面称为“过渡曲面”。将两个曲面融合在一起时，需要指定曲面连续性和凸度幅值，创建过渡曲面的方法有以下几种。

- 菜单栏：选择“绘图”|“建模”|“曲面”|“过渡”命令。
- 功能区：在“曲面”选项卡中，单击“创建”面板中的“过渡”按钮。
- 命令行：在命令行输入 SURFBLEND 命令。

执行“过渡”命令后，根据命令行提示，依次选择要过渡的曲面边，然后按〈Enter〉键，即可创建过渡曲面。

12.7.3 案例——使用“过渡”命令连接曲面

步骤 1 单击快速访问工具栏中的“打开”按钮，打开配套光盘中提供的“第 12 章\12.7.3 过渡命令连接曲面.dwg”素材文件。

步骤 2 单击“曲面”选项卡的“创建”面板中的“过渡”按钮，根据命令行提示，依次选择素材中的边线，操作如图 12-68 所示，命令行提示如下。

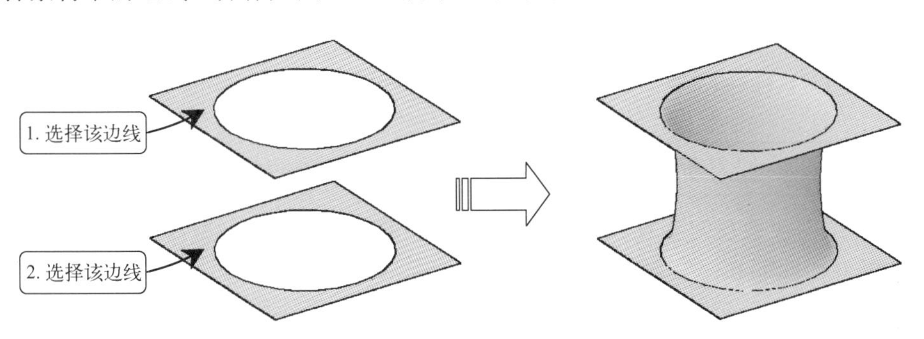

图 12-68 创建过渡曲面

```
命令: _SURFBLEND                                           //调用“过渡”命令
连续性 = G1 - 相切，凸度幅值 = 0.5
选择要过渡的第一个曲面的边或 [链(CH)]:                        //选择素材上方的圆边线
选择要过渡的第一个曲面的边或 [链(CH)]: 找到 1 个
选择要过渡的第二个曲面的边或 [链(CH)]:                        //选择素材下方的圆边线
选择要过渡的第二个曲面的边或 [链(CH)]: 找到 1 个
按 Enter 键接受过渡曲面或 [连续性(CON)/凸度幅值(B)]:            //按〈Enter〉键
```

12.7.4 创建修补曲面

曲面修补即在创建新的曲面或封口时，闭合现有曲面的开放边，也可以通过闭环添加其他曲线，以约束和引导修补曲面。创建“修补”曲面的方法如下。

- 菜单栏：选择“绘图”|“建模”|“曲面”|“修补”命令。
- 功能区：在“曲面”选项卡中，单击“创建”面板中的“修补”按钮。
- 命令行：在命令行输入 SURFPATCH 命令。

执行“修补”命令后，根据命令行提示，选取现有曲面上的边线，即可创建出修补曲面。在修补曲面时可以指定 3 种连续性，分别介绍如下。

- G0（位置连续性）：曲面的位置连续性是指新构造的曲面与相连的曲面直接连接起来即可，不需要在两个曲面的相交线处相切。效果如图 12-69 所示。
- G1（相切连续性）：曲面的相切连续性是指在曲面位置连续的基础上，新创建的曲面与相连曲面在相交线处相切连续，即新创建的曲面在相交线处与相连曲面在相交线处具有相同的法线方向。效果如图 12-70 所示。
- G2（曲率连续性）：曲面的曲率连续性是指在曲面相切连续的基础上，新创建的曲面与相连曲面在相交线处曲率连续。效果如图 12-71 所示。

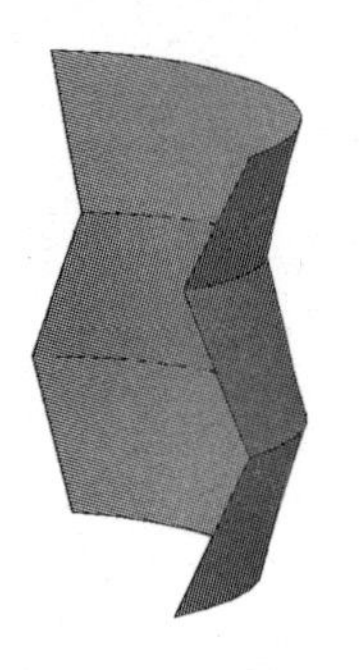

图 12-69 位置连续性 GO 效果

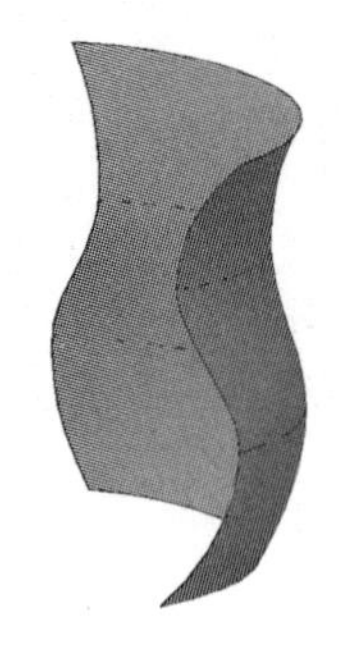

图 12-70 相切连续性 G1 效果

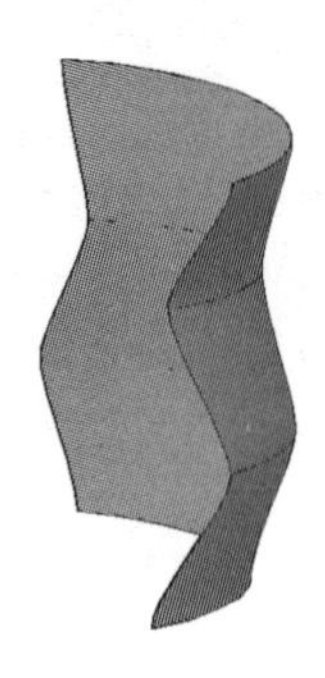

图 12-71 曲率连续性 G2 效果

12.7.5 案例——修补开口曲面

步骤 1 单击快速访问工具栏中的“打开”按钮，打开配套光盘中提供的“第 12 章\12.7.5 修补开口曲面.dwg”素材文件。

步骤 2 单击“曲面”选项卡的“创建”面板中的“修补”按钮，根据命令行提示，选择素材上端的开口边线，操作如图 12-72 所示，命令行提示如下。

```
命令: _SURFPATCH                                                    //调用“修补”命令
连续性 = G0 - 位置，凸度幅值 = 0.5
选择要修补的曲面边或 [链(CH)/曲线(CU)] <曲线>:                        //选择上方开口边线
选择要修补的曲面边或 [链(CH)/曲线(CU)] <曲线>: 找到 1 个
按 Enter 键接受修补曲面或 [连续性(CON)/凸度幅值(B)/导向(G)]: CON      //选择“连续性”选项
修补曲面连续性 [G0(G0)/G1(G1)/G2(G2)] <G0>: G1                        //选择 G1（相切）选项
按 Enter 键接受修补曲面或 [连续性(CON)/凸度幅值(B)/导向(G)]:          //按〈Enter〉键
```

图 12-72 创建修补曲面

12.7.6 创建偏移曲面

“偏移”曲面可以创建与原始曲面平行的曲面，在创建过程中需要指定距离。创建“偏移”曲面的方法如下。

- 菜单栏：选择“绘图”|“建模”|“曲面”|“偏移”命令。
- 功能区：在“曲面”选项卡中，单击“创建”面板中的“偏移”按钮。
- 命令行：在命令行输入 SURFOFFSET 命令。

执行“偏移”命令后，直接选取要进行偏移的面，然后输入偏移距离，即可创建偏移曲面，效果如图 12-73 所示。

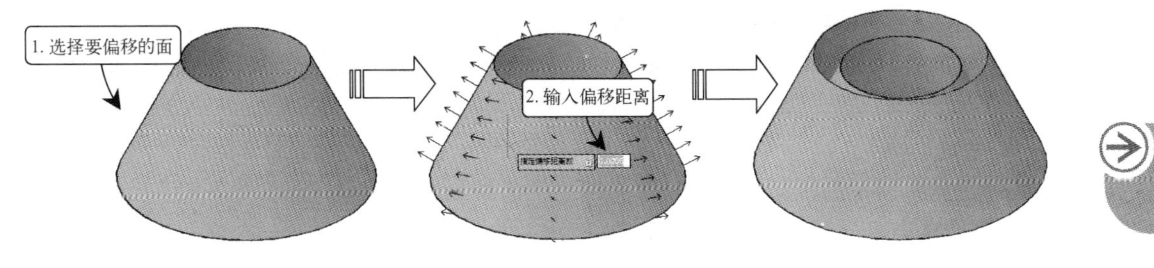

图 12-73　创建偏移曲面

12.7.7 创建圆角曲面

使用曲面“圆角”命令可以在现有曲面之间的空间中创建新的圆角曲面。圆角曲面具有固定半径轮廓且与原始曲面相切。创建“圆角”曲面的方法如下。

- 菜单栏：选择“绘图”|“建模”|“曲面”|“圆角”命令。
- 功能区：在“曲面”选项卡中，单击“编辑”面板中的“圆角”按钮。
- 命令行：在命令行输入 SURFFILLET 命令。

曲面创建圆角的命令与二维图形中的倒圆角类似，具体操作过程如图 12-74 所示。

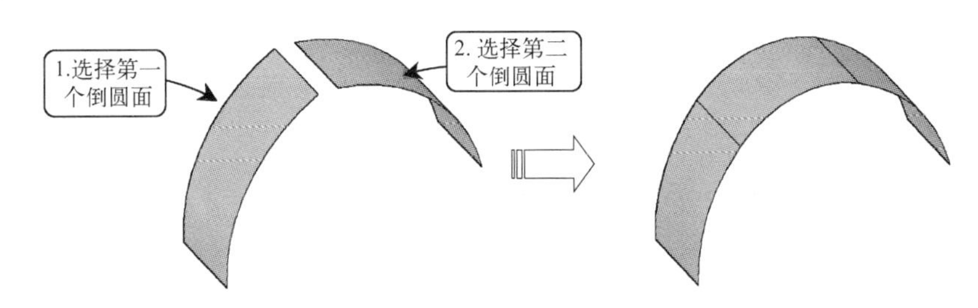

图 12-74　创建圆角曲面

12.8 综合实战——绘制支架三维实体

结合本章所学的知识，创建如图 12-75 所示的支架三维实体。

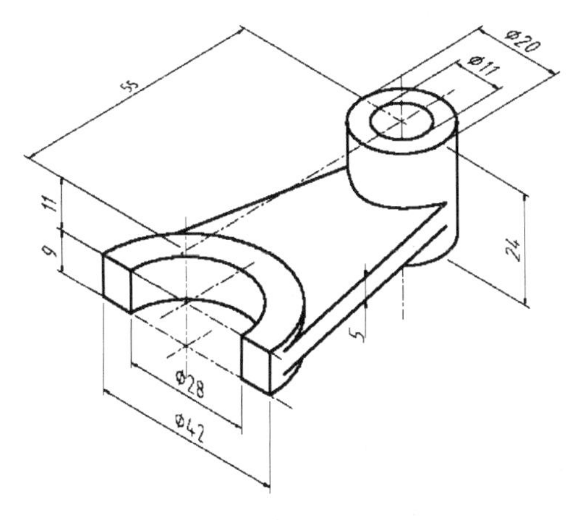

图 12-75　支架三维实体

1. 启动 AutoCAD 2016 并新建文件

步骤 1 启动 AutoCAD 2016，单击快速访问工具栏中的“新建”按钮，系统弹出“选择样板”对话框，选择“acadiso.dwt”样板，单击“打开”按钮，进入 AutoCAD 绘图模式。

2. 创建底座

步骤 2 单击绘图区左上角的视图快捷控件，将视图切换至“东南等轴测”，此时绘图区呈三维空间状态，其坐标显示如图 12-76 所示。

步骤 3 单击“坐标”面板中的“绕 X 轴旋转”按钮，输入旋转值为 90°，其新建坐标系如图 12-77 所示。

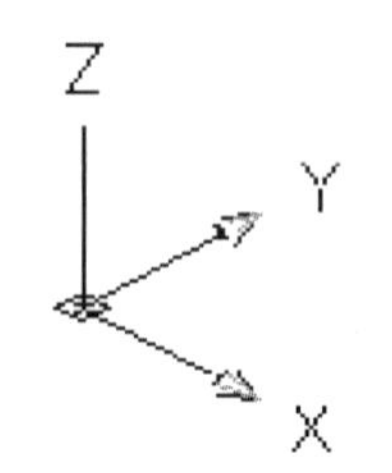

图 12-76　坐标系状态

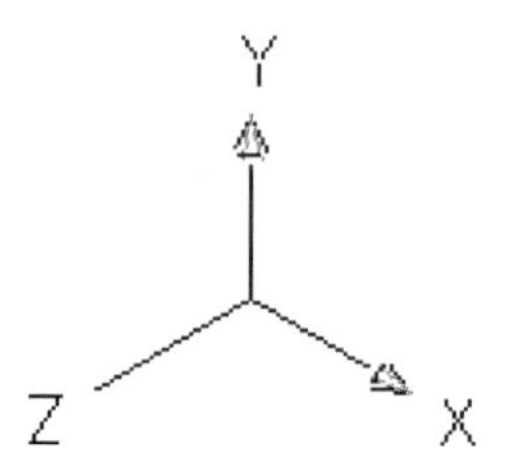

图 12-77　新建坐标系

步骤 4 单击绘图区左上角的视图快捷控件，将视图切换至“前视”，进入二维绘图模式，绘制要旋转的二维图形。

步骤 5 调用 REC（矩形）命令，绘制矩形，如图 12-78 所示，其命令行提示如下。

命令: RECTANG↙

指定第一个角点或 [倒角(C)/标高(E)/圆角(F)/厚度(T)/宽度(W)]:

指定另一个角点或 [面积(A)/尺寸(D)/旋转(R)]: @4.5,-24↙

步骤 6 调用 L（直线）命令，绘制旋转轴，如图 12-79 所示，其命令行提示如下。

命令: LINE ↙

指定第一点: _from 基点: <偏移>: @-5.5,0↙

//单击“对象捕捉”工具栏中的“捕捉自”按钮，指定基点“O 点”

指定下一点或 [放弃(U)]:@0，-25↙

指定下一点或 [放弃(U)]: ↙

步骤 7 单击绘图区左上角的视图快捷控件，将视图切换至“东南等轴测”，切换至三维绘图模式，如图 12-80 所示。

图 12-78　绘制的矩形

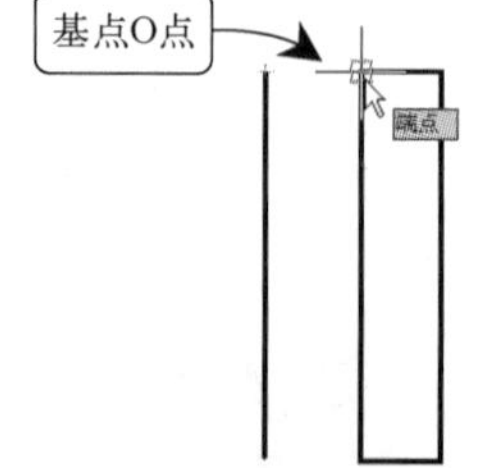

图 12-79　绘制直线

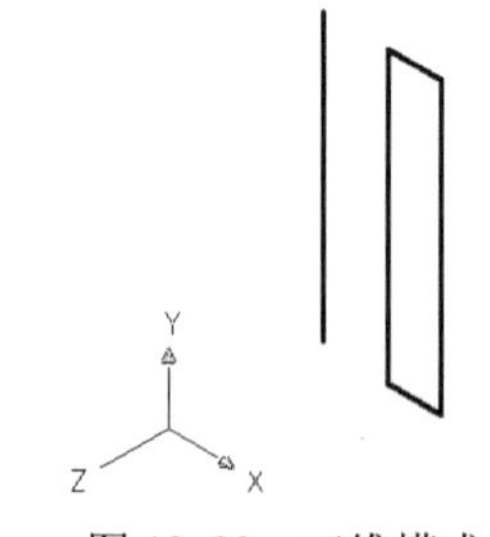

图 12-80　三维模式

步骤 8 调用 REVOLVE（旋转）命令，旋转二维图形，其结果如图 12-81 所示。

步骤 9 单击“坐标”面板中的“对象”按钮，在绘图区选择旋转轴以确定新坐标系

的方向，如图 12-82 所示。

步骤 10 调用 REC（矩形）命令，绘制矩形，如图 12-83 所示，其命令行提示如下。

命令: RECTANG↙

指定第一个角点或 [倒角(C)/标高(E)/圆角(F)/厚度(T)/宽度(W)]: _from 基点: <偏移>: @14,-11,55↙

//单击“对象捕捉”工具栏中的“捕捉自”按钮，指定基点“O 点”

指定另一个角点或 [面积(A)/尺寸(D)/旋转(R)]: @7,-9↙

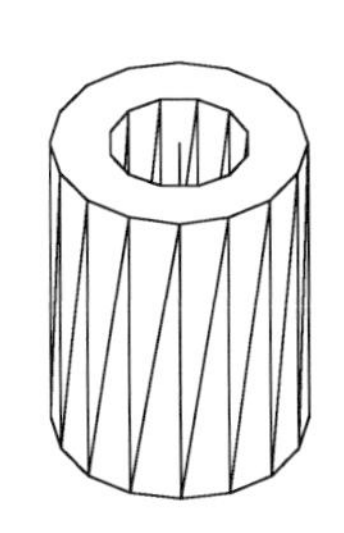

图 12-81 旋转二维矩形

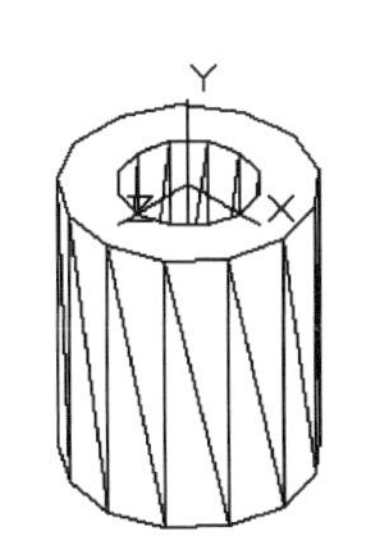

图 12-82 新建坐标系

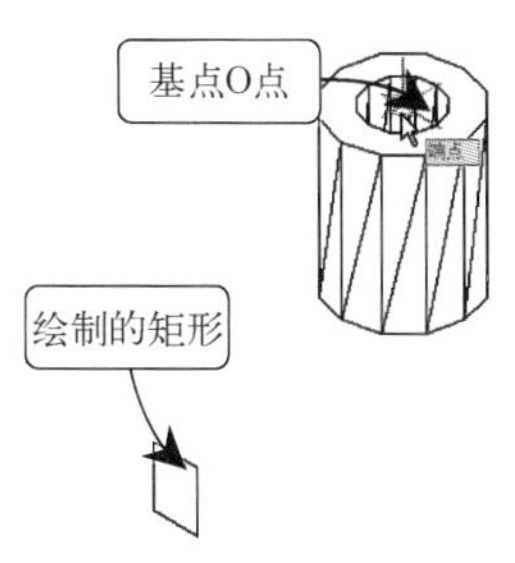

图 12-83 绘制矩形

步骤 11 调用 L（直线）命令，根据命令行的提示，指定第一点（@0,0,55），再指定下一点（@0，-30），完成直线的绘制，如图 12-84 所示。

步骤 12 调用 REVOLVE（旋转）命令，指定旋转角度为-180，旋转结果如图 12-85 所示。

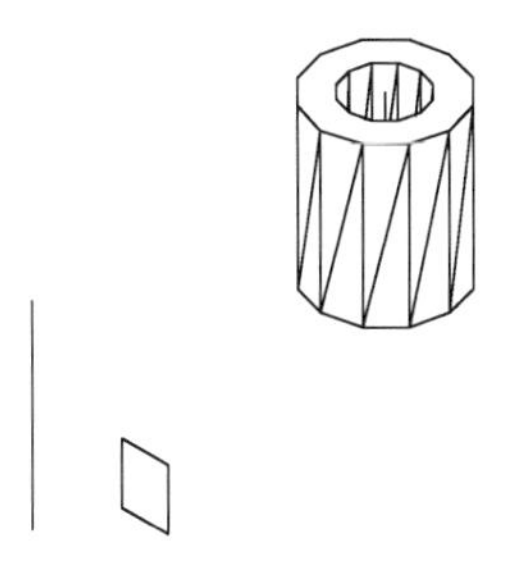

图 12-84 绘制旋转轴

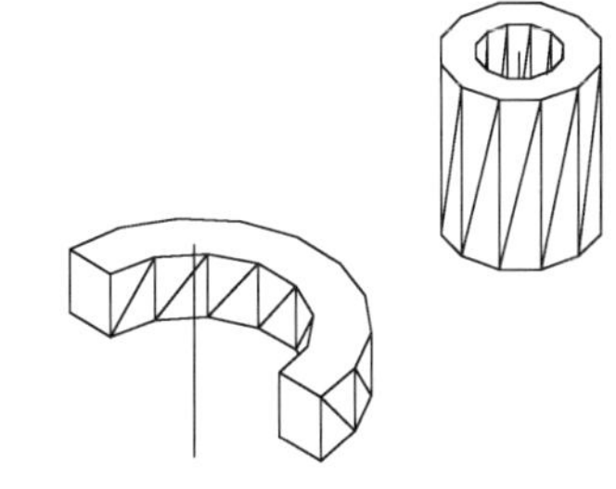

图 12-85 旋转矩形

3. 绘制拉伸实体

步骤 13 单击 UCS 工具栏中的“世界”按钮，回到世界坐标系状态。

步骤 14 调用 C（圆）命令，根据命令行的提示，在绘图区空白处指定圆心，绘制一个半径为 10 的圆。再次调用“圆”命令，输入 FROM（捕捉自）命令，选择第一个圆的圆心为基点，并输入相对坐标值(@0,-55)，绘制一个半径为 21 的圆，如图 12-86 所示。

步骤 15 调用 L（直线）命令，绘制与圆相切直线，如图 12-87 所示。

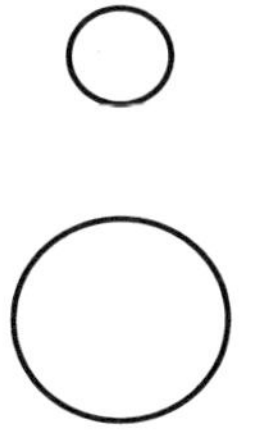

图 12-86 绘制的圆

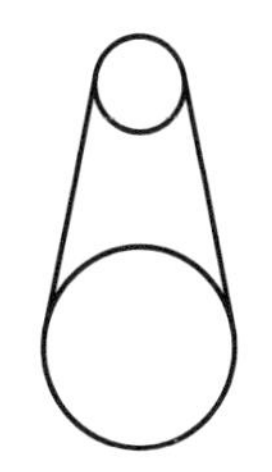

图 12-87 绘制相切直线

步骤 16 调用 TR（修剪）命令，修剪掉多余的线条，如图 12-88 所示。

步骤 17 调用 REG（面域）命令，选择要形成面域的图形创建面域。

步骤 18 单击绘图区左上角的视图快捷控件，将视图切换至“东南等轴测”，切换至三维绘图模式。

步骤 19 调用 EXT（拉伸）命令，指定拉伸高度为 5，结果如图 12-89 所示。

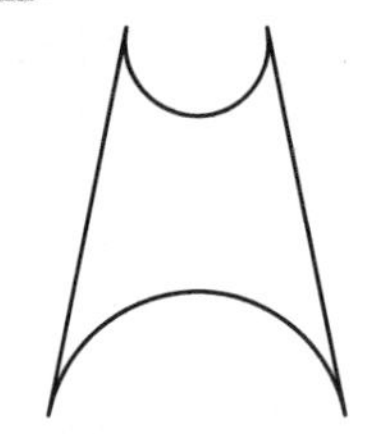

图 12-88　修剪图形

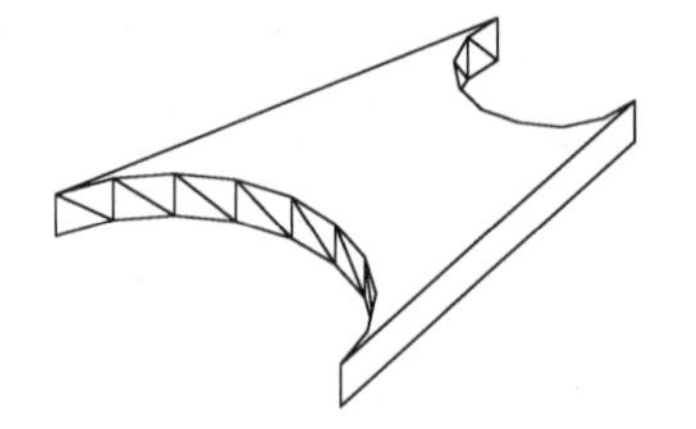

图 12-89　拉伸二维图形

步骤 20 调用 L（直线）命令，绘制如图 12-90 所示的直线。

步骤 21 调用 AL（对齐）命令，源点和目标点如图 12-91 所示。

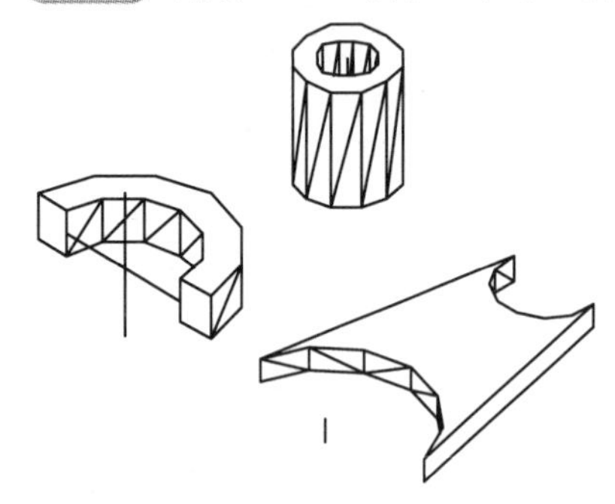

图 12-90　绘制直线

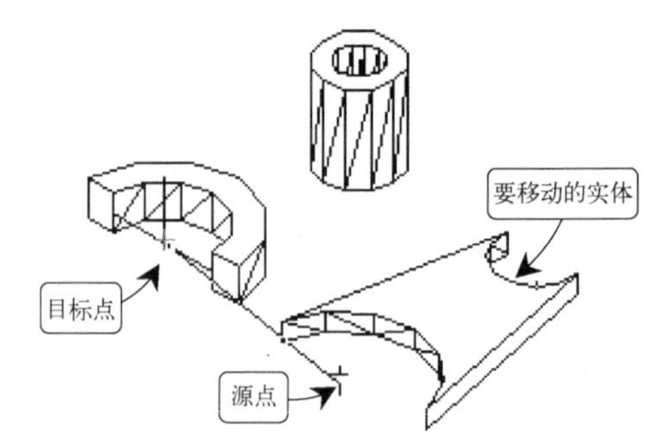

图 12-91　指定源点和对齐点

步骤 22 对齐结果如图 12-92 所示，即完成叉架的绘制，选择“文件”|“保存”命令，保存文件。

12.9　设计专栏

12.9.1 上机实训

使用本章所学的知识，按尺寸创建如图 12-93 所示的轴架模型。

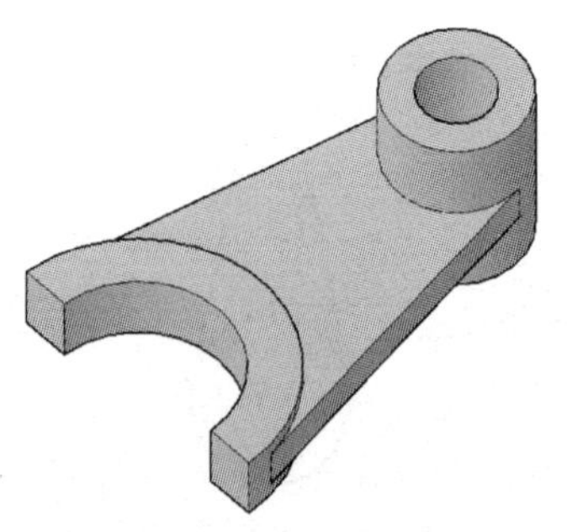

图 12-92　对齐实体

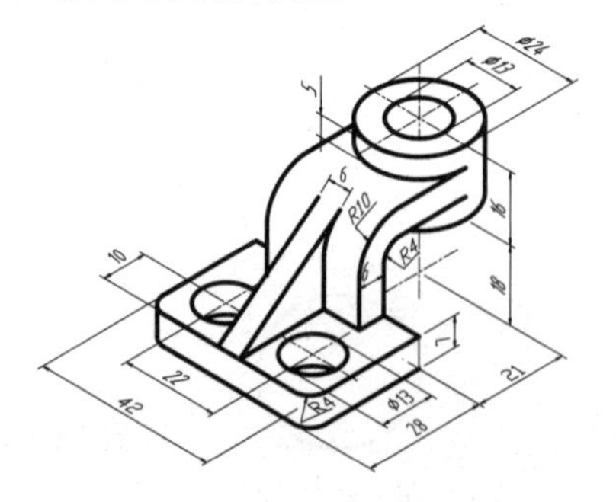

图 12-93　轴架

具体的创建步骤提示如下。

步骤 1 按尺寸绘制底座的轮廓图。

步骤 2 将底座轮廓图生成面域，然后执行“拉伸”操作，得到底座。

步骤 3 以底座上表面侧边的中点为 UCS 原点，侧边为 X 轴，垂直方向为 Y 轴，重置 UCS。

步骤 4 绘制肋板截面图。

步骤 5 拉伸肋板截面图，得到肋板模型，然后和底座进行“并集”操作。

步骤 6 按此方法绘制弯板段截面图，并执行“拉伸”操作，得到弯板模型。

步骤 7 以弯板最上方的边中点为 UCS 原点，重置 UCS。

步骤 8 在弯板上表面绘制轴承安装孔的圆截面图。

步骤 9 利用拉伸操作得到安装孔形状。

12.9.2 辅助绘图锦囊

在 AutoCAD 中，有一种快速由三维模型创建二维平面图的方法——Flatshot（平面摄影）。该命令可让所有三维实体、曲面和网格的边均被视线投影到与观察平面平行的平面上，这些边的二维表示作为块插入到 UCS 的 XY 平面上。此块也可以分解，然后可以进行其他更改。

简单来说，就是将当前视图中的三维模型快速“临摹”一遍，然后创建为块的形式，插入到所需的图纸中，效果如图 12-94 所示。

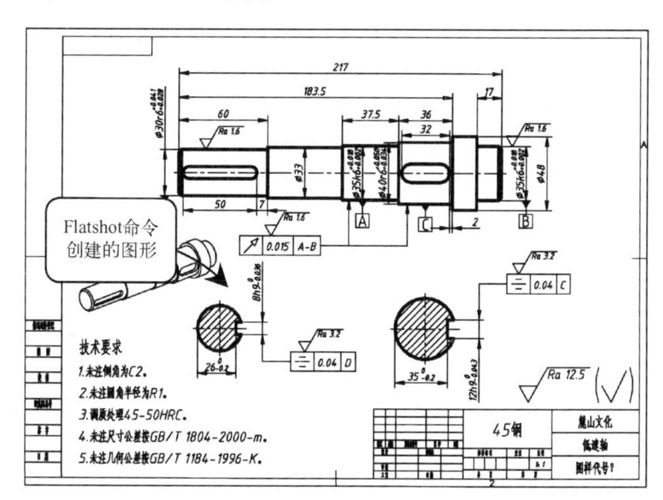

图 12-94 使用 Flatshot 命令创建三维模型的二维视图

创建方法简单介绍如下。

步骤 1 打开要创建平面视图的三维模型。

步骤 2 在命令行中输入 Flatshot 命令，或者单击“实体”选项卡的“截面”面板中的“平面摄影”按钮 平面摄影 。

步骤 3 弹出“平面摄影”对话框，按要求设置其中的参数。

步骤 4 按命令行中的操作提示创建出二维视图（可全部按〈Enter〉键确认，接受默认参数）。

步骤 5 得到块格式的二维图形。

第 13 章

三维实体编辑

本章要点

- 布尔运算
- 编辑实体
- 操作三维对象
- 编辑实体边
- 编辑实体面
- 渲染

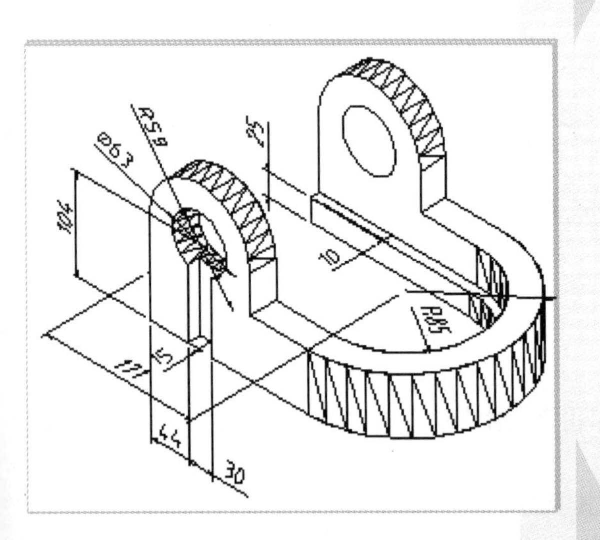

就像在二维绘图中可以使用修改命令对已创建好的图形对象进行编辑和修改一样，也可对已经创建的三维实体进行编辑和修改，以创出更复杂的三维实体模型。根据三维建模中将维转化为二维的基本思路，可以借助 UCS 变换使用平移、复制、镜像和旋转等基本修改命令对三维实体进行修改。

13.1 布尔运算

AutoCAD 的“布尔运算“功能贯穿建模的整个过程，尤其是在建立一些机械零件的三维模型时使用更为频繁，该运算用来确定多个形体（曲面或实体）之间的组合关系，也就是说通过该运算可将多个形体组合为一个形体，从而实现一些特殊的造型，如孔、槽、凸台和齿轮特征等都是通过布尔运算组合而成的新特征。

与二维图形中的“布尔运算”一样，三维建模中“布尔运算”同样包括“并集”“差集”和“交集”3 种运算方式。

13.1.1 并集运算

“并集”运算是将两个或两个以上的实体（或面域）对象组合成为一个新的组合对象。执行并集操作后，原来各实体相互重合的部分变为一体，使其成为无重合的实体。

在 AutoCAD 2016 中启动“并集”运算有以下几种常用方法。

- 菜单栏：选择“修改”|“实体编辑”|“并集”命令，如图 13-1 所示。
- 功能区：在“常用”选项卡中，单击“实体编辑”面板中的“并集”按钮，如图 13-2 所示。
- 工具栏：单击“建模”或“实体编辑”工具栏中的“并集”按钮。
- 命令行：在命令行中输入 UNION/UNI 命令。

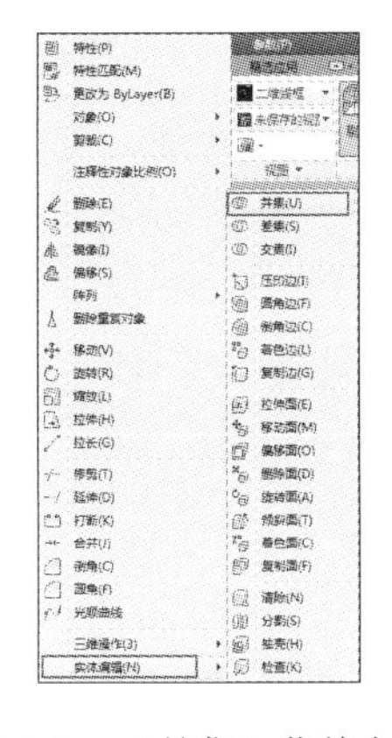

图 13-1 “并集”菜单命令

图 13-2 “并集”面板按钮

执行上述任一命令后，在绘图区中选取所要合并的对象，按〈Enter〉键或者右击，即可执行合并操作，效果如图 13-3 所示。

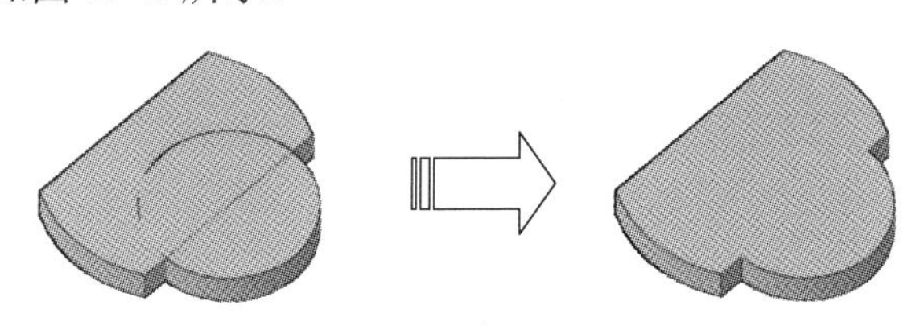

图 13-3 并集运算

13.1.2 案例——并集运算创建二极管

二极管是最常用的电子元件之一，它最大的特性就是单向导电，也就是电流只可以从二极管的一个方向流过。如整流电路、检波电路、稳压电路及各种调制电路等，主要都是由二极管构成的，其原理都很简单。正是由于二极管等元件的发明，才有现在丰富多彩的电子信息世界的诞生。

步骤 1 单击快速访问工具栏中的“打开”按钮，打开配套光盘中提供的“第13章\13.1.2 并集运算创建二极管.dwg”素材文件。

步骤 2 单击“建模”面板中的“并集”按钮，然后全选素材中的所有模型，按〈Enter〉键确认，操作如图13-4所示。

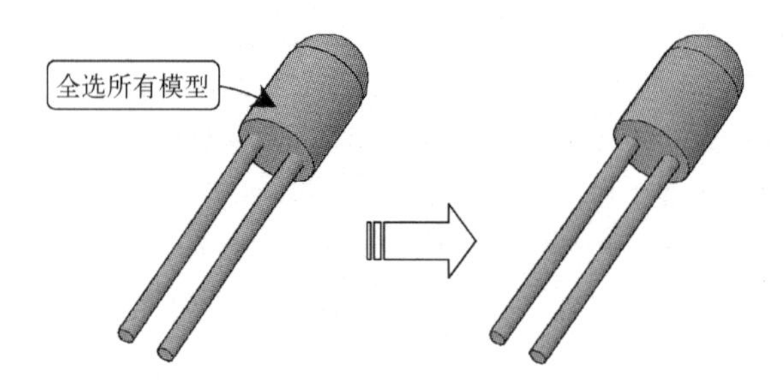

图13-4 并集运算创建二极管

13.1.3 差集运算

“差集”运算就是将一个对象减去另一个对象，从而形成新的组合对象。与并集操作不同的是，差集运算首先选取的对象为被剪切对象，之后选取的对象则为剪切对象。

在AutoCAD 2016中执行“差集”运算有以下几种常用方法。

- 菜单栏：选择“修改” | “实体编辑” | “差集”命令，如图13-5所示。
- 功能区：在“常用”选项卡中，单击“实体编辑”面板中的“差集”按钮，如图13-6所示。

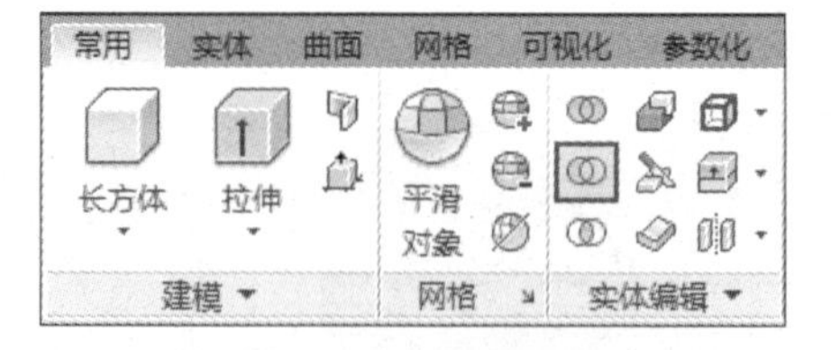

图13-5 差集运算菜单命令

图13-6 差集运算面板按钮

- 工具栏：单击“建模”或“实体编辑”工具栏中的“差集”按钮。

➢ 命令行：在命令行中输入 SUBTRACT/SU 命令。

执行上述任一命令后，在绘图区中选取被剪切的对象，按〈Enter〉键或右击，然后选取要剪切的对象，按〈Enter〉键或右击，即可执行差集操作，差集运算效果如图 13-7 所示。

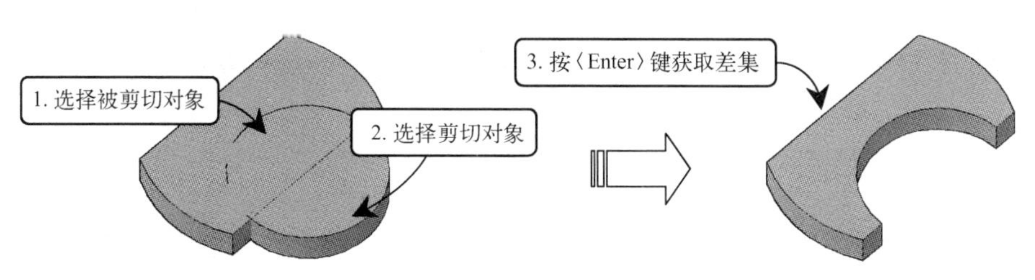

图 13-7　差集运算

提示： 在执行差集运算时，如果第二个对象包含在第一个对象之内，则差集操作的结果是第一个对象减去第二个对象；如果第二个对象只有一部分包含在第一个对象之内，则差集操作的结果是第一个对象减去两个对象的公共部分。

13.1.4 案例——差集运算创建置物盒

步骤 1 单击快速访问工具栏中的“打开”按钮，打开配套光盘中提供的“第 13 章\13.1.4 差集运算创建置物盒.dwg”素材文件。

步骤 2 单击“建模”面板中的“差集”按钮，先选择最外围的长方体，按〈Enter〉键确认，再选择内部的小长方体，按〈Enter〉键即可完成差集运算，操作如图 13-8 所示。

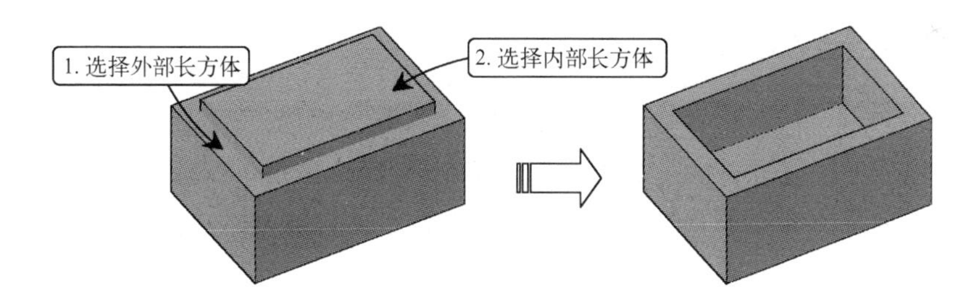

图 13-8　差集运算创建置物盒

13.1.5 交集运算

在三维建模过程中，执行“交集“运算可获取两个相交实体的公共部分，从而获得新的实体，该运算是差集运算的逆运算。

在 AutoCAD 2016 中执行“交集”运算有以下几种常用方法。

➢ 菜单栏：选择“修改”|“实体编辑”|“交集”命令，如图 13-9 所示。
➢ 功能区：在“常用”选项卡中，单击“实体编辑”面板中的“交集”按钮，如图 13-10 所示。
➢ 工具栏：单击“建模”或“实体编辑”工具栏中的“交集”按钮。
➢ 命令行：在命令行中输入 INTERSECT/IN。

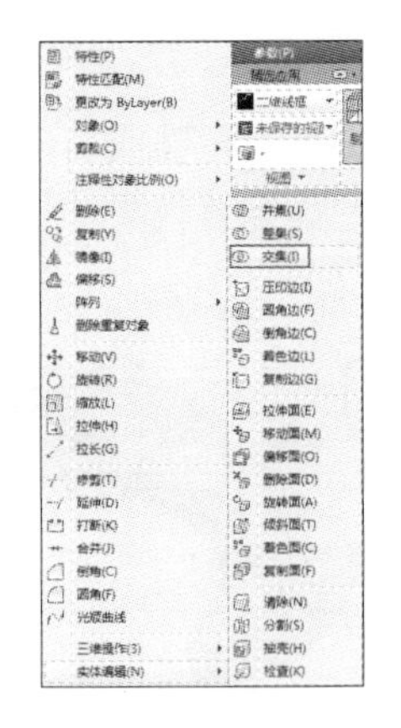

图 13-9　交集运算菜单命令

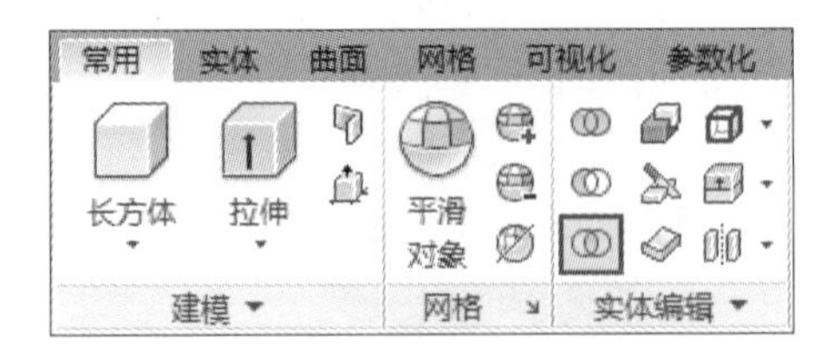

图 13-10　交集运算面板按钮

通过以上任意一种方法执行该命令后，然后在绘图区选取具有公共部分的两个对象，按〈Enter〉键或右击即可执行相交操作，其运算效果如图 13-11 所示。

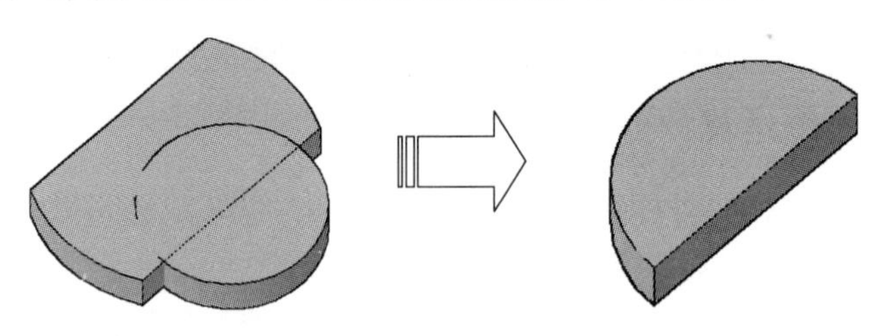

图 13-11　交集运算

13.1.6 案例——交集运算创建三角凸轮

凸轮是一种机械的回转或滑动件（如轮或轮的突出部分）,它可以把运动传递给紧靠其边缘移动的滚轮或在槽面上自由运动的针杆，或者它从这样的滚轮和针杆中承受力。其主要作用是使从动杆按照工作要求完成各种复杂的运动，包括直线运动、摆动、等速运动和不等速运动。

步骤 1 单击快速访问工具栏中的“打开”按钮，打开配套光盘中提供的“第 13 章\13.1.6 交集运算创建三角凸轮.dwg”素材文件。

步骤 2 单击“建模”面板中的“交集”按钮，与“并集”操作一样，直接全选所有素材模型，然后按〈Enter〉键确认，即可完成交集运算，操作过程如图 13-12 所示。

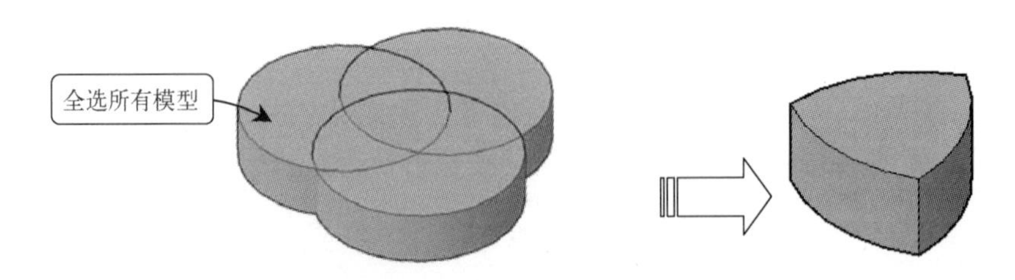

图 13-12　交集运算创建三角凸轮

13.2 编辑实体

在对三维实体进行编辑时，不仅可以对实体上的单个表面和边线执行编辑操作，同时还可以对整个实体执行编辑操作。

13.2.1 创建倒角和圆角

“倒角”和“圆角”工具不仅能够在二维环境中实现，同样，使用这两种工具能够对三维对象进行倒角和圆角效果的处理。

1. 三维倒角

在三维建模过程中，创建倒角特征主要用于孔特征零件或轴类零件，以方便安装轴上其他零件，防止擦伤或者划伤其他零件和安装人员。在 AutoCAD 2016 中调用“倒角”命令有以下几种常用方法。

- 菜单栏：选择“修改”|“实体编辑”|“倒角边”命令，如图 13-13 所示。
- 功能区：在“实体”选项卡中，单击“实体编辑”面板中的“倒角边”按钮，如图 13-14 所示。
- 工具栏：单击“实体编辑”工具栏中的“倒角边”按钮。

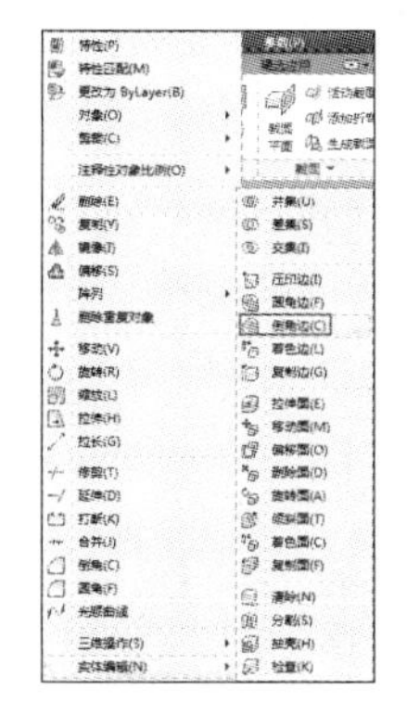

图 13-13 “倒角边”菜单命令

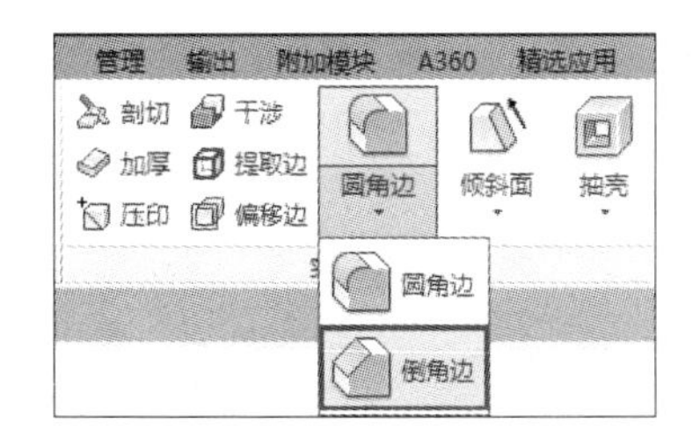

图 13-14 “倒角边”面板按钮

执行上述任一命令后，根据命令行的提示，在绘图区选取绘制倒角所在的基面，按〈Enter〉键分别指定倒角距离，指定需要倒角的边线，按〈Enter〉键即可创建三维倒角，效果如图 13-15 所示。

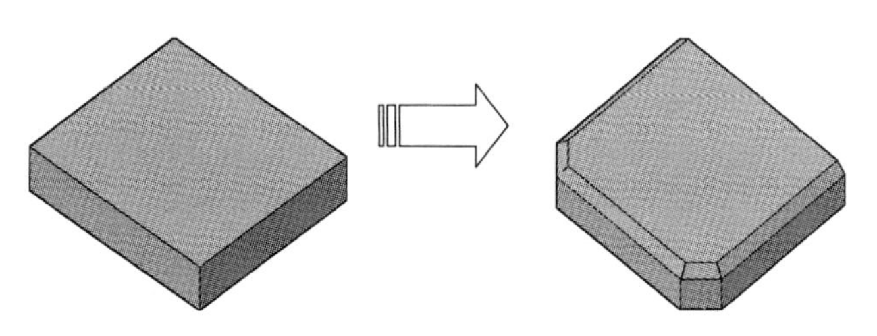

图 13-15 创建三维倒角

2. 三维圆角

在三维建模过程中，创建圆角特征主要用在回转零件的轴肩处，以防止轴肩应力集中，在长时间的运转中断裂。在 AutoCAD 2016 中调用“圆角”命令有以下几种常用方法。

- 菜单栏：选择“修改”|“实体编辑”|“圆角边”命令，如图 13-16 所示。
- 功能区：在“实体”选项卡中，单击“实体编辑”面板中的“圆角边”按钮，如图 13-17 所示。
- 工具栏：单击“实体编辑”工具栏中的“圆角边”按钮。

图 13-16 “圆角边”菜单命令

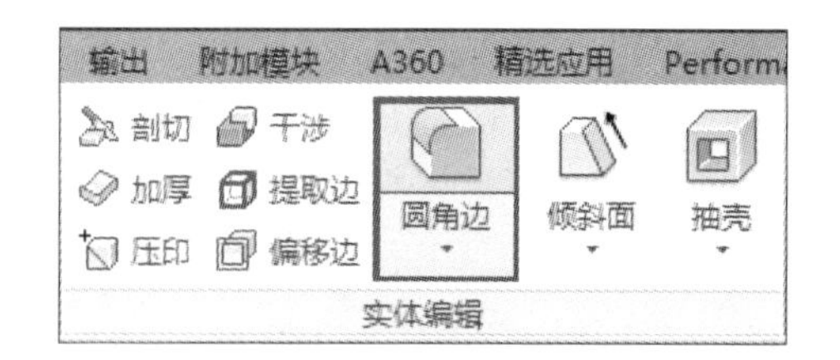

图 13-17 “圆角边”面板按钮

执行上述任一命令后，在绘图区选取需要绘制圆角的边线，输入圆角半径，按〈Enter〉键，其命令行出现“选择边或 [链(C)/环(L)/半径(R)]:”提示。选择“链”选项，则可以选择多个边线进行倒圆角；选择“半径”选项，则可以创建不同半径值的圆角，按〈Enter〉键即可创建三维倒圆角，如图 13-18 所示。

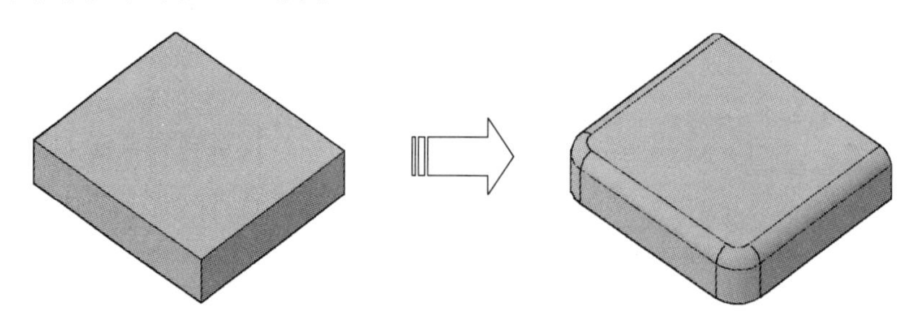

图 13-18 创建三维圆角

13.2.2 抽壳

通过执行“抽壳”操作可将实体以指定的厚度形成一个空的薄层，同时还允许将某些指定面排除在壳外。指定正值将从圆周外开始抽壳，指定负值将从圆周内开始抽壳。在 AutoCAD 2016 中调用“抽壳”命令有以下几种常用方法。

- 菜单栏：选择“修改”|“实体编辑”|“抽壳”命令，如图 13-19 所示。
- 功能区：在“实体”选项卡中，单击“实体编辑”面板中的“抽壳”按钮，如图 13-20 所示。

➢ 工具栏：单击“实体编辑”工具栏中的“抽壳”按钮。

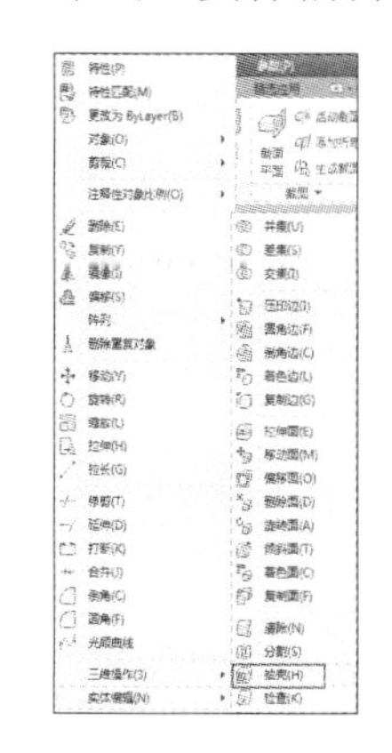

图 13-19 “抽壳”菜单命令

图 13-20 “抽壳”面板按钮

执行上述任一命令后，可根据设计需要保留所有面执行抽壳操作（即中空实体）或删除单个面执行抽壳操作，分别介绍如下。

1. 删除抽壳面

该抽壳方式通过移除面形成内孔实体。执行“抽壳”命令，在绘图区选取待抽壳的实体，继续选取要删除的单个或多个表面并右击，输入抽壳偏移距离，按〈Enter〉键，即可完成抽壳操作，其效果如图 13-21 所示。

2. 保留抽壳面

该抽壳方法与删除面抽壳操作不同之处在于：该抽壳方法是在选取抽壳对象后，直接按〈Enter〉键或右击，并不选取删除面，而是输入抽壳距离，从而形成中空的抽壳效果，如图 13-22 所示。

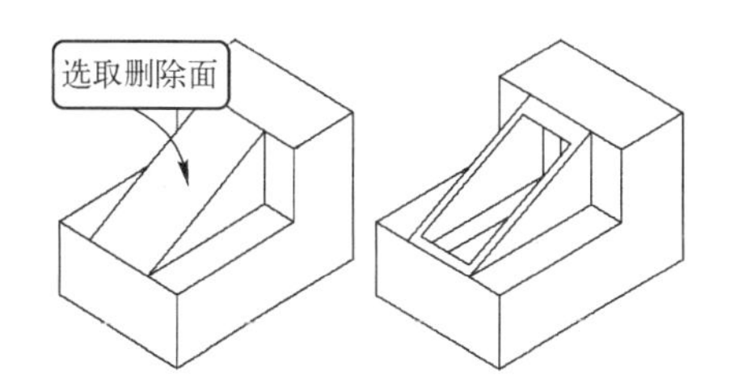

图 13-21 删除面执行抽壳操作

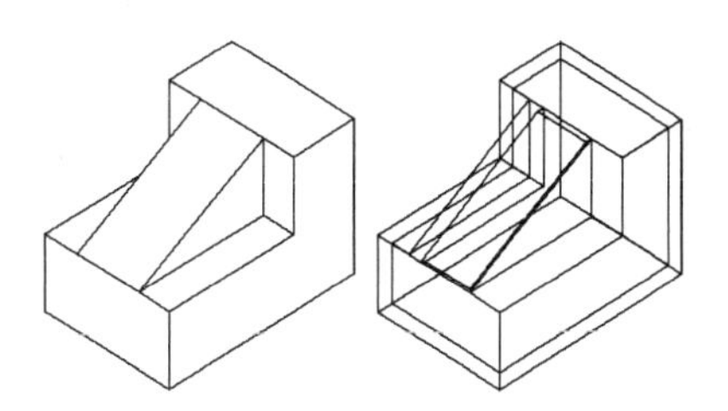

图 13-22 保留抽壳面

13.2.3 剖切

在绘图过程中，为了表达实体内部的结构特征，可假想一个与指定对象相交的平面或曲面，将该实体剖切从而创建新的对象。可根据设计需要通过指定点、选择曲面或平面对象来定义剖切平面。在 AutoCAD 2016 中调用“剖切”命令有以下几种常用方法。

➢ 菜单栏：选择“修改”|“三维操作”|“剖切”命令，如图 13-23 所示。

➢ 功能区：在“实体”选项卡中，单击“实体编辑”面板中的“剖切”按钮，如图 13-24 所示。

➢ 命令行：在命令行中输入 SLICE/SL 命令。

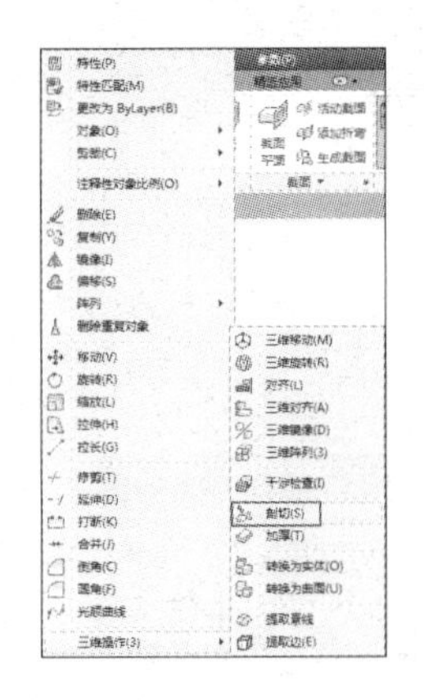

图 13-23 “剖切”菜单命令

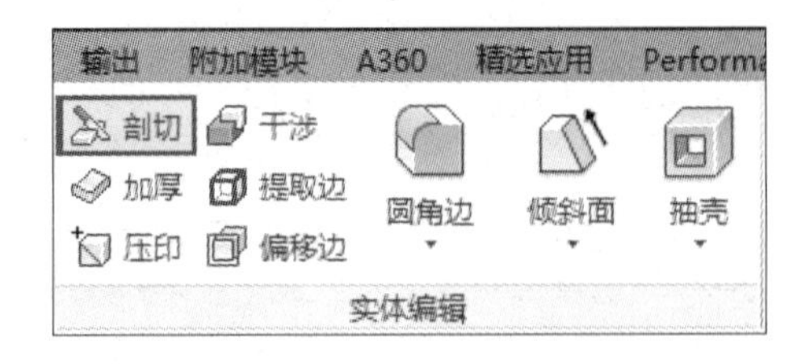

图 13-24 “剖切”面板按钮

执行上述任一命令后，就可以通过剖切现有实体来创建新实体。作为剖切平面的对象可以是曲面、圆、椭圆、圆弧或椭圆弧、二维样条曲线和二维多段线。在剖切实体时，可以保留剖切实体的一半或全部。剖切实体不保留创建它们的原始形式的记录，只保留原实体的图层和颜色特性。

13.2.4 案例——使用剖切命令观察箱体内部

步骤 1 单击快速访问工具栏中的“打开”按钮，打开配套光盘中提供的“第 13 章\13.2.4 剖切命令观察箱体内部.dwg”素材文件。

步骤 2 单击“实体”选项卡中的“实体编辑”面板中的“剖切”按钮，选择默认的“三点”选项，依次选择箱座上的 3 处中点，再删除所选侧面即可，操作过程如图 13-25 所示。

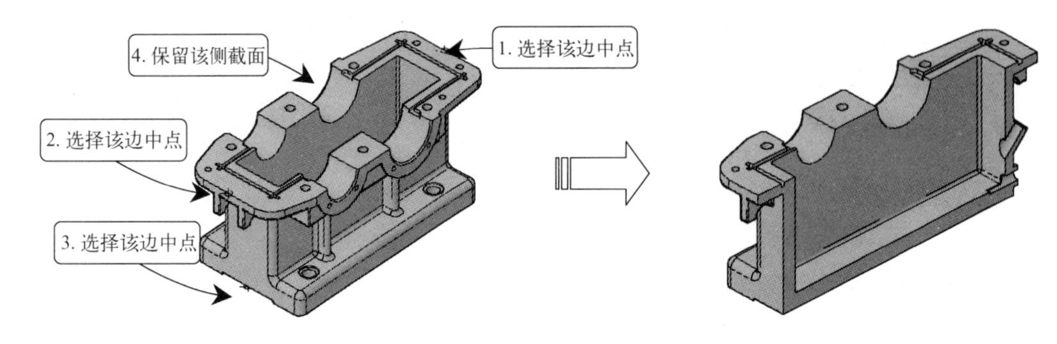

图 13-25 箱座剖切效果

13.2.5 加厚

在三维建模环境中，可以将网格曲面、平面曲面或截面曲面等多种曲面类型的曲面通过加厚处理形成具有一定厚度的三维实体。

在 AutoCAD 2016 中调用“加厚”命令有以下几种常用方法。

➢ 菜单栏：选择“修改”|“三维操作”|“加厚”命令，如图 13-26 所示。

➢ 功能区：在“实体”选项卡中，单击“实体编辑”面板中的“加厚”按钮，如图 13-27

所示。

➢ 命令行：在命令行中输入 THICKEN 命令。

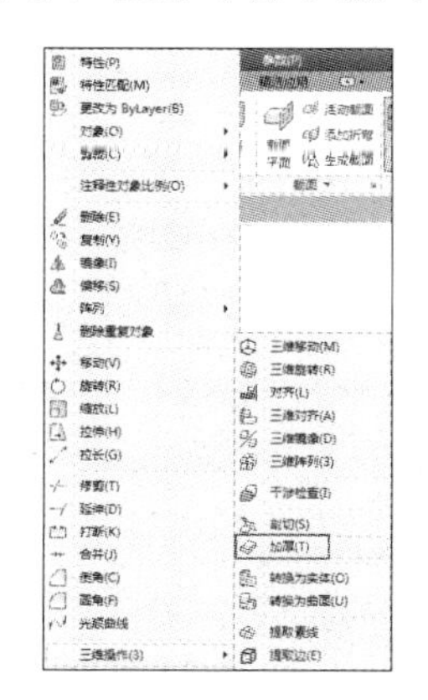

图 13-26 “加厚”菜单命令

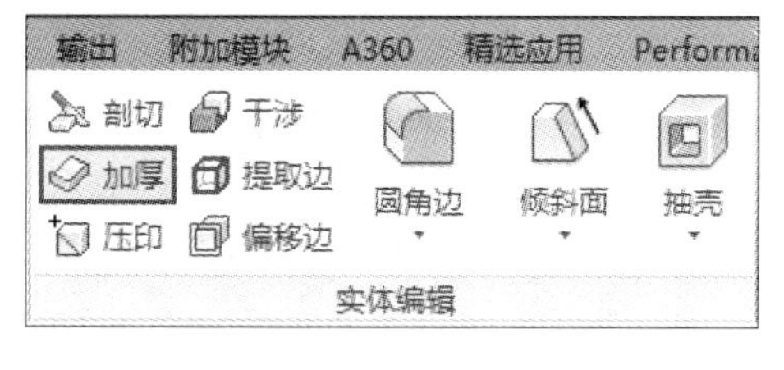

图 13-27 “加厚”面板按钮

执行上述任一命令后即可进入“加厚”模式，直接在绘图区选择要加厚的曲面，然后右击右键或按〈Enter〉键，在命令行中输入厚度值并按〈Enter〉键确认，即可完成加厚操作，如图 13-28 所示。

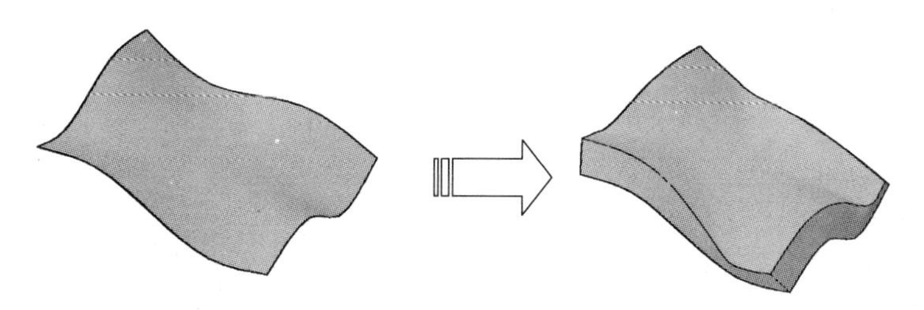

图 13-28 曲面加厚

13.2.6 案例——使用加厚命令创建花瓶

步骤 1 单击快速访问工具栏中的“打开”按钮，打开配套光盘中提供的“第 13 章\13.2.6 加厚命令创建花瓶.dwg”素材文件。

步骤 2 单击“实体”选项卡的“实体编辑”面板中的“加厚”按钮，选择素材文件中的花瓶曲面，然后输入厚度值 1 即可，操作过程如图 13-29 所示。

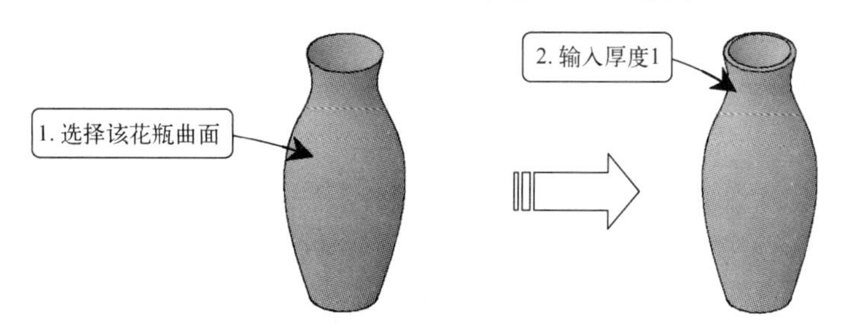

图 13-29 加厚花瓶曲面

13.3 操作三维对象

AutoCAD 2016 提供了专业的三维对象编辑工具，如三维移动、三维旋转、三维对齐、三维镜像和三维阵列等，从而为创建出更加复杂的实体模型提供了条件。

13.3.1 三维移动

使用“三维移动”工具能将指定模型沿 X、Y、Z 轴或其他任意方向，以及直线、面或任意两点间移动，从而获得模型在视图中的准确位置。

在 AutoCAD 2016 中调用“三维移动”命令有以下几种常用方法。

- 菜单栏：选择“修改”|“三维操作”|“三维移动”命令，如图 13-30 所示。
- 功能区：在“常用”选项卡中，单击“修改”面板中的“三维移动”按钮，如图 13-31 所示。
- 工具栏：单击“建模”工具栏中的“三维移动”按钮。
- 命令行：在命令行中输入 3DMOVE 命令。

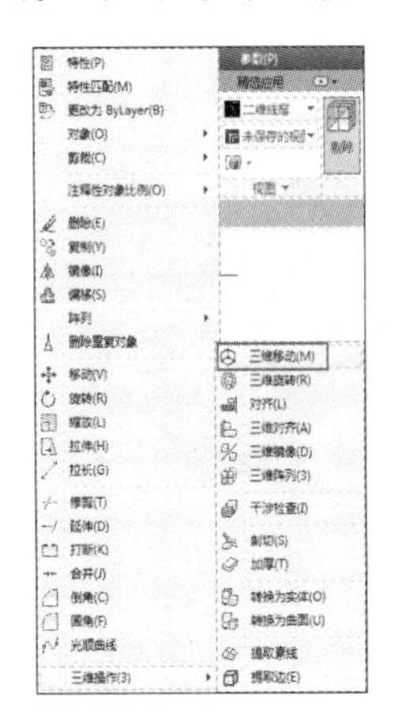

图 13-30 “三维移动”菜单命令

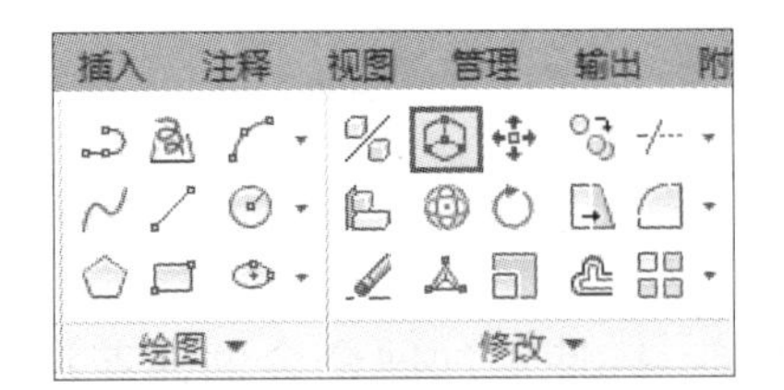

图 13-31 “三维移动”面板按钮

执行上述任一命令后，在绘图区选取要移动的对象，绘图区将显示坐标系图标，如图 13-32 所示。

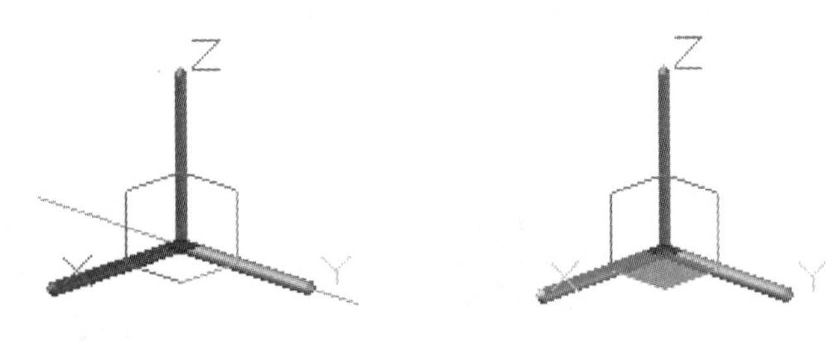

图 13-32 移动坐标系

单击选择坐标轴的某一轴，拖动鼠标，所选定的实体对象将沿所约束的轴移动；若是将光标停留在两条轴柄之间的直线汇合处的平面上（用以确定一个平面），直至其变为黄色，然后选择该平面，拖动鼠标，将移动约束到该平面上。

13.3.2 三维旋转

利用“三维旋转”工具可将选取的三维对象和子对象，沿指定旋转轴（X 轴、Y 轴、Z 轴）进行自由旋转。

在 AutoCAD 2016 中调用“三维旋转”命令有以下几种常用方法。

- 菜单栏：选择“修改”|“三维操作”|“三维旋转”命令，如图 13-33 所示。
- 功能区：在“常用”选项卡中，单击“修改”面板中的“三维旋转”按钮，如图 13-34 所示。
- 工具栏：单击“建模”工具栏中的“三维旋转”按钮。
- 命令行：在命令行中输入 3DROTATE 命令。

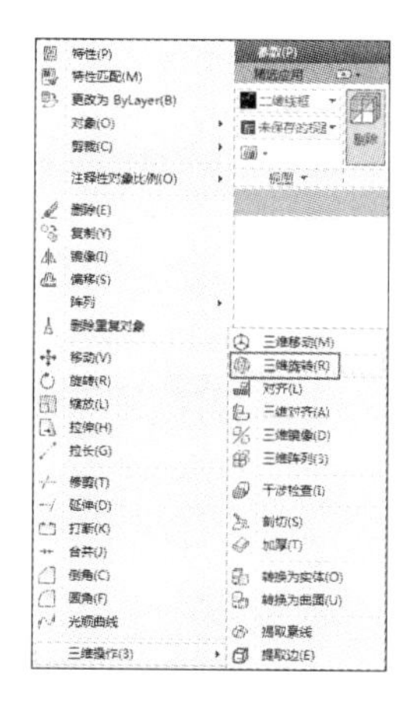

图 13-33 “三维旋转”菜单命令

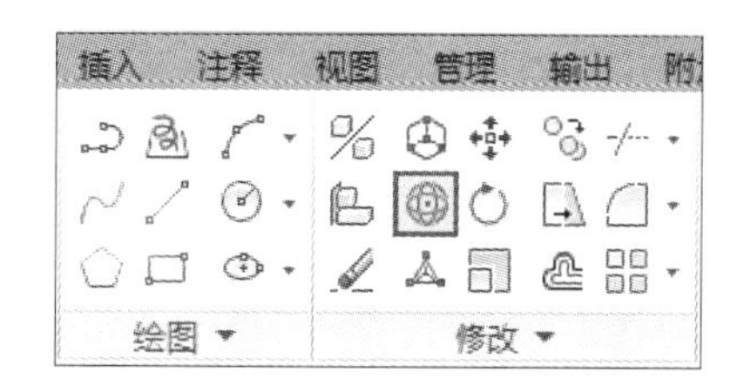

图 13-34 “三维旋转”面板按钮

执行上述任一命令后，即可进入“三维旋转”模式，在绘图区选取需要旋转的对象，此时绘图区出现 3 个圆环（红色代表 X 轴、绿色代表 Y 轴、蓝色代表 Z 轴），然后在绘图区指定一点为旋转基点，如图 13-35 所示。指定完旋转基点后，选择夹点工具上的圆环用以确定旋转轴，接着直接输入角度进行实体的旋转，或选择屏幕上的任意位置用以确定旋转基点，再输入角度值即可获得实体三维旋转效果。

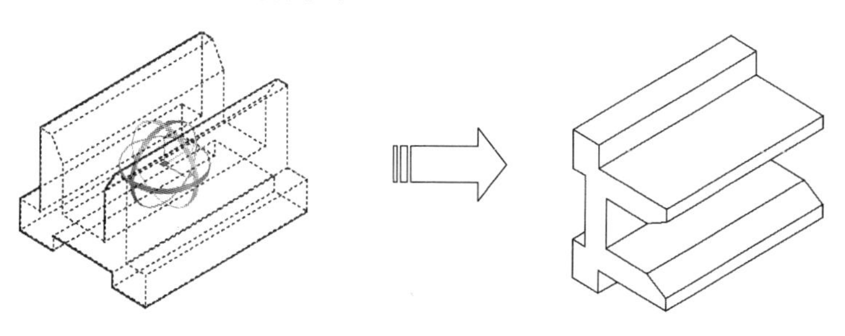

图 13-35 执行三维旋转操作

13.3.3 三维阵列

使用“三维阵列”工具可以在三维空间中按矩形阵列或环形阵列的方式，创建指定对象的多个副本。在AutoCAD 2016中调用“三维阵列”命令有以下几种常用方法。

- 菜单栏：选择“修改”|“三维操作”|“三维阵列”命令，如图13-36所示。
- 功能区：在“常用”选项卡中，单击“修改”面板中的“三维阵列”按钮，如图13-37所示。
- 工具栏：单击“建模”工具栏中的“三维阵列”按钮。
- 命令行：在命令行中输入3DARRAY/3A命令。

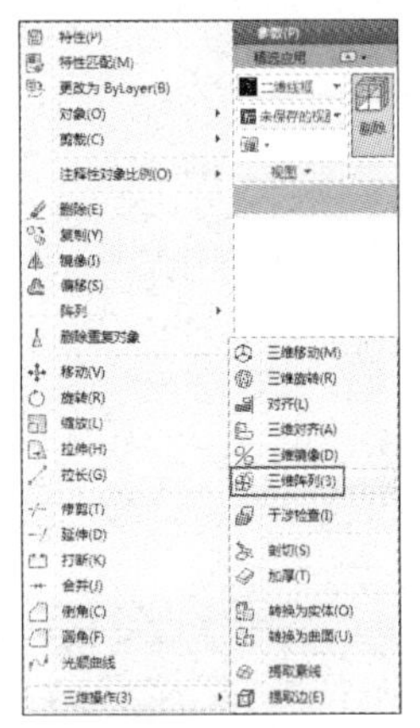

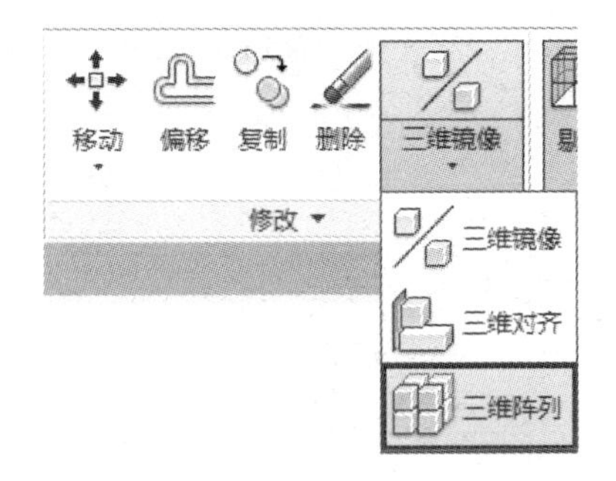

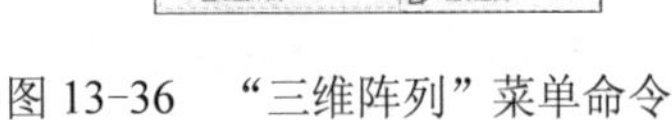

图13-36 “三维阵列”菜单命令

图13-37 “阵列”面板按钮

执行上述任一命令后，按照提示选择阵列对齐，命令行提示如下。

输入阵列类型 [矩形(R)/极轴(P)] <矩形>:

下面分别介绍创建“矩形阵列”和“环形阵列”的方法。

1. 矩形阵列

在进行“矩形阵列”时，需要指定行数、列数、层数、行间距和层间距，矩形阵列可设置多行、多列和多层。

在指定间距值时，可以分别输入间距值或在绘图区域选取两个点，AutoCAD 2016将自动测量两点之间的距离值，并以此作为间距值。如果间距值为正，将沿X轴、Y轴、Z轴的正方向生成阵列；如果间距值为负，将沿X轴、Y轴、Z轴的负方向生成阵列。

2. 环形阵列

在进行“环形阵列”时，需要指定阵列的数目、阵列填充的角度、旋转轴的起点和终点，以及对象在阵列后是否绕着阵列中心旋转。

13.3.4 案例——矩形阵列创建组合架

步骤 1 单击快速访问工具栏中的“打开”按钮，打开配套光盘中提供的“第13章\13.3.4 矩形阵列创建组合架.dwg”素材文件。

步骤 2 单击“常用”选项卡的“修改”面板中的“三维阵列”按钮，将组合架的底层立柱进行矩形阵列，如图 13-38 所示，其命令行提示如下。

命令: _3darray↙ //调用“三维阵列”命令
选择对象: 找到 1 个
选择对象: ↙ //选择需要阵列的对象
输入阵列类型 [矩形(R)/环形(P)] <矩形>:R↙ //激活“矩形（R）”选项
输入行数 (---) <1>: 2↙ //指定行数
输入列数 (| | |) <1>: 2↙ //指定列数
输入层数 (...) <1>: 2↙ //指定层数
指定行间距 (---): 1600↙ //指定行间距
指定列间距 (| | |): 1100↙ //指定列间距
指定层间距 (...): 950↙ //指定层间距
//分别指定矩形阵列参数，按〈Enter〉键，
//完成矩形阵列操作

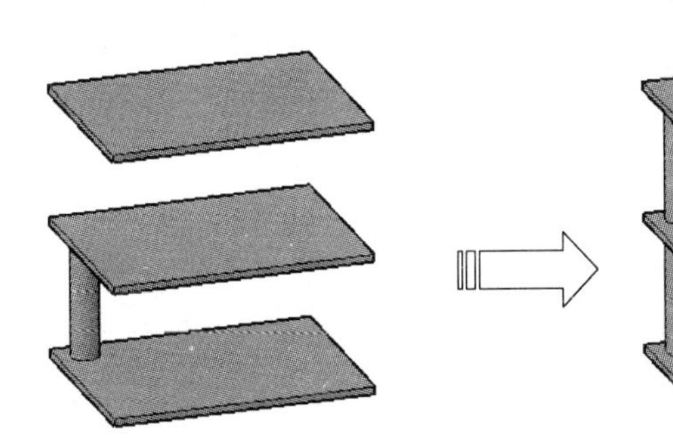

图 13-38　矩形阵列

13.3.5 案例——环形阵列创建齿轮

步骤 1 单击快速访问工具栏中的“打开”按钮，打开配套光盘中提供的“第 13 章\13.3.5 环形阵列创建齿轮.dwg”素材文件。

步骤 2 单击“常用”选项卡的“修改”面板中的“三维阵列”按钮，将齿沿轴进行环形阵列，如图 13-39 所示，其命令行提示如下。

命令: _3darray↙ //调用“三维阵列”命令
选择对象: 找到 1 个 //选择齿实体
选择对象:↙ //按〈Enter〉键结束选择
输入阵列类型 [矩形(R)/环形(P)] <矩形>:P↙ //选择“环形”选项
输入阵列中的项目数目: 50↙ //输入阵列数量
指定要填充的角度 (+=逆时针, -=顺时针) <360>:↙ //使用默认角度
旋转阵列对象？ [是(Y)/否(N)] <Y>:↙ //选择旋转对象
指定阵列的中心点: //捕捉到轴端面圆心
指定旋转轴上的第二点: <极轴 开> //打开极轴，捕捉到 Z 轴上任意一点

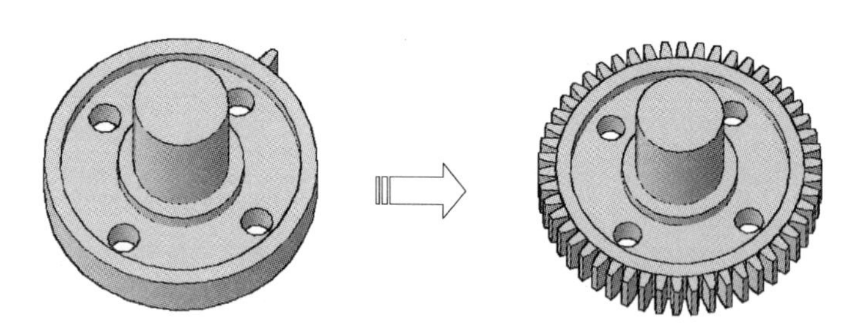

图 13-39 环形阵列

13.3.6 三维镜像

使用“三维镜像”工具能够将三维对象通过镜像平面获取与之完全相同的对象，其中镜像平面可以是与 UCS 坐标系平面平行的平面或三点确定的平面。

在 AutoCAD 2016 中调用“三维镜像”命令有以下几种常用方法。

- 菜单栏：选项“修改”|“三维操作”|“三维镜像”命令，如图 13-40 所示。
- 功能区：在“常用”选项卡中，单击“修改”面板中的“三维镜像”按钮，如图 13-41 所示。
- 命令行：在命令行中输入 MIRROR3D 命令。

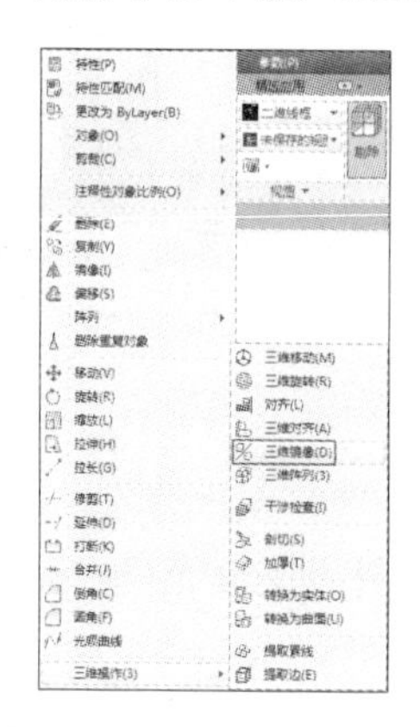

图 13-40 “三维镜像”菜单命令

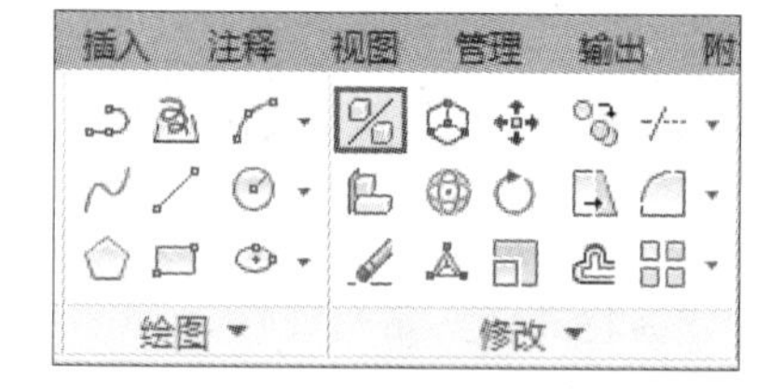

图 13-41 “三维镜像”面板按钮

执行上述任一命令后，即可进入“三维镜像”模式，在绘图区选取要镜像的实体后，按〈Enter〉键或右击，按照命令行提示选取镜像平面，用户可根据设计需要指定 3 个点作为镜像平面，然后根据需要确定是否删除源对象，右击或按〈Enter〉键即可获得三维镜像效果。

13.3.7 案例——镜像操作安装对称端盖

步骤 1 单击快速访问工具栏中的“打开”按钮，打开配套光盘中提供的“第 13 章\13.3.7 镜像操作安装对称端盖.dwg”素材文件。

步骤 2 单击“常用”选项卡的“修改”面板中的“三维镜像”按钮，选择已安装的轴盖进行镜像，如图 13-42 所示，其命令行提示如下。

```
命令: MIRROR3D↙                                    //调用“三维镜像”命令
```

选择对象：找到 1 个

选择对象：↙ //选择要镜像的对象

指定镜像平面 (三点) 的第一个点或[对象(O)/最近的(L)/Z 轴(Z)/视图(V)/XY 平面(XY)/YZ 平面(YZ)/ZX 平面(ZX)/三点(3)] <三点>:

在镜像平面上指定第二点:

在镜像平面上指定第三点: //指定确定镜像面的 3 个点

是否删除源对象？[是(Y)/否(N)] <否>:↙ //按〈Enter〉键或空格键，系统默认为不删除源对象

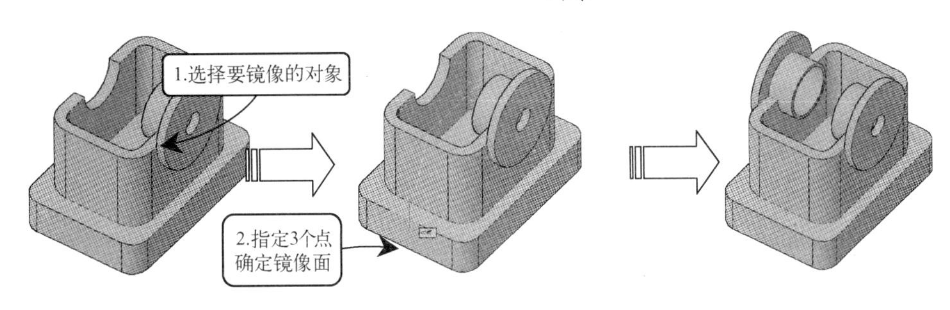

图 13-42 镜像三维实体

13.3.8 对齐和三维对齐

在三维建模环境中，使用“对齐”和“三维对齐”工具可对齐三维对象，从而获得准确的定位效果。

这两种对齐工具都可实现两个模型的对齐操作，但选取顺序却不同，分别介绍如下。

1. 对齐

使用“对齐”工具可指定一对、两对或三对原点和定义点，从而使对象通过移动、旋转、倾斜或缩放对齐选定对象。在 AutoCAD 2016 中调用“对齐”命令有以下几种常用方法。

- 菜单栏：选择“修改”|“三维操作”|“对齐”命令，如图 13-43 所示。
- 功能区：在“常用”选项卡中，单击“修改”面板中的“对齐”按钮，如图 13-44 所示。

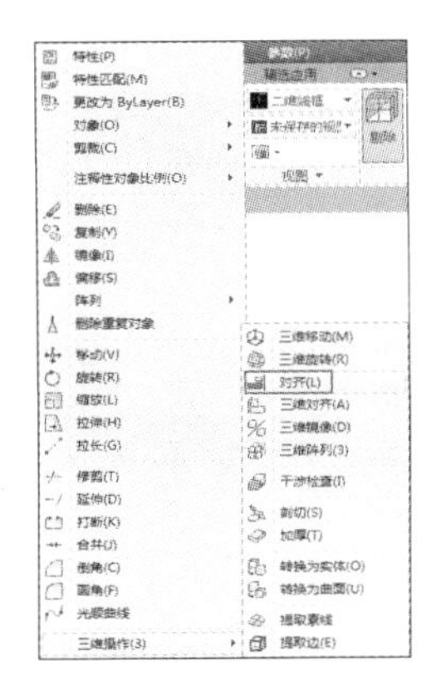

图 13-43 “对齐”菜单命令

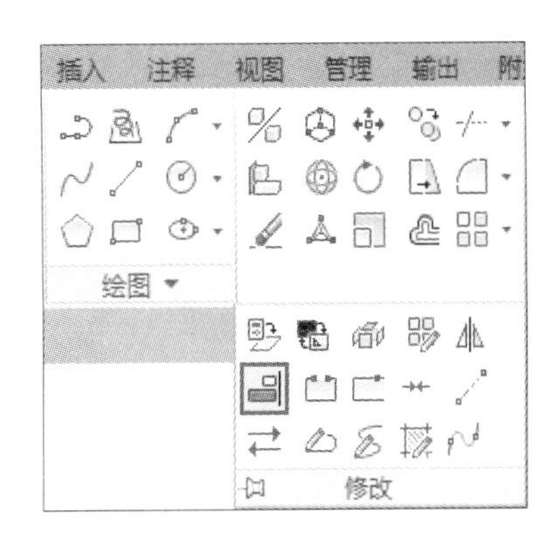

图 13-44 “对齐”面板按钮

➢ 命令行：在命令行中输入 ALIGN/AL 命令。

执行上述任一命令后，对其使用下列方法进行操作。

❑ 一对点对齐对象

该对齐方式是指定一对源点和目标点进行实体对齐。当只选择一对源点和目标点时，所选取的实体对象将在二维或三维空间中从源点 a 沿直线路径移动到目标点 b，如图 13-45 所示。

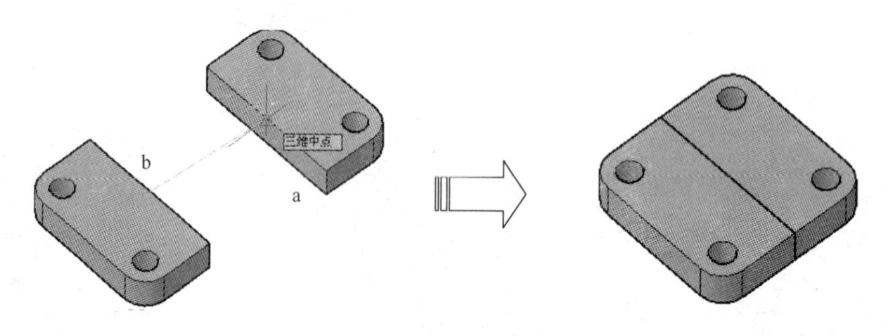

图 13-45 一对点对齐

❑ 两对点对齐对象

该对齐方式是指定两对源点和目标点进行实体对齐。当选择两对点时，可以在二维或三维空间移动、旋转和缩放选定对象，以便与其他对象对齐，如图 13-46 所示。

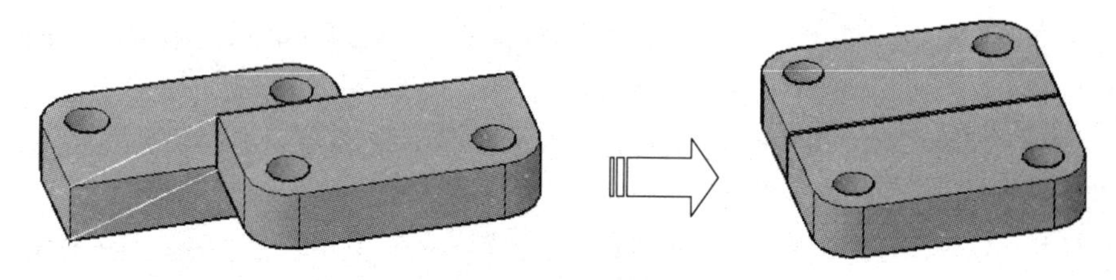

图 13-46 两对点对齐对象

❑ 三对点对齐对象

该对齐方式是指定 3 对源点和目标点进行实体对齐。当选择 3 对源点和目标点时，可直接在绘图区连续捕捉 3 对对应点，即可获得对齐对象操作，其效果如图 13-47 所示。

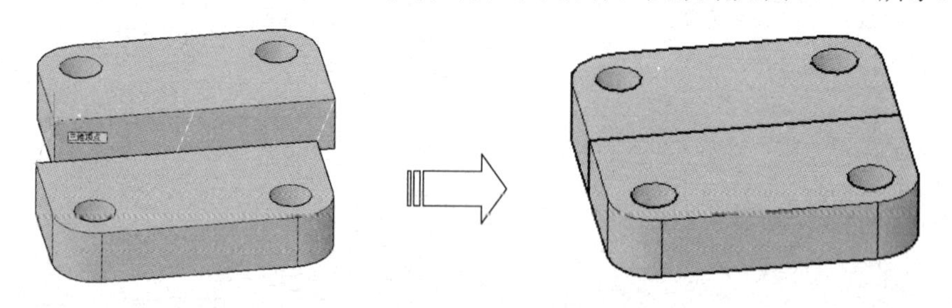

图 13-47 三对点对齐对象

2. 三维对齐

在 AutoCAD 2016 中，三维对齐操作是指最多用 3 个点来定义源平面，然后指定最多 3

个点来定义目标平面，从而获得三维对齐效果。在 AutoCAD 2016 中调用“三维对齐”命令有以下几种常用方法。

> 菜单栏：选择“修改”|“三维操作”|“三维对齐”命令，如图 13-48 所示。
> 功能区：单击“修改”面板中的“三维对齐”按钮，如图 13-49 所示。
> 工具栏：单击“建模”工具栏中的“三维对齐”按钮
> 命令行：在命令行中输入 3DALIGN 命令。

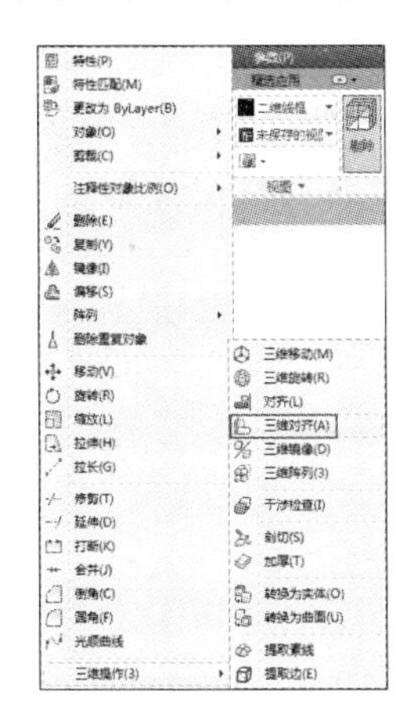

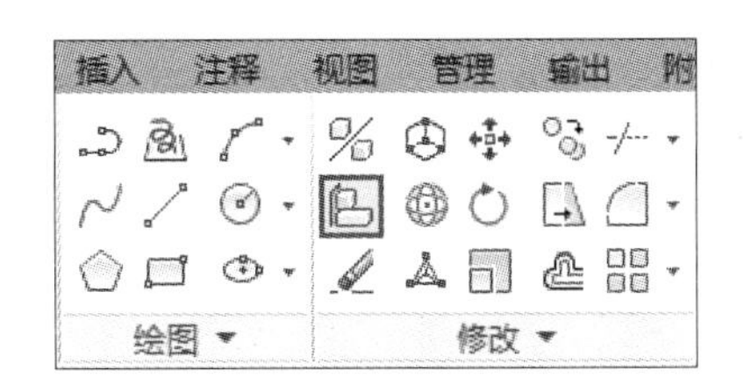

图 13-48 “三维对齐”菜单命令

图 13-49 “三维对齐”面板按钮

执行上述任一命令后，即可进入“三维对齐”模式，执行三维对齐操作与对齐操作的不同之处在于：执行三维对齐操作时，可首先为源对象指定 1 个、2 个或 3 个点用以确定圆平面，然后为目标对象指定 1 个、2 个或 3 个点用以确定目标平面，从而实现模型与模型之间的对齐。图 13-50 所示为三维对齐效果。

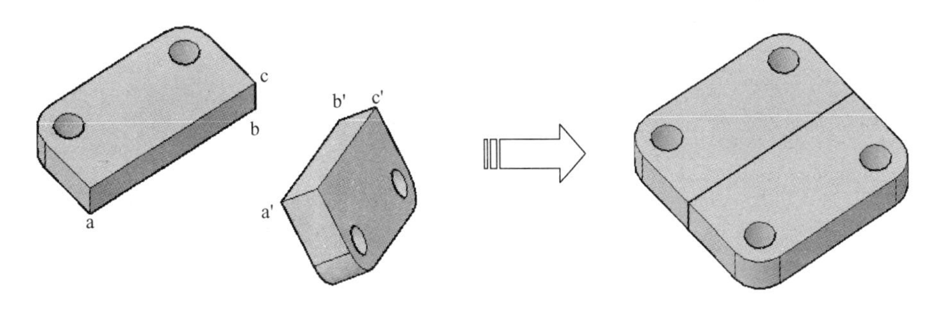

图 13-50 三维对齐操作

13.4 编辑实体边

“实体”都是由最基本的面和边所组成的，AutoCAD 2016 不仅提供了多种编辑实体工具，同时可根据设计需要提取多个边特征，对其执行偏移、着色、压印或复制边等操作，便于查看或创建更为复杂的模型。

13.4.1 复制边

执行“复制边”操作可将现有的实体模型上的单个或多个边偏移到其他位置，从而利用这些边线创建出新的图形对象。

在 AutoCAD 2016 中调用“复制边”命令有以下几种常用方法。

- 菜单栏：选择“修改”|“实体编辑”|“复制边”命令，如图 13-51 所示。
- 功能区：在“常用”选项卡中，单击“实体编辑”面板中的“复制边”按钮，如图 13-52 所示。
- 工具栏：单击“实体编辑”工具栏中的“复制边”按钮。

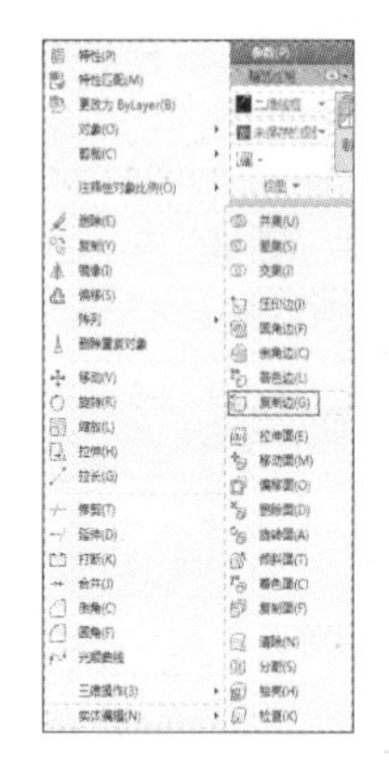

图 13-51 “复制边”菜单命令

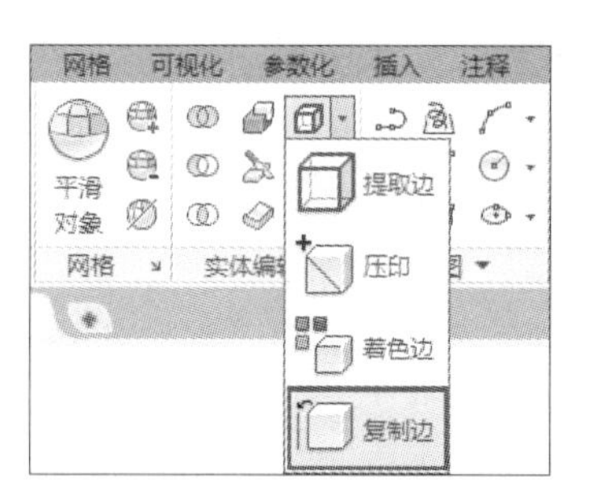

图 13-52 “复制边”面板按钮

执行上述任一命令后，在绘图区选择需要复制的边线并右击，系统弹出快捷菜单，如图 13-53 所示。选择“确认”命令，并指定复制边的基点或位移，移动鼠标到合适的位置单击放置复制边，完成复制边的操作。其效果如图 13-54 所示。

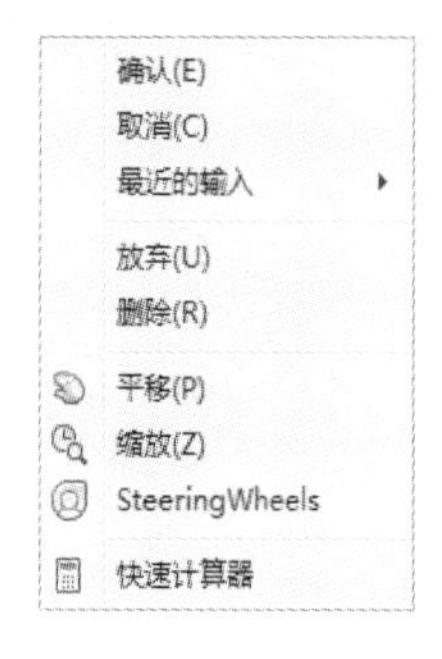

图 13-53 快捷菜单

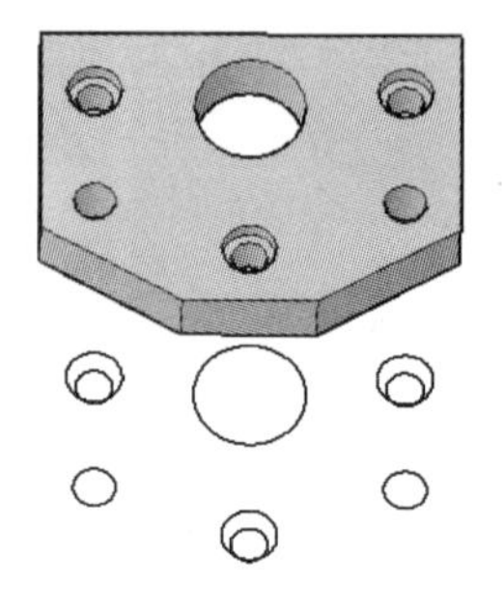

图 13-54 复制边

13.4.2 着色边

在三维建模环境中，不仅能够着色实体表面，同样可使用“着色边”工具将实体的边线执行着色操作，从而获得实体内、外表面边线不同的着色效果。

在 AutoCAD 2016 中调用“着色边”命令有以下几种常用方法。

- 菜单栏：选择“修改”|“实体编辑”|“着色边”命令，如图 13-55 所示。

➢ 功能区：在“常用”选项卡中，单击“实体编辑”面板中的“着色边”按钮，如图 13-56 所示。

➢ 工具栏：单击“实体编辑”工具栏中的“着色边”按钮。

执行上述任一命令后，在绘图区选取待着色的边线，按〈Enter〉键或右击，系统弹出“选择颜色”对话框，如图 13-57 所示，在该对话框中指定填充颜色，单击“确定”按钮，即可执行边着色操作。

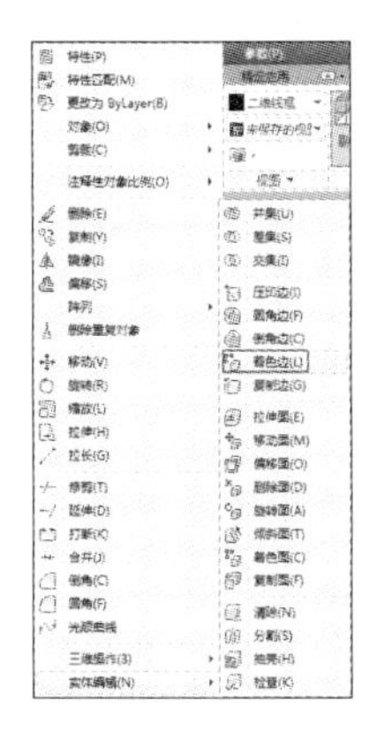

图 13-55 “着色边”菜单命令

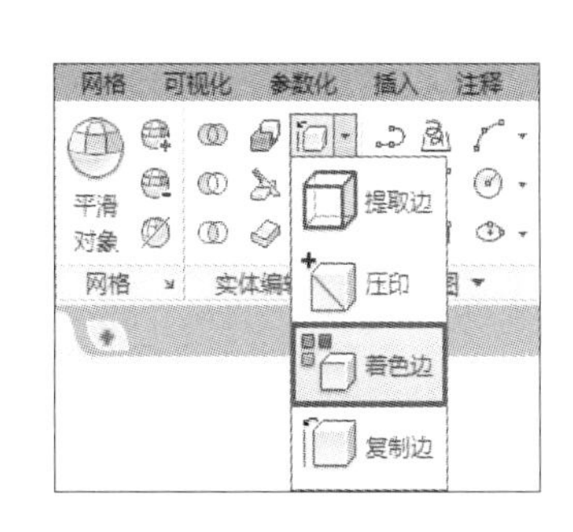

图 13-56 “着色边”面板按钮

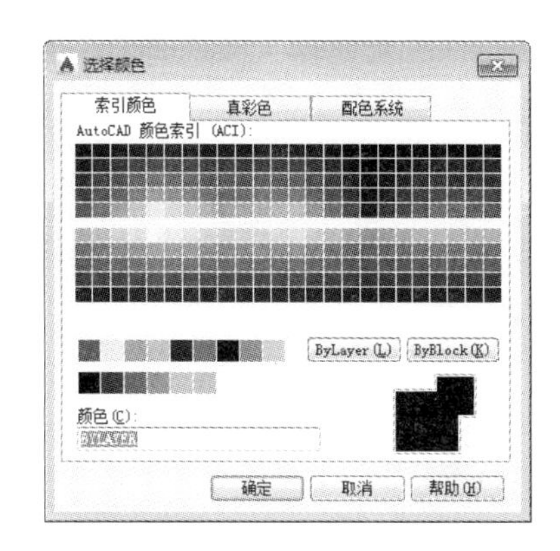

图 13-57 “选择颜色”对话框

13.4.3 压印边

在创建三维模型后，往往在模型的表面加入公司标记或产品标记等图形对象，AutoCAD 2016 软件专为该操作提供了“压印边”工具，即通过与模型表面单个或多个表面相交的图形对象压印到该表面。

在 AutoCAD 2016 中调用“压印边”命令有以下几种常用方法。

➢ 菜单栏：选择“修改”|“实体编辑”|“压印边”命令，如图 13-58 所示。

➢ 功能区：在“常用”选项卡中，单击“实体编辑”面板中的“压印边”按钮，如图 13-59 所示。

➢ 工具栏：单击“实体编辑”工具栏中的“压印边”按钮。

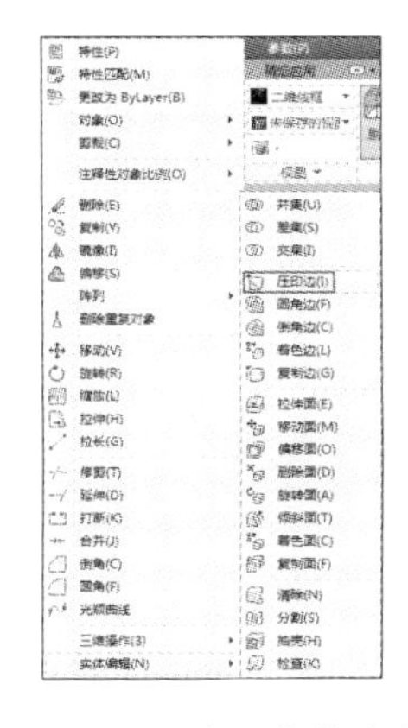

图 13-58 “压印边”菜单命令

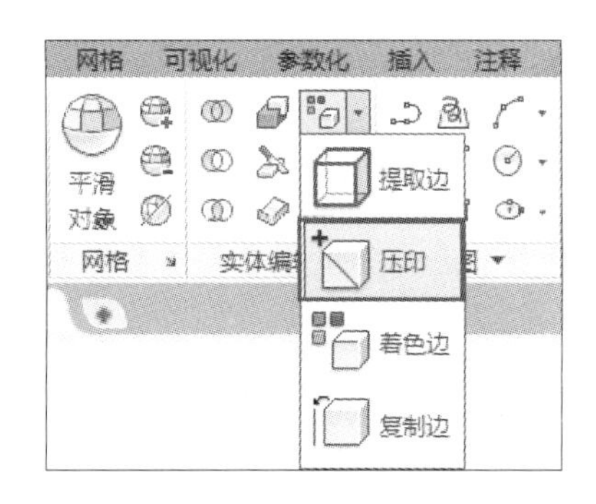

图 13-59 “压印边”面板按钮

执行上述任一命令后，在绘图区选取三维实体，接着选取压印对象，命令行将显示“是否删除源对象[是（Y）/（否）]<N>：”的提示信息，可根据设计需要确定是否保留压印对象，即可执行压印操作，其效果如图 13-60 所示。

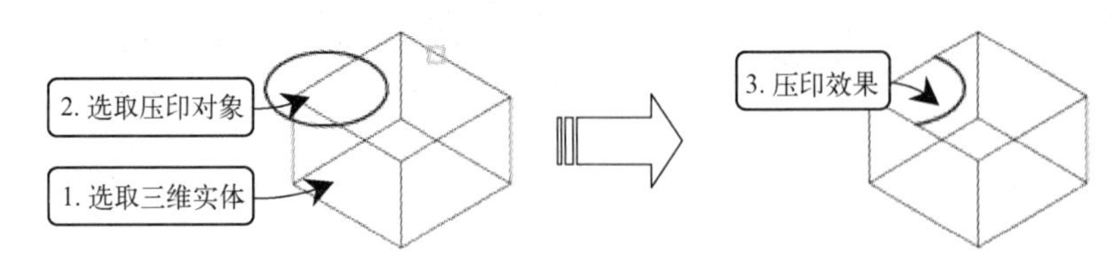

图 13-60　压印实体

13.5　编辑实体面

在对三维实体进行编辑时，不仅可以对实体上的单个或多个边线执行编辑操作，同时还可以对整个实体的任意表面执行编辑操作，即通过改变实体表面，从而达到改变实体的目的。

13.5.1 移动实体面

执行移动实体面操作是沿指定的高度或距离移动选定的三维实体对象的一个或多个面。移动时，只移动选定的实体面而不改变方向。

在 AutoCAD 2016 中调用“移动面”命令有以下几种常用方法。

- 菜单栏：选择“修改”|“实体编辑”|“移动面”命令，如图 13-61 所示。
- 功能区：在“常用”选项卡中，单击“实体编辑”面板中的“移动面”按钮，如图 13-62 所示。
- 工具栏：单击“实体编辑”工具栏中的“移动面”按钮。

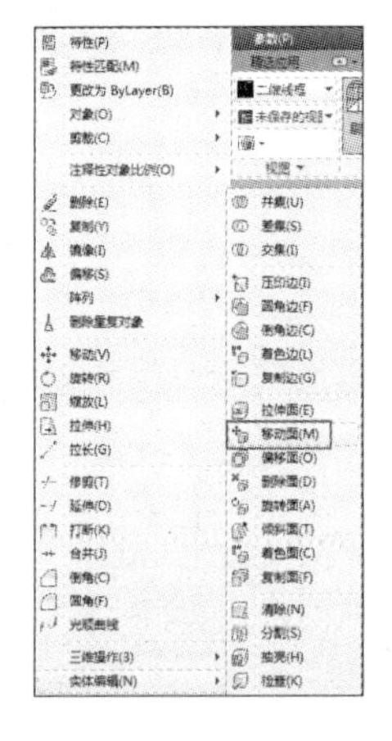

图 13-61 “移动面”菜单命令

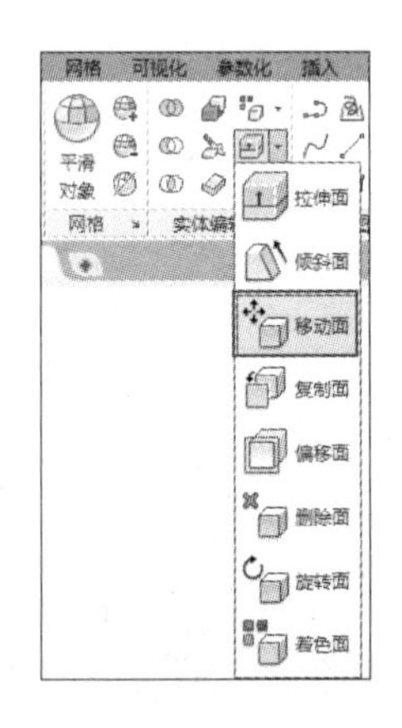

图 13-62 “移动面”面板按钮

执行上述任一命令后，在绘图区选取实体表面，按〈Enter〉键并右击，捕捉移动实体面的基点，然后指定移动路径或距离值，右击即可执行移动实体面操作，其效果如图 13-63 所示。

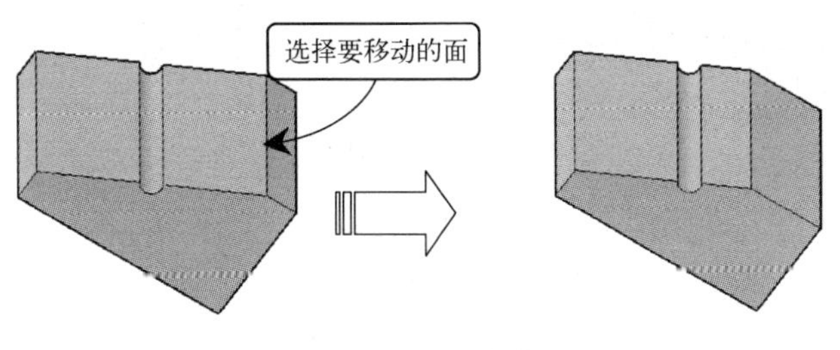

图 13-63　移动实体面

13.5.2 偏移实体面

执行偏移实体面操作，是指在一个三维实体上按指定的距离均匀地偏移实体面，可根据设计需要将现有的面从原始位置向内或向外偏移指定的距离，从而获取新的实体面。在 AutoCAD 2016 中调用“偏移面”命令有以下几种常用方法。

- 菜单栏：选择“修改”｜“实体编辑”｜“偏移面”命令，如图 13-64 所示。
- 功能区：在“常用”选项卡中，单击“实体编辑”面板中的“偏移面”按钮，如图 13-65 所示。
- 工具栏：单击“实体编辑”工具栏中的“偏移面”按钮。

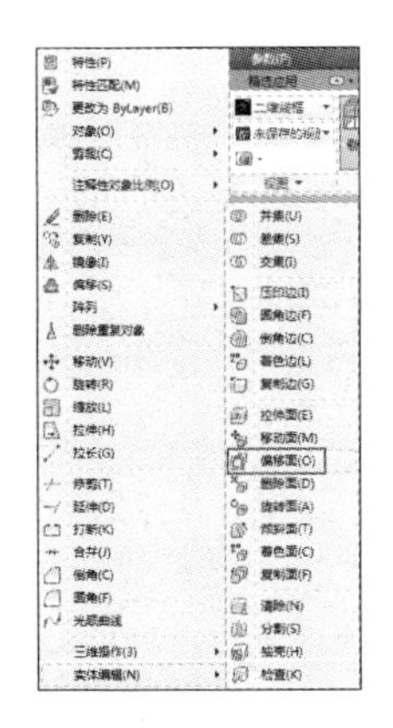

图 13-64　“偏移面”菜单命令

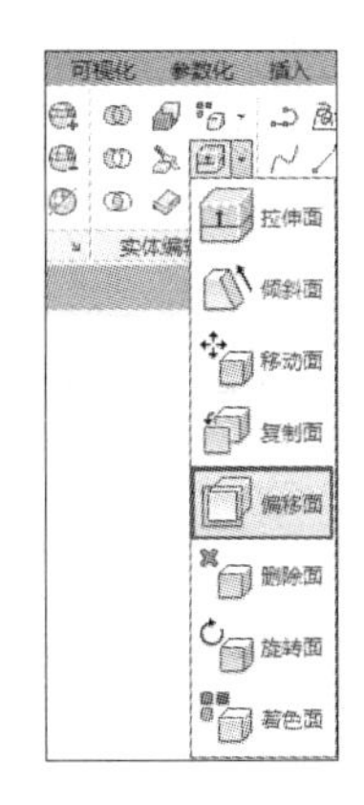

图 13-65　“偏移面”面板按钮

执行上述任一命令后，在绘图区选取要偏移的面，并输入偏移距离，按〈Enter〉键，即可获得如图 13-66 所示的偏移面特征。

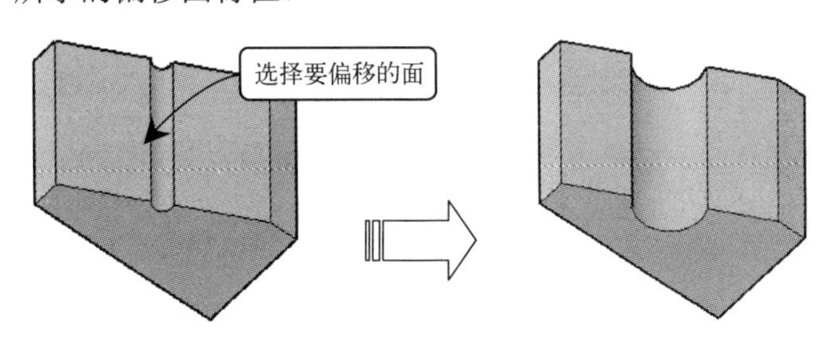

图 13-66　偏移实体面

13.5.3 删除实体面

在三维建模环境中，执行删除实体面操作是从三维实体对象上删除实体表面、圆角等实体特征。在 AutoCAD 2016 中调用“删除面”命令有以下几种常用方法。

- 菜单栏：选择“修改”|“实体编辑”|“删除面”命令，如图 13-67 所示。
- 功能区：在“常用”选项卡中，单击“实体编辑”面板中的“删除面”按钮，如图 13-68 所示。
- 工具栏：单击“实体编辑”工具栏中的“删除面”按钮。

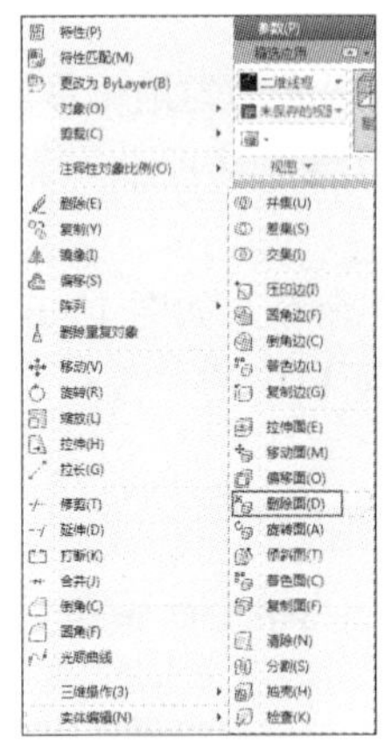

图 13-67 “删除面”菜单命令

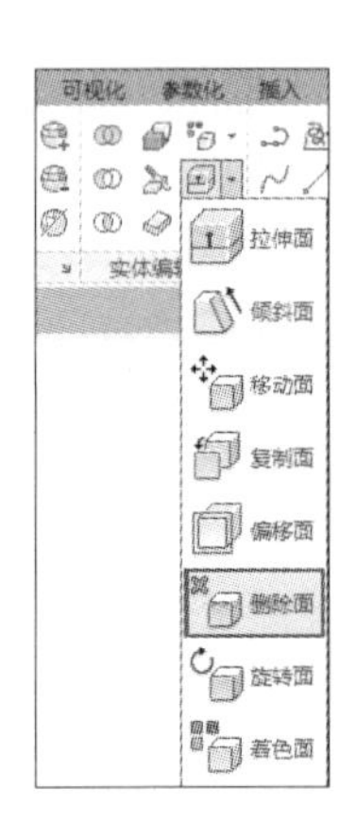

图 13-68 “删除面”面板按钮

执行上述任一命令后，在绘图区选择要删除的面，按〈Enter〉键或右击，即可执行实体面删除操作，如图 13-69 所示。

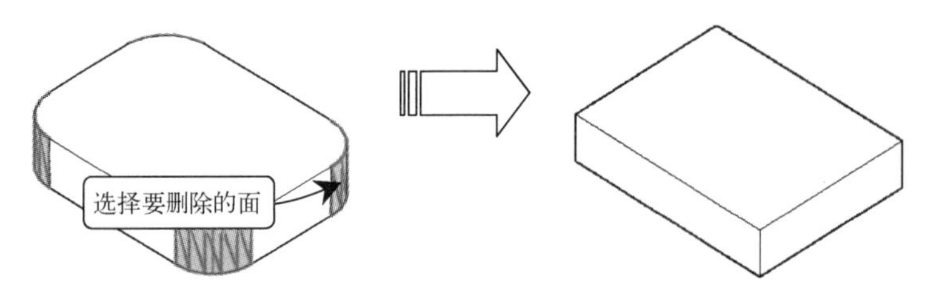

图 13-69 删除实体面

13.5.4 旋转实体面

执行旋转实体面操作，能够将单个或多个实体表面绕指定的轴线进行旋转，或者旋转实体的某些部分形成新的实体。在 AutoCAD 2016 中调用“旋转面”命令有以下几种常用方法。

- 菜单栏：选择“修改”|“实体编辑”|“旋转面”命令，如图 13-70 所示。
- 功能区：在“常用”选项卡中，单击“实体编辑”面板中的“旋转面”按钮，如图 13-71 所示。
- 工具栏：单击“实体编辑”工具栏中的“旋转面”按钮。

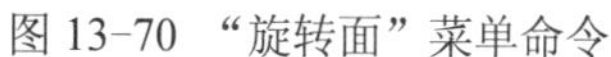

图 13-70 “旋转面”菜单命令

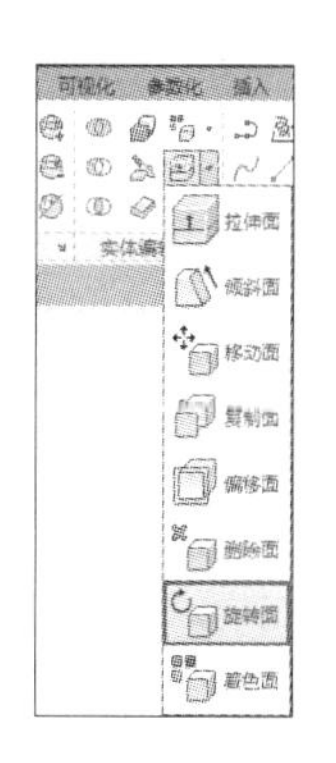

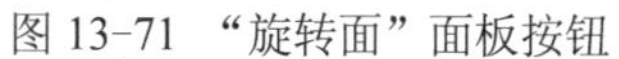

图 13-71 “旋转面”面板按钮

执行上述任一命令后，在绘图区选取需要旋转的实体面，捕捉两点为旋转轴，并指定旋转角度，按〈Enter〉键，即可完成旋转操作，效果如图 13-72 所示。

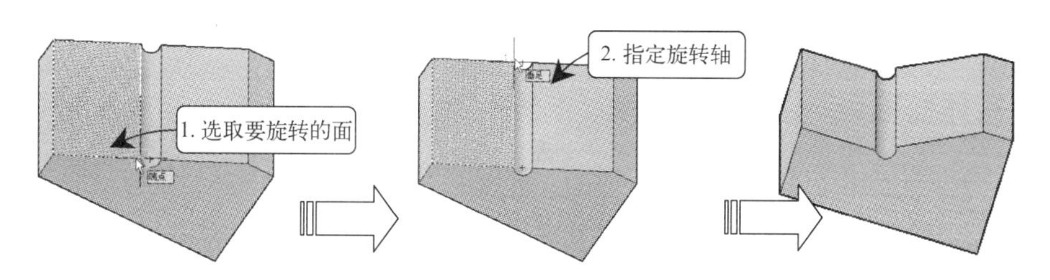

图 13-72 旋转实体面

提示：当一个实体面旋转后，与其相交的面会自动调整，以适应改变后的实体。

13.5.5 倾斜实体面

在编辑三维实体面时，可利用“倾斜实体面”工具将孔、槽等特征沿矢量方向并指定特定的角度进行倾斜操作，从而获取新的实体。在 AutoCAD 2016 中调用“倾斜面”命令有以下几种常用方法。

- 菜单栏：选择“修改”|“实体编辑”|“倾斜面”命令，如图 13-73 所示。
- 功能区：在“常用”选项卡中，单击“实体编辑”面板中的“倾斜面”按钮，如图 13-74 所示。

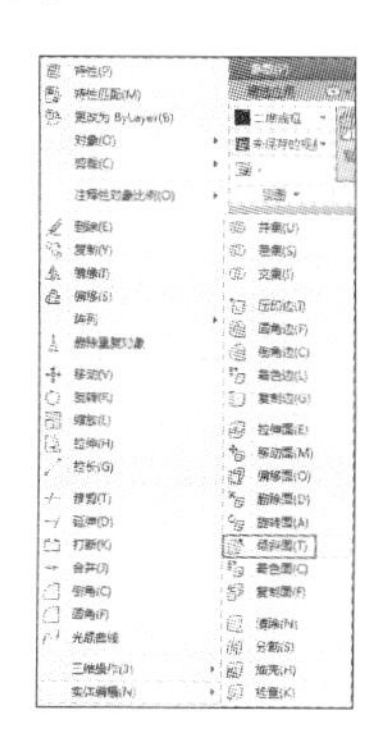

图 13-73 “倾斜面”菜单命令

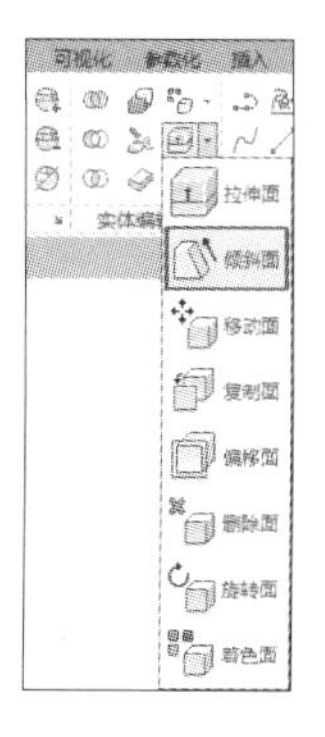

图 13-74 “倾斜面”面板按钮

➢ 工具栏：单击“实体编辑”工具栏中的“倾斜面”按钮。

执行上述任一命令后，在绘图区选取需要倾斜的曲面，并指定倾斜曲面参照轴线基点和另一个端点，输入倾斜角度，按〈Enter〉键或右击，即可完成倾斜实体面操作，其效果如图 13-75 所示。

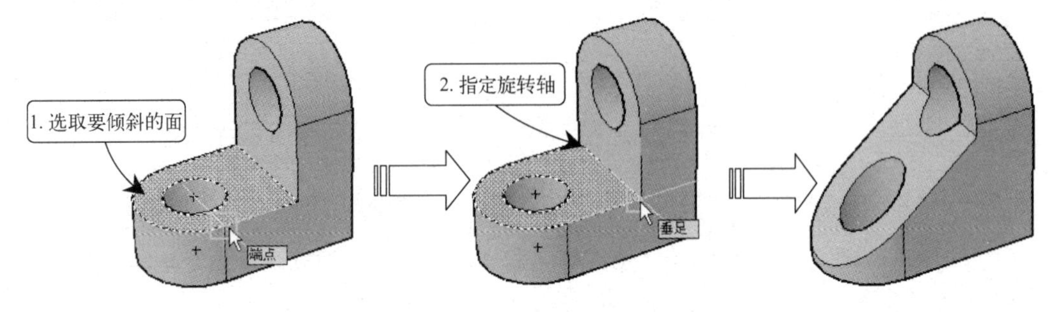

图 13-75　倾斜实体面

13.5.6 实体面着色

执行实体面着色操作可修改单个或多个实体面的颜色，以取代该实体对象所在图层的颜色，可更方便地查看这些表面。在 AutoCAD 2016 中调用“着色面”命令有以下几种常用方法。

➢ 菜单栏：选择“修改”|“实体编辑”|“着色面”命令，如图 13-76 所示。

➢ 功能区：在“常用”选项卡中，单击“实体编辑”面板中的“着色面”按钮，如图 13-77 所示。

➢ 工具栏：单击“实体编辑”工具栏中的“着色面”按钮。

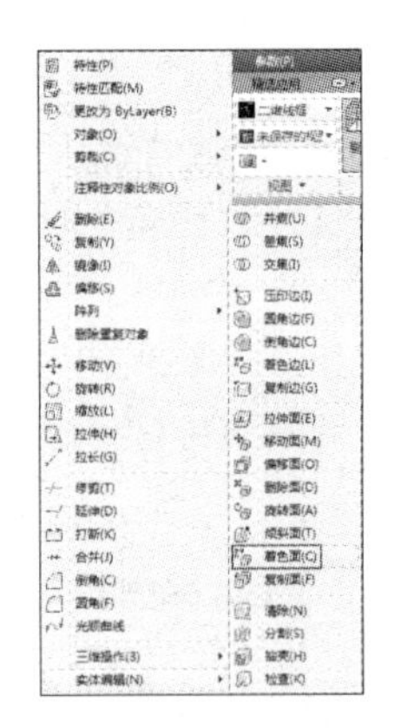

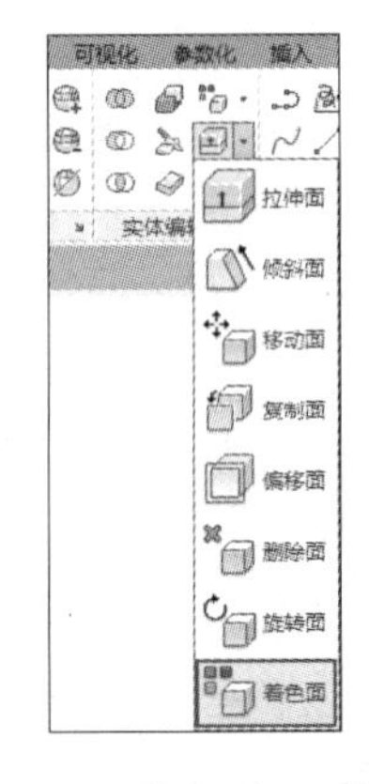

图 13-76　“着色面”菜单命令

图 13-77　“着色面”面板按钮

执行上述任一命令后，在绘图区指定需要着色的实体表面，按〈Enter〉键，系统弹出“选择颜色”对话框。在该对话框中指定填充颜色，单击“确定”按钮，即可完成面着色操作。

13.5.7 拉伸实体面

在编辑三维实体面时，可使用“拉伸面”工具直接选取实体表面执行面拉伸操作，从而获取新的实体。在 AutoCAD 2016 中调用“拉伸面”命令有以下几种常用方法。

➢ 菜单栏：选择“修改” | “实体编辑” | “拉伸面”命令，如图 13-78 所示。
➢ 功能区：在“常用”选项卡中，单击“实体编辑”面板中的“拉伸面”按钮，如图 13-79 所示。
➢ 工具栏：单击“实体编辑”工具栏中的“拉伸面”按钮。

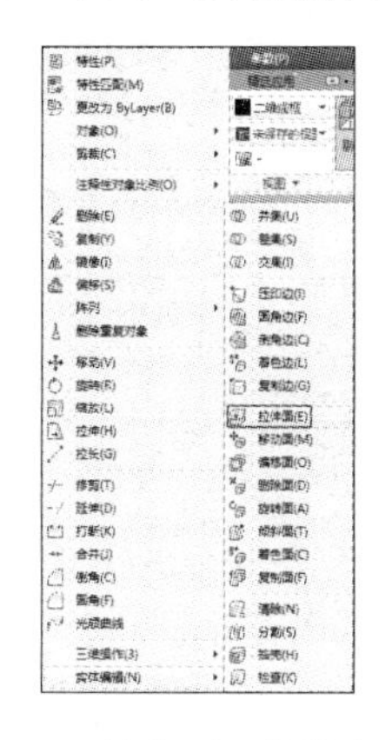

图 13-78 “拉伸面”菜单命令

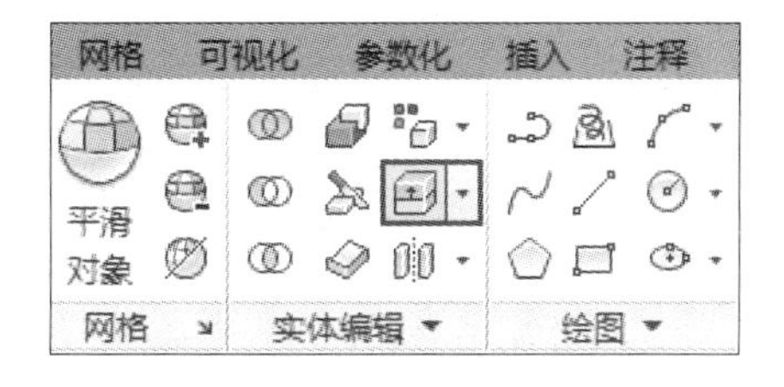

图 13-79 “拉伸面”面板按钮

执行上述任一命令后，在绘图区选取需要拉伸的曲面，并指定拉伸路径或输入拉伸距离，按〈Enter〉键即可完成拉伸实体面的操作，其效果如图 13-80 所示。

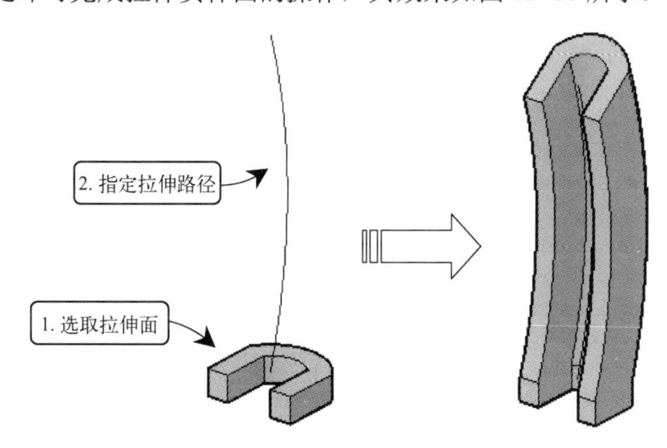

图 13-80 拉伸实体面

13.5.8 复制实体面

在三维建模环境中，利用“复制面”工具能够将三维实体表面复制到其他位置，使用这些表面可创建新的实体。在 AutoCAD 2016 中调用“复制面”命令有以下几种常用方法。

➢ 菜单栏：选择“修改” | “实体编辑” | “复制面”命令，如图 13-81 所示。
➢ 功能区：在“常用”选项卡中，单击“实体编辑”面板中的“复制面”按钮，如图 13-82 所示。
➢ 工具栏：单击“实体编辑”工具栏中的“复制面”按钮。

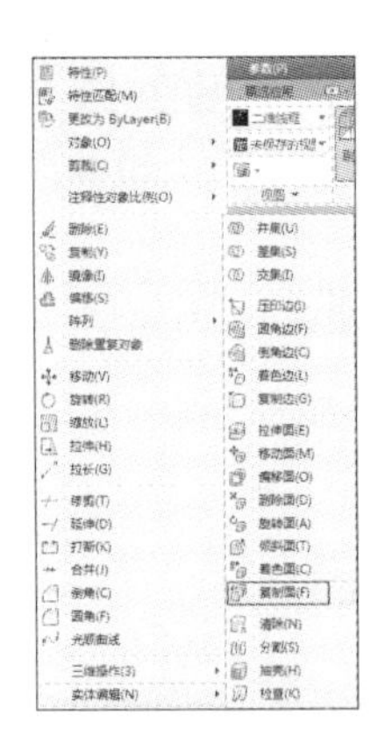

图 13-81 “复制面”菜单命令

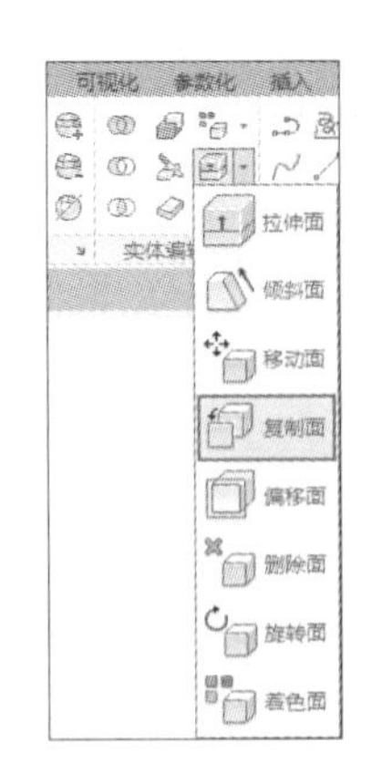

图 13-82 “复制面”面板按钮

执行上述任一命令后，在绘图区选取需要复制的实体表面，如果指定了两个点，AutoCAD 将第一个点作为基点，并相对于基点放置一个副本。如果只指定一个点，AutoCAD 将把原始选择点作为基点，下一点作为位移点。

13.6 渲染

为了能更加真实、形象地表达三维图形的效果，还需要给三维图形添加颜色、材质、灯光、背景和场景等因素，整个过程称为渲染。

13.6.1 贴图

贴图是将图片信息投影到模型表面，为模型添加上图片的外观效果。调用“贴图”命令有以下几种方法。

- 菜单栏：选择“视图”|“渲染”|“贴图”命令。
- 功能区：在“可视化”选项卡中，单击“材质”面板中的“材质贴图”按钮 材质贴图。
- 命令行：在命令行输入 MATERIALMAP 命令。

贴图可分为长方体、平面、球面和柱面贴图。如果需要对贴图进行调整，可以使用显示在对象上的贴图工具移动或旋转对象上的贴图，如图 13-83 所示。

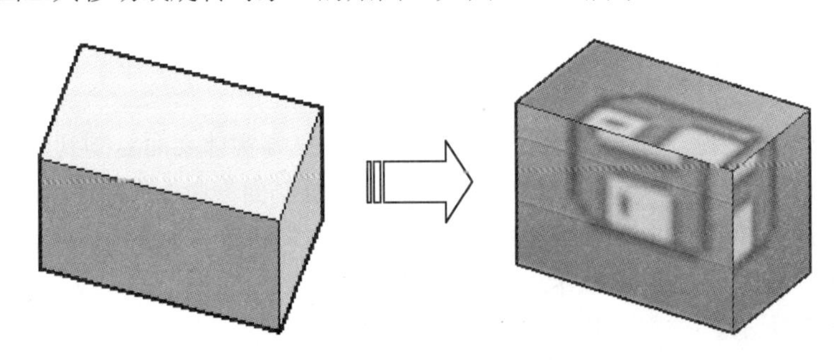

图 13-83 贴图效果

13.6.2 材质

在 AutoCAD 中，为了使所创建的三维实体模型更加真实，用户可以给不同的模型赋予不同的材质类型和参数。通过为模型赋予材质，然后对这些材质进行微妙的设置，从而使设置的材质达到更加逼真的效果。

1. 材质浏览器

“材质浏览器”选项板集中了 AutoCAD 的所有材质，是用来控制材质操作的设置选项板，可执行多个模型的材质指定操作，并包含相关材质操作的所有工具。

打开“材质浏览器”选项板有以下几种方法。

➢ 菜单栏：选择“视图”|“渲染”|“材质浏览器”命令。

➢ 功能区：在“可视化”选项卡中，单击“材质”面板上的“材质浏览器”按钮 材质浏览器 。

执行以上任一种操作，打开“材质浏览器”选项板，如图 13-84 所示，在“Autodesk 库”中分门别类地存储了若干种材质，并且所有材质都附带一张交错参考底图。

2. 材质编辑器

打开“材质编辑器”选项板有以下几种方法。

➢ 菜单栏：选择“视图”|“渲染”|“材质编辑器”命令。

➢ 功能区：在“视图”选项卡中，单击“选项板”面板上的“材质编辑器”按钮 材质编辑器 。

执行以上任一操作将打开“材质编辑器”选项板，如图 13-85 所示。单击“材质编辑器”选项板右下角的按钮，可以打开“材质浏览器”选项板，选择其中的任意一个材质，可以发现“材质编辑器”选项板会同步更新为该材质的效果与可调参数。

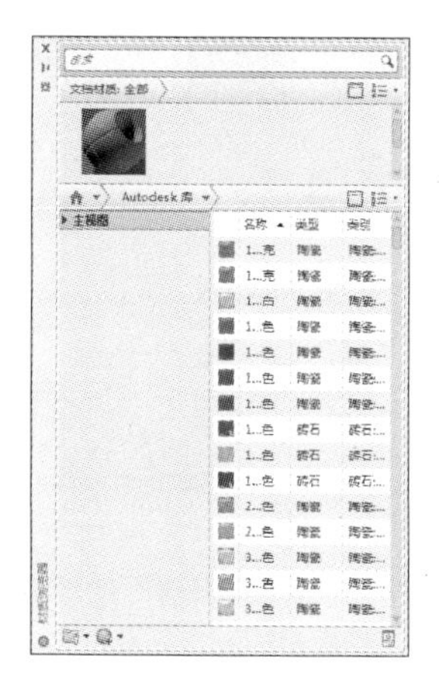

图 13-84 “材质浏览器”选项板

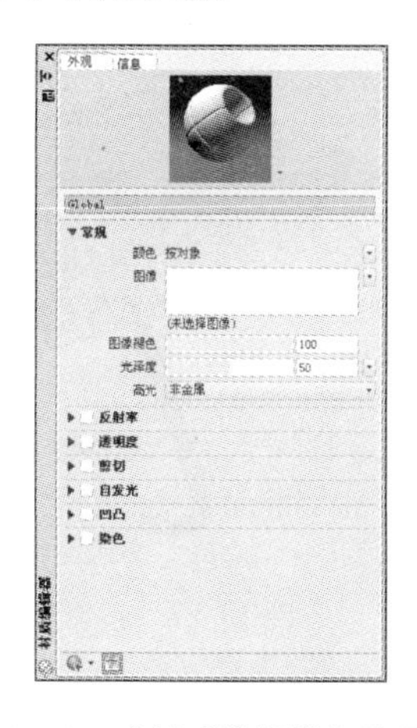

图 13-85 “材质编辑器”选项板

通过“材质编辑器”选项板最上方的预览窗口，可以直接查看材质当前的效果，单击其右下角的下拉按钮，可以对材质样例形状与渲染质量进行调整，如图 13-86 所示。

此外，单击材质名称右下角的“创建或复制材质”按钮 ，可以快速选择对应的材质类型进行直接应用，或在其基础上进行编辑，如图 13-87 所示。

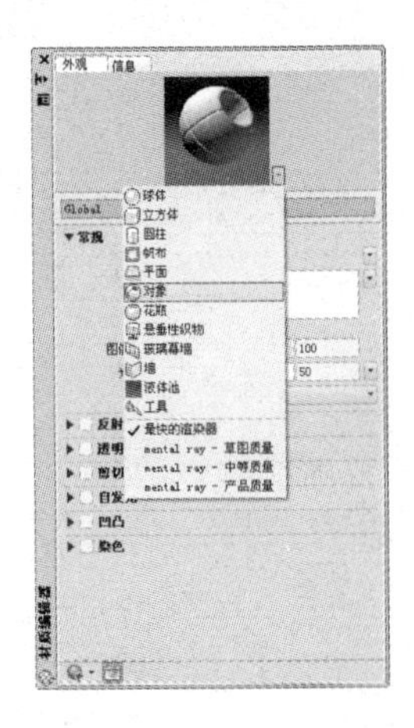

图 13-86 调整材质样例形态与渲染质量

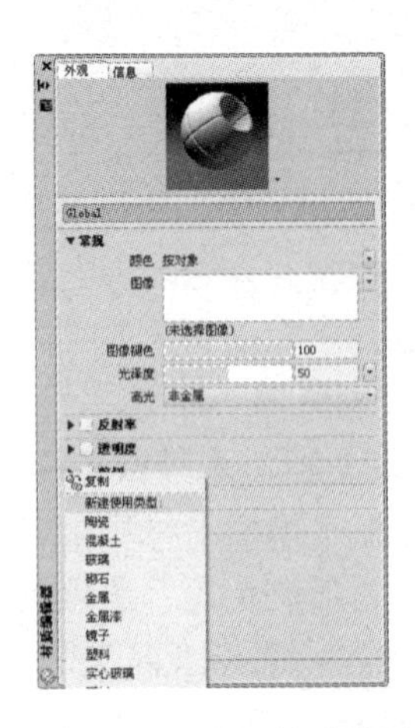

图 13-87 选择材质类型

在“材质浏览器”或“材质编辑器”选项板中可以创建新材质。在“材质浏览器”选项板中只能创建已有材质的副本，而在“材质编辑器”选项板中可以对材质做进一步的修改或编辑。

13.6.3 案例——为雨伞赋予材质

步骤 1 单击快速访问工具栏中的“打开”按钮，打开配套光盘中提供的“第 13 章\13.6.3 为雨伞赋予材质.dwg”素材文件，如图 13-88 所示。

步骤 2 在“可视化”选项卡中，单击“材质”面板右下角的展开箭头 ，系统打开如图 13-89 所示的“材质编辑器”选项板。

图 13-88 素材模型

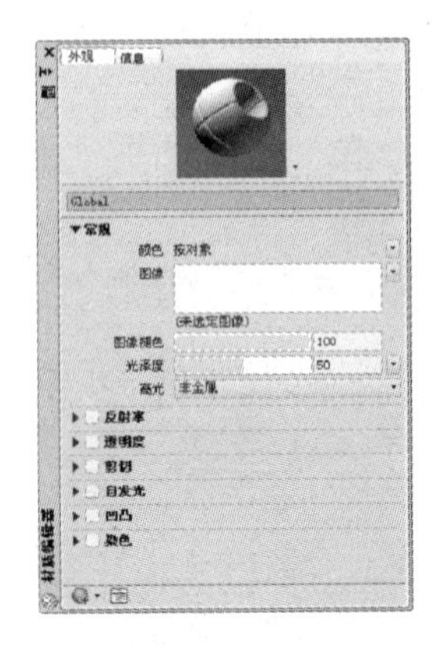

图 13-89 “材质编辑器”选项板

步骤 3 单击右下角的“创建或复制材质”按钮 ，选择“新建常规材质”选项，然后在“外观”选项卡中设置材料的外观，如图 13-90 所示，新建材质。

步骤 4 在“信息”选项卡中，设置材质的信息说明，输入材质相关信息，如图 13-91 所示。

步骤 5 单击“材质编辑器”选项板左上角的“关闭”按钮，关闭“材质编辑器”选项板。

步骤 6 将模型的视觉样式修改为“真实”，然后在“可视化”选项卡中，单击“材质”

面板上的“材质/纹理开”按钮，打开材质和纹理效果。

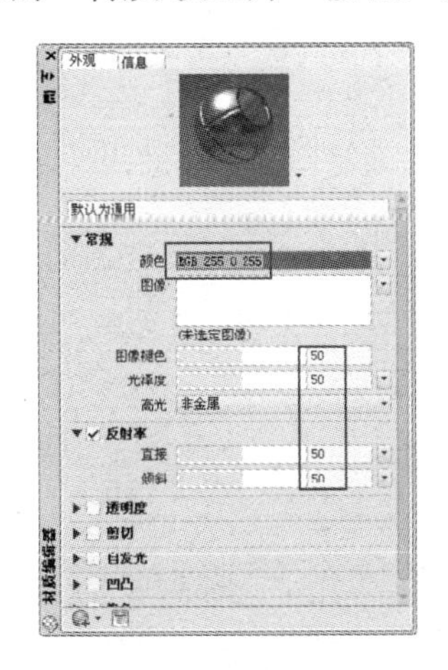

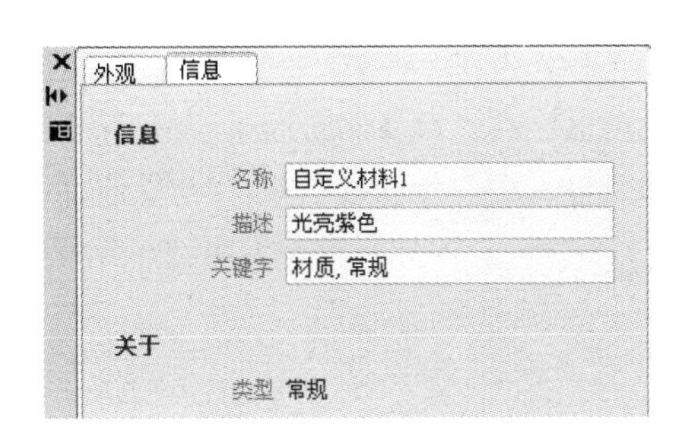

图 13-90　新建材质

图 13-91　输入材质相关信息

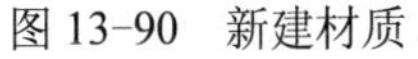

步骤 7 单击“材质”面板上的“材质浏览器”按钮，打开“材质浏览器”选项板，如图 13-92 所示。

步骤 8 选中创建的“自定义材质 1”，按住鼠标左键将其拖动到雨伞面上，应用材质的效果如图 13-93 所示。

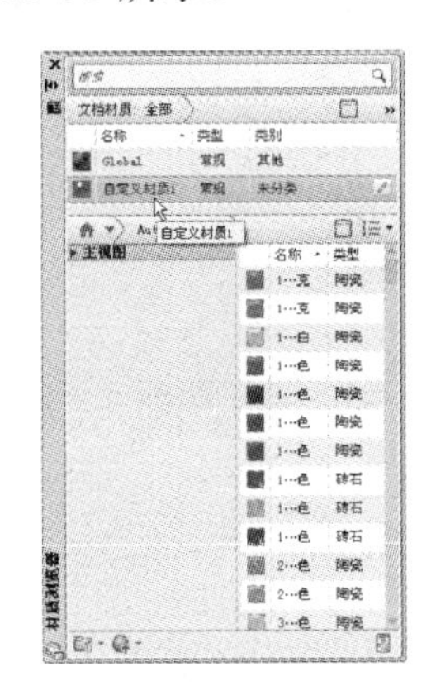

图 13-92 “材质浏览器”选项板

图 13-93　应用材质的效果

13.6.4 渲染模型

渲染包括设置渲染环境和执行渲染两部分。

1. 设置渲染环境

渲染环境主要是用于控制对象的雾化效果或者图像背景，用以增强渲染效果。

执行“渲染环境”命令有以下几种方法。

- 菜单栏：选择“视图”|“渲染”|“渲染环境”命令。
- 功能区：在“可视化”选项卡中，在“渲染”面板的下拉列表框中单击“渲染环境和曝光”按钮 渲染环境和曝光 。
- 命令行：在命令行输入 RENDERENVIRONMENT 命令。

执行该命令后，即打开“渲染环境和曝光”选项板，如图 13-94 所示，在选项版中可进行渲染前的设置。

2. 执行渲染

在模型中添加材质和灯光后，就可以执行渲染，并可在渲染窗口中查看效果。

调用“渲染”命令有以下几种方法。

- 菜单栏：选择“视图”|“渲染”|“渲染”命令。
- 功能区：在“可视化”选项卡中，单击“渲染”面板上的“渲染”按钮。
- 命令行：在命令行输入 RENDER 命令。

执行该命令后，系统打开渲染窗口，并自动进行渲染处理，如图 13-95 所示。

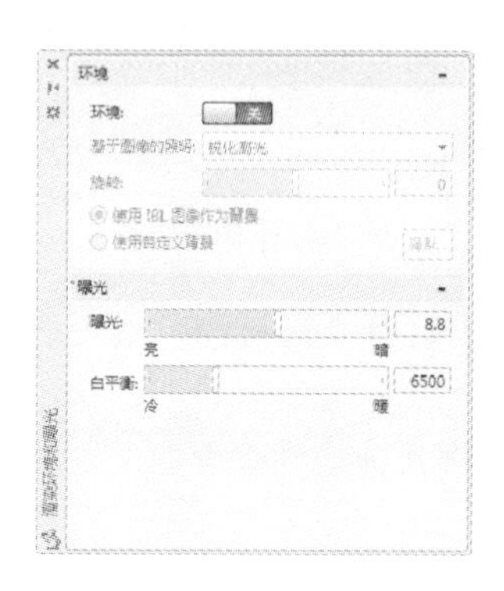

图 13-94 “渲染环境和曝光”选项板

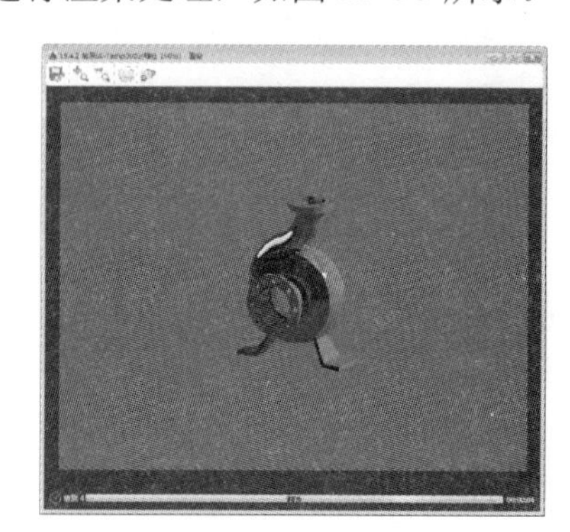
图 13-95 渲染窗口

13.7 综合实战——绘制虎钳钳身模型

本实例使用本章所学的知识创建机床用虎钳固定钳身的三维模型，如图 13-96 所示。

步骤 1 新建 AutoCAD 文件，选择 3D 样板，进入三维建模空间。

步骤 2 将视图调整到“东南等轴测”方向，在“常用”选项卡的“坐标”面板中单击 Y 按钮，将坐标系绕 Y 轴旋转-90°。

步骤 3 单击 ViewCube 工具上的上视平面，将视图调整到正对 XY 平面的方向，在 XY 平面内绘制二维轮廓，如图 13-97 所示。

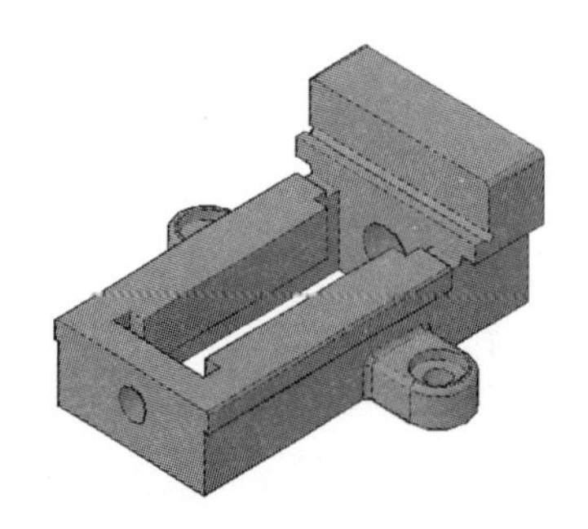
图 13-96 完成的虎钳三维模型

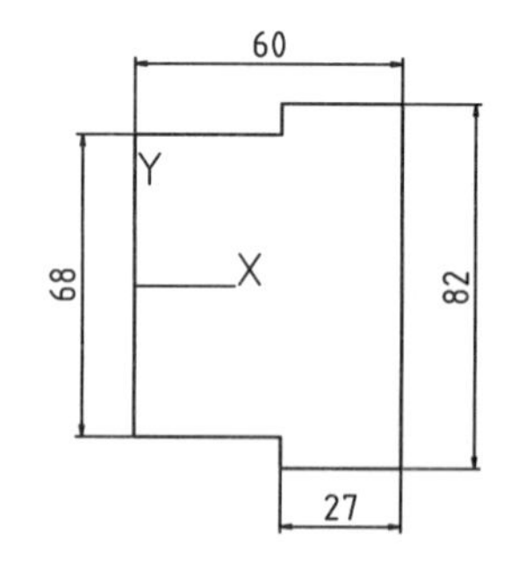

图 13-97 绘制拉伸轮廓

步骤 4 在命令行中输入 J 并按〈Enter〉键，调用“合并”命令，将绘制的轮廓合并为一条多段线。

步骤 5 单击“坐标”面板上的“UCS，世界”按钮，将坐标系恢复到世界坐标系的位置。

步骤 6 单击“建模”面板上的“拉伸”按钮，选择创建的多段线为拉伸的对象。拉伸方向为 X 轴正向，拉伸高度为 31，创建的拉伸体如图 13-98 所示。

步骤 7 单击“坐标”面板上的“Z 轴矢量”按钮，新建 UCS，如图 13-99 所示。

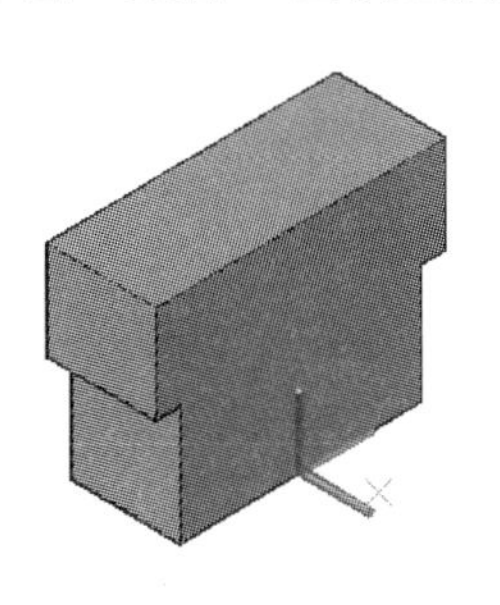

图 13-98　创建的拉伸体

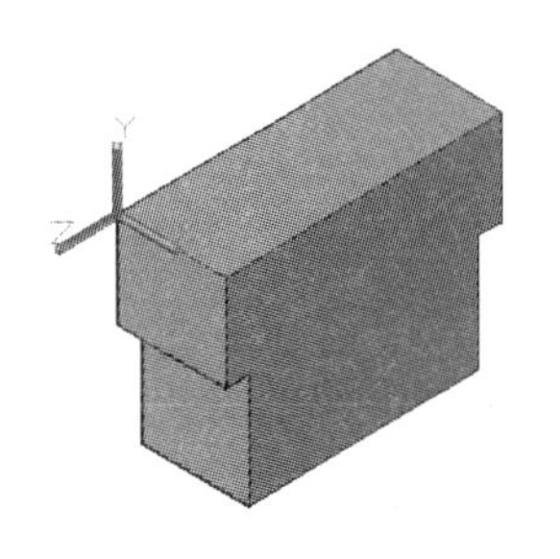

图 13-99　新建 UCS

步骤 8 在 XY 平面内绘制二维轮廓，如图 13-100 所示。然后单击“建模”面板上的“拉伸”按钮，设置拉伸的高度为 100，创建的拉伸体如图 13-101 所示。

步骤 9 单击“实体编辑”面板上的“差集”按钮，选择第一个拉伸体为被减的对象，选择第二个拉伸体为减去的对象，求差集的结果如图 13-102 所示。

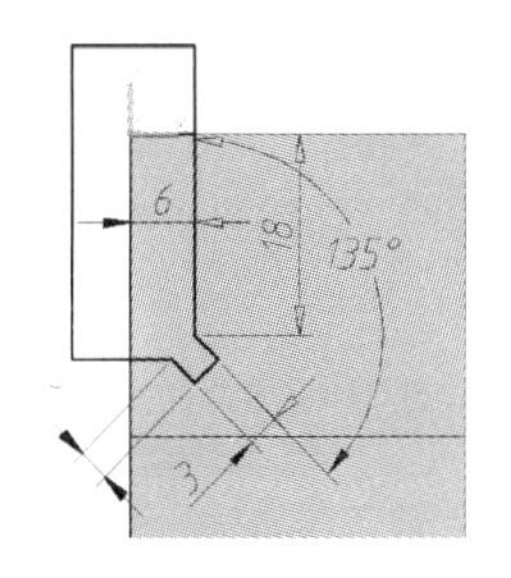

图 13-100　绘制拉伸轮廓

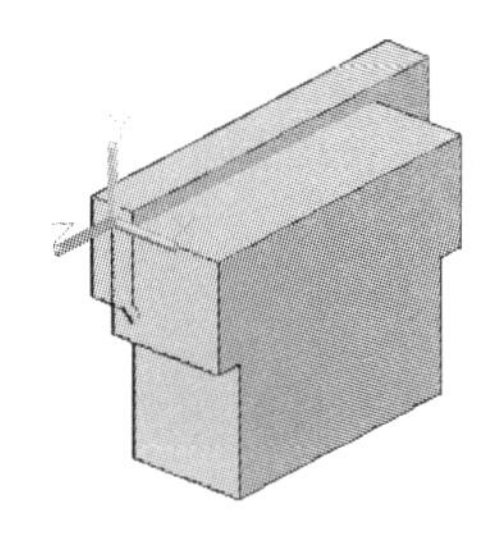

图 13-101　创建的拉伸体

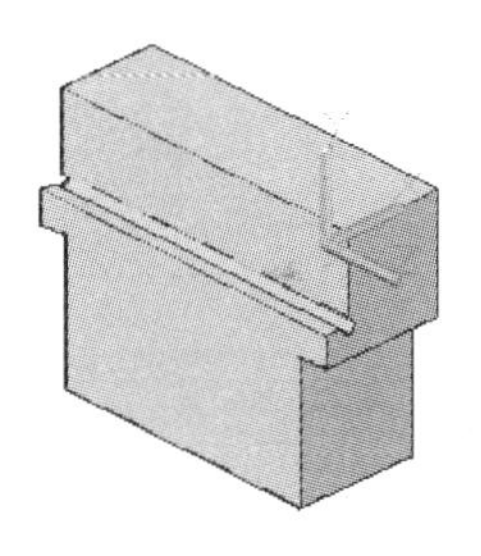

图 13-102　求差集的结果

步骤 10 将坐标系恢复到世界坐标系的位置。

步骤 11 单击“建模”面板上的“长方体”按钮，捕捉到如图 13-103 所示的模型端点作为第一个角点，然后在命令行中选择“长度”选项，接着捕捉到 180° 极轴方向，如图 13-104 所示。然后依次输入长度 148、宽度 68、高度 29.5，创建的长方体如图 13-105 所示。

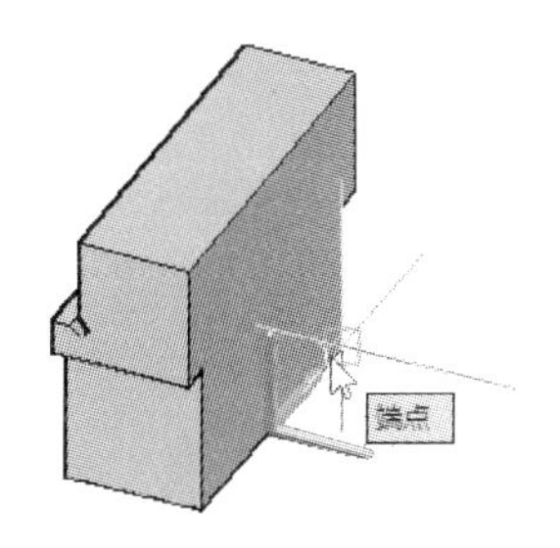

图 13-103　选择长方体的端点

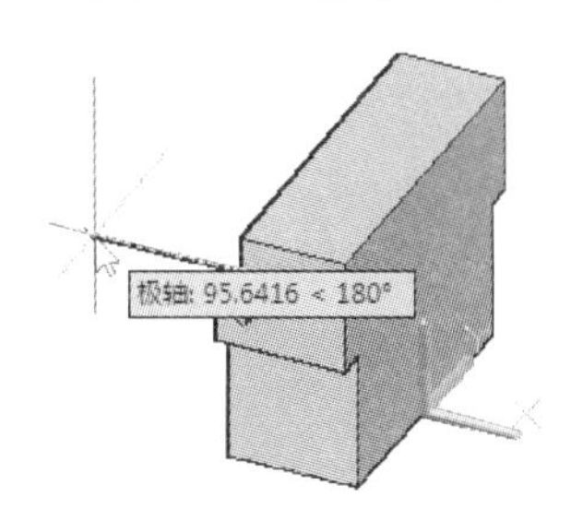

图 13-104　极轴捕捉定义长度方向

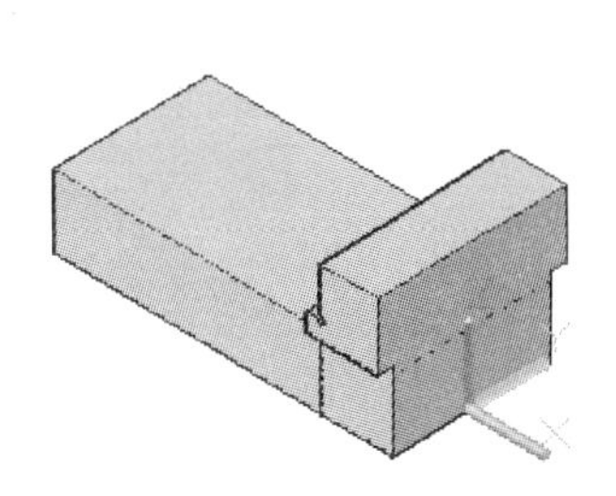

图 13-105　创建的长方体

步骤 12 单击“坐标”面板上的“Z 轴实例”按钮，新建 UCS，如图 13-106 所示。

步骤 13 将视图调整到正视 XY 平面的方向，在 XY 平面内绘制矩形轮廓，如图 13-107 所示。

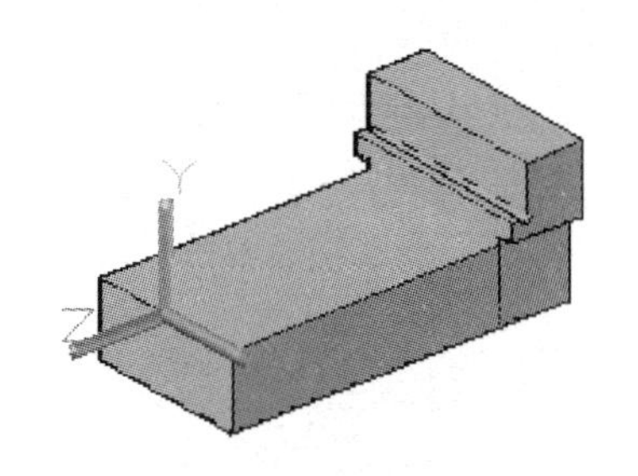

图 13-106 新建 UCS

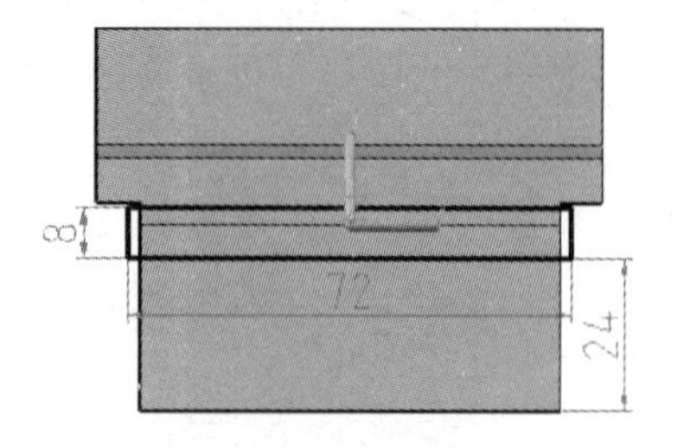

图 13-107 绘制矩形轮廓

步骤 14 单击“建模”面板上的“拉伸”按钮，选择矩形轮廓为拉伸的对象，设置拉伸高度为 111，创建如图 13-108 所示的拉伸体。

步骤 15 单击“实体编辑”面板上的“并集”按钮，将当前所有实体合并为单一实体。

步骤 16 单击“坐标”面板上的“Z 轴矢量”按钮，新建 UCS，如图 13-109 所示。

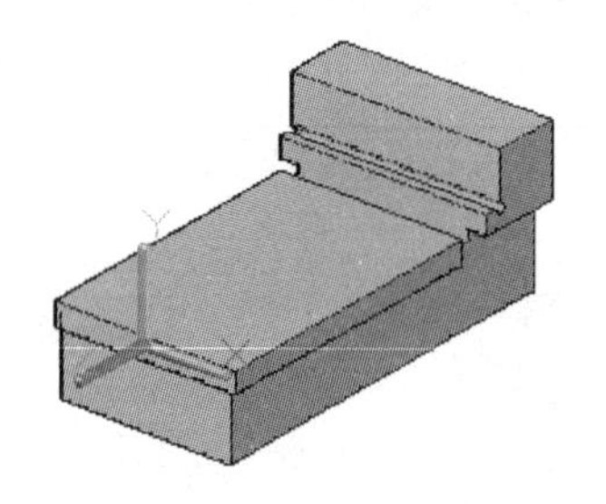

图 13-108 创建的拉伸体

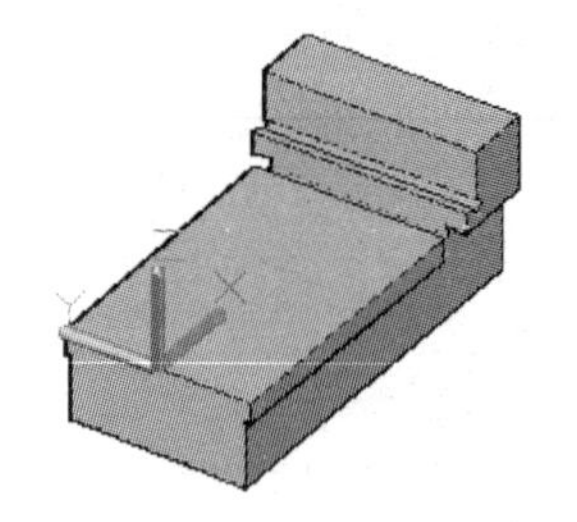

图 13-109 新建 UCS

步骤 17 将视图调整到正视于 XY 平面的方向，在 XY 平面内绘制二维轮廓，如图 13-110 所示。

步骤 18 单击“建模”面板上的“拉伸”按钮，选择上一步绘制的轮廓作为拉伸对象，向 Z 轴负向拉伸，设置拉伸高度为 50，创建拉伸体，如图 13-111 所示。

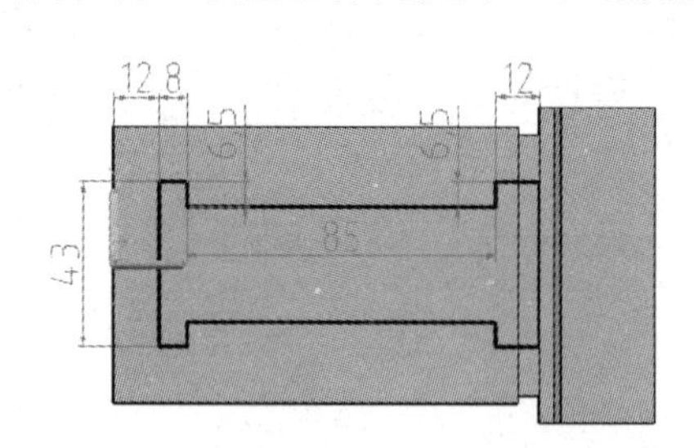

图 13-110 绘制拉伸轮廓

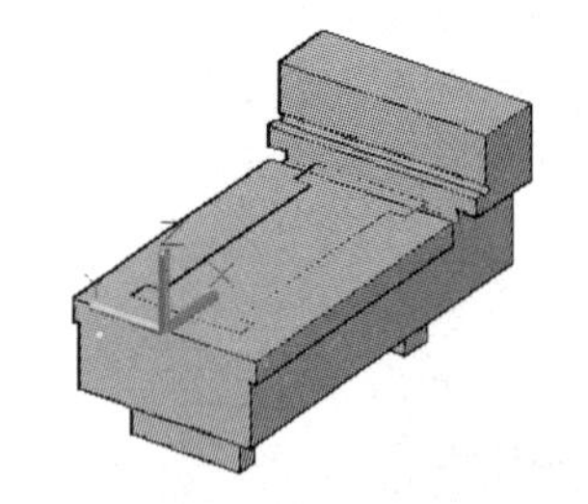

图 13-111 创建的工字形拉伸体

步骤 19 单击“实体编辑”面板上的“差集”按钮，选择底座实体为被减实体，选择工字形实体为减去的实体，求差集的结果如图 13-112 所示。

步骤 20 单击“实体编辑”面板上的“剖切”按钮，选择整个实体为剖切的对象，然后选择合适的剖切平面，将实体剖切，如图 13-113 所示。

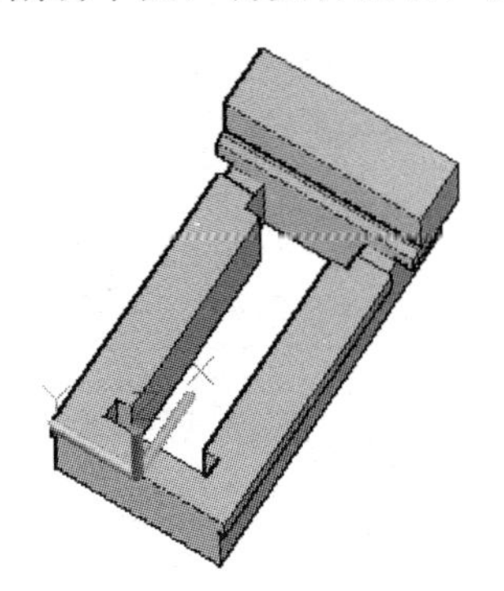

图 13-112　求差集的结果

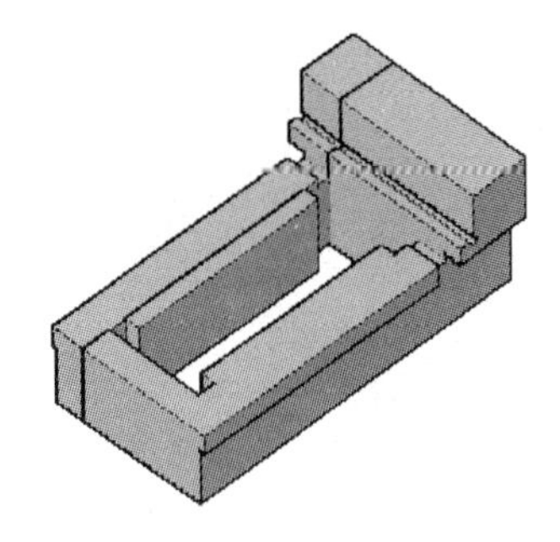

图 13-113　剖切的结果

步骤 21 单击“实体编辑”面板上的“拉伸面”按钮，选择要拉伸的面，如图 13-114 所示，设置拉伸高度为-13，拉伸面的结果如图 13-115 所示。

步骤 22 用同样的方法剖切另一侧，并拉伸剖切后的矩形平面，如图 13-116 所示。

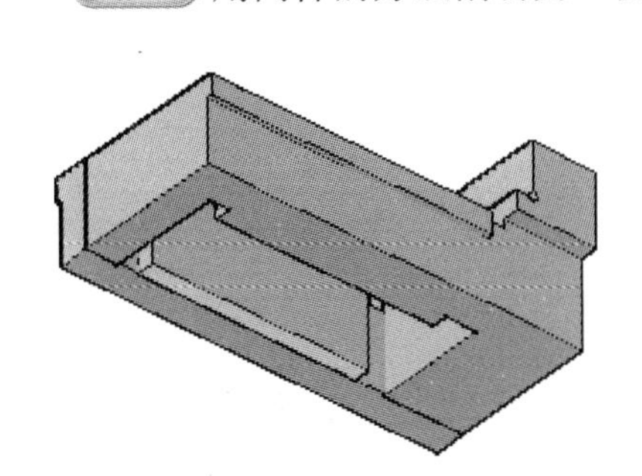

图 13-114　选择要拉伸的面

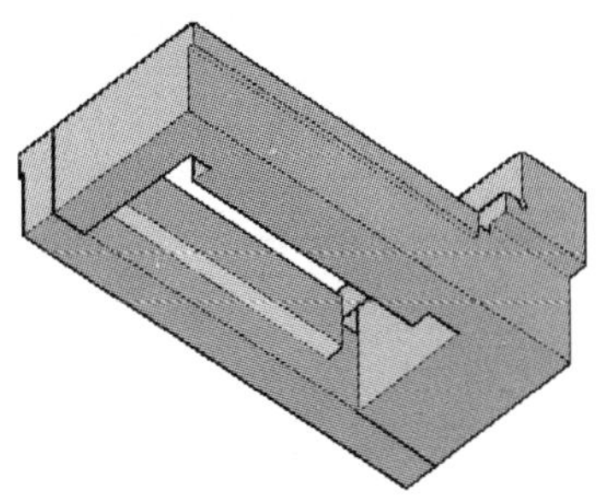

图 13-115　拉伸面的结果

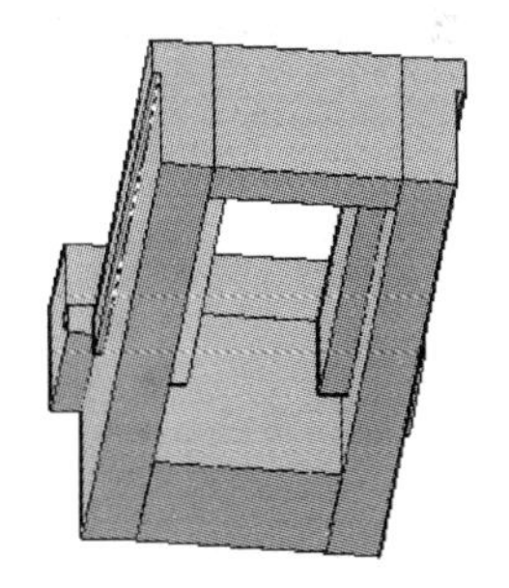

图 13-116　拉伸另一底面

步骤 23 单击“实体编辑”面板上的“并集”按钮，将剖切后的所有实体重新合并为单一实体。

步骤 24 单击“坐标”面板上的“Z 轴矢量”按钮，新建 UCS，如图 13-117 所示。然后在 XY 平面内绘制一个矩形，如图 13-118 所示。

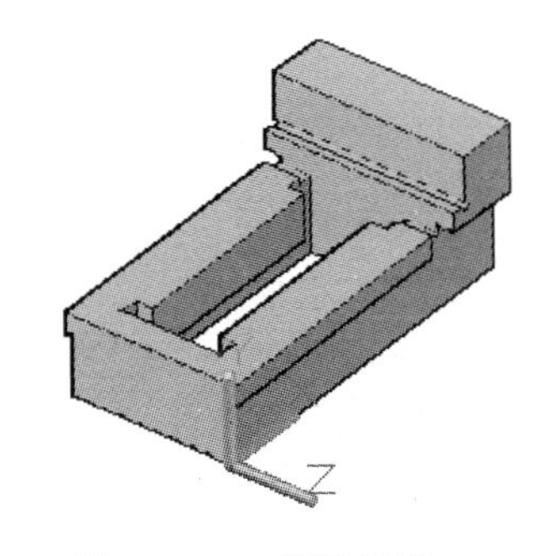

图 13-117　新建 UCS

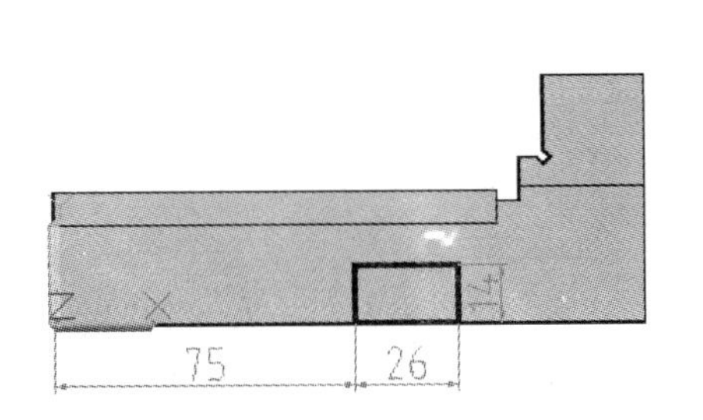

图 13-118　绘制矩形轮廓

步骤 25 单击“建模”面板上的“拉伸”按钮，选择绘制的矩形为拉伸对象，设置拉伸高度为 19，创建拉伸体，如图 13-119 所示。

步骤 26 新建 UCS，然后单击“建模”面板上的“圆柱体”按钮，创建圆柱体，如图 13-120 所示。

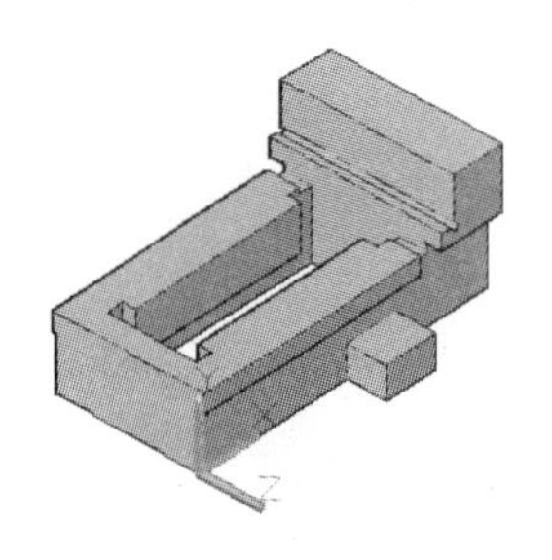
图 13-119 创建的拉伸体

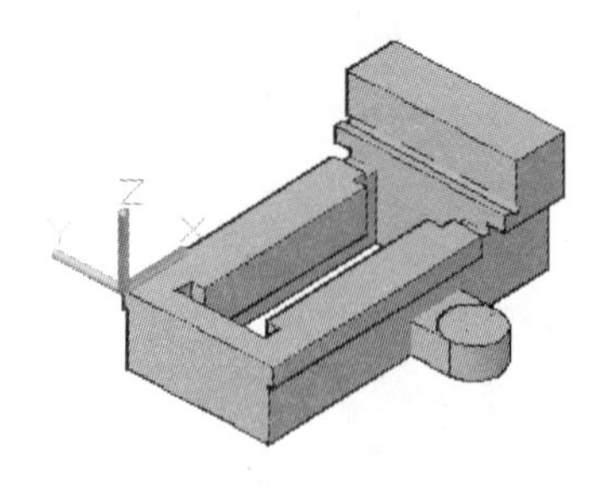
图 13-120 创建的圆柱体

步骤 27 单击“实体编辑”面板上的“并集”按钮，将创建的长方体和圆柱体合并为单一实体。

步骤 28 将视图调整到正对 XY 平面的方向，在 XY 平面空白位置绘制一个旋转轮廓，如图 13-121 所示。

步骤 29 单击“建模”面板上的“旋转”按钮，选择绘制的旋转轮廓作为旋转对象，选择长度为 14 的直线两端点定义旋转轴，创建旋转体，如图 13-122 所示。

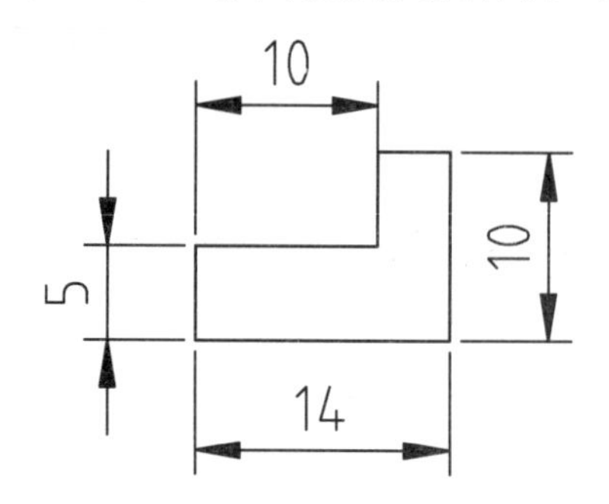

图 13-121 绘制旋转轮廓

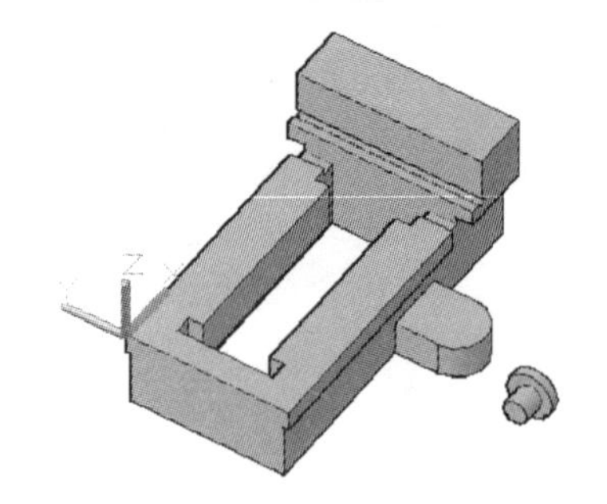
图 13-122 创建的旋转体

步骤 30 单击“修改”面板上的“三维旋转”按钮，选择创建的旋转体作为旋转对象，对象上出现旋转控件，如图 13-123 所示。单击绿色转轮（对应 Y 轴），设置旋转角度为 90°，旋转结果如图 13-124 所示。

步骤 31 单击“修改”面板上的“三维移动”按钮，选择旋转体作为移动的对象，然后捕捉到顶面中心作为移动基点，捕捉到目标点如图 13-125 所示，完成移动操作。

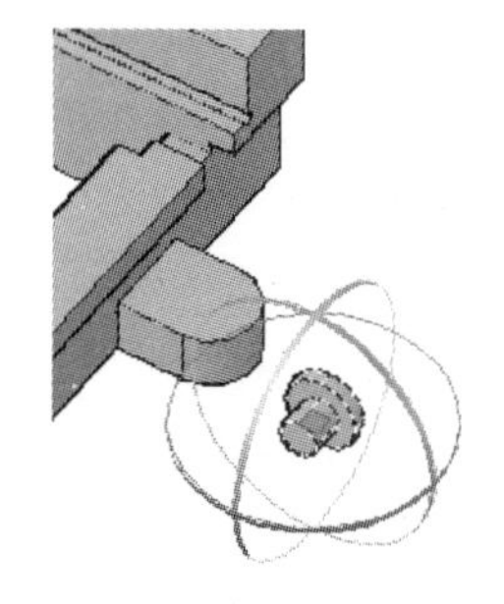
图 13-123 旋转控件显示

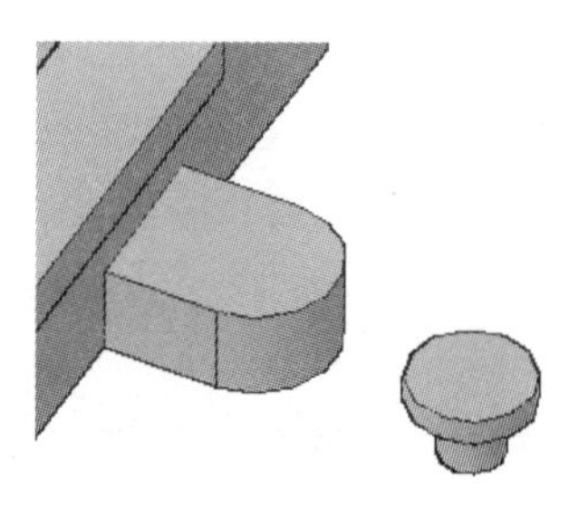
图 13-124 旋转的结果

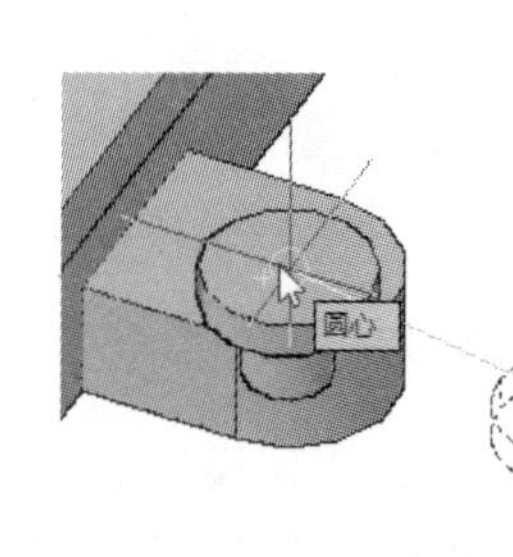

图 13-125 捕捉移动的目标点

步骤32 单击“实体编辑”面板上的“差集”按钮，选择长方体与圆柱体的组合体为被减对象，选择旋转体为减去的对象，求差集的结果如图 13-126 所示。

步骤33 单击“坐标”面板上的“Z 轴矢量”按钮，在边线中点新建 UCS，如图 13-127 所示。

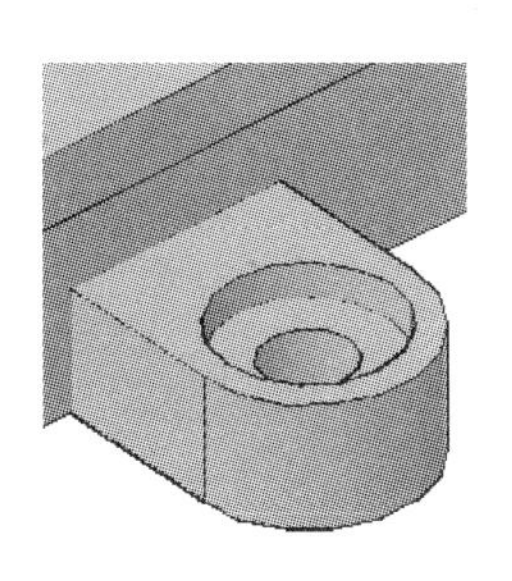

图 13-126 求差集的结果

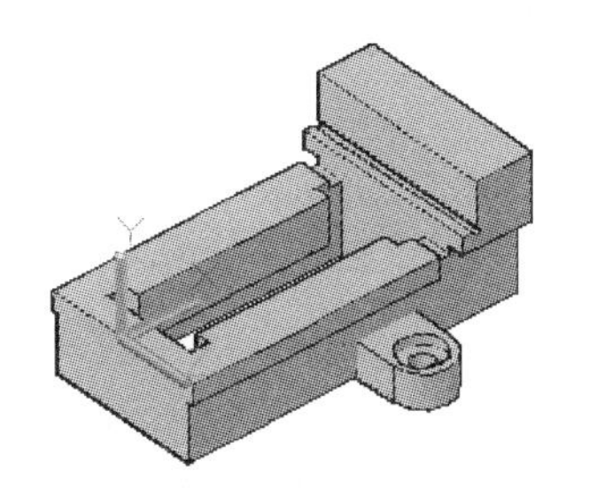

图 13-127 新建 UCS

步骤34 单击“修改”面板上的“三维镜像”按钮，选择创建的定位作为镜像的对象，在命令行中选择 XY 平面作为镜像平面，输入镜像平面上点的坐标为（0,0,0），镜像的结果如图 13-128 所示。

步骤35 单击“实体编辑”面板上的“并集”按钮，将当前所有实体合并为单一实体。

步骤36 新建 UCS，使坐标系的 XY 平面与模型的端面重合，如图 13-129 所示。

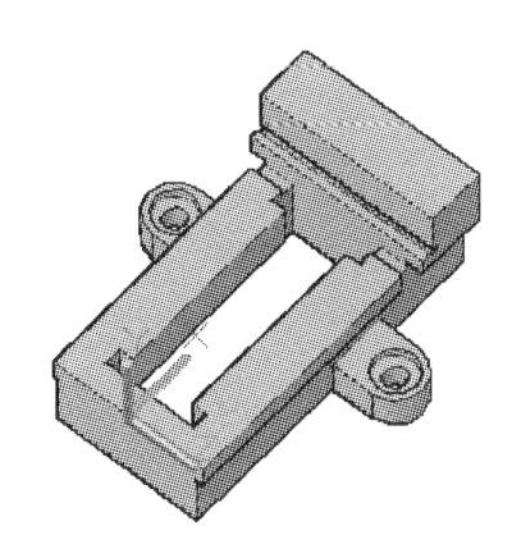

图 13-128 三维镜像的结果

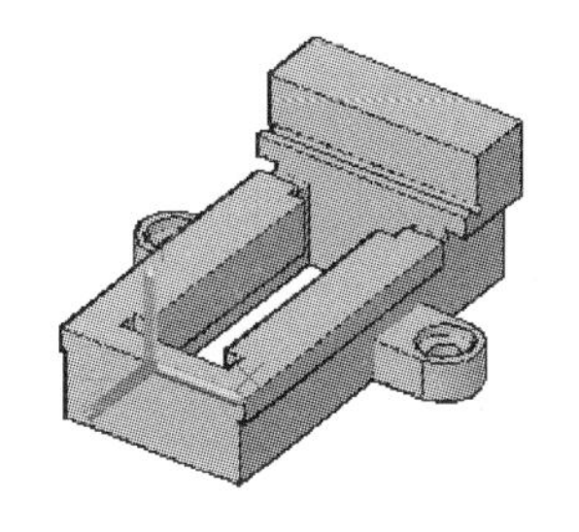

图 13-129 新建 UCS

步骤37 单击“建模”面板上的“圆柱体”按钮，圆柱体的底面中心坐标为（0, -15）、底面半径为 6.5、高度为 200，创建的圆柱体如图 13-130 所示。

步骤38 单击“实体编辑”面板上的“差集”按钮，选择钳身为被减的对象，选择创建的圆柱体为减去的对象，求差集的结果如图 13-131 所示。

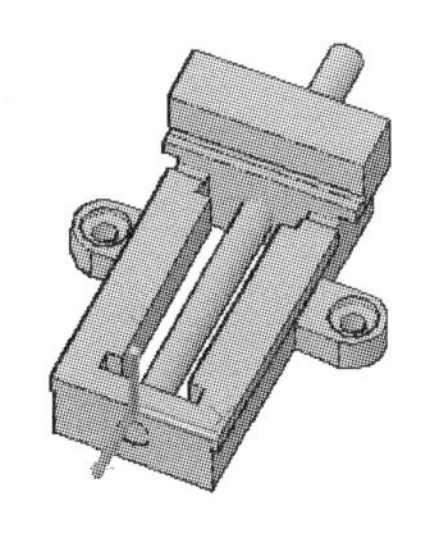

图 13-130 创建的圆柱体

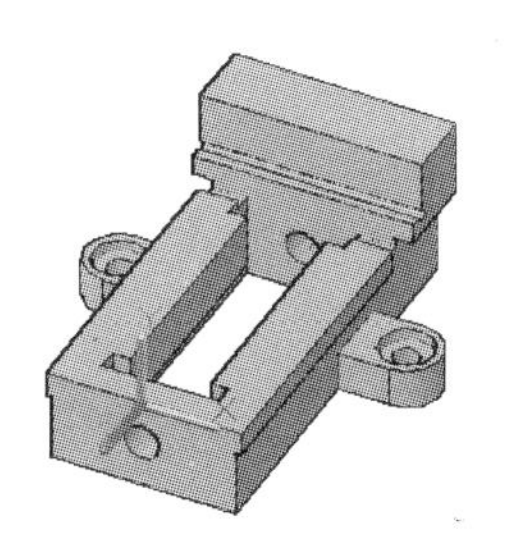

图 13-131 求差集的结果

步骤39 单击“实体编辑”面板上的“偏移面”按钮，选择如图 13-132 所示的圆柱面为偏移的对象，输入偏移距离为-3.5mm，将该孔的半径扩大到 10。

步骤 40 在“实体”选项卡的“实体编辑”面板中单击“圆角边”按钮，选择要圆角的边线，创建一个半径为 2 的圆角，如图 13-133 所示。

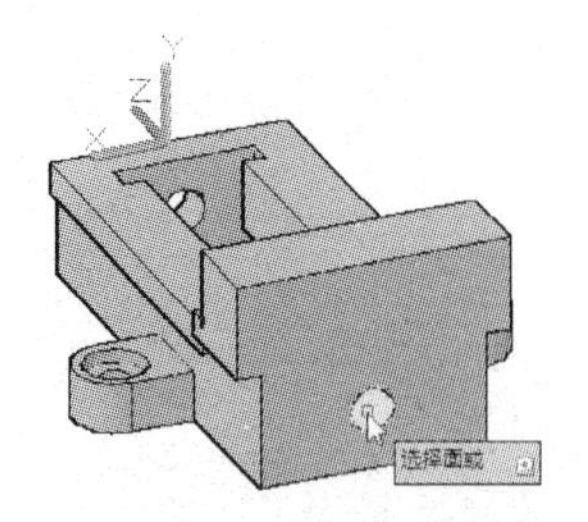

图 13-132 选择要偏移的圆柱面

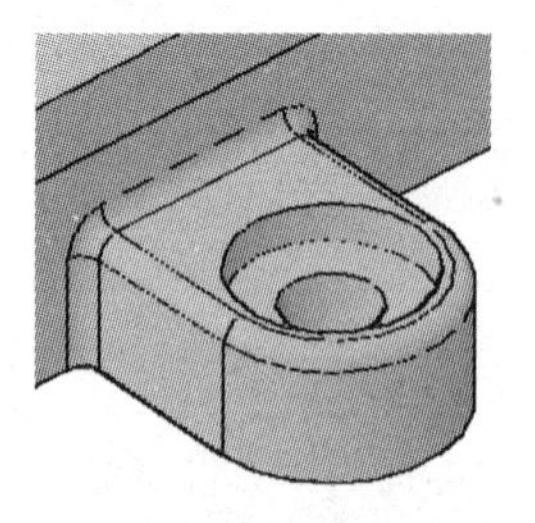

图 13-133 创建的圆角

步骤 41 单击“实体编辑”面板上的“倒角边”按钮，设置两个倒角距离均为 1，然后选择两条要倒角的边线，如图 13-134 所示，创建倒角。

步骤 42 在“常用”选项卡中，单击“坐标”面板上的“UCS，世界”按钮，将坐标系恢复到世界坐标系的位置。最终的模型如图 13-135 所示。

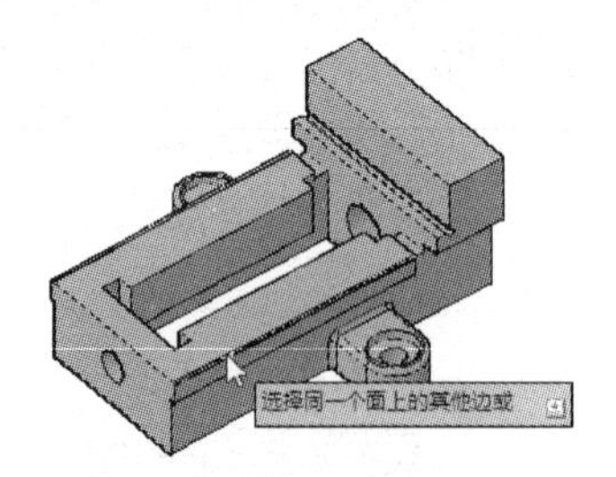

图 13-134 选择倒角边线

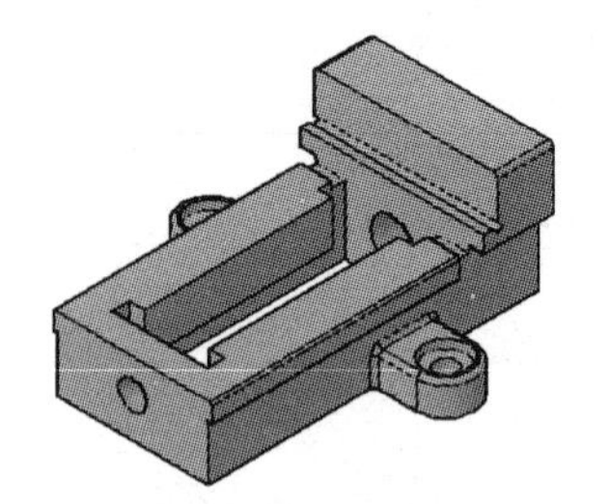

图 13-135 最终的虎钳模型

13.8 设计专栏

13.8.1 上机实训

使用本章所学的知识，按尺寸创建如图 13-136 所示的三维图形。

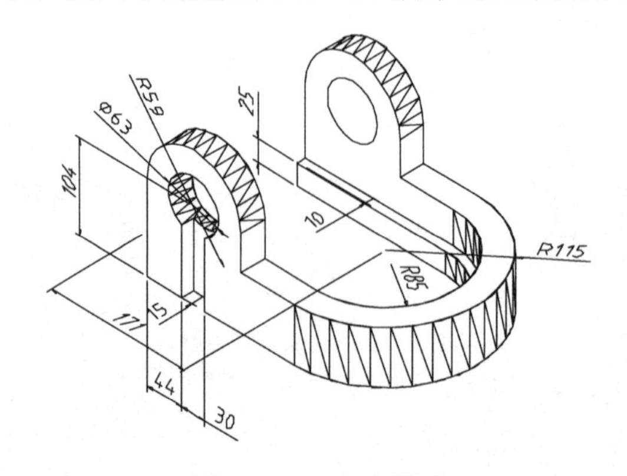

图 13-136 夹座模型

13.8.2 辅助绘图锦囊

在一些专业的三维建模软件（如 UG、Solidworks）中，经常可以看到三维文字的创建，并利用创建好的三维文字与其他的模型实体进行编辑，得到镂空或雕刻状的铭文。AutoCAD 的三维功能虽然有所不足，但同样可以获得这种效果，具体方法介绍如下。

步骤 1 执行“多行文字”命令，创建任意文字。值得注意的是，字体必须为隶书、宋体和新魏等中文字体，如图 13-137 所示。

步骤 2 在命令行中输入 Txtexp（文字分解）命令，然后选中要分解的文字，即可得到文字分解后的线框图，如图 13-138 所示。

AutoCAD绘图

图 13-137 输入多行文字

AutoCAD绘图

图 13-138 使用 Txtexp 命令分解文字

步骤 3 单击“绘图”面板中的“面域”按钮，选中所有的文字线框，创建文字面域，如图 13-139 所示。

步骤 4 再使用“并集”命令，分别框选各个文字上的小片面域，即可合并为单独的文字面域，效果如图 13-140 所示。

AutoCAD绘图

图 13-139 创建的文字面域

AutoCAD绘图

图 13-140 合并小块的文字面域

步骤 5 再执行“拉伸”“差集”等操作，即可获得三维文字或者三维雕刻文字，效果如图 13-141 所示。

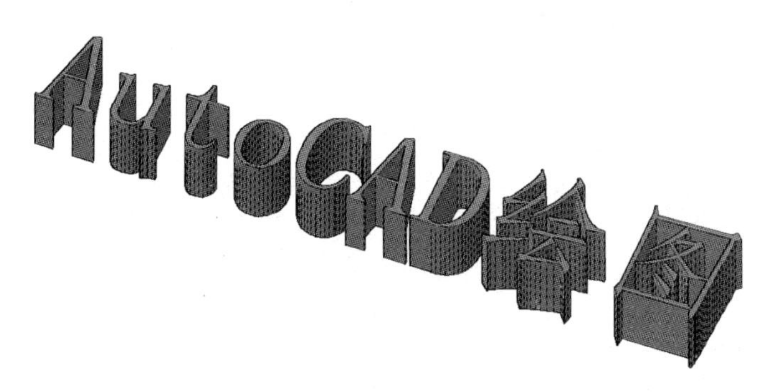

图 13-141 创建的三维文字效果

第 14 章

图形输出与打印

本章要点

- 模型空间与布局空间
- 设置打印样式
- 页面设置
- 打印出图

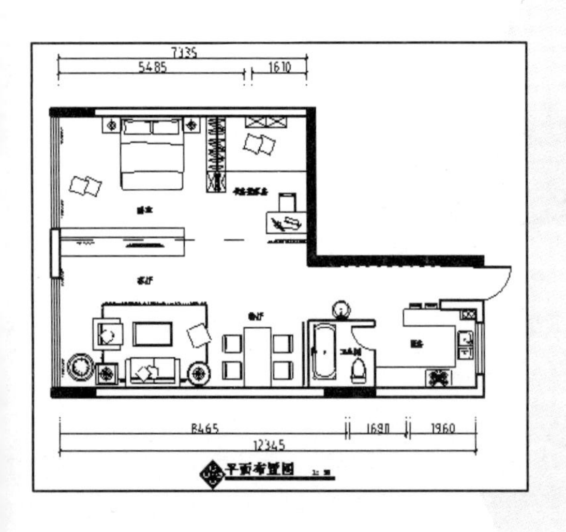

当进行完所有的设计和制图工作之后，就需要应用 AutoCAD 软件的图形输出和打印功能了。本章主要讲述应用 AutoCAD 软件出图过程中涉及的一些环节和问题，包括模型空间与图样空间的转换、打印样式，以及页面设置等操作、技巧。

14.1 模型空间与布局空间

模型空间和布局空间是 AutoCAD 的两个功能不同的工作空间，单击绘图区下面的标签页，可以在模型空间和布局空间之间切换，一个打开的文件中只有一个模型空间和两个默认的布局空间，用户也可创建更多的布局空间。

14.1.1 模型空间

当打开或新建一个图形文件时，系统将默认进入模型空间，如图 14-1 所示。模型空间是一个无限大的绘图区域，可以在其中创建二维或三维图形，以及进行必要的尺寸标注和文字说明。

模型空间对应的窗口称为模型窗口，在模型窗口中，十字光标在整个绘图区域都处于激活状态，并且可以创建多个不重复的平铺视口，以展示图形的不同视口，如在绘制机械三维图形时，可以创建多个视口，以从不同的角度观测图形。在一个视口中对图形做出修改后，其他视口也会随之更新，如图 14-2 所示。

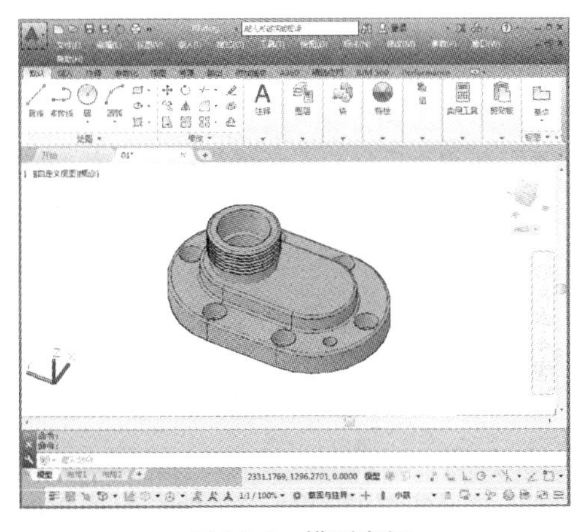

图 14-1 模型空间

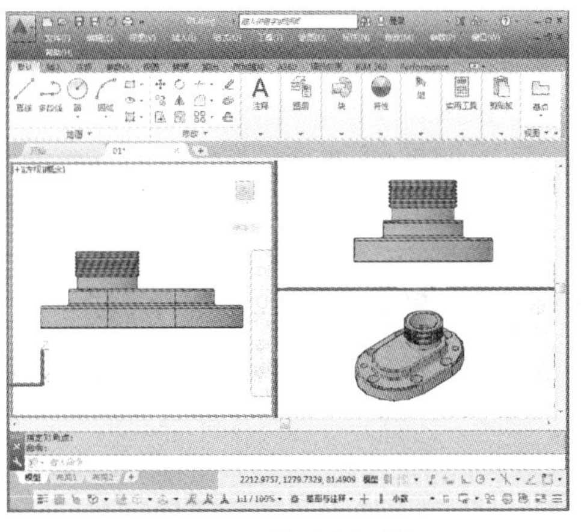

图 14-2 模型空间的视口

14.1.2 布局空间

布局空间又称为图纸空间，主要用于出图。模型建立后，需要将模型打印到纸面上形成图样。使用布局空间可以方便地设置打印设备、纸张、比例尺和图样布局，并预览实际出图的效果，如图 14-3 所示。

布局空间对应的窗口称为布局窗口，可以在同一个文件中创建多个不同的布局。当需要在一张图纸中输出多个视图时，在布局空间可以方便地控制视图的位置、输出比例等参数。

14.1.3 空间管理

右击绘图窗口下的“模型”或“布局”选项卡，在弹出的快捷菜单中选择相应的命令，可以对布局进行删除、新建、重命名、移动、复制和页面设置等操作，如图 14-4 所示。

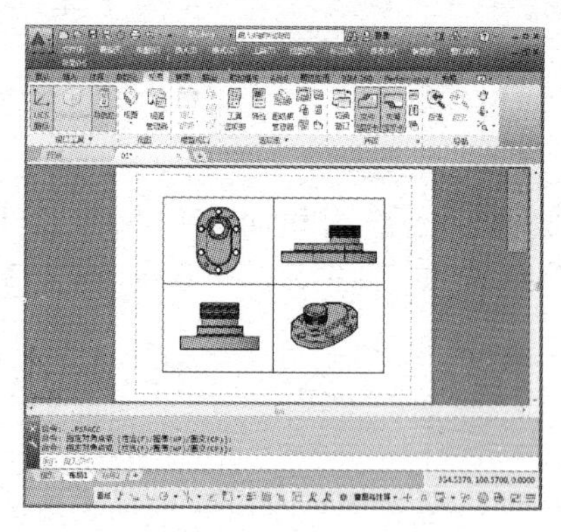

图 14-3 布局空间

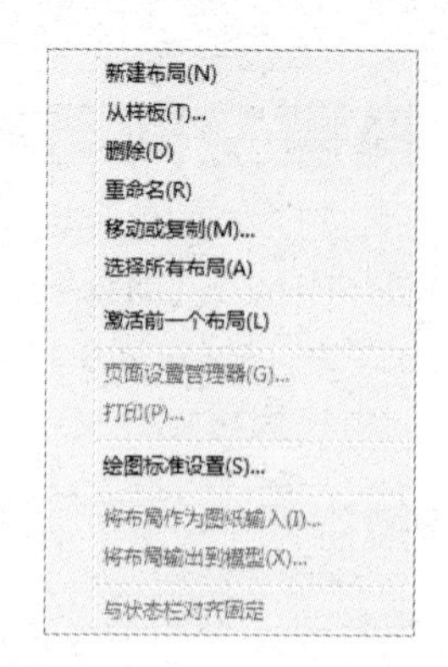

图 14-4 “布局”快捷菜单

1. 空间的切换

在模型中绘制完图样后，若需要进行布局打印，可选择绘图区左下角的布局空间选项卡，即“布局 1”和“布局 2”进入布局空间，对图样打印输出的布局效果进行设置。设置完毕后，选择“模型”选项卡即可返回到模型空间，如图 14-5 所示。

2. 创建新布局

如果需要由一个模型创建多张不同的图纸，当系统默认的两个布局空间不够用时，可创建更多的布局。

在 AutoCAD 中，调用“创建布局”命令常用的几种方法如下。

- 菜单栏：选择“工具”|“向导”|“创建布局”命令。
- 功能区：在“布局”选项卡中，单击“布局”面板中的“新建”按钮。
- 快捷菜单：右击绘图窗口下的“模型”或“布局”选项卡，在弹出的快捷菜单中选择“新建布局”命令。
- 状态栏：单击“布局”按钮旁边的 + 按钮即可。
- 命令行：在命令行中输入 LAYOU 命令。

如果使用菜单栏操作方式，系统弹出“创建布局-开始”对话框，如图 14-6 所示，通过向导逐步创建布局，这种方法创建布局的同时完成了布局的多种设置，例如布局使用的打印机、图纸尺寸等。如果使用后两种方式创建布局，则创建的布局使用的都是默认设置。

图 14-5 空间切换

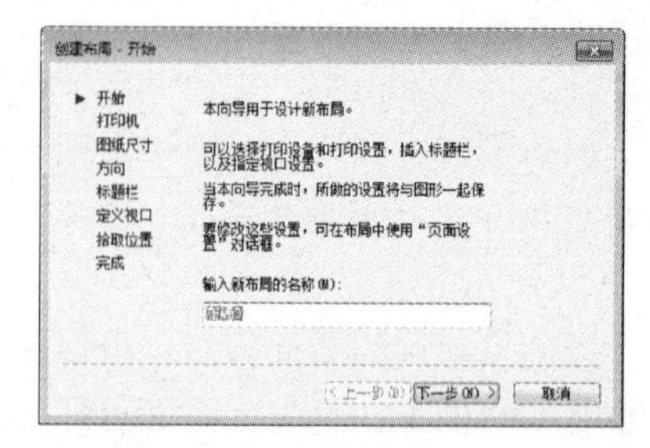

图 14-6 “创建布局-开始”对话框

创建新布局的具体操作步骤介绍如下。

步骤 1 单击快速访问工具栏中的“打开”按钮，打开配套光盘中提供的“第 14 章\14.1.3.2 创建建筑剖面布局.dwg”素材文件，如图 14-7 所示是模型窗口显示工作区界面。

步骤 2 进入布局空间，在“布局”选项卡中，单击“布局”面板中的“新建”按钮

，新建一个名为“建筑剖面”布局，命令行提示如下。

命令: _layout↙

输入布局选项 [复制(C)/删除(D)/新建(N)/样板(T)/重命名(R)/另存为(SA)/设置(S)/?] <设置>: _new

输入新布局名 <布局 3>: 建筑剖面

步骤 3 完成布局的创建，单击“建筑剖面”标签，切换至“建筑剖面”布局空间，效果如图 14-8 所示。

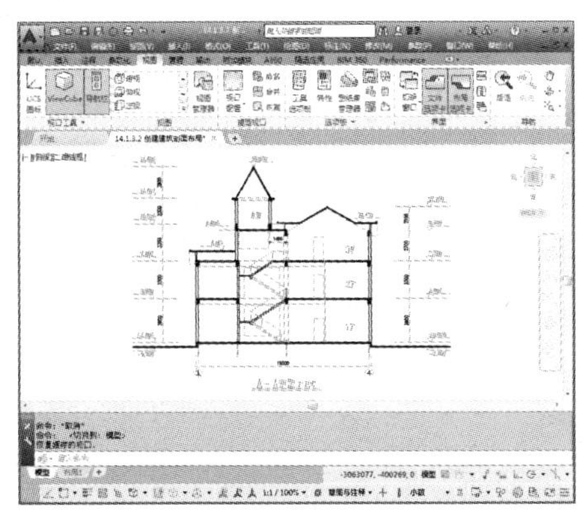

图 14-7　素材文件

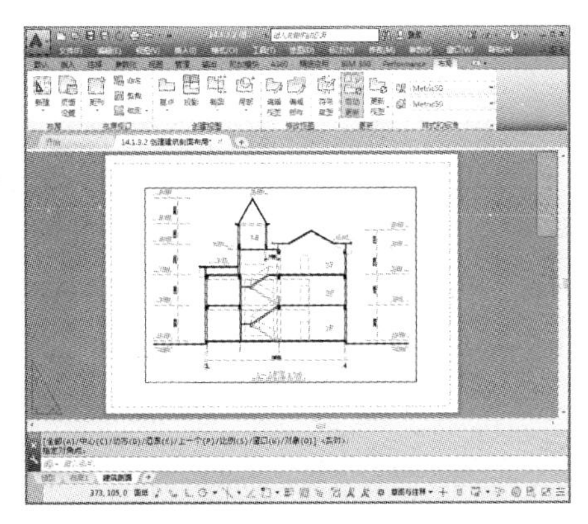

图 14-8　创建建筑剖面布局空间

3. 插入样板布局

在 AutoCAD 中，提供了多种样板布局供用户使用。插入样板布局有以下几种方法。

- 菜单栏：选择“插入” | “布局” | “来自样式”命令。
- 功能区：在“布局”选项卡中，单击“布局”面板中的“从样板”按钮。
- 快捷方式：右击绘图窗口左下方的“布局”选项卡，在弹出的快捷菜单中选择“来自样板”命令。

执行上述命令后，系将弹出“从文件选择样板”对话框，可以在其中选择需要的样板创建布局。插入样板布局的具体操作步骤如下。

步骤 1 单击快速访问工具栏中的“新建”按钮，新建空白文件。

步骤 2 在“布局”选项卡中，单击“布局”面板中的“从样板”按钮，系统弹出“从文件选择样板”对话框，如图 14-9 所示。

步骤 3 选择 Tutorial-iArch 样板，单击“打开”按钮，系统弹出“插入布局”对话框，如图 14-10 所示，选择布局名称后单击“确定”按钮。

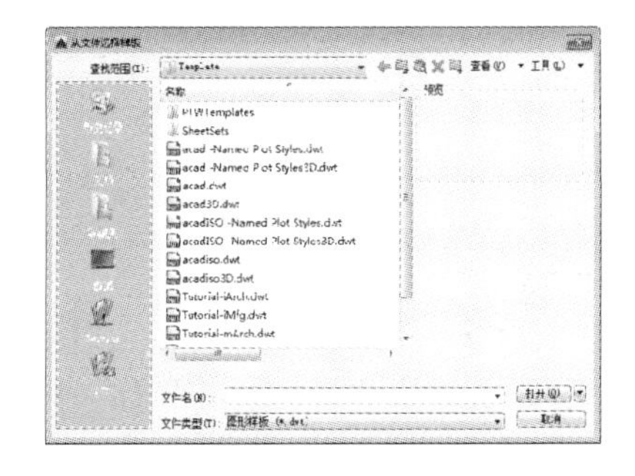

图 14-9 “从文件选择样板”对话框

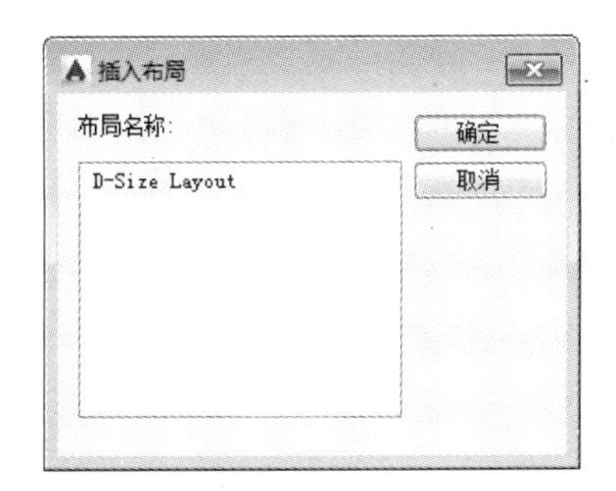

图 14-10 “插入布局”对话框

步骤 4 完成样板布局的插入，切换至新创建的 D-Size Layout 布局空间，效果如图 14-11 所示。

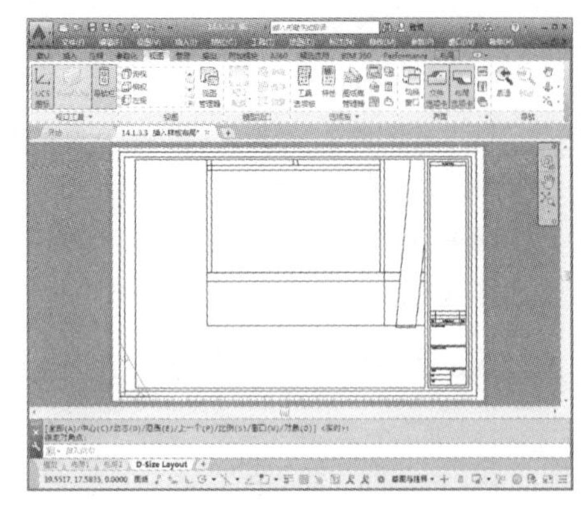

图 14-11 样板空间

4. 布局的组成

布局图中通常存在 3 个边界，如图 14-12 所示，最外层的是纸张边界，是由“纸张设置”中的纸张类型和打印方向确定的。靠里面的是一个虚线线框打印边界，其作用就好像 Word 文档中的页边距一样，只有位于打印边界内部的图形才会被打印出来。位于图形四周的实线线框为视口边界，边界内部的图形就是模型空间中的模型，视口边界的大小和位置是可调的。

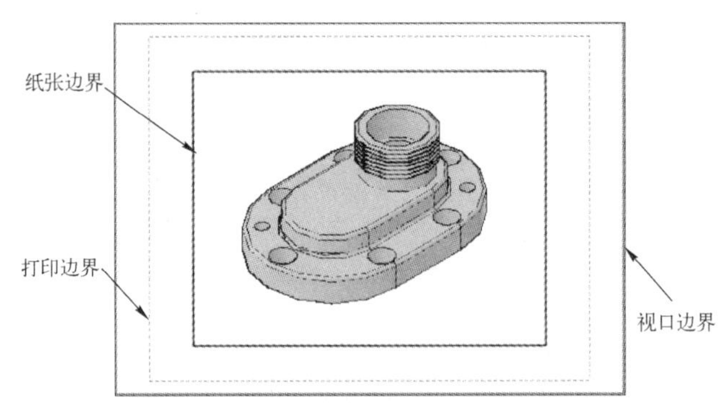

图 14-12 布局图的组成

14.2 设置打印样式

在图形的绘制过程中，每种图形对象都有其颜色、线型和线宽等属性，且这些样式都是图形在屏幕上的显示效果。图纸打印出的显示效果是由打印样式来控制的。

14.2.1 打印样式的类型

AutoCAD 中的打印样式有两种类型：颜色相关样式（CTB）和命名样式（STB）。

颜色相关打印样式以对象的颜色为基础，共有 255 种颜色相关打印样式。在颜色相关打印样式模式下，通过调整与对象颜色对应的打印样式可以控制所有具有同种颜色的对象的打印方式。颜色相关打印样式表文件的扩展名为“.ctb”。

命名打印样式可以独立于对象的颜色使用，可以给对象指定任意一种打印样式，而不管对象的颜色是什么。命名打印样式表文件的扩展名为“.stb”。

14.2.2 打印样式的设置

使用打印样式可以多方面控制对象的打印方式，打印样式属于对象的一种特性，它用于修改打印图形的外观。用户可以通过设置打印样式来代替其他对象原有的颜色、线型和线宽等特性。在同一个 AutoCAD 图形文件中，不允许同时使用两种不同的打印样式类型，但允许使用同一类型的多个打印样式。例如，若当前文档使用命名打印样式时，图层特性管理器中的“打印样式”属性项是不可用的，因为该属性只能用于设置颜色打印样式。

设置“打印样式”的方法如下。

➢ 菜单栏：选择“文件”|“打印样式管理器”命令。

➢ 命令行：在命令行中输入 STYLESMAN AGER 命令。

执行上述命令后，系统自动弹出如图 14-13 所示的对话框。

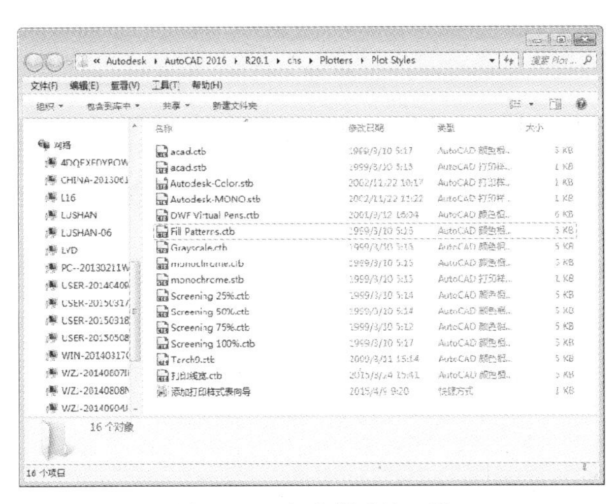

图 14-13 打印样式管理器

14.2.3 案例——添加颜色打印样式

使用颜色打印样式可以通过图形的颜色设置不同的打印宽度、颜色和线型等打印外观。

步骤 1 单击快速访问工具栏中的“新建”按钮，新建空白文件。

步骤 2 选择“文件”|“打印样式管理器”命令，系统自动弹出如图 14-14 所示的对话框，双击“添加打印样式表向导”图标，系统弹出“添加打印样式表”对话框，单击“下一步”按钮，系统转换成“添加打印样式表-开始”对话框，如图 14-15 所示。

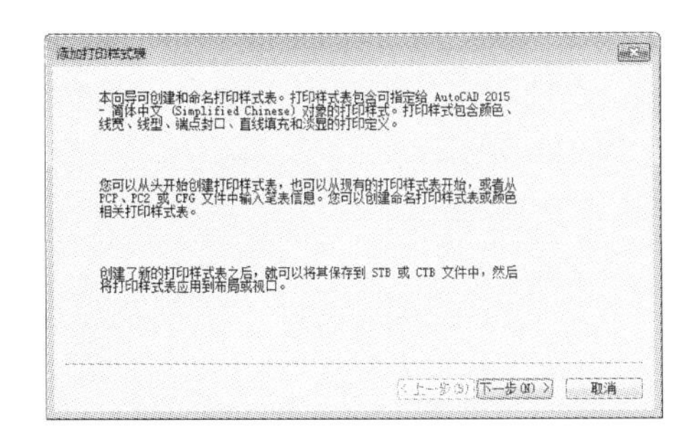

图 14-14 “添加打印样式表”对话框

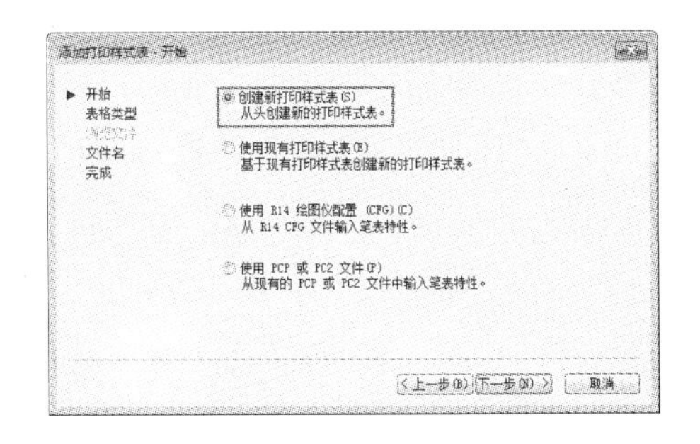

图 14-15 “添加打印样式表-开始”对话框

步骤 3 选择“创建新打印样式表”单选按钮，单击“下一步”按钮，系统弹出“添加打印样式表-选择打印样式表”对话框，如图 14-16 所示，选择“颜色相关打印样式表”单选按钮，单击“下一步”按钮，系统转换成“添加打印样式表-文件名”对话框，如图 14-17 所示，新建一个名为“打印线宽”的颜色打印样式表文件，单击“下一步”按钮。

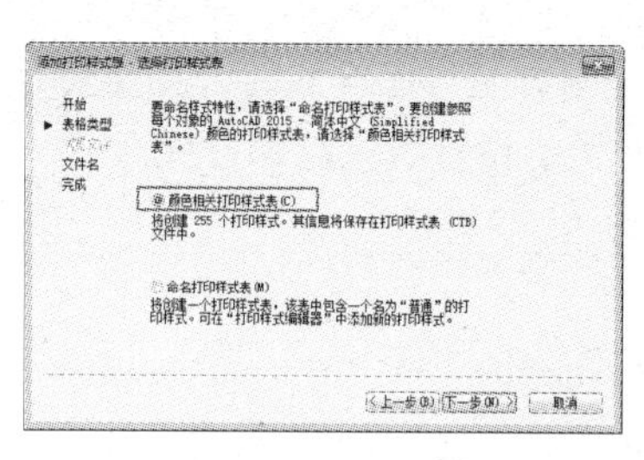

图 14-16 “添加打印样式表-选择打印样式”对话框

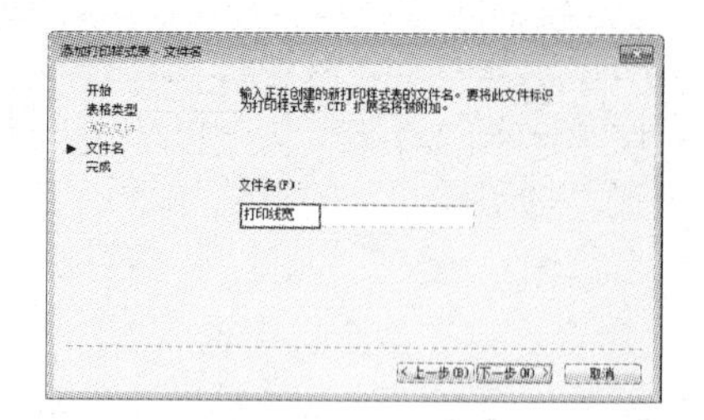

图 14-17 “添加打印样式表-文件名”对话框

步骤 4 在“添加打印样式表-完成”对话框中单击“打印样式表编辑器”按钮，如图 14-18 所示，弹出“打印样式表编辑器”对话框。

步骤 5 在“打印样式”列表框中选择“颜色 1”，在“表格视图”选项卡的“特性”选项组的“颜色”下拉列表框中选择黑色，在“线宽”下拉列表框中选择线宽 0.3000 毫米，如图 14-19 所示。

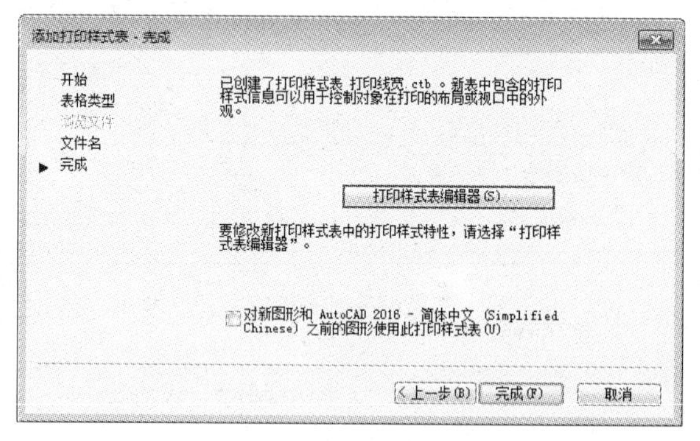

图 14-18 “添加打印样式表-完成”对话框

图 14-19 “打印样式表编辑器”对话框

提示：黑白打印机常用灰度来区分不同的颜色，使得图样比较模糊。可以在“打印样式表编辑器”对话框的“颜色”下拉列表框中将所有颜色的打印样式设置为“黑色”，以得到清晰的出图效果。

步骤 6 单击“保存并关闭”按钮，这样一来所有用“颜色 1”的图形打印时就都将以线宽 0.3000 来出图了，设置完成后，再选择“文件”|“打印样式管理器”命令，在弹出的对话框中，“打印线宽”就出现在该对话框中，如图 14-20 所示。

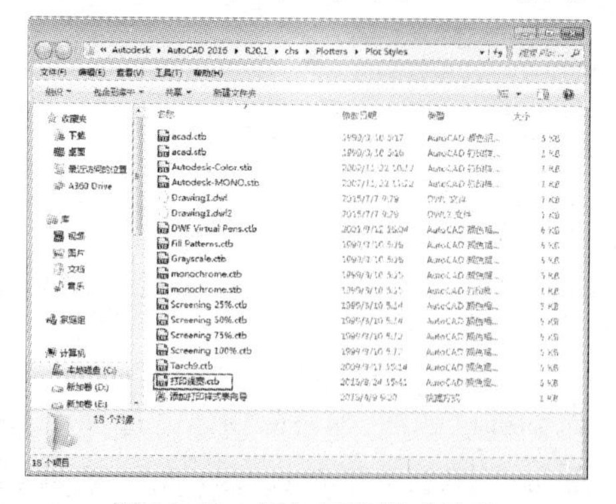

图 14-20 添加打印样式结果

14.2.4 案例——添加命名打印样式

采用 STB 打印样式类型，为不同的图层设置不同的命名打印样式。

步骤 1 单击快速访问工具栏中的“新建”按钮，新建空白文件。

步骤 2 选择“文件”|“打印样式管理器”命令，在弹出的对话框中单击“添加打印样式表向导”图标，系统弹出“添加打印样式表”对话框，如图 14-21 所示。

步骤 3 单击“下一步”按钮，弹出“添加打印样式表-开始”对话框，选择“创建新打印样式表”单选按钮，如图 14-22 所示。

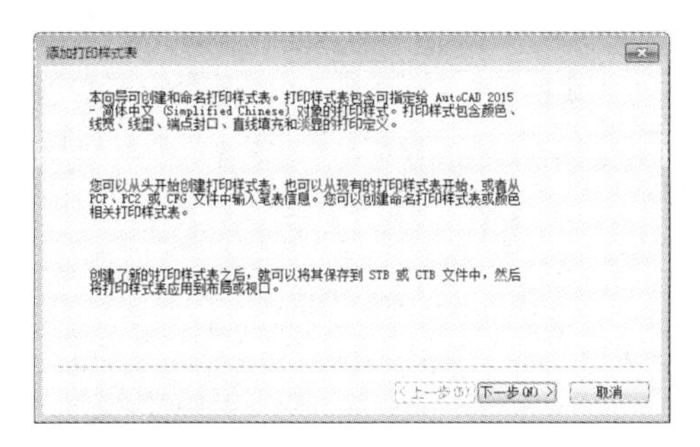

图 14-21 “添加打印样式表”对话框

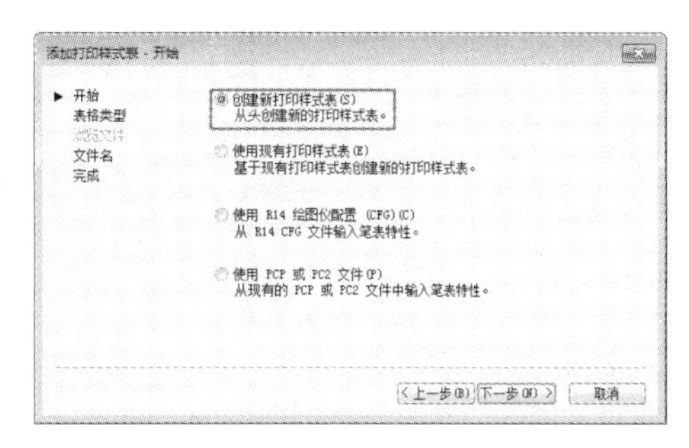

图 14-22 “添加打印样式表-开始”对话框

步骤 4 单击“下一步”按钮，弹出“添加打印样式表-选择打印样式表”对话框，选择“命名打印样式表”单选按钮，如图 14-23 所示。

步骤 5 单击“下一步”按钮，系统弹出“添加打印样式表-文件名”对话框，如图 14-24 所示，新建一个名为“机械零件图”的命名打印样式表文件，单击“下一步”按钮。

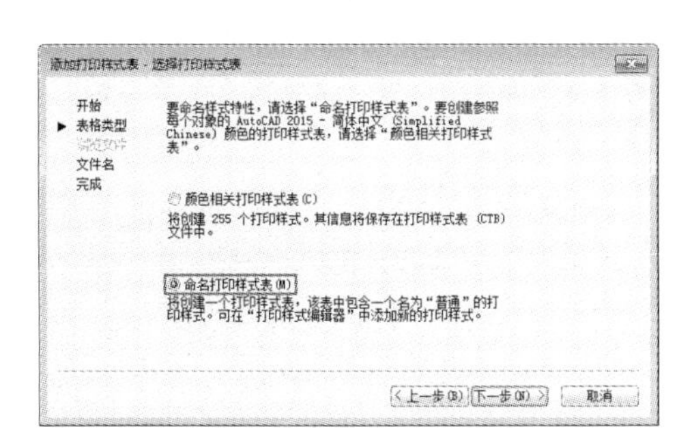

图 14-23 “添加打印样式表-选择打印样式”对话框

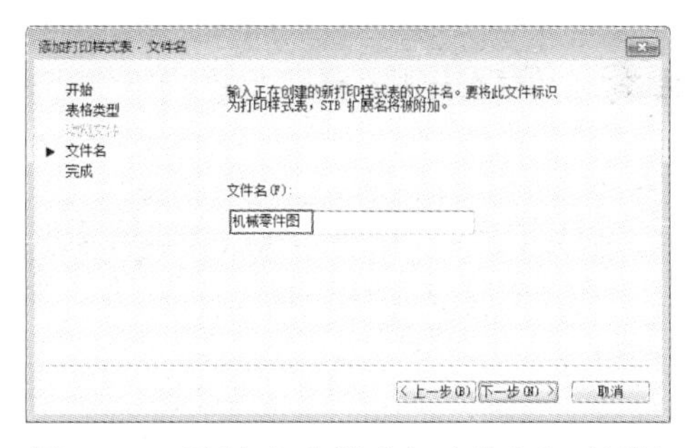

图 14-24 “添加打印样式表-文件名”对话框

步骤 6 在“添加打印样式表-完成”对话框中单击“打印样式表编辑器”按钮，如图 14-25 所示。

步骤 7 在弹出的“打印样式表编辑器-机械零件图.stb”对话框中，在“表格视图”选项卡中，单击“添加样式”按钮，添加一个名为“粗实线”的打印样式，设置“颜色”为黑色，“线宽”为 0.3 毫米。用同样的方法添加一个命名打印样式为“细实线”，设置“颜色”为黑色，“线宽”为 0.1 毫米，“淡显”为 30，如图 14-26 所示。设置完成后，单击“保存并关闭”按钮退出对话框。

步骤 8 设置完成后，再选择“文件”|“打印样式管理器”命令，在弹出的对话框中，“机械零件图”就出现在该对话框中，如图 14-27 所示。

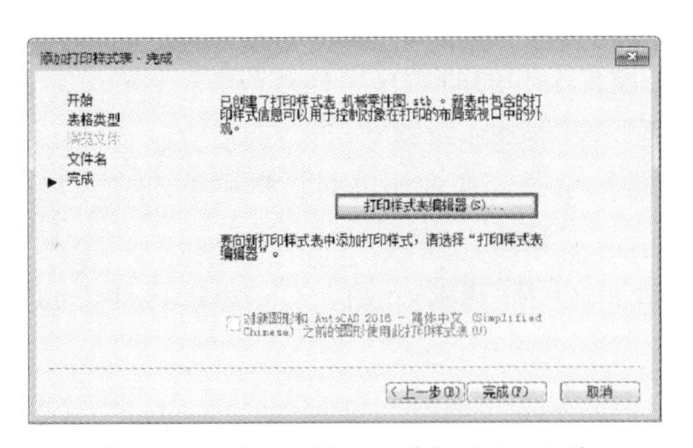

图 14-25 “打印样式表编辑器”对话框

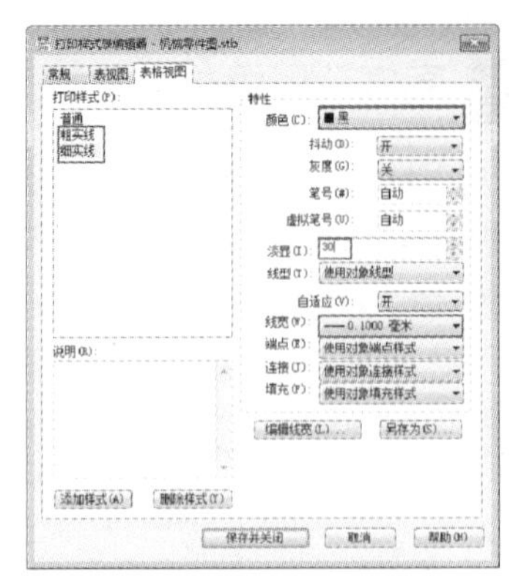

图 14-26 “打印样式表编辑器”对话框

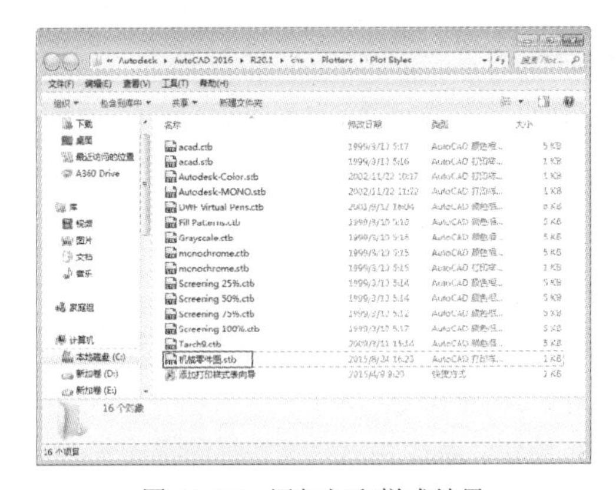

图 14-27 添加打印样式结果

14.3 页面设置

页面设置是出图准备过程中的最后一个步骤，打印的图形在进行布局之前，先要对布局的页面进行设置，以确定出图的纸张大小等参数。页面设置包括打印设备、纸张、打印区域和打印方向等参数的设置。页面设置可以命名保存，可以将同一个命名页面设置应用到多个布局图中，也可以从其他图形中输入命名页设置并应用到当前图形的布局中，这样就避免了在每次打印前都反复进行打印设置的麻烦。

在 AutoCAD 中，调用“新建页面设置”对话框的方法如下。

- 菜单栏：选择“文件” | “页面设置管理器”命令。
- 功能区：在“输出”选项卡中，单击“布局”面板或“打印”面板中的“页面设置管理器”按钮。
- 快捷键方式：右击绘图窗口下的“模型”或“布局”选项卡，在弹出的快捷菜单中选择“页面设置管理器”命令。
- 命令行：在命令行中输入 PAGESETUP 命令。

14.3.1 案例——新建页面设置

步骤 1 在命令行中输入 PAGESETUP 并按〈Enter〉键，弹出“页面设置管理器”对话框，如图 14-28 所示。

步骤 2 单击“新建”按钮，新建一个页面，并命名为“A4 竖向”，选择基础样式为“无”，如图 14-29 所示。

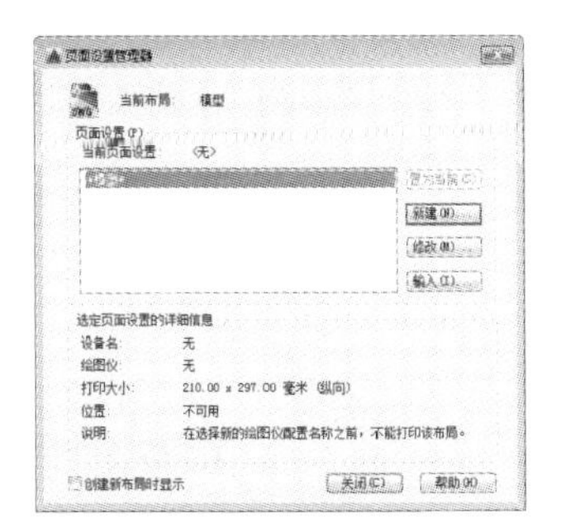
图 14-28 “页面设置管理器”对话框

图 14-29 “新建页面设置”对话框

步骤 3 单击“确定”按钮，弹出如图 14-30 所示的“页面设置”对话框，在“打印机/绘图仪”选项组中选择 DWF6.ePlot.pc3 打印设备。在“图纸尺寸”下拉列表框中选择“ISO A4（210.00×297.00 毫米）”纸张。在“图形方向”选项组中选择“纵向”单选按钮。在“打印偏移”选项组中选择“居中打印”复选框，在“打印范围”下拉列表框中选择“图形界限”选项，如图 14-31 所示。

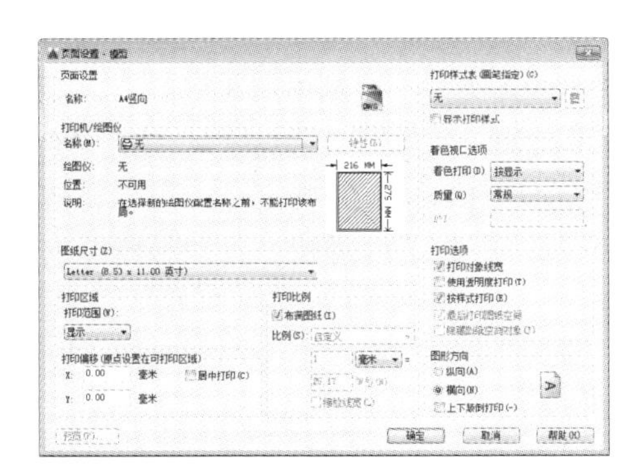
图 14-30 “页面设置”对话框

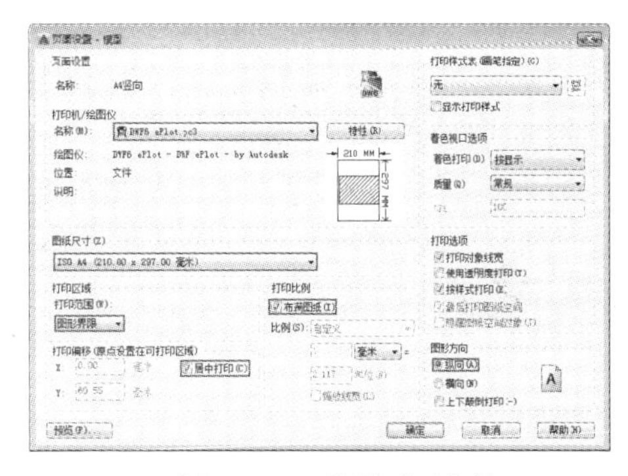
图 14-31 设置页面参数

步骤 4 在“打印样式表”下拉列表框中选择 acad.ctb，系统弹出提示对话框，如图 14-32 所示，单击“是”按钮。最后单击“页面设置”对话框中的“确定”按钮，创建的“A4 竖向”页面设置如图 14-33 所示。

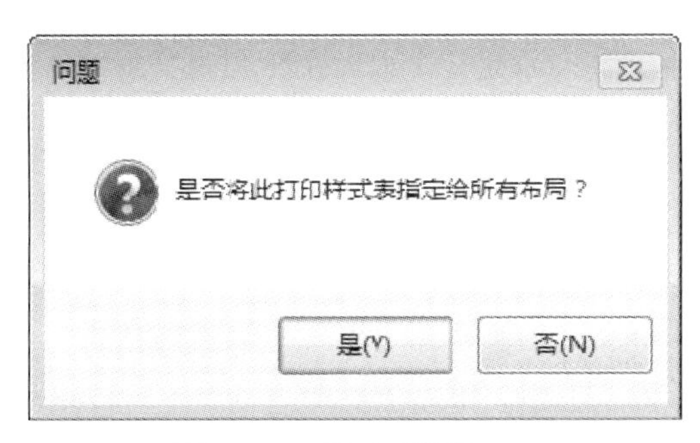

图 14-32 提示对话框

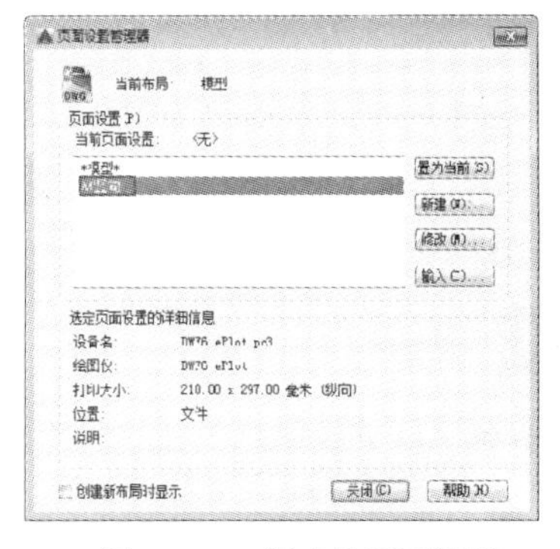
图 14-33 新建的页面设置

14.3.2 指定打印设备

“页面设置”对话框中的“打印机/绘图仪”选项组用于设置出图的绘图仪或打印机。如果打印设备已经与计算机或网络系统正确连接，并且驱动程序也已经正常安装，那么在“名称”下拉列表框中就会显示该打印设备的名称，可以选择需要打印设备。

AutoCAD 将打印介质和打印设备的相关信息储存在扩展名为*.pc3 的打印配置文件中，这些信息包括绘图仪配置设置指定端口信息、光栅图形和矢量图形的质量、图样尺寸，以及绘图仪类型的自定义特性。这样使得打印配置可以用于其他 AutoCAD 文档，能够实现共享，避免了反复设置。选中某打印设备，单击右边的“特性”按钮，弹出“绘图仪配置编辑器”对话框，如图 14-34 所示，在该对话框中可以对*.pc3 文件进行修改、输入和输出等操作。

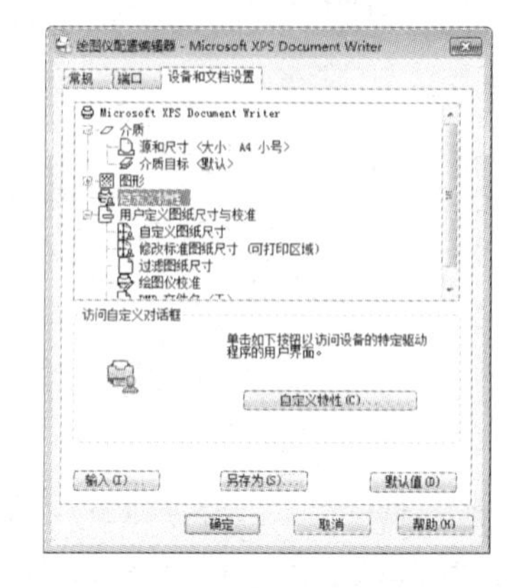

图 14-34 “绘图仪配置编辑器”对话框

14.3.3 设定图纸尺寸

在“图纸尺寸”下拉列表框中选择打印出图时的纸张类型，控制出图比例。

工程制图的图纸有一定的规范尺寸，一般采用英制 A 系列图纸尺寸，包括 A0、A1 和 A2 等标准型号，以及 A0+、A1+等加长图纸型号。图纸加长的规定是：可以将边延长 1/4 或 1/4 的整数倍，最多可以延长至原尺寸的两倍，短边不可延长。各型号图纸的尺寸如表 14-1 所示。

表 14-1 标准图纸尺寸

图纸型号	长宽尺寸
A0	1189mm×841mm
A1	841mm×594mm
A2	594mm×420mm
A3	420mm×297mm
A4	297mm×210mm

新建图纸尺寸的步骤为首先在打印机配置文件中新建一个或若干个自定义尺寸，然后保存为新的打印机配置 pc3 文件。这样，以后需要使用自定义尺寸时，只需要在“打印机/绘图仪”选项组中选择该配置文件即可。

14.3.4 设置打印区域

AutoCAD 的绘图空间是可以无限缩放的空间，为避免在一个很大的范围内打印很小的图形，就需要设置打印区域。在“页面设置”对话框中，单击“打印范围”下拉按钮，打开下拉列表框如图 14-35 所示。

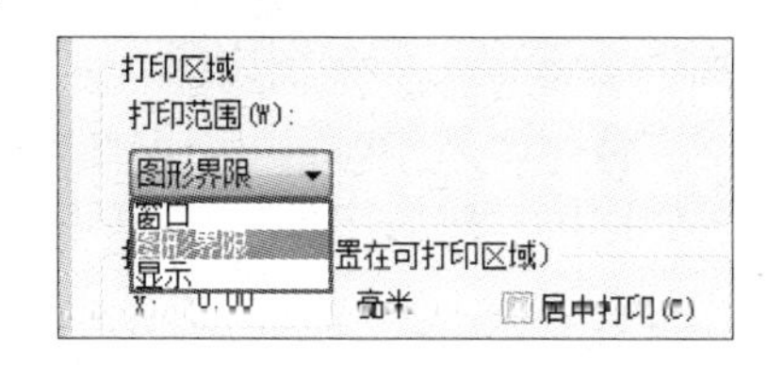

图 14-35 设置打印范围

“打印范围”下拉列表框用于确定设置图形中需要打印的区域，其各选项的含义如下。

- 窗口：用窗选的方法确定打印区域。单击该按钮后，“页面设置”对话框暂时消失，系统返回绘图区，可以用鼠标在模型窗口中的工作区间拉出一个矩形窗口，该窗口内的区域就是打印范围。使用该选项确定打印范围简单方便，但是不能精确比例尺和出图尺寸。
- 图形界限：以绘图设置的图形界限作为打印范围，栅格部分为图形界限。
- 显示：打印模型窗口当前视图状态下显示的所有图形对象，可以通过 ZOOM 命令调整视图状态，从而调整打印范围。

14.3.5 设置打印偏移

“页面设置”对话框中的“打印偏移”选项组用于指定打印区域偏离图样左下角的 X 方向和 Y 方向偏移值，一般情况下，都要求出图充满整个图样，所以设置 X 和 Y 偏移值均为 0，如图 14-36 所示。

通常情况下打印的图形和纸张的大小一致，不需要修改设置。选择“居中打印”复选框，则图形居中打印。这里的“居中”是指在所选纸张大小 A1、A2 等尺寸的基础上居中，也就是 4 个方向上各留空白，而不只是卷筒纸的横向居中。

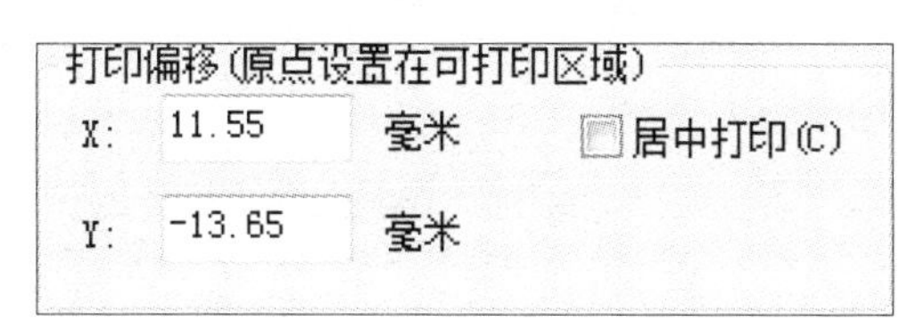

图 14-36 “打印偏移”设置选项

14.3.6 设置打印比例和图形方向

1. 打印比例

“页面设置”对话框中的“打印比例”选项组用于设置出图比例尺。在“比例”下拉列表框中可以精确设置需要出图的比例尺。如果选择“自定义”选项，则可以在下方的文本框中设置与图形单位等价的英寸数来创建自定义比例尺。

如果对出图比例尺和打印尺寸没有要求，可以直接选择“布满图样”复选框，这样 AutoCAD 会将打印区域自动缩放到充满整个图样。

“缩放线框”复选框用于设置线宽值是否按打印比例缩放。通常要求直接按照线宽值打印，而不按打印比例缩放。

在 AutoCAD 中，有两种方法可以控制打印出图比例。

➢ 在打印设置或页面设置的“打印比例”选项组中设置比例，如图 14-37 所示。

➢ 在图纸空间中使用视口控制比例，然后按照 1∶1 打印。

图 14-37 “打印比例”设置选项

2. 图形方向

工程制图多需要使用大幅的卷筒纸打印，在使用卷筒纸打印时，打印方向包括两个方面的问题：第一，图纸阅读时所说的图纸方向，是横宽还是竖长；第二，图形与卷筒纸的方向关系，是顺着出纸方向还是垂直于出纸方向。

在 AutoCAD 中，分别使用图纸尺寸和图形方向来控制最后出图的方向。在“图形方向”区域可以看到小示意图，其中白纸表示设置图纸尺寸时选择的图纸尺寸是横宽还是竖长，字母 A 表示图形在纸张上的方向。

14.3.7 打印预览

在 AutoCAD 中，完成页面设置之后，发送到打印机之前，可以对要打印的图形进行预览，以便发现和更正错误。

打印设置完成之后，在“打印”对话框中，单击窗口左下角的“预览”按钮，即可进入预览窗口，如图 14-38 所示。在预览状态下不能编辑图形或修改页面设置，但可以缩放、平移和使用搜索、通信中心及收藏夹等。

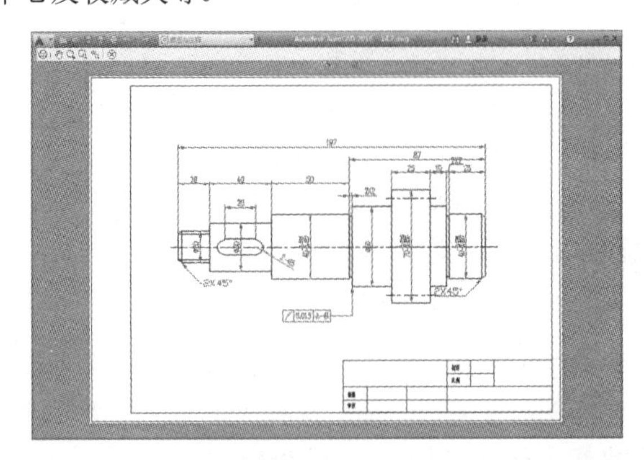

图 14-38 打印预览

单击打印预览窗口左上角的“关闭预览窗口”按钮，可以退出预览模式，返回“打印”对话框。

14.4 打印出图

布局空间、打印样式和页面设置等调整完毕后，即可对图形进行最后的输出，即执行“打印”命令。

14.4.1 调用打印命令

在完成上述的所有设置工作后，就可以开始打印出图了。

在 AutoCAD 中，调用“打印”命令的方法如下。

- 菜单栏：选择“文件”|“打印”命令。
- 功能区：在“输出”选项卡中，单击“打印”面板中的“打印”按钮。
- 命令行：在命令行中输入 PLOT 命令。
- 快捷键：按〈Ctrl+P〉组合键。

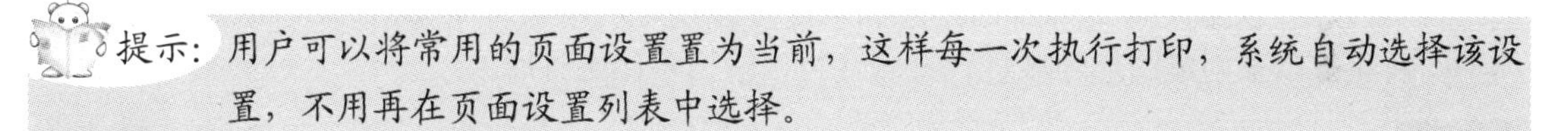

提示：用户可以将常用的页面设置置为当前，这样每一次执行打印，系统自动选择该设置，不用再在页面设置列表中选择。

14.4.2 案例——打印别墅开关布置图

下面通过具体实例来介绍如何打印文件，具体操作步骤如下。

步骤 1 单击快速访问工具栏中的“打开”按钮，打开配套光盘中提供的“第 14 章\14.3.9 打印别墅开关布置图.dwg”素材文件，如图 14-39 所示。

步骤 2 按〈Ctrl+P〉组合键，弹出“打印”对话框。设置对话框中的选项，如图 14-40 所示。

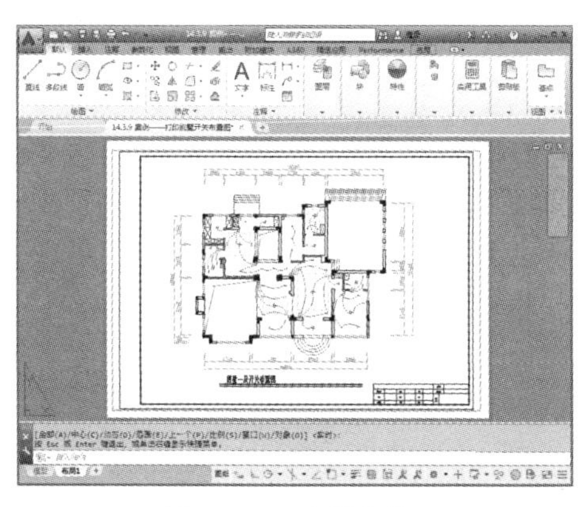

图 14-39 素材文件

图 14-40 “打印”对话框

步骤 3 单击“预览”按钮，观看实际出图效果，如图 14-41 所示。

步骤 4 如果效果满意，右击，在弹出的快捷菜单中选择“打印”命令，系统弹出“浏览打印文件”对话框，如图 14-42 所示，设置保存路径，单击“保存”按钮，保存文件，完成模型打印的操作。

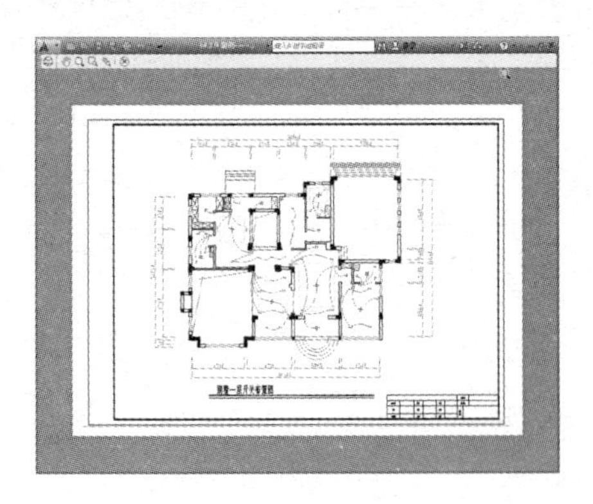

图 14-41 预览效果

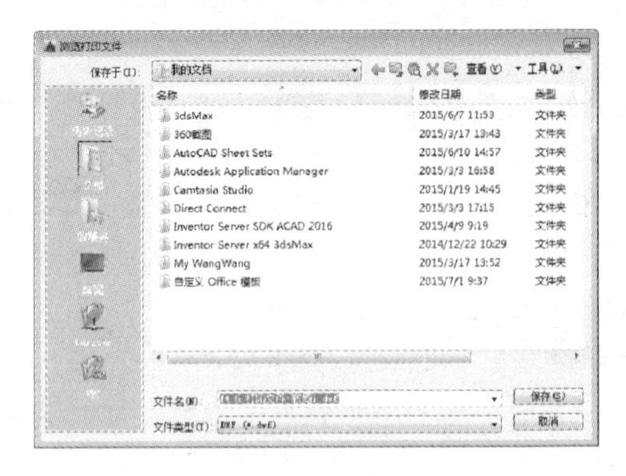

图 14-42 保存打印文件

14.5 综合实战

可以通过在模型空间中选择图形区域来进行打印（只能输出单比例打印），也可以在布局中间新建视口来创建图形区域进行打印（可以输出多比例打印）。

14.5.1 机械零件图的单比例打印

单比例打印通常用于打印简单的图形，机械图纸多用此种方法打印。通过本实战的操作，熟悉如何设置图纸尺寸、打印区域、打印偏移和图纸方向，以及如何打印图形等。

步骤 1 单击快速访问工具栏中的“打开”按钮，打开配套光盘中提供的“第 14 章\14.5.1 单比例打印.dwg”素材文件，如图 14-43 所示。

步骤 2 按〈Ctrl+P〉组合键，弹出“打印”对话框。然后在“名称”下拉列表框中选择所需的打印机，本例以 DWG To PDF.pc3 打印机为例。该打印机可以打印出 PDF 格式的图形。

步骤 3 设置图纸尺寸。在“图纸尺寸”下拉列表框中选择“IS0 full bleed A3（420.00 x 297.00 毫米）”选项，如图 14-44 所示。

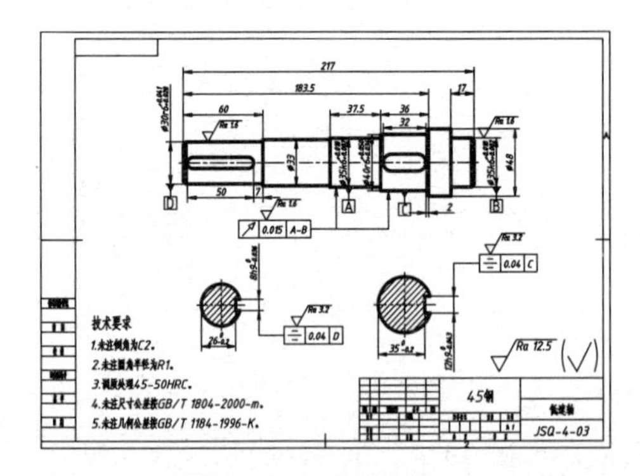

图 14-43 素材文件

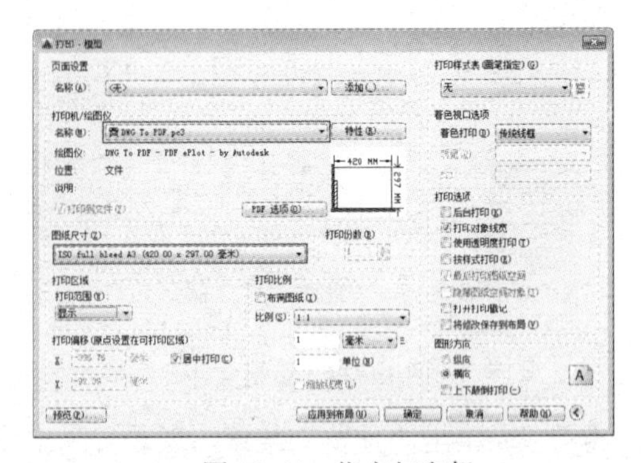

图 14-44 指定打印机

步骤 4 设置打印区域。在“打印范围”下拉列表框中选择“窗口”选项，系统自动返回至绘图区，然后在其中框选出要打印的区域即可，如图 14-45 所示。

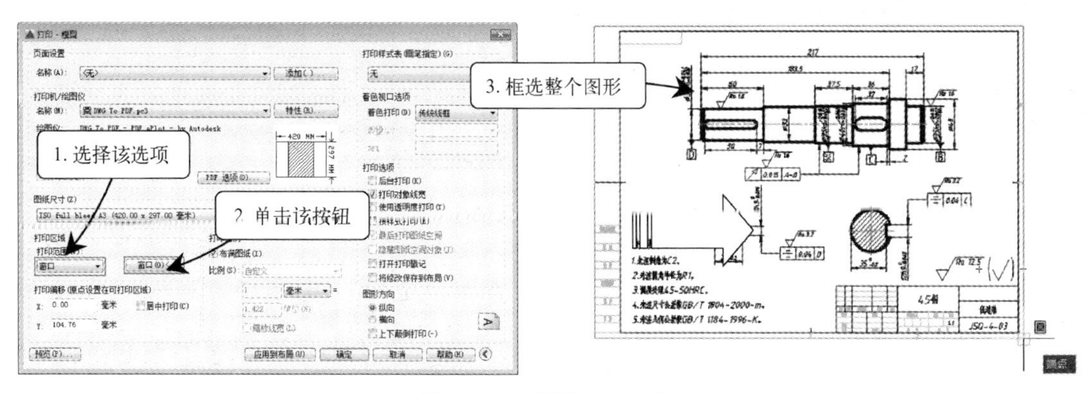

图 14-45 设置打印区域

步骤 5 设置打印偏移。返回“打印”对话框之后，选择“打印偏移”选项组中的“居中打印”复选框，如图 14-46 所示。

步骤 6 设置打印比例。取消选择“打印比例”选项组中的“布满图纸”复选框，然后在“比例”下拉列表框中选择 1:1 选项，如图 14-47 所示。

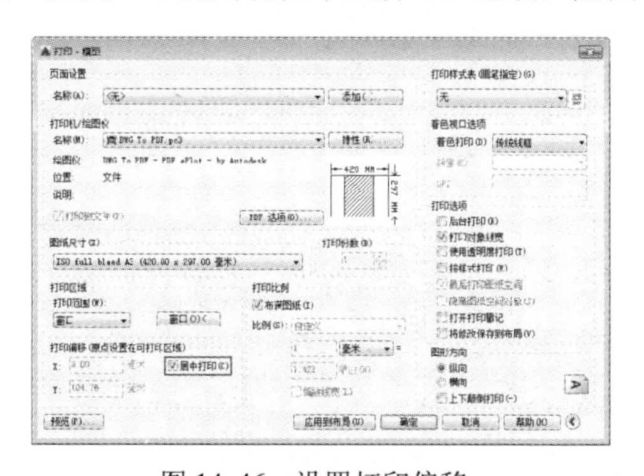

图 14-46 设置打印偏移

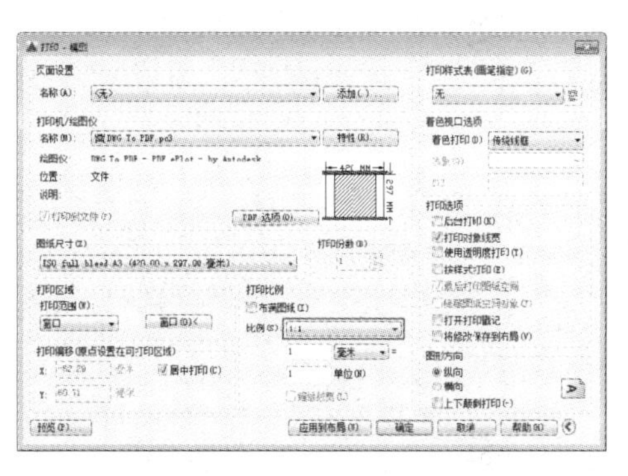

图 14-47 设置打印比例

步骤 7 设置图形方向。本例图框为横向放置，因此在“图形方向”选项组中选择打印方向为“横向”，如图 14-48 所示。

步骤 8 打印预览。所有参数设置完成后，单击“打印”对话框左下角的“预览”按钮进行打印预览，效果如图 14-49 所示。

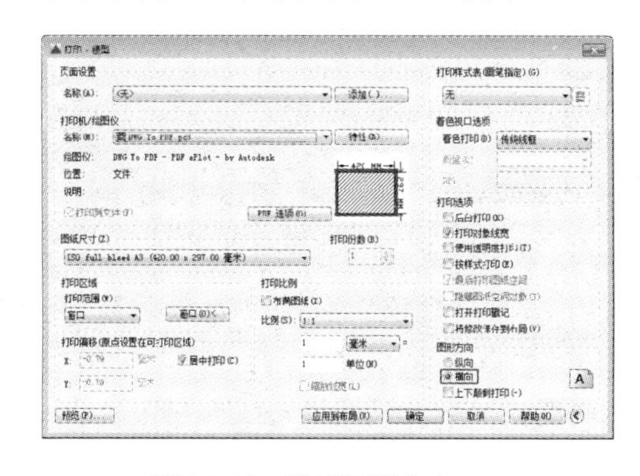

图 14-48 设置图形方向

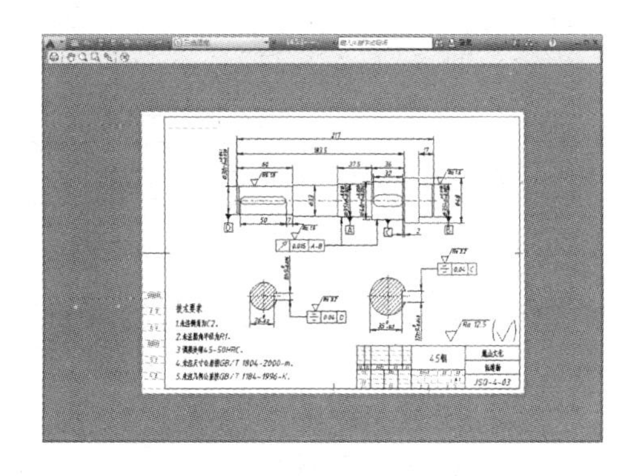

图 14-49 打印预览

步骤 9 打印图形。图形显示无误后，便可以在预览窗口中右击，在弹出的快捷菜单中选择“打印”命令，即可输出打印。

14.5.2 建筑图形的多比例打印

通过本实战的操作，用户可熟悉布局空间的创建、多视口的创建、视口的调整、打印比例的设置和图形的打印等。

步骤 1 单击快速访问工具栏中的“打开”按钮，打开配套光盘中提供的“第 14 章\14.5.2 多比例打印.dwg”素材文件，如图 14-50 所示。其中女儿墙大样图比例为 1:100，而雨棚大样图比例为 1:80，因此需要分别创建视口来调整二者的显示大小。

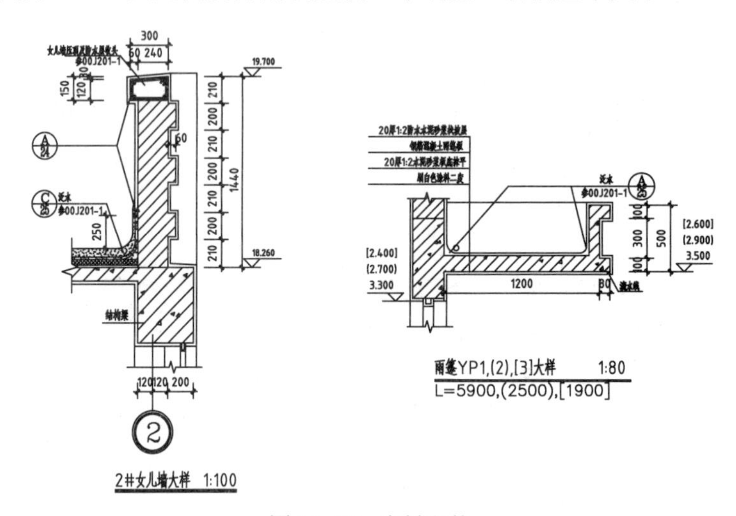

图 14-50 素材文件

步骤 2 切换模型空间空间至“布局 1”，如图 14-51 所示。

步骤 3 选中“布局 1”中的视口，按〈Delete〉键删除，如图 14-52 所示。

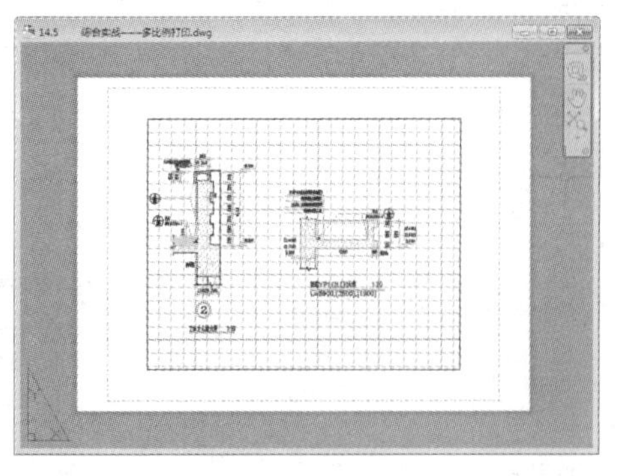

图 14-51 切换布局

图 14-52 删除视口

步骤 4 创建视口。在“布局”选项卡中，单击“布局视口”面板中的“矩形”按钮，在“布局 1”中创建两个视口，如图 14-53 所示。

步骤 5 调整“1:100”视口比例。双击进入左侧视口，此时该视口边线会加粗显示，然后在状态栏中选择视口比例为“1:100”，效果如图 14-54 所示。

步骤 6 锁定视口。在视口中按住鼠标中键进行平移，将图形调整至合适位置，然后单击状态栏中的“视口锁定”按钮，将该视口锁定，如图 14-55 所示。锁定后的视口无法再进行缩放、平移等操作。

步骤 7 调整视口框大小。如果锁定后的视口范围过小，不足以将图形显示完全，则可以在视口外的空白处双击，退出视口，此时视口加粗效果消失。然后再选中视口边线进行调整即可，将图形显示完全，效果如图 14-56 所示。

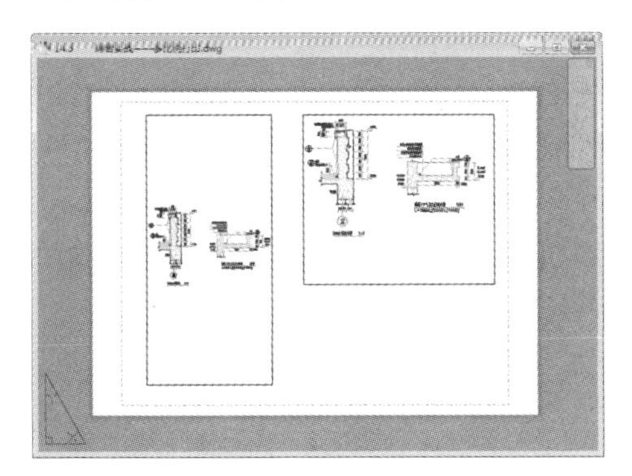

图 14-53 创建视口

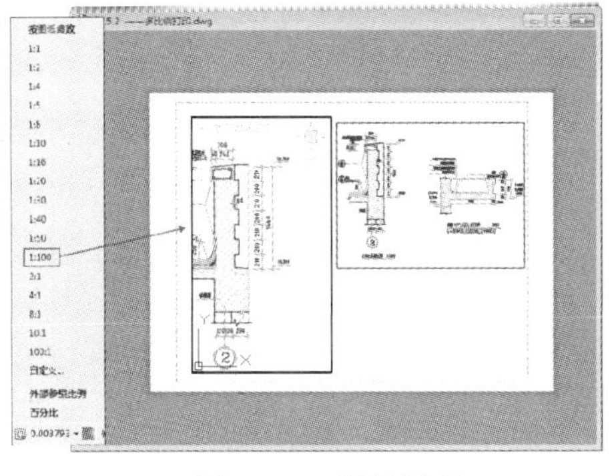

图 14-54 缩放图形

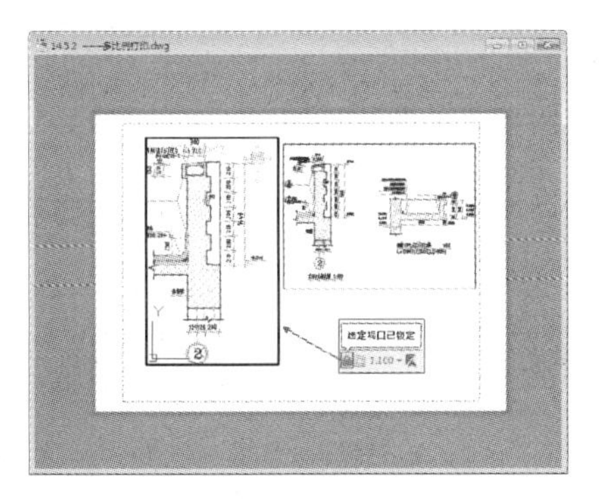

图 14-55 锁定视口

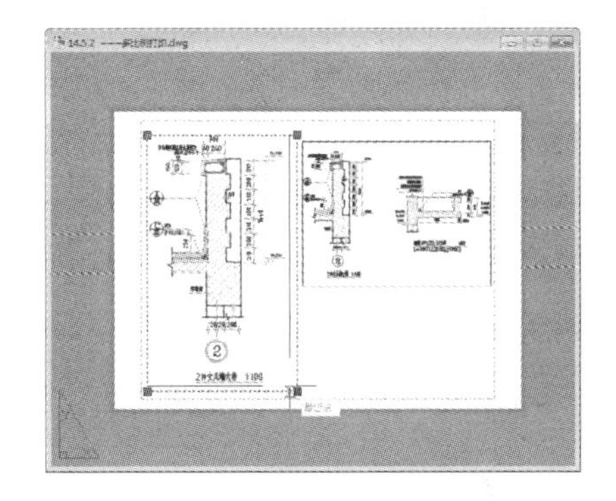

图 14-56 调整视口框大小

步骤 8 调整“1:80”视口比例。双击进入右侧的视口，然后在状态栏的视口比例下拉列表框中选择“自定义”选项，如图 14-57 所示。

步骤 9 创建“1:80”比例。弹出“编辑图形比例”对话框，单击其中的“添加”按钮，如图 14-58 所示。

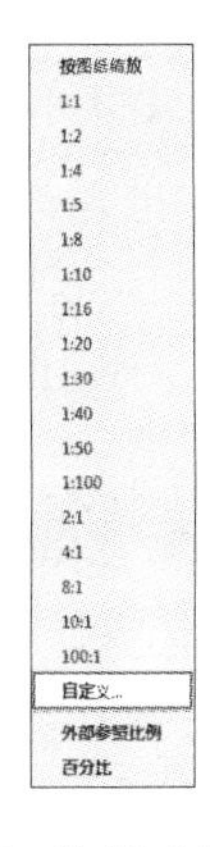

图 14-57 选择“自定义”选项

图 14-58 新建“1:80”比例值

步骤 10 系统自动弹出“添加比例”对话框，然后在“比例名称”文本框中输入 1:80，再设置比例特性如图 14-59 所示。

步骤 11 单击“确定”按钮，返回“编辑图形比例”对话框，在其中选择“1:80”选项，再单击“确定”按钮，再在状态栏中选择“1:80”选项，图形效果如图 14-60 所示。

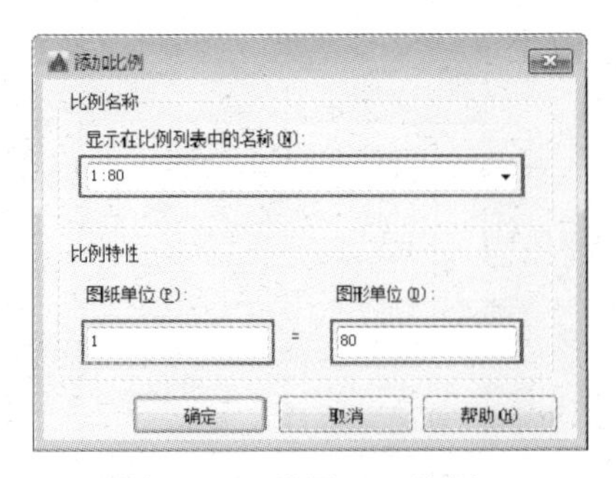

图 14-59 设置 1:80 比例

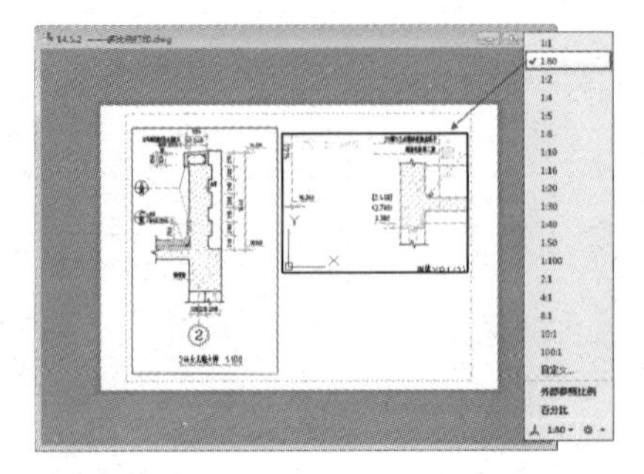

图 14-60 1:80 比例下的视图显示

步骤 12 锁定视口。在视口中按住鼠标中键进行平移，将图形调整至合适位置，然后单击状态栏中的“视口锁定”按钮，将该视口锁定，如图 14-61 所示。锁定后的视口无法再进行缩放、平移等操作。

步骤 13 调整视口框大小。如果锁定后的视口范围过小，不足以将图形显示完全，则可以在视口外的空白处双击，退出视口，此时视口加粗效果消失。然后在选中视口边线进行调整即可，将图形显示完全，效果如图 14-62 所示。

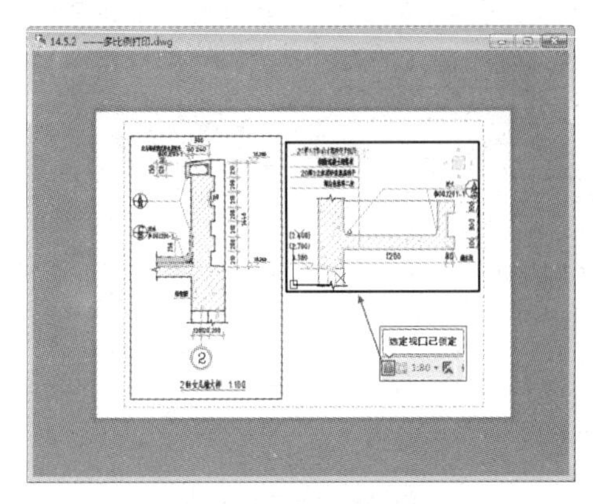

图 14-61 锁定视口

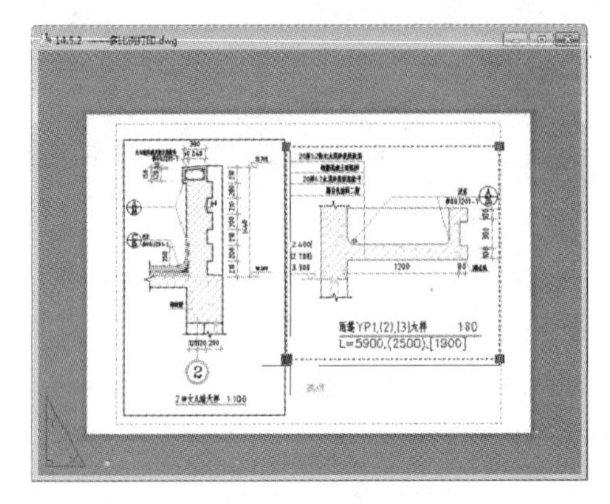

图 14-62 调整视口框大小

步骤 14 调用 I（插入）命令，插入本章素材中的 A4 图框，并调整图框和视口的大小和位置，如图 14-63 与图 14-64 所示。

步骤 15 单击“应用程序”按钮，在打开的下拉菜单中选择“打印”|“管理绘图仪”命令，系统打开 Plotter 文件夹，如图 14-65 所示。

步骤 16 双击对话框中的 DWF6 ePlot 图标，系统弹出“绘图仪配置编辑器-DWF6 ePlot.pc3”对话框。选择“设备和文档设置”选项卡，选择“修改标准图纸尺寸（可打印区域）”选项，如图 14-66 所示。

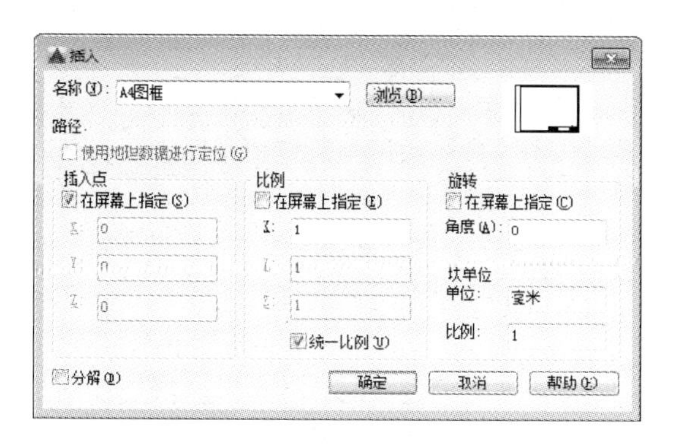

图 14-63 “插入”对话框

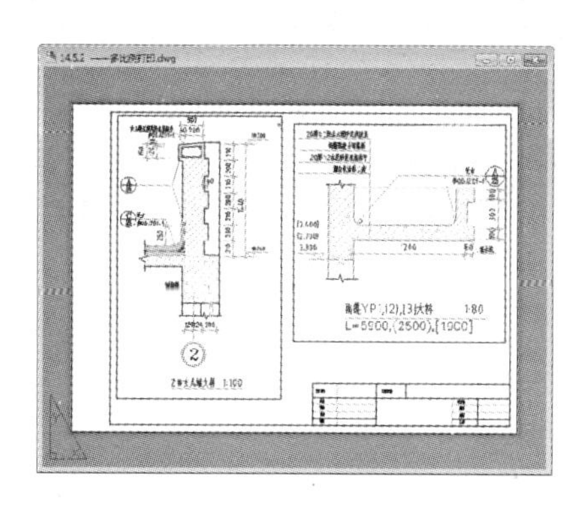

图 14-64 插入 A4 图框

图 14 65 Plottery 文件夹

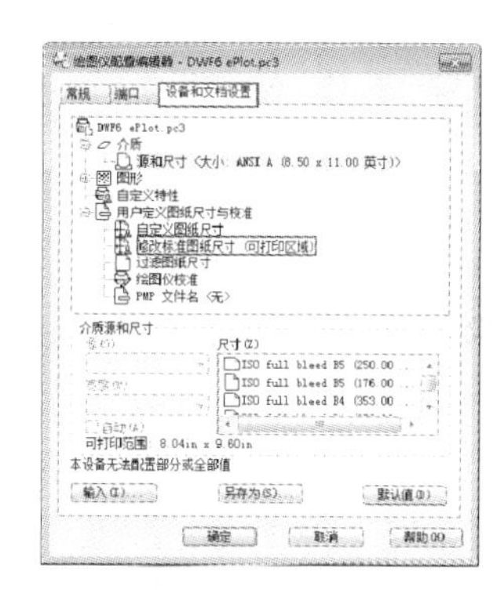

图 14-66 “绘图仪配置编辑器-DWF6 ePlot.pc3”对话框

步骤 17 在“修改标准图纸尺寸”下拉列表框中选择尺寸为“IS0 full bleed A4（297.00×210.00 毫米）”，如图 14-67 所示。

步骤 18 单击“修改”按钮[修改(M)...]，系统弹出“自定义图纸尺寸－可打印区域”对话框，设置参数，如图 14-68 所示。

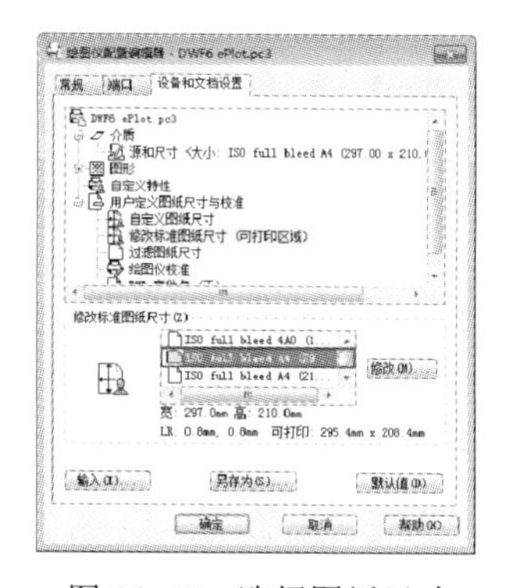

图 14-67 选择图纸尺寸

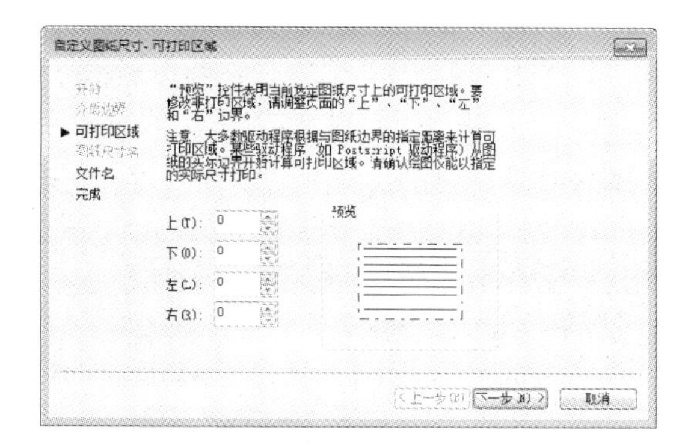

图 14-68 设置图纸打印区域

步骤 19 单击“下一步”按钮，系统弹出“自定义尺寸－完成”对话框，如图 14-69 所示，单击“完成”按钮，返回“绘图仪配置编辑器-DWF6 ePlot.pc3”对话框，单击“确定”按钮，完成参数设置。

步骤 20 单击“应用程序”按钮，在其下拉菜单中选择“打印”|“页面设置”命令，系统弹出“页面设置管理器”对话框，如图 14-70 所示。

图 14-69 完成参数设置

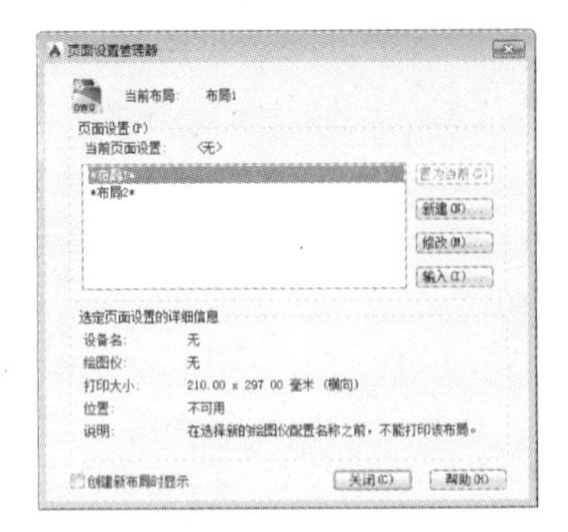

图 14-70 “页面设置管理器”对话框

步骤 21 设置当前布局为“布局 1”，单击“修改”按钮，系统弹出“打印-布局 1”对话框，设置参数如图 14-71 所示。

步骤 22 在命令行中输入 LA（图层特性管理器）命令，新建“视口”图层，并设置为不打印，如图 14-72 所示，再将视口边框转变成该图层。

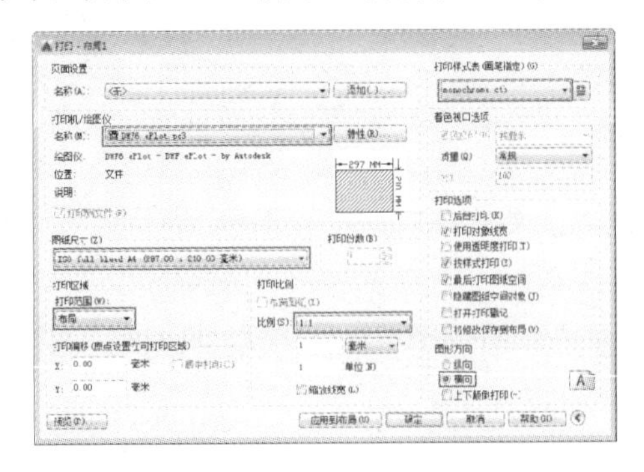

图 14-71 设置页面设置

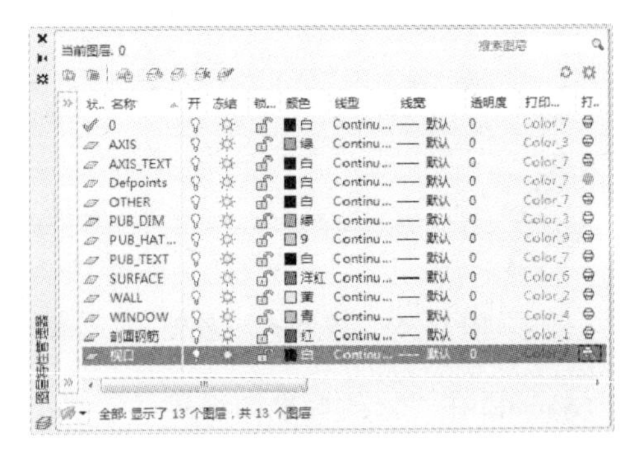

图 14-72 新建“视口”图层

步骤 23 单击快速访问工具栏中的“打印”按钮，系统弹出“打印 - 布局 1”对话框，单击“浏览”按钮，效果如图 14-73 所示。

步骤 24 如果效果满意，右击，在弹出的快捷菜单中选择“打印”命令，系统弹出“浏览打印文件”对话框，如图 14-74 所示，设置保存路径，单击“保存”按钮，打印图形，完成多视口打印的操作。

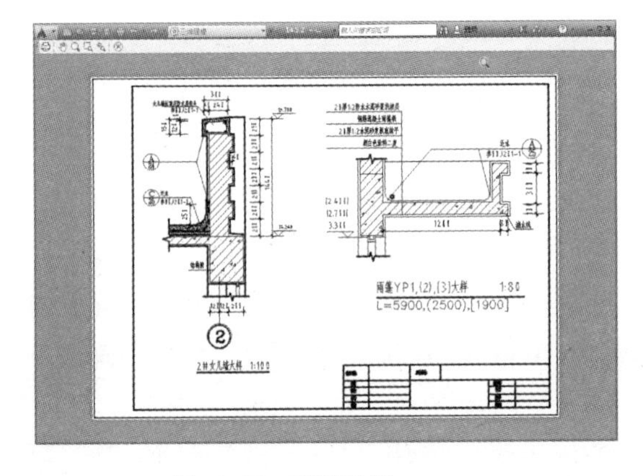

图 14-73 预览效果

图 14-74 保存打印文件

14.6 设计专栏

14.6.1 上机实训

在布局空间下打印如图 14-75 所示的室内平面布置图，并分别使用“颜色打印样式”和“命名打印样式”控制墙体、室内家具及尺寸标注图形的打印线宽、线型、颜色和灰度。

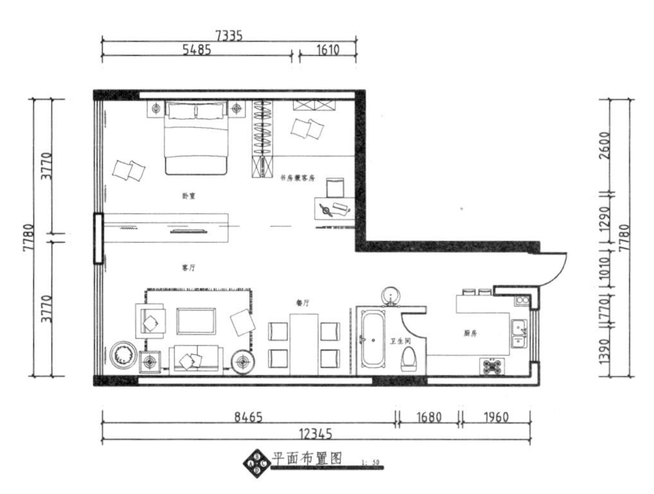

图 14-75 室内布置平面图

步骤 1 启动 AutoCAD 2015，打开素材文件。

步骤 2 右击绘图窗口下的“模型”或“布局”选项卡，在弹出的快捷菜单中选择“新建布局”命令，新建布局。

步骤 3 切换至新建的布局空间，再调整视口的大小。

步骤 4 再单击“应用程序”按钮，选择“打印”|“管理绘图仪”命令，设置参数，修改可打印区域。

步骤 5 在“布局”功能区中单击“布局”面板中的“页面设置”按钮，设置打印参数。

步骤 6 完成打印参数的设置，单击“浏览”按钮，浏览打印效果，再右击，将家装平面布置图打印出来。

14.6.2 辅助绘图锦囊

1. 图形的打印技巧。

答：由于没有安装打印机或想用别人的高档打印机输入 AutoCAD 图形，需要到别的计算机去打印 AutoCAD 图形，但是别的计算机也可能没安 AutoCAD，或者因为各种原因（例如，AutoCAD 图形在别的计算机上字体显示不正常，通过网络打印，以及网络打印不正常等），不能利用别的计算机进行正常打印，这时，可以先在自己计算机上将 AutoCAD 图形打印到文件，形成打印机文件，然后，再在别的计算机上用 DOS 的复制命令将打印机文件输出到打印机，方法为：Copy＜打印机文件＞ prn /b。需要注意的是，为了能使用该功能，需先在系统中添加别的计算机上特定型号的打印机，并将它设为默认打印机，另外，Copy

后不要忘了在最后加 / b，表明以二进制形式将打印机文件输出到打印机。

2. 怎样把图纸用 Word 打印出来？

答：Word 里有对象插入功能，其中一个就是 AutoCAD 图形，插入前别忘了在 AutoCAD 里把图形的背景颜色改为白色（在工具—选项—显示—颜色里面改），否则打出来的图形会有填充色，看不见图形。

3. 打印出来的图效果非常差，线条有灰度的差异，为什么？

答：出现这种情况，大多与打印机或绘图仪的配置、驱动程序及操作系统有关。通常从以下几点考虑，就可以解决此问题。

（1）检查配置打印机或绘图仪时，误差抖动开关是否关闭。

（2）检查打印机或绘图仪的驱动程序是否正确，是否需要升级。

（3）如果把 AutoCAD 配置成以系统打印机方式输出，换用 AutoCAD 为各类打印机和绘图仪提供的 ADI 驱动程序重新配置 AutoCAD 打印机，是不是可以解决问题。

（4）对于不同型号的打印机或绘图仪，AutoCAD 都提供了相应的命令，可以进一步详细配置。例如对支持 HPGL/2 语言的绘图仪系列，可使用命令 Hpconfig。

（5）在 AutoCAD Plot 对话框中，设置笔号与颜色、线型及笔宽的对应关系，为不同的颜色指定相同的笔号（最好同为 1），但这一笔号所对应的线型和笔宽可以不同。某些喷墨打印机只能支持 1～16 的笔号，如果笔号太大，则无法打印。

（6）笔宽的设置是否太大，例如大于 1。

（7）操作系统如果是 Windows NT，可能需要更新 NT 补丁包（Service Pack）。

4. 为什么有些图形能显示，却打印不出来？

答：如果图形绘制在 AutoCAD 自动产生的图层（如 Defpoints、Ashade 等）上，就会出现这种情况。应避免在这些图层上绘制实体。

5. 在“模型”空间里画的是虚线，打印出来也是虚线，可是怎么到了“布局”空间里打印出来就变成实线了呢？在“布局”空间里怎么打印虚线？

答：估计是改变了线形比例，同时采用的是“比例到图纸空间”的方法（这是 CAD 的默认方法）。在“线形设置”对话框中取消选择“比例到图纸空间”复选框即可。

第3篇

行 业 篇

第15章

建筑设计与AutoCAD制图

本章要点

- 建筑设计与绘图
- 绘制建筑设施图
- 绘制住宅楼设计图
- 设计专栏

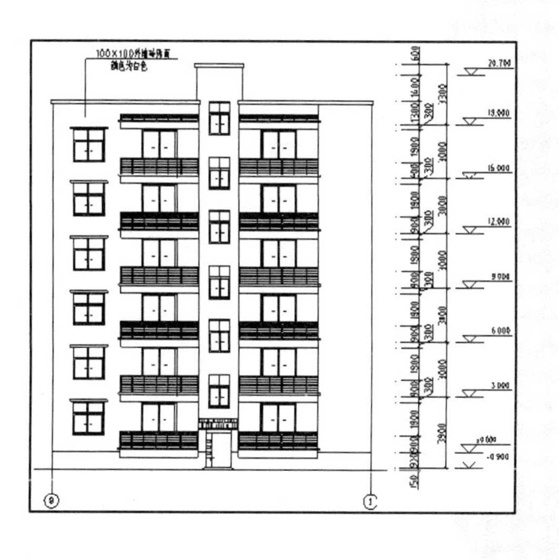

本章主要讲解建筑设计的概念及建筑制图的内容和流程，并通过具体的实例来对各种建筑图形进行实战演练。通过本章的学习，读者能够了解建筑设计的相关理论知识，并掌握建筑制图的流程和实际操作。

15.1 建筑设计与绘图

建筑图形所涉及的内容较多，绘制起来比较复杂。使用 AutoCAD 进行绘制，不仅可使建筑制图更加专业，还能保证制图质量，提高制图效率，做到图面清晰、简明。

15.1.1 建筑设计的概念

建筑设计（Architectural Design）是指建筑物在建造之前，设计者按照建设任务，把施工过程和使用过程中所存在的或可能发生的问题，事先做好通盘的设想，拟定好解决这些问题的办法和方案，用图纸和文件表达出来。

建筑设计作为备料、施工组织工作和各工种在制作、建造工作中互相配合协作的共同依据，便于整个工程得以在预定的投资限额范围内，按照周密考虑的预定方案，统一步调，顺利进行。并使建成的建筑物充分满足使用者和社会所期望的各种要求。

15.1.2 建筑设计的特点

现代的建筑设计特点包括以下几点。

1. 以先进的理念作为指导

首先研究生态环境状况，解决好与周边环境的协调问题。建筑本身在设计上应具有科学性，尽量减少建筑对环境的影响，并尽可能使用可再生资源。建筑结构要按绿色生态建筑要求进行科学设计，使建筑在能源利用和景观创造上更具科学性。

2. 注重结构设计的合理性

以前的建筑以砖混结构为主，这种结构体系抗震性能差，建筑高度有限，机械化程度低，施工质量难以保证。现代新型建筑设计应通过科学的计算和合理的设计，采用框架式建筑结构，采用新型建筑材料和墙体材料，以提高建筑的抗震性能和机械化程度。

新型的建筑结构不但能改善建筑本身的面貌，减轻建筑本身的重量，还提供自由分割的空间，使用面积也大幅度提高，减少了人力，降低了成本，其整体性设计更趋科学合理。

3. 注重功能的多样性

受体重和结构所限，传统的建筑功能比较单一，并且没有现代化的智能系统，不具备综合性和多元化功能。现代建筑设计由于采用新型的建筑结构和建筑材料，使建筑本身的空间发生了很大改变。

可满足多种功能需求和现代智能化设备的运用，大大增强了建筑的使用功能。如新型的客运中心可囊括机场、地铁、公交和出租车等多种交通设施，使人们可以选择不同的交通方式快速分流。

15.1.3 建筑施工图的组成

一套完整的建筑施工图应当包括以下几项主要图纸内容。

1. 建筑施工图首页

建筑施工图首页内包含工程名称、实际说明、图纸目录、经济技术指标、门窗统计表，以及本套建筑施工图所选用标准图集的名称列表等。

图纸目录一般包括整套图纸的目录，应有建筑施工图目录、结构施工图目录、给水排水施工图目录、采暖通风施工图目录和建筑电气施工图目录。

2. 建筑总平面图

将新建工程周围一定范围内的新建、拟建、原有和拆除的建筑物、构筑物连同其周围的地形、地物状况，用水平投影的方法和相应的图例所画出的图样，即为总平面图。

建筑总平面图主要表示新建房屋的位置、朝向、与原有建筑物的关系，以及周围道路、绿化和给水、排水、供电条件等方面的情况，作为新建房屋施工定位、土方施工、设备管网平面布置，安排在施工时进入现场的材料和构件、配件堆放场地、构件预制的场地，以及运输道路的依据。图 15-1 所示为某住宅小区总平面图。

3. 建筑平面图

建筑平面图又可简称平面图，是指假想用一水平的剖切面沿门窗洞位置将房屋剖切后，对剖切面以下部分所做的水平投影图。它反映出房屋的平面形状、大小和布置，墙、柱的位置、尺寸和材料，以及门窗的类型和位置等。

一般房屋有几层，就应有几个平面图。通常有底层平面图、标准层平面图和顶层平面图等，在平面图下方应注明相应的图名及采用的比例。图 15-2 所示为某建筑标准层平面图。

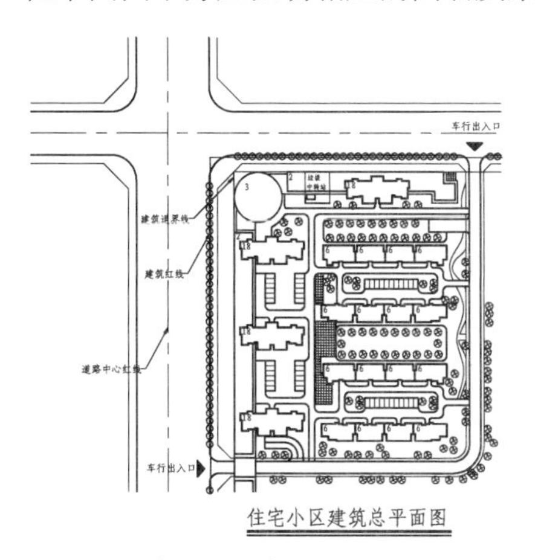

图 15-1　建筑总平面图

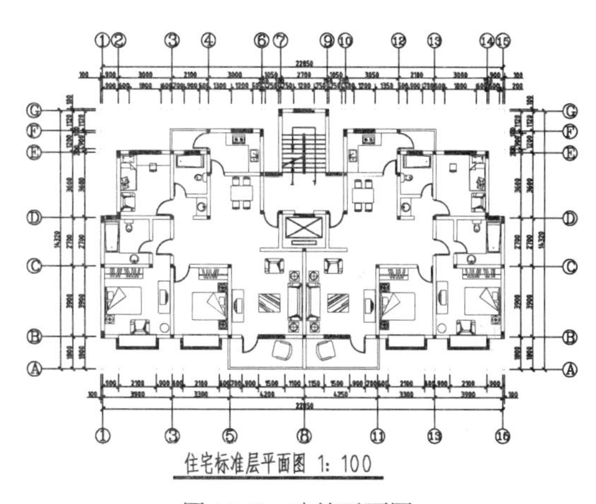

图 15-2　建筑平面图

4. 建筑立面图

在与建筑立面平行的铅直投影面上所做的正投影图称为建筑立面图，简称立面图。建筑立面图主要用来表达建筑物的外部造型、门窗位置及形式、墙面装饰、阳台，以及雨篷等部分的材料和做法。图 15-3 所示为某住宅楼正立面图。

5. 建筑剖面图

建筑剖面图是指假想用一个或一个以上垂直于外墙轴线的铅垂剖切平面剖切建筑，得到的图形称为建筑剖面图，简称剖面图。它反映了建筑内部的空间高度、室内立面布置、结构和构造等情况。图 15-4 所示为某建筑剖面图。

6. 建筑详图

建筑详图主要包括屋顶详图、楼梯详图、卫生间详图，以及一切非标准设计或构件的详略图，主要用来表达建筑物的细部构造、节点连接形式，以及构建、配件的形状大小、材料和做法等。详图要用较大比例绘制（如 1∶20 等），尺寸标注要准确齐全，文字说明要详细。图 15-5 所示为某建筑楼梯踏步和栏杆详图。

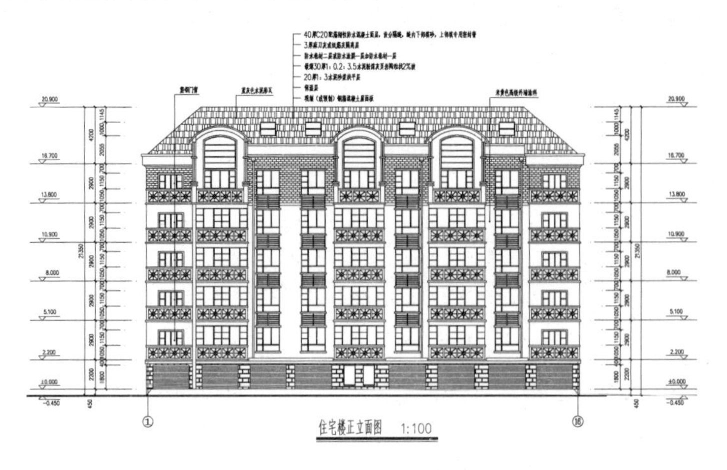

图 15-3 建筑立面图

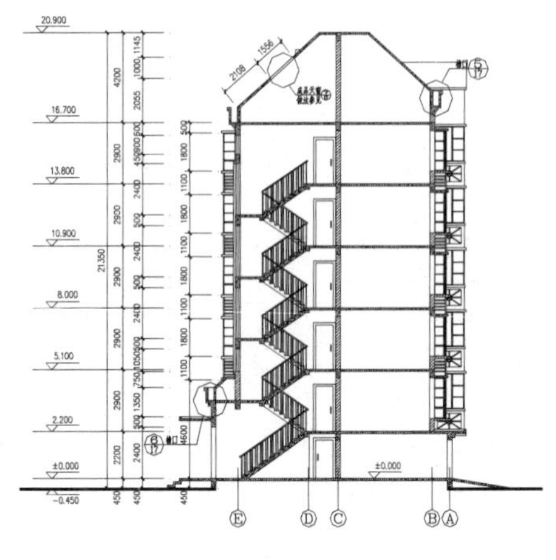

图 15-4 建筑剖面图

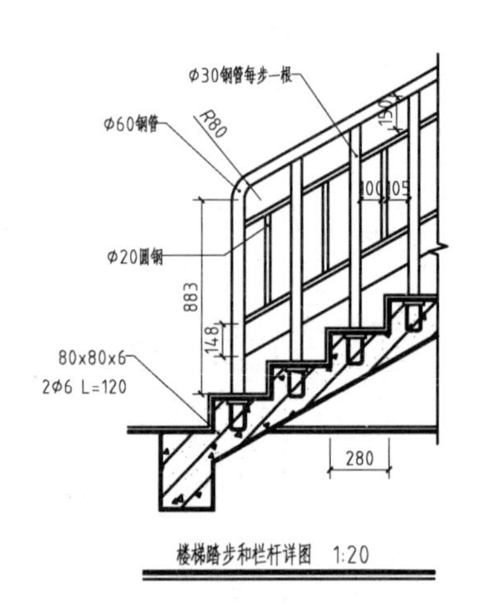

图 15-5 楼梯踏步和栏杆详图

15.2 绘制建筑设施图

建筑设施图在 AutoCAD 的建筑绘图中非常常见，如门窗、马桶、浴缸、楼梯、地板砖和栏杆等图形。本节主要介绍常见建筑设施图的绘制方法、技巧及相关的理论知识。

15.2.1 绘制门

门是建筑制图中最常用的图元之一，大致可以分为平开门、折叠门、推拉门、推杠门、旋转门和卷帘门等，其中，平开门最为常见。门的名称代号用 M 表示，在门立面图中，开启线实线为外开，虚线为内开，具体形式应根据实际情况绘制。

本节以绘制如图 15-6 所示的客厅欧式门为例，来了解门的构造及绘制方法，具体操作步骤如下。

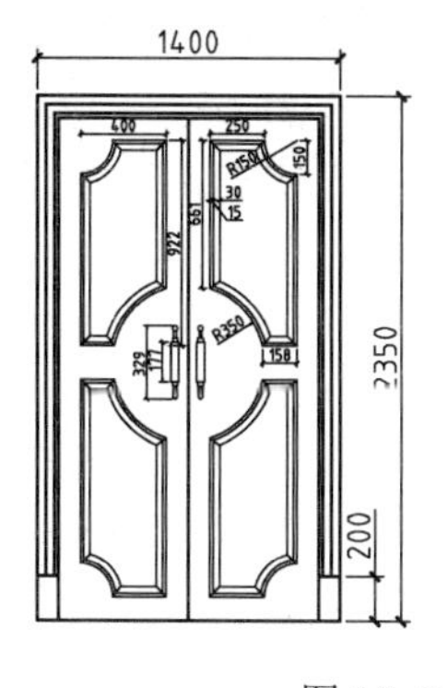

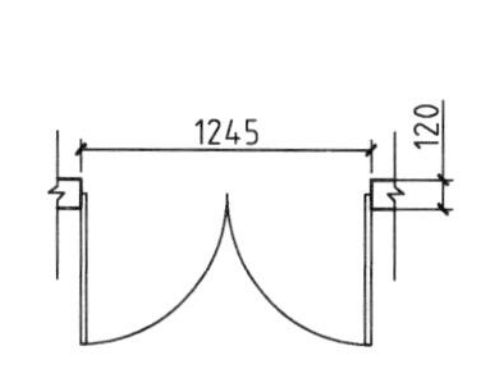

图 15-6 欧式门

1. 绘制客厅门平面

步骤 1 绘制墙体。调用 L（直线）和 MI（镜像）命令绘制墙体及折断符号，结果如图 15-7 所示。

步骤 2 绘制平面门示意线。调用 REC（矩形）命令，以墙体中点为起点，绘制一个大小为 25×623mm 的矩形，并镜像至另一边，结果如图 15-8 所示。

步骤 3 绘制开启方向线。调用 C（圆）命令，以墙中点为圆心，门示意线长为半径绘制圆，调用 TR（修剪）命令修剪掉多余弧线，镜像图形，如图 15-9 所示。

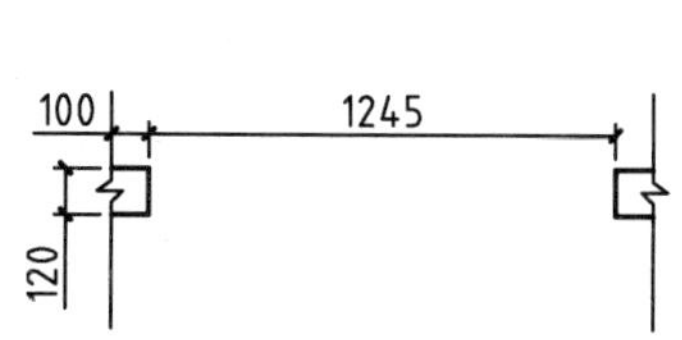

图 15-7 绘制墙体及折断符号

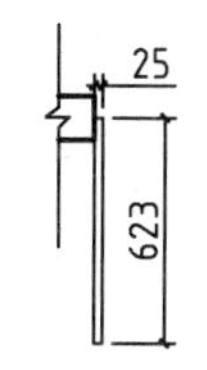

图 15-8 绘制平开门

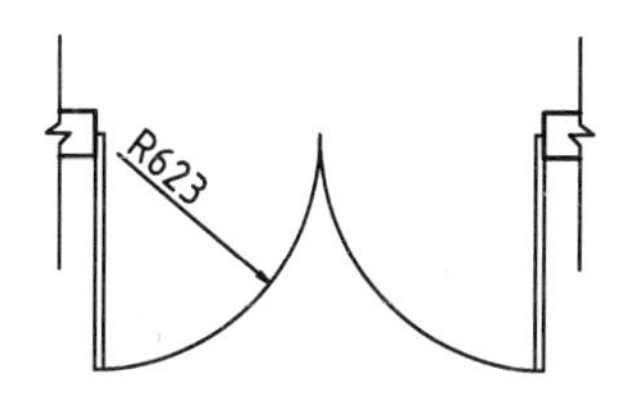

图 15-9 绘制门开启方向线

2. 绘制入户门立面

步骤 4 绘制门框。调用 REC（矩形）命令，绘制一个大小为 1400×2350 的矩形，如图 15-10 所示。

步骤 5 调用 O（偏移）命令，将矩形依次向内偏移 40mm、20mm、40mm，并删除和延伸线段，对其进行调整，结果如图 15-11 所示。

步骤 6 绘制踢脚线。调用 O（偏移）命令，将底线向上偏移 200mm，结果如图 15-12 所示。

步骤 7 绘制门装饰图纹。调用 REC（矩形）命令，绘制一个大小为 400×922 的矩形，如图 15-13 所示。

步骤 8 调用 ARC（圆弧）命令，分别绘制半径为 150mm、350mm 的圆弧，并修剪多余的线段，结果如图 15-14 与图 15-15 所示。

步骤 9 调用 O（偏移）命令，将门装饰框图纹依次向内偏移 15mm、30mm，并用 L（直线）、EX（延伸）和 TR（修剪）命令完善图形，门装饰图纹绘制结果如图 15-16 所示。

步骤 10 调用 REC（矩形）和 C（圆）命令，绘制门把手，如图 15-17 所示。

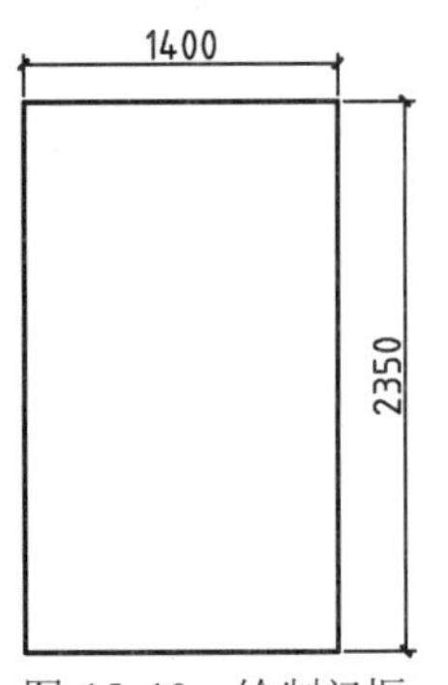

图 15-10 绘制门框

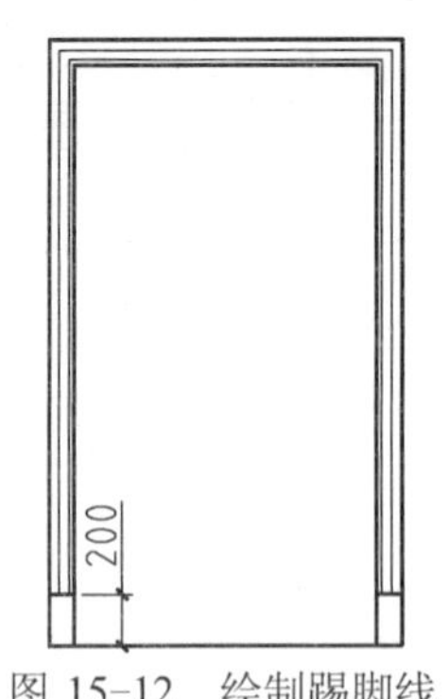

图 15-11 偏移门框

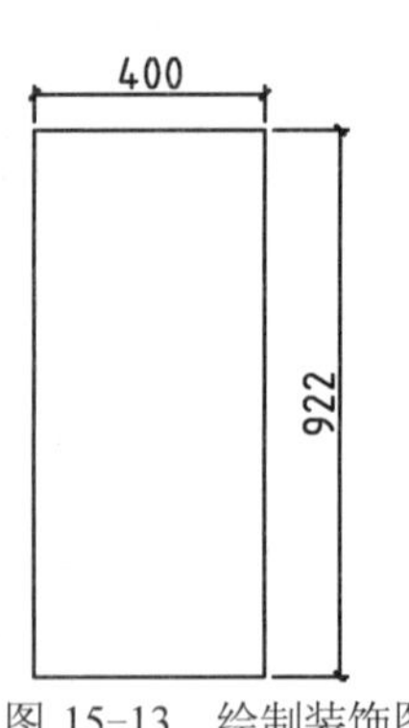

图 15-12 绘制踢脚线

图 15-13 绘制装饰图纹轮廓

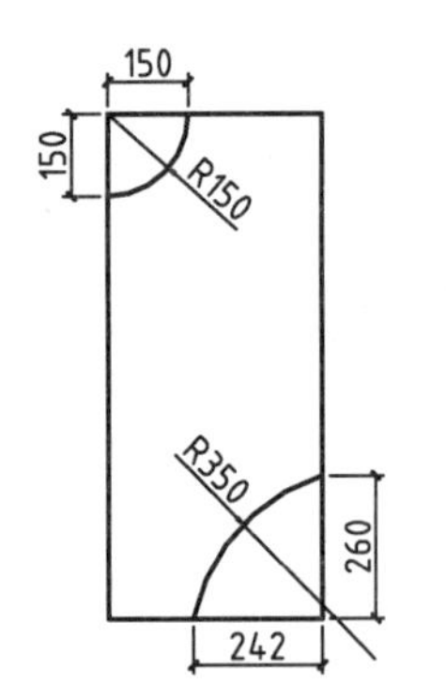

图 15-14 细化图纹

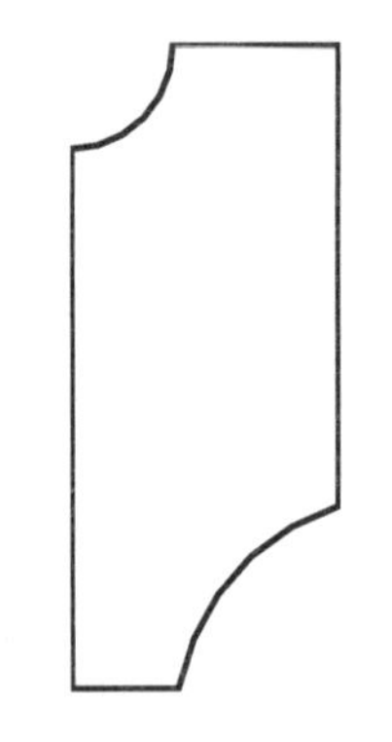
图 15-15 修剪图纹

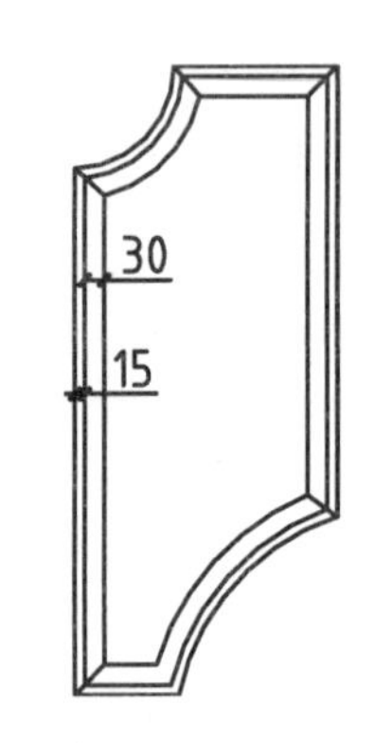

图 15-16 绘制结果

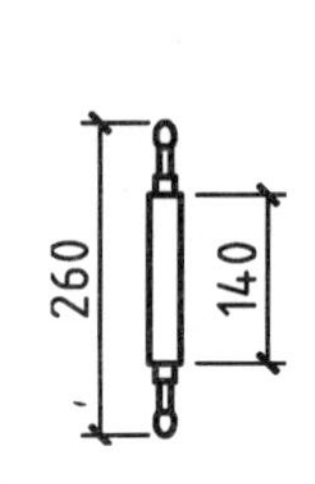

图 15-17 绘制门把手

步骤 11 完善门。调用 M（移动）命令，将装饰图纹移动至合适位置，并使用 L（直线）命令分割出门扇，结果如图 15-18 所示。

步骤 12 调用 MI（镜像）命令，镜像装饰纹图形，完善门，如图 15-19 所示。

步骤 13 调用 M（移动）命令，将门把手移动至合适位置，结果如图 15-20 所示。

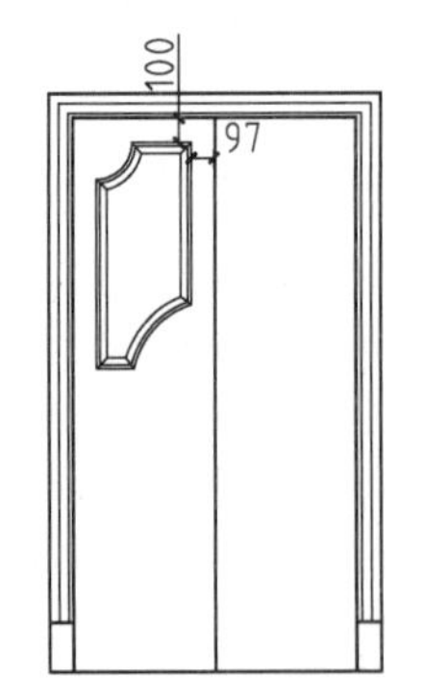

图 15-18 移动装饰图纹

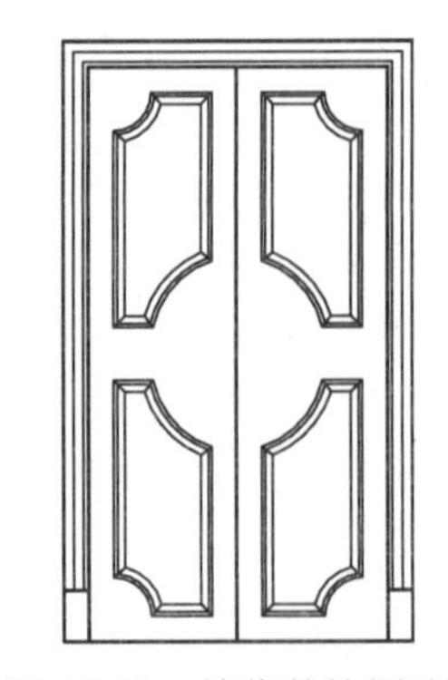
图 15-19 镜像装饰图纹

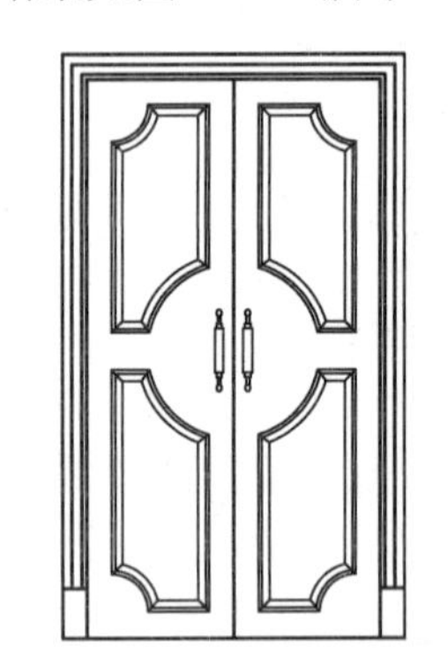
图 15-20 最终效果

15.2.2 绘制窗户

窗体是房屋建筑中的围护构件，其主要功能是采光、通风和透气，对建筑物的外观和室内装修造型都有较大的影响。窗体的分类从不同的角度有不同的分法。例如：按功能分有客厅窗、卧室窗、厨房窗、过道窗、隔窗、封闭窗和开放窗等；按材料分有合金窗、木窗和玻璃窗等；按形式分有百叶窗、飘窗等。

本节以绘制飘窗为例，来了解窗体的构造及绘制方法，如图 15-21 所示。具体操作步骤如下。

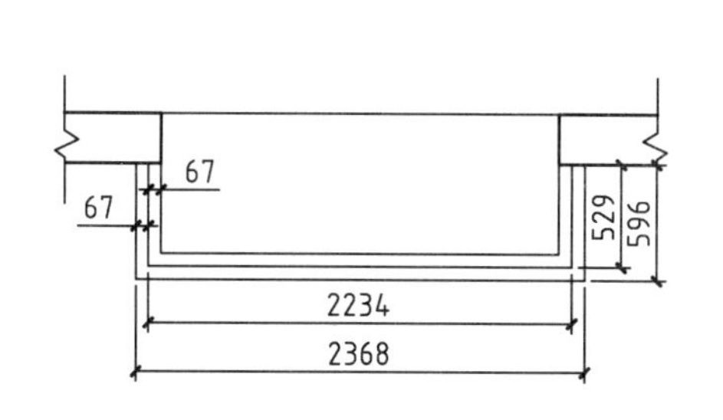

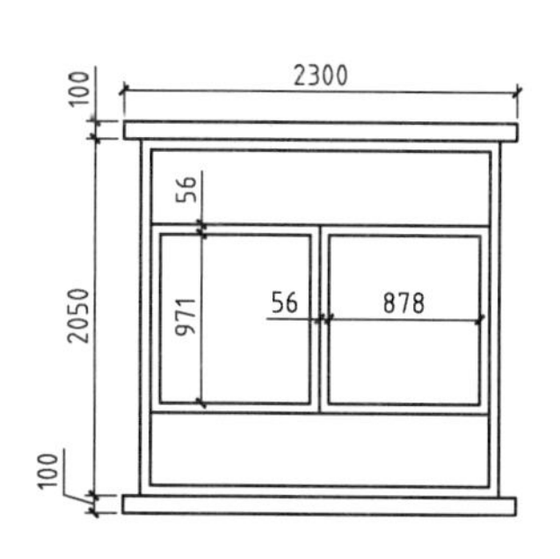

图 15-21　绘制飘窗

1. 绘制窗户平面

步骤 1 单击快速访问工具栏中的“打开”按钮，打开配套光盘中提供的“第 15 章\15.2.2 绘制窗户.dwg”素材文件，如图 15-22 所示。

步骤 2 绘制飘窗轮廓。调用 REC（矩形）命令，以墙体端点为起点，绘制一个大小为 2100×720mm 的矩形，如图 15-23 所示。

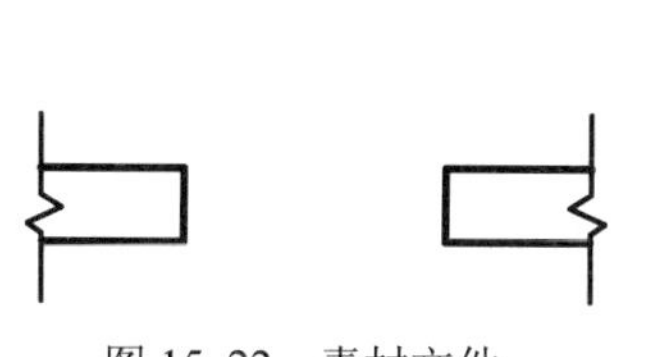

图 15-22　素材文件

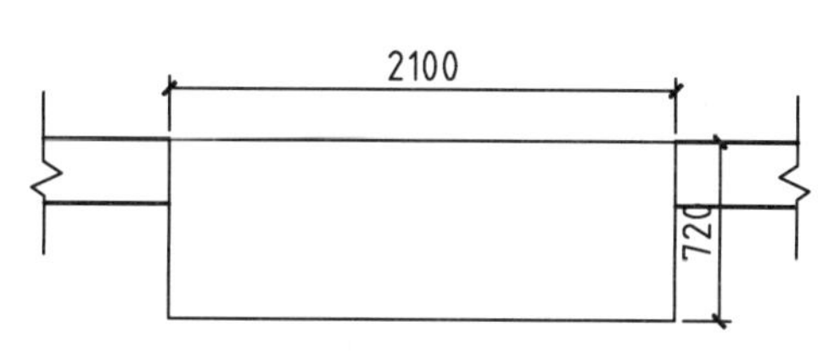

图 15-23　绘制飘窗轮廓

步骤 3 调用 O（偏移）命令，将飘窗轮廓线依次向外偏移 67mm、67mm，飘窗平面绘制效果如图 15-24 所示。

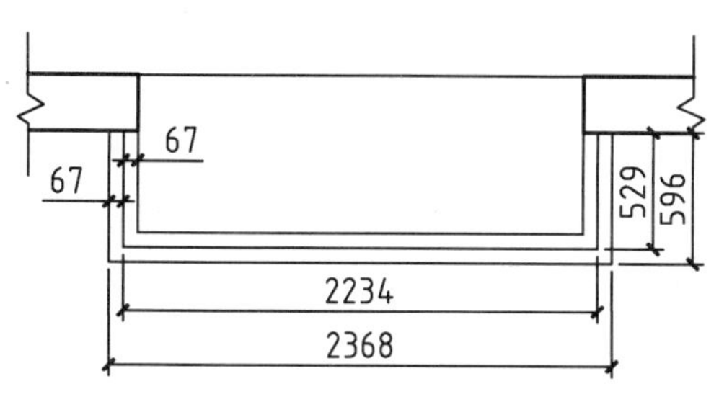

图 15-24　飘窗绘制结果

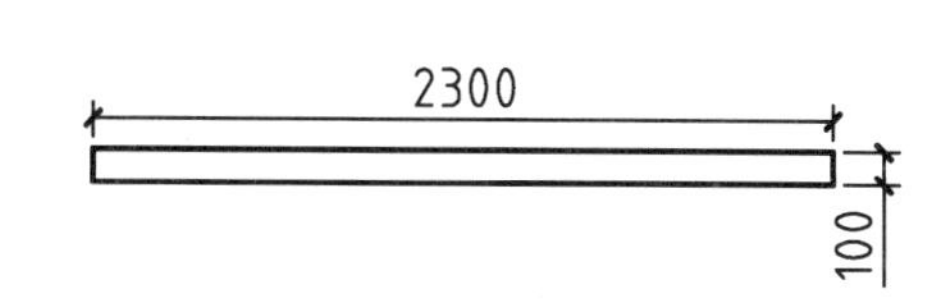

图 15-25　绘制窗檐

2. 绘制窗户立面

步骤 4 绘制窗沿。调用 REC（矩形）命令，绘制一个大小为 2300×100mm 的矩形，如图 15-25 所示。

步骤 5 绘制窗户轮廓。按空格键重复命令操作，绘制一个大小为 2050×2100mm 的矩形，并使用 M（移动）命令将其移动至合适位置，如图 15-26 所示。

步骤 6 调用 MI（镜像）命令，绘制窗台。并使用 O（偏移）命令，将窗户轮廓向内偏移 60mm，如图 15-27 与图 15-28 所示。

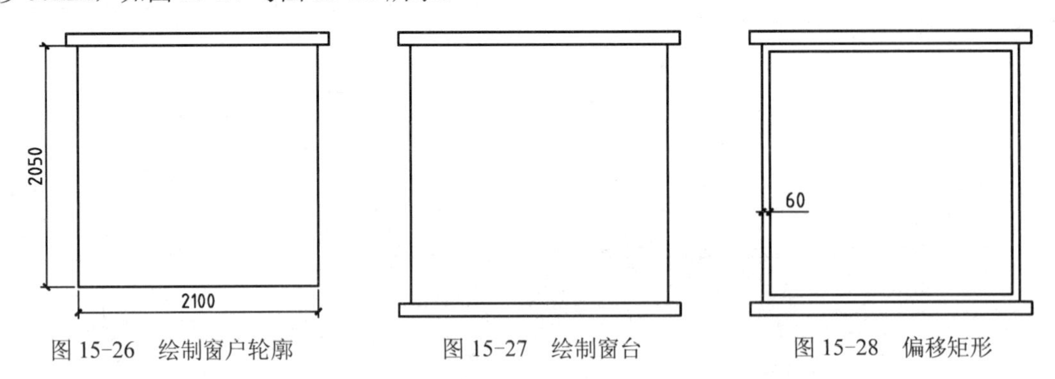

图 15-26　绘制窗户轮廓　　图 15-27　绘制窗台　　图 15-28　偏移矩形

步骤 7 将最里面的矩形炸开，并调用 O（偏移）命令，将直线向上偏移 418mm、1083mm 和 429mm，如图 15-29 所示。

步骤 8 调用 O（偏移）和 L（直线）命令，完善飘窗立面图形，绘制效果如图 15-30 所示。

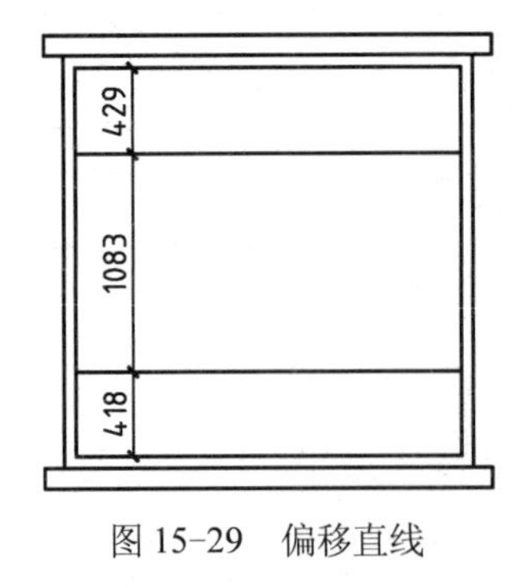

图 15-29　偏移直线

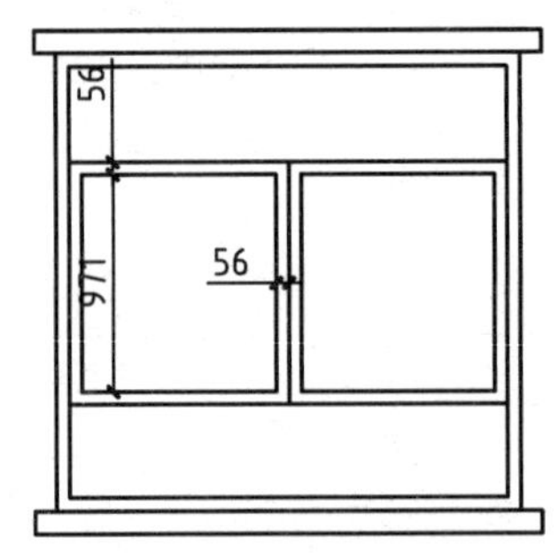

图 15-30　完成效果

15.2.3 绘制楼梯

楼梯是楼层间的垂直交通枢纽，是楼房的重要构件。在高层建筑中，虽然用电梯和自动扶梯作为垂直交通的重要手段，但楼梯仍是必不可少的。不同的建筑类型，对楼梯性能的要求也不同，楼梯的形式也不一样。

本节以绘制楼梯的标准层平面图为例，来了解楼梯的构造及绘制方法，如图 15-37 所示，具体操作步骤如下。

步骤 1 绘制栏杆。调用 REC（矩形）命令，绘制一个尺寸为 300×2440 的矩形，结果如图 15-31 所示。

步骤 2 调用 O（偏移）命令，将矩形向内偏移 100mm，如图 15-32 所示。

步骤 3 绘制踏步。绘制一根踏步线。调用 L（直线）命令，绘制一条长为 2360mm 的水平直线。并使用 M（移动）命令，移动直线至合适位置，结果如图 15-33 所示。

步骤 4 调用 TR（修剪）命令，对图形进行修剪。并调用 AR（阵列）命令，将绘制的直线进行矩形阵列，设置行数为 9 行，行偏移距离为 282，结果如图 15-34 所示。

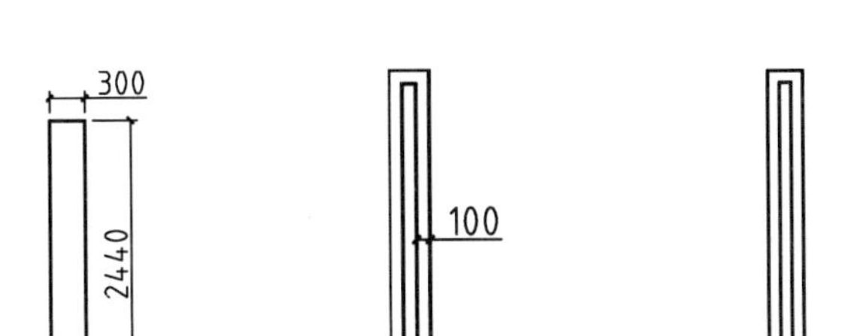

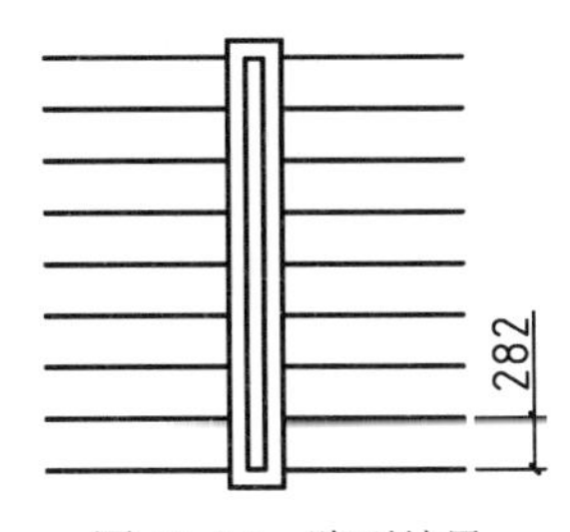

图 15-31　绘制矩形　图 15-32　偏移矩形　　图 15-33　绘制直线　　　　图 15-34　阵列结果

步骤 5 绘制平台。调用 PL（多段线）命令，绘制如图 15-35 所示的多段线。

步骤 6 完善图形。绘制折断线。调用 PL（多段线）命令，在如图 15-36 所示的位置绘制折断线，并修剪多余的线条。

步骤 7 绘制楼梯方向。重复执行 PL（多段线）命令，指点起点半宽为 1，端点半宽为 50，绘制箭头，配合 L（直线）与 T（单行文字）命令绘制楼梯方向，结果如图 15-37 所示。至此，标准层楼梯平面图绘制完成。

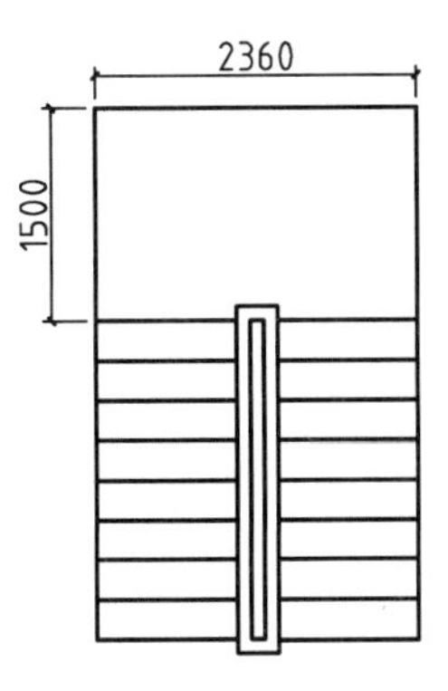

图 15-35　绘制平台

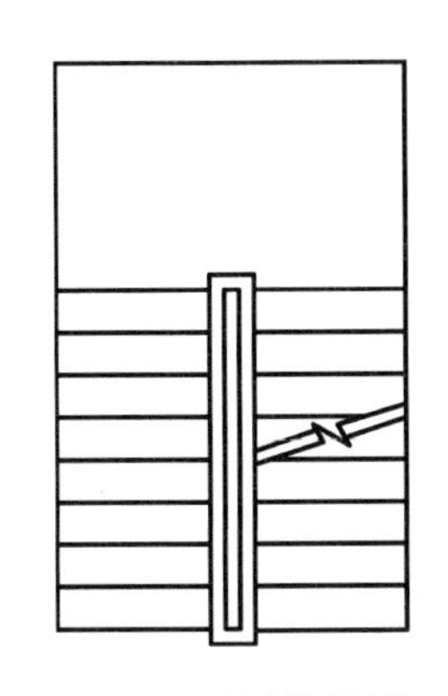

图 15-36　绘制折断线

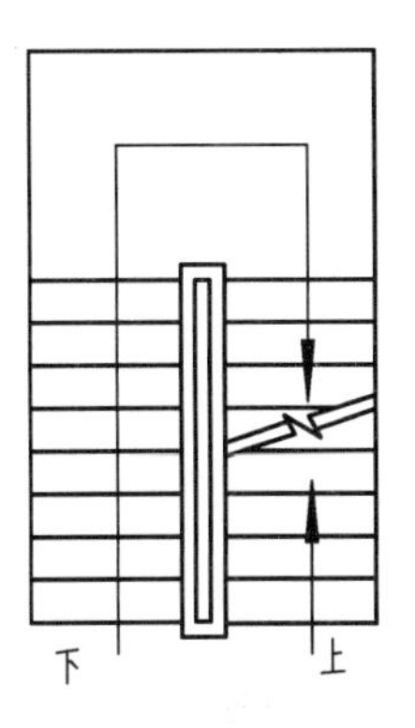

图 15-37　绘制箭头

15.2.4 绘制栏杆

栏杆从形式上可以分为节间式和连续式栏杆，前者由立柱、扶手和横档组成，扶手支撑在立柱上；后者具有连续的扶手，由扶手、栏杆柱及底座组成。常见的栏杆种类有木制栏杆、石栏杆、不锈钢栏杆、铸铁栏杆、铸造石栏杆、水泥栏杆和组合式栏杆。

一般低栏高 0.2m～0.3m，中栏高 0.8m～0.9m，高栏为 1.1m～1.3m。栏杆柱的间矩一般为 0.5m～2m。

本节以绘制栏杆为例，来了解栏杆的构造及绘制方法，具体操作步骤如下。

步骤 1 绘制台阶。调用 L（直线）与 REC（矩形）命令，绘制单个台阶，结果如图 15-38 所示。

步骤 2 调用 CO（复制）命令，捕捉竖直直线下方端点为基点，对台阶进行复制，结果如图 15-39 所示。

步骤 3 绘制立柱。调用 L（直线）命令，捕捉台阶中点向上绘制一条长为 900mm 的直线，并将其向左偏移 20mm，结果如图 15-40 所示。

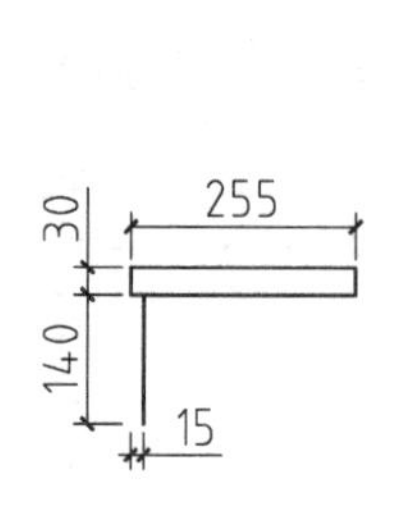

图 15-38 绘制单个台阶

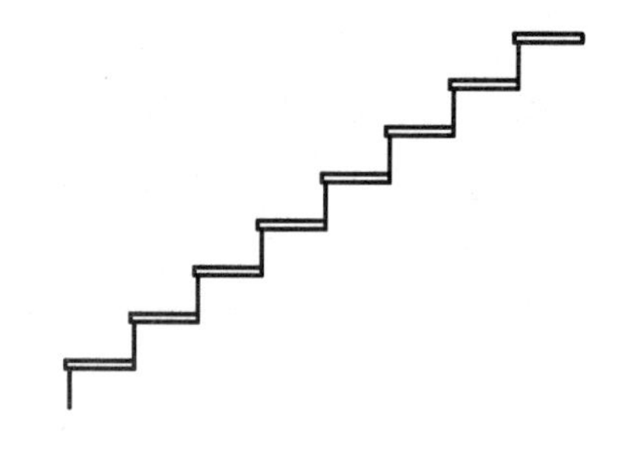

图 15-39 复制台阶

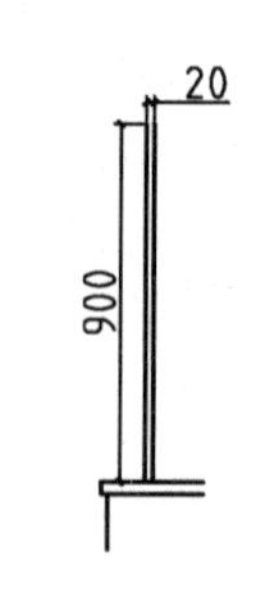

图 15-40 绘制单个立柱

步骤 4 调用 CO（复制）命令，捕捉单个台阶中点为基点，对立柱进行复制，结果如图 15-41 所示。

步骤 5 调用 L（直线）命令，绘制连接第一个台阶立柱端点与最后一个台阶立柱端点，修剪并整理图形，结果如图 15-42 所示。

步骤 6 绘制扶手。在夹点编辑模式下将立柱上端封口斜线向上方拉升 300mm，调用 O（偏移）命令，将其向上偏移 10mm，结果如图 15-43 所示。

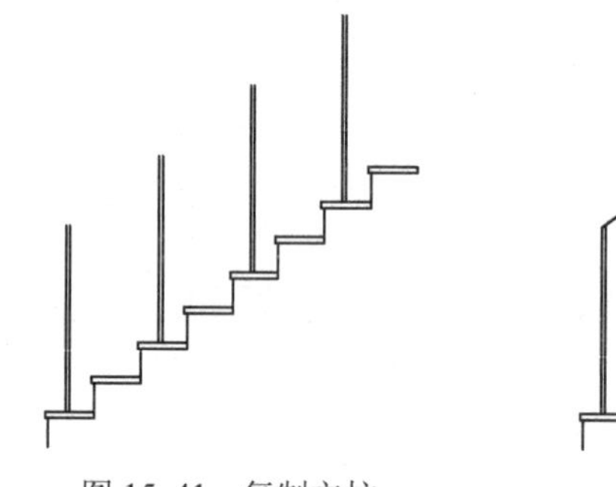

图 15-41 复制立柱

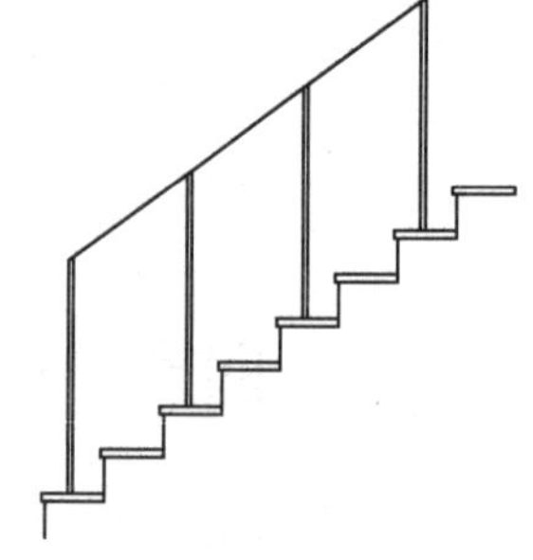

图 15-42 整理立柱

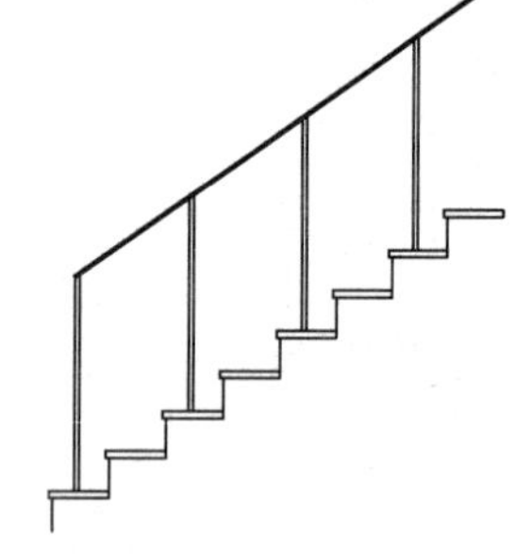

图 15-43 偏移扶手线

步骤 7 绘制扶手尾端造型。调用 PL（多段线）命令，根据系统提示，绘制扶手曲线并向内偏移 10mm。调整两曲线，使曲线尾端相连，结果如图 15-44 所示。

步骤 8 绘制铁艺定位线。调用 O（偏移）命令，将扶手线下端直线向下分别偏移 200mm、520mm、600mm。调用 TR（修剪）命令，修剪多余的线条，结果如图 15-45 所示。

步骤 9 绘制隔栏。调用 O（偏移）命令，将立柱的右侧直线向右分别偏移 150mm、300mm，调用 TR（修剪）和 EX（延伸）命令修剪线条，结果如图 15-46 所示。

图 15-44 绘制扶手尾端造型

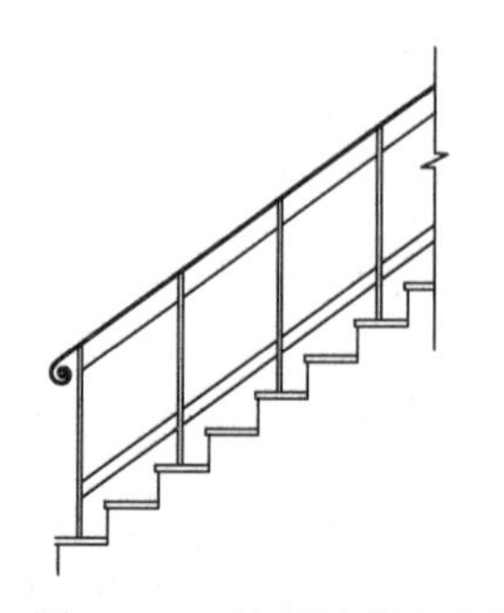

图 15-45 绘制铁艺定位线

图 15-46 绘制隔栏

步骤 10 绘制铁艺花纹。调用 SPL（样条曲线）命令，绘制如图 15-47 所示的样条曲线，并将其复制一份。以下端端点为基点，将复制曲线旋转 180°，结果如图 15-48 所示。

步骤 11 移动复制铁艺花纹。调用 CO（复制）命令，以对称中心点为基点，复制铁艺花纹至铁艺定位线中点，并修剪掉多余的线条，结果如图 15-49 所示，至此，铁艺栏杆绘制完成。

图 15-47 绘制铁艺花纹　　图 15-48 完善铁艺花纹　　图 15-49 复制铁艺花纹

15.2.5 绘制阳台

阳台栏杆位于阳台外围，起到抵抗水平推力的作用，同时也是一种室内外装饰物品。栏杆样式繁多，从立面上来看，大多由立柱、扶手、底座及装饰等部分组成。

本节以绘制阳台为例，来了解其结构与绘制方法，具体操作步骤如下。

1. 绘制阳台平面图

步骤 1 单击快速访问工具栏中的“打开”按钮，打开配套光盘中提供的“第 15 章\15.2.5 绘制阳台.dwg”素材文件，如图 15-50 所示。

步骤 2 调用 PL（多段线）命令，根据图 15-51 所示绘制阳台轮廓。

步骤 3 调用 O（偏移）命令，将阳台轮廓向内偏移 100mm，如图 15-52 所示。

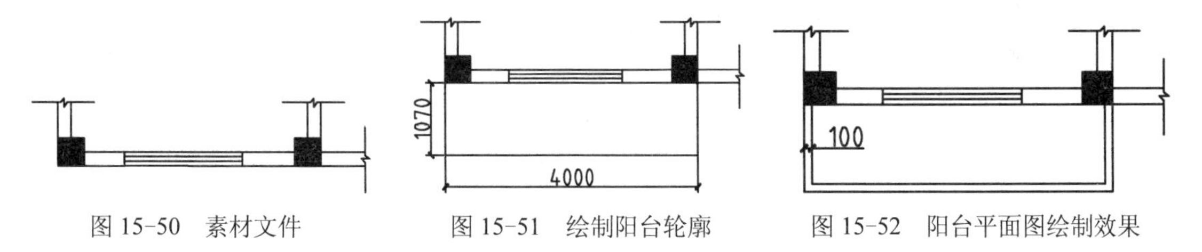

图 15-50 素材文件　　图 15-51 绘制阳台轮廓　　图 15-52 阳台平面图绘制效果

2. 绘制阳台立面

步骤 4 绘制底座。调用 PL（多段线）命令，根据如图 15-53 所示的尺寸绘制图形。

步骤 5 绘制扶手。调用 O（偏移）命令，将直线向上偏移 100mm、800mm、100mm，如图 15-54 所示。

步骤 6 调用 I（插入块）命令，插入立柱，并移动至合适位置，如图 15-55 所示。

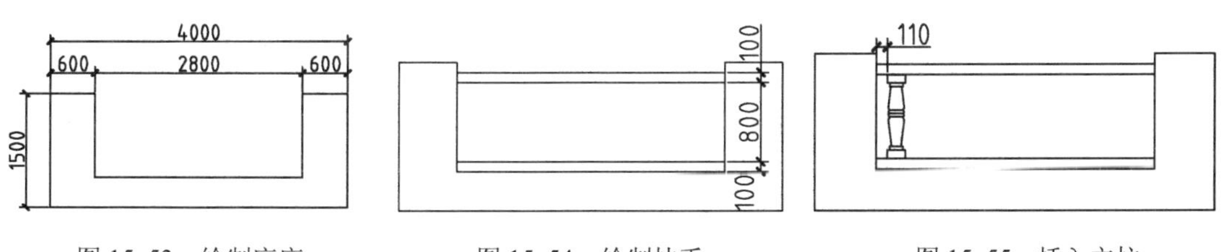

图 15-53 绘制底座　　图 15-54 绘制扶手　　图 15-55 插入立柱

步骤 7 调用 AR（阵列）命令，将插入的立柱进行矩形阵列，设置列数为 9 行、列偏移距离为 300，结果如图 15-56 所示。

步骤 8 绘制装饰。调用 REC（矩形）和 C（圆）命令，绘制如图 15-57 所示的装饰图形。

步骤 9 调用 MI（镜像）命令，将之前绘制的装饰图形镜像复制，阳台立面图绘制结果如图 15-58 所示。

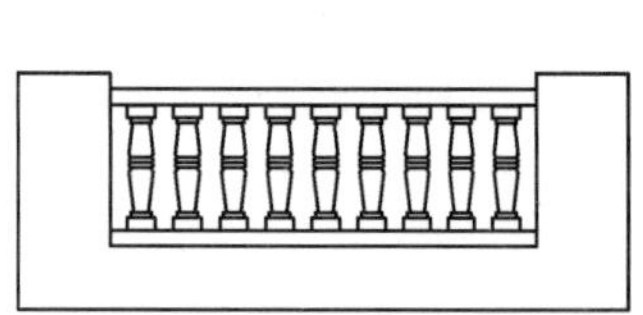
图 15-56 阵列立柱

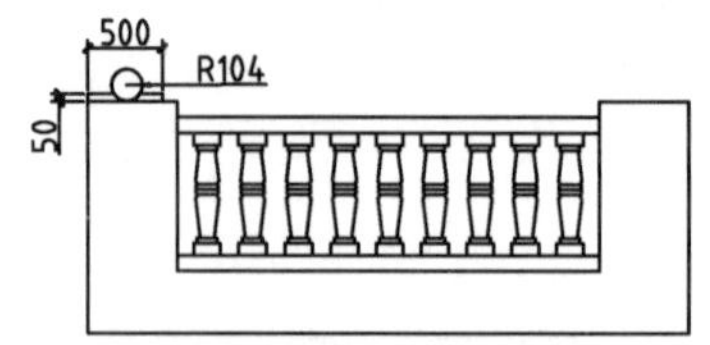

图 15-57 绘制装饰图形

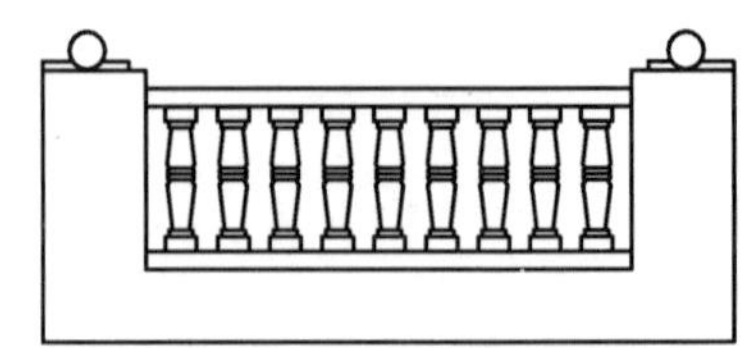
图 15-58 镜像装饰图形

15.3 绘制住宅楼设计图

住宅的设计，不仅要注重套型内部平面空间关系的组合和硬件设施的改善，还要全面考虑住宅的光环境、声环境、热环境和空气质量环境的综合条件及其设备的配置，这样才能获得一个高舒适度的居住环境。

15.3.1 设置绘图环境

绘制居民楼设计图之前，首先要设置好绘图环境，从而使用户在绘制居民楼设计图时更加方便、灵活、快捷。设置绘图环境，包括绘图区域界限及单位的设置、图层的设置、文字和标注样式的设置等。

1. 绘图区的设置

步骤 1 启动 AutoCAD 2016 软件，选择“文件”|“保存”命令，将该文件保存为“素材\第 15 章\居民楼设计图.dwg”文件。

步骤 2 选择“格式”|“单位”命令，弹出“图形单位”对话框，将长度单位类型设定为“小数”，设置精度为“0.00”，将角度单位类型设定为“十进制度数”，精度精确到“0”，如图 15-59 所示。

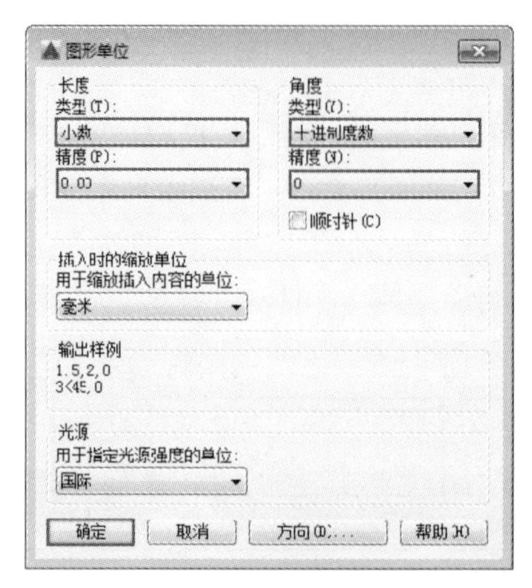

图 15-59 图形单位设置

2. 规划图层

该居民楼设计图主要由轴线、门窗、墙体、楼梯、设施、文本标注和尺寸标注等元素组成，因此在绘制平面图形时，应建立如表 15-1 所示的图层。

表 15-1 图层设置

序号	图层名	描述内容	线宽	线 型	颜色	打印属性
1	轴线	定位轴线	默认	点划线（ACAD_ISOO4W100）	红色	不打印
2	墙体	墙体	0.30mm	实线（CONTINUOUS）	黑色	打印
3	柱子	墙柱	默认	实线（CONTINUOUS）	8 色	打印
4	轴线编号	轴线圆	默认	实线（CONTINUOUS）	绿色	打印
5	散水	散水	默认	实线（CONTINUOUS）	洋红色	打印
6	门窗	门窗	默认	实线（CONTINUOUS）	绿色	打印
7	尺寸标注	尺寸标注	默认	实线（CONTINUOUS）	蓝色	打印
8	文字标注	图内文字、图名、比例	默认	实线（CONTINUOUS）	黑色	打印
9	标高	标高文字及符号	默认	实线（CONTINUOUS）	绿色	打印
10	设施	布置的设施	默认	实线（CONTINUOUS）	44 色	打印
11	楼梯	楼梯间	默认	实线（CONTINUOUS）	134 色	打印
12	剖切符号	剖切符号	默认	实线（CONTINUOUS）	青色	打印
13	其他	附属构件	默认	实线（CONTINUOUS）	黑色	打印

步骤 3 选择“格式”|“图层”命令，将打开“图层特性管理器”选项板，根据前面表 15-1 所示来设置图层的名称、线宽、线型和颜色等，如图 15-60 所示。

步骤 4 选择“格式”|“线型”命令，弹出“线型管理器”对话框，单击“显示细节”按钮，打开细节选项组，设置“全局比例因子”为 100，然后单击“确定”按钮，如图 15-61 所示。

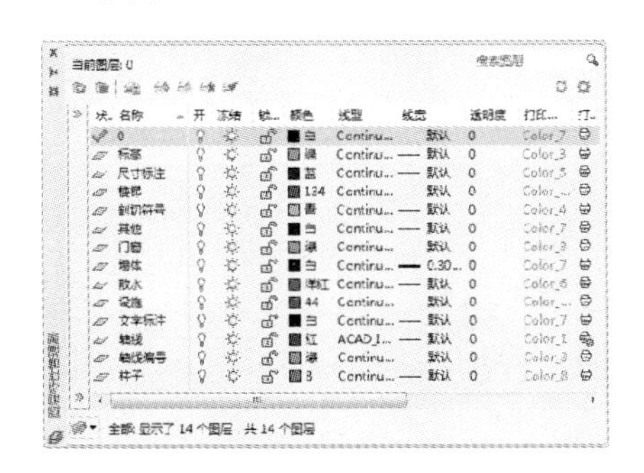

图 15-60 规划的图层

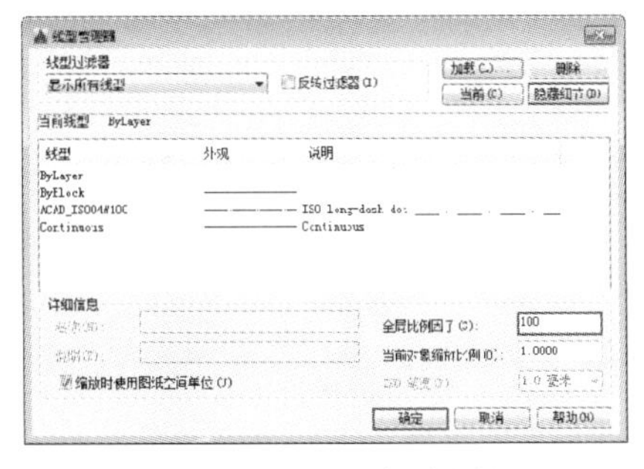

图 15-61 设置线型比例

3. 设置文字样式

该居民楼设计图上的文字有尺寸文字、标高文字、图内文字说明、剖切符号文字、图名文字和轴线符号等，打印比例为 1:100，文字样式中的高度为打印到图纸上的文字高度与打印比例倒数的乘积。根据建筑制图标准，该平面图文字样式的规划如表 15-2 所示。

表 15-2 文字样式

<table>
<tr><th>文字样式名</th><th>打印到图纸上的文字高度</th><th>图形文字高度（文字样式高度）</th><th>宽度因子</th><th>字体 | 大字体</th></tr>
<tr><td>图内文字</td><td>3.5</td><td>350</td><td rowspan="4">0.7</td><td>Gbenor.shx；gbcbig.shx</td></tr>
<tr><td>图名</td><td>5</td><td>500</td><td>Gbenor.shx；gbcbig.shx</td></tr>
<tr><td>尺寸文字</td><td>3.5</td><td>0</td><td>Gbenor.shx</td></tr>
<tr><td>轴号文字</td><td>5</td><td>500</td><td>Complex</td></tr>
</table>

步骤 5 选择“格式”|“文字样式”命令，弹出“文字样式”对话框，单击“新建”按钮，弹出“新建文字样式”对话框，将样式名定义为“图内文字”，如图 15-62 所示。

步骤 6 在“字体”下拉列表框中选择字体 Tssdeng.shx，选择“使用大字体”复选框，并在“大字体”下拉列表框中选择字体 gbcbig.shx，在“高度”文本框中输入 350，在“宽度因子”文本框中输入 0.7，单击“应用”按钮，从而完成该文字样式的设置，如图 15-63 所示。

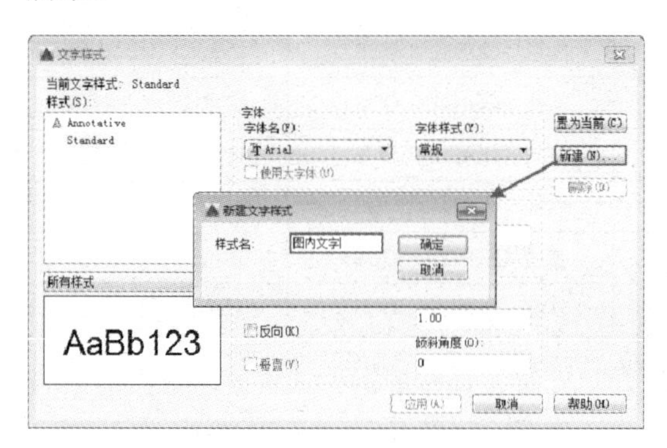

图 15-62 文字样式名称的定义

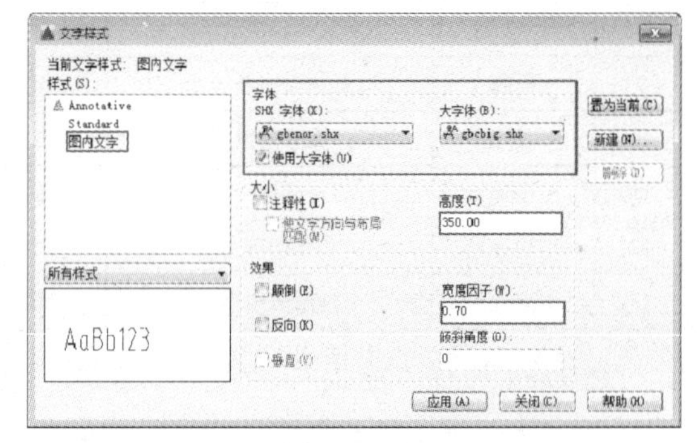

图 15-63 设置“图内文字”文字样式

步骤 7 重复前面的步骤，建立表 15-2 所示的其他各种文字样式，如图 15-64 所示。

步骤 8 选择“格式”|“标注样式”命令，弹出“标注样式管理器”对话框，单击“新建”按钮，弹出“创建新标注样式”对话框，将新建样式名定义为“居民楼设计标注”，如图 15-65 所示。

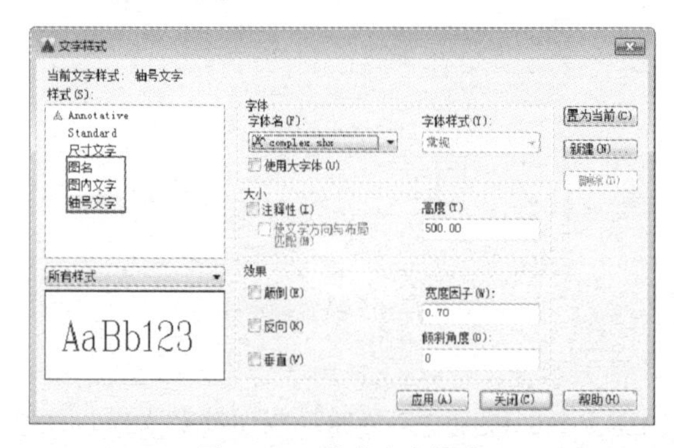

图 15-64 其他文字样式

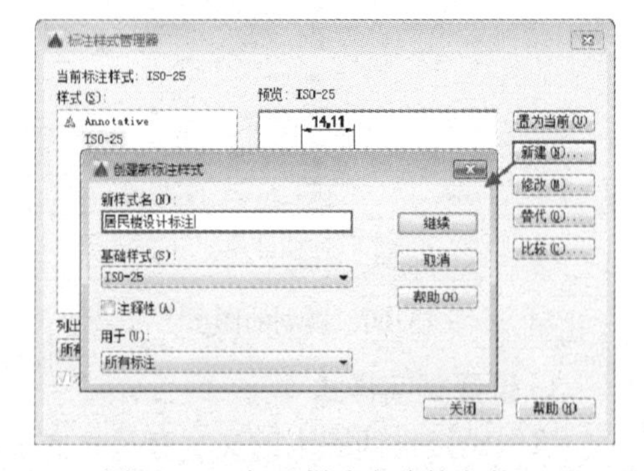

图 15-65 标注样式名称的定义

步骤 9 单击“继续”按钮后，则进入到“新建标注样式”对话框，然后分别在各选项卡中设置相应的参数，其设置后的效果如表 15-3 所示。

表 15-3 “居民楼设计标注”标注样式的参数设置

“线”选项卡	“符号和箭头”选项卡	“文字”选项卡	“调整”选项卡
尺寸线 颜色(C): ByBlock 线型(L): ByBlock 线宽(G): ByBlock 超出标记(N): 0 基线间距(A): 3.75 隐藏: □尺寸线 1(M) □尺寸线 2(D) 超出尺寸线(X): 2.5 起点偏移量(F): 2.5 □固定长度的尺寸界线(O) 长度(E): 10	箭头 第一个(T): 建筑标记 第二个(D): 建筑标记 引线(L): 实心闭合 箭头大小(I): 2	文字外观 文字样式(Y): 尺寸文字 文字颜色(C): 黑 填充颜色(L): 无 文字高度(T): 3.5 分数高度比例(H): □绘制文字边框(F) 文字位置 垂直(V): 上 水平(Z): 居中 观察方向(D): 从左到右 从尺寸线偏移(O): 1 文字对齐(A) ○水平 ⊙与尺寸线对齐 ○ISO 标准	标注特征比例 □注释性(A) ○将标注缩放到布局 ⊙使用全局比例(S): 100

步骤 10 选择“文件”|“另存为”命令，弹出“图形另存为”对话框，保存为“素材\第15 章\建筑施工图样板.dwt”文件，如图 15-66 所示。

15.3.2 绘制住宅楼首层平面图

本实例为某住宅楼，总层数为 6 层，两种户型，其首层平面图如图 15-67 所示。

图 15-66 保存样板文件

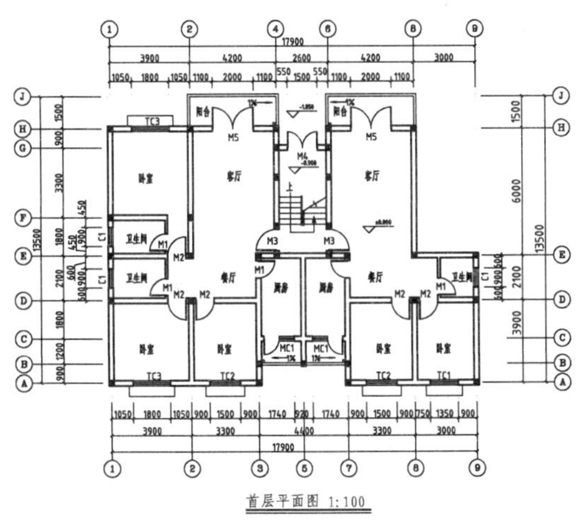

图 15-67 一层平面图

该宿舍楼共有两梯四户，呈对称结构。因此，在绘制时可以先绘制其中的两个户型再镜像，然后再插入其他图元，最后添加图形标注。

其具体绘制步骤为：先绘制轴线，然后依据轴线绘制墙体，再绘制门、窗，再插入图例设施，最后添加文字标注。

1. 绘制轴线

步骤 1 绘制轴线。首先将“轴线”图层置为当前图层。调用 L（直线）绘制互相垂直的两条轴线，如图 15-68 所示。

步骤 2 调用 O（偏移）命令，偏移复制之前绘制的轴线，轴网绘制结果如图 15-69 所示。

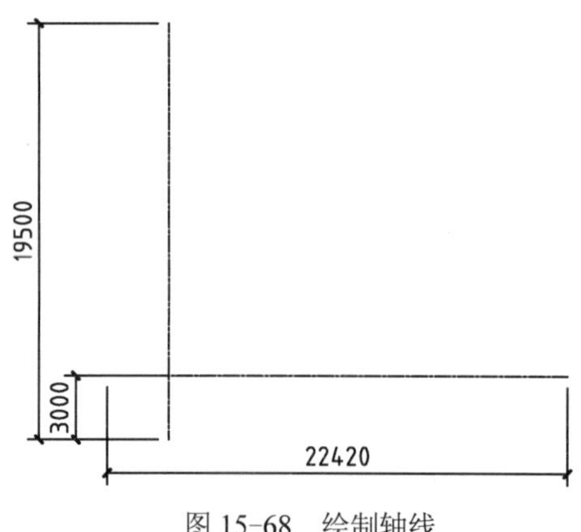

图 15-68 绘制轴线

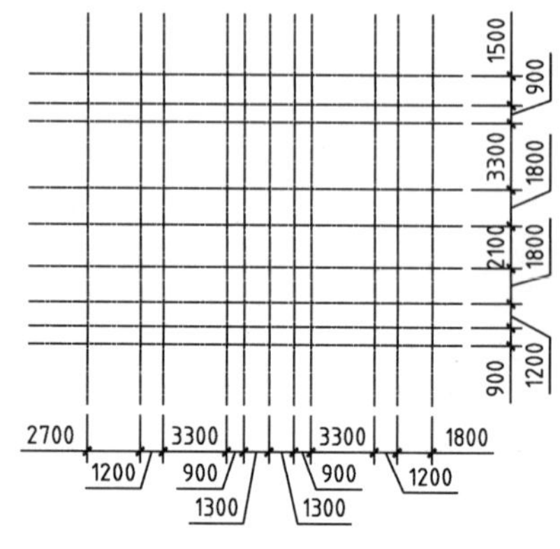

图 15-69 偏移轴线

步骤 3 修剪轴线。利用 TR（修剪）和 E（删除）命令整理轴线，如图 15-70 所示。

2. 绘制墙体

步骤 4 创建墙体多线样式。首先将“墙体”图层置为当前层。选择“格式”|“多线样式”命令，新建“240”多线样式，设置参数如图 15-71 所示，并将其置于当前。

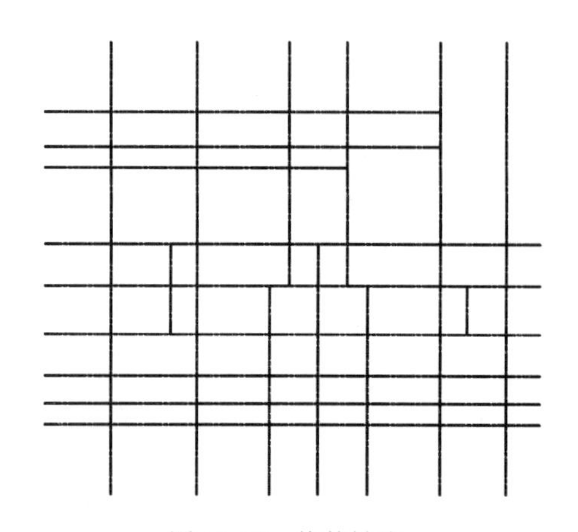

图 15-70 修剪轴线

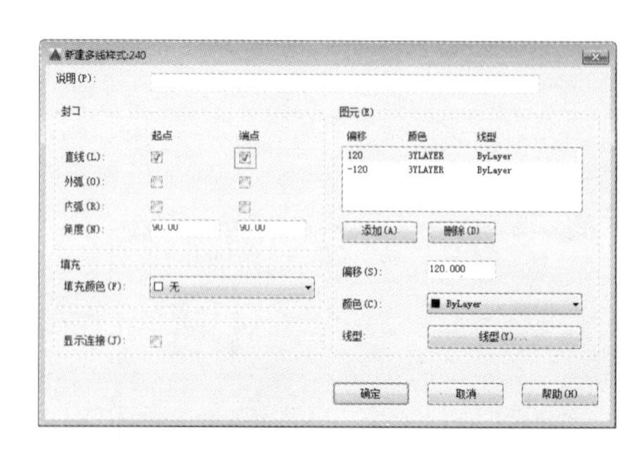

图 15-71 “新建多线样式：240”对话框

步骤 5 绘制墙体。调用 ML（多线）命令，设定对正方式为无，比例为 1，沿轴线交点绘制墙体。

步骤 6 使用相同的方法创建“120”的墙体多线样式，并绘制卫生间隔墙，结果如图 15-72 所示。

步骤 7 选择“修改”|“对象”|“多线”命令，弹出“多线编辑工具”对话框，对墙体进行修改，结果如图 15-73 所示。

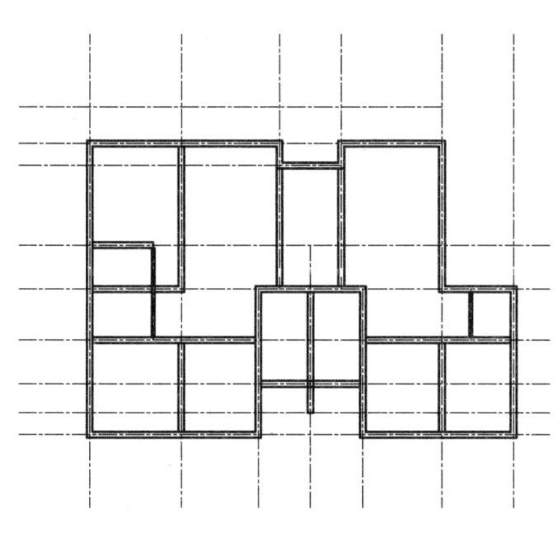

图 15-72 绘制墙体

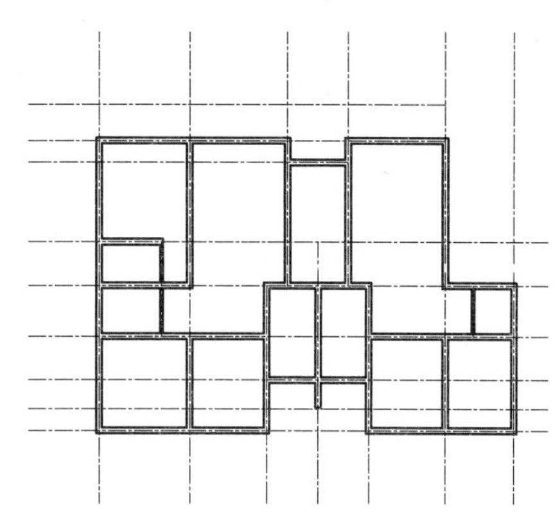

图 15-73 修改墙体

3. 绘制柱子

步骤 8 首先关闭“轴线”图层，并将“柱子”图层置为当前图层。

步骤 9 绘制柱子。调用 REC（矩形）命令，绘制一个尺寸为 240×240 矩形。调用 H（图案填充）命令，选择 SOLID 填充图案，对矩形进行填充，并将填充后的柱子创建为块。

步骤 10 插入柱子。调用 I（插入）命令，将柱子插入至相应的位置，结果如图 15-74 所示。

4. 绘制门

步骤 11 首先将“门窗”图层置为当前图层。

步骤 12 绘制开门和窗洞。调用 O（偏移）、L（直线）和 TR（修剪）命令，绘制门、窗分割线并修剪多余的线段，结果如图 15-75 所示。

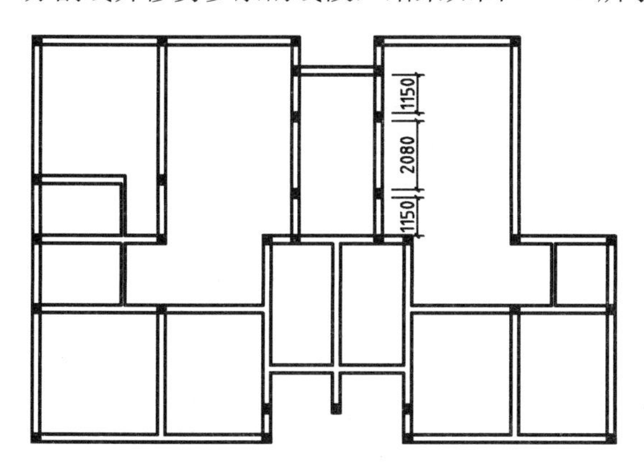

图 15-74 绘制柱子

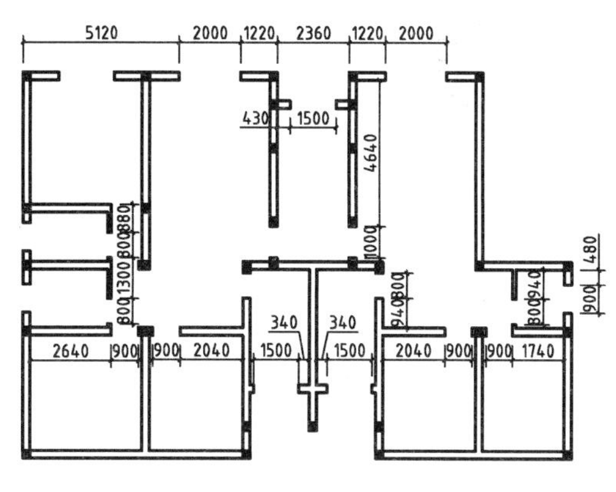

图 15-75 绘制开门和窗洞

步骤 13 插入门。调用 I（插入）命令，插入素材文件中的各种门，结果如图 15-76 所示。

5. 绘制窗

步骤 14 创建“窗”多线样式。选择“格式”|“多线样式”菜单命令，新建“窗”多线样式，设置参数如图 15-77 所示，并将其置为当前。

步骤 15 调用 ML（多线）命令，绘制窗，并调用 PL（多段线）命令，绘制凸窗窗台，结果如图 15-78 所示。

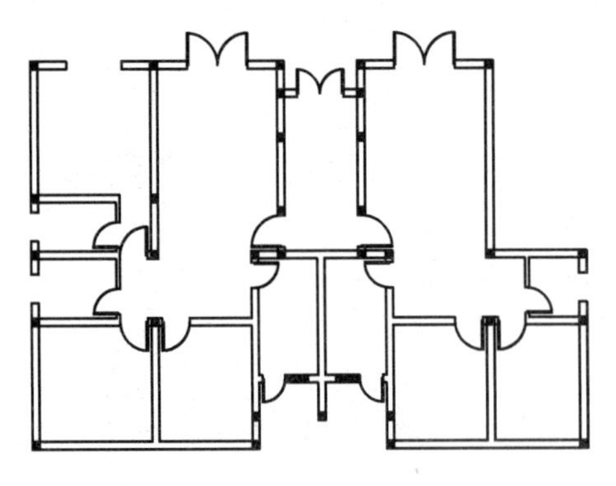

图 15-76 插入门

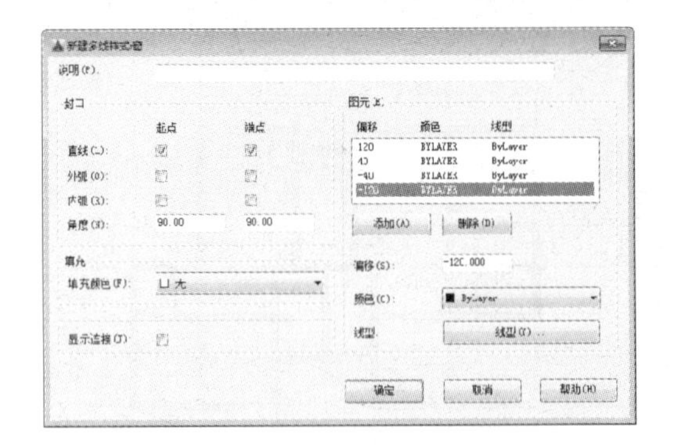

图 15-77 创建“窗”多线样式

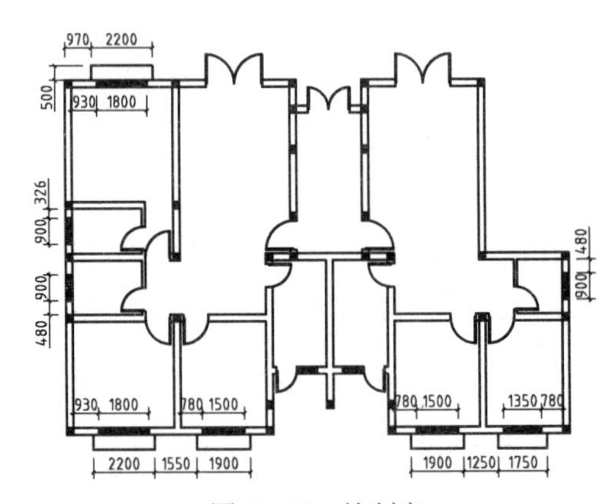

图 15-78 绘制窗

6. 绘制阳台、楼梯、排水管

步骤 16 首先将“其他”图层置为当前图层。

步骤 17 绘制阳台。调用 PL（多段线）命令，绘制阳台隔墙轮廓线。调用 C（圆）命令，绘制一个半径为 50 的圆作为排水管，结果如图 15-79 所示。

步骤 18 将“楼梯”图层置为当前图层。调用 I（插入）命令，插入“楼梯”块并移动至合适位置，结果如图 15-80 所示。

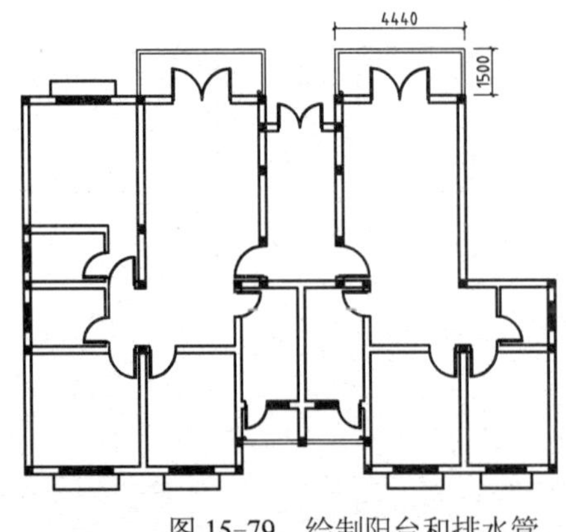

图 15-79 绘制阳台和排水管

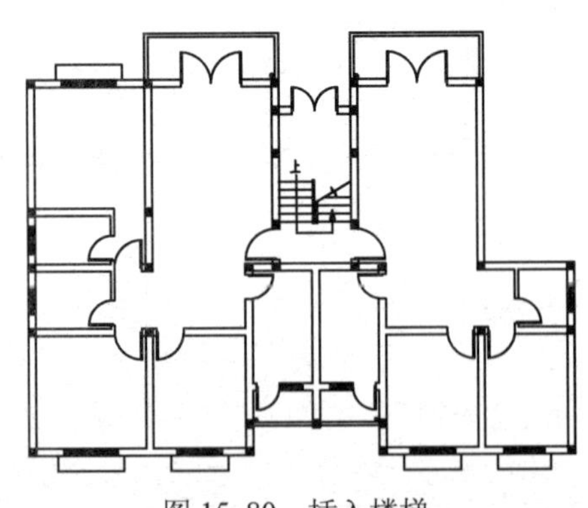

图 15-80 插入楼梯

7. 文字说明及图形标注

步骤 19 首先将“文字标注”图层置为当前图层，并将“图内文字”文字样式置为当前。

步骤 20 调用 DT“多行文字”命令，对门、窗和首层平面功能分区进行文字标注，结果如图 15-81 所示。

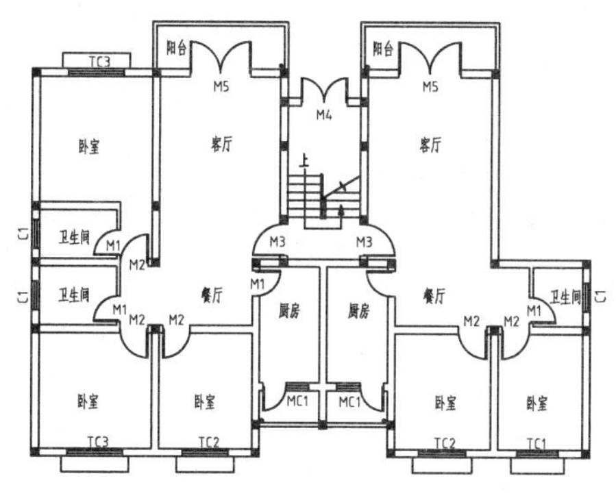

图 15-81　标注文字

步骤 21 首先将“尺寸标注”图层置为当前图层，并将“尺寸文字”文字样式置为当前。

步骤 22 调用 DLI“线型标注”命令和 DCO（连续标注）命令，对平面图进行尺寸标注，如图 15-82 所示。

步骤 23 添加排水方向。调用 PL（多段线）命令，绘制排水方向，再添加坡度文字说明。

步骤 24 标高标注。将“标高”图层置为当前图层，调用 I（插入）命令，插入随书光盘中的“标高”块，输入“属性”标高值，结果如图 15-83 所示。

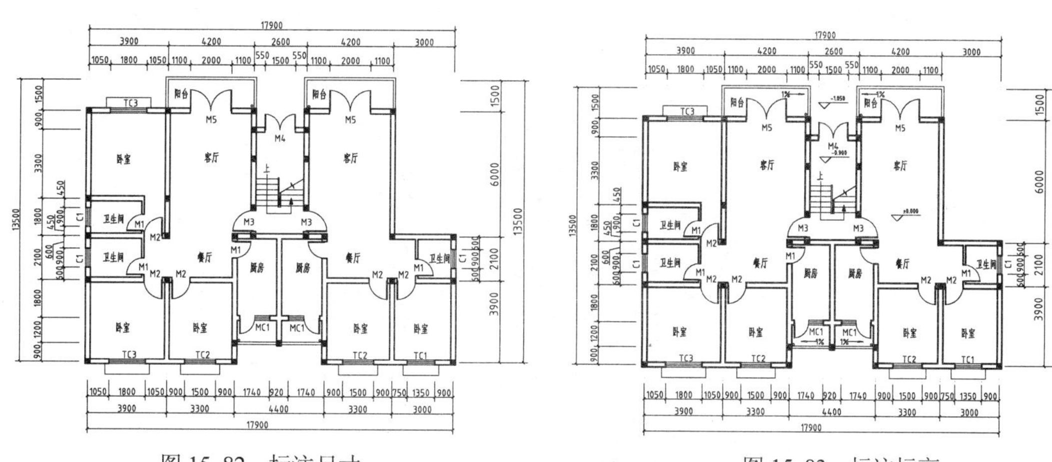

图 15-82　标注尺寸　　　　图 15-83　标注标高

步骤 25 调用 C（圆）命令，绘制一个半径为 400 的圆，调用 L（直线）命令，以圆的象限点为起点，绘制一条长为 200 的直线。

步骤 26 将“轴号文字”文字样式置为当前，调用 DT（单行文字）命令，添加轴号。

步骤 27 结合 CO（复制）和 RO（旋转）命令，将轴号插入到平面图中，如图 15-84 所示。

步骤 28 将“图名”文字样式置为当前，调用 T（多行文字）命令，添加图名和比例，并调用 PL（多段线）命令，添加图名下画线，最终效果如图 15-85 所示，至此，住宅楼首层平面图绘制完成。

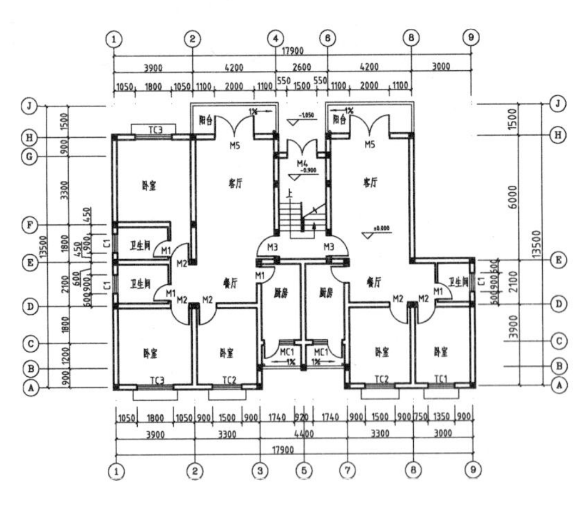
图 15-84　添加轴号

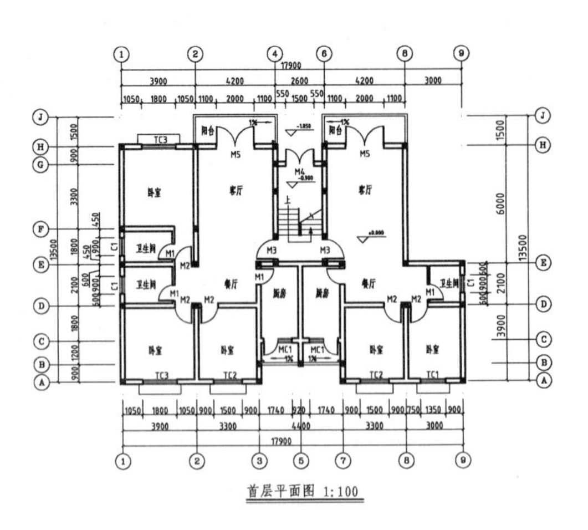
图 15-85　最终效果

15.3.3 绘制住宅楼正立面图

建筑立面图是建筑物各个方向的外墙及可见的构配件的正投影图，简称为立面图。建筑立面图主要用来表示建筑物的体型和外貌、外墙装修、门窗的位置与形式，以及遮阳板、窗台、窗套、屋顶水箱、檐口、雨蓬、雨水管、水斗、勒脚、平台和台阶等构配件各部位的标高和必要尺寸。

本例将绘制如图 15-86 所示的住宅楼正立面图。在绘制时，可以参考平面图的尺寸与标高，先绘制出整体立面轮廓线，然后再完善细部。

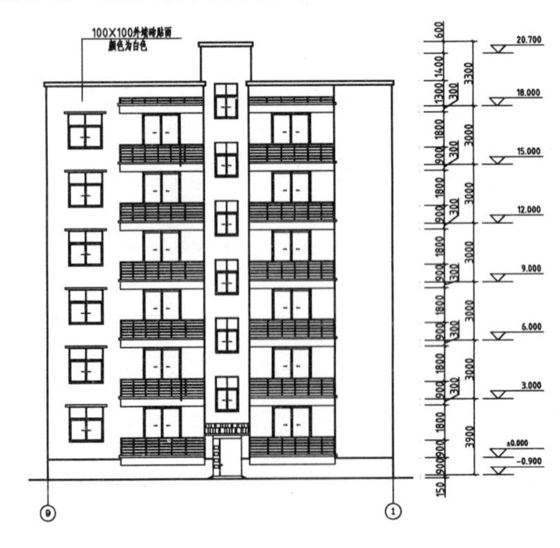
图 15-86　住宅楼正立面图

1. 绘制外部轮廓

步骤 1 单击快速访问工具栏中的“新建”按钮，新建图形文件。

步骤 2 选择“文件”|“打开”命令，打开绘制好的首层平面图，将其复制到新建文件中。

步骤 3 调用 TR（修剪）和 E（删除）命令，整理图形，如图 15-87 所示。

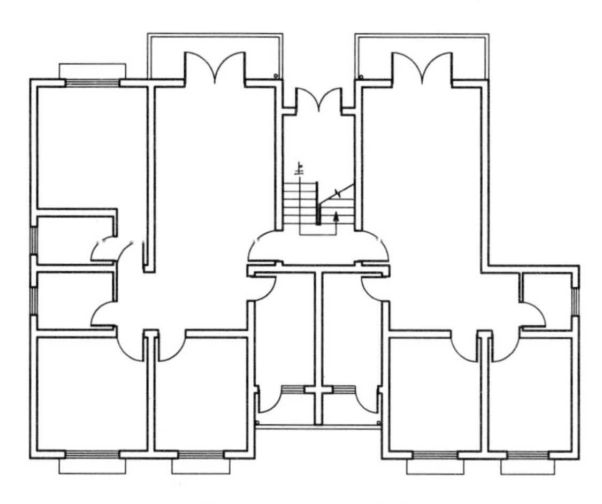

图 15-87 整理图形

步骤 4 将“墙体”图层置为当前图层，调用 XL（构造线）命令，根据平面图进行外墙边、门窗洞和阳台的定位，如图 15-88 所示。

步骤 5 重复调用 XL（构造线）命令，绘制一条水平构造线，并将其向上偏移 3000、3000、3000、3000、3000、4300，修剪多余的线条，完成辅助线的绘制，如图 15-89 所示。

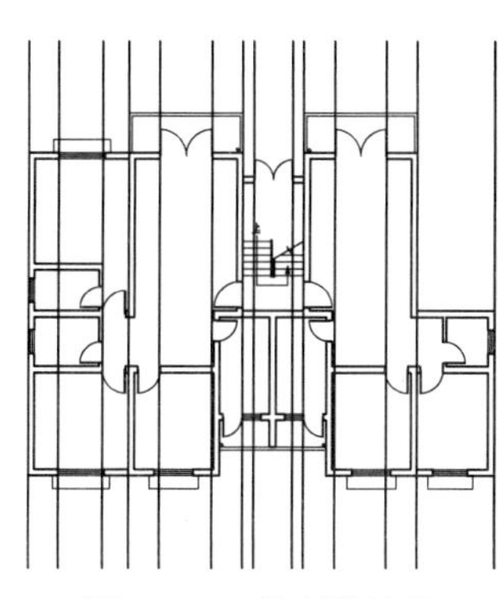

图 15-88 绘制构造线

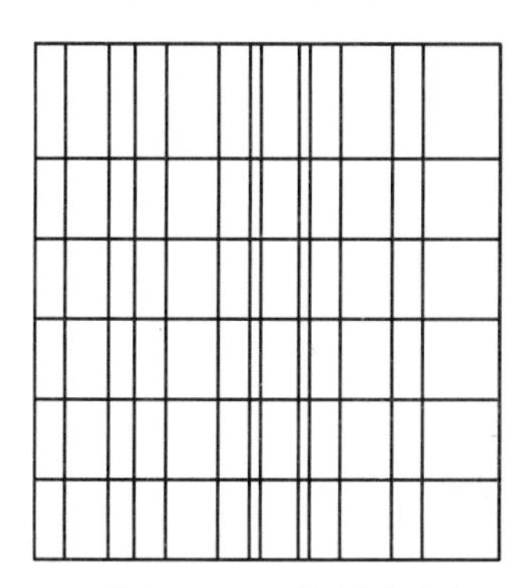

图 15-89 绘制辅助线

2. 绘制一层立面

步骤 6 调用 O（偏移）、TR（修剪）和 H（图案填充）命令，绘制雨棚、台阶和地平线，如图 15-90 所示。

步骤 7 将（门窗）图层置为当前图层。结合 I（插入）和 M（移动）命令，将随书素材块“立面窗 C1”、“立面窗 C2”、“立面窗 C3”、“入户门立面”和“阳台栏杆立面”插入至相应位置。

步骤 8 完善一层立面图。将“楼梯阳台”图层置为当前，调用 L（直线）命令和 H（图案填充）命令绘制雨棚，一层立面绘制结果如图 15-91 所示。

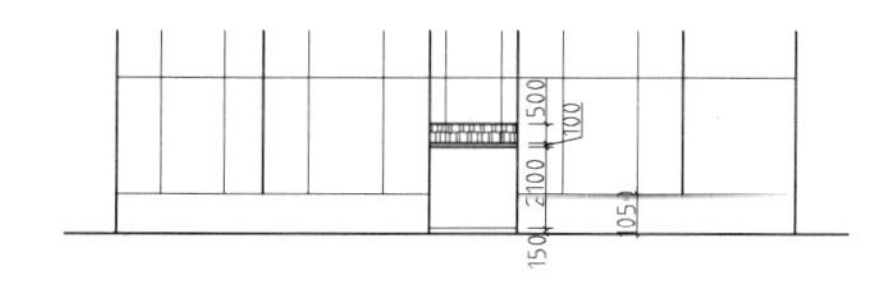

图 15-90 绘制雨棚、台阶、地平线

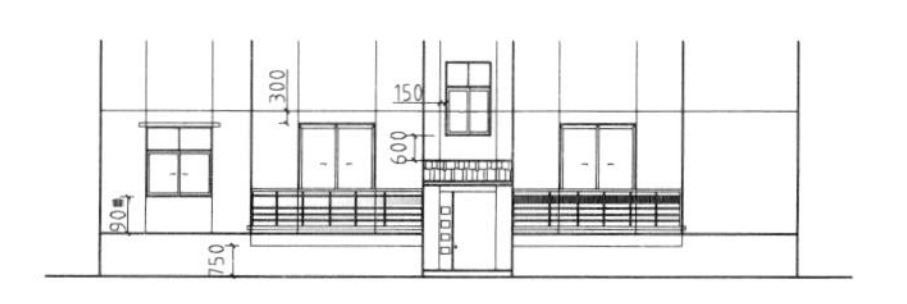

图 15-91 绘制一层立面图

3. 绘制2～6层立面图

步骤 9 复制楼层。调用 CO（复制）命令，复制一层立面窗和阳台栏杆至 2～6 层，结果如图15-92所示。

步骤 10 完善六层立面图。调用 I（插入）命令，插入“阳台栏杆立面”于六层窗顶部。调用 X（分解）命令和 TR（裁剪）命令，对栏杆进行修改。

步骤 11 调用 E（删除）命令，删除多余辅助线，结果如图15-93所示。

图15-92 绘制2～6层立面图

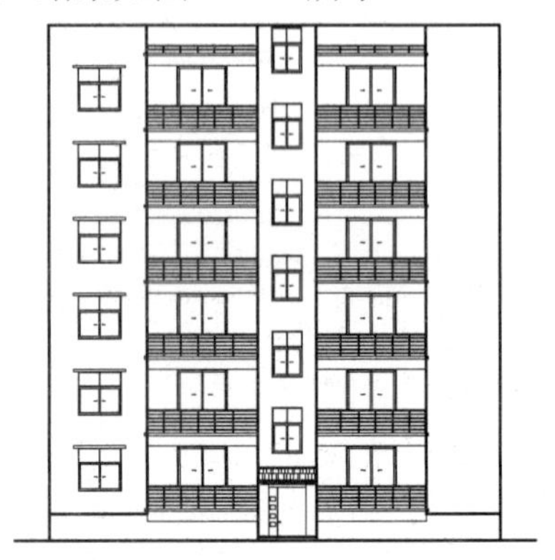

图15-93 完善图形

4. 绘制屋顶造型

步骤 12 调用 L（直线）命令和 REC（矩形）命令，绘制屋顶造型，结果如图 15-94 所示。

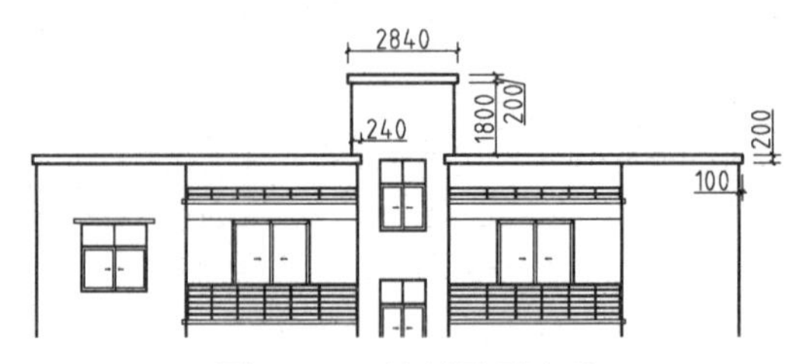

图15-94 绘制屋顶造型

5. 文字说明及图形标注

步骤 13 尺寸标注。将“尺寸标注”图层置为当前图层，调用 DLI（线型标注）命令和 DCO（连续标注）命令，对平面图进行尺寸标注。

步骤 14 标高标注。将“标高”图层置为当前图层，调用 I（插入）命令，插入“标高”块到指定位置，并修改其标高值，在标高下绘制一条约为 1000 的水平直线，对室外地面、0标高线及各层进行标高标注。

步骤 15 添加轴号。调用 C（圆）和 L（直线）命令，绘制一个半径为 400 的圆和一条长为1000的直线，结合使用DT（单行文字）和CO（复制）命令，添加轴号。

步骤 16 文字标注。将“文字标注”图层置为当前图层，调用 T（多行文字）命令，添加文字说明、图名及比例。

步骤 17 最终结果如图15-95所示。

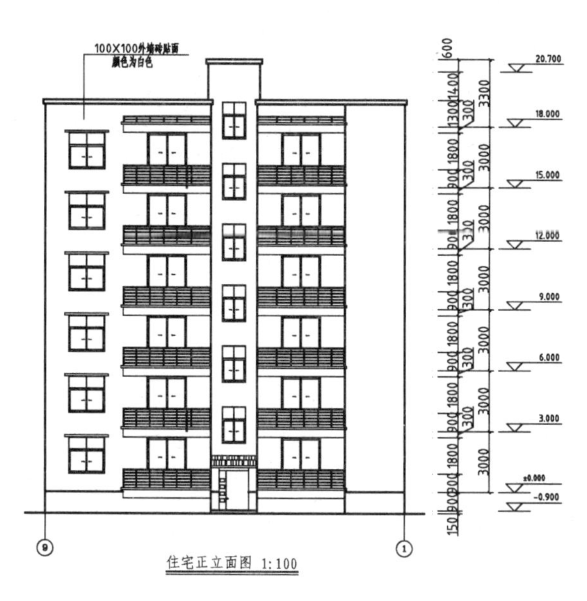

图 15-95　最终效果

15.3.4 绘制住宅楼 1-1 剖面图

建筑剖面图用于表示建筑内部的结构构造、垂直方向的分层情况、各层楼地面、屋顶的构造及相关尺寸，以及标高等。本例绘制的剖切位置位于典型造型部位的剖面图，如图 15-96 所示。

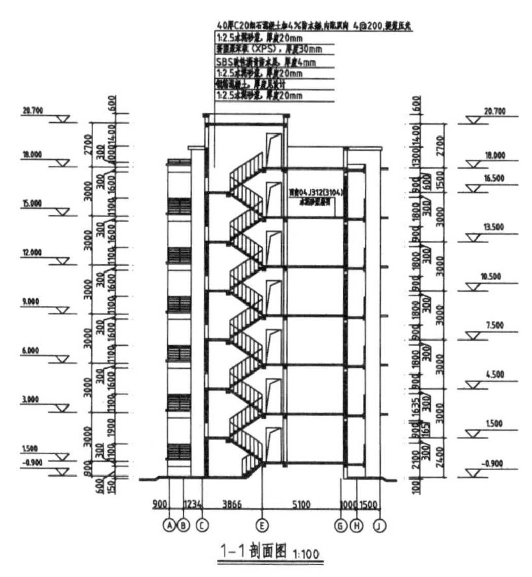

图 15-96　住宅楼 1-1 剖面图

在绘制时，可以先绘制出一层和二层的剖面结构，再复制出 3～6 层的剖面结构，最后绘制屋顶结构。其一般绘制步骤是：先根据平面图和立面图绘制出剖面轮廓，再绘制细部构造，接着完善图形，然后绘制屋顶剖面结构，最后进行文字和尺寸等的标注。

1. 绘制外部轮廓

步骤 1 单击快速访问工具栏中的“新建”按钮，新建图形文件。

步骤 2 选择“文件”|“打开”命令，打开绘制好的首层平面图，将其复制到新建文件中。

步骤 3 复制平面图和侧立面图于绘图区空白处，并对图形进行清理，保留主体轮廓，并将平面图旋转 90°，使其呈如图 15-97 所示分布。

步骤 4 绘制辅助线。将“墙体”图层置为当前层。调用 XL（构造线）命令，过墙体、楼层分界线及阳台、台阶绘制横向和竖向辅助线，进行墙体和梁板的定位，结果如图 15-98 所示。

步骤 5 调用 TR（修剪）命令，修剪轮廓线，结果如图 15-99 所示。

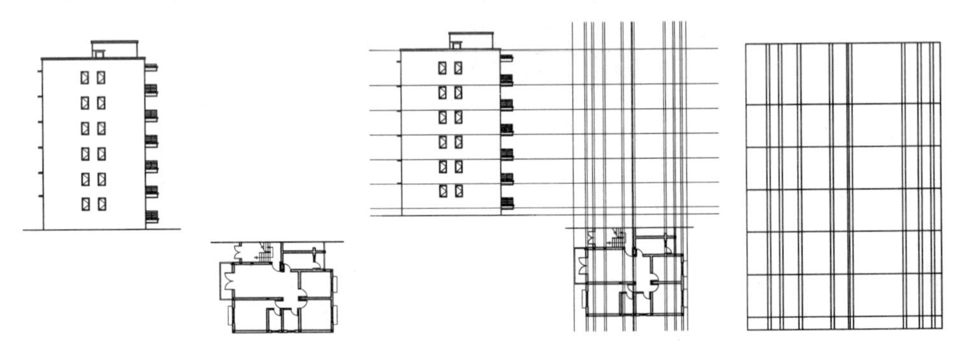

图 15-97 调用并整理平、立面图　　图 15-98 绘制并整理辅助线　　图 15-99 修剪轮廓线

2. 绘制一层和二层楼板结构

步骤 6 将“墙体”图层置为当前图层。

步骤 7 调用 PL（多段线）命令、L（直线）命令和 O（偏移）命令，依据平面图和立面图，绘制一层和二层楼板结构，设置楼板厚度为 100，结果如图 15-100 所示。

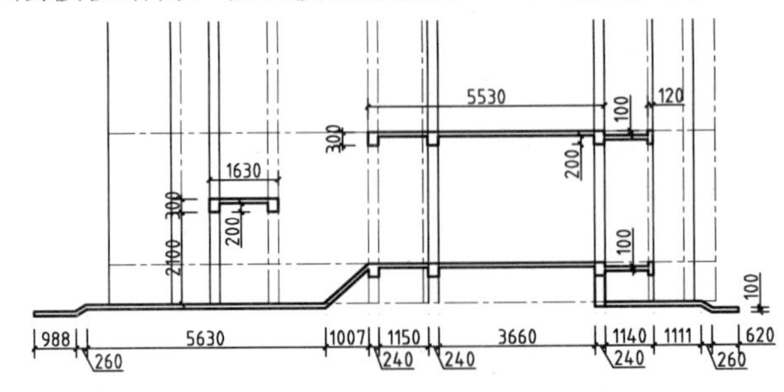

图 15-100 绘制梁和楼板

步骤 8 调用 H（图案填充）命令，填充梁和楼板，如图 15-101 所示。

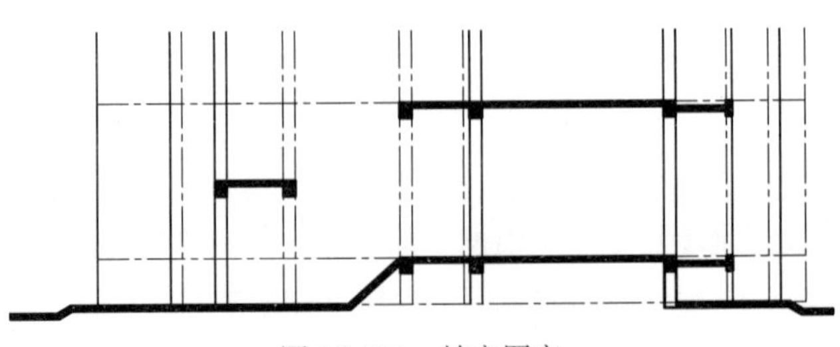

图 15-101 填充图案

步骤 9 绘制阳台。将“设施”图层置为当前，镜像立面图一层阳台并移动至剖面图对应位置，绘制左侧阳台栏杆。

步骤 10 绘制门窗。将“门窗”图层置为当前。调用 ML（多线）、L（直线）和 O（偏移）命令绘制门、窗，调用 PL（多段线）命令绘制二层窗台，结果如图 15-102 所示。

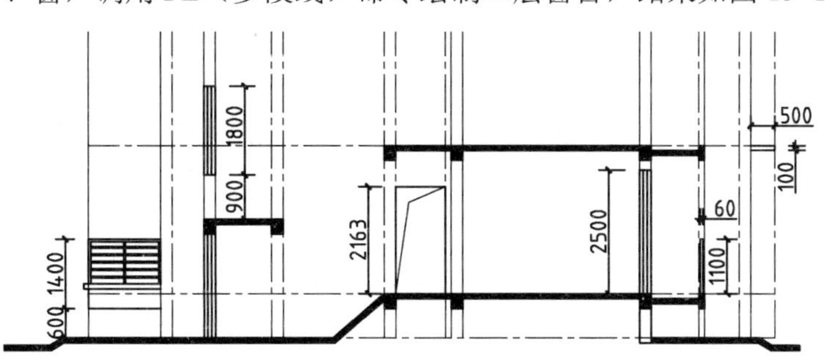

图 15-102 绘制阳台和门窗

步骤 11 绘制楼梯。将“楼梯”图层置为当前。调用 L（直线）和 O（偏移）命令绘制一层和二层楼梯，分为三跑，每级宽度为 260，高度为 163，板厚度为 100，栏杆高度为 1127，结果如图 15-103 所示。

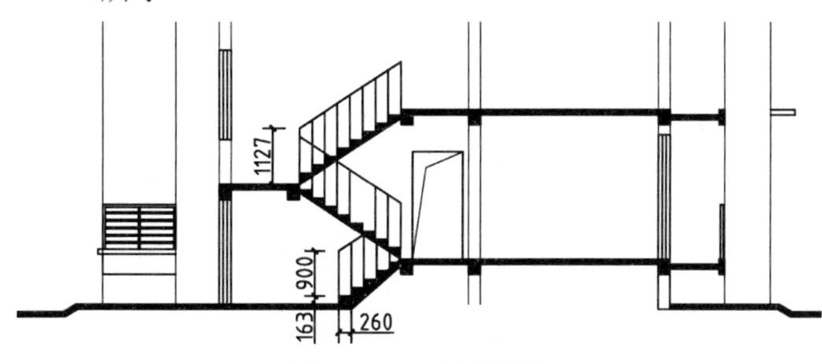

图 15-103 绘制楼梯

3. 绘制 3～6 层和屋顶构造

步骤 12 调用 CO（复制）命令，复制一层和二层门窗、楼板、阳台等构造于 3～6 层，结果如图 15-104 所示。

步骤 13 绘制屋顶构造。调用 L（直线）、PL（多段线）、O（偏移）和 H（图案填充）命令，绘制屋顶构造，结果如图 15-105 所示。

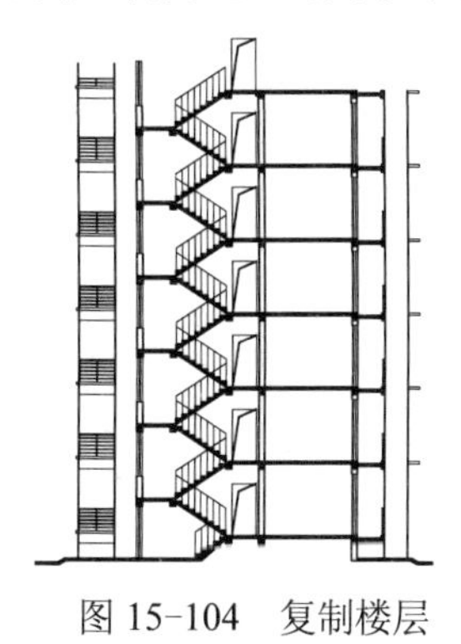

图 15-104 复制楼层

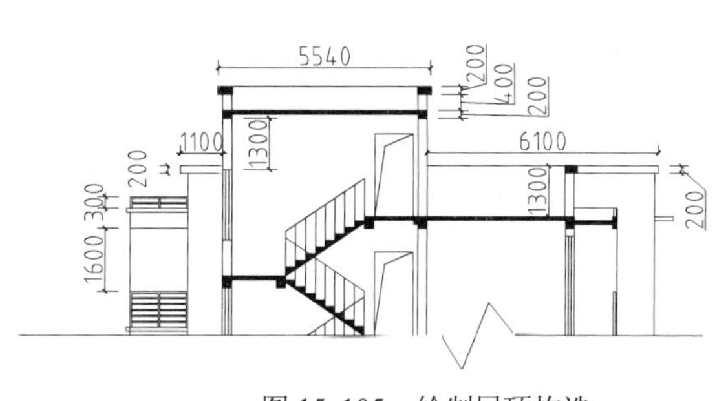

图 15-105 绘制屋顶构造

4. 标注

步骤 14 尺寸标注。将“尺寸标注”图层置为当前，调用 DLI（线性标注）和 DCO（连续标注）命令进行尺寸标注。

步骤 15 标高标注。将“标高”图层置为当前图层，调用 I（插入）命令，插入“标高”块到指定位置，并修改其标高值，在标高下绘制一条约为 1000 的水平直线，对室外地面、0 标高线和各层进行标高标注。

步骤 16 添加轴号。调用 C（圆）和 L（直线）命令，绘制一个半径为 400 的圆和一条长为 1000 的直线，结合使用 DT（单行文字）和 CO（复制）命令，添加轴号。

步骤 17 文字标注。将“文字标注”图层置为当前图层，调用 T（多行文字）和“多重引线”命令，添加文字说明、图名及比例。

步骤 18 最终结果如图 15-106 所示。

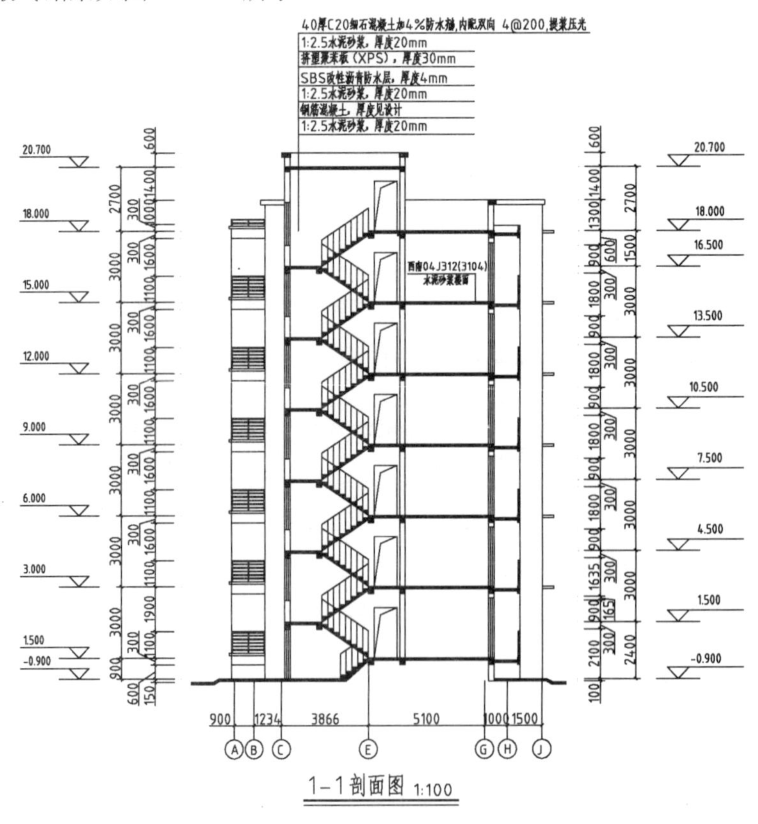

图 15-106 标注

15.4 设计专栏

15.4.1 上机实训

步骤 1 绘制如图 15-107 所示的檐口详图。

步骤 2 绘制如图 15-108 所示的住宅楼立面图。

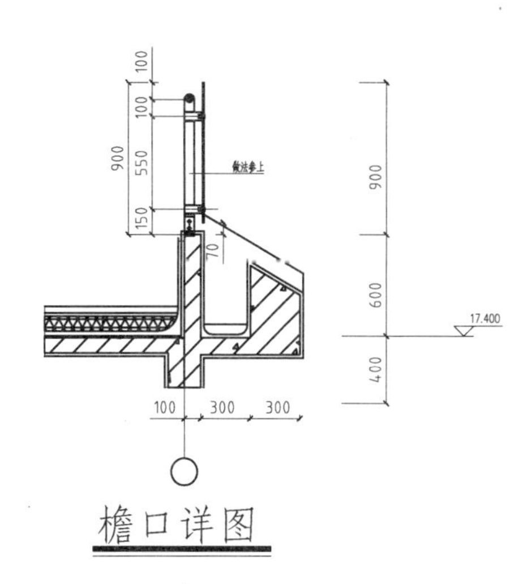

图 15-107　绘制檐口详图

图 15-108　绘制住宅楼立面图

15.4.2 辅助绘图锦囊

在绘制建筑图纸的过程中，需要鉴别所使用的建筑材料。行业内通常使用一些常用的图示标志来表示材料的类别，认识这些图示标志，有助于读懂建筑施工图。

表 15-4 所示为常用的建筑材料图例。

表 15-4　常用的建筑材料图例

名　称	图　例	备　注
自然土壤		包括各种自然土壤
夯实土壤		
砂、灰土		靠近轮廓线绘制较密的点

（续）

名 称	图 例	备 注
砂砾石、碎砖三合土	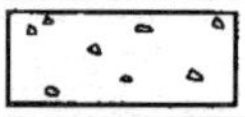	
石材		
毛石		
普通砖	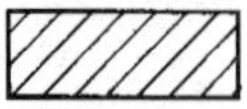	包括实心砖、多孔砖和砌块等砌体。当断面较窄不易绘出图例线时，可涂红
耐火砖	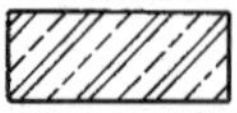	包括耐酸砖等砌体
空心砖		指非承重砖砌体
饰面砖		包括铺地砖、马赛克、陶瓷锦砖和人造大理石等
焦渣、矿渣	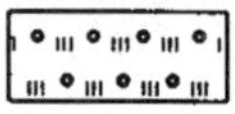	包括与水泥、石灰等混合而成的材料
混凝土	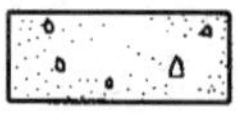	（1）本图例指能承重的混凝土及钢筋混凝土； （2）包括各种强度等级、骨料和添加剂的混凝土； （3）在剖面图上画出钢筋时，不画图例线； （4）断面图形小，不易画出图例线时，可涂黑
钢筋混凝土		
多孔材料	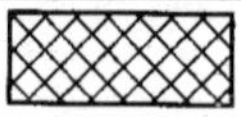	包括水泥珍珠岩、沥青珍珠岩、泡沫混凝土、非承重加气混凝土、软木和蛭石制品等
纤维材料	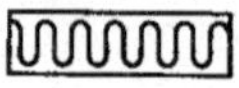	包括矿棉、岩棉、玻璃棉、麻丝、木丝板和纤维板等
泡沫塑料材料	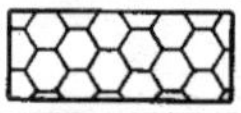	包括聚苯乙烯、聚乙烯和聚氨酯等多孔聚合物类材料
木材	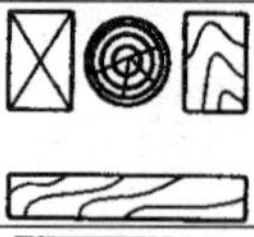	（1）上图为横断面，上左图为垫木、木砖或木龙骨； （2）下图为纵断面
胶合板		应注明为×层胶合板
石膏板	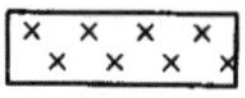	包括圆孔、方孔石膏板，防水石膏板等
金属		（1）包括各种金属； （2）图形小时，可涂黑
网状材料		（1）包括金属和塑料网状材料； （2）应注明具体材料名称
液体		应注明具体液体名称
玻璃		包括平板玻璃、磨砂玻璃、夹丝玻璃、钢化玻璃、中空玻璃、加层玻璃和镀膜玻璃等
橡胶		
塑料		包括各种软、硬塑料及有机玻璃等
防水材料		构造层次多或比例大时，采用上面图例
粉刷		本图例采用较稀的点

第 16 章

室内装潢设计与 AutoCAD 制图

本章要点

- 室内装潢设计与绘图
- 绘制室内装潢图常用图例
- 绘制室内设计图
- 设计专栏

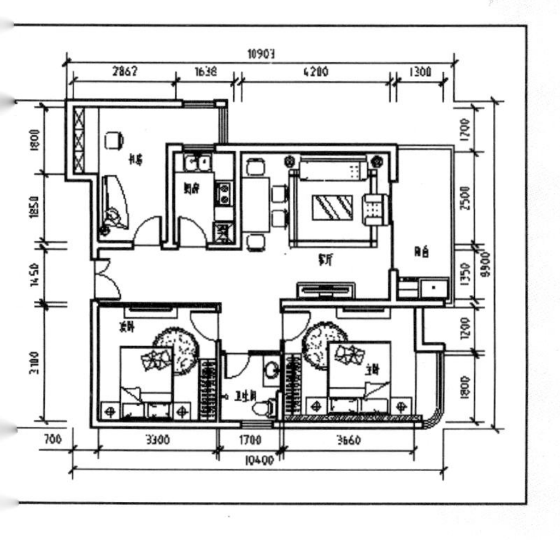

现代室内设计遵循以人为本的原则，为人们创造理想的室内空间环境。通过本章的学习，可以了解室内设计相关的理论知识，并掌握室内设计及制图的方法。

16.1 室内装潢设计与绘图

室内设计一般分为方案设计阶段和施工图设计阶段。方案设计阶段形成方案图，多用手工绘制方式表现，而施工图阶段则形成施工图。施工图是施工的主要依据，它需要详细、准确地表示出室内布置、各部分的形状、大小、材料做法及相互关系等各项内容，故一般用计算机来绘制。

16.1.1 室内设计的概念

室内设计也称为室内环境设计。随着社会的不断发展，建筑功能逐渐多样化，室内设计也逐渐从建筑设计中分离出来，成为一个相对独立的行业。它既包括视觉环境和工程技术方面的内容，也包括声、光、热等物理环境及气氛、意境等心理环境和文化内涵等内容。同时，它与建筑设计既有联系又有区别，是建筑设计的延伸，旨在创造合理、舒适、优美的室内环境，以满足使用和审美要求。

16.1.2 室内设计绘图的内容

一套完整的室内设计图纸包括施工图和效果图。

1. 施工图和效果图

室内装潢施工图完整、详细地表达了装饰的结构、材料构成及施工的工艺技术要求等，它是木工、油漆工、水电工等相关施工人员进行施工的依据，具体指导每个工种、工序的施工。装饰施工图要求准确、详细，一般使用 AutoCAD 进行绘制。

设计效果图指的是在施工图的基础上，把装修后的效果用彩色透视图的形式表现出来，以便对装修进行评估。效果图一般用 3ds Max 绘制，它根据施工图的设计建模、编辑材质、设置灯光和渲染，最终得到一张彩色图像。效果图反映的是装修的用材、家具布置和灯光设计的综合效果，由于是三维透视彩色图像，没有任何装修专业知识的普通业主也可以轻易地看懂设计方案，了解最终的装修效果。

2. 施工图的分类

施工图可以分为平面图、立面图、剖面图和节点图 4 种类型。

平面图比较直观，主要由墙体、柱子、门、窗等建筑结构和家具、陈设物、各种标注符号等组成，是以一平行于地面的剖切面将建筑剖切后，移去上部分而形成的正投影图。

施工立面图是室内墙面与装饰物的正投影图，它表明了室内的标高，吊顶装修的尺寸及梯次造型的相互关系尺寸，墙面装饰样式及材料、位置尺寸，墙面与门、窗、隔断的高度尺寸，墙面与顶、地的衔接方式等。

剖面图是将装饰面剖切，以表达结构构成的方式、材料的形式和主要支承构件的相互关系等。剖面图标注有详细尺寸、工艺做法及施工要求。

节点图是两个以上装饰面的交汇点，按垂直或水平方向切开，以标明装饰面之间的对接方式和固定方法。节点图应该详细地表现出装饰面连接处的构造，注有详细的尺寸和收口、封边的施工方法。

3. 施工图的组成

一套完整的室内设计施工图包括建筑平面图、平面布置图、顶棚图、地材图、电气图和给排水图等。

（1）建筑平面图

在经过实地量房之后，设计师需要将测量结果用图纸表现出来，包括房型结果、空间关系、尺寸等，这是室内设计绘制的第一张图，如图 16-1 所示为建筑平面图。

其他的施工图都是在建筑平面图的基础上绘制的，包括平面布置图、顶棚图、地材图和电气图等。

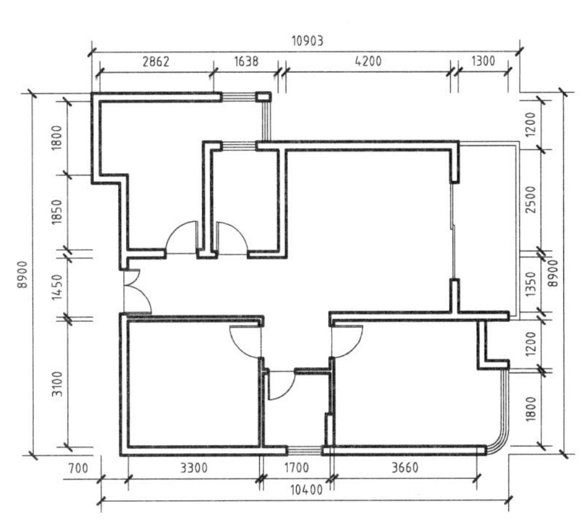

图 16-1　建筑平面图

（2）平面布置图

平面布置图是在原建筑结构的基础上，根据业主的要求和设计师的设计意图，对室内空间进行详细的功能划分和室内设施定位的图样。

平面布置图的主要内容有：空间大小、布局、家具、门窗、人的活动路线、空间层次和绿化等，如图 16-2 所示为平面图。

（3）地材图

地材图是用来表示地面做法的图样，包括地面用材和形式，其形成方法与平面布置图大致相同，其区别在于地面布置图不需要绘制室内家具，只需要绘制地面所使用的材料和固定于地面的设备与设施图形，如图 16-3 所示为客房地材图。

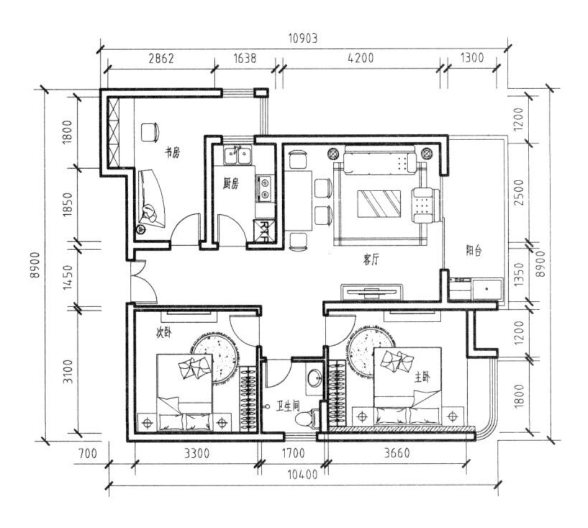

图 16-2　平面布置图

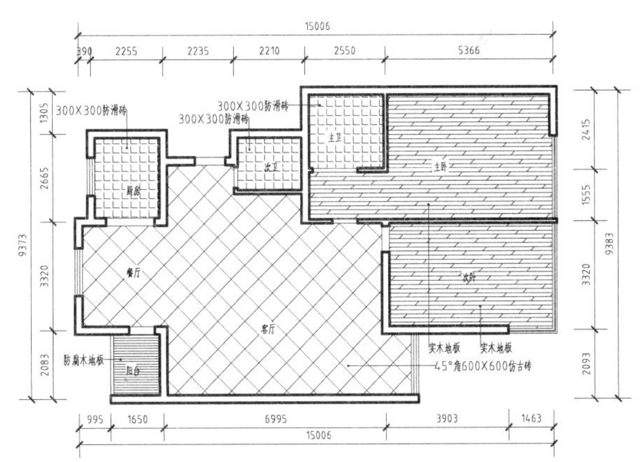

图 16-3　地材图

（4）电气图

电气图主要用来反映室内的配电情况，包括配电箱的规格、型号、配置，以及照明、插座、开关等线路的铺设方式和安装说明等，如图 16-4 所示为电气图。

（5）顶棚图

顶棚图主要是用来表示顶棚的造型和灯具的布置，同时也反映了空间组合的标高关系和尺寸等。如图 16-5 所示为顶棚图，包括各种装饰图形、灯具、文字说明、尺寸和标高。有时为了更详细地表示某处的构造和做法，还需要绘制剖面详图。

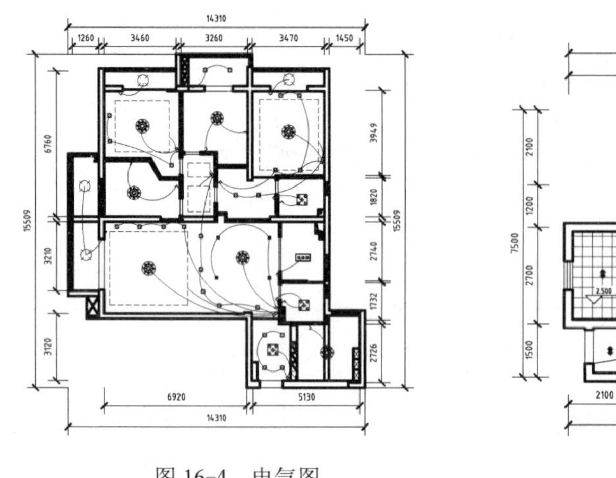

图 16-4 电气图

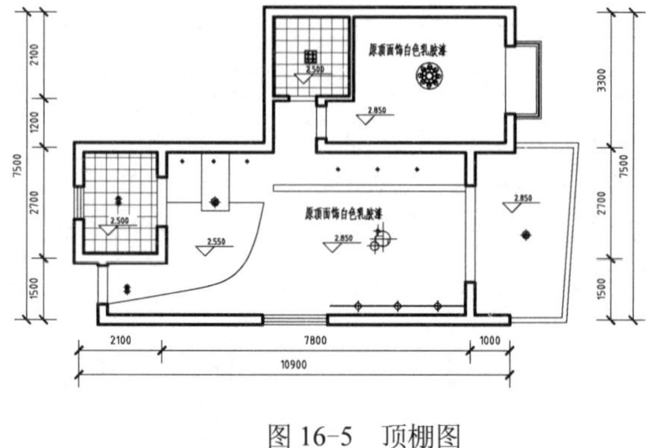

图 16-5 顶棚图

（6）立面图

立面图是一种与垂直界面平行的正投影图，它能够反映垂直界面的形状、装修做法和其上的陈设，如图 16-6 所示。

立面图所要表达的内容为 4 个面所围合成的垂直界面的轮廓和轮廓里面的内容，包括正投影原理能够投影到地面上的所有构配件。

（7）给排水图

在家庭装潢中，管道有给水和排水两个部分。给排水施工图即用于描述室内给水和排水管道、开关等设施的布置和安装情况，如图 16-7 所示为给排水图。

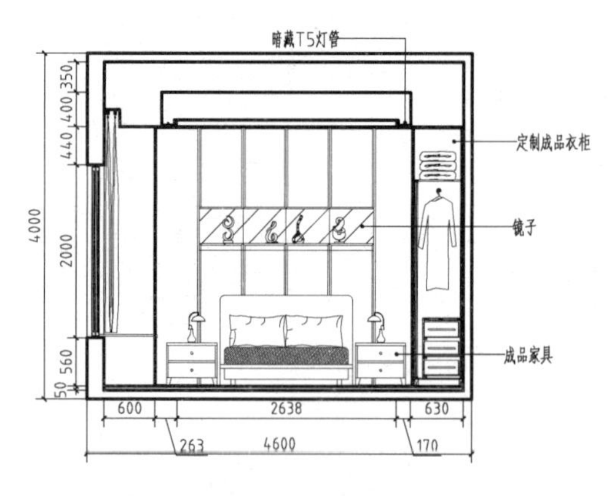

图 16-6 立面图

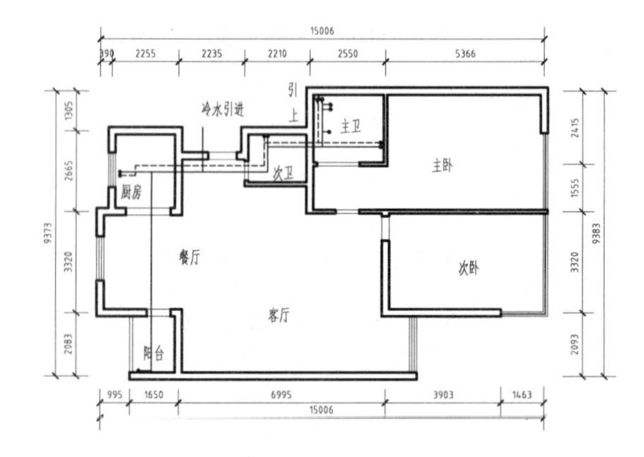

图 16-7 给排水图

16.2 绘制室内装潢图常用图例

室内制图的常用图例有煤气灶、壁炉、各种桌、椅、柜等，其尺寸应根据空间的尺度来把握与安排。下面我们就分别对其绘制方法进行讲解。

16.2.1 绘制煤气灶

煤气灶是厨房常用的一种图例，主要通过向设在灶体及上盖之间的间隙供应自然空气的方法，来补充燃烧时的空气的不足，进而促进燃烧，减少一氧化碳及氮氧化物生成。按使用气种分为天燃气灶、人工煤气灶、液化石油气灶和电磁灶。按材质分为铸铁灶、不锈钢灶、搪瓷灶。

本节以绘制煤气灶平面图为例，来了解煤气灶的构造及绘制方法，具体操作步骤如下：

步骤 1 绘制灶体。调用 REC（矩形）命令，绘制尺寸为 700mm×394mm 的矩形，如图 16-8 所示。

步骤 2 细化煤气灶。调用 O（偏移）命令，将矩形边向上偏移 87mm，如图 16-9 所示。

步骤 3 重复调用 O（偏移）命令，将矩形向内偏移 13mm。并用 TR（修剪）命令，修剪多余线段，完善图形，结果如图 16-10 所示。

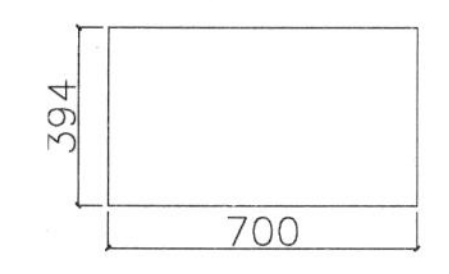

图 16-8 绘制灶体轮廓

图 16-9 偏移线段

图 16-10 偏移并修剪

步骤 4 绘制火焰喷射区域。调用 REC（矩形）命令，绘制尺寸为 218mm×218mm 的矩形，如图 16-11 所示。

步骤 5 调用 C（圆）命令，绘制半径为 88mm 的圆，结果如图 16-12 所示。

步骤 6 调用 O（偏移）命令，将圆向内偏移 43mm。并用 L（直线）命令，绘制直线，如图 16-13 所示。

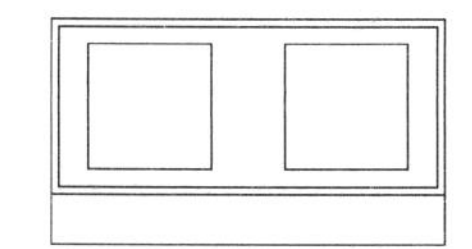

图 16-11 绘制矩形

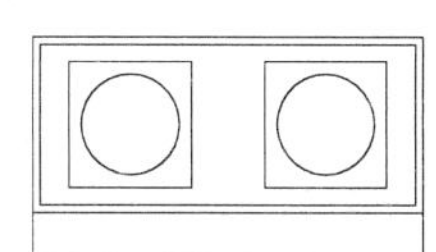

图 16-12 绘制圆形

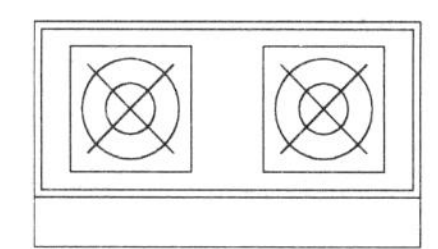

图 16-13 绘制直线

步骤 7 调用 TR（修剪）命令，修剪多余线段，火焰喷射区域绘制结果如图 16-14 所示。

步骤 8 绘制旋钮。调用 C（圆）命令，绘制半径为 21mm 和 13mm 的同心圆。

步骤 9 调用 REC（矩形）命令，绘制尺寸为 45mm×8mm 的矩形，并用 TR（修剪）命令，修剪多余线段，如图 16-15 所示。

步骤 10 调用 REC（矩形）命令，绘制尺寸为 74mm×61mm 的矩形。完成煤气灶平面图形的绘制，结果如图 16-16 所示。

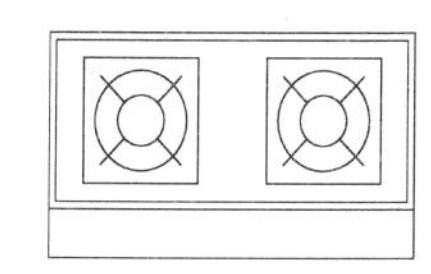

图 16-14 修剪结果

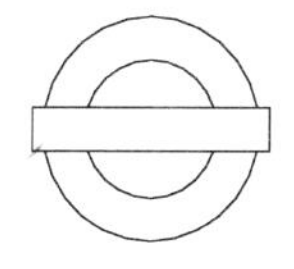

图 16-15 绘制圆和矩形

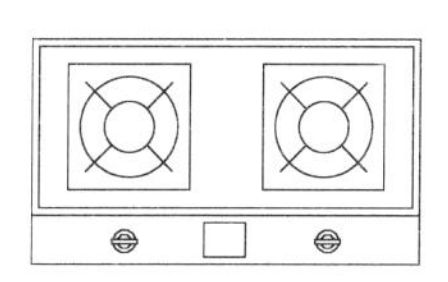

图 16-16 绘制结果

16.2.2 绘制卡座

卡座常用于演艺式的酒吧或者休闲会所，餐厅的座位形式通常是两个面对面的沙发，中间加一张小桌子。卡座沙发按形状主要分为单面卡座沙发、双面卡座沙发、半圆形卡座沙发、U 形卡座沙发、弧形卡座沙发等；卡座沙发按使用材料主要分为板式卡座沙发、实木卡座沙发、软体卡座沙发、钢木卡座沙发、玻璃钢卡座沙发等。

本节以绘制卡座为例，来了解卡座的构造及绘制方法，具体操作步骤如下：

步骤 1 绘制桌子。调用 REC（矩形）命令，绘制尺寸为 700mm×800mm 的矩形。调用 CO（复制）命令，移动复制绘制完成的矩形，结果如图 16-17 所示。

步骤 2 绘制长沙发。调用 REC（矩形）、TR（修剪）、F（圆角）命令，绘制如图 16-18 所示的图形。

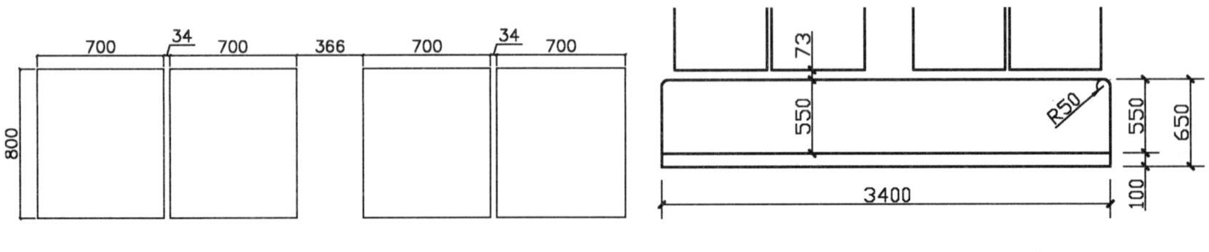

图 16-17 绘制桌子　　图 16-18 绘制长沙发

步骤 3 绘制隔板。调用 L（直线）、O（偏移）、TR（修剪）命令，绘制如图 16-19 所示的图形。

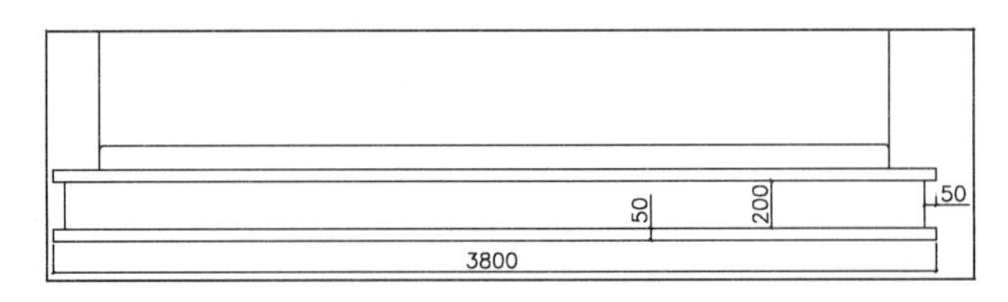

图 16-19 绘制隔板

步骤 4 调用 MI（镜像）命令，镜像复制绘制完成的图形，结果如图 16-20 所示。

步骤 5 按〈Ctrl+O〉组合键，打开配套光盘提供的“素材\第 16 章\家具图例.dwg”素材文件，将其中的“椅子”图形复制粘贴到图形中，结果如图 16-21 所示。

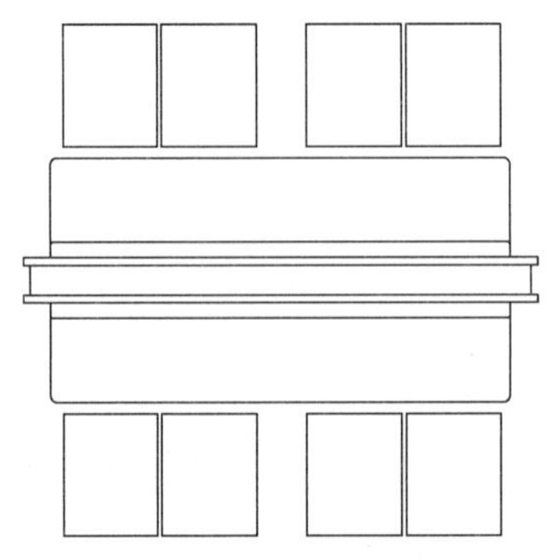

图 16-20 镜像复制图形

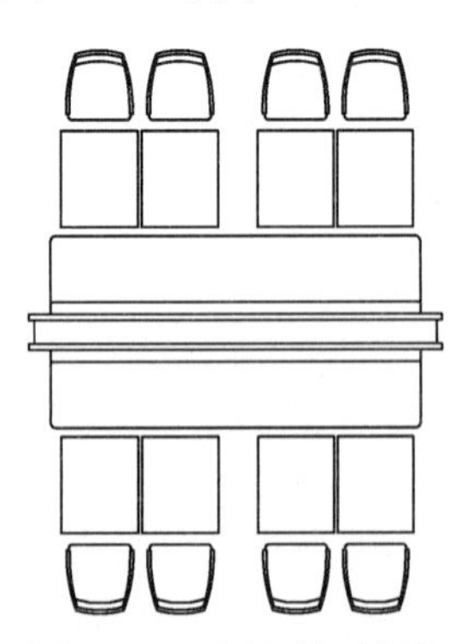

图 16-21 插入椅子图块

16.2.3 绘制壁炉

壁炉是在室内靠墙砌的生火取暖设备，多见于西方国家。根据不同国家的文化，分为美式壁炉、英式壁炉、法式壁炉等，造型因此各异。壁炉基本结构包括壁炉架和壁炉芯。

本节以绘制壁炉为例，来了解壁炉的构造及绘制方法，具体操作步骤如下：

步骤 1 绘制壁炉上部分。调用 REC（矩形）命令，绘制尺寸为 1500mm×51mm、1405mm×16mm 的矩形。调用 CO（复制）命令，移动复制尺寸为 1405mm×16mm 的矩形，结果如图 16-22 所示。

步骤 2 绘制壁炉下部分。调用 REC（矩形）命令，绘制尺寸为 1264mm×100mm、1524mm×20mm、1494mm×130mm 的矩形，绘制结果如图 16-23 所示。

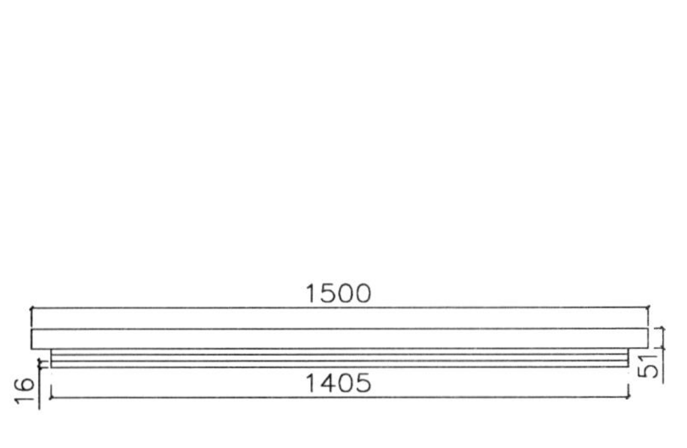

图 16-22 绘制壁炉上部分

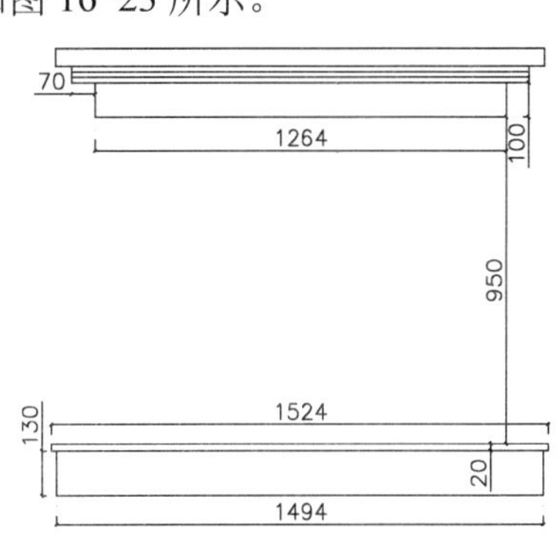

图 16-23 绘制壁炉下部分

步骤 3 绘制炉膛。调用 REC（矩形）命令，绘制尺寸为 150mm×190mm 的矩形。调用 L（直线）命令，绘制直线，结果如图 16-24 所示。

步骤 4 细化图形。调用 O（偏移）命令，偏移直线，结果如图 16-25 所示。

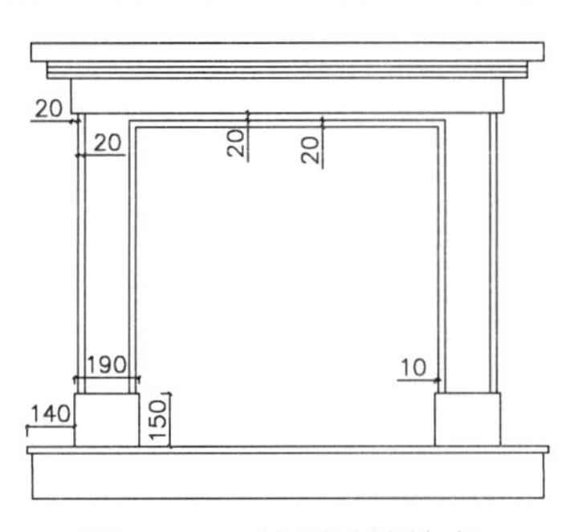

图 16-24 绘制炉膛轮廓

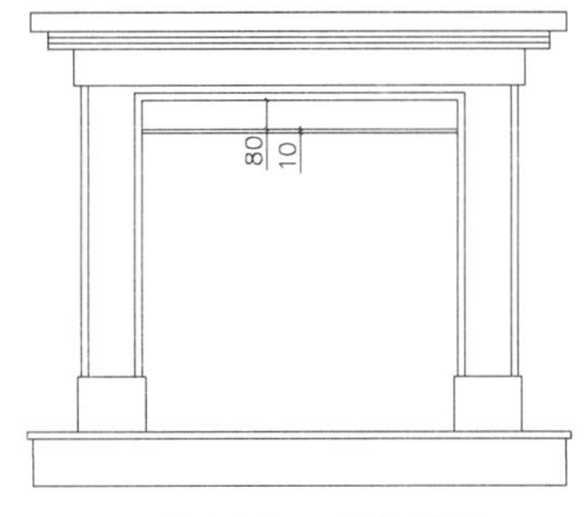

图 16-25 细化壁炉

步骤 5 调用 O（偏移）命令，偏移直线。调用 TR（修剪）命令，修剪多余线段，结果如图 16-26 所示。

步骤 6 绘制壁炉装饰。调用 C（圆）命令，绘制半径为 15mm 的圆。调用 CO（复制）命令，移动复制圆形，结果如图 16-27 所示。

步骤 7 按〈Ctrl+O〉组合键，打开配套光盘提供的“素材\第 16 章\家具图例.dwg”素材文件，将其中的“壁炉构件”移动复制到当前图形中；调用 TR（修剪）命令，修剪多余线段，结果如图 16-28 所示。

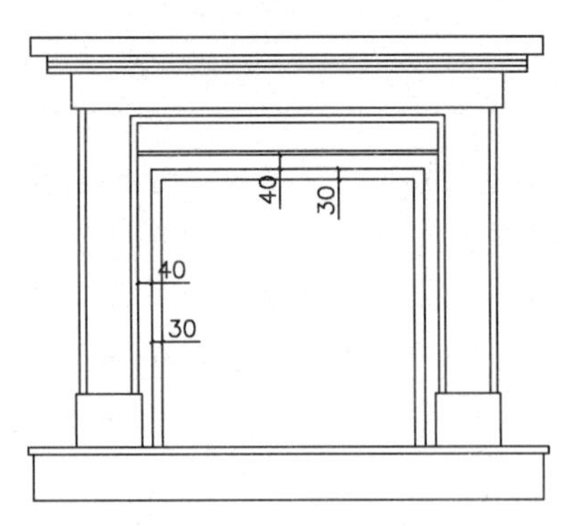

图 16-26 修剪线段

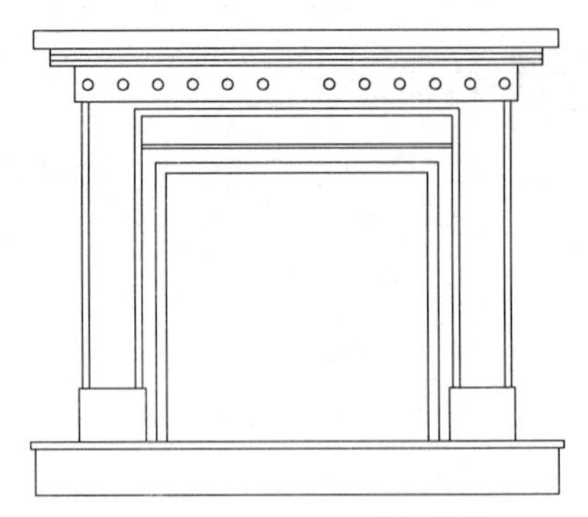

图 16-27 绘制壁炉装饰

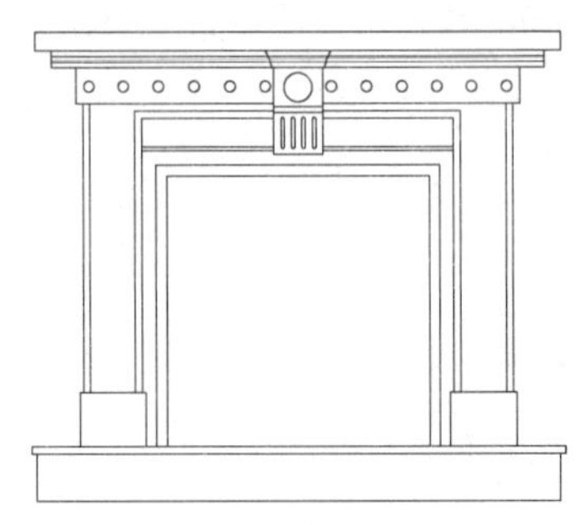

图 16-28 插入壁炉构件图块

16.2.4 绘制矮柜

矮柜是指收藏衣物、文件等用的器具，多为方形或长方形，一般为木制或铁制。本节以绘制如图 16-29 所示矮柜为例，来了解矮柜的构造及绘制方法，具体操作步骤如下：

图 16-29 矮柜

步骤 1 绘制柜头。调用 REC（矩形）命令，绘制尺寸为 1519mm×354mm 的矩形。并调用 O（偏移）命令，将横向线段向下偏移 34mm、51mm、218mm，结果如图 16-30 所示。

步骤 2 重复调用 O（偏移）命令，将竖向线段向右偏移 42mm、43mm、58mm，结果如图 16-31 所示。

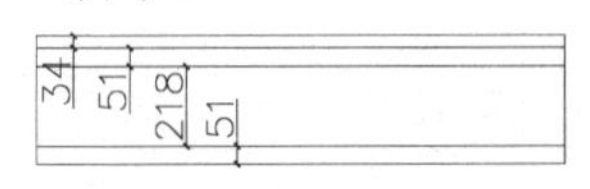

图 16-30 偏移横向线段

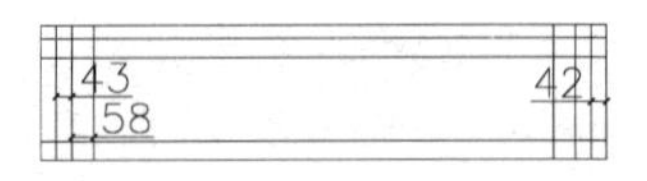

图 16-31 偏移竖向线段

步骤 3 调用 TR（修剪）命令，修剪多余线段，结果如图 16-32 所示。

步骤 4 细化柜头。调用 ARC（圆弧）命令，绘制圆弧，结果如图 16-33 所示。

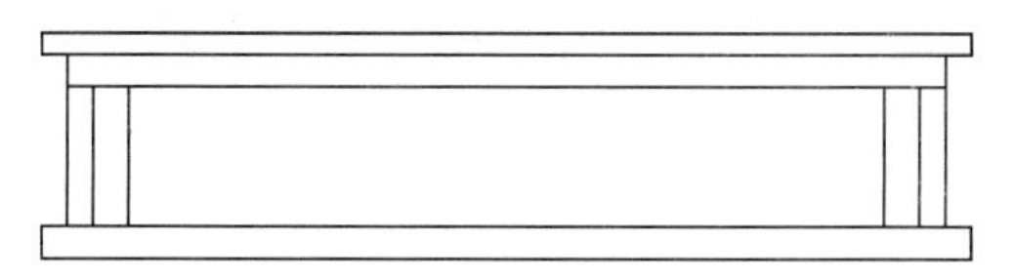
图 16-32　修剪线段

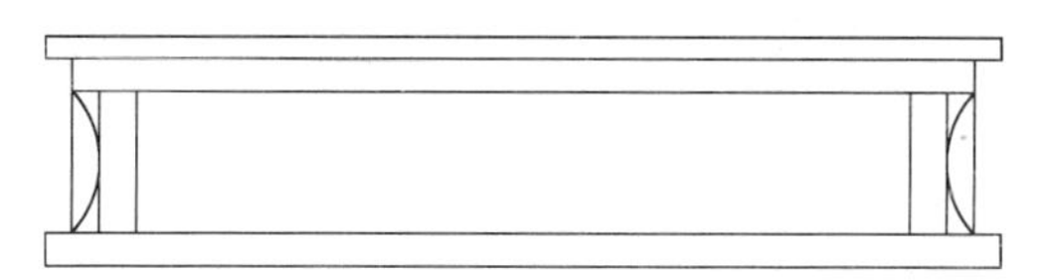
图 16-33　细化柜头

步骤 5 调用 E（删除）命令，删除多余线段，结果如图 16-34 所示。

步骤 6 绘制柜体。调用 REC（矩形）命令，绘制尺寸为 1326mm×633mm 的矩形。调用 X（分解）命令，分解绘制完成的矩形。

步骤 7 调用 O（偏移）命令，将线段向下偏移 219mm、51mm、219mm、60mm、20mm，向左偏移 47mm。调用 TR（修剪）命令，修剪多余线段，结果如图 16-35 所示。

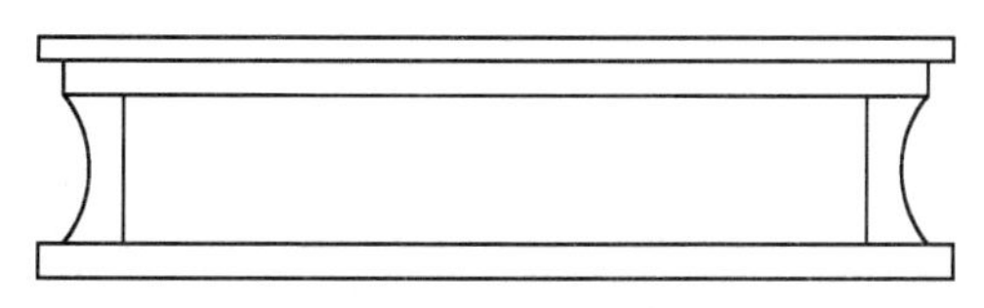
图 16-34　删除线段

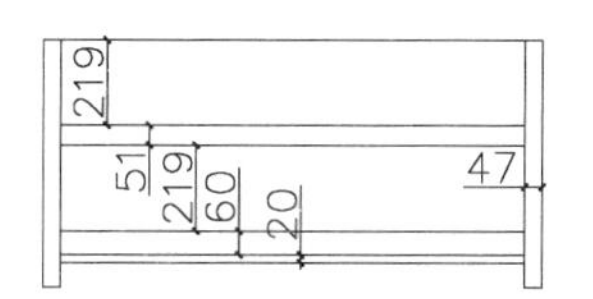

图 16-35　绘制柜体

步骤 8 绘制矮柜装饰。按〈Ctrl+O〉组合键，打开配套光盘提供的“素材\第 16 章\家具图例.dwg”素材文件，将其中的“雕花”等图形复制粘贴到图形中，结果见图 16-29，欧式矮柜绘制完成。

16.2.5 绘制饮水机

本节以绘制饮水机为例，来了解饮水机的构造及绘制方法，具体操作步骤如下：

步骤 1 绘制饮水桶。调用 REC（矩形）命令，绘制圆角半径为 30mm，尺寸为 332mm×419mm 的矩形，如图 16-36 所示。

步骤 2 细化水桶。调用 L（直线）命令，绘制直线，如图 16-37 所示。

步骤 3 绘制衔接口。调用 REC（矩形）命令，绘制尺寸为 183mm×24mm 的矩形。

步骤 4 调用 O（偏移）命令，设置偏移距离分别为 7mm、5mm、5mm，选择矩形的上边，将其向下偏移，结果如图 16-38 所示。

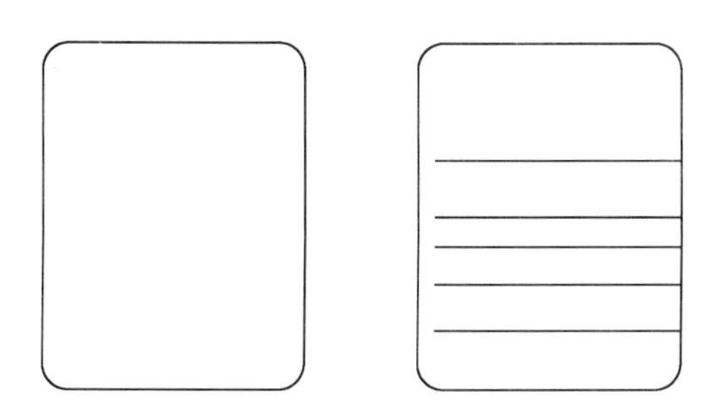
图 16-36　绘制饮水桶轮廓　　图 16-37　细化水桶

图 16-38　绘制衔接口

步骤 5 绘制饮水机轮廓。调用 REC（矩形）命令，绘制尺寸为 400mm×105mm 的矩形。

步骤 6 调用 F（圆角）命令，设置圆角半径为 50mm，对绘制完成的矩形进行圆角处理，结果如图 16-39 所示。

步骤 7 绘制饮水机底座。调用 REC（矩形）命令，绘制尺寸为 340mm×48mm 的矩形，如图 16-40 所示。

步骤 8 细化饮水机。调用 REC（矩形）命令，绘制圆角半径为 30mm、尺寸为 260mm×281mm 的矩形。

步骤 9 调用 REC（矩形）命令，绘制圆角半径为 20mm、尺寸为 122mm×459mm 的矩形，如图 16-41 所示。

步骤 10 分割饮水机。调用 L（直线）命令，绘制直线。

步骤 11 按〈Ctrl+O〉组合键，打开配套光盘提供的“素材\第 16 章\家具图例.dwg”素材文件，将其中的“冷、热水开关”图形复制粘贴到图形中，结果如图 16-42 所示，饮水机立面图绘制完成。

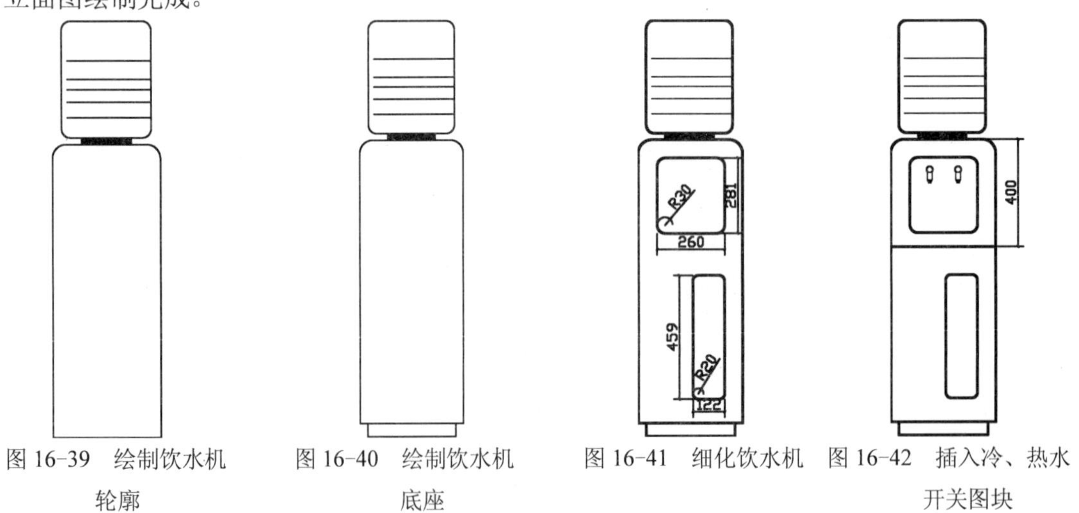

图 16-39 绘制饮水机轮廓　图 16-40 绘制饮水机底座　图 16-41 细化饮水机　图 16-42 插入冷、热水开关图块

16.3 绘制室内设计图

日常生活起居的环境称为家居环境，它为人们提供工作之外的休息、学习空间，是人们生活的重要场所。本实例为三室二厅的户型，包括主人房、小孩房、书房、客厅、餐厅、厨房及卫生间。在前面的章节中已经详细地讲解了墙体、门窗等图形的绘制，这里就不再重复讲解。本节将在原始平面图的基础上介绍平面布置图、地面布置图、顶棚平面图及主要立面图的绘制，使大家在绘图的过程中，对室内设计制图有一个全面、总体的了解。

16.3.1 设置绘图环境

绘制现代风格室内设计图之前，首先要设置好绘图环境，从而使用户在绘制现代风格的室内设计图时更加方便、灵活、快捷。设置绘图环境，包括绘图区域界限及单位的设置、图层的设置、文字和标注样式的设置等。

1. 绘图区的设置

步骤 1 启动 AutoCAD 2016 软件，选择“文件”|“保存”命令，将该文件保存为“素材\第 16 章\现代风格室内设计图.dwg”文件。

步骤 2 选择“格式”|“单位”命令，打开“图形单位”对话框，设定长度单位类型为“小数”、精度为“0.00”，设定角度单位类型为“十进制度数”，将精度精确到“0”，如图 16-43 所示。

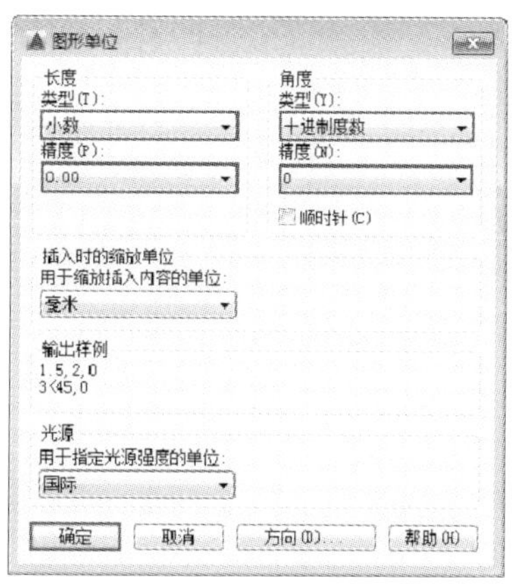

图 16-43 图形单位设置

2. 规划图层

该现代风格室内设计图主要由轴线、门窗、墙体、设施、灯具、文本标注、尺寸标注等元素组成，因此绘制平面图形时，应建立如表 16-1 所示的图层。

表 16-1 图层设置

序号	图 层 名	描 述 内 容	线 宽	线 型	颜色	打印属性
1	轴线	定位轴线	默认	点划(ACAD_ISO04W100)	红色	不打印
2	墙体	墙体	0.30mm	实线(CONTINUOUS)	黑色	打印
3	柱子	墙柱	默认	实线(CONTINUOUS)	8 色	打印
4	门窗	门窗	默认	实线(CONTINUOUS)	青色	打印
5	尺寸标注	尺寸标注	默认	实线(CONTINUOUS)	绿色	打印
6	文字标注	图内文字、图名、比例	默认	实线(CONTINUOUS)	黑色	打印
7	标高	标高文字及符号	默认	实线(CONTINUOUS)	绿色	打印
8	设施	布置的设施	默认	实线(CONTINUOUS)	蓝色	打印
9	填充	图案、材料填充	默认	实线(CONTINUOUS)	9 色	打印
10	灯具	灯具	默认	实线(CONTINUOUS)	洋红色	打印
11	其它	附属构件	默认	实线(CONTINUOUS)	黑色	打印

步骤 1 选择“格式”|“图层”命令，将打开“图层特性管理器”选项板，根据表 16-1 所示来设置图层的名称、线宽、线型和颜色等，如图 16-44 所示。

步骤 2 选择“格式”|“线型”命令，打开“线型管理器”对话框，单击“显示细节”按钮，打开“详细信息”选项组，设置“全局比例因子”为 100，然后单击“确定”按钮，如图 16-45 所示。

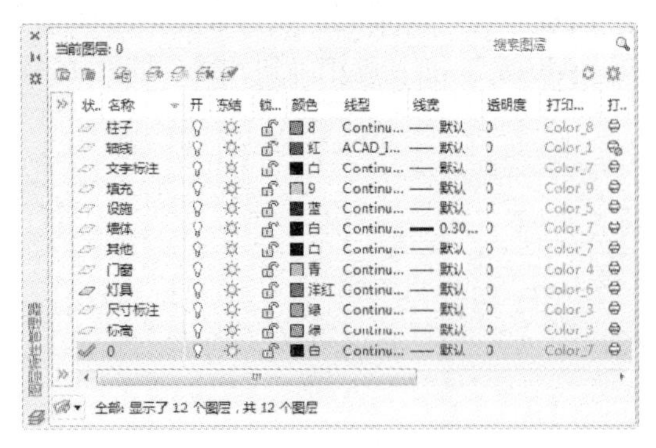

图 16-44 规划的图层

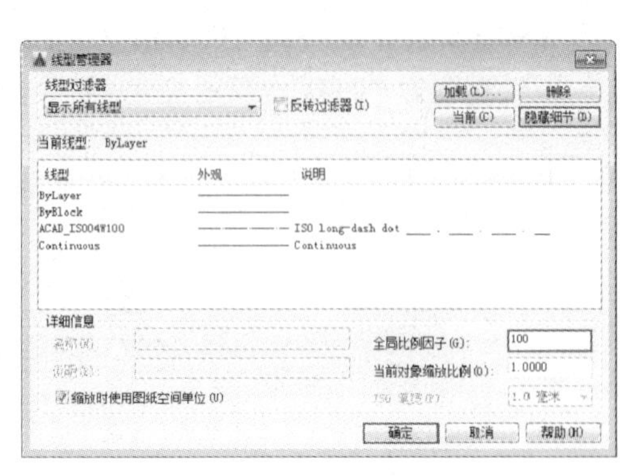

图 16-45 设置线型比例

3. 设置文字样式

该居民楼设计图上的文字有尺寸文字、标高文字、图内文字说明、剖切符号文字、图名文字、轴线符号等，打印比例为 1:100，文字样式中的高度为打印到图纸上的文字高度与打印比例倒数的乘积。根据室内制图标准，该平面图文字样式的规划如表 16-2 所示。

表 16-2 文字样式

文字样式名	打印到图纸上的文字高度	图形文字高度（文字样式高度）	宽度因子	字体 | 大字体
图内文字	3.5	350		Gbenor.shx；gbcbig.shx
图名	5	500	0.7	Gbenor.shx；gbcbig.shx
尺寸文字	3.5	0		Gbenor.shx

提示：图形文字高度的设置、线型的设置、全局比例的设置，根据打印比例的设置进行更改。

步骤 1 选择“格式”|“文字样式”命令，打开“文字样式”对话框，单击“新建”按钮打开“新建文字样式”对话框，样式名定义为“图内文字”，如图 16-46 所示。

步骤 2 在“字体”下拉框中选择字体“Tssdeng.shx”，选中“使用大字体”复选框，并在“大字体”下拉列表框中选择字体“gbcbig.shx”，在“高度”文本框中输入 350，在“宽度因子”文本框中输入 0.7，单击“应用”按钮，从而完成该文字样式的设置，如图 16-47 所示。

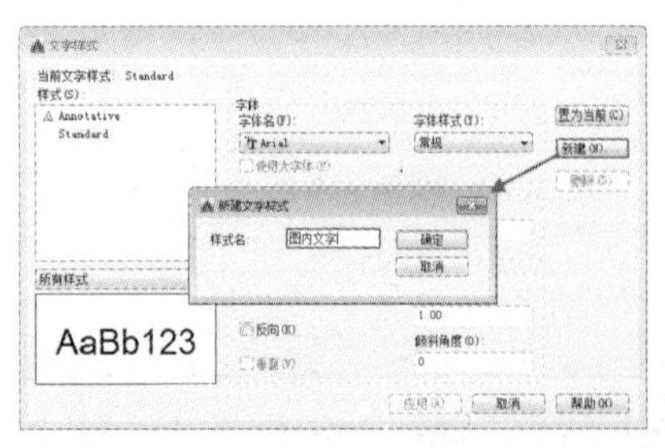

图 16-46 文字样式名称的定义

图 16-47 设置“图内文字”文字样式

步骤 3 重复前面的步骤，建立表 16-2 所示的其他各种文字样式，如图 16-48 所示。

步骤 4 选择“格式”|“标注样式”命令，打开“标注样式管理器”对话框，单击“新建”按钮，打开“创建新标注样式”对话框，将新建样式名定义为“居民楼设计标注”，如图 16-49 所示。

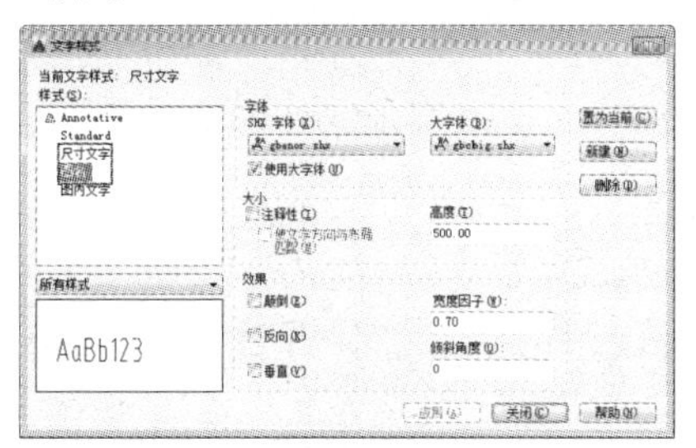

图 16-48 其他文字样式

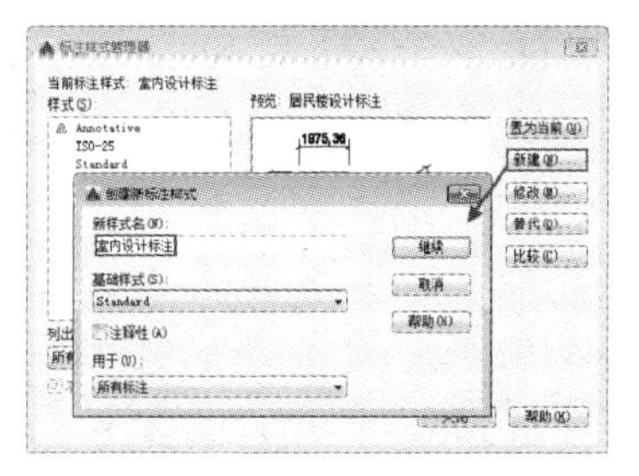

图 16-49 标注样式名称的定义

步骤 5 单击“继续”按钮后，则进入到“新建标注样式”对话框，然后分别在各选项卡中设置相应的参数，设置后的效果如表 16-3 所示。

表 16-3 “居民楼设计标注”标注样式的参数设置

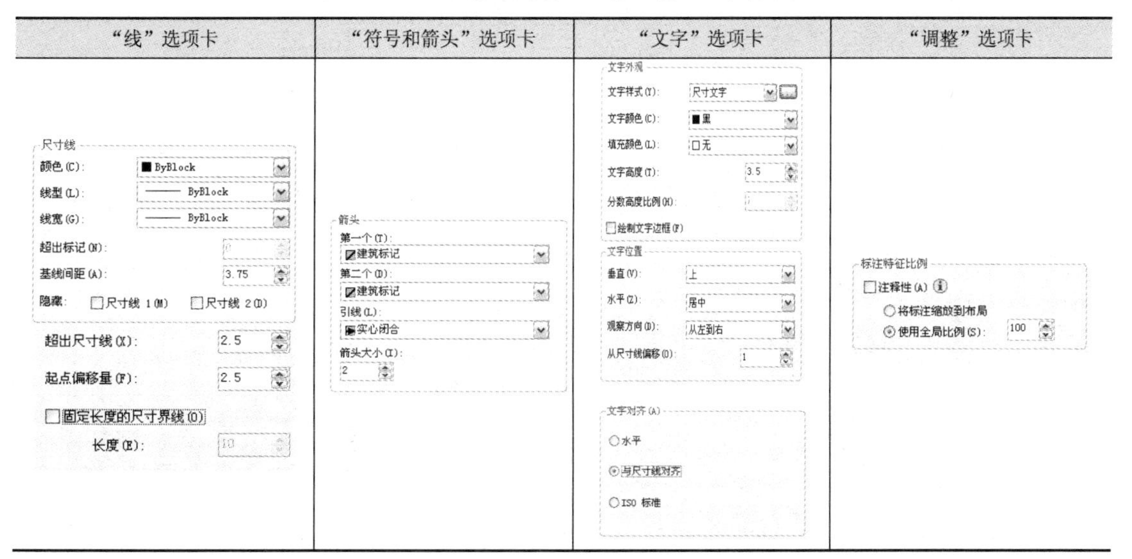

“线”选项卡	“符号和箭头”选项卡	“文字”选项卡	“调整”选项卡

步骤 6 选择“文件”|“另存为”命令，打开“图形另存为”对话框，保存为“素材\第16 章\室内施工图样板.dwt”文件，如图 16-50 所示。

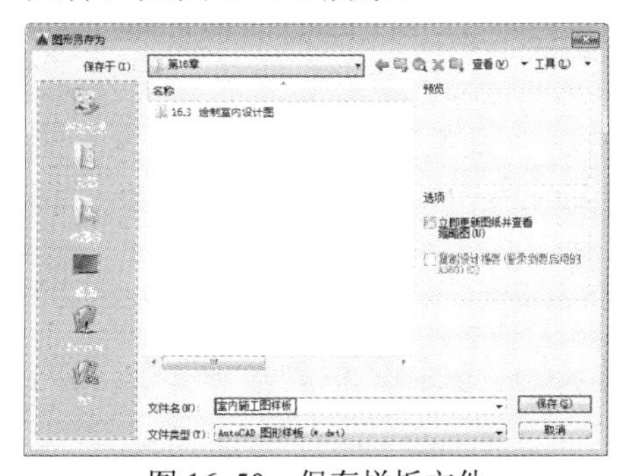

图 16-50 保存样板文件

16.3.2 绘制三居室平面布置图

平面布置图是室内装饰施工图纸中的关键性图纸。它是在原建筑结构的基础上，根据业主的要求和设计师的设计意图，对室内空间进行详细的功能划分和室内设施定位的。

本例以如图 16-51 所示的原始平面图为基础绘制如图 16-52 所示的平面布置图。其一般绘制步骤为：先对原始平面图进行整理和修改，然后分区插入室内家具图块，最后进行文字和尺寸等标注。

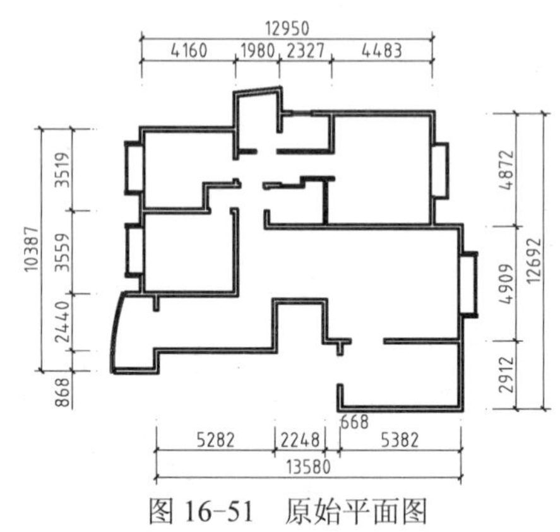

图 16-51　原始平面图

1. 插入门

将“门窗”图层置为当前图层。调用 I（插入）命令，插入随书光盘中的“入户门”“普通室内门”“阳台门”“茶室门”和“厨房门”图块，将其插入图中的相应位置，并根据需要调节大小和方向，如图 16-53 所示。

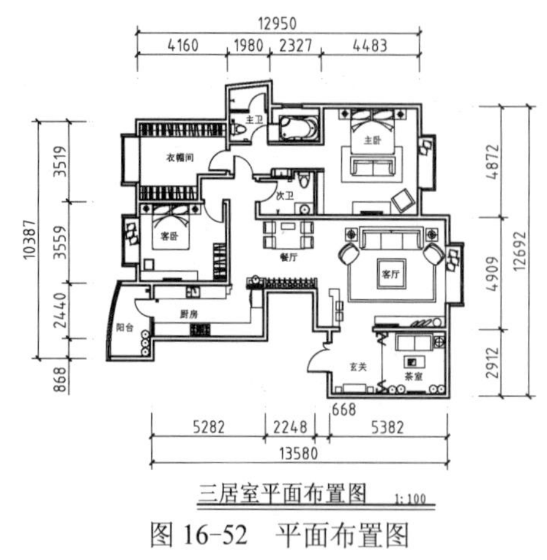

图 16-52　平面布置图

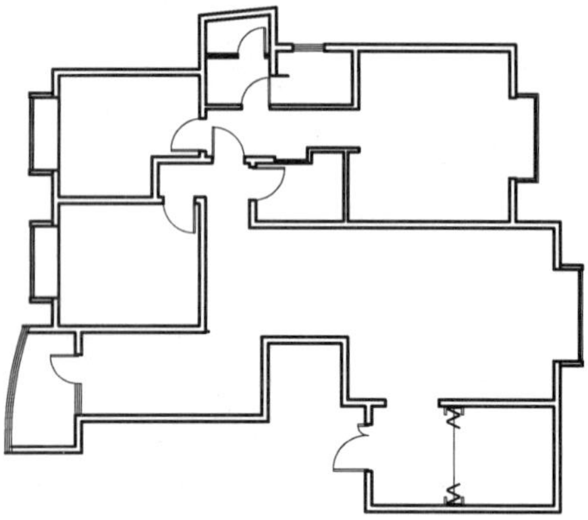

图 16-53　插入“门”图块

2. 绘制客厅和餐厅布置

步骤 1 绘制酒柜。调用 REC（矩形）命令，绘制尺寸为 122mm×444mm 的矩形。

步骤 2 调用 O（偏移）命令，设置偏移距离为 20mm，偏移矩形边。调用 TR（修剪）命令，修剪多余线段。

步骤 3 调用 L（直线）命令，绘制横向直线，并用 REC（矩形）命令，绘制尺寸为 60mm×182mm 的矩形。

步骤 4 调用 REC（矩形）命令，绘制尺寸为 104mm×182mm 的矩形。并使用 O（偏移）命令，设置偏移距离为 12mm，调用 TR（修剪）命令，修剪多余线段。

步骤 5 调用 AR（阵列）命令，阵列 104mm×182mm 的矩形，设置列数为 8、间距为 240，结果如图 16-54 与图 16-55 所示。

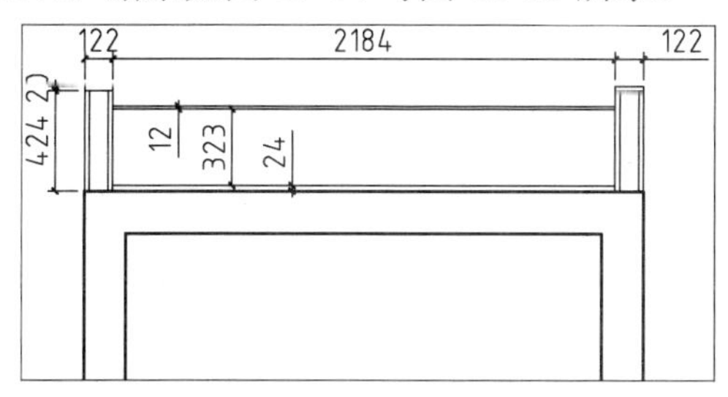

图 16-54 绘制酒柜轮廓

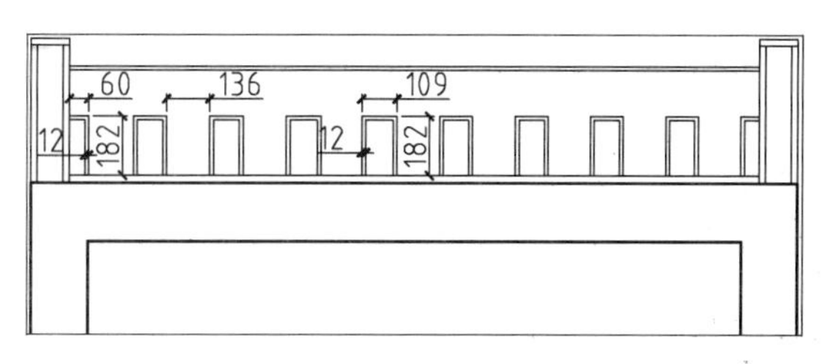

图 16-55 分割酒柜

步骤 6 绘制电视柜。调用 REC（矩形）命令，绘制尺寸为 3210mm×480mm 的矩形，如图 16-56 所示。

步骤 7 绘制吧台。调用 PL（多段线）命令，绘制如图 16-57 所示的图形。

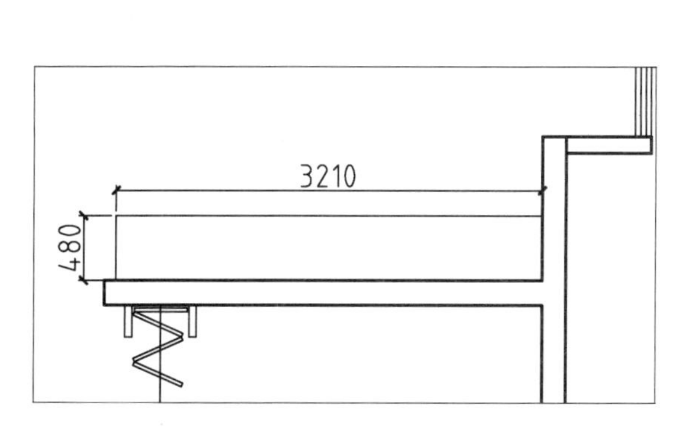

图 16-56 绘制电视柜

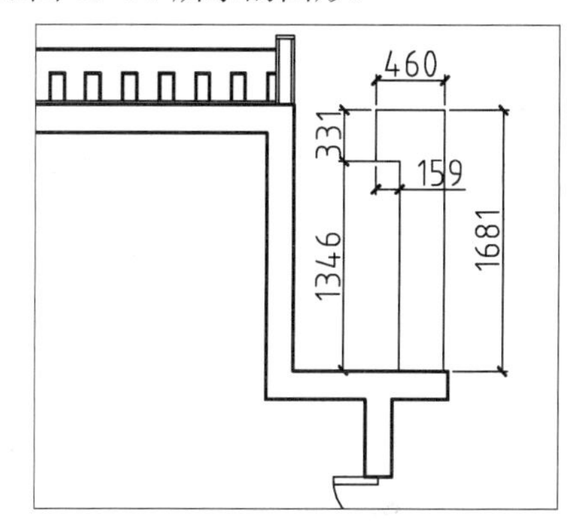

图 16-57 绘制吧台

步骤 8 按〈Ctrl+O〉组合键，打开“第 16 章\家具图例.dwg”文件，将其中的“沙发组”“餐桌椅”等图形复制粘贴到图形中，客厅、餐厅的绘制结果如图 16-58 所示。

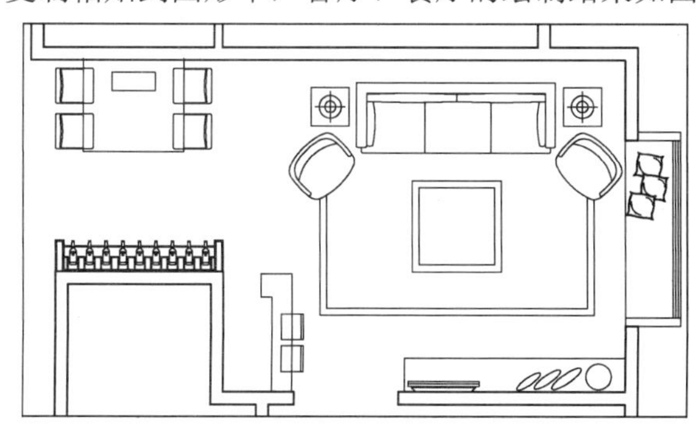

图 16-58 布置客厅、餐厅家具图形

3. 绘制餐厅和阳台布置图

步骤 1 绘制灶台。调用 L（直线）命令，沿厨房脚边绘制灶台，结果如图 16-59 所示。

步骤 2 按〈Ctrl+O〉组合键，打开“第 16 章\家具图例.dwg”文件，将其中的“洗菜池”“厨灶”“植物”等图形复制粘贴到图形中，厨房、阳台布置结果如图 16-60 所示。

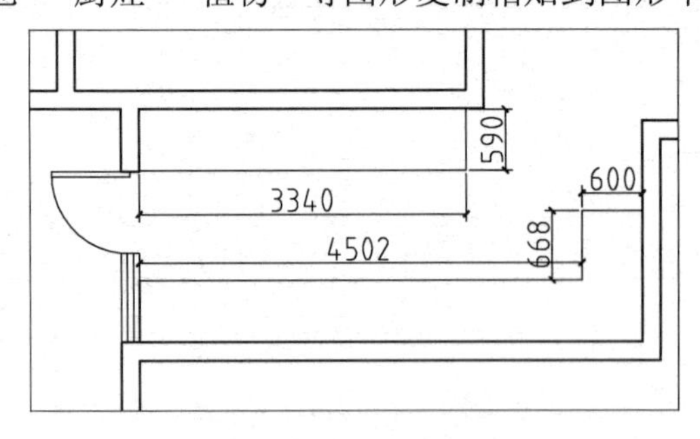

图 16-59 绘制灶台

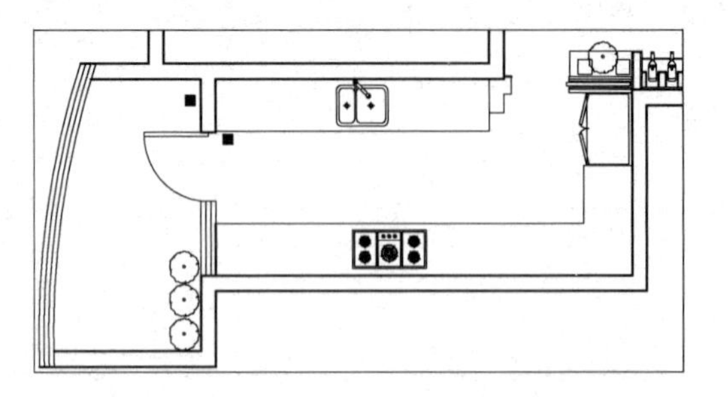

图 16-60 偏移直线

4. 绘制茶室和玄关布置图

调用 I（插入）命令，插入随书光盘中的“沙发”“台灯”“茶几”等图块，将其插入图中的相应位置，并根据需要调节大小和方向，如图 16-61 所示。

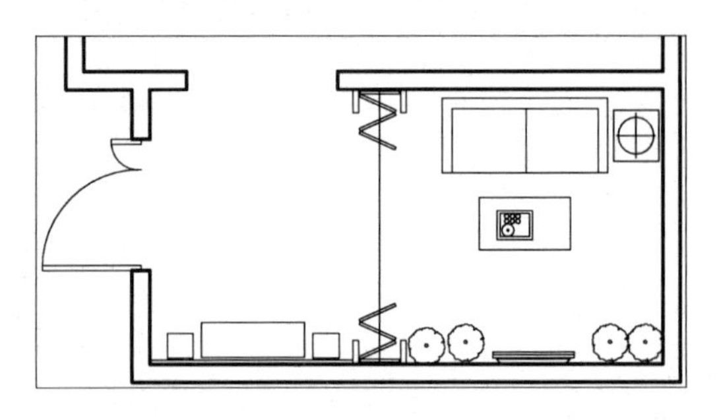

图 16-61 绘制茶室和玄关布置图

5. 绘制卫生间布置图

调用 I（插入）命令，插入随书光盘中的“坐便池”“洗手台”“淋浴器”等图块，将其插入图中的相应位置，如图 16-62 所示。

6. 绘制主卧室卫生间布置

调用 I（插入）命令，插入随书光盘中的“洗手池”“坐便器”“浴缸”等图块，将其插入图中的相应位置，如图 16-63 所示。

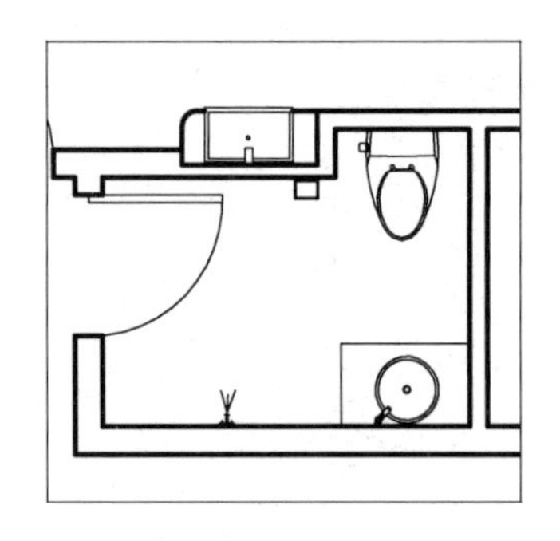

图 16-62 绘制卫生间布置图

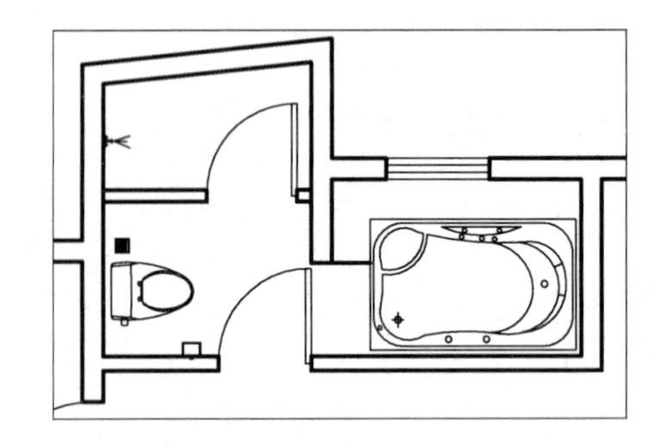

图 16-63 绘制主卧室卫生间布置

7. 绘制主卧室布置

步骤 1 绘制电视柜和梳妆台。调用 L（直线）命令，绘制如图 16-64 所示的图形。

步骤 2 调用 I（插入）命令，插入随书光盘中的“双人床”“沙发”“电视”等图块，将其插入图中的相应位置，如图 16-65 所示。

8. 绘制衣帽间和次卧布置

按与上述相同的放置方法布置衣帽间和次卧，结果如图 16-66 与图 16-67 所示。

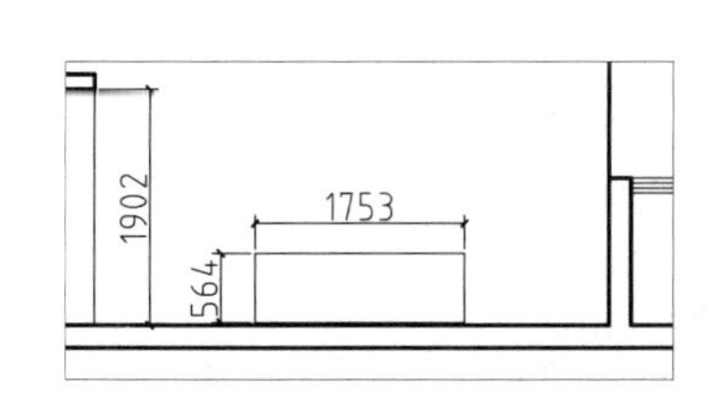

图 16-64　绘制电视柜和梳妆台

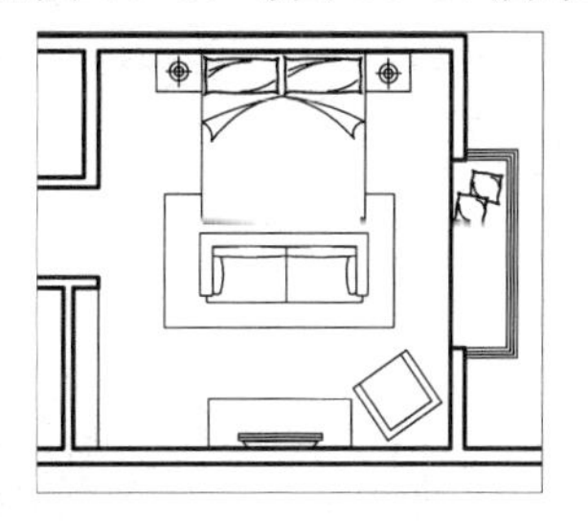

图 16-65　布置主卧室

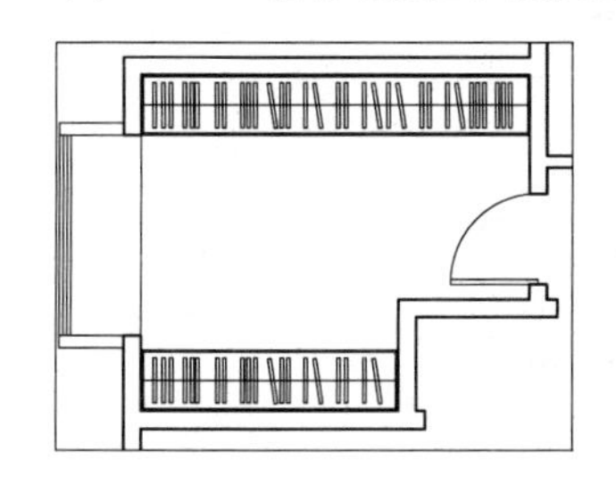

图 16-66　布置衣帽间

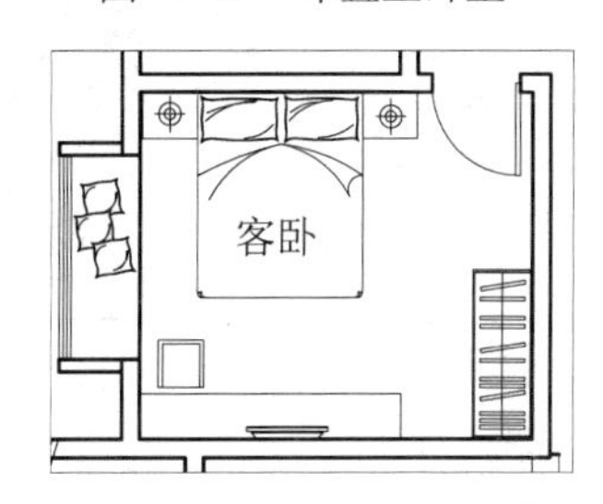

图 16-67　布置次卧室

9. 标注

将“文字标注”置为当前图层。调用 DT（单行文字）命令，进行文字标注，以增加各空间的识别性，结果如图 16-68 所示。

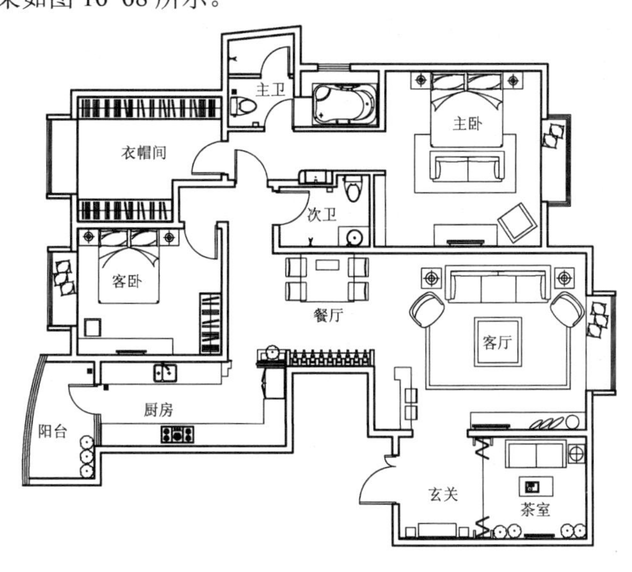

图 16-68　标注文字

16.3.3 绘制三居室地材图

地面布置图又称为地材图，是用来表示地面做法的图样，包括地面用材和铺设形式。其形成方法与平面布置图相同，其区别在于地面布置图不需要绘制室内家具，只需绘制地面所使用的材料和固定于地面的设备与设施图形。

本例绘制的地面布置图如图 16-69 所示，其一般绘制步骤为：先清理平面布置图，再对需要填充的区域描边以方便填充，然后填充图案以表示地面材质，最后进行引线标注，说明地面材料和规格。

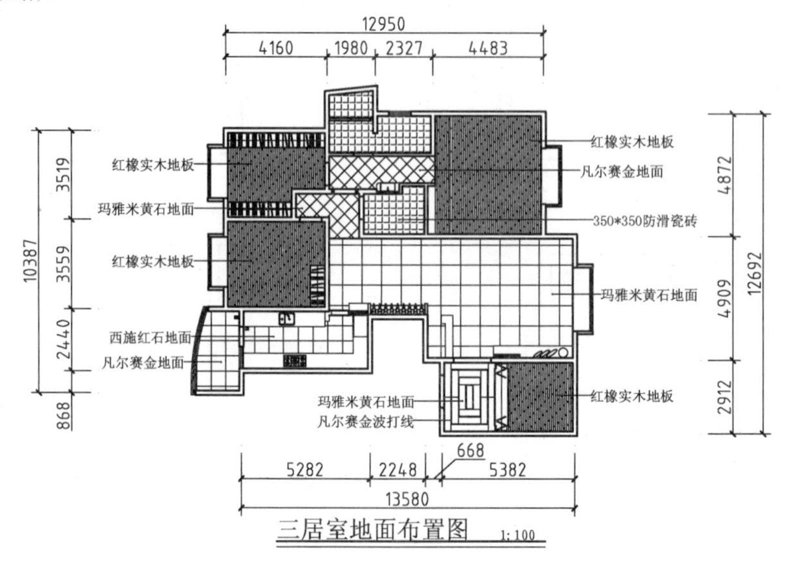

图 16-69　地面布置图

步骤 1 调用 CO（复制）命令，移动复制一份平面布置图至绘图区空白处，并对其进行清理，保留书柜、衣柜、鞋柜等图块，删除其他图块和标注。调用 L（直线）命令，对门洞口进行描边处理，整理结果如图 16-70 所示。

步骤 2 绘制玄关地材。调用 L（直线）、O（偏移）、TR（修剪）命令，绘制如图 16-71 所示的图形。

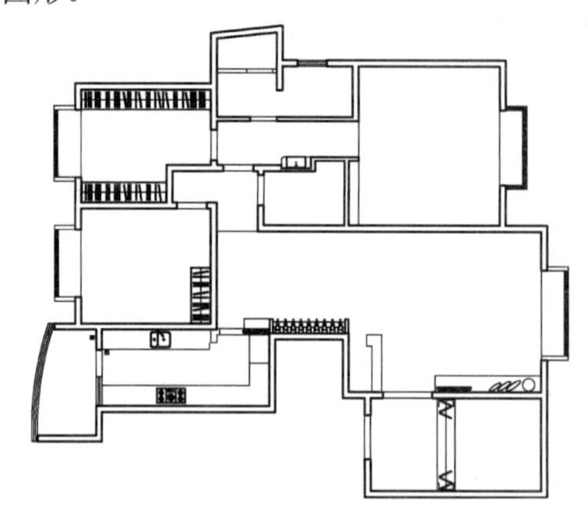

图 16-70　整理图形

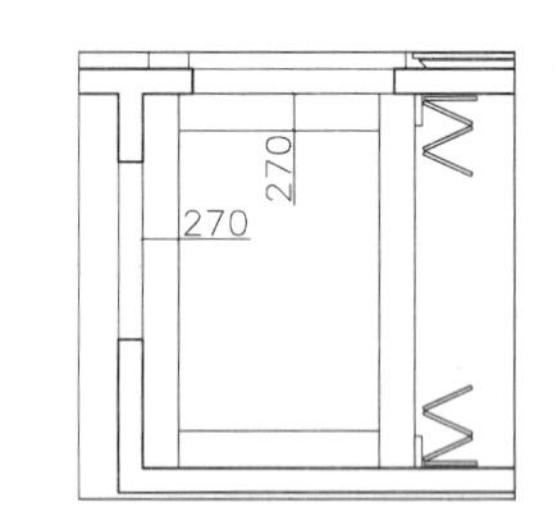

图 16-71　绘制直线并偏移

步骤 3 调用 O（偏移）命令，偏移直线。调用 TR（修剪）命令，修剪线段，结果如图 16-72 所示。

步骤 4 调用 L（直线）命令，绘制直线，结果如图 16-73 所示。

步骤 5 调用 H（图案填充）命令，在绘图区中拾取填充区域，图案填充结果如图 16-74

所示。

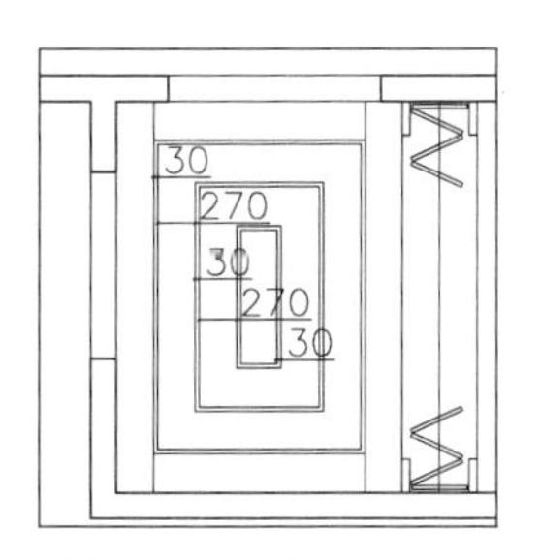

图 16-72 修剪线段

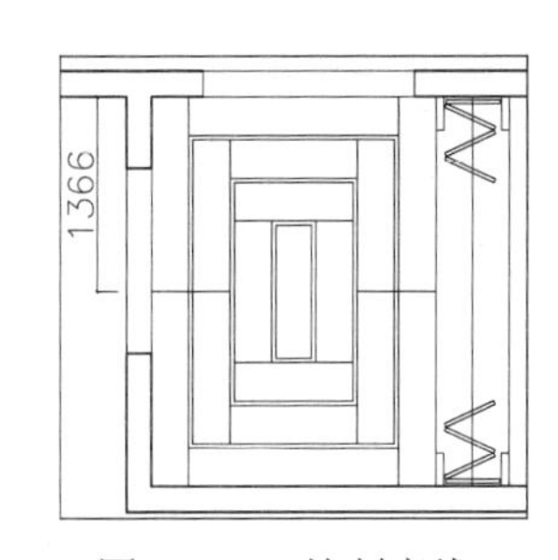

图 16-73 绘制直线

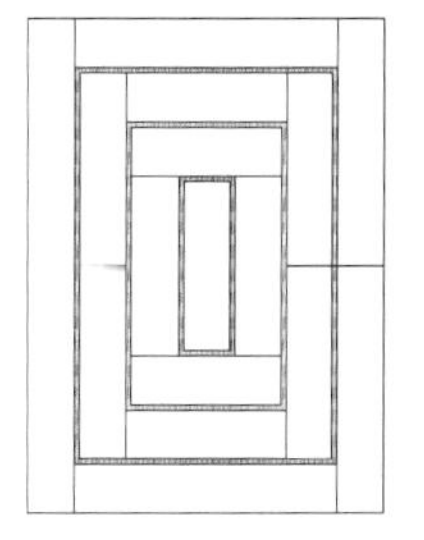

图 16-74 填充图案

步骤 6 绘制客厅地材。重复调用 H（图案填充）命令，在弹出的“图案填充和渐变色”对话框中设置参数，选择“用户定义”类型，选择 DOTS 填充图案，选中“双向”复选框，将间距设为 800，客厅地面铺装图案的填充结果如图 16-75 所示。

步骤 7 绘制主卧室地材。调用 H（图案填充）命令，在弹出的“图案填充和渐变色”对话框中设置参数，选择“预定义”类型，选择 DOLMIT 填充图案，将比例设为 12，主卧室地面铺装图案填充结果如图 16-76 所示。

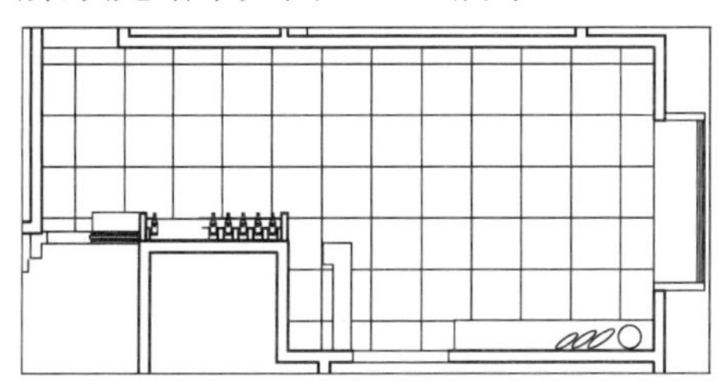

图 16-75 填充客厅

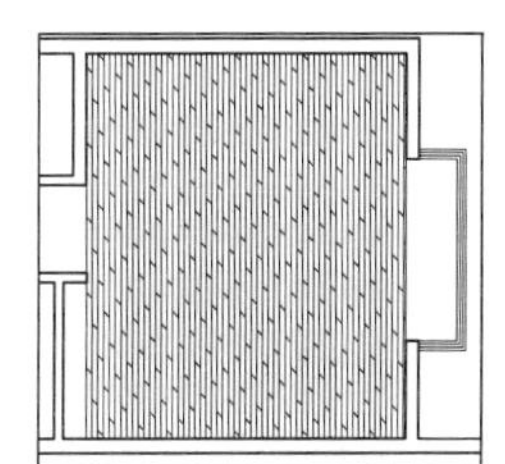

图 16-76 填充卧室

步骤 8 绘制主卫地材。调用 H（图案填充）命令，在弹出的“图案填充和渐变色”对话框中设置参数，选择“用户定义”类型，选择 ANGLE 填充图案，将比例设为 40，主卫生间地面铺装图案的填充结果如图 16-77 所示。

步骤 9 继续在“图案填充和渐变色”对话框中设置参数，为其他功能区域填充图案，结果如图 16-78 所示。

步骤 10 调用 MLD（多重引线）标注命令，在弹出的“文字格式”对话框，输入地面铺装材料的名称。单击“确定”按钮关闭对话框，标注其他地面铺装材料的名称结果如图 16-79 与所示。

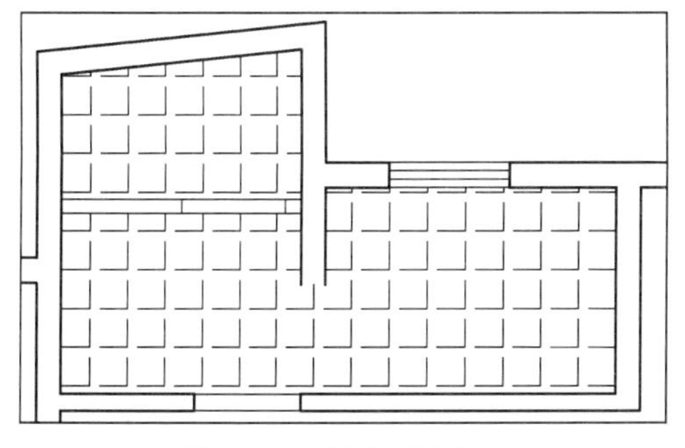

图 16-77 填充卫生间

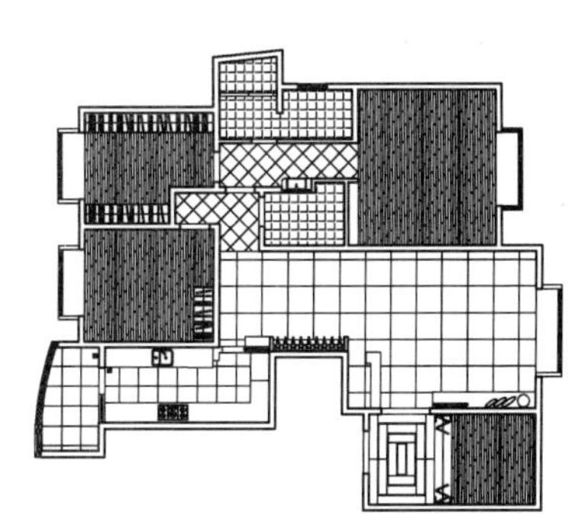

图 16-78 填充图案

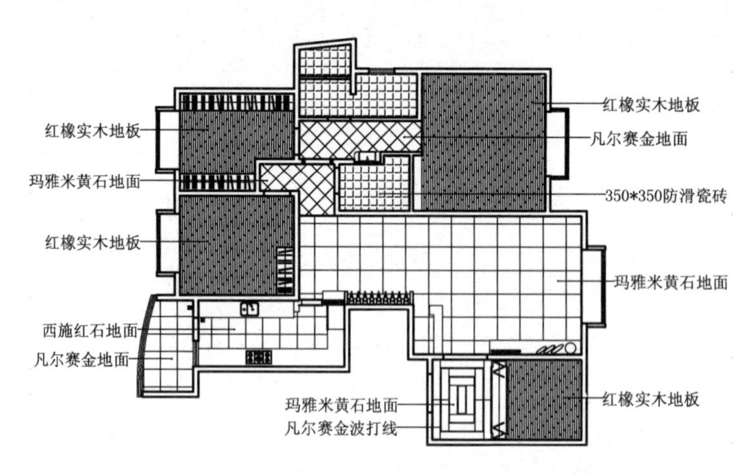

图 16-79　标注结果

16.3.4 绘制三居室顶棚图

顶棚平面图主要用来表示顶棚的造型和灯具的布置，同时也反映了室内空间组合的标高关系和尺寸等。其内容主要包括各种装饰图形、灯具、说明文字、尺寸和标高。有时为了更详细地表示某处的构造和做法，还需要绘制该处的剖面详图。与平面布置图一样，顶棚平面图也是室内装饰设计图中不可缺少的图样。

本例绘制的顶棚平面图如图 16-80 所示，其造型设计得较为简单，客厅和餐厅区域进行了造型处理以区分空间，厨房和卫生间采用了扣板吊顶，其他区域都实行原顶刷白。其一般绘制步骤为：首先修改备份的平面布置整理图以完善图形，再绘制吊顶，然后插入灯具图块，最后进行各种标注。

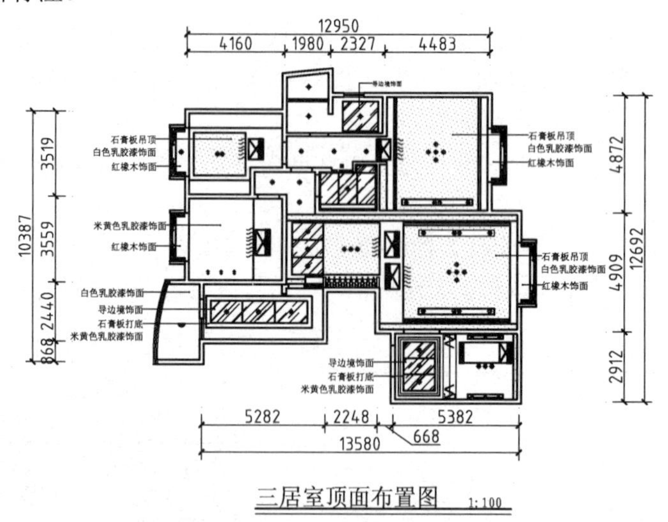

图 16-80　顶棚布置图

步骤 1 调用 CO（复制）命令，移动复制一份平面布置图至绘图区空白处。调用 E（删除）命令，删除不必要的图形。调用 L（直线）命令，将推拉门洞封口，整理结果如图 16-81 所示。

步骤 2 绘制玄关处顶棚造型。调用 REC（矩形）命令，在玄关处绘制如图 16-82 所示的矩形。

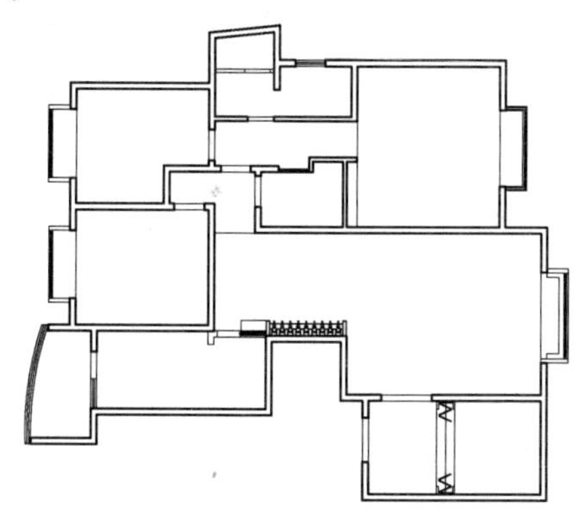

图 16-81 整理图形

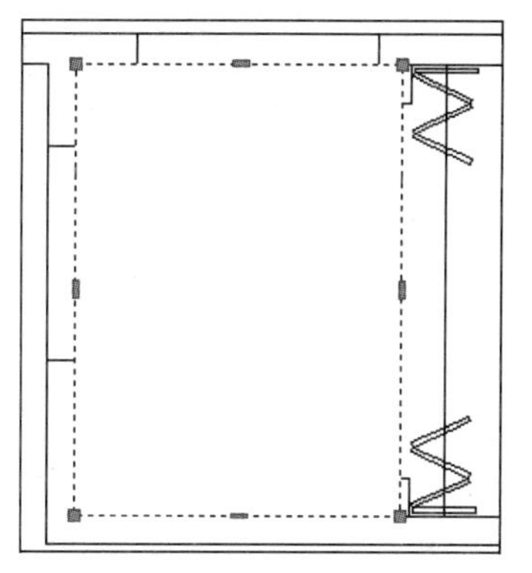

图 16-82 绘制矩形

步骤 3 调用 O（偏移）命令，将矩形向内偏移 140mm、20mm、80mm、120mm，结果如图 16-83 所示。

步骤 4 调用 L（直线）命令，绘制直线，结果如图 16-84 所示。

步骤 5 调用 H（图案填充）命令，在弹出的“图案填充和渐变色”对话框中设置参数，选择“预定义”类型，选择 AR-RROOF 填充图案，将角度设为 45°，将比例设为 20，玄关处顶棚造型绘制结果如图 16-85 所示。

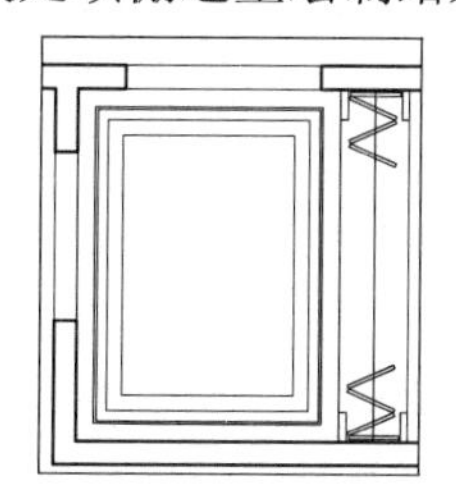

图 16-83 偏移矩形

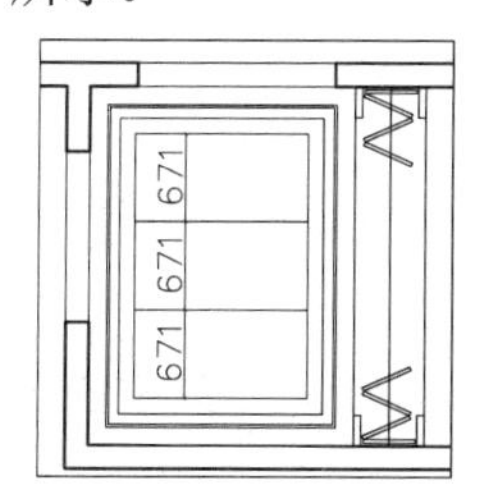

图 16-84 绘制直线

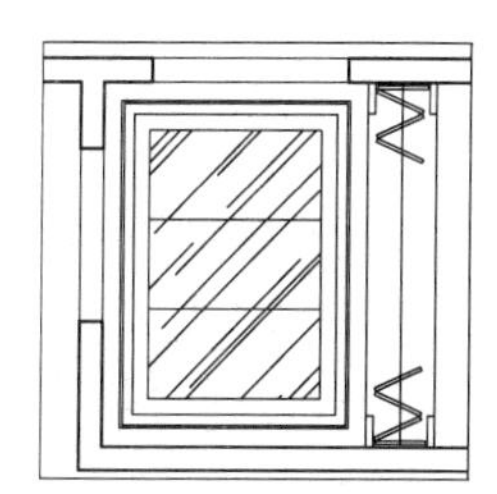

图 16-85 填充图案

步骤 6 绘制客厅、餐厅顶棚造型。调用 PL（多段线）命令，绘制窗帘盒，结果如图 16-86 所示。

步骤 7 调用 L（直线）命令，绘制直线，结果如图 16-87 所示。

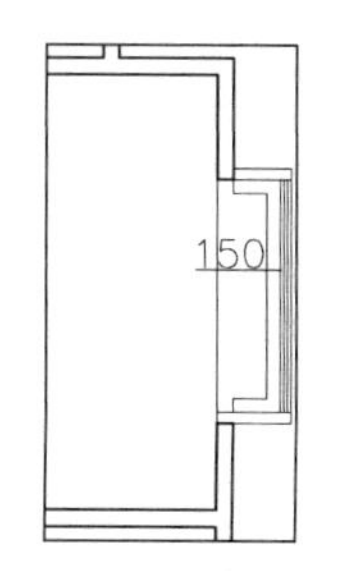

图 16-86 绘制窗帘盒

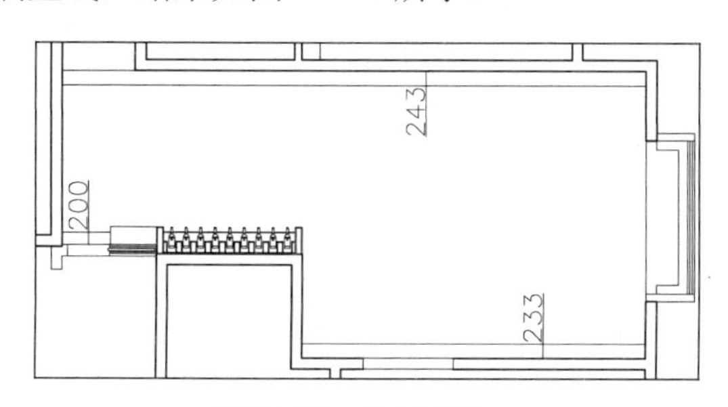

图 16-87 绘制直线

步骤 8 调用 REC（矩形）命令，绘制尺寸为 4561mm×4073mm 的矩形，并移动至合适位置，结果如图 16-88 所示。

步骤 9 调用 O（偏移）命令，偏移刚绘制的矩形边，结果如图 16-89 所示。

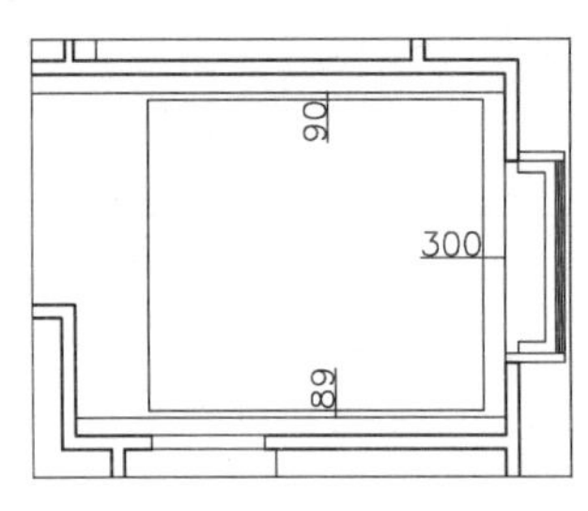

图 16-88 绘制顶棚轮廓

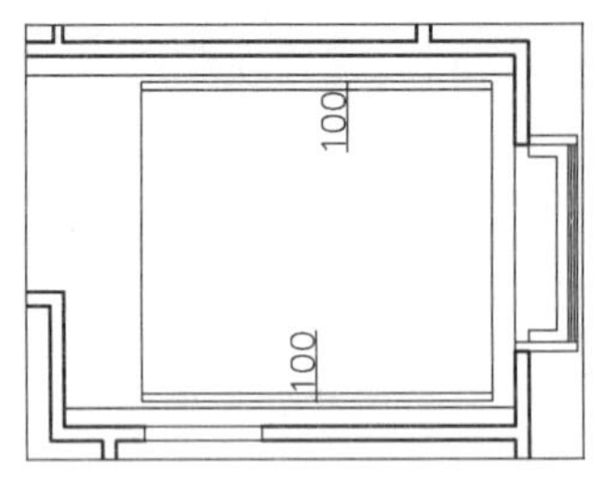

图 16-89 偏移矩形边

步骤 10 调用 REC（矩形）命令，绘制尺寸为 3240mm×250mm 的矩形，结果如图 16-90 所示。

步骤 11 调用 H（图案填充）命令，在弹出的“图案填充和渐变色”对话框中设置参数，选择“预定义”类型，选择 DOTS 填充图案，将角度设为 45°，将比例设为 30，客厅处顶棚造型绘制结果如图 16-91 所示。

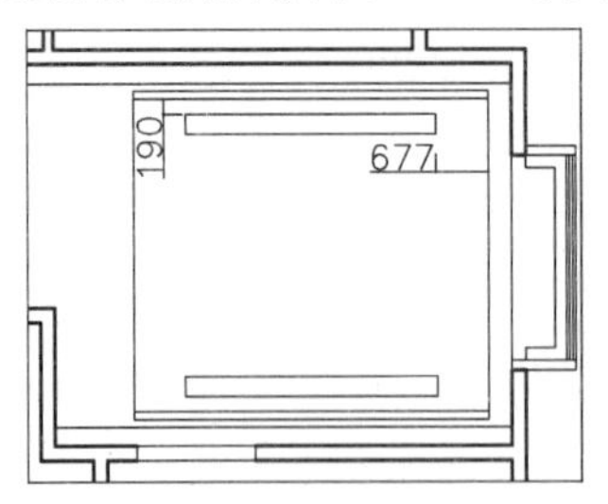

图 16-90 绘制矩形

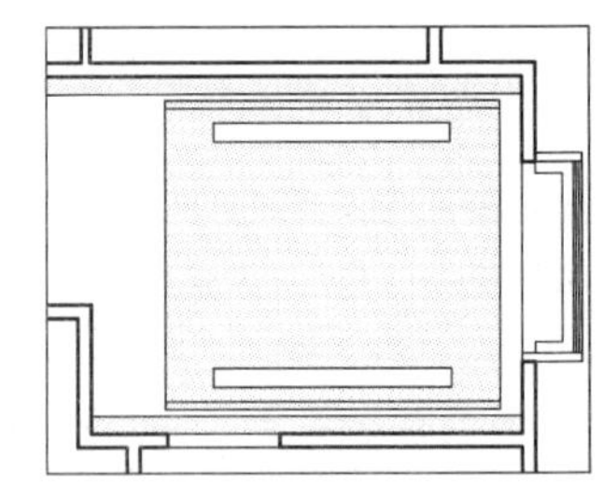

图 16-91 填充图案

步骤 12 调用 REC（矩形）命令，绘制尺寸为 3770mm×2150 mm 的矩形。调用 L（直线）命令，绘制直线，结果如图 16-92 所示。

步骤 13 调用 H（图案填充）命令，填充 DOTS 图案和 AR-RROOF 图案，结果如图 16-93 所示。

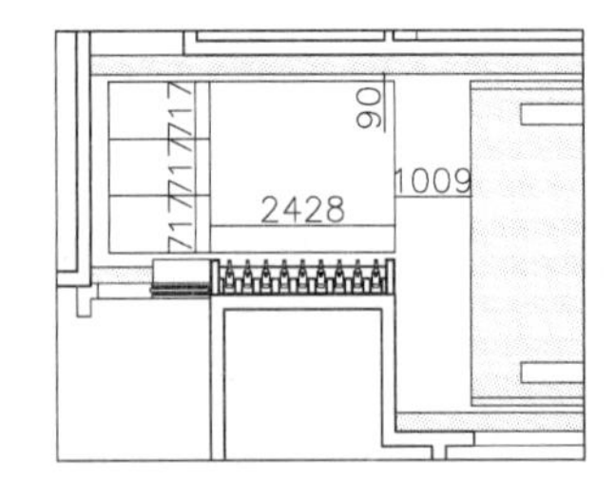

图 16-92 绘制直线

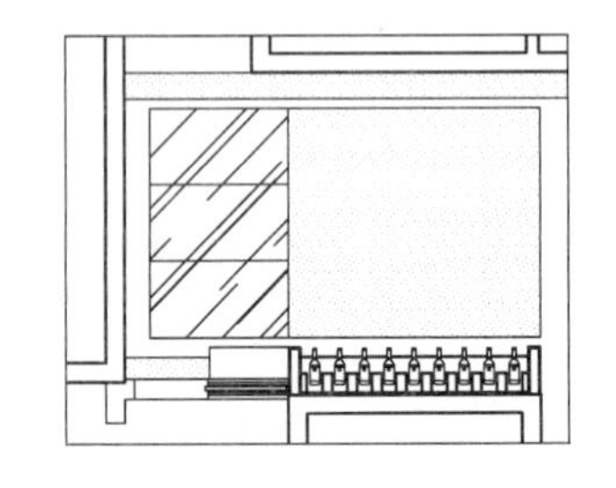

图 16-93 填充结果

步骤 14 绘制主卧室顶棚造型。调用 L（直线）命令，绘制直线，如图 16-94 所示。

步骤 15 调用 REC（矩形）命令，绘制尺寸为 3000mm×250 mm 的矩形，如图 16-95 所示。

步骤 16 调用 H（图案填充）命令，填充 DOTS 图案，结果如图 16-96 所示。

步骤 17 绘制主卫顶棚造型。调用 REC（矩形）命令，绘制尺寸为 1527mm×1212mm 的矩形，如图 16-97 所示。

步骤 18 调用 H（图案填充）命令，填充 AR-RROOF 图案，结果如图 16-98 所示。

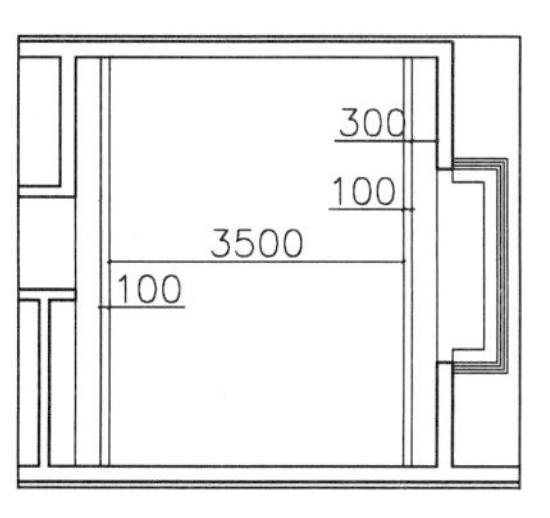

图 16-94　绘制直线

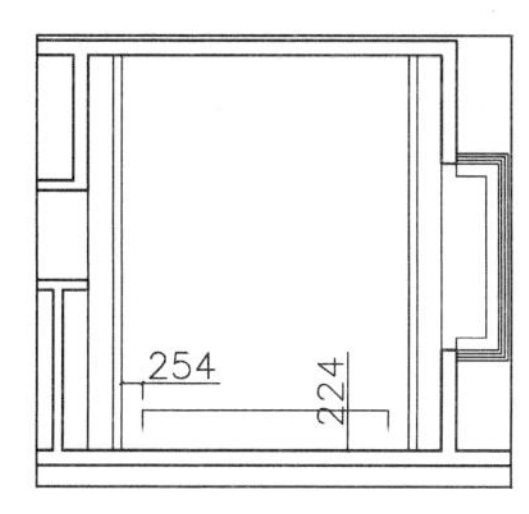

图 16-95　绘制矩形

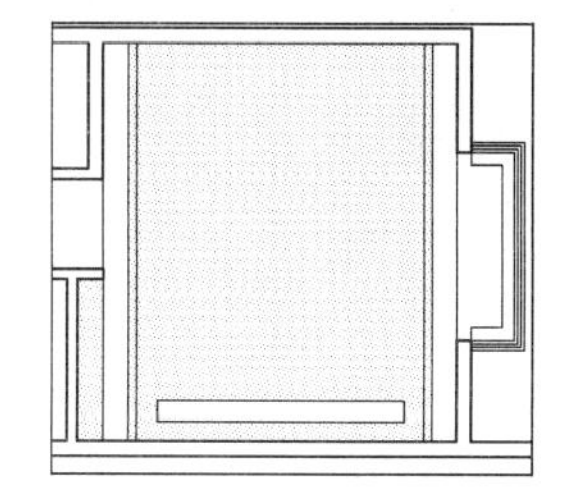
图 16-96　填充结果

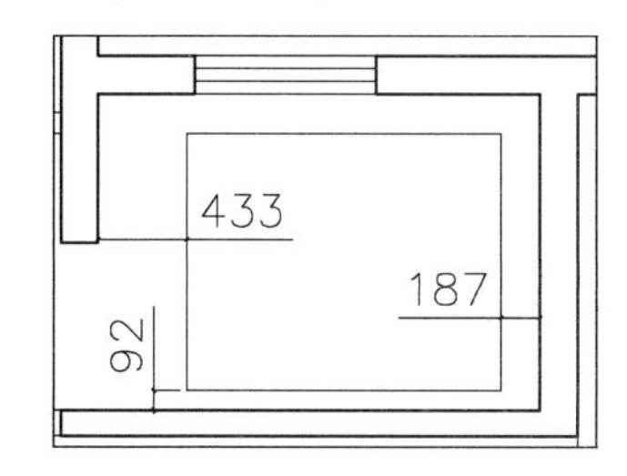

图 16-97　绘制矩形

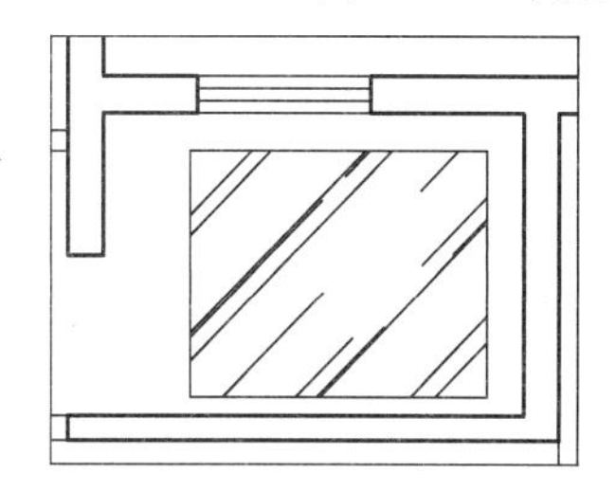
图 16-98　填充图案

步骤 19 重复同样的操作，绘制其他功能区域顶棚图，结果如图 16-99 所示。

步骤 20 按〈Ctrl+O〉组合键，打开“第 16 章\家具图例.dwg”文件，将其中的“空调”“排气扇”“灯具”等图形复制粘贴到图形中，结果如图 16-100 所示。

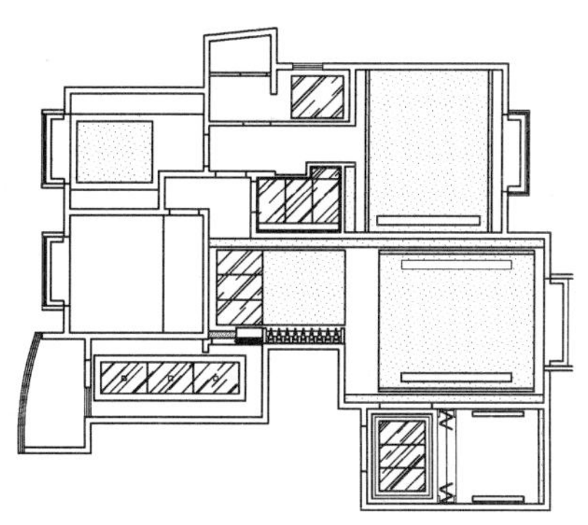
图 16-99　绘制其他区域顶棚图

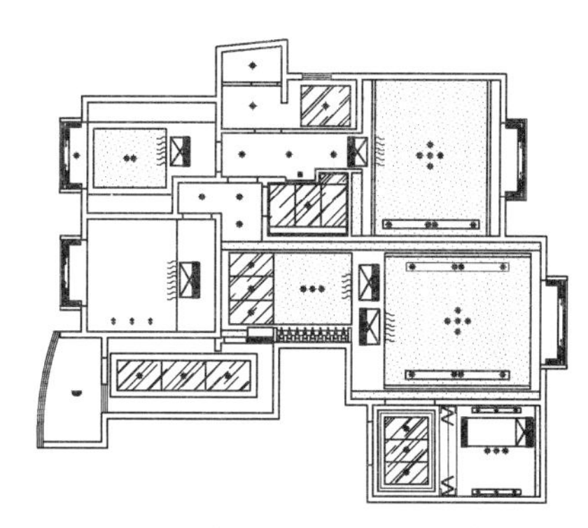
图 16-100　插入图块

步骤 21 调用 MLD（多重引线）标注命令，弹出“文字格式”对话框，输入顶面铺装材料的名称。单击“确定”按钮关闭对话框，标注结果如图 16-101 所示。

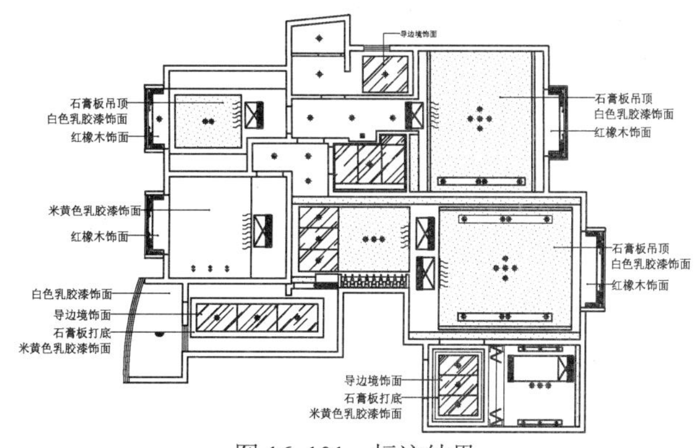

图 16-101　标注结果

16.3.5 绘制电视背景墙立面图

立面图是一种与垂直界面平行的正投影图，它能够反映垂直界面的形状、装修做法和其上的陈设，是一种很重要的图样。立面图所要表达的内容为 4 个面（左右墙、地面和顶棚）所围合成的垂直界面的轮廓和轮廓里面的内容，包括按正投影原理能够投影到画面上的所有构配件，如门、窗、隔断和窗帘、壁饰、灯具、家具、设备与陈设等。

本例绘制客厅电视背景墙立面图，其一般绘制步骤为：先绘制总体轮廓，再绘制墙体和吊顶，接下来绘制墙体装饰，以及插入图块，最后进行标注。

步骤 1 调用 CO（复制）命令，移动复制电视背景墙立面图的平面部分到一旁，整理结果如图 16-102 所示。

步骤 2 绘制总体轮廓和墙体。调用 REC（矩形）命令，绘制尺寸为 6690mm×2900mm 的矩形。调用 O（偏移）命令，偏移线段，结果如图 16-103 所示。

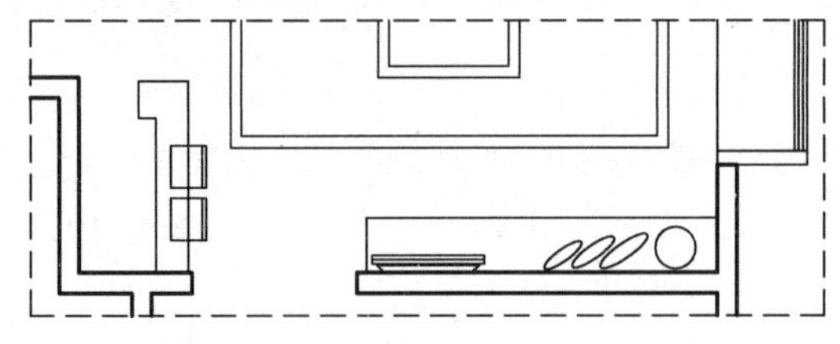

图 16-102 整理图形

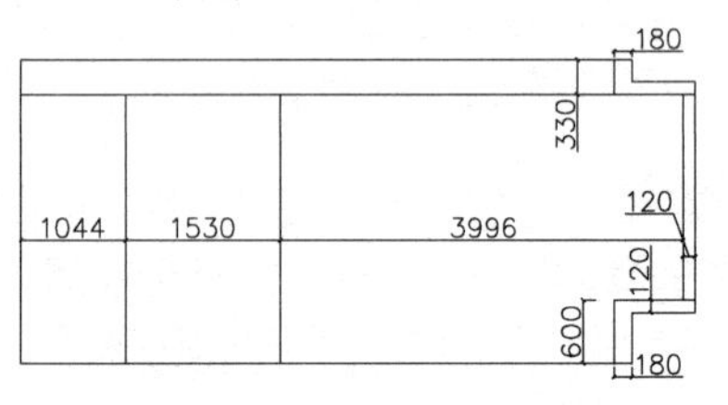

图 16-103 总体轮廓和墙体

步骤 3 绘制窗户立面。调用 O（偏移）命令，设置偏移距离为 50mm、20mm、50mm，完成窗户立面图的绘制，结果如图 16-104 所示。

步骤 4 绘制电视背景墙外框架。调用 L（直线）命令，绘制直线，结果如图 16-105 所示。

步骤 5 调用 H（图案填充）命令，填充 DOTS 图案，设置比例为 20，结果如图 16-106 所示。

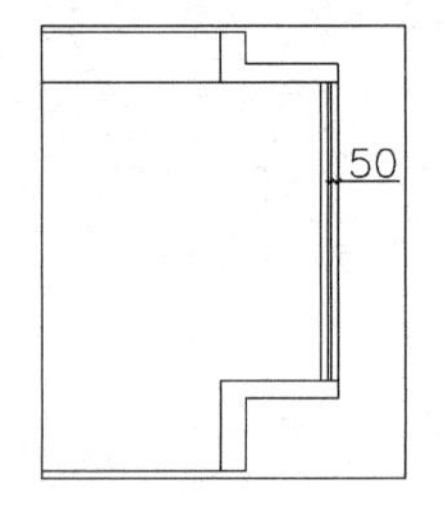

图 16-104 绘制窗户

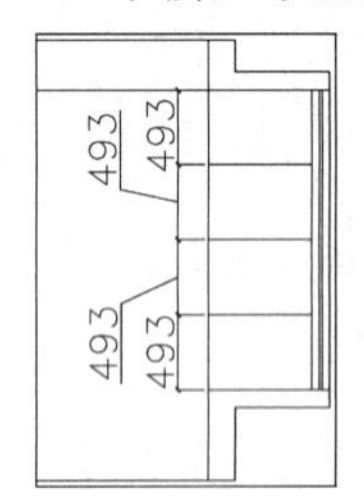

图 16-105 绘制直线

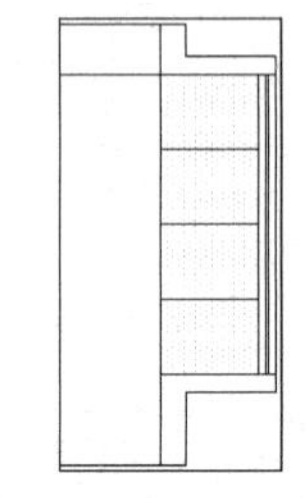

图 16-106 填充结果

步骤 6 调用 L（直线）命令，绘制直线，结果如图 16-107 所示。

步骤 7 调用 H（图案填充）命令，填充 AR-RROOF 图案，设置比例为 12，结果如图 16-108 所示。

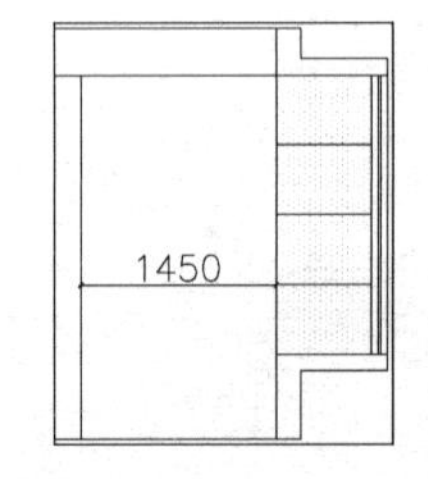

图 16-107 绘制直线

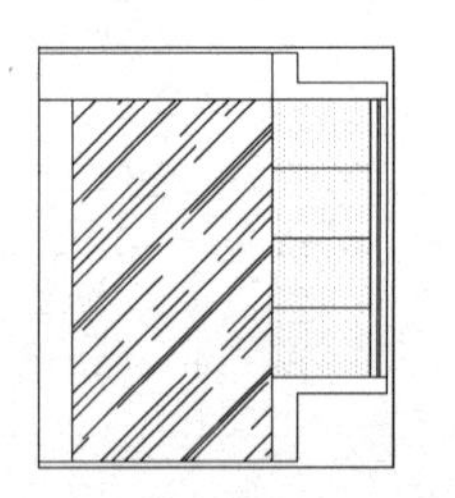

图 16-108 填充结果

步骤 8 调用 L（直线）、O（偏移）命令，绘制直线并偏移。调用 AR（阵列）命令，将绘制和偏移的直线进行阵列，行数为 14，间距为 165，结果如图 16-109 所示。

步骤 9 调用 H（图案填充）命令，填充 AR-SAND 图案，设置比例为 3，结果如图 16-110 所示。

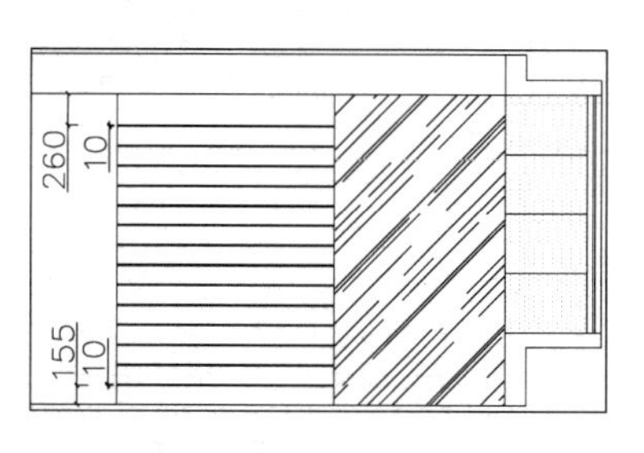

图 16-109　偏移直线

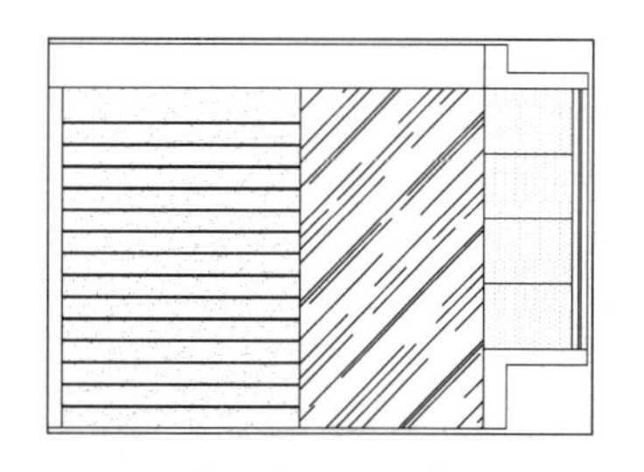

图 16-110　填充图案

步骤 10 调用 L（直线）命令，绘制直线。调用 PL（多段线）命令，绘制多段线，结果如图 16-111 所示。

步骤 11 调用 REC（矩形）命令，绘制尺寸为 1100mm×460mm 的矩形，结果如图 16-112 所示。

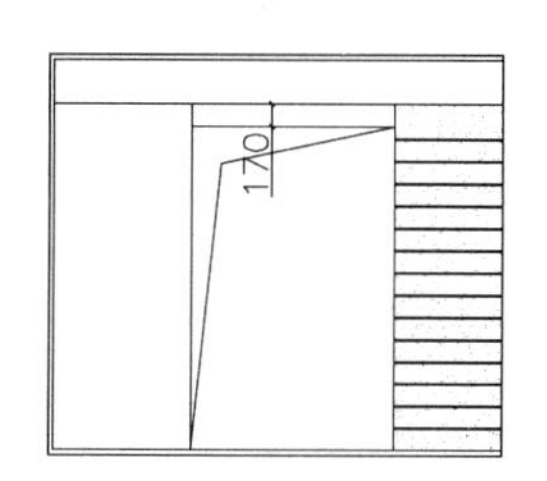

图 16-111　绘制多段线

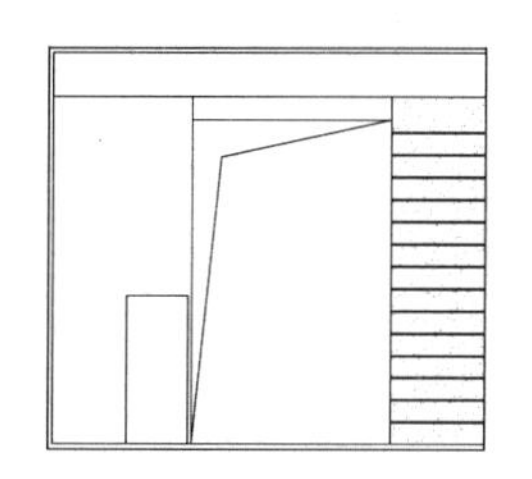

图 16-112　绘制矩形

步骤 12 沿用上面介绍的方法，绘制酒吧区背景墙。调用 REC（矩形）命令，绘制一个尺寸大小为 460mm×1100mm 的矩形，向左偏移 30mm。并用 TR（修剪）命令修剪重叠的线段，结果如图 16-113 所示。

步骤 13 按〈Ctrl+O〉组合键，打开“第 16 章\家具图例.dwg”文件，将其中的家具等图形复制粘贴到图形中，并调用 TR（修剪）命令，修剪多余线段，结果如图 16-114 所示。

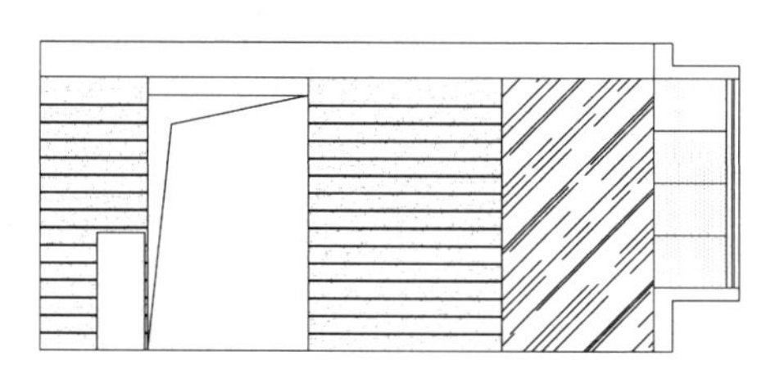

图 16-113　绘制背景墙

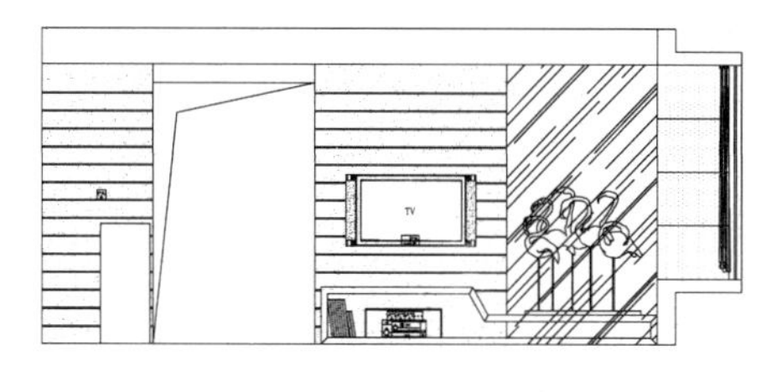

图 16-114　布置立面家具

步骤 14 调用 MLD（多重引线）标注命令，弹出“文字格式”对话框，输入立面材料的名称和施工做法。单击“确定”按钮关闭对话框，标注结果如图 16-115 所示。

步骤 15 调用 DLI（线性标注）命令，标注立面图尺寸，结果如图 16-116 所示。

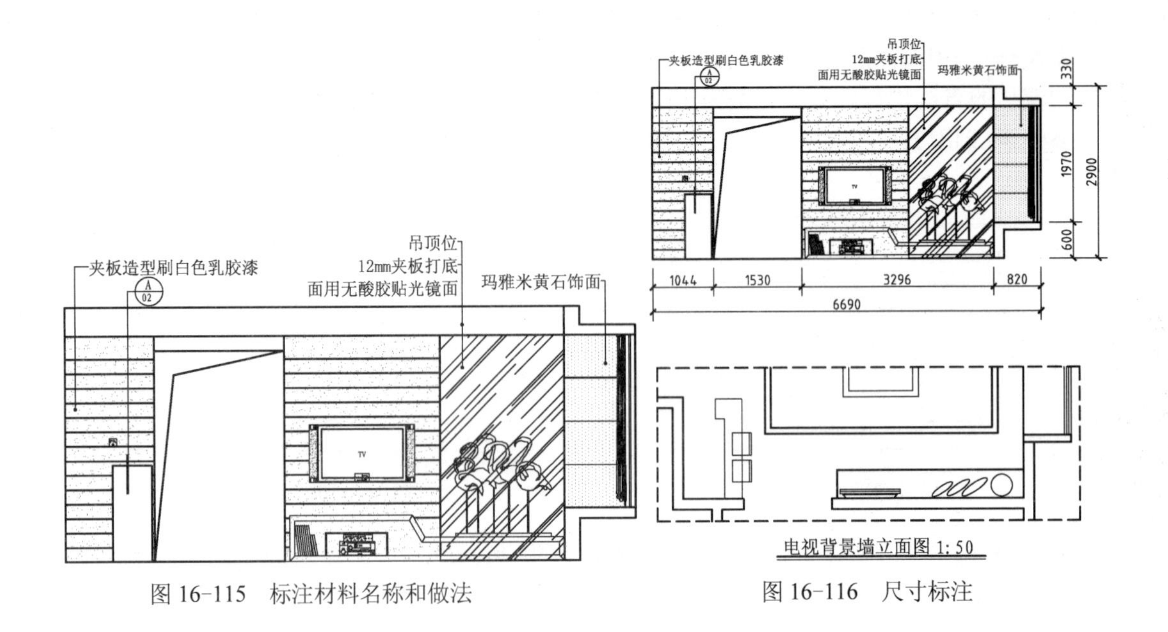

图 16-115　标注材料名称和做法　　　　图 16-116　尺寸标注

16.4　设计专栏

16.4.1　上机实训

步骤 1 绘制如图 16-117 所示的别墅三层平面布置图，请读者沿用本章介绍的方法来绘制。

步骤 2 绘制如图 16-118 所示的一层客厅 C 立面图。

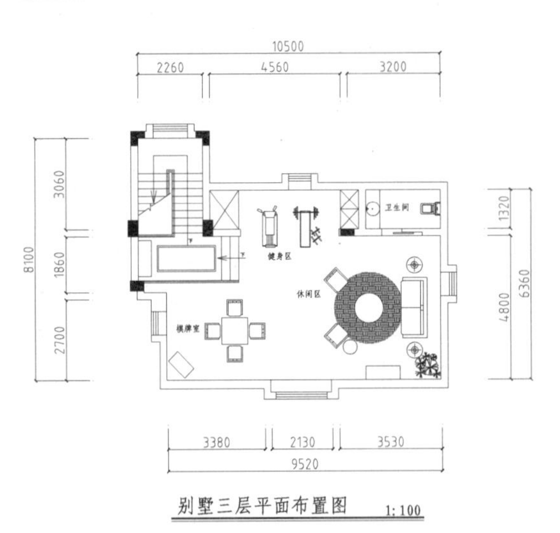

图 16-117　绘制别墅三层平面布置图

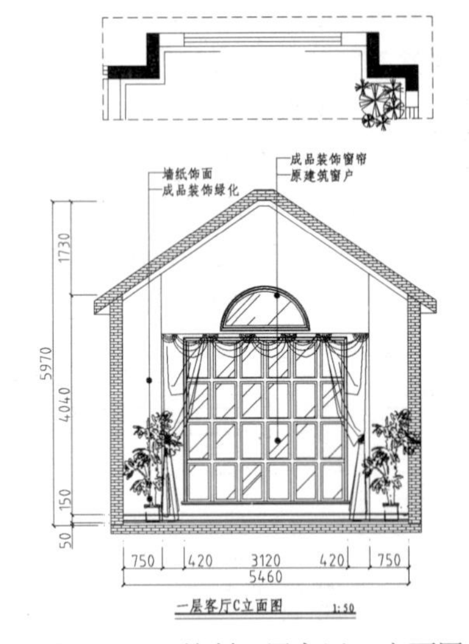

图 16-118　绘制一层客厅 C 立面图

16.4.2　辅助绘图锦囊

所有的室内装饰都有其特征，这个特征又有明显的规律性和时代性，把一个时代的室内装饰特点及规律性的精华提炼出来，作为室内的各面造型及家具造型的表现形式，称为室内装饰风格。每一种风格的样式与地理位置、民族特征、生活方式、文化潮流、风俗习惯、宗教信仰有密切关系，可称之为民族的文脉。装饰风格就是根据文脉结合时代的气息创造出各种室内环境和气氛。

1. 新中式风格

新中式风格不是对传统元素的一味堆砌，而是在设计上继承了唐代、明清时期家具理念的精华，将其中的经典元素加以提炼和丰富。同时改变原有布局中等级、尊卑等封建思想，给传统家居文化注入新的气息，也为现代家居蒙上古典的韵味。新中式风格家具使用材料以木质材料居多，颜色多以花梨木和紫檀色为主，讲究空间的借鉴和渗透。

新中式风格一改以往传统家具“好看不好用，舒心不舒身”的弊端，古物新用，比如将拼花木窗用来做墙面装饰、条案改书桌、博古架改装饰架等，在新中式风格的使用中屡见不鲜。

如图 16-119 所示，该居室的设计融合了现代与古典的设计元素，对传统的太师椅进行了喷白处理，再加上墙面青砖纹理的装饰、手绘墙的运用及现代风格沙发的点缀，让人充分感受到传统家居与现代家居结合的魅力。

2. 现代简约风格

欧洲现代主义建筑大师密斯的名言“简单就是美”被认为代表了现代简约主义的核心思想。

简洁明快的简约主义，以简洁的表现形式来满足人们对空间环境的那种感性、本能的和理性的需求。将设计的元素、色彩、材料、照明简化到最少的程度，但是对色彩、材料的质感要求很高，这是简约主义的风格特色。因此，虽然简约的空间设计都非常含蓄，但是却往往能达到以简胜繁、以少胜多的效果，如图 16-120 所示。

图 16-119　新中式风格

图 16-120　现代简约风格

简约主义是由 20 世纪 80 年代在对复古风潮的叛逆和极简美学的基础上发展起来的，90 年代初期开始融入室内设计领域。

简约主义设计风格，能让人们在越来越快的生活节奏中找到一种能够彻底放松，以简洁和纯净来调节转换精神的空间。

简约主义特别注重对材料的选择，所以在选材方面的投入，往往不低于施工部分的支出。

3. 欧式古典风格

欧式古典风格中体现着一种向往传统、怀念古老珍品、珍爱有艺术价值的传统风格的情节，是人们在以现代的物质生活不断得到满足的同时所萌发出来的，如图 16-121 所示。

欧式古典风格作为欧洲文艺复兴时的产物，设计风格中继承了巴洛克风格中豪华、动感、多变的视觉效果，也汲取了洛可可风格中唯美、律动的处理元素，受到了社会上层人士的青睐。

相同格调的壁纸、帷幔、外罩、地毯、家具等装饰织物，陈列着富有欣赏价值的各式传统餐具、茶具的饰品柜，给古典风格的家居环境增添了端庄、优雅的贵族气氛，其中流露出来的尊贵、典雅的设计哲学，成为一些成功人士享受快乐、理念生活的一种真实写照。

4. 美式乡村风格

美式乡村风格带着浓浓的乡村气息，摒弃了烦琐和奢华，以享受为最高原则，将不同风格中的优秀元素汇集融合，强调“回归自然”，在面料、沙发的皮质上，强调它的舒适度，感觉起来宽松柔软，突出了生活的舒适和自由，如图16-122所示。

图16-121 欧式古典风格

图16-122 美式乡村风格

美式风格起源于18世纪拓荒者居住的房子，具有刻苦创新的开垦精神，体现了一路拼搏之后的释然，激起人们对大自然的无限向往。

美式乡村风格色彩及造型较为含蓄保守，以舒适机能为导向，兼具古典的造型与现代的线条、人体工学与装饰艺术的家具风格，充分显现出自然质朴的特性。不论是感觉笨重的家具，还是带有岁月沧桑的配饰，都在告诉人们美式风格突出了生活的舒适与自由。

5. 地中海风格

对于久居都市的人们而言，地中海古老而遥远，宁静而深邃，给人以返璞归真的感受，体现了更高的生活质量的要求，如图16-123所示。

地中海的色彩多为蓝、白色调的天然纯正色彩，如矿物质的色彩。地中海风格建筑选用的材料的质地较粗，并且有明显、纯正的肌理纹路，木头多用原木。

6. 新古典风格

欧洲丰富的文化艺术底蕴、开放创新的设计思想及其尊贵的姿容，一直以来颇受大众喜爱。“行散神聚”是新古典主义风格的主要特点。从简单到繁杂、从整体到局部，精雕细琢，镂花刻金，给人一丝不苟的印象，用现代的手法还原古典的气质，具备了古典与现代的双重审美效果。保留了材质、色彩的大致风格，仍然可以很强烈地感受到传统的历史痕迹和浑厚的文化底蕴。同时又摒弃了过于复杂的肌理和装饰，简化了线条。

新古典风格注重线条的搭配，以及线条与线条的比例关系，白色、黄色、暗红、金色是欧式风格中常见的主色调，糅合少量白色，使色彩看起来明亮大方。常见的壁炉、水晶灯、罗马柱是新古典风格的点睛之笔，如图16-124所示。

图 16-123 地中海风格

图 16-124 新古典风格

7. 东南亚风格

东南亚风格崇尚自然、原汁原味，注重手工工艺而拒绝同质精神，其风格家居设计实质上是对生活的设计，比较符合时下人们追求时尚环保、人性化及个性化的价值理念，于是迅速深入人心。

色彩主要采用冷暖色搭配，装饰注重阳光气息，如图 16-125 所示。

8. 日式风格

日式风格有浓郁的日本特色，以淡雅、简洁为主要特点，采用清晰的线条，注重实际功能。居室有较强的几何感，布置优雅、清洁，半透明樟子纸、木格拉门和榻榻米木地板是其主要的风格特征。

日式风格不推崇豪华奢侈、金碧辉煌，以淡雅节制、深邃禅意为境界的设计哲学，将大自然的材质大量运用于居室的装饰装修中，如图 16-126 所示。

图 16-125 东南亚风格

图 16-126 日式风格

第 17 章

园林设计与 AutoCAD 制图

本章要点

- 园林设计与绘图
- 绘制常见园林图例
- 绘制中心广场景观设计平面图
- 设计专栏

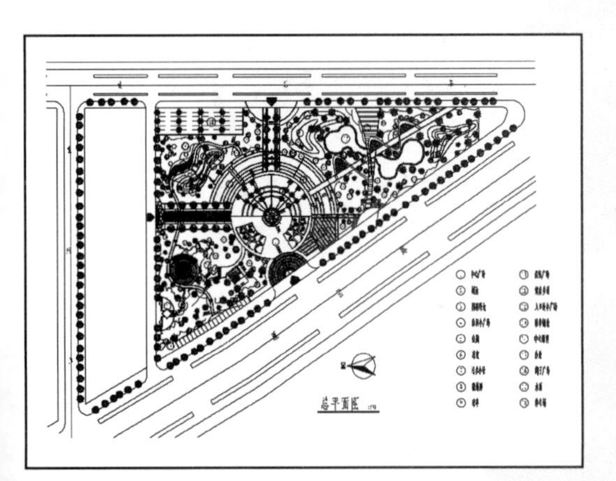

本章主要讲解园林设计的概念及园林设计制图的内容和流程，并通过具体的实例来对各种园林图形绘制进行实战演练。通过本章的学习，读者能够了解园林设计的相关理论知识，并掌握园林制图的流程和实际操作。

17.1 园林设计与绘图

人与环境的关系是密不可分的。特别是远离自然环境，居住在钢筋水泥构筑的都市的今天，人们更是对青山绿水表现出了无限向往。于是，园林设计就发展成为了一门值得深入学习和研究的学科。而软件和硬件技术的不断发展，也对园林绘图产生了深远的影响。计算机辅助绘图已经是一个显而易见的趋势。

使用 AutoCAD 绘制出来的园林图纸清晰、精确，当熟练掌握软件和一些绘图技巧以后，还可以提高工作效率。

17.1.1 园林的概念

所谓园林，就是在一定的地域运用工程技术和艺术手段，通过改造地形（或进一步筑山、叠石、理水）、种植树木花草、营造建筑和布置园路等途径创作而成的美的自然环境和游憩境域。园林包括庭园、宅园、小游园、花园、公园、植物园和动物园等，随着园林学科的发展，还包括森林公园、风景名胜区、自然保护区和国家公园的游览区及休养胜地。

按照现代人的理解，园林不只是作为游憩之用，而且具有保护和改善环境的功能。植物可以吸收二氧化碳，放出氧气，净化空气；能够在一定程度上吸收有害气体、吸附尘埃、减轻污染；可以调节空气的温度和湿度，改善小气候；还有减弱噪声和防风、防火等防护作用。尤为重要的是，园林在人们心理和精神上的有益作用，游憩在景色优美和安静的园林中，有助于消除长时间工作带来的紧张和疲乏，使脑力和体力均得到恢复。此外，园林中的文化、游乐、体育和科普教育等活动，更可以丰富知识，充实精神生活。

17.1.2 园林的分类

古今中外的园林，尽管内容极其丰富多样，风格也各自不同。如果按照山、水、植物及建筑四者本身的经营和它们之间的组合关系来加以考查，则不外乎以下 4 种形式。

1. 规整式园林

此种园林的规划讲究对称均齐的严整性，讲究几何形式的构图。建筑物的布局固然是对称均齐的，即使植物配置和筑山理水也按照中轴线左右均衡的几何对位关系来安排，着重于强调园林总体和局部的图案美，如图 17-1 所示。

2. 风景式园林

此种园林的规划与前者恰好相反，讲究自由灵活而不拘一格。一种情况是利用天然的山水地貌并加以适当的改造和剪裁，在此基础上进行植物配置和建筑布局，着重于精炼而概括地表现天然风致之美。另一种情况是将天然山水缩移并模拟在一个小范围之内，通过“写意”式的再现手法而得到小中见大的园林景观效果。我国的古代园林都属于风景式园林，如图 17-2 所示。

3. 混合式园林

混合式园林即为规整式与风景式相结合的园林。

4. 庭院

以建筑物从四面或三面围合成一个庭院空间，在这个比较小而封闭的空间里面点缀山池，配置植物。庭院与建筑物特别是主要厅堂的关系很密切，可视为室内空间向室外的延伸。

图 17-1 规整式园林

图 17-2 风景式园林

17.1.3 园林设计绘图的内容

园林设计绘图是指根据正确的绘图理论及方法，按照国家统一的园林绘图规范将设计情况在二维图面上表现出来，它主要包括总体平面图、植物配置图、网格定位图及各种详图等。绘制的内容主要包括以下几部分。

- 园林主体图形：相应类型的园林图纸，需要突出表明主体的内容。例如，总体平面图需要表明的是图纸上各种要素（建筑、道路、植物及水体）的尺寸大小与空间分布关系，可以不用进行详细的绘制；而植物配置图则要求将重点放在植物的配置与设计上，对植物的大小、位置及数量都需要进行精确的定位，其他园林要素则可以相对弱化。
- 尺寸标注：园林设计绘图的尺寸标注包括总体空间尺寸及主要要素的尺寸标注。例如，建筑的外部轮廓尺寸、水体长宽等，而对于局部详图，则要求进行更为精确的尺寸标注。竖向设计图还需要进行标高标注。
- 文字说明：对图形中各元素的名称、性质等进行说明。
- 块：园林设计绘图中的植物图例等内容多以块形式插入到图形中。

17.2 绘制常见园林图例

园林设施图在 AutoCAD 园林绘图中非常常见，如植物图例、花架、景石和景观亭等图形。本节主要介绍常见园林设施图的绘制方法和技巧及相关的理论知识，通过本节的学习，在掌握部分园林设施图绘制方法的同时，也能够比较全面地了解其在园林设计中的应用。

17.2.1 绘制花架

花架可做遮荫休息之用，并可点缀园景。花架可应用于各种类型的园林绿地中，常设置在风景优美的地方供休息和点景，也可以和亭、廊、水榭等结合，组成外形美观的园林建筑群。在居住区绿地或儿童游戏场中，花架可供休息、遮荫和纳凉。

本节将绘制如图 17-3 所示的花架平面图，它由横梁、木枋和立柱等部分组成。

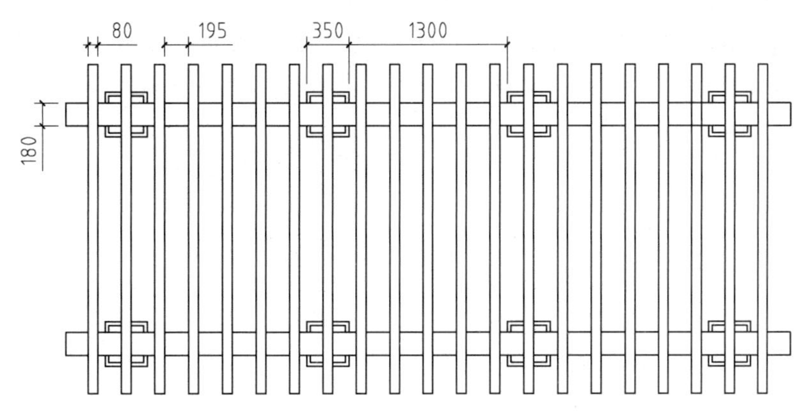

图 17-3　花架平面图

1. 绘制横梁

步骤 1 调用 REC（矩形）命令，绘制一个尺寸为 180×5959mm 的矩形。

步骤 2 调用 CO（复制）命令，选择绘制的矩形，将其向下移动复制 1800mm，得到第二根横梁，结果如图 17-4 所示。

步骤 3 调用 REC（矩形）命令，绘制一个尺寸为 350×350mm 的矩形，表示立柱，并移动至横梁的合适位置，如图 17-5 所示。

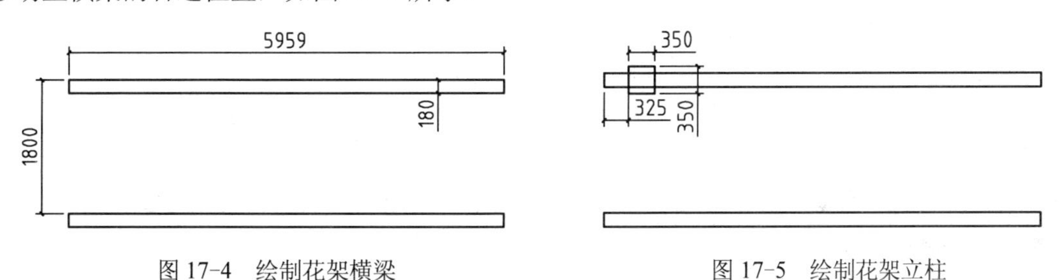

图 17-4　绘制花架横梁　　　　图 17-5　绘制花架立柱

2. 绘制立柱

步骤 4 绘制立柱顶端支撑。调用 O（偏移）命令，将矩形向内偏移 30mm。并使用 TR（修剪）命令，修剪多余线条，以表示叠加的层次，如图 17-6 所示。

步骤 5 调用 CO（复制）和 AR（阵列）命令，复制绘制的立柱，并设置阵列行项目数为 1，列项目数为 4，列间距为 1650，结果如图 17-7 所示。

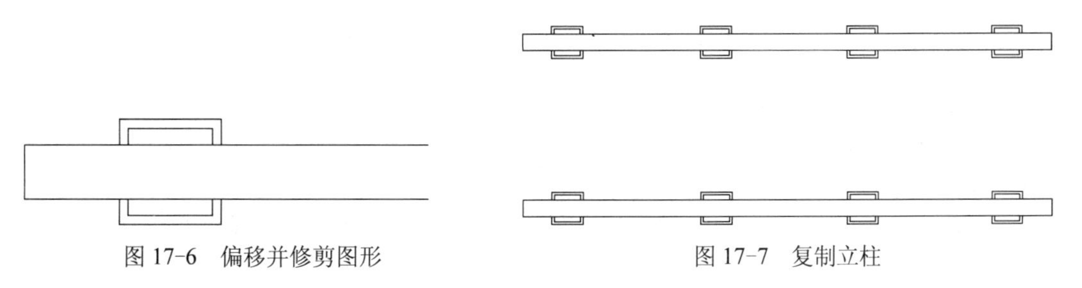

图 17-6　偏移并修剪图形　　　　图 17-7　复制立柱

3. 绘制花架顶部木枋

步骤 6 调用 REC（矩形）命令，绘制一个尺寸为 80×2580mm 的矩形，绘制第一根木枋，结果如图 17-8 所示。

步骤 7 调用 AR（阵列）命令，进行矩形阵列。设置阵列数目行为 1，列为 21，行间距为 0，列间距为 275。然后输入 TR（修剪）命令，修剪多余线条，结果如图 17-9 所示。

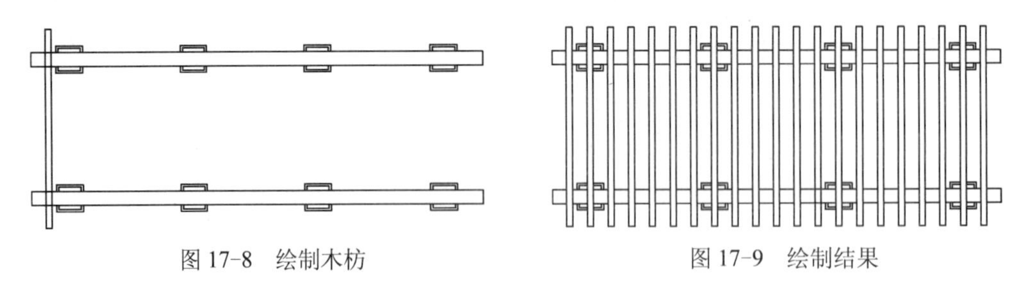

图 17-8 绘制木枋　　图 17-9 绘制结果

17.2.2 绘制景观亭

景观亭在我国园林中是运用最多的一种建筑形式。无论是在传统的古典园林中，还是在解放后新建的公园及风景浏览区，都可以看到各种各样的亭子，它们或伫立于山岗之上，或依附在建筑之旁，或临近于水池之畔，与园林中的山水、植物一起，构成一幅幅生动的画面。

本例绘制的是一个现代风格的景观亭，布置在景观水池叠水景观的位置，是欣赏水景、休闲闲谈的好去处。绘制景观亭的具体操作步骤如下。

1. 绘制景观亭基座和亭顶

步骤 1 绘制基座。调用 REC（矩形）命令，绘制一个尺寸为 3600×3600 mm 的矩形。

步骤 2 调用 O（偏移）命令，将矩形依次向内偏移 150 mm、300 mm，如图 17-10 所示。

步骤 3 绘制亭顶。调用 L（直线）命令，连接矩形的两个对角点绘制直线，表示棱台形状的亭顶结构，如图 17-11 所示。

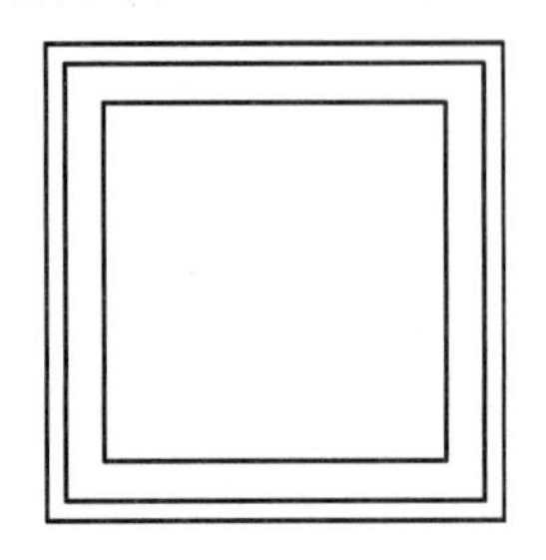

图 17-10 绘制亭基座

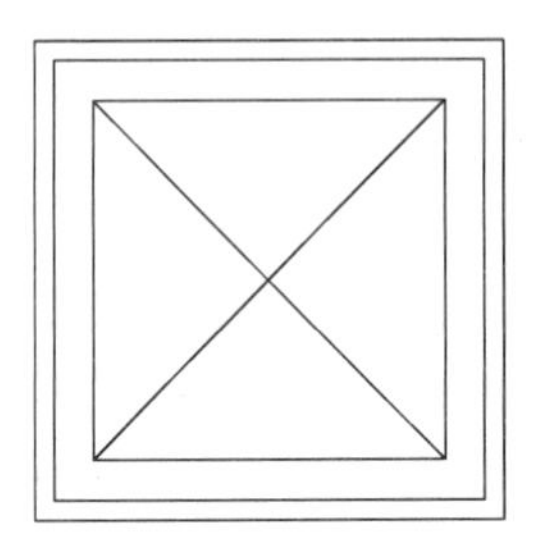

图 17-11 绘制亭顶

2. 填充亭顶和地面材料

步骤 4 填充亭顶。调用 H（图案填充）命令，打开（图案填充创建）选项卡，选择填充图案为 ANSI31，角度为 45，比例为 50。

步骤 5 拾取水平方向相对的两个三角形，表示亭顶木结构材料，填充结果如图 17-12 所示。

步骤 6 以填充亭顶相同的方法填充景观亭基座，表示基座地面铺装材料。选择填充图案为 SACNCR，角度为 135，比例为 50。填充结果如图 17-13 所示。

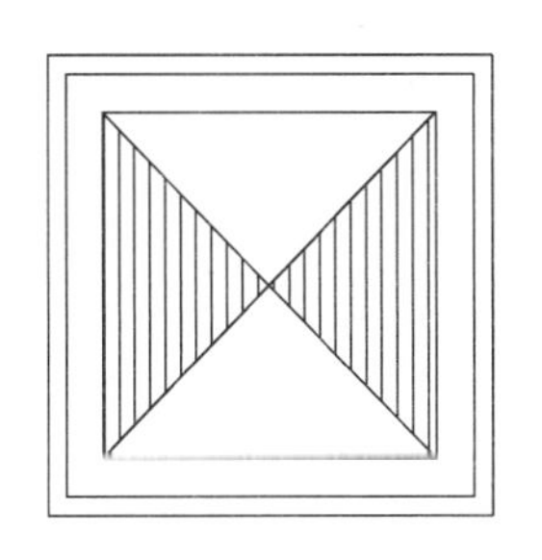

图 17-12 亭顶填充结果

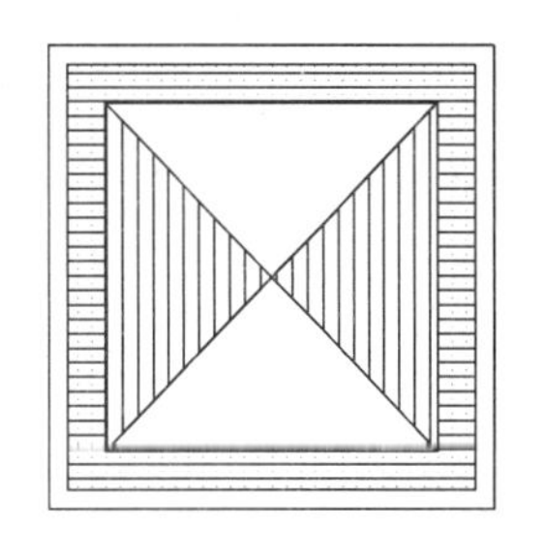

图 17-13 基座填充结果

17.2.3 绘制景石平面图

景石是园林设计中出现频率较高的一种园林设施，它可以散置于林下、池岸周围等，也可以孤置于某个显眼的地方，形成主景，还可以与植物搭配在一起，形成一种独特的景观。本例绘制的是散置于林下的小景石图例，如图 17-14 所示，它是由两块形状不同的景石组合在一起而形成的一组景石。其一般绘制步骤为：先绘制景石外部轮廓，再绘制内部纹理。

步骤 1 绘制外部轮廓。调用 PL（多段线）命令，设置线宽为 10，绘制大致如图 17-15 所示的景石外部轮廓。

步骤 2 重复调用“多段线”命令，设置线宽为 0，绘制景石的内部纹理，结果如图 17-16 所示。至此，景石绘制完成。

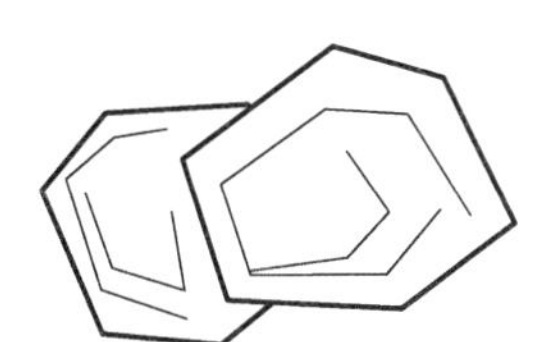

图 17-14 景石图例

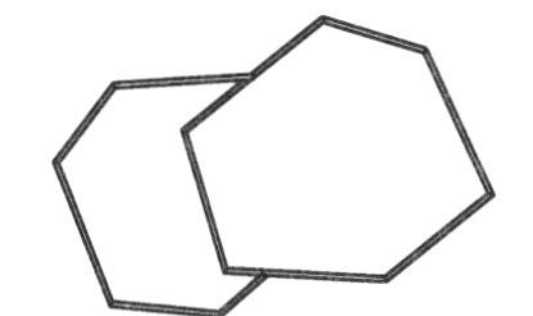

图 17-15 绘制外部轮廓

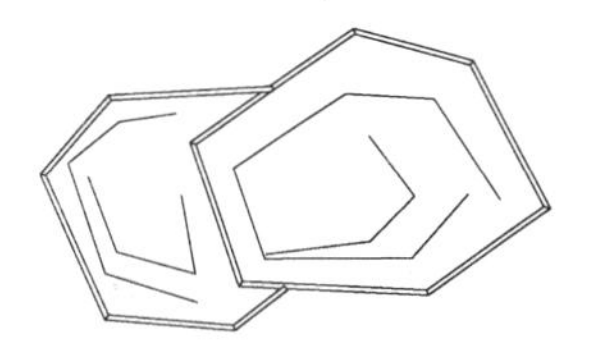

图 17-16 绘制内部纹理

17.2.4 绘制湿地松

在 AutoCAD 园林绘图中，植物平面图例是植物种植图的主要组成部分。不同的植物需要使用不同的图例，因此，植物种类的多样性就决定了植物图例的样式的多样性。根据植物的种类，可以将植物图例分为乔木图例、灌木图例和模纹地被图例等。图例的使用不是固定的，可以根据自己的喜好为植物选择图例，图例的大小表示树木的大小。

本例绘制的是湿地松图例。其一般绘制方法为：先绘制外部辅助轮廓，再绘制树叶，然后绘制树枝，最后完善修改图例。

步骤 1 绘制辅助轮廓。在“默认”选项卡中，单击“绘图”面板中的“圆心，半径”按钮，绘制一个半径为 650mm 的圆。

步骤 2 调用 L（直线）命令，过圆心和 90° 的象限点，绘制一条直线，并以圆心为中心点，将直线环形阵列 3 条，如图 17-17 所示。

步骤 3 绘制树叶。在命令行中调用 SKETCH（徒手画）命令，绘制树叶，在“记录增量”的提示下，输入最小线段长度为 15mm，按照如图 17-18 所示绘制图形。

步骤 4 绘制树枝。调用 PL（多段线）命令，绘制树枝。删除辅助线及圆，结果如图 17-19

所示。至此，湿地松图例绘制完成。

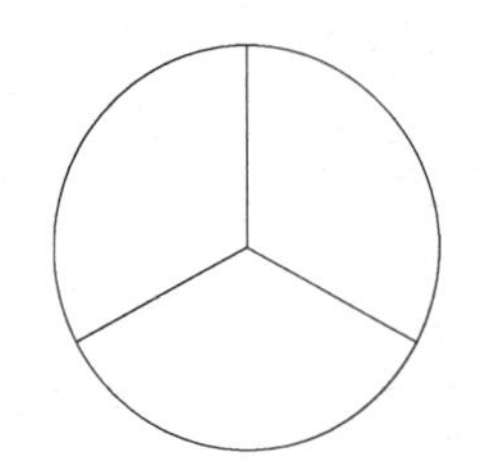
图 17-17 绘制圆形和直线

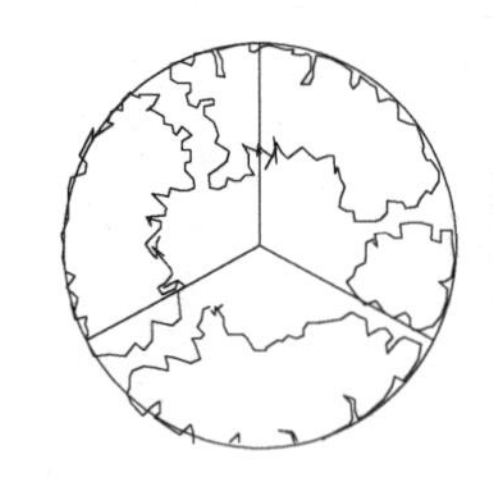
图 17-18 徒手画线绘制树叶

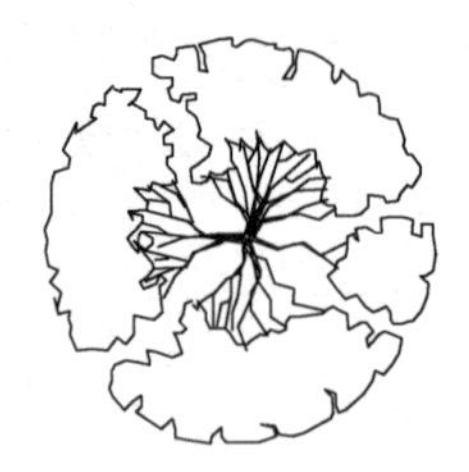
图 17-19 绘制结果

17.2.5 绘制休闲椅

园林休闲椅是园林里供游人休息的一种户外休闲椅子，随着社会的发展，园林休闲椅已经不再只属于园林，而是随着城市的发展步入了各种公共场合，常见于公园、小区休闲场所和娱乐广场等，成为城市的一道亮丽风景，为人们带来了便利，使环境更加和谐。具体绘制步骤如下。

步骤 1 绘制桌子。调用 C（圆）命令，绘制一个半径为 500mm 的圆，结果如图 17-20 所示。

步骤 2 绘制休闲椅。调用 PL（多段线）命令，绘制休闲椅轮廓，并使用 O（偏移）命令，将其向内偏移 20，然后使用 TR（修剪）命令对其进行调整，结果如图 17-21 所示。

步骤 3 调用 AR（阵列）命令，选择休闲椅将其进行环形阵列，结果如图 17-22 所示。

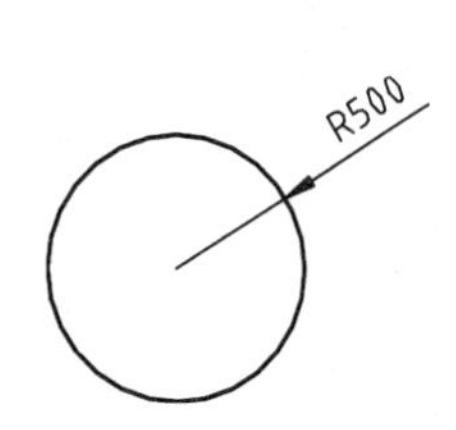

图 17-20 绘制桌子

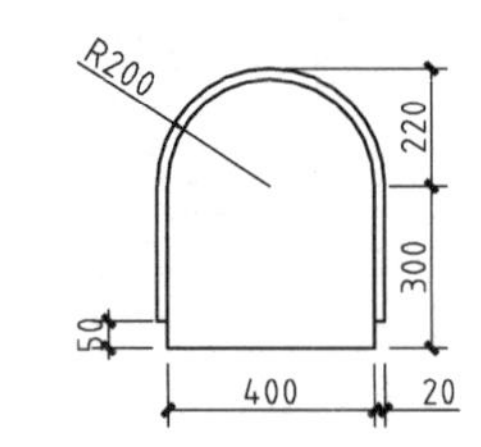

图 17-21 绘制休闲椅

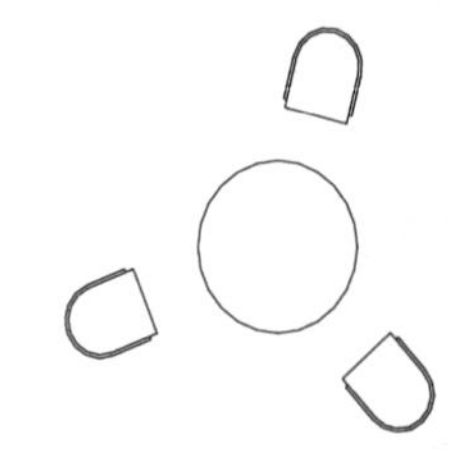
图 17-22 完成效果

17.3 绘制中心广场景观设计平面图

本节讲解某城市中心广场景观设计平面图的绘制。

17.3.1 设置绘图环境

绘制城市广场景观设计平面图之前，首先要设置好绘图环境，从而使用户在城市广场景观设计平面图时更加方便、灵活、快捷。设置绘图环境，包括绘图区域界限及单位的设置、图层的设置，以及文字和标注样式的设置等。

1. 绘图区的设置

步骤 1 启动 AutoCAD 2016 软件，选择“文件”|“保存”命令，将该文件保存为“素材\第 17 章\城市广场景观设计平面图.dwg”文件。

步骤 2 选择“格式”|“单位”命令，弹出“图形单位”对话框，将长度单位类型设定

为“小数”，设置精度为“0.00”，将角度单位类型设定为“十进制度数”，精度精确到“0”，如图 17-23 所示。

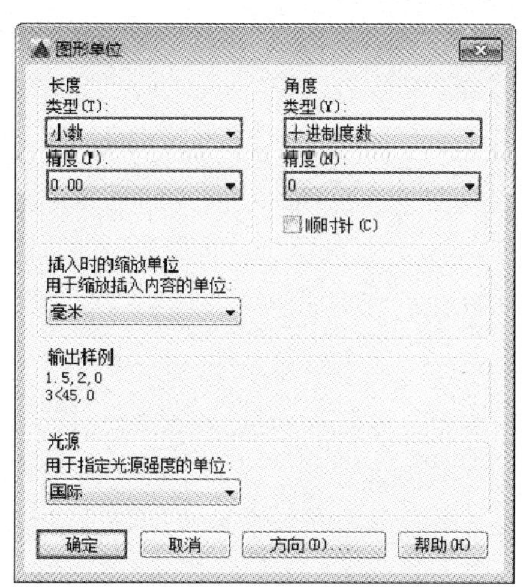

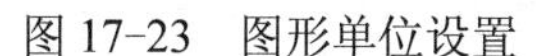
图 17-23　图形单位设置

2. 规划图层

该现代风格室内设计图主要由轴线、门窗、墙体、设施、灯具、文本标注和尺寸标注等元素组成，因此绘制平面图形时，应建立如表 17-1 所示的图层。

表 17-1　图层设置

序号	图层名	描述内容	线宽	线　型	颜色	打印属性
1	道路中心	定位轴线	默认	点划线（ACAD_ISOO4W100）	红色	打印
2	道路	道路	默认	实线（CONTINUOUS）	黑色	打印
3	建筑	建筑	默认	实线（CONTINUOUS）	洋红	打印
4	小品	亭、廊、山石、	默认	实线（CONTINUOUS）	30 色	打印
5	地被	地被	默认	实线（CONTINUOUS）	102 色	打印
6	乔木	乔木	默认	实线（CONTINUOUS）	82 色	打印
7	灌木	灌木	默认	实线（CONTINUOUS）	112 色	打印
8	水体	水体	默认	实线（CONTINUOUS）	蓝色	打印
9	铺装	图案、材料填充	默认	实线（CONTINUOUS）	8 色	打印
10	填充	填充	默认	实线（CONTINUOUS）	9 色	打印
11	文字	说明	默认	实线（CONTINUOUS）	黑色	打印
12	标注	标注、图内文字、图名、比例	默认	实线（CONTINUOUS）	绿色	打印

步骤 3 选择“格式”|“图层”命令，将打开“图层特性管理器”选项板，根据前面所示来设置图层的名称、线宽、线型和颜色等，如图 17-24 所示。

步骤 4 选择“格式”|“线型”命令，弹出“线型管理器”对话框，单击“显示细节”按钮，打开细节选项组，设置“全局比例因子”为 500，然后单击“确定”按钮，如图 17-25 所示。

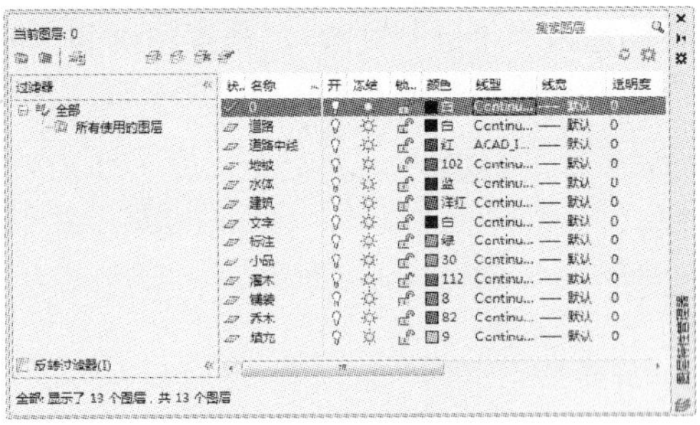

图 17-24 规划的图层

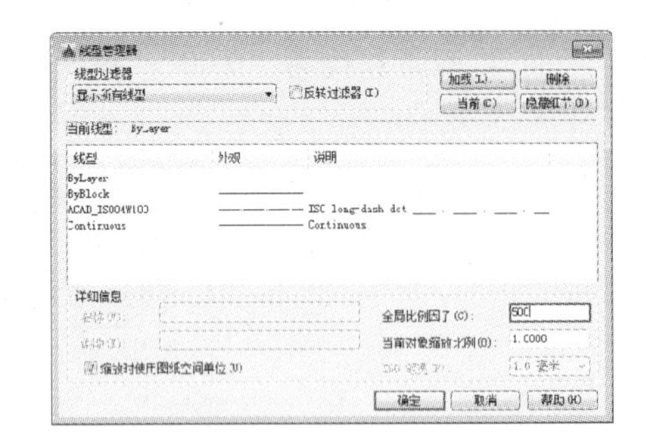

图 17-25 设置线型比例

3. 设置文字样式

该居民楼设计图上的文字有尺寸文字、标高文字、图内文字说明、剖切符号文字、图名文字和轴线符号等，打印比例为 1:500，文字样式中的高度为打印到图纸上的文字高度与打印比例倒数的乘积。根据室内制图标准，该平面图文字样式的规划如表 17-2 所示。

表 17-2 文字样式

文字样式名	打印到图纸上的文字高度	图形文字高度（文字样式高度）	宽度因子	字体 | 大字体
图内文字	3.5	1750		Gbenor.shx；gbcbig.shx
图名	5	2500	0.7	Gbenor.shx；gbcbig.shx
尺寸文字	3.5	0		Gbenor.shx

提示： 图形文字高度的设置、线型的设置及全局比例的设置应根据打印比例的设置更改。

步骤 5 选择“格式”|“文字样式”命令，弹出“文字样式”对话框，单击“新建”按钮弹出“新建文字样式”对话框，将样式名定义为“图内文字”，如图 17-26 所示。

步骤 6 在“字体”下拉列表框中选择字体 Tssdeng.shx，选择“使用大字体”复选框，并在“大字体”下拉列表框中选择字体 gbcbig.shx，在“高度”文本框中输入 1750，在“宽度因子”文本框中输入 0.7，单击“应用”按钮，从而完成该文字样式的设置，如图 17-27 所示。

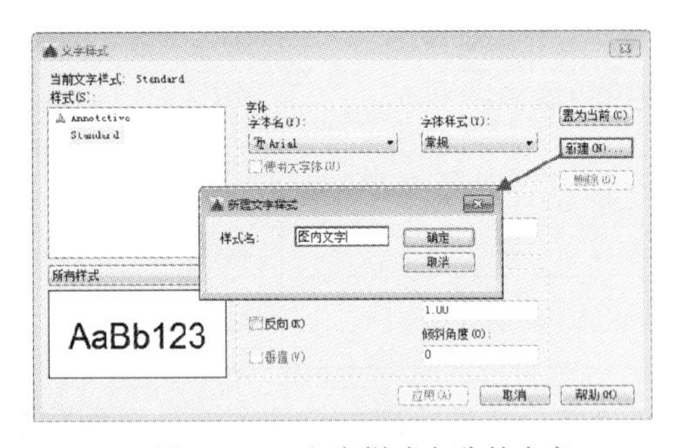

图 17-26 文字样式名称的定义

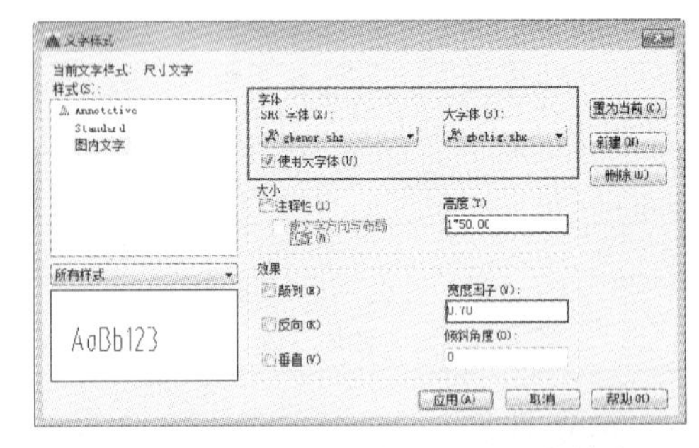

图 17-27 设置“图内文字”文字样式

步骤 7 重复前面的步骤，建立如表 17-2 所示的其他各种文字样式，如图 17-28 所示。

步骤 8 选择“格式”|“标注样式”命令弹出“标注样式管理器”对话框，单击“新建”按钮，弹出“创建新标注样式”对话框，将新建样式名定义为“居民楼设计标注”，如图 17-29 所示。

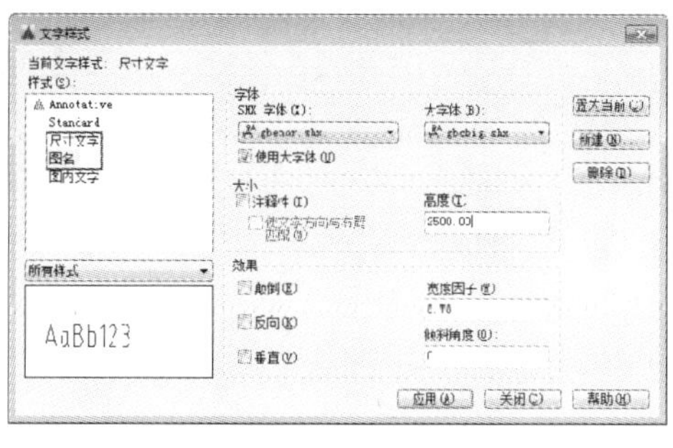

图 17-28　其他文字样式

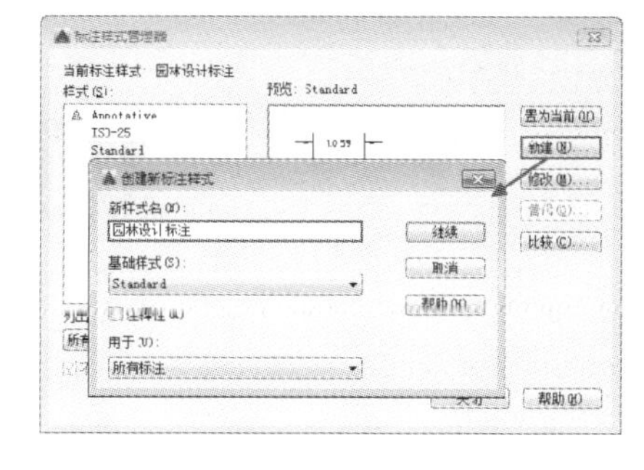

图 17-29　标注样式名称的定义

步骤 9 单击“继续”按钮，则进入到“新建标注样式”对话框，然后分别在各选项卡中设置相应的参数，其设置后的效果如表 17-3 所示。

表 17-3 “园林设计标注”标注样式的参数设置

“线”选项卡	“符号和箭头”选项卡	“文字”选项卡	“调整”选项卡
尺寸线 颜色(C)：ByBlock 线型(L)：ByBlock 线宽(G)：ByBlock 超出标记(N)：0 基线间距(A)：3.75 隐藏：□尺寸线 1(M) □尺寸线 2(D) 超出尺寸线(X)：2.5 起点偏移量(F)：2.5 □固定长度的尺寸界线(O) 长度(E)：10	箭头 第一个(T)：建筑标记 第二个(D)：建筑标记 引线(L)：实心闭合 箭头大小(I)：2	文字外观 文字样式(Y)：尺寸文字 文字颜色(C)：黑 填充颜色(L)：无 文字高度(T)：3.5 分数高度比例(H)： □绘制文字边框(F) 文字位置 垂直(V)：上 水平(Z)：居中 观察方向(D)：从左到右 从尺寸线偏移(O)：1 文字对齐(A) ○水平 ⊙与尺寸线对齐 ○ISO 标准	标注特征比例 □注释性(A) ○将标注缩放到布局 ⊙使用全局比例(S)：500

步骤 10 选择“文件”|“另存为”命令，弹出“图形另存为”对话框，保存为“素材\第 17 章\园林施工图样板.dwt”文件，如图 17-30 所示。

17.3.2 绘制总平面图

1. 绘制西入口

步骤 1 单击快速访问工具栏中的“打开”按钮，打开配套光盘中提供“第 17 章\原始平面图.dwg”素材文件，如图 17-31 所示。

步骤 2 调用 C（圆）命令，绘制半径为 15263mm、15096mm 的同心圆，表示西入口广场轮廓，圆心位置如图 17-32 所示。

步骤 3 调用 TR（修剪）命令，修剪圆，并调用 PL（多段线）命令，绘制多段线，如图 17-33 所示。

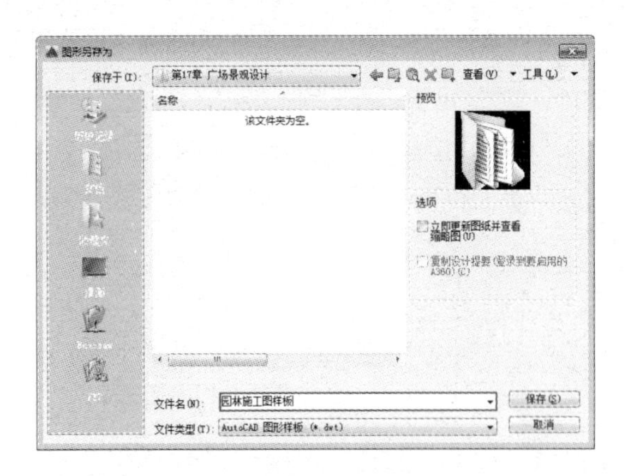

图 17-30 保存样板文件

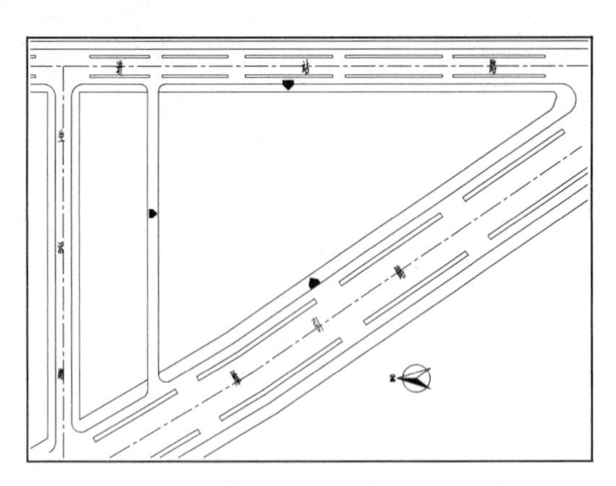

图 17-31 原始平面图

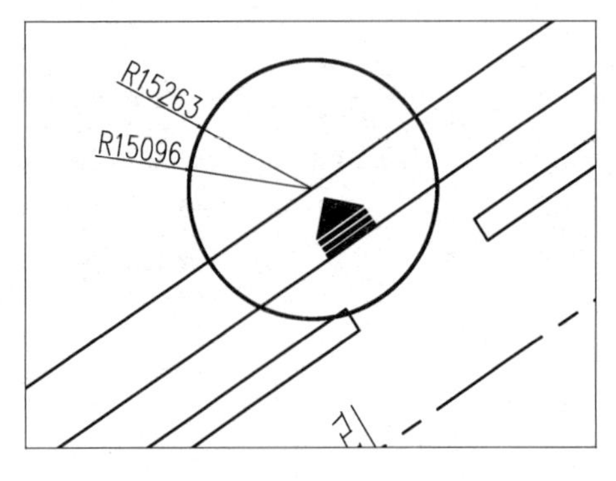

图 17-32 绘制广场轮廓

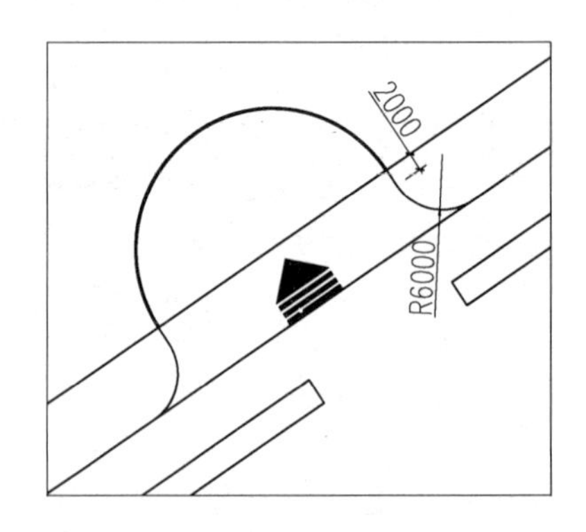

图 17-33 绘制多段线

步骤 4 绘制西入口广场铺装，调用 O（偏移）命令，偏移广场内轮廓线，如图 17-34 所示。

步骤 5 调用 REC（矩形）命令，绘制一个尺寸为 1027×1666mm 的矩形，表示广场砖，并调用 RO（旋转）命令和 M（移动）命令，移动至相应的位置，如图 17-35 所示。

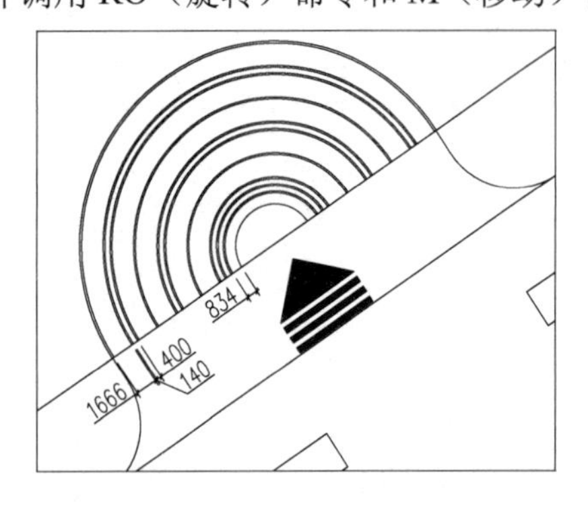

图 17-34 偏移广场内轮廓线

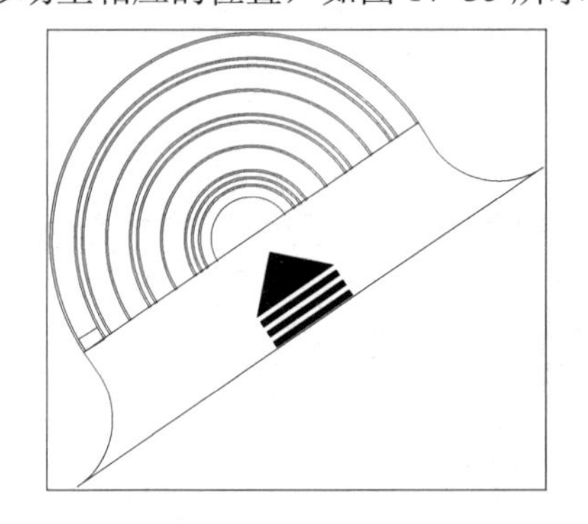

图 17-35 绘制广场砖

步骤 6 调用 AR（阵列）命令，将广场砖进行路径阵列，指定外侧圆弧为阵列路径，阵列数为 39，阵列距离为 1215，阵列结果如图 17-36 所示。

步骤 7 使用相同的方法完成西入口广场的绘制，效果如图 17-37 所示。

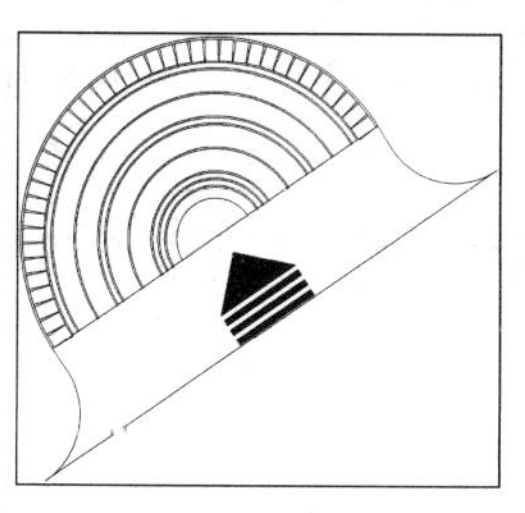

图 17-36 阵列广场砖

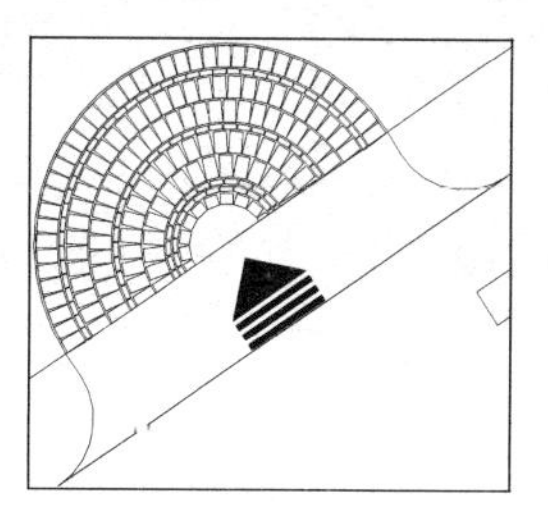

图 17-37 西入口广场

2. 绘制中心广场

步骤 8 调用 C（圆）命令，依次绘制半径为 5000mm、4180mm、1589mm、692mm 和 335mm 的同心圆，并调用 H（图案填充）命令，将半径为 335mm 的圆进行填充，效果如图 17-38 所示。

步骤 9 调用 L（直线）命令，捕捉圆上方象限点，连接半径为 5000mm 和 4180mm 的圆，并调用 AR（阵列）命令，将连接直线进行极轴阵列，阵列数为 18，效果如图 17-39 所示。

步骤 10 调用 L（直线）命令，连接半径为 4180mm 和 1589mm 的圆，并调用“夹点编辑”命令，对直线进行旋转复制，旋转角度为 11° 和-11°，并调用 EX（延伸）命令，延伸旋转直线，效果如图 17-40 所示。

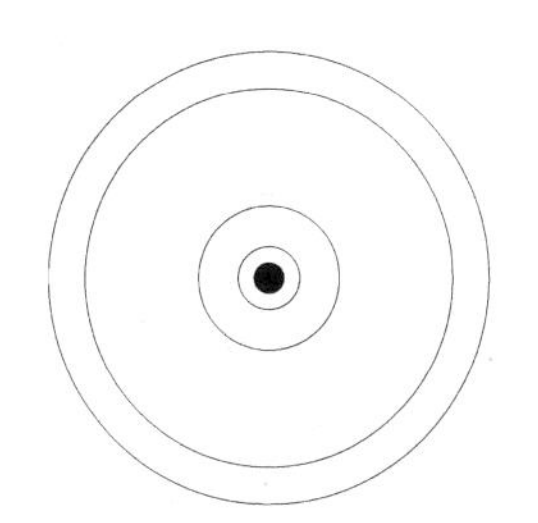

图 17-38 绘制同心圆

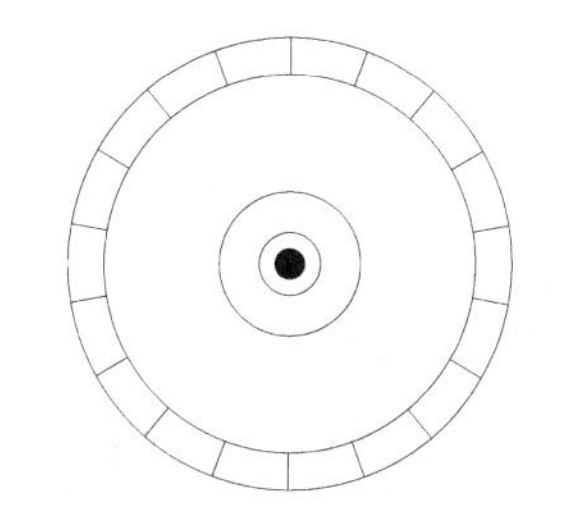

图 17-39 绘制并阵列连接直线

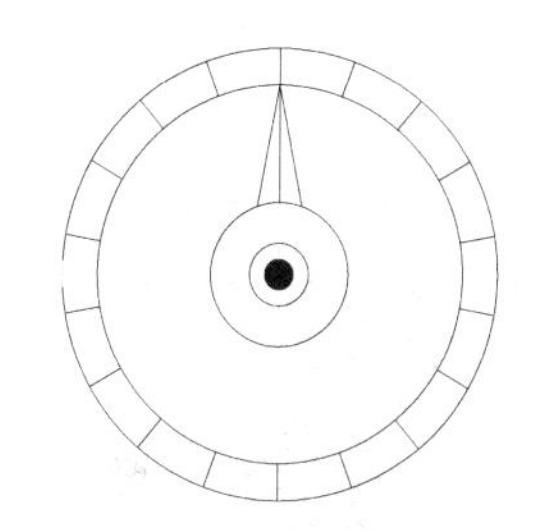

图 17-40 旋转复制连接直线

步骤 11 删除连接直线，调用 AR（阵列）命令，对旋转直线进行极轴阵列，设置阵列数为 9，效果如图 17-41 所示。

步骤 12 调用 O（偏移）命令，将半径为 5000mm 的圆向外偏移 5 次，设置偏移距离为 400mm，效果如图 17-42 所示。

步骤 13 调用 C（圆）命令，拾取半径为 5000mm 圆的圆心，绘制半径为 29359mm 的圆，并调用 O（偏移）命令，将圆向内偏移 150mm，效果如图 17-43 所示。

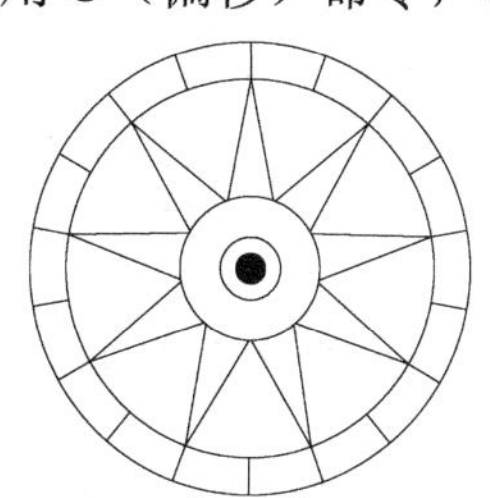

图 17-41 阵列结果

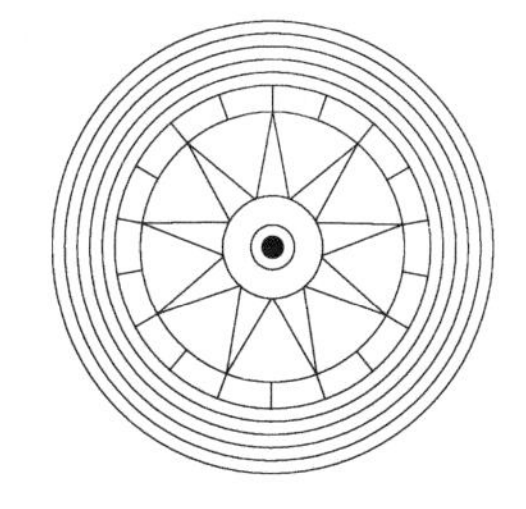

图 17-42 偏移圆

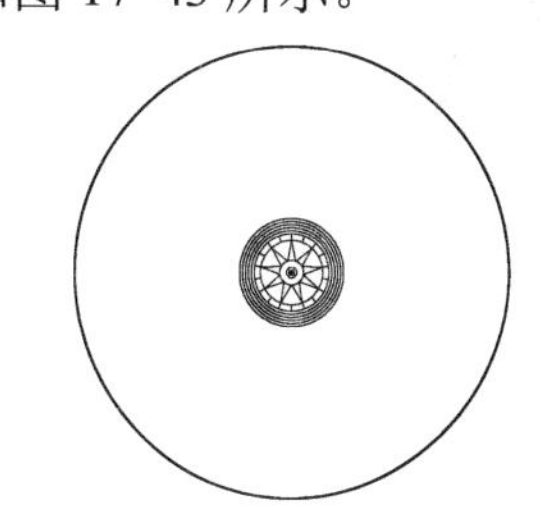

图 17-43 绘制并偏移圆

步骤 14 调用 L（直线）命令，捕捉圆象限点，绘制直线，连接圆，并调用 TR（修剪）命令，修剪图形，如图 17-44 所示。

步骤 15 调用 C（圆）命令，绘制半径为 13810mm 的圆，并调用 O（偏移）命令，将其向外偏移，如图 17-45 所示。

步骤 16 调用 TR（修剪）命令，修剪圆，调用 L（直线）命令，捕捉圆象限点，绘制辅助线，并调用 O（偏移）命令，设置偏移距离为 200mm，将直线左右偏移，效果如图 17-46 所示。

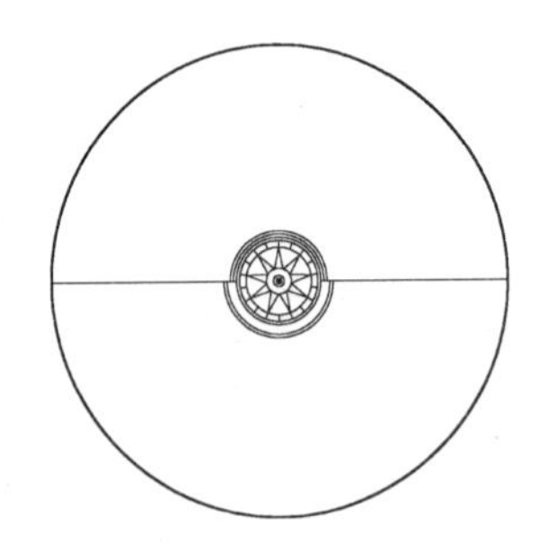

图 17-44 修剪图形

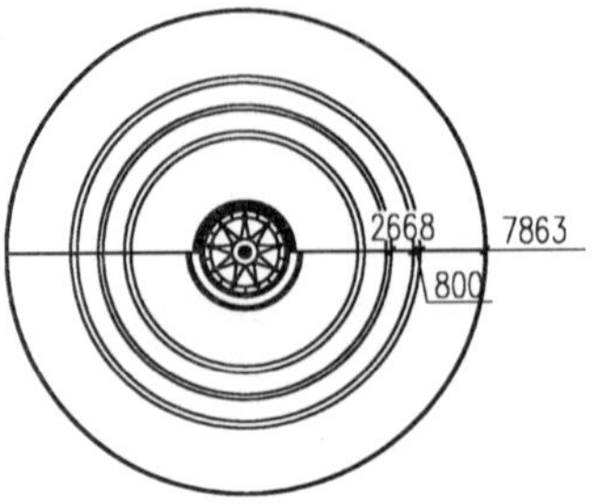

图 17-45 绘制并偏移圆

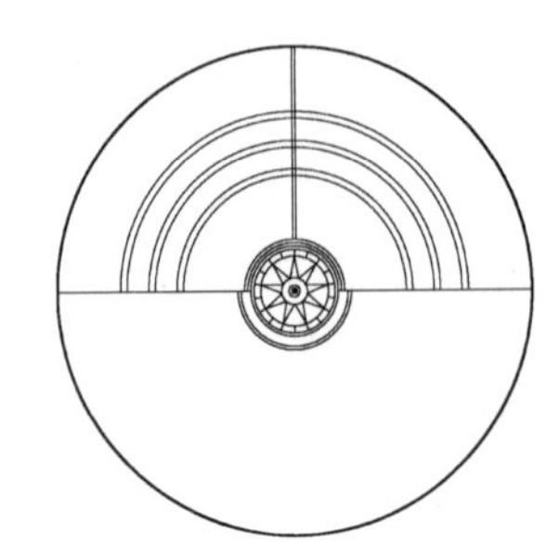

图 17-46 绘制偏移直线

步骤 17 调用“夹点编辑”命令，将中间的辅助线旋转复制，效果如图 17-47 所示。

步骤 18 使用相同的方法，绘制如图 17-48 所示图形。

步骤 19 调用 MI（镜像）命令，指定过圆心的竖直直线为镜像线，镜像图形，如图 17-49 所示。

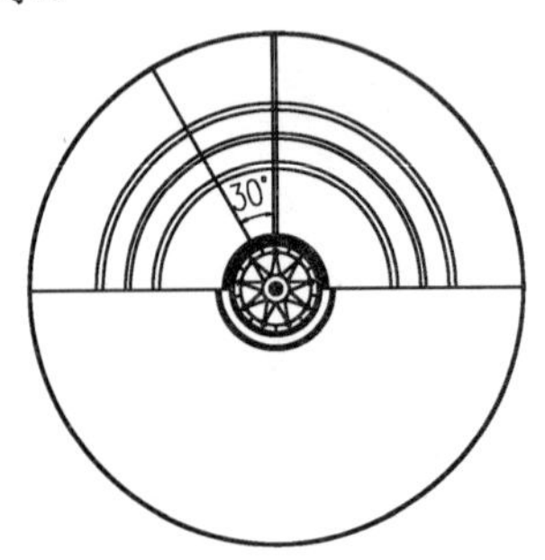

图 17-47 旋转复制直线

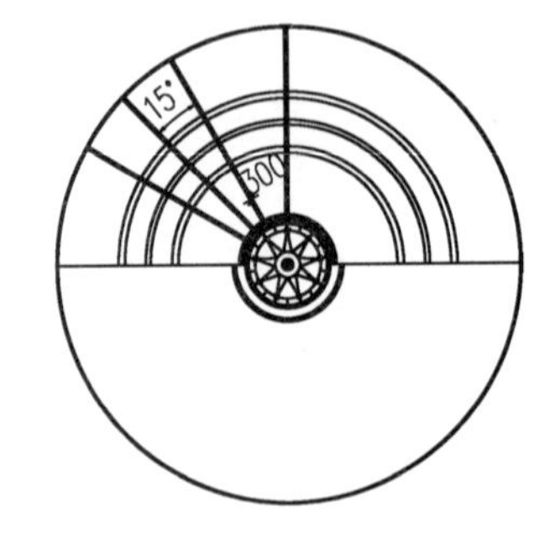

图 17-48 绘制偏移直线

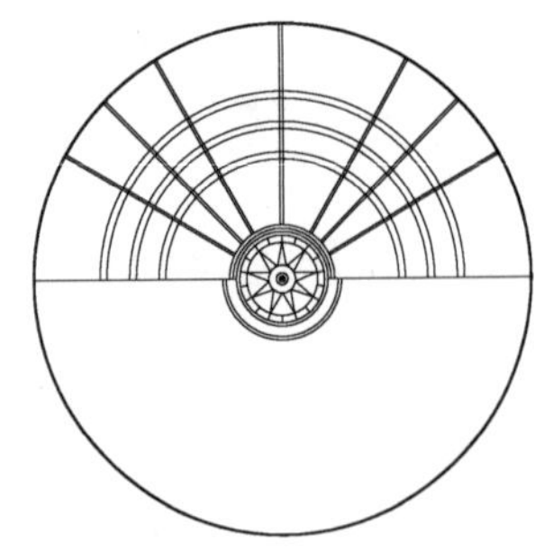

图 17-49 旋转复制直线

步骤 20 调用 REC（矩形）命令，绘制一个尺寸为 1900×1900mm 的矩形，并将矩形向内偏移 240mm，表示树池；调用 RO（旋转）命令，将图形旋转-15°，然后移动至相应的位置，如图 17-50 所示。

步骤 21 调用 CO（复制）命令，复制上一步绘制的树池，如图 17-51 所示。

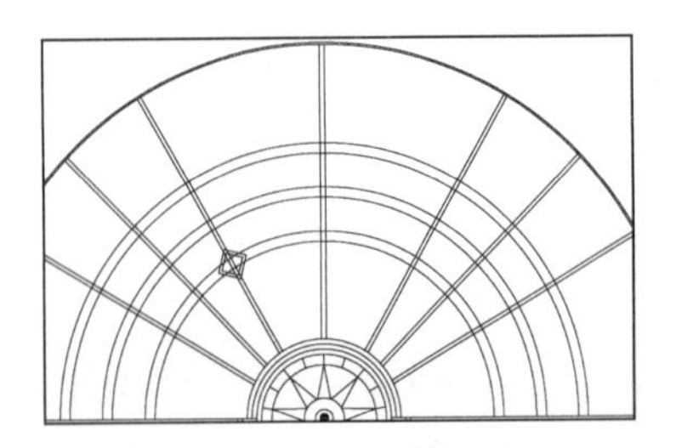

图 17-50 绘制树池

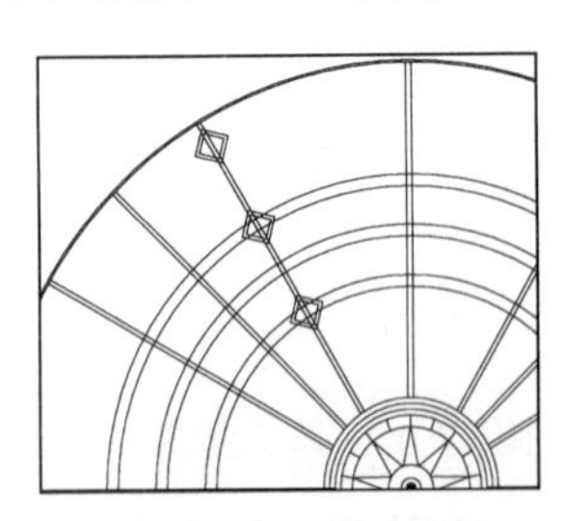

图 17-51 复制树池

步骤22 调用“夹点编辑”命令，对前面绘制的树池进行旋转复制，指定同心圆的圆心为基点，效果如图 17-52 所示。

步骤23 调用 MI（镜像）命令，对树池进行镜像，效果如图 17-53 所示。

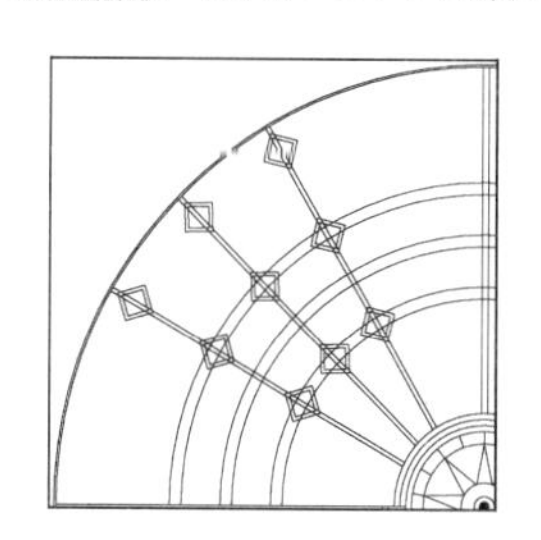

图 17-52 旋转复制树池

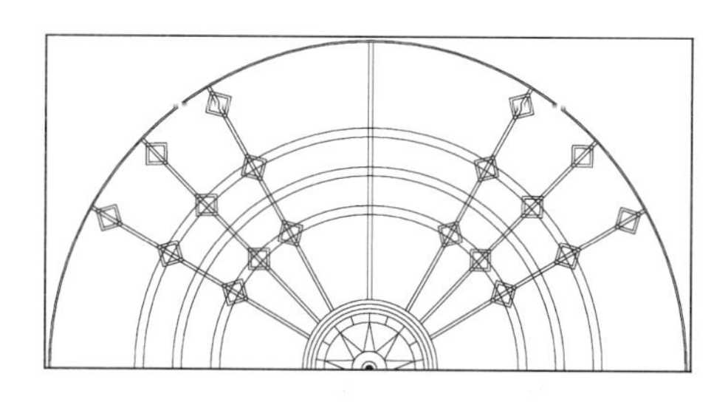

图 17-53 镜像树池

步骤24 调用 TR（修剪）命令，修剪树池与广场铺装交叉处图形，修剪效果如图 17-54 所示。

步骤25 使用类似的方法，绘制中心广场其他位置的树池，并进行铺装，效果如图 17-55 所示。

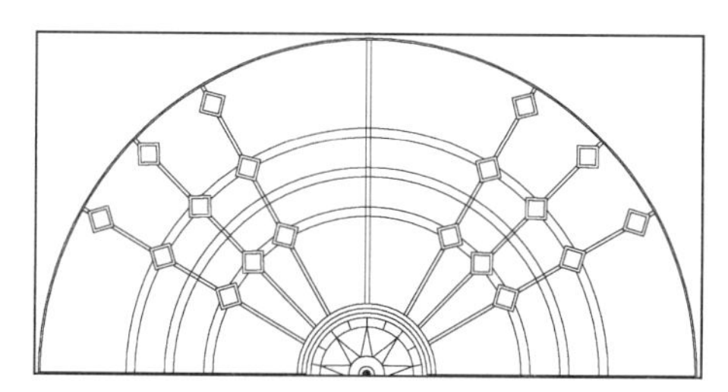

图 17-54 修剪树池与铺装相交处

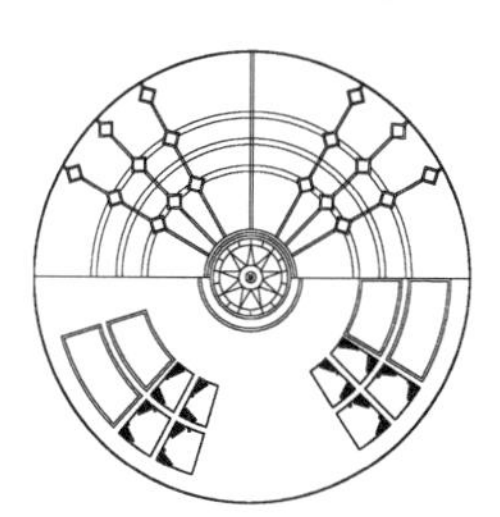

图 17-55 绘制其他图形

步骤26 调用 O（偏移）命令，绘制辅助线，如图 17-56 所示。

步骤27 调用 M（移动）命令，以中心广场图形的中心为基点，将其移动至辅助线交点处，并调用 TR（修剪）命令对图形进行整理，中心广场最终效果如图 17-57 所示。

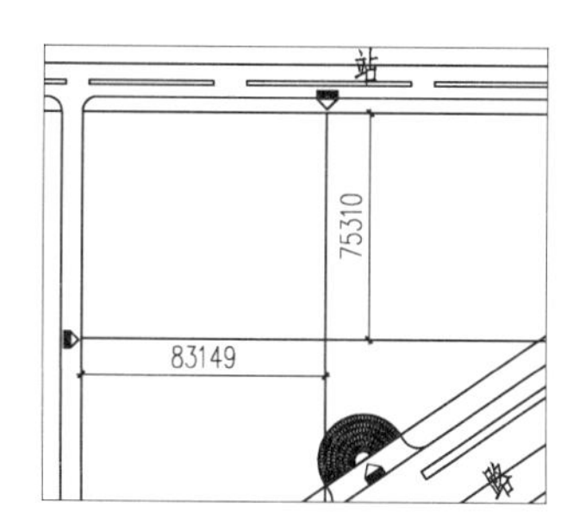

图 17-56 绘制辅助线

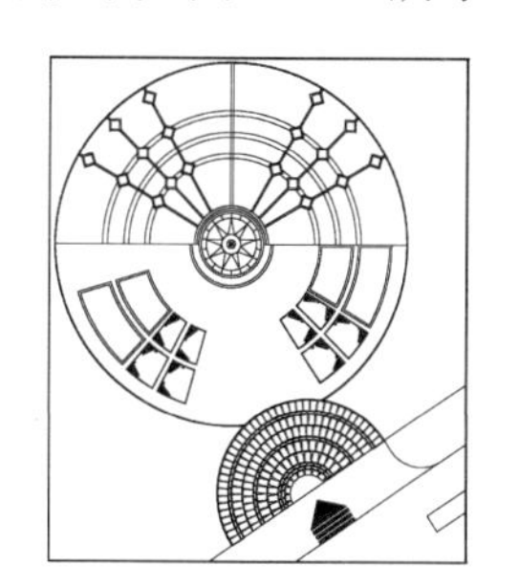

图 17-57 中心广场绘制效果

3. 绘制北入口

步骤28 调用 L（直线）命令，绘制过中心广场外圆左侧象限点的水平直线，并调用 O（偏移）命令，偏移辅助线，调用 C（圆）命令，绘制一个半径为 14303mm 的圆，表示北入口广场轮廓，并以圆右侧象限点为基点，将圆移动至辅助线与水平直线的交点处，如图 17-58 所示。

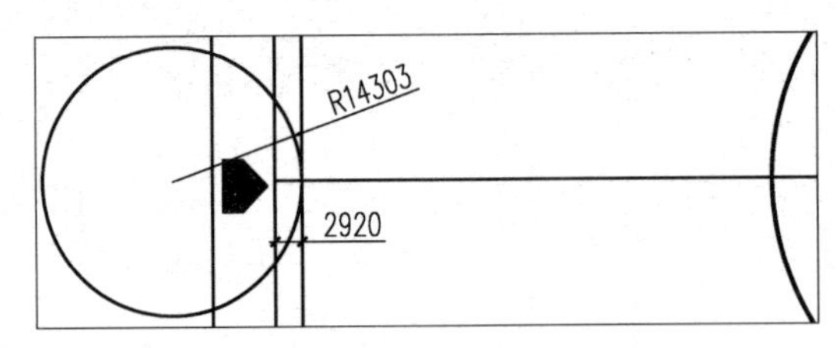

图 17-58 绘制北入口广场轮廓线

步骤 29 调用 TR（修剪）命令，修剪北入口广场轮廓，如图 17-59 所示。

步骤 30 调用 O（偏移）命令，偏移修剪后的轮廓线，设置偏移距离为 1668mm，并调用 EX（延伸）命令，延伸偏移圆弧，如图 17-60 所示。

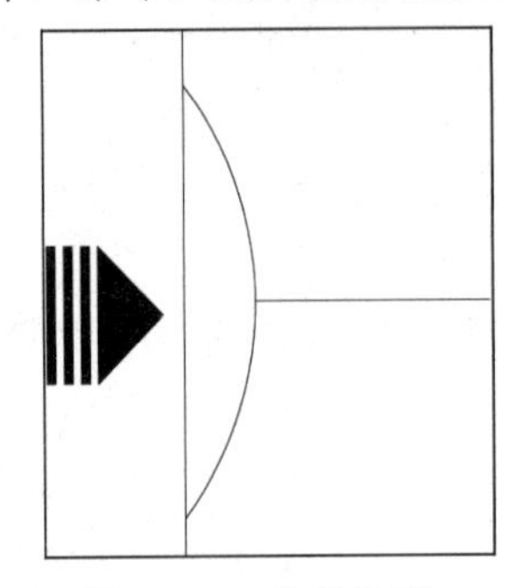

图 17-59 修剪轮廓

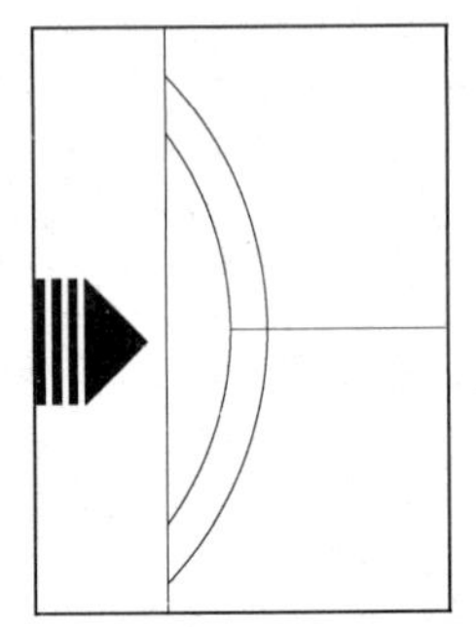

图 17-60 偏移广场轮廓

步骤 31 调用 PL（多段线）命令，绘制如图 17-61 所示的弧线。

步骤 32 调用 O（偏移）命令，将上一步绘制的图形向内偏移 167mm，并调用 MI（镜像）命令，镜像图形，如图 17-62 所示。

步骤 33 调用 H（图案填充）命令，选择预定义图案 AR-B88，设置比例为 3，角度为 90°，填充入口，调用 SPL（样条曲线）命令，绘制铺装图案，效果如图 17-63 所示。

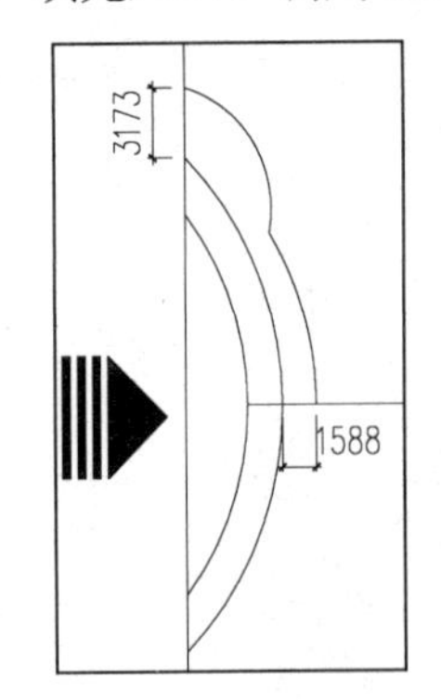

图 17-61 绘制多段线

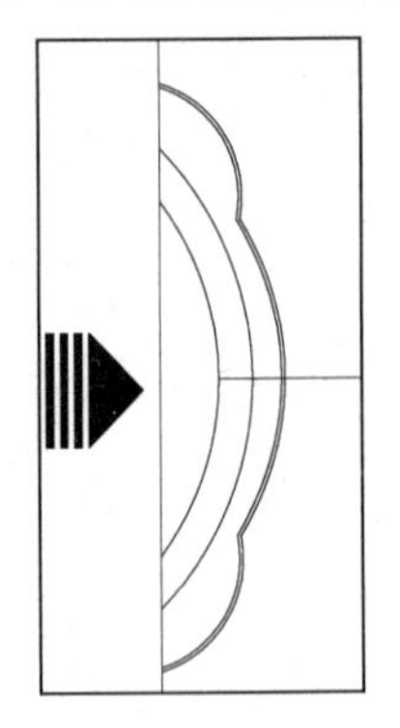

图 17-62 镜像图形

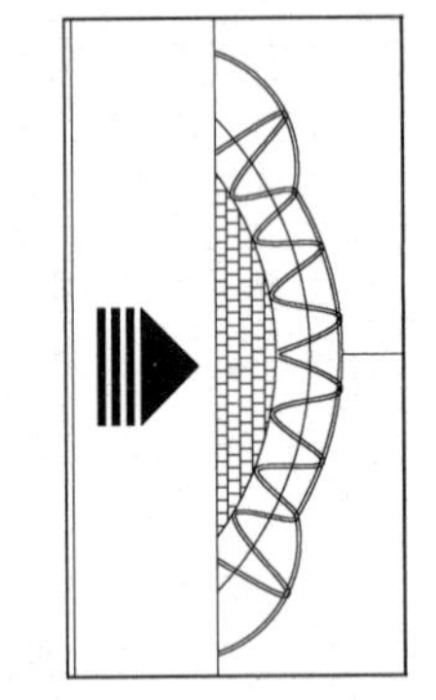

图 17-63 绘制广场铺装图案

4. 绘制东入口及铺装小广场

东入口广场的绘制比较简单，调用 C（圆）命令和 O（偏移）命令即可绘制，效果如图 17-64 所示。

步骤 34 绘制鸽子广场。调用 REC（矩形）命令，绘制矩形，然后调用 O（偏移）命令，设置偏移距离为 167mm，偏移矩形表示鸽子广场外轮廓，如图 17-65 所示。

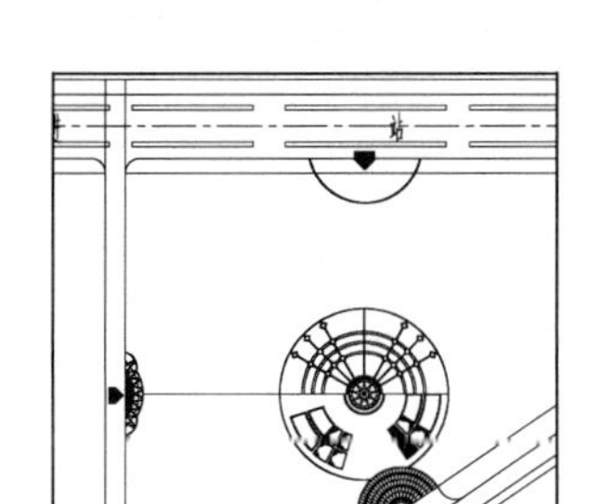

图 17-64　东入口广场

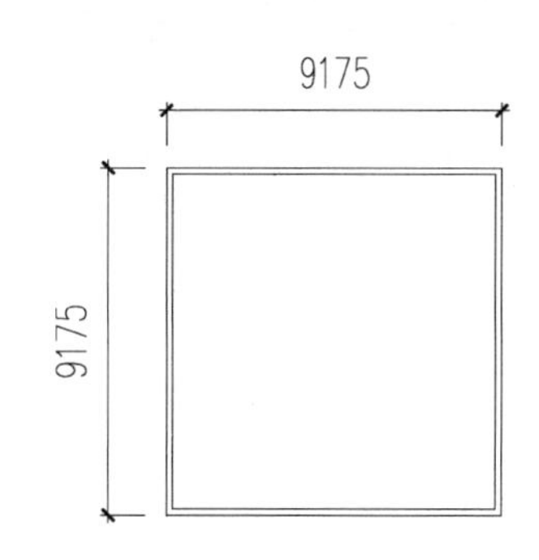

图 17-65　绘制鸽子广场轮廓

步骤 35 调用 REC（矩形）命令，拾取鸽子广场最外侧轮廓右下角点为第一个角点，绘制矩形，并偏移绘制矩形，偏移距离为 167mm，并调用 TR（修剪）命令，整理图形，如图 17-66 所示。

步骤 36 调用 REC（矩形）命令，绘制一个尺寸为 1000×1000mm 的矩形，并将其向内偏移 100mm，然后调用 L（直线）命令，绘制矩形对角线，并移动至合适的位置，然后复制图形，效果如图 17-67 所示。

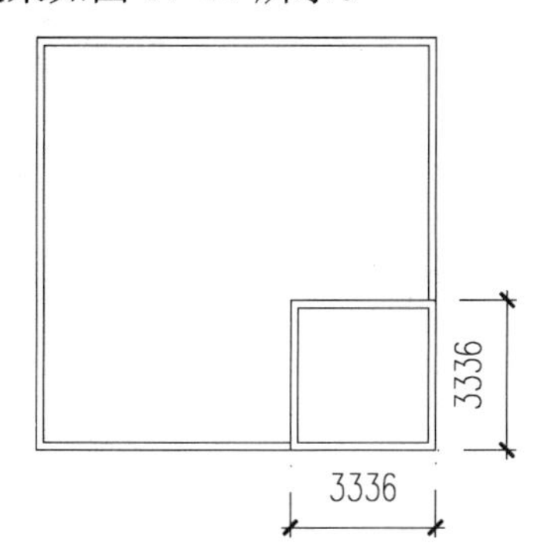

图 17-66　绘制矩形

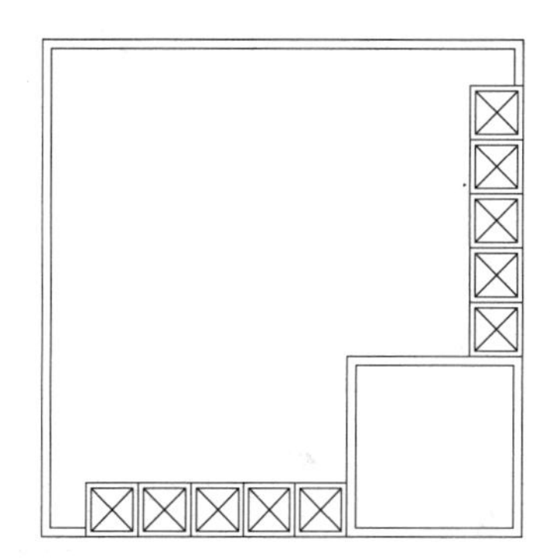

图 17-67　绘制并复制图形

步骤 37 调用 PL（多段线）命令，连接图形，如图 17-68 所示。

步骤 38 调用 L（直线）命令和 O（偏移）命令，绘制辅助线，如图 17-69 所示。

步骤 39 调用 L（直线）命令，以辅助线交点为基点，绘制发散直线，效果如图 17-70 所示，鸽子广场绘制完成。

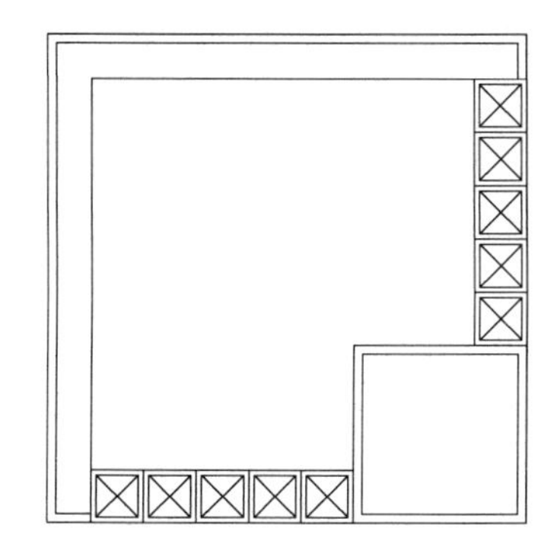

图 17-68　绘制连接直线

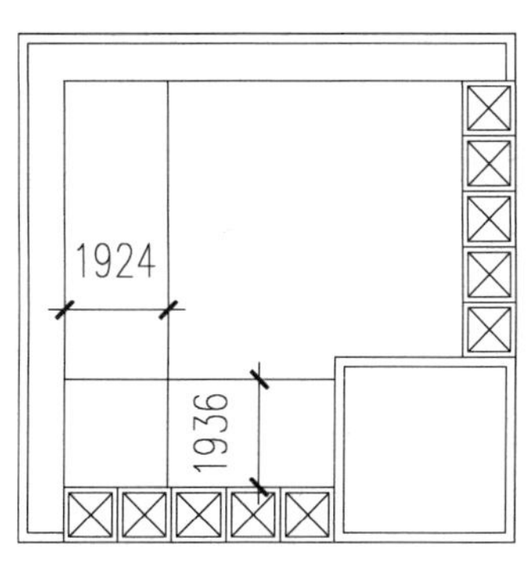

图 17-69　绘制辅助线

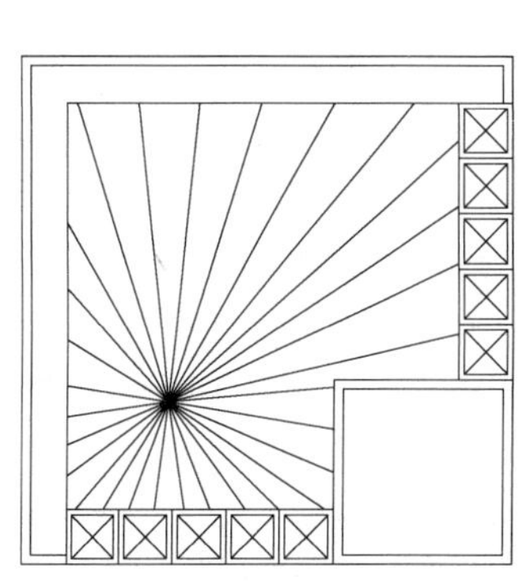

图 17-70　绘制发散直线

步骤 40 绘制休闲小广场。调用 C（圆）命令，绘制半径为 225mm、1696mm、2446mm 的同心圆，如图 17-71 所示。

步骤 41 调用 EL（椭圆）命令，随意绘制椭圆，表示广场铺装，如图 17-72 所示。

步骤 42 调用 A（圆弧）命令，绘制圆弧，表示广场图案样式，如图 17-73 所示。

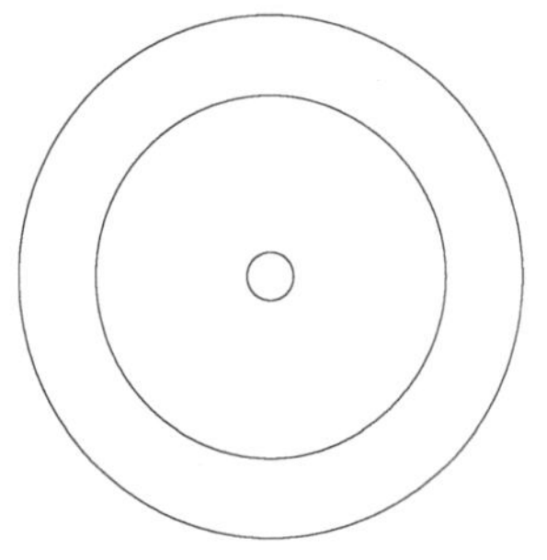

图 17-71 绘制同心圆

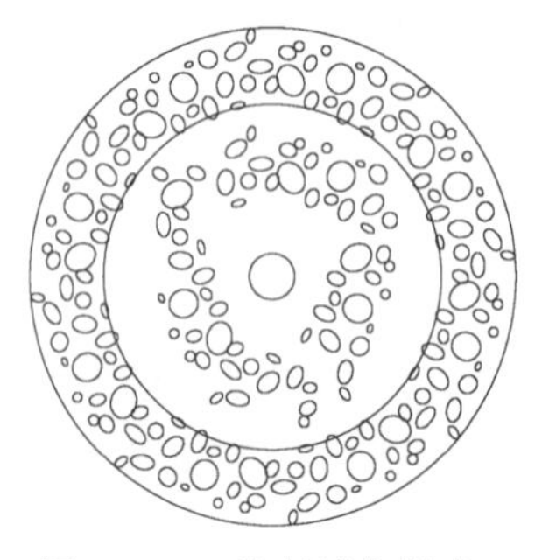

图 17-72 绘制铺装样式

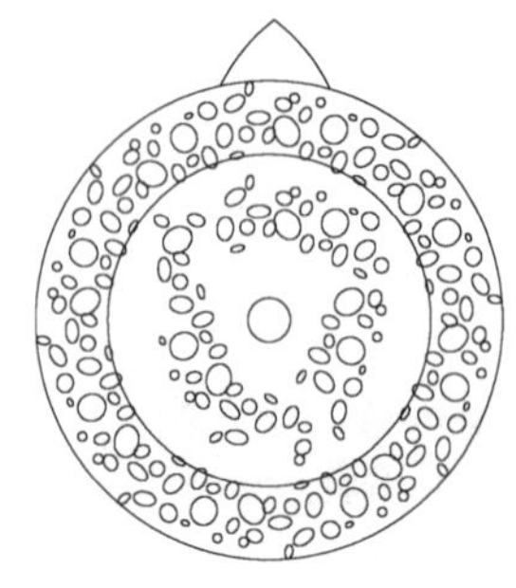

图 17-73 绘制圆弧

步骤 43 调用 AR（阵列）命令，极轴阵列上一步绘制的圆弧，设置阵列数为 12，以同心圆的圆心为阵列基点，如图 17-74 所示。

步骤 44 调用 REC（矩形）命令，绘制一个尺寸为 510×500mm 的矩形，并移动至相应的位置，如图 17-75 所示。

步骤 45 调用 AR（阵列）命令，对矩形进行极轴阵列，设置阵列数为 36，效果如图 17-76 所示。

图 17-74 阵列圆弧

图 17-75 绘制矩形

图 17-76 阵列矩形

步骤 46 调用 REC（矩形）命令，绘制一个尺寸为 530×2405mm 的矩形，然后将其进行极轴阵列，阵列数为 36，如图 17-77 所示。

步骤 47 调用 C（圆）命令，绘制一个半径为 6450mm 的圆，并将其向内偏移 322mm，调用 L（直线）命令，绘制直线，并将直线进行极轴阵列，设置阵列数为 72，最后修剪图形多余部分，效果如图 17-78 所示。

步骤 48 使用类似的方法，完成休闲小广场的绘制，效果如图 17-79 所示。

步骤 49 梯形绿地和晨练广场的绘制方法也是大同小异，读者可以灵活运用前面所学的方法自行绘制，这里就不赘述了，最后可调用 M（移动）、RO（旋转）等命令，将绘制好的小广场移动至平面图中合适的位置，效果如图 17-80 所示。

图 17-77 绘制阵列矩形

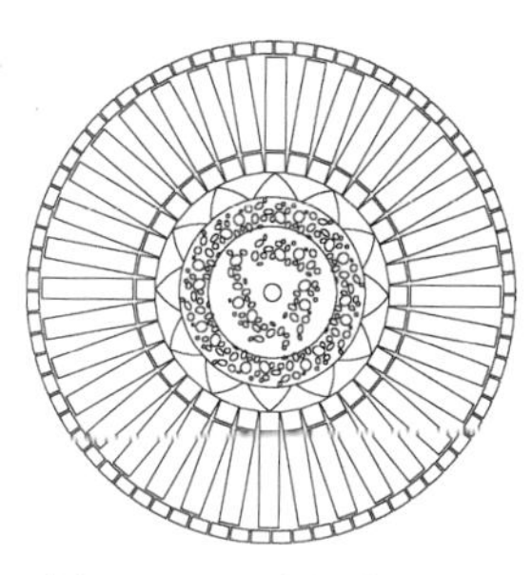

图 17-78 绘制阵列直线

图 17-79 休闲小广场

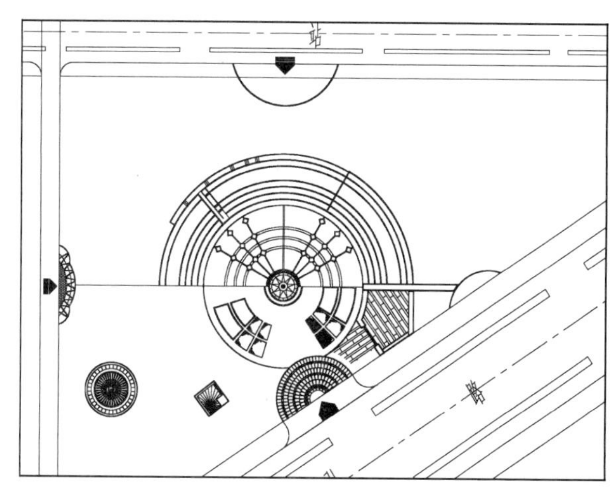

图 17-80 其他图形的绘制

5. 绘制停车场

步骤 50 调用 REC（矩形）命令，绘制停车场外轮廓，并将其分解，然后调用 O（偏移）命令，将矩形右侧边和下侧边向内偏移 500mm，如图 17-81 所示。

步骤 51 调用 O（偏移）命令，将偏移得到的竖直线段依次向左偏移，结果如图 17-82 所示。

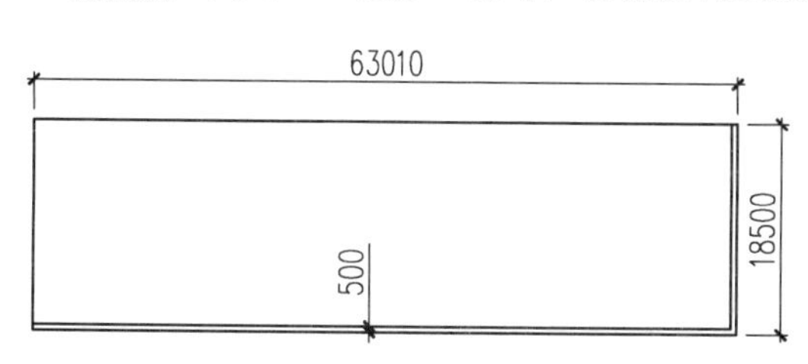

图 17-81 绘制矩形

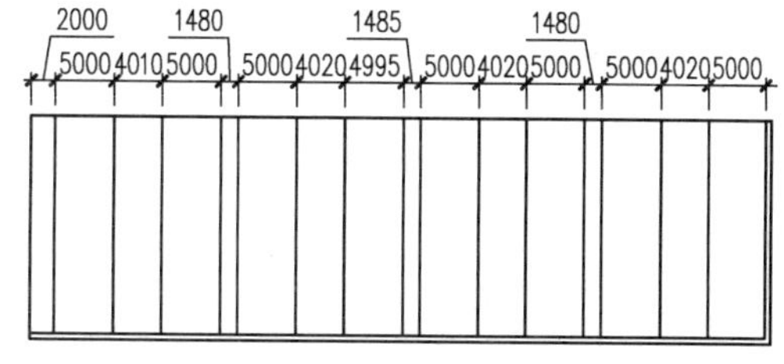

图 17-82 偏移竖直线段

步骤 52 调用 O（偏移）命令，依次将偏移得到的水平线段向上偏移 3000，绘制结果如图 17-83 所示。

步骤 53 调用 TR（修剪）命令，修剪多余直线；再调用 E（删除）命令删除多余线段，绘制结果如图 17-84 所示。

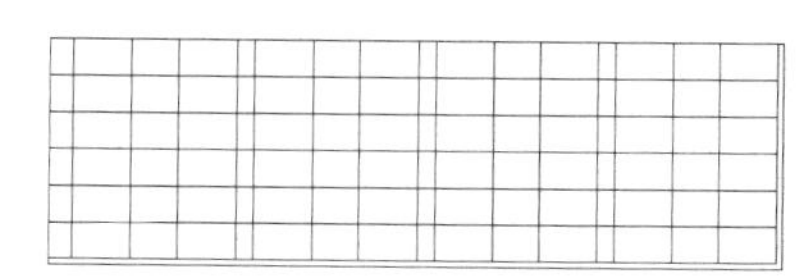

图 17-83 偏移水平直线

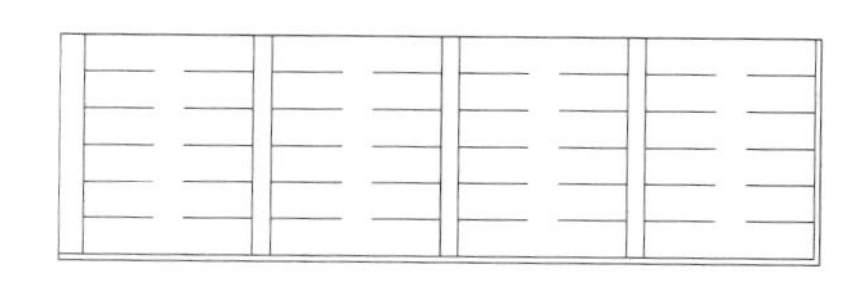

图 17-84 修剪删除线段

步骤 54 调用 REC（矩形）命令，绘制一个尺寸为 1480×1480mm 的矩形，表示树池轮廓，并向内偏移轮廓 240mm，然后将树池图形复制至停车场各处，最后图形绘制完成后，将其移动至平面图东北方向，效果如图 17-85 所示。

步骤 55 另一处停车位位于平面图西北方向，绘制方法比较简单，前面均有介绍，这里就不一一介绍了，效果如图 17-86 所示。

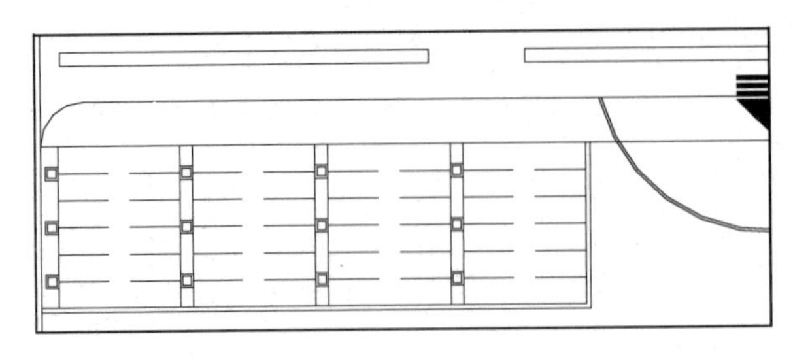

图 17-85 停车场

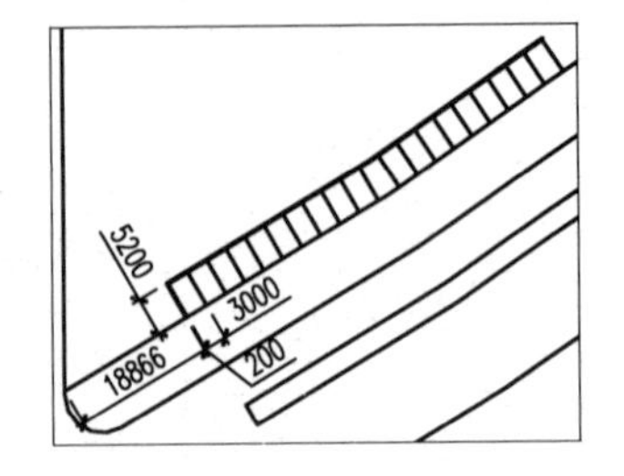

图 17-86 西北角停车位

6. 绘制园路

步骤 56 绘制北入口道路。调用 O（偏移）命令，偏移直线，如图 17-87 所示。

步骤 57 删除多余直线，调用 H（图案填充）命令，选择预定义 AR-B88 图案，设置填充比例为 3，角度为 90°，填充路面，如图 17-88 所示。

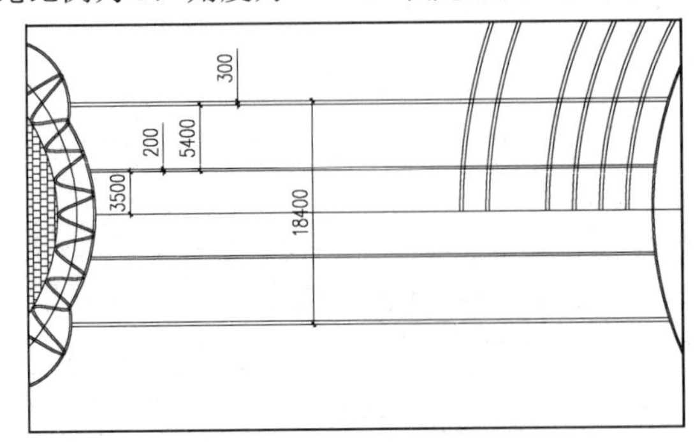

图 17-87 偏移直线

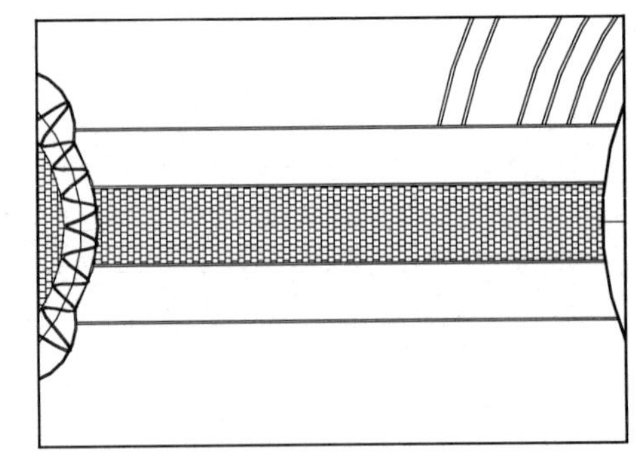

图 17-88 填充路面

步骤 58 调用 REC（矩形）命令和 O（偏移）命令和 CO（复制）命令，绘制树池，结果如图 17-89 所示。

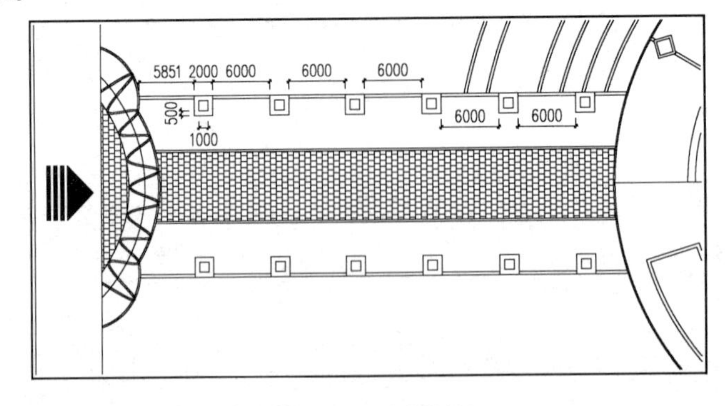

图 17-89 绘制树池

步骤 59 绘制东入口道路。调用L（直线）命令，过中心广场绘制竖直直线，如图17-90所示。

步骤 60 调用O（偏移）命令，左右偏移竖直线，如图17-91所示。

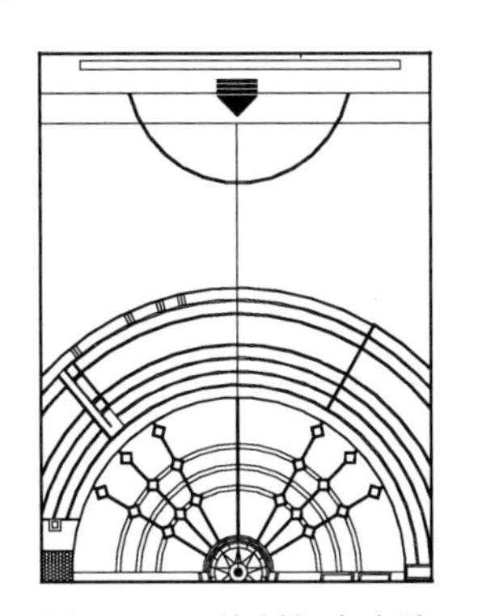

图17-90　绘制竖直直线

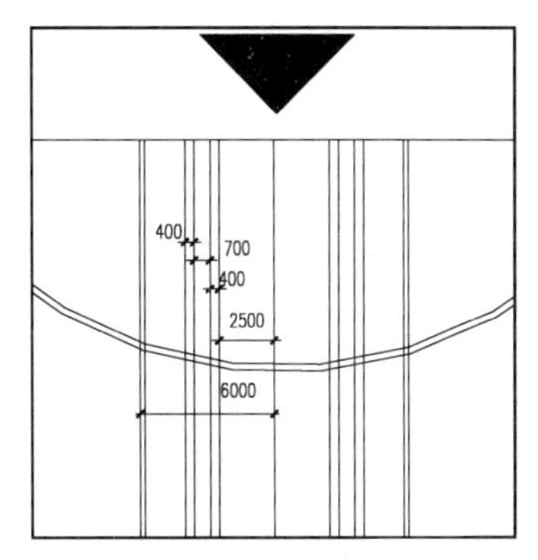

图17-91　偏移竖直直线

步骤 61 调用TR（修剪）命令，修剪多余直线，效果如图17-92所示。

步骤 62 调用L（直线）命令和O（偏移）命令，绘制直线，结果如图17-93所示。

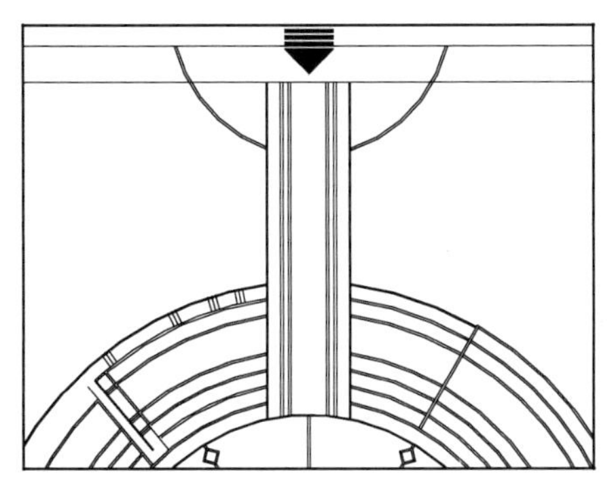

图17-92　修剪多余直线

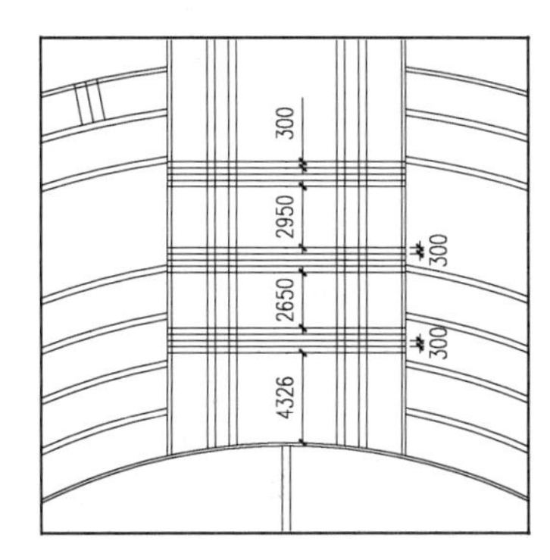

图17-93　绘制偏移直线

步骤 63 调用REC（矩形）命令、O（偏移）命令及CO（复制）命令，绘制矩形树池，绘制结果如图17-94所示。

步骤 64 绘制次级园路。调用L（直线）命令，过中心广场圆心，绘制角度为30°的直线；调用O（偏移）命令，依次上下偏移直线1800mm、200mm，如图17-95所示。

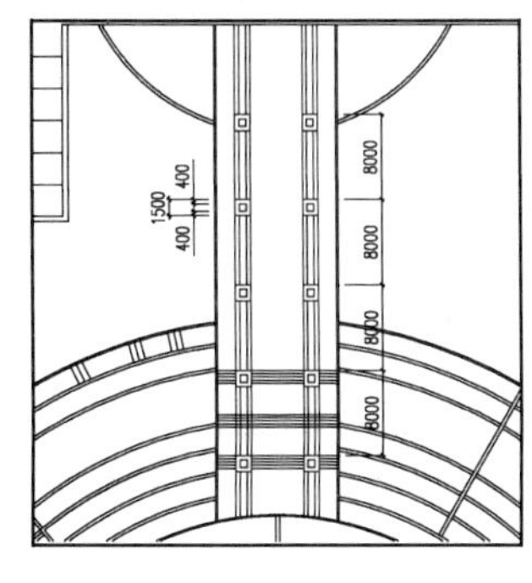

图17-94　绘制矩形树池

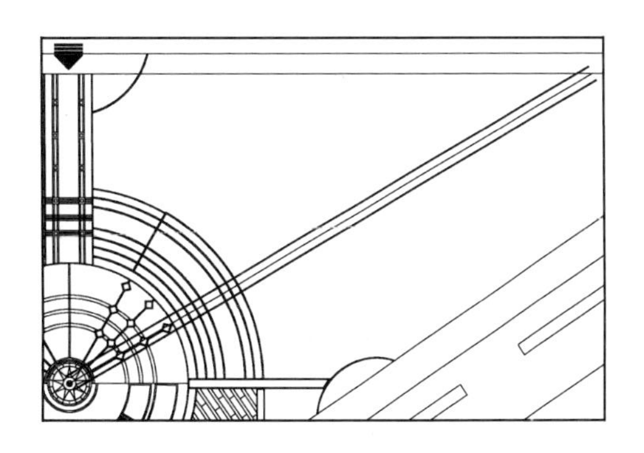

图17-95　偏移直线

步骤 65 调用TR（修剪）命令，修剪多余直线，完成此条园路的绘制，如图17-96所示。

步骤 66 绘制自然园路。调用 A（圆弧）命令，绘制圆弧，并将圆弧向外偏移 200 mm，表示园路入口，如图 17-97 所示。

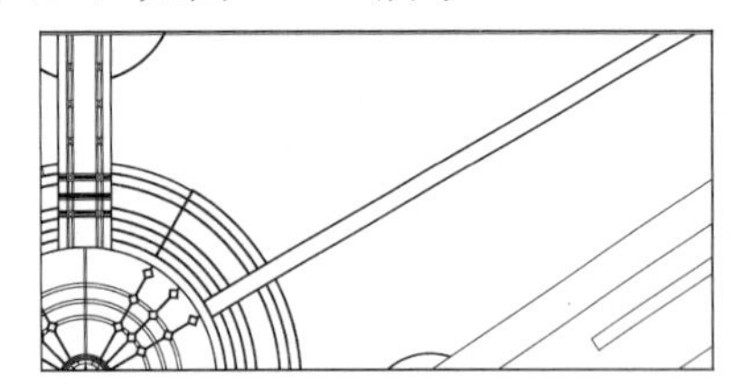

图 17-96 修剪多余直线

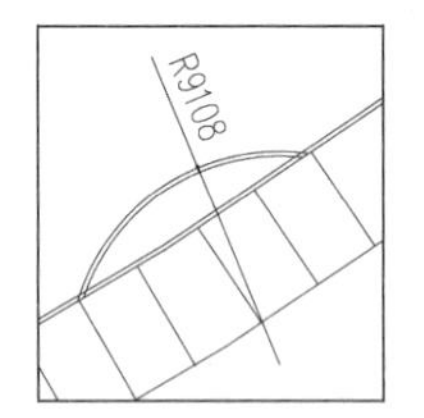

图 17-97 绘制园路入口

步骤 67 调用 SPL（样条曲线）命令，绘制道路轴线，如图 17-98 所示。

步骤 68 此处，自然园路宽度为 2000 mm，道牙宽度为 250 mm，调用 O（偏移）命令，将道路轴线向左右偏移，并进行适当的修剪整理，绘制结果如图 17-99 所示。

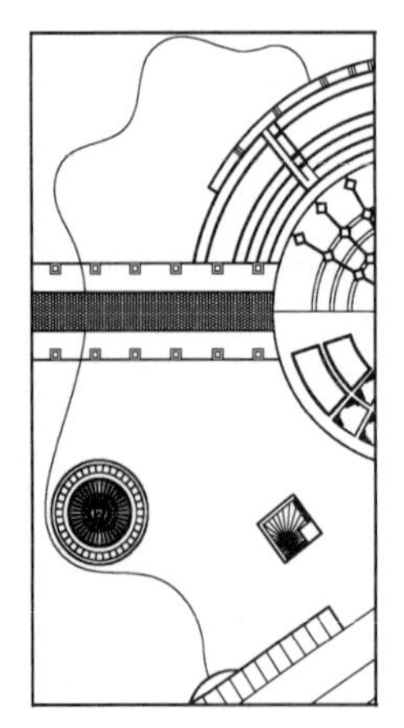

图 17-98 绘制道路轴线

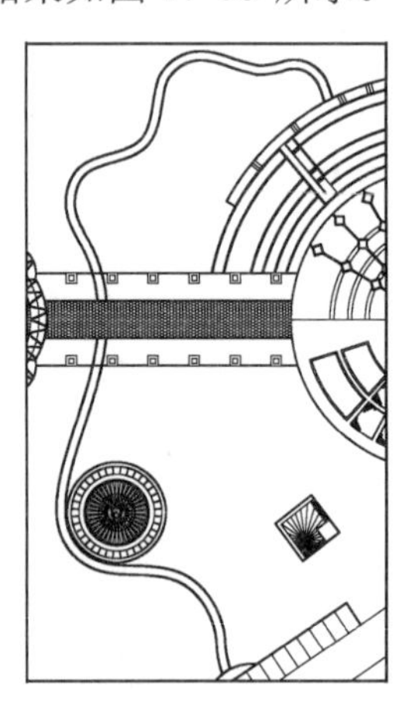

图 17-99 偏移道路轴线

步骤 69 绘制汀步小径。调用 C（圆）命令，绘制小圆，表示汀步，连接梯形绿地和自然园路，如图 17-100 所示。

步骤 70 使用相同的方法，绘制其他区域的汀步小径，如图 17-101 所示。

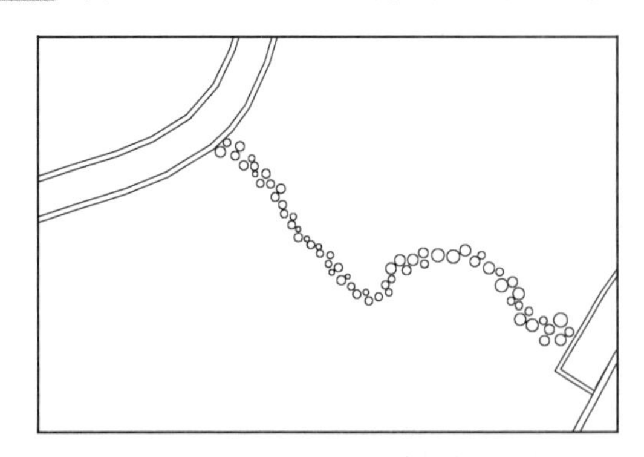

图 17-100 绘制汀步小径

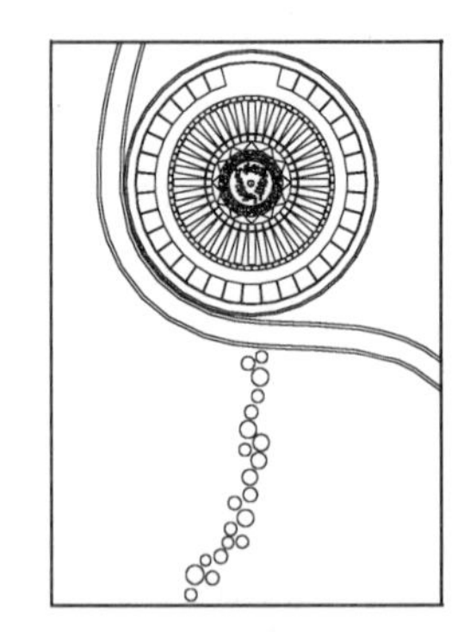

图 17-101 绘制其他汀步小径

主要的园路绘制完成后，可使用类似的方法，完成小园路及一些铺地的绘制，如台地、健康步道和嵌草铺地等，效果如图 17-102 所示。

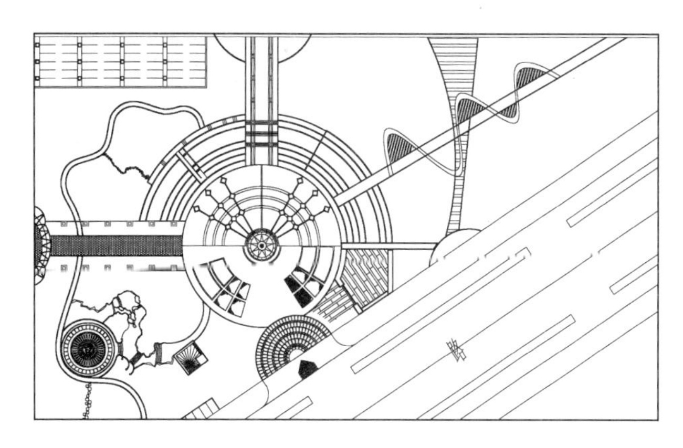

图 17-102　绘制其他园路

7. 绘制园林建筑小品

步骤 71 绘制公厕。调用 REC（矩形）命令，绘制矩形，并将其旋转 45°，然后调用 O（偏移）命令，将矩形向内偏移 300mm，如图 17-103 所示。

步骤 72 调用 PL（多段线）命令，绘制多段线，并将其向内偏移 300mm，然后修剪其与矩形相交的线段，如图 17-104 所示。

步骤 73 调用 PL（多段线）命令，绘制如图 17-105 所示的多段线。

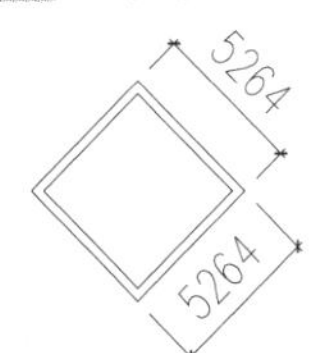

图 17-103　绘制并旋转矩形

R11160
10000
9400

图 17-104　绘制多段线

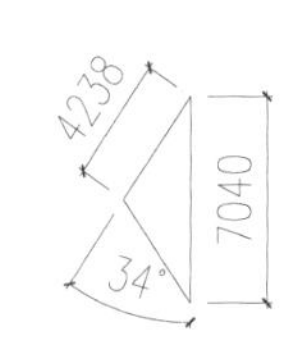

图 17-105　绘制多段线

步骤 74 将其移动至合适的位置，并向内偏移 200mm，然后修剪多余线条，如图 17-106 所示。

步骤 75 调用 L（直线）命令和 O（偏移）命令，绘制直线，如图 17-107 所示。

步骤 76 调用 MI（镜像）命令，镜像图形，公厕图形绘制完成，如图 17-108 所示。

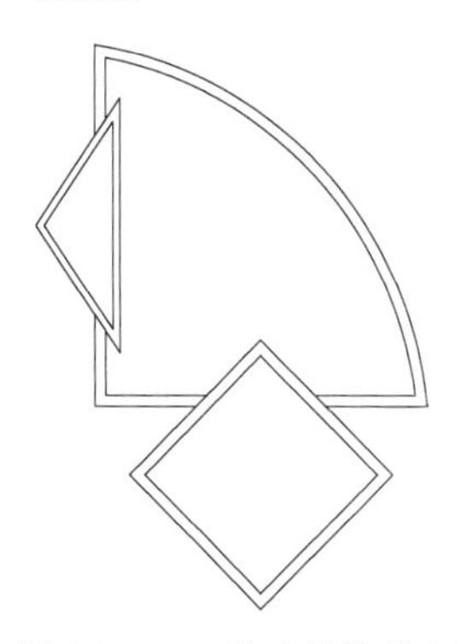

图 17-106　移动并偏移多段线

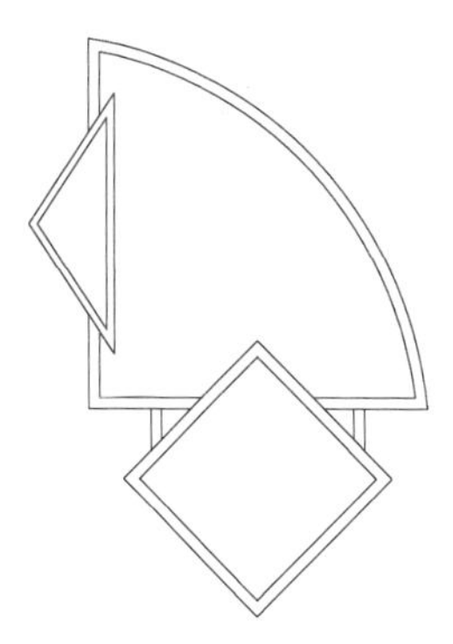

图 17-107　绘制线段

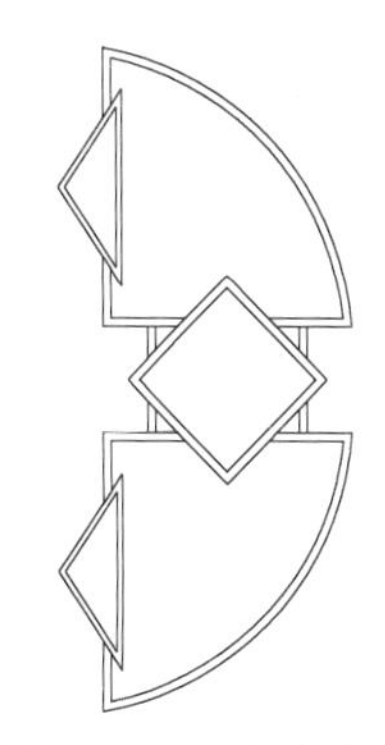

图 17-108　镜像图形

步骤 77 将绘制好的公厕移动至平面图中，并调用 REC（矩形）命令，绘制入口踏步。

步骤 78 绘制凉亭。调用 REC（矩形）命令，绘制一个尺寸为 3500×3500mm 的矩形，并将矩形依次向内偏移，偏移距离分别为 120mm、300mm、120mm、300mm、120mm、300mm、120mm，如图 17-109 所示。

步骤 79 调用 L（直线）命令，绘制对角线，选择（修改）|（拉长）命令，将对角线拉长 354mm，如图 17-110 所示。

步骤 80 调用 O（偏移）命令，左右偏移对角线 75mm，并调用 L（直线）命令，绘制直线将其连接，最后修剪多余直线，如图 17-111 所示，完成凉亭的绘制。

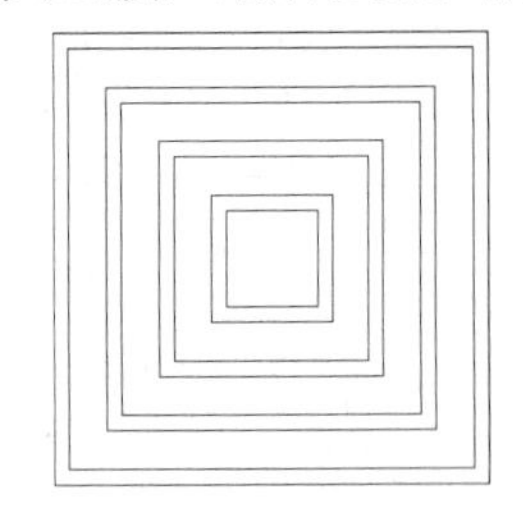
图 17-109　绘制并偏移矩形

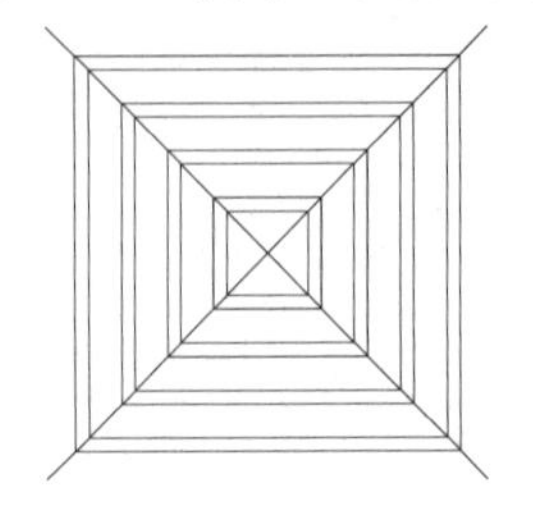
图 17-110　绘制并拉长对角线

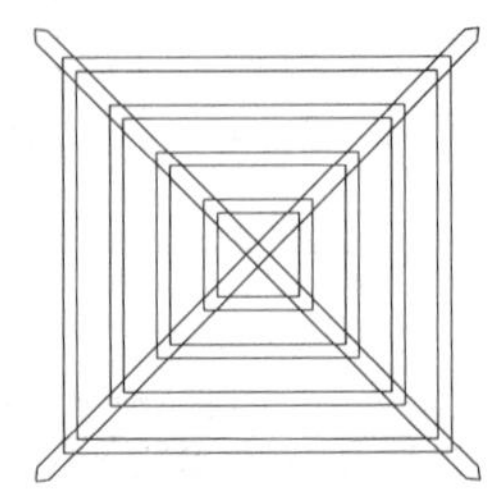
图 17-111　凉亭

步骤 81 调用 SPL（样条曲线）命令、O（偏移）命令及 H（图案填充）命令，绘制凉亭地面铺装，如图 17-112 所示。

步骤 82 调用 CO（复制）命令和 RO（旋转）命令，将凉亭复制至地面铺装合适的位置，如图 17-113 所示。

步骤 83 灯具、廊架和山石等的绘制方法，前面章节均有介绍到，这里就不一一讲解了，其插入平面图中的效果如图 17-114～图 17-116 所示。

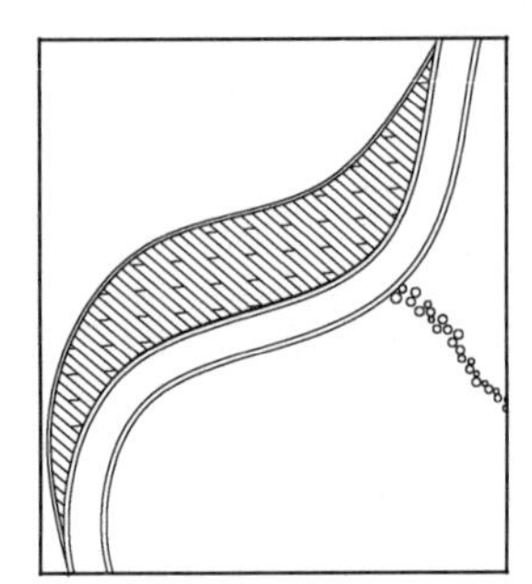
图 17-112　凉亭地面铺装

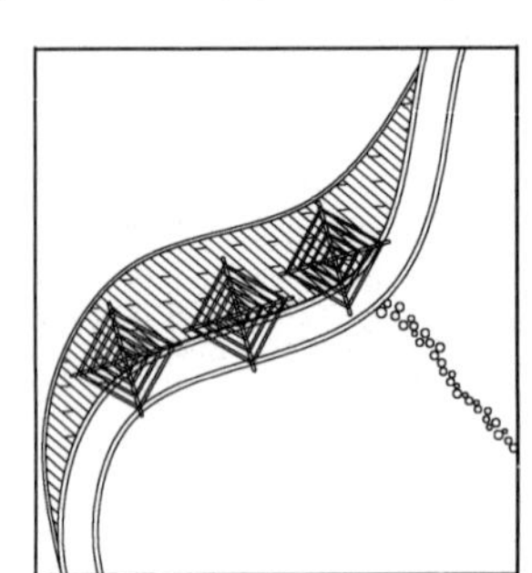
图 17-113　复制凉亭

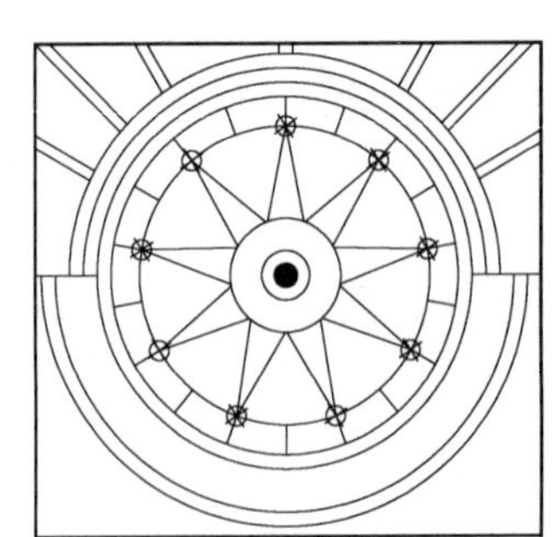
图 17-114　广场灯具

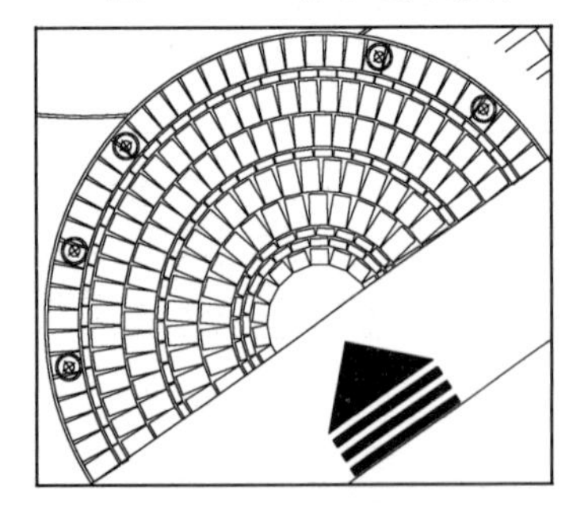
图 17-115　入口广场灯

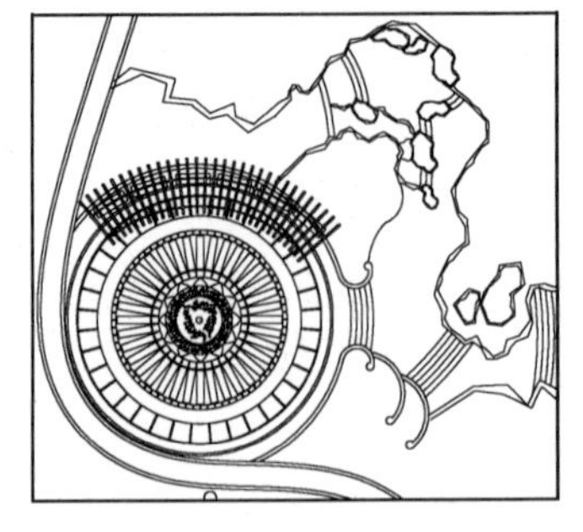

图 17-116　廊架和置石

8. 绘制水体和等高线

步骤 84 绘制水体。调用 PL（多段线）命令，绘制多段线，并调整其形状，表示水体轮廓，如图 17-117 所示。

步骤 85 调用 O（偏移）命令，将多段线向内偏移两次，设置偏移距离为 500mm，并将最外侧的多段线线宽修改为 100mm，水体绘制结果如图 17-118 所示。

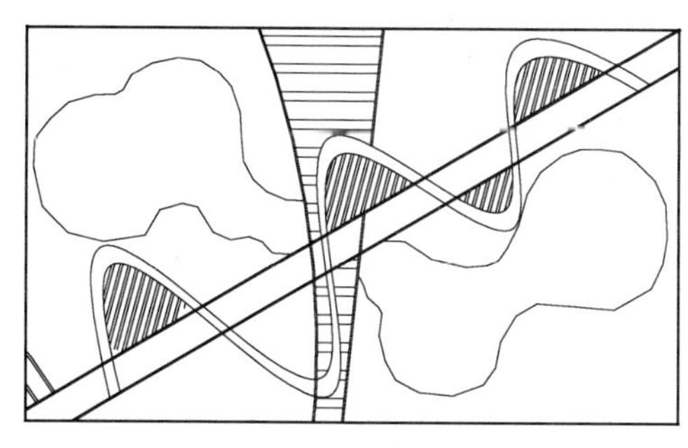

图 17-117　绘制水体轮廓

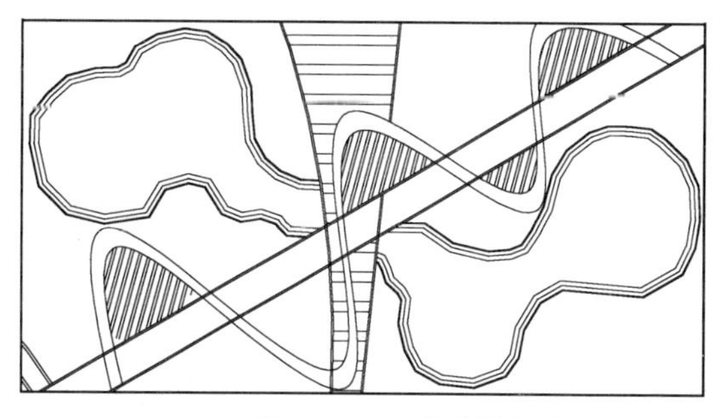

图 17-118　偏移轮廓线

步骤 86 绘制等高线。绘制等高线的方法与绘制水体的方法类似，这里调用 SPL（样条曲线）命令绘制，并注意等高线的线型，效果如图 17-119 所示。

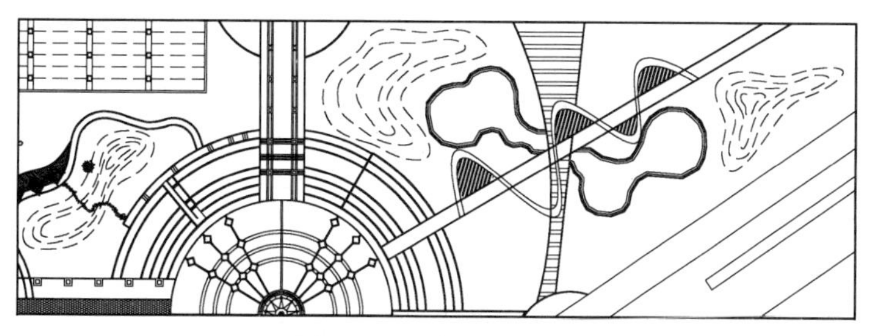

图 17-119　绘制等高线

9. 绘制植物

在园林平面图的绘制过程中，植物的绘制主要是乔木图例的插入和灌木丛的绘制，灌木丛的绘制主要是使用“修订云线”命令或 SPL“样条曲线”命令进行绘制，乔木则一般不一一绘制，而是通过插入已经创建好的植物图块，植物最终绘制效果如图 17-120 所示。

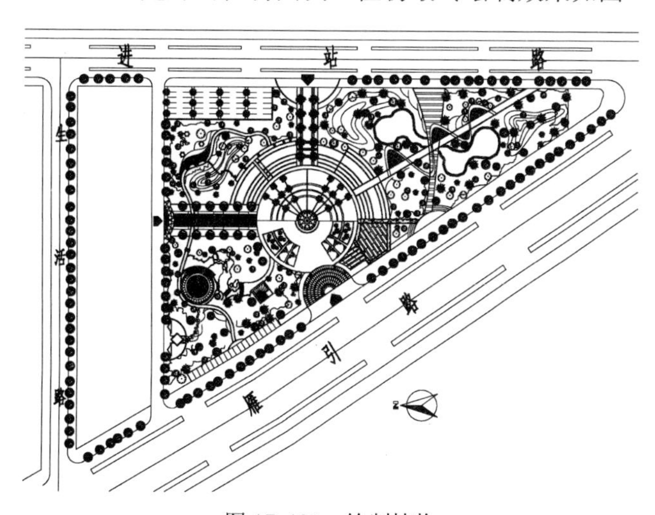

图 17-120　绘制植物

10. 标注

标注内容主要有文字说明的标注、道路转弯半径及道路宽度的标注、图名标注等。至此，城市广场景观设计总平面图绘制完成，效果如图 17-121 所示。

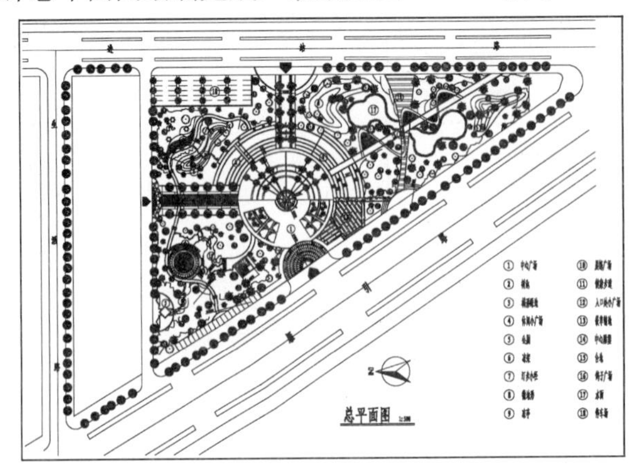

图 17-121　城市广场景观设计总平面图

17.4　设计专栏

17.4.1　上机实训

步骤 1　绘制如图 17-122 所示的停车场植草砖平面图、大样图、结构图。

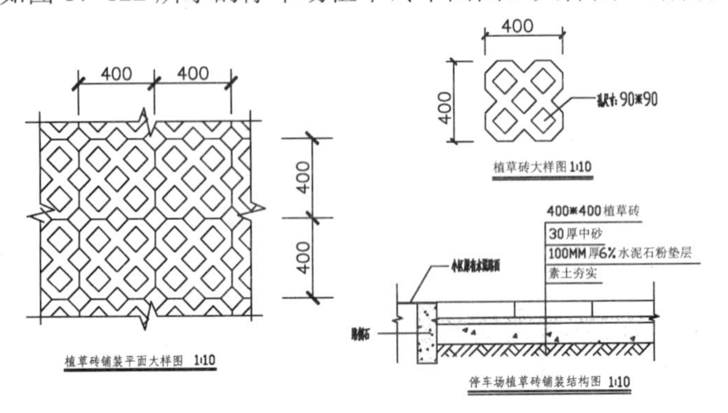

图 17-122　停车场植草砖平面图、大样图、结构图

步骤 2　绘制如图 17-123 所示的街头绿地景观设计平面图。

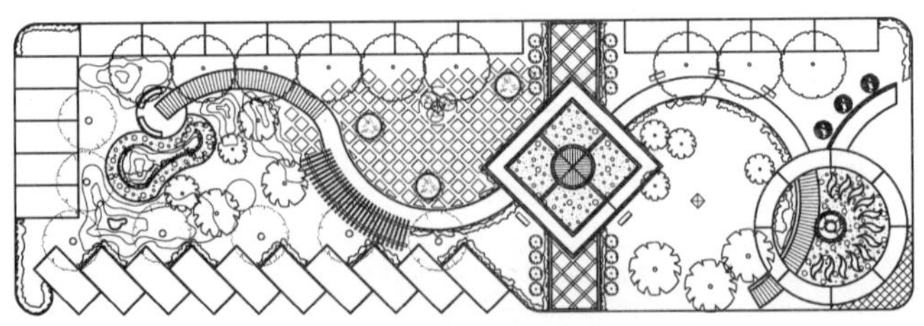

图 17-123　街头绿地景观设计平面图

17.4.2 辅助绘图锦囊

任何一种艺术和设计学科都具有特殊的固有的表现方法。园林设计也是利用这些手法将作者的构思、情感、意图变成舒适优美的环境，供人观赏、游览的。

在进行设计时我们要了解园林设计主要有哪些构成要素。一般来说，园林的构成要素包括五大部分：地形、水体、园林建筑、道路和植物。这五大要素通过有机组合，构成特殊的园林形式，成为表达某一性质、某一主题思想的园林作品。

1. 地形

地形是园林的基底和骨架，主要包括平地、土丘、丘陵、山峦、山峰、凹地、谷地、坞、坪等类型。地形因素的利用和改造，将影响到园林的形式、建筑的布局、植物配植、景观效果等因素。

总的来说，地形在园林设计中可以起到如下作用。

（1）骨架作用

地形是构成园林景观的骨架，是园林中所有景观元素与设施的载体，它为园林中其他景观要素提供了赖以存在的基面。地形对建筑、水体、道路等的选线、布置等都有重要的影响。地形坡度的大小、坡面的朝向也往往决定了建筑的选址及朝向。因此，在园林设计中，要根据地形合理地布置建筑、配置树木等。

（2）空间作用

地形具有构成不同形状、不同特点园林空间的作用。地形因素直接制约着园林空间的形成。地块的平面形状、竖向变化等都影响着园林空间的状况，甚至起到决定性的作用。如在平坦宽阔的地形上形成的空间一般是开敞空间，而在山谷地形中的空间则必定是闭合空间。

（3）景观作用

作为造园诸要素载体的底界面，地形具有扮演背景角色的作用。如一块平地上的园林建筑、小品、道路、树木、草坪等形成一个个的景点，而整个地形则构成此园林空间诸景点要素的共同背景。除此之外，地形还具有许多潜在的视觉特性，通过对地形的改造和组合，可以形成不同的形状，从而产生不同的视觉效果。

2. 水体

我国园林以山水为特色，水因山转，山因水活。水体能使园林产生很多生动活泼的景观，形成开朗明净的空间和透景线，所以也可以说水体是园林的灵魂。

水体可以分为静水和动水两种类型。静水包括湖、池、塘、潭、沼等形态；动水常见的形态有河、湾、溪、渠、涧、瀑布、喷泉、涌泉、壁泉等。另外，水声、倒影等也是园林水景的重要组成部分。水体中还可形成堤、岛、洲、渚等地貌。

园林水体在住宅绿化中的表现形式为：喷水、跌水、流水、池水等。其中喷水包括水池喷水、旱池喷水、浅池喷水、盆景喷水、自然喷水、水幕喷水等；跌水包括假山瀑布、水幕墙等。

3. 园林建筑

园林建筑，主要指在园林中成景的，同时又为人们赏景、休息或起交通作用的建筑和建筑小品的设计，如园亭、园廊等。园林建筑不论是单体还是组群，通常是结合地形、植物、山石、水池等组成景点、景区或园中园，它们的形式、体量、尺度、色彩以及所用的材料等，同所处位置和环境的关系特别密切。

从在园林中所占面积来看，园林建筑是无法和山、水、植物相提并论的。它之所以成为“点睛之笔”，能够吸引大量的浏览者，就在于它具有其他要素无法替代的、最适合于人活动的内部空间，是自然景色的必要补充。

4. 植物

植物是园林设计中有生命的题材，是园林必不可少的组成部分。植物要素包括各种乔木、灌木、草本花卉和地被植物、藤本攀缘植物、竹类、水生植物等。

植物的四季景观，本身的形态、色彩、芳香、习性等都是园林的造景题材。

5. 广场和道路

广场与道路、建筑的有机组织，对于园林的形成起着决定性的作用。广场与道路的形式可以是规则的，也可以是自然的，或自由曲线呈流线型的。广场和道路系统将构成园林的脉络，并且起到园林中交通组织、联系的作用。广场和道路有时也归纳到园林建筑元素内。

第 18 章

机械设计与 AutoCAD 制图

本章要点

- 机械设计制图的内容
- 机械设计制图的流程
- 机械零件图概述
- 绘制机械零件图
- 机械装配图概述
- 绘制机械装配图
- 设计专栏

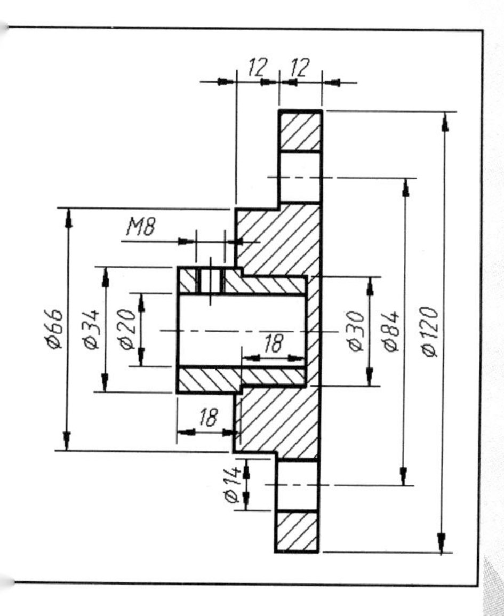

机械制图是用图样确切表示机械的结构形状、尺寸大小、工作原理和技术要求的学科领域。图样由图形、符号、文字和数字组成，是表达设计师的构思意图、制造要求，以及交流经验的技术文件，被业内称为工程界的语言。

本章将介绍一些典型的机械零件绘制方法，通过本章的学习，在帮助读者熟练掌握实用绘图技巧的同时，还能让读者对 AutoCAD 绘图有更深入的理解，从而进一步提高解决实际问题的能力。

18.1 机械设计制图的内容

对于机械制造行业来说，机械制图在行业中起着举足轻重的作用。因此，每个工程技术人员都需要熟练地掌握机械制图的内容和流程。

机械制图主要包括零件图和装配图，其中零件图主要包括以下几部分内容。

- 机械图形：采用一组视图，如主视图、剖视图、断面图和局部放大图等，用以正确、完整、清晰且简便地表达零件的结构。
- 尺寸标注：用一组正确、完整、清晰及合理的尺寸标注零件的结构形状和其相互位置。
- 技术要求：用文字或符号表明零件在制造、检验和装配时应达到的具体要求。如表面粗糙度、尺寸公差、形状和位置公差、表面热处理和材料热处理等一些技术要求。
- 标题栏：由名称、签字区和更改区组成的栏目。

装配图主要包括以下几部分。

- 机械图形：用基本视图完整、清晰地表达机器或部件的工作原理、各零件间的装配关系和主要零件的基本结构。
- 几何尺寸：包括机器或部件规格、性能，以及装配和安装的相关尺寸。
- 技术要求：用文字或符号表明机器或部件的性能、装配和调整要求、试验和验收条件，以及使用要求等。
- 明细栏：标明图形中序号所指定的具体内容。
- 标题栏：由名称、签字区和其他区组成。

18.2 机械设计制图的流程

AutoCAD 中，机械零件图的绘制流程主要包括以下几个步骤。

- 了解所绘制零件的名称、材料、用途，以及各部分的结构形状及加工方法。
- 根据上述分析，确定绘制物体的主视图，再根据其结构特征确定顶视图及剖视图等其他视图。
- 标注尺寸及添加文字说明，最后绘制标题栏并填写内容。
- 图形绘制完成后，可对其进行打印输出。

AutoCAD 中，机械装配图的绘制流程主要包括以下几个步骤。

- 了解所绘制部件的工作原理、零件之间的装配关系、用途，以及主要零件的基本结构和部件的安装情况等内容。
- 根据对所绘制部件的了解，合理运用各种表达方法，按照装配图的要求选择视图，确定视图表达方案。

18.3 机械零件图概述

机械设计制图的主要内容就是绘制零件图与装配图。本节便介绍零件图的绘制。

18.3.1 零件图的内容

任何一台机器或部件都是由多个零件装配而成的。表达单个零件结构形状、尺寸、大小，加工和检验等方面技术要求的图样称为零件图。零件图是工厂制造和检验零件的依据，也是设计部门和生产部门的重要技术资料之一。

为了满足生产部门制造零件的要求，一张零件图必须包括以下几方面内容。

1. 一组视图

用一组视图完整、清晰地表达零件各个部分的结构及形状。这组视图包括零件的各种表达方法中的主视图、剖视图、断面图、局部放大图和简化画法。

2. 完整的尺寸

零件图中应正确、完整、清晰、合理地标注零件在制造和检验时所需要的全部尺寸。

3. 技术要求

用规定的符号、代号、标记和简要的文字表达出对零件制造和检验时所应达到的各项技术指标和要求。

4. 标题栏

在标题栏中一般应填写单位名称、图名（零件的名称）、材料、质量、比例、图号，以及设计、审核、批准人员的签名和日期等。

18.3.2 零件的类型

零件是部件中的组成部分。一个零件的机构与其在部件中的作用密不可分。零件按其在部件中所起的作用及结构是否标准化，大致可以分为以下3类。

1. 标准件

常用的有螺纹连接件，如螺栓、螺钉、螺母和滚动轴承等。这一类零件的结构已经标准化，国家制图标准已指定了标准件的规定画法和标注方法。

2. 传动件

常用的有齿轮、蜗轮、蜗杆、胶带轮和丝杆等，这类零件的主要结构已经标准化，并且**有规定画法。**

3. 一般零件

除上述两类零件以外的零件都可以归纳到一般零件中。例如轴、盘盖、支架、壳体和箱体等。它们的结构形状、尺寸大小和技术要求由相关部件的设计要求和制造工艺要求而定。

18.4 绘制机械零件图

机械零件图的绘制方法与普通制图基本相同，但是在绘制之前需先设定好相关参数，如机械制图标准中的标注样式（GB/T 4458.4—2003）、文字样式（GB/T 14691—2003）和图层（线型、线宽，见GB/T 4457.4—2003）等。

18.4.1 设置绘图环境

事先设置好绘图环境，可以使用户在绘制机械图时更加方便、灵活、快捷。设置绘图环境，包括绘图区域界限及单位的设置、图层的设置、文字和标注样式的设置等。用户可以先创建一个空白文件，然后设置好相关参数将其保存为模板文件，以后如需再绘制机械图纸，则可直接调用。

1. 绘图区的设置

步骤 1 启动 AutoCAD 2016 软件，选择“文件”|“保存”命令，将该文件保存为“素材\第 18 章\机械制图样板.dwg”文件。

步骤 2 选择“格式”|“单位”命令，弹出“图形单位”对话框，将长度单位类型设定为“小数”，设定精度为“0.00”，将角度单位类型设定为“十进制度数”，将精度精确到“0”，如图 18-1 所示。

2. 规划图层

步骤 3 机械制图中的主要图线元素有轮廓线、标注线、中心线、剖面线、细实线和虚线等，因此在绘制机械图纸之前，最好先创建如图 18-2 所示的图层。

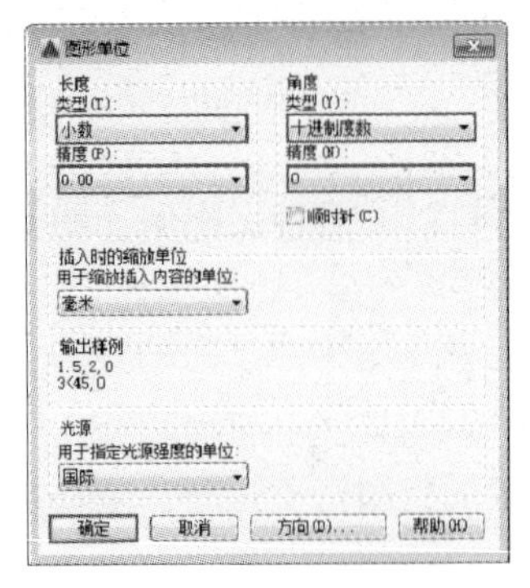

图 18-1 设置图形单位

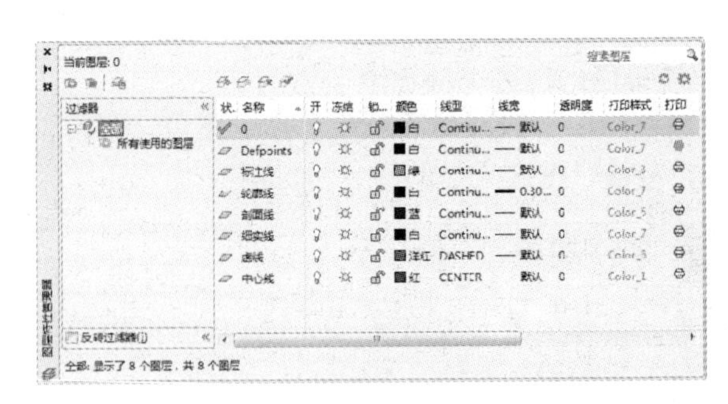

图 18-2 创建机械制图用图层

3. 设置文字样式

步骤 4 机械制图中的文字有图名文字、尺寸文字、技术要求和说明文字等，也可以直接创建一种通用的文字样式，然后应用时修改具体大小即可。根据机械制图标准，机械图文字样式的规划如表 18-1 所示。

表 18-1 文字样式

文字样式名	打印到图纸上的文字高度	图形文字高度（文字样式高度）	宽度因子	字体 | 大字体
图名	5	5	0.7	Gbeitcr.shx：gbcbig.shx
尺寸文字	3.5	3.5		Gbeitc.shx
技术要求说明文字	5	5		仿宋

步骤 5 选择“格式”|“文字样式”命令，弹出“文字样式”对话框，单击“新建”按钮，弹出“新建文字样式”对话框，将样式名定义为“机械设计文字样式”，如图 18-3 所示。

步骤 6 在“字体”下拉列表框中选择字体“Gbeitc.shx”，选择“使用大字体”复选框，并在“大字体”下拉列表框中选择字体“gbcbig.shx”，在“高度”文本框中输入 3.5，在“宽度因子”文本框中输入 0.7，单击“应用”按钮，从而完成该文字样式的设置，如图 18-4 所示。

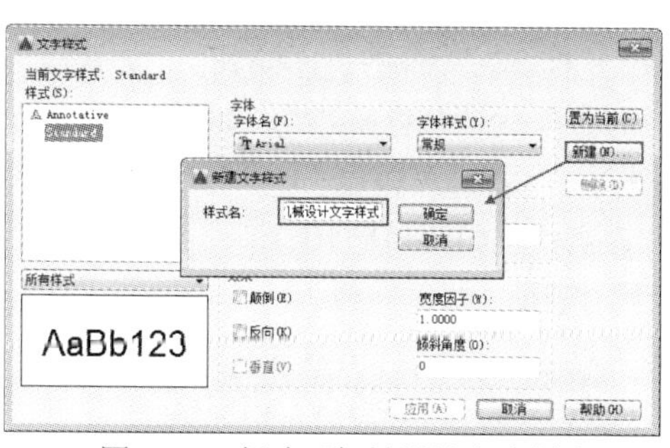

图 18-3　新建“机械设计文字样式”

图 18-4　设置“机械设计文字样式”

4. 设置标注样式

步骤 7 选择“格式”|“标注样式”命令，弹出“标注样式管理器”对话框，单击“新建”按钮，弹出“创建新标注样式”对话框，将新建样式名定义为“机械图标注样式”，如图 18-5 所示。

步骤 8 单击“新建”按钮，系统弹出“创建新标注样式”对话框，在“新样式名”文本框中输入“机械图标注样式”，如图 18-6 所示。

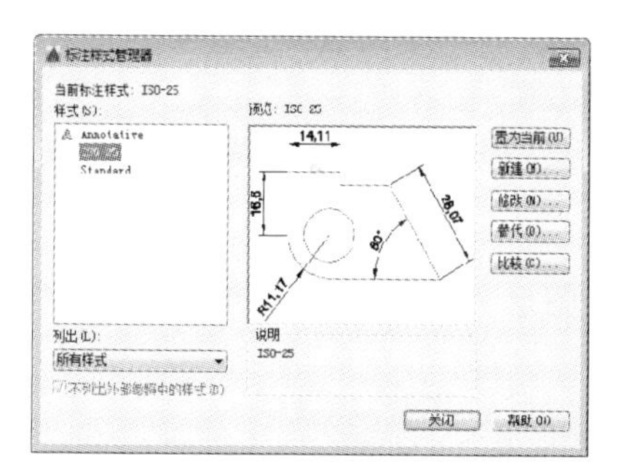

图 18-5　“标注样式管理器”对话框

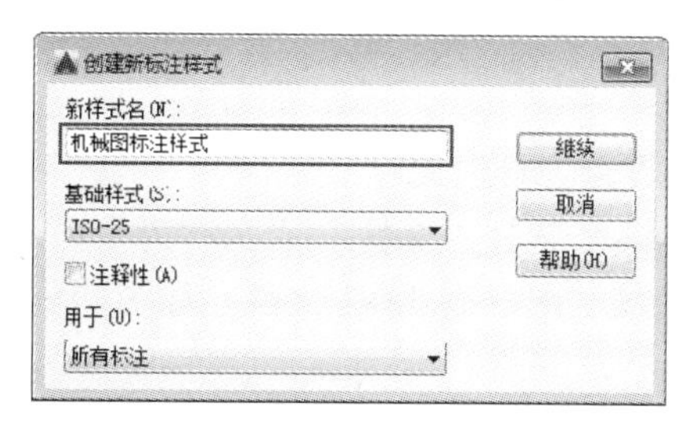

图 18-6　“创建新标注样式”对话框

步骤 9 单击“继续”按钮，弹出“修改标注样式：机械标注”对话框，选择“线”选项卡，设置“基线间距”为 8，设置“超出尺寸线”为 2.5，设置“起点偏移量”为 2，如图 18-7 所示。

步骤 10 选择“符号和箭头”选项卡，设置“引线”为“无”，设置“箭头大小”为 2.5，设置“圆心标记”为 2.5，设置“弧长符号”为“标注文字的上方”，设置“半径折弯角度”为 90，如图 18-8 所示。

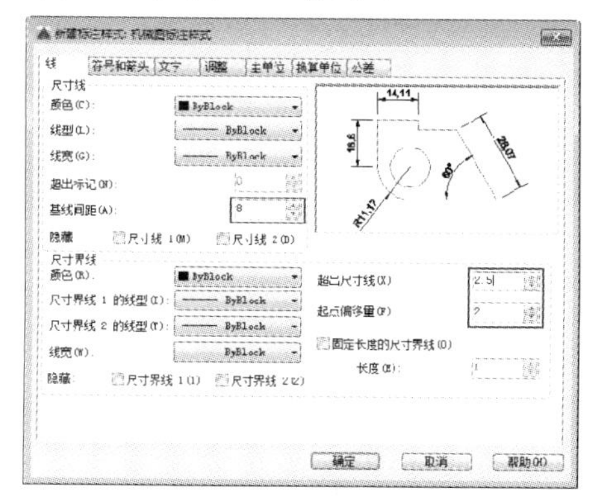

图 18-7　“线”选项卡

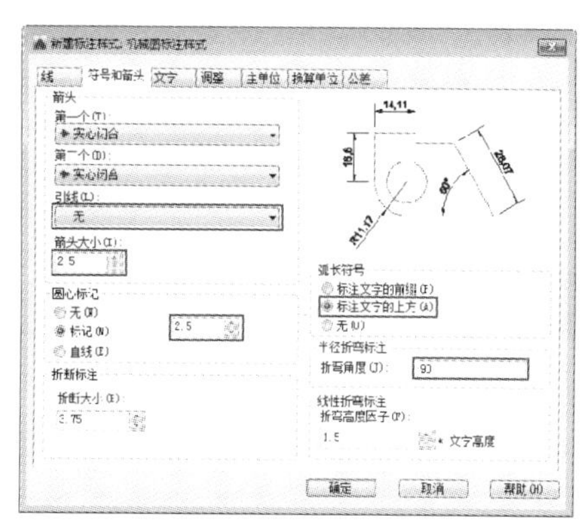

图 18-8　“符号和箭头”选项卡

步骤 11 选择“文字”选项卡，单击“文字样式”中的[...]按钮，设置文字为 gbenor.shx，设置“文字高度”为 2.5，设置“文字对齐”为“ISO 标准”，如图 18-9 所示。

步骤 12 选择“主单位”选项卡，设置“线性标注”中的“精度”为 0.00，设置“角度标注”中的“精度”为 0.0，将“消零”都设为“后续”，如图 18-10 所示。然后单击“确定”按钮，单击“置为当前”按钮后，单击“关闭”按钮，创建完成。

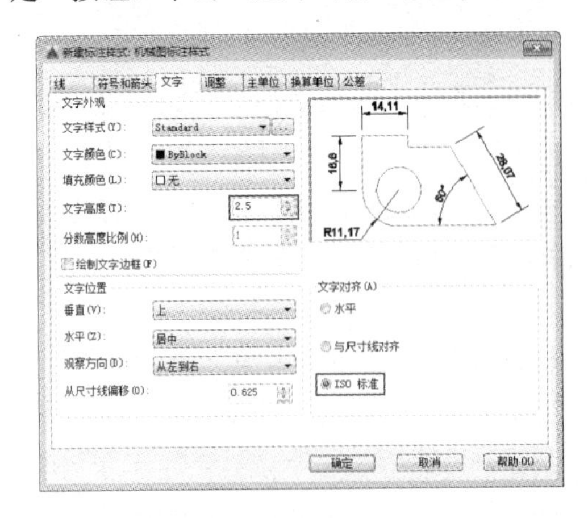

图 18-9 “文字”选项卡

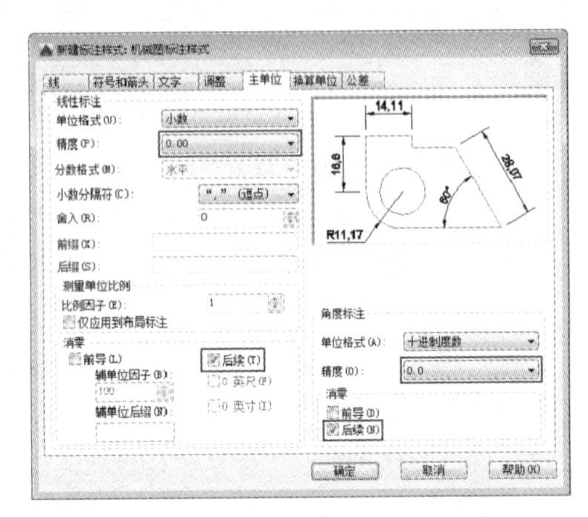

图 18-10 “主单位”选项卡

5. 保存为样板文件

步骤 13 选择“文件”|“另存为”命令，弹出“图形另存为”对话框，保存为“素材\第 18 章\机械制图样板.dwt”文件，如图 18-11 所示。

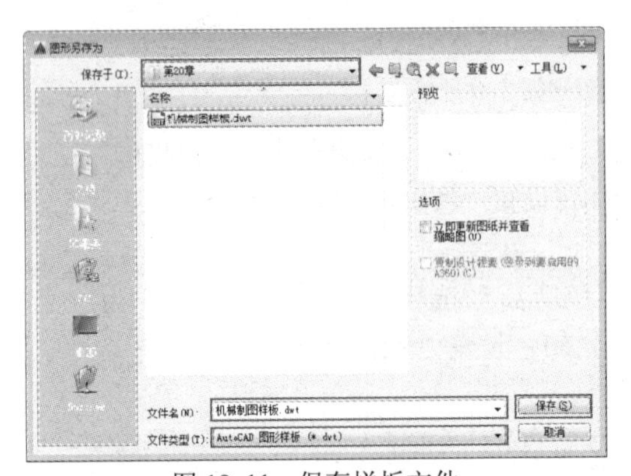

图 18-11 保存样板文件

提示：本章所有实例皆基于该模板。

18.4.2 绘制标准件——内六角圆柱头螺钉

内六角圆柱头螺钉也称为内六角螺栓、杯头螺丝或内六角螺钉，如图 18-12 所示，是机械设计中最常用的标准件，本节便绘制 M10x40—GB/T 70.1，10.9 级别的螺钉，具体操作步骤如下。

步骤 1 打开配套光盘中提供的“第 18 章\18.4.2 绘制标准件—内六角圆柱头螺钉.dwg”文

件，如图 18-13 所示，此处已经绘制好了对应的中心线。

图 18-12　内六角圆柱头螺钉

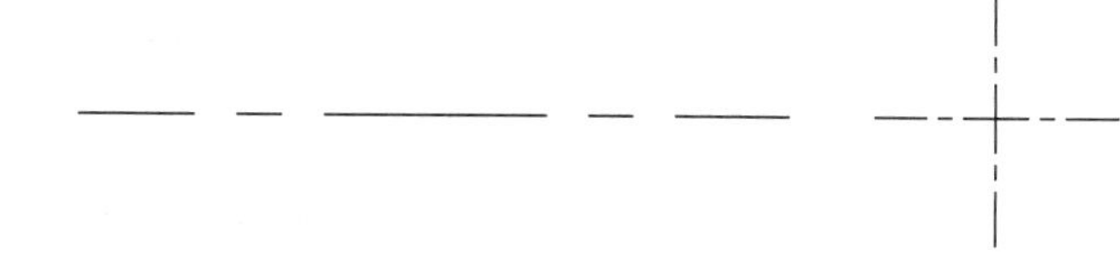

图 18-13　素材图形

步骤 2 切换到“轮廓线”图层，执行 C（圆）命令和 POL（正多边形）命令，在交叉的中心线上绘制左视图，如图 18-14 所示。

步骤 3 执行“偏移”命令，将主视图的中心线分别向上、下各偏移 5，如图 18-15 所示。

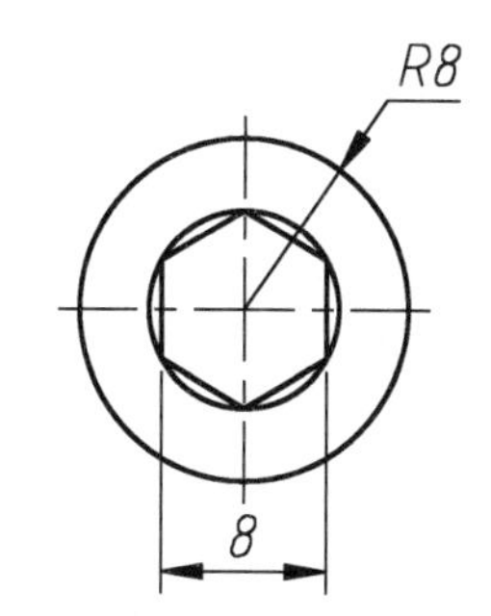

图 18-14　绘制左视图

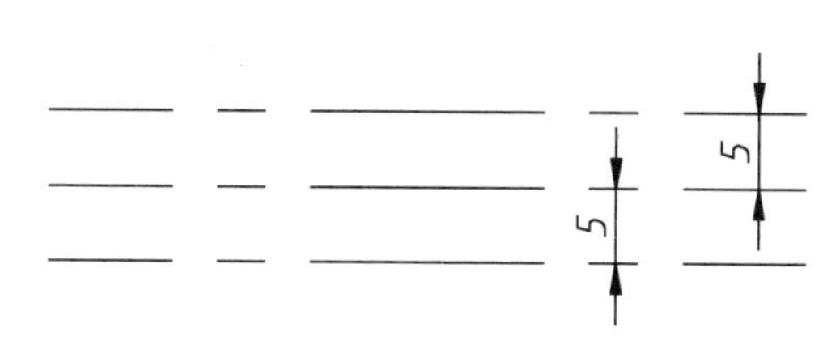

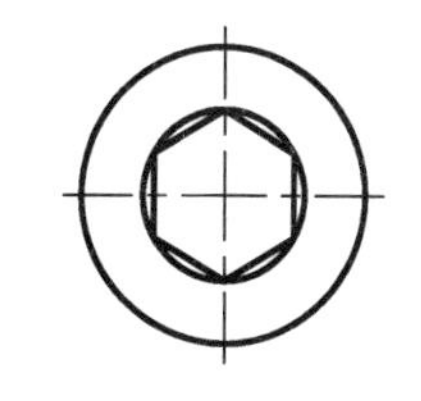

图 18-15　偏移中心线

步骤 4 根据“长对正，高平齐，宽相等”的原则与外螺纹的表达方法，绘制主视图的轮廓线，如图 18-16 所示。可知螺钉长度为 40，指的是螺钉头至螺纹末端的长度。

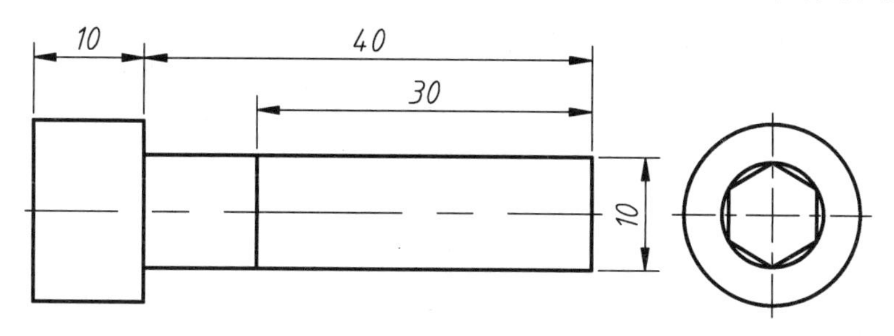

图 18-16　绘制主视图的轮廓线

步骤 5 执行 CHA（倒角）命令，为图形倒角，如图 18-17 所示。

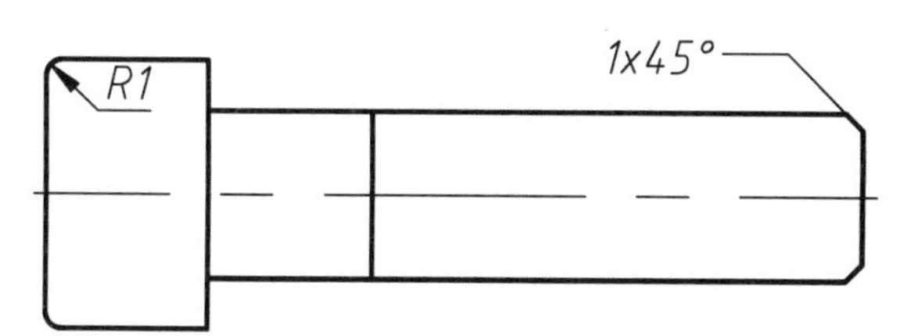

图 18-17　为图形添加倒角

步骤 6 执行 O（偏移）命令，按“小径=0.85 大径”的原则偏移外螺纹的轮廓线，然后修剪，从而绘制出主视图上的螺纹小径线，结果如图 18-18 所示。

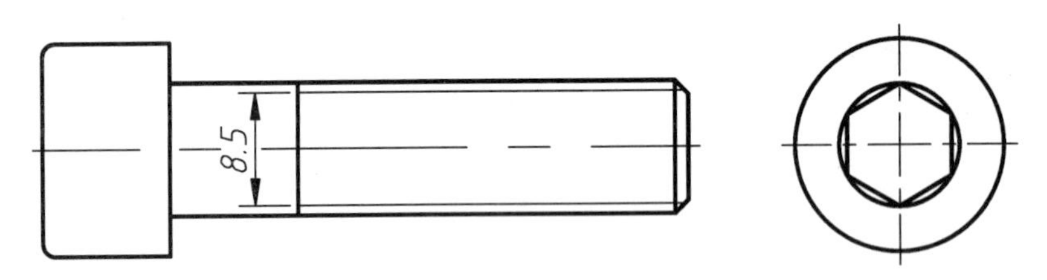

图 18-18 绘制螺纹小径线

步骤 7 切换到（虚线）图层，执行 L（直线）与 A（圆弧）命令，根据“长对正，高平齐，宽相等”的原则，按照左视图中的六边形绘制主视图上的内六角沉头轮廓，如图 18-19 所示。

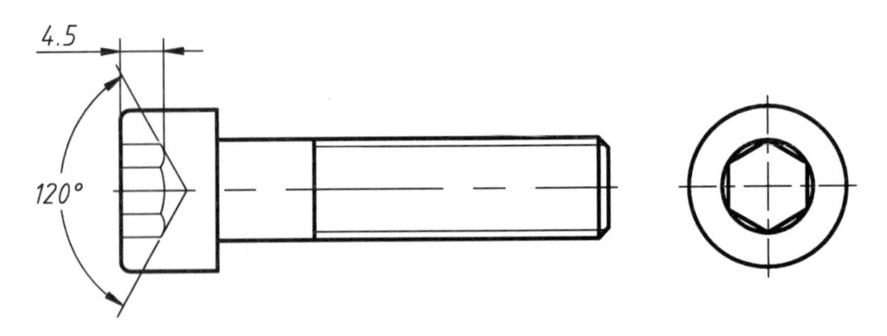

图 18-19 绘制沉头

步骤 8 按〈Ctrl+S〉组合键，保存文件，完成绘制。

18.4.3 绘制传动件——直齿圆柱齿轮

齿轮的绘制一般需要先根据齿轮参数表来确定尺寸。这些参数取决于设计人员的具体计算与实际的设计要求。本案例将根据如图 18-20 所示的参数表来绘制一个直齿圆柱齿轮。

步骤 1 打开素材文件“第 18 章\18.4.3 绘制传动件—直齿圆柱齿轮.dwg”，如图 18-21 所示，此处已经绘制好了对应的中心线。

齿廓	渐开线		齿顶高系数	ha	1
齿数	z	29	顶隙系数	c	0.25
模数	m	2	齿宽	b	15
螺旋角	β	0°	中心距	a	87±0.027
螺旋角方向	–		配对齿轮 图号		
压力角	α	20°	配对齿轮 齿数	z	58
齿厚 公法线长度尺寸 W		$21.48^{-0.105}_{-0.155}$	跨齿数 K		3
齿厚 跨球（圆柱）尺寸 M			球（圆柱）尺寸 Dm		

图 18-20 齿轮参数表

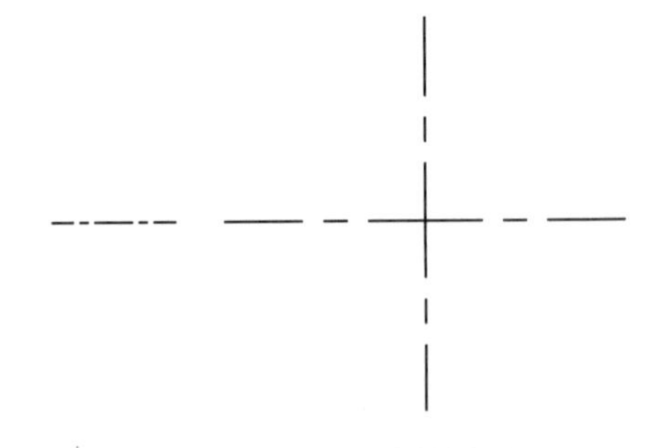

图 18-21 素材图形

步骤 2 绘制左视图。切换至“中心线”图层，在交叉的中心线交点处绘制分度圆，尺寸可以根据参数表中的数据算得：“分度圆直径=模数×齿数”，即ϕ58mm，如图 18-22 所示。

步骤 3 绘制齿顶圆。切换至“轮廓线”图层，在分度圆圆心处绘制齿顶圆，尺寸同样可以

根据参数表中的数据算得：“齿顶圆直径=分度圆直径+2×齿轮模数”，即ϕ62mm，如图 18-23 所示。

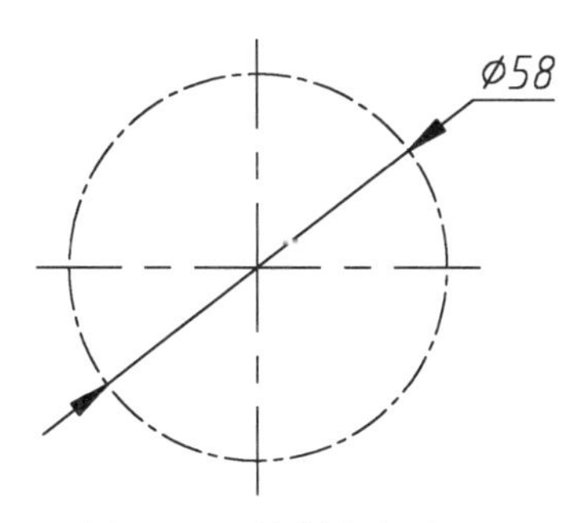

图 18-22 绘制分度圆

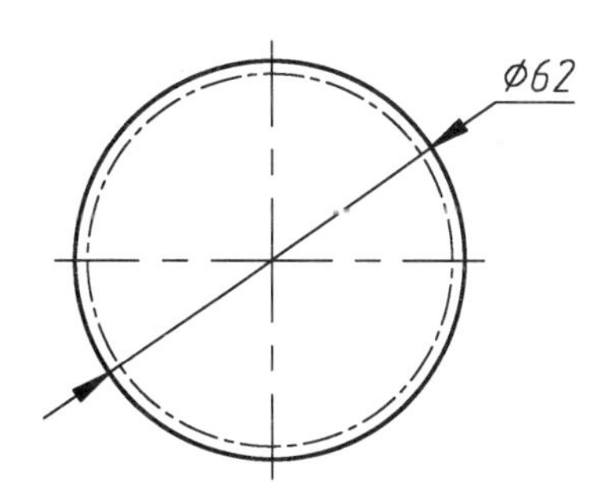

图 18-23 绘制齿顶圆

步骤 4 绘制齿根圆。切换至“细实线”图层，在分度圆圆心处绘制齿根圆，尺寸同样根据参数表中的数据算得：“齿根圆直径=分度圆直径−2×1.25×齿轮模数”，即ϕ53mm，如图 18-24 所示。

步骤 5 根据三视图基本准则“长对正，高平齐，宽相等”绘制齿轮主视图轮廓线，齿宽根据参数表可知为 15mm，如图 18-25 所示。要注意主视图中齿顶圆、齿根圆与分度圆的线型。

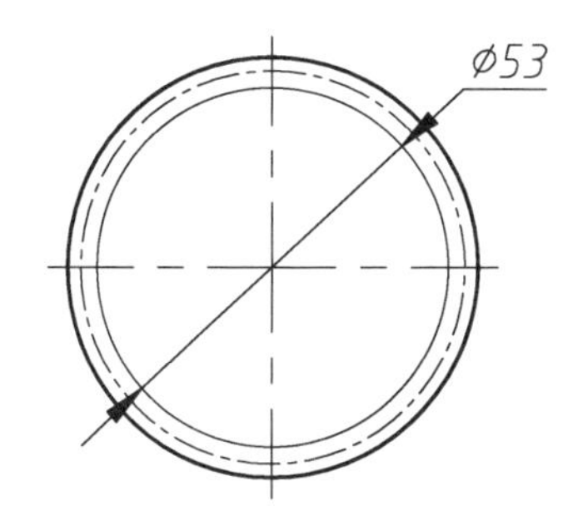

图 18-24 绘制齿根圆

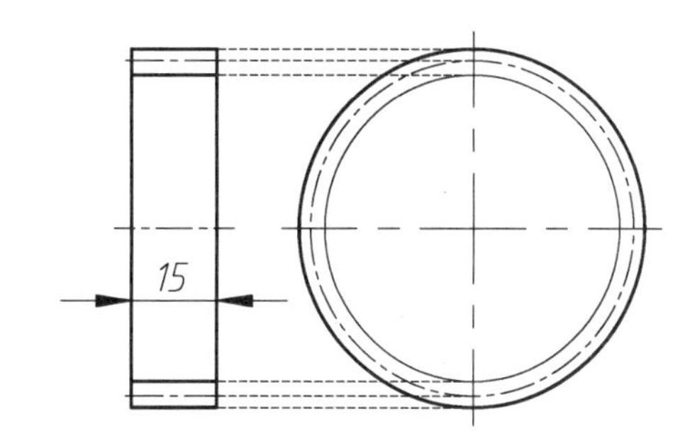

图 18-25 绘制主视图

步骤 6 根据齿轮参数表可以绘制出上述图形，接着需要根据装配的轴与键来绘制轮毂部分，绘制的具体尺寸如图 18-26 所示。

步骤 7 根据三视图基本准则“长对正，高平齐，宽相等”绘制主视图中轮毂的轮廓线，如图 18-27 所示。

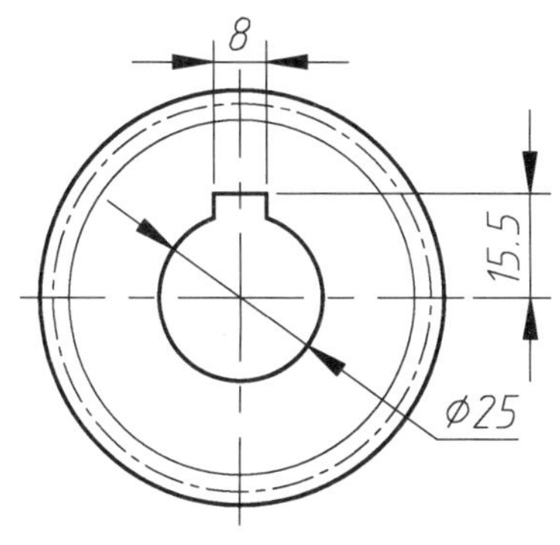

图 18-26 绘制轮毂部分

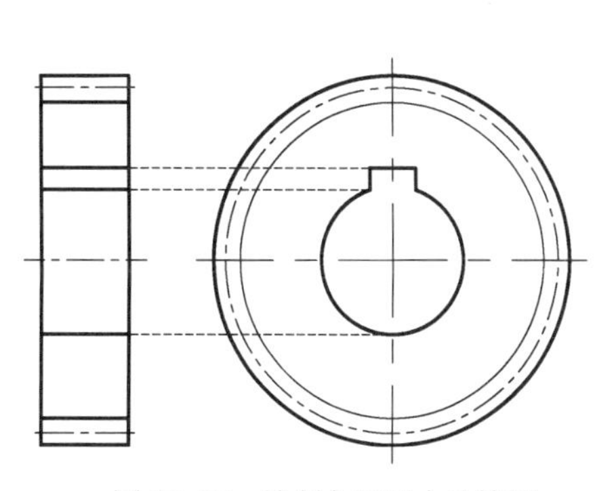

图 18-27 绘制主视图中的轮毂

步骤 8 执行 CHA（倒角）命令，为图形主视图倒角，如图 18-28 所示。

步骤 9 将图层切换为“剖面线”，然后执行“图案填充”命令，选择图案为 ANSI31，设置比例为 0.8，角度为 0°，填充图案，结果如图 18-29 所示。

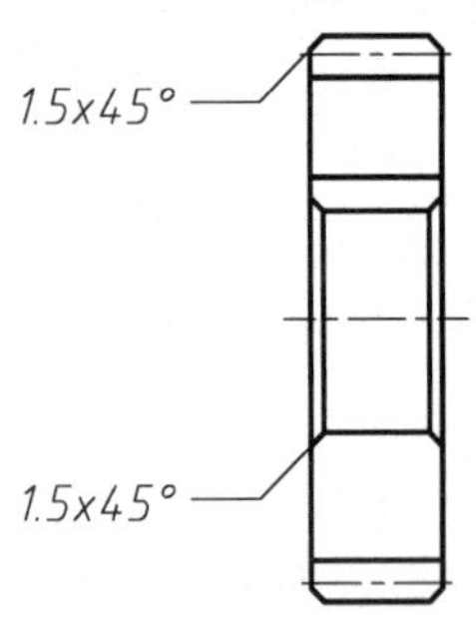

图 18-28 添加倒角

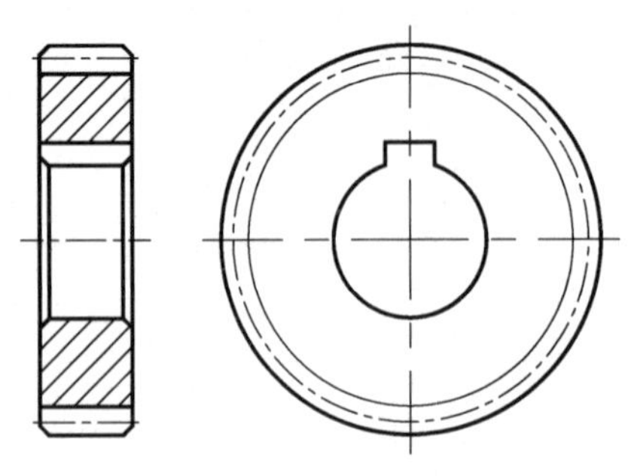

图 18-29 添加剖面线

18.4.4 绘制一般零件——阶梯轴

阶梯轴在机器中常用来支承齿轮、带轮等传动零件，以传递转矩或运动。下面就以减速箱中的传动轴为例，介绍阶梯轴的设计与绘制方法。

步骤 1 打开配套光盘中提供的“第 18 章\18.4.4 绘制一般零件—阶梯轴.dwg”素材文件，如图 18-30 所示，此处已经绘制好了对应的中心线。

图 18-30 素材图形

步骤 2 调用 O（偏移）命令，根据如图 18-31 所示的尺寸，对垂直的中心线进行多重偏移。

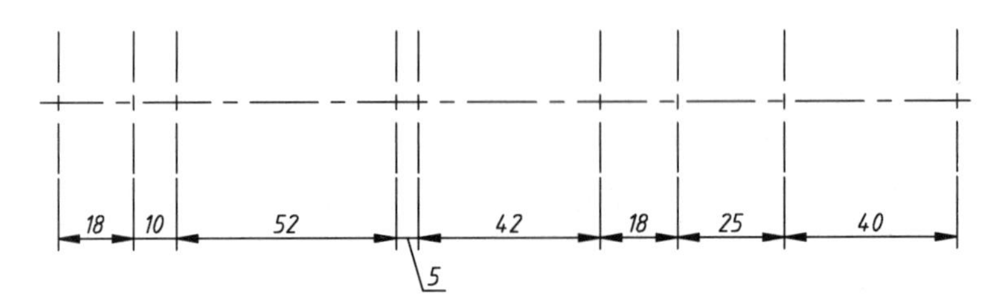

图 18-31 偏移中心线

步骤 3 将“轮廓线”图层设置为当前图层，使用 L（直线）命令绘制如图 18-32 所示的轮廓线（尺寸见效果图）。

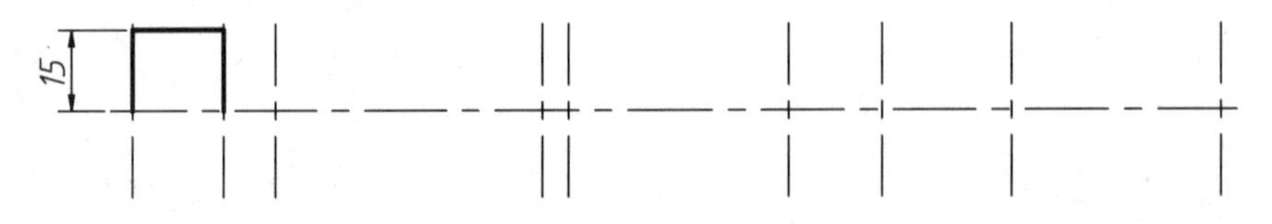

图 18-32 绘制轮廓线

步骤 4 根据上一步的操作步骤，使用 L（直线）命令，配合“正交追踪”和“对象捕捉”功能绘制其他位置的轮廓线，结果如图 18-33 所示。

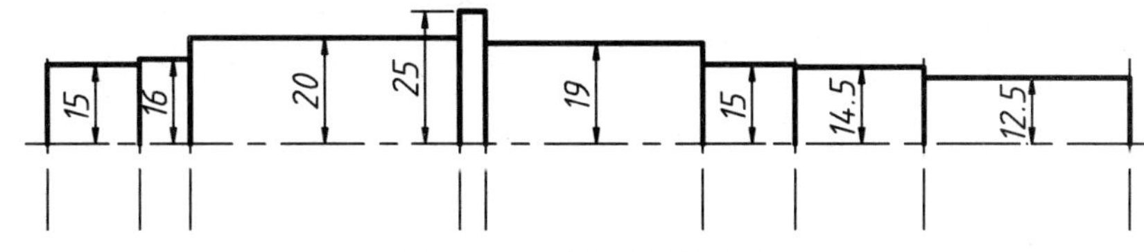

图 18-33 绘制其他轮廓线

步骤 5 单击“修改”面板中的“倒角”按钮，激活“倒角”命令，对轮廓线进行倒角，设置倒角尺寸为 C2，然后使用“直线”命令，配合捕捉与追踪功能，绘制倒角的连接线，结果如图 18-34 所示。

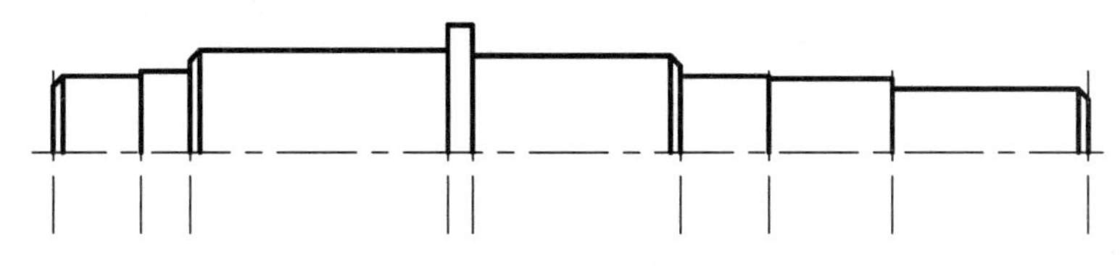

图 18-34 倒角并绘制连接线

步骤 6 调用 MI（镜像）命令，对轮廓线进行镜像复制，结果如图 18-35 所示。

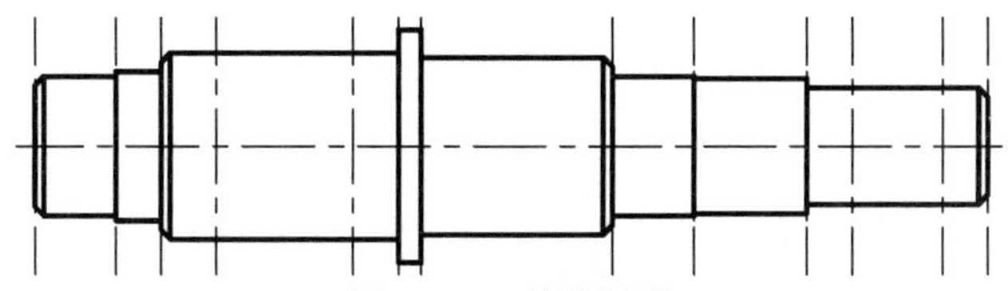

图 18-35 镜像图形

步骤 7 绘制键槽。调用 O（偏移）命令，创建如图 18-36 所示的垂直辅助线。

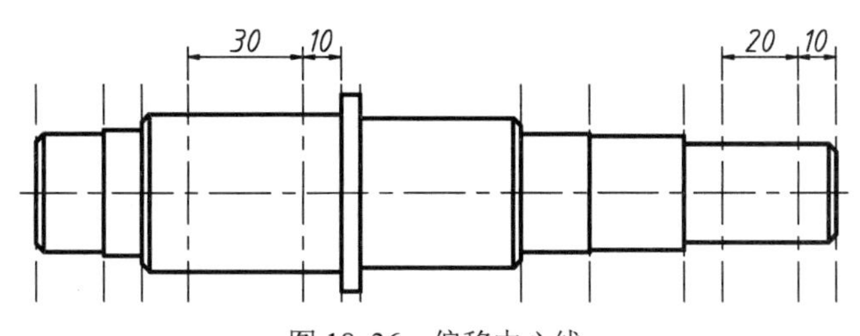

图 18-36 偏移中心线

步骤 8 将“轮廓线”图层设置为当前图层，使用 C（圆）命令，以刚偏移的垂直辅助线的交点为圆心，绘制直径为 12 和 8 的圆，如图 18-37 所示。

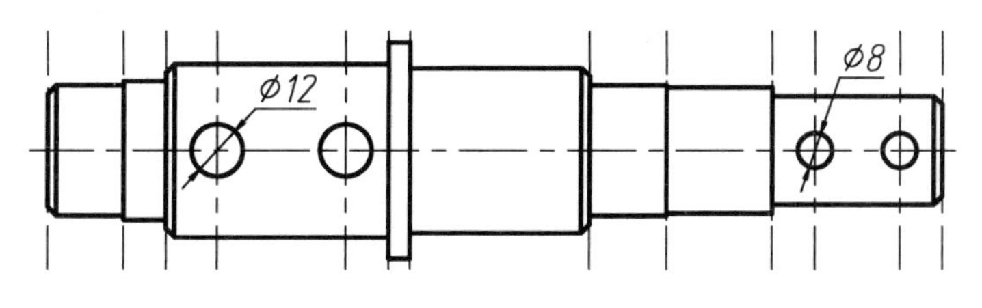

图 18-37 绘制圆

步骤 9 使用 L（直线）命令，配合“捕捉切点”功能，绘制键槽轮廓，如图 18-38 所示。

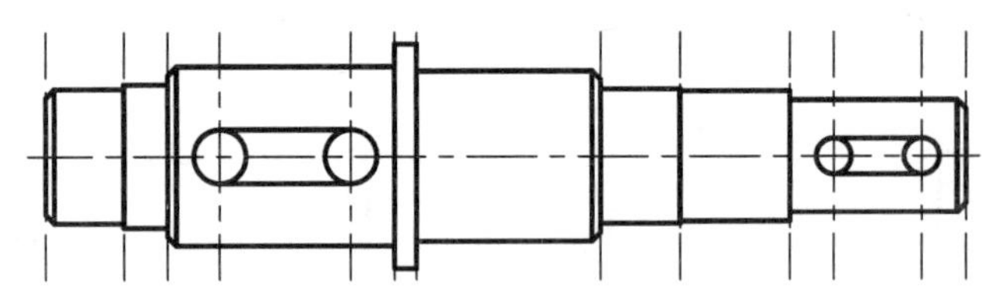

图 18-38 绘制直线

步骤 10 使用 TR（修剪）命令，对键槽轮廓进行修剪，并删除多余的辅助线，结果如图 18-39 所示。

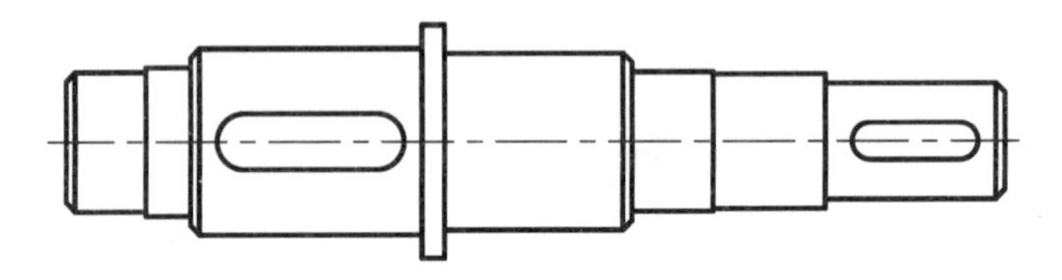

图 18-39 删除多余图形

步骤 11 将“中心线”图层设置为当前层，调用 XL（构造线）命令，绘制如图 18-40 所示的水平和垂直构造线，作为移出断面图的定位辅助线。

步骤 12 将“轮廓线”图层设置为当前图层，使用 C（圆）命令，以构造线的交点为圆心，分别绘制直径为 40 和 25 的圆，结果如图 18-41 所示。

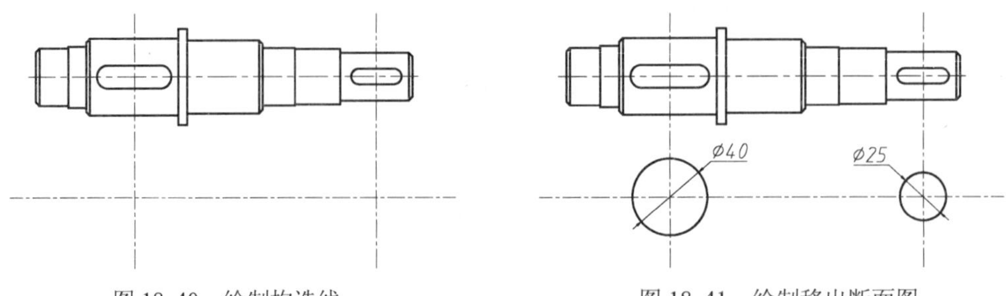

图 18-40 绘制构造线　　图 18-41 绘制移出断面图

步骤 13 单击“修改”面板中的“偏移”按钮，对ϕ40 圆的水平和垂直构造线进行偏移，结果如图 18-42 所示。

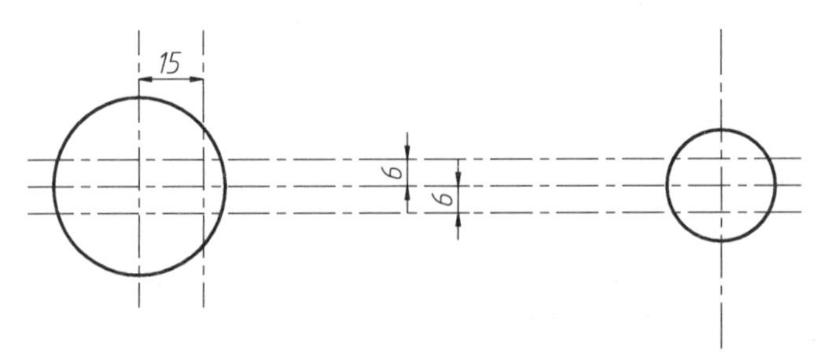

图 18-42 偏移中心线得到辅助线

步骤 14 将“轮廓线”图层设置为当前图层，使用 L（直线）命令，绘制键深，结果如

图 18-43 所示。

步骤 15 综合使用 E（删除）和 TR（修剪）命令，去掉不需要的构造线和轮廓线，如图 18-44 所示。

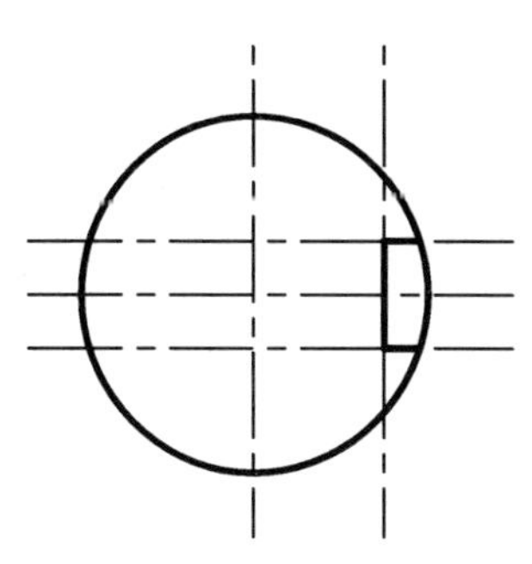

图 18-43 绘制ϕ40 圆的键槽轮廓

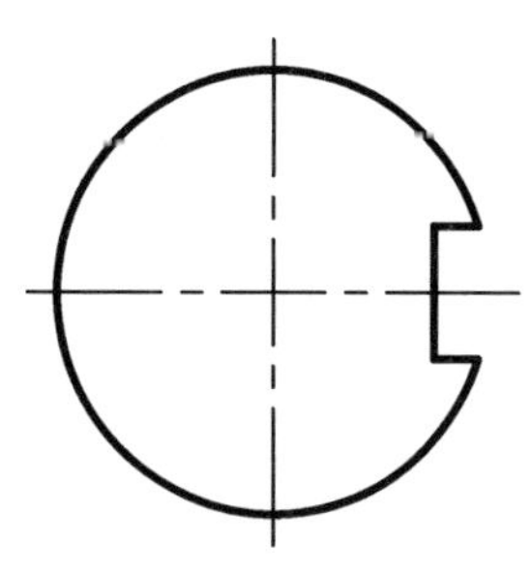

图 18-44 修剪ϕ40 圆的键槽

步骤 16 按照相同的方法绘制 Ø25 圆的键槽图，如图 18-45 所示。

步骤 17 将“剖面线”设置为当前图层，单击“绘图”面板中的“图案填充”按钮，为此剖面图填充 ANSI31 图案，设置填充比例为 1.5，角度为 0，填充结果如图 18-46 所示。

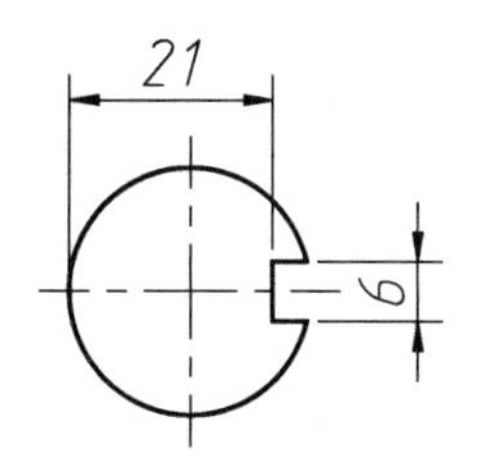

图 18-45 绘制ϕ25 圆的键槽

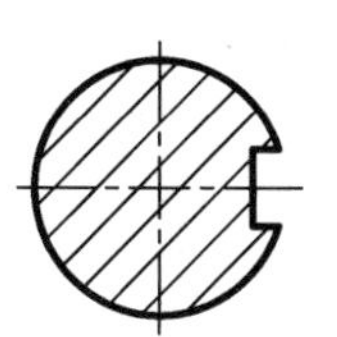

图 18-46 填充剖面线

步骤 18 绘制好的图形如图 18-47 所示。

步骤 19 标注图形，并添加相应的粗糙度与形位公差，最终图形如图 18-48 所示。

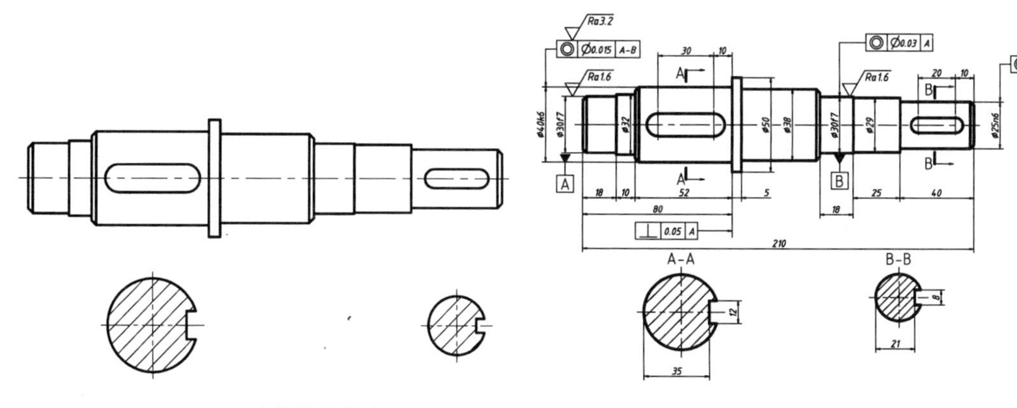

图 18-47 阶梯轴的轮廓图

图 18-48 最终零件图

18.5 机械装配图概述

装配图是表达机器或部件的图样，主要表达其工作原理和装配关系。在机器设计过程中，装配图的绘制位于零件图之前，并且与零件图表达的内容不同。它主要用于机器或部件的装配、调试、安装和维修等场合，是生产中的一种重要技术文件。

18.5.1 装配图的作用

在设计产品的过程中，一般要根据设计要求绘制装配图，用以表达机器或部件的主要结构和工作原理，以及根据装配图设计零件并绘制各个零件图。在制造产品时，装配图是制定装配工艺规程、进行装配和检验的技术依据，即根据装配图把制成的零件装配成合格的部件或机器。在使用或维修机器设备时，也需要通过装配图来了解机器的性能、结构、传动路线、工作原理，以及维修和使用方法。

18.5.2 装配图的内容

装配图主要表达机器或零件各部分之间的相对位置、装配关系、连接方式和主要零件的结构形状等内容，如图 18-49 所示。其具体说明如下。

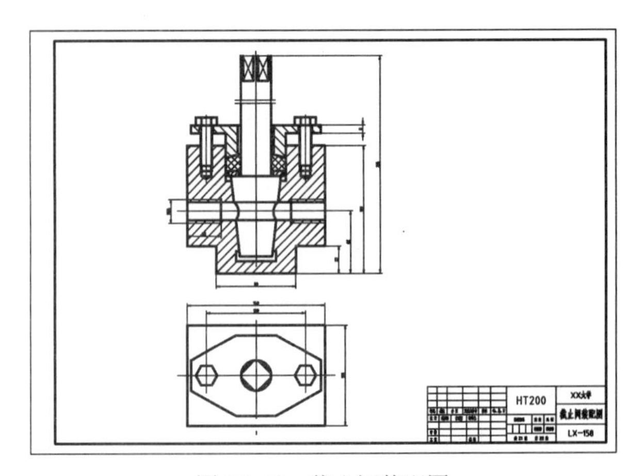

图 18-49　截止阀装配图

1. 一组图形

用一组图形来表达机器或部件的传动路线、工作原理、机构特点、零件之间的相对位置、装配关系、连接方式和主要零件的结构形状等。

2. 几类尺寸

标注出表示机器或部件的性能、规格、外形，以及装配、检验和安装时必须具备的几类尺寸。

3. 零件编号、明晰栏和标题栏

在装配图上要对各种不同的零件编写序号，并在明细栏内依次填写零件的序号、名称、数量、材料和标准零件的国际代号等内容。标题栏内填写机器或部件的名称、比例、图号，以及设计、制图和校核人员的名称等。

18.5.3 绘制装配图的步骤

在绘制装配图之前，首先要了解部件或机器的工作原理和基本结构特征等资料，然后经过拟定方案、绘制装配图和整体校核等一系列的工序，具体步骤介绍如下。

1. 了解部件

弄清用途、工作原理、装配关系、传动路线及主要零件的基本结构。

2. 确定方案

选择主视图的方向，确定图幅及绘图比例，合理运用各种表达方法表达图形。

3. 画出底稿

先画出图框、标题栏及明细栏外框，再布置视图，画出基准线，然后画出主要零件，最后根据装配关系依次画出其余零件。

4. 完成全图

绘制剖面线、标注尺寸、编排序号，并填写标题栏、明细栏、号签及技术要求，然后按标准加深图线。

5. 全面校核

仔细而全面地校核图中的所有内容，改正错、漏处，并在标题栏内签名。

18.5.4 绘制装配图的方法

装配图的绘制方法主要有自底向上与自顶向下两种装配方法。

1. 自底向上装配

自底向上的绘制方法是首先绘制出装配图中的每一个零件图，然后根据零件图的结构，绘制整体装配图。对机器或部件的测绘多采用该制图方法，首先根据测量所得的已知零件的尺寸，画出每一个零件的零件图，然后根据零件图画出装配图，而这一过程称为拼图。

拼图是工程中常用的一种练习方法。拼图一般可以采用两种方法，一种是由外向内的画法，要求首先画出外部零件，然后根据装配关系依次绘制出相邻的零件或部件，最后完成装配图；一种是由内向外的画法，这种方法要求首先画出内部的零件或部件，然后根据零件间的连接关系，画出相邻的零件或部件，最后画出外部的零件或部件。

2. 自顶向下装配

自顶向下装配与上一种装配方法完全相反，主要是直接在装配图中画出重要的零件或部件，根据需要的功能设计与之相邻的零件和部件的结构，直到最后完成装配图。一般在设计的开始阶段，都采用自顶向下的设计方法画出机器或部件的装配图，然后根据设计装配图拆画零件图。

18.6 绘制机械装配图

机械装配图的绘制方法综合起来有直接绘制法、零件插入法和零件块插图法 3 种，下面将对这 3 种绘制方法进行详细讲解。

18.6.1 直接绘制法—绘制简单装配图

直接绘制法即根据装配体结构直接绘制整个装配图，适用于绘制比较简单的装配图。使用直接绘制法绘制如图 18-50 所示的简单装配图的操作步骤如下。

步骤 1 单击快速访问工具栏中的“新建”按钮，以“素材\第 18 章\机械制图样板.dwt”为样板，新建一个图形文件。

步骤 2 将“中心线”图层置为当前图层，执行“直线”命令，绘制中心线，如图 18-51 所示。

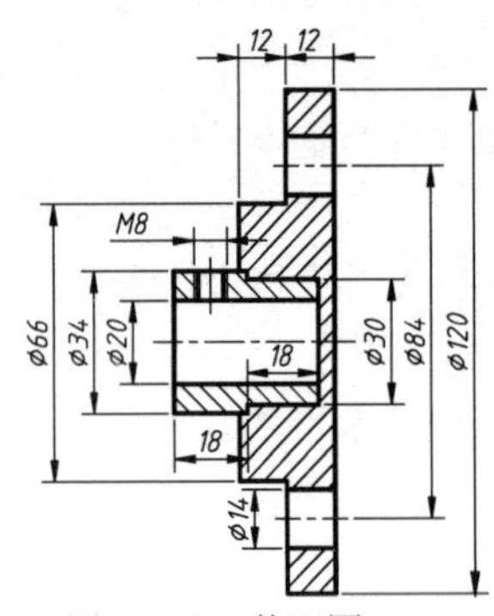

图 18-50 装配图

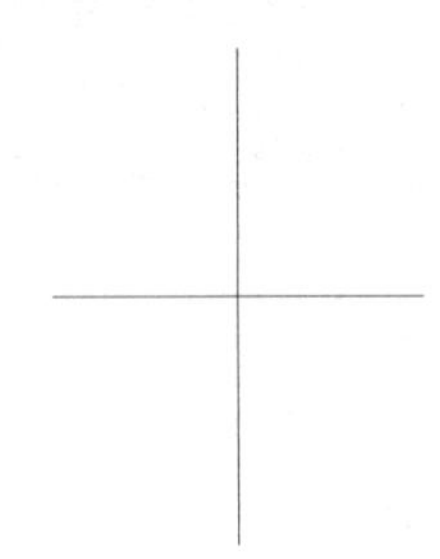
图 18-51 绘制中心线

步骤 3 执行“偏移”命令，将水平中心线向上偏移 5、7.5、8.5、16.5、21、24.5、30，将垂直中心线向左偏移 4、12、22、24、40，结果如图 18-52 所示。

步骤 4 执行“修剪”命令，对图形进行修剪，结果如图 18-53 所示。

步骤 5 选择相关线条，转换到“轮廓线”图层，调整中心线长度，结果如图 18-54 所示。

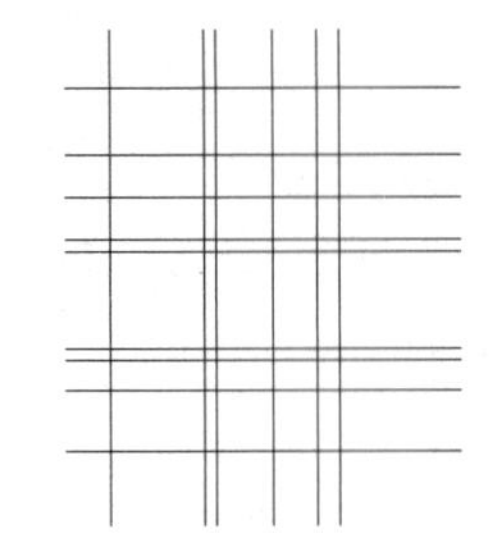
图 18-52 偏移中心线

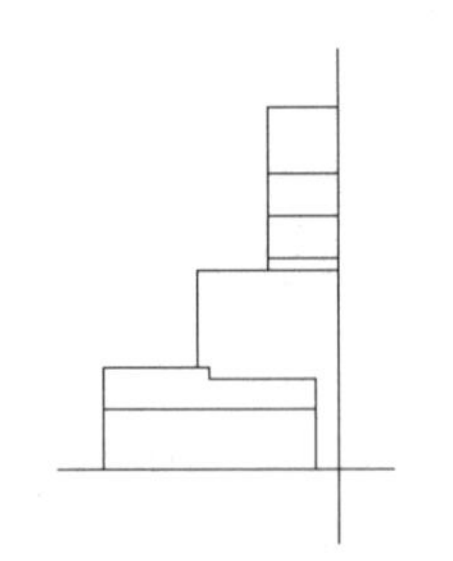
图 18-53 修剪图形

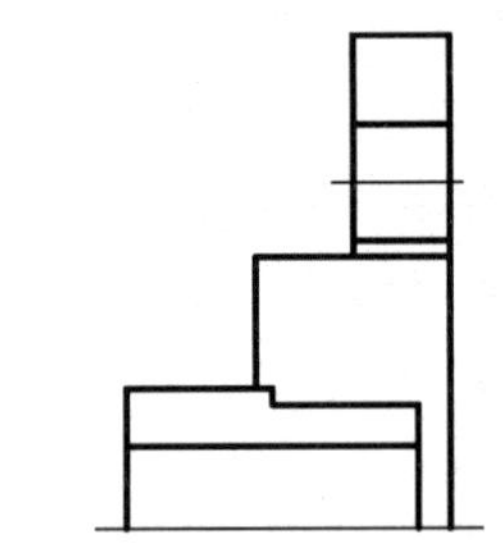
图 18-54 切换至“轮廓线”图层

步骤 6 执行“镜像”命令，以水平中心线为镜像线，镜像图形，结果如图 18-55 所示。

步骤 7 执行“偏移”命令，将左侧边线向右偏移 5、6、9、12、13，如图 18-56 所示。

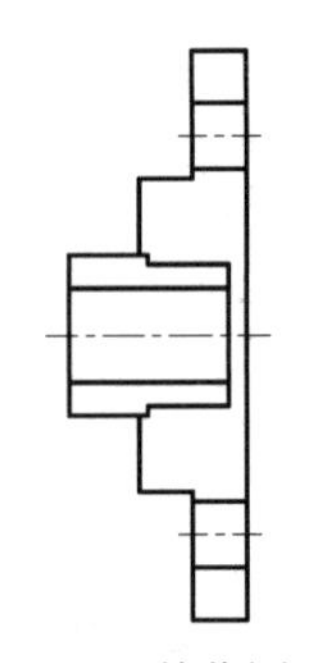
图 18-55 镜像图形

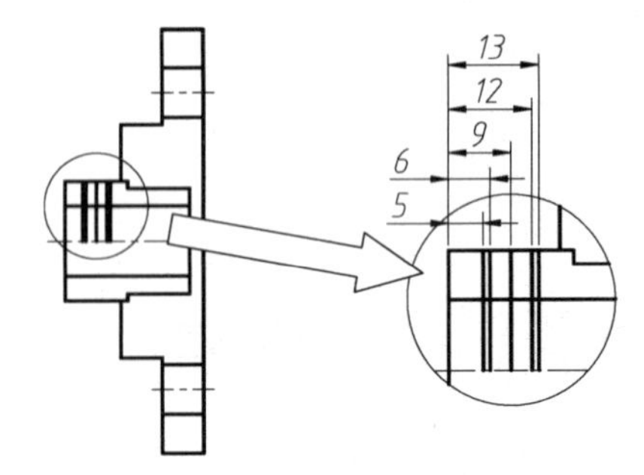

图 18-56 偏移轮廓线

步骤 8 执行“修剪”命令，修剪图形并将孔中心线切换到“中心线”图层，将孔的大径线切换到“细实线”图层，结果如图 18-57 所示。

步骤 9 执行“图案填充”命令，选择填充图案为 ANSI31，设置填充比例为 1，角度为 0°，填充图案，结果如图 18-58 所示。

步骤 10 重复执行“图案填充”命令，选择填充图案为 ANSI31，设置填充比例为 1，角度为 0°，填充另一零件剖面，结果如图 18-59 所示。

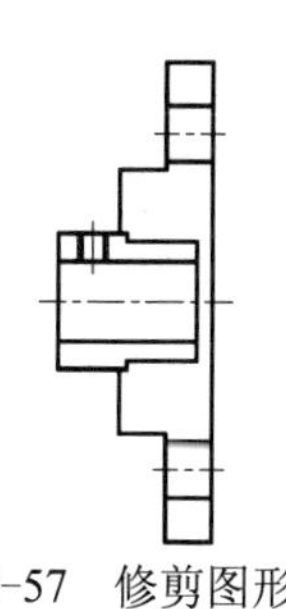

图 18-57 修剪图形

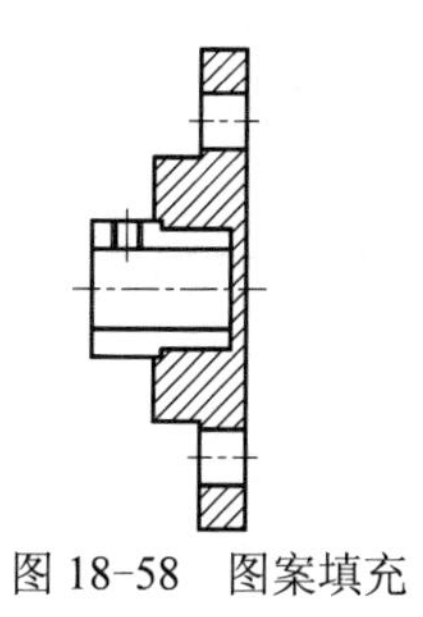

图 18-58 图案填充

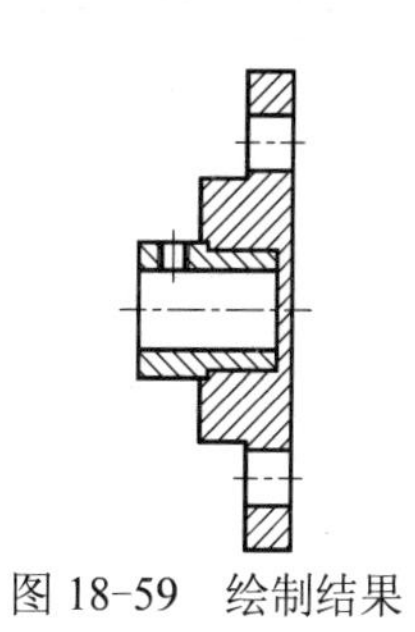

图 18-59 绘制结果

步骤 11 按〈Ctrl+S〉组合键，保存文件，完成绘制。

18.6.2 零件插入法——绘制齿轮滚筒

零件插入法是指首先绘制装配图中的各个零件，然后选择其中一个主体零件，将其他各零件依次通过“移动”“复制”和“贴”等命令插入主体零件中来完成绘制。

使用零件插入法绘制如图 18-60 所示的齿轮滚筒装配图的操作步骤如下。

1. 绘制轴零件

步骤 1 单击快速访问工具栏中的“新建”按钮，以“素材\第 18 章\机械制图样板.dwt”为样板，新建一个图形文件。

步骤 2 将“中心线”图层设置为当前图层，执行“直线”命令，绘制中心线，如图 18-61 所示。

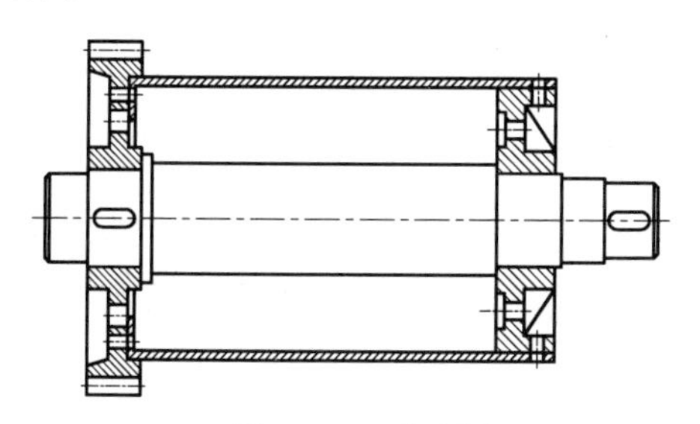

图 18-60 装配图

图 18-61 绘制中心线

步骤 3 将“轮廓线”图层设置为当前图层，执行“直线”命令，绘制轴上半部分的轮廓线，如图 18-62 所示。

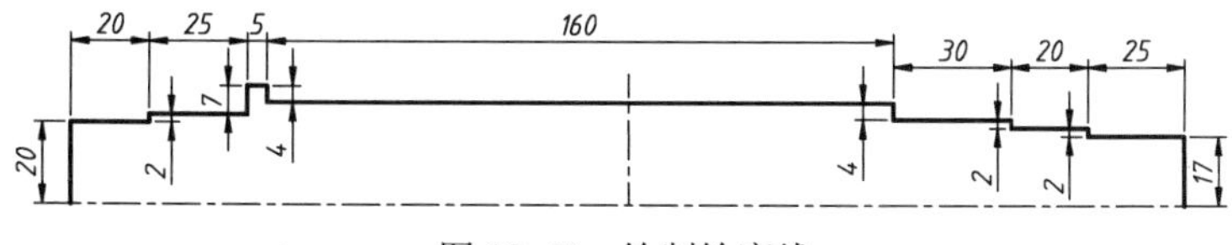

图 18-62 绘制轮廓线

步骤 4 执行“倒角”命令，为图形倒角，如图 18-63 所示。

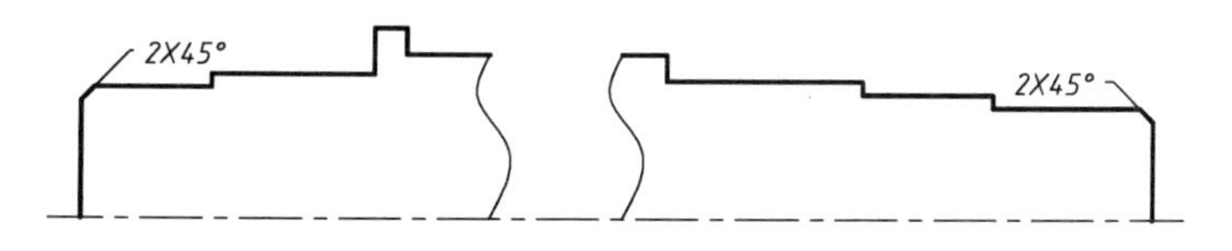

图 18-63 倒角

步骤 5 执行“镜像”命令，以水平中心线为镜像线，镜像图形，结果如图 18-64 所示。

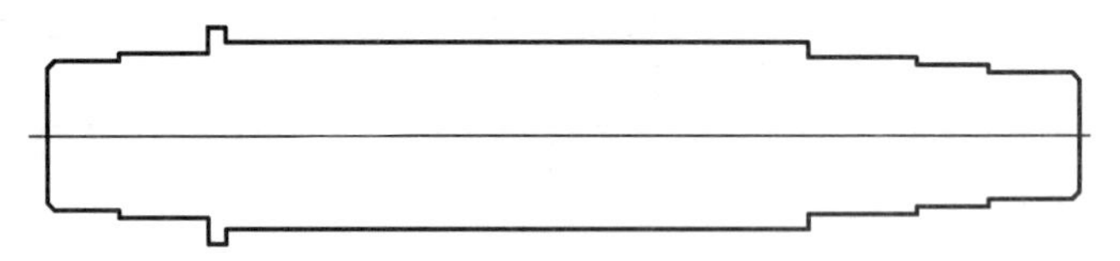

图 18-64 镜像图形

步骤 6 执行“直线”命令，捕捉端点绘制倒角连接线，结果如图 18-65 所示。

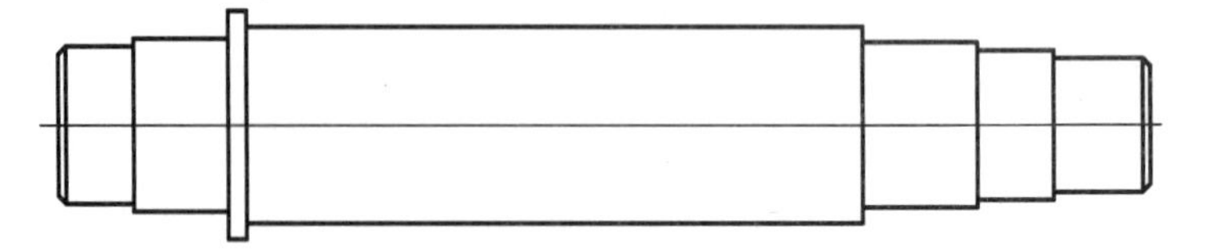

图 18-65 绘制连接线

步骤 7 执行“偏移”命令，按照如图 18-66 所示的尺寸偏移轮廓线。

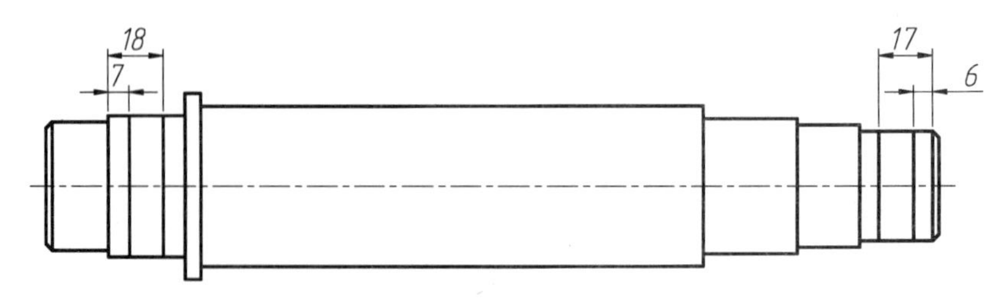

图 18-66 偏移直线

步骤 8 执行“圆”命令，以偏移线与中心线交点为圆心绘制$\phi 8$ 的圆；然后执行“直线”命令，绘制圆连接线，如图 18-67 所示。

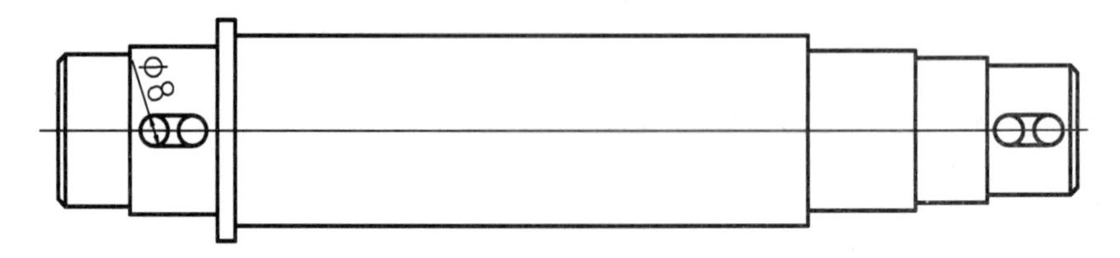

图 18-67 绘制键槽

步骤 9 执行“修剪”命令，修剪出键槽轮廓，如图 18-68 所示。

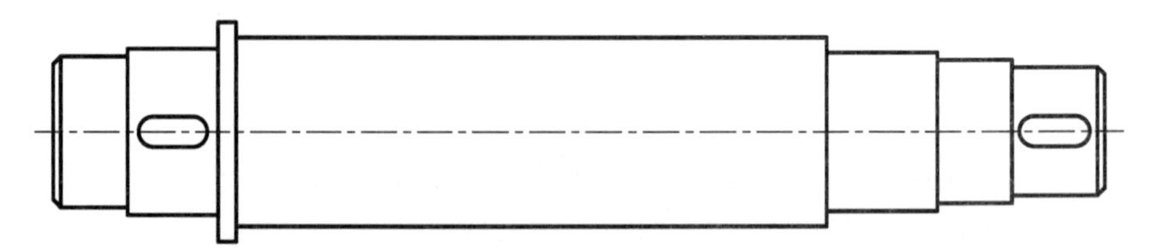

图 18-68 轴的零件图

2. 绘制齿轮

步骤 10 将“中心线”图层设置为当前图层，执行“直线”命令，在空白处绘制中心线，如图 18-69 所示。

步骤 11 执行“偏移”命令，将垂直中心线对称偏移 22、32、44、56、64、72、76、80，将水平中心线向上偏移 10、19、25，结果如图 18-70 所示。

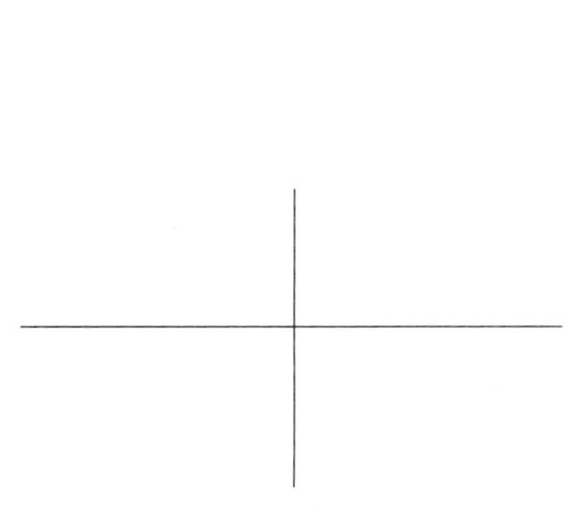

图 18-69 绘制中心线

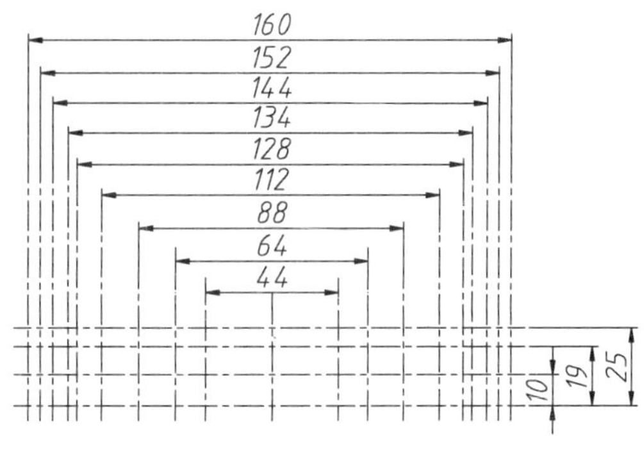

图 18-70 偏移中心线

步骤 12 执行“修剪”命令，修剪图形，结果如图 18-71 所示。

步骤 13 将相关线条切换至“轮廓线”图层，然后执行“直线”命令，绘制两段连接斜线，如图 18-72 所示。

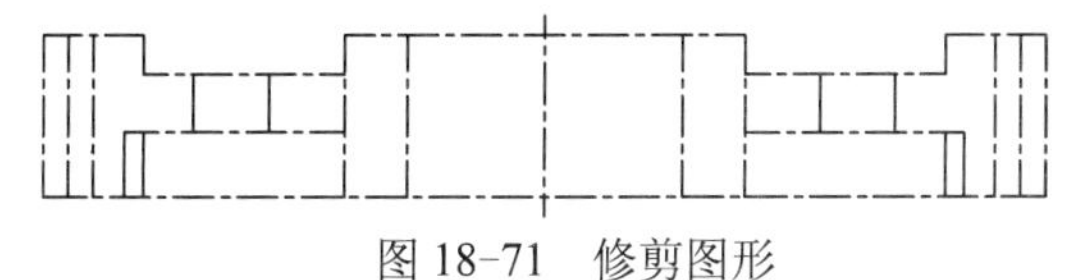

图 18-71 修剪图形

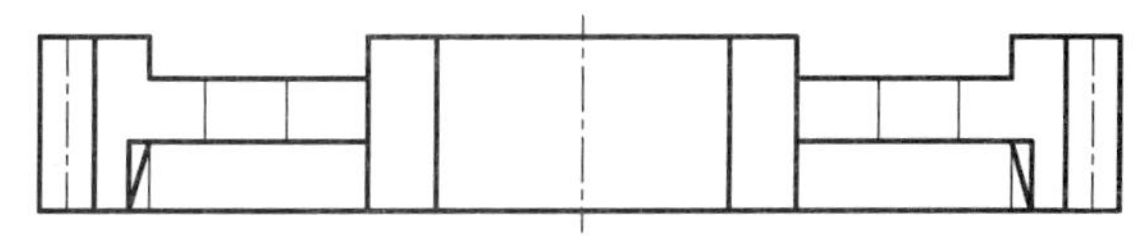

图 18-72 绘制连接线

步骤 14 执行“修剪”命令，修剪图形，如图 18-73 所示。

步骤 15 执行“偏移”命令，偏移中心线，如图 18-74 所示。

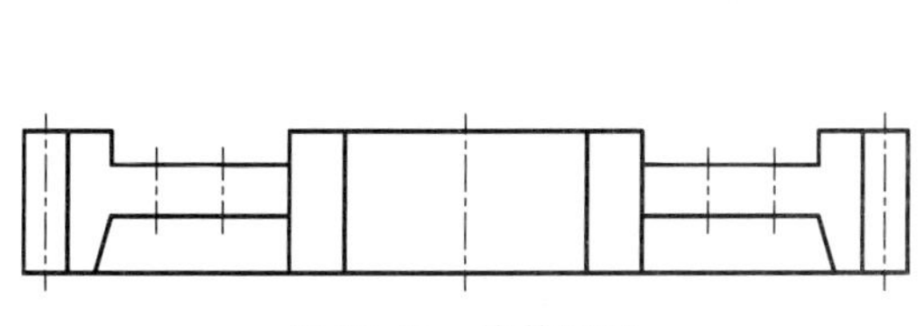

图 18-73 修剪图形

图 18-74 偏移中心线

步骤 16 将偏移出的线条切换到“轮廓线”图层，然后执行“修剪”命令，修剪出孔轮廓，如图 18-75 所示。

步骤 17 切换至“剖面线”图层，执行“图案填充”命令，选择填充图案为 ANSI31，设置比例为 1，角度为 0°，填充剖面线，结果如图 18-76 所示。

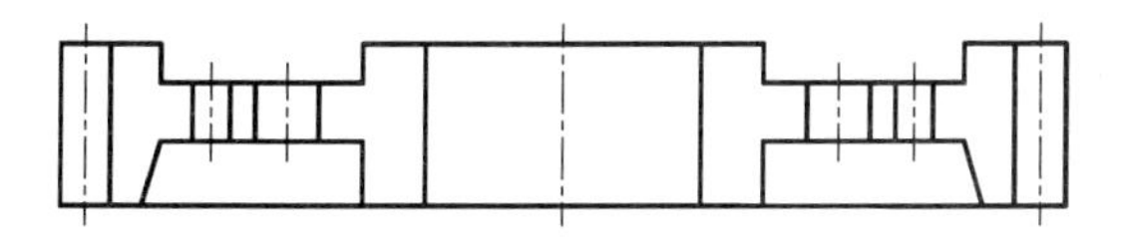

图 18-75 修剪图形

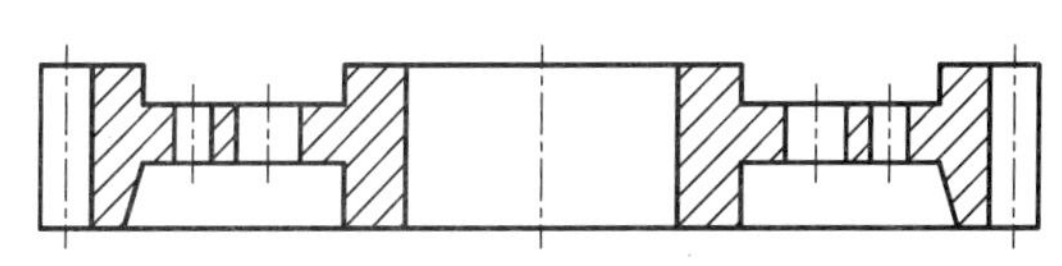

图 18-76 图案填充

3. 绘制箱体

步骤 18 将“轮廓线”图层设置为当前图层，执行“矩形”命令，绘制一个矩形；并执行“直线”命令，绘制中心线，如图 18-77 所示。

步骤 19 执行“分解”命令，将矩形分解；执行“偏移”命令，偏移矩形的边线和中心线，如图 18-78 所示。

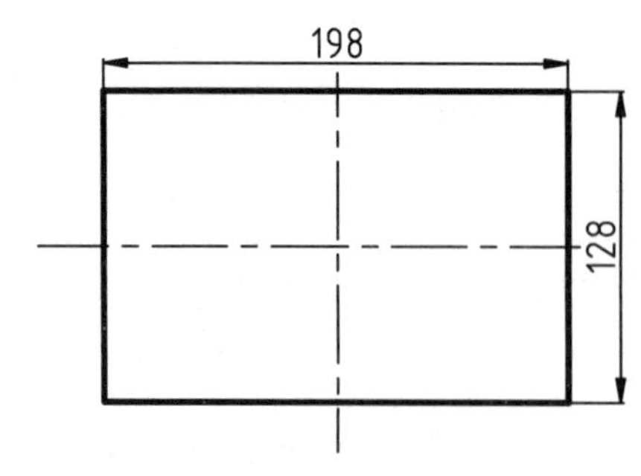

图 18-77 绘制矩形和中心线

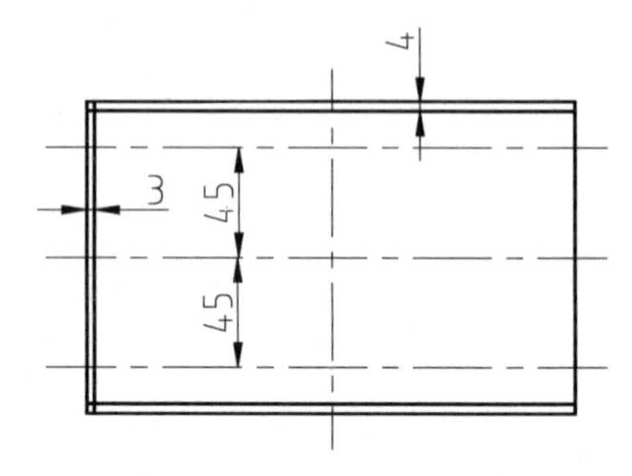

图 18-78 偏移轮廓和中心线

步骤 20 执行“修剪”命令，修剪箱体轮廓，将相关线条切换到“轮廓线”图层，如图 18-79 所示。

步骤 21 执行“偏移”命令，将水平中心线向两侧偏移 56，将竖直中心线向右偏移 91，如图 18-80 所示。

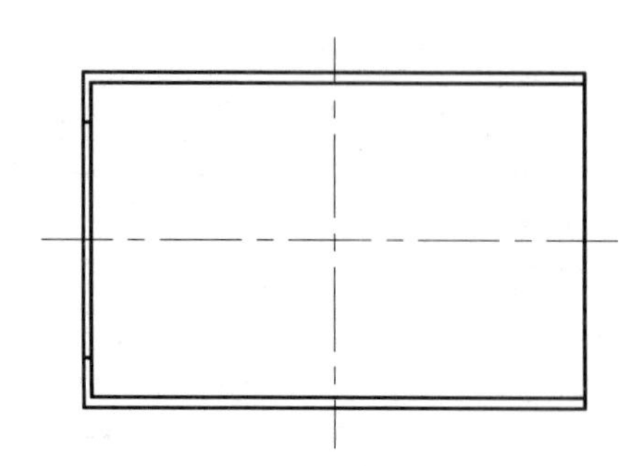

图 18-79 修剪图形

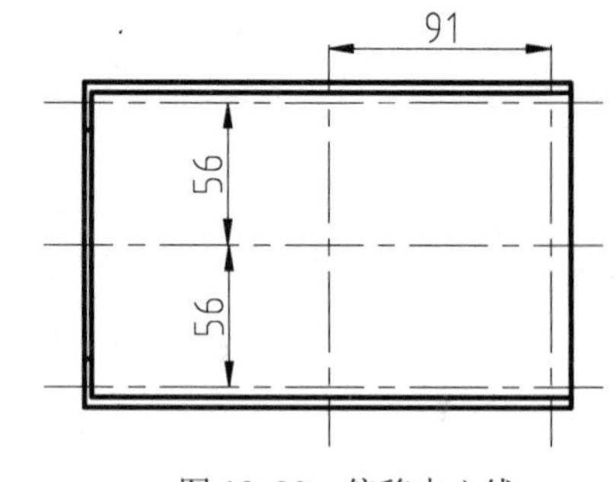

图 18-80 偏移中心线

步骤 22 重复“偏移”命令，将上一步偏移出的中心线再次向两侧偏移 3，如图 18-81 所示。

步骤 23 执行“修剪”命令，修剪出 4 个孔轮廓，然后将孔边线切换到“轮廓线”图层，并调整中心线长度，如图 18-82 所示。

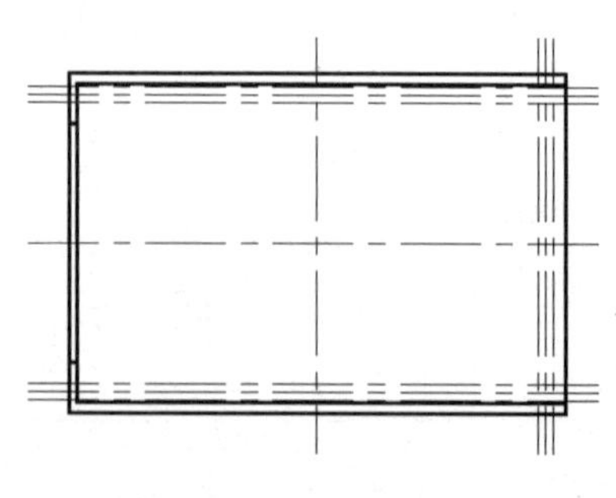

图 18-81 修剪图形

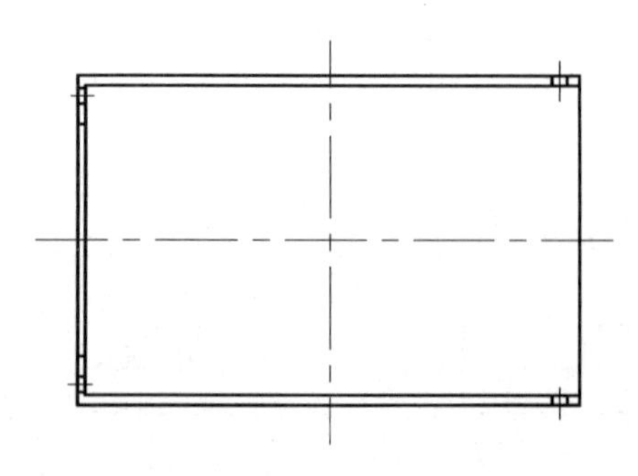

图 18-82 偏移中心线

步骤24 将"剖面线"图层设置为当前图层，执行"图案填充"命令，选择 ANSI31 图案，填充剖面线，如图 18-83 所示。

4. 绘制端盖

步骤25 将"中心线"图层设置为当前图层，执行"直线"命令，在空白处绘制中心线，结果如图 18-84 所示。

步骤26 执行"偏移"命令，将垂直中心线向右偏移 4、13、19、27，将水平中心线对称偏移 21、31、41、52、60，结果如图 18-85 所示。

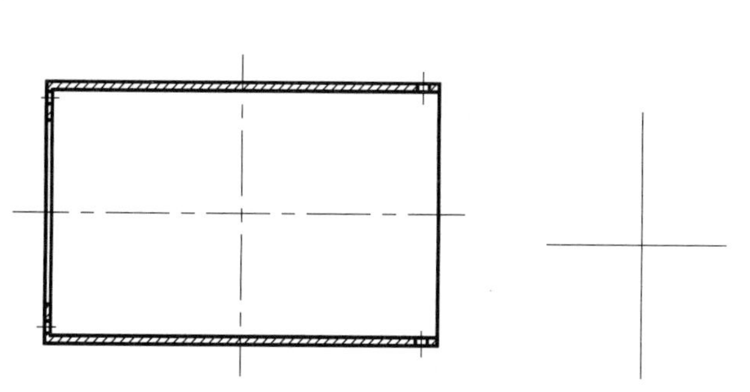

图 18-图 18-83 填充图案

图 18-84 绘制中心线

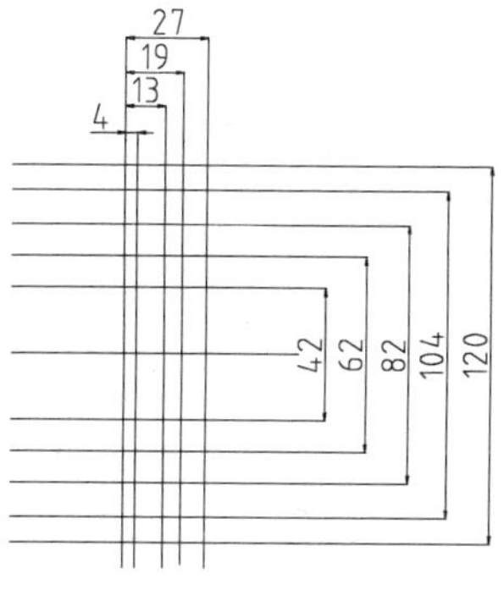

图 18-85 偏移中心线

步骤27 执行"修剪"命令，修剪图形，将线条切换至"轮廓线"图层，结果如图 18-86 所示。

步骤28 执行"直线"命令，绘制连接线，如图 18-87 所示。

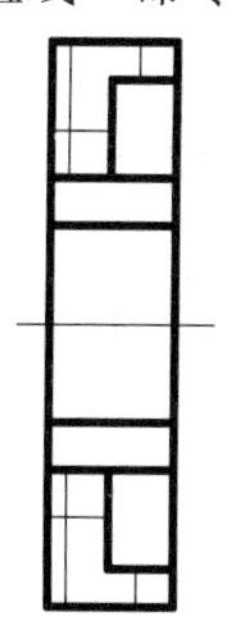

图 18-86 绘制中心线

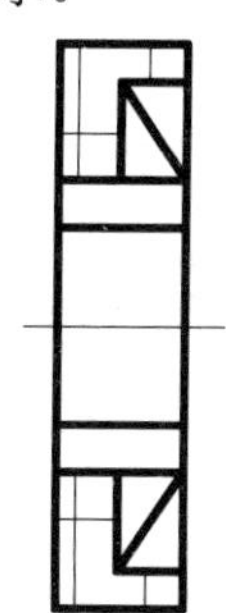

图 18-87 偏移中心线

步骤29 执行"偏移"命令，偏移中心线，如图 18-88 所示。

步骤30 执行"修剪"命令，修剪图形，然后将孔边线切换到"轮廓线"图层，如图 18-89 所示。

步骤31 执行"图案填充"命令，选择填充图案为 ANSI31，填充剖面线，结果如图 18-90 所示。

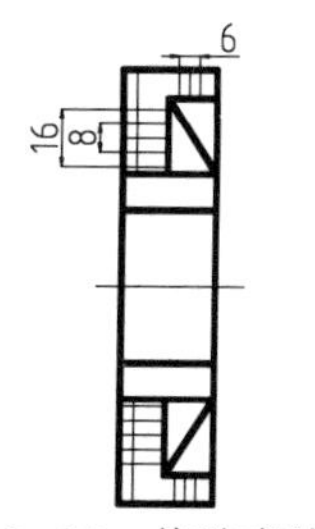

图 18-88 偏移直线

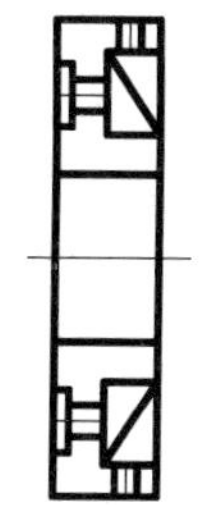

图 18-89 修剪图形

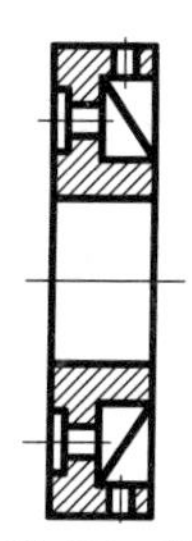

图 18-90 图案填充

5. 创建装配图

步骤 32 执行“复制”命令，复制以上创建的零件到图纸空白位置，如图 18-91 所示。

步骤 33 执行“移动”命令，选择齿轮作为移动的对象，选择齿轮的 A 点作为移动基点，选择箱体的 A'点作为移动目标，移动结果如图 18-92 所示。

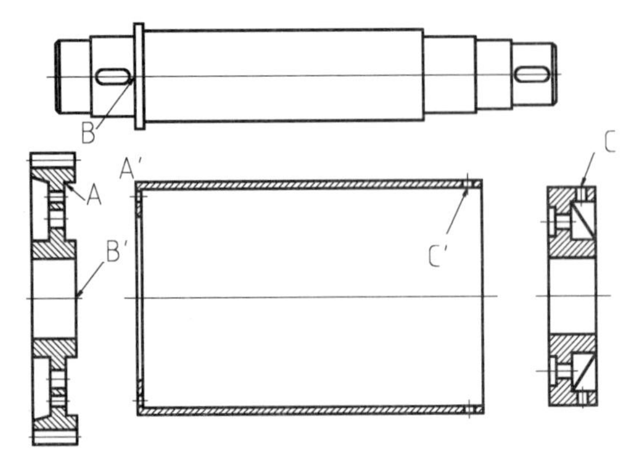

图 18-91　复制零件图

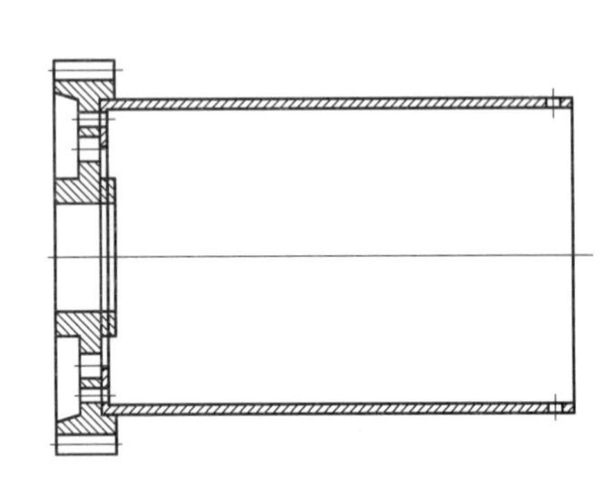

图 18-92　移动齿轮

步骤 34 重复执行“移动”命令，选择轴作为移动对象，选择轴的 B 点作为移动基点，选择齿轮的 B' 点作为移动的目标点，移动结果如图 18-93 所示。

步骤 35 重复执行“移动”命令，选择端盖作为移动对象，选择端盖的 C 点作为移动基点，选择箱体的 C' 点作为移动的目标点，移动结果如图 18-94 所示。

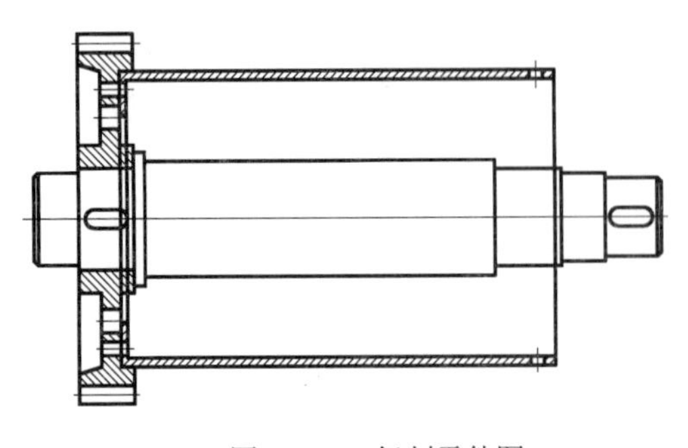

图 18-93　复制零件图

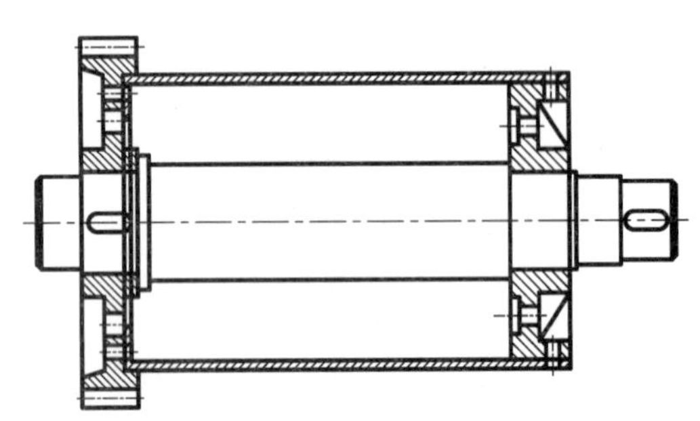

图 18-94　移动齿轮

步骤 36 执行“修剪”命令，修剪箱体被遮挡的线条，结果如图 18-95 所示。

步骤 37 选择“文件”|“保存”命令，保存文件，完成装配图的绘制。

18.6.3 零件块插入法——绘制阀体装配图

零件块插入法是指将各种零件均存储为外部块，然后以插入块的方法来添加零件图，然后使用“旋转”“复制”和“移动”等命令组合成装配图。

使用零件块插入法绘制如图 18-96 所示的阀体装配图的操作步骤如下。

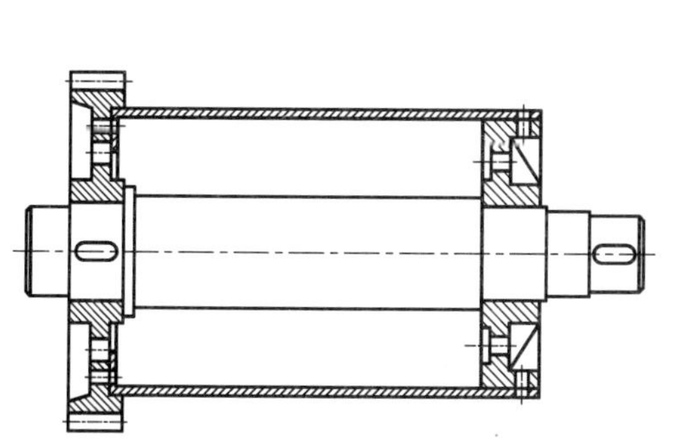

图 18-95　修剪多余线条

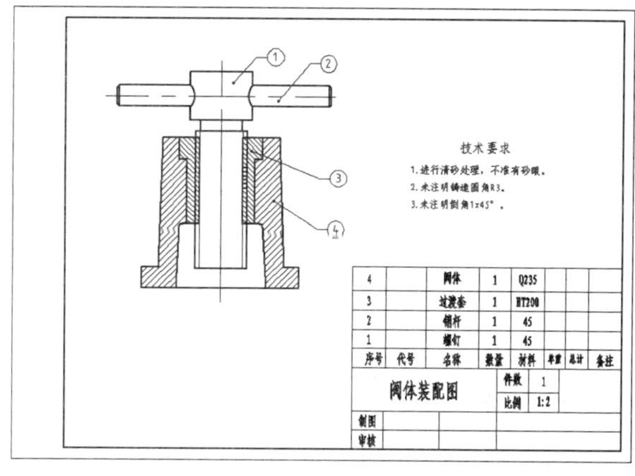

图 18-96　阀体装配图

1. 外部块创建

步骤 1 新建 AutoCAD 图形文件，绘制如图 18-97 所示的零件图形。执行“写块”命令，将该图形创建为“阀体”外部块，保存在计算机中。

步骤 2 绘制如图 18-98 所示的零件图形，并创建为“螺钉”外部块。

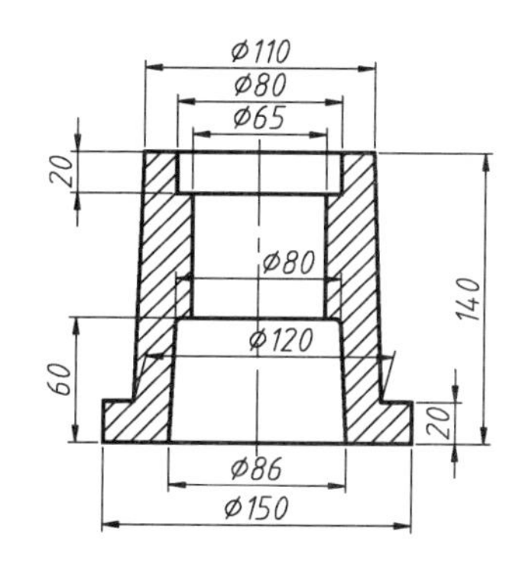

图 18-97　绘制阀体

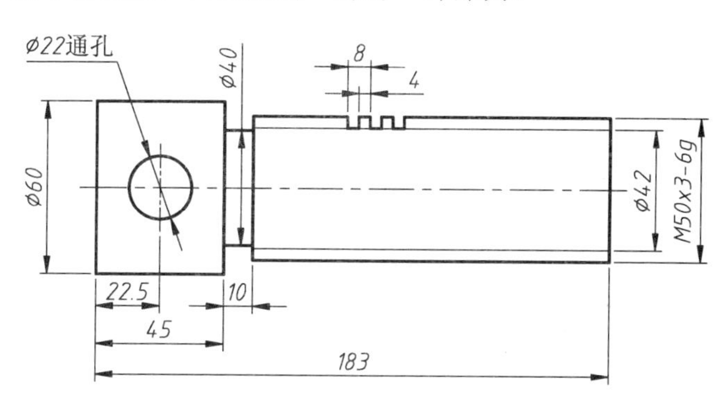

图 18-98　绘制螺钉

步骤 3 绘制如图 18-99 所示的零件图形，并创建为“过渡套”外部块。

步骤 4 绘制如图 18-100 所示的零件图形，并创建为“销杆”外部块。

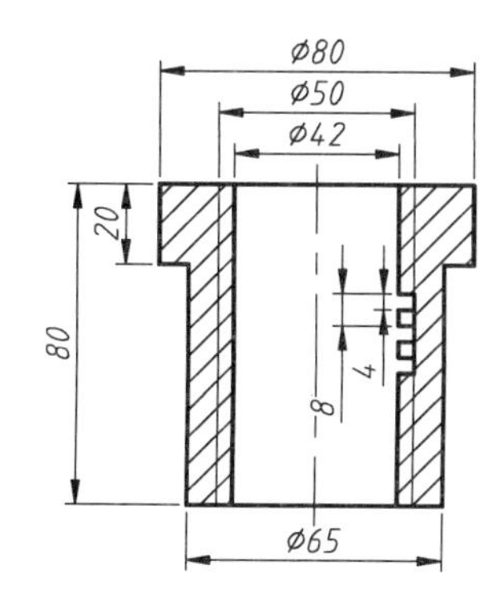

图 18-99　绘制过渡套

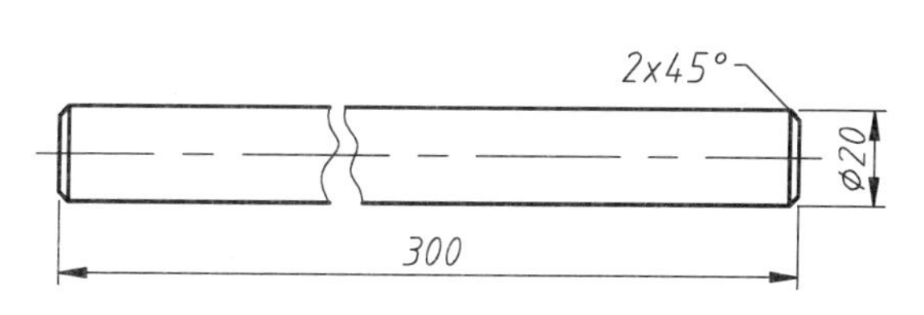

图 18-100　绘制销杆

提示：读者也可以在配套光盘中提供的“第 18 章\18.6.3 零件块插入法——绘制阀体装配图”这个文件夹内找到完成文件进行写块操作。

2. 插入零件图块并创建装配图

步骤 5 单击快速访问工具栏中的“新建”按钮，在“选择样板”对话框中选择素材文件夹中的“第 18 章\A4.dwt”样板文件，新建图形。

步骤 6 执行“插入块”命令，弹出“插入”对话框，如图 18-101 所示。

步骤 7 单击“浏览”按钮，弹出“选择图形文件”对话框，如图 18-102 所示。

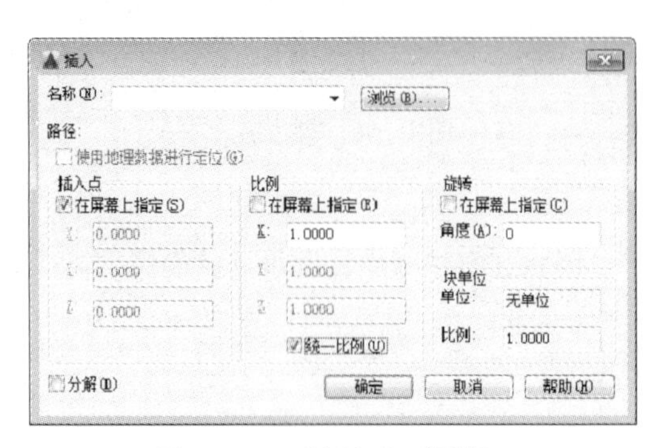

图 18-101 “插入”对话框

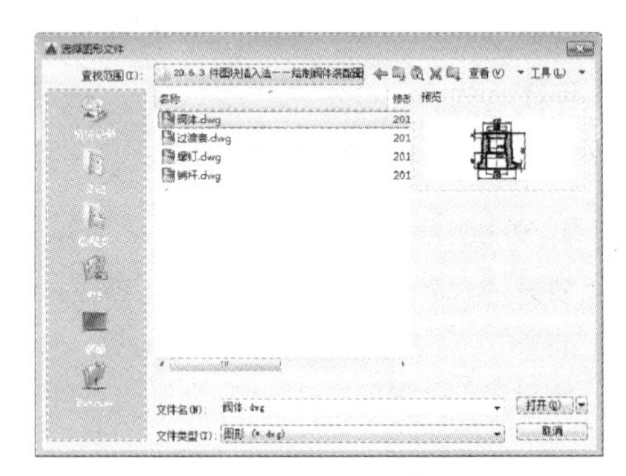

图 18-102 “选择图形文件”对话框

步骤 8 选择“阀体.dwg”文件，设置插入比例为 0.5，单击“打开”按钮，将其插入绘图区中，结果如图 18-103 所示。

步骤 9 执行“插入块”命令，设置插入比例为 0.5，插入“过渡套.dwg”文件，以 A 作为配合点，结果如图 18-104 所示。

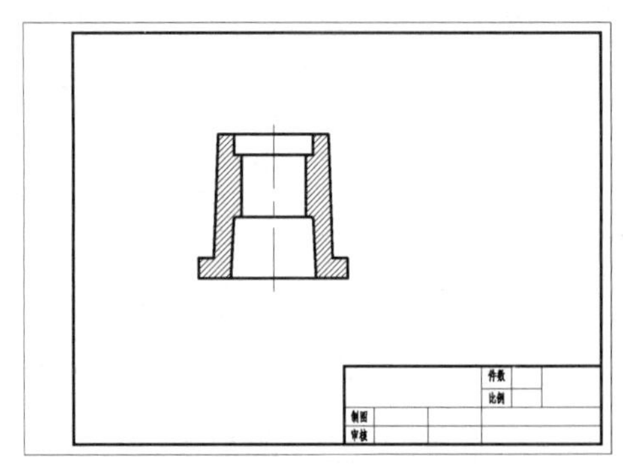

图 18-103 插入阀体块

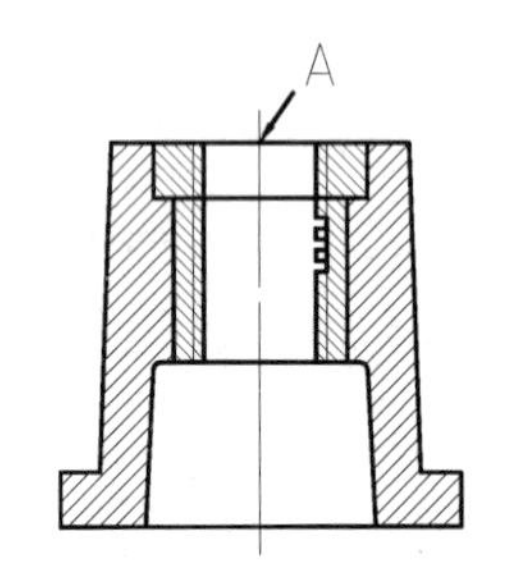

图 18-104 插入过渡套块

步骤 10 执行“插入块”命令，设置插入比例为 0.5，旋转角度为-90°，插入“螺钉.dwg”文件；并执行“移动”命令，以螺纹配合点为基点装配到阀体上，结果如图 18-105 所示。执行“插入块”命令，设置插入比例为 0.5，插入“销杆.dwg”文件，然后执行“移动”命令，将销杆中心与螺钉圆心重合，结果如图 18-106 所示。

步骤 11 执行“分解”命令，分解图形；然后执行“修剪”命令，修剪整理图形，结果如图 18-107 所示。

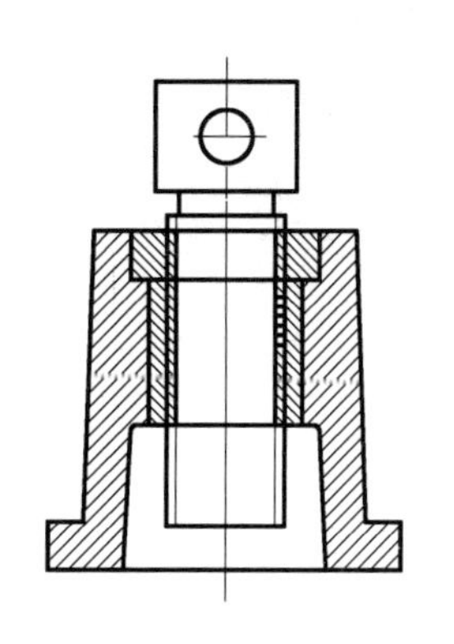

图 18-105 插入螺钉块

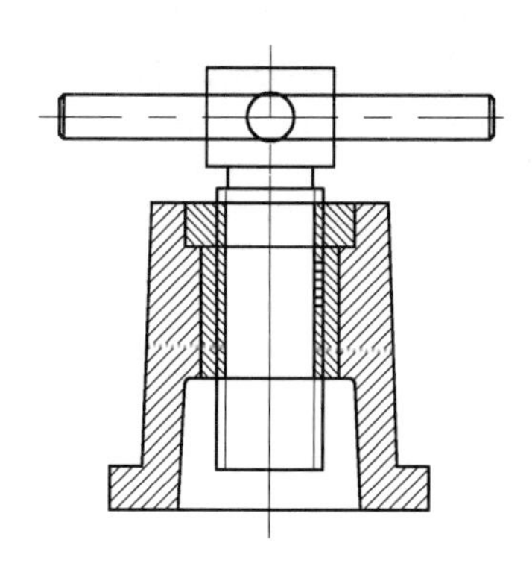

图 18-106 插入销杆块

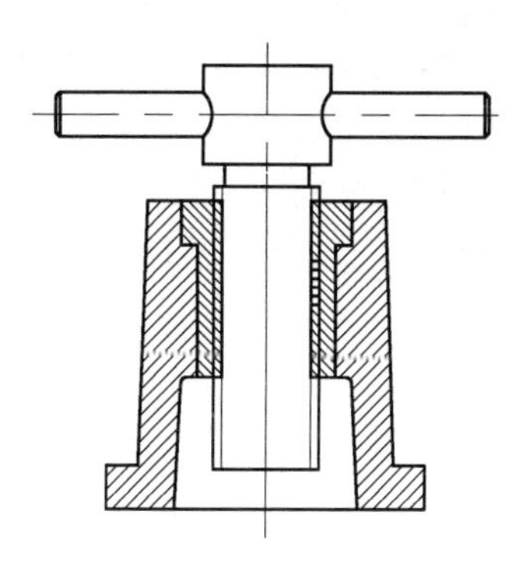

图 18-107 修剪图形

3. 绘制明细表

步骤 12 将“零件序号引线”多重引线样式设置为当前引线样式，执行“多重引线”命令，标注零件序号，如图 18-108 所示。

步骤 13 执行“插入表格”命令，设置表格参数，如图 18-109 所示，单击“确定”按钮，然后在绘图区指定宽度范围与标题栏对齐，向上拖动调整表格的高度为 5 行。

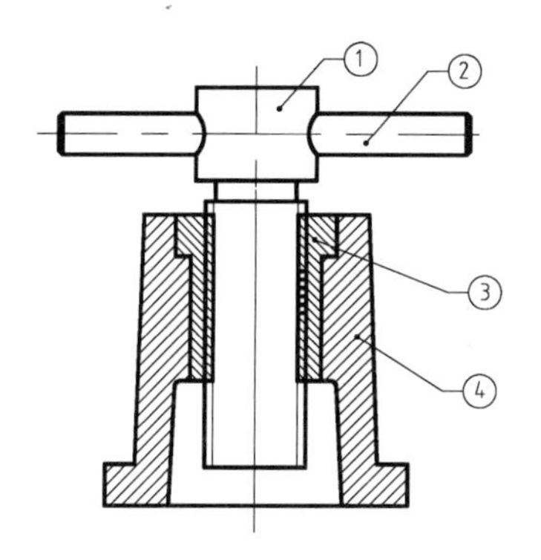

图 18-108 标注零件序号

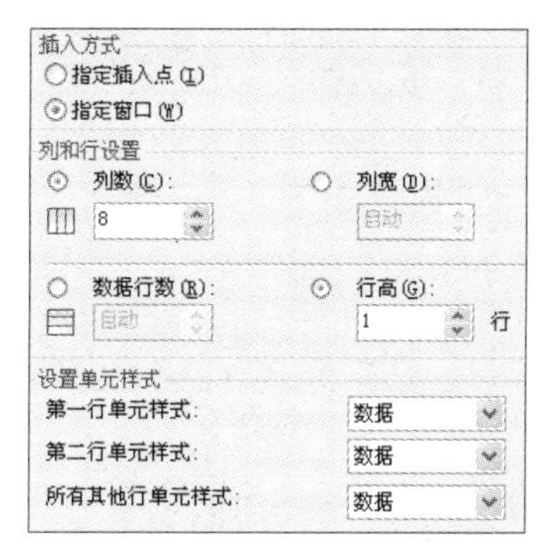

图 18-109 设置表格参数

步骤 14 创建的表格如图 18-110 所示。

步骤 15 选中创建的表格，拖动表格夹点，修改各列的宽度，如图 18-111 所示。

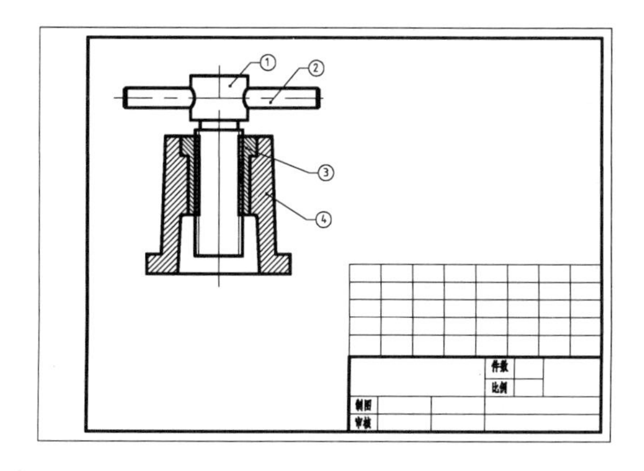

图 18-110 插入的表格

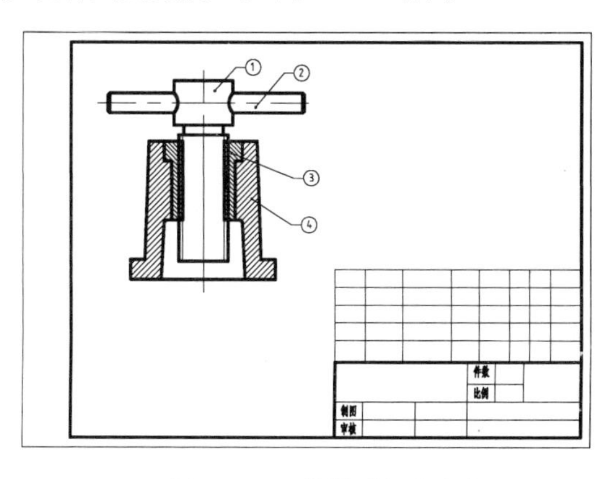

图 18-111 调整明细表宽度

步骤 16 分别双击标题栏和明细表的各个单元格，输入文字内容，填写结果如图 18-112 所示。

步骤 17 将“机械文字”文字样式设置为当前文字样式，执行“多行文字”命令，填写技术要求，如图 18-113 所示。

4		阀体	1	Q235			
3		过渡套	1	HT200			
2		销杆	1	45			
1		螺钉	1	45			
序号	代号	名称	数量	材料	单重	总计	备注

阀体装配图		件数	1	
		比例	1:2	
制图				
审核				

图 18-112 填写明细表和标题栏

技术要求

1. 进行清砂处理，不允许有砂眼。
2. 未注明铸造圆角R3。
3. 未注明倒角1×45° 。

图 18-113 填写技术要求

步骤 18 调整装配图图形和技术要求文字的位置，如图 18-114 所示。按〈Ctrl+S〉组合键，保存文件，完成阀体装配图的绘制。

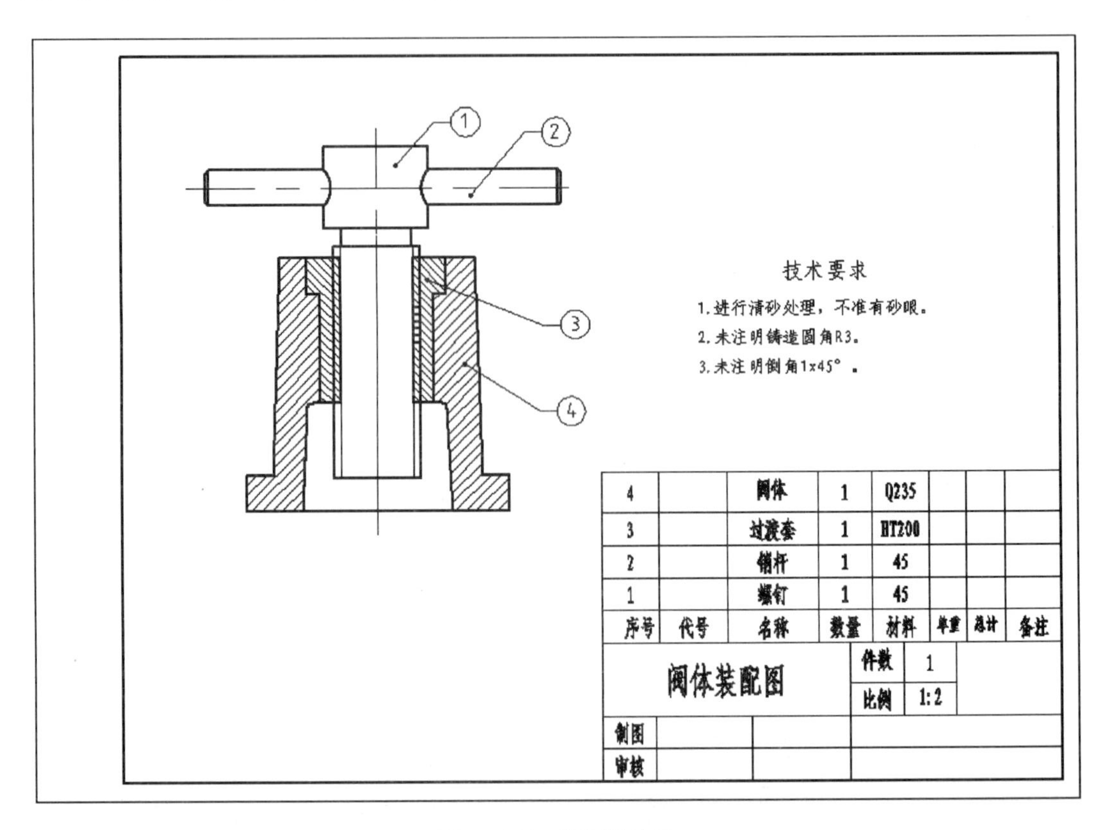

图 18-114 装配图结果

18.7 设计专栏

18.7.1 上机实训

步骤 1 绘制如图 18-115 所示的销钉零件图。

步骤 2 使用直接绘制法绘制如图 18-116 所示的装配图。

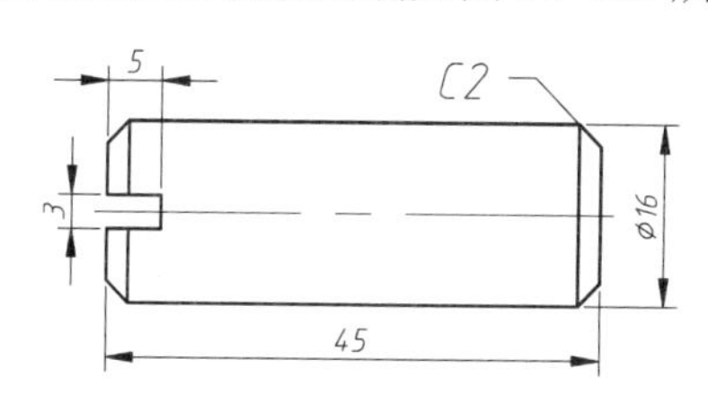

图 18-115 销钉零件图

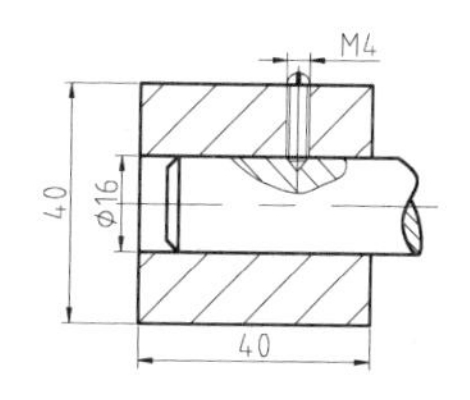

图 18-116 使用相对直角坐标绘制图形

18.7.2 辅助绘图锦囊

在生产、维修和使用、管理机械设备，以及技术交流等过程中，经常需要阅读装配图；在设计过程中，也经常要参阅一些装配图，以及根据装配图拆画零件图。因此，作为机械行业从业人员，掌握阅读装配图和拆画零件图的方法是十分必要的。

拿到一份装配图之后，一般按以下步骤阅读装配图。

步骤 1 概括了解：从标题栏中了解部件名称，按图上序号对照明细表，了解组成该装配体各零件的名称、材料和数量。

步骤 2 分析视图：通过阅读零件装配图的表达方案，分析所选用的视图、剖视图、剖面图及其他表达方法所侧重表达的内容，了解装配关系。

步骤 3 看懂零件：在看清了各视图表达的内容后，对照明细栏和图中的序号，按照先简单后复杂的顺序，逐一了解各零件的结构形状。

本书系统全面地讲解了 AutoCAD 2016 的基本功能及其在各行业中的具体应用。全书分为三大篇，共 18 章，第 1 篇为基础篇，分别介绍了 AutoCAD 2016 快速入门、AutoCAD 的基本操作、绘制平面图形和编辑平面图形；第 2 篇为提高篇，分别介绍了文字与表格、标注图形尺寸、图层管理、块与设计中心、几何约束与标注约束、绘制轴测图、三维绘图环境、绘制三维图形，以及图形输出与打印；第 3 篇为行业篇，也是综合实战篇，分别介绍了建筑设计与 AutoCAD 制图、室内装潢设计与 AutoCAD 制图、园林设计与 AutoCAD 制图，以及机械设计与 AutoCAD 制图。

本书选用了大量的一线案例，叙述清晰，内容实用，每个知识点都配有专门的详解案例，一些重点章节还安排了跟踪练习环节，使读者能够在实际操作中加深对知识的理解和掌握，前两篇的每章末尾都安排有综合实战，供读者进行演练。每个练习和实例都取材于建筑、室内、园林景观、电气和机械中的实际图形，使广大读者在学习 AutoCAD 的同时，能够了解、熟悉不同领域的专业知识和绘图规范。

本书配有多媒体教学光盘，附赠了相关素材、效果图和教学视频等相关辅助学习资料，可以大大提高读者学习的兴趣和效率。

本书定位于 AutoCAD 初、中级用户，可作为广大 AutoCAD 初学者和爱好者学习 AutoCAD 的指导教材。并且，对各专业技术人员来说，也是一本实用性强的参考手册。

图书在版编目（CIP）数据

中文版 AutoCAD 2016 从入门到精通：实战案例版/冯涛等编著. —3版. —北京：机械工业出版社，2016.4

（CAD/CAM/CAE 工程应用丛书. AutoCAD 系列）

ISBN 978-7-111-53276-7

Ⅰ. ①中…　Ⅱ. ①冯…　Ⅲ. ①AutoCAD1 软件　Ⅳ. ①TP391.72

中国版本图书馆 CIP 数据核字（2016）第 058407 号

机械工业出版社（北京市百万庄大街 22 号　邮政编码 100037）
策划编辑：丁　伦　责任编辑：丁　伦
责任校对：张艳霞　责任印制：常天培
北京机工印刷厂印刷（三河市南杨庄国丰装订厂装订）
2016 年 6 月第 3 版 · 第 1 次印刷
185mm×260mm · 33.5 印张 · 833 千字
0 001—3 000 册
标准书号：ISBN 978-7-111-53276-7
　　　　　ISBN 978-7-89386-005-8（光盘）
定价：89.90 元（附赠 1DVD，含教学视频）

凡购本书，如有缺页、倒页、脱页，由本社发行部调换

电话服务	网络服务
服务咨询热线：（010）88361066	机 工 官 网：www.cmpbook.com
读者购书热线：（010）68326294	机 工 官 博：weibo.com/cmp1952
（010）88379203	教育服务网：www.cmpedu.com
封面无防伪标均为盗版	金 书 网：www.golden-book.com